水土保持设计手册

·规划与综合治理卷·

中国水土保持学会水土保持规划设计专业委员会
水利部水利水电规划设计总院
主编

中国水利水电出版社
www.waterpub.com.cn
·北京·

内 容 提 要

《水土保持设计手册》是我国首次出版的水土保持设计专业的工具书，分3卷：《专业基础卷》《规划与综合治理卷》《生产建设项目卷》。本书为本手册的《规划与综合治理卷》，分为规划篇和综合治理篇，主要介绍水土保持规划、水土流失综合治理措施设计等内容。规划篇主要内容包括水土保持规划概述，综合规划，专项工程规划，专项工作规划，专章规划；综合治理篇主要内容包括综合治理概述，措施体系与配置，梯田工程，淤地坝，拦沙坝，塘坝、滚水坝，沟道滩岸防护工程，截排水工程，支毛沟治理工程，小型蓄引用水工程，农业耕作与引洪漫地，固沙工程，林草工程，封育治理和配套工程等。

本手册可作为各行业从事水土保持设计、研究及应用的技术人员的常备工具书，同时也可作为大专院校相关专业师生的重要参考书。

图书在版编目（CIP）数据

水土保持设计手册．规划与综合治理卷 / 中国水土保持学会水土保持规划设计专业委员会，水利部水利水电规划设计总院主编．-- 北京 ：中国水利水电出版社，2018.12
ISBN 978-7-5170-7106-8

Ⅰ．①水… Ⅱ．①中… ②水… Ⅲ．①水土保持－设计－手册 Ⅳ．①S157-62

中国版本图书馆CIP数据核字(2018)第248618号

书　　名	水土保持设计手册　规划与综合治理卷 SHUITU BAOCHI SHEJI SHOUCE GUIHUA YU ZONGHE ZHILI JUAN
作　　者	中国水土保持学会水土保持规划设计专业委员会 水利部水利水电规划设计总院　主编
出版发行	中国水利水电出版社 （北京市海淀区玉渊潭南路1号D座　100038） 网址：www. waterpub. com. cn E-mail：sales@waterpub. com. cn 电话：（010）68367658（营销中心）
经　　售	北京科水图书销售中心（零售） 电话：（010）88383994、63202643、68545874 全国各地新华书店和相关出版物销售网点
排　　版	中国水利水电出版社微机排版中心
印　　刷	北京中科印刷有限公司
规　　格	184mm×260mm　16开本　36.5印张　1236千字
版　　次	2018年12月第1版　2018年12月第1次印刷
印　　数	0001—2000册
定　　价	**298.00**元

《水土保持设计手册》

编撰委员会*

---

* 《水土保持设计手册》编撰委员会由《关于成立〈水土保持设计手册〉编撰委员会的通知》（水保测便字〔2012〕3号）确定。

《水土保持设计手册　规划与综合治理卷》

编　写　单　位

主编单位　水利部水利水电规划设计总院
黄河勘测规划设计研究院有限公司

参编单位　青海省水利水电勘测设计研究院
北京市水利规划设计研究院
浙江省水利水电勘测设计院
广东省水利电力规划勘测设计研究院
中国电建集团华东勘测设计研究院有限公司
山西省水利水电勘测设计研究院
北京林业大学
山东农业大学
沈阳农业大学
长江勘测规划设计有限责任公司
中水珠江规划勘测设计有限公司
黄河上中游管理局西安规划设计研究院
黑龙江农垦勘测设计研究院
贵州省水利水电勘测设计研究院
辽宁省水利水电勘测设计研究院有限责任公司
云南秀川环境工程技术有限公司
水利部水土保持生态工程技术研究中心
陕西省水利电力勘测设计研究院
长江水利委员会长江流域水土保持监测中心站
淮河水利委员会淮河流域水土保持监测中心站
松辽水利委员会松辽流域水土保持监测中心站
水利部海河水利委员会海河流域水土保持监测中心站
内蒙古自治区水利水电勘测设计院

河南省水利勘测设计研究有限公司
江西省水土保持科学研究院
山西省水土保持科学研究所
北京地拓科技发展有限公司
陕西省水土保持勘测规划研究所
上海勘测设计研究院有限公司
中水北方勘测设计研究有限责任公司
长江水利委员会长江科学院
四川大学
西南林业大学
河北省水土保持工作总站
水利部水土保持植物开发管理中心
水利部水土保持监测中心
福建省水土保持试验站
新疆博衍水利水电环境科技有限公司

《水土保持设计手册　规划与综合治理卷》

编　写　人　员

主　　编　王治国　孟繁斌　杨伟超　张　超

副 主 编　贺前进　贾洪文　贺康宁　张光灿　王利军
马　永

技术负责人　王治国　贺前进　贺康宁

主要统稿人　王治国　贾洪文

主要校核人　王宝全　李俊琴　王艳梅　苏芳莉　谢颂华
王云琦　苗红昌　马　永　张玉华　闫俊平
李世锋　王白春　王春红　朱莉莉　李建生
阮　正　姜圣秋　殷　哲

主　　审　陈　伟　朱党生　孙保平

前　言

我国疆域广阔，地形起伏，山地丘陵约占全国陆域面积的2/3。复杂的地质构造、多样的地貌类型、暴雨频发的气候特征、密集分布的人口及生产生活的影响，导致水土流失类型复杂、面广量大，是我国突出的环境问题。根据全国第一次水利普查水土保持情况调查，全国水力和风力侵蚀总面积295万km^2，其中水蚀面积129万km^2，风蚀面积166万km^2。同时，在青藏高原、黑龙江、新疆等地还存在相当面积的冻融侵蚀。严重的水土流失导致耕地毁坏、土地退化、生态环境恶化，加剧山区丘陵区贫困、江河湖库淤积和洪涝灾害，削弱生态系统的调节功能，加重旱灾损失和面源污染，严重影响国家粮食安全、防洪安全、生态安全和饮水安全以及区域经济社会的可持续发展。

新中国成立以来，党和政府高度重视水土保持工作，开展了大规模水土流失治理工作。为了加强预防和治理水土流失，保护和合理利用水土资源，减轻水、旱、风沙灾害，改善生态环境，发展生产，1991年国家制定了《中华人民共和国水土保持法》，水土保持开始逐步纳入了法制化轨道。在水土保持规划的基础上，开展了水土流失综合防治工程的设计和有效实施，提高了决策的科学性和治理的效率。在治理水土流失的同时，开展了全国水土保持监测网络建设工作，加强了对水土保持的动态监控，强化了对生产建设项目或活动的水土保持监督和管理。通过60多年长期不懈的努力，水土流失防治取得了显著成效。截至2013年，累计综合治理小流域7万多条，实施封育80多万km^2。全国水土流失面积由2000年的356万km^2下降到2011年的295万km^2，降低了17.1%；中度及以上水土流失面积由194万km^2下降到157万km^2，降低了19.1%。

进入21世纪，党和国家更加重视生态文明建设，水土保持作为生态文明建设的重要组成部分，工作力度不断加大，事业发展迅速，东北黑土区水土流失综合治理、岩溶区石漠化治理、国家水土保持重点工程、丹江口库区水土保持、坡耕地综合治理、砒砂岩沙棘生态工程等一批水土保持生态建设项目正在实施；长江三峡、南水北调东中线一期工程、青藏铁路、西气东输、京沪高铁等国家重大基础设施建设项目水土保持设施顺利通过专项验收，生产建设项目水土保持方案编报、实施和验收工作稳步推进，生产建设项目水土流失防治成效显著。同时，水土保持各类规划、综合治理及专项治理工程设计、生产建设项目水土保持设计的任务越来越繁重。为此，水利部组织制定了一系列水土保持规划设计方面的标准，但尚不能完全满足水土保持工程规划设计工作的需要。经商水利部水土保持司，同意由中国水土保持学会水土保持规划设计专业委员会和水利部水利水电规划设计总院组织有关单位，在总结多年来水土保持规划设计经验的基础上，以颁布的和即将颁布的水土保持规划设计技术标准为依据，参考《水工设计手册》（第2版）以及水土保持相关的国家和行业规范标准，组织编撰《水土保持设计手册 专业基础卷》《水土保持设计手册 规划与综合治理卷》《水土保持设计手册 生产建设项目卷》，以期能够有效地规范和提高水土保持设计人员的技术水平，保证水土保持规划设计成果的质量，提高水土保持规划设计工作的效率。

二

水土保持是一门多学科综合和交叉的科学技术。水土流失综合治理各类工程规模小、形式多，但其相互之间又有机结合，呈整体分散和局部连片分布的特点；而生产建设项目水土保持工程相对复杂多样，立地条件差，植被恢复有较大难度。总结多年来小流域水土流失综合治理与生产建设项目水土保持设计及实施的经验，可以看出，水土保持规划涉及农、林、水、国土、环保等多部门和多行业，而水土保持工程设计则以小型工程设计为主，植物措施设计、工程措施与植物措施相结合的设计更独具特色。因此，水土保持规划设计与水利水电工程规划设计有着明显区别，水工设计方面诸多标准和手册难以完全适用于水土保持设计。在现有水土保持规划设计标准规范的基础上，立足当前，总结经验、抓住机遇、提升理念、直面挑战，编撰一部《水土保持设计手册》，对于水土保持专业发展及其规划设计走向正规化和规范化是十分必要的，其必要性主要体现在以下五个方面。

第一是建设生态文明、实现美丽中国的迫切需要。党中央明确提出包含生态文明在内的中国特色社会主义事业“五位一体”总布局，水土保持工作面临新的更高要求。实现生态文明和美丽中国的宏伟目标，水土保持任务艰巨，必须进一步强化水土保持在改善和促进生态安全、粮食安全、防洪安全、饮水安全方面的作用。从水土保持工程设计与实施看，编撰一部立意深远、理念先进的《水土保持设计手册》显得尤为迫切。

第二是树立水土保持设计新理念的需要。近些年水土保持设计中涌现出了一些新理念、新思路，清洁小流域、生态防护工程、生态型小河小溪整治等不断发展，需要进行梳理和总结；同时深入贯彻落实科学发展观，建设美丽中国，认真贯彻中央水利工作方针，更需要不断创新水土保持设计理念。落实生态文明建设新要求，需要广大技术人员树立水土保持新理念，在水土保持设计中加以应用。

第三是确保设计成果质量的需要。《水土保持设计手册》作为标准规范的延伸和拓展，在现有技术标准体系的基础上，充分总结水土保持工程建设和生产实践经验，对标准和规范如何运用进行详细说明，并提供必要的设计案例，以提高广大技术人员对标准规范的理解水平和应用能力，从而保障和提高设计成果质量。

第四是系统总结经验、促进学科发展的需要。水土保持是一门综合性学科，涉及水利、农业、林业、牧业、国土、环保、水电、公路、铁路、机场、电力、矿山、冶金等多个部门或行业，随着科学技术的进步，水土保持领域有关基础理论研究不断深入，水土保持新技术、新方法和新工艺应用水平稳步提高，信息化和现代化水平显著提升，这些均需要进行系统的总结和归纳，以全面反映水土保持发展最新成果和动态，这也是水土保持学科良性发展的迫切需要。

第五是满足水土保持从业者渴求的需要。水土保持事业迅速发展造就了一大批从事科学研究、技术推广、规划设计、建设管理的水土保持工作人员和队伍，广大从业者迫切需要一本系统阐述水土保持基础理论、规划设计标准和技术应用实践的权威工具书。

二

《水土保持设计手册》是我国首次出版的水土保持设计方面的工具书。同时也是“十三五”国家重点图书出版规划项目，并获得了国家出版基金的资助。它概括了我国水土保持规划设计的发展水平及发展趋势，不同于一般的技术手册，更不同于一般的技术图书，它是一部合理收集新中国成立以来水土保持规划设计经验，符合新时期水土保持工作需要的综合性手册。编写《水土保持设计手册》遵循的原则：一是科学性原则，系统总结、科学归纳水土保持设计的新理念、新理论、新方法、新技术、新工艺，体现当前水土保持工程规划设计、科学研究和工程技术发展的水平；二是实用性原则，全面分析总结水土保持工程规划设计经验，充分发挥生态建设和生产建设项目各行业设计单位的技术优势，从水土保持工具书和辞典的角度出发，力求编撰成为一本广大水土保持从业人员得心应手的实用案头书；三是综合性原则，水土保持设计基础理论涉及多个学科，水土保持工作涉及多个部门和行业，必须坚持统筹兼顾、系统归纳，全面反映水土保持设计所需的理论知识和应用技术体系，并兼顾专业需要和科学普及知识需要，使之成为一本真正的综合性手册；四是协调性原则，手册编撰要充分处理好水土保持生态建设项目和生产建设项目的差异性，遵循建设项目基本建设程序要求，协调处理好不同行业水土保持设计内容、深度和标准问题，对于不同行业水土流失特点和水土保持设计的关键内容，在现有标准体系框架下尽可能予以协调，确有必要时可以结合行业特点并行介绍。

三

为了做好《水土保持设计手册》编撰工作，2012 年水利部水土保持司成立了由水利、水电、电力、交通、铁路、冶金、煤炭等行业有关单位和高等院校、科研院所主要负责人担任委员的《水土保持设计手册》编撰委员会，并发布了《关于成立〈水土保持设计手册〉编撰委员会的通知》（水保测便字〔2012〕3号）。水土保持司原司长刘震担任编委会主任，具体工作由中国水土保持学会水土保持规划设计专业委员会和水利部水利水电规划设计总院承担。为了充分发挥水土保持设计、科研和教学等单位的技术优势，在各单位申报编制任务的基础上，由水利部水利水电规划设计总院讨论确定各卷、章主编和参编单位以及各卷、章主要编写人员。主要参与编写的单位有120家，参加人员约500人。

《水土保持设计手册》共分3卷，其中《专业基础卷》由水利部水利水电规划设计总院和北京林业大学负责组织协调编撰、咨询和审查工作；《规划与综合治理卷》由水利部水利水电规划设计总院和黄河勘测规划设计有限公司负责组织协调编撰、咨询和审查工作；《生产建设项目卷》由水利部水利水电规划设计总院负责组织协调编撰、咨询和审查工作。

全书经编撰委员会逐卷审查后，由中国水利水电出版社负责编辑、出版、发行。

四

《水土保持设计手册》是我国首部内容涵盖全面的水土保持设计方面的专业工具书，资料翔实、内容丰富，编入了大量数据、图表和新资料、标准，实用性强，全面归纳了与水土保持设计有关的专业知识，对提高设计质量和水平具有重要意义。

《专业基础卷》主要介绍水土保持相关的专业基础知识，包括气象与气候，水文与泥沙，地质地貌，土壤学，植物学，生态学，自然地理与植被区划，水土保持原理，水土保持区划，力学基础，农、林、园艺学基础，水土保持调查、测量与勘察，水土保持试验与监测，水土保持设计基础。

《规划与综合治理卷》包括规划篇和综合治理篇。规划篇内容包括水土保持规划概述，综合规划，专项工程规划，专项工作规划，专章规划；综合治理篇内容包括综合治理概述，措施体系与配置，梯田工程，淤地坝，拦沙坝，塘坝、滚水坝，沟道滩岸防护工程，截排水工程，支毛沟治理工程，小型蓄引用水工程，农业耕作与引洪漫地，固沙工程，林草工程，封育治理和配套工程等。

《生产建设项目卷》内容包括概述，建设类项目弃渣场，生产类弃渣场，拦挡工程，斜坡防护工程，截洪（水）排洪（水）工程，降水利用与蓄渗工程，植被恢复与建设工程，泥石流防治工程，土地整治工程，防风固沙工程，临时防护工程，水土保持监测设施设计。

五

2011年，水利部水利水电规划设计总院组织有关人员研究制定《水土保持设计手册》编撰工作顺利开展的工作方案，并推动成立了筹备工作组。在此之后，经反复讨论与修改，征求行业各方面意见，草拟了工作大纲。2012年，《水土保持设计手册》编撰委员会成立，标志着编写工作全面启动。全体编撰人员将撰写《水土保持设计手册》当作一项时代赋予的重要历史使命，认真推敲书稿结构，反复讨论书稿内容，仔细核对相关数据，整个编撰工作历时六年之久，召开技术讨论与编撰工作会议达50余次，才最终得以完成。

在编撰《水土保持设计手册》工作中，得到了中国水土保持学会的鼎力支持，得到了有关设计、科研、教学等单位的大力帮助。国内许多水土保持专家、学者、教师及中国水利水电出版社的专业编辑直接参与策划、组织、撰写、审稿和编辑工作，他们殚精竭虑，字斟句酌，付出了极大的心血，克服了许多困难。在《水土保持设计手册》即将付梓之际，谨向所有关怀、支持和参与编撰出版工作的领导、专家、学者、教师和同志们，表示诚挚的感谢，并诚恳地欢迎读者对手册中存在的疏漏和错误给予批评指正。

《水土保持设计手册》编撰委员会

2018年7月

目　　录

总　　论

Ⅰ　规　　划　　篇

第1章　水土保持规划概述

第2章　综合规划

第3章 专项工程规划

第4章 专项工作规划

第5章 专章规划

Ⅱ 综合治理篇

第1章 综合治理概述

第2章 措施体系与配置

第3章 梯 田 工 程

第4章 淤 地 坝

第5章　拦　沙　坝

第6章　塘坝、滚水坝

第7章　沟道滩岸防护工程

第8章 截排水工程

第9章 支毛沟治理工程

第10章 小型蓄引用水工程

第11章 农业耕作与引洪漫地

第12章 固 沙 工 程

第13章 林 草 工 程

第14章 封育治理

第15章 配 套 工 程

总　　论

章主编　王治国　王　晶
章主审　孙保平　余新晓

本章各节编写及审稿人员

节次	编写人	审稿人
0.1	王治国	孙保平 余新晓
0.2	王治国　王　晶	
0.3	王治国　王　晶	

总　论

我国是历史悠久的农业大国，在长期的农业生产实践活动中，劳动人民积累了丰富的平治水土的经验，发展了一系列诸如保土耕作、沟洫梯田、造林种草、打坝淤地等水土保持措施，但是作为水土保持学科，其发展历史却很短。20世纪20年代，受西方科学传入的影响，国内少数科学工作者才开始进行水土流失试验研究，并通过不断实践，提出“水土保持”这一科学术语。新中国成立后，在党和政府的重视与关怀下，水土保持事业进入一个全新的历史时期，水土流失预防、治理、监测和监督管理的技术体系在实践中不断发展丰富，形成了我国独具特色的水土保持学科，并从20世纪80年代起制定并形成一系列的技术标准，水土保持从实践提升凝练到理论，再从理论指导到实践并不断发展、创新，为《水土保持设计手册》的编撰提供了坚实的理论与实践基础。

0.1　我国水土保持实践历程

0.1.1　历史上的水土保持实践

西周以前，我国铁器未普遍时，农业生产以游耕、休耕为主要方式，对自然植被和土壤的扰动与破坏能力有限，水土流失问题很小。随着铁器普遍使用及农业技术发展，人类改造自然的能力增强，林草植被不断被垦殖为耕地，水土流失问题显现，人们开始关注水土流失的治理。秦汉时期，人口增加迅速，黄土高原地区土地开垦面积不断扩大，使一部分草地和林地受到人为干扰的破坏，原始生态环境破坏严重。《汉书·沟洫志》上曾记载有“泾水一石，其泥数斗”“河水重浊，号为一石水而六斗泥”，黄河泥沙含量高的特点已经出现。汉之后，朝代更迭，天下分分合合，虽有短时间的北方游牧民族南迁使北方草原植被得以恢复的情况，但为了镇守边疆，实施屯垦，北方草原与森林植被的破坏情况日益严重。同时东汉后期至宋元时期，大批中原士民为避灾荒战乱而南迁，南方山地丘陵垦殖面积扩大，植被破坏，水土流失加剧。在清代中后期，人口不断增加，1840年达到4亿人，粮食短缺严重，16世纪传入我国的玉米、花生、甘薯、马铃薯等外来作物，因适于山坡地种植而在全国得以普遍推广，山区丘陵区毁林开荒和垦殖加剧，加之伐木烧炭、经营木材、采矿冶炼等导致水土流失十分严重。据史念海教授分析研究，周代黄土高原森林覆盖率为53%，而到20世纪50年代初仅有8%。

水土流失治理实践的发端可追溯到夏商周时期（公元前16—前11世纪），当时山林、沼泽设官禁令，并采用区田法、平治水土等措施来防止水土流失和水旱灾害，使“土返其宅，水归其壑”。据《尚书·舜典》所记，“帝曰：‘俞，咨！禹，汝平水土’”，言平治水土，人得安居也。《尚书·吕刑》篇有“禹平水土，主名山川”的记载。《诗经》中有“原隰既平，泉流既清”的词。从“平治水土”开始，伴随着农业生产发展，我国劳动人民在生产实践中创造了一系列蓄水保土措施，并提出了沟洫治水治田、任地待役、师法自然等有利于水土保持的思想。民国时期，国家内忧外患，政府很难在国家层面上开展水土保持工作，只能开展小范围试验研究，值得一提的是，20世纪30—40年代，针对治黄开展了采取水土保持措施防止泥沙入河的研究试验，既是水土保持实践的重要转折，也为现代水土保持学科的建立奠定了基础。

0.1.2　新中国成立以来水土保持实践

新中国成立之前，尽管在当时的金陵大学和北京大学森林系开设有保土学课程，但水土保持尚不能称为学科。新中国成立之后，党和政府对水土保持工作十分重视，水土保持才成为一门独立的学科。

1952年，政务院发出《关于发动群众继续开展防旱、抗旱运动并大力推行水土保持工作的指示》，1956年成立了国务院水土保持委员会，1957年国务院发布了《中华人民共和国水土保持暂行纲要》，1964年国务院制定了《关于黄河中游地区水土保持工作的决定》，1955—1982年先后召开了4次全国水土保持工作会议。1982年6月30日，国务院批准颁布了《水土保持工作条例》。1991年6月29日，第七届全国人大常委会第二十次会议通过了《中华人民共和国水土保持法》之后，我国水土保持步入法制化建设的轨道。2010年第十一届全国人大常委会第十八次会议对《中华人民共和国水土保持法》进行了修订，进一步强化了水土保持地位和有关要求。

20世纪80年代初，我国开始对水土保持进行全面的总结和推广，国家从1983年开始安排财政专项资金实施国家水土保持重点治理工程，1986年安排中央水利基建投资，实施黄河中游治沟骨干工程，逐步形成了以小流域为单元山水田林路综合治理的一整套技术体系。1988年长江流域发生洪灾，水土保持在治理江河中的作用再次受到关注，1989年国家在长江上中游实施水土保持综合治理工程，经过近20年的努力，形成了以坡耕地整治、坡面水系工程、林草措施相互结合且适应于该地区的综合治理技术体系。1998年长江流域再一次发生特大洪水灾害，水土保持问题引起国家高度重视。1998年以后，国家在继续实施并扩大原有水土保持重点工程建设规模的基础上，又先后启动实施了中央财政预算内专项资金水土保持重点工程、晋陕蒙砒砂岩区沙棘生态工程、京津风沙源区水土保持工程、首都水源区水土保持工程、黄土高原淤地坝工程、黄土高原世界银行贷款水土保持一期及二期项目，重点工程建设进入全面推进阶段。水土保持的任务除治理江河外，仍然是改善农村基础设施条件以及解决农村生产和生活问题，目的是使农民脱贫致富。

2000年之后，随着国家经济发展和综合国力的提升，国家将生态保护提到了议事日程，但粮食安全、“三农”发展仍是国家长久需要解决的问题。为了保护和抢救土壤资源，保障粮食安全，2000年国家又在东北黑土区、珠江上游南北盘江石灰岩区开展水土流失综合防治试点工程。2007年6月，国务院又批准开展西南地区石漠化防治规划，之后又批复开展全国坡耕地水土流失综合治理，重点区域水土保持综合治理工程、京津风沙源综合治理、国家农业综合开发水土保持项目等建设范围进一步扩大，同时还实施了丹江口库区水土流失与水污染防治、云贵鄂渝世界银行贷款水土保持等项目。随着我国生态建设规模和内容的不断扩大与丰富，最终提升到生态文明建设的高度。水土保持也在清洁小流域建设、水源地面源污染防治及水质保护、城市水土保持等方面不断拓展，水土保持进入新的历史发展阶段。但我国老少边穷地区水土流失面积占全国水土流失面积的82%，防治水土流失、保护土壤、提高土地生产力、发展农村经济，仍是水土保持的重要任务。

20世纪90年代中后期，随着国家基本建设规模的不断扩大，生产建设项目水土流失问题引起国家的高度关注。根据《中华人民共和国水土保持法》的规定，预防监督逐步深入。在生产建设项目水土保持方案编制和审批以及水土保持设施建设、监理、监测、执法检查和竣工验收方面形成了一整套完整的制度和技术体系，进一步完善了水土保持学科实践体系。

回顾我国水土保持60多年的历程，不难发现，20世纪50—70年代水土保持主要集中在黄土高原地区，特别是20世纪70年代，兴修水利，大搞基本农田建设，黄土高原水土保持在淤地坝、机修梯田、引水拉沙、引洪漫地等方面技术得到快速发展。此间水土保持的任务主要是减少入河泥沙、整治国土、建设基本农田，促进粮食生产，发展农村经济。20世纪90年代后，水土保持将促进农村经济发展寓于综合治理措施之中，将国家的宏观生态效益寓于农民的微观经济活动中，将治理水土流失与群众治穷致富有机地结合起来，着力改善农村生产生活条件，改变农村面貌，实现水土资源合理开发、利用和保护，促进经济、社会和环境的协调发展。近年来，水土保持不断向改善生态环境、保护水源地、维护人居环境方面拓展。但就全国而言，水库、江河、湖泊普遍存在着泥沙淤积，干旱、洪涝灾害以及由此而引起的粮食安全、农村经济发展滞后等，仍是需要长期解决的问题。

总结我国水土保持实践与发展历程，分析社会经济发展状况和趋势，可以看出我国水土保持内涵是保护和合理利用水土资源，通过小流域水土流失综合治理，充分发挥其在江河整治、耕地保护、粮食安全、生产发展、农村经济发展、生态环境保护等方面的作用。随着国家经济社会的发展，水土保持外延在不断拓展，一是生产建设项目水土保持，即有效遏制因基本建设造成的水土流失，解决边治理边破坏的问题；二是饮用水源地保护，即通过水土保持，维护和增加水源涵养和水质维护功能，在保障饮水安全方面发挥作用；三是结合新农村建设和乡村振兴，通过山水田林草路湖综合整治，改善农村基础设施和生产生活条件。

0.2　我国水土保持的学科体系

水土保持是涉及力学、地质地貌学、生态学、土壤学、气象学、自然地理学等众多基础学科，以及水利工程、林业、农业、牧业、园林、园艺、监督管理等领域的应用学科的交叉性和综合性学科。通过相当长时期的生产实践，在几十年的教学、科研试验的基础上，经过不断地总结提升，水土保持已在勘测、规划、设计、施工、教育、科学、推广等方面形成完整的学科体系。

0.2.1 学科形成与发展过程

我国水土保持学科形成始于20世纪20年代。1922—1927年，受聘南京金陵大学森林系的美国著名林学家、水土保持专家罗德民（Walter Clay Lowdermilk）教授，对山西黄河支流及淮河等地进行森林植被与水土保持的调查研究，对治理黄河提出一些探索性意见，同时也为我国培训了一批水土保持专业人才。1940年李仪祉先生提出治黄方略，认为黄河中游水土流失治理是黄河泥沙的根本措施，故黄河水利委员会成立林垦设计委员会（后改名为水土保持委员会）。1941年我国土壤学家黄瑞采首先提出“水土保持”这一科学术语，当时的黄河水利委员会筹建了我国国内第一个水土保持试验机构——陇南水土保持试验区。之后，在重庆歌乐山建立水土保持示范场，在福建长汀设立水土保持试验场，在甘肃天水设立了水土保持实验区（天水水土保持试验站的前身），同时开展一系列保土植物实验与繁殖、坡田保土蓄水试验、径流小区试验、土壤渗漏测验、沟冲控制、柳篱挂淤示范和荒山造林试验研究等。1945年还在重庆成立了中国水土保持协会。虽然限于历史条件，难以形成真正的一门学科，但当时水土保持科学试验研究为我国水土保持学科的形成与发展奠定了一定的基础。

新中国成立后，黄河水利委员会建立了完整的试验研究机构，中国科学院成立了水土保持研究机构，在水土保持重点省份建立了水土保持研究机构，1958年原北京林学院（现北京林业大学）在“森林改良土壤学”课程的基础上成立了水土保持专业，1980年成立了水土保持系，1992年成立了水土保持学院，1986年之后西北农林科技大学（原西北林学院）、西北农业大学、内蒙古农业大学、山西农业大学等20多所高等院校先后成立水土保持专业，并有多个硕士、博士点及博士后流动站，水土保持学科成为国家生态建设方面重要的学科之一。

2010年12月25日修订颁布的《中华人民共和国水土保持法》明确规定：水土保持是指对自然因素和人为活动造成水土流失所采取的预防和治理措施，水土保持的目的是保护和合理利用水土资源，减轻水、旱、风沙灾害，改善生态环境，发展生产。从法律层面上分析，水土保持包括由自然因素造成的水土流失的防治和由人为因素造成的水土流失的防治，前者实际上就是以小流域为单元的综合治理及相应的配套措施；后者就是生产建设项目水土保持。水土保持的根本任务是保护和合理利用水土资源、减少入河（江、湖、库）泥沙、防灾减灾，最终落足点是改善生态和促进农村发展；同时，明确了我国水土保持工作实行“预防为主、保护优先、全面规划、综合治理、因地制宜、突出重点、科学管理、注重效益”的方针。国家将《中华人民共和国水土保持法》归属于资源法的范畴，充分反映了我国国情。

从水土保持学科划分方面分析：中国科学院将其划入自然地理与土壤侵蚀学科；教育部先将其划入林学科，后改划入环境生态学科；农业部将其划入农业工程学科；水利部将其划入水利工程学科，学科定位问题可谓长期纷争，时至今日仍没有解决，实质上也反映了我国水土保持作为一门新兴交叉学科，尚需不断发展和完善。关君蔚先生很早就提出水土保持学科应具有自己的特色，其是集科学性、生产性和群众性于一体的学科，是以地学、生态学、生物学为基础，农、林、牧、水多方面理论与实践的综合。

《中国大百科全书 水利卷》定义水土保持学为一门研究水土流失规律和水土保持综合措施，防治水土流失，保护、改良与合理利用山丘区和风沙区的水土资源，维护和提高土地生产力，以利于充分发挥水土资源的生态效益、经济效益和社会效益的应用技术科学。从技术角度看，水土保持是一门通过研究地球表层水土流失规律，并采取工程、植物和农业等技术防治水土流失，并达到改善生态环境，改善农民生产生活条件和促进农村经济发展目的的综合性技术学科。目前，我国水土保持学科体系基本建立健全，与美国、英国的土壤保持学、日本的砂防学、德国的荒溪治理学相比内容更为广泛，并独具中国特色。

0.2.2 水土保持学科体系

水土保持学科涉及地质地貌、气象、土壤、植物、生态、水利工程、农业、林业、牧业等多方面，主要包括基础理论与应用技术体系、水土保持规划与设计技术体系、水土保持施工技术体系和水土保持监督管理体系。在实践层面上表现为水土保持规划与设计技术体系、施工技术体系及监督管理体系（图0.2-1）。

0.2.2.1 基础理论与应用技术体系

1. 水土保持原理与区划规划应用技术

水土保持原理是水土保持学科基础理论与应用技术的核心，是以土壤侵蚀学为基础融合地理学、生态学、植物学及工程技术原理而形成的水土流失综合防治的基本原理，主要包括水土流失发生发展规律及影响因素、水土流失预测预报、水土流失防治的生态控制理论及生态经济理论、水土流失防治途径与技术。应用水土保持原理对区域水土流失类型及特点、经济社会发展状况深入研究，建立分级水土保持区划体系，并提出不同分区的水土流失防治方略和工作方

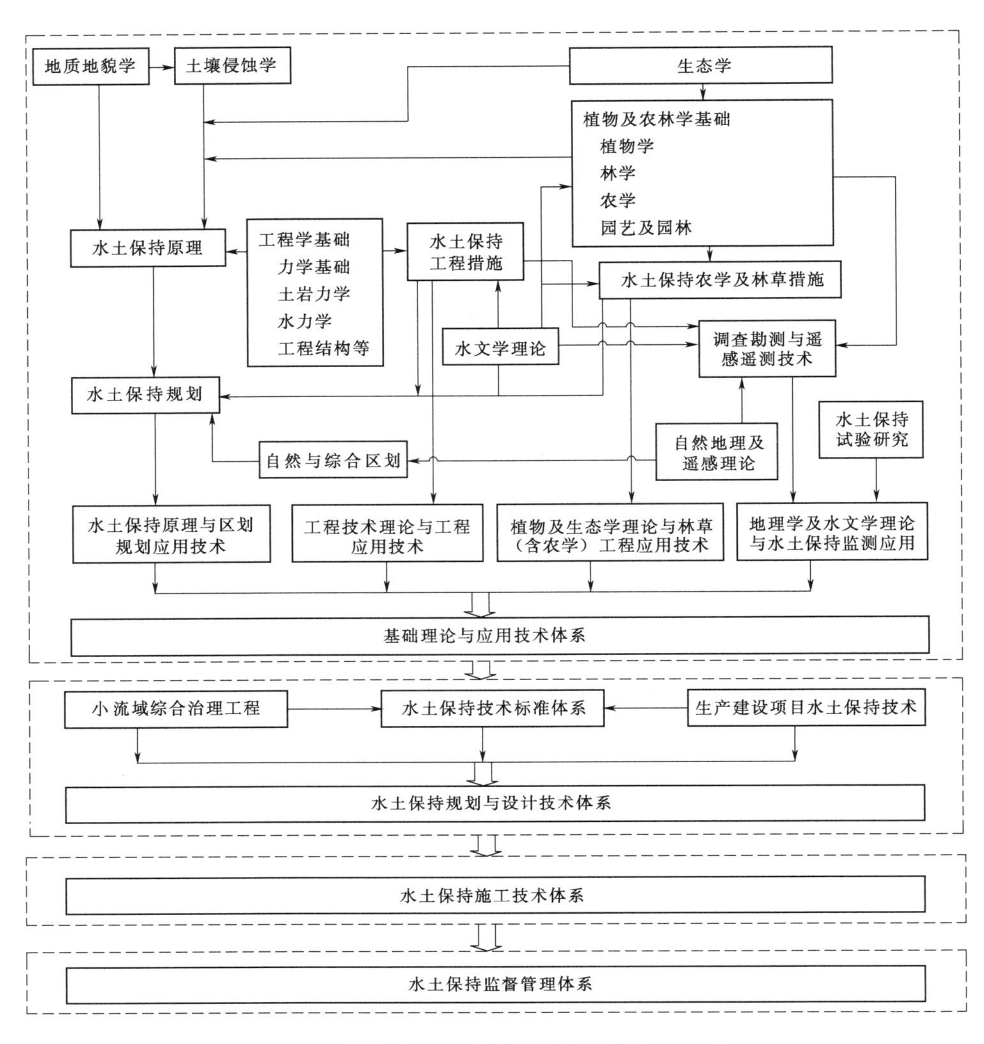

图 0.2-1　水土保持学科体系

向、途径与技术措施及配置。以此为基础，通过应用实地调查统计、地理信息技术、人文科学理论对区域水土保持进行规划。水土保持区划与规划技术是体现水土保持学科综合性的最重要环节，也是水土保持所有应用技术的总纲和指针。

2. 水土保持工程基础理论与应用技术

工程基础理论包括理论力学、材料力学、结构力学等基础力学理论，以及水文学、工程地质、水力学、土力学和岩石力学等专业基础理论，是各类水土保持工程措施的配置与设计原理和方法的基础支撑。水土保持应用技术则是应用工程专业基础理论，吸纳小型水利工程、小流域综合治理经验及生产建设项目水土保持工程的实践经验形成的，主要包括以下几种。

（1）坡面及边坡防护工程：梯田、截水沟埂、水平沟、水平阶、水簸箕、鱼鳞坑、削坡开级、抗滑减载工程等。

（2）沟道治理工程：拦沙坝、淤地坝、谷坊、沟头防护工程。

（3）滩岸防护工程：护地堤、顺坝、丁坝等。

（4）截水排水排洪工程：坡面截流沟、排水沟、截排洪工程等。

（5）小型蓄水用水工程：水窖（旱井）、涝池、蓄水池、塘堰（陂塘）、滚水坝、小型引水和灌溉工程等。

（6）泥石流防治工程：拦沙坝（格栅坝、桩林等）、排导槽、停淤场等。

（7）土地整治工程：引洪漫地、引水拉沙造地、生产建设项目扰动土地整治工程等。

（8）弃渣场防护工程：弃渣拦挡工程、弃渣坡面防护工程等方面的技术。

3. 植物及生态学理论与林草（含耕作）工程应用技术

林草（含耕作）措施是防治水土流失的根本措施。在吸纳造林学、草（牧草、草坪、草原）学、经济林栽培学、园林植物学等相关学科技术基础上，形成的不同立地或生境条件下各类林草（含耕作）措施的配置原理与技术原理及方法是林草工程设计的重要基础，其基础理论主要包括植物学及植物生理学基础、生态学基础、森林生态学、农田生态学、景观生态学，核心是植物及生态学，重点是生态系统中生物之间和生物与环境相互关系的理论。主要应用技术包括水土保持林、水源涵养林、防风固沙、经济林的营造技术，种草及草原经营管理技术，侵蚀劣地绿化、弃渣场绿化、高陡边坡绿化、废弃土地绿化、景观绿化等技术以及保土保水耕作技术等。

4. 地理学及水文学理论与水土保持监测应用技术

水土保持监测技术是水土保持动态监控、预报和管理的基础，其主要基础理论是地理学与水文学，特别集中体现现代地理学理论、方法和技术的地理信息系统（GIS），水文学相关水文循环、流域的产流汇流、产沙与输沙等方面的理论。地理学及水文学理论与数学及信息技术的结合，使得区域数字地形模型、土壤侵蚀模型、小流域水文动态模型及产流产沙模型，水土保持效益评价模型等广泛应用于水土保持监测预报，同时也应用于生产建设项目水土流失及其防治效果的监测。水土保持监测技术主要包括水土流失调查与动态监测、滑坡泥石流预警预报和水土保持效果监测等技术，主要包括普查、抽样调查、遥感调查、定位观测等技术。

0.2.2.2　水土保持规划与设计技术体系

1. 技术标准体系

我国地域广大，不同区域工作方向、水土流失防治措施不相同，建立规划与设计技术标准体系十分重要。2001年水利部发布了《水利技术标准体系表》，水土保持技术标准的制定有序进行，近几年对水土保持规划与设计技术标准修订或制定工作基本完成，和规划与设计相关的标准主要有《水土保持规划编制规范》（SL 335）、《水土保持工程项目建议书编制规程》（SL 447）、《水土保持工程项目可行性研究报告编制规程》（SL 448）、《水土保持工程初步设计报告编制规程》（SL 449）、《水土保持工程调查与勘测标准》（GB/T 51297）、《水土保持工程设计规范》（GB 51018）、《水土保持治沟骨干工程技术规范》（SL 289）、《水坠坝设计规范》（SL 302）、《开发建设项目水土保持技术规范》（GB 50433）、《开发建设项目水土流失防治标准》（GB 50434）、《水利水电工程水土保持技术规范》（SL 575）等。鉴于小流域综合治理调查与勘测工作量大，今后仍需根据不同分区小流域治理技术措施及配置模式，建立适应于我国各水土保持分区的小流域治理水土保持设计规范，特别是不同水土保持分区的水土保持植被配置设计规范、生产建设项目水土保持技术规范方面，还需总结现有生态边坡防护技术，研究制定高陡边坡生态防护设计规范。

2. 区划与规划体系

水土保持规划是水土保持工作的顶层设计，而水土保持区划是规划的基础。2015年国务院批复了《全国水土保持规划》，其中全国水土保持区划采用三级分区体系。全国水土保持区划方案并分级分区制定了水土流失防治方略、工作方向、区域布局，同时以三级区水土保持主导基础功能为依据，拟定了各三级区的防治途径与技术体系。以全国水土保持区划为基础，进一步开展省级水土保持区划，共同构建我国不同层级完整区划体系。以区划体系为基础建立不同区域不同功能条件下水土流失综合防治途径与模式是水土保持规划设计的重要依据。

水土保持规划包括综合规划和专项规划。综合规划主要解决区域总体布局、防治目标与任务、区域与项目布局、综合治理、预防保护和综合监管规划等。综合规划主要包括国家水土保持战略性规划（纲要）、流域规划和区域规划。目前，全国水土保持规划已批复，开展流域、各省（自治区、直辖市）、市、县不同层级的水土保持规划并最终形成分流域、分区域、分层次的统一协调的水土保持规划体系是今后一段时间水土保持工作的重要任务。专项规划包括专项工程规划与专项工作规划，专项工程规划是针对特殊区域水土流失防治工程而进行的，如《东北黑土区水土流失综合防治规划（2006—2020年）》《丹江口库区及上游水污染防治和水土保持规划（2004—2020年）》《珠江上游南北盘江石灰岩地区水土保持工程建设规划（2006—2020年）》《南方崩岗防治规划（2008—2020年）》等；专项工作规划是针对某专项工作而进行的，如《全国水土保持预防监督纲要（2004—2015年）》《全国水土保持监测纲要（2006—2015年）》《全国水土保持科技发展纲要（2008—2020年）》《全国水土保持信息化发展纲要（2008—2020年）》等。

3. 设计技术体系

水土保持设计技术体系是水土保持工程建设的基础与保障。水土保持工程措施与林草措施类型宽泛、规模小。受区域范围与地形限制，设计多采用单项设计与典型设计结合，初步设计与施工图设计结合，并以满足施工要求为前提的简化设计方法，即淤地坝、拦沙坝、塘坝、拦渣坝等相对较大的工程采用单项设计；林草措施以及梯田、谷坊、沟头防护等小型工程采用典型设计。需要注意的是，区域水土流失综合治理设计应注重生态与经济相结合，着力将综合治理与生态环境改善与农村生产生活条件改善、农村经济发展相结合，此类除少数淤地坝、塘坝等单项工程需进行单项设计外，大部分措施分布在一定的区域范围内，设计调查与勘测工作量大、设计技术则相对简单，通常在初步设计阶段等需逐小班进行设计；生产建设项目水土保持则应更加注重水土资源与植被的保护，在主体工程安全的前提下，优先考虑生态与植物措施，经济合理地配置各项目措施。

经过多年的实践，水土保持设计技术体系已基本形成。包括两大部分：一是水土保持设计基础，主要包括设计理念与原则、设计阶段划分与要求、工程级别与设计标准、设计计算、工程类型与结构、调查与勘测、工程制图、工程量计算、施工组织设计、工程概预算、效益分析及国民经济评价等；二是区域水土流失综合治理工程设计与生产建设项目水土保持工程的各类措施具体设计原则、原理与方法，详见本手册《规划与综合治理卷》和《生产建设项目卷》。

4. 施工技术体系与监督管理体系

施工技术体系是工程实施建设的关键，主要包括施工方法、施工技术要点；监督管理体系则包括法律法规体系、执法监督体系、工程建设管理体系等，此部分内容不作详细讨论，只是在各项目措施设计中简要介绍施工技术要求。

0.3 《水土保持设计手册》结构与内容

为了加强水土保持规划设计技术体系建设，分析水土保持学科体系及所需知识结构，依据现有水土保持规划与水土保持工程设计技术标准，充分总结水土保持规划设计与工程建设的实践经验，考虑已出版的《生产建设项目水土保持设计指南》《水工设计手册 第3卷 征地移民、环境保护与水土保持》的应用情况，编写《水土保持设计手册》，以完整建立健全我国水土保持规划设计体系。

鉴于目前我国水土保持规划与工程设计工作集中在两个方面，一是以小流域水土流失综合治理为主的水土保持生态建设；二是生产建设项目水土流失防治。从规划与设计所需专业基础知识方面没有本质的区别，只是在具体措施配置及设计内容和要求方面有所区别。因此，本手册分3卷进行编撰，即《专业基础卷》《规划与综合治理卷》和《生产建设项目卷》。

为了保证水土保持学科知识体系的完整性，《专业基础卷》包括了工程和植物两大方面的专业基础知识，涉及力学、地学、植物学、生态学、农学、林学、牧草、园林、园艺、水利工程等，同时考虑到水土保持生态建设和生产建设水土保持均需相应的工程和林草设计基础，因此将设计理念与原则、设计计算、工程类型与结构、工程制图、施工组织设计、工程管理、水土保持投资编制和效益分析与经济评价等列入。

水土保持规划主要是针对水土保持生态建设工作，同时也涵盖对生产建设项目监督管理的顶层设计。但其主要是服务于小流域综合治理的，因此将其合并为一卷。综合治理与生产建设项目水土保持采取的措施有不同的也有相同的。为了避免重复，根据措施在这两方面工作中使用的频率大小，确定列入。如泥石流防治和滑坡治理技术措施多应用于生产建设项目，个别情况也在小流域治理中应用，故将其列入《生产建设项目卷》；再如防风固沙工程在两个方面均有应用，但大面积应用于水土保持生态建设，所以将其主要内容列入《规划与综合治理卷》。在《生产建设项目卷》做简要说明。

参 考 文 献

[1] 王治国．试论我国水土保持学科的性质与定位——川陕“长治工程”中期评估考察的思考［J］．中国水土保持科学，2007，5（6）：87-92.

[2] 王治国，王春红．对我国水土保持区划与规划中若干问题的认识［J］．中国水土保持科学，2007，5（1）：105-109.

[3] 王治国，郭索彦，姜德文．我国水土保持技术标准体系建设现状与任务［J］．中国水土保持，2002（6）．16-17.

[4] 李贵宝，叶伊兵．水土保持技术标准（一）［J］．南水北调与水利科技，2010（2）：159-160.

[5] 张长印，陈法扬．试论我国水土保持技术标准体系建设［J］．中国水土保持科学，2005，3（1）：15-18.

[6] 王向东，高旭彪，李贵宝．水土保持标准剖析与标准体系完善建议［J］．水利水电技术，2009，40（4）：66-69.

[7] 田颖超．关于制定水土保持规划技术标准的探讨［J］．水土保持通报，1996，16（1）：32-35.

[8] 王治国，朱党生，张超．我国水土保持规划设计体系建设构想［J］．中国水利，2010（20）．

[9] 姜德文．水土保持学科在实践中的应用与发展［J］．

中国水土保持科学，2003，1（2）：88-91.
[10] 王卫东，孙天星，郑合英．浅谈水土保持学科体系的组成［J］．中国水土保持，2003，9：17-18.
[11] 关君蔚．中国水土保持学科体系及其展望［J］．北京林业大学学报，2002，24（5）：273-276.
[12] 吴发启．水土保持学科教学体系构建的思考［J］．中国水土保持科学，2006，4（1）：5-9.
[13] 全国水土保持规划领导小组办公室，水利部水利水电规划设计总院．中国水土保持区划［M］．北京：中国水利水电出版社，2016.
[14] 史念海．黄土高原历史地理研究［M］．郑州：黄河水利出版社，2001.

Ⅰ 规 划 篇

第1章　水土保持规划概述

章主编　王治国　张　超　纪　强
章主审　张玉华　闫俊平

本章各节编写及审稿人员

节次	编写人	审稿人
1.1	王治国　张　超　孟繁斌	张玉华　闫俊平
1.2	张　超　纪　强　王春红　李小芳　牛兰兰	
1.3	张　超　孟繁斌　李小芳	

第1章 水土保持规划概述

1.1 概念、原理与方法

1.1.1 规划的定义和基本特征

规划就是一项长远的战略性的实施计划，或者说是在准备启动实施项目前，对如何开展项目而制定详细决策的过程。规划的本质就是在一定社会经济条件下，在某一时间和空间上，预设一定目标，并通过一定的过程控制，努力使之达到目标的一种计划。不管是政府部门还是企业，规划一旦制定并批复都应严格执行。

规划具有五个方面的特征：一是首要性，即在某一行政区域或某一领域内具有最高统领和指导性作用；二是前瞻性，对于中长期规划应有长远的战略眼光，充分考虑长期发展；三是合理性，即规划必须做到科学性和可操作性相结合，过分强调某一方面都会影响规划的执行；四是时效性，对于规划期（从规划基准年至规划水平年）较长的中长期规划，应适时修订以保证有效性；五是连续性，规划到期实施完成后，应对规划执行情况进行深入分析评估，并根据实际需求进行续编。

1.1.2 水土保持规划定义与作用

1. 定义

水土保持规划是水土保持工作的总体部署或特定区域的专项部署，也是水土保持前期工作的基础。本质上讲，水土保持规划就是在一定时间段、一定空间上，为了达到水土流失综合防治目标而制订的一整套行动计划。

2. 作用

（1）水土保持规划是践行生态文明要求的具体行动。水土资源是生态环境良性演替的基本要素，水土保持是我国生态文明建设的重要内容。水土保持规划应突出尊重自然、顺应自然、保护自然的生态文明理念，指明全面建成与我国经济社会发展相适应的水土流失综合防治体系的路线图和时间表、具体步骤和实现途径，是落实生态文明总体部署的行动纲领和科学指南。

（2）水土保持规划是实现全面建成小康社会目标的重要保障。我国76%的贫困县和74%的贫困人口都聚集在水土流失严重地区，80%以上的水土流失面积分布在老少边穷地区，水土保持规划充分考虑水土流失严重地区的治理需求，因地制宜，科学施策，最大限度发挥水土保持的生态、经济和社会效益，在有效保护和合理利用水土资源的同时，促进治理区群众脱贫致富，加速实现小康。

（3）水土保持规划是履行《中华人民共和国水土保持法》赋予职责的必然要求。《中华人民共和国水土保持法》强调的规划法律地位、政府主体责任、预防保护规定和法律责任追究等要求，需要通过规划来落实。

（4）水土保持规划是提升水土流失防治水平的实现途径。水土保持规划在凝练多年防治经验的基础上，提出了提升防治水平、强化薄弱环节的总体设计，注重发挥大自然自我修复能力，加快了防治进程；注重防治的针对性、精准性和科学性，通过水土保持区划，明确了不同区域的主导功能和防治方向；注重基础能力的提升，全方位强化了监测、科技和信息化建设，加强了监督执法、宣传教育和制度创新。

1.1.3 水土保持规划类型、性质与体系

根据《中华人民共和国水土保持法》、《水土保持规划编制规范》（SL 335—2014），将水土保持规划分为综合规划和专项规划两大类。

水土保持综合规划是指以县级以上行政区或流域为单元，根据区域或流域自然与社会经济情况、水土流失现状及水土保持需求，对预防和治理水土流失，保护和利用水土资源作出的总体部署，规划内容涵盖预防、治理、监测、监督管理等。水土保持综合规划是《中华人民共和国水土保持法》中规定由县级以上人民政府或其授权部门批复的水土保持规划，是一种中长期的战略发展规划。综合规划按不同级别进行分类，包括国家级、流域级、省级、市级、县级水土保持规划。

水土保持专项规划是指根据水土保持综合规划，对水土保持专项工作或特定区域预防和治理水土流失

而作出的专项部署。水土保持专项规划是在综合规划指导下的专门规划，通常是项目立项的重要依据，也可直接作为工程可行性研究报告或实施方案编制的依据。

专项规划包括两种类型：一类是专项工程规划，如东北黑土区水土流失综合防治规划、黄土高原地区综合治理规划、坡耕地综合治理规划、黄土高原地区水土保持淤地坝规划等；另一类是专项工作规划，如水土保持监测规划、水土保持科技支撑规划、水土保持信息化规划等。

我国水土保持规划体系构成见表Ⅰ.1.1-1。

表Ⅰ.1.1-1 我国水土保持规划体系构成表

分级层面		综合规划	专项规划		备注
			专项工程规划	专项工作规划	
国家级	全国	√		√	
	流域	√		√	跨省的大流域
	特定区域		√		跨省区域或对象
省级	全省	√		√	
	特定区域		√		省内部分区域（流域）或对象
市级	全市	√		√	
	特定区域		√		市内部分流域或片区
县级	全县	√		√	
	特定区域		√		县内部分流域或片区

注 专项工程包括以大中流域为单元的综合防治、侵蚀沟或崩岗、坡耕地整治、淤地坝等。

1.1.4 水土保持规划基本原理

1.1.4.1 系统理论

水土保持是包括生态、经济和社会等要素的大系统，在系统内部，生态、经济、社会各子系统有着一定的结构、层次和功能。因此，在水土保持规划过程中要将系统论的思想和方法贯穿于其中。

在应用系统论时遵循的基本原则如下：

（1）系统性。系统论的核心思想是系统的整体观念，也就是有机整体性原则，即系统中的各要素不是作为孤立事物，而是作为一个整体出现和发挥作用的。水土保持规划通过协调预防、治理和综合监管各方面来实现水土资源的合理保护与利用，综合考量水土保持工作的各个方面，遵从全面和全局的观点，从区域水土保持的整体效果来构思总体方略。

（2）动态性。动态性是系统能够自动调节自身的组织、活动的特性。当系统内部达到良性循环时，系统就具有自动调节的能力。水土保持规划必须遵循水土流失、经济社会发展过程的阶段性，在规划中找到发展、保护、利用和开发的平衡点。随着经济社会发展和转型，人口劳动力、城镇化建设、资源开发、基础设施建设等形势的变化，给水土保持带来了新挑战、新问题、新机遇，人民生活不断改善、生态意识日益增强对水土保持提出了新要求，这些都需要在规划中进行协调，使规划布局、任务安排满足经济社会发展和水土流失防治的要求。

（3）协调性。协调性是指在特定的阶段内，使系统对象和各组成要素处于相互和谐的状态，并按照有序状态运转。水土保持规划既要着重水土流失防治，发挥水土保持整体功能，又要统筹兼顾国家与流域、流域与区域、城市与农村、建设与保护、重点区域与一般区域之间的关系，形成以规划为依据、政府引导、部门合作、全社会共同治理水土流失的局面。水土保持规划还需要考虑需求的协调性，水土保持具有改善农业生产条件和推动农村发展、改善生态系统与维护生态安全、促进江河治理与减轻山洪灾害、保障饮用水安全与改善人居环境等各方面的需求，规划中要统筹协调各区域各方面的不同需求，推动区域协调健康发展。

水土保持规划中，生态、经济、社会等要素构成一个有机整体，生态、经济和社会三个子系统间相互联系、相互影响，经济发展和社会进步必须以生态环境为基础，而生态环境的建设和保护又必须以经济发展和社会进步为保障。

1.1.4.2 可持续发展理论

生存和发展是人类社会永恒的主题，二者辩证统一即为可持续发展。可持续发展是在斯德哥尔摩召开的“人类环境会议”（1972年）中提出的。其目标是社会持续发展，其基础是经济增长，必要条件是资源的供给和环境的保护。要实现经济、社会可持续发展，必须克服传统的只重视资源开采、忽视环境保护、简单盲目的扩大再生产观念，经济、资源、环境协调发展是实现可持续发展的重要前提。可持续发展包含了两个基本要点：一是强调在人与自然和谐共处的基础上追求健康而富有生产成果的权利，而不应当在耗竭资源、破坏生态和污染环境的基础上追求这种发展权利的实现；二是强调当代人与后代人创造发展与消费的机会是平等的，当代人不能一味地、片面地和自私地为了追求今世的发展与消费，而剥夺后代人本应享有的同等发展和消费的机会。可持续发展理论是当代处理发展与环境关系的科学理论，它更突出发展与环境的相互关系及其动态变化。可持续发展理论是对综合系统时空行为的规范，从水土保持规划上看，规划理念要从过去为农业发展服务转移到可持续发展的理念上来；而且在规划过程中，在区域的性质分异和等级划分中，不仅要看结构与功能的分异，而且要从更深层次上分析其动态变化趋势。

1.1.5 水土保持规划方法

1.1.5.1 资料收集和调查研究

规划编制要采用政府公布的现状水平年的统计数据，批复规划中的数据，以及由各级政府部门确认的上报数据。规划要注重实地调研，掌握实际情况和需求；针对重大技术问题开展专题研究；规划编制要注重应用遥感、地理信息系统等新技术，提高工作效率。

1.1.5.2 “自上而下”与“自下而上”相结合

规划编制要听取各方意见，充分发挥专家作用。采取“自上而下”和“自下而上”相结合的工作方式，针对重要中间成果，进行反复磋商。规划要协调相关规划，确保规划间生态建设与保护目标任务的一致性。

1.2 规划依据、原则和基础

1.2.1 依据与原则

1.2.1.1 规划依据

(1) 法律法规。《中华人民共和国水土保持法》第十四条规定“县级以上人民政府水行政主管部门会同同级人民政府有关部门编制水土保持规划，报本级人民政府或者其授权的部门批准后，由水行政主管部门组织实施。水土保持规划一经批准，应当严格执行；经批准的规划根据实际情况需要修改的，应当按照规划编制程序报原批准机关批准。”

(2) 上级规划。下级规划应以上级规划为依据，专项规划应以相应的综合规划为依据。

(3) 规划任务书。规划编制应根据规划任务书的要求开展。

1.2.1.2 规划原则

水土保持规划应根据规划指导思想，遵循统筹协调、分类指导、突出重点、广泛参与的原则开展编制工作。

统筹协调：水土保持是一项复杂的、综合性很强的系统工程，涉及水利、国土、农业、林业、交通、能源等多学科、多领域、多行业、多部门。编制水土保持规划必须充分考虑自然、经济和社会等多方面的影响因素，协调好与其他行业的关系，分析经济社会发展趋势，合理拟定水土保持目标、任务和重点。

分类指导、突出重点：我国幅员辽阔，自然、经济、社会条件差异大，水土流失范围广、面积大，形式多样、类型复杂。水力、风力、重力、冻融及混合侵蚀特点各异，防治对策和治理模式各不相同。因此，必须从实际出发，对不同区域水土流失的预防和治理区别对待，因地制宜、分区施策，突出重点。

广泛参与：水土保持规划编制不仅是政府行为，也是社会行为。规划编制中要充分征求专家和公众的意见。征求有关专家意见，提高规划的前瞻性、综合性和科学性；征求公众意见，维护群众的利益，提高规划的针对性、可操作性和广泛性。

1.2.2 规划基础

水土保持规划基础主要包括水土保持区划、水土流失重点防治区划分和规划基础资料及来源。

1.2.2.1 水土保持区划

水土保持区划是水土保持规划的基础，规划是在区划指导下完成的。水土保持区划是一项基础性的工作，是一个宏观的、战略的技术文件，对水土保持规划有着非常大的指导意义，指明了不同时期不同区域水土保持的工作方向。根据区域自然、社会经济和水土流失状况制定的水土保持区划，充分体现了水土流失防治因地制宜的要求，根据不同区域的基础情况制定相应的农业结构调整方案、水土保持措施布局和经济发展方向，对水土保持科学决策具有重要意义。

全国水土保持区划的详细内容，参见本手册《专业基础卷》第9章。

1.2.2.2 水土流失重点防治区划分

1. 概念与作用

我国水土流失分布面广、类型复杂、形式多样，土壤侵蚀强度及危害程度地区差异极大，水土流失对不同区域生态安全、经济发展以及群众生产生活的影响也不相同，为了有效开展水土流失预防和治理，水土保持必须实行分区防治、分类指导，突出重点实施有效防治。划定和公告水土流失重点防治区是水土保持法律法规明确赋予各级政府的一项重要工作。水土流失重点预防区和重点治理区是水土保持规划的基础，是确定水土流失重点防治项目的重要依据，是实行地方各级人民政府水土保持目标责任和考核奖惩制度的前提，是生产建设项目选址、选线应当避让或提高防治标准的区域，对加强水土流失重点防治工作、水土保持管理以及生态空间管控等意义重大。

水土流失重点防治区是指通过县级以上人民政府批准公告的水土流失防治重点区域，包括水土流失重点预防区和水土流失重点治理区。

（1）水土流失重点预防区是水土流失较轻但危险程度较大，水土保持功能重要，以自然修复为主实施重点保护的区域。水土流失重点预防区具有以下特征：区域人为活动较少；区域现状水土流失较轻，但潜在水土流失危险程度较高；对国家或区域防洪安全、水资源安全和生态安全有重大影响。

（2）水土流失重点治理区是以人工治理措施为主实施重点治理，达到恢复和提高水土保持功能目的的区域。水土流失重点治理区具有以下特征：区域人口密度较大、人为活动较为频繁；区域现状水土流失相对严重；区域水土流失制约当地和下游经济社会发展。

2. 历史沿革

1998年，依据《中华人民共和国水土保持法实施条例》，水利部印发《关于开展全国水土流失重点防治区划分及公告工作的通知》（水保〔1998〕470号），部署了水土流失重点防治区，即“三区”（包括水土流失重点预防保护区、重点监督区和重点治理区）划分工作，并制定了统一的划分参考标准。此次划分采取由地方到中央的组织方式，到2000年，全国31个省（自治区、直辖市）均划定了水土流失重点防治区并由省级人民政府进行了公告。从1999年开始，水利部根据国务院批准实施的《全国水土保持规划纲要》《全国生态环境建设规划》，以及全国第二次土壤侵蚀遥感普查成果、省级水土流失重点防治区划分成果、全国植被盖度图、流域边界和行政边界图，按适当集中连片的原则开展了国家级水土流失重点防治区划分工作。2006年，经国务院批准，水利部对国家级水土流失重点防治区进行了公告，最终划定国家级水土流失重点防治区42个，面积222万km^2，占国土总面积的23.1%，其中水土流失面积95.48万km^2，占全国水土流失总面积的26.8%。

至此，由国家级、省级和县级三级构成的水土流失重点防治区体系基本形成，成为开展各类水土保持规划、确定水土保持总体布局和建设投入方向的重要依据；2008年颁布施行的《开发建设项目水土流失防治标准》（GB 50434）确定将国家级和省级水土流失重点防治区列为生产建设项目水土流失防治标准等级的主要判定依据之一。

水土流失重点防治区与区域自然条件和土壤侵蚀状况有关，也受到经济社会发展水平和人民群众生产生活需求的影响，反映了一定时期国家和地方水土流失防治的重点区域。2011年5月，水利部会同国家发展和改革委员会、财政部、国土资源部、环境保护部、农业部、国家林业局等部门，正式启动了全国水土保持规划编制工作。按照全国水土保持规划任务书批复要求，2012年6月，全国水土保持规划编制工作领导小组办公室印发《关于开展国家级水土流失重点预防区和重点治理区复核划分工作的通知》（水保规便字〔2012〕2号），就国家级水土流失重点防治区复核划分工作的组织方式和进度安排进行了布置。2013年，水利部水利水电规划设计总院会同各流域机构，根据全国第一次水利普查水土保持数据，对《国家级水土流失重点防治区复核划分技术导则（试行）》进行了修改，调整了相关指标，根据调整后的指标对各流域机构划分初步成果进行了复核，形成了国家级两区复核划分成果，经审查修订后纳入全国水土保持规划最终成果报告。

结合国家和各地水土流失重点防治区复核划分工作经验，水利部制定并颁布了《水土流失重点防治区划分导则》（SL 717—2015），并于2015年8月22日实施。

3. 国家级水土流失重点防治区复核划分成果简述

2015年，国务院批复《全国水土保持规划（2015—2030年）》（国函〔2015〕160号），共划定国家级水土流失重点防治区40个，其中国家级水土流失重点预防区23个，涉及460个县级行政区，县域面积334.4万km^2，重点预防面积43.92万km^2，详见表Ⅰ.1.2-1；国家级水土流失重点治理区17个，涉及631个县级行政区，县域面积163.6万km^2，重点治理面积49.44万km^2，详见表Ⅰ.1.2-2。

4. 水土流失重点防治区划分技术要点

（1）划分原则主要考虑以下几个方面：

1）统筹考虑水土流失现状和防治需求。国家级重点防治区以水土流失调查为基础，立足于技术经济的合理性和可行性，与国家和区域水土流失防治需求相协调，统筹考虑水土流失潜在危险性、严重性进行划分。

2）与已有成果和规划相协调。国家级重点防治区划分要充分继承原“三区”划分成果，借鉴全国主体功能区规划等成果，与已批复实施的水土保持综合规划和专项规划相协调，保持水土流失重点防治工作的延续性。

3）集中连片。为便于水土保持管理，发挥水土流失防治整体效果，国家级重点防治区划分应集中连片，并达到一定规模。

表Ⅰ.1.2-1　国家级水土流失重点预防区复核划分成果　单位：km^2

重点预防区名称	行政区范围	县域总面积	重点预防面积
大小兴安岭国家级水土流失重点预防区	内蒙古和黑龙江2省（自治区）28个县级行政区	256910	31482
呼伦贝尔国家级水土流失重点预防区	内蒙古自治区7个县级行政区	90387	25247
长白山国家级水土流失重点预防区	黑龙江、吉林、辽宁3省21个县级行政区	85435	25764
燕山国家级水土流失重点预防区	北京、河北、天津、内蒙古4省（自治区、直辖市）27个县级行政区	85537	17505
祁连山-黑河国家级水土流失重点预防区	甘肃、青海、内蒙古3省（自治区）11个县级行政区	197608	8056
子午岭-六盘山国家级水土流失重点预防区	陕西、甘肃、宁夏3省（自治区）26个县级行政区	42468	8298
阴山北麓国家级水土流失重点预防区	内蒙古自治区6个县级行政区	146159	25792
桐柏山大别山国家级水土流失重点预防区	安徽、河南、湖北3省25个县级行政区	53052	8001
三江源国家级水土流失重点预防区	青海、甘肃2省22个县级行政区	404060	64088
雅鲁藏布江中下游国家级水土流失重点预防区	西藏自治区18个县级行政区	101308	10405
金沙江岷江上游及三江并流国家级水土流失重点预防区	四川、云南、西藏3省（自治区）42个县级行政区	299196	99028
丹江口库区及上游国家级水土流失重点预防区	湖北、陕西、重庆、河南4省（直辖市）43个县级行政区	115071	29363
嘉陵江上游国家级水土流失重点预防区	陕西、甘肃、四川3省20个县级行政区	61106	7395
武陵山国家级水土流失重点预防区	重庆、湖北、湖南3省（直辖市）19个县级行政区	50724	5402
新安江国家级水土流失重点预防区	安徽、浙江2省10个县级行政区	17181	4606
湘资沅上游国家级水土流失重点预防区	广西、贵州、湖南3省（自治区）33个县级行政区	68517	8592
东江上中游国家级水土流失重点预防区	广东、江西2省12个县级行政区	29211	7680
海南岛中部山区国家级水土流失重点预防区	海南省4个县级行政区	7113	2760
黄泛平原风沙国家级水土流失重点预防区	河北、河南、山东3省34个县级行政区	38503	3281
阿尔金山国家级水土流失重点预防区	新疆维吾尔自治区2个县级行政区	336625	2605
塔里木河国家级水土流失重点预防区	新疆维吾尔自治区18个县级行政区	382289	12114
天山北坡国家级水土流失重点预防区	新疆维吾尔自治区25个县级行政区	387103	29077
阿勒泰山国家级水土流失重点预防区	新疆维吾尔自治区7个县级行政区	88474	2670
国家级重点预防区合计	460个县级行政区	3344038	439209

表Ⅰ.1.2-2　国家级水土流失重点治理区复核划分成果　单位：km^2

重点治理区名称	行政区范围	县域总面积	重点治理面积
东北漫川漫岗国家级水土流失重点治理区	黑龙江、吉林、辽宁3省69个县级行政区	190683	47297
大兴安岭东麓国家级水土流失重点治理区	黑龙江、内蒙古2省（自治区）14个县级行政区	120558	33203
西辽河大凌河中上游国家级水土流失重点治理区	内蒙古、辽宁2省（自治区）28个县级行政区	129358	47736

续表

重点治理区名称	行政区范围	县域总面积	重点治理面积
永定河上游国家级水土流失重点治理区	河北、山西、内蒙古3省（自治区）31个县级行政区	50049	15873
太行山国家级水土流失重点治理区	北京、河南、河北、山西4省（直辖市）48个县级行政区	68413	25640
黄河多沙粗沙国家级水土流失重点治理区	甘肃、宁夏、内蒙古、山西、陕西5省（自治区）70个县级行政区	226426	95597
甘青宁黄土丘陵国家级水土流失重点治理区	甘肃、青海、宁夏3省（自治区）48个县级行政区	95370	33025
伏牛山中条山国家级水土流失重点治理区	河南、山西2省26个县级行政区	36478	11374
沂蒙山泰山国家级水土流失重点治理区	山东省24个县级行政区	35818	9955
西南诸河高山峡谷国家级水土流失重点治理区	云南省28个县级行政区	89843	20391
金沙江下游国家级水土流失重点治理区	四川、云南2省38个县级行政区	89347	25513
嘉陵江及沱江中下游国家级水土流失重点治理区	四川省30个县级行政区	57723	20664
三峡库区国家级水土流失重点治理区	湖北、重庆2省（直辖市）18个县级行政区	51514	17689
湘资沅中游国家级水土流失重点治理区	湖南省26个县级行政区	43197	7586
乌江赤水河上中游国家级水土流失重点治理区	云南、贵州、四川、重庆4省（直辖市）32个县级行政区	81619	25486
滇黔桂岩溶石漠化国家级水土流失重点治理区	贵州、广西2省（自治区）57个县级行政区	155773	42488
粤闽赣红壤国家级水土流失重点治理区	江西、福建、广东3省44个县级行政区	114289	14864
国家级重点治理区合计	631个县级行政区	1636455	494379

4）定性分析与定量分析相结合。国家级重点防治区划分应采取定性分析与定量分析相结合的方法，以定性分析为主，以定量分析为辅。

（2）重点防治区体系和划分指标。水土流失重点防治区按照行政区域级别，分为国家级、省级、市级、县级四级。其中，国家级水土流失重点防治区划分应符合以下要求：重点预防区和重点治理区相互不得交叉，国家级重点防治区以县级行政区为单元。

1）国家级水土流失重点预防区的确定应符合以下条件：

a. 水土流失相对轻微，现状植被覆盖较好，是国家、省（自治区、直辖市）或区域重要的生态屏障和生态功能区；存在水土流失风险，一旦破坏难以恢复和治理。

b. 人为扰动和破坏植被、沙结壳等地表覆盖物后，造成水土流失危害较大。

c. 国家或区域重要的大江大河源头区、饮用水水源区等特定的生态功能区。

2）国家级水土流失重点预防区范围划分指标包括：

a. 定性指标：区域是否涉及水源涵养、水质维护、生态维护、防灾减灾等水土保持功能；土壤侵蚀潜在危险分级，其分析判定按《土壤侵蚀分类分级标准》（SL 190—2007）附录A执行。

b. 定量指标：土壤侵蚀强度、森林覆盖率、人口密度。

c. 辅助指标：集中连片面积。

3）国家级水土流失重点治理区的确定应符合以下条件：

a. 水土流失严重，对大江大河干流和重要支流、重要湖库淤积影响较大。

b. 水土流失严重威胁土地资源，造成土地生产力下降，直接影响农业生产和农村生活，急需开展抢救性、保护性治理的区域。

c. 涉及革命老区、边疆地区、贫困人口集中地区、少数民族聚居区等特定区域。

4）国家级水土流失重点治理区范围划分指标包括：

a. 定性指标：治理需求迫切，预期治理成效明显，水土流失治理程度较低。

b. 定量指标：土壤侵蚀强度、水土流失面积比、中度以上水土流失面积比、坡耕地面积比。

c. 辅助指标：集中连片面积、侵蚀沟密度、石漠化比、崩岗密度。

（3）划分标准。

1）国家级水土流失重点预防区执行以下划分标准：

a. 现状水土流失轻微，土壤侵蚀强度在轻度以下。其判定标准，黑土区执行《黑土区水土流失综合防治技术标准》（SL 446）规定，岩溶区执行《岩溶地区水土流失综合治理技术标准》（SL 461）规定，土石山区执行《北方土石山区水土流失综合治理技术标准》（SL 665）规定，其他区域执行 SL 190 规定。

b. 森林覆盖率、人口密度按全国水土保持区划一级区分区确定指标，参见表Ⅰ.1.2-3。

c. 集中连片面积大于 10000km^2。

表Ⅰ.1.2-3 国家级水土流失重点预防区划分分区参考指标

全国水土保持区划一级分区	森林覆盖率/%	人口密度/(人/km^2)
东北黑土区	≥30	≤20
北方风沙区	≥5	
北方土石山区	≥35	
西北黄土高原区	≥25	
南方红壤区	≥40	
西南紫色土区	≥60	
西南岩溶区	≥40	
青藏高原区	≥5	≤15

注 人口密度仅作为东北黑土区、青藏高原区分区指标。北方风沙区可增加草地覆盖率指标（≥30%）。

2）国家级水土流失重点治理区执行以下划分标准：

a. 水土流失严重，土壤侵蚀强度为中度以上。其判定标准，黑土区执行 SL 446 规定，岩溶区执行 SL 461 规定，土石山区执行 SL 665 规定，其他区域执行 SL 190 规定。

b. 集中连片面积大于 10000km^2。

c. 水土流失面积比、中度以上水土流失面积比、坡耕地面积比及辅助指标按全国水土保持区划一级区分区确定指标，见表Ⅰ.1.2-4。

表Ⅰ.1.2-4 国家级水土流失重点治理区划分分区参考指标

全国水土保持区划一级分区	水土流失面积比/%	中度以上水土流失面积比/%	坡耕地面积比/%	辅助指标		
				侵蚀沟密度/(条/km^2)	石漠化比/%	崩岗密度/(个/km^2)
东北黑土区	≥25	≥15	≥30	>0.3		
北方风沙区	≥50	≥30	≥5			
北方土石山区	≥30	≥20	≥20			
西北黄土高原区	≥35	≥25	≥50			
南方红壤区	≥15	≥30	≥10			>0.1
西南紫色土区	≥35	≥40	≥50			
西南岩溶区	≥25	≥40	≥50		≥20	
青藏高原区	≥10	≥30	≥10			

（4）复核划分方法。本手册仅介绍国家级水土流失重点防治区复核划分方法。

1）国家级重点防治区以七大流域任务片为工作单元，收集、整理以下资料：水土流失监测或调查有关成果资料，水土流失强度及其分布；森林、草原、绿洲分布范围和面积；国家级和省级自然保护区、森林公园等情况；涉及大江大河源头区、大型水库及其集水区、国家和区域重要水源地情况；滑坡、泥石流等山地灾害分布，以及崩塌滑坡危险区和泥石流易发区划分等有关情况；革命老区、边疆地区、贫困人口集中地区、少数民族聚居区分布及有关情况；批复的有关水土保持规划和已实施的水土保持治理工程情况；原国家级和省级水土流失重点防治区划分成果。

2）根据水土流失重点预防区和重点治理区划分条件，复核原国家级水土流失重点防治区，并与主体功能区规划、水土保持规划等协调，经分析、评价，提出国家级重点预防县和治理县初步名单。

3）以县级行政区为单元，收集自然环境、水土流失、土地利用、人口、经济社会发展等资料和数据，调查人为水土流失情况。

4）根据前述划分标准，依据调查基础数据和资料，以全国水土保持规划协作平台为基础，以集中连片面积不小于10000km^{2}为控制指标，确定国家重点防治区涉及的县（市、区、旗）名单。

5）分析并提出重点预防区总面积、需重点预防的面积（需重点预防的森林、草地，或特殊区域的面积），以及重点治理区总面积、需重点治理的面积。

6）根据自然和经济社会特点，进行国家级重点防治区命名。

（5）复核划分程序。本手册仅介绍国家级水土流失重点防治区复核划分程序。

国家级重点预防区和重点治理区由水利部组织七大流域机构进行复核划分，形成国家级重点防治区草案；各流域机构征求相关省（自治区、直辖市）对草案的意见，协调划定并提出成果，上报水利部；水利部进行总体复核和调整，形成国家级重点防治区划分成果。具体工作流程见图Ⅰ.1.2-1。

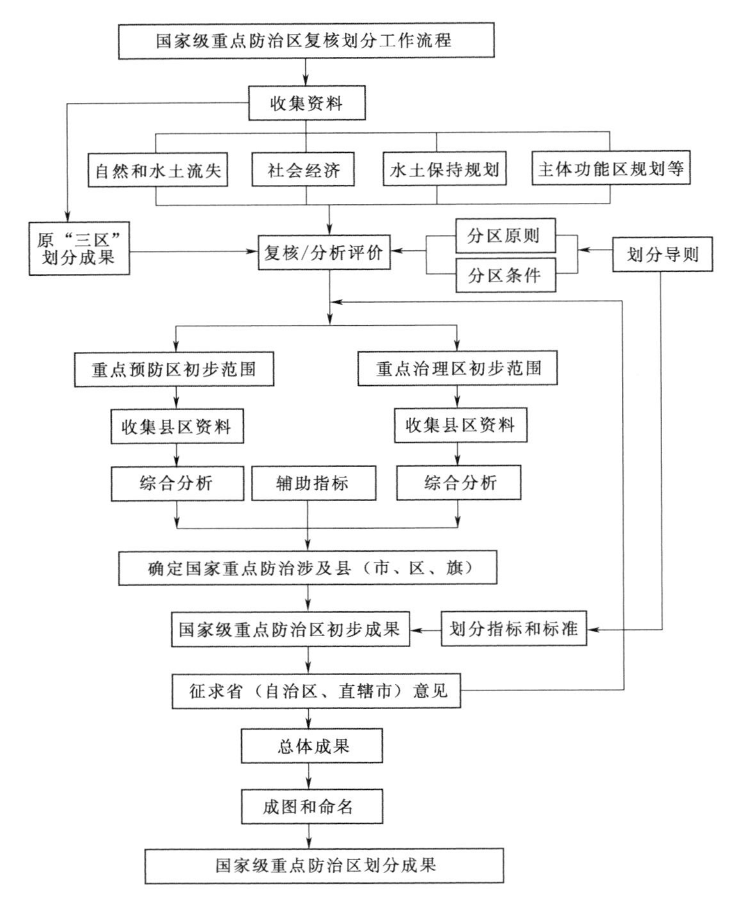

图Ⅰ.1.2-1 国家级重点防治区复核划分工作流程图

1.2.2.3 规划基础资料及来源

规划编制时应针对规划区范围，收集自然条件、社会经济、水土流失和水土保持状况，以及相关规划和区划成果等基础资料。基础资料主要通过资料收集、实地调查、遥感调查等方式获取，典型小流域或片区调查可参照水土保持工程调查与勘测有关规范执行，必要时还需进行现场勘查。基础资料收集还需注意数据和资料的时效性，应以规划基准年为准，规划基准年一般由规划编制任务书明确。收集的资料不符合时效要求的，可采取延长插补、统计分析、专家判断等方法进行修正。

基础资料的内容和精度可根据规划编制的级别和任务需要作相应调整。一般而言，水土保持规划的级别越高，规划空间尺度范围越大，相应基础资料调查精度可适度降低，但必须满足需求分析、总体布局、措施体系、项目安排等规划工作的要求。国家级、流域级和省级水土保持综合规划的基本资料更偏重于宏观，规划区内基本资料要能反映出地形地貌、水土流失、社会经济等地域分布特点；但为了进行重点项目布局，国家级水土流失重点预防区和重点治理区需要更为翔实的资料；市级、县级水土保持综合规划基本资料要准确反映出地形地貌、水土流失、土地利用、社会经济等空间分布特征。专项规划所需的基本资料应能满足专项工作或者特定区域预防和治理水土流失的专项部署要求。

1. 自然条件

自然条件主要包括地理位置与海拔、地质、地貌、气象与水文、土壤、植被、自然资源等方面。

（1）地理位置与海拔。地理位置主要是用经纬度明确规划区域的空间位置。地理位置决定了规划区域所处的气候类型以及水热、土壤、植被等条件，宏观上决定水土流失的类型与强度。

海拔直接影响水热条件，海拔每升高 100m，气温下降 0.5～0.6℃；海拔间接影响植被生长和水土流失。如北方的油松在海拔 1600m 以下地区分布广，生长良好；1600m 以上地区则分布少且生长不良；2200m 以上地区基本没有分布。进行大区域规划时，分析海拔有助于合理布局水土保持植物措施。

（2）地质。地质对水土流失的影响主要反映在地质构造背景、地层结构和地质构造方面。地质资料主要是反映规划区地面组成物质及岩性、地质构造等。

（3）地貌。地貌资料应包括地貌类型、面积及分布等。地貌形态一般分为平原、盆地、山地、丘陵和高原等。第四纪地貌对我国水土流失起着支配与控制作用。地貌因素主要通过坡度、坡长、坡型、坡向、地表破碎程度等对水土流失产生影响。

1）坡度与坡长。地表径流的大小和流速主要取决于径流深和地面坡度，坡度越大侵蚀越大。我国土壤侵蚀分级主要根据地面坡度划分。通过坡度分析，大体可以判断规划区域的水土流失情况及其治理的难易程度。一般地，坡度越大，土壤流失量越大，土层越薄，养分越贫瘠，水土流失治理难度越大，造林种草越困难。坡长与水土流失的关系较为复杂，且与坡度一起综合影响水土流失，一般在雨强小时，坡度越长流失量越小；反之则越大。

2）坡型与坡向。坡型一般分为直型、凸型、凹型和复合型，通过地面径流分配和流速的变化直接影响水土流失；坡向则是通过水热状况、植被分布、土地利用等间接影响水土流失。坡向还对林草措施的配置起着关键作用。

3）地表破碎程度。地表破碎程度的指标主要有流域平均沟壑密度、地面裂度（沟壑面积占流域总面积的比例）、沟道平均比降。此三项指标越大，表明侵蚀强度越大，水土流失越严重。分析评价这三项指标，对沟道治理措施配置及土地利用安排具有重要意义。

（4）气象与水文。气象、水文资料应包括能反映规划区气象、水文特征的有关数据，其系列年限应符合有关专业规范的要求。气象因素是水土流失形成的主要外营力，其影响是多方面的，降水对水蚀的影响、风对风蚀的影响、温度对冻融侵蚀的影响最为突出。分析评价规划区域的气象条件对于掌握水土流失状况及治理措施配置具有重要意义。水文资料主要包括规划区所属流域、水系、地表径流量、年径流系数、年内分布情况、含沙量、输沙量等水文泥沙情况。

1）降水与蒸发。降水特征值主要包括多年平均年降水量、最大年降水量、最小年降水量；降水季节分布（汛期与非汛期雨量）、暴雨情况；降水频次、降水强度及每次降水量占年降水量的比重。其中，降水量和降水强度与水土流失关系密切。降水量直接影响水土流失与植被分布，降水量 250mm 以下地区以风蚀为主，植被以干旱草原荒漠植被为主；250～400mm 地区水蚀风蚀并存，植被以半干旱草原植被为主，植被恢复难度大；400～600mm 地区以水蚀为主兼有风蚀，植被以半干旱半湿润森林草原植被为主；600mm 以上地区则主要是水蚀，植被以半湿润及湿润森林植被为主，植被恢复比较容易。同时还应分析降水的季节分布、雨量、雨强等，以便判断水土流失的发生时间、强度，与植被或作物生长发育的吻合程度等，提出相应的治理措施。

蒸发特征值包括水面年蒸发量、陆面年蒸发量，年蒸发量（陆面）与年降水量的比值为干燥度（d），d 值大于 2.0 的地区为干旱区，小于 1.5 的地区为湿润区，介于 1.5～2.0 之间的地区为半干旱区。该值与大区域规划的水土流失防治目标、土地利用方向和措施总体布局关系密切。

2）温度。温度特征值主要包括年均气温、最高气温、最低气温、≥10℃的积温、无霜期等。温度是影响植物（含农作物）生长发育、产量和品质的重要因素。

日平均气温≥0℃的始现期和终止期，分别指土壤解冻和开始冻结的时期；日平均气温≥5℃的始现期和终止期，是各种喜冻作物（如小麦、大麦、马铃薯、油菜等）及大多数牧草开始生长和停止生长的时间；日平均气温≥10℃是一般喜温作物（如玉米、谷子、大豆、高粱、甘薯、水稻、花生、棉花等）生长的起始温度。

低温（最冷月平均温度和极端最低温度）、无霜期、≥10℃的积温等对林草生长发育有决定性影响。如北方枣树当≥10℃的积温低于2800℃时，产量明显开始下降；低于2400℃时，则不能挂果；大于4400℃以后产量开始下降且品质不好。又如新疆塔杨引种移植至福建，因得不到其所需的低温，虽能生长，但不结实。温度情况分析应与植被建设布局、植被生长发育、树种草种选择、引种驯化、造林种草等分析联系在一起，对合理配置水土保持林草措施有重要作用。

3）风、风沙及其他灾害性气候。风与风沙天气及风蚀密切相关，分析规划区域大风天数，沙尘暴天数、风速、风向、风频等有助于认识风蚀产生的原因，分析风蚀强度，提出可行的防治措施。其他灾害性气候如霜冻、冰雹、干热风与植物和作物生长有关。

（5）土壤。土壤资料包括能反映规划区土壤类型及分布、土壤厚度、土壤质地、土壤养分含量等有关土壤特征的土壤普查资料、土壤类型分布图等。土壤性状、类型、空间分布规律及构成对水土流失强度及土地利用方式有着显著的影响。从土壤侵蚀的角度来看，土层厚度影响土壤侵蚀的抗蚀年限。土壤物质的机械组成对水土流失的影响主要表现在抗蚀性能上。土壤结构影响土壤流失的强度，通常紧实的土壤比松散的土壤抗蚀性要强。土壤的各种化学性质，一方面通过对植被的影响间接地对土壤流失起作用，另一方面直接影响土壤侵蚀强度。

（6）植被。植被资料应包括规划区主要植被类型和优势树（草）种、森林覆盖率、林草覆盖率，以及有关的林业区划成果等。

植被包括林木、草本、灌木、果树、特用植物等，植被分析内容包括植物地带性分布（植物区系）、人工植被和天然植被的面积、森林覆盖率、林草覆盖率、植被覆盖度、植物群落结构及生长情况、城镇绿化情况等。植被能够综合反映自然环境状况，个别植物还具有指示功能（称为指示植物），如侧柏多生长在石灰性土壤上，柽柳生长在低湿盐渍化严重的土壤上，这对自然环境条件分析十分有用。通过植被条件的分析，不仅能够深入分析自然环境，而且可为水土保持林草措施总布局、土地利用方向调整提供重要依据，以便提出适宜于在规划范围内，涵养水源、保持水土、防风固沙能力强的树种草种及最佳搭配。

除以上自然条件分析外还应根据实际情况，对水资源、土地资源、矿藏资源、水能资源、旅游资源等分布、储量以及开发条件进行分析，特别应注意区域城镇、工矿企业等建设和开发过程中可能产生的水土保持影响，以便提出相应的预防监督措施。

2. 社会经济

社会经济资料应包括规划区基本统计单元的有关行政区划、人口、社会经济等统计资料及国民经济发展规划的相关成果，土地利用资料和农业种植情况。

基本统计单元与规划的级别有关。国家级、省级综合规划，最小统计单元一般到市、县；水土流失重点预防区和重点治理区到县；而市级、县级规划可到乡（镇）或自然村。人口统计资料主要包括总人口、农业人口、人口密度、人口自然增长率、文化程度、劳动力及就业情况等。国民经济统计资料主要包括国内生产总值、工农业生产总值、产业结构、人均耕地、农民人均纯收入等情况。国民经济发展规划资料应重点关注基础设施建设、城镇建设、公共服务设施建设、矿产资源开发等方面的资料。

土地利用资料主要包括规划区基本统计单元内各种利用方式的土地数量、质量、分布状况及相关面积，重点了解与土地利用水土保持评价相关的坡耕地、“四荒”地、疏幼林地、工矿等建设用地的分布和面积，以及与规划级别一致的土地利用规划。

农业种植情况包括农作物种植种类，种植密度、留茬高度、秸秆还田等栽培经营管理方式。

3. 水土流失与水土保持

（1）水土流失。水土流失资料应包括规划区最新的水土流失普查资料，具体包括水土流失类型、面积、强度、分布、危害、侵蚀沟道的数量等，以及相关图件。

影响水土流失主要因素的相关资料应包括水蚀地区的降水侵蚀力、土壤可蚀性、地形因子、生物因子、耕作因子等；风蚀地区的年起沙风速的天数及分布、地面粗糙度、植被覆盖度和地下水水位变化等。

（2）水土保持。水土保持现状资料应包括机构建设、配套法规及制度，水土流失重点预防区和重点治理区划分资料，已实施的水土保持重点项目及主要措施类型、分布、面积或数量、防治效果、经验及教训，科技推广情况，以及水土保持监测、监督管理等工作开展情况。

4. 其他

其他资料应包括规划区涉及的国家和地方自然保

护区、风景名胜区、地质公园、文化遗产保护区等重点生态功能区、重要水源地的分布、规划、管理办法等，少数民族聚居区、文物古迹及人文景观等资料。

1.3 我国水土保持规划的发展历程

在20世纪90年代以前，水土保持主要依靠群众自发开展，国家给予少量补助，且多以下达计划形式完成，水土保持规划与设计没有划分阶段，编制的小流域综合治理规划，相当于现在的小流域水土保持初步设计或实施方案。1985年以后，国家在基本建设与农业财务补助体制方面进行了改革，1986年，根据全国综合农业区划办公室的安排，各地开展了大农业方面的规划，各省（自治区、直辖市）陆续编制完成了省级水土保持规划，规划期大部分为1986—2000年，但在全国层面上，截至1993年，并未形成真正意义上的全国水土保持规划，地方各级政府开展专门的水土保持规划也相当少。

1991年，《中华人民共和国水土保持法》颁布，初步确立了水土保持规划的法律地位。1993年，水利部编制完成了《全国水土保持规划纲要（1991—2000年）》，国务院于1993年予以批复，该纲要成为以后各类规划的重要基础和依据。1998年，水利部为配合全国生态环境建设规划，组织编制了《全国水土保持生态环境建设规划》，同年作为《全国生态环境建设规划（1998—2050年）》组成内容由国务院批复。之后，水利部编制完成了《全国水土保持预防监督纲要（2004—2015）》（水保〔2004〕332号）、《全国水土保持监测纲要（2006—2015）》（水保〔2006〕186号）等专项工作规划，以及《黄土高原地区水土保持淤地坝规划（2003—2020年）》（水总环移〔2003〕86号）、《东北黑土区水土流失综合防治规划（2006—2020年）》（水规计〔2006〕63号）、《南方崩岗防治规划（2008—2020年）》（水规计〔2009〕195号）、《岩溶地区石漠化综合治理水利专项规划》、《丹江口库区及上游水污染防治和水土保持规划（2004—2020年）》（国函〔2006〕10号）等一系列专项规划。部分省（自治区、直辖市）在这一时间内编制了省级水土保持生态建设规划，黑龙江、云南、重庆、浙江等省（直辖市）水土保持生态建设规划经省级人民政府批准实施。

2010年修订后的《中华人民共和国水土保持法》将规划单列一章，更加突出了水土保持规划的法律地位，规定了水土保持规划性质、类型、内容及批复的要求，2010年12月，水利部启动全国水土保持规划的编制工作，明确水土保持规划应在全国水土保持区划的基础上进行，并明确了规划的任务、内容。历经4年多的时间，编制完成了《全国水土保持规划（2015—2030年）》（国函〔2015〕160号）并获国务院批复。期间各省（自治区、直辖市）根据水利部的要求，开展了省级水土保持规划编制，截至2017年3月，全国除上海外，所有省份都完成了水土保持规划的编制工作，有18个省（自治区、直辖市）水土保持规划已经省级人民政府批准。很多省份市县级规划正在编制或编制完成。此外全国水利综合规划、七大流域综合规划、专项规划都有水土保持专业章节或内容，水土保持规划的体系初步形成。

参 考 文 献

[1] 王治国，朱党生，张超．我国水土保持规划设计体系建设构想［J］．中国水利，2010（20）：45-48．

[2] 中华人民共和国水利部．水土保持规划编制规范：SL 335—2014［S］．北京：中国水利水电出版社，2014．

[3] 王治国，王春红．对我国水土保持区划与规划中若干问题的认识［J］．中国水土保持科学，2007，5（1）：105-109．

[4] 中华人民共和国水利部．水土流失重点防治区划分导则：SL 717—2015［S］．北京：中国水利水电出版社，2015．

[5] 纪强，王治国，张超，等．关于水土流失重点防治区体系及划分的思考［C］//中国水土保持学会水土保持规划设计专业委员会2011年年会论文集．2011．

第2章　综　合　规　划

章主编　王治国　张　超　张玉华

章主审　纪　强　徐　航　李世锋　凌　峰

本章各节编写及审稿人员

节次	编写人	审稿人
2.1	王治国　张　超　纪　强　孟繁斌　闫俊平　黎家作　李　欢　刘雅丽　张玉华　任兵芳　付贵增　凌　峰　李云霞	纪　强 徐　航 李世锋 凌　峰
2.2	王治国　张玉华　任兵芳　牛振华　许靖华　姜宏雷　方　斌　卓晓楠　张　芃　唐　涛　任青山　张庆琼　刘寻续　朱晓莹　樊　华　王　晶　王　莎　宋立旺　蓝雪春　程焕玲　吴　鹏	

第2章 综合规划

2.1 综合规划任务和内容

水土保持综合规划体现方向性、全局性、战略性、政策性和指导性，突出对水土资源的保护和合理利用，以及对水土资源开发利用的约束性和控制性。

国家级、流域级和省级水土保持综合规划的规划期宜为10～20年；县级水土保持综合规划的规划期不宜超过10年。

2.1.1 综合规划基本要求

（1）现状调查和专题研究。不同级别的规划，根据规划编制任务书的要求，开展相应深度的现状调查及必要的专题研究。

（2）现状评价与需求分析。分析评价水土流失的类型、分布、强度、原因、危害及发展趋势。根据规划区社会经济发展要求，进行水土保持需求分析，确定水土流失防治目标、任务和规模。

（3）总体布局。总体布局包括区域布局和重点布局。根据水土保持区划，结合规划区特点，进行水土保持区域布局；并根据划定的水土流失重点预防区和重点治理区，明确重点布局。

（4）规划方案。提出预防、治理、监测、综合监管等规划方案。

（5）重点项目安排与实施效果。提出重点项目安排，估算近期拟实施的重点项目投资，分析实施效果，拟定实施保障措施。

2.1.2 现状评价与需求分析

2.1.2.1 现状评价

（1）目的。利用已有调查成果和资料，全面分析评价规划区域自然环境、水土流失特征和综合治理现状，掌握水土流失状况及变化趋势，查找影响水土保持发展的薄弱环节和制约因素，为水土流失综合治理和水土保持规划方略与主要任务的拟定提供科学依据。

（2）内容与方法。现状评价内容包括区域的土地利用和土地适宜性、水土流失消长、水土保持现状、水资源丰缺程度、饮用水水源地面源污染状况、生态状况、水土保持监测与监督管理现状的评价等。修编规划还需进行现行规划实施情况评价。

国家级、流域级水土保持综合规划，根据全国水土保持区划分区进行现状评价；省级、县级水土保持综合规划，根据省级、县级水土保持区划分区进行现状评价。

现状评价内容与方法详见表Ⅰ.2.1-1。

表Ⅰ.2.1-1 现状评价内容与方法

现状评价	收集资料	评价内容	评价方法
土地利用和土地适宜性评价	土地利用现状数据及现状图，相关规划成果等；地貌、气候、土壤、水资源、植被等总体情况；人口、GDP、人均收入、农业人口、粮食产量等社会经济情况	土地利用现状结构和布局特点	可用土地利用类型、面积、比例、分布等指标进行分析
		土地利用动态变化	分析各类土地面积及土地利用结构的变化规律及原因，揭示土地利用的成功经验和存在的问题，以及未来土地利用可能存在的状态。可用各种土地利用类型年均变化量、人均面积的变化量、森林覆盖率变化量等指标进行分析
		土地的开发利用程度	采用定量的单项分析指标，可用土地垦殖率、耕地复种指数、草原载畜量、水面利用率、林草覆盖率、人均居民点用地面积比例等指标进行分析
		土地利用的效果	可用单位播种面积产量（或产值）、粮食耕地年单产、单位耕地（或园地、林地、牧地等）面积产值、单位农用地总产值、单位土地纯收入等指标进行分析

续表

现状评价	收集资料	评价内容	评 价 方 法
土地利用和土地适宜性评价	土地利用现状数据及现状图，相关规划成果等；地貌、气候、土壤、水资源、植被等总体情况；人口、GDP、人均收入、农业人口、粮食产量等社会经济情况	土地利用合理性评价	分析现有各类土地利用情况是否合理，指出不合理的具体情况（数量、范围与位置）和问题的关键、根源所在
		土地适宜性评价	评价土地适宜性，确定宜农、宜果、宜林、宜牧以及需改造才能利用的土地面积和分布。可用地面坡度、土壤侵蚀强度、土层厚度、土壤质地、有机质含量、砾石含量等指标进行分析。参照《水土保持综合治理　规划通则》（GB/T 15772—2008）中“表B.1 土地资源评价等级表”
水土流失消长评价	已有的遥感影像数据源和水土流失普查数据	水土流失演变趋势和特点	整理不同时期水土流失分布情况（类型、强度、面积），结合土地利用情况和其他水土流失影响因子对水土流失面积、各级侵蚀强度面积比例、不同时期水土流失变化进行对比分析
水土保持现状评价	统计数据和普查数据、遥感影像	现状水土流失情况，水土保持主导基础功能评估情况及特点	可采用水土流失治理度、治理措施保存率、水土保持效益等指标进行分析。效益计算参照《水土保持综合治理　效益计算方法》（GB/T 15774—2008）；结合水土保持区划，采用定性和定量相结合的方法，评价水土保持主导基础功能及特点
水资源丰缺程度评价	水资源调查评价及水资源相关规划	水资源丰缺程度及其影响	通过资料分析与计算，评价水资源丰缺程度以及地表径流调控情况，对农村生产和生活用水、生态用水的影响，可用水资源自然丰度标准（单位面积占有的水资源量）等指标进行分析
饮用水水源地面源污染状况评价	水质监测资料、水土流失分布、饮用水水源地保护等相关规划	水土流失对面源污染的影响	可用水源地氨氮、总氮、总磷含量，上游年均化肥施用量、年均农药使用量、年均污水排放量，水体水质安全等级等指标进行分析。水源地水质的安全状况评价可参考《全国城市饮用水水源地安全状况评价技术细则》
生态状况评价	主体功能区规划、生态保护与建设等相关生态规划	现状水土资源利用和开发对生态的影响	可用生态功能重要性、植被类型与覆盖率、生态脆弱程度等方面的指标进行分析，评价参照《生态环境状况评价技术规范》（HJ 192—2005）等相关标准
水土保持监测与监督管理现状评价	监测站网建设情况，监测相关资料，水土保持机构、制度、能力等建设情况	监测体系的完备性及运行情况，监督管理的法规体系、制度体系、管理能力建设水平等	根据监测与监督管理现状，可采用水土保持监测机构及监测站点标准化建设达标率、水土保持监督管理能力建设县达标率等指标进行分析
现行规划实施情况评价	现行规划报告及实施情况等	分析规划实施取得的主要成效和存在的主要问题	结合经济社会发展变化，对现行规划批准以来的实施情况进行全面分析与评估，主要是经济社会背景、执行情况、经济社会生态效益、社会影响、存在的主要问题及原因等分析内容，总结经验，提出规划修编的方向、重点和改进的建议

（3）总体分析结论。在上述分析的基础上，进行归纳总结，明确评价结论，提出在水土流失防治方面需解决的主要问题及意见。

2.1.2.2 需求分析

（1）目的。需求分析是在现状评价和经济社会发展预测的基础上，结合土地利用规划、水资源规划、林业发展规划、农牧业发展规划等，结合经济社会发展要求，以维护和提高水土保持主导基础功能为目的，确定水土流失防治需求。

（2）内容与方法。主要从促进农村经济发展与农民增收、保护生态安全与改善人居环境、利于江河治理与防洪安全、涵养水源和维护饮水安全，以及提升社会服务能力等角度进行分析。

国家级、流域级水土保持综合规划，根据全国水土保持区划分区进行需求分析；省级、县级水土保持综合规划，根据省级、县级区划分区进行需求分析。

需求分析内容与方法详见表Ⅰ.2.1-2。

表Ⅰ.2.1-2　　需求分析内容与方法

需求分析	分析内容	分析方法
经济社会发展预测	在国民经济和社会发展规划、国土规划以及有关行业中长期发展规划的基础上进行，对经济社会发展环境进行分析，对不同水平年主要经济和社会发展指标进行估测；缺少中长期发展规划时，可根据规划区历史情况，结合近期社会经济发展趋势进行合理估测	预测规划水平年总人口、城镇与乡村人口、经济总量、固定资产投资规模、产业结构、收入水平等
农村经济发展与农民增收对水土保持的需求分析	根据经济社会发展对土地利用的要求和土地利用规划，分析不同区域土地资源利用和变化趋势	结合水土流失分布，提出水土流失综合防治的发展方向
	根据土地利用规划或相关文件，在符合土地利用总体规划目标和要求的基础上，分析评价土地利用结构现状及存在的问题	从抢救和保护土地资源出发，提出水土保持措施合理配置的要求
	根据国家和地方粮食生产方面的规划、土地利用规划、规划区的人口及增长率、粮食生产情况、畜牧业发展等，分析生产用地对水土保持的需求	提出水土保持需要采取的坡耕地改造及配套工程、淤地坝建设和保护性农业耕作措施等的任务和布局要求
	分析制约农村经济社会发展的因素与水土保持的关系，以及水土保持在农民收入和振兴当地经济中的重要作用	提出满足农村经济发展、新农村建设以及农民增收对水土保持需求的水土保持布局和措施配置要求
生态安全建设与改善人居环境对水土保持的需求分析	分析生态安全功能和定位对于水土保持发展的需求	与全国主体功能区规划相协调，根据全国水土保持区划三级区水土保持主导功能，依据水土流失现状情况，明确水土流失防治重点区域和要求
	明确不同区域生态安全建设与水土保持的关系，分析维护水土保持主要功能与重要生态功能需求	提出需要采取的林草植被保护与建设等任务和措施布局要求
	分析水土保持改善和维护人居环境需求	根据具有人居环境维护功能区域的水土流失分布情况，围绕城市水土保持工作，侧重水系、滨河、滨湖、城市周边的小流域或集水区，以滨河滨湖带治理为重点，对照与人居环境维护功能相适应的水土流失防治要求，分析提出水土保持生态环境建设需求
江河治理与防洪安全对水土保持的需求分析	分析控制河道和水库泥沙淤积对于水土保持的需求	根据规划区水土流失类型、强度和分布与危害，结合山洪灾害防治规划、防洪规划，从涵养水源、削减洪峰、拦蓄径流泥沙等方面，根据需求提出水土保持需要采取的沟道治理、坡面径流拦蓄等的任务和布局要求
	定性分析滑坡、泥石流、崩岗灾害治理及防洪安全建设对水土保持发展的需求	可结合《全国易灾地区生态环境综合治理专项规划》（水利部分）和其他相关规划成果，根据需求提出相关水土保持任务与布局要求

续表

需求分析	分 析 内 容	分 析 方 法
水源保护与饮用水安全对水土保持的需求分析	江河源头区保护及水源涵养需求	统计具有水源涵养功能的三级区情况，结合流域综合规划或区域水资源规划，分析有关江河源头区及水源地在流域或区域水资源配置格局中的地位和作用，结合水土流失现状评价情况，提出水土流失防治重点和要求
	饮用水水源地安全需求	统计具有水质维护功能的三级区情况，结合各地区实际，根据饮用水水源地安全保障规划，结合水资源丰缺程度和面源污染评价结果，提出水土保持需要采取的水源涵养林草建设、湿地保护、河湖库岸及侵蚀沟岸植物保护带等的任务和布局要求
社会公众服务能力提升对水土保持的需求分析	社会公众服务需求	结合水土保持现状与管理评价，提出水土保持监测、综合监督管理体系和能力建设需求

(3) 总体分析结论。在上述分析的基础上，对水土保持需求分析结果进行汇总，与水利及相关行业规划进行协调，根据水土资源条件、经济社会发展要求以及现有水土保持生态工程建设情况，按照小流域综合治理、坡耕地治理、侵蚀沟（崩岗）治理、封育保护分别梳理水土流失防治重点，提出对水土保持的需求。

2.1.3 规划目标、任务和规模

2.1.3.1 规划目标

规划目标分不同规划水平年拟定，并根据规划工作要求与规划期内的实际需求分析确定，近期以定量为主，远期以定性为主。定量指标主要有水土流失率（区域水土流失总面积与区域国土总面积的百分比）、水土流失治理率（水土流失治理达标面积与水土流失总面积的百分比）、水蚀治理率、中度及以上侵蚀削减率（中度及以上侵蚀削减面积与现状中度及以上侵蚀面积的百分比）、减少土壤流失量、林草覆盖率、坡耕地治理率等。

2.1.3.2 规划任务

根据规划区特点，从经济社会长远发展需要出发确定规划任务，主要包括防治水土流失和改善生态与人居环境，促进水土资源合理利用和改善农业生产基础条件以及发展农业生产，减轻水、旱、风沙灾害，保障经济社会可持续发展等。规划任务因某一时期某一地区水土流失防治的需求和经济社会发展状况不同而不同。国家级层面主要从战略格局上，分析水土流失防治与农业生产和农民增收、生态安全、饮水安全、粮食安全等方面的关系确定。省、市、县级层面则应根据规划区特点分析确定，如沿海发达地区把饮水安全与人居环境改善作为主要任务，西部老少边穷地区则把发展农业生产、改善农村生产生活条件、增加农民收入作为主要任务。

2.1.3.3 规划规模

规划规模主要指水土流失综合防治面积，包括综合治理面积和预防保护面积。根据规划目标和任务，结合现状评价和需求分析、资金投入分析等，按照规划水平年分近期、远期拟定。

2.1.4 总体布局

总体布局包括区域布局和重点布局两部分。根据规划目标、任务和规模，结合现状评价和需求分析，在水土保持区划以及各级人民政府划定并公告的水土流失重点预防区和重点治理区基础上，进行规划区预防和治理水土流失、保护和合理利用水土资源的整体部署。总体布局要在简要说明水土保持区划的原则、方法和成果的基础上开展。流域级、省级、市级、县级水土保持综合规划需说明所涉及的全国水土保持区划技术要求，特别是三级区主导功能、防治途径和技术体系对其总体布局的要求。水土保持总体布局通过自上而下、自下而上的方法，充分协调协商进行。

2.1.4.1 区域布局

区域布局根据水土保持区划，分区提出水土流失现状及存在的主要问题；统筹考虑相关行业的水土保持工作，拟定分区水土流失防治方向、战略和基本要求。区域布局是根据因地制宜、分区防治的方针而作出的水土保持总体安排。

2.1.4.2 重点布局

重点布局是指在规划区内根据当前和今后经济

社会发展与水土保持需求，依据水土流失重点预防区和重点治理区，结合规划现实需求布局重点建设内容与项目的安排。各级人民政府公告的水土流失重点预防区和重点治理区是重点布局的主要依据。省级综合规划的重点布局要优先考虑国家级和省级水土流失重点预防区和重点治理区。

2.1.5 预防规划

预防规划应在明确水土流失重点预防区，崩塌、滑坡危险区和泥石流易发区的基础上，确定规划区内预防范围、保护对象、项目布局或重点工程布局、措施体系及配置等内容。

综合规划中的预防规划应突出“预防为主、保护优先”“大预防、小治理”的原则，主要针对水土流失重点预防区、重点生态功能区、生态敏感区，以及水土保持主导基础功能为水源涵养、生态维护、水质维护、防风固沙等区域，提出预防措施和项目布局。县级以上综合规划，应根据规划区所在的区域地貌、自然条件和水土流失易发程度，分析确定该辖区内山区、丘陵区、风沙区以外的容易发生水土流失的区域。

2.1.5.1 预防保护范围、保护对象及项目布局

1. 预防保护范围

(1) 国家级水土保持规划预防保护范围包括国家级水土流失重点预防区，大型侵蚀沟的沟坡和沟岸、大江大河的两岸以及大型湖泊和水库周边，长江、黄河等大江大河源头区和国务院公布的全国重要饮用水水源保护区（湖库型），全国水土保持区划三级区以水源涵养、生态维护、水质维护等为水土保持主导基础功能的区域，国家划定的水土流失严重、生态脆弱地区，山区、丘陵区、风沙区，其他重要的生态功能区、生态敏感区等需要预防的区域，上述山区、丘陵区、风沙区以外的容易发生水土流失的其他区域。国家级水土流失重点预防区以水源涵养、生态维护、水质维护等为水土保持主导基础功能的区域见《全国水土保持规划（2015—2030年）》，重要饮用水水源保护区见《全国重要饮用水水源地名录》，国家重点生态功能区见《国家主体功能区规划》。

(2) 流域级和省级水土保持规划预防保护范围在上述范围的基础上，还应包括省级水土流失重点预防区，中型侵蚀沟的沟坡和沟岸、大江大河一级支流的两岸以及中型湖泊和水库周边，七大江河一级支流源头区和省级人民政府划定并公告的崩塌、滑坡危险区和泥石流易发区以及公布的重要饮用水水源保护区，省级划定的水土流失严重、生态脆弱地区。

(3) 县级水土保持规划预防保护范围应包括国家级、流域级和省级水土保持规划所涉及的预防范围以及县级人民政府划定并公告的崩塌、滑坡危险区和泥石流易发区，县城和乡镇饮用水水源保护区，小型侵蚀沟的沟坡和沟岸、主要河流的两岸以及小型湖泊和水库周边；不属于国家级、省级重点预防县和治理县的，预防保护范围应包括县级重点预防区。

全国重要饮用水水源地名录（湖库型）见表Ⅰ.2.1-3。

表Ⅰ.2.1-3 全国重要饮用水水源地名录（湖库型）

省（自治区、直辖市）	序号	水源地名称	所在流域	水源地类型	供水地区
北京市（3）	1	密云水库水源地	海河流域	水库	北京市
	2	怀柔水库水源地	海河流域	水库	西城区、朝阳区、海淀区
	3	白河堡水库水源地	海河流域	水库	延庆区
天津市（1）	4	于桥-尔王庄水库水源地	海河流域	水库	天津市
河北省（11）	5	岗南水库水源地	海河流域	水库	石家庄市
	6	黄壁庄水库水源地	海河流域	水库	石家庄市
	7	潘家口-大黑汀水库水源地	海河流域	水库	唐山市、天津市
	8	陡河水库水源地	海河流域	水库	唐山市
	9	桃林口水库水源地	海河流域	水库	唐山市、秦皇岛市
	10	石河水库水源地	海河流域	水库	秦皇岛市
	11	岳城水库水源地	海河流域	水库	邯郸市、安阳市
	12	西大洋水库水源地	海河流域	水库	保定市
	13	王快水库水源地	海河流域	水库	保定市

续表

省（自治区、直辖市）	序号	水源地名称	所在流域	水源地类型	供水地区
河北省（11）	14	大浪淀水库水源地	海河流域	水库	沧州市
	15	杨埕水库水源地	海河流域	水库	沧州市
山西省（2）	16	万家寨-汾河水库水源地	黄河流域	水库	太原市
	17	松塔水库水源地	黄河流域	水库	晋中市
辽宁省（14）	18	大伙房水库水源地	松辽流域	水库	沈阳市、大连市、鞍山市、抚顺市、营口市、辽阳市、盘锦市
	19	桓仁水库水源地	松辽流域	水库	沈阳市、本溪市、锦州市、阜新市、铁岭市、朝阳市、葫芦岛市
	20	碧流河水库水源地	松辽流域	水库	大连市
	21	英那河水库水源地	松辽流域	水库	大连市
	22	松树水库水源地	松辽流域	水库	大连市
	23	朱隈水库水源地	松辽流域	水库	大连市
	24	刘大水库水源地	松辽流域	水库	大连市
	25	汤河水库水源地	松辽流域	水库	鞍山市、辽阳市
	26	观音阁水库水源地	松辽流域	水库	本溪市
	27	铁甲水库水源地	松辽流域	水库	丹东市
	28	闹德海水库水源地	松辽流域	水库	阜新市
	29	白石水库水源地	松辽流域	水库	阜新市、朝阳市
	30	柴河水库水源地	松辽流域	水库	铁岭市
	31	宫山嘴水库水源地	松辽流域	水库	葫芦岛市
吉林省（11）	32	新立城水库水源地	松辽流域	水库	长春市
	33	石头口门水库水源地	松辽流域	水库	长春市
	34	下三台水库水源地	松辽流域	水库	四平市
	35	卡伦水库水源地	松辽流域	水库	四平市
	36	杨木水库水源地	松辽流域	水库	辽源市
	37	桃园水库水源地	松辽流域	水库	通化市
	38	海龙水库水源地	松辽流域	水库	通化市
	39	曲家营水库水源地	松辽流域	水库	白山市
	40	哈达山水库水源地	松辽流域	水库	松原市
	41	老龙口水库水源地	松辽流域	水库	延边朝鲜族自治州
	42	五道水库水源地	松辽流域	水库	延边朝鲜族自治州
黑龙江省（12）	43	磨盘山水库水源地	松辽流域	水库	哈尔滨市
	44	哈达水库水源地	松辽流域	水库	鸡西市
	45	团山子水库水源地	松辽流域	水库	鸡西市
	46	细鳞河水库水源地	松辽流域	水库	鹤岗市
	47	五号水库水源地	松辽流域	水库	鹤岗市
	48	寒葱沟水库水源地	松辽流域	水库	双鸭山市

续表

省（自治区、直辖市）	序号	水源地名称	所在流域	水源地类型	供水地区
黑龙江省（12）	49	大庆水库水源地	松辽流域	水库	大庆市
	50	红旗水库水源地	松辽流域	水库	大庆市
	51	东城水库水源地	松辽流域	水库	大庆市
	52	龙虎泡水库水源地	松辽流域	水库	大庆市
	53	桃山水库水源地	松辽流域	水库	七台河市
	54	肇东水库水源地	松辽流域	水库	绥化市
江苏省（4）	55	太湖贡湖水源地	太湖流域	湖泊	无锡市
	56	横山水库水源地	太湖流域	水库	无锡市
	57	太湖湖东水源地	太湖流域	湖泊	苏州市
	58	昆山市傀儡湖水源地	太湖流域	湖泊	苏州市
浙江省（12）	59	亭下水库水源地	太湖流域	水库	宁波市
	60	横山水库水源地	太湖流域	水库	宁波市
	61	白溪水库水源地	太湖流域	水库	宁波市
	62	周公宅-皎口水库水源地	太湖流域	水库	宁波市
	63	汤浦水库水源地	太湖流域	水库	宁波市、绍兴市
	64	珊溪-赵山渡水库水源地	太湖流域	水库	温州市
	65	泽雅水库水源地	太湖流域	水库	温州市
	66	老虎潭水库水源地	太湖流域	水库	湖州市
	67	金兰水库水源地	太湖流域	水库	金华市
	68	黄坛口水库水源地	太湖流域	水库	衢州市
	69	长潭水库水源地	太湖流域	水库	台州市
	70	黄村水库水源地	太湖流域	水库	丽水市
安徽省（3）	71	董铺水库水源地	长江流域	水库	合肥市
	72	大房郢水库水源地	长江流域	水库	合肥市
	73	沙河集水库水源地	长江流域	水库	滁州市
福建省（10）	74	东张水库水源地	太湖流域	水库	福州市
	75	坂头水库水源地	太湖流域	水库	厦门市
	76	汀溪水库水源地	太湖流域	水库	厦门市
	77	东圳水库水源地	太湖流域	水库	莆田市
	78	外渡水库水源地	太湖流域	水库	莆田市
	79	东牙溪水库水源地	太湖流域	水库	三明市
	80	泉州市龙湖水源地	太湖流域	湖泊	泉州市
	81	亚湖水库水源地	太湖流域	水库	漳州市
	82	黄岗水库水源地	太湖流域	水库	龙岩市
	83	金涵水库水源地	太湖流域	水库	宁德市
江西省（5）	84	共产主义水库水源地	长江流域	水库	景德镇市
	85	鄱阳县余干县都昌县星子县鄱阳湖水源地	长江流域	湖泊	九江市、上饶市

续表

省（自治区、直辖市）	序号	水源地名称	所在流域	水源地类型	供水地区
江西省（5）	86	新余市袁河仙女湖水源地	长江流域	湖泊	新余市
	87	鄱阳湖环湖渔业用水区水源地	长江流域	湖泊	上饶市
	88	七一水库水源地	长江流域	水库	上饶市
山东省（47）	89	玉清湖水库水源地	黄河流域	水库	济南市
	90	鹊山水库水源地	黄河流域	水库	济南市
	91	狼猫山水库水源地	黄河流域	水库	济南市
	92	锦绣川水库水源地	黄河流域	水库	济南市
	93	清源湖水库水源地	海河流域	水库	济南市
	94	棘洪滩水库水源地	淮河流域	水库	青岛市
	95	产芝水库水源地	淮河流域	水库	青岛市
	96	吉利河水库水源地	淮河流域	水库	青岛市
	97	山洲水库水源地	淮河流域	水库	青岛市
	98	铁山水库水源地	淮河流域	水库	青岛市
	99	崂山水库水源地	淮河流域	水库	青岛市
	100	尹府水库水源地	淮河流域	水库	青岛市
	101	太河水库水源地	淮河流域	水库	淄博市
	102	新城水库水源地	淮河流域	水库	淄博市
	103	大芦湖水库水源地	淮河流域	水库	淄博市
	104	耿井水库水源地	淮河流域	水库	东营市
	105	王屋水库水源地	淮河流域	水库	烟台市
	106	门楼水库水源地	淮河流域	水库	烟台市
	107	沐浴水库水源地	淮河流域	水库	烟台市
	108	王吴水库水源地	淮河流域	水库	潍坊市
	109	三里庄水库水源地	淮河流域	水库	潍坊市
	110	白浪河水库水源地	淮河流域	水库	潍坊市
	111	牟山水库水源地	淮河流域	水库	潍坊市
	112	高崖水库水源地	淮河流域	水库	潍坊市
	113	峡山水库水源地	淮河流域	水库	潍坊市
	114	冶源水库水源地	淮河流域	水库	潍坊市
	115	黄前水库水源地	黄河流域	水库	泰安市
	116	金斗水库水源地	黄河流域	水库	泰安市
	117	米山水库水源地	淮河流域	水库	威海市
	118	龙角山水库水源地	淮河流域	水库	威海市
	119	日照水库水源地	淮河流域	水库	日照市
	120	乔店水库水源地	黄河流域	水库	莱芜市
	121	岸堤水库水源地	淮河流域	水库	临沂市
	122	相家河水库水源地	海河流域	水库	德州市

续表

省（自治区、直辖市）	序号	水源地名称	所在流域	水源地类型	供水地区
山东省（47）	123	庆云水库水源地	海河流域	水库	德州市
	124	丁东水库水源地	海河流域	水库	德州市
	125	杨安镇水库水源地	海河流域	水库	德州市
	126	龙庭水库水源地	淮河流域	水库	滨州市
	127	南海水库水源地	海河流域	水库	滨州市
	128	思源湖水库水源地	海河流域	水库	滨州市
	129	三角洼水库水源地	海河流域	水库	滨州市
	130	孙武湖水库水源地	海河流域	水库	滨州市
	131	仙鹤湖水库水源地	海河流域	水库	滨州市
	132	幸福水库水源地	海河流域	水库	滨州市
	133	西海水库水源地	海河流域	水库	滨州市
	134	滨州市东郊水库水源地	海河流域	水库	滨州市
	135	雷泽湖水库水源地	淮河流域	水库	菏泽市
河南省（9）	136	白龟山水库水源地	淮河流域	水库	平顶山市
	137	弓上水库水源地	海河流域	水库	安阳市
	138	盘石头水库水源地	海河流域	水库	鹤壁市
	139	西段村水库水源地	黄河流域	水库	三门峡市
	140	卫家磨水库水源地	黄河流域	水库	三门峡市
	141	郑阁水库水源地	淮河流域	水库	商丘市
	142	泼河水库水源地	淮河流域	水库	信阳市
	143	南湾水库水源地	淮河流域	水库	信阳市
	144	板桥水库水源地	淮河流域	水库	驻马店市
湖北省（17）	145	王英水库水源地	长江流域	水库	黄石市、咸宁市
	146	马家河水库水源地	长江流域	水库	十堰市
	147	黄龙滩水库水源地	长江流域	水库	十堰市
	148	巩河水库水源地	长江流域	水库	宜昌市
	149	官庄水库水源地	长江流域	水库	宜昌市
	150	鲁家港水库水源地	长江流域	水库	宜昌市
	151	漳河水库水源地	长江流域	水库	荆门市
	152	观音岩水库水源地	长江流域	水库	孝感市
	153	垅坪水库水源地	长江流域	水库	黄冈市
	154	天堂水库水源地	长江流域	水库	黄冈市
	155	白莲河水库水源地	长江流域	水库	黄冈市
	156	金沙河水库水源地	长江流域	水库	黄冈市
	157	凤凰关水库水源地	长江流域	水库	黄冈市
	158	先觉庙水库水源地	长江流域	水库	随州市
	159	飞沙河水库水源地	淮河流域	水库	随州市

续表

省（自治区、直辖市）	序号	水源地名称	所在流域	水源地类型	供水地区
湖北省（17）	160	大龙潭水库水源地	长江流域	水库	恩施土家族苗族自治州
	161	丹江口水库水源地	长江流域	水库	南水北调中线沿线城市
湖南省（13）	162	株树桥水库水源地	长江流域	水库	长沙市
	163	黄材水库水源地	长江流域	水库	长沙市
	164	东江水库水源地	长江流域	水库	长沙市、株洲市、湘潭市、郴州市
	165	望仙桥水库水源地	长江流域	水库	株洲市
	166	红旗-曹口堰水库水源地	长江流域	水库	衡阳市
	167	洋泉水库水源地	长江流域	水库	衡阳市
	168	白云水库水源地	长江流域	水库	邵阳市
	169	威溪水库水源地	长江流域	水库	邵阳市
	170	铁山水库水源地	长江流域	水库	岳阳市
	171	龙源水库水源地	长江流域	水库	岳阳市
	172	兰家洞-向家洞水库水源地	长江流域	水库	岳阳市
	173	山河水库水源地	长江流域	水库	郴州市
	174	长河水库水源地	珠江流域	水库	郴州市
广东省（26）	175	南水水库水源地	珠江流域	水库	韶关市
	176	西丽水库水源地	珠江流域	水库	深圳市
	177	铁岗-石岩水库水源地	珠江流域	水库	深圳市
	178	茜坑水库水源地	珠江流域	水库	深圳市
	179	松子坑水库水源地	珠江流域	水库	深圳市
	180	深圳水库水源地	珠江流域	水库	深圳市、香港特别行政区
	181	秋风岭水库水源地	珠江流域	水库	汕头市
	182	河溪水库水源地	珠江流域	水库	汕头市
	183	下金溪水库水源地	珠江流域	水库	汕头市
	184	五沟水库水源地	珠江流域	水库	汕头市
	185	大沙河水库水源地	珠江流域	水库	江门市
	186	鹤地水库水源地	珠江流域	水库	湛江市
	187	赤坎水库水源地	珠江流域	水库	湛江市
	188	名湖水库水源地	珠江流域	水库	茂名市
	189	海尾水库水源地	珠江流域	水库	茂名市
	190	高州水库水源地	珠江流域	水库	茂名市
	191	清凉山水库水源地	珠江流域	水库	梅州市
	192	桂田水库水源地	珠江流域	水库	梅州市
	193	红花地水库水源地	珠江流域	水库	汕尾市
	194	青年水库水源地	珠江流域	水库	汕尾市
	195	赤沙水库水源地	珠江流域	水库	汕尾市
	196	新丰江水库水源地	珠江流域	水库	河源市

续表

省（自治区、直辖市）	序号	水源地名称	所在流域	水源地类型	供水地区
广东省（26）	197	翁内水库水源地	珠江流域	水库	揭阳市
	198	蜈蚣岭水库水源地	珠江流域	水库	揭阳市
	199	新西河水库水源地	珠江流域	水库	揭阳市
	200	金银河水库水源地	珠江流域	水库	云浮市
广西壮族自治区（6）	201	岑溪市赤水水库水源地	珠江流域	水库	梧州市
	202	北海市牛尾岭水库水源地	珠江流域	水库	北海市
	203	玉林市苏烟水库水源地	珠江流域	水库	玉林市
	204	百色市澄碧河水库水源地	珠江流域	水库	百色市
	205	贺州市龟石水库水源地	珠江流域	水库	贺州市
	206	宜州市土桥水库水源地	珠江流域	水库	河池市
海南省（2）	207	赤田水库水源地	珠江流域	水库	三亚市
	208	松涛水库水源地	珠江流域	水库	儋州市
重庆市（5）	209	重庆市嘉陵江第3水源地	长江流域	水库	北碚区、两江新区
	210	甘宁水库水源地	长江流域	水库	万州区
	211	马家沟水库水源地	长江流域	水库	沙坪坝区、九龙坡区
	212	鱼栏嘴水库水源地	长江流域	水库	綦江区
	213	鲤鱼塘水库水源地	长江流域	水库	开州区
四川省（12）	214	双溪水库水源地	长江流域	水库	自贡市
	215	长沙坝-葫芦口水库水源地	长江流域	水库	自贡市
	216	小井沟水库水源地	长江流域	水库	自贡市
	217	烈士堰水库水源地	长江流域	水库	自贡市
	218	绵阳市仙鹤湖水源地	长江流域	水库	绵阳市
	219	古宇庙水库水源地	长江流域	水库	内江市
	220	眉山市黑龙滩水库水源地	长江流域	水库	乐山市、眉山市
	221	关门石水库水源地	长江流域	水库	广安市
	222	罗江口水库水源地	长江流域	水库	达州市
	223	化成水库水源地	长江流域	水库	巴中市
	224	张家岩水库水源地	长江流域	水库	资阳市
	225	老鹰水库水源地	长江流域	水库	资阳市
贵州省（12）	226	红枫湖水库水源地	长江流域	水库	贵阳市
	227	阿哈水库水源地	长江流域	水库	贵阳市
	228	松柏山水库水源地	长江流域	水库	贵阳市
	229	百花湖水库水源地	长江流域	水库	贵阳市
	230	六盘水市玉舍水库水源地	珠江流域	水库	六盘水市
	231	北郊水库水源地	长江流域	水库	遵义市
	232	红岩水库水源地	长江流域	水库	遵义市
	233	中桥水库水源地	长江流域	水库	遵义市

续表

省（自治区、直辖市）	序号	水源地名称	所在流域	水源地类型	供水地区
贵州省（12）	234	普定县水库水源地	长江流域	水库	安顺市
	235	倒天河水库水源地	长江流域	水库	毕节市
	236	黔西南州兴西湖水库水源地	珠江流域	水库	黔西南布依族苗族自治州
	237	茶园水库水源地	长江流域	水库	黔南布依族苗族自治州
云南省（18）	238	松华坝水库水源地	长江流域	水库	昆明市
	239	云龙水库水源地	长江流域	水库	昆明市
	240	车木河水库水源地	长江流域	水库	昆明市
	241	清水海水源地	长江流域	水库	昆明市
	242	曲靖市潇湘水库水源地	珠江流域	水库	曲靖市
	243	玉溪市东风水库水源地	珠江流域	水库	玉溪市
	244	北庙水库水源地	长江流域	水库	保山市
	245	渔洞水库水源地	长江流域	水库	昭通市
	246	信房-纳贺水库水源地	长江流域	水库	普洱市
	247	中山水库水源地	长江流域	水库	临沧市
	248	九龙甸水库水源地	长江流域	水库	楚雄彝族自治州
	249	西静河水库水源地	长江流域	水库	楚雄彝族自治州
	250	红河州五里冲水库水源地	珠江流域	水库	红河哈尼族彝族自治州
	251	文山壮族苗族自治州暮底河水库水源地	珠江流域	水库	文山壮族苗族自治州
	252	澜沧江景洪电站水源地	长江流域	水库	西双版纳傣族自治州
	253	洱海水源地	长江流域	湖泊	大理白族自治州
	254	姐勒水库水源地	长江流域	水库	德宏傣族景颇族自治州
	255	桑那水库水源地	长江流域	水库	迪庆藏族自治州
陕西省（10）	256	黑河金盆水库水源地	黄河流域	水库	西安市
	257	石砭峪水库水源地	黄河流域	水库	西安市
	258	李家河水库水源地	黄河流域	水库	西安市
	259	石头河水库水源地	黄河流域	水库	西安市、宝鸡市、咸阳市
	260	桃曲坡水库水源地	黄河流域	水库	铜川市
	261	冯家山水库水源地	黄河流域	水库	宝鸡市
	262	沈河水库水源地	黄河流域	水库	渭南市
	263	涧峪水库水源地	黄河流域	水库	渭南市
	264	王瑶水库水源地	黄河流域	水库	延安市
	265	瑶镇水库水源地	黄河流域	水库	榆林市
甘肃省（4）	266	金川峡水库水源地	黄河流域	水库	金昌市
	267	武川水库水源地	黄河流域	水库	白银市
	268	巴家嘴水库水源地	黄河流域	水库	庆阳市
	269	槐树关水库水源地	黄河流域	水库	临夏回族自治州

续表

省（自治区、直辖市）	序号	水源地名称	所在流域	水源地类型	供水地区
青海省（2）	270	黑泉水库水源地	黄河流域	水库	西宁市
	271	海东市互助县南门峡水源地	黄河流域	水库	海东市
宁夏回族自治区（1）	272	贺家湾水库水源地	黄河流域	水库	固原市
新疆维吾尔自治区（3）	273	乌拉泊水库水源地	黄河流域	水库	乌鲁木齐市
	274	白杨河水库水源地	黄河流域	水库	克拉玛依市
	275	榆树沟水库水源地	黄河流域	水库	哈密地区
新疆生产建设兵团（4）	276	第十二师红岩水库水源地	黄河流域	水库	乌鲁木齐市
	277	第五师双河市塔斯尔海水库水源地	黄河流域	水库	双河市
	278	第一师胜利水库水源地	黄河流域	水库	阿拉尔市
	279	第三师小海子水库水源地	黄河流域	水库	图木舒克市

注 本表摘录自《全国重要饮用水水源地名录（2016年）》。

2. 预防保护对象

预防保护对象包括天然林、郁闭度高的人工林以及覆盖度高的草原、草地；植被或地形受人为破坏后，难以恢复和治理的地带；侵蚀沟的沟坡和沟岸、河流的两岸以及湖泊和水库周边的植物保护带；水土流失严重、生态脆弱地区的植物、沙壳、结皮、地衣；水土流失综合防治成果等其他水土保持设施。

3. 预防项目布局

综合规划中的预防规划内容针对不同预防范围和保护对象，明确管理措施和必要的控制指标，并根据经济社会发展趋势与水土保持需求分析，提出预防项目或重点工程及其布局。

4. 预防项目或重点工程的选择

预防项目或重点工程按下列条件进行选择确定：①保障水源安全、维护区域生态系统稳定的重要性；②生态、社会效益明显，有一定示范效应；③当地经济社会发展急需，有条件实施。近期预防项目或重点工程根据轻重缓急优先安排迫切需要实施的预防项目。

2.1.5.2 措施体系及配置

预防措施包括封禁管护、植被恢复、抚育更新、农村能源替代、农村垃圾和污水处置设施、人工湿地及其他面源污染控制措施，以及局部区域的水土流失治理措施等。

根据预防范围、保护对象及区域特点，进行措施配置，措施能够有效缓解潜在水土流失问题，并具有明显的生态效益和社会效益。

（1）江河源头区和水源涵养区注重封育保护和水源涵养植被建设。

（2）饮用水水源保护区以生态清洁小流域建设为主，配套建设植物过滤带、沼气池、农村垃圾和污水处置设施及其他面源污染控制措施；局部区域存在水土流失时应采取综合治理措施。

（3）重点预防区包括坡耕地改梯田、淤地坝等，加大生态修复力度。

（4）以生态维护、防风固沙等其他功能为水土保持主导基础功能的区域应突出维护和提高其功能的措施。

2.1.5.3 典型措施配置

预防措施配置应根据水土保持区划，按不同类别的预防范围，各选择1～2个典型流域或片区进行分析，根据当地土地利用现状、水土流失情况和水土保持治理情况，确定相应的措施配比，推算措施数量。以格尔木市格尔木河流域为例，说明预防措施配置比例。

1. 基本情况

格尔木市格尔木河流域地处青海省柴达木盆地的南缘中部，位于格尔木市城区西侧，与格尔木市郭勒木德镇相连，是典型的城郊型结合区。东距青海省省会西宁市800km。格尔木市地理坐标为东经90°45′～95°45′、北纬35°10′～37°45′。

格尔木河流域位于戈壁与湖沼之间的昆仑山前冲洪积湖积细土平原带上，间或有风积地，地势平坦开阔。

年均气温为4.2℃，最冷月均气温为－22.3℃，最暖月均气温为17.6℃；全年无霜期为170d；年日照时数为3148.5h。夏季多东风，冬季多西风，基本上为东、西风交替，平均风速为3.1m/s。年大风日数达105d，多集中在3—4月。

流域总土地面积为17529hm²，其中农林牧业用地面积4172.2hm²，占总土地面积的23.8%；荒草地面积9886hm²，占总土地面积的56.4%；其他用地（村庄、道路及水域等）面积2787.54hm²，占总土地面积的15.9%；难利用地面积683.26hm²，占总土地面积的3.9%。流域项目区内农、林、牧用地比例为2.9%、5.7%、15.2%，土地利用率只有23.8%。从土地利用现状看，土地资源利用结构不合理，荒草地所占比重较大，未能有效利用。项目区大部分地区主要以牧业生产为主，历史上由于过度毁林，自然条件变化，使天然植被遭到破坏，使植被水源涵养和防护功能降低。

流域内水土流失面积为138.20km²，占总土地面积的78.84%。水土流失类型以风力侵蚀和水力侵蚀为主，兼有冻融侵蚀。土壤侵蚀模数为2600t/(km²·a)，年土壤侵蚀总量为35.93万t。土壤侵蚀中，轻度侵蚀面积8337hm²，占项目区水土流失面积的60.33%；中度侵蚀面积2459hm²，占项目区水土流失面积的17.79%；强度侵蚀面积3024hm²，占项目区水土流失面积的21.88%。

2. 防治模式与措施配置

(1) 防治模式。流域水土保持措施总体布局按照“生态修复、生态保护、生态治理”三个治理区域进行布局，在各治理区内按照“农田防护、防风固沙”两个水土保持功能依次布设防风固沙、封禁保护、节水灌溉等措施，在流域内形成有效的综合防护体系。针对流域北部人口稀少、生态脆弱，破坏后难以恢复的特点，实施全面封禁、封育保护和禁止人为开垦、盲目割灌和放牧等生产活动，加强对林草植被的保护；流域南部至格茫公路以南的区域，具有离市区较近、采砂活动较为集中、水土流失较严重的特点，以保护现有农地，改善生产条件和生态环境为重点，植物措施主要布设防风固沙林和经济林，工程措施主要布设引水渠；针对农业耕种区人口居住密集的特点，采取农田防护林措施，配套渠系工程。

(2) 措施配置。格尔木河流域治理水土流失面积为8933.00hm²。在农田周边及城镇周边栽植水土保持防风固沙林1960.31hm²，其中青杨200.53hm²、柽柳1729.81hm²、枸杞29.97hm²；配套建设引水渠道15km；实施封禁治理6972.84hm²，设置网围栏19.5km、封禁碑13处、标志牌25个。格尔木河流域水土保持措施配比见表Ⅰ.2.1-4。

表Ⅰ.2.1-4 格尔木河流域水土保持措施配比表

项目		措施数量	配置比例
水土流失面积/km²		138.20	
治理面积/km²		89.33	
水保林/hm²	青杨	200.53	2.24%
	柽柳	1729.81	19.36%
	枸杞	29.97	0.34%
	小计	1960.31	21.94%
封禁/hm²		6972.84	78.06%
引水渠道/km		15	0.11km/km²
网围栏/km		19.5	0.14km/km²

2.1.6 治理规划

“综合治理、因地制宜”是水土保持工作的基本方针，必须根据各地的自然和社会经济条件，分区分类合理配置工程措施、林草措施和农业耕作措施，坚持生态优先，强化林草植被建设，加大坡地和侵蚀沟的治理力度，以小流域为单元实施山水田林路村综合治理，形成综合防护体系，维护水土资源可持续利用。

2.1.6.1 治理范围

国家级水土保持规划治理范围主要为：列为国家级重点治理，对大江大河干流、重要支流和湖库淤积影响较大的水土流失区域；造成土地生产力下降，直接影响农业生产和农村生活，需开展土地资源抢救性、保护性治理的区域；植被覆盖率低、生态脆弱、人地矛盾突出、坡耕地分布集中、侵蚀沟（崩岗）密集分布的区域；革命老区、边疆地区、贫困人口集中地区、少数民族聚居区等特定区域［《国家八七攻坚扶贫计划（1994—2000年）》、《人事部、财政部关于印发完善〈边远地区津贴制度实施方案〉的通知》（国人部发〔2006〕61号）］；直接威胁生产生活的山洪滑坡泥石流潜在危害区域；国家级水土流失重点治理区，全国水土保持区划三级区水土保持主导基础功能为土壤保持、拦沙减沙、蓄水保土、防灾减灾、防风固沙等的区域，上述以外的水土流失程度高、危害大的其他区域。

省级水土保持规划治理范围在上述治理范围基础上，还包括省级水土流失重点治理区。

县级水土保持规划治理范围在国家级、流域级和省级水土保持规划确定的治理范围中选择并落实到小流域。不属于国家级和省级水土流失重点预防县与治理县的，还应包括县级重点治理区。

2.1.6.2 治理对象

治理对象指需采取综合治理措施的侵蚀劣地和退化土地，主要包括：坡耕地、石漠化和砂砾化土地、侵蚀沟道、崩岗、“四荒”地、水蚀坡林（园）地、山洪沟道，以及风蚀区和风蚀水蚀交错区的沙化土地、退化草（灌草）地等。国家级、流域级、省级水土保持规划治理对象包括坡耕地、“四荒”地、水蚀坡林（园）地，规模较大的重力侵蚀坡面、崩岗、侵蚀沟道、山洪沟道，沙化土地、风蚀区和风蚀水蚀交错区的退化草（灌草）地等，石漠化、砂砾化土地等侵蚀劣地。县级及以下水土保持规划治理对象除上述治理对象外还包括侵蚀沟沟坡，规模较小的重力侵蚀坡面、崩岗、侵蚀沟道、山洪沟道，支毛沟等其他需要治理的水土流失严重地区。

2.1.6.3 措施体系

综合治理措施包括工程、林草和耕作措施。工程措施主要包括坡改梯、水蚀坡林（园）地整治、沟头防护、雨水集蓄利用、径流排导等坡面治理工程，谷坊、淤地坝、拦沙坝、塘坝等沟道治理工程，翻淤压沙、引水拉沙造地、引洪漫地等土地整治工程，削坡减载、支挡固坡、拦挡工程等崩岗和滑坡防治工程。林草措施主要包括营造水土保持林、经果林、等高植物篱（带）、格网林带，建设人工草地和草场，发展复合农林业，开发与利用高效水土保持植物等。耕作措施主要包括垄向区田、等高耕作、网格垄作、免耕少耕、草田轮作、间作套种等。

2.1.6.4 措施配置及典型小流域选择原则

治理措施配置应按分区和治理对象，各选择1～2个典型小流域或片区进行分析。根据典型小流域分析结果，考虑区域的土地利用规划、土地适宜性分析评价和水土流失分布以及所在全国水土保持区划三级区的水土保持主导基础功能等，确定相应的措施配比，然后推算该区的措施数量。

典型小流域或片区按以下原则选择：①在地形地貌、土壤植被、水文气象、水土流失类型和特点、社会经济发展水平等方面具有代表性；②措施配置应与其代表的区域水土流失防治途径和技术体系协调一致。

以西南岩溶区川西南高山峡谷保土减灾区（Ⅶ-2-1tz）措施配置比例推算的过程为例，说明治理措施配置比例。

该区选择的典型小流域为盐边县红果河小流域。该流域的地貌类型及水土流失特征在川西南高山峡谷地区具有典型的代表性。其治理模式对以红壤和紫色土为主的高山峡谷地带开展小流域综合治理具有重要应用价值。

红果河小流域土地面积为10.25km²，其中耕地面积111.6hm²，占土地总面积的10.89%；治理水土流失面积为51km²，其中坡改梯面积306hm²、水土保持林面积510hm²、经果林面积612hm²、种草面积204hm²、保土耕作面积612hm²、封禁治理面积2856hm²；新建排灌沟渠30.6km、蓄水池51座、沉沙池255个、田间道路20.98km、谷坊30座、拦沙坝10座。该小流域水土保持措施配比见表Ⅰ.2.1-5。

表Ⅰ.2.1-5 红果河小流域水土保持措施配比表

措　施	措施数量	配置比例
坡改梯/hm²	306	6%
水土保持林/hm²	510	10%
经果林/hm²	612	12%
种草/hm²	204	4%
保土耕作/hm²	612	12%
封禁治理/hm²	2856	56%
田间道路及排灌沟渠工程/km	51.58	1.01km/km²
小型蓄水工程/座	306	6座/km²
沟道治理工程/座	40	0.78座/km²

川西南高山峡谷区主导基础功能为土壤保持、防灾减灾。该区耕地面积占土地总面积的11.78%，其中15°以上的坡耕地面积为30.33万hm²，占耕地面积的47.28%，陡坡耕地是造成该区水土流失的主要原因，土地整治和开发利用潜力较大。区域重点是加强河谷地带的坡耕地治理，工程措施与植物措施相结合，治坡与治沟相结合，控制坡面水土流失；利用光热发展特色经果林，促进地方经济发展；加强沟道治理，促进综合农业生产，保护土地生产力。同时在中高山地带，加强林草植被建设与保护，搞好封育管护，轮封轮禁与草原建设相结合。考虑当地需求加大坡耕地治理、沟道治理，干热河谷加大经果林水保林植被建设，同时参考该区的土地利用现状及坡耕地各坡度组成的数量，在措施配置比例上可调高坡改梯、水土保持林、经果林、田间道路及排灌沟渠工程、沟道治理工程的比例，调低种草、封禁治理和保土耕作措施比例。

2.1.6.5 重点治理项目选择原则

（1）按照“综合治理、因地制宜”的原则，对适宜治理的水蚀区、水蚀风蚀交错区、绿洲及其周边风蚀区等，以及直接影响人类居住及生产安全的可治理的山洪和泥石流灾害易发区域进行综合治理。

（2）坡耕地是水土流失的主要策源地，沟蚀和崩岗是水土流失极其严重的表现，因此要加大坡耕地、侵蚀沟和崩岗的综合整治。

（3）以国家级水土流失重点治理区为重点，结合正在实施的水土保持生态建设重点工程，考虑老少边穷地区等治理需求迫切、集中连片、水土流失治理程度较低的区域。

2.1.6.6 重点治理项目

重点治理项目分为四类，包括重点区域水土流失综合治理、坡耕地水土流失综合治理、侵蚀沟综合治理以及水土流失综合治理示范区建设。

1. 重点区域水土流失综合治理

重点区域水土流失综合治理以小流域为单元，山水田林路综合规划，工程、植物和耕作措施有机结合，沟坡兼治，生态与经济并重，优化水土资源配置，提高土地生产力，发展特色产业，促进农村产业结构调整，持续改善生态，保障区域社会经济可持续发展。根据《全国水土保持规划（2015—2030年）》提出19个重点项目。

（1）东北黑土漫川漫岗丘陵水土流失综合治理。涉及黑龙江、吉林、辽宁和内蒙古4省（自治区），该区垦殖率高，缓坡耕地多，侵蚀沟切割，黑土流失严重，影响机械化耕作和粮食生产。治理措施：以小流域为单元，实施坡改梯、垄向区田、地埂植物带、盲沟鼠洞排水等坡面治理措施；采取沟头防护，修建谷坊、塘坝，种植沟底防冲林，加强切沟填埋整治等措施治理侵蚀沟；荒山荒坡营造水土保持林和水源涵养林；推行保护性耕作；巩固退耕还林还草成果，推动退耕还林还草继续实施。

（2）太行山燕山水土流失综合治理。涉及北京、河北、山西和内蒙古4省（自治区、直辖市），该区北部坝上气候干旱，水蚀风蚀交错，南部低山黄土丘陵水蚀严重。治理措施：保护深山远山植被，改造中低山坡耕地，建设蓄引水小型水保工程，营造荒坡地水土保持林；山前丘陵台地地区大力发展特色林果业，沟谷布置拦沙排导等设施，防治山洪灾害；城市周边建设生态清洁小流域；坝上风水蚀交错地区，沿坝缘构筑防护林带，巩固退耕还林还草成果，推动退耕还林还草继续实施。

（3）西辽河大凌河水土流失综合治理。涉及辽宁和内蒙古2省（自治区），区内多低山丘陵，沟壑纵横，植被稀少，坡耕地和稀疏灌草地水土流失严重，西北部及河谷川地土壤沙性大，过度垦殖放牧，风蚀沙化严重。治理措施：沟坡兼治，坡面实施坡改梯并配套小型蓄引水工程，荒坡上部营造水土保持林，荒坡下部修筑台田并营造经济林；沟道采取沟头防护、谷坊、塘坝等为主的综合整治措施；河谷川地营造农田防护林，沙地边缘建设防风固沙林，实行草地封育保护，推进退耕还林还草。

（4）沂蒙山泰山水土流失综合治理。涉及山东省，区内干旱缺水，山地基岩裸露，土层瘠薄，植被覆盖度低，土地垦殖率高，人均耕地少，水土流失严重。治理措施：实施坡改梯并配套坡面水系工程，推广林-草立体配置和猪-沼-果模式，拦蓄山泉、沟道径流，建设特色林果小流域，推动退耕还林还草继续实施；植被覆盖度低和岩石裸露地区，开展封山育林育草，营造水土保持林。

（5）黄河多沙粗沙区及十大孔兑水土流失综合治理。涉及山西、陕西、甘肃、内蒙古和宁夏5省（自治区），该区是黄河粗泥沙集中来源区，侵蚀沟发育，沟壑密度大，水土流失严重，林草覆盖率低，础砂岩地带岩石风化、碎屑崩落，生态脆弱，局部地区风蚀危害大。治理措施：加强支毛沟治理，完善以沟道淤地坝、拦沙坝为主的拦沙减沙体系，发展沟道坝系农业；实施坡改梯，营造水土保持林，建设小型蓄引灌设施，础砂岩地区种植沙棘，推动退耕还林还草继续实施；沿河采取围封、人工种植和飞播林草措施，有条件的实施引洪滞沙、引水拉沙改造沙滩地，沙地边缘配置沙障，建立防风固沙阻沙体系。

（6）黄河宁蒙河段及周边山地丘陵水土流失综合治理。涉及内蒙古和宁夏2自治区，该区农牧交错，草场退化，风蚀严重，乌兰布和沙漠风沙移动和吹蚀造成宁蒙河段淤积。宁蒙河段周边山地丘陵沟壑纵横，地形破碎，水蚀严重。治理措施：沿黄一线沙地沙漠采取网格沙障造林种草措施防风固沙，河套平原、银川平原地区建设农田防护林网，推广保护性耕作；山地丘陵开展小流域综合治理，改造坡耕地和沟滩地，荒山荒坡营造水土保持林，远山边山和草场实施封育保护，推动退耕还林还草继续实施。

（7）甘青黄土高塬丘陵水土流失综合治理。涉及甘肃和青海2省，区内塬梁交错，沟壑纵横，坡陡沟深，汛期降水量大，水土流失严重。治理措施：实施小流域综合治理，建设沟道坝系，治理支毛沟，采取坡改梯及雨水集蓄利用措施，营造水土保持林，远山实施封山育林；旱作农业区推广砂田覆盖等耕作制度；青海湖周边实施退耕还林还草、退牧还草、草原配套建设，发展农田防护林和水源涵养林，防治土地沙化和草原退化。

（8）渭河泾河流域水土流失综合治理。涉及陕西、甘肃和宁夏3省（自治区），区内以丘陵阶地地貌为主，沟壑纵横、地形破碎，垦殖率高，干旱缺水，水土流失严重。治理措施：开展小流域综合治理，实施坡改梯、淤地坝建设，配套雨水集蓄利用设施，坡面营造水土保持林，推动退耕还林还草继续实施；局部土石山地带营造水土保持林和水源涵养林，保护好现有植被。

（9）晋陕豫丘陵阶地水土流失综合治理。涉及山西、陕西、河南3省，区内以丘陵阶地地貌为主，间有土石山分布；黄土丘陵阶地地势较缓，残塬、梁峁、阶地、台地相间分布，地形较破碎，降水集中，水蚀严重，冲沟发育；土石山地耕地资源短缺，土层薄，农业综合生产能力低。治理措施：开展小流域综合治理，实施阶台地和缓坡耕地综合整治，拦蓄和利用地表径流，发展高效特色林果产业；丘陵沟壑区建设坝系和实施引洪漫地，改造坡耕地，营造沟坡水土保持林；土石山地带修筑石坎梯田，荒山荒坡造林种草，封山育林，推动退耕还林还草继续实施。

（10）湘资沅中游水土流失综合治理。涉及湖南省，区内为中低山地貌，花岗岩风化层厚，土层薄，降水量大且集中，坡耕地及崩岗水土流失严重。治理措施：改造坡耕地和坡园地并配套坡面水系工程，实施荒山、荒坡的治理改造，推动退耕还林还草继续实施，发展茶叶、板栗、柑橘等特色产业；建设谷坊、塘堰等沟道防护体系，营造沟岸防护林；远山边山地区实施封山育林，局部地区实施崩岗综合整治。

（11）赣粤闽水土流失综合治理。涉及江西、广东和福建3省，区内以低山丘陵为主，陡坡垦殖及农林开发强度大，崩岗发育，毁坏农田、淤积沟道，水土流失严重。治理措施：开展小流域综合治理，采取“上截、中削、下堵、内外绿化”模式治理崩岗，实施坡林（园）地和坡耕地综合整治并配套坡面水系，推动退耕还林还草继续实施，发展特色茶果产业，远山地区实施封育保护。

（12）三峡库区水土流失综合治理。涉及湖北和重庆2省（直辖市），区内山高坡陡，人多地少，人地矛盾突出，水土流失严重。治理措施：库周及库岸营造植物保护带，坡面营造水土保持林草，推进生态清洁小流域建设；近山及村镇周边实施坡改梯并配套坡面水系工程，完善田间道路，推动退耕还林还草继续实施，发展特色经果林；远山地区封山育林，保护现有植被；局部崩塌、滑坡、山洪区域进行综合整治。

（13）嘉陵江沱江中下游水土流失综合治理。涉及四川省，区内以中低山丘陵为主，降水量大且集中，紫色土风化强烈，耕垦率高，人口稠密，面蚀和沟蚀严重。治理措施：实施坡改梯并配套水系工程，修筑沟道塘堰并配套引灌设施，发展特色林果业，促进和巩固陡坡退耕还林还草，荒山荒坡营造水土保持林。

（14）西南诸河高山峡谷区水土流失综合治理。涉及云南省，区内以中高山地貌为主，沟深坡陡，水土流失严重，山洪泥石流灾害频发。河谷地区气候干热，林草覆盖率低，生态脆弱。治理措施：开展小流域综合治理，实施封山育林，保护与建设干热河谷植被，坡度相对较缓的耕地实施坡改梯并配套水系工程，推动退耕还林还草继续实施，充分利用山坡沟道径流和泉水建设蓄引灌设施，采取拦挡、排导等措施综合整治山洪泥石流沟道。

（15）岩溶石漠化水土流失综合治理。涉及云南、湖北、湖南、重庆、四川、贵州和广西7省（自治区、直辖市），以中低山地貌为主，基岩多为石灰岩，岩石裸露，石漠化发育，耕地资源短缺，土层瘠薄，地表渗漏，工程性缺水严重，局部地区山洪泥石流危害严重。治理措施：实施坡耕地综合整治，配套坡面水系和表层小泉小水蓄引灌设施，推动退耕还林还草继续实施；荒坡地营造水土保持林，治理落水洞，减轻洪涝灾害；保护天然林，实施封山育林；对山洪泥石流沟道采取拦挡、排导等综合整治措施。

（16）鄂豫皖山地丘岗水土流失综合治理。涉及湖北、安徽、河南3省，区内分布有低山丘陵和部分岗地，山丘区土层浅薄，稀疏林多，茶园、板栗等坡林（园）地水土流失严重。治理措施：丘陵地带开展小流域综合治理，实施坡耕地和坡林（园）地改造，推动退耕还林还草继续实施，修筑山塘，建设以截、排、导为主的坡面径流调控体系。整修岗旁田为梯田，土层较厚的荒坡发展经济林，瘠薄岗岭营造水土保持林，中低山植被良好区实施封育保护。

（17）海南岛生态旅游区水土流失综合治理。涉及海南省，区内以低山地貌为主，台风暴雨强烈，橡胶林、咖啡林、槟榔林等农林开发造成的水土流失问题突出，沿海局部地区存在土地沙化。治理措施：保护原生植被，营造水源涵养林，实施河湖沟道整治，建设生态清洁小流域，改造和治理坡耕地和坡林（园）地水土流失，发展特色热带水果林，建设沿海防风固沙林。

（18）沙漠绿洲农区水土流失综合治理。涉及甘肃、内蒙古、宁夏和新疆4省（自治区），区内降水稀少，植被覆盖率低，草场退化沙化，绿洲边缘风沙危害严重，生态脆弱。治理措施：保护现有植被和地表覆盖物，完善绿洲边缘防风固沙林带和农田防护林网；山麓地带修筑谷坊、拦沙坝、沟道排洪设施，保护和恢复坡面植被；农牧交接地带推进退耕还林还草，建设人工草地并配套灌溉设施，促进退化草地恢复；加强绿洲农区的灌溉水源地植被保护与建设，风沙危害严重的灌渠两侧建设防风固沙带。

(19) 青藏高原河谷农业水土流失综合治理。涉及四川、西藏2省（自治区），区内河谷地带农田多，村镇相对密集，山坡多为灌草地，存在土地沙化现象，沟道山洪泥石流危害大。治理措施：修筑谷坊、拦沙坝、排导设施治理山洪沟，沟坡、冲洪积扇采取封禁措施，综合整治建设灌溉草地或农田，推动退耕还林还草继续实施，田边、路边、渠边、岸边、村庄周边统一规划营造防护林，推进能源替代工程建设。

2. 坡耕地水土流失综合治理

针对耕垦率高、人均耕地相对较少、人口密度较大、人地矛盾突出、坡耕地多且水土流失严重的区域，实施坡耕地水土流失综合治理工程。治理措施：适宜的坡耕地改造成梯田，配套道路、水系，距离村庄远、坡度较大、土层较薄、缺少水源的坡耕地发展经济林果或种植水土保持林草，禁垦坡度以上的陡坡耕地退耕还林还草。

3. 侵蚀沟综合治理

侵蚀沟主要分布在东北黑土区和黄土高原区。崩岗主要分布在南方红壤区花岗岩、砂页岩、碎屑岩严重风化的地区。

(1) 东北侵蚀沟治理。涉及黑龙江、吉林、辽宁和内蒙古4省（自治区），区内侵蚀沟多分布于耕地上，切割和蚕食现象严重，影响粮食生产和机械化耕作。治理措施：结合坡面治理，修筑沟道谷坊，采取沟头和沟坡防护措施综合治理侵蚀沟；面积小的V形沟道采取削坡、填埋，配套跌水及植物等措施；推动退耕还林还草继续实施。

(2) 黄土丘陵区侵蚀沟治理。涉及甘肃、内蒙古、宁夏、青海、山西、陕西6省（自治区），区域沟壑密度大，坡陡沟深，边岸坍塌、沟底下切和沟头溯源侵蚀，蚕食塬面或梁峁坡。治理措施：修筑塬面塬坡梯田埝地、沟头防护埂，沟坡大力营造水土保持林，支毛沟修筑谷坊和防冲林，主沟道修建淤地坝，建设坝系并配套小型蓄引水设施；推动退耕还林还草继续实施。

(3) 崩岗治理。涉及安徽、福建、广东、广西、湖北、湖南、江西7省（自治区），区内岩石风化严重，在强降水条件下，沟壁坍塌、沟头前进、山体崩落，淤埋农田和村庄等。治理措施：工程与植物措施相结合，建立上拦、下堵、中削、内外绿化的崩岗综合治理体系；推动退耕还林还草继续实施。

4. 水土流失综合治理示范区建设

(1) 水土保持生态文明建设示范区。选择具有典型代表性、治理基础好、示范效果好、辐射范围大的区域。重点考虑水土保持生态文明工程以及治理基础较好的区域。治理措施：维护和提高区域的水土保持功能，突出区域特色，注重农业产业结构调整和农业综合生产能力提高，在现有治理状况的基础上，引进实用先进的水土保持技术，建设具有示范推广带动效应的示范区。

(2) 高效水土保持植物资源利用示范区（园）。根据总体布局，遵循适地适树（草）以及生态建设与产业开发相结合的原则，充分考虑当地水土保持植物资源利用及产业化发展状况，选定可开发利用的树种草种，建设水土保持植物资源示范园区，示范引导和培育主导产业，以点带面，促进农民增收和区域经济社会发展。开展有关高效植物的种植、加工和产业配套等示范工程建设，逐步推广到区域水土流失重点治理工程，提高水土保持生态工程的经济效益，吸引群众和社会力量参与水土保持。

2.1.7 监测规划

综合规划中的监测规划按国家级和省级分类。流域级监测规划参照国家级编制，市级、县级监测规划参照省级编制。

2.1.7.1 国家级监测规划

国家级监测规划任务是准确、及时、全面地反映国家或流域水土流失现状及发展趋势，为政府决策、社会经济发展和社会公众服务等提供科学依据。同时，注重满足对水土流失重点预防区和重点治理区各省级单位的监督检查和目标责任考核的要求。主要内容包括监测站网建设、水土流失动态监测、天地一体化监督监测、水土流失综合治理监测等。

1. 监测站网建设

应以全国水土保持区划二级区为单元，每个二级区至少布设一个国家级水土保持重要监测点。列入国家级水土流失重点防治区的区域，可根据区划三级区个数适当加密。

监测站点主要分为常规监测点和临时监测点两大类。

常规监测点场地选择重点考虑以下因素：场地面积根据监测点所代表的水土保持区划、试验内容和监测项目确定；各种试验场地应集中，监测项目应结合在一起；有一定数量的、专业比较配套的科技人员，有能够进行各种试验的科研基地，有进行试验的必要手段和设备，交通、生活条件比较方便。

临时监测点场地选择重点考虑以下因素：为检验和补充某项监测结果而加密的监测点，其布设方式与密度应满足该项监测任务的要求；生产建设项目造成的水土流失及其防治效果的监测点，根据不同类型的项目要求设置；崩塌滑坡危险区、泥石流易发区和沙尘源区等监测点应根据类型、强度和危害程度布设。

水蚀小区布设原则：选择不同水土流失类型区的典型地段，尽可能选取或依托已有水土保持试验站，并考虑观测与管理的方便性；坡面横向平整，坡度和土壤条件均一，在同一小流域内应尽量集中。

控制站布设原则：能代表流域小气候特征；四周开阔、平坦，并保证降水成倾斜下降时，四周物体不致影响降水落入雨量器中；四周障碍物与仪器的距离不得少于障碍物顶部与仪器口高差的2倍；观测场地应有适当的专用面积，四周应布置围栏；观测场内不应种植对降水观测有影响的作物。

风蚀监测点的建设主要考虑全国水土保持区划中水土保持主导基础功能涉及防风固沙功能的区域，具体参见《全国水土保持规划（2015—2030年）》，如北方风沙区（Ⅱ）及东北黑土区（Ⅰ）的松辽平原风沙区（Ⅰ-4）、北方土石山区的太行山西北部山地丘陵防沙水源涵养区（Ⅲ-3-1fh）、黄泛平原防沙农田防护区（Ⅲ-5-3fn）等。有条件时，可利用国家治理小流域或依托已有的野外生态观测站点，并注意观测与管理的方便性。

监测站网制定统一的标准化建设方案，标准化建设时除必要的设施设备外，还要考虑配备包括通信及信息传输系统、信息处理系统、网络安全设备及软件系统、交通设备在内的四大部分设备。结合发展形势，鼓励发展自动化观测设备。

2. 水土流失动态监测

水土流失动态监测包括水土保持普查和专项调查、水土流失重点防治区监测、水土流失定位观测。

水土保持普查一般5年1次，根据国家经济发展水平和社会需要进行。专项调查主要包括东北黑土区侵蚀沟与典型黑土层水土保持特征监测、西南岩溶区石漠化监测、南方红壤区崩岗监测、西北黄土高原区淤地坝坝系和侵蚀沟道监测、北方土石山区坡林地水土流失监测等，根据需要适时开展。

水土流失重点防治区监测一般1年1次，分为国家级重点治理区监测和重点预防区监测。国家级重点治理区监测主要内容包括区域土地利用情况、水土流失状况、水土保持措施及治理效益等，主要采用遥感监测、定位观测和调查等相结合的方法开展。利用高分辨率遥感影像监测区域土地利用情况、植被覆盖状况、水土流失状况、水土保持措施及治理效益等；利用布设于不同土壤侵蚀类型区的典型小流域和监测点，开展水土流失地面观测，监测水土流失状况；同时，利用分布于重点治理区内的第一次全国水利普查水土保持情况普查布设的野外调查单元，进行地形、土地利用、水土保持措施等的现场调查与校核。在此基础上，综合评价重点治理区的水土流失状况（分布、面积和强度）。通过调查统计来反映水土保持措施的实施情况，采用定额计算的方法来计算水土保持措施效益。国家级重点预防区监测主要内容包括区域土地利用情况、水土流失状况、预防保护措施及预防保护效果等，主要采用遥感监测与野外调查相结合的方法开展，分为本底数据监测和年际变化监测两部分。利用遥感影像（空间分辨率10m左右）监测区域土地利用、植被覆盖情况，并根据区域地形地貌等因子，采取综合评判法分析评价土壤侵蚀本底状况。从监测第二年开始，利用遥感影像监测区域土地利用、植被覆盖情况，重点分析土地利用、植被覆盖度和林缘线的年际变化情况，采取综合评判法对年际变化区域进行土壤侵蚀分析评价，并结合区域较大水文断面径流、泥沙情况等，综合分析预防区生态环境状况和预防保护效果。

水土流失定位观测主要适用于不同土壤侵蚀类型区典型小流域和典型监测点监测。不同土壤侵蚀类型水土流失监测的主要内容包括水土流失影响因子、水土流失状况、水土保持措施和水土保持效益等四个方面，主要采用地面观测与调查相结合的方法开展。在不同侵蚀类型区选择有代表性的典型小流域，开展长期、定位观测，监测以小流域为单元的水土流失及其治理效益（包括蓄水保土、防止面源污染、改善生态环境等）；并选择有代表性的典型监测点，开展长期定点观测，监测坡面产流产沙规律，为深入研究分析水土流失规律，建立不同类型区坡面水土流失预测预报模型提供基础信息。与此同时，结合重点治理区、重点预防区和生产建设项目集中区的区域监测，综合分析不同侵蚀类型区的水土流失及其治理效益的动态变化情况。

3. 天地一体化监督监测

利用高分辨率遥感影像，每年开展一次遥感调查，了解生产建设项目扰动地表和防治责任范围变化情况，掌握生产建设项目水土保持工作动态；在全国数据管理平台上进行监管数据的管理分析，实现生产建设项目扰动范围及监督、检查、落实整改等情况信息及时上传、交换和共享。

重点监测区域包括晋陕蒙接壤煤炭开发区、陕甘宁蒙石油天然气开发区、辽宁矿产资源开发区、呼伦贝尔矿产资源开发区、新疆准东经济技术开发区、鲁南矿区、内蒙古高原内陆河东部煤炭开发区、岷江金沙江干流水电能源开发区、珠江三角洲经济区、海峡西岸经济区。

4. 水土流失综合治理监测

水土流失综合治理监测主要采用典型调查和遥感

调查相结合的方式进行。全国重点流域治理、重点示范流域综合治理典型调查宜采用1：10000或1：5000的地形图或航片，逐个图斑进行调查、绘制。大中流域可采用1：10000～1：50000的地形图或相应比例的航片，也可采用卫片或卫星数据资料，逐个图斑进行调查、判读、绘制。有条件的地方可利用无人机低空遥感技术开展相关工作。

2.1.7.2 省级监测规划

省级监测规划任务是满足省（自治区、直辖市）人民政府水行政主管部门开展不同类型区水土流失动态监测的需要、定期公告水土流失及其防治情况的要求。同时，注重满足区内县级以上人民政府水土流失重点预防区和重点治理区监督检查与目标责任考核的要求。主要内容包括监测站网建设、水土流失动态监测、天地一体化监督监测等。

监测站网建设在国家水土保持监测站点布设的基础上，根据实际需要，适当增加站网密度。同时，做好国家水土保持监测站点的管理和运行维护工作。根据国家统一的站网标准化建设方案，落实相关设备和经费。

水土流失动态监测是在配合国家级监测单位做好水土流失动态监测相关工作，在条件允许的情况下，参照国家级水土流失动态监测规划，开展省级重点防治区水土流失动态监测工作。

天地一体化监督监测包括生产建设项目集中区监测、区内重大生产建设项目跟踪监测等内容，并将数据及时录入相关系统。

2.1.8 综合监管规划

综合监管规划包括监管体制、监督管理、基础设施与管理能力建设、科技支撑等内容。

1. 监管体制

监管体制主要包括流域与区域管理相结合的管理体制、跨部门管理机制和综合管理运行机制。监管体制规划内容应符合以下要求：

（1）满足法律法规相关规定和流域机构及地方各级水利水保部门的职责权限。

（2）满足经济社会发展对水土保持改革与发展的需求。

（3）提出流域与区域管理的事权划分建议，满足流域与区域管理的需要。

（4）提出协商议事、联合决策的方案或合作框架的跨部门管理机制建议，满足水土保持统一管理的需要。

（5）提出公众参与、信息共享、科普教育、应急响应等综合管理运行机制，满足水土保持社会管理的需求。

2. 监督管理

监督管理主要包括预防监督管理、治理监督管理、监测监督管理，以及违法查处、纠纷调处、行政许可和补偿费征收管理等内容。根据不同的监督管理对象，提出监督管理重点和措施：

（1）预防监督管理要满足预防规划提出的预防目标和控制指标，以及生产建设项目水土保持方案编制、审批、实施、验收的要求。

（2）治理监督管理要满足评价工程建设和管理及特定区域的水土流失治理工作的需要。

（3）监测监督管理要满足监测资质考核和成果质量评价的需要。

（4）违法查处、纠纷调处、行政许可和补偿费征收管理等的监督管理应满足考核各级监督执法机构履行行政职责的需要。

3. 基础设施与管理能力建设

基础设施与管理能力建设主要包括基础设施建设、监督管理能力建设、监测站点标准化建设、信息化建设等内容。

（1）根据水土保持科技和管理的需要，提出科研基地、监测实验等基础设施建设内容。

（2）根据监督管理任务和形势需要，提出水土保持监督管理机构体系、执法装备等方面的建设内容和提高监督管理水平的建议。

（3）根据有关监测技术标准和规程，按照标准化要求，提出各类监测站点建设内容。

（4）根据水土保持信息管理需要，提出信息管理体系、监测信息管理平台和综合监管应用系统等建设内容。

（5）提出基础设施与管理能力建设的重点项目。

4. 科技支撑

科技支撑包括科技支撑体系、基础研究与技术研发、技术推广与示范、科普教育以及技术标准体系建设等内容。根据水土保持有关重大科学与技术问题及水土保持工作发展需要，提出科技支撑规划，主要内容包括以下几个方面：

（1）根据科研基础设施建设和科技协作平台构建的需要，提出水土保持科研机构、队伍和创新体系建设的目标和内容。

（2）根据分区水土保持防治的需要，提出水土保持领域科学技术攻关的关键环节和内容。

（3）根据分区科技示范的需要，提出水土保持科技示范园区建设的布局和主要内容。

（4）根据分区水土流失特点和技术需要，提出科技示范推广和科普教育的工作方向和主要内容。

（5）根据水土保持规划设计和管理的发展需求，提出水土保持技术标准体系的完善建议。

2.1.9 实施进度及投资估算

2.1.9.1 实施进度安排

实施进度安排主要说明实施进度安排的原则，提出近远期规划水平年实施进度安排的意见。按轻重缓急原则，对近远期规划实施安排进行排序，在分析可能投入的情况下，合理确定近期预防、治理等的规模和分布。优先安排水土流失重点预防区和重点治理区，对国民经济和生态系统有重大影响的江河中上游地区、重要水源区，老少边穷地区，投入少、见效快、效益明显、示范作用强的地区。

2.1.9.2 投资估算

综合规划宜按综合指标法进行投资估算，综合指标法可类比同地区同类项目，分区测算单位面积治理投资。

2.1.10 效益分析与经济评价

2.1.10.1 效益分析

1. 分析方法

效益分析对象为选定的规划方案和规划中重要的工程项目，采用定量分析与定性分析相结合的方法进行分析。规划实施效益分析内容和方法等执行 GB/T 15774—2008 的规定，也可查阅本手册《专业基础卷》“14.8.1 效益分析”的内容。

2. 分析内容

（1）蓄水保土效益分析。蓄水保土效益是水土保持工程的基础效益，各类项目布置的首要任务就是保持水土，因此，每一类规划均需要进行蓄水保土效益分析。如特定区域水土保持专项规划范围较大，规划项目较多，实施时间长，蓄水保土效益计算项目多，一般需要对增加土壤入渗、拦蓄地表径流、调节小流域径流、减轻土壤侵蚀等效益均进行分析、计算。需要根据项目布局、功能和特点，通过综合分析提出实施后的蓄水保土效益。规划实施效益计算指标、参数可类比规划区已实施项目的监测值，也可采用与规划区条件相似地区的水土保持试验成果或科研成果。

单项工程的专项规划，如淤地坝规划、沙棘生态规划等，可根据规划的水土保持措施功能与特点选择需要分析的效益项目。

效益分析时段为规划水平年，即以规划实施后各类措施全部发挥效益年进行效益计算。

（2）经济效益分析。经济效益包括直接经济效益和间接经济效益。直接经济效益是实施水土保持措施土地上的农作物、经济作物等提高产量或质量而增加的经济效益；间接经济效益包括实施水土保持措施后节约的土地、劳动力、工程措施等产生的价值以及农产品一次加工增加的效益等。间接经济效益较为复杂，不能无限扩展，一般不计算农产品二次加工效益。

（3）社会效益分析。社会效益分析以定性分析为主，包括两方面内容：一是减轻自然灾害，如减轻水土流失对于土地的损坏、减少滑坡泥石流危害、减轻洪涝灾害、减轻风沙危害等；二是促进社会发展，如完善基础设施、提高土地生产力、改善农村生产生活条件等。

（4）生态效益分析。GB/T 15774—2008 中的水土保持生态效益指的是广义生态效益，包括水圈生态效益、土圈生态效益、气圈生态效益和生物圈生态效益。水圈生态效益主要分析改善地表径流状况，如减少洪水流量、增加常水流量等；土圈生态效益主要分析改善土壤物理化学性质，如土壤水分、氮、磷、钾、有机质、团粒结构、孔隙率等的改善；气圈生态效益主要分析农田防护林网内温度、湿度、风力等的变化，减轻霜、冻和干热风危害，提高农业产量，以及小气候的变化等；生物圈生态效益主要分析人工林、草和封育林、草新增加的林草覆盖率，以及植物固碳量。目前，有试验资料或类比项目的，可对减少洪水流量、增加常水流量进行定量分析，无上述资料的可只进行定性分析；土圈生态效益和气圈生态效益均以定性分析为主，一般做不到定量分析。

2.1.10.2 经济评价

水土保持专项规划可根据规划的类型和编制深度开展经济评价，如黄土高原淤地坝规划、坡耕地综合治理规划等开展了经济评价。专项规划的经济评价可只进行国民经济评价，不作财务分析。

国民经济评价又称为经济分析，是对项目进行决策分析与评价，判定其经济合理性的一项重要工作，评价的依据为《水利建设项目经济评价规范》（SL 72—2013）。本手册《专业基础卷》中，对国民经济评价的基础知识与方法已进行了详细介绍。

国民经济评价是按照资源优化配置的原则，从国家整体角度考察规划实施的效益和费用，用影子价格、影子工资、影子汇率和社会折现率（基准收益率）等经济参数，分析、计算规划实施给国民经济带来的净贡献，从而评价项目的经济合理性。

2.1.11 实施保障措施

实施保障措施包括法律法规、政策机制、组织管理、投入、科技支撑和宣传教育等保障措施，是规划实施中需政府及各行业部门、社会组织等外部提供的保障措施。实施保障措施要根据经济社会及水利发展改革对水土保持工作的新要求，结合规划内容和规划区的情况及规划需求，有针对性地提出法律法规、政策机制、组织管理、科技支撑保障措施，根据国家及规划区经济条件提出可行的投入保障措施。

实施保障措施以近期水平年为重点，主要提出规划实施中关键的机制、体制、制度、政策等保障措施。

1. 法律法规保障措施

法律法规保障措施包括建立健全法律法规体系和规范性文件工作。

从国家法律层面，规划实施需要贯彻落实水土保持法，建立健全水土保持法律法规体系和制度，以及监督执法体系。地方各级人民政府要结合规划区实际情况，完善水土保持法实施条例或实施办法，并配套规章和规范性文件。法律法规保障措施要体现保护水土资源、改善生态环境，提高监督管理水平等方面的需要，保障规划顺利实施。

2. 政策机制保障措施

（1）政策保障措施。根据规划区实际情况，提出土地出让金、水土保持或生态补偿机制、农机补贴、以奖代补、土地流转等水土保持相关优惠政策保障，制定和完善其他相关政策。

研究制定规划实施的鼓舞、激励政策，提高有关部门与群众的积极性。

（2）体制与机制保障措施。在规划区现有水土保持管理体制与管理机制的基础上，提出针对规划实施的领导机构与管理体制，促进规划顺利实施。

对于规划范围广、规模较大的跨省规划，还需要提出跨省级区域水土保持综合监督管理的领导体制、省际及跨部门联席会议制度等，促进法规和政策的健全、完善与实施。

3. 组织管理保障措施

组织管理保障措施一般包括加强组织领导、强化建设管理等内容。

（1）加强组织领导。成立由各级政府部门牵头，由投资管理、水利、国土、农业、林业等部门组成的组织协调领导小组，协调规划的实施。各级政府和主管部门要把水土流失治理作为一项重大战略任务，切实加强组织领导，做好规划顶层设计，明确责任，精心组织，强化措施，加快水土流失治理步伐。水利部作为行业主管部门，从总体上负责规划实施的组织、监督管理及与有关部门的协调工作。

发挥流域机构的技术指导、监督检查作用。有关流域机构和水利部有关单位，对规划实施做好技术指导、监督检查以及有关技术培训等工作。

促进建立目标责任考核制度和水土保持工作报告制度。工程建设要求实行地方行政领导负责制，层层签订责任状，明确目标与责任，确保地方配套资金、建后管护责任的落实。

（2）强化建设管理。加强工程建设管理，主要从扎实开展项目前期工作，确保规划和方案勘测设计质量；认真执行有关管理制度，积极推行项目责任主体负责制、工程合同制、建设监理制等制度；建立和完善有关规章制度，规范建设管理，切实把工程建设纳入法制化、规范化管理的轨道等方面提出保障措施。

4. 投入保障措施

从稳定投资渠道、拓展投融资渠道、建立水土保持补偿和生态补偿机制等方面提出投资保障措施。争取加大国家和地方政府对水土流失综合治理工程的投入；规划区各地也要切实采取有效措施，拓展投融资渠道，多渠道筹集资金；建立水土保持补偿和生态补偿机制，筹集工程建设资金；积极落实配套资金，并保证前期工作和建设管理经费。

5. 科技支撑保障措施

水土流失综合治理是一项系统工程，规划区各地要充分发挥科技的支撑作用，积极推广应用新机械、新材料和新技术、新方法。通过聘请专家咨询、技术指导、技术合作等方式，大力推广规划区水土资源优化配置与集约化经营管理技术、小型排灌工程建设技术和植物防护技术等；针对重大生产、技术难题开展科研攻关，提高工程建设的科技含量；建立监测与管理信息系统，提高工程建设进度、质量、效益的监测；加强管理人员、业务人员和广大农民群众的技术培训，提高水土保持措施建设质量和效益。

6. 宣传教育保障措施

紧扣水土流失综合防治服务民生、服务生态建设的特点，从充分利用广播、电视、报刊、网络等新闻媒体，宣传水土流失综合治理的重大意义、优惠政策和显著成效，总结推广先进典型，扩大工程实施的社会影响，在全社会营造关心支持水土保持工作和水土流失综合治理的良好氛围等方面提出保障措施。从加强学科建设，发展职业教育和继续教育，将水土保持教育纳入国民教育体系等方面提出教育方面的保障措施。

2.2 综合规划案例

2.2.1 全国水土保持规划

1. 指导思想与原则

指导思想：深入贯彻党的十八大和十八届二中、三中、四中全会精神，认真落实党中央、国务院关于生态文明建设的决策部署，树立尊重自然、顺应自然、保护自然的理念，坚持预防为主、保护优先，全面规划、因地制宜，注重自然恢复，突出综合治理，强化监督管理，创新体制机制，充分发挥水土保持的生态、经济和社会效益，实现水土资源可持续利用，为保护和改善生态环境、加快生态文明建设、推动经济社会持续健康发展提供重要支撑。

编制原则：一是坚持以人为本，人与自然和谐相处；二是坚持整体部署，统筹兼顾；三是坚持分区防治，合理布局；四是坚持突出重点，分步实施；五是坚持制度创新，加强监管；六是坚持科技支撑，注重效益。

2. 目标与任务

《全国水土保持规划（2015—2030年）》确定近期到2020年，基本建成与我国经济社会发展相适应的水土流失综合防治体系，基本实现预防保护，重点防治地区的水土流失得到有效治理，生态进一步趋向好转。全国新增水土流失治理面积32万km^2，其中新增水蚀治理面积29万km^2，风蚀面积逐步减少，水土流失面积和侵蚀强度有所下降，人为水土流失得到有效控制；林草植被得到有效保护与恢复；年均减少土壤流失量8亿t，输入江河湖库的泥沙有效减少。

远期到2030年，建成与我国经济社会发展相适应的水土流失综合防治体系，实现全面预防保护，重点防治地区的水土流失得到全面治理，生态实现良性循环。全国新增水土流失治理面积94万km^2，其中新增水蚀治理面积86万km^2，中度及以上侵蚀面积大幅减少，风蚀面积有效削减，人为水土流失得到全面防治；林草植被得到全面保护与恢复；年均减少土壤流失量15亿t，输入江河湖库的泥沙大幅减少。

3. 水土保持总体方略与布局

按照规划目标，以水土保持区划为基础，综合分析水土流失防治现状和趋势、水土保持功能的维护和提高需求，提出包括预防、治理和综合监管三个方面的全国水土保持总体方略。

综合协调天然林保护、退耕还林还草、草原保护建设、保护性耕作推广、土地整治、城镇建设、城乡统筹发展等相关水土保持内容，按8个一级区凝练提出水土保持区域布局。

4. 重点防治项目

以国家级水土流失重点预防区和重点治理区为基础，以最急需保护、最需要治理的区域为重点，拟定了一批重点预防和重点治理项目。

（1）重点预防项目。遵循“大预防、小治理”“集中连片、以重点预防区为主兼顾其他”的原则，规划三个重点预防项目：①重要江河源头区水土保持项目，共涉及长江、黄河等32条江河的源头区；②重要水源地水土保持项目，共涉及丹江口库区、密云水库等87个重要水源地；③水蚀风蚀交错区水土保持项目，范围覆盖北方农牧交错区和黄泛平原风沙区。

（2）重点治理项目。以国家级水土流失重点治理区为主要范围，统筹正在实施的水土保持等生态重点工程，考虑老少边穷地区等治理需求迫切、集中连片、水土流失治理程度较低的区域，确定四个重点项目：①以小流域为单元，开展重点区域水土流失综合治理项目；②在坡耕地分布相对集中、流失严重的地区开展坡耕地水土流失综合治理项目；③在东北黑土区、西北黄土高原区、南方红壤区选取侵蚀沟和崩岗分布相对密集的区域，开展侵蚀沟综合治理项目；④为更好发挥示范带动作用，选取具有典型代表性、治理基础好、示范效应强、辐射范围大的区域，规划建设一批水土流失综合治理示范区。

5. 综合监管

规划贯彻落实《中华人民共和国水土保持法》规定，提出了综合监管建设内容和重点，主要包括以下三个方面：

（1）明确了水土保持监管的主要内容，依法构建了水土保持政策与制度框架，确定了规划管理、工程建设管理、生产建设项目监督管理、监测评价等一系列重点制度建设内容。

（2）明确了动态监测任务和要求，确定了水土保持普查、水土流失动态监测与公告、重要支流水土保持监测、生产建设项目集中区水土保持监测等重点项目。

（3）细化了水土保持监管能力建设，确定了监管、监测、科技支撑、社会服务、宣传教育、信息化等方面的能力建设内容和要求。

6. 实施保障措施

规划要求各级政府将水土保持纳入本级国民经济和社会发展规划，并从加强组织领导、健全法规体系、加大投入力度、创新体制机制、依靠科技进步、强化宣传教育六个方面，提出了规划实施的保障措施。

2.2.2 流域水土保持规划

2.2.2.1 长江流域水土保持规划

1. 基本情况

（1）自然条件。长江发源于青藏高原的唐古拉山主峰格拉丹东雪山西南侧，流经青海、西藏、四川、云南、重庆、湖北、湖南、江西、安徽、江苏、上海等11省（自治区、直辖市）。支流涉及甘肃、陕西、贵州、河南、浙江、广东、广西、福建等8省（自治区）。流域面积约180万km^2，占我国国土总面积的18.8%。

长江流域地势西高东低，跨越我国地形的三大阶梯。地貌类型主要有高原、山地、丘陵、盆地和平原，其中山地、高原和丘陵约占84.7%，平原约占11.3%，河流、湖泊等水面约占4%。长江流域水资源较丰富，多年平均年入海水量约9190亿m^3（不含淮河入江水量）。据宜昌站统计，从20世纪50年代到90年代末，悬移质多年平均年输沙量为5.04亿t。长江流域大部分地区属亚热带季风气候区，年日照时数一般在1000～2500h，5—10月的降水量占全年降水量的70%～80%，流域多年平均年降水量为1100mm。地带性土壤类型主要有红壤、黄壤、黄棕壤和棕壤，森林资源丰富，原始森林以金沙江、岷江、大渡河、嘉陵江上游最为集中，森林覆盖率平均为24.6%。

（2）社会经济。长江流域涉及19省（自治区、直辖市）、125个地（市、州）、919个县（市、区、特区）。总人口42727万人，占全国总人口的32.3%，其中农业人口28947万人，占流域总人口的66.8%，流域平均人口密度为237人/km^2。流域农业总产值14177亿元，占全国农业总产值的29.0%。农业人均耕地面积0.1hm^2，粮食总产量1623.63亿kg，农业人均粮食产量570kg。

（3）水土流失现状。长江流域水土流失类型以水力侵蚀为主，兼有风力侵蚀、冻融侵蚀、重力侵蚀，以及泥石流、崩岗等混合侵蚀。根据2007年长江流域水土保持公报，长江流域水土流失面积53.08万km^2（不包括冻融侵蚀面积10.66万km^2），占流域面积的29.49%，其中水蚀面积52.41万km^2、风蚀面积0.67万km^2。水土流失地区的年均土壤侵蚀模数为3646t/(km^2·a)，每年土壤侵蚀量达19.35亿t。水土流失主要分布在长江上中游地区，水土流失面积约52.25万km^2，占全流域水土流失面积的98.4%。

（4）水土保持现状。长江流域水土保持工作历经由试点到重点治理、由单纯治理到综合防治的发展历程。20世纪80年代初，长江水利委员会先后在流域内15省（自治区、直辖市）开展了43个小流域试点。1983年，江西兴国县和葛洲坝库区被列入全国水土保持八大重点治理片。随着《中华人民共和国水土保持法》的颁布实施，以及长江上游水土保持重点防治工程的开展，流域水土保持工作进入了依法防治水土流失、重点治理大举推进的新阶段，实现了全流域水土流失由增到减的历史性转变。

2. 规划目标和规模

规划目标：建立水土保持预防保护和监督执法体系，保护流域水土资源和林草植被，规划期末流域水土流失治理程度达到75%以上，林草覆盖率提高10%以上，治理区减少土壤侵蚀量70%以上；完成一批水土保持生态建设重点工程，全面建成流域水土保持监测网络体系。水土流失区农业生产条件和生态环境根本改善，面源污染得到有效控制，人居环境明显改观，推动社会主义新农村建设，为维护健康长江、建设生态文明提供重要保障。

治理规模：规划到2030年治理水土流失面积达39.8万km^2，其中到2020年治理水土流失面积达21.23万km^2。

3. 总体布局

（1）水土保持区划。根据全国水土保持区划，长江流域分为4个一级区、12个二级区、38个三级区。

（2）区域布局。以二级区进行流域水土保持区域布局，12个二级区的水土保持区域布局如下：

江淮丘陵及下游平原区（Ⅴ-1）：重点是加强农田保护与排灌系统的建设，控制面源污染，优化农业产业结构，加强海塘江堤、河岸边坡和堤顶面防护林建设，加强城市绿化、生态河道建设；加强长江沿岸和三角洲地区大城市群及周边地区人居生态安全，做好水源地、城市公园、湿地公园等风景名胜区预防保护工作；加强丘陵岗地区、盐土区和沙土区水土流失综合治理，发展生态农业，建设高标准农田，减少农药使用量，加强水土保持监督管理。

大别山-桐柏山山地丘陵区（Ⅴ-2）：重点是做好西部农田防护林网和水土保持耕作制度，加强排灌系统的建设。中东部加强以坡改梯为主的小流域综合治理，建设生态经济型小流域，发展特色林果产业，改善山丘区农村生产生活条件，加强封禁治理和植被建设，提高山丘区水土保持和水源涵养功能，保护生态环境，构建以大别山及沿江丘陵为主体的生态格局。

长江中游丘陵平原区（Ⅴ-3）：重点是加强农田保护与排灌系统的建设，提高土地生产力，优化农业产业结构，加强山地、丘陵中上部和滨河滨湖植物建设与保护，控制面源污染，加强外环山地及中环的丘陵岗地水土流失综合整治，在湖区周边营造防风固沙林，提高大城市群及周边地区人居生态安全，做好丘陵岗地区水土流失综合治理，加强水土保持监督管理。

江南山地丘陵区（Ⅴ-4）：西部岩溶石漠化严重，人地矛盾突出，重点是保护耕地资源，加强坡改梯及坡面水系工程为主的小流域综合治理，发展林果特色产业，做好森林资源的培育和保护，加强河流源头区水源涵养林保护与建设。中部人口稠密，开发强度大，重点是加强小流域综合治理，实施退耕还林和封山育林，调整农业产业结构，建设优质高效的现代农业生产体系，保护长株潭城市群人居生态环境，加强河湖水源地面源污染控制。东部重点是保护好现有森林植被，发展特色农业，加强生态清洁小流域建设，做好有色金属矿区和城市开发区的水土保持监督管理。

南岭山地丘陵区（Ⅴ-6）：西部石漠化严重，重点是加强以坡改梯及坡面水系工程为主的小流域综合治理，抢救土壤资源，做好雨水集蓄和岩溶水利用，建设小型水利水保工程，鼓励退耕还林和生态移民。东部低山丘陵区重点是加强崩岗治理，在崩岗区域栽植水土保持林或经济林果，保护耕地，发展亚热带特色林果产业，加强上游水源地水源涵养林保护和建设，理顺排洪体系，防治山地灾害。

秦巴山山地区（Ⅵ-1）：中北部地区是我国南水北调中线水源区，重点是加强以坡改梯及坡面水系工程为主的小流域综合治理，发展特色产业；推进封山育林和能源替代工程建设，建设和保护水源涵养林；加强水源地面源污染控制。南部为三峡库区，重点是做好移民安置点、新垦土地和城镇迁建的水土保持工作，加强滨库削落带综合整治和滑坡、泥石流防治，做好坡耕地综合整治。西部为嘉陵江上游，重点加强坡耕地和山洪、泥石流沟的综合整治工程，推进特色林果业发展，加强森林资源的保护和建设，提高水源涵养能力；做好水电及矿产资源开发的水土保持监督管理工作。

武陵山山地丘陵区（Ⅵ-2）：东南部澧水流域，重点是做好坡耕地综合整治和配套小型水利水保工程建设，稳步推进退耕还林，保护耕地资源，加强综合农业开发；推进封育治理，发展特色畜牧业；发挥民族旅游产品的资源优势，促进生态旅游品牌。西北部重点是加强神农架地区森林资源的保护和建设，促进封山育林，提高森林覆盖率；以坡耕地综合治理为主，结合特色农业产业发展布局和扶贫开发规划，实施特色、优质经果林基地建设，加强水电开发建设水土保持监督管理。

川渝山地丘陵区（Ⅵ-3）：东部三峡库区重点是做好以坡改梯及坡面水系工程为主的小流域综合治理，加强山丘区水源涵养林保护和滨库植被带建设。中部嘉陵江中下游和沱江流域重点是做好以坡改梯及坡面水系工程为主的小流域综合治理，加强沟道治理，控制入河库泥沙；发展特色经济作物和林果产业。西部成都平原重点是加强农田防护，促进成渝经济区现代农业发展；山丘区做好泥石流滑坡综合防治工程建设，加强封禁措施和植被建设，提高水源涵养和水土保持能力，加强水电开发等建设的水土保持监督管理。

黔桂山地丘陵区（Ⅶ-1）：通过实施小流域综合治理、坡耕地综合整治、石漠化综合治理，抢救水土资源。山区实施坡耕地改造、坡面水系工程、沟道治理工程，综合利用水资源；在荒坡地和退耕地上营造水源涵养林，对较为偏远、立地条件较好的地块实施生态修复措施，盆地区重点对存在的落水洞进行适当的清理和保护，保证泄水畅通，布设截排水沟、沉沙池，减少坡面径流对盆地区的危害。实施防护堤改造和建设，保护现有的耕地。

滇北及川西南高山峡谷区（Ⅶ-2）：通过水土资源的优化配置，加强坡耕地整治和坡面水系工程建设，提高蓄水保土能力；干热河谷区充分利用光热资源，发展经果林，提高经济效益；石漠化地带，加强基本农田和配套小型水利工程建设，抢救土地资源，加强沟道治理与植被建设，提高拦沙减沙能力，减少河湖库淤积，促进综合农业生产和饮水安全。在中高山地带，加强林草植被建设与保护，搞好封育管护，轮封轮禁与草原建设相结合，预防山洪、泥石流等山地灾害发生。

若尔盖-三江源高原山地区（Ⅷ-2）：加强高原山地区草场和湿地保护，做好黑土滩治理、荒漠化防治、草原鼠虫害防治和配套设施建设，防治草场沙化退化，维护水源涵养功能。城镇村庄周边以小型水利水保工程和防洪排导工程为主，加强沟道治理，防治泥石流灾害。加强水土保持监督管理，禁止滥挖虫草、贝母和砂金矿等，有效控制人为水土流失。

藏东-川西高山峡谷区（Ⅷ-4）：在山区加强天然林保护，实施封山育林，辅以人工造林，涵养水源。河谷农业区严禁陡坡开垦，改造坡耕地，陡坡退耕还林还草，合理利用和保护现有草场，合理轮牧，促进生态修复。加强城镇周边水土保持和山洪灾害防治，重视预警预报，加强水电资源开发的水土保持监督管理。

（3）重点布局。根据流域涉及的水土流失重点预防区和重点治理区，长江流域水土保持重点布局要突出“两大生态脆弱区”（长江源头区、西南石漠化地区）、“两大产沙区”（金沙江下游、嘉陵江上游）、“两大库区”（三峡库区、丹江口库区及上游）、“两大湖区”（洞庭湖、鄱阳湖）的水土流失综合防治。对长江源头区、金沙江上中游、岷江大渡河上游、汉江上游、桐柏山大别山区、湘资沅水上游等区域加强预防保护，充分发挥大自然的自我修复能力，促进植被恢复和生态改善。对上游地区的金沙江下游、嘉陵江、沱江、乌江流域及三峡库区，中游地区的汉江上游、沅江中游、澧水和清江上中游、湘江资水中游和赣江上中游、大别山南麓等水土流失严重区域，加强重点治理。

4. 预防规划

（1）重点预防范围。主要包括长江源头区、嘉陵江上游、岷江上游、汉江上游、桐柏山大别山区、湘资沅上游等区域。

（2）重点预防项目。在长江源头区、嘉陵江源头区、三江并流和岷江源头区、清江澧水源头区、湘江源头区等源头区域实施重点预防项目，以封育保护为主，辅以综合治理，以治理促保护，控制水土流失，提高水源涵养能力。

在丹江口库区水源地、桐柏山大别山水源地、黄山-天目山水源地等区域实施重点预防项目，以水源涵养林建设为主，加强远山封育保护，中低山丘陵实施小流域综合治理，近库（湖、河）及村镇周边建设生态清洁小流域，滨库（湖、河）建设植物保护带和湿地，促进重要水源地坡耕地退耕还林还草，减少入河（湖、库）的泥沙及面源污染物，维护水质安全。

5. 治理规划

（1）综合治理范围。主要包括金沙江下游、乌江清江赤水河流域、嘉陵江流域、岷江下游及沱江流域、上游干流区间、汉江上中游、大别山及幕阜山区、湘资沅中游及澧水上中游、鄱阳湖水系上中游等。

（2）重点治理项目。

1）重点区域水土流失综合治理。项目范围涉及国家级水土流失重点治理区，包括湘资沅中游水土流失综合治理区、赣南水土流失综合治理区、三峡库区水土流失综合治理区、嘉陵江沱江中下游水土流失综合治理区、岩溶石漠化水土流失综合治理区、鄂豫皖山地丘岗水土流失综合治理区。

2）坡耕地水土流失综合治理。项目范围涉及国家级水土流失重点治理区，包括湘资沅澧中游、粤闽赣红壤、三峡库区、嘉陵江及沱江中下游、金沙江下游和西南高山峡谷国家级水土流失重点治理区。主要任务是保护耕地资源，提高土地生产力，巩固和扩大退耕还林还草成果。将适宜的坡耕地改造成梯田，配套道路、水系，距离村庄远、坡度较大、土层较薄、缺少水源的坡耕地发展经济林果或种植水土保持林草，禁垦坡度以上的陡坡耕地退耕还林还草。

3）侵蚀沟综合治理。项目范围主要涉及粤闽赣红壤国家级水土流失重点治理区。主要任务是崩岗治理，采取上截、中削、下堵、内外绿化的措施，遏制侵蚀沟发展，保护农田和村庄安全，减少入河泥沙，改善生态。

6. 监测规划

以长江源头区、金沙江中下游、岷沱江流域、乌江及赤水河流域、嘉陵江流域、三峡库区、丹江口水库及上游、洞庭湖水系、鄱阳湖水系、大别山等10个重点区域（水系）为重点开展水土保持监测工作。

以全国水土保持监测网络为基本构架，完善现有监测网络布局。在没有设置监测分站的地（市）设置水土保持监测分站，在已有的55个国家监测分站的基础上，增加设置49个国家监测分站。根据水土流失特点、水土流失重点防治区和重点工程分布情况，建设226个地面定位监测点。

采用遥感普查和抽样调查相结合的方法，每5年进行一次流域水土流失动态监测。以全国水土保持监测管理信息系统为基础，建立长江流域水土保持数据库，实现数据的及时更新与维护。建立长江流域的水土保持应用开发系统，对流域水土保持监测网络和信息系统建设配置的软、硬件设备进行维护与更新。

7. 综合监管规划

（1）监督管理。对长江源头区等生态脆弱地区、金沙江下游水电开发区、重要水源保护区、滑坡泥石流多发地区以及国家批复立项的跨省跨区域的大型生产建设项目涉及的区域，加强水土保持监督管理。加强水土保持监督执法体系建设，健全和完善水土保持法规体系，结合长江流域水土保持工作的实际，制定和颁布一批强有力的规章制度和管理办法。严格生产建设项目水土保持监督检查，加强生产建设项目水土流失治理技术研究，建设一批生产建设项目水土流失治理技术创新示范工程，开展水土保持法律宣传和水土保持专项执法行动，提高保持水土和改善环境的自觉性和积极性。

（2）科技支撑。完善长江流域水土保持科研管理体系和水土保持试验体系，重点从基础应用理论、治理技术、效益评价、动态监测技术、信息系统开发、政策和发展战略等方面开展水土保持科学研究，提高水土保持科技水平。在流域各水土流失区建设一批集科研、监测、示范、推广、科普教育于一体的水土保持生态科技示范园，在流域水土流失重点治理区开展水土保持大示范区、示范县和示范小流域建设。

8. 实施进度与投资估算

（1）实施进度。依照规划总体目标，到2030年，完成39.8万km^2的水土流失治理任务，平均年治理1.9万km^2，治理程度达到75%。其中，近期到2020年治理水土流失面积达21.23万km^2，平均年治理1.93万km^2；2021—2030年治理水土流失面积达

18.57 万 km^2，平均年治理 1.86 万 km^2。

(2) 投资估算。人工单价根据《水土保持生态建设工程概（估）算编制规定》计算，材料预算价格采用当年第二季度价格，水土保持工程单价采用全国平均价格。

9. 实施效果分析

(1) 生态效益。规划治理任务实施后，形成了立体的综合防治体系，水土资源得到合理利用，蓄水保土能力增强，年均可增加蓄水量 34 亿 m^3，年均减少土壤侵蚀量 3.6 亿 t。通过营造水土保持林、种草和实施封禁治理，增加林草植被面积，林草覆盖率由 62.6%增加到 78%。各项措施发挥效益后将减少河湖库塘等水利工程的泥沙淤积，调蓄洪水的能力得到保障，洪涝干旱灾害频次明显减少，逐步改善土壤结构和局部小气候，涵养水源，促进生态系统向良性循环发展。

(2) 经济效益。按照《水利建设项目经济评价规范》（SL 72—94）和《水土保持综合治理效益计算方法》（GB/T 15774—1995）对各项措施的直接经济效益进行估算。

(3) 社会效益。通过开展坡改梯为主的基本农田建设，减轻了干旱等自然灾害造成的损失，保护了下游的耕地和坝地。促进第三产业发展，扩大劳动力就业的领域和途径，实现人口、粮食、生态和经济的良性循环。提高生产技能和管理水平，改善农村生活卫生条件，推动新农村建设，促进科教、文化、卫生事业的发展，加快全面建设小康社会的步伐。

2.2.2.2 太湖流域水土保持规划

1. 规划范围

规划范围为太湖流域及东南诸河区域（以下简称“太湖流域片”），规划区地处我国东南沿海，行政区划包括上海市（不含崇明县）、浙江省、福建省（不含韩江流域）、江苏省苏南地区，以及安徽省黄山市和宣城市的部分地区，规划区总面积 24.50 万 km^2，其中太湖流域面积 3.69 万 km^2，东南诸河面积 20.81 万 km^2。

2. 水土流失及水土保持情况

水土流失情况：太湖流域片属于南方红壤丘陵区，水土流失类型以水力侵蚀为主，闽东南沿海岛屿和杭州湾两岸夹杂风力侵蚀，部分地区存在着滑坡、崩塌、泥石流等重力侵蚀。水力侵蚀的表现形式主要是坡面面蚀，丘陵地区亦有浅沟侵蚀及切沟侵蚀；流失强度以轻度、中度为主，空间分布上表现为块状不连续性、流失面积和强度由东南沿海向西北内陆下降的特点。据第一次全国水利普查成果，太湖流域片水土流失面积 2.29 万 km^2，占土地总面积的 9.34%。水土流失面积中，轻度水土流失面积 13975.96km^2、中度水土流失面积 5479.42km^2、强烈水土流失面积 2350.33km^2、极强烈水土流失面积 656.38km^2 和剧烈水土流失面积 409.98km^2，分别占水土流失总面积的 61.10%、23.96%、10.28%、2.87%和 1.79%。

水土保持成效：在各级政府的重视下，太湖流域片各省市水土保持工作取得了很大的进展，初步建立了水土保持法规体系和监督执法体系，全民的水土保持意识和法制观念有所增强，水土流失治理成效显著。与 2002 年相比，太湖流域片水土流失面积从 3.11 万 km^2减少到 2.29 万 km^2，减少了 0.82 万 km^2。

面临的问题：水土流失治理任务重，水土保持投入不足；水土保持意识与法制观念有待提高；新的人为水土流失还未得到有效遏制；水土保持信息化水平低；水土保持科研不足，科技推广滞后；水土保持机构不健全。

3. 规划期限

规划编制的基准年为 2011 年，近期水平年为 2020 年，远期水平年为 2030 年。

4. 水土保持区划

太湖流域片在全国水土保持区划的一级区为南方红壤区（Ⅴ区），涉及江淮丘陵及下游平原区（Ⅴ-1）、江南山地丘陵区（Ⅴ-4）和浙闽山地丘陵区（Ⅴ-5）3 个二级区。可进一步细分为浙沪平原人居环境维护水质维护区（Ⅴ-1-3rs）、太湖丘陵平原水质维护人居环境维护区（Ⅴ-1-4sr）、沿江丘陵岗地农田防护人居环境维护区（Ⅴ-1-5nr）、浙皖低山丘陵生态维护水质维护区（Ⅴ-4-1ws）、浙赣低山丘陵人居环境维护保土区（Ⅴ-4-2rt）、浙东低山岛屿水质维护人居环境维护区（Ⅴ-5-1sr）、浙西南山地保土生态维护区（Ⅴ-5-2tw）、闽东北山地保土水质维护区（Ⅴ-5-3ts）、闽西北山地丘陵生态维护减灾区（Ⅴ-5-4wz）、闽东南沿海丘陵平原人居环境维护水质维护区（Ⅴ-5-5rs）、闽西南山地丘陵保土生态维护区（Ⅴ-5-6tw）等 11 个三级区。

针对规划区内各地水土流失特点，总结了规划区水土流失综合治理经验与模式。这些模式包括低丘缓坡农用地开发防治模式、经济林治理模式、“封育治理与林草措施结合”荒坡地治理模式、“谷坊止切、堰坝拦沙、塘库蓄水”沟壑综合治理模式、平原河网地区清洁小区域治理模式、生态清洁小流域治理模式、“禁、建、管、调”生态修复模式、“冲田排灌化、岗旁梯田化、沟渠（路）林网化、荒坡果（茶）林化”的小流域治理模式、坡面水系治理模式、崩岗治理模式、林下水土流失治理模式、坡耕地水土流失治理模式和城市水土流失治理模式等。

5. 目标、任务与布局

近期目标：基本建成与太湖流域片经济社会发展相适应的水土流失综合防治体系，生态环境得以持续改善，水土保持生态文明建设取得显著成效；重点区域水土流失得到有效治理；重要饮用水水源地水质得到有效维护，城镇人居环境得到有效改善；人为水土流失得以有效控制。水土流失治理率不低于60%，林草覆盖率提高5个百分点，崩岗治理率不低于80%。加大水土保持执法力度、形成流域水土流失动态监测预报体系。

远期目标：全面建成与太湖流域片经济社会发展相适应的水土流失综合防治体系，生态环境步入良性循环轨道。水土流失状况得到根本改观，崩岗区域和适宜改造的坡耕地得到全面整治；建设完善的水土流失监测网络和信息系统；健全水土保持监督管理体系，人为水土流失得到全面控制。水土流失面积初步治理一遍，林草覆盖率再提高5个百分点，崩岗初步治理完成。

任务与规模：规划治理水土流失面积2.29万km^2，其中近期治理水土流失面积1.40万km^2，远期治理水土流失面积0.89万km^2。

总体布局：针对太湖流域片水土流失特点和存在问题，结合太湖流域片水土保持需求分析，太湖流域片应加强平原河网地区水土保持工作，改善人居环境，保护水资源，平原区实施清洁小区域治理，山丘区开展生态清洁小流域建设。东南诸河地区以新安江国家级水土流失重点预防区和闽江、钱塘江上游等重要水源地为重点，开展水土流失预防保护和治理；以粤闽赣红壤国家级水土流失重点治理区和崩岗地区为重点，开展水土流失综合治理。加强沿海地区重要城市水土保持工作；重点加强太湖流域片水土流失易发区水土流失监督管理和能力建设；完善水土保持监测系统。

国家级水土流失重点防治区：太湖流域片共划定1个国家级水土流失重点预防区，涉及10个县级行政单位，县域面积17181.40km^2；1个国家级水土流失重点治理区，涉及15个县级行政单位，县域面积29440.75km^2。太湖流域片国家级水土流失重点预防区和重点治理区基本情况见表Ⅰ.2.2-1。

表Ⅰ.2.2-1 太湖流域片国家级水土流失重点预防区和重点治理区基本情况表

区名称	范围		县个数/个	县域总面积/km^2
	省	县（市、区）		
新安江国家级水土流失重点预防区	安徽省	黄山市徽州区、黄山区、屯溪区，休宁县、黟县、歙县、绩溪县、祁门县	8	10365.40
	浙江省	淳安县、建德市	2	6816.00
粤闽赣红壤国家级水土流失重点治理区	福建省	长汀县、建宁县、宁化县、清流县、大田县、连城县、龙岩市新罗区、漳平市、仙游县、永春县、安溪县、华安县、南安市、平和县、诏安县	15	29440.75

6. 其他水土流失易发区

根据全国水土保持区划结果，太湖流域片其他水土流失易发区在浙沪平原人居环境维护水质维护区和太湖丘陵平原水质维护人居环境维护区的平原区内，涉及上海市，浙江省嘉兴市、湖州市南浔区，江苏省苏州市、无锡市（不含宜兴市）、常州市（不含金坛区、溧阳市）。东南诸河水土流失易发区在闽东南沿海丘陵平原人居环境维护水质维护区的平原区内，涉及福州市辖区、莆田市辖区、泉州市辖区、漳州市辖区。

太湖流域片水土流失易发区具体范围为符合以下条件之一的区域：

（1）地形起伏度大于10m的区域。

（2）土壤质地为砂性土区域。

（3）城镇化率达到50%以上的建成区域和规划区域。

（4）太湖岸线周边5km范围内，淀山湖岸线周边2km范围内，太浦河、新孟河、望虞河和主要出入太湖河道岸线两侧1km范围内，其他县级以上河道（上海市为骨干河道）湖泊岸线管理和保护范围。

（5）重点开发建设区，包括各类开发区、工业园区、产业集聚区等。

（6）需要重点预防保护的特殊区域，包括自然保护区、水源涵养区、饮用水水源保护区、湿地、风景名胜区、森林公园、生态公益林等。

7. 预防规划

预防范围：根据《中华人民共和国水土保持法》《关于划分国家级水土流失重点防治区的公告》和各省（直辖市）水土保持重点防治区，结合水土流失重点防治区调整情况，将太湖流域片饮用水水源地上游、重要河流河源保护区，以及划定为预防保护的区域确定为预防范围。

预防措施：落实“预防为主，保护优先”的水土保持工作方针，加强瓯江、九龙江和闽江等江河源头区，太湖、黄浦江上游、新安江水库等重要饮用水水源地水土流失相对较轻区域，以及生态敏感地区的水土流失防治工作。以封育保护为主（近期封育保护 6936km²），山丘区实施生态清洁小流域建设，平原区实施清洁小区域治理，结合坡耕地治理、入河湖河道堤岸生态治理、生态隔离带及防护林体系建设，建设农村生活垃圾集中处理场和小型污水净化处理等措施。

近期预防重点项目：江河源头区近期重点实施闽江源头区水土流失防治，主要任务是以生态清洁小流域建设为主，控制水土流失，减少入江泥沙，防治面积为 1132.91km²，涉及福建省 12 个县。重要饮用水水源地近期实施新安江水库水源地、太湖上游水源地、黄浦江上游水源地等 23 个上游区水土流失治理，主要任务是开展以生态清洁小流域（区域）建设为主的水土流失治理，通过生态修复、面源污染控制等措施，使饮用水水源地区域得到全面预防与治理，水源地入库泥沙得到基本控制，达到水资源可持续利用和饮用水安全的要求，防治面积为 6032.22km²，涉及太湖流域片全部 5 个省（直辖市）、71 个县级行政区。

8. 治理规划

治理范围与对象：根据《中华人民共和国水土保持法》《关于划分国家级水土流失重点防治区的公告》和各省（直辖市）水土保持重点防治区，结合水土流失重点防治区调整情况，对太湖流域片水土流失重点治理区和其他水土流失严重地区，通过坡耕地治理、崩岗治理、小流域综合治理等措施，完成太湖流域片水土流失治理。

措施配置：将水土流失治理与江河流域治理、农村经济发展、水土资源可持续利用、粮食安全保障、生态安全保障、水源地安全保障紧密结合起来，根据三级区的水土保持功能排序，协调整合已经完成的水土保持专项规划，明确规划期内需要治理的水土流失区域，进而针对性地采取坡耕地治理，崩岗治理，疏林地、经果林地、荒草地、沟壑及裸露面治理，城市水土流失治理等。

近期治理重点项目如下：

（1）坡耕地治理近期重点工程规划治理水土流失面积 1056.96km²，主要是《全国坡耕地水土流失综合治理规划（2011—2020 年）》所规划的坡耕地面积大、水土流失严重、抢救耕地资源迫切的区域，优先治理人地矛盾突出的贫困边远山区、缺粮特困地区、退耕还林重点地区，涉及江苏省、浙江省、福建省、安徽省 65 个县级行政区。

（2）崩岗治理近期重点工程规划治理水土流失面积 207.00km²，治理崩岗 24900 个，主要是《南方崩岗防治规划（2008—2020 年）》所规划的崩岗数量大、水土流失严重的区域，优先治理人地矛盾突出的贫困边远山区、缺粮特困地区，涉及福建省、安徽省 25 个县级行政区。

（3）小流域综合治理近期重点工程规划治理水土流失面积 3256.91km²，主要是国家级水土流失重点防治区、《革命老区水土保持重点建设工程规划（2011—2020 年）》和太湖流域片相关规划成果规划的区域，涉及江苏省、浙江省、福建省、安徽省 139 个县级行政区。

（4）城市水土流失治理近期重点工程规划治理水土流失面积 100km²，根据太湖流域片水土保持区划，结合社会经济发展对人居环境的需求分析，重点是生态环境需求迫切、人口密度大、社会经济发达的大中城市，涉及流域片全部 5 个省（直辖市）、93 个市辖区，主要是开展城市绿地建设，城建交通基建活动区、矿区的开挖面与临时堆土防护，建筑垃圾集中处理等。

9. 监测规划

进行太湖流域片水土保持监测点自动化升级改造，完善水土保持监测网络和信息系统，全面推进水土保持动态监测，完善水土保持数据库，提高水土流失预测预报、水土保持规划设计、水土保持生态建设决策等信息化水平。做好每 5 年开展一次水土保持普查，每年开展国家级水土流失重点预防区与重点治理区动态监测、闽江钱塘江等重要河流监测、水土保持监测点定位观测，以及扰动地表和破坏植被面积较大、水土流失危害和后果严重的生产建设项目监测，加强监测能力建设。

从满足不同水土流失类型、不同地形地貌类型、监测点控制面积等方面考虑，增加漳州 1 个风蚀监测点、广德 1 个太湖流域山丘区监测点、上海 1 个太湖流域平原监测点、淳安 1 个新安江流域重点预防区监测点。调整后的太湖流域片水土保持监测网络总体结构由 1 个流域中心站、5 个省级监测总站，以及所对应的 16 个监测分站、33 个监测点所组成。

10. 综合监管

进一步健全水土流失防治情况的综合监管体系，包括完善流域与区域相结合的管理体制和建立跨部门的协调机制；加强水土保持工作领导和宣传，推动全社会共同防治水土流失，特别是水土流失重点防治区涉及的各级地方政府，落实水土保持目标责任制和考核奖惩制度；上级政府应对下级政府水土保持规划实施情况、水土流失预防与治理情况等加强考核和监督检查；开展太湖流域片县级水土保持监督管理能力建设，特别是平原河网地区要达到“五完善”“五到位”“五规范”“五健全”的要求；山区、丘陵区和太湖流域片水土流失易发区应加强水土保持方案管理，加大水土流失违法行为查处力度。

加强水土保持科研机构、队伍和创新体系建设，开展重点领域研究。针对崩岗侵蚀剧烈，林园地、侵蚀劣地水土流失严重，以及平原河网地区河岸边坡坍塌严重等特点，重点示范推广崩岗生态治理与经济开发、经果林地水土流失治理、林下水土流失治理、高效生态农业模式等技术成果。加强水土保持信息化建设。

11. 近期工程安排

近期重点项目安排重要江河源头区工程、重要饮用水水源地工程、坡耕地治理工程、崩岗治理工程、小流域综合治理工程和城市水土流失治理工程。涉及太湖流域片上海市、江苏省、安徽省、浙江省和福建省。近期重点工程治理水土流失面积6000km^2，年均治理水土流失面积约600km^2。

12. 保障措施（略）

2.2.3 省级水土保持规划

2.2.3.1 黑龙江省水土保持规划

1. 基本情况

（1）自然条件。黑龙江省地势总体上是西北部、北部和东南部高，东北部和西南部低。地形地貌受新华夏系构造体系的控制，西北部为大兴安岭山地，北部为小兴安岭山地，东南部为张广才岭、老爷岭、太平岭和完达山组成的山地。气候属温带大陆性季风气候，四季分明，全省年平均气温多在－4～5℃，无霜期为100～150d，多年平均年降水量在400～650mm。黑龙江省土地肥沃，有机质含量高，黑土、黑钙土、草甸土面积占全省耕地总面积的67.6%。在我国综合自然区划中，黑龙江省隶属于我国东部季风区东北湿润、半湿润温带地区的大兴安岭针叶林区、东北东部山地针阔叶混交林区和东北平原森林草原区。全省森林覆盖率为45.7%。

（2）水土流失现状。根据全国第一次水利普查成果，黑龙江省水土流失面积81939km^2，占全省总土地面积的18.10%，其中轻度水土流失面积40455km^2、中度水土流失面积21515km^2、强烈水土流失面积12871km^2、极强烈水土流失面积5467km^2、剧烈水土流失面积1631km^2，分别占总水土流失面积的49.37%、26.26%、15.71%、6.67%和1.99%。全省长度在100～5000m的侵蚀沟道共11.55万条，沟壑总面积为928.99km^2，总长度为45244.3km，沟壑密度为0.10km/km^2。通过遥感辨识并与土地利用背景信息对照，上述侵蚀沟主要发生于坡耕地上，约占侵蚀沟总数的95%以上，局部低阶林地、荒山荒坡、道路两侧及自然汇水线有少量分布。

（3）水土保持现状。据全国第一次水利普查成果，截至2011年年底，全省水土保持措施面积26563.59km^2，其中工程措施面积1552.15km^2、植物措施面积21255.32km^2、其他措施面积3756.12km^2，小型蓄水保土点状工程94120个、线状工程28513.9km。自2003年以来，全省以保护黑土资源为目标，以典型黑土区为重点，相继启动实施了一批国家级和省级重点水土流失治理工程，包括黑土区水土流失综合防治试点工程、黑土区水土流失综合防治一期工程、农发水土流失综合治理工程、坡耕地水土流失治理工程、中央预算内黑龙江省水土流失治理工程等。这些项目通过水土保持工程措施、林草措施及保土耕作措施合理配置，对“山水田林路”综合治理，初步形成了水土流失综合防治体系和规模化治理效应，改善了水土流失地区的生态环境和贫困落后面貌。

2. 水土保持区划

黑龙江省水土保持区划以土壤侵蚀类型、侵蚀强度及防治模式为主导因素，划分为8个三级区，即大兴安岭山地水源涵养生态维护区、大兴安岭东南低山丘陵土壤保持区、小兴安岭山地丘陵生态维护保土区、三江平原兴凯湖生态维护农田防护区、长白山山地丘陵水质维护保土区、长白山山地水源涵养减灾区、东北漫川漫岗土壤保持区、松辽平原防沙农田防护区。

3. 目标、任务与布局

（1）目标、任务。到2020年，基本建成与全省经济社会发展相适应的水土流失综合防治体系，基本实现预防保护，重点防治地区的水土流失得到有效治理，生态进一步趋向好转。全省新增水土流失治理面积18500km^2，水土流失治理程度提高22.58%，水土流失面积和侵蚀强度有所下降，人为水土流失得到有效控制；林草植被得到有效保护与恢复，林草覆盖面积有所增加；输入江河湖库的泥沙有效减少，年减少土壤流失量2081万t。

（2）总体布局。以漫川漫岗区的坡耕地和侵蚀沟治理为重点。加强农林镶嵌区退耕还林和农田防护、西部地区风蚀防治，强化自然保护区、天然林保护区、重要水源地的预防和监督管理，构筑大兴安岭－

长白山水源涵养预防带。

大兴安岭山地水源涵养生态维护区（Ⅰ-1-1hw）：范围包括呼玛县等3个县，面积为64768km²。该区位于大兴安岭主林区、嫩江源头区、黑龙江上游，山高林密，森林覆盖率高，是全省乃至东北地区的北部、西北部生态屏障，具有重要的生态价值。该区属于黑龙江省的重点预防区，水土流失较为轻微。水土流失主要发生在火烧迹地、疏幼林地、林间采伐道、毁林开荒地块。该区水土流失的治理重点是预防监督，注重天然林、天然植被的保护，开展水土保持生态修复工程，人口集中地实施生态清洁小流域建设，维护整个区域的生态平衡。

小兴安岭山地丘陵生态维护保土区（Ⅰ-1-2wt）：范围包括伊春市等10个市（县），面积为88207km²。该区包含整个小兴安岭，是全省的北部生态屏障，对松嫩平原乃至整个松辽平原的生态庇荫相当明显，属于黑龙江省的重点预防区，水土流失较为轻微。该区水土流失主要发生在火烧迹地、疏幼林地、林间采伐道、毁林开荒地块、人类生产生活集中的区域。该区水土流失治理以预防监督为主，耕地集中区域进行小规模综合治理、侵蚀沟治理、生态清洁小流域建设。

三江平原兴凯湖生态维护农田防护区（Ⅰ-2-1wn）：范围包括富锦市等11个市（县），面积为64241km²。该区是黑龙江省水稻主产区，地势平坦，田面平整，水土流失较为轻微，属于黑龙江省的水土流失易发区。水土流失主要发生在田间排水沟、农田道路等。该区宜增加林草植被，提高林草覆盖率，结合道路改造完善农田防护林体系，强化监督执法工作，减少开发建设活动造成的新的水土流失，局部有条件的区域可进行小规模综合治理。

长白山山地水源涵养减灾区（Ⅰ-2-2hz）：范围包括鸡西市等11个市（县），面积为50335km²。该区是全省矿区集中的区域，原有的林地被过度开荒，耕地坡度大、土层薄，土中多有砾石，水土流失较为严重。该区水土流失主要发生在坡耕地、荒山荒坡中。该区宜开展以小流域为单元的水土流失综合治理、坡耕地治理专项工程、侵蚀沟治理专项工程、生态清洁小流域建设工程。加强执法监督工作，对生产建设项目产生的新的水土流失进行全面治理。

长白山山地丘陵水质维护保土区（Ⅰ-2-3st）：范围包括依兰县等8个县（市），面积为34448km²。该区为农林交错区，植被尚好，土层深厚，但陡坡开荒严重，侵蚀沟较为发育。水土流失主要发生在坡耕地、疏幼林地、侵蚀沟、农田道等地。该区宜开展以小流域为单元的水土流失综合治理、坡耕地专项治理工程、侵蚀沟治理专项工程、生态清洁小流域建设工程。

东北漫川漫岗土壤保持区（Ⅰ-3-1t）：范围包括宾县等30个县（市、区），面积为125168km²。该区是黑龙江省黑土主要分布区，农地为主，植被稀疏，耕地坡缓坡长，侵蚀沟普遍发育，水土流失严重。水土流失主要发生在坡耕地、侵蚀沟中。该区宜开展以小流域为单元的水土流失综合治理、坡耕地治理专项工程、侵蚀沟治理专项工程等。

松辽平原防沙农田防护区（Ⅰ-4-1fn）：范围包括齐齐哈尔市（除碾子山区外）等3个市（县），面积为13572km²。该区属于嫩江沙地，是黑龙江省西部的主要风沙源，农地、草原为主，风力侵蚀是主要的侵蚀形式。该区水土流失治理宜进行防护林建设，完善农田防护林，退化草场封育保护，恢复植被，遏制土地沙化势头，保护区域的生态环境。

4. 预防保护

（1）预防范围。重点范围包括省内各大水系的主流两岸和大中型湖泊及水库周边，松花江、黑龙江等江河源头区，国家级和省级重要的饮用水水源保护区；水土保持区划中以水源涵养、生态维护、水质维护等为水土保持主导基础功能的区域；水土流失严重、生态脆弱的地区；山区、丘陵区及其以外的容易发生水土流失的其他区域；其他重要的生态功能区、生态敏感区等需要预防的区域。

（2）预防措施。以水源涵养为主导功能的区域，对远山边山人口稀少地区的林草植被采取封育保护与生态修复措施；对浅山残次林地采取抚育更新措施，荒山荒地营造水源涵养林；对山前丘陵台地实施坡耕地综合整治、沟道治理、林草植被建设等措施；根据区域条件配置相应的能源替代措施。以生态维护为主导功能的区域，对森林植被破坏严重地区采取封山育林、改造次生林、退耕还林还草、营造水土保持林措施。以水质维护为主导功能的区域，对湖库周边的植被采取封禁措施和营造植物保护带；对距离湖库较远、人口较少、自然植被较好的山区实施封育保护；对农村居住区建设生活污水和垃圾处置设施、人工湿地等；对局部集中水土流失区开展以小流域为单元的综合治理，重点建设生态清洁小流域。以人居环境维护功能为主的区域，结合城市规划，对河道配置护岸护堤林，建设生态河道、园林绿地；城郊建设生态清洁小流域；强化经济开发区等的监督管理。

（3）重点项目。重要江河源头区水土保持规划范围共涉及2个三级区的2个县（区），近期涉及呼玛县，涉及呼玛河、嫩江源头区1个重点项目。近期预防面积为766.26km²，远期预防面积为1848.88km²，见表Ⅰ.2.2-2。

表Ⅰ.2.2-2 重要江河源头区水土保持规划范围及规模

水土保持三级分区	涉及江河源头区	行政区	近期规模/km²	远期规模/km²
大兴安岭山地水源涵养生态维护区（Ⅰ-1-1hw）	呼玛河、嫩江	呼玛县	766.26	766.26
小兴安岭山地丘陵生态维护保土区（Ⅰ-1-2wt）	嫩江	黑河市爱辉区		1082.62
合计			766.26	1848.88

黑龙江省重要水源地水土保持规划范围共涉及3个三级区的8个县（市、区），近期涉及4个县（市、区），涉及东南部山地水源涵养减灾区和东南部山地丘陵水质维护保土区2个近期重点项目。近期预防面积为1240.66km²，远期预防面积为2101.79km²，见表Ⅰ.2.2-3。

表Ⅰ.2.2-3 重要水源地水土保持规划范围及规模

水土保持三级分区	涉及水库	行政区	近期规模/km²	远期规模/km²
长白山山地水源涵养减灾区（Ⅰ-2-2hz）	哈达河水库	鸡西市辖区、鸡东县、勃利县	855.77	855.77
长白山山地丘陵水质维护保土区（Ⅰ-2-3st）	磨盘山水库	五常市	384.89	384.89
东北漫川漫岗土壤保持区（Ⅰ-3-1t）	尼尔基水库、闹龙河水库、东方红水库	讷河市、嫩江县、北安市、海伦市		861.13
合计		8个	1240.66	2101.79

黑龙江省水蚀风蚀交错区水土保持规划范围共涉及1个三级区的3个县（市、区），近期涉及3个县（市、区），涉及松辽平原防沙农田防护区1个近期重点项目。近期预防面积为866.70km²，远期预防面积为1283.65km²，见表Ⅰ.2.2-4。

表Ⅰ.2.2-4 水蚀风蚀交错区水土保持规划范围及规模

水土保持三级分区	行政区	近期规模/km²	远期规模/km²
松辽平原防沙农田防护区（Ⅰ-4-1fn）	齐齐哈尔市辖区、泰来县、杜尔伯特蒙古族自治县	866.70	1283.65
合计	3个	866.70	1283.65

5. 综合治理

（1）治理范围。综合治理区主要包括对各大水系干流和重要支流、重要湖库淤积影响较大的水土流失区域；威胁土地资源，造成土地生产力下降，直接影响农业生产和农村生活，需开展保护性治理的区域；涉及革命老区、贫困人口集中地区、少数民族聚居区等特定区域。

（2）措施配置。坡耕地治理采取以梯田建设为主的坡耕地综合整治措施，结合田间道路建立完善的坡面排水体系；侵蚀沟治理根据实际情况分别采取措施，沟头采取沟头埂、沟头跌水等沟头防护工程，沟坡采取削坡或鱼鳞坑或水平阶整地后全面造林，沟底修筑谷坊并全面造林；荒山荒坡全面造林；疏林地、采伐迹地等存在水土流失的林地采用封禁措施进行生态修复；配套进行坡面排水工程、蓄水工程、道路整治等。

（3）重点治理项目。坡耕地水土流失综合治理规划范围共涉及6个分区的40个县（市、区），其中近期涉及15个县（市、区）。远期累计综合治理坡耕地面积293.33km²，近期累计综合治理坡耕地面积110.00km²。

侵蚀沟综合治理规划范围共涉及6个分区的53个县（市、区），其中近期涉及35个县（市、区）。远期累计综合治理侵蚀沟11466条，总面积为2866.53km²；近期累计综合治理侵蚀沟2884条，总面积为721.03km²。

重点区域水土流失综合治理规划范围共涉及6个分区的44个县（市、区），其中近期涉及25个县（市、区）。远期累计治理面积7054.14km²，近期累计治理面积1352.18km²。

在拜泉、宾县等12个县（市、区）建设综合治理示范区，形成示范推广带动效应，在人口密度大、生产建设项目多、生态环境需求迫切的大中城市开展以治理城市水土保持、改善人居环境为主的城市水土保持工作。

6. 监测规划

（1）总体目标。初步建成布局合理、功能完善的水土保持监测网络，完善现有24个基本监测点的技术升级与改造，基本建成全省级、地市级和县（市）级节点的数据库和应用系统，大中型生产建设项目水土保持监测得到全面落实，生产建设项目集中区水土保持监测示范工作稳步推进。

（2）监测网络布局。根据全省水土保持监测站网控制密度和水土保持事业发展需要，全省规划建设28个基本水土保持监测点。

7. 综合监管

制定并完善规划管理制度、工程建设管理制度、生产建设项目监管制度、监测评价制度、水土保持目标责任制和考核奖惩制度、水土保持生态补偿及水土保持补偿制度等重点制度，开展水土保持监督、执法人员定期培训与考核，研究制定监管能力标准化建设方案，建成完善的水土保持监测技术标准体系，开展水土保持监测机构、监测站点标准化建设，从设施、设备、人员、经费等方面完善水土保持监测网络体系，加强从业人员技术与知识更新培训，提高服务水平，提升行业协会技术服务能力。充分利用网络新技术，向社会公众方便迅捷地提供水土保持信息。

结合全省水土保持工程特点，开展面源污染综合防治技术等重点领域和关键技术研究，加强科技示范园建设，增强技术示范、成果推广和科普宣教的综合效应。依托国家及水利行业信息网络资源，统筹现有水土保持基础信息资源，建设水土保持监测网络与信息系统项目平台和面向社会公众的信息服务体系。

8. 近期工程安排（略）

9. 保障措施（略）

2.2.3.2 新疆维吾尔自治区水土保持规划

1. 基本情况

新疆地处欧亚大陆腹地，四周高山环抱，境内高山盆地相间，北有阿尔泰山，南有昆仑山，天山横贯中部，构成了“三山夹两盆”的基本地貌轮廓。境内干旱少雨，蒸发强烈。四季气候悬殊，冬季漫长、严寒，夏季较短、炎热，春秋季短暂、气温变化剧烈。“三山夹两盆”的地形地貌，构造了新疆独特的河流水系。出山口以上的山区，降水量大，集流迅速，出山口以下，河流流经冲积扇和冲积平原，水量大部分渗漏和蒸发。由于地貌和水文气候条件的差异，新疆不同地域发育着各种类型的土壤，共计有32个土类，87个亚类，163个土属。新疆土壤水平分布规律为沿北西向东南的方向呈规律的条带状分布，垂直分布规律为自山顶至山脚分布有高山石质土、高山草甸土、棕色森林土、黑钙土、栗钙土、棕钙土等。新疆植物区系和植被类型比较复杂，水平分布有草原和荒漠植被；山地垂直地带性植被有荒漠、草原、森林、灌丛和冻原植被；隐域性植被有荒漠河岸林、盐生灌丛、低地草甸和沼泽等植物群落类型。

2. 水土流失和水土保持概况及存在的问题

（1）水土流失情况。新疆是全国水土流失最严重的地区，水土流失面积大、分布广、危害大、治理难，严重威胁着新疆的生态安全及防洪安全。风力侵蚀遍布全疆，主要分布在山麓及盆地、平原地带，以塔里木盆地南部、准噶尔盆地西北部及南缘、吐鄯托盆地最为强烈。水力侵蚀虽面积不大，但破坏性强，主要分布在北疆伊犁哈萨克自治州和天山南北坡地带、阿勒泰山南坡和昆仑山北坡。根据第一次全国水利普查水土保持公报数据成果，新疆土壤侵蚀面积88.54万km^2，占全疆国土面积的53%，其中水力侵蚀面积8.76万km^2、风力侵蚀面积79.78万km^2。全疆14个地区（地级市）中，水土流失面积减少的地区共有7个，其中除克拉玛依市外，其余均属于南疆地区；水土流失面积增加的地区共有7个，除和田地区外，其余均属于北疆地区。新疆水土流失面积减少区域主要集中于南疆，增加区域主要集中在北疆，呈现出“北增南减”的特点。

（2）水土保持现状。近年来新疆各级政府、水行政主管部门及社会各界，越来越认识到水土流失的危害性，认识到水土保持生态环境建设在经济社会可持续发展中的重要性。认真贯彻落实“预防为主、保护优先”的水土保持工作方针，实施了天然林保护、退耕还林还牧、小流域治理、生态重点县建设、塔河综合治理等水土保持生态环境建设工程，并加大了生产建设项目的监督管理力度，使局部生态环境得到了明显改善。

（3）存在的问题。水土保持工作起步较晚，目前急需总结出适合区情的水土保持综合治理模式。水土保持专业队伍发展缓慢，科研和专业技术水平亟待进一步提高。由于自然条件差和投入不足，导致治理进展缓慢。

3. 水平年、目标

（1）水平年。现状基准年为2010年，近期水平年为2020年，远期水平年为2030年。

（2）目标。近期目标：到2020年，基本建成与新疆经济社会发展相适应的水土流失综合防治体系，基本实现预防保护，重点防治地区的水土流失得到有效治理，生态进一步趋向好转。新增水土流失治理面积10000km^2，水土流失面积和侵蚀强度有所下降，人为水土流失得到有效控制；林草植被得到有效保护与恢复，林草覆盖面积有所增加，减少土壤流失量0.5亿t。

远期目标：建成与新疆经济社会发展相适应的水土流失综合防治体系，实现全面预防保护，重点防治地区的水土流失得到全面治理，生态实现良性循环。新增水土流失治理面积20000km²，水土流失面积和侵蚀强度有相当程度下降，人为水土流失得到全面防治；林草植被得到保护与恢复，林草覆盖面积有相当程度增加，减少土壤流失量1亿t。

4．分区与总体布局

（1）水土保持区划。新疆在全国水土保持区划的一级区为北方风沙区（新甘蒙高原盆地区）（Ⅱ），包含北疆山地盆地区（Ⅱ-3）和南疆山地盆地区（Ⅱ-4）两个二级分区，准噶尔盆地北部水源涵养生态维护区（Ⅱ-3-1hw）、天山北坡人居环境农田防护区（Ⅱ-3-2rn）、伊犁河谷减灾蓄水区（Ⅱ-3-3zx）、吐哈盆地生态维护防沙区（Ⅱ-3-4wf）、塔里木盆地北部农田防护水源涵养区（Ⅱ-4-1nh）、塔里木盆地南部农田防护防沙区（Ⅱ-4-2nf）、塔里木盆地西部农田防护减灾区（Ⅱ-4-3nz）七个三级区。

（2）水土流失重点防治区划分。根据《全国水土保持规划（2015—2030年）》，全疆共涉及阿尔金山、塔里木河、天山北坡和阿勒泰山四个国家级重点预防区。根据《新疆维吾尔自治区水土流失重点预防区和重点治理区复核划分技术报告》，全疆共划分了阿勒泰山区、天山山区、昆仑山-阿尔金山山区三个自治区级重点预防区；额尔齐斯河流域、天山北坡诸小河流域、塔里木河流域、伊犁河流域四个自治区级重点治理区。

（3）总体布局。按照规划目标，以国家和自治区主体功能区规划为重要依据，针对水土保持需求确定各个分区的水土保持工作方向和技术体系。大力推广绿洲防护生态安全保障体系+重点区域（流域）和重要行业水土保持综合治理体系模式。加大北疆地区的治理力度，同时继续做好南疆地区的预防保护工作，体现出“南防北治”和“大面积预防、重点治理”的保护格局。重点做好“一城（天山北坡城市群）、二山（阿尔泰山和阿尔金山）、三河（塔里木河、额尔齐斯河以及伊犁河）、四区（准东、吐哈、库-拜、和丰-克拉玛依）、五行业（煤炭、石油天然气、水利水电、交通运输以及城镇建设）”的水土保持综合治理工作。其中，预防主要为保护林草植被和治理成果，强化生产建设活动和项目水土保持管理，实施封育保护，促进自然修复，全面预防水土流失，重点做好水源涵养区、饮用水水源地以及重要生态维护区的水土流失预防工作。治理主要为在水土流失地区，开展以小流域为单元的综合治理，加强绿洲内部、绿洲-荒漠过渡带以及重点开发区域的水土流失治理工作。监管主要为建立健全综合监管体系，创新体制机制，强化水土保持动态监测，实现水土保持信息化，建立和完善水土保持社会化服务体系，提升水土保持公共服务水平。

5．预防规划

（1）预防范围。

1）准噶尔盆地北部区域内天山、阿尔泰山等山区天然林区和天然草场，额尔齐斯河、乌伦古河等主要河流天然河谷林草区，乌伦古湖周边湿地区，国家及自治区确定的自然资源开发区域、重要水库区、农牧业开发区，区域内国家级和自治区级的自然保护区、风景名胜区、森林公园、地质公园、湿地公园等。

2）天山北坡山区天然林区、天然草场，精河、博河、玛纳斯河等主要河流天然河谷林草区，天山北坡主要经济开发带，绿洲外围的天然荒漠林草区，区域内国家级和自治区级的自然保护区、风景名胜区、森林公园、地质公园、湿地公园等。

3）伊犁河谷区山区天然林区、天然草场，特克斯河、喀什河、巩乃斯河等主要河流天然河谷林草区，山洪泥石流易发沟道区，国家及自治区确定的自然资源开发区域、重要水库区、农牧业开发区，区域内国家级和自治区级的自然保护区、风景名胜区、森林公园、地质公园、湿地公园等。

4）吐哈盆地区绿洲外围的天然荒漠林草区，国家及自治区确定的自然资源开发区域，区域内国家级和自治区级的自然保护区、风景名胜区、地质公园。

5）塔里木盆地北部区山区天然林区、天然草场，开都河、阿克苏河、渭干河等主要河流天然河谷林草区，国家及自治区确定的自然资源开发区域，天山南坡行业带，天然胡杨林区，绿洲外围的天然荒漠林草区，区域内国家级和自治区级的自然保护区、风景名胜区、森林公园、地质公园等。

6）塔里木盆地西部区山区天然林区、天然草场，天然胡杨林区，绿洲外围的天然荒漠林草区，区域内国家级和自治区级的自然保护区、森林公园等。

7）塔里木盆地南部区山区天然林区、天然草场，和田河、克里雅河、尼雅河等主要河流天然河谷林草区，国家及自治区确定的自然资源开发区域，天然胡杨林区，绿洲外围的天然荒漠林草区，区域内国家级和自治区级的自然保护区、森林公园等。

（2）预防对象。预防对象包括：天然林草、植被覆盖率较高的人工林、草原、草地；主要河流的两岸河谷林草和湖泊及水库周边的植物保护带；植被或地貌遭人为破坏后，难以恢复和治理的地带；水土流失严重、生态脆弱的区域可能造成水土流失的生产建设活动；重要的水土流失综合防治成果。

（3）措施体系与配置。预防规划措施体系主要围绕“一城、两山、三河、四区、五行业”进行重点布设。

在天山北坡城市群，加强城市水土保持工作，搞好城市的水土保持规划，加强生产建设项目的水土保持监督管理，在城市建设扩张过程中，做好城市外围荒漠林草的生态修复工作。

在阿勒泰山、阿尔金山等主要山区，降水丰富、植被条件相对较好，为自治区重要的生态屏障和水源涵养区，要加强该区天然林的保护与建设，防止乱砍滥伐，加强放牧的管理，保护植被林草。

在塔里木河、伊犁河、额尔齐斯河等主要河流产流、汇流区域加强对河谷林草的保护，对退化草场进行生态修复，合理利用草场资源，发展人工饲草料基地的建设，实施以电代柴工程，保护河谷林草。

在准东、吐哈、乌昌等重点资源开发区域和煤炭、油气、水利水电、交通运输及城镇建设等重要行业，要加强生产建设活动的水土保持监督监管，树立开发建设活动水土保持的理念，开展区域性水土保持规划的编制，从源头控制水土流失。

6. 治理规划

依据国家级水土流失重点防治区划分成果，将项目落实到重点治理区和重点预防区涉及的地州、县市、乡镇。水土流失综合治理体系包括绿洲防护生态安全保障体系和重点区域（流域）及重要行业水土保持综合治理体系，其中绿洲防护生态安全保障体系包括十大类，分别是湖泊与湿地保护工程、水源涵养区保护工程、饮用水水源地保护工程、能源替代建设工程、草原建设工程、林业建设工程、地质灾害治理工程、定居兴牧工程、荒漠化治理工程、城郊生态清洁小流域建设。重点区域（流域）及重要行业水土保持综合治理体系包括植被恢复与重建、土地整治等两大类。在全疆七个水土流失三级分区的基础上，每个三级分区选择一个典型的县市进行典型调查，根据典型调查分析结果，确定各个三级分区的措施配比并推算措施数量。

7. 监测规划

（1）总体目标。按照水土保持事业发展的总体布局，围绕向社会提供准确、及时、有效的水土保持基础信息和为新疆生态文明建设及国民经济发展提供决策依据的目标，建成完善的覆盖全疆的水土保持监测网络和水土保持监测数据库及信息管理系统，健全水土保持监测工作管理制度，研究制定新疆水土保持监测体系和预测预报模型，形成高效便捷的信息采集、管理、发布和服务体系，实现对全疆水土流失及其防治的动态监测和定期公告。

（2）站网总体布局。新疆水土保持监测站网包括国家水土保持重要监测点、自治区水土保持重要监测点和自治区水土保持一般监测点、土壤侵蚀野外调查单元、资源开发重点区域监测点等5种规格，其统一规划布设，相互协作，共同组成新疆水土保持监测站网，收集水土保持与水土流失信息。规划建设87个水土保持监测点，其中国家水土保持重要监测点2个、自治区水土保持重要监测点16个、自治区水土保持一般监测点69个。

8. 综合监管

监督管理：建立完善配套的水土保持法规体系，健全执法机构，提高执法队伍素质，规范技术服务工作，全面落实水土保持“三同时”制度，落实管护责任，积极推进重点区域（流域）及重要行业的水土保持专项规划编制工作，加强水土保持后续设计管理要求，有效控制人为因素产生的水土流失，从根本上扭转生态环境恶化的趋势。建立水土保持监测系统，并定期公告全疆水土流失动态。

科技支撑：健全完善水土保持科技创新体系，新疆应建立水土保持科技研究平台和国内外协作网络，提高信息与技术服务。加强实验基础设施和条件平台建设，结合国家生态环境建设重大战略需求，依托自治区科研机构、高等院校建设自治区重点实验室、实验站，组织实施重大自主创新项目，推动项目、基地、人才的有机结合，提高研究水平。

基础设施与管理能力建设：积极推进水土保持监督管理机构和队伍建设，健全机构设置、加强人员配置、强化培训和考核，提高水土保持监督管理队伍的素质和水平。建立和健全水土保持监督管理工作规范和制度，推进水土保持监督管理督察制、考核制、公告制和社会监督制度建设，大力推进管理规范化建设，促进水土保持工作的健康可持续发展。

9. 近期重点工程

（1）重点预防工程。重点项目的选择原则主要为对保障水源安全、维护区域生态系统稳定具有重要作用；生态效益、社会效益明显，具有一定的示范作用。重点项目主要分布于以下区域：环绿洲外围与沙漠边缘过渡带区域，主要河流源头区，主要河流沿岸天然次生林草区，重要饮用水水源地周边保护区，重要湿地周边区。预防保护以封禁封育为主要措施，重点预防面积为1060km^2。

（2）重点治理工程。将伊犁河、开都河和喀什噶尔河等流域水土保持综合治理工程、天山北坡经济带河湖水土保持生态修复项目、重要饮用水水源地、重要的工业园区安排为近期规划实施项目。重点治理面积为 3340km^2。

(3) 重点监测项目。重点监测项目包括：新疆水土保持监测实用技术研究、近期监测站网建设等基础性项目，阿尔金山、塔里木河、天山北坡、阿勒泰山等国家重点预防区水土流失动态监测项目，塔河下游水土保持综合治理工程效益效果监测、北疆供水工程水土保持措施效果监测等重点工程水土保持效果评价项目，准东地区、吐哈盆地水土流失动态监测等生产建设项目密集区域监测项目及水土保持应急监测项目。

(4) 科技支撑项目近期重点实施项目。重大水土保持技术研究项目包括：水土保持生态补偿机制研究项目、新疆干旱和半旱区水土流失治理模式研究项目、新疆矿产资源开发区水土流失防治措施体系研究项目、新疆城市建设水土保持理念和技术研究项目等。

基础设施建设项目：主要为新疆水土保持信息化建设项目，依托全国水土保持信息化建设，采用"3S"和网络技术，改造和拓展水土保持信息采集方式，形成快速便捷的信息采集、传输、处理和发布系统。

技术推广与示范项目：在自治区 7 个三级分区针对不同水土流失典型区建设 16 个水土保持综合治理示范区。

10. 实施效果分析（略）

11. 实施保障措施（略）

2.2.3.3 河南省水土保持规划

1. 规划期限

规划期限为 2016—2030 年。近期规划水平年为 2020 年，远期规划水平年为 2030 年。

2. 水土流失及水土保持情况

(1) 水土流失情况。河南省地处亚热带向暖温带和山区向平原双重过渡带，地跨长江、淮河、黄河、海河四大流域。受季风气候影响，降水时空分布十分不均，汛期（6—9 月）降水集中，约占全年降水总量的 70%。地貌自西向东突变，山区到平原过渡带短，特殊的气候条件和复杂的地貌类型，造成旱涝灾害尤其是旱灾频发，加之人口分布密集，生产活动频繁，加剧了水土流失。河南省水土流失类型以水力侵蚀为主，兼有风力侵蚀。截至 2015 年，河南省尚有水土流失面积 2.21 万 km^2。水土流失总的特点是：总量不大，分布广；强度不高，威胁大，给全省经济和社会可持续发展造成较大危害。

(2) 水土保持情况。截至 2015 年，全省已累计开展小流域综合治理 1000 多条，治理水土流失面积 3.85 万 km^2，治理程度达 51.2%。全省水土流失面积由新中国成立初期的 6.06 万 km^2 下降到 2015 年的 2.21 万 km^2，减少了 63.5%。通过综合治理，治理区水土流失面积逐年减少，土壤侵蚀强度不断降低，林草植被覆盖面积逐步增加，蓄水减沙与涵养水源能力日益增强，生产生活条件改善，农民收入大幅增加，生态环境明显趋好，对脱贫致富、稳定粮食生产作用显著。

3. 水土保持区划

按照全国水土保持区划成果，河南省涉及 3 个一级区、5 个二级区和 8 个三级区。

4. 目标、任务与布局

(1) 总体目标。建成与全省经济社会发展相适应的水土流失综合防治体系，重点水土流失治理地区得到全面治理，重点水土流失预防区得到全面保护；建成布局合理、功能完备、体系完整的水土保持监测网络，实现水土保持监测自动化；建成完善的水土保持监管体系，全面落实生产建设项目"三同时"制度，实现水土保持管理信息化。

到 2020 年，初步建成与全省经济社会发展相适应的水土流失综合防治体系，实现预防保护、重点防治地区的水土流失得到初步治理，新增水土流失治理面积 0.52 万 km^2，年均减少土壤流失量约 270 万 t，生态环境得到初步改善；围绕"三山一滩"地区扶贫攻坚，依托水土保持特色产业，助力治理区贫困县实现总体脱贫目标。到 2030 年，累计新增水土流失防治面积 1.68 万 km^2。

(2) 总体布局。持续推进太行山区、伏牛山区、桐柏山大别山区、平原区生态修复和治理，构建横跨东西的沿黄生态涵养带和纵贯南北的南水北调中线生态走廊，形成"四区两带"的区域水土保持预治格局。

太行山区：围绕太行山生态功能区建设和产业扶贫战略，加强水土资源保护与监管；加强山洪灾害易发区的水土流失重点防治工程建设，突出发展水土保持特色经济林产业和小型蓄水工程，推动区域社会经济发展。

伏牛山区：加强丹江口水库生态清洁小流域建设，控制面源污染，构建水源地生态安全保障体系。以坡改梯、经果林和小型蓄排水工程建设为重点，构建伏牛山地以及伊洛河、沙颍河和唐白河源头区水土流失防治体系。完善水土保持综合监管体系。

桐柏山大别山区：在淮河及其上游支流水系源头区，加强退耕还林，实施生态修复，保障河流源头区生态安全。在浅山丘陵区，完善水土保持林防护体系建设，构建沿淮生态走廊，保护生物多样性。

平原区：实施平原沙土区土地整治，建设农田防护林网，发展高效农业；加强沿黄湿地水生态环境保护，强化水土保持监督执法力度。

沿黄生态涵养带：全面实施沿黄滩地生态修复工程，严格控制破坏生态的各种开发活动，加强退耕还林还草工作，保护两岸天然植被，防治水土流失；加强小浪底库区绿化，减少入库泥沙。

南水北调中线生态走廊：加强干渠左岸水土流失区治理，减少存量；严格控制各类开发活动，减少增量，构建南水北调中线生态走廊。

5. 重点预防保护

水土流失重点预防区：国家级水土流失重点预防区（3个），即桐柏山大别山区、丹江口库区及上游区和黄泛平原风沙区，涉及全省25个县（市、区）；省级水土流失重点预防区（1个），即黄泛平原风沙区，涉及全省38个县（市、区），重点预防区面积为2053km^2。

预防对象：水土流失微度的山区、丘陵区、平原沙土区等；水土流失综合治理程度达到初步标准的区域；水源涵养区、饮用水水源区、梯田集中分布区；水库库区及集水区、河湖保护范围；水土流失潜在危险较大的其他区域。

措施体系：主要包括封育、管理及能源替代等措施。

措施配置：按水土保持主导基础功能合理配置措施。

6. 重点治理

水土流失重点治理区：国家级水土流失重点治理区（2个），即太行山区和伏牛山中条山区，涉及全省21个县（市、区）；省级水土流失重点治理区（4个），即太行山区和伏牛山中条山区、桐柏山大别山区和南阳盆地，涉及全省58个县（市、区），重点治理区面积为3147km^2。

治理对象：水土流失轻度以上及人口密度较大的山区、丘陵区和平原沙土区等；崩塌、滑坡危险区和泥石流、山洪易发区；废弃矿山（场）、采石场和尾矿库；大型基础设施工程建设迹地及矿山塌陷区。

措施体系：治理措施包括工程措施、林草措施和耕作措施。

措施配置：以小流域为单元实施综合治理，主要措施有坡改梯、经果林、水土保持林，以及截排水工程、小型蓄水工程，谷坊、拦沙坝和淤地坝等小型治沟工程。

7. 监测

优化监测站网布局，建成科学、完善的水土保持监测网络和信息系统，开展典型调查和重点监测，形成高效准确的信息处理、监测预防和社会服务体系，实现对水土流失及其防治的动态监测、分析评价、趋势预测和定期公告，为生态建设宏观决策和社会公众服务提供重要支撑。

8. 综合监管

监管措施：加强水土保持相关规划、预防、治理、监测和监督检查等工作的监管，建立完善的水土流失状况定期调查和公告制度。

监管制度建设：重点建立和完善与《河南省实施〈中华人民共和国水土保持法〉办法》相配套的水土保持规划管理制度、目标责任制和考核奖惩制度、水土保持执法监管制度、生产建设项目水土保持监督管理制度、重点工程建设管理制度、调查与监测制度、水土保持生态补偿制度、水土保持设施管护制度等。

监管能力建设：建立健全基层水土保持组织领导、监督监测和执法能力建设，构建覆盖省、市、县三级的水土保持监管网络体系。加强水土保持技术和专业执法培训，提升全省水土保持综合防治和监管水平。

科技支撑能力建设：完善水土保持科技创新体系、加强水土保持科研队伍建设、强化水土保持科技合作与交流、加强水土保持关键技术研究。

科技示范推广：强化水土保持科技示范园建设，完善现有水土保持科技示范园的试验观测设施，提高园区自动化和现代化水平，提升科普教育和示范宣传能力。

宣传教育：充分利用各种媒介，广泛开展水土保持“三个面向、六进”活动，扩大社会影响力，增强全民水土保持意识。组织新闻单位深入基层进行采访，对水土保持先进典型和经验进行大力宣传和报道，营造良好的水保氛围。

信息化建设：在现有历次普查成果数据库的基础上，构建生态治理、监督管理、监测预报等业务应用和信息共享的综合技术平台。建立完善的水土保持数据采集、传输、交换和发布体系，促进信息技术与水土保持业务的深度融合，建立健全河南省数据更新维护体制，实现信息资源充分分享和有效开发利用。

9. 近期工程安排

（1）重点预防保护项目。

丹江口水库水源地片区：在水库上游实施封禁治理和能源替代工程，在近库及村镇周边建设生态清洁小流域，减少入库泥沙及面源污染物，维护水质安全。规划近期新增水土流失防治面积1027km^2。

桐柏山大别山区片区：以封育保护为主，辅以综合治理。对荒山荒坡营造水源涵养林，坡林（园）地和缓坡耕地采取综合整治措施，合理配置坡面径流排导工程和沟道小型塘坝蓄水工程等。规划近期新增水土流失防治面积 $426km^2$。

平原沙土地片区：采取农田防护林网、林粮间作、平整洼田与翻淤压沙等土地整治措施和农田水利配套措施。规划近期新增水土流失防治面积 $600km^2$。

（2）重点治理项目。主要实施坡耕地水土流失综合治理工程和重点区域水土流失综合治理工程。规划近期新增水土流失治理面积 $3147km^2$。

坡耕地水土流失综合治理工程：项目范围共涉及全省 52 个县（市、区），建设任务是对缓坡耕地改造成梯田，并配套建设田间道路、截排水工程和小型蓄水工程，控制水土流失，保护耕地资源，提高土地生产力。规划近期新增坡改梯面积 $390km^2$。

重点区域水土流失综合治理工程：项目范围涉及全省 84 个县（市、区），建设任务是以小流域为单元实施综合治理，主要措施有坡改梯、经果林、水土保持林，以及截排水工程、小型蓄水工程，谷坊、拦沙坝和淤地坝等小型治沟工程。规划近期新增水土流失治理面积 $2757km^2$。

（3）水土流失综合治理示范工程。

生态清洁小流域示范工程：近期规划 18 个省辖市和 10 个省直管市（县）各 1 处，控制面积不超过 $30\sim50km^2$。建设任务以水源保护为中心，以控制水土流失和面源污染为重点，坚持山水田林路村、固体废弃物和污水排放统一规划，预防保护、生态修复与综合治理并重，以充分发挥示范辐射带动作用。建设内容包括生态修复、面源污染防治、垃圾处置、农村人居环境改善及河沟和库区周边整治等，各项措施布局应做到因地制宜，因害设防，并与周边景观相协调。

水土保持生态文明建设示范工程：近期规划每个山丘区所在的省辖市和省直管市（县）各 1 处，建设规模每个示范工程不小于 $200km^2$。建设任务主要是维护和提高项目区的水土保持功能，突出区域特色，注重农业产业结构调整和农业综合生产能力提高，在现有治理状况的基础上，吸纳实用先进、适应于该区域的水土保持技术，合理配置，形成具有示范推广带动效应的示范区。建设内容以坡耕地改造和小型蓄水工程为主。

（4）水土保持监测。近期重点监测项目主要包括全省水土保持普查、全省水土流失动态监测与公告项目和全省水土保持监测信息平台建设等。

全省水土保持普查：2016—2017 年开展全省第五次水土保持普查，普查内容主要包括：开展水土流失情况调查和水土保持情况调查，通过普查掌握全省水土流失动态变化情况和水土保持防治情况，为科学评价全省水土保持效益及生态状况提供基础数据。

全省水土流失动态监测与公告项目：以每 5 年为一个周期，持续开展国家级水土流失重点防治区、省级水土流失重点防治区和生产建设项目集中区水土流失动态监测，定期编制和发布全省水土保持监测公报。

全省水土保持监测基础信息平台建设：在全国水土保持监测网络和信息系统建设的基础上，完善全省水土保持监测站网，近期新增 19 个监测站点；整合总站、分站和监测点水土保持信息资源，初步建成全省水土保持监测数据库体系；应用物联网、大数据、云计算等技术优化水土保持监测设备管理、信息采集、数据整编和分析评价等业务应用系统，建成全省水土保持监测应用和信息共享的技术平台，构建科学、高效、安全的省级水土保持监测决策支撑体系。

10. 保障措施（略）

2.2.3.4 浙江省水土保持规划

1. 规划期限

规划期限为 2015—2030 年。近期规划水平年为 2020 年，远期规划水平年为 2030 年。

2. 水土流失及水土保持情况

水土流失情况：浙江省水土流失的类型主要是水力侵蚀，2014 年全省水土流失面积 $9279.70km^2$，占土地总面积的 8.9%，其中轻度流失面积 $2843.26km^2$、中度流失面积 $4321.22km^2$、强烈流失面积 $1255.45km^2$、极强烈流失面积 $692.51km^2$、剧烈流失面积 $167.26km^2$。

水土保持成效：人为活动产生的新的水土流失得到初步遏制，水土流失面积明显减少，自 2000 年以来水土流失面积占总土地面积的比例下降 6.5%，土壤侵蚀强度显著降低，治理区生产生活条件改善，林草植被覆盖度逐步增加，生态环境明显趋好，蓄水保土能力不断提高，减沙拦沙效果日趋明显，水源涵养能力日益增强，水源地保护初显成效。

面临的问题：水土流失综合治理的任务仍然艰巨，水土保持投入机制有待完善，局部人为水土流失问题依然突出，综合监管亟待加强，公众水土保持意识尚需进一步提高。

3. 水土保持分区

（1）水土保持区划。根据全国水土保持区划，浙江省所在一级区为南方红壤区（Ⅴ区），涉及江淮丘陵及下游平原区（Ⅴ-3）、江南山地丘陵区（Ⅴ-4）和浙闽山地丘陵区（Ⅴ-6）3 个二级区；浙沪平原人居环境维护水质维护区（Ⅴ-3-1rs）、浙皖低山丘陵生态水质维护区（Ⅴ-4-7ws）、浙赣低山丘陵人居环境维护保土区（Ⅴ-4-8rt）、浙东低山岛屿水质维护人居环境维护区（Ⅴ-6-1sr）、浙西南山地丘陵保土生态维护区（Ⅴ-6-2tw）5个三级区，其中浙沪平原人居环境维护水质维护区为平原区，需要确定容易发生水土流失的其他区域，其他4个三级区均为山区丘陵区。

（2）水土流失重点预防区和重点治理区划分。淳安县、建德市属新安江国家级水土流失重点预防区，确定预防保护面积为3340km^2。

全省共划定8个省级水土流失重点预防区，涉及53个县（市、区），重点预防区面积为33136km^2；3个省级水土流失重点治理区，涉及16个县（市、区），重点治理区面积为2483km^2。

4. 目标、任务与布局

（1）规划目标。

总体目标：到2030年，基本建成与浙江省经济社会发展相适应的分区水土流失综合防治体系。全省水土流失面积占总土地面积的比例下降到5%以下，中度及以上侵蚀面积削减25%，水土流失面积和强度控制在适当范围内，人为水土流失得到全面控制，全省所有县（市、区）水土流失面积占国土面积的比例均在15%以下；森林覆盖率达到61%以上，林草植被覆盖状况得到明显改善。

近期目标：到2020年，初步建成与浙江省经济社会发展相适应的分区水土流失综合防治体系，重点防治地区生态趋向好转。全省水土流失面积占总土地面积的比例下降到7%以下，中度及以上侵蚀面积削减15%，水土流失面积和强度有所下降，人为水土流失得到有效控制，全省所有县（市、区）水土流失面积占国土面积的比例均在20%以下；森林覆盖率达到61%，林草植被覆盖状况得到有效改善。

（2）规划任务。加强预防保护，保护林草植被和治理成果，提高林草覆盖度和水源涵养能力，维护供水安全；以水土流失重点治理区为重点，以小流域为单元，实施水土流失综合治理，近期新增水土流失治理面积2600km^2，远期新增水土流失治理面积4600km^2；建立健全水土保持监测体系，创新体制机制，强化科技支撑，建立健全综合监管体系，提升综合监管能力。

（3）总体布局。按照“一岛、两岸、三片、四带”的思路进行布局。“一岛”是指做好舟山群岛等海岛的生态维护和人居环境维护。“两岸”是指强化杭州湾两岸城市水土保持和重点建设区域的监督管理。“三片”是指衢江中上游片、飞云江和鳌江中上游片、曹娥江源头区片的水土流失综合治理与水质维护。“四带”是指千岛湖-天目山生态维护水质维护预防带、四明山-天台山水质维护水源涵养预防带、仙霞岭水源涵养生态维护预防带、洞宫山保土生态维护预防带的预防保护。

5. 预防保护

保护现有的天然林、郁闭度高的人工林、覆盖度高的草地等林草植被和水土保持设施，提高林草植被覆盖率。预防土石方开挖、填筑或者堆放、排弃等生产建设活动造成的新的水土流失。预防垦造耕地、经济林种植、林木采伐及其他农业生产活动过程中的水土流失。

6. 综合治理

适宜治理范围包括影响农林业生产和人类居住环境的水土流失区域，以及直接影响人类居住及生产安全的山洪和泥石流地质灾害易发的区域，但不包括裸岩等不适宜治理的区域。

治理对象包括存在水土流失的园地、经济林地、坡耕地、残次林地、荒山、侵蚀沟道、裸露土地等。措施体系包括工程措施、林草措施和耕作措施。

7. 监测

优化监测站网布设，构建全省水土保持基础信息平台，建成全省监测预报、生态建设、预防监督和社会服务等信息系统，实现省、市、县三级信息服务和资源共享。开展水土流失调查、水土流失重点预防区和重点治理区动态监测、水土保持生态建设项目和生产建设项目集中区监测，完善全省水土保持数据库和水土保持综合应用平台等建设，定期发布水土流失及其防治情况公告。

8. 综合监管

监督管理：加强水土保持相关规划、水土流失预防、水土流失综合治理、水土保持监测和监督检查的监管，完善相关制度。

机制完善：重点是建立健全组织领导与协调机制，加强基层监管机构和队伍建设，完善技术服务体系监管制度。

重点制度建设：重点建设水土保持相关规划管理制度、水土保持目标责任制和考核奖惩制度、水土流失重点防治区管理制度、生产建设项目水土保持监督管理制度、水土保持生态补偿制度、水土保持监测评价制度、水土保持重点工程建设管理制度等。

监管能力建设：明确各级监管机构管辖范围内的监管任务，规范行政许可及其他各项监督管理工作；开展水土保持监督执法人员定期培训与考核，出台水土保持监督执法装备配置标准，逐步配备完善各级水土保持监督执法队伍，建立水土保持监督管理信息化平台，做好政务公开。

社会服务能力建设：完善各类社会服务机构的资质管理制度，建立咨询设计质量和诚信评价体系，加强从业人员技术与知识更新培训，强化社会服务机构的技术交流。

宣传教育能力建设：加强水土保持宣传机构、人才培养与教育建设，完善宣传平台建设，完善宣传顶层设计，强化日常业务宣传。

科技支撑及推广：加强基础理论和关键技术研究，重点推广新技术、新材料，提升安吉县水土保持科技示范园建设水平，规划建设钱塘江等源头区、城区或城郊区等水土保持科技示范园区。

信息化建设：依托浙江省水利行业信息网络资源，在优先采用已建信息化标准的基础上，建立浙江省水土保持信息化体系，形成较完善的水土保持信息化基础平台，实现信息资源的充分共享和开发利用。

9. 近期工程安排

重要江河源头区水土保持：范围主要为“四带”中流域面积较大的重要江河源头区，对下游水资源和饮水安全具有重要作用的江河源头区等。主要任务以封育保护为主，辅以综合治理，实现生态自我修复，建立可行的水土保持生态补偿制度，以达到提高水源涵养功能、控制水土流失、保障区域社会经济可持续发展的目的，治理水土流失面积 215km^2。

重要水源地水土保持：范围包括重要的湖库型饮用水水源地，具有重要的水源涵养、水质维护、生态维护等水土保持功能的区域，重要的生态功能区或生态敏感区，大城市引调水工程取水水源地周边一定范围。主要任务是保护和建设以水源涵养林为主的森林植被，远山边山开展生态自然修复，中低山丘陵实施以林草植被建设为主的小流域综合治理，近库（湖、河）及村镇周边建设生态清洁小流域，滨库（湖、河）建设植物保护带和湿地，控制入河（湖、库）的泥沙及面源污染物，维护水质安全，并配套建立可行的水土保持生态补偿制度，治理水土流失面积 925km^2。

海岛区水土保持：对舟山群岛等主要岛屿加强生产建设活动和生产建设项目水土保持监督管理，对生态敏感地区和重要饮用水水源地等区域实施生态修复与保护，在集中式供水水库上游水源地实施生态清洁小流域建设，结合河岸两侧、水库周边植被缓冲带、人工湿地建设以及水源涵养林营造等，保护海岛地区生态环境，加强水源涵养，防治水土流失，治理水土流失面积 50km^2。

重点片区水土流失综合治理：范围主要为钱塘江流域的新安江、衢江上游、分水江、金华江、曹娥江流域上游，椒江流域上游，瓯江流域中下游，以及飞云江流域和鳌江流域。其中，衢江中游片、曹娥江源头区片、瓯飞鳌三江片 3 个重点区域为重点治理区。主要任务是以片区或小流域为单元，山水田林路沟村综合规划，以坡耕地治理、园地和经济林地林下水土流失治理、水土保持林营造为主，结合溪沟整治，沟坡兼治，生态与经济并重，优化配置水土资源，提高土地生产力，促进农业产业结构调整，治理水土流失面积 1360km^2。

城市水土保持：以治理城市水土流失，改善城市人居环境为主，加强水土保持监督管理，扩大城区林草植被面积，提高林草植被覆盖率，严格监管区域内生产建设活动，防治人为水土流失，治理水土流失面积 50km^2。

水土保持监测网络建设：包括水土保持监测网络建设、开展水土流失调查及定位观测、重点区域水土保持监测及公告、水土保持重点工程项目监测、生产建设项目集中区监测和新建 1 个监测点。

10. 保障措施（略）

2.2.3.5 四川省水土保持规划

1. 基本情况

四川省位于我国西南部，地处我国地形第一、第二级阶梯，地势总体西北高、东南低。地貌复杂多样，具有山地、丘陵、平坝和高原 4 种地貌类型。受地形影响，气候东西差异明显。东部四川盆地属亚热带气候，年平均气温为 14～19℃，多年平均年降水量为 1000～1200mm；川西高原属高原气候，气温垂直差异悬殊，多年平均年降水量为 800～1100mm；川西南山地和盆周山地，气候垂直分带明显，川西高原多年平均年降水量为 600～800mm。土壤类型多样，共分布有红壤、黄壤、黄棕壤等 19 个土类，植被从东南向西北可划分为四川盆地常绿阔叶林地带、川西高山峡谷亚高山针叶林地带和川西北高原高山灌丛、草甸地带。

2. 水土流失及水土保持情况

水土流失情况：四川省主要水土流失类型为水力侵蚀和风力侵蚀，根据第一次全国水利普查成果，全省水蚀和风蚀面积之和达 121042km^2，占幅员面积的 24.90%。其中，全省水蚀面积 114420km^2，占幅员面积的 23.54%，风蚀面积 6622km^2，占幅员面积的 1.36%，主要分布在阿坝藏族羌族自治州的红原县、若尔盖县和阿坝县。

水土保持成效：大力实施水土流失预防保护和综合治理项目，人为活动产生的水土流失总体得到遏制，水土流失面积明显减少，占总土地面积的比例下降 7.46%，治理区林草覆盖率由治理前的 32.56%提高到 48.85%，据第一次全国水利普查成果，四川省共有水土保持措施面积 72465.8km^2。

面临的形势：治理任务依然艰巨，人为新增水土流失总体得到遏制，局部边缘山地水土保持生态环境有进一步恶化的趋势，科研、信息化监管能力建设尚需加强，现有监管能力还无法完全满足新形势下对水土保持监管工作的要求。

3. 水土保持分区

（1）水土保持区划。根据全国水土保持区划，四川省涉及西南紫色土区（Ⅵ区）、西南岩溶区（Ⅶ区）和青藏高原区（Ⅷ区）3个一级区；秦巴山山地区（Ⅵ-1）、川渝山地丘陵区（Ⅵ-3）、滇黔桂山地丘陵区（Ⅶ-1）、滇北及川西南高山峡谷区（Ⅶ-2）、若尔盖-江河源高原山地区（Ⅷ-2）、藏东-川西高山峡谷区（Ⅷ-4）6个二级区；陇南山地保土减灾区（Ⅵ-1-3tz）、大巴山山地保土生态维护区（Ⅵ-1-4tw）、川渝平行岭谷山地保土人居环境维护区（Ⅵ-3-1tr）、四川盆地北中部山地丘陵保土人居环境维护区（Ⅵ-3-2tr）、龙门山峨眉山山地减灾生态维护区（Ⅵ-3-3zw）、四川盆地南部中低丘土壤保持区（Ⅵ-3-4t）、滇黔川高原山地保土蓄水区（Ⅶ-1-2tx）、川西南高山峡谷保土减灾区（Ⅶ-2-1tz）、若尔盖高原生态维护水源涵养区（Ⅷ-2-1wh）、三江黄河源山地生态维护水源涵养区（Ⅷ-2-2wh）、川西高原高山峡谷生态维护水源涵养区（Ⅷ-4-1wh）11个三级分区。

（2）水土流失重点预防区和重点治理区划分。全省共划定2个省级水土流失重点预防区，涉及9个县（市、区），重点预防区面积为39275.6km²；3个省级水土流失重点治理区，涉及38个县（市、区），重点治理区面积为57196.22km²。

4. 目标与总体方略

（1）规划目标。

近期目标：到2020年，基本建成与国民经济发展相适应的水土流失综合防治体系，人为水土流失得到有效控制，生态环境得以持续改善，水土保持生态文明建设取得显著成效。新增水土流失综合治理面积26900km²，新增水土流失综合治理率达到22.22%，植被覆盖率提高5.05个百分点。

远期目标：到2030年，全面建成与四川省经济社会发展相适应的水土流失综合防治体系，生态环境步入良性循环。建设完善的水土流失监测网络和信息系统，健全水土保持法律、法规体系和监督管理体系，生产建设项目“三同时”制度得到全面落实，生产建设活动导致的人为水土流失得到全面控制。新增水土流失综合治理面积78200km²，新增水土流失综合治理率达到64.61%，植被覆盖率提高15.16个百分点。

（2）总体方略。按照规划目标，在水土保持区划的基础上，紧密结合区域水土流失特点和经济社会发展需求，因地制宜，分区制定水土流失防治方略。保护林草植被和治理成果，强化生产建设活动和项目水土保持管理，实施封育保护，促进自然修复，全面预防水土流失。重点突出重要江河源头区水土流失预防。在水土流失地区，开展以小流域为单元的山水田林路综合治理，加强坡耕地、侵蚀沟的综合整治。重点突出坡耕地相对集中区域以及侵蚀沟相对密集区域的水土流失治理。建立健全综合监管体系，创新体制机制，强化水土保持动态监测与预警，提高信息化水平，建立和完善水土保持社会化服务体系。

5. 分区布局

根据四川省生态背景、水土流失类型、土壤保持和水源涵养等功能的区域差异，将四川省全境分为16个省级水土保持区，结合各区自然环境、社会经济特征及水土流失与水土保持现状，进行全省水土保持措施分区布局。

（1）九寨沟山地保水保土减灾区。继续推进天然林资源保护，依法保护好现有森林、草地，加强自然遗产的保护，在此基础上逐步增大自然遗产保护区的范围。水土保持工程措施与封禁相结合，治坡兼治沟。

（2）米仓山、大巴山山地保水保土生态维护区。以自然修复为主，同时搞好水土保持综合治理。营造水源涵养林、水土保持林，着重发展经济林和速生丰产林。同时，控制生产建设项目对植被的破坏。对局部连片坡耕地进行综合治理，合理推广适宜的保土耕作措施。

（3）川渝平行岭谷山地保土人居环境维护区。以小流域综合治理为主，自然修复为辅。突出坡改梯和坡面水系工程，逐步恢复林草植被，完善水土保持林体系的水平配置和立体配置。

（4）盆北高丘、中丘保土人居环境维护区。以小流域为单元综合治理水土流失为主，突出坡改梯和坡面水系工程，积极建设高标准基本农田；积极营造水土保持林、农田防护林，保护天然林和库区河岸林地，加强生产建设项目的预防监督。

（5）龙门山山地减灾生态维护区。坚持自然修复和工程治理相结合，加强地震灾区、生态敏感和脆弱区生态修复和治理。按流域进行泥石流防治，健全坡面灌溉和排水系统，引水灌田、分洪减灾。

（6）峨眉山山地减灾生态维护区。依法保护好现有植被，调整产业结构，以山地生态环境自然修复为主，搞好水土保持综合治理。加大水利水保工程建设力度，规范和严格矿产资源开发，对重点矿区开展地质环境恢复治理，大力开展水土保持生态清洁小流域建设。

（7）盆南中丘、低丘土壤保持区。加强小流域水土流失综合治理和生态防护林体系建设，重点开展坡改梯及其配套工程建设，加强生产建设项目的预防监督。

（8）大娄山高原山地保土蓄水区。合理调整农、林、牧结构，兴修水利水保工程，滑坡、泥石流发育及水土流失严重的沟谷实施沟道防护工程。全面实施石漠化综合治理，积极发展生态经济型特色产业。

（9）金沙江下游高山峡谷保土减灾区。加强天然林、草地保护；25°以上陡坡耕地退耕还林还草，大力发展经济作物，发展区域经济。河谷区和低山丘陵区开展水土流失综合治理，完善坡面水系建设。结合流域治理进行山区小型水利建设，发展水利电力。

（10）大凉山高山峡谷保土减灾区。调整农业结构，推广水土保持耕作方式；完善坡面水系建设，结合流域治理进行山区小型水利建设，发展水利电力。加强崩塌、滑坡、泥石流等突发性山地水土流失灾害的预警和防治，加大矿山环境整治修复力度，遏制人为新增水土流失。

（11）若尔盖丘状高原生态维护水源涵养区。加强预防保护监督执法，切实抓好天然牧草保护工程，加快恢复湿地生态系统，实施防沙治沙工程，开展畜草平衡建设，禁止破坏植被。

（12）石渠高原生态维护水源涵养区。对沙化草地进行改良、封育等有效治理。加强湿地生态系统的保护与恢复，宜农区结合拦沙、蓄水、滞洪、防冲等，修建中小型水利水保工程。

（13）岷山、邛崃山高山峡谷生态维护水源涵养区。保护江河源头区水源涵养林，加快火烧迹地、采伐迹地的更新；林线以上地带的灌丛、灌丛草地和草地应禁止过度放牧；充分利用河谷地带的光热资源，发展经济林；搞好草场基本建设，加强退耕还林还草和梯田建设，加大生产建设项目的预防监督。

（14）西北丘状高原生态维护水源涵养区。加强草场基本建设，实行轮封轮牧，增加草场载畜能力，推进湿地恢复和保护，控制沙化土地。加大生态环境治理和恢复力度。对已有的耕地要加强经营管理，实施间作和套作，提高农作物产量。

（15）甘孜、理塘山原生态维护水源涵养区。保护和合理利用天然草地，因地制宜发展人工草场，积极发展季节性畜牧业；实行严格的封山育林和天然林保护措施，防止生产建设中造成严重水土流失；加强南部河谷地带的森林及灌丛保护。

（16）南部高山深谷生态维护水源涵养区。以封育为主、人工调控为辅加强天然林、天然草地保护，严格控制人为造成水土流失。调整产业结构，大于25°的陡坡耕地和严重沙化耕地退耕还林还草，加大经济作物和经济林果的种植，增加群众收益，发展区域经济。

6. 预防保护

（1）预防范围。预防范围涵盖四川省管辖范围内所有区域，其中重点预防区域包括：有重要的水源涵养、水质保护、生态维护等水土保持功能的区域；重要的生态功能区或生态敏感区；国家级和省级水土流失重点预防区；县级以上人民政府划定并公告的崩塌、滑坡危险区和泥石流易发区。

（2）措施体系。建立健全预防保护管理机构，落实具体职责、制定相关规章制度，明确生产建设项目分区预防管理方案。依据不同生态分区的生态环境问题、水土流失现状和社会经济发展情况，设定区域限制性条件，确定生产建设项目水土流失的防治标准等级，明确生产建设项目在不同地区所应采取的特定防护措施。

7. 综合治理

（1）治理范围。以划定的国家级和省级水土流失重点治理区为主要范围，包含预防区内局部水土流失严重的区域。

（2）措施体系。以小流域为单元，针对水土流失特点及规律，因地制宜，因害设防，科学配置各项水土流失治理措施，实行工程措施、植物措施与耕作措施相结合，山水田林路统一规划，进行以小流域为单元的综合治理，逐步建成完整的水土流失防治体系。

8. 监测

加强监测设施设备配置和技术人员培训，完善水土保持监测系统管理运行制度和技术标准，建成省监测总站-市（州）监测分站-各级监测点的多层次水土保持监测网络。通过水土保持情况普查，重点防治区、水土保持重点工程和生产建设项目集中区监测等，从不同空间尺度摸清水土流失状况，评价水土流失防治效果，为四川省人民政府制定国民经济与社会发展规划、水土保持生态环境政策和宏观决策，保障经济社会的可持续发展提供重要技术支撑。

9. 综合监管

监督管理机制：设立跨部门协调管理机构，负责全省水土保持规划、政策和重大问题的统筹协调，探索跨部门的水土保持合作管理方式；建立水土保持监督管理事业的公众参与机制，通过水土保持相关政策信息的公开化和透明化，促进水土保持事业的社会化监督管理。

监督能力建设：进一步完善水土保持配套法规体系，增强水土保持监督管理机构履行职责能力，规范水土保持监督管理工作，健全水土保持监督管理制度；完善监督管理基础设施建设，注重监督管理新技术的应用，提高监督管理科技水平，增强监督管理执法能力。

科技支撑与示范推广：加强水土流失基础理论和水土流失治理关键技术研究，有针对性地建设科技示范区，重点推广已取得的川中丘陵水蚀区森林生态系统结构功能优化示范区、坡耕地水土保持耕作技术试验示范区、废弃矿产采集地水土保持治理示范区等水土流失治理和生态环境建设经验和科研成果。

信息化建设：根据实际需要进一步制定地方实施方案，规范水土保持信息化工作，完善水土保持数据采集、处理、存储、传输和发布系统，按照统一的技术标准，建立健全省、市、县的数据库体系，并做好与全国和流域数据库的衔接，建立业务服务和信息交换共享平台。

10. 保障措施（略）

2.2.3.6 云南省水土保持规划

1. 规划期限

规划期限为2016—2030年。近期规划水平年为2020年，远期规划水平年为2030年。

2. 水土流失及水土保持情况

（1）水土流失情况。云南省水土流失的类型主要是水力侵蚀。根据第一次全国水利普查成果，云南省水土流失面积10.97km^2，占土地总面积的28.60%，其中轻度水土流失面积4.49万km^2、中度水土流失面积3.48万km^2、强烈水土流失面积1.59万km^2、极强烈水土流失面积0.90万km^2、剧烈水土流失面积0.51万km^2。全省年土壤侵蚀总量为7.86亿t，侵蚀模数为2051.40t/km^2。

（2）水土保持成效。根据云南省水土保持公报，截至2013年年底，全省累计完成水土流失综合治理面积6.38万km^2，其中修建基本农田面积55.90万hm^2、营造水土保持林面积195.24万hm^2、种植经济果木林面积101.82万hm^2、种草面积10.40万hm^2、封育治理面积205.12万hm^2、其他面积32.33万hm^2。兴修塘堰、拦沙坝、谷坊、蓄水池等小型水利水保工程41.41万座（口、个）。通过实施以上各项水土保持措施可减少土壤侵蚀量3.2亿t，增加降水有效利用量26.98万m^3。兴建拦沙坝、谷坊工程新增拦泥库容3.18亿m^3，兴修小型水利水保工程新增蓄水量3.74亿m^3。

（3）面临的问题。云南省水土流失治理的任务仍然艰巨，轻度、中度侵蚀面积减少，而强烈、极强烈、剧烈侵蚀面积均有所增加，水土流失侵蚀强度表现出加剧趋势。水土保持投入机制有待完善，局部人为水土流失问题依然突出，综合监管亟待加强，公众水土保持意识尚需进一步提高。

3. 水土保持区划

根据全国水土保持区划，云南省涉及西南岩溶区和青藏高原区2个一级区；滇黔桂山地丘陵区、滇北及川西南高山峡谷区、滇西南山地区和藏东-川西高山峡谷区4个二级区；滇黔川高原山地保土蓄水区、滇黔桂峰丛洼地蓄水保土区、滇北中低山蓄水拦沙区、滇西北高山生态维护区、滇东高原保土人居环境维护区、滇西中低山宽谷生态维护区、滇西南中低山保土减灾区、滇南中低山宽谷生态维护区和藏东高山峡谷生态维护水源涵养区9个三级区。

4. 目标、任务与布局

（1）远期目标。到2030年，基本建成与云南省经济社会发展相适应的水土流失综合防治体系，实现全面预防保护，重点防治地区的水土流失得到全面治理，生态实现良性循环。全省水土流失治理度累计达到60%以上，人为水土流失得到全面防治；林草植被得到保护与恢复，林草覆盖率增加4个百分点以上，林草植被覆盖状况得到明显改善。

（2）近期目标（2016—2020年）。到2020年，初步建成与云南省经济社会发展相适应的分区水土流失综合防治体系，基本实现预防保护，重点防治地区水土流失得到有效治理。全省水土流失治理度达到18%以上，新增水土流失治理面积2.0万km^{2}以上，水土流失面积及强度有所下降，人为水土流失得到全面防治；林草植被得到保护与恢复，林草覆盖率增加1.5个百分点以上，输入江河湖库的泥沙有效减少，年均减少土壤流失量0.6亿t。建成覆盖全省的监测站点，初步建成云南省水土保持信息管理系统，基本理顺监测站点管理体制和运行机制，水土保持监测数据能得到有效采集、汇总、分析、评价，建成初具规模的全省水土保持监测站网；提高人均收入，改善农村生产生活条件，总体使生态环境和经济社会协调发展。

（3）主要任务。加强预防保护，保护林草植被和治理成果，提高林草覆盖率和水源涵养能力，以水土流失重点治理区为重点，以小流域为单元，实施水土流失综合治理，近期新增水土流失治理面积2.0万km^2；建立健全水土保持监测体系，创新体制机制，强化科技支撑，建立健全综合监管体系，提升综合监管能力。

（4）总体布局。从水源涵养、土壤保持、蓄水保水、生态维护、防灾减灾、拦沙减沙、人居环境等7个水土保持功能出发，做好滇黔川高原山地保土蓄水区、滇黔桂峰丛洼地蓄水保土区、滇北中低山蓄水拦沙区、滇西北高山生态维护区、滇东高原保土人居环境维护区、滇西中低山宽谷生态维护区、滇西南中低山保土减灾区、滇南中低山宽谷生态维护区和藏东高山峡谷生态维护水源涵养区的水土保持工作。

根据《全国水土保持规划国家级水土流失重点预防区和重点治理区复核划分成果》（办水保〔2013〕188号），全国重点预防区和重点治理区涉及云南省的有三江并流国家级水土流失重点预防区、西南高山峡谷国家级水土流失重点治理区、金沙江下游国家级水土流失重点治理区、乌江赤水河上中游国家级水土流失重点治理区、滇黔桂岩溶石漠化国家级水土流失重点治理区等5个区域。同时，根据云南省水土流失特点分析，水土流失易发区域主要分布在老少边穷地区、坡耕地、水源地及高原湖泊径流区。因此，确定以上区域为云南省水土流失防治的重点范围。

5. 预防保护

预防对象：生态维护区、城市饮用水水源保护区、九大高原湖泊保护区和生态脆弱区等区域现有的天然林、郁闭度高的人工林、覆盖度高的草地等林草植被和水土保持设施及其他治理成果。

措施体系：包括禁止准入、规范管理、生态修复及辅助治理等措施。

措施配置：按生态维护区、城市饮用水水源保护区、九大高原湖泊保护区和生态脆弱区等区域水土保持主导基础功能合理配置措施。

6. 综合治理

治理范围：适宜治理范围包括影响农林业生产和人类居住环境的水土流失区域，以及直接影响人类居住及生产安全的可治理的山洪和泥石流地质灾害易发的区域，但不包括裸岩等不适宜治理的区域。

治理对象：包括存在水土流失的林地、坡耕地、荒山、侵蚀沟道、裸露土地等。

措施体系：包括工程措施、林草措施和耕作措施。

措施配置：以小流域综合治理、坡耕地水土流失综合治理、农业开发综合治理、溪沟整治为重点，坡沟兼治。

7. 监测规划

优化全省现有36个监测站点布局，充分挖掘监测潜力，查缺补漏，合理布局，新建必要的监测站点，到规划效益计算期末建成全面覆盖全省16个州（市）、全国水土保持区划、六大流域、水土流失重点防治区、九大高原湖泊的站点。建立和完善全省水土保持数据库、水土保持综合应用平台和水土保持监测站网，定期发布水土流失及其防治情况公告，为全省水土保持、生态建设提供服务。开展水土流失调查、水土流失重点预防区和重点治理区动态监测、水土保持生态建设项目和生产建设项目集中区监测。

8. 综合监管

监督管理：加强水土保持相关规划、水土流失预防工作、水土流失治理情况、水土保持监测和监督检查的监管，完善相关制度。

机制完善：重点是建立健全组织领导与协调机制，加强基层监管机构和队伍建设，完善技术服务体系监管制度。

重点制度建设：重点建设水土保持相关规划管理制度、水土保持目标责任制和考核奖惩制度、水土流失重点防治区管理制度、生产建设项目水土保持监督管理制度、水土保持生态补偿制度、水土保持监测评价制度、水土保持重点工程建设管理制度等。

监管能力建设：明确各级监管机构管辖范围内的监管任务，规范行政许可及其他各项监督管理工作；开展水土保持监督执法人员定期培训与考核，出台水土保持监督执法装备配置标准，逐步配备完善各级水土保持监督执法队伍，建立水土保持监督管理信息化平台，做好政务公开。

社会服务能力建设：完善各类社会服务机构的资质管理制度，建立咨询设计质量和诚信评价体系，加强从业人员技术与知识更新培训，强化社会服务机构的技术交流。

宣传教育能力建设：加强水土保持宣传机构、人才培养与教育建设，完善宣传平台建设，完善宣传顶层设计，强化日常业务宣传。

科技支撑及推广：加强基础理论和关键技术研究，重点推广新技术、新材料，规划建设科技示范区，从生态维护、人居环境维护、保土蓄水、保土减灾等四个方面进行示范区推广。近期规划的示范推广项目有生态维护区示范推广项目（普洱市墨江县癸能水土保持科技示范园）、人居环境维护区示范推广项目（昆明市意思桥水土保持科技示范园）和保土蓄水区示范推广项目（文山州砚山县腻姐小流域和丘北县摆落河水土保持科技示范园）。

信息化建设：依托云南省水利行业信息网络资源，在优先采用已建信息化标准的基础上，建立云南省水土保持信息化体系，形成较完善的水土保持信息化基础平台，实现信息资源的充分共享和开发利用。

9. 近期工程安排

（1）预防保护工程。

生态维护区：主要包括迪庆州、怒江州、丽江市、大理州、德宏州、保山市、普洱市等7个州（市）的27个县（区），该区以水土流失预防和保护为主，加强森林植被的保护，防止乱砍滥伐和过量采伐；在浅山地带林木分布较稀疏的地方，实行封山禁牧、轮封轮牧、人工种植，建设水源涵养林；加大现有植被的保护力度，实施封山育林（育草）、生态修复、保护性耕作和生态移民等措施，严格限制森林砍伐，禁止毁林毁草开荒；加强小流域治理，建设太阳能设施、沼气池和节柴灶，减少对薪材的需求和对植被的破坏；对重要的地质灾害点采取工程措施和植物措施相结合的方式，进行重点治理；山前丘陵台地水热条件较好的区域发展经果林，加强局部沟道侵蚀治理和山洪排导工程建设。规划预防面积4462.81km²，其中植树种草面积1785.12km²、封禁治理面积2677.69km²。

城市饮用水水源保护区：包括昆明市松华坝水库、宝象河水库等，涉及27个县（市）。饮用水水源保护区主要以生态清洁小流域建设为主，配套建设植物过滤带、沼气池、农村垃圾和污水处置设施、面源污染控制设施等；局部存在水土流失的区域采取综合治理措施，控制入河（湖、库）的泥沙及面源污染物，维护水质安全。规划建设生态清洁小流域49个，治理面积为304.47km²，综合治理面积为280.28km²。

九大高原湖泊保护区：包括泸沽湖、程海、滇池、阳宗海、星云湖、抚仙湖、杞麓湖、异龙湖和洱海。加强流域内现有森林资源的保护和管理，包括天然林保护、公益林建设、中幼林抚育及低效林改造；对25°以上的陡坡实施退耕还林；建设环湖截污工程，对主要入湖河道水环境进行综合整治。建设生态清洁小流域，配套建设植物过滤带、沼气池、农村垃圾和污水处理设施，对农村、农业面源污染进行治理，减少污染物的排放，加强湖滨带生态恢复建设及湿地建设，改善湖泊及沿岸陆生生态系统；加强保护区的管理，制定管理办法，建立健全管护机构，落实管理责任。规划建设生态清洁小流域43条，预防治理面积为224.19km²，综合治理面积为425.67km²。

生态脆弱区：主要分布在威信县、镇康县、耿马县、墨江县、红河县、金平县、河口县、罗平县、丘北县、广南县、西畴县、马关县、文山市、麻栗坡县14个县（市），限制或者禁止在生态脆弱的地区开展可能造成水土流失的生产建设活动。在适宜治理的地区主要采取建设经济林、水土保持高效林并配套建设蓄水设施的措施，治理难度较大的地区主要采取生态移民、封禁治理等政策性水土保持措施。规划预防治理面积为3108.15km²。

（2）综合治理工程。涉及全省129个县（市、区），以小流域为单元，山水田林路沟村综合规划，结合溪沟整治，沟坡兼治，生态与经济并重，优化配置水土资源，提高土地生产力，促进农业产业结构调整。配置水土保持农业耕作措施、林草措施与工程措施，做到互相协调，互相配合，形成综合的防治措施体系，以达到保护、改良与合理利用小流域水土资源的目的。规划小流域综合治理工程15958.9km²和坡耕地综合整治工程470.4km²。

（3）水土保持监测及综合监管建设。加快水土保持监测站点建设，按照建设布局原则，经认真遴选，规划期内新建17个监测点，加上迁建1个，共建18个。监管规划中水土保持监督能力建设县有44个，水土保持科技示范园有4个。

10. 保障措施（略）

2.2.3.7 青海省水土保持规划

1. 水土保持形势

青海省位于我国西北部内陆腹地、青藏高原东北部，被称为我国的“江河源”“生态源”，是我国及东半球气候的“启动区”和“调节区”。根据全国第一次水利普查成果，青海省水土流失总面积16.87万km²，占全省总面积的24.22%。水土流失面积中水力侵蚀面积约4.28万km²，占水土流失总面积的25.37%，风力侵蚀面积约12.59万km²，占水土流失总面积的74.63%。严重的水土流失造成生态环境恶化，严重影响青海省经济社会的可持续发展和国家生态环境安全。青海省人民政府十分重视水土保持工作，采取了一系列行之有效的措施，截至2011年，全省共开展329条小流域综合治理，建立省级科技示范园2个，共治理水土流失面积96.87万hm²。由于青海省地方财政基础薄弱，无经济支撑，匹配资金难落实。投入不足，直接导致治理进度缓慢，据统计，1984—2009年24年间青海省水土保持平均年治理保存面积仅300多km²，低于国家每年完成800km²的要求，现状治理程度很低，只有2.42%。

2. 区划、任务和规模

全国水土保持区划成果中，青海省共涉及2个一级区、3个二级区、5个三级区，见表Ⅰ.2.2-5。

（1）青海省水土保持区划结果。以全国水土保持区划为基础，青海省共划分11个水土保持区，分别为湟水中高山河谷水蚀蓄水保土区、黄河中山河谷水蚀土壤保持区、祁连山山地水源涵养保土区、青海湖盆地水蚀生态维护保土区、共和盆地风蚀水蚀防风固沙保土区、柴达木盆地风蚀水蚀农田防护防沙区、芒崖-冷湖湖盆残丘风蚀防沙区、兴海-河南中山河谷水蚀水源蓄水保土区、黄河源山原河谷水蚀风蚀水源涵养保土区、长江-澜沧江源高山河谷水蚀风蚀水源涵养区和可可西里丘状高原冻蚀风蚀生态维护区。

表Ⅰ.2.2-5　　青海省国家级水土保持区划成果表

一级区代码及名称		二级区代码及名称		三级区代码及名称		行政范围	县（区）数量
Ⅳ	西北黄土高原区	Ⅳ-5	甘宁青山地丘陵沟壑区	Ⅳ-5-3xt	青东甘南丘陵沟壑蓄水保土区	西宁市城东区、西宁市城中区、西宁市城西区、西宁市城北区、湟中县、湟源县、大通回族土族自治县，平安县、民和回族土族自治县、乐都区、互助土族自治县、化隆回族自治县、循化撒拉族自治县、同仁县、尖扎县、贵德县、门源回族自治县	17
Ⅷ	青藏高原区	Ⅷ-1	柴达木盆地及昆仑山北麓高原区	Ⅷ-1-1ht	祁连山山地水源涵养保土区	祁连县	1
				Ⅷ-1-2wt	青海湖高原山地生态维护保土区	海晏县、刚察县、共和县、乌兰县、天峻县	5
				Ⅷ-1-3nf	柴达木盆地农田防护防沙区	格尔木市、德令哈市都兰县、茫崖行政委员会、大柴旦行政委员会、冷湖行政委员会	5
		Ⅷ2	若尔盖-江河源高原山地区	Ⅷ-2-2wh	三江黄河源山地生态维护水源涵养区	同德县、兴海县、贵南县、玛沁县、甘德县、达日县、久治县、玛多县、班玛县、称多县、曲麻莱县、玉树市、杂多县、治多县、囊谦县、格尔木市（唐古拉山镇部分）、泽库县、河南蒙古族自治县	18

注　格尔木市分为格尔木市和唐古拉山镇两个区域，分属两个国家三级区。

（2）任务和规模。以国家级水土流失重点预防区为重点，采取封育保护、自然修复等措施，扩大林草覆盖；在水土流失重点地区，统筹各行各业及社会力量，开展水土流失治理，以水土流失重点治理区为重点，以小流域为单元采取工程、植物等措施实施综合治理；完善水土保持监测网络和信息系统；创新体制机制，强化科技支撑，提升监管能力，建立健全综合监管体系。近期（2011—2020年），对国家级重点预防区全面实施预防保护，完成水土流失综合防治面积13453.82km²。远期（2021—2030年），对存在水土流失潜在危险的区域基本实施全面预防保护，完成水土流失综合防治面积34532.21km²。

3. 分区布局

湟水中高山河谷水蚀蓄水保土区：以坡耕地和沟壑防治为主，围绕城镇和农业用地，开展小流域综合治理，以坡改梯为重点，改善田间管理；小流域内构筑沟头防护、小型治沟、淤地坝等工程，在荒山荒坡营造水土保持林草，构成梯田-水保林草-沟道工程三道防线。加强草场管理，恢复生态植被，做好黑泉水库等水源地保护。

黄河中山河谷水蚀土壤保持区：以沟壑及退化草地防治为主。在城镇周边等区域开展流域综合治理，按照“石质山岭-土石山坡-黄土梁峁-洪积沟谷”四维一体进行分项措施布置；在草原退化区域，开展草场治理，进行生态修复；在光热条件较好的地方加大青饲料复种比例，为牧区提供饲草资源。

祁连山山地水源涵养保土区：在以水源涵养为主导功能的区域，加强林草植被建设，开展生态修复；在以土壤保持为主导功能的区域，开展小流域综合治理。

青海湖盆地水蚀生态维护保土区：以生态维护为主导功能的区域，加强预防保护和生态修复，加快退化沙化草场的治理；以土壤保持为主导功能的区域，重点开展入湖流域的综合治理；在农田、城镇周边以及侵蚀严重的河段，开展沟壑治理。

共和盆地风蚀水蚀防风固沙保土区：以防风固沙为主导功能的区域，营造防风固沙林带、农田防护林网，在沙化严重的区域严格实施封禁，注重植被自然恢复。以土壤保持作为主导功能的区域，开展流域综合治理。

柴达木盆地风蚀水蚀农田防护防沙区：农田防护为主导功能的区域，加强沙漠绿洲农业防护；在城镇周边区，开展小流域综合治理；以防风固沙为主导功能的区域，以预防保护为主，加强生产建设项目管理。

茫崖-冷湖湖盆残丘风蚀防沙区：该区水土保持

主导功能是防风固沙，以预防保护为重点。落实生产建设项目水土保持监督管理制度，控制人为水土流失。

兴海-河南中山河谷水蚀水源蓄水保土区：大面积的草甸草原地区，以预防保护为主；水热条件适宜的河谷地区营造水土保持林、水源涵养林；城镇居民点和重点支流开展小流域综合治理；局部坡耕地进行整治并配套小型蓄水工程。

黄河源山原河谷水蚀风蚀水源涵养保土区：大面积草原和湿地以自然生态系统的自我修复为主，提高生态系统水源涵养能力。对过度放牧、退化、沙化天然草场进行封育和更新改造；加强城镇边缘冲积洪积山麓地带综合治理和山洪灾害防治，保护江河水质。

长江-澜沧江源高山河谷水蚀风蚀水源涵养区：加大江河湖库及周边地区水源保护，保护江河水质；加强大面积湿地保护；加强水源涵养林、天然林草保护；加大预防监督管理力度，建立监测网络，实时监测水土流失动态和水土保持治理效果。开展河谷农业综合治理。

可可西里丘状高原冻蚀风蚀生态维护区：以恢复自然生态、保护生物多样性为主要目标，重点加强预防保护，禁止人为干扰破坏；加强监督管理。

4. 预防保护

确定重要江河源头区水土保持、环青海湖生态维护、重要饮用水水源地保护、风沙区水土保持等4个重点预防项目。

(1) 重要江河源头区水土保持。以大面积封育保护为主，辅以综合治理，以治理促保护，以治理保安全，着力创造条件，实现生态自然修复，建立可行的水土保持生态补偿制度，以达到提高水源涵养功能、控制水土流失、保障区域社会经济可持续发展的目的。项目涉及2个国家水土保持三级区、5个青海省水土保持区、19个县（市）。以三江源（包括黄河、长江、澜沧江源头区）、黑河源头区的水土保持防护工程为近期重点工程。建设内容主要包括：封育保护958210hm^2，能源替代工程5098套，农村清洁工程1343处，坡改梯320hm^2，水土保持林3555hm^2，经济林50hm^2，种草8693hm^2，田间道路9.6km，渠系配套工程19.2km，小型蓄水工程205座，拦沙坝90座，护岸工程43km。

(2) 环青海湖生态维护。以大面积封育保护为主，辅以综合治理，加快环青海湖防风固沙林、水源涵养林的建设，恢复流域生态植被，合理利用水资源，实现生态自然修复，建立可行的水土保持生态补偿制度，提高水源涵养功能、实现环湖旅游业的持续发展。项目涉及1个国家水土保持三级区、2个青海省水土保持区、5个县。以青海湖盆地生态环境保护和共和盆地生态环境保护为近期重点工程，建设内容主要包括：封育保护16230hm^2，能源替代工程1345套，农村清洁工程132处，水土保持林450hm^2，种草2100hm^2，小型蓄水工程119座，拦沙坝150座，护岸工程135km。

(3) 重要饮用水水源地保护。保护和建设以水源涵养林为主的森林植被；远山边山开展生态自然修复，中低山丘陵实施小流域综合治理，近库（河）及村镇周边建设植物保护带，控制入库（河）的泥沙及面源污染物，维护水质安全。项目涉及3个国家水土保持三级区、5个青海省水土保持区、11个县（市、区）。以湟水流域重要水源地水土保持、黄河干流重要水源地水土保持、青海湖盆地重要水源地水土保持、共和盆地重要水源地水土保持和柴达木盆地重要水源地水土保持为近期重点工程。建设内容主要包括：封育保护10446hm^2，能源替代工程2846套，农村清洁工程428处，坡改梯95hm^2，水土保持林4840hm^2，经济林1553hm^2，种草4385hm^2，田间道路2.85km，渠系配套工程5.7km，小型蓄水工程210座，拦沙坝90座，护岸工程37km。

(4) 风沙区水土保持。加大生态修复力度，保护现有植被和草场；治理局部水土流失严重的侵蚀沟道、沙化土地等，达到减少风沙危害、保障区域农牧业生产的目的。项目涉及1个国家水土保持三级区、2个青海省水土保持区、6个县（市、行委）。以柴达木盆地风沙区水土保持和芒崖-冷湖风沙区水土保持为近期重点工程。建设内容主要包括：封育保护58800hm^2，能源替代工程2413套，农村清洁工程281处，水土保持林4805hm^2，经济林1200hm^2，种草2095hm^2，小型蓄水工程185座，拦沙坝255座，护岸工程54km。

5. 综合治理

根据确定的治理范围、对象以及治理需求，确定坡耕地水土流失综合治理、侵蚀沟综合治理和重点区域水土流失综合治理3个重点治理项目。

(1) 坡耕地水土流失综合治理。进行梯田改造，即采取工程技术措施，把坡耕地改造为梯田、梯地，其目的是变“跑水、跑肥、跑土”的“三跑田”为“保水、保肥、保土”的“三保田”，实现坡耕地的持续利用和生态恢复。项目涉及7个青海省水土保持区、23个县级行政区。近期坡耕地水土流失综合治理工程的建设内容主要包括：坡改梯29855hm^2，田间道路895.65km，渠系配套工程1791.30km。

(2) 侵蚀沟综合治理。遏制侵蚀沟发展，保护土地资源，减少入河泥沙。通过建设沟头防护和沟道拦沙淤地体系，保护农田和村庄安全，开发土地资源，改善生态。到2020年，累计综合治理侵蚀沟106条，总面积为737km²；到2030年，累计综合治理侵蚀沟276条，总面积为1916.2km²。侵蚀沟建设内容主要包括：淤地坝61座（其中骨干坝25座、中型坝30座、小型坝6座），拦沙坝308座，谷坊1375座，沟头防护工程3613处，护岸工程119km，排水工程611km，水土保持林567.4km²，种草169.6km²。

（3）重点区域水土流失综合治理。以小流域或片区为单元，山水田林路渠村统一规划，以坡耕地治理、水土保持林（草）营造为主，沟坡兼治，生态与经济并重，着力于水土资源优化配置，提高土地生产力，发展特色产业，促进农业产业结构调整，以治理促退耕，以治理促封育，持续改善生态，保障区域社会经济可持续发展。项目涉及5个青海省水土保持区、24个县（区、市）。以东部黄土高原区域水土流失综合治理、柴达木盆地绿洲防护工程和环青海湖综合治理工程为近期重点工程。建设内容主要包括：坡改梯17.1km²，水土保持林1106km²，经济林115.3km²，种草120.6km²，田间道路51.3km，渠系配套工程102.6km，小型蓄水工程494座，谷坊1613座，沟头防护工程3234座，护岸工程161km，淤地坝34座（其中骨干坝17座、中型坝17座），封禁治理281km²。

6. 综合监管

完善配套法规和制度，加强基层执法力量。与国家、流域的水土保持监测网络和信息系统对接，初步建成青海省水土保持数据库体系，逐步提高监测水平和质量，建成水土保持业务应用和信息共享的技术平台。继续搞好水土保持综合试验站建设，完善园区的试验观测设施，提高设施自动化和现代化水平，开展监测站点标准化建设。

2.2.3.8 福建省水土保持规划

1. 基本情况

福建省位于我国东南沿海，地形以山地丘陵为主，境内峰岭耸峙，丘陵连绵，河谷、盆地穿插其间，素有“八山一水一分田”之称。气候属亚热带海洋性季风气候，境内大致以闽中山带为界，分为闽东南沿海地区南亚热带气候和闽东北、西北及西南地区中亚热带气候，全省年平均气温为15.7～22.4℃，多年平均年降水量为1000～2000mm。全省土壤类型多样，共有12个土类、23个亚类、87个土属，土壤的水平地带性分布明显，自然土壤主要有砖红壤性红壤、红壤、黄壤、山地草甸土等，其中以红壤和黄壤分布最为广泛。自然原生和次生植被主要有南亚热带雨林、中亚热带常绿阔叶林、针阔混交林、亚热带灌草丛、竹林、黄山松林和红树林等，森林覆盖率达65.95%，居全国首位。

2. 水土流失与水土保持情况

（1）水土流失现状。按全国水土流失类型区的划分，福建省属于南方红壤区，水土流失以轻度水力侵蚀为主。空间分布上表现出块状不连续分布、整体呈水土流失面积和强度由东南沿海向西北内陆下降的规律，全省的水土流失主要分布在戴云山山脉东坡的低山丘陵和以长汀、宁化为中心的西南内陆丘陵。根据第一次全国水利普查成果，截至2011年年末，福建省水土流失面积12180.58km²，占土地总面积的9.95%。经过“十二五”期间的水土流失治理，到2015年年末，全省水土流失率下降到8.87%，水土流失面积下降到10858.47km²。

（2）水土保持成效。福建省历届省委、省政府都十分重视水土保持工作，把水土保持工作列入重要的议事日程，各级领导的重视，有力地推动了福建省水土流失综合治理的有序开展。根据统计，1985—2014年，全省已累计治理水土流失面积35674.58km²，其中实施封禁11094.42km²，营造水保林11532.89km²、经果林4215.29km²，种草197.29km²，坡改梯8634.68km²，修建蓄水池34304口、道路6179.5km、排水沟7699.67km、护岸护坡1907.33km、塘坝3049座、谷坊1479座、拦沙坝2441座。

（3）存在的问题。水土流失治理任务依然繁重。闽江、九龙江和晋江上游地区仍有大面积的严重的水土流失区，一部分已经治理的水土流失区，生态基础仍很脆弱，容易反复。社会公众的水土保持意识有待进一步增强。水土流失综合治理投入不足，投资缺乏应有的连续性，水土保持生态补偿机制尚未建立。科技对水土流失治理的支撑作用弱，基础工作和行业能力建设尚较薄弱，水土流失治理缺乏有效的科技支撑，缺乏高水平的综合治理试验示范工程和基地。

3. 水土保持区划

福建省在全国水土保持区划中属于浙闽山地丘陵区（Ⅴ-5）。涉及闽西北山地丘陵生态维护和防灾减灾区、闽西南山地丘陵土壤保持和生态维护区、闽东北山地丘陵土壤保持和水质维护区、闽东南沿海丘陵平原水质维护和人居环境改善区4个三级区。

全省共划分武夷山、大金湖、戴云山、梁野山和梅花山5个省级水土流失重点预防区，涉及53个乡镇，面积达91.74万hm²；闽北、闽西北、闽东、闽中、闽西、闽南和沿海7个省级水土流失重点治理区，涉及161个乡镇，面积达213.26万hm²。

4. 目标和布局

（1）规划目标。

近期目标：2016—2020年，基本建成与福建省经济社会发展相适应的水土流失综合防治体系，生态环境得以持续改善，水土保持生态文明建设取得显著成效。形成与水土保持法相配套的法规和制度体系，建立定期的水土流失动态公告制度，开展试验研究和科技示范推广方面的工作。新增治理水土流失面积6000km²，中度以上水土流失削减率达20%，林草植被覆盖率提高2个百分点，减少土壤流失量2447.56万t/a。

远期目标：2021—2030年，全面建成与福建省经济社会发展相适应的水土流失综合防治体系，生态环境步入良性循环轨道。建设完善的水土流失监测网络和系统；健全水土保持法律、法规体系和监督管理体系，生产建设项目"三同时"制度得到全面贯彻落实，生产建设活动导致的人为水土流失得到全面控制。新增治理水土流失面积8000km²，中度以上水土流失削减率达25%，林草植被覆盖率再提高2个百分点，减少土壤流失量2132.06万t/a。

（2）总体布局。加强山丘区坡耕地的坡改梯及坡面水系工程建设和局部地区的崩岗治理，控制林下水土流失，发展特色农业产业。在城市周边及水源地重点建设河湖库沿岸及周边的植被带和生态清洁小流域。加强重要城市水土保持、水土流失监督管理和能力建设，完善水土保持监测体系。

闽东北山地保土水质维护区：控制山地开发规模，对现有经果林实施水土流失综合治理。加强坡改梯建设，配套完善坡面小型水利水保工程；控制面源污染，推进生态清洁小流域建设。加强水土保持监督检查，遏制生产建设项目造成的水土流失。

闽西北山地丘陵生态维护减灾区：加强闽江上游及其一级支流两岸、自然保护区预防保护，发展农村小水电、沼气、煤气等替代能源；加强山洪灾害防治，防治崩岗侵蚀；实施坡地综合治理和坡改梯工程；改善林分结构和农业生产条件，优化耕作措施。

闽东南沿海丘陵平原人居环境维护水质维护区：加强植被建设和保护，建设高效农田防护林和防风林建设；实施重要水源地预防保护措施，控制面源污染；易旱地区加强雨水集蓄利用，建设坡面小型水利水保工程；加强生态清洁小流域建设，加强城镇产业园区水土保持监督。

闽西南山地丘陵保土生态维护区：实施以小流域为单元的水土流失综合治理，加强崩岗集中、易发区域治理工作，改善这些区域的生态环境；改善农业生产条件，优化耕作措施，减少面源污染；加强生产建设项目的水土保持监督。

5. 预防保护

（1）保护范围及对象。确定的预防保护对象涉及重要江河源头区、重要饮用水水源区、省级以上自然保护区，预防保护总面积7000km²，其中重要江河源头区面积2100km²、重要水源地面积4000km²，自然保护区面积900km²。

（2）预防保护体系及模式。预防措施体系由管理措施和技术措施构成。管理措施包括管理机构及职责建设、相关规章制度建设和管理能力建设等。技术措施包括封禁管护、生态修复、植被恢复与建设、生态移民、农村能源替代、农村垃圾和污水处置设施建设、面源污染控制等。

6. 综合治理

综合治理范围为重点治理区和水土流失严重、生态脆弱的地区以及水土流失严重的老区、贫困地区等特定区域。通过坡耕地水土流失专项治理、崩岗水土流失综合治理、小流域综合治理、水土流失综合防治示范区建设、矿区水土流失防治、人居环境综合整治等六个方面的措施，完成福建省水土流失治理。

（1）坡耕地水土流失专项治理。针对福建省坡耕地水土流失严重和配套工程不完善等问题采取综合治理措施。坡耕地治理主要措施是对规划区内5°～15°坡耕地，以修筑土坎梯田为主，配套建设排灌沟渠、沉沙池、蓄水池等小型水保工程和田间生产道路；15°～25°坡耕地，修建水平阶、反坡梯田，发展特色经济果林，同时，在上述区域根据实际需要配套建设植物护埂；25°以上坡耕地退耕还林还草。通过对坡耕地实施山水田林路统一规划，因地制宜，综合治理，规划区内水土流失得到控制，水土资源得到合理利用和有效保护，农业基础设施建设得到加强，农村生产生活条件得到改善，实现人与自然的和谐发展。2016—2020年5年间规划专项治理坡耕地面积133.33km²，2021—2030年规划专项治理坡耕地面积180km²。

（2）崩岗水土流失综合治理。崩岗水土流失综合治理优先选择人地矛盾突出的革命老区苏区、贫苦边远山区等重点区域。崩岗综合治理应控制集水坡面的跌水动力条件，制止或减缓崩岗沟壁的崩坍，控制冲积扇物质再迁移和崩岗沟底的下切，治理和经济利用相结合治理崩岗沟，实现经济、社会与生态可持续协调发展。通过营造水保林，修建谷坊、截排水沟、崩岗小台阶等措施，2016—2030年专项治理崩岗2400个，崩岗治理面积5.96km²。

（3）小流域综合治理。根据流域不同土地利用方式和水土流失状况，从流域的水土流失特点出发，以小流域为单元，因地制宜，因害设防布设水土保持防护措施，工程措施和植物措施有机结合，点、线、面防治相辅，充分发挥工程措施控制性和时效性，保证在短时期内遏制或减少水土流失，再利用土地整治和林草措施蓄水保土，实现水土流失彻底防治。小流域综合治理面积 13680.71km²。

(4) 水土流失综合防治示范区建设。为了更好地推广治理成果，根据各分区的水土保持特点和功能定位选择具有代表性的综合治理区域，通过提高治理标准，加大科技支撑力度，突出特色，建立示范区，作为各分区今后治理的示范区域，并加以推广，每个示范区面积为 10～20km²。每个分区建设 2～3 个示范区，近期拟建设 7 个示范区。

(5) 矿区水土流失防治。矿山水土流失综合治理是一项复杂的工程，需要多部门共同参与，整合各部门技术，采取综合防治措施。水土保持部门主要针对矿区水土流失开展植被恢复和小型水利水保防护工程和提供水土流失防治技术支持。2016—2030 年规划治理矿山 143 处，其中近期规划治理 61 处。

(6) 人居环境综合整治。人居环境综合整治包括人居环境优化、美丽乡村建设、垃圾无害化处理、污水处理、生态农业工程建设、畜禽养殖污染控制、海绵城市创建、水土流失和水环境监测等。水土保持部门可结合小流域治理，重点参与绿色社区建设、美丽乡村、生态农业、海绵城市创建、水土流失动态监测等水土保持生态建设项目。2016—2030 年规划人居环境综合整治工程 1475 处，其中近期规划 632 处。

7. 监测

建立完善的水土保持监测网络，通过水土保持调查、重点防治区水土保持监测、不同类型区水土保持定位观测、水土保持重点工程项目监测、生产建设项目集中区水土保持监测等，获取水土流失现状及防治情况，分析水土流失成因、危害及变化趋势，评价水土保持措施效益，发布水土保持公报，建立科学的水土保持评价体系、生态考核指标和水土保持预测预报模型。规划建设 73 个水土保持监测点，其中重要监测点 15 个、一般监测点 58 个。按照监测点类型：水蚀监测点 70 个（其中控制站 36 个，含 21 个水文站），风蚀监测点 2 个，重力侵蚀监测点 1 个。

8. 近期工程安排

重要江河源头区工程：规划防治总面积 678.61km²，其中预防面积 639.11km²、治理面积 39.50km²，涉及闽西北山地丘陵生态维护减灾区和闽西南山地丘陵保土生态维护区的 10 个县（市、区）。

重要饮用水水源地工程：规划防治总面积 1081.15km²，其中预防面积 1014.07km²、治理面积 67.08km²，涉及闽东北山地保土水质维护区、闽东南沿海丘陵平原人居环境维护水质维护区和闽西南山地丘陵保土生态维护区的 21 个县（市、区）。

坡耕地水土流失综合治理工程：规划治理面积 133.33km²，涉及闽东北山地保土水质维护区、闽西北山地丘陵生态维护减灾区和闽东南沿海丘陵平原人居环境维护水质维护区的 13 个县（市、区）。

崩岗治理工程：规划治理崩岗 1000 个，治理面积 2.50km²，涉及闽西北山地丘陵生态维护减灾区、闽东南沿海丘陵平原人居环境维护水质维护区和闽西南山地丘陵保土生态维护区的 11 个县（市、区）。

小流域水土流失综合治理工程：近期重点项目规划治理面积 3019.03km²，涉及闽东北山地保土水质维护区、闽东南沿海丘陵平原人居环境维护水质维护区、闽西南山地丘陵保土生态维护区的 67 个县(市、区)。

水土流失综合防治示范区建设工程：近期重点项目规划建设示范区 7 个，面积 91km²，涉及闽东北山地保土水质维护区、闽西北山地丘陵生态维护减灾区、闽东南沿海丘陵平原人居环境维护水质维护区的 7 个县（市、区）。

矿山水土流失综合治理工程：规划治理矿区 30 处，主要针对废弃矿区水土流失采取植被恢复和建设小型水利水保工程措施，建立矿山水土流失综合治理示范点，并提供矿区水土流失防治技术支持。

人居环境综合整治工程：规划建设 205 处，重点参与绿色社区建设、美丽乡村建设、生态农业建设、海绵城市创建、水土流失动态监测等水土保持生态建设项目。

9. 监管管理（略）

2.2.4 市级、县级水土保持规划

2.2.4.1 宁波市水土保持规划

1. 规划期限

规划期限为 2015—2030 年。近期规划水平年为 2020 年，远期规划水平年为 2030 年。

2. 水土流失及水土保持情况

水土流失情况：宁波市水土流失的类型主要是水力侵蚀，2014 年全市水土流失总面积为 517.58km²，占宁波市土地总面积的 5.32%，其中轻度水土流失面积 174.19km²、中度水土流失面积 221.99km²、强烈水土流失面积 84.64km²、极强烈水土流失面积 31.55km²、剧烈水土流失面积 5.21km²。

水土保持成效：宁波市的水土流失面积从 2000 年的 982.69km² 减少到 2014 年的 517.58km²，年均减少近 31km²，水土流失面积占国土总面积的比例从 10.49%下降到 5.32%，年均下降 0.34 个百分点。人为活动产生的水土流失得到初步遏制，土壤侵蚀强度显著降低，蓄水保土能力不断提高，全市人居环境

和生产生活条件改善，生态环境趋好。

面临的问题：水土流失综合治理的任务仍然艰巨，水土保持投入机制有待完善，局部人为造成的水土流失问题依然突出，局部区域土壤侵蚀强度仍有升高趋势，综合监管亟待加强，公众水土保持意识尚需进一步提高。

3. 水土保持区划

按全国水土保持区划，宁波市属于南方红壤区中浙闽山地丘陵区的浙东山地岛屿水质维护人居环境维护区。水土保持主导基础功能为水质维护、人居环境维护；社会经济功能为水源地保护、生物多样性保护、饮水安全、自然景观保护及河湖沟渠边岸保护。根据《浙江省水土保持规划》，该区的水土保持重点和防治途径是加强江河中上游区水土流失综合治理和水源地保护，建设生态清洁小流域，控制面源污染，保障饮水安全；加强城镇及周边植被建设与保护，维护城镇生态安全，加强岛屿雨水集蓄利用和植被保护与恢复；营造海堤、道路、河岸基干防风林带，保护低岗丘陵植被和建设沿海及岛屿水保防护林。

根据宁波市自然环境、社会经济、水土流失现状和生态环境等特点，按照不同的水土保持主导功能，全市分为北部农田防护水质维护区、中部人居环境水质维护区、东南土壤保持水质维护区、西部水源涵养生态维护区。

4. 目标、任务与布局

远期目标：到 2030 年，全市治理水土流失面积 90km²，水土流失面积占国土总面积的比例下降到 3%以下，人为水土流失得到全面控制；水土资源得到有效保护，全面建成与宁波市经济社会发展相适应的分区水土流失综合防治体系；水土保持综合监管及能力建设水平得到全面提高；建成自然环境优美、人居环境宜人、人与自然和谐相处的生态宁波。

近期目标：到 2020 年，全市治理水土流失面积 152.50km²，水土流失面积占国土总面积的比例下降到 4%以下，水土流失强度下降，人为水土流失得到有效控制；初步建成与宁波市经济社会发展相适应的分区水土流失综合防治体系；水土保持综合监管及能力建设水平得到显著提高。

主要任务：遵循宁波市生态保护优先、空间开发有序，强化水土资源、山林绿地、重要及敏感生态功能区保护与管制的要求，规划以防治水土流失，保障宁波市的饮用水安全，维护良好的城镇人居生态环境，促进水土资源合理利用和改善农业生产基础条件为主要任务。

水土流失重点预防区和重点治理区划分：全市共划定四明山-天台山 1 个省级水土流失重点预防区、东钱湖等 4 个市级水土流失重点预防区和鄞州区鄞东南等 25 个县级水土流失重点预防区，面积共计 2730.44km²，其中省级水土流失重点预防区面积 1463.43km²、市级水土流失重点预防区面积 156.55km²、县级水土流失重点预防区面积 1110.46km²；全市共划定余姚市姚南山区等 8 个县级水土流失重点治理区，面积共计 304.42km²。

5. 预防保护

预防范围：水土流失重点预防区和各县（市、区）划定的重要生态功能区、地质灾害易发区、未划入各级水土流失重点预防区的各级河道型和湖库型饮用水水源保护区、生态公益林区、地质公园、自然保护区以及大中型水库、湖泊周边和大江大河两岸区域。

保护对象：现有的天然林、郁闭度高的人工林、覆盖度高的草地等林草植被和水土保持设施及其他治理成果。

措施体系：包括禁止准入、规范管理、生态修复及辅助治理等措施。

措施配置：按水土保持主导基础功能合理配置措施，主要包括封禁管护、植被恢复、抚育更新等措施。

6. 综合治理

治理范围：规划划定的水土流失重点治理区以及宁波市其他水土流失严重区域。

治理对象：包括废弃矿山裸露面、坡耕地、经济林地、沟道和新垦造梯田等。

措施体系：包括工程措施、林草措施和耕作措施。

措施配置：以小流域为单元，以废弃矿山裸露面、经济林地、坡耕地、溪沟为重点，坡沟兼治。

7. 监测

提升完善现有的 2 个水土保持监测站点，布设土壤侵蚀野外调查单元，优化监测站网布设。定期开展全市水土流失普查工作，开展水土流失重点预防区和重点治理区动态监测，水土流失重点工程项目、生产建设项目集中区和重要江河及源头区水土流失监测，定期公告水土流失及其防治情况。

8. 综合监管

监管制度：建立健全组织领导与协调机制、加强基层监管机构和队伍建设、完善技术服务体系监管制度，制定水土保持相关规划管理制度、水土保持目标责任制和考核奖惩制度、生产建设项目水土保持监督管理制度、水土保持生态补偿制度、水土保持监测评价制度、水土保持重点工程建设管理制度等。

能力建设：定期开展水土保持监督执法人员定期培训与考核，提高执法人员法律素质、执法能力和效率，提高水土流失综合防治、生产建设项目水土保持的实时即时监控和处置能力。加强和完善水土保持宣传机构、平台、人才培养和教育。

科技支撑：选择技术含量高、治理效果明显的生产建设项目或水土流失综合治理工程作为水土保持示范工程，重点推广江河源头区及水源地农业面源污染防控技术、坡面径流调控工程配套技术、林草植被恢复营造技术体系，研究四明山区花木经济林改造与林下水土流失防控技术、水土流失试验调查方法与动态监测等。

信息化建设：优先采用浙江省水土保持信息化体系，推进宁波市水土保持信息化建设工作，建立各县（市、区）的表土、渣土综合利用管理平台和处置追踪信息系统；建立并健全覆盖各县（市、区）的水土保持数据库体系和数据更新维护、共享和开发机制。

9. 近期项目安排

规划近期重点实施全市大中型供水水库水源地水土保持工程，结合生态清洁小流域建设，在库区周边及上游集水区范围内开展封禁管护、25°以上的坡耕地退耕还林还草、25°以下的坡耕地保土耕作、经济林和疏林地治理、水源涵养林和水土保持林修复等水土流失综合治理项目，保障城镇供水安全，加快对城市周边废弃矿山、公路开挖边坡等裸露面的治理，改善人居环境。

10. 保障措施（略）

2.2.4.2 余杭区水土保持规划

余杭区位于浙北杭嘉湖平原南端，地处杭嘉湖平原与浙西山区过渡区，西部为山地丘陵区，东部为平原区，水土流失呈现出较为明显的东西两区流失特点。水土保持工作重点为加强预防区治理，要坚持预防为主、保护优先的方针，加强监管，有效地减免人为破坏，保护植被和生态。

1. 规划期限

规划期限为2015—2030年。近期规划水平年为2020年，远期规划水平年为2030年。

2. 水土流失及水土保持情况

水土流失情况：浙江省水土流失的类型主要是水力侵蚀，2014年全区水土流失面积为42.65km²，占行政区域面积的3.47%，其中轻度水土流失面积17.47km²、中度水土流失面积15.20km²、强烈水土流失面积5.75km²、极强烈水土流失面积2.35km²、剧烈水土流失面积1.88km²。

水土保持成效：余杭区从封山育林、绿化造林、矿山整治、小流域治理及各类开发建设项目着手，开展水土流失综合治理。从2007年下半年至2010年止，完成绿化面积2000多万m²。截至2015年，全区矿山全部关停，完成9条小流域的综合治理。此外，余杭区每年将3km²水土流失治理任务作为生态考核机制，分解到各镇、街道，每年年底作为各镇、街道生态考核的一个指标，近3年累计完成生态治理面积10.84km²，成效显著。

面临的问题：水土保持意识和法制观念有待提高，水土流失治理工作任重道远，水土保持工程的后续工作有待深化，新规定的实施对水土保持工作要求更高。

3. 水土保持区划

按全国水土流失类型区的划分，余杭区属于南方红壤区中江南山地丘陵区浙皖低山丘陵生态维护水质维护区；在《浙江省水土保持规划》中，余杭区属于浙西北低山丘陵生态维护水质维护区；在《杭州市水土保持规划》中，余杭区涉及西北部中低山水源涵养土壤保持区、中南部低丘河谷生态维护水源涵养区、东北部平原人居环境维护水质维护区3个区；在《余杭区水土保持规划》中，将余杭区分为西部山地丘陵生态维护水质维护区、东部水网平原人居环境维护水质维护区两个类型区。

4. 目标、任务与布局

总体目标：到2030年，基本建成与余杭区经济社会发展相适应的分区水土流失综合防治体系，重点防治地区的生态实现良性循环。全区水土流失比例下降到2.5%，新增水土流失治理面积16km²，水土流失面积和强度控制在适当范围内，人为水土流失得到全面控制；林草植被得到有效保护与恢复；输入江河湖库的泥沙明显减少。建设完善的全区水土流失监测网络和信息系统，健全水土保持监督管理体系，生产建设项目“三同时”制度得到全面落实，生产建设活动导致的人为水土流失得到全面控制。

近期目标：到2020年，初步建成与余杭区经济社会发展相适应的分区水土流失综合防治体系，重点防治地区生态进一步趋向好转。全区水土流失比例下降到3%，新增水土流失治理面积6km²，水土流失面积和强度有所下降，人为水土流失得到有效控制；林草植被基本得到保护与恢复；输入江河湖库的泥沙有效减少。加大全区水土保持监督管理能力建设，加强水土保持监测工作，建立水土流失监测网络与信息系统，及时监测预报全区水土流失及动态变化。

主要任务：防治水土流失，保护和建设林草植被，保护耕地资源，改善农村生产生活条件，提高水源涵养能力，改善生态环境和人居环境，减少进入江河湖库泥沙，维护饮用水安全，促进经济社会可持续发展。

水土流失重点预防区和重点治理区划分：余杭区水土流失重点预防区包括2处省级重点预防区，面积共计149.81km^2；10处县级重点预防区，面积共计76.77km^2；无水土流失重点治理区。

5. 预防保护

预防对象：高程500.00m以上天然林、植被覆盖率较高的人工林、草地以及中型水库、湿地周边和江河两岸的区域。除此之外，对现状水土流失分布较分散，前期已开展了治理工程，水土流失强度较以前明显降低、水土流失面积减少的区域实施植被恢复措施。可通过减少人为干扰，使小部分水土流失区域逐步达到自我修复，并使前期治理的成果得以延续。

措施体系：包括管理措施、技术措施。

措施配置：以小流域为单元，以园地、经济林地和坡耕地为水土流失治理重点，坡沟兼治。

6. 综合治理

治理范围：中型水库的集水区；出现在城市发展核心区的由于人为活动导致的水土流失区；出现在城郊发展缓冲带的由于人为活动和自然因素共同导致的水土流失区。

治理对象：包括坡耕地、经济林地、矿山等。

措施体系：包括经果林治理、坡面径流调控工程等。

措施配置：按水土保持主导基础功能合理配置措施。

7. 监测

在浙江省水土保持监测规划的总体框架下，余杭区水土保持监测的主要任务是收集水土流失本底数据，积累长期监测资料；根据水土流失监测调查成果，分析一定时段内区域水土流失类型、面积、强度、分布状况和变化趋势；调查分析一定时段内水土流失重点防治区的水土流失和水土保持状况；调查评估水土流失综合治理工程实施质量和水土保持效果；调查分析生产建设项目集中区的水土流失和水土保持状况。

8. 综合监管

监督管理：主要从生产建设活动的水土保持监督、治理项目的水土保持监督和水土保持监测管理等方面进行布局。

机制完善：建立水土保持监督检查数据库，分门别类建档造册登记，全面掌握各生产建设项目的人为水土流失状况，为不断加强监督执法水平积累经验。

加大监督检查力度：加大对区域内大型、重点建设项目和水土流失影响较大的建设项目的监督检查。

重点制度建设：根据余杭区以往水土流失治理项目监督管理经验，梳理制定水土流失综合治理项目管理办法，使项目管理有章可循、工程建设顺利。可从前期工作、建设管理、竣工验收和运行管理等方面予以规定。

科技支撑：宣传水土保持知识及城市水土保持理念和技术，积极推进学校水土保持教育，针对从事水土保持工作的专业人员及时开展技术培训。

信息化建设：建立相应的信息系统，以满足信息化时代对水土保持监督管理工作提出的新要求。设立资料交换网站，集成汇总监测资料，实施监测资料交互式检查。

9. 保障措施（略）

参 考 文 献

[1] 全国水土保持规划编制工作领导小组办公室，水利部水利水电规划设计总院. 中国水土保持区划 [M]. 北京：中国水利水电出版社，2016.

[2] 王治国，张超，孙保平. 水土保持区划理论与方法 [M]. 北京：科学出版社，2016.

[3] 中华人民共和国水利部. 水土保持规划编制规范：SL 335—2014 [S]. 北京：中国水利水电出版社，2014.

第3章　专项工程规划

章主编　张　超　闫俊平　付贵增　王春红
章主审　王治国　孟繁斌　李双喜

本章各节编写及审稿人员

节次	编写人	审稿人
3.1	张　超　闫俊平　纪　强　王春红　黎家作　李　欢　张　锋　王白春　刘雅丽　付贵增　凌　峰　贾洪文　韦立伟　陈　宇　王　群	王治国 孟繁斌 李双喜
3.2	张　锋　马　永　常丹东　张玉华　任兵芳　王白春　刘雅丽　徐双民　殷　哲	

第3章 专项工程规划

3.1 专项工程规划任务与内容

3.1.1 专项工程规划基本要求

专项工程规划是根据水土保持综合规划，对水土保持特定区域预防和治理水土流失而作出的专项部署。专项工程规划是防治特定区域水土流失、保护水土资源、改善生态环境、提高土地生产力的总体安排，是实施水土保持生态建设项目和重点水土保持工程建设的主要依据。

专项工程规划分为两大类：一类是特定区域的水土流失综合治理专项规划，主要针对特定区域水土流失治理编制的综合治理规划，如东北黑土区水土流失综合防治规划、黄土高原地区水土流失综合治理规划、丹江口库区及上游水土保持规划、革命老区水土保持重点建设工程规划、岩溶地区综合治理水利专项规划（含水土保持）、南方崩岗防治规划、全国坡耕地水土流失综合治理规划等；另一类是特定水土保持工程专项规划，主要针对重要水土保持工程的专项规划，如黄土高原地区淤地坝工程规划、晋陕蒙砒砂岩区十大孔兑沙棘生态减沙工程规划、东北黑土区侵蚀沟综合治理规划等。

特定区域水土流失综合治理专项规划的总体布局，主要突出特定区域的自然条件，水土流失、土壤和植被特点，区域经济发展对水土保持防治的要求，以及防治措施的综合性。特定水土保持工程专项规划，主要是结合特定的水土保持措施，对于特定工程的规划布局。

3.1.2 现状评价与需求分析

专项工程规划根据规划任务，有针对性地进行现状评价与需求分析。

3.1.2.1 现状评价

1. 目的

通过利用已有成果和资料，全面分析评价特定区域水土流失现状和治理成效，掌握水土流失状况及变化趋势，查找水土保持发展的薄弱环节和制约因素，为水土流失综合治理和水土保持规划提供基础数据支撑。

2. 内容与方法

专项工程规划在综合规划现状评价的基础上，进行特定区域的土地利用和土地适宜性评价、水土流失消长评价、水土保持现状评价、水资源丰缺程度评价、饮用水水源地面源污染物现状评价、生态状况评价、水土保持监测与管理评价等。

评价方法可参照综合规划现状评价（见本篇第2章第2.1.2节）。

3.1.2.2 需求分析

1. 目的

在特定区域现状评价和经济社会发展预测的基础上，以维护和提高水土保持主导基础功能为目的，结合土地利用规划、水资源规划、林业发展规划、农牧业发展规划，以及经济社会发展规划，分析并确定水土流失防治需求。

2. 内容与方法

从促进农村经济发展与农民增收、保护生态安全与改善人居环境、维护江河治理和防洪安全、涵养水源和饮水安全，以及提升社会服务能力等角度进行分析。

分析方法可参照综合规划需求分析（见本篇第2章第2.1.2节）。

3.1.3 规划目标、任务和规模

专项工程规划按照现状评价和需求分析，结合投入可能，拟定规划目标、任务，确定建设规模。

根据需求分析，结合规划工作要求，从下列方面分析确定专项工程规划任务：

（1）治理水土流失，改善生态环境，减少入河入库（湖）泥沙。

（2）蓄水保土，保护耕地资源，促进粮食增产。

（3）涵养水源，控制面源污染，维护饮水安全。

（4）防治滑坡、崩塌、泥石流，减轻山地灾害。

（5）防治风蚀，减轻风沙灾害。

（6）改善农村生产条件和生活环境，促进农村经济社会发展。

（7）其他可能的特定任务。

专项工程规划的规模主要指特定区域的水土流失综合防治面积，或特定工程的改造面积或建设数量，应根据规划目标和任务、资金投入分析，结合现状评价和需求分析拟定。

3.1.4 分区及总体布局

专项工程规划根据综合规划的区域布局，以维护和提高规划区水土保持主导功能为基本准则，结合专项工程规划任务和要求，分区提出水土流失防治对策和技术途径。专项工作规划，如监督管理规划、信息化规划等面上规划因各区域内容基本一致，不需要进行分区布局，但有区域特点的工作规划如科技支撑规划、监测网络规划要根据情况以水土保持区划为基础进行分区布局。

专项工程规划根据总体布局，结合工程特点和规划区已公告的水土流失重点预防区、水土流失重点治理区，按照轻重缓急，提出重点布局方案。特定区域的专项工程规划需进行重点布局，针对特定区域存在的水土流失主要问题，结合区域水土保持主导基础功能，提出预防及治理措施与重点工程布局。单项工程的专项工程规划可不进行重点布局。

3.1.5 综合防治

3.1.5.1 预防规划

根据水土保持综合规划总体布局和预防规划中项目布局的要求，针对特定区域水土保持任务要求，结合区域水土保持主导基础功能，提出预防措施与重点工程布局。

3.1.5.2 治理规划

在综合调查及典型设计的基础上，根据不同土地利用现状和水土流失特点，提出治理措施配置模式及配置比例。规划范围较大时，根据不同分区，选择有代表的典型小流域或片区进行综合调查及典型设计；规划范围较小时，可以直接对小流域或片区进行全面调查和规划。

3.1.6 监测和综合监管规划

3.1.6.1 监测规划

在特定区域监测现状评价和需求分析的基础上，根据特定的项目和任务，参照综合规划中的监测规划，并按《水土保持监测技术规程》（SL 277）及相关规定编制。

3.1.6.2 综合监管规划

参照综合规划中的综合监管规划，并根据工程特点进行简化。

3.1.7 实施进度及投资估算

1. 实施进度

分期实施的专项工程规划，应分期提出建设规模，重点提出近期的进度安排。在规划方案总体布局的基础上，根据水土保持近期工作需要的迫切性，提出近期重点建设内容安排。

2. 投资估算

专项工程规划投资估算可采用以下方法：

（1）通过不同地区典型小流域或工程调查，测算单项措施投资指标，进行投资估算。

（2）对于设计深度较深的专项工程规划，根据《水土保持工程概（估）算编制规定》按工程量进行投资估算，其投资估算组成包括工程措施、林草措施、封育措施、监测措施、独立费用和预备费六项。

（3）利用外资工程的内外资投资估算应在全内资估算的基础上，结合利用外资要求及形式进行编制。

3.1.8 效益分析与经济评价

参照综合规划中的效益分析与效果评价，并根据工程特点进行简化。

3.1.9 实施保障措施

参照综合规划中的实施保障措施。

3.2 专项工程规划案例

3.2.1 东北黑土区水土流失综合防治规划

3.2.1.1 规划背景及必要性

1. 规划背景

东北黑土区属世界三大黑土带之一，是我国重要的商品粮基地。多年来，由于自然因素和人类不合理的生产经营活动，使黑土地的水土流失日益加剧，国家粮食生产安全受到威胁。2002年6月8—13日，中共中央财经领导小组、中国政策研究会等部门的领导和有关专家在深入调查的基础上，向国务院提交了《北大仓可能变成北大荒》的调研报告，引起了国务院领导的高度重视。2003年9月，经国家计划委员会批准，东北黑土区水土流失综合防治试点工程（以下简称“试点工程”）正式启动。通过试点工程的实施探索出了漫川漫岗区、低山丘陵区、风沙区不同类型区的水土流失治理模式，积累了宝贵经验。为加快东北黑土区水土流失治理步伐，保障国家粮食安全，水利部松辽水利委员会组织东北四省（自治区）编制完成了《东北黑土区水土流失综合防治规划》。

2. 规划必要性

东北黑土区严重的水土流失导致表层黑土剥蚀，

耕地切割和蚕食，土地生产力下降，水土资源和生态破坏；同时造成河床淤积，河道行洪能力降低；对“东北粮仓”乃至全国粮食安全构成严重威胁，制约了东北经济社会的可持续发展。

加快东北黑土区水土流失防治步伐，建设东北黑土区水土保持生态防护体系，构筑黑土资源和粮食安全的生态屏障，对于保护国家粮食安全，促进农业生产、增加农民收入，防洪减灾，改善生态环境，实现东北老工业基地振兴和全面建设小康社会的战略目标具有重要意义。目前已开展了东北黑土区水土流失综合防治试点工作，取得了成功经验。因此，尽快将东北黑土区水土流失综合防治工程建设列入国家基本建设项目是十分必要和迫切的。

3.2.1.2 基本情况

1. 自然条件

东北黑土区集中连片，北起大小兴安岭，南至辽宁省盘锦市，西到内蒙古东部的大兴安岭山地边缘，东达乌苏里江和图们江，行政区包括黑龙江省、吉林省和辽宁省、内蒙古自治区的部分地区，总面积为103万km^2。地貌为西、北、东三面环山，南部临海，中南部为松辽平原，东北部为三江平原。地势大致由北向南、由东西向中部倾斜。主要河流有松花江、辽河及黑龙江、图们江、鸭绿江等国际界河以及部分直接入海河流。气候类型从东往西依次是中温带湿润区、半湿润区、半干旱区，西北部大兴安岭地区属于寒温带湿润区。区内多年平均年降水量为300～1000mm，从东南部向西北递减。植被类型以寒温带针叶林、温带针阔混交林、暖温带落叶阔叶林为主。地带性土壤主要有寒温带的棕色针叶林土、山地灰色森林土；温带的暗棕壤、黑土、黑钙土，此外，还有一些白浆土、草甸土、风沙土、沼泽土和水稻土等。

2. 社会经济

据2004年数据统计，东北黑土区总人口1.17亿人，占全国总人口的9.35%；总耕地面积2139.83万hm^2，占黑土区总面积的20.78%，占全国总耕地面积的22.53%。东北黑土区粮食产量在全国的粮食生产中举足轻重，2004年粮食总产量为627.02亿kg，占全国粮食产量的14.56%，其中大豆产量占全国总产量的41.30%，玉米产量占全国总产量的29.00%。

3. 水土流失现状

据2000年第二次全国土壤侵蚀遥感调查，东北黑土区土壤侵蚀面积为27.59万km^2，占黑土区总面积的27%。土壤侵蚀面积按行政区域划分，黑龙江省、吉林省、辽宁省、内蒙古自治区分别为11.52万km^2、3.11万km^2、3.41万km^2、9.55万km^2；按侵蚀类型划分，水蚀、风蚀、冻融侵蚀面积分别为17.70万km^2、4.13万km^2、5.76万km^2。按照侵蚀地类划分，土壤侵蚀主要来源于坡耕地，坡耕地侵蚀面积占整个黑土区侵蚀面积的46.39%。

4. 水土保持现状

新中国成立以来，东北四省（自治区）各级政府先后开展了柳河上游国家水土保持重点治理工程、小流域综合治理试点工程、国债水土保持重点防治工程、试点工程等，累计完成治理面积18.64万km^2。已治理区域水土保持取得了显著的成效，探索了黑土区不同类型区水土流失有效防治措施，总结出一套科学的治理模式和适合当前形势的项目管理办法，锻炼了一批水土保持技术骨干。

3.2.1.3 现状评价

1. 水土流失造成耕地面积减少、土壤质量下降

东北黑土区坡耕地土壤侵蚀主要表现在剥蚀和沟蚀。目前，坡耕地黑土层正以每年剥蚀0.3～1.0cm的速度流失，按照此侵蚀速率推算，50年后东北黑土区将有1400多万亩耕地的黑土层流失殆尽。东北黑土区目前有25万条大型侵蚀沟，导致大量耕地被沟壑切割而被迫弃耕；通过典型调查推算，沟壑吞噬农田47.12万hm^2，每年损失粮食约14亿kg。严重的水土流失导致土壤养分流失、土壤质量下降；据调查，黑土区土壤有机质每年以1‰的速度递减，黑土区每年流失掉的氮、磷、钾元素折合成标准化肥达400万～500万t。

2. 水土保持任务艰巨、治理速度缓慢

东北黑土区目前仍有土壤侵蚀面积27.59万km^2，其中6.50万km^2土壤侵蚀面积需要抢救性治理。若以试点工程600km^2/a的速度进行治理，在不产生新的水土流失情况下，现有水土流失得到初步治理就需要100多年，因此，黑土区的广大群众迫切要求加大投资，加快治理。

3.2.1.4 规划目标、任务和规模

1. 规划原则

坚持统一规划、突出重点、分步实施；因地制宜，综合治理；坚持国家扶持、地方投入和群众投劳相结合；坚持依靠大自然的自我修复能力，加快水土流失防治步伐；统筹兼顾，注重效益。

2. 规划范围

规划区总面积27.71km^2，涉及黑龙江、吉林、辽宁、内蒙古4省（自治区）。

3. 规划目标

对东北黑土区20条重点流域50个项目区的耕地进行抢救性治理和保护，使22.25万km^2的黑土地

资源得到有效的保护，治理程度达到80%以上，年均减少土壤流失量0.52亿m^3，使黑土区严重的水土流失恶化趋势得到遏制，黑土资源得到可持续利用，为稳固和提高国家商品粮基地的生产能力提供保障。

4. 规划任务

根据东北黑土区水土流失主要问题、水土流失防治和经济发展需求，确定此次水土保持规划主要任务为：保护珍贵的黑土资源，保护国家重要的商品粮基地；抢救土地资源，保护水源地，恢复生态系统的良性循环；改善农业生产条件和农村基础设施，促进经济社会发展。

5. 规划规模

近期（2006—2010年）规划完成治理面积1.50万km^2，改造坡耕地面积0.31万km^2，保护黑土地面积（项目区面积）5.67万km^2。

远期（2011—2020年）规划完成治理面积5.00万km^2，改造坡耕地面积1.04万km^2，保护黑土地面积（项目区面积）16.58万km^2。

3.2.1.5 分区及总体布局

1. 水土保持分区及防治策略

按照地貌类型及水土流失特点，将黑土区分为5个水土保持分区，并制定每个区的防治策略。

（1）漫川漫岗区（Ⅰ）。该区总面积11.41万km^2，主要是大小兴安岭和长白山延伸的山前台地。该区地势波状起伏，坡长多在200m以上，海拔250～450m，是松辽流域重点产粮区。该区土地开垦指数高，地面植被覆盖率低，沟壑密度在2.0km/km^2以上，土壤侵蚀模数达0.7万t/(km^2·a)。

以坡耕地治理为重点，坚持沟坡兼治。在措施布设上，坡顶植树戴帽，林地与耕地交界处挖截水沟，就地拦蓄坡面径流、泥沙。坡面采取改顺坡垄为水平垄，修地埂植物带、坡式梯田和水平梯田等工程措施，调节和拦蓄地表径流，控制面蚀的发展。同时，结合水源工程等小型水利水保工程，建设高标准基本农田。侵蚀沟的治理采用植物跌水和沟坡植树等措施，防止沟道发展。

（2）丘陵沟壑区（Ⅱ）。该区总面积43.37万km^2，主要分布在嫩江、松花江的支流和辽河的中上游及东辽河，其中嫩江、松花江的支流和东辽河的丘陵沟壑区为$Ⅱ_1$区，主要是农区；辽河中上游地区的丘陵沟壑区为$Ⅱ_2$区，主要为农牧结合区。丘陵沟壑区共有3°以上的坡耕地面积1.9万km^2，坡耕地年平均流失表土0.2～0.7cm，沟壑密度为1.5～2.0km/km^2，土壤侵蚀模数为0.5万t/(km^2·a)。

把治坡和治沟结合起来。林区以预防为主，坚持合理采伐，积极采取封山育林等措施，荒山荒坡营造水土保持林，对现有的疏林地进行改造，采取生态修复等措施，提高林草覆盖率，增强蓄水保土和抗蚀能力。$Ⅱ_1$区以治理坡耕地和荒山为突破口，大力改造中低产田。降水少的地区全面推广旱作农业高产技术，建设旱作农业高产田，增强农业综合生产能力；$Ⅱ_2$区重点营造防护林和种草，增加地面植被，建设稳定草场。搞好旱作农业和集水灌溉措施，适当发展果树。沟壑采取沟头防护、修谷坊和小塘坝等措施进行治理，对于较大的侵蚀沟修建拦沙坝等控制骨干工程，以达到控制和治理水土流失的目的。

（3）风沙区（Ⅲ）。该区总面积10.30万km^2，主要分布在松花江流域中游和西辽河中上游地带，其中松花江流域中游的风沙区为$Ⅲ_1$区，特点是风沙干旱和土地的盐碱化，年风蚀表土0.6cm左右，土壤侵蚀模数达0.6万t/(km^2·a)；西辽河中上游地带的风沙区为$Ⅲ_2$区，特点是土地沙化和草场退化，并伴随着流动沙丘的发生。

该区结合"三北"防护林建设，采取植物固沙和沙障固沙措施，建立农田防护林体系。$Ⅲ_1$区结合水土流失的治理，推广节水灌溉技术和建立抗旱防蚀耕作制度为主，注意搞好盐碱化中低产田的改造；$Ⅲ_2$区治理重点是防风固沙，植物措施以草、灌为主，配以速生乔木，大搞草、田、林网建设，并结合轮牧、舍饲等措施，发展高效牧业，为保护草原和大面积植被恢复创造条件。

（4）中低山区（Ⅳ）。该区总面积29.29万km^2，分为两个亚区$Ⅳ_1$区和$Ⅳ_2$区，$Ⅳ_1$区主要分布在嫩江和东辽河上游，特点是山地绵延。$Ⅳ_2$区主要分布松花江上游，地势较陡。中低山区内主要是林区及部分农区和半农半牧区。水土流失以农区和半农半牧区较为严重。

该区森林覆盖率高，但由于多年大量采伐，迹地更新跟不上，局部水土流失比较严重，潜在危险性很大。该区治理方向要以预防保护为重点，坡度25°以上地区的森林不准砍伐，25°以下地区的森林可以采取间伐，做到采育结合。对现有的疏林地进行有计划的改造和保护，提高林草覆盖率，增强蓄水保土和抗蚀能力，防止疏林地水土流失。$Ⅳ_1$区重点是加强预防保护工作。$Ⅳ_2$区在做好预防保护的同时，重点做好局部水土流失严重地区沟蚀的综合治理。

（5）平原区（Ⅴ）。该区总面积8.63万km^2，包括三江平原、松辽平原和辽河流域的中下游平原，其中三江平原和松辽平原为$Ⅴ_1$区，辽河流域的中下游平原为$Ⅴ_2$区。

平原区水土保持工作的重点是大力营造农田防护林网，建立合理的耕作制度，实施土壤保育措施。

2. 项目布局

以漫川漫岗和低山丘陵区为主，选择20条流域，以项目区为单元，以坡耕地治理为重点，开展小流域综合治理。

3.2.1.6 综合治理

2006—2020年，利用15年时间，治理水土流失面积6.50万km^2，治理面积占项目区内水土流失面积的80.28%。其中，修建梯田31.98万hm^2，建设地埂植物带88.73万hm^2，改垄75.22万hm^2，营造水保林42.63万hm^2，种植经济林32.90万hm^2，种草49.07万hm^2，生态修复297.67万hm^2，沟道治理修建谷坊和拦沙坝97.41万座、截水沟3.83万km、小型水利水保工程3.74万座、作业路9.15万km。

3.2.1.7 水土保持监测

通过实地调查、地面观测及遥感监测等技术手段，掌握综合治理前后水土流失的动态变化及发展趋势；评价水土保持措施的综合效益；根据监测过程中所得数据，测算东北黑土区多年平均土壤侵蚀速率及土壤侵蚀量，掌握东北地区泥沙输移规律和水土流失动态变化等；最终通过数据成果的汇总、分析和综合论证，对项目区治理成果进行评价，为领导决策提供科学依据。

3.2.1.8 科研示范推广

1. 技术培训

结合东北黑土区水土流失综合防治工作，开展项目管理和技术培训，培训班分为高级培训班和普通培训班。高级培训班主要针对县级以上的管理和技术人员，普通培训班主要针对乡镇技术人员和农民。通过培训，进一步提高管理和技术人员的业务水平，为项目的顺利实施提供人才保障。

2. 开展水土保持基础研究工作

针对目前水土保持基础研究工作滞后的现状，计划开展以下研究工作：开展黑土区水土流失与生态演替规律研究；开展黑土区生态承载力研究；开展黑土区水土流失与经济开发研究。

3. 开发农村新能源

在工程建设过程中，通过多途径解决农村能源问题，减少薪炭林的砍伐量。因地制宜地发展小水电；利用风能、太阳能发电；通过技术改造，实现沼气池自动进出料；推广“猪-沼-果（菜、鱼、经）”模式，推广节能灶。

3.2.1.9 实施进度及近期实施安排

1. 实施进度

近期（2006—2010年）：近期项目区规划总面积7.06万km^2，项目区水土流失面积为1.87万km^2，规划治理面积为1.50km^2。需要总投资60.00亿元，其中中央投资36.00亿元、地方匹配24.00亿元。

远期（2011—2020年）：在近期开展治理的基础上，扩大治理范围，规划治理面积为5.00万km^2。需要总投资200.00亿元，其中中央投资120.00亿元、地方匹配80.00亿元。

2. 近期实施安排意见

近期（2006—2010年）规划在20条流域、50个项目区的漫川漫岗区和丘陵沟壑区，以坡耕地为重点进行集中连片治理。

3.2.1.10 投资估算与资金筹措（略）

3.2.1.11 效益分析与经济评价（略）

3.2.1.12 实施保障措施（略）

3.2.2 岩溶地区综合治理水利专项规划（含水土保持）

3.2.2.1 规划必要性

规划区是我国生态极度脆弱、环境承载力极低的地区，也是我国绝对贫困人口分布多、相对集中的地区，是经济发展严重滞后、“三农”问题十分突出的地区，是实现全面建设小康社会任务最艰巨的地区。石漠化是该地区生态退化的直接动因，是制约经济发展的重要因素。开展石漠化综合治理是落实科学发展观、实现区域可持续发展的根本要求；是抢救水土资源、保障当地群众的基本生存条件、改善民生、实施社会主义新农村建设的迫切需要；是控制水土流失、改善生态环境的基本需求；是落实国务院批复的《岩溶地区石漠化综合治理规划大纲（2006—2015年）》的需要；是促进农村劳动力就业，拉动内需的现实需要。

3.2.2.2 基本概况

规划区涉及云南、贵州、广西、广东、湖南、湖北、重庆、四川8省（自治区、直辖市）、451个县（市、区），土地总面积为105.45万km^2，其中岩溶面积为44.99万km^2，占规划区所涉及县（市、区）土地总面积的42.66%。总体上处于我国云贵高原及其向广西、湖南、湖北、重庆、四川的过渡地带，大体地势呈西高东低。地形以中、高山地为主。地貌组合类型可分为：峰丛洼地、峰林平原、断陷盆地、岩溶槽谷、岩溶高原、岩溶峡谷、丘峰洼地（谷地）、中高山岩溶山地以及局部分布的石林等。

规划区属亚热带季风气候区，年平均气温由西北到东南依次由7.5～10℃递升到20～22.5℃，而多年平均年降水量则依次由750～1000mm递升到2000～2250mm。土壤多由碳酸盐岩风化形成，其理化性质表现为富钙、偏碱性，有效营养元素供给不足，土壤有效水分含量偏低。土层厚度一般在40cm以下。

规划区石漠化面积为12.96万km^2，石漠化面积占岩溶面积的28.81%。石漠化主要分布在贵州、云南、广西3省（自治区），3省（自治区）石漠化总面积为8.58万km^2，占规划区石漠化面积的66.20%。规划区石漠化面积大于300km^2的石漠化严重县有169个。截至2007年，规划区总人口2.30亿人，属于老少边穷地区，农村经济结构单一，经济发展滞后。

多年来，国家高度重视岩溶地区的生态建设。多个部门先后在该地区实施了水土保持、人畜饮水、农村小水电、天然林保护、退耕还林、天然草地植被恢复与建设、南方草山草坡开发示范、退牧还草、基本农田建设、耕地整理、农村能源建设、易地扶贫搬迁等一系列国家重点工程。但石漠化治理依然存在进展缓慢、治理任务重、投入不足、治理难度大等问题。另外，石漠化治理还缺乏整体规划，已有的工程措施单一，布局分散，治理持续性较差。

3.2.2.3 规划目标与任务

以2007年为现状基准年，通过10年的建设，建成梯田工程77.1万hm^2，并配套建成田间生产道路、蓄水池（水窖）、小塘坝、沉沙池、截排水沟、谷坊、拦沙坝等坡面、沟道以及泉水引用工程，坚决控制住人为因素产生新的水土流失、石漠化，遏制水土流失、石漠化的发展趋势，在规划区建立起水土流失、石漠化综合防治体系，水土资源得到有效保护和利用，生态系统逐渐恢复，生态退化的态势得到根本改变，土地利用结构和农业生产结构得到优化，农民生存、生产、生活条件和农村基础设施有较大改善，农业综合生产能力和群众生活水平有较大提高，促进群众脱贫致富进程和区域经济可持续发展。

到规划期末，共实施梯田工程77.1万hm^2，田间生产道路30287km，机耕道6207km，蓄水池664097座，水窖49672座，小塘坝25200座，沉沙池381721座，截排水沟38007km、引灌沟渠20340km，治理落水洞9545处；修建防护（洪）堤12577km，谷坊41683座，拦沙坝6947座，引水池13314座，引水管43248km，小水电178100kW。

3.2.2.4 分区及措施总体布局

根据规划区的地理条件、水土流失和石漠化特点、生产条件的不同，将规划区分为中高山、岩溶断陷盆地、岩溶高原、岩溶峡谷、峰丛洼地、岩溶槽谷、峰林平原和溶丘洼地等8个石漠化综合治理区。

1. 中高山石漠化综合治理区

该区位于滇东北和川西及四川盆地西部周边，涉及云南、四川2个省，共23个县（市、区），其中石漠化严重县8个。区域土地总面积8.00万km^2，岩溶面积2.01万km^2，其中石漠化面积0.68万km^2，占岩溶面积的33.8%。措施总体布局为：采取坡耕地改造、坡面水利水保、沟道整治等措施进行综合治理，减轻水土流失，改善农业生产条件，提高土地生产率；适当利用埋深较浅的地下水资源，提高水资源利用率，改善农业灌溉和人畜饮水条件；配合坡耕地改造等措施，实施生态修复，减轻水土流失，遏制土地石漠化的进一步发展。

2. 岩溶断陷盆地石漠化综合治理区

该区位于云贵高原，包括滇东至四川攀西（昌）盐源地区及贵州西部，涉及贵州、云南和四川3个省，共45个县（市、区），其中石漠化严重县17个。区域土地总面积11.54万km^2，岩溶面积4.73万km^2，其中石漠化面积1.51万km^2，占岩溶面积的31.9%。措施总体布局为：通过坡耕地改造、坡面水系工程、沟道治理工程等措施的综合实施，有效遏制周边山区土地石漠化进程；重点布设截排水沟、沉沙池等措施，并对存在的落水洞进行适当的清理和保护，保证泄水畅通，减少坡面径流对盆地区的危害；实施防护堤改造和建设，保护现有的耕地，加强对岩溶区泉水的利用，大量建设小型蓄水工程，充分利用雨洪资源，为农业生产提供灌溉水源；对坡度较陡、具有一定立地条件的荒山荒坡或退耕地实施生态修复措施，促进植被恢复。

3. 岩溶高原石漠化综合治理区

该区位于贵州中部长江与珠江流域分水岭地带的高原面上，涉及贵州省，共34个县（市、区），其中石漠化严重县24个。区域土地总面积5.63万km^2，岩溶面积4.78万km^2，其中石漠化面积1.36万km^2，占岩溶面积的28.5%。措施总体布局为：结合对表层泉的利用，修建截排水沟、蓄水池、水窖等坡面水系工程，提高水资源的利用率，流域上游实施封山育林、育草，提高林草覆盖率；中游重点实施坡耕地改造，加强基本农田建设，为发展粮食生产及与区域气候条件、岩溶环境相适宜的特色农业产业打下坚实的基础，下游通过实施引灌沟渠、农田防护堤等措施，改善农业生产条件，提高粮食产量。

4. 岩溶峡谷石漠化综合治理区

该区位于南盘江、北盘江、金沙江、澜沧江等大江大河的两岸，包括黔西南、滇东北、滇西南以及川南等地，涉及贵州、云南和四川3个省，共35个县（市、区），其中石漠化严重县20个。区域土地总面积8.76万km^2，岩溶面积4.37万km^2，其中石漠化面积1.35万km^2，占岩溶面积的30.9%。措施总体布局为：低海拔地区大力实施坡耕地改造工程，并配套相应的水利水保工程，加强水资源的工程调蓄，提高水资源的利用效率；高海拔地区结合岩溶表层发育状况，配以截水沟、蓄水池、水窖建设，促进人畜饮水和山区农业生产用水问题的解决，配合坡耕地改造等措施的实施，加大生态修复力度，减轻水土流失，遏制土地石漠化的发展。

5. 峰丛洼地石漠化综合治理区

该区位于贵州高原向广西盆地过渡的斜坡地带，包括黔南、黔西南，滇东南，桂西、桂中等地，涉及贵州、云南和广西3个省（自治区），共62个县（市、区），其中石漠化严重县17个。区域土地总面积16.69万km^2，岩溶面积8.72万km^2，其中石漠化面积3.10万km^2，占岩溶面积的35.6%。措施总体布局为：加强对坡面径流、岩溶表层泉水的开发利用，实施坡面水系工程和表层泉水引蓄灌工程，提高水资源利用率，缓解灌溉用水、人畜饮水问题。开展坡耕地改造，确保耕地面积不减少，提高耕地质量。加强对落水洞的治理，以达到排涝减灾或避灾，尤其是大型洼地、谷地的涝灾。配合坡耕地改造等措施的实施，加大生态修复力度，减轻水土流失，遏制土地石漠化的发展。

6. 岩溶槽谷石漠化综合治理区

该区位于贵州高原向四川盆地和我国中部丘陵过渡的斜坡地带，包括黔东北、川东、湘西、鄂西以及渝东南、渝中、渝东北等地，涉及贵州、重庆、四川、湖南和湖北5个省（直辖市），共130个县（市、区），其中石漠化严重县58个。区域土地总面积29.61万km^2，岩溶面积13.38万km^2，其中石漠化面积3.49万km^2，占岩溶面积的26.1%。措施总体布局为：加强表层泉水的利用，为人畜饮水和农业灌溉提供水源，开展坡耕地改造，减轻水土流失，增加耕地资源，同时加强耕地的水利配套建设，提高农业基础设施质量。注重沟道治理工程的实施，减轻水土流失，减少泥沙下泄，配合坡耕地改造等措施的实施，加大生态修复力度，减轻水土流失，遏制土地石漠化的发展。

7. 峰林平原石漠化综合治理区

该区位于桂中、桂东、湘南、粤北等地，涉及广西、广东和湖南3个省（自治区），共54个县（市、区），其中石漠化严重县8个。区域土地总面积12.22万km^2，岩溶面积3.53万km^2，其中石漠化面积0.59万km^2，占岩溶面积的16.7%。措施总体布局为：在地下河上游（尤其是落水洞汇水范围内），强化水土保持工程，综合配套各类水土保持措施，减轻水土流失，减少泥沙下泄，提高耕地资源的质量和数量，减少涝灾的发生。加强地表水、地下水（表层泉）的联合开发，既可减轻水土流失，也可缓解季节性的旱灾。实施生态修复，在降低石漠化面积的同时，提高岩溶景观、森林景观的观赏价值。

8. 溶丘洼地石漠化综合治理区

该区位于湘中、湘南，鄂东、鄂中等地，涉及湖南、湖北2个省，共68个县（市、区），其中石漠化严重县11个。区域土地总面积13.00万km^2，岩溶面积3.47万km^2，其中石漠化面积0.88万km^2，占岩溶面积的25.4%。措施总体布局为：加强地下水的利用，缓解该区的季节性干旱，解决人畜饮水和农业灌溉问题。加强基本农田建设，加大坡耕地改造力度，配套实施坡面水系工程和沟道治理工程，提高耕地资源的数量和质量。对坡度较陡、具有一定立地条件的荒山荒坡或退耕地实施生态修复措施，促进植被恢复。

3.2.2.5 综合防治规划

综合防治规划包括坡耕地整治、小型水利水保工程、沟道整治、泉水引用、生态修复和监测体系建设等六项内容。

坡耕地整治主要选择5°～15°的坡度较缓、土质较好、距村庄较近、交通方便、邻近水源的坡耕地，建设具有一定规模、集中连片的梯田，并合理配置灌排水系统、田间耕作道路设施。田间生产道路、机耕道的配置以方便耕作和运输为目的，并结合当地的实际情况，每1hm^2坡改梯配置30～80m田间生产道路和5～15m机耕道。

小型水利水保工程包括蓄水池、水窖、小塘坝、截排水沟、引灌沟渠等拦、蓄、积、灌、排工程，解决岩溶地区农田灌溉和生产、生活用水问题。蓄水池、小水窖在合理利用自然降水，并充分考虑复蓄系数以及种植农作物品种和农作物最低需水量的基础上，按坡改梯每亩2～4m^3的容量布设；小塘坝数量主要以坡改梯工程量及当地用水习惯等确定。

沟道整治主要包括修建防护（洪）堤、谷坊、拦沙坝等措施，以减少沟谷的冲蚀和水土流失，保护基本农田，增强抵御自然灾害的能力。谷坊和拦沙坝数量根据水土流失面积及侵蚀沟情况确定。

泉水引用主要采取修建引水池、引水管等措施，解决当地人畜饮水和部分农田灌溉用水问题。在以修梯田为主的坡面，根据降水和汇流面积合理布设截排水沟，并结合水源情况规划引灌沟渠，每1hm^2坡改梯配置30～80m截排水沟和20～50m引灌沟渠；引水池数量根据调查统计的可利用泉眼数并结合调查实际确定。

生态修复主要在自然条件恶劣、人工恢复植被困难的中度以上石漠化土地采取全封、轮封、半封等措施，以达到增加森林植被，提高林分质量，改善生态状况的目的。

监测体系建设主要是通过遥感监测、地面观测和调查监测等三种方法，在岩溶地区石漠化综合治理各类型区、各省开展监测，及时、全面掌握项目区石漠化现状和各项治理措施的数量、质量及实施进度等情况，科学分析和评价石漠化综合治理效益。

3.2.2.6 投资估算与资金筹措（略）

3.2.2.7 效益分析与经济评价（略）

3.2.2.8 实施保障措施（略）

3.2.3 全国坡耕地水土流失综合治理规划

3.2.3.1 规划背景及必要性

规划范围涵盖我国所有坡耕地涉及的县（市、区）。根据国土资源部公布的土地详查资料，全国共有3.59亿亩坡耕地，分布在30个省（自治区、直辖市）的2187个县（市、区）。现有坡耕地坡度主要分布在5°～25°，共有3.13亿亩，占坡耕地总面积的87%。其中，5°～15°坡耕地面积1.93亿亩，15°～25°坡耕地面积1.20亿亩。坡耕地主要集中在中西部地区，其中坡耕地面积超过1000万亩的有云南、四川、贵州、甘肃、陕西、山西、重庆、湖北、内蒙古、广西等10个省（自治区、直辖市），面积为2.73亿亩，占规划区坡耕地总面积的76.0%；坡耕地面积大于2万亩的县（市、区）有1593个。

当前和今后一段时期，是我国全面建设小康社会的关键时期，加快坡耕地综合治理工作意义重大，对控制水土流失、减少江河水患，促进山区粮食生产、保障国家粮食安全，推进山区现代农业建设、实现全面小康，促进退耕还林还草、建设生态文明等具有重要作用。

3.2.3.2 基本情况

1. 自然条件

我国地势西高东低，依次划分为三个台阶：青藏高原为第一台阶，内蒙古高原、黄土高原、云贵高原及阿尔泰山、天山、秦岭等山脉为第二台阶，大兴安岭-太行山-巫山及云贵高原以东直至海滨为第三台阶。坡耕地主要分布在第二台阶的山丘区。规划区地跨亚热带、暖温带、中温带和高原气候区，土壤分布具有明显的地带性规律，秦岭、淮河以南土壤从黄壤土、红壤土逐渐过渡至砖红壤；秦岭、淮河以北土壤由棕壤逐渐演变为褐土、灰钙土、棕漠土。东北地区北部的松辽平原主要是黑土。

2. 社会经济

规划区2010年年初总人口10.23亿人，其中农业人口6.67亿人，平均人口密度为146人/km^2，耕地面积为15.90亿亩，经济发展相对落后，农村居民人均年纯收入4500元，低于全国平均水平，是我国贫困人口的主要集中地区。

3. 水土流失现状

全国现有坡耕地面积占全国水土流失总面积的6.7%，年均土壤流失量14.15亿t，占全国土壤流失总量45亿t的31.4%。坡耕地较集中地区，产生的水土流失量一般可占该地区水土流失总量的40%～60%，坡耕地面积大、坡度较陡的地区可高达70%～80%。

4. 治理现状

20世纪50—70年代末，全国开展了学习大寨“艰苦奋斗，自力更生，建设旱涝保收高产稳产基本农田”的运动，以坡改梯为主的基本农田建设得到了空前发展。20世纪80年代以来，我国山丘区梯田建设步入了规范化、机械化的新阶段，规模和质量有了显著提高，各地创造了许多成功治理模式。近些年，水利部开展的国家水土保持重点工程，以及国土、林业等相关部门的生态建设项目，也都将坡耕地改梯田作为一项建设内容加以实施。据统计，全国已建成梯田1.63亿亩，其中旱作梯田约1.1亿亩，主要分布于西北黄土高原、西南、华北、东北及大别山区、秦巴山和武夷山等山丘区。

3.2.3.3 规划目标

1. 规划水平年

规划基准年为2010年。规划时段为2011—2030年，近期规划水平年为2020年，远期规划水平年为2030年。坡耕地现状数据以国土资源部提供的2008年全国耕地调查资料为基础。

2. 适宜性和建设能力分析

全国现有的3.59亿亩坡耕地中，在现有建设水平条件下，适宜进行坡改梯的有2.3亿亩。其中，西北黄土高原区4655万亩，北方土石山区1701万亩，东北黑土区2773万亩，西南土石山区10129万亩，南方红壤丘陵区3046万亩，风沙区和青藏高原冻融侵蚀区733万亩。在保障投资的情况下，全国每年具备完成1000万亩坡改梯的建设能力。

3. 规划目标

到2030年，对全国现有3.59亿亩的坡耕地全部采取工程、植物和农业耕作等水土保持措施；对适宜坡改梯的2.3亿亩坡耕地，根据经济社会发展需求进行改造和治理，有效控制坡耕地水土流失，大幅度提高土地生产力，改善生态环境。2011—2020年，力争建成1亿亩高标准梯田（其中通过国家坡改梯专项工程确保完成4000万亩），基本扭转坡耕地水土流失综合治理严重滞后的局面，稳定解决7000万山丘区群众的粮食需求和发展问题，治理区生态和人居环境明显改善，江河湖库泥沙淤积压力有效缓解。

3.2.3.4 规划分区与总体布局

1. 规划分区

依据《土壤侵蚀分类分级标准》(SL 190)，将规划区划分为西北黄土高原区、西南土石山区、东北黑土区、南方红壤丘陵区、北方土石山区、青藏高原冻融侵蚀区、风沙区七个类型区。

2. 治理模式

(1) 西北黄土高原区。该区土层深厚，以土坎梯田为主。15°以下土层深厚的缓坡耕地，人机结合修筑宽面土坎水平梯田，并保持相对集中连片，田坎高度控制在3m以内；15°～20°土层厚度一般、地形破碎的坡耕地，以人工为主修筑窄条梯田；20°～25°土层较薄、农作物产量低的坡耕地，以人工修筑隔坡梯田为主；25°以上陡坡耕地采取保土耕作措施，待条件成熟时逐步退耕还林还草。

(2) 北方土石山区。该区总体土层较薄，梯田修筑以条田为主，注意表土回覆。坡改梯以修筑水平梯田与隔坡梯田相结合，土坎梯田和石坎梯田相结合，机械修筑和人工修筑相结合。15°以下土层较厚的坡耕地以机修梯田为主，田坎宜土则土，宜石则石。15°～20°土层厚度一般、地形破碎的坡耕地以人工修筑为主。20°～25°土层较薄、农作物产量低的坡耕地以人工修筑隔坡梯田为主；土层较薄、耕作不方便、农作物产量低的坡耕地上改造为条田发展经果林。25°以上坡耕地逐步退耕还林还草。

(3) 东北黑土区。该区坡耕地多在15°以下，坡度较缓，坡面较长。3°～5°坡耕地修建地埂植物带；5°～8°坡耕地修筑坡式梯田，设置植物带；8°～15°坡耕地修建水平梯田；大于15°坡耕地推行保土耕作措施，待条件成熟时退耕还林还草或生态修复。8°以下坡耕地按照“看山（形）定垄（向）、看土（质）定坡（降）、看坡（度）定田（宽）”的原则修筑坡式梯田。8°～15°坡耕地以人机结合的方式修筑水平梯田，田埂以土坎为主。

(4) 西南土石山区。该区降水量大，山高坡陡，土层瘠薄，石化严重，人口密集，人均耕地少且陡坡地多。25°以下坡耕地相对平缓，改造成高标准基本农田；少量25°以上坡耕地采取保土耕作等措施，或修建水平阶、窄条梯田，发展特色经济林果。田坎就地取材，注意表土回覆。完善排灌设施，在梯田上部修建排灌沟渠，沿排灌沟渠修建蓄水池、水窖。

(5) 南方红壤丘陵区。该区耕地表土层较薄，风化母质层较厚，土层透水性差。25°以下坡耕地以土坎梯田为主，配套排灌水沟、沉沙凼、蓄水池、塘坝等小型水保工程和田间生产道路。25°以上坡耕地采取保土耕作措施，待条件成熟时尽可能退耕，对耕地短缺、退耕确有困难的，修建窄条梯田，发展经济林果。田坎就地取材，注意表土回覆。完善排灌设施，在梯田上部修建排灌沟渠，沿排灌沟渠修建蓄水池、水窖。

(6) 风沙区。该区风沙面积大，多为沙漠和戈壁，坡耕地面积较小，多分布在内蒙古中部和伊犁河谷、天山北麓，治理优先选择近水、近路、近村、水肥条件好的坡耕地，修建水平梯田，配套兴修各种水利设施，开发地下水资源，推广旱作节水技术，有条件的地方引水拉沙造田，建立农田防护林网体系。陡坡耕地实施退耕和轮封轮牧。

(7) 青藏高原冻融侵蚀区。该区生态脆弱，坡耕地主要分布在河谷区，坡度一般较缓，水蚀、风蚀和冻融侵蚀相互交织。坡耕地治理采取坡改梯和保护性耕作相结合的方式，优先安排海拔较低、水热条件较好的河谷两侧。地下水丰富的地方要注重配套建设机井等小型提引水工程，加强灌溉。泥石流易发区域要注重修建防护堤等保护措施。

3. 总体布局

近期对1亿亩坡改梯建设任务进行布局。坡耕地面积大于2万亩的1593个县（区），均纳入规划和布局范围。其中，西北黄土高原区2400万亩，重点安排陕西、山西、甘肃、宁夏、河南等省（自治区），涉及217个县（市、区）。北方土石山区1000万亩，重点安排河北、山东等省，涉及190个县（市、区）。东北黑土区1100万亩，重点安排黑龙江、辽宁、吉林和内蒙古等省（自治区），涉及186个县（市、区）。西南土石山区3500万亩，重点安排云南、贵州、四川、重庆、广西等省（自治区、直辖市），涉及486个县（市、区）。南方红壤丘陵区1800万亩，重点安排湖北、湖南、福建、江西、安徽、广东、浙江等省，涉及431个县（市、区）。风沙区120万亩，试验示范性安排在内蒙古中西部、新疆伊犁河谷、天山北麓等地区，涉及48个县（市、区）。青藏高原冻融侵蚀区80万亩，试验示范性安排在四川西北、西藏东南、青海西南河谷等地区，涉及35个县（市、区）。

3.2.3.5 专项工程近期建设方案

1. 建设目标

在2010年国家启动实施坡耕地水土流失综合治

理试点工程及近两年工程实施的基础上，争取国家加大投入力度并设立坡耕地水土流失综合治理专项工程，力争用10年时间，在人地矛盾突出、坡耕地水土流失严重、耕地资源抢救迫切的重点区域，建设4000万亩高标准梯田，稳定解决当地3000万人的粮食需求和发展问题。

2. 建设范围

以坡耕地面积大、水土流失严重、耕地资源抢救迫切的长江上中游、西南岩溶地区、西北黄土高原、东北黑土区、北方土石山区等片区为重点，优先实施贫困边远山区、缺粮特困地区、少数民族地区、退耕还林重点地区、水库移民安置区等人地矛盾突出的地区。

3. 建设任务

依据近期1亿亩坡改梯建设规模总体布局，以及国家坡改梯专项工程建设重点区域，统筹考虑各省（自治区、直辖市）任务需求和纳入规划范围项目县数，以及有关省（自治区、直辖市）试点工作开展情况，确定近期专项工程分省及分类型区建设任务，并根据不同类型区坡改梯单位面积配套措施配置比例，确定专项工程总体建设规模，配套蓄水池（窖）226.43万口、排灌沟渠24.6万km、田间道路21.62万km、植物护埂92.19万km。

3.2.3.6 技术支持

依托近期国家科技支撑项目以及相关部委和省（自治区、直辖市）研究成果，结合坡耕地水土流失综合治理项目的特点，推广先进实用技术，集成研发提高降水资源利用率、增强抵御季节性干旱能力和适应现实农村劳动力结构的造价低、效益高的坡耕地水土流失综合整治与高效利用技术体系，加快山区基本农田建设步伐，推动山区农业机械化进程，提高劳动生产率。本着系统性、实用性、先进性的原则，采用遥感监测、地面观测和调查统计的方法，结合全国水土保持监测网络规划，开展综合监测。

3.2.4 南方崩岗防治规划

3.2.4.1 基本情况

1. 自然条件

规划区在大地构造上跨涉扬子准地台和华南褶皱系两大单元，地质构造相对复杂，地层岩类多样。崩岗主要发育在区域稳定性较好的花岗岩、碎屑岩。规划区地处我国地形第三级阶梯东南部，泛称“江南丘陵”。地貌类型多样，山地、丘陵、岗地和平原兼有，以低山丘陵地貌为主。崩岗大多发育在海拔200～500m之间的丘陵，少部分发育在海拔200m以下的岗台地，在500m以上的山地不甚发育。另外，地形坡度对崩岗发育起到控制作用，即90%以上的崩岗发生在10°～35°的坡地上。

规划区属西太平洋中南亚热带季风气候区，四季分明，雨热同季，光、热、水资源丰富，但时空分布不均，易旱易涝。区内土壤种类繁多，水平分布交错复杂，土壤垂直分布明显。90%以上的崩岗集中发育在红壤类土壤地带。区内植物种质资源丰富，呈现热带、南亚热带、中亚热带植物地带性规律，崩岗主要发育在林草覆盖率为30%～60%的针叶林地带。

2. 社会经济

据2005年资料统计，规划区土地总面积48.34万km^2，总人口1.62亿人，农村总人口1.07亿人，农村劳动力5763.50万人，农村人口密度221人/km^2，耕地面积645.64万hm^2，农村人均耕地面积0.06hm^2/人。粮食总产量为4811.19万t，农村人均粮食450kg/人，农村人均年收入2583元，各业总产值5012.03亿元，其中农业总产值1384.99亿元。

3. 水土流失现状及崩岗分布情况

据全国第二次土壤侵蚀遥感调查成果，规划区水土流失面积99619.61km^2，占土地总面积的20.61%。

根据2005年7省（自治区）所开展的崩岗普查成果，规划区大于或等于60m^2的崩岗共有23.91万个，崩岗总面积1220.05km^2，崩岗防治总面积2436.36km^2（崩岗防治总面积由集雨区面积、崩岗面积和冲积扇面积构成）。

从崩岗数量及面积的地域分布情况看，崩岗数量最多的是广东省，占崩岗总数的45.14%，其次为江西省，占20.10%；崩岗面积最大的是广东省，占崩岗总面积的67.83%，其次为江西省，占16.95%。

从崩岗的类型看，规划区共有活动型崩岗21.02万个，占总量的87.90%；活动型崩岗面积11.27万hm^2，占总面积的92.40%；相对稳定型崩岗2.89万个，占总量的12.10%；相对稳定型崩岗面积9271hm^2，占总面积的7.60%。规划区的崩岗类型以活动型崩岗为主。

从崩岗的规模看，规划区共有大型崩岗10.84万个，中型崩岗6万个，小型崩岗7.06万个。大型、中型、小型崩岗的比例分别为45.36%、25.10%、29.54%。

从崩岗的形态看，规划区共有弧形崩岗4.90万个，瓢形崩岗5.19万个，条形崩岗6.16万个，爪形崩岗1.98万个，混合型崩岗5.67万个。

3.2.4.2 现状评价与需求分析

1. 现状评价

规划区崩岗侵蚀面积达1220.05km^2，崩岗年土壤侵蚀总量达 6000 万 t 以上，崩岗侵蚀对下游造成的直接影响面积约为 195 万 hm^2。其造成的危害表现在破坏土地资源，毁坏基本农田及其他设施，加剧水旱自然灾害，恶化当地人居环境，威胁当地人民生命财产安全，导致生态严重失衡。

2. 需求分析

在南方7省（自治区）开展崩岗治理是保护国土安全、粮食安全、生态安全和公共安全的需要。

3.2.4.3 规划目标和规模

1. 规划目标

根据规划指导思想、规划任务，确定 2009—2020 年规划总目标如下：

（1）到 2020 年，共治理崩岗 11.30 万个，占崩岗总量的 47%，完成防治面积 1116.12km^2，占崩岗防治总面积的 45.81%。

（2）优先对危害大、治理需求迫切的活动型崩岗开展综合治理，治理活动型崩岗 8.41 万个，约占活动型崩岗总量的 40%，使治理的单个崩岗拦沙率达到 80%以上，林草覆盖率达到 60%以上；对现有的 2.89 万个相对稳定型崩岗全部开展生态修复，崩岗防治区生态环境恶化趋势初步得到遏制，崩岗侵蚀得到初步控制。

（3）崩岗防治区新增和恢复可耕作的土地面积 1.56 万 hm^2，崩岗直接影响区内的农田得到有效保护。

（4）加强预防保护和监督工作，使人为因素加速崩岗发展的现象得到有效控制。

（5）在各省（自治区）水土保持监测网络的基础上，建立崩岗监测站（点），开展崩岗水土流失和防治效果监测。

2. 治理规模

根据规划目标，共完成 11.30 万个崩岗、1116.12km^2 防治面积的治理规模，规划治理面积占崩岗防治总面积的 45.81%。其中，采取综合治理措施治理活动型崩岗 8.41 万个，治理崩岗面积 451km^2、集雨区面积 371km^2、冲积扇面积 58km^2；采取封禁治理措施治理相对稳定型崩岗 2.89 万个，治理崩岗面积 92.7km^2、集雨区面积 124km^2、冲积扇面积 19.42km^2。

3.2.4.4 总体布局及重点治理县确定

1. 总体布局

全面开展预防监督工作，制定管护制度，落实管护人员，使人为因素加速崩岗发展的现象得到有效控制。按照活动型崩岗以重点治理为主和相对稳定型崩岗以生态修复为主两个层次进行措施布局。重点治理在选定重点治理县的活动型崩岗中实施，生态修复在所有崩岗分布县的相对稳定型崩岗中实施。

2. 重点治理县确定

在崩岗分布的 362 个县（市、区）中，共选择 160 个县（市、区）开展崩岗重点治理。

3.2.4.5 预防规划

对相对稳定型崩岗和活动型崩岗集雨区进行封禁治理，同时辅以适当的补植补种。在规划区交通便利、位置明显的地段设立封禁治理标志碑（牌），标明封禁治理的范围，并成立封禁管护组织。规划封禁治理面积 6.07 万 hm^2。其中，活动型崩岗集雨区封禁治理面积 3.71 万 hm^2，相对稳定型崩岗区、集雨区、冲积扇区封禁治理总面积 2.36 万 hm^2，补植补种苗木 3035.20 万株、崩壁小台阶苗木 232.25 万株、草种 9.29 万 kg。

3.2.4.6 治理规划

对活动型崩岗进行综合治理，植物措施和工程措施并举，控制崩岗侵蚀的发展，同时要加速植被恢复，促进崩岗侵蚀区生态环境步入良性循环轨道。在治理措施上通过控制坡面的水动力条件，然后进一步控制崩岗沟底的下切和冲积扇泥沙向下游移动，抬高崩岗侵蚀基准面，以遏制崩积堆再侵蚀，从而达到稳定整个崩岗的目的。

综合治理措施主要布置在集雨区、崩岗区和冲积扇区。在集雨区，工程措施主要布置截排水沟以拦截坡面径流，防止崩岗溯源侵蚀，植物措施以封禁治理为主辅以适当的补植补种。在崩岗区，通过布置谷坊、拦沙坝、跌水、挡土墙、崩壁小台阶等工程措施以拦截泥沙、减缓沟床比降、稳定沟床、改善沟床植物生长条件，同时配置植物措施控制崩岗的继续发展，促进崩岗稳定。在冲积扇区，主要布置坡改梯、水土保持林、经济林、果木林等措施，防止泥沙向下游移动、加剧沟底下切。

规划期内共治理崩岗 11.30 万个，治理崩岗面积 5.44 万 hm^2，共完成 11.16 万 hm^2 防治面积。各项治理措施数量为：坡改梯 3257hm^2，种植水保林 2.34 万 hm^2、经济林 6967hm^2、果木林 5321hm^2，种草 1.19 万 hm^2，修筑谷坊 23.27 万座、拦沙坝 31395 座，开挖截排水沟 1.70 万 km，修建跌水 13.24 万处、挡土墙 1196km、崩壁小台阶 4645hm^2。

3.2.4.7 监测规划

在规划区内补充增设部分监测站（点），形成崩岗监测网络，开展系统监测，为崩岗治理提供决策服务。在已有监测站网的基础上，在崩岗分布较多、监测任务繁重的重点县（市）需增设一定数量的崩岗监测站（点）。规划新增设崩岗监测站（点）17个，分别为湖北通城；湖南桂东、新化、新邵；江西赣县、兴国、广昌、修水；安徽歙县；福建安溪、长汀；广东五华、德庆、揭西；广西岑溪、苍梧、容县。主要监测规划区崩岗类型、面积、侵蚀现状、侵蚀模数、分布、危害及效益；崩岗侵蚀动态变化情况和崩岗侵蚀影响因子；不同治理措施对崩岗侵蚀的影响等方面的内容，对影响较大的崩岗进行跟踪监测。

充分利用规划区现有省（自治区）水土保持监测总站、水土保持监测分站和监测点开展监测工作，各级监测任务和监测内容各有侧重。

省（自治区）水土保持监测总站负责编制本省（自治区）崩岗动态监测规划和实施计划，规范本省（自治区）的崩岗侵蚀监测技术和方法，负责本省（自治区）崩岗监测工作的组织、指导，对监测分站和监测站（点）监测工作进行业务指导、技术培训和质量保证，对下级监测成果进行鉴定和质量认定。

水土保持监测分站承担省（自治区）水土保持监测站布置的任务，统筹区域内各监测站（点）的监测内容，收集和汇总各监测站（点）的数据；分析崩岗集水区水土流失和崩岗侵蚀现状、崩岗侵蚀治理的进度和效益，对治理效益进行系统评价。

水土保持监测站（点）承担的崩岗监测内容有：监测区域崩岗侵蚀现状、侵蚀模数、危害及效益；监测崩岗侵蚀及其影响因子；监测不同治理措施对崩岗侵蚀的影响；监测典型崩岗侵蚀发展规律及治理效果。

崩岗监测方法主要采用遥感监测、地面观测、野外调查及统计的方法。

3.2.4.8 综合监管规划

1. 监督管理

在规划区全面开展预防监督工作，制定管护制度，落实管护人员，使人为因素加速崩岗发展的现象得到有效控制。制定流域机构，各省、市、县水土保持情况督查管理制度。重点对开展封禁治理的区域进行监督，防止人为因素的破坏。加大水土保持预防监督管理力度，加强对规划区内生产建设项目的水土保持方案、监理、监测、评估等全过程的监督管理，通过落实水土保持方案编报审批制度、水土保持监督检查制度、水土保持工程监理制度、水土保持监测制度及水土保持设施竣工验收制度，避免人为加剧崩岗侵蚀的发生与发展，使规划区内人为造成的新的水土流失控制在最低限。要依法加强对现有林地、草地的预防保护和对现有治理成果的管护，加大对损坏植被及水土保持治理成果的行为的查处力度，确保崩岗治理成果能长期发挥其应有的效益，防止人为破坏。加强水土保持法律法规和崩岗侵蚀的危害性及治理效果等宣传，强化全民的法制观念，提高全社会防治崩岗的意识，为崩岗治理创建良好的社会环境。

2. 科技支撑

（1）试验研究项目。在江西、湖南、福建、广东、广西、湖北、安徽等省（自治区）各选择运行良好的水土保持试验站或崩岗监测站（点），负责开展崩岗治理技术试验及技术示范推广工作。开展不同形态崩岗综合治理技术、崩岗治理标准、崩岗治理效果评价指标体系、崩壁治理技术、崩壁植被快速恢复技术等研究项目。

（2）崩岗治理示范推广项目。规划共开展生态型崩岗治理、开发型崩岗治理、综合整治型崩岗治理等44个崩岗治理示范工程。

3.2.4.9 实施进度与投资估算（略）

3.2.4.10 实施效果分析（略）

3.2.5 黄土高原淤地坝工程规划

3.2.5.1 基本情况

黄河流域黄土高原地区（以下简称“黄土高原地区”）西起日月山，东至太行山，南靠秦岭，北抵阴山，涉及青海、甘肃、宁夏、内蒙古、陕西、山西、河南7省（自治区）50个地（市）、317个县（旗），总人口8742.2万人，农业人口6907.7万人。全区总面积64.2万km^2，其中水土流失面积45.4万km^2（水蚀面积33.7万km^2、风蚀面积11.7万km^2），黄河多年平均年输沙量达16亿t，是我国乃至世界上水土流失最严重、生态最脆弱的地区。

3.2.5.2 现状评价与需求分析

黄土高原地区现已建成淤地坝11.35万座（其中骨干坝1356座、中小型坝11.2万座），淤成坝地470多万亩，发展灌溉面积8万多亩，保护下游沟、川、台地20多万亩。陕西、山西、内蒙古3省（自治区）共有淤地坝9万余座，占总数的82.3%。按区域分，多沙区10.60万座，占总数的93.4%，多沙粗沙区8.52万座，占总数的75.1%。

加快淤地坝建设是全面建设小康社会的需要；是促进西部大开发的需要；是巩固和扩大退耕还林还草成果，改善生态环境的需要；是实现黄河长治久安的需要。

3.2.5.3 规划时段、目标与规模

近期规划水平年为2003—2010年，远期规划水平年为2011—2020年。

到2010年，建设淤地坝6万座。初步建成以多沙粗沙区25条支流（片）为重点的较为完善的沟道

坝系。工程实施区水土流失综合治理程度达到60%，黄土高原水土流失严重的状况得到基本遏制。农村土地利用和产业结构趋于合理，农民稳定增收。年减少入黄泥沙2亿t。工程发挥效益后，拦截泥沙能力达到140亿t，新增坝地面积达到270万亩，促进退耕面积可达1200万亩，封育保护面积可达2000万亩。

到2015年，建设淤地坝10.7万座。在多沙区的33条支流（片）建成较为完善的沟道坝系。整个黄土高原地区淤地坝建设全面展开。工程实施区水土流失综合治理程度达到70%，黄土高原地区水土流失防治大见成效，生态环境显著改善。区内农业生产能力、农民生活水平大幅度提高。淤地坝年减少入黄泥沙达到3亿t。工程发挥效益后，拦截泥沙能力达到250亿t，新增坝地面积达到470万亩，促进退耕面积可达2100万亩，封育保护面积可达4000万亩。

到2020年，建设淤地坝16.3万座。黄土高原地区主要入黄支流基本建成较为完善的沟道坝系。工程实施区水土流失综合治理程度达到80%，以坝地为主的基本农田面积大幅度增加，农村可持续发展能力显著提高，基本实现“林草上山，米粮下川”。淤地坝年减少入黄泥沙达到4亿t，为实现黄河长治久安、区域经济社会可持续发展，全面建设小康社会做出贡献。工程发挥效益后，拦截泥沙能力达到400亿t，新增坝地面积达到750万亩，促进退耕面积可达3300万亩，封育保护面积可达6000万亩。

3.2.5.4 规划原则

坚持以多沙粗沙区为重点，统筹安排淤地坝建设；坚持水土资源优化配置、有效利用和节约保护；坚持与区域经济社会发展相结合，生态、经济和社会效益相统一；坚持中央、地方、集体和个人多元化的投入机制；坚持以建设管理体制与机制的创新，促进淤地坝建设的良性发展；坚持以小流域为单元，因地制宜，按坝系科学配置、合理布局；坚持与生态修复、退耕还林等生态建设工程相协调，沟坡兼治，综合治理。

3.2.5.5 总体布局

以多沙区为重点，多沙粗沙区为重中之重，通过淤地坝建设，形成以骨干坝为主，中小型淤地坝合理配置，高起点、高质量、高效益的建设格局，为快速减少入黄泥沙尤其是粗泥沙，实现黄河下游“河床不抬高”提供有力保障，为全面建设小康社会和区域经济的可持续发展创造条件。规划到2020年共建设淤地坝16.3万座，其中骨干坝3.0万座（含改建3000座）、中小型淤地坝13.3万座，分布在黄土高原地区的39条重点支流（片）。

多沙区布局：黄土高原地区的多沙区，到2020年共规划建设淤地坝14.36万座，占总规模的88.1%，其中骨干坝2.48万座（新建2.2万座、改建0.28座）、中小型淤地坝11.88万座。

多沙粗沙区布局：多沙粗沙区是多沙区的重点，到2020年共建设淤地坝10.28万座，占总规模的63.1%，其中骨干坝1.61万座（新建1.38万座、改建0.23万座）、中小型淤地坝8.67万座。

3.2.5.6 近期实施安排意见

2003—2010年，在黄土高原地区建设淤地坝60000座。按淤地坝大小规模分：骨干坝10000座、中小型淤地坝50000座。建设范围包括青海、宁夏、甘肃、陕西、内蒙古、山西和河南7省（自治区），涉及黄土高原地区39条入黄支流（片）。

多沙区建设淤地坝53886座，占全区总建设规模的90%，主要分布在33条支流（片）。按淤地坝大小规模分：骨干坝8886座、中小型淤地坝45000座。

多沙区中的多沙粗沙区建设淤地坝41878座，占全区总建设规模的70%，共涉及区域内25条支流（片）。按淤地坝大小规模分：骨干坝6878座、中小型淤地坝35000座。

近期优先开展现有坝系配套及病险坝改建。到2010年，在完成3000座旧坝除险加固及现有坝系骨干坝配套建设任务的同时，在规划涉及的黄土高原7省（自治区），以水土流失严重的多沙粗沙区为重点，建设完整的小流域坝系1000条（其中小流域示范坝系30条），每条小流域面积为50～100km^2，总面积约8万km^2。

3.2.5.7 实施进度与投资估算

根据工程建设规模、支持服务体系建设的安排，2003—2020年，规划总投资830.60亿元，其中工程投资825.10亿元、支持服务体系建设投资5.50亿元。多沙区投资719.46亿元，多沙粗沙区投资501.05亿元。按工程大小类型分：骨干坝总投资333.00亿元、中型淤地坝总投资308.56亿元、小型淤地坝总投资183.54亿元。

2003—2015年，规划总投资526.20亿元，其中工程总投资521.70亿元、支持服务体系建设总投资4.50亿元。多沙区投资474.56亿元，多沙粗沙区投资369.08亿元。按工程大小类型分：骨干坝总投资188.70亿元、中型淤地坝总投资208.80亿元、小型淤地坝总投资124.20亿元。

2003—2010年，规划总投资299.50亿元，其中工程总投资296.00亿元、支持服务体系建设总投资3.50亿元。多沙区投资268.28亿元，多沙粗沙区投资 208.29 亿元。按工程大小类型分：骨干坝总投资 111.00 亿元、中型淤地坝总投资 116.00 亿元、小型淤地坝总投资 69.00 亿元。

3.2.5.8 效益分析

该项目属社会公益性，产出物比较复杂。工程的建设实施使得高产稳产的坝地增加 750 万亩，粮食产量大幅提高到 300kg/亩，并使当地农业生产条件得到改善，农业生产力水平提高，推动和促进了当地区域经济的可持续发展。随着各项工程措施效益的进一步发挥，农民收入增加，农民生活水平整体提高，实现农民群众脱贫致富的目的；农民群众收入增加，带动了其他方面的消费增加，可促进当地农村经济的稳定增长，提高农业产业对当地国民经济的贡献率，在国民经济中的地位得到加强。

3.2.6 晋陕蒙砒砂岩区十大孔兑沙棘生态减沙工程规划

3.2.6.1 基本情况

规划区属鄂尔多斯地台的北部边缘，地表支离破碎，沟壑纵横，砒砂岩裸露，沟壑密度为 3～5km/km²。水土流失面积 8626.33km²，占总面积的 94.7%。南部的砒砂岩丘陵沟壑区土壤侵蚀模数高达 8000～10000t/(km²·a)，北部库布齐沙漠风沙区罕台川以西地区以流动沙丘为主，风蚀模数高达 10000t/(km²·a)；罕台川以东以固定、半流动沙地为主，风蚀模数为 8000t/(km²·a) 以上。严重的水土流失，对当地、周边及黄河下游地区造成严重危害，大量水土流失形成的泥沙淤积下游河床，威胁黄河防洪安全；制约社会经济发展，导致群众生活贫困。截至 2010 年年底，十大孔兑共完成水土流失治理面积 252885hm²，治理度为 29%。

1998 年，在国家发展改革委和水利部的支持下，大规模利用沙棘治理砒砂岩的“晋陕蒙砒砂岩区沙棘生态工程”开始启动实施。项目实施取得了显著的成效。实践证明，利用沙棘治理砒砂岩区水土流失投资少、减沙效果好。但是项目投资不稳定，建设规模较小。为了加快砒砂岩区治理，水利部水土保持植物开发管理中心提出对砒砂岩区划分流域、逐片立项、集中治理的方案。十大孔兑区域是其中重要的一个区域。规划区位于内蒙古自治区鄂尔多斯市的北部，是黄河内蒙古段鄂尔多斯高原由南向北汇流的 10 条相邻黄河一级支流的统称。十大孔兑均发源于鄂尔多斯地台，流经库布齐沙漠，通过冲积平原，汇入黄河。十大孔兑区域总面积 10767km²，上游砒砂岩丘陵沟壑区和中游库布齐风沙区属晋陕蒙砒砂岩区范围，是此次规划的项目区，面积 9109.07km²，占十大孔兑区域总面积的 84.6%。

3.2.6.2 现状评价与需求分析

1. 现状评价

规划区土地利用现状中荒地占 25%、难利用地占 23%、天然草地占 17%，三类土地面积占项目区的 65%。项目区森林覆盖率低，水土流失严重，水土流失面积 8626.33km²，占总面积的 94.7%。南部砒砂岩丘陵沟壑区土壤侵蚀模数高达 8000～10000t/(km²·a)，北部库布齐风沙区风蚀模数高达 8000～10000t/(km²·a)，是黄河多沙粗沙的重要产地。

2. 需求分析

从现状评价结果看，项目区难利用地比例大，是水土流失重点地类。利用沙棘适应砒砂岩恶劣条件的特性，在这些区域大力发展沙棘，可以在短期内改善项目区生态环境、减少入黄泥沙，而且可以通过沙棘资源的开发利用，提高项目区土地利用率，促进区域农民增收和农村经济发展。

3.2.6.3 规划时段、目标与规模

规划基准年为 2010 年，规划水平年为 2015 年。

采用晋陕蒙砒砂岩区沙棘生态工程的最新技术成果，结合十大孔兑的实际情况，以沙棘生态林建设为主导，在十大孔兑砒砂岩丘陵沟壑区支毛沟逐级治理，全面控制砒砂岩丘陵沟壑区水土流失，在现状基础上治理度提高 11.5 个百分点，由现状的 29%提高到 40.5%；新增减沙能力 600 万 t/a，项目区林草覆盖率在现状基础上提高 10.9 个百分点，由现状的 23.5%提高到 34.4%。

十大孔兑项目区沙棘种植总规模为 99633hm²，包括沙棘生态林 93819hm²，沙棘生态经济林 5814hm²。其中，砒砂岩丘陵沟壑区种植沙棘 80619hm²，库布齐风沙区种植沙棘 19014hm²。

3.2.6.4 规划原则

坚持以产沙最多的砒砂岩丘陵沟壑区的支毛沟道为重点；坚持因地制宜、因害设防的原则，合理布设沙棘种植区域和模式；坚持与区域经济社会发展相结合，生态、经济和社会效益相统一；坚持运行机制和管理体制创新，促进沙棘生态建设和成果保护；沙棘生态建设与十大孔兑区域坝系建设、生态修复、退耕还林等其他生态建设工程相协调。

3.2.6.5 总体布局

利用 2008 年的 TM 卫星影像和地理信息系统（GIS）技术，根据项目区地形地貌、地面物质组成、侵蚀类型等因素在遥感信息上的明显差异，将项目区划分为砒砂岩丘陵沟壑区和库布齐风沙区两大类型区。砒砂岩丘陵沟壑区总面积 4278.45km²，占项目区

总面积的46.97%，库布齐风沙区面积4830.62km^2，占项目区总面积的53.03%。

十大孔兑沙棘生态工程建设以砒砂岩丘陵沟壑区为主，兼顾库布齐风沙区治理。在砒砂岩丘陵沟壑区，沙棘种植的主要区域是支毛沟道和河漫滩地。库布齐风沙区适宜种植沙棘的土地主要是半固定沙地和流动沙丘丘间地，为了阻止风沙进入河道，减少入黄泥沙，沙棘种植主要沿各孔兑两岸安排，布设在半固定沙地和流动沙丘丘间地上。

在砒砂岩丘陵沟壑区选择砒砂岩支毛沟道、河漫滩地等难利用土地种植沙棘，布设沟头沟沿沙棘防护篱7812.4hm^2、沟坡沙棘防蚀林54670.0hm^2、沟底沙棘防冲林15620.6hm^2、河滩地沙棘护岸林2515.7hm^2，形成系统的拦沙防护体系。在库布齐风沙区十大孔兑沟道两岸的固定、半固定沙荒地和流动沙丘丘间地等荒地布设沙棘防风固沙林13199.8hm^2，兼顾发展沙棘生态经济林5813.9hm^2。

3.2.6.6 监测规划

监测内容主要包括工程建设和管理动态信息、减沙效益、生态效益、经济效益与社会效益的监测，选择不同的典型小流域，以调查统计为主，实地调查统计种植沙棘达到质量标准的数量与分布情况、保存面积和保存率等实施效果；在流域出口设立径流观测站，进行减沙效果动态监测；采用高分辨率卫星遥感数据，结合典型区域和小流域实地调查，进行生态效益动态监测；采用样方调查统计，推算沙棘林产果产叶量，进行经济效益动态监测，通过对典型农户跟踪调查，监测项目的社会效益。

3.2.6.7 实施进度安排

建设期确定为5年（2010—2014年），由于时间短、任务重，项目建设在各孔兑、类型区全面展开，平行推进，具体应以小流域为单元组织实施。考虑年度投资平衡等因素，确定施工进度安排如下：项目建设第一年至第四年，每年完成沙棘种植任务20000hm^2，其中生态林18800hm^2、生态经济林1200hm^2；项目建设第五年（实施期最后一年）完成剩余的19632.5hm^{2}任务，其中生态林18618.6hm^2、生态经济林1013.9hm^2。

3.2.6.8 投资估算与资金筹措（略）

3.2.6.9 效益分析与经济评价（略）

3.2.7 革命老区水土保持重点建设工程规划

3.2.7.1 规划背景及必要性

1. 规划背景

国家水土保持重点建设工程是我国第一个由中央安排财政专项资金，在水土流失严重的贫困地区和革命老区，开展水土流失综合治理的水土保持重点工程。该工程由水利部、财政部组织，分期规划、分期实施，1983年开始至2011年已实施四期，工程建设取得了明显成效。项目区各级政府和群众强烈呼吁扩大工程建设规模与实施范围。

2008年8月，根据中国水土流失与生态安全科学考察成果，孙鸿烈等10位院士向国务院提交了《关于加大革命老区水土流失治理力度的报告》，建议扩大财政部和水利部实施的国家水土保持重点建设工程实施范围，加大革命老区水土流失治理力度。温家宝、回良玉等领导作出重要批示：要求研究制定规划，并请水利部主动商国家发展改革委和财政部予以研究。为落实国务院领导的批示精神，经商国家发展改革委和财政部，水利部于2009年8月批复了《革命老区水土保持重点建设工程规划任务书》（水规计〔2009〕406号），委托水利部水土保持监测中心组织编制《革命老区水土保持重点建设工程规划》。

根据任务书要求，水利部水土保持监测中心组织编制了《革命老区水土保持重点建设工程规划》（2011—2020年），于2009年12月通过技术审查。规划范围涉及20个省（直辖市、自治区）的491个县（市、旗、区），规划治理水土流失面积13.1万km^2。规划基准年为2008年，规划水平年为2020年，其中近期为2011—2015年。

2. 规划必要性

水土流失是重大的环境问题，是革命老区贫困落后的重要根源。水土保持是山区发展的生命线，是实现小康目标、建设生态文明、构建和谐社会的基础工程。编制革命老区水土保持重点建设工程规划，加快革命老区水土流失综合治理，改善生态环境和农业生产基本条件，既是一项回报革命老区的民生工程，更是一项紧迫的战略任务、政治任务。同时，实施革命老区水土保持重点建设工程规划有着得天独厚的有利条件，党和政府历来十分关心革命老区人民，重视支持革命老区发展；革命老区群众要求迫切，投劳积极性高；革命老区具有区位优势，利于治理开发；水土流失综合治理思路明确，技术路线成熟；水土保持机构与制度健全，管理经验丰富。

3.2.7.2 基本情况

1. 革命老区基本情况

（1）革命老区分布。革命老区是指土地革命战争时期和抗日战争时期，在中国共产党和毛泽东等老一辈无产阶级革命家领导下创建的革命根据地。根据国务院批准、民政部和财政部1979年规定的关于划分革命老根据地的标准，各省（自治区、直辖市）1995

年统计，全国有革命老区县（市、旗、区）1389个，分布在江西、陕西、甘肃、宁夏、河北、山东、河南等28个省（自治区、直辖市）。

（2）革命老区分类。根据革命老区县所包含革命老区乡镇的比例，将革命老区县划分为四类：比例在90%以上的为一类革命老区县；比例在50%～90%的为二类革命老区县；比例在10%～50%的为三类革命老区县；比例在10%以内的为四类革命老区县。全国革命老区县中有一类革命老区县409个、二类革命老区县486个、三类革命老区县419个、四类革命老区县75个。

（3）革命老区现状。改革开放以来，党和国家投入大量的人力、财力和物力对革命老区进行帮扶，虽然在很大程度上缓解了革命老区的贫困程度，但受革命老区经济区位和自然历史条件的限制，发展尚不平衡。当前，全国革命老区县的发展大致可分为已进入小康、基本解决温饱正向小康迈进和贫困等3类情况。

2. 规划范围

（1）项目县遴选。在现有国家水土保持重点建设工程实施范围的基础上，重点选择水土流失严重，迫切需要治理的贫困革命老区县。选择原则：在原有国家水土保持重点建设工程项目已列的106个县的基础上，优先选择贫困的一类、二类革命老区县；按“统筹规划、集中连片”的原则，将周边的水土流失严重县和贫困县纳入规划范围；尊重各省（自治区、直辖市）意愿，以各省（自治区、直辖市）选定的项目县为基础，根据水土流失面积及强度、现有治理任务、革命老区的类别及贫困程度，选定项目县。

（2）规划区范围。规划区涉及北京、河北、山西、内蒙古、辽宁、安徽、福建、江西、山东、河南、湖北、湖南、广西、海南、重庆、四川、贵州、陕西、甘肃、宁夏20个省（自治区、直辖市）的491个县（市、旗、区），总面积126.22万km^2。其中，革命老区县460个（一类236个、二类157个、三类64个、四类3个），重点工程县106个，国家级扶贫重点县210个。项目县分属太行山、沂蒙山、大别山、井冈山、遵义、洪湖、百色、琼崖、陕甘宁、晋绥、鄂豫陕和东北抗联等12个革命老区片，分布在西北黄土高原区、东北黑土区、北方土石山区、南方红壤丘陵区和西南土石山区。

3. 规划区概况

（1）自然条件。规划区南北跨度大，南北气候呈现出明显的差异。从北到南地跨4个气候带：温带（辽宁）、暖温带（京、津、鲁及晋、冀、豫、陕的大部）、亚热带（秦岭、淮河以南，雷州半岛以北，横断山脉以东地区）、热带（海南）。冬季南北气温差别很大，1月0℃等温线大致沿秦岭-淮河一线分布。夏季多数地方普遍高温，7月平均气温大多在20℃以上。规划区年降水量分布的总趋势是从东南沿海向西北内陆递减，多在350～1000mm。

（2）社会经济情况。规划区总面积126.22万km^2；总人口2.33亿人，其中农业人口1.90亿人、农业劳力1.01亿人；人均耕地1.91亩，人均基本农田1.09亩，有近1/5的县人均基本农田不足0.6亩；粮食总产量9698万t，人均产粮417kg；人均年纯收入3025元，其中有40%的县人均纯收入低于2500元。

（3）水土流失现状。据第二次全国土壤侵蚀遥感调查，规划区水土流失面积58.99万km^2，其中轻度水土流失面积22.02万km^2、中度水土流失面积20.42万km^2、强烈水土流失面积10.02万km^2、极强烈水土流失面积4.15万km^2、剧烈水土流失面积2.38万km^2，分别占水土流失面积的37.3%、34.6%、17.0%、7.0%、4.0%。黄土高原水土流失严重地区土壤侵蚀模数高达18000t/(km^2·a)。

（4）水土保持现状。截至2008年，规划区累计治理水土流失面积16.62万km^2，治理程度为28.2%。其中，实施坡改梯214.22万hm^2，营造乔木林450.14万hm^2、灌木林349.52万hm^2，发展经果林199.34万hm^2，种草207.15万hm^2，实施封禁治理241.78万hm^2。兴修淤地坝5.29万座、拦沙坝1.24万座、塘坝35.71万座、谷坊115.23万座、排灌沟渠16.22万km、小型拦蓄工程104.05万处、生产道路19.97万km。

3.2.7.3 规划目标、任务和规模

1. 指导思想

以科学发展观为指导，以控制水土流失、改善民生、增加农民收入、改善农业生产条件和生态环境为目标，紧紧围绕革命老区经济社会发展和新农村建设，以县为规划单位，以小流域为治理单元，山水田林路村统一规划，工程措施、植物措施和农业技术措施科学配置，开展综合治理；以政策为导向，充分调动社会各方面力量治理水土流失的积极性，加快水土流失治理进程，以水土资源的可持续利用和生态环境的可持续维护促进革命老区经济社会的可持续发展。

2. 规划原则

统筹规划，突出重点；因地制宜，分区防治；规模治理，综合开发；分期实施，逐步推进。

3. 规划目标

（1）总体目标。到2020年，规划区水土流失治理程度达到50%以上，年减少土壤流失量5亿t，林

草覆盖率达到50%以上。重点治理区水土流失治理程度达到70%以上，生态环境明显改善；北方人均基本农田达到2亩以上，南方达到1亩以上，人均占有粮食稳定在450kg以上；土地利用和产业结构趋向合理，农民人均纯收入显著增长，农业综合生产和抵御自然灾害能力大幅度提高。

（2）近期目标。到2015年，规划区水土流失治理程度达到40%以上，年减少土壤流失量2亿t，林草覆盖率达到45%。重点治理区水土流失治理程度达到70%以上，农民人均纯收入稳定增长，生产生活条件得到改善。

4. 建设规模

（1）水土流失治理面积。规划区总土地面积126.22万km^2，水土流失面积59.0万km^2，已治理面积16.65万km^2，治理程度为28.2%。根据规划期末治理程度达到50%的目标，结合革命老区的自然条件和经济发展现状，确定新增水土流失治理面积13万km^2，治理小流域7000条。

（2）基本农田建设。根据规划目标，规划区北方人均基本农田达到2亩以上，南方达到1亩以上，人均占有粮食稳定在450kg左右，实现粮食自给有余，需新建基本农田1200万亩。

（3）林草植被建设。根据规划期末林草覆盖率达到50%和改善生态环境、美化村容、增加农民收入的目标，确定建设林草植被1200万hm^2。

3.2.7.4 规划分区及措施布局

1. 分区防治对策

陕甘宁、晋绥等西北黄土高原区：以实施坡耕地改造、沟道治理为重点，配套建设雨水集流、节水灌溉工程，推广普及旱作农业技术，发展特色林果业、畜牧业等产业，推动农村产业结构调整，为增加群众收入创造条件。

太行山、沂蒙山等北方土石山区：以实施坡耕地改造为重点，大力推广雨水高效利用技术，营造林草植被、建设优质果品基地，促进粮食自给，增加农民收入。

东北抗联等东北黑土区：以保护黑土资源、保障国家粮食安全为重点，突出坡耕地改造，加大侵蚀沟治理，有效控制水土流失，为建设优质高产高效商品粮基地提供保障。

遵义、百色等西南土石山区：以高效利用水土资源为重点，大力实施坡耕地改造，配套建设坡面水系工程，培育经济林果产业，营造水保林，实施生态修复，促进生态经济良性循环。

井冈山、洪湖等南方红壤丘陵区：以丘陵岗地水土流失治理为重点，建设高产稳产基本农田，充分利用丰富的水热资源和植物资源，发展优质、高效林果业，提高植被覆盖度，促进项目区农民增收致富。

2. 建设任务与布局

根据规划目标、建设规模、各类型区典型小流域措施布局以及规划区自然、经济和水土流失现状，本规划拟治理水土流失面积13.1万km^2。其中，兴修基本农田83.3万hm^2，营造乔木林193.3万hm^2、灌木林124.8万hm^2，发展经果林120.9万hm^2，种草72.5万hm^2，实行封禁治理717.6万hm^2。建设塘坝6.3万座、谷坊11.2万座、排灌沟渠4.0万km、小型拦蓄工程13.1万处（座）、生产道路3.0万km。建设任务涉及所有20个省（自治区、直辖市），在太行山、井冈山、陕甘宁等12个革命老区片和西北黄土高原等五大类型区都有分布。

3. 近期安排与布局

根据延续性、重点优先、集中连片的原则，计划安排已开展国家水土保持重点建设工程的106个县，以及水土流失严重、人民生活特别贫困的革命老区县在2011—2015年先期开展治理，共涉及20个省（自治区、直辖市）的279个县（市、旗、区）。近期规划（2011—2015年）5年新增水土流失治理面积4.5万km^2。其中，兴修基本农田29.1万hm^2，营造乔木林63.8万hm^2、灌木林45.9万hm^2，发展经果林40.9万hm^2，种草25.4hm^2，实行封禁治理244.1万hm^2。建设塘坝2.2万座、谷坊4.1万座、排灌沟渠1.4万km、小型拦蓄工程4.5万处（座）、生产道路1.1万km。近期规划（2011—2015年）项目县在太行山、井冈山、陕甘宁等12个革命老区片和西北黄土高原等五大类型区都有分布。

3.2.7.5 综合监督管理

1. 项目管理

前期工作一要编制实施规划，二要制订实施方案，三要实行项目公示制，四要落实配套资金和投劳。建设管理一要落实管理机构，二要推行基本建设“三项制度”，三要强化资金管理，四要严格检查验收，五要加强基础工作。建后管护一要及时移交工程，落实管理责任；二要建立健全县、乡、村三级管护网络，布设标志牌、碑，重点地段增设封育围栏等设施；三要加大《中华人民共和国水土保持法》《中华人民共和国水土保持法实施条例》等法律法规的宣传力度，加强预防监督，制止新的人为破坏，做到治理一片、巩固一片、见效一片。

2. 技术支持

（1）关键技术研究。重点开展革命老区水土保持与生态、社会、经济可持续发展研究，革命老区水土保持与新农村建设关系研究，国家重点建设项目管理机制、体制研究，革命老区水土保持投融资体制研究；革命老区水土保持重点建设工程监测与评价方法研究，革命老区水土保持生态补偿机制研究，水土保持经济效益评估与投资分析研究等治理中急需解决的关键技术问题和难点。

（2）技术推广。为加快国家重点建设工程进度、保证工程质量、降低工程成本、提高工程效益，本着先进和实用性的原则，重点推广农村生物质能源技术，新修梯田增产技术，经济林果高效、优质丰产技术，节水灌溉技术，优良树草种的引进与推广技术，以及免耕技术等。

（3）技术培训。重点开展三方面的技术培训：一是对各级的技术、管理人员进行项目管理、前期工作、技术标准、计算机软件等培训；二是对乡村干部和农民技术员采取课堂讲授和现场示范、操作的方式进行技术培训；三是采取印发材料和实地操作示范的培训方式，由县级业务管理部门根据需要对农民组织技术培训。

3. 监测与评价

为及时掌握各类治理措施的实施进度、工程质量和效益，加强项目管理，科学评价项目实施效益，须本着系统性、实用性和先进性原则，有重点地开展水土保持项目执行情况及效益监测工作，科学评价项目区水土流失动态变化情况和防治成效。

3.2.7.6 投资估算与资金筹措（略）

3.2.7.7 实施效果分析（略）

3.2.7.8 保障措施（略）

3.2.8 农业综合开发项目水土保持规划

3.2.8.1 规划背景及必要性

我国是世界上水土流失最为严重的国家之一，水土流失面积占全国土地总面积的31%。为有效控制水土流失，改善山丘区农业生产基本条件，提高农业综合生产能力，国家于1989年启动了农业综合开发水土保持项目（以下简称“农发水保项目”）。项目实施25年来，先后在山西、内蒙古、辽宁、吉林、黑龙江、江西、湖南、广西、重庆、四川、贵州、云南、陕西、甘肃、宁夏等15省（自治区、直辖市）及黑龙江省农垦总局的237个项目县，开展了水土流失综合治理，取得了显著成效。

当前，我国农发水保工作面临难得的战略发展机遇，为适应经济社会发展对农发水保工作的新要求，贯彻落实中央关于水利和农业综合开发改革发展的一系列重大决策部署，加快推进生态文明建设和全国水土流失治理进程，2013年9月，水利部会同国家农发办联合启动了《国家农业综合开发水土保持项目实施规划（2014—2019年）》编制工作。水利部水土保持监测中心依据《国家农业综合开发水土保持项目规划（2008—2020年）》，在汇总分析省级实施规划的基础上，于2014年2月编制完成了该实施规划，经水利部联合国家农发办组织专家审查后，于2014年6月印发了该规划，作为指导今后6年项目实施的重要纲领性文件。

3.2.8.2 规划范围及概况

1. 规划范围

（1）项目县选择。规划项目县应选择水土流失比较严重、分布相对集中、生态环境比较脆弱的县，优先选择列入国家级水土流失重点治理区的县；农业综合开发潜力大，区域自然资源条件适宜，通过项目实施，可建立名特优产品生产基地或形成产业带，为当地群众带来稳定、可观的收入的县；当地政府重视，技术力量强，群众积极性高，工作基础好，投劳有保障并作出承诺的县；近年来已实施过农发水保项目且工程建设质量与进度完成较好的县。同时为奖优罚劣，实施动态管理，在各省（自治区、直辖市）确定一定数量的备选县。

（2）项目区范围。2014—2019年规划确定了山西、江西、湖南、湖北、重庆、四川、陕西、甘肃、宁夏、辽宁、内蒙古、吉林、黑龙江、云南、贵州、广西等16个省（自治区、直辖市）及黑龙江省农垦总局的340个项目县。其中，2014—2016年，共涉及除湖北以外的15个省（自治区、直辖市）和黑龙江省农垦总局的236个项目县；2017—2019年，共涉及全部16个省（自治区、直辖市）及黑龙江农垦总局的298个项目县。

2. 水土流失与水土保持现状

根据现状调查成果，项目区水土流失面积1.11万km^2，其中轻度水土流失面积4312km^2、中度水土流失面积4110km^2、强烈水土流失面积1766km^2、极强烈水土流失面积678km^2、剧烈水土流失面积197km^2，分别占项目区水土流失面积的38.85%、37.03%、15.91%、6.1%、1.8%。土壤侵蚀模数平均为3504t/(km^2·a)，水土流失最严重的山西乡宁县于家河项目区土壤侵蚀模数达到9165t/(km^2·a)。

项目区没有安排实施过国家水土保持重点工程，规划范围内没有进行过大规模科学系统的水土流失治理。在内蒙古、辽宁、甘肃、宁夏等省（自治区）仅有少量的地方项目或者群众自发治理，但是地方财政投入有限，大部分以当地群众投工投劳为主，呈现

“投入少、治理标准低、后期运行管护差、设计效益无法实现”的特点。

目前，项目区水土流失依然表现为分布较广、程度剧烈，对农业生产以及农业综合开发的影响较大，仍然是制约生态、经济协调发展的突出问题。因此，项目区广大群众对治理水土流失，通过水土保持推动现代农业经济发展和农村生产生活条件改善的需求十分迫切。此外，当地政府对实施农发水保项目非常重视，积极开展前期准备工作，各级水土保持机构健全、专业技术力量较强，项目实施的预期效益较好。

3.2.8.3 规划目标和任务

到2016年，新增水土流失治理面积7900km^2，到2019年，新增水土流失治理面积21500km^2。项目区小流域水土流失治理度达到70%以上，土壤侵蚀量（模数）平均减少1/3以上，林草覆盖率平均提高10个百分点。人均基本农田北方达到2亩以上，南方力争达到1亩以上。项目区生态环境明显好转，农业生产抗御干旱洪涝灾害能力明显增强，群众生产生活条件明显改善，农业综合生产能力显著提高，特色产业得到显著发展，项目区群众收入稳定增长。

本规划基准年为2013年。规划时段为2014—2019年，第一阶段为2014—2016年，第二阶段为2017—2019年。

3.2.8.4 总体布局与建设规模

1. 总体布局

本规划主要涉及6个土壤侵蚀类型二级区、12个土壤侵蚀类型三级区，根据不同侵蚀类型区特点，分区提出布局方案。

西北黄土高原区：以治理坡耕地和控制沟道侵蚀为重点，配套建设雨水集流节水灌溉工程，推广普及旱作农业技术，发展各具特色的林果业、畜牧业等优势产业。

东北黑土区：以保护黑土资源、治理漫川漫岗水土流失为重点，充分利用耕地多，土壤肥沃，森林资源丰富，草地面积广阔，植物多样性的优势，建设优质、高产、高效的商品粮基地、林业基地。

北方土石山区：以改造坡耕地为突破口，以林草植被建设为重点，推广雨水高效利用技术，大力建设优质果品基地，实现粮食自给，增加农民收入。

南方红壤区：以治理丘陵岗地水土流失为重点，建设高产稳产田；充分利用水热资源和植物资源，发展优质、高效林果业，促进农民脱贫致富。实行封禁治理和造林种草相结合，恢复和提高植被覆盖度。

西南紫色土区：以坡改梯为重点，强化坡面水系，切实提高农业综合生产能力，在确保粮食稳定增产的基础上，适度调整一部分陡坡耕地发展经果林，建设特色产业。

西南土石山区：以保护和抢救土壤资源为重点，整治坡耕地，配套坡面水系工程；种植经果林、水保林，实施生态修复，推广农村能源替代工程，增加和保护植被；实施屋顶集水及蓄水工程，发展庭院经济，增强抗旱能力。

2. 建设规模

依据不同水土流失类型区治理模式及典型小流域设计的措施配置比例，结合各项目区土地利用结构、水土流失特征、农业产业布局等情况，确定2014—2019年总体建设规模为治理水土流失面积2.15万km^2。

2014—2016年，规划新增水土流失治理面积0.79万km^2。其中，新增基本农田4.68万hm^2，林草措施18.43万hm^2，改垄1.35万hm^2，封禁治理35.01万hm^2，保土耕作16.13万hm^2，其他3.64万hm^2，建设小型水利水保工程3.78万处（座）。

3.2.8.5 技术支撑与监测

1. 技术支撑

（1）专题研究。各省结合项目实际，围绕项目实施管理机制创新、不同类型区特色产业开发模式与途径、治理开发优惠政策等方面开展研究，探索加快项目区治理速度和提高农业综合开发能力的机制及管理模式。

（2）技术推广。科技推广项目包括重点推广项目和一般推广项目。重点推广项目以省为单位，由省级水利水保部门统筹管理，制定科技推广实施方案，确定重点推广项目。一般推广项目由县级水利水保部门组织实施。

（3）技术培训。对各级管理与技术人员实行集中培训，以省为单位，至少举办1次。以县为单位，每年至少举办1次由乡村干部、农民技术员、治理大户等参加的现场示范培训会。科技干部深入基层，现场示范推广施工、丰产、管理养护技术。

2. 水土保持监测

为及时掌握治理开发信息、加强项目管理、完善治理开发体系、科学评价项目实施效益、给项目验收提供依据，各项目区应因地制宜地开展水土保持效益监测。农发水保项目监测分为重点监测和一般监测。重点监测由省级水利水保部门负责组织实施，在项目区选取有代表性的2014年实施的小流域开展较长时间序列的监测。除重点监测小流域外，其余小流域开展一般的调查监测。

3.2.8.6 投资估算（略）

3.2.8.7 效益分析（略）

3.2.8.8 保障措施（略）

参考文献

[1] 中华人民共和国水利部. 黄土高原地区水土保持淤地坝规划［Z］. 2003.

[2] 黄河上中游管理局西安规划设计研究院，黄河流域水土保持生态环境监测中心. 黄河粗泥沙集中来源区拦沙工程一期项目可行性研究监测专题报告［R］. 2015.

第4章 专项工作规划

章主编 左长清 王春红

章主审 孟繁斌 张玉华 马 永

本章各节编写及审稿人员

节次	编写人	审稿人
4.1	左长清 殷 哲 王春红	孟繁斌 张玉华 马 永
4.2	殷 哲 张平仓 程冬兵 赵 院 常丹东 王白春 刘雅丽	

第4章 专项工作规划

4.1 专项工作规划任务与内容

水土保持专项工作规划是根据水土保持工作整体部署对专项工作作出的专项部署，可分为国家、省级、大型流域和地方层面的专项工作部署。如水土保持监测规划、水土保持预警预报规划、水土保持科技支撑规划、水土保持信息化规划等。

专项工作规划编制要以党中央和国务院的决策部署为指导，树立尊重自然、顺应自然、保护自然的理念，以实现水土资源可持续利用和生态环境可持续维护为目标，在全面总结专项工作现状与成果、系统梳理当前工作中存在的问题、深入分析发展趋势与重大需求的基础上，对专项工作开展全面、整体性的工作安排。专项工作类型不同，工作内容、目标和要求各异，具体规划内容主要包括工作现状与进展、需求分析、规划目标、原则、指导思想、近期部署、远期部署、经费估算、保障措施等。

4.2 专项工作规划案例

4.2.1 全国水土保持科技支撑规划

4.2.1.1 水土保持科技发展历程与重点问题

1. 发展历程

我国水土保持科技发展大致经历了围绕传统农耕生产的治山治水理念孕育、源于简单观测调查的科研雏形基本形成、基于系统试验推广的科学体系总体建立、面向流域综合治理的应用技术迅速发展等4个阶段。

2. 主要成就

形成了水土保持科学技术的理论体系，总结出我国水土流失综合治理的技术体系，搭建起我国水土流失动态监测的网络体系，建立了较为完善的水土保持技术标准体系，组建了包含多层次科技力量的人才队伍体系。

3. 重点问题

近60余年来，我国水土保持科技成果种类不断增加、涉及的领域不断拓宽、发挥的效益不断扩大，有力推动了水土流失防治。水土保持科学研究仍滞后于水土保持生态建设实践，水土流失防治进程距国家生态建设目标、全社会水土保持意识与建设生态文明总体要求还有较大差距；此外，我国人均资源不足，人地矛盾突出，水土保持既要解决防治水土流失的生态问题，还需为保障生态安全、粮食安全、饮水安全、防洪安全和促进农村经济社会发展提供支撑，水土保持科技面临的挑战严峻。在此背景下，我国水土保持科技目前主要存在数据标准不统一，集成整编不足、成果资料碎片化、技术手段待创新，过程资料欠缺、动力机制不明晰，基础理论薄弱、成果转化需加强，技术推广滞后等亟待解决的重点问题。

4.2.1.2 水土保持科技发展趋势与重大需求

1. 发展趋势

水土流失过程预报更强调精准化与可视化，水土保持试验观测更趋向自动化与信息化，水土流失防治技术更重视针对性与持续性，水土保持效应评价更关注综合性与社会性。

2. 重大需求

围绕我国水土保持工作的目标和任务，针对水土保持科技领域存在的主要问题，今后一段时期应主要针对不同类型土壤侵蚀多尺度监测、预报与评价技术，侵蚀劣地植被恢复与水土流失区高效生态修复技术，坡耕地与侵蚀沟水土流失综合整治新材料和新技术，流域综合治理与山区河流防灾整治技术，水土保持科技示范推广与生态理念宣传教育示范等5个方面重大需求开展科技攻关。

4.2.1.3 总体思路与目标任务

1. 指导思想

围绕国家生态文明建设的总体战略，以科学发展观为指导，以建设资源节约型和环境友好型社会、实现水土资源可持续利用和生态环境可持续维护为目标。着眼保障国家生态安全、粮食安全、防洪安全、饮水安全和人居环境安全的科技需求，立足国家生态建设的全局性和科学技术发展前瞻性，通过自主创新、引进消化、综合集成、示范推广和科普教育。重点解决不同区域水土流失防治过程中的重大理论和关键技术，构建符合我国国情的水土保持科学研究体系、示范推广体系、基础平台体系、宣传教育体系，不断提高水土保持科技贡献率，加快生态环境改善步伐、提升水土资源利用效率，为建设天蓝、地绿、水净的美丽中国提供有力科技支撑。

2. 基本原则

统筹国家需求与行业需求、兼顾基础理论与关键技术、综合共性需求与区域特点、协调长远目标与近期目标。

3. 近期目标任务

到2020年，推动建成水土保持一级学科，新建1个水土保持国家级重点实验室，建立8～10个不同类型区的综合试验研究基地，完善水土保持科技协作平台，培养一批行业科技领军人才。在土壤侵蚀过程及其机制、多尺度土壤侵蚀预报模型、水土流失区退化生态系统植被恢复与防蚀机制等基础理论，降雨径流调控与高效利用、水土流失区植被快速恢复与生态修复、坡耕地与侵蚀沟水土流失综合整治和高效利用等关键技术方面取得重要突破。完善水土保持动态监测、效益评价和生态补偿的技术方法，丰富水土保持科技理论体系，健全水土保持技术规范体系，提升国家水土保持工程建设的科技水平和科技贡献。打造水土保持技术成果示范推广体系、科普宣传教育体系，进一步提升科技成果转化率和社会公众水土保持意识。

4. 远期目标任务

到2030年，建成覆盖水土保持一级区的野外科研试验示范基地网络，进一步强化水土保持科研教育体系和科技协作平台，培养一支具有国际影响力的水土保持科技力量，在水土保持对江湖水沙演变的作用机理、水土保持与全球气候变化耦合关系等基础理论方面，生态清洁小流域高效构建、工程建设水土流失高效防治等关键技术方面，扩大水土保持在科技领域的综合影响。建立高效的多时空水土流失适时监测网络、多尺度土壤侵蚀预报模拟模型、多层次水土保持综合效益评价体系、多目标水土保持数据管理信息平台，总体实现水土保持现代化。依托水土保持科技示范推广体系、科普宣传教育体系，大幅提升水土保持的社会认知度和影响力，基本实现国家倡导、社会支持、公众参与的水土保持生态建设格局。

4.2.1.4　全国重点研究领域

1. 基础理论

围绕中国水土流失与生态安全综合科学考察提出的重大科学问题和当前生产实践急需解决的关键问题，强化不同类型土壤侵蚀发生演变过程及其机制，不同尺度土壤侵蚀预测预报及评价模型，不同特点水土流失区退化生态系统植被恢复与防蚀机制，水土流失与水土保持环境综合效应，中小河流水土保持防洪减灾机理，水土保持对江湖水沙演变的作用机理，水土保持与全球气候变化耦合关系，水土保持与社会经济的互动关系等8项基础理论，获取一批原创性研究成果，提升水土保持理论水平。

2. 关键技术

针对国家水土保持重点工程和大型生产建设项目水土流失治理中急需解决的关键技术问题，重点研究降雨径流调控与高效利用，水土流失区植被快速恢复与生态修复，坡耕地与侵蚀沟水土资源保育和高效利用，生态清洁小流域高效构建，工程建设水土流失高效防治，水土流失试验方法与动态监测，水土保持数字化等关键技术研发及水土保持新设备、新材料、新工艺、新技术等8项关键技术，同时加强前沿高新技术的研究与转化，取得一批重大自主创新技术成果，构建适应水土保持发展要求的科学技术体系。

4.2.1.5　区域重点研究方向

东北黑土区：重点加强以免耕为主体的土壤保护性耕作技术在黑土区的适用性研究。

北方风沙区：重点关注北方风沙区土地沙漠化和生态退化的发生、发展过程及其防治对策。

北方土石山区：在加强坡耕地改造和节水型水土保持措施的同时，重点关注上游水土保持对下游水资源供给的影响。

西北黄土高原区：重点关注崩塌、泻溜、滑坡等侵蚀类型的过程及其治理技术。工程建设人为水土流失规律与防治对策也是该区的重要研究内容。

南方红壤区：重点关注崩岗侵蚀过程、机理及其防治对策，不同侵蚀类型预测预报模型与危害评价方法，林下径流调控与水土流失防治技术。

西南紫色土区：重点研究紫色土坡耕地土壤侵蚀与面源污染的规律及其防治措施。

西南岩溶区：研究重点是岩溶石漠化区水土资源承载力和地下水土流失。

青藏高原区：重点开展冻融侵蚀机理与预报模型，以及针对不同环境退化与水土流失特点的防治技术研究。

4.2.1.6　示范推广与科普教育

1. 主要技术成果

通过60余年治理实践，形成一批符合中国水土流失及其防治特点的技术成果，针对规划期水土保持生态建设的技术需求，重点推广水土保持农业技术、坡耕地综合整治技术、沟壑综合整治技术、面源污染防治与环境综合整治技术、林草植被恢复与营造技术和水土流失动态监测技术等6个方面成果。

2. 区域推广重点

东北黑土区：示范推广以遏制坡耕地水土流失为

核心的水土保持治理模式和实用技术，保护水土资源、保障粮食安全。

北方风沙区：示范推广干旱风沙区植被保护与重建，以沙漠化、荒漠化与生态退化防治为核心的水土保持治理模式和适用技术，促进农牧生产，保障国土安全。

北方土石山区：示范推广以保育瘠薄土层、调控暴雨径流、减少面源污染为核心的水土保持治理模式和实用技术，保护农业土地资源、缓解水资源供需矛盾。

西北黄土高原区：示范推广退化植被恢复与重建、坡面与沟道减蚀拦沙等水土保持治理模式与实用技术，提高植被覆盖率与群落稳定性，减少入黄输沙，改善生态环境。

南方红壤区：示范推广以红壤退化阻控、崩岗整治开发、残次纯林改造和林下水土流失防控为核心的水土保持治理技术与模式，在控制崩岗侵蚀的基础上，合理进行资源化开发，保育红壤，促进高效农林生产。

西南紫色土区：示范推广坡耕地水土保持耕作与整地、面源污染生物防治、山洪和泥石流生态防护等治理模式和实用技术，减少坡地水土流失、净化库区水质，防范山地灾害。

西南岩溶区：示范推广以工程整地、保土保肥、蓄水提引为核心的水土保持治理模式和实用技术，抢救土地资源，保障基本农林生产。

青藏高原区：示范推广江河源头区资源保护与生态修复、干旱与高寒草地保育、风沙灾害与冻融侵蚀防治等水土保持治理模式与实用技术，控制江河源头区生态退化，促进区域农牧业可持续发展，减少土地荒漠化与冻融侵蚀危害。

科普宣传教育：水土保持科普、宣传和教育是水土保持新技术推广实施的重要前期工作，需因地制宜、因人施教、内容灵活、力求实效，要完善水土保持学科体系、强化水土保持科教基地平台、壮大水土保持科普宣传队伍、推创水土保持科教宣传力作、加强水土保持户外科普教育。

4.2.1.7 技术标准与基础平台

1. 标准体系

在尽早完成现行体系表所含标准的编制和修订的同时，根据新形势下水土保持工作需求，重点制定和修订综合治理、监测预报、信息建设、科研试验、辅助配套等五类技术标准。

2. 科研基地

我国现有科研基地虽已有相当数量规模，但设备配置参差不齐，数据采集标准不一，难以及时共享与有效整合，影响力和创新力有待进一步加强。今后重点加强基础科研基地、野外观测网络、数据共享平台、试验量测设施等4个方面建设。在基础科研基地建设方面，形成包含国家级和省部级实验室和试验基地的平台网络，基本覆盖重点区域和热点方向。在野外观测网络建设方面，制定统一的野外监测指标、监测方法，建成覆盖8个一级水土流失类型区及其对应41个二级区的野外科研试验示范基地网络，进行规范、长期的动态试验观测，开展协同研究。在数据共享平台建设方面，创建水土保持基础试验数据库、管理系统和终端界面，建立开放共享的全国水土保持试验数据开放共享平台，提高基础试验数据使用效率。在试验量测设施建设方面，加强进仪器设备的引进、研发和集成，以及新技术的引进和创新应用，重点研发基础参数的快速采集设备和侵蚀过程的自动监测设备。

3. 科技示范园区

有序建设国家园区，平衡发展，完善园区各项设施，加强与高等院校和科研院所的协作，提升园区功能与水平，扩大实效。对地方园区，做好地方建设规划，丰富建设内容，创新管理机制。

4. 协作平台

以中国水土保持学会科技协作工作委员会为纽带，以世界水土保持学会为桥梁，积极开展学术交流与科技协作，促进产学研合作，提高科技成果转化率，引进新技术与新思路，提升我国水土保持科技的世界影响力。

4.2.1.8 发展部署

1. 近期部署

（1）在水土保持基础科学研究方面，加快国家科技重大专项、国家“973”项目和国家自然科学基金重点项目等立项和实施，围绕水土流失发生、发展和变化机理，水土流失时空分布和演变的过程、特征及其内在规律等，协同攻关，重点突破，力争准确揭示土壤侵蚀过程及其机制、水土流失区退化生态系统植被恢复与防蚀机制，总体构建多尺度土壤侵蚀预报模型，全面明晰水土流失与水土保持环境综合效应，获取一批系统的原创性研究成果，实现战略性跨越；在中小河流水土保持防洪减灾机理、水土保持对江湖水沙演变的作用机理、水土保持与全球气候变化耦合关系、水土保持与社会经济的互动关系等基础理论方面，取得一批突破性成果。

（2）在水土保持关键技术创新方面，重点部署降雨径流调控与高效利用、水土流失区植被快速恢复与生态修复、坡耕地与侵蚀沟水土流失综合整治和高效利用、生态清洁小流域高效构建技术等攻关项目，持续完善工程建设水土流失高效防治技术、水土流失试验方法与动态监测技术、水土保持数字化技术，丰富水土保持新设备、新材料、新工艺、新技术，大幅提升水土保持动态监测、效益评价和生态补偿的科技水平，增强国家水土保持工程建设中的科技贡献。

(3) 在水土保持科技平台建设方面，强化水土保持科技协作机制与网络建设，创建国内产、学、研合作联盟，切实构建国际科技交流合作平台，整合优势资源，联合开展重大科研攻关和成果示范推广，提升水土保持领域国际影响力。推动水土保持科技与技术成果转化及产业化基地建设，推进水土保持领域及其交叉领域部级重点实验室和国家级重点实验室创建，凝练水土保持领域重大主题方向，提升水土保持科技国际影响力。推进和完善水土保持管理、科研机构、技术推广与试验站的体系化建设，完善水土保持科技创新人才队伍建设及分层次、分类别规范的培训制度体系。

(4) 在水土保持标准体系建设方面，推动对现有水土保持技术标准实施效果的定性和定量评价，对现有标准的适宜性复核验证，更新和构建适宜于当前生态和社会经济且独立于大中型水利工程建设的水土保持工程等别、设计标准、计算和参数选取等规范、标准，推进完善覆盖水土保持规划设计、综合治理、生产建设项目、效益评价、生态修复、竣工验收、监测技术、水土保持管理等各个方面的水土保持技术标准体系化建设，并推进标准化绩效研究，为我国水土保持管理水平提高提供技术保障。

(5) 在水土保持科普教育推进方面，构建以水土保持科技示范园区为骨干的技术成果示范推广体系，推进水土保持应用技术水平及成果转化；促进水土保持科技示范园与中小学生教育实践基地建设，积极开展“保护长江生命河”“保护母亲河”“中华环保世纪行”等多形式的全国性宣传活动，推动以青少年为主要对象的水土保持普及教育，积极支持有关大专院校的教育工作，建立全国性的水土保持科技示范推广与生态理念宣传教育范式，强化水土保持科普教育的媒体宣传力度，探索运用影响面广、公众喜闻乐见的宣传方式，深化水土保持国策宣传教育，大幅提升水土保持的社会认知度和影响力。

(6) 在水土保持数字化与信息化方面，推动科学统一的水土保持数据指标体系与采集管理规范建设，构建水土保持信息化标准和工作制度；完善由地面观测、遥感监测、科学试验和信息网络等构成的数据标准化采集、处理、传输与发布的基础设施体系，建成基于时空逻辑的水土流失、水土保持措施以及相关因素的数据库；构建满足水土保持业务应用服务和信息共享的技术平台，形成基于网络、面向社会的信息服务体系，培养高水平的水土保持数据采集、管理和使用的专业队伍；强化水土流失监测预报、水土保持生态建设管理、预防监督、科学研究以及社会公众服务的能力，以水土保持数字化和信息化支撑水利现代化。

2. 远期部署

(1) 力争开展水土保持领域国家科技重大专项，提升水土保持科技影响力，在水土保持基础科研方面重点突破，整体推进，力争在重点领域实现战略性跨越。

(2) 围绕培育和发展战略性新兴产业，依托国家重点研发专项和自然科学基金项目，加强技术研发、集成应用和产业化示范，集中力量实施一批科技重点专项。

(3) 围绕产业升级和民生改善的迫切需求，以国家科技支撑、水利部公益性行业专项为依托，加强重点领域的科技攻关，力争突破一批核心关键技术和重大公益技术，切实支撑经济社会发展。

(4) 前瞻部署若干重大宏观战略问题研究，突破制约经济社会发展的水土保持领域重大科学问题，强化重点战略高技术领域研究，加强科技创新基地和平台的建设布局。

(5) 组织实施创新人才推进计划，加强科技领军人才、优秀专业技术人才、青年科技人才的培养，建立创新团队和创新人才培养示范基地。

(6) 深化科技管理体制改革和政策落实，深入实施国家技术创新工程和知识创新工程，深化国际科技交流合作，营造更加开放的创新环境。

4.2.2 全国水土保持监测规划

水土保持监测是指对自然因素和人为因素造成水土流失状况及其防治情况进行的观测、调查、分析和评价的活动。为了全面推进水土保持监测工作发展，建立与现代化国家相适应的水土保持监测评价、管理与服务体系，为国家制定经济社会发展规划、调整经济发展格局与产业布局、促进经济社会可持续发展提供重要支撑，制定本规划。

4.2.2.1 规划背景

1. 我国水土保持监测现状

(1) 监测网络建设。通过全国水土保持监测网络和信息系统一期、二期工程建设，建成了水利部水土保持监测中心、七大流域机构水土保持监测中心站、30个省（自治区、直辖市）水土保持监测总站和新疆生产建设兵团水土保持监测总站、175个水土保持监测分站和735个水土流失监测点，初步建成了覆盖我国主要水土流失类型区、布局较为合理、功能比较完备的，以“3S”技术和计算机网络等现代信息技术为支撑的水土保持监测网络。同时，全国水土保持监测技术队伍也得到了长足的发展，建成了一支专业配套、结构合理的监测技术队伍。

(2) 数据库及信息系统建设。水土保持数据库和信息系统建设是水土保持监测工作的一项重要内容。在各级水利水保部门的大力推动下，全国省级以上水利部门建成的水土保持数据库数据总量已超过10TB。依托全国水土保持监测网络和信息系统建设，开发了包含预防监督、综合治理、监测评价、数据发布等业务的信息管理系统，并在水利部、七大流域机构、31个省（自治区、直辖市）和新疆生产建设兵团水利信息中心安装部署，初步形成了全国水土保持应用系统平台，显著提升了水土保持行业管理和科学决策水平。

（3）水土流失动态监测与公告。20世纪80年代末以来，水利部先后开展了三次全国水土流失遥感普查，全面调查了我国水力侵蚀、风力侵蚀和水风侵蚀交错区的面积、侵蚀强度和分布状况。2006年，经财政部和水利部批准立项，水利部水土保持监测中心组织七大流域机构水土保持监测中心站和有关省（自治区、直辖市）开展实施全国水土流失动态监测与公告项目，对国家级水土流失重点防治区进行了经常性持续监测，为国家重点水土保持项目的战略布局提供了有力支撑。长江、黄河、珠江、松辽等流域水土保持监测中心站也先后开展了重点区域的水土流失危害及其发展趋势监测。水利部从2003年开始，连续发布了全国水土保持监测公报，近30个省（自治区、直辖市）也公告了年度监测成果，满足了公众水土保持知情权。

（4）监测制度和技术标准体系。为使监测工作健康有序开展，水利部门先后制定了《水土保持生态环境监测网络管理办法》（水利部令第12号）、《开发建设项目水土保持设施竣工验收管理办法》（水利部令第16号）、《全国水土保持监测网络和信息系统建设项目管理办法》（办水保〔2004〕99号）、《水土保持监测技术规程》（SL 277）、《北京山区水土流失防治单元——小流域划分》等一系列规章制度和技术标准，促进了水土保持监测的规范化。

（5）科学研究与技术推广。各级水利水保部门和大专院校、科研单位紧密结合生产实践，在“3S”技术应用、信息系统研发、预测预报模型构建、重大专题研究，以及技术合作与交流等方面做了大量工作，其中20多项获得省级以上科技进步奖。2002年，水利部水土保持监测中心以国家协调员的身份，加入了世界水土保持方法与技术协作网（WOCAT），就中国水土保持技术、方法等方面的信息与世界各国进行长期交流。

2. *存在问题*

我国水土保持监测工作虽然取得了可喜的进展和成就，为国家生态建设宏观决策提供了科学的支持，但与加快水土流失防治进程、推进生态文明建设、全面建设小康社会、构建和谐社会和建设创新性国家的迫切需要还不相适应。

（1）水土保持监测网络建设与经济社会发展的需要不相适应。我国是世界上水土流失最为严重的国家之一，水土流失面积大、分布广、危害重、治理难，严重威胁着我国的生态安全、粮食安全和防洪安全。通过全国水土保持监测网络和信息系统建设，初步建成了全国水土保持监测网络，但从目前国民经济社会发展的形势，以及民生水利要求生态建设的发展来看，水土保持监测点在人口密集、人类活动频繁的地区，更显得不足，监测网络尚不完善。

（2）水土保持监测基础设施和服务手段与现代化的要求不相适应。从目前水土保持监测工作的整体来看，水土保持监测基础设施建设标准低、监测信息采集手段落后、监测设施设备差、观测手段和方法落后、自动化程度低，绝大部分水土保持监测点仍依赖人工观测，影响了监测的实效性。

（3）水土保持监测信息资源开发和共享程度与信息化的要求不相适应。由于信息资源开发的分散建设、规范标准不统一、部门成果保护、全局意识不强等问题的存在，造成资源难以整合、信息资源难以共享、软硬件环境得不到高效利用。

（4）水土保持监测网络的管理体制和机制与监测工作可持续发展的要求不相适应。水土流失动态监测与公告、监测网络运行维护等经费没有正常渠道，监测人员工作生活条件艰苦，机构队伍极不稳定，制约了监测工作的正常开展。

3. *需求分析*

新水土保持法明确提出了“县级以上人民政府水行政主管部门应当加强水土保持监测工作，发挥水土保持监测工作在政府决策、经济社会发展和社会公众服务中的作用”。2011年中央一号文件和中央水利工作会议对水土保持工作作出一系列重大部署，明确提出到2020年使重点区域水土流失得到有效治理的总体目标。2012年中央一号文件又指出要加大国家水土保持重点建设工程实施力度，加快坡耕地整治步伐，推进生态清洁小流域建设，强化水土流失监测预报和生产建设项目水土保持监督管理。这是中央文件中首次对水土保持监测工作提出的明确要求。党的十八大强调，把生态文明建设融入经济建设、政治建设、文化建设、社会建设各方面和全过程，形成“五位一体”的总布局，努力建设美丽中国，实现中华民族永续发展。水土资源是基础性的自然资源和战略性的经济资源，是生态环境的控制性要素，搞好水土保持，合理利用和有效保护水土资源是加强生态文明建设的重要内容。总体上看，进一步加强水土保持监测工作，既是政府决策、经济社会发展和生态文明建设的需要，又是水土保持事业发展和公众服务的需要。

4.2.2.2 规划的原则与目标

本规划与全国水土保持规划、大江大河流域水土保持规划相协调，也与现有的相关专业发展规划相协调。按照前瞻性、先进性、分步实施和统筹协调的原则进行编制。规划现状基准年为2015年，分近期和远期两个阶段。

1. 近期目标

到2020年，建成布局合理、功能完善的水土保持网络；水土保持监测的自动化采集程度明显提高；基本建成功能完备的数据库和应用系统，实现各级监测信息资源的统一管理和共享应用；初步建成水土保持基础信息平台；初步实现水土流失重点防治区动态监测全覆盖，生产建设项目水土保持监测得到全面落实，水土流失及其防治效果的动态监测能力显著提高，实现对水土流失及其防治的动态监测、评价和定期公告。

2. 远期目标

到2030年，建成国家水土保持基础信息平台，实现监测数据处理、传输、存储现代化，实现各级水土保持业务应用服务和信息共享；全国不同尺度水土保持监测评价有序开展，生产建设项目水土保持监测健康发展；水土保持监测各项工作持续稳步开展，全面为各级政府制定经济社会发展规划、调整经济发展格局与产业布局、保障经济社会的可持续发展提供支撑。

根据规划的原则和目标，本规划的主要内容包括监测站网、主要任务、数据库及信息系统建设、能力建设和近期重点建设项目等。

4.2.2.3 水土保持监测站网规划

水土保持监测站网由水土保持监测点和野外调查单元组成。水土保持监测点是指为掌握和评价水土流失状况及其变化趋势，科学评价水土流失防治效果，经科学布局的坡面径流场、小流域控制站和宜利用的水文站等。野外调查单元是在开展水土保持调查时，采取分层抽样与系统抽样相结合确定的闭合小流域或集水区，面积一般为0.2～3.0km²。水土保持监测点分为基本水土保持监测点和专项水土保持监测点。基本水土保持监测点分为重要水土保持监测点和一般水土保持监测点。专项水土保持监测点是指为监测评价水土保持重点工程、生产建设项目水土保持设立的监测点。由于专项水土保持监测点是为专门的工程项目服务的，故不纳入全国水土保持监测规划中监测站网的规划。

综合考虑全国水土保持区划、水土流失状况，考虑到水土保持监测工作的特点，结合现阶段水土保持监测站网运行管理方式，按照代表性、重点突出、分层布设、利用现有监测点的原则，进行水土保持监测站网规划。全国规划建设784个监测点（见表Ⅰ.4.2-1）和75846个野外调查单元（见表Ⅰ.4.2-2）。

表Ⅰ.4.2-1 全国水土保持监测点分区规划表

二级区划	总计						其中							
							一般监测点					重要监测点		
	数量	水蚀	风蚀	冻融侵蚀	混合侵蚀	水文站	水蚀	风蚀	冻融侵蚀	混合侵蚀	水文站	水蚀	风蚀	冻融侵蚀
大小兴安岭山地区	9	4		2		3	3		1		3	1		
长白山-完达山山地丘陵区	32	24				8	23				8	1		
……														

表Ⅰ.4.2-2 全国水土流失野外调查单元规划表

省份	水蚀	风蚀	冻融侵蚀	合计
北京	205	3		208
天津	26			26
……				
总计				

4.2.2.4 水土保持监测任务规划

规划开展水土保持定位观测、水土保持调查、重点防治区水土保持监测、水土保持重点工程项目监测和生产建设项目水土保持监测，通过点线面相结合的方式，从不同空间尺度摸清水土流失状况，分析其变化趋势，评价水土流失防治效果。

1. 水土保持定位观测

通过布设在全国不同土壤侵蚀类型区的784个水土保持基本监测点，开展不同土壤侵蚀类型区的水土流失监测，为深入分析研究不同土壤侵蚀类型的水土流失规律、建立水土流失及水土保持治理效益预测预报模型提供基础信息。监测点主要监测小流域径流泥沙、降雨情况、坡面侵蚀状况等内容；地面观测是在小流域出口处布设控制站进行径流泥沙观测，并根据地形、土壤、植被、土地利用等影响因子，选择有代表性的区域布设径流小区进行坡面土壤侵蚀观测，布设配套的雨量站或气象站进行观测。

2. 水土保持调查

根据水土保持调查目的、对象和范围的不同，水土保持调查分为水土保持情况普查和水土保持专项调查。水土保持情况普查是指在全国或省（自治区、直辖市）行政区域内定期开展的全面的、综合性的调查活动，如第一次全国水利普查水土保持情况普查。水土保持专项调查是指在全国范围内或省（自治区、直辖市）行政区域内为完成特定任务而开展的调查活动，如黄土高原淤地坝调查、崩岗调查。水土保持调查的内容主要包括水土流失类型、面积、强度、分布状况和变化趋势，水土流失造成的危害，各类水土保持措施现状、数量、分布及其效益等，采用遥感解译、野外调查、统计分析和模型计算等多种手段和方法进行。全国水土保持情况普查宜每5年开展一次。

3. 重点防治区水土保持监测

水土流失重点防治区包括水土流失重点预防区和重点治理区。本规划主要规定了国家级重点预防区和重点治理区水土保持监测的范围、内容、技术路线等。各地水行政主管部门可以参照国家级重点预防区和重点治理区水土保持监测的开展情况，开展本级重点预防区和重点治理区的水土保持监测工作。国家级水土流失重点预防区23个，涉及460个县级行政单位，重点预防面积43.92万km^2，约占国土面积的4.6%；国家级水土流失重点治理区17个，涉及631个县级行政单位，重点治理面积49.44万km^2，约占国土面积的5.2%。

水土流失重点预防区的监测内容主要包括区域水土流失类型、分布、强度、植被、生态环境因素变化及生态效益、经济效益、工程措施消长情况等；水土流失重点治理区的监测内容主要包括水土流失形式、分布、面积、强度及其变化趋势，以及各项治理措施的水土保持功能及动态变化，水土流失的消长趋势，灾害和治理成果及效益等。重点预防区监测主要采用遥感监测与野外调查复核相结合的方法，重点治理区监测主要采用遥感、地面观测和抽样调查相结合的方法。

4. 水土保持重点工程项目监测

主要是监测国家立项实施的水土保持重点建设工程。对于省级及以下立项实施的水土保持项目，也要根据工程建设需要开展监测工作。水土保持重点工程项目监测侧重于水土流失防治效益的监测和评估，其内容主要包括项目区基本情况、水土流失状况及水土保持措施类别、数量、质量、效益等，重点监测项目实施前后项目区的土地利用结构、水土流失状况及防治效果、群众生产生活条件、生物多样性等。一般采用定位观测、典型调查和遥感调查相结合的方法对水土保持重点工程进行监测，定位观测主要是选择典型小流域，布设监测点，开展水土流失治理效果监测；典型调查主要是选择典型地块和典型农户，监测项目区的基本情况及水土保持措施数量、质量等；遥感调查主要是对项目区的土地利用、植被覆盖度、水土流失面积及强度等进行监测，以对重点工程进行宏观评价。

5. 生产建设项目水土保持监测

为了全面反映生产建设项目开发引起的区域生态环境破坏程度及危害，为制定和调整区域经济社会发展战略提供依据，选取生产建设项目集中连片、面积不小于10000km^2、资源开发和基本建设活动较集中和频繁、扰动地表和破坏植被面积较大的区域，如晋陕蒙接壤煤炭开发区，辽宁冶金煤矿开发区，新疆石油天然气开发区，两淮矿区和鲁南矿区，内蒙古高原内陆河东部煤炭开发区，岷江、金沙江干流水电能源开发区等生产建设项目集中区，以及《全国主体功能区规划》确定的国家重点开发区域。开展区域性的生产建设项目水土保持监测，从而在全国生产建设项目水土保持监测中起到示范带动作用。监测内容主要包括生产建设项目扰动土地状况、土地利用情况、水土流失状况、水土保持措施及效果等，主要采用遥感监测与野外调查相结合的方法，利用遥感监测区域不同时段扰动土地状况、土地利用情况和植被状况，利用统计分析和野外调查监测区域水土保持治理措施数量、质量及分布状况。利用生产建设项目集中区主要河流上的水文站，监测生产建设活动引起的河流流量、含沙量、输沙量等变化情况；通过统计分析，综合评价生产建设项目集中区的水土流失状况、生态环境状况和水土保持效果。

4.2.2.5 数据库及信息系统建设规划

硬件方面：升级改造水利部水土保持监测中心节点1处，流域机构监测中心站节点7处，省级监测总站节点31处，监测分站节点175个；新建监测点节点784处，对配置的软、硬件设备进行维护与更新，保证系统软件和应用软件的正常运行。

软件方面：根据水土保持业务不断发展的新需求，扩充、完善分析与服务功能，构建一个基于统一技术架构的国家水土保持基础信息平台，建成内网和外网两大门户，完善国家、流域、省三级数据库，进一步完善基于水土流失监测预报、生态建设管理、预防监督、社会服务4项业务的应用系统，为水利部、流域机构、省、市、县五级提供水土保持信息服务，实现信息资源共享和业务协同。

4.2.2.6 能力建设规划

1. 监测机构规范化建设

为了保证水土保持监测工作持续健康有序开展，有必要对各级水土保持监测机构从人员编制、监测经费、监测用房、监测设备等方面开展规范化建设。

2. 监测点标准化建设

通过监测点标准化建设，国家水土保持重要监测点的观测数据全面实现固态化存储，并能及时将监测数据传输到省级水土保持监测总站、流域机构监测中心站和水利部水土保持监测中心。水土保持一般监测点也要逐步实现观测数据的自动观测、长期自记、固态存储、自动传输。

3. 监测管理制度体系建设

在分析评价水土保持监测工作已建相关制度的基础上，结合水土保持事业发展，规划开展水土保持监测工作管理制度、水土保持监测网络建设与管理制度、水土保持动态监测制度、水土保持监测公告制度、水土保持绩效评价与考核制度、监测成果认证制度等的建设。

4. 人才培养与队伍建设

对全国各级水土保持监测机构的监测技术人员开展技术培训，全面提升监测技术队伍业务水平。加速培养各类水土保持监测人才，加快建立结构合理、高素质的水土保持人才队伍，全面提高水土保持监测人员的业务技术水平。

5. 科学研究与技术推广

针对水土保持监测急需解决的技术和管理等重大问题，在水土流失监测方法与动态监测技术研究与推广、水土流失灾害与水土保持效益评价、水土保持监测自动化监测设备研发、水土保持数字化技术、土壤侵蚀预测预报及评价模型研究等几个方面进行集中攻关研究。

4.2.2.7 近期水土保持监测重点项目规划

1. 国家水土保持基础信息平台建设

在全国水土保持监测网络和信息系统建设的基础上，通过稳步推进各类监测点的升级改造，初步构成全国水土保持监测站点体系；积极推动水土保持信息采集设备的更新，主推智能化观测设备，提高水土保持信息采集的自动化水平和效率；进行国家、流域和省级水土保持信息资源的整合，完成三级数据中心建设，初步建成全国水土保持数据库体系；充分利用国家水利骨干网、公共网络通信资源等，实现水土保持网络的互联互通；优先建设监测站点的传输网络，提高监测站点数据自动化传输水平。构建科学、高效、安全的国家级水土保持决策支撑体系，为国家生态建设提供决策依据。

2. 全国水土流失动态监测与公告项目

开展国家级水土流失重点预防区和重点治理区监测与水土保持监测点定位观测，收集整理水土保持监测资料，分析不同侵蚀类型区水土流失发展趋势，掌握国家级重点防治区水土流失状况，评价水土流失综合治理效益，发布年度水土保持公报。

开展定位观测的监测点包括50个重点监测点和734个一般监测点，为建立不同侵蚀类型区的水土流失及水土保持治理效益预测预报模型提供基础信息。

生产建设项目集中区水土流失监测主要是选取生产建设项目集中连片、总面积5.41万km^2的晋陕蒙接壤地区，采用遥感监测与野外调查相结合的方法，开展区域性的生产建设项目扰动土地状况、土地利用情况、水土流失状况、水土保持措施及效果等监测，对全国生产建设项目水土保持监测起到示范带动作用。

3. 第五次全国水土保持普查

在第四次全国水土保持普查（即第一次全国水利普查水土保持情况普查）的基础上，开展第五次全国水土保持普查，全面查清全国土壤侵蚀现状，掌握各类土壤侵蚀的分布、面积和强度；全面查清全国水土保持措施现状，掌握各类水土保持措施的数量和分布；更新全国水土保持基础数据库，为科学评价水土保持效益及生态服务价值提供基础数据，为国家水土保持生态建设提供决策依据。

4. 重要支流水土保持监测

在我国长江、黄河、松辽、海河、淮河、珠江、太湖等七大流域中，选择水土流失和治理措施具有区域代表性、对下游防洪安全和生态安全有重大影响、面积大于1000km^2的51条重要支流开展水土保持监测。通过以支流为单元的江河流域土壤侵蚀、水土保持措施和河流水沙变化的动态监测，系统评价流域水土流失状况及变化，为制定大江大河、重点支流水土流失综合防治规划和实施流域及区域生态建设提供决策依据。水土保持监测重要支流详见表Ⅰ.4.2-3。

表Ⅰ.4.2-3 水土保持监测重要支流一览表

流域名称	重要支流名称
长江流域	金沙江下游、岷沱江流域、乌江流域、嘉陵江流域、三峡库区、丹江口水库及上游、洞庭湖水系、鄱阳湖水系
黄河流域	湟水河、祖厉河、皇甫川、孤山川、窟野河、秃尾河、佳芦河、无定河、清涧河、三川河、延河、浑河、昕水河、汾河、渭河
淮河流域	洪汝河、沙颍河、沂河、沭河
珠江流域	南盘江、北盘江
海河流域	北三河、密云水库上游、桑干河、滹沱河
松辽流域	东辽河、柳河、大凌河、浑河、牡丹江、汤旺河、拉林河、洮儿河、饮马河、辉发河
太湖流域	新安江、闽江、钱塘江
内陆河及其他	塔里木河、石羊河、黑河、澜沧江、怒江

5. 重点地区小流域基础数据建设

以全国第一次水利普查河湖数据库为基础，依托1∶5万比例尺数据，对631个县级行政单位进行小流域划分，涉及土地总面积163.65万km^2。主要是利用遥感、地理信息系统、全球定位系统和计算机网络等信息技术，建设以小流域为单元、土地利用图斑管理为基础、定位和定量反映水土流失情况及防治措施面积等动态变化的小流域空间数据库，实现“图斑-小流域-县-省-流域-国家”的水土保持工程建设及效益分析的精细化管理模式。

4.2.3　全国水土保持信息化规划

近年来，各级水利部门坚持以水利信息化带动水利现代化，在水土保持方面，抓住全国水土保持监测网络和信息系统建设的机遇，加强水土保持信息化工作，推动水土保持工作快速发展。根据全国水土保持事业发展和国家信息化发展需要，为了明确今后一个时期水土保持信息化建设目标、任务和重点，水利部水土保持司组织编制了《全国水土保持信息化规划》。

4.2.3.1　发展现状

随着信息化技术在水土保持行业深入应用，特别是在全国水土保持监测网络和信息系统项目的带动下，水土保持信息化工作取得了快速的发展。

1. 信息化基础设施建设稳步推进

截至2011年年底，通过全国水土保持监测网络和信息系统建设、“数字黄河”和21世纪首都水资源可持续利用等项目的实施，建成了水利部水土保持监测中心、七大流域机构水土保持监测中心站、30个省（自治区、直辖市）和新疆生产建设兵团水土保持监测总站、175个水土保持监测分站和735个水土流失监测点；省级以上水土保持部门的各类在线存储设备的存储能力不少于200TB。水土保持信息采集与存储体系初具规模。全国水土保持数据库也不断丰富，省级以上水利部门建成的水土保持数据库数据总量已超过10TB。

2. 业务应用系统开发不断深入

依托全国水土保持监测网络和信息系统建设，在开展流域级、省级数据库及应用系统示范建设的基础上，开发了预防监督、综合治理、监测评价、数据发布等业务的信息管理系统，并在水利部、七大流域机构、31个省（自治区、直辖市）和新疆生产建设兵团水利信息中心安装部署，初步形成了全国水土保持应用系统平台，有效地支撑了水土保持各项业务的开展，显著提升了水土保持行业管理和科学决策水平。

3. 信息社会服务能力日益增强

水土保持网站建设成效显著，形成了以中国水土保持生态建设网站为龙头，七大流域机构、20多个省（自治区、直辖市）水土保持网站为支撑的全国水土保持门户网站体系，为社会各界提供了大量及时、翔实、可靠的水土保持信息。从2003年起，水利部连续发布年度中国水土保持公报，长江水利委员会和23个省（自治区、直辖市）也相应发布年度水土保持公报，为政府决策、经济社会发展和公众信息服务等发挥了积极作用。

4. 信息化保障能力逐步提高

水利部发布了《全国水土保持信息化发展纲要》，先后颁布了《水土保持信息管理技术规程》（SL 341—2006）、《水土保持监测技术规程》（SL 277—2002）、《水土保持监测设施通用技术条件》（SL 342—2006）等一系列技术标准，印发了《水土保持生态环境监测网络管理办法》（水利部令第12号）、《全国水土保持监测网络和信息系统建设项目管理办法》（办水保〔2004〕99号），建立了一支专业配套、结构合理的信息化技术和管理队伍，有力保障了信息化工作的顺利推进。水土保持信息化工作在取得显著成效的同时，仍存在着信息基础设施发展不均衡、信息技术应用水平不高、信息资源整合共享程度低、信息化发展保障条件不足等一些亟待解决的问题。

4.2.3.2　需求分析

全面推进水土保持现代化建设，以水土保持信息化带动水土保持现代化是必然选择。一是国家宏观管理与决策对水土保持信息化的需求。水土流失及其防治状况是国家的一项基本国情信息，全面建设小康社会和生态文明建设需要加快推进水土保持信息化建设，以快速掌握水土保持情况，准确衡量水土资源、生态环境优劣程度和经济社会可持续发展能力，进一步提升国家宏观决策的科学水平。二是水土保持行业管理对信息化的需求。加快推动我国水土保持生态建设进程，既要加大水土流失防治力度，又要采取严格的水土保持管理措施，还需要通过信息化手段提高水土保持预防监督、综合治理精细化、监测评价和科研协作水平。三是社会公众信息服务对水土保持信息化的需求。运用信息化手段创新政府管理与服务，强化水土保持部门的社会管理和公共服务职能，满足社会对公共信息和服务日益增长需求的需要。

4.2.3.3　建设原则与目标

1. 建设原则

按照统筹规划、分步实施，统一标准、分级建设，项目带动、全面推进，需求驱动、面向应用，整合资源、促进共享的原则推动全国水土保持信息化建设工作。

2. 建设目标

到2015年，搭建水土保持行业信息化发展框架体系，基本实现省级以上水土保持部门监督管理、综合治理、监测评价等核心业务的信息化应用。初步建立覆盖国家、流域、省三级水土保持数据采集、传输、交换和发布体系，初步建立全国水土保持信息资源目录体系与交换体系，开展省级以上水土保持业务数据的标准化整合改造，健全与水土保持信息化发展阶段相适应的标准规范和运行管理机制，锻炼和培养一支适应水土保持信息化发展需要的管理和技术人才队伍，初步建成国家级水土保持信息化基础平台。

到2020年，全面推进水土保持信息化发展，基本实现信息技术在县级以上水土保持部门的全面应用，水土保持行政许可项目基本实现在线处理。建立覆盖国家、流域、省、市、县五级和监测点的水土保持数据采集、传输、交换和发布体系，初步搭建上下贯通、完善高效的全国水土保持信息化基础平台。全面完成省级以上水土保持业务数据的标准化整合改造，基本建成国家、流域和省三级水土保持数据中心，建立健全数据更新维护机制，实现信息资源的充分共享和有效开发利用。信息技术在水土保持核心业务领域得到充分应用和融合，全面提升水土保持决策、管理和服务水平。

4.2.3.4 主要建设任务

根据《全国水利信息化发展“十二五”规划》和《全国水土保持信息化发展纲要》，结合全国水土保持生态建设实际，全国水土保持信息化建设的总体框架主要包括门户网站、应用系统、应用支撑体系、水土保持数据库、信息基础设施五项重点建设任务，以及信息化标准规范体系和系统安全与运行维护体系两大基础保障建设内容，如图Ⅰ.4.2-1所示。

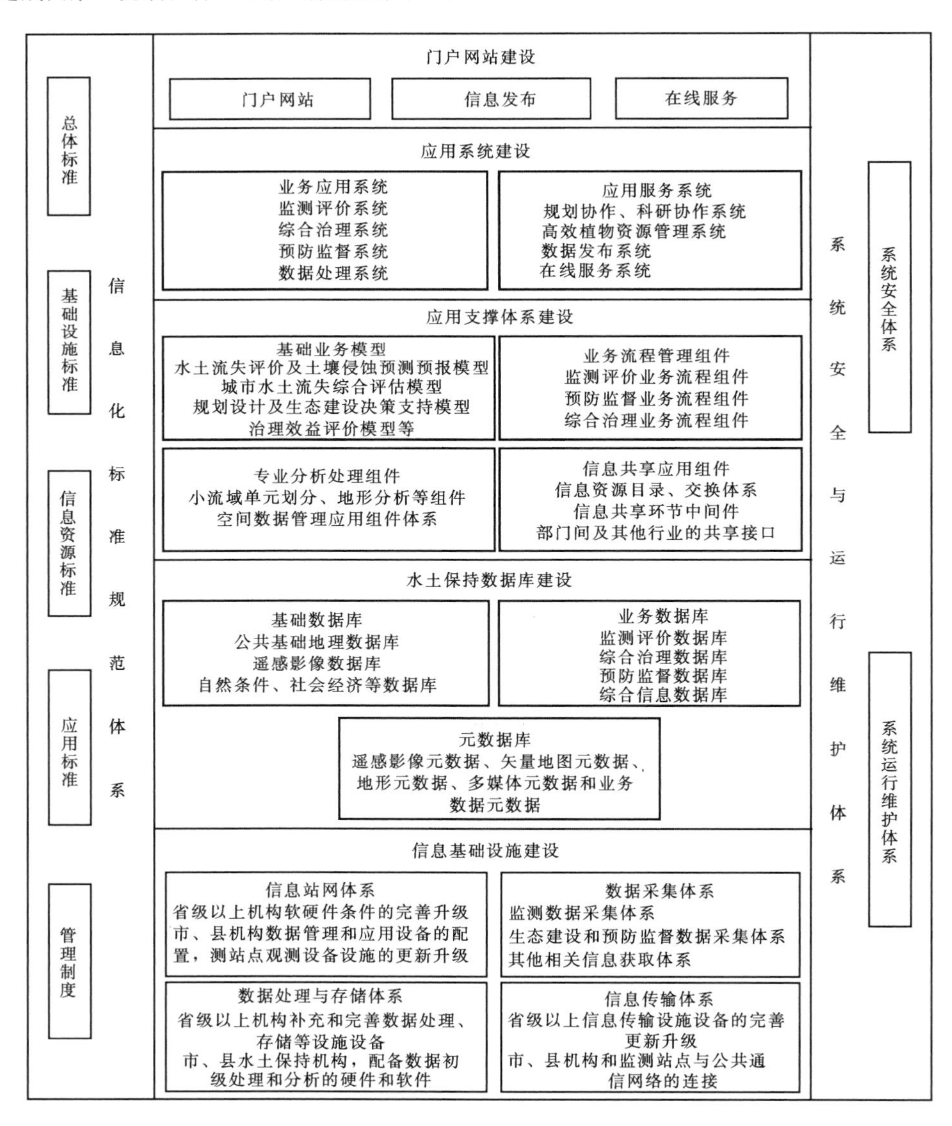

图Ⅰ.4.2-1 全国水土保持信息化建设总体框架图

1. 信息基础设施建设

依托国家及水利行业信息网络资源，建立和完善水土保持信息站网体系、数据采集体系、数据处理与存储体系、信息传输体系等。构建全方位智能化数据采集节点，准确、快速的数据处理环境，建立三级水土保持数据中心基础环境，搭建五级水土保持互联互通传输网络系统。

2. 水土保持数据库建设

在国家、流域、省三级水土保持数据库的基础上，结合水土保持工作的新需求，以全国水土保持数据库“一盘棋”的思路，建立和完善水土保持基础数据库、业务数据库和元数据库，不断完善水土保持数据库管理系统，使各级数据库具有良好的伸缩性、安全性，便于数据库的更新和移植；优化数据资源配置，强化分级运行管理，保证水土保持各应用系统的正常运行，促进数据共享，为面向行业和社会公众的信息服务奠定数据基础。

3. 应用支撑体系建设

水土保持信息化应用支撑建设，是从水土保持业务流程中提炼出公用的、基础的业务处理、分析功能，形成规范统一的各类基础组件，为水土保持业务应用系统建设、运行、协同提供统一的基础支撑服务，提高应用系统建设效率，解决业务应用之间的互通、互操作、数据共享与集成等问题。主要包括基础业务模型、业务流程管理、专业分析处理和信息共享应用等内容。

4. 应用系统建设

水土保持应用系统分为业务应用系统和应用服务系统两大部分。根据水土保持核心业务的发展新需求，按照统一标准和统一技术构架，对水土保持应用系统进行升级改造，完善业务区域特色的功能。业务应用系统是为各类水土保持业务工作开发的系统，是按照监督管理、综合治理及监测评价等核心业务的具体流程，采用面向过程、组件和面向服务等架构开发的应用系统。应用服务系统包括办事类、信息类和辅助决策等服务系统。

5. 门户网站建设

充分依托水利及水土保持行业已有的网站门户资源，结合水土保持业务需求，推进信息发布、在线服务，构建水土保持信息共享与服务平台，全面促进水土保持信息共享和业务协同。健全以中国水土保持生态环境建设网为龙头的国家、流域、省（自治区、直辖市）水土保持机构的门户网站建设，构建统一的水土保持信息对外发布与服务窗口。有条件的市级、县级水土保持机构可建立符合本地区需求的网站门户。

6. 信息化标准规范体系建设

紧密围绕水土保持信息化建设内容，研究梳理水土保持信息化的标准需求，在优先采用国家、水利部已建信息化标准的基础上，按照急用先行、突出重点的原则，有序推进水土保持信息化标准建设，形成较为科学、较为合理的水土保持信息化标准体系，规范和指导水土保持信息化建设工作。省级以下部门可根据实际情况，在国家标准、行业标准的基础上研制地方实用性标准与规范。标准规范主要包括总体标准、基础设施标准、信息资源标准、应用标准和管理制度等。

7. 系统安全与运行维护体系建设

根据国家信息系统安全等级保护相关要求及《水利网络与信息安全体系建设基本技术要求》，结合现有网络与信息安全设施，完善各级水土保持信息系统安全体系，主要包括网络安全、数据安全、系统安全、应用安全、制度建设等。为保证水土保持信息系统的长效服务，建立健全系统运行维护体系，建立信息系统运行维护管理机制，落实运行维护经费，建立信息系统运行管理和运行维护等标准、规范体系，完善运行维护技术手段，保证系统的维护、管理和更新。

4.2.3.5 重点建设项目

围绕全国水土保持核心业务和重点工作，2020年前主要开展10项水土保持信息化重点建设工程。

1. 国家水土保持信息基础平台建设

在全国水土保持监测网络和信息系统建设的基础上，通过稳步推进各类监测点的升级改造，初步构成全国水土保持监测站点体系；积极推动水土保持信息采集设备的更新，主推智能化观测设备，提高水土保持信息采集的自动化水平和效率；进行国家、流域和省级水土保持信息资源的整合，完成三级数据中心建设，初步建成全国水土保持数据库体系；充分利用国家水利骨干网、公共网络通信资源等，实现水土保持网络的互联互通；优先建设监测站点的传输网络，提高监测站点数据自动化传输水平。通过建设，构建科学、高效、安全的国家级水土保持决策支撑体系，为国家生态建设提供决策依据。

2. 水土保持预防监督管理系统

在全国水土保持监测网络和信息系统建设的基础上，继续完善水土保持预防监督管理系统，进一步梳理生产建设项目水土保持方案审批、监理监测、监督检查、设施验收、规费征收等业务，加强各项业务间的衔接和统一，实施一体化管理思路，实现水土保持监督管理业务的网络化和信息化，进一步提高生产建设项目水土保持行政管理效率和社会服务水平。加强对重点防治区、城镇水土保持以及水土保持资质等信息化管理，进一步提升水土保持监督执法效率和能力。主要包括生产建设项目水土保持管理、水土保持监督执法管理、水土保持重点防治区管理、水土保持生态文明建设管理、水土保持资质管理等建设内容。

3. 国家重点治理工程项目管理系统

继续完善国家重点工程项目管理系统，以小流域为单元，按流域和行政区两种空间逻辑进行一体化协同管理，以项目、项目区、小流域三级空间分布，将小流域现状和治理措施落实到地块，实现小流域治理精细化管理，满足不同层次水土保持部门对项目规划设计、实施管理、检查验收、效益评价等信息进行上报、管理与分析的需要，规范水土保持生态工程建设管理行为，提高管理效率和水平。主要包括综合治理项目规划设计、综合治理项目实施管理、综合治理项目监测效益评价、综合治理情况数据统计与上报等建设内容。

4. 水土保持监测评价系统

围绕区域水土保持监测、水土流失定点监测和生产建设项目水土保持监测等监测业务，完善已开发应用的水土保持监测预报系统，加强各项监测业务系统的整合和贯通衔接，提高监测数据快速获取、处理、传输、分析评价和有序管理能力，提升各项监测业务的数字化、网络化和智能化水平。主要包括水土保持遥感监测评价、区域水土流失监测数据管理、水土流失定点监测数据上报与管理、生产建设项目水土保持监测管理等建设内容。

5. 水土流失野外调查单元管理系统

在第一次全国水利普查水土保持专项普查成果的基础上，充分利用地面调查技术、“3S”技术、数据库技术以及物联网技术，构建基于公里网抽样的全国水土流失野外调查与评价系统，实现抽样单元水土流失野外调查数据的自动化采集和高效管理；研究基于抽样调查体系的区域土壤侵蚀预测预报模型及参数，实现区域土壤侵蚀强度的预测预报，为水土流失防治宏观决策提供支持。

6. 小流域基础数据资源建设

基于1∶1万国家基础地理信息数据，分期分批开展小流域单元划分，开展小流域基础图斑野外现场调查，建立以小流域为单元的水土保持基础数据资源数据库，探索实现“图斑-小流域-县-省-流域-国家”的水土保持工程建设及效益分析的精细化管理。

7. 水土保持信息共享与服务平台

基于各级水土保持机构的门户网站，开发信息发布系统、在线服务系统、资源目录服务系统，构建集信息发布、网上办事、互动交流、资源共享于一体的水土保持信息共享与服务平台，畅通信息发布渠道，实现全国水土保持数据物理上分散、逻辑上集中的统一管理，促进数据交换与信息共享。

8. 水土保持规划协作平台

构建集水土保持规划信息采集、海量数据管理、数据共享、信息服务、知识积累、规划管理、成果应用一体化的水土保持规划协作系统，以三维、互动、直观的方式为水土保持规划资料分析、成果编制、规划决策提供专业、全面、实时、准确、高效的信息资源支撑和决策环境，创新水土保持规划技术手段和工作机制，提高规划效率、规划成果利用效率和规划管理效能。主要包括水土保持协同规划辅助支持、规划工作管理、规划成果管理等建设内容。

9. 水土保持高效植物资源管理系统

紧密围绕水土保持行业独具特色、长期积累、成熟的植物资源，提供水土保持高效植物类型和不同水土保持植物的特点和差异，建立水土保持高效植物资源目录索引，适宜生长范围和措施匹配、植物育种等相关内容的水土保持高效植物资源管理系统，为水土保持综合治理、生产建设项目水土保持方案中植物措施优化配置提供信息支撑，为社会公众了解不同区域水土保持高效植物资源，促进农民增收，改善生态环境提供信息服务。主要包括水土保持高效植物资源管理、植物资源目录索引、植物措施配置、植物资源公众服务等建设内容。

10. 水土保持科研协作支撑系统

利用先进的项目管理思想和网络技术，构建集科研资源管理、科技协作于一体的水土保持科研协作和信息共享平台，提高科研协作的管理效率，实现水土保持科研信息的高效共享，促进水土保持科研工作者的交流与协作，推动科研成果的推广和应用。主要包括科研项目信息管理、科技信息管理、科研会议管理、专家信息管理、科研互动平台等建设内容。

4.2.3.6 组织实施

根据规划确定的原则、目标与任务，各级按照统一标准、统一技术构架，统一组织，各有侧重，分级实施，全面完成各项任务，促进水土保持信息化工作快速发展。

水利部负责搭建水利部到流域机构、省级的广域网，完善监测站网体系、数据存储和处理体系；建设国家级水土保持数据库，组织开展应用支撑组件建设，制定国家水土保持信息资源目录体系标准，推进全国信息资源目录建设工作；完善水土保持监督管理、综合治理和监测评价等业务应用系统，组织实施规划协作、科研协作和高效植物资源管理等应用服务系统，构建水土保持信息对外发布与服务窗口；负责组织制定水土保持信息化技术标准规范，建立系统运行与维护机制体系。

流域机构负责流域级数据存储和处理体系建设，加强数据采集能力建设；建设流域级水土保持数据库，配合水利部开展信息资源目录等应用支撑组件建设；按照流域业务需求，开发相适应的应用系统，建设流域外网门户，构建水土保持相关业务的信息对外发布与服务窗口，推进在线服务；在国家、行业标准和运行管理规章制度的基础上，完善相应的标准规范体系和运行维护机制。

省级水行政主管部门负责搭建省级以下的广域网，完善省级的监测站网体系建设，加强数据采集能力和监测站点的规范化建设，建设省级数据存储和处理体系；建设省级水土保持数据库，配合水利部开展信息资源目录等应用支撑组件建设；按照省级业务需求，开发相适应的应用系统，建设省级外网门户，构建水土保持相关业务的信息对外发布与服务窗口，推进在线服务；在国家、行业标准和运行管理规章制度的基础上，完善相应的标准规范体系和运行维护机制。

地市级水行政主管部门负责规范监测站点的水土流失观测设施和实验观测内容，加大自动化观测设施设备比重；建立区域抽样调查样点，配备野外数据采集和遥感数据处理设备；负责组织更新水土保持基础数据和业务数据，负责系统安全和运行维护管理等。

县级水行政主管部门负责监测站点规范化和自动化建设，建立区域抽样调查样点，配备野外数据采集和遥感数据处理设备，更新水土保持基础数据和业务数据，负责系统安全运行。

4.2.4 山洪灾害规划

4.2.4.1 基本情况

1. 自然概况

我国地域广阔，南北纬度跨距大，主要处于季风气候区，夏季风控制我国东部广大地区时间长，导致这一地区降雨多，山洪灾害频繁。西北地区山洪灾害主要由高原和高山特有的融雪洪水和短历时局地强降雨引发。

由于我国暴雨具有的季节性明显、暴雨强度大、分布范围广、地区差异大等主要特征，导致山洪灾害发生频繁。

我国地势西高东低，呈三级阶梯分布，地貌类型复杂多样，以山地高原为主。复杂的断裂构造活动对地形和斜坡岩体的破坏作用明显，强烈的差异升降运动和地震活动使山体稳定性遭到破坏，加速了松散固体物质的积累过程，加剧了泥石流和滑坡的发生，因此，我国构造活动区和地震带多是泥石流和滑坡的集中分布带。

2. 经济社会

截至2000年年底，规划区共有人口55783万人，占全国总人口的44.2%；国内生产总值28118亿元，占全国国内生产总值的28.9%；工业总产值25073亿元，占全国工业总产值的29.3%；农业总产值9501亿元，占全国农业总产值的38.1%；耕地面积62646万亩，占全国耕地面积的32.1%；粮食产量13629万t，占全国粮食产量的29.5%。

3. 灾害损失

我国洪涝灾害导致的人员伤亡，主要发生在山丘区。根据1950—2004年资料统计，除2003年外，我国每年因山洪灾害死亡人数占全国洪涝灾害死亡人数的比例均在60%以上（2003年略低，占49%），2004年更是达到了76%，山洪灾害给人民的生命和财产安全带来了极大的损失。

4.2.4.2 山洪灾害成因及防灾形势

1. 山洪灾害成因

降雨：降雨因素是诱发山洪灾害的直接因素和激发条件。溪河洪水灾害的发生主要是强降雨迅速汇聚成强大的地表径流而引起的，强降雨对泥石流的激发也起着重要的作用。滑坡与降雨量、降雨历时有关，相当一部分滑坡滞后于降雨发生。

地形地质：地形地质因素是发生山洪灾害的物质基础和潜在条件。丘陵、台地和山前平原发生山洪灾害的平均面密度最高，其次为中小起伏山地。软硬相间岩体分布区和次硬岩体分布区发生灾害次数最多。

经济社会因素：不合理的经济社会因素是山洪灾害的主导因素之一。山丘区资源无序开发、城镇不合理建设、房屋选址不当以及大量病险水库的存在等，导致或加剧了山洪灾害。

2. 山洪灾害防治现状

1949年以前我国山洪灾害防治研究工作基本处于空白状态。新中国成立后逐步得到了重视和发展。特别是20世纪60—70年代兴建了一大批防治山洪灾害的工程设施。自80年代以来，我国初步开展了地质灾害调查工作。但专门针对山洪灾害的有关调查和区划工作尚未系统开展。目前部分省（自治区、直辖市）进行了山洪灾害防治试点，取得了显著成效。但由于投入不足、管理薄弱等原因，目前山洪灾害总体防御能力较低，部分山洪灾害严重威胁区甚至无任何防灾措施，极不适应经济社会发展要求。

3. 山洪灾害防灾形势

我国山洪灾害点多、面广。由于缺乏对山洪灾害防治的系统研究和防灾知识宣传，人们主动防灾避灾意识不强，加之不合理的生产生活活动，山洪灾害防灾形势十分严峻。

(1) 经济社会发展对防灾减灾提出了更高要求。随着经济社会的发展，山丘区人口、财产和资产密度还将进一步增长，若不采取切实可行的防治措施，山洪灾害所造成的人员伤亡和经济损失必将同步增长，其影响会越来越深。全面建设小康社会，实现国家经济、社会和环境协调发展的宏观目标，都对山洪灾害防治提出了新的更高的要求。

(2) 山丘区经济社会迅速发展可能导致或加剧山洪灾害。随着人类经济活动的增强，城镇建设、基础设施建设、矿山建设等都可能进一步导致孕灾环境的变化，山洪灾害有加剧的趋势。

4.2.4.3 规划目标

1. 规划范围

本规划范围为除上海市、江苏省、香港特别行政区、澳门特别行政区和台湾省以外的29个省（自治区、直辖市）中有山洪灾害防治任务的山丘区，以山洪灾害范围广、频发、损失严重的省（自治区、直辖市）为重点。新疆生产建设兵团包括在新疆维吾尔自治区范围内，实施计划单列。

2. 规划水平年

2000年为现状基准年，近期规划水平年为2010年，远期规划水平年为2020年，以近期规划水平年为重点。

3. 规划目标

近期（2010年）规划目标：初步建成山洪灾害重点防治区以监测、通信、预报、预警等非工程措施为主与工程措施相结合的防灾减灾体系，基本改变我国山洪灾害日趋严重的局面，减少群死群伤事件发生，财产损失相对减少。

远期（2020年）规划目标：全面建成山洪灾害重点防治区非工程措施与工程措施相结合的综合防灾减灾体系，一般山洪灾害防治区初步建立以非工程措施为主的防灾减灾体系，最大限度地减少人员伤亡和财产损失，山洪灾害防治能力与山丘区全面建设小康社会的发展要求相适应。

4.2.4.4 山洪灾害防治区划

山洪灾害防治区划一方面是根据山洪灾害形成影响因素，划分山洪灾害重点防治区和一般防治区，以利突出重点，按轻重缓急，逐步实施山洪灾害防治措施；另一方面在山洪灾害成灾条件的相似性和差异性分析基础上，进行区域划分，为分区制定防灾对策措施提供依据。

1. 山洪灾害防治区划方案

采用二级区划等级系统，将全国划分为3个一级区和12个二级区。3个一级区的主要特征见表Ⅰ.4.2-4。

表Ⅰ.4.2-4　3个一级区主要特征表

项目	东部季风区	蒙新干旱区	青藏高寒区
占全国总面积比例/%	48.6	24.5	26.9
占全国人口比例/%	95	4.5	0.5
降雨	受季风影响显著，暴雨频繁，雨区广、强度大、频次高	地处内陆，降水较稀少，但局地短历时暴雨较多且强度较大	独特的高原气候，严寒干燥。降水年内分配不均，多以固态形式降落
地形地质	新构造运动上升幅度不大，山地、丘陵、平原类型齐全，海拔多在2000m以下。黑土、黄土、红土以及各类强风化的基岩分布广泛	有显著的差异上升运动，部分地区强烈隆起，形成广大的高原和横亘于高原中的显著山脉。高原海拔多在1000m左右	地势险峻，海拔多在3500～5500m，有“世界屋脊”之称。地形西北高、东南低，分布着许多高大的山脉
经济社会	经济发达，人口稠密，是人类活动对自然影响最大的地区	经济相对落后，但局部地区是北方经济中心	地广人稀，经济落后
灾害现状	调查到溪河洪水灾害沟14371条，发灾66018次；泥石流灾害沟8602条，发灾10558次；滑坡灾害14566处	调查到溪河洪水灾害沟2829条，发灾12905次；泥石流灾害沟1325条，发灾1551次；滑坡灾害1440处	调查到溪河洪水灾害沟1701条，发灾2437次；泥石流灾害沟1182条，发灾1300次；滑坡灾害550处

2. 山洪灾害防治分区特征

(1) 东部季风区(Ⅰ)。该区受季风影响，是我国暴雨最为频繁的地区，雨区广、强度大、频次高。山地、丘陵、平原类型齐全，海拔多在2000m以下。集中了全国90%以上的人口，是我国经济发达的地区，也是全国山洪灾害最为严重的地区。该区溪河洪水灾害分布广泛，以江南、华南和东南沿海的山地丘陵区最为突出；泥石流灾害以西南地区的川西和云贵高原、秦巴山地区最为严重；滑坡灾害主要分布于西南地区的川东低山丘陵、秦巴山地区、华北地区的北方土石山区，华中华东地区和华南地区的山丘地带多浅层滑坡灾害分布。该区人类活动对自然影响大，大量不合理的人类活动导致或加剧了山洪灾害。

东部季风区共分为东北地区、华北地区、黄土高原地区、秦巴山地区、华中华东地区、东南沿海地区、华南地区和西南地区等8个二级区。

(2) 蒙新干旱区(Ⅱ)。该区深处我国内陆，地貌类型以高原为主，海拔平均约1000m，部分山脉海拔高于3000m。大部分地区降水稀少，但伊犁河谷、阴山山麓等局部地区暴雨频繁。该区人类活动对自然的影响不如东部季风区广泛，总体上该区山洪灾害较弱，但局部地区山洪灾害比较严重。

蒙新干旱区分为内蒙古高原地区和西北地区两个二级区。

(3) 青藏高寒区(Ⅲ)。该区地形复杂，自然条件恶劣，是全国人口最为稀少、居住最为分散、经济最为落后的地区。该区泥石流、滑坡多，但形成灾害较少，因此，青藏高寒区是全国山洪灾害较弱的地区。青藏高寒区分为藏南地区和藏北地区两个二级区。

4.2.4.5 山洪灾害防治总体思路

(1) 以最大限度地减少人员伤亡为首要目标，措施立足于以防为主，防治结合，以非工程措施为主，非工程措施与工程措施相结合。

(2) 在山洪灾害威胁区规划采取如下措施：部分区域居民实施永久搬迁；采取必要的工程治理措施保护山丘区重要防洪保护对象；通过建立监测通信预警系统，制定、落实防灾预案和救灾措施等，及时实现安全转移。

(3) 规范人类活动，主要包括提高全民全社会的防灾意识、强化政策法规建设、加强执法力度等。

(4) 水土保持是立足长远治理山洪灾害的根本性措施之一。《全国生态环境建设规划(1998—2050年)》基本满足山洪灾害防治区水土流失治理的需要，本规划不重复计列水土保持投资，但反映水土保持规划的成果。

4.2.4.6 山洪灾害防治总体规划

1. 非工程措施总体规划

(1) 防灾知识宣传教育。广泛深入地开展宣传教育，提高全民和全社会的防灾意识，使山洪灾害防治成为山丘区各级政府、人民群众的自觉行为。

(2) 监测通信及预警系统。监测系统强调专业监测与群测群防相结合，微观监测与宏观监测相结合，突出重点、合理布局，为预报、预警提供基础资料。

通信系统为各监测站、各部门的信息传输与交换、指挥调度指令的下达、灾情信息的上传、灾情会商、山洪警报传输和信息反馈等提供通信保障。

山洪灾害预报分为气象预报、溪河洪水预报和泥石流及滑坡灾害预报，三类预报相辅相成，应加强三类预报相互配合，协调、制作发布预报警报。

(3) 防灾预案和救灾措施。进行山洪灾害普查；建立山洪灾害防御领导、指挥及组织机构；建立各地抢险救灾工作机制等。

(4) 搬迁避让。对处于山洪灾害危险区和生存条件恶劣、地势低洼而治理困难地方的居民实施永久搬迁。鼓励居住分散的居民结合移民建镇永久迁移。

(5) 政策法规。制定和完善与山洪灾害防治相配套的政策法规。

(6) 防灾管理。严格执行相关法律法规和规章制度，对社会生活、生产行为进行管理。

2. 工程措施总体规划

贯彻“以防为主，防治结合”的方针，对受山洪及其诱发的泥石流、滑坡威胁的城镇、大型工矿企业或重要基础设施所在区域采取必要的工程治理措施，保障重要防洪保护对象的安全。

(1) 山洪沟治理规划。综合考虑城镇和重要设施的防洪要求，因地制宜地进行综合治理。

(2) 泥石流沟治理规划。对保护对象重要、泥石流危害严重的泥石流沟，因地制宜地采取适宜的治理措施。

(3) 滑坡治理规划。对经济社会发展造成严重影响的不稳定滑坡，采取必要的工程措施进行治理。

(4) 病险水库除险加固规划。纳入此次山洪灾害防治规划除险加固的病险水库为《全国病险水库除险加固专项规划》范围以外，山洪灾害防治区内失事后将对水库下游造成较大人员伤亡和财产损失的小(1)型、小(2)型病险水库。

(5) 水土保持规划。按照山水田林(草)路统一规划，采取工程措施、生物措施和水土保持耕作措施相结合，进行综合治理。

3. 山洪灾害分区防治规划主要对策措施

(1) 东部季风区(Ⅰ)。广泛深入地开展宣传教育，提高人民群众对山洪灾害的认识，普及防御山洪灾害的基本知识；建立完善的监测通信预警系统，提高预测、预报山洪灾害的能力，以利及时撤离、躲避；建立健全各级防灾、救灾组织，制定切实可行的防灾预案；对于山洪灾害频繁、防治难度大的区域主要采取搬迁避让措施；完善和细化政策法规，加强管理（特别是生产建设项目的管理），规范人类活动，有效避免或减轻山洪灾害。山洪灾害治理规划工程措施也主要集中在该区。

（2）蒙新干旱区（Ⅱ）。主要采取以强化山洪灾害防治宣传教育、搬迁避让为主的非工程措施，加强对生产建设项目的管理，减少人类活动对环境的干扰和破坏。对于山洪暴发频率高、破坏力强，对人民生命财产、工矿、交通等构成严重威胁的局部山洪、泥石流和滑坡，在加强监测、预警的基础上，采取适当的工程措施进行治理。

（3）青藏高寒区（Ⅲ）。加强防灾宣传教育，增加山丘区群众防灾意识，对局部地区受山洪灾害威胁的居民采取搬迁避让措施。对严重威胁重要城镇及重要交通干线（特别是青藏铁路、青藏公路、川藏公路等）的由山洪诱发的泥石流、滑坡灾害，适当采取工程措施进行治理。

4.2.4.7 非工程措施规划

1. 监测系统规划

规划新建自动气象站3886个、多普勒天气雷达站44个、雷电监测站118个、地球观测系统（EOS）探测信息地面接收站11个、卫星地面站225个、风廓线监测站69个、地基GPS水汽遥感监测站118个。水位站879个、水文站466个。水位、雨量信息实现自动采集，流量测验采用驻测和巡测相结合，以巡测方式为主。雨量站13757个，其中区内已建雨量站5022个、新建雨量站8735个。结合其他监测雨量的站点，在东部经济较发达地区基本达到重点防治区间距为10～20km、一般防治区间距为20～40km的雨量站网密度要求，西部少数地广人稀、经济欠发达地区布设密度可相对放宽。

泥石流、滑坡监测分为群测群防监测和专业监测两种。对极度危险的泥石流、滑坡布设专业监测系统；对危险和一般危险的泥石流、滑坡，主要进行专业人员指导下的群测群防监测。规划布设泥石流、滑坡群测群防的村组数为11880个，其中重点防治区6072个、一般防治区5808个；布设泥石流专业监测点1926个、滑坡专业监测点2676个。

通信系统分为主干通信系统和二级通信网。主干通信系统为县级及以上各部门信息交换的通信系统；二级通信网为县级与监测站和乡（镇）、预警点之间的信息传输提供通道，主要包括监测站数据传输通信网、山洪警报传输和信息反馈通信网、数据汇集及信息共享平台。

山洪灾害预报分为气象预报、溪河洪水预报和泥石流及滑坡灾害预报，分别由各级气象预报职能机构、各级水文部门和各级专业灾害监测机构制作发布。气象预警信息由气象部门发布，溪河洪水预警信息由水利部门发布，泥石流、滑坡预警信息由国土资源部门发布。

2. 防灾预案及救灾措施

预案主要内容有：明确防御山洪灾害的组织机构，落实人员组成、职责，制定强化行政指挥手段和责任人的责任意识的措施。阐述本地区暴雨洪水特性、地形地质条件、山洪灾害类型及特点，列出历史上发生的山洪灾害等情况。明确危险区、警戒区和安全区的划分范围。划定成灾暴雨等级，确定避灾的预警程序，规定预警信号、信号发送的手段及责任人、转移路线、转移人员安置办法和地点、转移安置任务的分工，制定人员转移安置的原则和纪律，转移后的生活安置、医疗等。

救灾措施主要包括：普及山洪灾害的基本知识，增强防灾意识；建立抢险救灾工作机制，确定救灾方案；落实具体救灾措施，成立抢险突击队；做好灾后补偿和灾后重建的工作。

3. 搬迁避让规划

规划初步确定在山洪灾害威胁区中实施永久搬迁避让人口218.52万人，其中东部季风区200.10万人、蒙新干旱区3.03万人、青藏高寒区15.39万人。

对移民新址、公共设施等建设用地须进行山洪灾害危害性评估，保障移民迁入安全区，避免二次搬迁或造成新的山洪灾害。

实施移民搬迁是一个复杂的社会经济问题，涉及改革、发展、稳定的大局，应全盘考虑，统筹安排，缜密部署，逐步实施。

4.2.4.8 工程措施规划

对山丘区的重要防洪保护对象，根据山洪沟、泥石流沟和滑坡特点，通过技术经济比较，可适当采取工程措施进行治理。

1. 山洪沟治理规划

工程措施主要布设在城市、村镇、人口密集居民点、大型工矿企业、重要基础设施等处。规划采取工程措施治理的山洪沟约18000条。规划护岸及堤防工程以加固为主，需加固、新建护岸及堤防工程94710km；规划加固改造和新建排洪渠工程89650km，疏浚沟道8920km。

2. 泥石流沟治理规划

规划治理的泥石流沟为泥石流威胁城镇、工矿企业、重要基础设施等的泥石流沟，规划治理的泥石流沟共2462条。泥石流沟治理规划工程量为修建拦挡工程13457座、排导工程8546km、停淤工程1480座。

3. 滑坡治理规划

规划进行治理的滑坡1391个。规划的滑坡治理工程量为截排水沟398400m、挡土墙904.5万m^3、抗滑桩679.1万m^3、锚索347000m、削坡减载8350万m^3。

4. 病险水库除险加固规划

纳入此次山洪灾害防治规划除险加固的病险水库为《全国病险水库除险加固专项规划》范围以外，山洪灾害防治区内失事后将对水库下游造成较大人员伤亡和财产损失的小（1）型、小（2）型病险水库，共16521座，其中小（1）型水库2999座、小（2）型水库13522座。通过对病险水库进行除险加固，消除病险情，确保工程安全和正常使用，充分发挥水库应有的防洪减灾作用。

5. 水土保持规划

《全国生态环境建设规划（1998—2050年）》的水土保持措施内容基本满足山洪灾害防治区水土保持治理的需要。为保障山洪灾害防治区人民群众生命财产安全，达到防灾减灾的目的，应加快水土流失治理速度，对山洪灾害防治区水土流失治理给予重点支持，提前安排。

4.2.5 粗泥沙集中来源区监测规划

4.2.5.1 水土保持监测的现状

黄河粗泥沙集中来源区主要分布在黄河中游右岸皇甫川、清水川、孤山川、窟野河、秃尾河、佳芦河、无定河、清涧河、延河等9条主要支流，总面积为1.88万km^2。涉及陕西、内蒙古2省（自治区）的延安、榆林、鄂尔多斯3个市的15个县（旗、区）。

2005年，水利部黄河水利委员会决定在黄河流域7省（自治区）选择12条坝系作为小流域坝系示范工程开展监测，已连续开展5年监测。该项监测按照《黄河流域水土保持小流域坝系监测技术导则（试行）》开展了坝系建设动态、拦沙蓄水、坝地利用及增产效益、坝系工程安全等方面的监测。

近年来，黄河水土保持生态环境监测中心实施了“黄河中游多沙粗沙区重点支流水土保持动态监测”项目，该项目以2006年9月0.36m分辨率的数字航摄影像开展了多沙粗沙区内皇甫川流域水土保持遥感监测工作，获得了皇甫川流域水土保持措施、土地利用和土壤侵蚀监测数据；2011年皇甫川流域水土保持遥感监测工作正在开展。

2009年12月，水利部以水总〔2009〕609号文批复了《黄河中游多沙粗沙区孤山川等重点支流水土保持监测初步设计报告》，项目采用数字航摄技术，对粗泥沙集中来源区涉及的孤山川、窟野河、秃尾河、佳芦河4条黄河重点支流开展了水土保持措施、土地利用和土壤侵蚀遥感监测工作，并建立项目区监测数据库，该项目已于2011年完成了航空摄影。

2008—2012年，水利部沙棘开发管理中心开展了窟野河流域沙棘减沙项目监测，该项目利用2007年7月的P5和ALOS数据进行合成遥感影像，获取流域自然地貌和土地利用现状资料，同时，在监测期内，利用1∶1万地形图调绘的方法，获取沙棘种植面积，并对沙棘的拦沙效益进行了预测。

从2013年开始，全国水土流失动态监测与公告项目重点防治区监测涉及粗泥沙集中来源区神木县、准格尔旗，该项目以资源三号、高分一号遥感卫星影像为信息源，开展了土地利用、植被覆盖度及土壤侵蚀监测；不同侵蚀类型区土壤侵蚀监测典型小流域涉及皇甫川流域准格尔旗的尔架麻、特拉沟两条小流域，开展了降水、径流、泥沙及淤积、坝地利用监测。

4.2.5.2 水土保持监测工作存在问题

经过多年的工作，项目区的水土保持监测工作取得了一定的成就，但与加快水土流失防治进程、推进生态文明建设的迫切需要还不相适应。当前水土保持监测工作存在的主要问题一是监测网络建设与经济社会发展的需要不相适应；二是监测基础设施和服务手段与现代化的要求不相适应；三是监测信息资源开发和共享程度与信息化的要求不相适应；四是监测网络管理体制和机制与监测工作可持续发展的要求不相适应。

4.2.5.3 水土保持监测需求分析

在黄河泥沙的主要来源地粗泥沙集中来源区实施拦沙工程，是客观评价拦沙工程建设效果的需要，是及时掌握拦沙工程建设动态的需要，为黄土高原治理和生态建设战略决策提供依据。

4.2.5.4 监测期

一期项目监测期为23年，其中建设期3年、运行期20年。

4.2.5.5 监测目标

通过建立黄河粗泥沙集中来源区拦沙工程监测体系和管理系统，形成高效便捷的信息采集、管理、评价及信息发布平台，为国家及相关管理部门及时掌握工程建设和运行情况提供信息服务，为科学评价拦沙工程拦沙减淤、经济效益、生态效益、社会效益提供科学依据，为国家制定区域经济社会发展规划和区域生态安全保障提供技术支撑。

4.2.5.6 监测任务

监测任务主要包括监测设施建设、数据采集和管理系统建设三部分内容。

监测设施建设任务包括建设典型小流域控制站、雨量站，布设拦沙淤地监测点，增加遥感数据处理设备及软件更新。

监测数据采集任务包括拦沙工程建设动态信息采集；典型小流域控制站降水、径流、泥沙、拦沙淤积、蓄水用水、坝地利用、坡面治理措施等数据采集；粗泥沙集中来源区土地利用、植被覆盖、土壤侵蚀、水土流失防治措施等数据采集；项目区水文站降水、径流、泥沙观测资料收集。

监测管理系统建设任务包括建设数据传输、数据存储与备份等，开发拦沙工程监测管理系统。

4.2.5.7 监测管理系统建设

粗泥沙集中来源区拦沙工程监测管理系统是拦沙工程的重要组成部分，主要是利用计算机、传输网络、地理信息系统、数据库等先进技术，运用相关的监测方法，获取拦沙工程项目建设动态、实施效果等相关数据，建立拦沙工程监测数据库；开发监测管理系统，为项目管理、上级领导决策提供数据支持和科学、便捷的管理平台，为社会公众提供及时、准确、全面的信息服务。

根据粗泥沙集中来源区拦沙工程项目水土保持监测的任务和特点，结合该地区水土保持监测网络的实际情况，粗泥沙集中来源区拦沙工程监测管理系统建设内容主要包括：完善项目区数据传输网络，扩充数据存储能力，实现数据容灾备份，改善数据存储环境，完成项目区监测数据库的表结构优化和数据的标准化入库，建成拦沙工程监测数据库，开发拦沙工程监测管理系统等。

4.2.5.8 数据库建设

粗泥沙集中来源区拦沙工程专题数据库是在黄河流域水土保持数据库的基础上构建的，它使各个监测点和工程不同部门的分散信息资源，实现安全、可靠和科学存储。通过数据库实现监测站点、数据分中心、省、流域机构、水利部、国家发展改革委等不同部门的数据访问，为实现拦沙工程水土保持数据分级管理，逐级上报，信息资源快速、高效共享与交换奠定基础，使其既能满足不同级别的参建单位对基础数据的更新维护、应用、管理需要，又能满足不同级别业务主管部门的数据上传、接收、查询、交换、共享、备份等工作需要。

黄河流域水土保持数据库是2007年根据《黄河流域水土保持数据库表结构及数据字典》（SZHH 15—2004）和《黄河流域水土保持信息代码编制规定》（SZHH 12—2004）进行的数据库表结构建库和数据编码。“黄河中游多沙粗沙区孤山川等重点支流水土保持监测”项目已经完成了包括基础信息、自然资源、社会经济、预防监督、综合治理和水土保持监测数据6类表结构优化；对黄河流域水土保持监测数据库进行了优化，本规划将利用现有的成果，不再进行重复建设。

拦沙工程监测新增了拦沙坝观测、水沙观测、降水观测、淤积观测等，原有的数据库表结构部分已经不能满足现在业务工作的需求，影响数据的录入和正常使用，因此需要对现有的数据库表结构进行优化，依据相关标准和新工作需求编制完成《拦沙坝数据库表结构》和《拦沙坝信息代码编制规定》。

4.2.5.9 能力建设

水土保持监测能力建设要全面加强水土保持监测管理规章制度体系建设，建立良好的水土保持监测管理运行机制；建成完善的水土保持监测技术体系，为粗泥沙集中来源区的水土保持生态建设奠定良好的基础；依托高等院校和科研院所，开展水土保持监测科学技术研究和技术推广，提高水土保持监测技术水平；加大对监测机构技术人员的培训，满足开展水土流失监测的人才需求；建立信息畅通、气氛活跃的水土保持技术交流与合作机制。

4.2.5.10 近期重点建设项目

以拦沙坝、典型小流域、粗泥沙集中来源区3个空间尺度为对象，根据其监测内容，布设监测设施，建立数据采集体系，开展拦沙工程建设动态、拦沙淤地、径流泥沙、土地利用、植被覆盖、土壤侵蚀等监测，建设拦沙工程监测管理系统，实现拦沙工程建设科学管理和实施效果定期评价。

总体上，对10130座拦沙坝的建设动态，10条典型小流域的降水、径流、泥沙，563座拦沙坝的拦沙淤地、水土流失防治效果，粗泥沙集中来源区的土地利用、植被覆盖、土壤侵蚀等进行遥感监测。

一期项目，对3306座拦沙坝的建设动态、185座拦沙坝的拦沙淤地进行监测，在10条典型小流域布设10个控制站、30个雨量站，收集7条重点支流13个水文站资料；一期项目建设启动年、建设结束年和运行期，在粗泥沙集中来源区开展土地利用、植被覆盖、土壤侵蚀等遥感监测；建成拦沙工程监测管理系统。

4.2.5.11 投资估算、效果分析和保障措施

拦沙工程一期项目监测建设期监测总投资7959.81万元，其中建安工程费5297.01万元，占总投资的66.55%，设备及安装费1830.98万元，占总投资的23.00%，独立费用381.26万元，占总投资的4.79%，基本预备费450.56万元，占总投资的5.66%。20年运行期费用17863.16万元。

通过建立拦沙工程监测体系，可以及时、全面掌握拦沙工程建设动态，为拦沙工程建设效益评价等提供基础数据，为水土保持宏观决策提供及时有效的依据。

4.2.5.12 保障措施（略）

4.2.6 浙江省水土保持监测与信息化纲要

1. 规划期限

近期水平年为2020年，远期水平年为2030年。

2. 规划目标

按照水土保持事业发展的总体布局，围绕保护水土资源，促进经济社会可持续发展目标，按照水土保持监测服务于政府、服务于社会、服务于公众的要求，建成完善的水土保持监测网络、水土保持数据库和信息管理系统，形成高效便捷的信息采集、管理、发布和服务体系，实现对水土流失及其防治的动态监测、评价和定期公告。

3. 水土保持监测站网

站网组成及监测点分类：浙江省水土保持监测站网由基本监测点、野外调查单元、生产建设项目水土保持监测点和重点治理项目监测点组成。基本监测点按照监测设施分为标准坡面径流场、自然坡面径流场、小流域控制站和水文站。野外调查单元是在开展水土保持调查时，采取分层抽样与系统抽样相结合的方法确定的闭合小流域或集水区，面积一般为0.3～1.0km^2。生产建设项目水土保持监测点和重点治理项目监测点根据项目具体情况进行布设。

水土保持基本监测点：近期对现有14个监测点进行优化调整、提升改造，同时加强自然坡面径流场和利用水文站点的建设。至2020年全省基本监测点的规模动态维持16个，至2030年达到21个。

土壤侵蚀野外调查单元：近期按照总体比例2‰进行系统抽样，其中基本抽样比例为1.25‰，水土流失重点预防区和重点治理区等区域进行不同程度加密，至2020年共布设野外调查单元200个，其中水土流失重点预防区91个、水土流失重点治理区24个、其他区域85个。

4. 水土保持监测任务

通过水土保持定位观测、水土流失调查（包括野外调查单元）、重点防治区监测、水土保持重点工程项目监测和生产建设项目集中区监测，点面结合，从不同空间尺度摸清水土流失状况，分析其变化趋势，评价水土流失防治效果，为全省水土保持生态建设服务。

水土保持定位监测：在全省设置的地面定位监测点进行长期观测，对小流域水土流失进行量化分析，获得所在区域的水土流失动态数据，逐步建立定点观测数据库，用以研究水土流失规律和防治措施效益。监测方法主要为地面监测、调查监测和资料分析。地面定位监测应长期连续进行。

水土流失调查：应用遥感技术等对影响水土流失的主要因子、水土流失状况和水土流失防治情况及其效益进行连续或定期监测，并对所取得的数据进行综合分析。以中、高分辨率的遥感影像为主要信息源，提取土地利用、植被等土壤侵蚀因子空间信息，结合数字高程模型、地质地貌图、土壤图、水土保持规划图等，分析土壤侵蚀强度、分布及面积，掌握水土流失及其防治动态。全省水土流失调查每5年进行一次。

重点防治区监测：对浙江省水土流失重点预防区和重点治理区，主要采取遥感调查、定位观测、抽样调查和统计调查等方法进行监测。每2～3年监测一次，进行相关资料整编，并定期发布有关信息。

水土保持重点工程项目监测：将重点工程项目水土流失和水土保持信息入库，以及治理措施图斑上图，提升重点工程项目科学化、规范化和精细化的管理水平。监测范围主要是省级及以上立项实施的水土保持重点建设工程。根据治理规划的项目分布情况，结合流域和行政区，按照集中连片的原则，对典型治理区域，开展水土保持动态监测。采用定位观测、典型调查和遥感调查（或无人机航摄）相结合的方法进行监测。定位观测长期进行，典型调查每年进行一次，遥感调查在项目背景调查和项目完成后第2年各开展一次。

生产建设项目集中区监测：近期布设金华产业集聚区、衢州产业集聚区和丽水生态产业集聚区等生产建设项目集中监测区。生产建设项目集中区主要采用遥感监测与野外调查相结合的方法，实现“天地一体化”动态监测。利用遥感监测区域不同时段扰动土地状况（面积、范围及其变化）、土地利用情况和植被状况、水土流失影响与危害；利用统计分析和野外调查，监测区域水土保持治理措施数量、质量及分布状况；利用生产建设项目集中区下游主要河流的水文

站，监测生产建设活动引起的河流的流量、含沙量、输沙量等变化。综上，通过统计分析，评价生产建设项目集中区的水土流失状况、生态环境状况和水土保持效果。

5. 水土保持信息化建设

浙江省水土保持信息化建设的总体框架主要包括信息基础设施、数据库、应用支撑体系、应用系统等重点建设任务，以及标准规范体系、系统安全与维护体系两大基础保障建设内容。

信息基础设施建设：依托浙江省及水利行业信息网络资源，建立和完善水土保持信息网络体系、数据采集体系、数据处理和存储体系、信息传输体系等。构建全方位智能化数据采集节点和准确、快速的数据处理环境，建立水土保持数据中心基础环境，搭建水土保持互联互通传输网络系统。

数据库建设：水土保持数据库包括基础数据库、业务数据库和元数据库。基础数据库包括自然条件、社会经济、基础地理（如小流域划分等）和遥感影像、地面或低空的照片及视频监控等数据库。业务数据库包括监测站网、样地调查、遥感调查、生产建设项目、综合治理项目、预防监督、水土保持规划和综合信息等数据库或应用系统。元数据库主要用于存储水土保持数据库中各种数据的元数据，满足数据快速检索、定位、管理和信息资源的整合，改进数据库的有效存储，满足数据共享等，主要包括遥感影像、矢量地图、地形、多媒体和业务数据等元数据。

应用支撑体系建设：主要包括基础业务模型、业务流程管理、专业分析处理和信息共享应用等内容。省级水土保持应用支撑体系建设主要是根据本地区水土保持工作的实际需要，在国家级应用支撑体系建设的基础上，有选择地加以利用，组成符合本地区实际特点的应用支撑体系。

应用系统建设：对水土保持应用系统进行升级改造，完善区域特色的业务功能。业务应用系统是按照监督管理、综合治理、监测评价等核心业务流程，采用面向过程组件和面向服务等架构开发的应用系统。研发面向不同类别用户的综合应用平台，该平台由信息共享和服务平台、生产建设项目管理系统、监测信息管理系统、综合治理项目管理系统四大业务应用系统组成，具有数据上报、处理、共享和综合信息应用等功能，是水土保持各类业务应用系统数据交互、共享和支撑的平台。应用服务系统包括办事类、信息类、政务协同和辅助决策等服务系统。基于水土保持的相关业务，进一步加强政务协同和辅助决策，提高水土保持的业务水平和公共服务水平。主要包括规划管理信息系统、水土保持科研协作支撑系统、水土保持植物资源管理系统、表土渣土资源数字化信息平台和移动终端系统。

标准规范体系、系统安全与维护体系建设：省级水土保持信息化的标准规范体系、系统安全与维护体系主要采用国家和水利、水土保持行业已建的体系。

6. 监测能力建设

监测机构、监测点规范化建设：开展水土保持监测机构的规范化建设，主要包括机构的人员结构、监测设备、监测经费等方面；开展水土保持监测点标准化建设，主要包括监测点的观测数据全面实现自动观测、长期自记、固态存储、自动传输。

监测管理制度体系建设：在分析评价水土保持监测工作已建相关制度的基础上，结合水土保持事业发展，开展水土保持监测工作管理制度、水土保持监测网络建设与管理制度、水土保持监测公告制度、监测成果认证制度等的建设。

人才培养与队伍建设：开展水土流失观测、"3S"应用、监测网络管理等方面的技术培训，培养各类水土保持监测人才，全面提高水土保持监测从业人员的业务技术水平。根据监测技术的发展和生态建设的需要，开展监测人员继续教育，保证监测知识和技术更新，满足不断发展的水土保持及监测工作的需要。

科学研究与技术推广：力争在浙江省土壤侵蚀规律和水土流失机理研究、经果林林下水土流失防治研究、城市水土保持关键技术研究、水土流失调查评价方法研究、区域水土保持健康诊断研究、水土保持自动监测设备研发和生产建设项目水土流失监测技术研究等方面取得重要突破。各级监测机构和监测技术服务单位要寻求多方合作，试验和推广监测新技术、新成果。密切联系国土资源、农业、林业和环境保护等部门，建立数据共享机制，促进全省监测预报工作的开展。密切跟踪世界水土保持监测发展的最新动向，引进国外先进技术、先进经验和适合浙江省的先进仪器设备，加速浙江省水土保持现代化进程。寻求机遇，与有关国家或地区建立水土保持监测新技术、水土保持自动化监测等方面的国际合作关系，开展水土保持监测技术交流与合作。

科普宣传：充分利用互联网发达、群众生活水平提高等有利条件，在传统科普宣传的内容和形式的基础上，创新科普宣传的载体，扩大科普宣传范围及影响。

7. 近期重点项目

监测站网建设：一是完善水土保持监测网络，开展水土保持监测机构标准化建设；二是开展水土保持监测点标准化建设。至2020年，完成部分已有站点的改造升级，新建监测点2个，逐步完善水土保持监测站网。在全省现有96个野外调查单元的基础上，至2020年再建立104个调查单元。

水土保持监测任务：规划近期开展一次全省水土流失调查；结合水土流失重点防治区及重要江河源头区水土流失监测、水土保持监测点定位观测，分析不同区域水土流失发展趋势，掌握水土流失重点防治区及重要江河源头区水土流失状况，评价水土流失综合治理效益，发布年度水土保持公报；选择水土保持重点工程比较集中的典型区域，采用定位观测和典型调查相结合的方法，对水土保持工程的实施情况进行监测；规划针对产业集聚区等生产建设项目集中区开展水土保持监测。

水土保持信息化建设：近期新建监测站节点2个。对全省水土保持监测网络和信息系统建设配置的软、硬件设备进行维护与更新，进行网络系统的安全评估，保证系统软件和应用软件的正常运行。完成基于GIS平台的水土保持数据库应用软件的研究和开发并投入生产使用。以省级监测中心站节点为单元，完成规划期内省级监测中心站、各监测分站节点所辖水土保持信息的组织入库工作，组织进行其他水土保持信息数据库的研究、开发与建设，完成数据的更新与维护，实现对数据库中记录的增加、删除和修改功能；支持实时采集数据自动入库；实现数据一致性检验和数据格式转换的功能。研发面向不同类别用户的综合应用平台。

8. 保障措施（略）

参 考 文 献

[1] 黄河上中游管理局. 黄河流域水土保持规划（修编）报告［R］. 2012.

第5章　专　章　规　划

章主编　孟繁斌　凌　峰　张　锋

章主审　张　超　王白春

本章各节编写及审稿人员

节次	编写人	审稿人
5.1	王治国　孟繁斌　李小芳	张　超 王白春
5.2	闫俊平　张　超　杨伟超　张玉华　贾洪文　任兵芳 范海峰　高　远　张　锋　马　永　付贵增　凌　峰 王白春　李　欢	

第5章 专章规划

5.1 专章规划任务与内容

专章规划应满足国家和相关省（自治区、直辖市）水土保持规划对区域的要求和定位，根据国家和相关省（自治区、直辖市）水土保持规划合理拟定目标、任务和规模，主要内容要与国家和相关省（自治区、直辖市）水土保持规划相衔接。具体内容包括：明确规划区域水土流失及其防治情况，水土保持监测及监督管理情况。合理确定规划区域水土保持目标任务，根据全国水土保持区划成果和区域实际情况，明确区域水土保持分区及布局。根据各级水土流失重点预防区和重点治理区划分情况，明确区域水土流失重点预防范围和重点治理范围。明确区域预防范围、对象、措施体系及预防重点等预防规划内容。明确区域治理范围、对象、措施体系及治理重点等治理规划内容。

5.2 专章规划案例

5.2.1 流域规划中的水土保持规划

5.2.1.1 长江流域综合规划水土保持专章

1. 水土保持现状及存在问题

（1）水土流失现状。长江流域是我国水土流失严重的区域之一。流域内水土流失类型以水力侵蚀为主，兼有风力侵蚀、冻融侵蚀、重力侵蚀，以及泥石流、崩岗等混合侵蚀。长江流域水土流失面积53.08万km^2（仅包括水力侵蚀面积和风力侵蚀面积），占流域面积的29.5%，其中水力侵蚀面积52.41万km^2，风力侵蚀面积0.67万km^2。年土壤侵蚀量达19.35亿t，水土流失面积和年土壤侵蚀量均居我国各大江河流域之首。

（2）水土流失分布。水土流失主要分布在长江上中游地区，水土流失面积约52.25万km^2，占全流域水土流失面积的98.4%。上游地区以金沙江下游、嘉陵江、沱江、乌江流域及三峡库区，中游地区以汉江上游、沅江中游、澧水和清江上中游、湘江资水中游和赣江上中游、大别山南麓等区域水土流失问题较为突出，水土流失较严重的有四川、湖北、重庆、贵州、云南、湖南、陕西、江西等省（直辖市）。水力侵蚀普遍分布；冻融侵蚀和风力侵蚀主要分布于青藏高原；滑坡、泥石流多发于滇东、川西、陇南和三峡库区；崩岗侵蚀主要分布于南方红壤丘陵区，共有大于60m^2的崩岗7.38万个。

（3）水土保持现状。全流域已累计治理水土流失面积近30万km^2，水土流失面积由20世纪80年代中期的62.22万km^2减少到53.08万km^2，下降了15%，长江上游"四大片"水土流失面积和强度均有不同程度的降低，初步实现了流域水土流失面积由增到减的历史性转变。

（4）存在的主要问题。长江流域水土保持存在以下主要问题：一是流域内尚有超过50万km^2的水土流失亟待治理；二是投入不足影响治理效果；三是体制机制亟待创新；四是生产建设活动造成人为水土流失的形势依然严峻；五是水土保持监测和科研工作尚需进一步加强。

2. 规划目标

至2030年，共治理水土流失面积39.8万km^2，完成75%左右的水土流失治理任务，水土流失严重地区实现基本治理，年均减少土壤侵蚀量2.75亿t，提高水源涵养能力75亿m^3，治理区林草覆盖率提高10个百分点左右；全面落实水土保持"三同时"制度；全面建成流域水土保持监测网络体系，实施水土流失动态监测，实现流域生态环境良性循环。

3. 防治分区及总体布局

（1）水土保持分区。主要针对水力侵蚀和风力侵蚀进行水土流失区划分。根据地貌类型和区域水土流失特征，将长江流域划分为青藏及川西高原水蚀风蚀区、横断山脉水蚀区、滇北及川西南山地水蚀区、云贵高原水蚀区、四川盆地及盆周山地水蚀区、秦巴山区及大别山水蚀区、武陵山水蚀区、江南山地丘陵水蚀区、长江中下游平原水蚀风蚀区等9个水土流失区，并根据水利部公告的国家级水土流失重点防治区，确定各水土流失区重点预防保护、重点监督管理和重点治理的范围。

青藏及川西高原水蚀风蚀区：涉及青海、西藏、四川3省（自治区），土地面积33.58万km^2，水土流失面积3.98万km^2。该区青海省9个县（市）、四川省15个县属国家级重点预防保护区。水土保持工作重点是加强长江源头区、金沙江上中游、岷江大渡河上游预防保护，采取以草定畜、人工种草、补播施肥、治理鼠害和虫害等措施，对退化的草场进行改良，有效保护现有草场和森林植被。

横断山脉水蚀区：涉及云南、四川2省，土地面积11.39万km^2，水土流失面积2.25万km^2。该区四川省7个县属国家级重点预防保护区；四川省2个县属国家级重点治理区。水土保持工作重点是加强金沙江上中游预防保护，保护现有草原和森林，辅以水土保持造林种草措施；河谷地带要加强基本农田和饲草基地建设，并配套小型水利水保工程。

滇北及川西南山地水蚀区：涉及云南、四川2省，土地面积12.91万km^2，水土流失面积5.94万km^2。该区云南省19个县（市、区）、四川省23个县（市、区）属国家级重点治理区。水土保持工作重点是加强金沙江上中游预防保护和金沙江下游水土流失重点治理，加大坡耕地治理力度，促进陡坡耕地退耕；干热河谷地带要调整产业结构，提高土地集约化经营水平；加强滑坡、泥石流等突发性水土流失灾害的预警和治理。

云贵高原水蚀区：涉及云南、贵州、重庆、四川、湖南5省（直辖市），土地面积14.46万km^2，水土流失面积6.61万km^2。该区贵州省13个县属国家级重点预防保护区；贵州省22个县（市、区）、四川省2个县、重庆市1个县属国家级重点治理区。水土保持工作重点是加强湘资沅上游预防保护和乌江流域水土流失重点治理，突出石漠化地区坡耕地治理，抢救土地资源，建设基本农田；加强坡面径流调控，以蓄为主建设坡面小型水利水保工程，保护土地资源；加速荒山荒坡绿化，提高林草覆盖率。

四川盆地及盆周山地水蚀区：涉及四川、重庆、贵州3省（直辖市），土地面积18.95万km^2，水土流失面积9.3万km^2。该区四川省3个县、重庆市1个县属国家级重点预防保护区；重庆市10个县（区）属国家级重点监督区；重庆市13个县（区）、四川省26个县（市、区）属国家级重点治理区。水土保持工作重点是加强嘉陵江中下游、沱江流域和三峡库区水土流失重点治理，实施坡耕地综合整治，配套坡面水系工程，因地制宜发展经果林；结合“5·12”汶川大地震灾后重建，加强水土保持生态建设；加强滑坡、泥石流预警。

秦巴山区及大别山水蚀区：涉及甘肃、陕西、重庆、四川、湖北、河南、安徽等省（直辖市），土地面积28.99万km^2，水土流失面积13.44万km^2。该区陕西省10个县（区）、河南省2个县、湖北省9个县、安徽省6个县（区）属国家级重点预防保护区；湖北省3个县（区）、重庆市4个县（区）属国家级重点监督区；甘肃省13个县（区）、陕西省20个县（区）、四川省10个县、重庆市5个县（区）、河南省3个县、湖北省8个县（市）属国家级重点治理区。水土保持工作重点是加强汉江上游、桐柏山大别山预防保护和嘉陵江上游、汉江上游、三峡库区水土流失重点治理；在西汉水流域黄土区应搞好坡耕地治理和蓄水灌溉设施配套，加强滑坡、泥石流预警和侵蚀沟治理。

武陵山水蚀区：涉及重庆、湖北、湖南、贵州4省（直辖市），土地面积7.85万km^2，水土流失面积2.96万km^2。该区贵州省1个县属国家级重点预防保护区；湖北省2个县（市）属国家级重点监督区；重庆市1个县、湖北省2个县（区）、湖南省6个县（区）属国家级重点治理区。水土保持工作重点是加强清江上中游水土流失重点治理，有效防治山洪灾害；开展植被建设，改造次生低效林；实施溪沟整治，保护基本农田，促进陡坡耕地退耕；重视石灰岩地区小型水利水保工程建设。

江南山地丘陵水蚀区：涉及湖南、江西、湖北、安徽、广西、福建、广东等省（自治区），土地面积30.29万km^2，水土流失面积6.16万km^2。该区广西壮族自治区4个县、湖南省13个县（区）、江西省3个县、安徽省3个县（区）属国家级重点预防保护区；湖南省16个县（区）、江西省12个县（区）属国家级重点治理区。水土保持工作重点是加强湘资沅上游预防保护和湘资沅中游、澧水上中游、赣江上中游水土流失重点治理，推广保土耕作措施，改良土壤；加强植被建设，乔灌草结合改造马尾松纯林，解决林地水土流失问题；加强经果林开发的水土保持措施；对崩岗实施专项治理。

长江中下游平原水蚀风蚀区：涉及河南、湖北、湖南、安徽、江西、江苏、浙江、上海等省（直辖市），土地面积21.58万km^2，水土流失面积2.44万km^2。该区湖北省2个县、安徽省2个县属国家级重点预防保护区。水土保持工作重点是以预防保护和生态修复为主，对局部水土流失较严重的区域，开展小流域综合治理；采取植树造林措施，加强鄱阳湖周边滨湖沙地的风蚀治理。

(2) 总体布局。坚持预防为主，对长江源头区、金沙江上中游、岷江大渡河上游、汉江上游、桐柏山大别山区、湘资沅上游等重点预防保护区域加强预防保护，维护优良生态。强化监督管理，对长江源头区等生态脆弱地区、金沙江下游水电开发区、重要水源保护区、滑坡泥石流多发地区以及国家批复立项的跨区域大型生产建设项目涉及的重点监督区域加强监督管理，有效遏制人为水土流失。加强综合治理，突出“两大生态脆弱区”（长江源头区、西南石漠化地区）、“两大产沙区”（金沙江下游、嘉陵江上游）、“两大库区”（三峡库区、丹江口库区及上游）、“两大湖区”（洞庭湖、鄱阳湖）等重点治理区域的水土流失综合治理，加快水土保持生态建设步伐。开展一批水土保持示范工程建设，建立和完善流域水土保持监测及信息系统。

4. 综合防治规划

（1）预防保护规划。坚持“预防为主、保护优先”的方针，对重点预防保护区域，综合采取法律、行政和植被恢复措施，保护现有林草植被。主要措施包括：健全管护机构，设立保护标志，实现专人管理；完善水土保持预防保护制度，严格保护区的资源开发准入，积极探索落实生态补偿机制；抓好植被恢复，实施疏林补植、退耕还林，加强生态移民、以电代柴、以煤代柴，发展沼气。

（2）综合治理规划。对重点治理区域，以小流域为单元，以坡耕地治理为重点，以径流调控为主线，结合面源污染控制，采取坡耕地综合整治、沟道治理、营造水土保持林草、配套小型水利水保工程等综合治理措施，促进生态修复。结合不同水土流失区综合治理措施配置情况，确定各项水土保持措施规模。到2020年，治理水土流失面积21.2万km^2，其中坡改梯1.4万km^2，营造水土保持林5.1万km^2、经果林2.9万km^2，种草0.9万km^2，保土耕作1.2万km^2，实施生态修复9.7万km^2；至2030年，共治理水土流失面积39.8万km^2。

（3）水土保持监测规划。在全国水土保持监测网络及信息系统建设一期、二期工程的基础上，增设监测分站；根据流域各水土流失区及重点工程布局情况，建设地面定位监测点，开展地面监测；采用遥感普查和抽样调查相结合的方法，每5年进行一次全流域水土流失普查，掌握流域水土流失动态变化；对水土流失严重的典型区域和生产建设项目人为水土流失开展典型监测；建设流域监测中心站、省级监测总站共享的分布式水土保持监测管理信息系统，实现数据交换与信息共享。

（4）科研及科技示范推广规划。完善长江流域水土保持科研管理体系和水土保持试验体系，重点从基础应用理论、治理技术、效益评价、动态监测技术、信息系统开发、政策和发展战略等方面开展水土保持科学研究，提高水土保持科技水平。在流域各水土流失区建设一批集科研、监测、示范、推广、科普教育于一体的水土保持生态科技示范园，在流域水土流失重点治理区开展水土保持大示范区、示范县和示范小流域建设。

（5）长江上游滑坡泥石流预警规划。规划在云南、贵州、四川、甘肃、陕西、湖北、重庆、西藏等省（自治区、直辖市）滑坡泥石流易发区新增预警县10个，使预警系统扩大到13个市（州、区）的48个县（市）。近期新增监测预警点44个，使监测预警点数量达到100个，逐步形成专业站点监测网络；实施群策群防重点县38个、群策群防点190个，治理泥石流沟10条；对现有56处监测预警点加强自动化监测，选择25个重点监测预警点开展自动化监测示范，提高预警系统科技水平；至2030年，进一步扩大预警范围，增加监测预警点，建立较完善的滑坡泥石流预警系统。

5. 重点防治工程规划意见

长江流域水土保持重点防治工程包括以下10个工程。至2020年，通过重点防治工程治理水土流失面积约20万km^2；至2030年，通过重点防治工程共治理水土流失面积约33万km^2。

（1）长江源头区水土保持预防保护工程。长江源头区涉及青海省4州（市）的8个县（市），土地面积16.57万km^2，规划对长江源头区实施预防保护，划定保护区界线，建立保护标志；健全水土保持配套法规和规章制度，落实专职监督管理人员，配置执法装备；开展水土保持宣传和警示教育，在村镇周边地区实施生态修复示范点。到2020年，治理水土流失面积1.10万km^2；至2030年，共治理水土流失面积2.20万km^2，有效遏制生态退化的趋势。

（2）长江流域坡耕地水土流失综合整治工程。长江流域坡耕地面积10.52万km^2，主要分布在云南、贵州、四川、重庆、陕西、湖北、湖南、西藏等省（自治区、直辖市）。以坡改梯为重点，配套坡面小型水利水保工程，建设田间道路，加强地埂利用，促进陡坡耕地退耕还林还草，有效控制坡耕地水土流失，减少江河泥沙来源，改善治理区农业生产条件。到2020年，实施坡改梯1.58万km^2；至2030年，共实施坡改梯2.64万km^2。

（3）长江流域崩岗防治工程。湖北、湖南、江西、安徽等省的204个县（市、区）共有大于60m^2的崩岗7.38万个，采取工程措施和植物措施相结合、综合治理和开发利用相结合治理活动型崩岗，以生态修复措施为主治理稳定型崩岗，遏制崩岗分布区生态环境恶化趋势，有效保护土地资源，实现防灾减灾。

到2020年，治理崩岗3.64万个，其中治理活动型崩岗2.49万个，治理稳定性崩岗1.15万个，使稳定型崩岗全部得到治理；至2030年，共治理崩岗5.51万个，其中治理活动型崩岗4.36万个。

（4）长江流域石漠化治理工程。长江流域石漠化面积8.63万km^2，分布较集中地区的有云南、贵州、广西、湖南、湖北、重庆、四川等省（自治区、直辖市），对现有林草植被加强保护，开展植被建设，发展草食畜牧业，建设基本农田，配套小型水利水保工程，开展沟道整治和泉水引用工程，结合沼气、太阳能、小水电等农村替代能源措施，在规划区建立起水土流失、石漠化综合防治体系，使水土资源得到有效保护和利用，生态系统逐渐恢复，生态退化的态势得到根本改变，农民生存、生产、生活条件和农村基础设施有较大改善，农业综合生产能力和群众生活水平显著提高。

（5）丹江口库区及上游水土保持重点防治工程。丹江口库区及上游涉及陕西、湖北、河南、四川、重庆、甘肃等省（直辖市）的49个县（市、区），土地面积9.52万km^2，水土流失面积3.95万km^2，占土地面积的41.5%。根据国务院批复的《丹江口库区及上游水污染防治和水土保持规划》，采取坡耕地综合整治、沟道防护、水土保持林草和生态修复等措施，近期治理水土流失面积1.98万km^2；至2030年，共治理水土流失面积3.64万km^2。达到控制面源污染、减少入库泥沙、保护水库水质的目的。

（6）三峡库区水土保持重点防治工程。三峡库区涉及重庆市和湖北省的24个县（市、区），土地面积6.86万km^2，水土流失面积3.32万km^2，占土地面积的48.4%。采取以小流域为单元的水土流失综合防治，调整农村产业结构，发展库区特色农业和林果业，建设生态清洁小流域。到2020年，治理水土流失面积2.0万km^2；至2030年，共治理水土流失面积3.32万km^2，达到扩大环境容量、控制面源污染的目的。

（7）金沙江下游水土保持重点防治工程。金沙江下游涉及云南、四川2省的52个县（市、区），土地面积12.73万km^2，水土流失面积5.92万km^2，占土地面积的46.5%。以控制坡耕地水土流失和沟道侵蚀为重点，利用光热资源优势，调整产业结构，进行立体农业开发，同时加强监督管理，严格控制金沙江水利水电、公路和铁路等生产建设项目造成新的人为水土流失。到2020年，治理水土流失面积2.37万km^2；至2030年，共治理水土流失面积4.44万km^2。

（8）嘉陵江流域水土保持重点防治工程。嘉陵江流域涉及陕西、甘肃、四川、重庆4省（直辖市）的83个县（市、区），土地面积15.98万km^2，水土流失面积8.21万km^2，占土地面积的51.4%。嘉陵江上游以综合治理为主，建设基本农田，因地制宜发展经果林，加强侵蚀沟道治理和滑坡泥石流监测预警；中下游以生态修复为主，加强预防保护和封禁管育。到2020年，治理水土流失面积3.28万km^2；至2030年，共治理水土流失面积6.16万km^2。

（9）洞庭湖水系水土保持重点防治工程。洞庭湖水系涉及湖南、湖北、贵州、江西、广西、重庆和广东等省（自治区、直辖市）的172个县（市、区），土地面积26.3万km^2，水土流失面积5.58万km^2，占土地面积的21.2%。以湘资沅中游和澧水上中游为重点，控制坡耕地水土流失，加强溪沟整治和崩岗防治，减轻山洪灾害。到2020年，治理水土流失面积2.23万km^2；至2030年，共治理水土流失面积4.19万km^2。

（10）鄱阳湖水系水土保持重点防治工程。鄱阳湖水系涉及江西、福建、湖南、浙江、安徽和广东6省的105个县（市、区），土地面积16.22万km^2，水土流失面积3.42万km^2，占土地面积的21.1%。以赣江上中游为重点，控制坡耕地水土流失，改良红壤，调整农业产业结构，注重经果林建设，加强崩岗防治和林地水土流失治理。到2020年，治理水土流失面积1.37万km^2；至2030年，共治理水土流失面积2.57万km^2。

5.2.1.2 黄河流域综合规划水土保持专章

1. 基本情况

（1）自然条件。黄河流域位于东经95°53′～119°05′、北纬32°10′～41°50′之间，西起巴颜喀拉山，东临渤海，北抵阴山，南达秦岭，横跨青藏高原、内蒙古高原、黄土高原和华北平原等4个地貌单元，地势西部高，东部低，由西向东逐级下降，地形上大致可分为三级阶梯。黄河流域属大陆性气候，各地气候条件差异明显，东南部基本属半湿润气候，中部属半干旱气候，西北部为干旱气候。流域年平均气温为6.4℃，由南向北、由东向西递减。近20年来，随着全球气温变暖，黄河流域的气温也升高了1℃左右。降水量总的趋势是由东南向西北递减，降水最多的是流域东南部湿润、半湿润地区，降水量最少的是流域北部的干旱地区。流域降水量的年内分配极不均匀，年际变化悬殊。

（2）社会经济。黄河流域涉及青海、四川、甘肃、宁夏、内蒙古、陕西、山西、河南和山东9省（自治区）的66个地（市、州、盟）、340个县（市、旗），其中有267个县（市、旗）全部位于黄河流域，73个县（市、旗）部分位于黄河流域。

黄河流域属多民族聚居地区，主要有汉族及回族、藏族、蒙古族、东乡族、土族、撒拉族、保安族和满族等少数民族，其中汉族人口最多，占总人口的90%以上。流域国内生产总值由1980年的916亿元增加至现状年的16527亿元（按2000年不变价计，下同），年均增长率达到11.0%；特别是2000年以后，年均增长率高达13.1%，高于全国平均水平。人均GDP由1980的1121元增加到现状年的14538元，增长了10多倍。但黄河流域大部分地处我国中西部地区，经济社会发展相对滞后，现状年黄河流域GDP仅占全国的8%，人均GDP约为全国人均GDP的90%。

（3）水土流失现状。黄河流域水土流失面积为46.5万km^2，主要集中在黄土高原地区。黄土高原地区总土地面积为64.06万km^2，土质疏松、坡陡沟深、植被稀疏、暴雨集中，水土流失严重，水土流失面积达45.17万km^2，占流域水土流失总面积的97.1%。在黄土高原水土流失面积中，侵蚀模数大于8000t/(km^2·a)的极强烈水蚀面积8.5万km^2，占全国同类面积的64%；侵蚀模数大于15000t/(km^2·a)的剧烈水蚀面积3.67万km^2，占全国同类面积的89%。严重的水土流失不仅造成了黄土高原地区生态环境恶化和人民群众长期生活贫困，制约了经济社会的可持续发展，而且是导致黄河下游河道持续淤积、河床高悬的根源。

（4）水土保持现状。截至2007年年底，黄河流域累计初步治理水土流失面积22.56万km^2，其中建设基本农田555.47万hm^2，营造水土保持林984.39万hm^2、经果林207.14万hm^2，人工种草367.02万hm^2，生态修复141.99万hm^2。建成淤地坝9.04万座，其中骨干坝5399座，修建塘坝、涝池、水窖等小型蓄水保土工程183万多处（座）。

2. 规划目标和规模

规划范围为黄河流域，总面积79.5万km^2，规划的重点是黄河干流和重要支流。

规划期限为2008—2030年。近期规划水平年为2020年，远期规划水平年为2030年。

近期开展综合治理面积16.25万km^2，建设骨干坝9210座，水利水保措施年均减少入黄泥沙达到5.0亿～5.5亿t。多沙粗沙区、十大孔兑等重点区域水土流失得到有效治理。水土保持预防监督管理体系基本健全，人为水土流失得到初步控制，生态环境和生活生产条件得到改善。初步建立水土流失监测和评价体系，初步实现对全流域水土流失及其综合防治的动态监测、预报和定期公告。

远期开展综合治理面积12.5万km^2，建设骨干坝6120座，适宜治理的水土流失区得到初步治理，重点地区治理程度不断巩固提高，水利水保措施年均减少入黄泥沙达到6.0亿～6.5亿t。完善水土保持预防监督管理体系，人为水土流失得到基本控制。水土保持生态环境监测网络更趋完善，生态环境和生活生产条件得到明显改善。

3. 总体布局

遵循自然和经济规律，以水土资源的可持续利用和生态环境的良性维持为根本，与当地脱贫致富和经济社会可持续发展相结合，采取防治结合、保护优先、突出重点、强化治理的基本思路，按照分区防治的原则，因地制宜配置各种治理措施。

黄河流域水土流失面积46.5万km^2中，国家级重点治理区水土流失面积为19.1万km^2，主要分布在河口镇至龙门区间、泾河和北洛河上游、祖厉河和渭河上游、湟水和洮河中下游、伊洛河和三门峡库区，而其中7.86万km^2的多沙粗沙区，来沙量大、粗泥沙含量高，对下游河道淤积影响最大；内蒙古十大孔兑水土流失面积为0.8万km^2，流经库布齐沙漠，来沙集中且粗泥沙含量大，是造成内蒙古河段淤积的主要原因之一。因此，黄河流域水土流失治理要以多沙粗沙区和内蒙古十大孔兑为重点，以支流为骨架，小流域为单元，把沟道坝系建设作为小流域综合治理的主要措施，工程、植物和耕作措施相结合，加大生态修复的力度，集中连片，综合治理。

黄河流域重点预防保护区面积26.52万km^2，其中国家级重点预防保护区面积15.48万km^2，主要分布在子午岭林区、六盘山林区以及黄河源头区。依法保护森林、草原植被和现有水土流失防护设施；对有潜在侵蚀危险的地区，积极开展封山封沙、育林育草，禁止毁林毁草、乱砍滥伐、过度放牧和陡坡开荒，防止产生新的水土流失；因地制宜地实施生态移民；搞好已有水土流失治理成果的管理、维护、巩固和提高。

此外，黄河流域还有大面积的资源开发区，主要分布在晋陕蒙接壤煤炭开发区、豫陕晋接壤有色金属开发区、陕甘宁蒙接壤石油天然气开发区。该区资源开发、建设项目和工矿集中，对地表及植被破坏面积大，人为水土流失严重，要加强生产建设项目管理，严格执行“三同时”制度，严格审批建设项目水土保持方案并监督实施，把人为造成的水土流失减小到最低程度；对已破坏的地表、植被和造成的水土流失采取措施进行恢复治理。

4. 预防规划

按照“预防为主、保护优先”的原则，加强对生态环境良好区域保护力度，重点区域为黄河源头区国家级水土保持重点预防保护区。

黄河源头区涉及青海、四川、甘肃3省。项目区平均海拔在3000m以上，多湖泊、沼泽，降雨强度小、历时长、范围广，属黄河流域的径流高产区，俗称“黄河水塔”。该区属少数民族地区，人口稀少，以游牧为主，平均人口密度为11.55人/km^2，部分地区平均人口密度只有2～3人/km^2。

2008—2020年，实施黄河源头区草地预防保护面积120万hm^2，其中封禁25.96万hm^2，轮封轮牧96.62万hm^2，草场改良7.32万hm^2。补植补种0.06万hm^2，建设围栏0.42万km，建设沼气池3.01万座，设立宣传标志牌0.17万个，建设养畜棚圈0.22万个，建设管护房550个，聘用管护员550人。

近期流域机构组织相关省、市建设10个国家级重点预防保护示范工程，开展定期检查，总结探索预防保护的有效途径。各省（自治区）建设80个省级水土保持重点预防保护区示范工程，划定界线、建立队伍、制定政策、落实责任、加强宣传，加大现有植被保护力度，制止一切人为破坏现象，减少人为因素对自然生态系统的干扰，充分发挥其应有的生态效益和社会效益。

5. 治理规划

水土流失综合治理措施主要包括工程、植物、耕作等三大措施。根据《全国生态环境建设规划》的总体部署，结合《黄土高原淤地坝建设规划》《全国坡耕地水土流失综合治理规划》等，统筹考虑减少入黄泥沙、改善生态环境、发展区域经济、增加农民收入等要求，规划黄河流域每年开展水土流失综合治理面积1.25万km^2（包括初步治理面积和巩固治理面积），规划期共安排综合治理面积28.75万km^2，其中近期安排16.25万km^2。近期重点治理项目主要为多沙粗沙区治理工程和内蒙古十大孔兑水土保持生态建设工程。

多沙粗沙区治理工程项目以支流为骨架，以县为单位，以小流域为单元，进行水土流失综合治理。一是开展沟道坝系工程建设，利用多沙粗沙区沟壑密度大、建坝资源丰富的特点，在干沟、支毛沟建立以骨干坝为主，中小型坝、小型水保工程配套的沟道工程建设，有效地拦蓄径流、淤地造田、控沟稳坡；二是实施坡改梯工程，在满足当地粮食自给需求的基础上，陡坡地退耕还林草；三是开展以灌草为主的植被建设，增加坡面植被覆盖度；四是实施小型水利水保工程，分散股流，拦蓄坡面径流，防止冲刷，提高水资源利用率。2008—2020年，多沙粗沙区治理工程项目规划实施综合治理面积3.92万km^2，其中初步治理3.36万km^2，巩固提高0.56万km^2。

内蒙古十大孔兑水土保持生态建设工程近期规划综合治理面积21.18km^2，措施包括营造乔木林341hm^2、灌木林1777hm^2，生态修复11.56万hm^2，建设骨干坝237座。

6. 监测规划

监测规划主要由水土保持遥感监测、重点支流水沙监测、小流域监测、野外原型观测、生产建设项目人为水土流失动态监测、信息平台建设、监测能力等七部分组成。规划近期（到2020年）建立能够满足重点区域、重点支流不同空间尺度监测需要、设备先进、信息采集准确、传输快捷、处理功能完备、运行稳定的水土保持监测网络，基本实现对全流域、水土流失重点区域、重点支流、大型生产建设项目人为水土流失的动态监测、预报和公告。远期（到2030年）建成覆盖全流域的监测网络体系，实现对全流域水土流失及其防治动态的监测、预报和定期公告。

7. 综合监管规划

加强对辖区内生产建设项目水土保持“三同时”制度落实情况的监督。流域机构重点抓好国家批复的大型生产建设项目水土保持方案实施情况的监督和地方水行政主管部门执法情况的监督。建立生产建设项目水土保持督查制度和方案实施公告制度，每年对大型项目监督检查不少于500项，抽查省级项目不少于项目总数的10%；每半年公告一次大型生产建设项目水土保持工程实施情况和水土保持监督检查结果等；定期督查地方水行政主管部门机构建设、配套法规制定、违法案件查处、方案审批、监督检查、规费征用管理情况等。地方水行政主管部门负责做好本辖区生产建设项目水土保持监督管理工作。

加强对水土流失治理成果的管护，制止“边治理、边破坏”现象，使水土保持综合效益持久发挥。流域机构重点做好国家投资的黄河中游多沙粗沙区等重点治理区和黄河水土保持重点工程等治理成果管护，建立汛前水土保持工程检查制度，并进行定期检查；督促查处破坏治理成果的违法行为；组织重点生态工程安全事故的调查和上报。地方水行政主管部门做好本辖区重点治理成果管护，制定管护政策，建立管护制度，落实管护责任，设立管护标志，建设管护设施，加强检查，定期报告管护情况，依法查处破坏治理成果的行为。

8. 实施进度与投资估算

规划近期安排淤地坝、梯田、林草植被、小型蓄水保土工程、预防监督、监测等措施。安排综合治理面积16.25万km^2，新建骨干坝9210座、中小型淤地坝2.80万座。其中，多沙粗沙区是实施的重点，综合治理面积 3.92 万 km^2，建设淤地坝 1.53 万座。十大孔兑综合治理面积 0.21 万 km^2，建设骨干坝 237 座。开展子午岭、六盘山和黄河源头区的水土保持预防监督。建设黄河流域水土保持生态环境监测站网，重点是流域机构监测站点的建设，开展多沙粗沙区重点支流水土保持监测和晋陕蒙接壤区人为水土流失监测等。

9. 投资估算与实施效果分析（略）

5.2.1.3 辽河流域综合规划水土保持专章

1. 水土流失及水土保持概况

据 2000 年第二次全国土壤侵蚀遥感调查，辽河流域有土壤侵蚀面积 10.50 万 km^2，其中西辽河、东辽河、辽河干流、浑太河侵蚀面积分别为 8.45 万 km^2、0.15 万 km^2、1.47 万 km^2、0.43 万 km^2。按侵蚀强度划分，轻度、中度、强烈、极强烈及以上侵蚀面积分别为 5.59 万 km^2、3.54 万 km^2、0.99 万 km^2、0.38 万 km^2。按侵蚀营力划分，水力、风力侵蚀面积均为 5.25 万 km^2。按侵蚀发生的地类划分，水土流失主要发生在坡耕地和疏草地，两者侵蚀面积分别为 3.35 万 km^2、4.82 万 km^2。

自 1978 年以来，在辽河流域开展了柳河上游国家水土保持重点治理工程、京津风沙源治理工程、东北黑土区水土流失综合防治试点工程及全国生态修复试点工程等，截至 2007 年累计完成水土流失防治面积 4.81 万 km^2，其中 2001—2007 年治理 1.18 万 km^2（仍有未治理水土流失面积 9.32 万 km^2），已治理区域的生态环境明显改善。

2. 规划任务、目标和规模

（1）规划任务。建立水土流失综合防治体系，保护黑土资源与耕地、减少泥沙下泄、控制沙漠化蔓延趋势、改善流域生产和生态环境。

（2）规划目标。

近期（2008—2020 年）：建立水土流失综合防治体系，全面控制人为水土流失。水蚀区水源涵蓄能力明显提高，年均减少土壤侵蚀量 0.56 亿 t，风蚀区轻度、中度水土流失得到初步治理，水土流失恶化的趋势得到遏制。

远期（2021—2030 年）：水蚀区水源涵蓄能力进一步提高，年均减少土壤侵蚀量 0.70 亿 t，风蚀区水土流失强度明显下降，侵蚀面积明显减少。耕地和黑土资源得到有效保护，入河、入库泥沙明显减少，流域生态环境明显改善。

（3）规划规模。规划远期累计完成水土流失综合防治面积 5.93 万 km^2，其中预防保护面积 2.22 万 km^2、综合治理面积 3.71 万 km^2。近期完成水土流失综合防治面积 3.57 万 km^2，其中预防保护面积 1.10 万 km^2、综合治理面积 2.47 万 km^2。

3. 水土保持分区及防治途径

（1）所属国家级水土流失重点防治区。根据《水利部关于划分国家级水土流失重点防治区的公告》（水利部公告 2006 年第 2 号），国家级水土流失重点防治区在辽河流域的分布情况见表Ⅰ.5.2-1。

表Ⅰ.5.2-1 国家级水土流失重点防治区在辽河流域的分布情况

水土流失重点防治区	省（自治区）	县（市、区、旗）
辽宁冶金煤矿开发监督区	辽宁	沈阳市苏家屯区、沈阳市东陵区、鞍山市千山区、海城市、抚顺市东洲区、本溪满族自治县、本溪市溪湖区、本溪市南芬区、沈阳市新城子区、抚顺县、辽阳市弓长岭区、灯塔市、辽阳县、大石桥市
东北黑土地治理区	吉林	公主岭市、四平市市辖区、梨树县、伊通满族自治县、东辽县、辽源市
	辽宁	康平县、开原市、昌图县、西丰县、法库县、铁岭县、调兵山市
西辽河大凌河中上游治理区	内蒙古	林西县、巴林右旗、巴林左旗、阿鲁科尔沁旗、宁城县、喀喇沁旗、开鲁县、翁牛特旗、奈曼旗、敖汉旗、赤峰市松山区、赤峰市元宝山区、库伦旗
	辽宁	建平县，阜新市海州区、新邱区、清河门区、细河区、太平区

（2）水土保持分区及防治途径。将辽河流域划分为 8 个水土保持区，并制定各个区的防治途径。

辽河源头中低山水蚀区：该区为老哈河、西拉木伦河、查干木伦河等河流的源头地区，总面积 4.73 万 km^2。土地利用以草地和林地为主，地貌以中低山为主。水土流失以水蚀为主，流失率达 60%，主要发生在稀疏草地上，草地流失面积占总流失面积的 62%。水土流失防治以涵养水源、控制泥沙下泄为重点，以现有林草保护、稀疏林和稀疏草地治理、水源涵养林建设为主。该区重点治理区域为赤峰市辖区西部、喀喇沁旗中西部、翁牛特旗西部、克什克腾旗东部、林西县。同时对克什克腾旗东部、平泉县、宁城县西部和扎鲁特旗北部区域进行重点保护。

大兴安岭南麓丘陵水蚀区：该区位于西拉木伦河北岸，总面积 1.37 万 km^2。地貌以丘陵为主，低山镶嵌其间。土地利用以草地和耕地为主。水土流失以水蚀为主，流失率达68%，主要发生在稀疏草地和坡耕地上，草地和耕地流失面积分别占流失总面积的60%和27%。水土流失防治以草地保护、坡面和侵蚀沟道治理为重点。该区重点治理区域为扎鲁特旗中部、巴林左旗南部和巴林右旗中部。

老哈河中上游丘陵水蚀区：该区为老哈河中上游、教来河上游地区，总面积1.72万km^2。地貌以丘陵、台地为主，沟壑纵横，地形破碎。土地利用以耕地、草地为主。水土流失以水蚀为主，流失率为43%，主要发生在稀疏草地和坡耕地上，草地和耕地流失面积分别占总流失面积的46%和38%。水土流失防治以控制泥沙下泄、保护坡耕地为重点。该区重点治理区域为赤峰市辖区东部、翁牛特旗中部和建平县。

科尔沁风蚀区：该区位于大兴安岭南麓和燕山山地东延相交的三角地带，西辽河贯穿其境内，总面积6.15万km^2。该区中部冲积平原是该区的主体，坨甸相间是该区地貌的主要特色。该区土地利用以草地、耕地和未利用地为主。区内水土流失以风蚀为主，流失率为70%，主要发生在疏草地、耕地和未利用地，流失面积分别占总流失面积的45%、31%和19%。水土流失防治以控制沙漠化蔓延、减少地表扬沙起尘为重点，以流动半流动沙丘、沙化草场和农田治理为主。该区重点治理区域为翁牛特旗东部、敖汉旗北部、奈曼旗和库伦旗北部。

浑善达克风蚀区：该区位于内蒙古高原东部边缘，总面积0.29万km^2。地貌属风积地貌。土地利用以草地为主，景观表现为“疏林沙地”或“疏林草原”。水土流失以风蚀为主，流失率为65%，主要发生在稀疏草地，草地流失面积占总流失面积的82%。水土流失防治以控制沙漠化蔓延、减少地表扬沙起尘为重点，以封禁保护和治理沙化、退化草地为主。

辽干平原水蚀区：该区沿辽河干流南北分布，为辽河泥沙塑造的大平原，总面积3.45万km^2。土地利用以耕地为主，占总面积的74%；城乡、工矿、居民用地占12%，比例相对较高。水土流失以水蚀为主，兼有风蚀，流失率仅为9%，水土流失主要来自农田耕作、生产建设项目所造成的人为水土流失及河岸的水流冲刷、滑坡和崩岸。防治以控制人为水土流失为中心，以完善农田防护林网和加强生产建设项目管理为重点。沈阳市辖区、灯塔市西部、海城市西部、辽阳县西部和大石桥市西北部等区域为该区的重点监督区。

辽干西部丘陵水蚀区：该区位于辽河干流的西部，总面积1.52万km^2。地貌主要为黄土覆盖的低山丘陵和黄土台地。土地利用以耕地为主。该区水土流失严重，以水力侵蚀为主，流失率为40%，阜新县、彰武县北部及康平县西北部兼有风蚀。水土流失主要发生在坡耕地上，耕地流失面积占流失总面积的66%。水土流失防治以保护坡耕地、减少泥沙下泄为重点。此外对阜新县、康平县、彰武县北部沙化地区大力营造和完善农田防护林、防风固沙林。柳河流域为该区的重点治理区域，阜新市辖区及阜新县东部也是该区的重点监督区域。

辽干东部低山丘陵水蚀区：该区位于辽河流域的东部，总面积2.89万km^2。地貌以低山、丘陵为主，土地利用以林地、耕地为主，林草覆盖率较高。水土流失以水蚀为主，流失率为21%。由于降雨强度大，山高坡陡，常有山洪及泥石流等自然灾害发生。该区是大伙房、观音阁等水库上游水源涵养区，水土流失防治以水源涵养、生物多样性保护为重点，以林草植被保护、生产建设项目管理、蚕场治理和水土流失面源污染防治为主。同时，加强溪沟、小河道整治工作，防止泥石流等自然灾害的发生。东辽河上游为该区的重点治理区域。抚顺市辖区、抚顺县、本溪市辖区、本溪县、辽阳市弓长岭区、灯塔市东部、鞍山市区东部、海城市东部和辽阳县东部为该区的重点监督区域。清源县、抚顺县和新宾县为饮用水水源重点保护区。

4. 综合防治

规划完成水土流失综合防治面积5.93万km^2，其中预防保护面积2.22万km^2、综合治理面积3.71万km^2。

5. 水土保持预防监督

到2020年，对生态良好区域和已治理区域实施全面管护。严格执行水土保持法律法规的有关规定，强化生产建设项目水土保持管理，对违法造成水土流失的典型案件，依法及时查处，使人为水土流失得到有效控制。

具体措施包括：建立水土保持预防保护示范区；建立水土保持长效宣传机制，普及水土保持科学知识；完善管护机制和管理制度体系；建立健全水源保护区、河流和水库上游等生态良好区域的生态保护补偿机制；采取配套的对策和措施，注重将预防保护与区域治理和区域经济社会发展相结合；建立健全流域监督管理体系，开展监督管理规范化建设，加强生产建设项目管理。

6. 水土保持监测

近期在辽河流域建设1个监测中心站、3个监测总站、7个监测分站和29个监测点。远期在二期工程建设的基础上，适当调整和增加监测站点，进一步完善辽河流域监测网络。辽河流域水土保持监测站网总体布局如图Ⅰ.5.2-1所示。

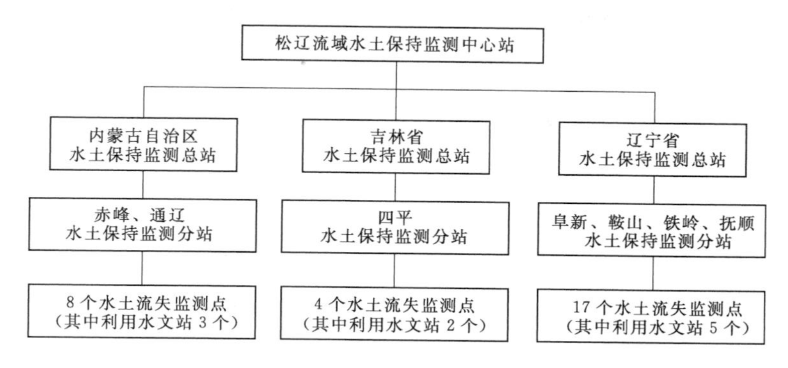

图Ⅰ.5.2-1 辽河流域水土保持监测站网总体布局图

监测内容包括：获取流域基础空间信息，完善水土流失监测手段，建设水土保持空间数据库，开发水土保持应用系统和信息共享平台。

7. 科技支撑

科技示范与推广项目重点包括：坡耕地、侵蚀沟综合治理技术，生态修复过程中人为辅助措施，面源污染防治技术，生产建设项目水土流失治理技术，遥感、地理信息系统、全球定位系统、元素示踪、径流泥沙含量与流量在线实时自动测量等新技术在水土保持监测中的应用。

重点围绕以下内容开展研究：多种侵蚀营力作用下土壤侵蚀发生、发展过程与动力学机理，黑土区侵蚀沟发生、发展机理，坡耕地侵蚀发生过程与机理，黑土区水土保持监测指标体系与监测技术，黑土资源退化对粮食生产的影响，水土流失综合防治协调协商机制、投入机制、生态补偿机制等。

5.2.1.4 珠江流域综合规划水土保持专章

1. 水土流失及水土保持现状

据2000年第二次全国土壤侵蚀遥感调查成果，珠江流域水土流失面积62730km²，占流域土地总面积（44.21万km²）的14.2%，水土流失区域平均土壤侵蚀模数2790t/(km²·a)，上游的南、北盘江是我国水土流失最严重的地区之一。按水土流失类型划分，水力侵蚀面积61570km²，占水土流失面积的98.2%；重力侵蚀面积114km²，占水土流失面积的0.2%；工程侵蚀面积1046km²，占水土流失面积的1.7%。水力侵蚀面积中，轻度侵蚀面积38338km²，占水力侵蚀面积的62.3%；中度侵蚀面积19716km²，占水力侵蚀面积的32.0%；强烈侵蚀面积2845km²，占水力侵蚀面积的4.6%；极强烈侵蚀面积597km²，占水力侵蚀面积的1.0%；剧烈侵蚀面积74km²，占水力侵蚀面积的0.1%。

流域水土流失大多发生在难风化、土层薄的石灰岩地区以及砂页岩、花岗岩等山地丘陵区。石灰岩地区水土流失面积最大，流失最严重，其水土流失结果往往表现为土地石漠化，主要分布在流域的中上游南、北盘江地区，流域石漠化面积5.21万km²；花岗岩地区的水土流失形式主要为面状侵蚀、沟状侵蚀和崩塌（崩岗和滑坡），最严重的为崩岗，危害极大，主要分布在广东、广西的低山丘陵地区，全流域有崩岗5.32万个；砂页岩地区的水土流失形式主要为面状侵蚀和沟状侵蚀，主要分布在西江水系的低、中山地区。流域的泥沙主要来源于西江，西江来沙量占全流域的88.3%，而西江泥沙的46.1%又来源于南、北盘江。

严重的水土流失不仅影响农业生产发展，加剧生态环境恶化，制约当地国民经济发展，而且给人民群众的生产、生活带来多方面危害，主要表现为：一是土地石漠化问题日趋严重，威胁群众的生存基础；二是大量崩岗造成泥沙下泄，淤埋沟道、毁坏农田；三是泥沙淤积河道和水利工程，加大了防洪压力，降低了水利工程效益，甚至使水利工程报废；四是生态平衡失调，水旱灾害加剧；五是破坏城市环境，影响城市景观。

与20世纪80年代相比，水土保持形势发生了一定变化：一是水土流失面积有所增加，主要是生产建设项目导致的工程水土流失大幅增加（80年代未计人为水土流失面积），仅广东、广西新增工程水土流失面积就达1008km²；二是开展了珠江上游南北盘江石灰岩地区水土保持综合治理工程，流域内荒山荒坡逐步恢复植被，陡坡耕地逐步退耕，多年平均年土壤侵蚀量由2.2亿t下降到2006年的1.26亿t，多年平均年输沙量由1990年的8872万t下降到2005年的7700万t；三是石漠化潜在威胁不容小觑，全流域岩溶面积17.98万km²，石漠化面积达5.21万km²。

2. 规划目标

水土流失、石漠化得到有效治理，湖泊与湿地萎缩等得到遏制，生态环境得到改善。加强上中游水土保持生态建设和小流域综合治理，加快石漠化、崩岗治理及坡耕地整治改造，构建流域水土保持综合防治体系。

近期水土流失治理程度达到40%，水土流失区土壤侵蚀强度降低到2500t/(km^2 · a) 以下，林草植被覆盖率达到58%。

远期水土流失治理程度达到70%，水土流失区土壤侵蚀强度降低到1500t/(km^2 · a) 以下，林草植被覆盖率达到62%。

3. 水土保持类型区划分及总体布局

珠江流域在全国土壤侵蚀类型分区中分别属于水力侵蚀类型区的西南土石山区和南方红壤丘陵区。

根据国家水土保持生态建设的宏观布局和流域水土流失防治新形势与新特点，考虑地貌、岩性因素，对类型区划分及水土保持防治措施布局进行调整，按上中游高原山地区、中下游低山丘陵区及珠江三角洲平原区进行分区及规划相应的防治措施布局。

(1) 上中游高原山地区。地处云贵高原东部及其斜坡过渡带上，行政区域包括流域内的云南、贵州全部，桂西、桂中、桂北，土地总面积23.64万km^2，水土流失面积4.98万km^2。母岩主要为碳酸盐岩和碎屑岩，岩溶地貌发育。该区特点是山高、坡陡、谷深，河沟比降大，岩溶面积大，坡耕地多，水土流失、土地石漠化面积大且危害严重。区内的南、北盘江流域是珠江流域泥沙的主要来源地，属国家级重点治理区。

水土流失防治的主要方向是将25°以下坡耕地修成水平梯地，合理配置截排水沟、蓄水池等小型蓄排工程，提高粮食产量；适度种植经济果木林，增加群众经济收入；充分利用大自然的自我修复能力，开展以封禁治理为主的植被恢复工程；适当发展薪炭林，解决群众燃料问题，采取多能互补措施，积极发展节柴灶、沼气池、小水电等，最大限度地减少人为破坏，对部分经济落后、生态功能重要的区域，鼓励劳务输出，有计划地进行生态移民；加强区内矿产开发和水电、铁路、交通等生产建设项目的人为水土流失防治工作。

区域工程布局上，南、北盘江及其他支流上游地区突出小流域综合治理、坡耕地综合整治、土地石漠化综合治理；桂中、桂西突出石漠化治理、坡耕地综合整治；榕江、桂江上游加强预防保护；南北盘江上游、柳江中上游、右江中游等资源开发和生产建设活动较为集中和频繁的区域，加强水土保持重点监督。

(2) 中下游低山丘陵区。包括桂东、桂东南及除珠江三角洲外的广东、江西和湖南的一部分，土地面积17.76万km^2，水土流失面积1.16万km^2。该区绝大部分区域海拔在1000m以下，母岩以花岗岩和碎屑岩为主，局部有碳酸盐岩分布，红壤、赤红壤广泛分布。森林覆盖率较高，原生植被较少，现状植被以次生林和人工林为主，较大面积种植桉树林。区内土质疏松，崩岗发育，河道淤积现象较为普遍，北部石灰岩山区存在石漠化现象。区内的东江中上游属国家级重点预防区。

水土流失防治的主要方向是植物措施与工程措施并举，加大封禁治理和退耕还林力度，恢复林草植被，提高植被覆盖率；重点搞好崩岗的治理，加强小流域水系整治、坡耕地改造和现有耕地质量的提高，优化林地生态结构。

区域工程布局上，加强东江、北江、桂江上游重要水源地及生态屏障区的水土保持预防保护工作，局部开展石漠化治理、崩岗治理、坡耕地整治；西江中下游以崩岗治理为主，实施小流域综合整治；对粤西、粤北山区局部资源开发较为集中的区域加强重点监督。

(3) 珠江三角洲平原区。包括广东佛山、广州、江门、珠海、中山、东莞、深圳等，总面积2.81万km^2，水土流失面积0.13万km^2。该区地势低平，河网水系发达，气候温和多雨，土地肥沃，物产丰饶，人口稠密，文化发达，是国家经济最发达的区域之一，城市化程度高，人均耕地少。自然水土流失较轻，人为水土流失较严重。

区内的水土流失防治应以预防监督为主，加强城镇开发、生产建设项目的水土保持监督管理工作，结合城镇生态功能区划，搞好迹地修复和水土流失的治理。

4. 预防保护规划

以融江及桂江中上游、东江中上游、北江上游作为流域预防保护重点，坚持“预防为主、保护优先”的方针，加强植树造林、森林保护、野生动植物保护及水土保持生物保护措施，最大限度地减少人为破坏，落实管护责任，利用大自然的自我修复能力促进生态修复，使区内的林草覆盖率达到65%以上，平均土壤侵蚀强度控制在500t/(km^2 · a) 以下。水土资源得到有效保护和可持续利用，为全面建设小康社会提供支撑和保障。

(1) 抓好重点预防区建设。县级以上地方人民政府应建立本辖区的水土流失重点预防区，发布重点预防区公告，明确预防区界线，设立明显标志，制定预防区管理办法，建立预防组织，落实预防责任。明确预防区的生产发展方向、优惠政策措施，要让群众在参与预防保护工程中得到实惠。

(2) 加大投入，开展预防保护专项工程建设。开展东江中上游，融江、桂江、北江中上游等重点预防保护工程。重点预防保护工程主要建设内容除完善有关法规、制度建设外，还需加大保护现有植被的力度，严格限制森林砍伐、毁林开荒，25°以上坡耕地实施退耕还林还草；坚决制止一切人为破坏现象，积极推广以电代柴、以煤代柴，发展沼气，逐步改善燃料结构，恢复、保护植被；对重点水源地，可实施生态移民。通过局部的小流域综合治理、崩岗治理，创造更好的生态修复条件，促进该区的水土保持生态良性发展。

(3) 预防农业生产活动造成水土流失。严禁毁林开荒、烧山造林、全垦造林。禁止铲草皮、挖树兜、刨草根。对25°以下、5°以上的土地利用要统筹安排水土保持措施和实施方案。鼓励和推广等高耕作、沟垄种植、间莊套种、免耕等农业保土耕作措施。

(4) 重视现有治理成果的管护。根据经营权属与特点，明确相应的管护责任制，落实管护职责，保护好治理成果。

5. 综合治理规划

综合治理主要是以小流域为单元，在坡面和沟道合理布设工程、植物、封禁治理等措施，调控径流，拦蓄水土，恢复植被。综合治理项目可分为四大类，即小流域综合治理（含重点预防保护区生态修复项目、水库水源区泥沙和面源污染防治项目、易灾地区水土流失综合治理项目等）、坡耕地综合整治、崩岗治理、石漠化综合治理。

根据流域内各区特点及水土保持规划目标，确定综合治理水土流失面积4.50万km^2，坡耕地综合整治面积100万hm^2，崩岗治理4万个，岩溶地区全面开展石漠化综合治理工程，使流域的水土流失治理程度达到70%。

水土流失综合治理要结合流域水土流失分布特点，分别制定各有侧重、切合实际的综合治理方案。上中游高原山区海拔较高，岩溶地貌发育，坡耕地分布广泛，以开展小流域综合治理、坡耕地综合整治、石漠化综合治理为主，着力改善群众生产、生活条件，加强封禁治理，减少植被人为破坏，提高林草覆盖率。中下游低山丘陵区海拔较低，水土流失面积所占比例较小，崩岗危害严重，应以崩岗治理为主，结合小流域综合治理和坡耕地综合整治，改善生产条件，加强坡面、沟道水系工程建设，加强林地补植、抚育、更新，改善生态环境。珠江三角洲平原区结合城市生态、景观需求，做好迹地修复和水土流失的综合治理。

坡耕地综合整治要以5°～15°为重点，适当兼顾15°～25°，优化配置水土资源，以坡改梯为主要手段，配套完善蓄、灌、排水系统工程，合理设置机耕路和田间生产道路，保持水土，便利生产。

崩岗治理采取植物措施和工程措施并举，控制崩岗侵蚀的蔓延，加速植被恢复。在集水坡面营造混交林，提高坡地植被覆盖率；在崩岗沟头挖天沟或山边沟，用以拦截、分散坡面径流，防止对沟头的冲刷；在崩岗沟壑修筑土石谷坊、拦沙坝，抬高侵蚀基准面，减小侵蚀；在沟壑下游淤积地、崩积体、崩壁及洪积扇地带，采取植物措施，快速提高沟壑植被覆盖度。

石漠化综合治理措施涉及多方面的内容，主要采取封育治理与人工治理相结合，加快林草植被的保护和建设，合理开发和利用水土资源，建设基本农田，优化农村能源结构，实施易地扶贫搬迁等，减少人为破坏，促进自然恢复。根据区内岩溶生态环境特征、自然气候条件、治理的可能性、治理措施的差异性和生态功能定位，分区确定工程布局，因地制宜地安排治理模式和技术措施。珠江流域石漠化治理可分为岩溶高原区、断陷盆地区、峰丛洼地区、峰林平原区4个类型区分区治理。在区域划分的基础上，对重点治理区先期进行试点，有计划、分步骤推进石漠化综合治理。

6. 监督管理规划

建立健全水土保持监督管理机构和监督管理网络，严格依法行政，认真落实水土保持“三同时”制度；加强宣传教育，增强生产建设单位和施工建设人员的水土保持意识；科学制定防治方案和治理措施，有效保护生态环境，落实水土保持设施的施工管理、监理、监测工作；加强执法检查，严把水土保持设施的竣工验收关；建立一批恢复治理示范工程。

将流域内国家审批的线性工程（铁路、公路等）、水利水电和航电枢纽工程等生产建设项目作为流域机构的重点监督项目。各省（自治区）应将省级审批的线性工程、水利水电和航运枢纽工程等扰动面积较大的生产建设项目作为重点监督项目。

水土保持监督管理重点是落实生产建设项目水土保持“三同时”制度，要求水土保持方案的申报率达到98%。实行生产建设项目水土保持监理制度，加强水土保持监测和验收，生产建设项目的水土保持监理和监测实施率达到95%，水土保持验收率达到95%。对重点监督项目，水土保持监测率要达到98%，水土保持验收率达到98%。

7. 近期重点项目

(1) 南北盘江石灰岩地区水土保持综合治理工程。南北盘江石灰岩地区包括云南、贵州和广西南北盘江流域内的61个县（市、区），土地总面积12.37

万 km^2，水土流失面积 $39451km^2$，规划重点治理面积 $13166km^2$。突出坡耕地改造和水系工程配套建设，充分调控坡面径流，保障粮食生产和生态需水，加大生态林草建设，适度种植经济果木林，增加群众收入，控制石漠化发展趋势。

（2）坡耕地综合整治工程。珠江流域有坡耕地 433.76 万 hm^2，主要分布在云南、贵州 2 省和广西的西、北部，占流域水土流失面积的 69.1%，是水土流失的主要策源地，规划近期实施坡耕地综合整治 50 万 hm^2。今后将根据批复的《全国坡耕地水土流失综合治理规划》有关要求实施。

（3）崩岗治理工程。珠江流域有崩岗 5.32 万个，结合水利部《南方崩岗防治规划》，规划近期治理崩岗 2.5 万个。

（4）石漠化综合治理工程。珠江流域石漠化面积 5.21 万 km^2，占流域面积的 11.8%，目前正在开展岩溶地区石漠化综合治理试点工程。规划近期完成石漠化治理面积 3.0 万 km^2，主要措施包括基本农田及小型水利水保配套工程、林草植被、农村能源建设等。

（5）水源地泥沙和面源污染控制工程。规划在流域内的广东深圳水库，广西青狮潭、布见、宁冲、澄碧河、龟石、土桥水库，贵州兴西湖、玉舍水库，云南潇湘、西河、抚仙湖水库等库区建设水源地泥沙和面源污染控制工程。规划区面积 $2671km^2$，规划治理面积 $811.46km^2$，其中坡面治理工程 $11346hm^2$，沟道治理工程 177km，林草措施 $32244hm^2$，自然修复 $37556hm^2$，农村污染控制 271 处。

（6）东江中上游重点预防保护工程。针对水库水源区、植被覆盖率较好的地区实施预防保护，规划预防保护面积 1.0 万 km^2。对局部水土流失严重的地区，以生态修复、植被建设、坡面及沟道系统整治为主，治理水土流失面积 $1125km^2$。

（7）西江中下游低山丘陵红壤区重点治理工程。西江中下游低山丘陵红壤区主要包括广西境内的郁江、浔江区域，广东境内的西江中下游区域。区域总面积 5.49 万 km^2，水土流失面积 $4055km^2$，崩岗侵蚀严重。该区水土流失危害严重，西江中游的水土流失直接危害下游的饮水安全，控制和减轻西江中下游的水土流失，对于保障珠江三角洲和澳门特别行政区的饮水安全也具有重要意义。规划重点治理水土流失面积 $967km^2$。重点加强沟道治理工程和林草植被建设，严格生产建设项目的监督管理。

（8）融江、桂江、北江重点预防保护工程。融江、桂江中上游及北江中上游均处于碳酸盐岩地区，现状植被较好，水土流失较轻，是全国著名的旅游胜地，开展重点预防保护工作，对维护和提升当地生态旅游资源具有重要意义，规划区总面积 7.82 万 km^2。规划预防保护面积 2.0 万 km^2，对水土流失严重的局部地区开展水土流失综合治理，治理水土流失面积 $1899km^2$。

（9）革命老区水土保持重点建设工程。流域涉及南方三年游击区（广西、湖南部分）、左右江革命根据地、井冈山革命根据地（江西省安远县、定南县、寻乌县部分）等革命老区，多位于偏远山区，水土流失严重，生态环境脆弱，群众生活困难，是建设小康社会的难点地区。规划在近期加大革命老区的水土流失治理力度，促进革命老区的经济社会发展。规划区总面积 8.31 万 km^2，规划重点治理水土流失面积 $4309km^2$。以保护土壤资源为重点，整治坡耕地，配套水系工程；种植经果林、水保林，推广农村能源替代工程，增加和保护植被；发展庭院、屋顶集水及蓄水工程，增加抵御自然灾害的能力。

（10）易灾地区水土流失综合治理工程。珠江流域山洪灾害防治区总面积 36.02 万 km^2，涉及中小流域 2345 条，按照《易灾地区生态环境综合治理专项规划》，开展易灾地区的水土流失综合治理工作。

5.2.1.5 海河流域综合规划水土保持专章

1. 水土流失状况

海河流域是我国水土流失严重区域之一，全国第二次水土流失遥感调查显示，流域水土流失面积为 10.55 万 km^2，年土壤侵蚀量为 3.16 亿 t。经过 21 世纪初期的综合治理，截至 2007 年，仍有水土流失面积 8.49 万 km^2，其中山区水土流失面积 8.37 万 km^2、平原区水土流失面积 0.12 万 km^2。

2. 存在的问题

治理任务依然艰巨：水土流失严重地区自然条件相对恶劣，治理难度大；已有治理工程标准偏低、缺乏配套，仍需进行完善性治理；水资源短缺，林草措施成活率低，治理成果得不到巩固。

预防监督任重道远：陡坡开荒、乱砍滥伐等破坏生态环境的行为仍很严重；生产建设单位水土保持意识淡薄，人为水土流失越来越多；地方保护、行政干预严重，预防监督工作面临很大难度。

水土保持监测能力亟待提高：监测网络尚未完全建立，管理体制和运行机制尚待完善，监测经费缺乏保障，监测标准有待规范，监测手段相对落后，监测预报系统尚未建立。

3. 规划目标和分区

总体目标：到 2030 年，累计新增水土流失治理面积 6.8 万 km^2，治理程度达到 80%以上，林草覆盖率维持在宜林宜草面积的 70%以上，水土保持预防监督和监测工作全面开展，全面建成水土保持预防监督和动态监测体系。

近期目标：到2020年，新增水土流失治理面积5.1万km^2，治理程度达到60%以上，林草覆盖率达到宜林宜草面积的70%，水土保持监测工作深入开展，初步建成水土保持预防监督和动态监测体系。

水土保持分区：将海河流域划分为滦河山区、北三河山区、永定河山区、大清河山区、子牙河山区、漳卫河山区、海河平原南部区及海河平原北部区8个水土保持分区。

4. 总体布局

黄土丘陵区：建设稳产高产基本农田，治理开发“四荒”地，大力营造水土保持林、水源涵养林；做好沟道治理，发展坝地农业生产；兴建水窖、小水库等雨水集流工程和引水工程，解决人畜饮水和灌溉问题；积极发展经济林果、畜牧等农副产品及其加工业，逐步形成各具特色的主导产业。

土石山区：25°以上的坡耕地依法退耕还林还草；25°以下的坡耕地因地制宜修筑条田和地埂；利用近村向阳的退耕地和荒山荒坡发展经济果木，远山阴坡水分和土壤条件较好的地方营造用材林，山体上部的灌草坡全部实行封禁治理；支、毛沟修筑谷坊、塘坝，固定河床；在沟道开阔处，顺沟修筑防洪石堤，并在沟滩造田。

石质山区：全面开展封禁，依靠大自然的力量进行生态自我修复，发挥植被生态功能；加强监督管护，减少人类活动干扰；因地制宜种植耐干旱耐瘠薄的乔灌树种；改造现有集中连片的低标准耕地，建设成片的高标准基本农田，配套节水灌溉工程，提高粮食单产；治理荒沟，稳定沟坡和拦蓄洪水，条件较好的沟道内建设小型农田水利工程。

坝上风沙区：保护现有草地植被，防止草场过度超载，生态破坏严重地区实行退牧封禁；加强草场建设，建立高标准的人工草地，提高草场载畜能力；实行划区轮牧和舍饲相结合，变粗放经营为集约经营，提高牧业集约化生产水平。

平原风沙区：地面古河道加强林网建设，平整土地，增施有机肥，大力发展以经济果木为主的林木种植。沙质河道及其河滩沙地搞好护岸和水利配套工程；堤防内侧种植乔灌木，形成防护林带；河滩沙地引洪淤灌提高土质。引黄灌区采取输沙渠、沉沙池和干渠分级沉沙的方法，对清淤出的泥沙采用原状土覆盖。

5. 预防规划

划定重点预防保护区。对潜在侵蚀危险地区、水土流失轻度地区、森林水土流失区、草地水土流失区、农业区小片林地草地和治理成果保护区进行重点预防保护。

严格按照《中华人民共和国水土保持法》及其实施条例相关要求，控制土地开垦。各级政府建立护林组织，制定乡规民约，配备专业的护林队伍，保护好现有植被。因地制宜合理采伐树木，严格控制皆伐，并在采伐后及时完成更新造林任务。

合理布局，打造水源三道防线。分生态修复区、生态治理区和生态保护区，因地制宜采取措施，开展自然保水、节水灌溉、建设生物护坡（岸）等措施，减少面源污染，提高和净化水质。

加强水土保持法律法规宣传教育，尤其是生产建设单位的水土保持宣传，增强全社会水土保持意识。在采取预防保护措施的区域，明确保护区域界线，设立明显标志牌，提高人们的自觉监督与管护意识。

加强科学研究，完善预防保护制度，通过鼓励和引导农村劳动力外出打工或生态移民，减轻土地压力，保护生态环境。已治理区建立健全管护机构，配套管护经费，加强后期管护。探索建立生态补偿机制。

6. 治理规划

滦河山区含（冀东沿海诸河山区）：水土流失区主要分布在水系的南部和中部，其中南部由于山体风化严重，易遭剥蚀，河谷两岸坡脚多为坡积、洪积、冲积等松散堆积物；中部以石质山区为主，间有黄土丘陵和小型河谷盆地；北部为坝上风沙区，地势平缓，有波状高原和垄状山岭分布，风蚀严重。该区林草覆盖度相对较高，但水土流失潜在危险比较严重。通过实施封山禁牧、生态修复等措施，避免人为破坏现有植被和生态。同时，在水土流失严重区域，配置必要的水土保持工程。治理规模略。

北三河山区：石质山区所占比重最大，土石山区和黄土丘陵区也有分布。在潮白河流域北部，还有零星坝上风沙区分布。由于上游的水土流失，造成密云水库泥沙淤积和水质污染，影响首都的用水安全和生态安全。因此，该区水土保持工作的重点是密云水库上游水源地的保护。治理规模略。

永定河山区：西北部多为沙黄土，东南部则为壤质黄土，水土流失严重。石质山区由于土质松散，易形成沟蚀。为减少官厅水库泥沙淤积量，在上游黄土丘陵区建设基本农田，建设大面积高标准农田，减少水土流失。同时，进行人工造林和人工种草，提高林草覆盖度，在水库周边采取封禁措施，建设水源地“三道防线”，保证水库安全。治理规模略。

大清河山区：地面物质由混合岩风化物组成，上游局部有黄土丘陵，地面坡度大都在15°以上。土壤侵蚀较轻，植被条件相对较好。根据该区自然条件，治理重点应以人工造林为主，结合封禁治理，进一步提高林草覆盖度，适当发展林果产业。造林工程与坡面和沟道治理工程密切配合，在土地较少的土石山区以硬埂梯田、石埂梯田为主；在黄土丘陵区，以软埂梯田和隔坡梯田为主。治理规模略。

子牙河山区：水土流失多发生在土石山区和黄土丘陵区，其中黄土丘陵区由于地面为深厚黄土覆盖，抗蚀力较弱，集中的股流在坡面将形成细沟侵蚀，细沟逐渐扩展，形成切沟侵蚀。在地面土层较薄的土石山区和石质山区，集中的股流不能更深地下切，但沟头易溯源侵蚀到分水岭附近形成荒溪。根据该区自然条件，治理重点应以人工造林和封禁治理为主，主要提高林草覆盖率，适当发展林果产业。在岗南、黄壁庄等大中型水库周边，建设以水土保持生态修复为主的“三道防线”，保护水库安全。在滹沱河上游开展基本农田建设，兴修高标准梯田和沟坝地。治理规模略。

漳卫河山区：地貌以低山丘陵为主，山间盆地较多，地形破碎，地面物质以灰岩风化物为主，地面坡度大都在15°以下。该区水土流失比较严重，首要任务是恢复植被，提高林草覆盖度。在不同地区有所侧重：西北部浊漳河流域的黄土丘陵区以农为主，建设一批基本农田，同时积极造林种草；东南部土石山区植被较好，以林为主，巩固现有基本农田。治理规模略。

海河平原南部区：主要包括鲁北和豫北平原。针对地面古河道和风沙化土地特征，采取农业、工程、生物等综合防治措施，加强林网建设，提高林网密度，减弱风速；平整土地，增施有机肥，改良土壤结构；开发利用水资源，提高土地利用价值，大力发展以经济林果为主的林木种植，建立名优特瓜果生产基地。引洪清淤泥沙采用原状土覆盖，控制土地进一步沙化；沉沙池以建设防护林带和开发沉沙高地为主攻方向，利用水面发展经济作物进行固沙。治理规模略。

海河平原北部区：海河平原北部区地处平原，沙河、滹沱河、磁河、大沙河、永定河等在出山口形成的沙质河道及滩地风沙区存在少量风蚀。同时，该区生产建设项目相对较多，呈点状分布，易造成人为水土流失。但总体而言，水土流失较轻。该区太行山山前平原是海河流域粮食主产区之一，因此在农村地区，主要采取水土保持耕作措施加以保护，加强林网建设，提高林网密度，减弱风速；平整土地，增施有机肥，改良土壤结构；实行留茬耕作和免耕等手段减少对地表的扰动。在城市地区，加强城市水土保持建设，开展水土保持宣传，提高城市森林覆盖度和人均公共绿地占有面积。治理规模略。

7. 监测规划

以建成完善的水土保持动态监测体系为目标，建设覆盖全流域的水土保持监测站网和信息网络，实现对流域水土流失及其综合防治的动态监测、预报和定期公告。

监测机构网络：海河流域现有流域级监测中心站1个，省级监测总站7个，各省所属监测分站27个。按照全国水土保持监测网络布设的要求，不再增加流域级和省级水土保持监测机构。各级监测机构应配备包括通信及信息传输系统、信息处理系统、网络安全设备及软件系统、交通设备在内的四大部分设备。

地面监测站点：海河流域现有各类水土保持常规监测站点44处，根据水土保持监测事业发展需求，规划到2020年，全流域共建设不同类型地面监测站65个。2030年前，原则上不再增设新的监测站点，只对原有站点进行维护和设备更新。

动态监测：采取地面观测、遥感和抽样调查等方法，按照分批轮流的方式，每年对流域部分重点防治区进行监测，每个监测周期为5年。同时，每隔5年对全流域进行一次遥感普查。对重要区域和重点河系，根据需要进行不定期遥感监测。

5.2.1.6 淮河流域综合规划水土保持专章

1. 水土流失状况

水土流失面积为4.24万km²，以水力侵蚀为主，在黄泛平原风沙区和滨海地区存在部分风力侵蚀和风力水力复合侵蚀，局部地区有少量重力侵蚀发生。

水土流失特点：总量不大，分布广；强度不高，威胁大；植被良好，流失隐蔽性强；低标准治理，反复性流失面积大；开发扰动强烈，新增流失程度高。

2. 水土保持分区和规划目标

（1）水土保持分区。淮河流域国家级水土保持重点防治区包括桐柏山大别山预防区和沂蒙山治理区。

（2）规划目标。到2020年，流域内水土流失治理程度达60%以上。全面实施坡耕地水土综合整治，山丘区人均基本农田增加0.1亩；桐柏山大别山区、伏牛山区、沂蒙山区林草覆盖率提高5个百分点以上，正常年份减少土壤侵蚀量0.6亿t以上，生态环境进入稳定发展阶段，农村居民人均纯收入明显提高；在山洪灾害重点防治区全面建成非工程措施与工程措施相结合的综合防灾减灾体系。

到2030年，水土流失治理程度达到90%以上，流域上游水土保持防护体系基本建成，坡耕地改造全面完成，水土资源得到有效保护和可持续利用；治理区内林草覆盖率达到30%以上，生态环境进入良性发展轨道。

3. 分区水土保持措施

(1) 桐柏山大别山区。

水土流失问题：一是丘陵区人口密集，部分地方口粮不足，毁林开荒严重；二是经济落后，农村产业结构调整在部分地区造成了大片次生灌木林被砍伐；三是疏幼林比例较大。

水土保持措施：该区大部分地区为国家级重点预防保护区，总体上要采取封育保护、自然修复等措施，保护和扩大植被覆盖面积，涵养水源。中低山区，应限制开发建设活动，保护好现有森林植被和水库周边植被保护带，并推广节柴灶、沼气池等；丘陵地带，改造坡耕地和顺坡经济林地，建设高标准基本农田；丘陵向平原过渡地带，加强缓坡耕地的改造，加大河道整治力度。

(2) 伏牛山区。

水土流失问题：一是石灰岩地区缺水严重，植被稀疏；二是低山丘陵区坡耕地普遍，“四荒”面积大；三是粗骨土和沙化地大量分布；四是黄土丘陵区坡面侵蚀严重；五是鲁山暴雨中心区常发生山洪灾害。

水土保持措施：在加大良好植被封育保护的同时，退耕还林还草；扩大缺水地区径流拦蓄利用和耐旱耐瘠经济林草面积；逐步改造柞蚕坡等坡式经济林；加大暴雨中心区坡面径流拦截和沟道治理力度；建立沙化地径流泥沙植物缓冲带，加大矿区水土保持监督力度。

(3) 沂蒙山区。

水土流失问题：一是土地退化严重，“折叠地”、坡耕地和坡式梯田所占比重较大，沙化、裸岩面积多；二是疏幼林面积大；三是水资源相对匮缺，农田和经果林灌溉保证率低；四是草场面积小、退化严重；五是低标准工程多。

水土保持措施：在保护良好植被并进一步扩大中低山区和库区上游预防保护和封禁治理面积的同时，重点实施坡耕地、坡式梯田和“四荒地”改造；加强沙化、粗骨土地区径流泥沙拦截及植被缓冲带建设，逐步改造“石化”“沙砾化”和“薄壤”等侵蚀劣地。

(4) 江淮丘陵区。

水土流失问题：一是“四荒”地较多，植被较差；二是土地耕作层浅薄，坡耕地多切割沙化，砂石裸露；三是农田水利基础设施差，水源短缺，土壤涵养水能力低；四是开矿采石普遍。

水土保持措施：保护现有植被，改造“小老树”；低丘缓坡地带，改造坡耕地、“四荒”地，在稳定基本农田、完善田间水利设施配套的基础上，营造水土保持林、经济林，扩大草场面积，发展畜牧业，推广畜牧-沼气生态模式；兴建塘堰坝。

(5) 淮海丘岗区。

水土流失问题：该区属沂蒙山的残延带，孤丘呈零散分布，坡耕地面积大。徐州、宿州、淮北为石灰岩区，煤炭等矿产开发较多，山体多为裸岩，植被稀疏，山脚下形成“坡积裙”，土层较厚；新沂、连云港地区土质砂化、石化严重，耕地有大面积的铁、锰结核滞水层，土地瘠薄低产。

水土保持措施：在封育保护现有山体植被的同时，改造坡耕地、“四荒”地，配套水源工程，营造水土保持林、经济林；加强预防监督体系建设，督促生产建设项目加强水土保持“三同时”落实工作。

(6) 黄淮平原区。

水土流失问题：沿废黄河故道高亢沙土地和滨海平原存在一定数量的水土流失，且季节性变化大，春秋季地表作物覆盖度低时，多以风蚀为主；雨季因土壤抗冲刷能力差，则水蚀明显。此外，部分河道中下游因受上游水土流失的影响，河道淤积严重，局部地段无序采砂导致河岸坍塌，重力侵蚀严重。

水土保持措施：结合防洪除涝工程和农田水利工程等建设，加强农田林网和河、沟、路、渠边坡的防护。

(7) 黄泛风沙区。

水土流失问题：局部地带风沙活动仍强烈，水蚀、风蚀、涝洼盐碱交加危害，上游引黄灌溉带来的泥沙对侵蚀环境造成不利影响。

水土保持措施：在加强引黄灌溉泥沙管理和保护治理成果的同时，重点在沙地的前沿营造防风固沙林带，结合渠、沟、路建设，发展农田防护林、护路林，保护农田和河道，推广粮草轮作，在沙化面积较大的地块大力发展速生丰产用材林；加强农田灌排设施和春季农田机械沙障建设，推行轮作、套作、间作和高留茬等耕作措施。

4. 水土保持工程

(1) 丘陵山地水蚀区。

生态修复措施：划定封禁界线，设立封禁标志，开展抚育管理、补植补种、草场改良、围栏建设等；制定乡规民约，禁止在封禁区内进行生产经营性活动，实施舍饲养畜、生态移民，推广节柴灶、沼气池，减轻封禁治理的压力，加快植被恢复。

主要生态修复区和辅助工程：近期将桐柏山大别山区、伏牛山区和沂蒙山区10片总面积0.51万km^2的范围确定为主要生态修复区。生态修复辅助工程主要包括沼气池、谷坊、小型水源工程、围栏等。

小流域综合治理工程：规划以小流域为单元综合

治理水土流失面积2.33万km^2，其中近期主要在淮河源头区、桐柏山大别山大型水库上游及低山丘陵重点流失区、沙颍河上游土地沙化区、板桥和石漫滩水库上游、沂蒙山大型水库上游水土流失和石漠化区以及江淮丘陵水土流失生态脆弱区完成小流域综合治理面积1.47万km^2；远期完成剩余的0.86万km^2水土流失治理任务。同时结合新农村建设和水源地保护，在山丘区15个水库型水源地上游选取104条小流域开展生态清洁小流域面源污染辅助控制工程建设，其中近期主要选择重要水源地上游60条小流域。主要措施包括坡面整治、沟道防护、种植水土保持植物和建设生态清洁小流域面源污染控制工程等。

生态清洁小流域面源污染控制工程：为了防治小流域面源污染通过地表径流和泥沙携带进入水源地，影响饮用水的水质，在主要水源地上游结合水土保持综合治理工程建设生态清洁小流域，主要措施包括人居环境综合整治、植物缓冲带及湿地建设等。

（2）黄泛平原风蚀区。规划综合治理以风蚀为主的侵蚀面积0.80万km^2，其中近期在河南豫东地区、山东菏泽地区治理0.50万km^2，远期治理0.30万km^2。主要措施包括建设防风固沙林、农田防护林带和林网，林粮间作，封丘育草和种草等水土保持植物工程；开展翻淤压沙、放淤改土，截水缓流工程等土地整治工程。

（3）平原沙土地风水复合侵蚀类型区。规划综合治理平原沙土区面积4782km^2，近期在江苏省徐州、淮安、宿迁、盐城等废黄河及滨海一带治理2900km^2，远期治理1882km^2。

水土保持植物工程：河沟边坡种植芦柴、芦竹或狗牙根等；故道堤顶及堤坡种植防风固堤林，青坎栽种固土防护林；水边栽植防浪护坡水生植物带。农田布设防护林；沙化严重的开阔地带采取林粮间作或果草间作等。滨海平原沙土区主要选择耐盐碱的树草种开展植树种草，适当地点在盐碱淋溶的基础上，采取林粮间作。

水土综合整治工程：平原沙土区一般按田间沟-小沟（农沟）-中沟-大沟（支河）-干沟配套5级沟渠水系；在干沟、大沟的青坎边建筑子堰；在干沟、大沟的河（沟）坡上开挖集水槽；配套跌水措施；对沙化严重的地块采取整平土地、修筑畦埂、翻淤压沙等措施。

5. 山洪灾害防治

山洪灾害主要包括溪河洪水、滑坡、泥石流等。山洪灾害防治坚持以工程措施和非工程措施相结合，突出非工程措施在防灾减灾中的作用，合理安排工程治理措施，建设综合防治体系。

非工程措施主要包括监测体系和预警预报体系建设、群测群防体系建设等。工程措施主要是结合水土流失综合治理，采取排导、拦挡，沟道疏通和沟底防冲等工程措施对山洪沟进行整治。对生活在山洪灾害高风险区、生命财产受到严重威胁的居民，经比较后可采取搬迁、避让措施。

淮河流域规模以上的山洪沟约980条。近期完成山洪灾害重点防治区内的桐柏山大别山区、沂蒙山区和伏牛山区沙颍河上游658条山洪沟治理；远期完成伏牛山区其余的322条山洪沟治理。

6. 水土保持管理

（1）水土流失预防。制定预防保护区的管理办法；建立重要水源区水土保持生态环境保护制度，建立水源涵养、耕地建设保护等功能区管理制度，水土流失影响综合评估制度。

（2）水土保持生态建设管理。加强重点治理区管理；制定和完善水土保持生态建设管理办法和制度，加强“四荒”资源开发的监管，探索和建立水土保持生态补偿机制；建立水土保持生态建设项目流域参与式管理、专家论证评审制度。

（3）水土保持监督。加强省级重点监督区的水土保持监督管理；建立健全生产建设项目水土保持方案申报和许可制度；规范水土保持监理、监测、评估管理工作；建立和完善水土保持方案实施督察、汛前检查、公告和数据库管理等制度；建立城市自然地貌植被保护、开山采石控制、裸岩裸地治理等管理制度；建立流域和区域水土保持定期公告制度。

（4）能力建设。利用现有水土保持监测点73个，建设淮河水土保持监测与管理信息系统。开展流域水土保持监督执法能力、科技支撑能力和信息化建设。建设山洪灾害预警系统。

5.2.2 区域规划中的水土保持规划

以青海湖水资源综合治理规划水土保持专章为例。

1. 自然概况

青海湖流域地处青藏高原东北部，流域范围涉及3州4县，在行政区划上分别隶属于青海省海北藏族自治州的刚察县和海晏县，海西蒙古族藏族自治州的天峻县，海南藏族自治州的共和县，流域面积2.97万km^2。流域四周高山环绕，是一个封闭的内陆盆地，流域内地貌类型复杂多样，由湖滨平原、冲积平原、低山、中山和冰原台地等组成。其主要河流有布哈河、泉吉河、沙柳河、哈尔盖河和黑马河等。

据土地利用遥感调查成果，青海湖流域草地面积为15334km^2，占流域总面积的51.7%；其次是水域湿地，面积为7122km^2，占流域总面积的24.0%；裸土裸岩面积为3283km^2，占流域总面积的11.1%；

荒漠面积为2249km²，占流域总面积的7.6%；林地面积为1486km²，占流域总面积的5.0%；耕地面积为161km²，占流域总面积的0.5%；建设用地最少，面积为34km²，仅占流域总面积的0.1%。

青海湖流域行政区域涉及青海省3州4县25个乡（镇），总面积2.97万km²，约占青海省总面积的4.1%。截至2007年年底，流域总人口10.74万人，占青海省总人口的1.9%，流域人口密度为4.2人/km²，流域国内生产总值为9.84亿元，人均GDP为9163元。

2. 目标任务

通过加强节水和用水控制，优化配置水资源，保证合理的入湖水量，缓解流域水资源供需矛盾；积极推进草畜平衡，控制超载过牧，控制入河湖污染物量，减少人为因素对青海湖流域生态环境的逆向干扰，使河湖水生态系统得到有效保护，为保障流域及相关地区生态安全创造条件。

3. 水土保持规划

（1）草地保护。青海湖流域退化草地治理的主要措施是加大生态保护力度，利用大自然的自我修复能力实现自我修复，同时辅以人工治理措施，加快退化草地的逆转速度。退化草地修复与治理主要安排退牧还草、重度沙化型草地治理、黑土滩型退化草地植被恢复、毒杂草型退化草地治理和草原鼠虫害防治等内容。草地保护要遵循"整体推进、与牧协调；因地制宜、突出重点；统筹兼顾、注重特色；以封为主、封育结合"的原则。此次规划的草地保护措施主要有围栏封育和草地补播。

围栏封育：结合青海湖流域土地利用遥感调查成果，现状低覆盖度草场、黑土滩及退化的中覆盖度草场总面积为10286km²，扣除现有围栏草地6695km²，规划新建围栏封育草地3591km²，并考虑已建围栏草地中有约5095km²是20世纪80年代前后建设的，需要更新，因此此次规划共建围栏封育草地8686km²。围栏封育分为全封禁和半封禁（划区轮牧）两种方式。全封禁主要是针对人口相对集中、植被较差的低覆盖度草场，为尽快恢复草场植被、提高其涵养水源能力采取的全年全封方式。半封禁（划区轮牧）主要是针对人口相对稀少、植被相对较好的退化中覆盖度草场采取的划区轮牧方式。

草地补播：结合围栏封育对低覆盖度（覆盖度一般在20%以下）草场、严重退化沙化草场及黑土滩进行草地补播，主要草种有针茅、披碱草、早熟禾、星星草、芨芨草等。规划补播草地面积4212km²。

（2）沙漠化土地治理。沙漠化土地治理在青海湖及湖滨区的严重沙漠化地区实施，治理重点是铁路公路两侧、河道两岸、青海湖四周的滩地和农牧民定居点周围的流动和半流动沙地，对于暂不具备治理条件的其他沙化扩展地区，规划为封禁保护区。规划实施沙漠化土地治理面积394km²，其中人工固沙并种草85km²，封沙育林（草）282km²，沙地人工造灌木林27km²。

（3）生态林建设。青海湖流域属于水源涵养与生物多样性保护区。目前青海湖流域天然林的主要问题有：面积小、分布分散；乔木林少，乔灌木林混交结构远未形成，人工林的生态系统尚未形成等。保护天然森林，营造生态林，具有截流涵养雨水，防止水土流失，增加土壤水分下渗，抑制地表水分蒸发，减缓和调节地表径流的能力，有利于发挥水源涵养、水土保持、净化水质和空气等生态功能，对水生态系统保护和修复有一定意义。

结合青海湖流域土地利用遥感调查和青海省水土保持生态建设规划成果，充分吸收已有造林经验，此次规划在流域内中山丘陵区海拔3500m以下的阴坡宜林地和青海湖湖滨区的宜林地营造生态林，以耐寒冷的灌木林为主，如柽柳、沙地柏等，乔木树种主要种植在滩地、铁路与公路沿线、沟渠与河道两岸、城镇与居民点附近。规划营造生态林46.5km²。

（4）谷坊和沟头防护工程。青海湖流域水土流失严重，水土流失面积达15179km²，占流域总面积的51%。区内水土流失主要有3种形式，即水力侵蚀、风力侵蚀和冻融侵蚀，其中水力侵蚀面积最大，占水土流失总面积的49.4%，其次是冻融侵蚀面积，占水土流失总面积的43.1%，风力侵蚀面积相对较小，占水土流失总面积的7.5%。

因地制宜实施谷坊和沟头防护工程，以固定沟床，拦蓄泥沙，防止或减轻山洪及泥石流灾害，同时对提高水源涵养能力、减轻水土流失意义重大。规划建设蓄拦工程370座，建设沟渠防护工程50km。

5.2.3 生态建设规划中的水土保持规划

以《全国生态保护与建设规划（2013—2020年）》水土保持专章为例。

5.2.3.1 全国水土保持形势

1. 全国水土保持成效

水土流失是我国的主要生态环境问题之一。党中央、国务院历来高度重视水土保持与河湖生态保护和治理工作。新中国成立以来，我国开展了大规模的水土流失综合治理工作，取得了举世瞩目的成就。截至2009年年底，全国累计完成水土流失初步治理面积105万km²，其中建设基本农田14.13万km²，建成淤地坝、塘坝、蓄水池、谷坊等小型水利水保工程740多万座（处），营造水土保持林50.33万km²。经过治理的地区群众生产生活条件得到明显改善，有近

1.5亿人从中直接受益，2000多万贫困人口实现脱贫致富。水土保持措施每年减少土壤侵蚀量15亿t，其中黄河流域每年减少入黄河泥沙4亿t左右。

水土保持成效突出体现在以下几个方面：法律法规体系逐步完善，依法监管成效显著；防治战略实现重大转变，预防保护工作进一步加强；重点工程建设力度加大，水土保持成效显著；动态监测预报能力进一步增强，科技支撑能力逐步提高；体制机制改革不断深化，全民水土保持意识增强。

2. 全国水土保持存在的问题

监督管理体系有待进一步完善；预防保护工作有待进一步加强；治理尚不能适应新形势的要求；投资保障机制尚需进一步健全。

3. 面临的新形势和新要求

未来十年是我国生态保护与建设加快发展的关键时期，面临前所未有的良好发展机遇，也对我国生态保护与建设提出了新的要求。中央一系列重大部署，为加快水土保持提供了难得机遇；全面建设小康社会要求水土保持工作适应新形势，实现新发展；全面推进民生水利新发展，对水土保持提出了新要求。

5.2.3.2 规划的指导思想、基本原则与目标

1. 指导思想

深入贯彻落实科学发展观和新时期治水新思路，遵循以人为本、人水和谐、建设民生水利的新要求，以水土资源合理开发利用，改善农业生产生活条件、生态环境和人居环境为目标，坚持预防为主、保护优先，强化监督管理，重点突破、整体推进，加快水土保持与河湖生态治理的步伐，分区提出水土保持方略与布局，为大江大河减少泥沙、防治水旱灾害、促进河湖水生态系统良性循环，为“两型社会”建设和经济结构调整提供基础保障，促进国家经济持续、稳定、协调发展。

2. 基本原则

预防为主，保护优先；全面规划，分区防治；突出重点，整体推进；注重基础，强化指导。

3. 规划范围

本规划涉及全国除台湾、香港、澳门以外的31个省（自治区、直辖市）。重点针对全国主要水土流失严重区域。

4. 规划水平年

基准年为2009年，近期规划水平年为2015年，远期规划水平年为2020年。

5. 规划目标

近期：使严重水土流失区的水土流失基本得到遏制；水土流失重点治理区的土壤侵蚀强度有所减轻；新增水土流失治理面积25万km^2，其中坡耕地治理面积1万km^2；减少土壤流失量7亿t；大中型生产建设项目水土保持“三同时”制度基本落实。

远期：新增水土流失治理面积50万km^2，其中坡耕地治理面积2万km^2；减少土壤流失量14亿t；大中型生产建设项目水土保持“三同时”制度全面落实；使水土保持危害严重地区的水土流失得到基本治理。

5.2.3.3 总体布局

我国地域广阔，自然条件复杂，河湖众多，水土流失面积大并且形式多样，强度程度不一，河湖状况各异；经济发展不平衡导致区域水土资源开发、利用、保护的需求不一，保护和治理的方略和布局存在区域差异。因此，按区域进行全国水土保持与河湖生态保护和治理的布局，根据区域特点，明确分区生态功能定位及存在的问题，提出区域主要工作方向，明确重点布局和措施，做到因地制宜、分区指导，提高规划的科学性、合理性和可操作性，实现有效的行政和社会管理。

此次规划分区遵循区内水土流失成因及水土保持与河湖生态保护和治理方向、措施相似，区间相异的原则，分区结果总体与1998年国务院批复的《全国生态环境建设规划（1998—2050年）》保持一致。

以东北黑土区为例，介绍区域特点及功能定位、生态问题、工作方向、重点布局和措施。

（1）区域特点及生态功能定位。该区位于我国东北地区，涉及黑、吉、辽及内蒙古东部地区，是我国“两屏四带”生态功能区域中的“东北森林带”。区内地势平缓，西、北、东三面环山，中部是宽广的东北大平原，自北向南又可分为三江平原、松嫩平原和辽河平原三部分，山地与平原之间为丘陵过渡地带。该区总面积近103万km^2，水土流失面积约34.8万km^2。该区土地肥沃，是我国主要的商品粮基地和东北老工业基地。区域内降水相对充沛，河湖众多，水资源丰富，分布有松花江、辽河等主要河流。植被覆盖率较高，生物多样性丰富，并分布有中国最大的沼泽湿地。区域内天然林与湿地资源分布集中，土地以黑土、黑钙土、暗草甸土为主，是世界三大黑土带之一。

该区的主要生态功能有水源涵养、拦沙保土、物种多样性保护、河湖生境形态修复等。松花江流域大、小兴安岭及长白山地林区是区内松花江、辽河等众多江河湖沼的源头区，发挥着强大的水源涵养功能和生态屏障作用。该区也是我国最重要的湿地生态区之一，湖沼众多，水域与周围沼泽、湿地的江湖通道畅通，对维持河湖生境生态健康具有重要作用。该区分布着众多的国家级森林公园、国家级自然保护区，茂密的森林及蜿蜒的河流为多种多样的野生

动物提供了优良的栖息场所；同时区内森林、草原、湿地、水域相间分布的景观格局为众多野生生物提供了优良的生存环境，鱼类生境多样，水生生物资源较为丰富。

(2) 区域主要水土流失与河湖生态问题。区域内耕作层疏松，有机质含量高；底层黄土黏重，透水性差。漫岗坡度较平缓，但坡面长，一般达800～1500m，长期顺坡耕作，水土流失严重，黑土层逐年变薄，瘠薄的黄土母质出露，导致作物产量骤减。该区森林资源严重过伐，湿地遭到破坏，干旱、洪涝灾害频繁发生，对农业的稳产高产造成危害，甚至对一些重工业基地和城市安全构成威胁。

区内水资源时空分布不均匀，受区域气候天然特性和上游水利水电工程建设的影响，区内西辽河、辽河干流等部分河段生态基流不能满足。松嫩平原和三江平原是我国湿地集中分布区之一，拥有多处国家级湿地自然保护区，受近几年气候连续干旱、人类围垦湿地及水质污染等影响，嫩江下游湿地呈现不同程度的萎缩，湿地功能出现退化，生物多样性降低。嫩江及第二松花江源头区等河段上游受水库及大中型梯级电站建设的影响，河流纵向连通性遭到破坏，洄游通道受阻，压缩了冷水性鱼类的生存空间，部分洄游鱼类（如哲罗鱼）生存状况较差。

(3) 主要工作方向。治理坡耕地和侵蚀沟道，保护珍贵的黑土资源和林草资源，改进耕作技术，提高农产品单位面积产量，促进优质、高产、高效的商品粮基地、林业基地、牧业基地建设。加强监督管理，保护天然草地和湿地资源；优化闸坝调度，实施生态补水工程，改善嫩江、松花江、辽河等主要河流和重要湿地生态需水状况；保护珍稀濒危的冷水鱼类生境，维系生物多样性。

(4) 重点布局和措施。加强嫩江、第二松花江及浑太河等主要江河源头区大、小兴安岭及长白山地等水源涵养能力，加强水源涵养林和湿地的保护与建设，在保护区周围建设植被缓冲带，促进保护区隔离保护与自我修复，保障尼尔基、丰满、大伙房等重要水源地的供水安全。

在黑土漫川漫岗区推行"坡顶岗脊、坡面、沟底三道防线保水土，梯级开发促生产"的治理开发模式。在黑土低山丘陵区推行"水保林戴帽，用材林围顶，经果林缠腰，两田穿靴，蓄排工程座底"的治理开发模式。在黑土水力风力复合侵蚀区推行"漫岗顶草灌混交，沙地林带网片结合，路为骨架沟镶边，沟底筑坝两岸田"的治理开发模式。在岗脊、坡顶植树，林地与耕地交界处开挖截水沟，改造坡耕地，拦蓄坡面径流、泥沙。

加强流域上、下游水资源统一配置和调度，优化尼尔基、丰满、大伙房、盘山闸等主要控制闸坝的运行调度，保障嫩江、第二松花江下游、松花江干流、辽河干流、西辽河等河段的生态流量。对扎龙、莫莫格、查干湖、辽河口及主要河流沿河湿地进行湿地补水。对松花江、辽河主要干支流河流廊道建设植被缓冲带，实施沿岸农田保护性耕作，规范河道采砂，保护重点鱼类产卵场、越冬场、洄游通道等敏感生态河段和重要湿地。

5.2.3.4 建设任务与重点项目

1. 建设任务与规模

根据区域生态功能特点、布局、措施配置，近期总体建设任务是加快水土流失治理，促进水土资源可持续利用，改善山丘区农村生产生活条件和生态环境。规划期内建设规模为：全国治理水土流失面积50万km^2，其中综合治理小流域48万km^2，改造坡耕地2万km^2，建设淤地坝2.8万座，治理崩岗8.8万处。

2. 重点项目

(1) 综合监管能力建设。包括监督管理能力建设、监测能力建设、生态补偿机制建设。

(2) 重点工程建设项目。

续建重点项目：根据全国生态建设规划以及其他相关专项规划水土保持工作需求，续建项目包括东北黑土区水土流失综合防治工程、岩溶地区石漠化综合治理工程、丹江口库区及上游水土保持工程、三峡库区水土保持工程、黄土高原综合治理工程、革命老区水土保持重点建设工程（原"八片"工程）、国家农业综合开发水土保持项目、京津风沙源治理工程、21世纪初期首都水资源可持续利用项目、黄土高原地区淤地坝工程、晋陕蒙砒砂岩区及其他示范区沙棘生态工程。

新增重点项目：包括西北生态脆弱流域治理工程、坡耕地水土流失综合治理工程、西南诸河少数民族聚集区水土流失防治重点工程、北方农牧交错区水土流失防治重点工程、南方崩岗治理工程、太行山燕山水源地水土保持工程、易灾地区生态环境综合治理工程水利部分、全国城市饮用水水源地水土保持控制工程、高原河谷农业区水土保持工程、沙漠绿洲农业区水土保持工程。

5.2.3.5 投资估算（略）

5.2.3.6 保障措施（略）

Ⅱ　综合治理篇

第1章 综合治理概述

章主编　王治国　张　超　王春红
章主审　张玉华　纪　强

本章各节编写及审稿人员

节次	编写人	审稿人
1.1	王治国　张　超　贾洪文	张玉华　纪　强
1.2	孟繁斌　张　超　李小芳	
1.3	张　超　王春红　闫俊平	
1.4	闫俊平　李小芳	
1.5	王治国　纪　强　孟繁斌	

第1章 综合治理概述

1.1 基本概念

1.1.1 水土流失综合治理

水土流失综合治理是按照水土流失规律、经济社会发展和生态安全的需要，在统一规划的基础上，调整土地利用结构，合理配置预防和治理水土流失的工程措施、植物措施和耕作措施，形成完整的水土流失防治体系，实现对流域（或区域）水土资源及其他自然资源的保护、改良与合理利用的活动。水土流失治理坚持“综合治理、因地制宜”的基本方针。对水土流失地区开展综合治理，坚持以小流域为单元，合理配置工程、林草、耕作等措施，形成综合治理体系，维护和增强区域水土保持功能。适宜治理的水蚀和风蚀地区、绿洲及其周边地区等进行小流域综合治理，坡耕地相对集中区域及侵蚀沟相对密集区域开展专项综合治理。

1.1.2 措施分类

综合治理措施主要包括工程措施、植物措施和耕作措施三大类。工程措施包括梯田、沟头防护、谷坊、淤地坝、拦沙坝、塘坝、滚水坝、治沟骨干工程，坡面水系工程及小型蓄排引水工程，土地平整、引水拉沙造地，径流排导、削坡减载、支挡固坡、拦挡工程等；植物措施包括水土保持林、经果林，水蚀坡林地整治、网格林带建设、灌溉草地建设、人工草场建设、复合农林业建设、高效水土保持植物利用与开发等；耕作措施包括沟垄、坑田、圳田种植（也称为掏钵种植）、水平防冲沟，免耕、等高耕作、轮耕轮作、草田轮作、间作套种等。

1.2 发展历程

新中国成立以来，党中央、国务院高度重视水土保持工作。1952年，政务院发出《关于发动群众继续开展防旱、抗旱运动并大力推行水土保持工作的指示》，要求“必须大力推广水土保持工作，以逐步从根本上保证农业生产的迅速发展”；1957年，国务院成立了水土保持委员会，领导全国水土保持工作的开展，同年7月，国务院发布了《中华人民共和国水土保持暂行纲要》；1964年，国务院制定了《关于黄河中游地区水土保持工作的决定》；1982年，国务院发布了《中华人民共和国水土保持工作条例》；1991年，第七届全国人大常委会通过了《中华人民共和国水土保持法》，此后水土保持工作进入稳定发展的轨道。

1952—1983年期间，水土保持以群众投劳为主开展了打坝淤地、修筑梯田、造林种草等工作。1983年，开始实施国家水土保持重点治理工程，1986年实施黄河中游治沟骨干工程，逐步形成了以小流域为单元的水土流失综合治理技术体系。1988年，国务院将长江上游列为全国水土保持重点防治区，1989年开始实施长江上游水土保持重点防治工程。1999年，国务院批复《全国生态环境建设规划》，陆续启动实施了京津风沙源、珠江上游南北盘江、东北黑土区、岩溶地区、丹江口库区等一批水土流失综合治理工程。2010年，启动了坡耕地水土流失综合治理试点工程。2015年，国务院批复了《全国水土保持规划（2015—2030年）》，明确了今后一段时期内水土保持发展蓝图。

纵观水土保持发展历程，水土流失治理规模上，从一村一户到成片治理，再到以县或流域为单位的集中连片治理；组织形式上，从典型示范到发动群众大会战，再到国家专项投入重点工程治理；技术上，从单一措施到上下游皆顾，再到以小流域为单元的山水田林路村综合治理，取得了长足的发展。

1.3 成　　效

（1）水土流失面积减少，土壤侵蚀强度降低。经过60多年长期不懈的努力，通过发动群众、国家重点治理和全社会广泛参与，水土流失防治工作取得了显著成效，累计综合治理小流域7万多条，实施封育范围达80多万km^2。根据第一次全国水利普查成果，全国水土保持措施保存面积99万km^2。全国水土流失面积由2000年的356万km^2下降到2011年的295万km^2，减少了17.1%；中度及以上水土流失面积由194万km^2下降到157万km^2，减少了19.1%。

（2）治理区生产生活条件改善，农民收入大幅增长。经过综合治理，大量坡耕地被改造为梯田，并配套机耕道路和水利设施，有效提高了土地生产力和生产条件；荒山荒坡变成林地草地，“四旁绿化”改变了农村居住环境，农村生活基本条件得以改善。同时水土保持与特色产业发展紧密结合，开展多种经营，促进了农村产业结构调整，农业综合生产能力明显提高，增加了农民收入。截至2013年，全国修筑梯田1800余万hm^2，累计增产粮食3000多亿kg；据测算，水土保持措施累计实现人畜饮水和灌溉综合效益近百亿元，林产品及饲草累计实现效益约5600亿元。近10年来治理区人均纯收入普遍比未治理区高出30%～50%，有1.5亿群众直接受益，稳定解决了2000多万山丘区群众的生计问题。

（3）林草植被覆盖率逐步增加，生态环境明显趋好。水土保持坚持山水田林路统一规划，多部门协调合作，通过造林种草、退耕还林还草、退化草场治理等，林草植被面积大幅增加，全国森林覆盖率达到21.63%，林草覆盖率达到45.0%，生态环境明显趋好。长江流域上游“四大片”经过20年治理，林草覆盖率提高了约30%，荒山荒坡面积减少了70%。黄河粗泥沙集中来源区已有一半面积实现由黄转绿，林草覆盖率普遍增加了10～30个百分点，局部区域增加30～50个百分点；陕西吴起县、内蒙古准格尔旗林草覆盖率由治理前的10%提高到60%～70%。

（4）蓄水保土能力不断提高，减沙拦沙效果日趋明显。通过合理配置水土保持措施，形成完整的防护体系，治理区蓄水保土能力不断提高，土壤流失量明显减少，有效拦截了进入江河湖库的泥沙。据统计和测算，全国现有水土保持措施每年可减少土壤侵蚀量15亿t。黄河上中游地区采取淤地坝、坡改梯等综合治理措施，年均减少入黄泥沙约4亿t；长江中上游水土保持重点防治工程已治理水土流失面积约8万km^2，增加土壤蓄水能力20多亿m^3。丹江口库区及上游水土保持一期工程截至2011年累计治理水土流失面积1.45万km^2，项目区年均保土能力近5000万t，蓄水能力近4.3亿m^3，年均减少进入丹江口水库泥沙达2000万t以上。

1.4 经验

（1）以小流域为单元，因地制宜，综合治理。小流域是水土流失的基本单元，以小流域为单元进行水土流失治理，针对性强，目标集中，重点突出，符合自然规律。以小流域为单元全面规划，综合治理，既全面有效地控制了不同部位和不同形式的水土流失，又促进了小流域内农、林、牧、副、渔各业生产的协调发展，是防治水土流失的正确技术路线，成为指导水土保持生态建设最具有中国特色的有效办法和关键措施。小流域综合治理符合水土流失的客观规律，能够充分发挥植物措施、工程措施、耕作措施等不同治理措施相辅相成的群体作用；促进农林牧用地比例趋于合理，最大限度地提高水土资源的利用率和生产力，充分调动群众的积极性，促进农村经济发展和脱贫致富。

随着经济社会的持续快速发展，以小流域为单元综合治理的技术路线也在不断发展，在继续做好治理水土流失、改善农业生产条件的基础上，把水源保护、面源污染控制、产业开发、人居环境改善、新农村建设等有机结合起来，从而大大延伸了水土保持工作的领域，丰富了小流域建设的内涵，为保护水源和改善生态环境，促进当地农村产业结构的调整，改善村镇人居生活条件等发挥了重要的作用。

（2）治理与开发相结合，实现三大效益相统一。治理与开发相结合，妥善处理生态建设与经济发展、群众生活的关系，以保水保土为基础，以利益机制为动力，围绕区域资源优势，优化组合生产要素，合理保护和集约利用水土资源，将开发寓于治理之中，把二者紧密结合起来，使群众在治理水土流失、保护生态环境的同时，取得明显的经济效益，激发其治理水土流失和保护水土资源的积极性，实现生态效益、经济效益、社会效益三者之间的统一。

坚持治理与开发相结合，必须紧密联系市场，选择最有效的治理开发措施，也就是要选准项目，能够取得最大的生态、经济和社会效益。长期以来，各地在治理开发实践中，根据市场供求情况，立足本地资源条件和产品优势，选择潜力大、投资少、见效快、效益高的优势项目，既加快了水土流失治理速度，产生了良好的生态效益，又取得了显著的经济效益和社会效益，调动了广大群众治理水土流失的积极性。

（3）以重点工程为依托，集中连片、规模推进。以重点工程为依托，集中连片、规模推进，是当前我国水土保持生态建设的一条重要经验。各地在重点工程项目的实施过程中，将治理区集中连片规划，资金集中连续投放，建设成一批面积在数百平方千米，甚至上千平方千米，包含数十条小流域的水土保持大规模治理区，实现了水土流失治理的大规模持续推进，大大加快了水土流失治理的速度。重点工程项目的实施是水土流失治理集中连片、规模推进的重要条件。依托水土保持重点工程，资金有保障，在时间上按年度连续投入，连续治理，连片推进，广泛吸纳社会资金共同参与治理，参照基本建设程序进行项目管理，治理范围大，标准高，效益好。

（4）根据不同分区特点，科学确定治理模式。我国地域辽阔，各地的水土流失类型多种多样。多年来，各地在治理水土流失的实践中，遵循以小流域为单元综合治理的技术路线，因地制宜，不断创新，综合分析区域自然资源的有利因素、制约因素和开发潜力，结合当地实际情况和经济发展要求，科学确定措施配置模式及发展方向和开发利用途径，探索出了多种成功的水土保持生态建设模式。

1.5 基本原则和主要内容

1.5.1 基本原则

1. 总体布置原则

水土流失综合治理以小流域（或片区）为单元，根据水土流失防治、生态建设及经济社会发展需求，统筹山、水、田、林、路、渠、村进行总体布置，做到坡面与沟道、上游与下游、治理与利用、植物与工程、生态与经济兼顾，使各类措施相互配合，发挥综合效益。总体布置主要原则如下：

（1）坚持以维护和提高水土保持功能为方向。水土资源的保护和合理利用与经济社会发展水平密切联系，不同社会发展阶段和经济发展水平对于水土保持的需求差异明显。水土保持设施在不同自然和经济社会条件下发挥着不同的功能，水土保持基础功能包括水源涵养、土壤保持、蓄水保水、防风固沙、生态维护、防灾减灾、农田防护、水质维护、拦沙减沙和人居环境维护，水土流失综合治理应根据不同区域水土保持基础功能，本着维护和提高水土保持功能的原则，确定任务、总体布置和措施体系。

（2）坚持沟坡兼治。坡面以梯田、林草工程为主，沟道以淤地坝坝系、拦沙坝、塘坝、谷坊等工程为主。

（3）坚持生态与经济兼顾。梯田与林草工程布置根据其生产功能，加强降水资源的合理利用，在少雨缺水地区配置雨水集蓄利用工程，多雨地区配置蓄排结合的蓄水排水工程，使梯田与坡面水系工程相配套，经济林、果园、设施农业与节水节灌、补灌相配套。

（4）坚持封禁治理和人工治理相结合。在江河源头区、远山边山地区根据实际情况，充分利用自然修复能力，合理布置封育及其配套措施。

（5）坚持服务区域需求。重要水源地按生态清洁小流域进行布置，合理布置水源涵养林，并配置面源污染控制措施。在山洪、泥石、崩岗灾害严重的地区，应合理配置防灾减灾措施。在城郊地区要充分利用区域优势，注重生态与景观结合，措施配置应满足观光农业、生态旅游、科技示范、科普教育需求。

2. 设计原则

（1）确保水土流失治理基本要求。综合治理主要建设任务涉及水土流失治理、耕地资源保护、水源涵养、减轻山地和风沙灾害、改善农村生产生活条件等方面，水土流失治理程度、水土流失控制量、林草覆盖率、人均基本农田等主要指标均应到达治理标准要求，实现区域水土保持功能的维护和提高。

（2）坚持因地制宜，因害设防。根据项目所在地理区位、气候、气象、水文、地形、地貌、土壤、植被等具体情况，合理布设工程、林草和耕作措施。植物措施尤其要注重“因地制宜”原则，我国幅员辽阔、气候类型多样，地域自然条件差异显著，景观生态系统呈现明显的地带性分布特点，应按照适地（生境）适树（草）的基本原则，合理选择林草种，提高林草适应性，保证植物生长、稳定和长效。“因害设防”就是指系统调查和分析项目区水土流失现状及其危害，采取相对应的综合防治措施，形成有效的水土流失综合防治体系。

（3）坚持工程措施与植物措施相结合，维护生态和植物多样性。注重林草措施，并兼顾经济效益，与农村产业和特色农业发展相结合，注重经济林、草、药材、作物的开发与利用，合理配置高效植物，加强水土保持与资源开发利用建设，充分发挥水土保持设施的生态效益和经济效益。

（4）坚持技术可行，经济合理。水土流失综合治理工程措施多小而分散，必须本着经济实用、实施简单、操作方便、后期维护成本低的原则进行设计；植物措施特别是经济林果应按照适应强、技术简便易行、经济效益高的原则进行设计。

1.5.2 主要内容

调查小流域（区域）现状，包括自然概况、水土流失及其防治情况、土地利用情况、社会经济情况等；分析并合理确定建设目标，主要包括水土流失治理、改善生态、发展农村经济等定性及定量目标；明确建设规模。从小流域（区域）水土流失特点、土地资源、水资源、地形地貌等自然生态条件出发，按照因地制宜，因害设防，工程措施和植物措施相结合，技术可行，经济合理，保护、开发和有效利用水土资源的原则，提出治理面积和措施面积及数量；开展总体布置与措施设计。通过土地利用现状分析，合理确定治理措施总体布局和配置，提出措施设计原则、要点，对布置的单项工程进行设计；明确施工组织设计，主要是明确单项工程的施工条件、施工工艺和施工方法、施工布置及施工进度安排；开展水土保持监测及工程管理；评价实施效益。

参考文献

[1] 水利部，中国科学院，中国工程院．中国水土流失防治与生态安全［M］．北京：科学出版社，2010．

[2] 余新晓，毕华兴．水土保持学［M］．3版．北京：中国林业出版社，2013．

[3] 王治国．试论我国水土保持学科的性质与定位——川陕“长治工程”中期评估考察的思考［J］．中国水土保持科学，2007，5（1）：105-109．

[4] 辛树帜，蒋德麒．中国水土保持概论［M］．北京：农业出版社，1982．

[5] 于怀良，杜天彪．小流域水土流失综合防治［M］．太原：山西科学技术出版社，1995．

第2章　措施体系与配置

章主编　王治国　张　超

章主审　纪　强　孟繁斌

本章各节编写及审稿人员

节次	编写人	审稿人
2.1	张　超　王治国　张　锋　付贵增　凌　峰　黎家作　袁希功　任兵芳　刘雅丽　马　永	纪　强 孟繁斌
2.2	史明昌　张瑞侠　洪运亮　赵锦序	

第2章 措施体系与配置

2.1 总体布局及措施配置

2.1.1 一般要求

根据实施区域所在三级区的水土保持主导基础功能，进行措施总体布局和配置。

1. 以土壤保持功能为主的区域

以土壤保持为主导基础功能的区域主要分布在山区和丘陵区，水土流失以轻-中度水力侵蚀为主，局部侵蚀剧烈；区域内人口相对稠密，坡耕地比例高，人口较多，人均耕地少，经济欠发达；西南地区岩溶石漠化发育，并且泥石流多发，耕地资源亟待保护。

措施配置：以小流域综合治理为主，坡沟兼治，荒山荒坡营造水土保持林，发展经济林和特色林果业。东北黑土区以坡耕地和侵蚀沟治理为重点，坡耕地采取改垄、修地埂植物带和梯田等工程措施，侵蚀沟采用沟头防护、沟坡植树、沟谷布设谷坊等措施。黄土高原区实施以小流域为单元的综合治理，治理坡耕地和沟道，在沟头布设沟头防护措施，在支毛沟修建谷坊群、淤地坝；营造坡面水土保持林，适当发展经济林。南方红壤区改造坡耕地，配套坡面水系工程，发展经济林果，完善基础设施；防治崩岗，通过设置截水沟、谷坊、拦沙坝等措施拦截崩岗泥沙；清理沟道淤埋，理顺排洪通道，减轻山地灾害。西南紫色土区实施以小流域为单元的山水田林路综合治理，建立和完善坡面排水沟道、沉沙池以及蓄水、引水相结合的水利水保工程，改造缓坡耕地，注重梯田埂坎利用和经济林果高效开发利用；保护现有植被，利用荒山荒坡和陡坡耕地营造水土保持林。西南岩溶区开展以坡耕地改造为主的小流域综合治理，完善坡面蓄引排灌配套水系工程，利用梯田埂坎发展经济林果。

2. 以蓄水保水功能为主的区域

以蓄水保水为主导基础功能的区域主要是农业可利用水资源相对缺乏的山地丘陵地区。北方地区干旱少雨，降水时空分布不均，地形分割破碎，水土流失严重，人地矛盾突出，农村人均耕地少，土地垦殖率高，水资源利用率低，人均水资源占有量少，生产、生活、生态用水短缺；西南岩溶区的石漠化地区，岩石裸露率高，降水集中，强度大，加之滥伐森林，陡坡开荒、顺坡耕种，导致坡耕地和石漠化区水土流失严重；地表径流少，拦、蓄水工程不足；森林植被破坏严重，林草覆盖率低，水土流失严重，生态环境脆弱；石漠化区土层极薄，恢复能力差，漏水严重，成土时间长，土地产出率极低，一旦发生水土流失，生态环境很难恢复，且易发生旱灾。

措施配置：北方地区进行小流域综合治理，拦蓄地表水，发展节水灌溉和以蓄水保墒为中心的农田基本建设，采取蓄、引、提、挖等多种形式广辟水源，拦蓄和利用地表径流，兴修涝池、水窖等小型蓄水工程，在泉眼和常流水的地方修建塘坝，发展小片水地，改善用水条件，充分利用蓄水池、旱水窖、环山水平沟及水平梯田、鱼鳞坑，最大限度地利用水资源。西南岩溶区实施以小流域为单元的综合整治，配套坡面水系工程，在海拔较高的部位，建设截水沟、蓄水池、水窖，解决山区人畜和农业生产用水；充分利用水热条件的优势，选择耐干旱、耐贫瘠的树种营造水土保持林，恢复植被，遏制土地石漠化的发展；在海拔较低的部位，实施坡耕地改造工程，通过蓄、引、提等措施加强对岩溶区泉水的利用，提高水资源的工程调蓄和利用效率，综合利用水资源。

3. 以拦沙减沙功能为主的区域

以拦沙减沙为主导基础功能的区域沙性土壤大面积覆盖，沟道发育，地形破碎，降水总量相对较少，干旱缺水，水土流失以中度-强烈水力侵蚀为主，原生植被破坏殆尽，水土流失严重，雨季大量泥沙进入河道。

措施配置：以沟道治理为主，沟坡兼治，减少入河泥沙；在黄土高原区建立以沟道淤地坝建设为主的拦沙工程体系，同时开展以坡耕地整治及林草植被建设为重点的综合治理，梁峁顶部种植灌草，梁峁坡修建梯田，适当发展经济林，沟缘线附近实施沟头防护，沟坡营造水土保持林，沟底建设淤地坝坝系工程，狭窄沟道营造沟底防冲林。其他区域采取以沟道治理为主的综合治理，修建谷坊、拦沙坝、淤地坝拦蓄泥沙，实施坡改梯、等高植物篱控制坡面水土流失。

4. 以防灾减灾功能为主的区域

以防灾减灾为主导基础功能的区域山高坡陡、降水集中，山体多砂砾堆积层，洪峰流量大，易引起山洪及泥石流灾害，产生大量的泥沙下泄，淤毁水利设施，减少水库库容，威胁当地防洪安全和人民群众生命财产安全。

措施配置：以坡耕地、侵蚀沟、荒山荒坡为重点进行小流域综合治理，配备小型蓄排水工程和沟谷稳固工程。林草措施和工程措施相结合治理侵蚀沟、溪沟，在泥石流形成区修建谷坊群，固床稳坡，控制泥石流起动，在流通区修建骨干性拦截工程，拦沙削峰，在停积区修建排导工程，保护农田和群众生产生命安全，减少泥沙淤积对下游河道、塘堰、水库等水利设施的影响，建立滑坡泥石流等山洪灾害的预警预报系统。

5. 以农田防护或防风固沙功能为主的区域

以农田防护和防风固沙为主导基础功能的区域主要分布在绿洲、平原和丘陵岗地农业区。绿洲农业区气候干旱多风，土壤以风沙土为主，风蚀遍及整个区域，土地沙化严重，威胁绿洲，生态环境脆弱；平原农业区是重要的粮食生产基地，人口相对稠密，耕垦指数大，大风季节农田风害严重，耕地受到沙化威胁；丘陵岗地农业区主要为冲积、洪积高台地，仅局部分布零星丘陵，有岗丘起伏，水土流失以水蚀为主，缓坡旱地较多，耕作粗放，面蚀中伴有沟蚀。

措施配置：在绿洲内部巩固、完善农田防护林网建设，稳定发展特色林果基地，营造人工薪炭林，大力发展太阳能、风能等新型能源；绿洲边缘区域人工造林阻沙与引洪拉沙相结合，营造防风基干林带，建立“网、片、带”相结合的绿洲防护林体系，保护和恢复荒漠林草植被，发展节水灌溉造林治沙。平原农业区结合渠、沟、路建设，建设多屏障、多层次、多功能的农田防护林和护路林。丘陵岗地农业区，综合整治坡耕地，治理沟道，以蓄为主，蓄、引、提相结合发展农田灌溉，种植经济林果。

2.1.2 分区综合治理措施配置

2.1.2.1 东北黑土区

1. 基本特点

该区位于我国东北部，北起大、小兴安岭，南至辽宁省盘锦市，西到呼伦贝尔草原，东达长白山地，总面积约109万km^2，包括内蒙古、黑龙江、吉林和辽宁4省（自治区）共244个县（市、区、旗）。主要流域有松花江流域、辽河流域，额尔古纳河、黑龙江干流、乌苏里江、图们江、鸭绿江等国际界河环绕该区。该区属于我国地形第三级阶梯，地貌上呈三面环山、平原中开的地表结构，地势大致由北向南、由东西向中部倾斜。气候类型从东往西依次是中温带湿润区、中温带亚湿润区、中温带亚干旱区，西北部属于寒温带湿润区。水土流失类型以水力侵蚀为主，间有风力侵蚀和冻融侵蚀，风力侵蚀主要发生在松嫩平原西部和南部，冻融侵蚀主要发生在大兴安岭北部。土壤类型大、小兴安岭以棕色针叶林土、山地苔原土和暗灰色森林土为主；漫川漫岗区以暗棕壤、黑土和黑钙土为主；长白山地区以棕色森林土和褐土为主；呼伦贝尔地区以栗钙土和黑钙土为主。植被类型以寒温带针叶林、温带针阔混交林、暖温带落叶阔叶林为主。

该区是我国重要的商品粮生产基地，是我国森林资源最为丰富的地区，又是国家重要的生态屏障。近年来，由于过度垦殖、掠夺式经营和大规模生产建设活动，使水土流失日趋剧烈。因水土流失引起的生态安全、粮食安全、防洪安全和饮水安全等问题已经成为制约国家及地区经济社会可持续发展的重要问题。

2. 防治方略

该区的根本任务是保障粮食生产安全和保护黑土资源，保护和建设东北森林带，合理保护和开发水土资源，促进农业可持续发展。防治重点是对漫川漫岗区和山地丘陵粮食主产区坡耕地、侵蚀沟进行治理，保护黑土资源，为国家粮食生产安全提供保障；加强风沙区农田防护体系建设和风蚀防治，强化大、小兴安岭和长白山、呼伦贝尔等地区的林草保护，强化生产建设项目监督管理，维护我国东北地区生态平衡。

3. 措施体系与配置模式

东北黑土区典型三级区措施体系见表Ⅱ.2.1-1。东北黑土区三级区典型小流域措施配置模式见表Ⅱ.2.1-2。

表Ⅱ.2.1-1　东北黑土区典型三级区措施体系表

三级区	措施体系
大兴安岭山地水源涵养生态维护区	采用“大封禁，小治理”防治技术体系。“大封禁”，即强化现有林草保护，采取封山育林措施，依靠大自然自我修复能力，恢复植被。“小治理”是指对局部水土流失严重地区进行综合治理，特别是在农林镶嵌区城区（居民区）周边进行综合治理，治理对象主要为坡耕地、侵蚀沟、荒山迹地等

续表

三级区	措施体系
东北漫川漫岗土壤保持区	采用“三道防线”防治技术体系。第一道防线是坡顶岗脊防护体系，在坡顶建设农田防护林，或对流域上游现有林草进行全面保护，封山育林育草。第二道防线是农田防护体系。第三道防线是沟道防护体系，以植物措施为主对沟头、沟坡、沟底进行综合治理
长白山山地丘陵水质维护保土区	主要采用“三道防线”防治技术体系。第一道防线是坡顶岗脊防护体系，在坡顶建设农田防护林，或对流域上游现有林草进行全面保护，封山育林育草。第二道防线是坡面防护体系。第三道防线是沟道防护体系，以工程措施为主，对沟头、沟坡、沟底进行综合治理；对潜在危险性大的溪沟，以铁丝笼护脚、护坡和丁字坝等为主进行整治
松辽平原防沙农田防护区	采取“生态林网防护体系”：建设及完善防护林网，乔灌结合，将整个治理区用植物带，网、片控制起来；根据林网网眼内不同侵蚀地类（草地、耕地、沙丘等），因地制宜采取措施进行治理及开发，形成粮、果、菜、药、苗圃等农田嵌块体；通过引进系列配套技术，积极进行劳务输出，增加农牧民收入等促进生态改善

表Ⅱ.2.1-2　　东北黑土区典型三级区典型小流域措施配置模式表

三级区	典型小流域名称	小流域措施配置	
大兴安岭山地水源涵养生态维护区	黑龙江省大兴安岭地区加北小流域	大封禁	在流域上中游的林区，植被稀少的林地或生态脆弱区，实行全面封禁，严禁生产采伐，争取尽快改善生态环境
		小治理	在流域中下游的农区，以坡耕地和侵蚀沟为主要治理对象。坡耕地以改垄和栽植地埂植物带为主，对侵蚀沟采取工程措施和植物措施相结合的办法进行治理，沟头修跌水，沟底修谷坊，两岸削坡栽种松或杨，封沟育林，以控制两岸扩张，吞噬耕地
东北漫川漫岗土壤保持区	黑龙江省拜泉县五岭峰小流域	坡顶岗脊防护体系	在坡顶建设农田防护林或对现有林草进行生态修复
		农田防护体系	根据坡度，对坡耕地采取不同的水土保持措施。具体做法为：小于3°的坡耕地，横坡改垄；3°～5°的坡耕地改垄加地埂，配置植物防冲带，截短坡长，分割水势；5°～8°的坡耕地修筑坡式梯田；大于8°的坡耕地，修筑水平梯田
		沟道防护体系	侵蚀沟采取沟头修跌水、沟底建谷坊（垡带）、沟坡削坡插柳、育林封沟等措施进行治理
长白山山地丘陵水质维护保土区	吉林省梅河口市八家小流域	分水岭及上坡面防护体系	对现有的天然林、人工林进行全面保护，封山育林育草。对稀疏林、灌木林进行补植、改造，发展多树种、多层次的混交林。封山育林的同时，在山下采取生态修复辅助措施

续表

三级区	典型小流域名称	小流域措施配置	
长白山山地丘陵水质维护保土区	吉林省梅河口市八家小流域	坡面防护体系	包括荒山荒坡防护体系、农田防护体系及其他。 荒山荒坡防护体系：在荒山荒地合理布设截流工程措施的基础上，经整地（水平沟、水平阶、鱼鳞坑）后，种植水保林、经果林等，增加植被覆被率。 农田防护体系：根据坡度，对坡耕地采取不同的水土保持措施。具体做法为：小于5°的坡耕地，横坡改垄；5°～10°的坡耕地，改垄加地埂；10°至禁垦坡度的坡耕地，根据情况修筑坡式梯田、水平梯田、果树台田等；大于禁垦坡度的坡耕地，退耕还林。 其他：主要包括对坡面的蚕场、经果园（板栗园、苹果园等）、参园进行治理
		沟道防护体系	修筑沟头防护工程和浆砌石跌水；沟底以谷坊群为主，植物谷坊和浆砌石谷坊相间，在有季节性水流的沟道中，修建塘坝；沟坡修整后种植植被，沟边种植护坡林，防止两岸扩张。 此外，对潜在危险性大的溪沟，以铁丝笼护脚、护坡和修建丁字坝等工程措施为主进行整治
松辽平原防沙农田防护区	黑龙江省泰来县宏程沙地	防护林网建设	乔灌结合，将整个治理区用植物带、网、片控制起来
		侵蚀地类治理	据林网网眼内不同侵蚀地类（草地、耕地、沙丘等），因地制宜采取措施进行治理及开发，形成粮、果、菜、药、苗圃等农田嵌块体
		辅助措施	通过引进系列配套技术，积极进行劳务输出，增加农牧民收入等促进生态改善

2.1.2.2 北方土石山区

1. 基本特点

该区包括太行山、燕山、沂蒙山、胶东低山丘陵以及淮河以北的黄淮海平原地区，总面积约66万km^2，包括北京、天津、河北、内蒙古、辽宁、山西、河南、山东、江苏和安徽10省（自治区、直辖市）共583个县（市、区、旗）。该区位于我国地形第三级阶梯，海拔10～1500m，平均海拔约为150m。区内山地和平原呈环抱态势，北部、西部和西南部为土石山地，地形起伏较大；中东部地区为平原及相间分布的丘陵岗地；属于海河、淮河和黄河流域。该区地跨温带半干旱区、暖温带半干旱区及半湿润区3个气候区带，年均降水量为400～1000mm，≥10℃积温为2100～4500℃，干燥指数不大于2。该区优势地面组成物质为褐土和岩石，土壤主要以褐土、棕壤和栗钙土为主。植被类型主要为温带落叶阔叶林。水土流失以水力侵蚀为主，部分地区间有风力侵蚀。

该区位于我国中东部地区，燕山和太行山是华北重要供水水源地；黄淮海平原是我国重要的粮食主产区；东部低山丘陵区为农业综合开发基地。该区城市集中，开发强度大，人为水土流失和水生态问题突出；黄河泥沙淤积、黄泛区风沙危害严重；山丘区耕地资源亏缺，水土流失严重，水源涵养能力低，局部地区山地灾害频发。

2. 防治方略

该区的根本任务是保障城市饮用水安全和改善人居环境，改善山丘区农村生产生活条件，促进农村社会经济发展。重点是加强城市水源地的水源涵养能力的保护与建设，注重城郊及周边地区生态清洁小流域建设；做好河湖滨海植被带保护与建设以及平原区农田防护林网建设；加强山丘区的小流域综合治理，发展特色产业。

3. 措施体系与配置模式

北方土石山区典型三级区措施体系及典型小流域措施配置模式见表Ⅱ.2.1-3和表Ⅱ.2.1-4。

2.1.2.3 南方红壤区

1. 基本特点

该区包括上海、江苏、浙江、安徽、福建、江西、河南、湖北、湖南、广东、广西、海南、香港、澳门和台湾15省（自治区、直辖市、特别行政区）共888个县（市、区），土地总面积约127.6万km^2，水土流失面积16.0万km^2。

该区主要包括大别山山地、桐柏山山地、江南丘陵、淮阳丘陵、浙闽山地丘陵、南岭山地丘陵及长江中下游平原、东南沿海平原等。主要河流湖泊涉及淮

表Ⅱ.2.1-3 **北方土石山区典型三级区措施体系表**

一级区	三级区	措施体系	
北方土石山区	燕山山地丘陵水源涵养生态维护区	生态清洁小流域污水与垃圾治理模式	建设小型污水处理系统，解决分散点源水污染问题；在近郊人口密集区建简易垃圾储运站，定期清运；垃圾填埋场基底建防渗系统，填埋后覆土绿化
		水土保持“三道防线”建设模式	在中山低山及人烟稀少地区实行全面封禁，实施生态移民，开展生态旅游等；在浅山、山麓、坡脚农区，进行农业种植结构调整，加强小型水利基础设施建设，人类活动和聚集区建设小型污水处理和垃圾处理设施；河道两侧及湖库周边采取生物和工程措施，利用植物净化水质

表Ⅱ.2.1-4 **北方土石山区典型三级区典型小流域措施配置模式表**

三级区	典型小流域名称	小流域措施配置	
辽河平原人居环境维护农田防护区	台安县西平小流域	农田防护林网体系建设	围绕风口分布情况，按照风源走向，大力推进防风固沙林及“路网”“水网”“农网”三网体系建设，多措并举、多管齐下，提高防风治沙综合治理能力
		林果立体开发	采取寒富苹果与速生杨相结合的方法，大面积推广寒富苹果栽植，发展林下经济，实现立体开发，提高治沙效果的同时，又增加了经济效益
辽宁西部丘陵保土拦沙区	凌海市吴楚庄园	一林戴帽	山顶穴状整地，营造以刺槐、沙棘为主的薪炭林
		二林围顶	在山上部布设竹节壕配鱼鳞坑或水平槽等工程整地，营造油松、落叶松、刺槐、山杏等用材林、水源涵养林和经济林，做到水不下山
		果牧拦腰	山腰土厚坡缓时，修筑果树台田或水平槽，栽植苹果、梨、山楂、扁杏、大枣，建设干鲜果园；若山腰土薄坡陡，则以修水平沟为主，等高营造林带
		两田穿靴	山脚坡缓土厚，通过改垄、修筑地埂植物带、梯田改造坡耕地，建设旱涝保收的稳产农田
		一龙坐底	控制沟床侵蚀基准面，稳定岸体，在沟壑上游建谷坊，中间建塘坝，出口造农田，基本做到河靠山、路靠边、路坝结合树镶边，建成沟道拦、蓄、排工程体系，充分开发沟道水土资源
辽东半岛人居环境维护减灾区	瓦房店市庄子小流域	梁地防护体系	在该地段实施蓄渗能力较强的鱼鳞坑整地措施，配置以落叶松为主的防护林
		坡地-岗地防护体系	在坡地-岗地水土保持工程整地后进行林果开发。整地措施主要以果树台田为主
		农田防护体系	对坡耕地修筑水平梯田或地埂，实行等高种植
		侵蚀沟及小河道防护体系	侵蚀沟沟头修筑沟头防护工程，沟底上部修筑谷坊，中部修筑塘坝。小河道治理以护岸林为主，对潜在危险性大的溪沟，在村庄或耕地比较薄弱地段，以铁丝笼护脚、护坡和修建丁字坝等工程措施为主进行整治
辽西山地丘陵保土蓄水区	喀喇沁旗团结小流域	低山丘陵区坡面及沟道综合治理模式	在土层较薄及疏林地区，封禁治理，补播柠条，加大风沙防治力度；在低山丘陵中上部较完整的坡面采取水平沟整地，破碎的坡面采取鱼鳞坑整地，建设乔灌混交水土保持林体系；在低山丘陵区中部退耕地区域，采取隔坡梯田措施，开挖方坑，栽植大扁杏混交牧草调整种植结构；在靠近村庄缓坡丘陵耕作区进行坡耕地改造，修筑高标准水平梯田，改善灌溉条件，发展农业生产；在坡面治理基础上采用沟头防护，造林整地，修筑蓄水工程，营造护坡固沟的各种防护林，防止沟道两岸坍塌
		土石丘陵区坡耕地改造及沟壑综合治理模式	土石丘陵区坡耕地区域，坡脚或山腰土层较厚的地段，修建农业水平梯田或果树梯台田，对有灌溉条件的，配套灌溉渠系；土层略薄的坡耕地，修建坡式梯田或隔坡台田；沟道密布区域修建谷坊以及沟头防护工程，减缓沟壑的溯源侵蚀和下切侵蚀，配合固沟造林等植物措施，形成植物封沟等

续表

三级区	典型小流域名称	小流域措施配置	
燕山山地丘陵水源涵养生态维护区	平谷区老泉口小流域	生态清洁小流域污水与垃圾治理模式	建设小型污水处理系统，解决分散点源水污染问题；在近郊人口密集区建简易垃圾储运站，定期清运；垃圾填埋场基底建防渗系统，填埋后覆土绿化
		水土保持三道防线建设模式	在中山低山及人烟稀少地区实行全面封禁，实施生态移民，开展生态旅游等；在浅山、山麓、坡脚农区，进行农业种植结构调整，加强小型水利基础设施建设，人类活动和聚集区建设小型污水处理和垃圾处理设施；河道两侧及湖库周边采取生物和工程措施，利用植物净化水质
太行山西北部山地丘陵防沙水源涵养区	兴和县秦家夭小流域	山地丘陵区节水灌溉和水源工程模式	果树种植区推广果树喷灌、滴灌等灌溉技术；丘陵区农作物采取渠道防渗结合应用管灌和沟灌，并与耕作保墒、秸秆地膜覆盖等农业集水技术结合，提高水资源利用效率；合理建设水窖、蓄水池、滚水坝等水源工程
太行山东部山地丘陵水源涵养保土区	安阳县黄龙沟小流域	远山及人口稀少地区	采取封禁治理、封育、围栏等措施，加大封育保护力度，大力营造水源涵养林、水保林和经济林
		低山浅山丘陵区	水热条件好的地带，结合小流域综合治理，发展特色经济林果，开展节水灌溉，发展规模产业，推动农村经济发展。结合当地条件，开展生态旅游
		山前丘陵地带	注重灾害防治，工程措施和生物措施相结合，排水疏导和节水拦蓄相结合，多措并举，减少灾害损失。山前丘陵到平原的过渡地带，特别是南水北调中线干线西侧一定范围内，做好水土流失综合治理和山洪灾害防治，保护设施运行安全
		城市供水水源区	开展生态清洁小流域建设，涵养水源，保持水土，控制生活垃圾和生活污水排放，保护水源地清洁；在城郊生态景观良好适合开展生态旅游的区域，搞好以植被与景观建设为主要措施的小流域治理，创造良好的生态环境和旅游环境
太行山西南部山地丘陵保土水源涵养区	阳泉市平定县理家庄小流域	低山丘陵区综合治理模式	石质、土石质区域，以小流域为单元，发展林果、畜牧等主导产业，建设小型水利水保工程，提高治理效益；在黄土丘陵区，以农林为主导产业，建设基本农田，加强梯田建设，发展坝系农业，实施集雨节灌，促进农林牧副全面发展；建设小塘坝、蓄水池等小型水利水保工程，为农牧业及林果业发展创造条件
京津冀城市群人居环境维护农田防护区	永定河绿色生态走廊	城市水土保持生态环境建设模式	根据城市发展目标，高起点、高标准进行规划，统一实施；强化城市水土保持机构监督管理职能，推动水土保持监督工作深入开展；绿化、美化市容市貌，恢复和保持城市河湖水面，创建宜居城市生态环境；做好城市废弃物利用、转化和处理，减少排放量；对城市废弃地和裸地进行清查，选择科学合理的生物措施和工程措施实行生态修复和生态重建工作；加强雨洪资源有效利用，保障城市绿化、景观等生态用水需求
		河流湖泊实地生态修复模式	通过增加上游水库生态供水能力、加强沿河水闸调度、生态补水、河渠连通等手段恢复河流沟通和联系，维护河流湿地健康生命；开展生态清淤、生态驳岸、橡胶坝、生态绿化等生态工程措施，恢复河流水生植被，改善河流水质，修复河道生态环境；布置生物浮床和浮岛，设置生态净化区，岸边引种净水能力较强的植物，形成“缓释区”，通过人工湿地、土地处理、人工增氧、生物治污、生态治污等多种方法相结合，降低河流污染物浓度；构建草地生态系统等，改变河床、滩地地表植被覆盖类型，在河道滩地进行植被盖沙；在土壤抗风蚀能力差、植被成活率和覆盖率低的区域采取换土和表面覆土的形式改变土壤条件，提高植被成活率和覆盖率；河道内砂石坑应根据植被生长及固沙要求进行平整和削缓坡处理。大的砂石坑可以蓄水以恢复河道湿地景观

续表

三级区	典型小流域名称	小流域措施配置	
京津冀城市群人居环境维护农田防护区	永定河绿色生态走廊	平原农耕区水土保持治理模式	营建和改造农田防护林网、河流两岸的河岸防护林、沿河流故道地区的防风固沙林、盐碱地区和轻风沙危害地区的林粮间作的速生丰产林，抵御水旱风沙等自然灾害；调整农业产业结构由粗放型向集约型转变，合理有效利用土地资源，严禁违法乱占滥用耕地资源；沙化地区推广保护性耕作制度，减少对地表的扰动；盐碱化地区加强保护性耕作，减少水分大量无效散失；加强农田水利建设，健全灌排系统，采取合理灌溉农业技术措施；实施规模化畜禽养殖和生态养殖，建设农村集中居住社区污水废物集中处理设施，合理使用有机肥，推广使用绿色农药和精准施肥技术，减少面源污染；改进推广沟畦灌溉技术、大力发展膜上灌水技术，节水灌溉，提高灌溉效率
津冀鲁渤海湾生态维护区	唐山市唐海湿地	盐碱地改造模式	采用工程措施排咸淋盐，挖沟、开渠、打井、平地，改变不利的生产条件；发展植树造林，不断提高土壤肥力和土地生产力
		沿海防护林建设模式	因地适树，在沙质和基岩地段推广栽植日本黑松、山海关杨、白蜡等树种，在中轻盐碱地段推广栽植刺槐、速生杨、柳树等树种；针对沿海地区土壤黏、重盐碱等特点，大力推广“高筑埝，修台田，降水位，淋盐碱”和雨季前挖坑换土、局部改良土壤等
		湿地保护与恢复模式	规定和限制排污种类、时间、范围、总量，实行污染物总量控制；积极发展绿色农业，减少农业面源污染；因地制宜开展相关湿地生态修复措施，恢复和最大限度地维持湿地自然生态过程和生态功能；加强生态防护林和水源涵养林的营造，建立水土保持型生态农业体系，减少入湖泥沙淤积量
黄泛平原防沙农田防护区	夏津县郭后小流域	黄河故道平原风沙区治理模式	大力开展植树造林、种草，不断完善农田林网间作；推广“沟成网、地成方，沟渠路旁树成行，排、灌、路、林相结合”和“上粮下渔”的治理模式；对堤岸坡面布设生物或砌护措施，防治坍塌和淤积；修建蓄水和灌排工程，形成旱能浇、涝能排的灌排体系
		输沉沙地高地水土流失治理模式	选用生长快、适应强、效益高的速生树种为主要造林树种，建设防风林带；引导当地农民种植适宜当地土质要求并具有一定改良土壤、防风固沙的经济作物品种，种植粮棉经济作物；选用速生杨、毛白杨等树种，郁闭前间种作物，经果树树种选择当地较成功的品种，在果树未结果前，间作矮秆植物，建设经济林果
淮北平原岗地农田防护保土区	响水县废黄河高亢地区	平原丘岗区综合治理模式	大力加强基本农田建设，合理开发利用土地，建设水土保持生态林和农田防护林网；实行封育保护，发展水源涵养林，山腰及以下改造坡耕地和坡式梯田，发展用材林和经济林；村庄附近和低丘陡坡发展薪炭林，缓坡或丘脚发展蚕桑经济果木林，建立水土保持型林果经济体系
		河沟路渠边坡防护治理模式	堤顶及堤坡种植用材林，植树间距一般为2～3m，防风固堤；青坎（堤岸）栽种防护用材林，品种与堤顶及堤坡相同，也可栽经济果林，固土又增加经济收入；河沟坡面实行植物保护，河沟常水位以下坡栽种芦柴，常水位以上坡栽植芦竹或狗牙根，河坡等高栽植保土护坡的经济灌木；紧挨河坡栽水稻，大雨后田间严重积水的河坡栽植芦竹、狗牙根，防止土坡坍落，同时排水降渍；实行水系配套，杜绝越级排水；在干沟、大沟的青坎（堤岸）边建子堰，防止滚坡水冲刷河坡；在干沟、大沟的河（沟）坡上，对作为航道的河道或者穿过城镇的河、沟坡面进行砌护；采取水泥混凝土板护坡、浆砌块石护岸、黏土护坡、生态河岸建设等措施
		平原农田防护治理模式	植树造林，建设5～10hm^{2}网格林网，株距为2～3m，实现农田林网化，有效控制风起跑沙现象；实行农作物秸秆还田，增施有机肥料，改善土壤团粒结构，控制土壤沙化，增加有机质含量；采取平田整地措施，合理深翻，改善土壤的物理性状，提高农业产量

河部分支流，长江中下游及汉江、湘江、赣江等重要支流，珠江中下游及桂江、东江、北江等重要支流，钱塘江、韩江、闽江等东南沿海诸河，以及洞庭湖、鄱阳湖、太湖、巢湖等。该区属于亚热带、热带湿润气候区，大部分地区年均降水量为800～2000mm。土壤类型主要包括棕壤、黄红壤和红壤等。主要植被类型为常绿针叶林、阔叶林、针阔混交林以及热带季雨林，林草覆盖率为45.16%。区内耕地总面积2823.4万hm^2，其中坡耕地地面178.3万hm^2。水土流失以水力侵蚀为主，局部地区崩岗发育，滨海环湖地带兼有风力侵蚀。

该区是重要的粮食、经济作物、水产品、速生丰产林和水果生产基地，也是有色金属和核电生产基地。大别山山地丘陵、南岭山地、海南岛中部山区等是重要的生态功能区。洞庭湖、鄱阳湖是我国重要湿地。长江、珠江三角洲等城市群是我国城市化战略格局的重要组成部分。区内人口密度大，人均耕地少，农业开发程度高，山丘区坡耕地以及经济林和速生丰产林林下水土流失严重，局部地区存在侵蚀劣地、崩岗发育，水网地区存在河岸坍塌、河道淤积、水体富营养化等问题。

2. 防治方略

加强山丘区坡耕地改造及坡面水系工程配套，控制林下水土流失，开展微丘岗地缓坡地带的农田水土保持工作，实施侵蚀劣地和崩岗治理，发展特色产业。保护和建设森林植被，提高水源涵养能力，构筑秦岭-大别山-天目山水源涵养生态维护预防带、武陵山-南岭生态维护水源涵养预防带，推动城市周边地区生态清洁小流域建设。加强城市和经济开发区及基础设施建设的水土保持监督管理。

加强江淮丘陵及下游平原区农田保护及丘岗水土流失综合防治，维护水质及人居环境。保护与建设大别山-桐柏山山地丘陵区森林植被，提高水源涵养能力，实施以坡改梯及配套水系工程和发展特色产业为核心的综合治理。优化长江中游丘陵平原区农业产业结构，保护农田，维护水网地区水质和城市群人居环境。加强江南山地丘陵区坡耕地、坡林地及崩岗的水土流失综合治理，保护与建设河流源头区水源涵养林，培育和合理利用森林资源，维护重要水源地水质。保护浙闽山地丘陵区耕地资源，配套坡面排蓄工程，强化溪岸整治，加强农林开发水土流失治理和监督管理，加强崩岗和侵蚀劣地的综合治理，保护好河流上游森林植被。保护和建设南岭山地丘陵区森林植被，提高水源涵养能力，防治亚热带特色林果产业开发产生的水土流失，抢救岩溶分布地带土地资源，实施坡改梯，做好坡面径流排蓄和岩溶水利用。保护华南沿海丘陵台地区森林植被，建设生态清洁小流域，维护人居环境。保护海南及南海诸岛丘陵台地区热带雨林，加强热带特色林果开发的水土流失治理和监督管理，发展生态旅游。

3. 措施体系与配置模式

南方红壤区典型三级区措施体系及典型小流域措施配置模式见表Ⅱ.2.1-5和表Ⅱ.2.1-6。

表Ⅱ.2.1-5　南方红壤区典型三级区措施体系表

三级区	措施体系	
江汉平原及周边丘陵农田防护人居环境维护区	平原区	以加强基本农田保护，完善整修田间灌排渠系，平整土地，扩大田块，改良低产土壤，修筑道路，建设农田防护林等措施为主，建设高标准的基本农田，统筹土地利用；合理安排生态建设用地，加大生态建设和环境治理力度，维护城市及周边人居环境
	丘陵区	在山丘顶部，通过封禁治理、疏林补植，形成乔灌草相结合的立体防护体系；实施坡改梯工程，15°以下山脚修建高标准水平梯田，种植农作物，稳定基本农田，坡面配套蓄水池等蓄水保水工程；大规模集中连片发展特色经果林，建立生态采摘基地；依托河、湖、库、坝，设计特色农作物、农家场院、垂钓场地等斑块，打造休闲观光基地，促进生态旅游发展，维护人居环境
洞庭湖丘陵平原农田防护水质维护区	平原区	完善平原区农田水系，营造农田防护林，修筑田间道路，改良中低产田，控制面源污染，发展生态农业
	丘陵区	配套丘陵区坡面水系工程，推行坡改梯，保土耕作，营造水保林、经果林，对疏幼林地进行封禁治理和生态修复
浙皖低山丘陵生态水质维护区	丘陵区	对坡耕地实施坡改梯，采取水平阶、水平沟等保土耕作措施，并配套坡面水系工程，加强经济林地建设的水土流失防治；对有条件的低缓丘陵地区发展复合农林经济，种植茶、板栗、李子、猕猴桃、茶、桑、油茶、核桃、枇杷、柑橘等；发展生态农业，间作套种，立体种植，增加农民收入，提高经济效益
	低山区	封山育林，推广使用节能灶、沼气，营造薪炭林等。立体开发，充分发挥土地资源的潜力，改善生态环境

续表

三级区	措施体系	
浙赣低山丘陵人居环境维护保土区	丘陵区	对区域内的坡耕地实施综合整治，推行坡改梯，25°以下条件适宜的坡耕地进行坡改梯，并配置坡面排水、耕作路等系统，通过修建截、排、蓄等设施，减免径流冲刷坡面而造成的水土流失
	低山区	建立农林复合经营系统，严格控制大面积的纯林种植，改变单一树种、作物的结构，因地制宜利用林地，开展农林间作、林木间作、农林轮作、灌丛套种；封山育林，加大荒山半荒山改造
鄱阳湖平原岗地农田防护水质维护区	平原区	以农田保护改造为主，平整土地，扩大田块，改良土壤，修筑道路，建设农田防护林，完善现有农田排灌系统，建设水塘及灌溉、饮水渠道与管道，解决农田灌溉和人畜饮水，提高土地生产力，保障农业生产
	丘陵区	加大坡耕地改造力度，修筑梯田，采取水平阶、水平沟等整地措施种植经果林，配套完善坡面水系工程，对疏幼林地、荒山荒坡进行封禁治理；修建垃圾池、垃圾桶（箱）、化粪池、集中污水处理设施，控制面源污染，建设生态清洁小流域；调整产业结构，发展与水源保护相适应的生态农业、观光农业、休闲农业
幕阜山九岭山山地丘陵保土生态维护区	平原农田区	修建或加固水库、塘坝，充分拦蓄地面径流及泉水，通过配套和完善渠道、管道，解决人口、耕地集中区域的饮水和灌溉问题，创造田间、地头、宅旁、路边等一切有利雨水集蓄利用的条件；对流域内的疏残林地，实行以封育治理为主，促进植被恢复；对缓坡耕地适度开展坡改梯建设，改良耕地质量，完善水系工程配套，提高耕地资源的质量和数量；退耕还林，推行产业结构调整，种植经济林，提高经济效益
	山地丘陵区	以坡面水系治理为重点，通过设置截（排）水沟、沟道清淤等措施，疏通水系，减轻山洪灾害，保护耕地农田。对山地丘陵区域采取"上截、下堵、内外绿化"措施进行治理，绿化以水土保持先锋树种或经济林果种植为主，将坡面治理与林特产品发展有机结合；加强对现有林地的保护，严格控制大面积的纯林种植，经果林地推广种植三叶草、狗牙根、黑麦草等绿肥或牧草植物，增加地面覆盖度
赣中丘陵保土区	人口集中区	以坡改梯和经济开发、林下水土流失以及崩岗治理为重点，建设生态清洁小流域，加强农村面源污染控制，发展特色的优质、高效经济林果，提高土地生产力和商品率，培育农业特色产业和主导产品，增加农民收入
	预防保护区	加强植被保护，因地制宜地发展速生丰产用材林、建设水源涵养林，逐步改造品种单一的次生林，改造林种、林龄结构，营造混交林，提高林分质量；充分发挥生态的自我修复能力，适当开展经济林果开发，提高森林覆盖率，改善生态环境
湘中丘陵保土人居环境维护区	丘陵区	加强坡耕地改造与利用，完善农田灌排渠系，利用固氮植物和施加绿肥等增加土体肥力；采用封山育林，补植、造林等措施扩大森林植被，加大对荒山、荒坡、疏残林地的治理改造；沟道治理采用谷坊、沉沙池、山塘等工程措施，减轻泥沙对水利工程和江河的淤积，并采用高密度的草、灌、乔植物措施防止沟头前进，在谷坊内营造根系发达、固土力强的速生树种作为沟底防冲林、沟岸防护林，防止崩岗和侵蚀沟继续扩张
	人口密集区	城区应大力开展观光农业、旅游农业建设，推进生态清洁小流域治理和滨水植被及景观建设
湘西南山地保土生态维护区	山地区	加强植被保护，促进生态修复、经济林果开发；注重坡面水系工程配套，加强崩岗治理和沟道防护，减轻山洪灾害，对崩岗侵蚀较为严重的地区，采取"上截、中削、下堵、内外绿化"模式进行治理
	人口密集区	以综合治理为主，加强小型集蓄水工程建设，加大坡耕地治理和改造力度，推行保土耕作，大力营造水土保持林草，改善农业生产条件，建设高标准农田，提高农业生产效率，适度调整农业种植结构，发展优势产业；靠近城镇地带，积极推进生态清洁小流域建设
赣南山地保土区	山地区	对荒山荒坡、疏幼林进行封禁治理，促进生态修复，严格控制大面积的纯林种植，营造混交林，提高林分质量，增强树木蓄水保土能力；工程措施与植物措施相结合，综合治理崩岗
	人口密集区	加大坡耕地治理和改造力度，推行坡改梯，开展等高耕作；注重坡面水系工程配套，修建排灌沟渠、蓄水池窖、沉沙池等；因地制宜利用林地，开展农林间作、农林轮作、灌丛套种

续表

三级区	措施体系
桐柏山大别山山地丘陵水源涵养保土区	以封禁培育为手段，以坡耕地和坡林地改造为核心，以提高土地产出率为目标，以截排水沟、塘堰坝为纽带，构建水源涵养生态防护、土壤保育、坡面特色经济林、径流调控等工程

表Ⅱ.2.1-6　　南方红壤区典型三级区典型小流域措施配置模式表

三级区	典型小流域名称	小流域措施配置	
江汉平原及周边丘陵农田防护人居环境维护区	洪湖市四清渠小流域	湖网区生态清洁型治理模式	对区域淤塞渠道进行疏挖整治，新建水塘、蓄水池及灌溉、饮水渠道，完善现有农田排灌系统，解决人畜饮水和农田灌溉；在渠道设计排灌水位以上的渠坡段及渠堤建成植物防护体系，防止人为的边坡耕种造成的水土流失；建设农田防护林，修筑田间道路，改造中低产田，扩大田块；对居民点环境进行整治，维持适宜人居环境；加强城镇建设项目、交通项目水土流失防治
		生态经济休闲型治理模式	在山丘顶部，通过封禁治理、疏林补植，形成乔灌草相结合的立体防护体系；对采石场、取土场区域进行复耕或植被恢复；实施坡改梯工程，15°以下山脚修建高标准水平梯田，种植农作物，稳定基本农田，坡面配套蓄水池等蓄水保水工程；大规模集中连片发展特色经果林；依托河、湖、库、坝等打造休闲观光基地，促进生态旅游发展，维护人居环境
洞庭湖丘陵平原农田防护水质维护区	岳阳县甘田小流域	林地、园地水土流失治理与发展特色农业相结合治理模式	丘陵区配套坡面水系工程，修建排灌沟渠、蓄水池窖、沉沙池等，便于排洪、拦沙和蓄水；坡耕地实行保土耕作措施，种植经果林，地面推广种植绿肥或牧草植物；对现有的疏幼林地和荒山荒坡实行封禁治理、生态修复；营造水保林、经果林；平原区完善现有农田排灌系统；建设农田防护林，修筑田间道路，改造中低产田，扩大田块；发展生态产业控制农村面源污染，改善水质；加强洞庭湖洪涝灾害防治，适度退田还湖，建立分蓄洪区
浙皖低山丘陵生态水质维护区	贵池区棠溪西片小流域	坡改梯+复合农林经营模式	25°以下条件适宜的坡耕地进行坡改梯；对现有淤积严重的山塘进行清淤，修建蓄水池、沉沙池、截水沟、排水沟，完善坡面水系工程；严格控制大面积的纯林种植，加强茶园、板栗林、果园建设的水土流失防治；在低缓的丘陵坡地适宜发展经济林果；发展生态农业，间作套种，立体种植；植树造林，加大荒山荒坡绿化
		植物混交、生态修复治理模式	低丘杉木、芳樟和茶叶间作模式；低丘岗地湿地松与木荷、芳樟混交模式
浙赣低山丘陵人居环境维护保土区	上虞市隐潭溪小流域	坡改梯+复合农林经营模式	25°以下条件适宜的坡耕地进行坡改梯；修建蓄水池、沉沙池、截水沟、排水沟，完善坡面水系工程；严格控制大面积的纯林种植，栽植水保林、经果林；以经果林栽培为主进行坡耕地治理，采取水平阶、水平沟等整地措施；间作套种；发展特色产业促进生态旅游
		柑橘林+牧草、经济作物间作模式	坡改梯，将橘园改造成水平梯田，增加排水、蓄水措施；柑橘林间作经济作物，果园下间作大豆、圆叶决明、紫云英、肥田萝卜、白三叶草等；坚持“树盘不种，树盘外种植”的原则

续表

三级区	典型小流域名称	小流域措施配置	
鄱阳湖平原岗地农田防护水质维护区	新建县东港小流域	农田保护+改造模式	营造农田防护林，防止平原区农田受风害的侵袭；通过整地、测土配方等方法，扩大田块，改良土壤，改造中低产田；修筑田间道路，完善现有农田排灌系统，解决农田灌溉和人畜饮水
		坡改梯+生态清洁小流域+生态农业治理模式	加大坡耕地的治理力度，大力修筑梯田，配套完善坡面水系工程；营造水土保持林，并对现有的疏幼林地和荒山荒坡实行封禁治理；修建垃圾池、垃圾桶（箱）、化粪池、集中污水处理设施，控制面源污染，改善农村人居环境；通过疏沟、护岸、清淤、设置拦沙坝等措施疏通水系，治理沟道，拦截泥沙，减轻山洪灾害，保护耕地，采取“上截、中削、下堵、内外绿化”模式治理崩岗；调整农业结构，发展生态农业、观光农业、休闲农业，增加农民收入
		水源区保护模式	把湖区作为一个整体来规划和综合治理，加强水土保持和生态维护，进行清淤、疏浚、固堤工作；科学地、有针对性地进行“山江湖库”综合治理，河流两岸和环湖山冈、水库四周建设繁茂的多层植物；中小型水库的整治应因地制宜，采用以“生态修复”为主的治理模式
幕阜山九岭山山地丘陵保土生态维护区	赤壁市沧湖小流域	平原农田预防为主的治理模式	保护现有林地、基本农田和治理成果；合理使用农药、化肥等农用化学品，减少水土流失，提高农作物产量；加强生产建设项目监督管理
		山地丘陵综合治理和生态修复相结合的治理模式	实施坡改梯、保土耕作、崩岗治理；种植水土保持林、经果林，种草；配套田间道路及截排水工程、小型蓄水工程、小型治沟工程和沟头防护工程；实施封禁治理和荒山荒坡补植
赣中低山丘陵土壤保持区	临川区新姜小流域	以坡面整治为主，控制农田面源污染的综合治理模式	在水源地周边建立生态保护区，营造防护林带，保护河道及湿地；实施坡改梯，建设高标准基本农田，配套坡面水系工程；开展塘堰建设和溪沟整治，保护下游基本农田，提高防御自然灾害的能力；发展坡地等高植物篱，控制面源污染
		发展特色经济林果的坡面生态经济开发模式	采取水平阶、水平沟等整地措施种植经果林或牧草植物，增加地面覆盖度；注重坡面蓄引灌排水系工程建设，控制坡面水土流失，增强经果林和经济作物抵抗旱涝灾害的能力
		以封禁治理为主，注重生态修复的治理模式	对植被较好的区域，实施封禁治理，加强管护；对荒坡地通过水平沟和鱼鳞坑整地种植水保林，林种以竹杉混交、柏树为主；对疏林地开展补植补种，采取乔灌草立体绿化技术，加快植被恢复；在局部坡耕地较多的区域，开展坡耕地水土流失综合治理
湘中丘陵保土人居环境维护区	祁东县包角亭江小流域	以林为主的林农复合经营模式	林粮模式：湿地松等，林下种植油菜、马铃薯等低秆作物。 林油模式：枣树等，林下种植大豆、芝麻等。 林药模式：马尾松等，林下种植桔梗、白术等。 林菜模式：湿地松、马尾松等，林下种植蕨菜、黄花菜等。 林畜模式：毛竹、湿地松等，林下养殖兔、羊等。 林禽模式：马尾松、湿地松等，林下养殖鸡、鸭、鹅等
		综合治理和生态修复相结合的治理模式	坡耕地治理与植被建设相结合，实施水土保持林草措施，配套坡面水系工程；停止砍伐、陡坡耕种等人为活动，减缓水土流失；退耕还林和修筑梯田相结合，按照近村、近路、近水的原则，实施坡改梯，进行水土保持耕作；以小流域为单元，在沟谷内通过径流调节与拦蓄利用工程相结合，提高水土资源的开发效益和生产效率

续表

三级区	典型小流域名称	小流域措施配置	
湘西南山地保土生态维护区	芷江县下山溪小流域	果园套种模式	注重坡面蓄引灌排水系工程建设，控制坡面水土流失，增强经果林和经济作物抵抗旱涝灾害的能力
		综合治理和生态修复相结合的治理模式	实施坡改梯，建设高标准的基本农田，配套坡面水系工程；开展塘堰和溪沟整治，保护下游基本农田，提高防御自然灾害的能力；发展坡地等高植物篱，控制面源污染；辅以土地利用结构调整，退耕还林（草）等措施
赣南山地保土区	兴国县塘背小流域	坡改梯＋崩岗治理＋生态经济开发模式	25°以下条件适宜的坡耕地进行坡改梯，实施保土耕作，配套坡面水系工程；对现有的疏幼林地和荒山荒坡实行封育管护，营造混交林，改造品种单一的次生林；工程措施和植物措施结合，采取“上截、中削、下堵、内外绿化”模式治理崩岗，治理后的崩岗侵蚀地种植水土保持先锋树种或经济林果；发展特色优质、高效经济林果，提高土地生产力和商品率
		猪、沼、果农业生态模式	山顶戴帽（水保林），山腰种果（经果林），山脚建池养猪，水面养鸭、鹅，水中养鱼。把养殖业（猪）、农村能源建设（沼气）和种植业（果）有机结合起来
		大封禁、小治理模式	实行封山禁采禁伐、封育保护，依靠大自然的自我修复能力修复植被；重点治理区推广抚育施肥，水土流失严重区域造林种草，村庄周围的荒山荒沟实行“草-牧-沼-果”开发性治理；陡坡种草，果园覆盖、种大豆等措施
桐柏山大别山山地丘陵水源涵养保土区	霍山县龙井河小流域	水源涵养生态防护工程模式	25°以上坡面至分水岭地带，对原有幼林和不易改造的杂灌木林进行封禁治理，育林、育草，提高植被覆盖度，增强其涵养水源、固持水土能力。在山坡上部依山势走向，由山洼向山脊，按一定的比例采取水平阶抽槽整地的方式，营造针阔叶乔木混交林，增加地表植被覆盖度，增大土壤入渗，减缓地表径流，建成“水平线，绕山转”的第二道阶梯式拦蓄屏障
		土壤保育工程模式	将山脚土层深厚、土壤肥沃的缓坡区域，改造成高标准水平梯田，并辅以植物护埂，完善田间灌排系统，充分蓄挡地表径流，适当发展茶叶、板栗、蚕桑、中药材、食用菌生产，实行林粮间作（以粮桑间作为主）；对地形比较完整、土层较厚、坡度在5°～25°的坡式经济林地进行改造，实行抽槽、反坡梯田或水平阶整地，栽植经济树种
		坡面特色经济林工程技术措施	在坡面中下部土层深厚的缓坡区域，配套排水沟、沉沙凼和生物、石岸护埂措施，进行坡改梯，依地势、林种布设大穴，栽植以板栗、竹、银杏为主的经济林
		径流调控工程技术措施	在基本农田和经济林地，配套截排水沟等灌排设施，拦蓄地表径流，增加旱涝保收面积；沟道合理布设谷坊、塘堰等拦沙蓄水工程，形成冲冲有塘，沟沟有坝

2.1.2.4 西北黄土高原区（含砒砂岩治理）

1. 基本特点

该区位于阴山以南，贺兰山-日月山以东，太行山以西，秦岭以北地区，总面积约55万km^2，涉及山西、内蒙古、陕西、山西、甘肃、青海和宁夏7省（自治区）共272个县（市、区、旗），主要属于黄河流域，地处我国地形第二级阶梯，地势自西北向东南倾斜。该区土层深厚、沟壑纵横，主要地貌类型有丘陵沟壑、高塬沟壑、黄土阶地、冲积平原、土石山地等，海拔200～3000m，平均海拔约为1400m。该区属暖温带半湿润区、半干旱区和干旱区，雨量分配不均，暴雨集中，年均降水量为200～700mm，≥10℃积温为1000～4000℃，干燥指数为1～3。该区优势地面组成物质以黄土为主，主要土壤类型包括黄绵土、棕壤、褐土、垆土、栗钙土和风沙土等。植被类型主要为暖温带落叶阔叶林和森林草原。水土流失以水力侵蚀为主，北部地区水力侵蚀和风力侵蚀交错。

该区位于黄河上中游地区，是世界上面积最大的黄土覆盖地区和黄河泥沙的主要策源地；是阻止内蒙古高原风沙南移的生态屏障；也是我国重要的能源重化工基地。该区水土流失严重，泥沙下泄，影响黄河下游防洪安全；坡耕地多，水资源匮乏，粮食产量低而不稳，贫困人口多；植被稀少，草场退化，部分区域沙化严重；局部地区能源开发导致水土流失加剧。

2. 防治方略

该区主要是拦沙减沙，保护和恢复植被，保障黄河下游安全；实施小流域综合治理，促进农村经济发展；改善能源重化工基地的生态环境。重点做好淤地坝和粗泥沙集中来源区拦沙工程建设；加强坡耕地改造和雨水集蓄利用，发展特色林果产业；加强现有森林资源的保护，提高水源涵养能力；做好西北部风沙地区植被恢复与草场管理；加强能源重化工基地的植被恢复与土地整治。

3. 措施体系与配置模式

西北黄土高原区典型三级区措施体系及典型小流域措施配置模式见表Ⅱ.2.1-7和表Ⅱ.2.1-8。

表Ⅱ.2.1-7　西北黄土高原区典型三级区措施体系表

一级区	典型三级区	措施体系
西北黄土高原区	晋西北黄土丘陵沟壑拦沙保土区	丘陵区采用综合治理的五道防护体系，即梁峁顶部以灌草为主，防风固土，减少面蚀和细沟侵蚀；梁峁坡以水平阶、鱼鳞坑等小型水土保持工程为主，拦蓄降水，保持水土，适当发展经济林；在近村、临水的缓坡地上修建水平梯田，平整川台、沟台地，增加稳产高产的基本农田；沟缘线附近以沟头防护工程为主，防止沟岸扩张和溯源侵蚀；沟坡部位主要进行工程造林，发展径流林业，固土护坡，遏制产流；沟底主要修建淤地坝坝系工程，拦沙减沙。土石山区以改造中低产田和恢复林草植被为主，在缓坡地修筑土坎（石坎）水平梯田，荒草地进行生态修复或封山育草，有条件的地方发展林特土产、畜牧业

表Ⅱ.2.1-8　西北黄土高原区典型三级区典型小流域措施配置模式表

三级区	典型小流域名称	小流域措施配置
阴山山地丘陵蓄水保土区	乌兰察布市缸房夭典型小流域	在梁峁采取水平沟与鱼鳞坑相结合的整地方式，实行乔灌混交，区间种草；在25°以上的陡坡地采用水平沟整地方式，营造水土保持林；在20°～25°的陡坡地段，种植多年生牧草。在距村庄就近的缓坡地，修建水平梯田，在背风缓坡地段发展经济林，在径流集中的地方修建水窖；在沟道采取工程措施与生物措施相结合的方法，支毛沟营造乔灌混交的沟底防护林，小支沟修筑谷坊，沟头建沟头防护工程，较大支沟修筑淤地坝，实现拦水拦沙
鄂乌高原丘陵保土蓄水区	杭锦旗吉力干沟小流域	对流域内沟道特征明显，具备淤地坝实施条件的区域，沟头布设谷坊工程，沟口布设淤地坝工程；对小流域内平缓沙地和滩地，实施穴状整地，营造乔木防护林，恢复沙滩地的植被；对小流域的盐碱滩地，实施穴状整地，营造柽柳灌木防护林，对流动和半流动沙丘，用沙柳条设置行距4.0m的沙障，进行穴状整地，营造杨柴灌木防护林，沙梁地为天然的放牧场，实施以柠条为主的灌木防护林；对退化草场采取封禁措施的同时，在封禁区内植被盖度低的地块采取旱柳和柽柳片状混交补植措施，恢复植被；为了解决全面封禁后草畜平衡问题，发展饲草料基地，配套节水灌溉设施、水源井，促进项目区畜牧业稳定发展，提高项目区群众生活水平；为便于项目机械化作业施工和解决运输材料，结合原乡村道路，在项目区小流域内修建作业路
宁中北丘陵平原防沙生态维护区	平罗县三棵柳小流域	东部的流动沙丘区，采用草方格沙障固沙措施，并辅以种树种草等植物措施；在农田和沙丘区的接壤区种植防风固沙宽幅林带；在扬水总干渠两侧的平缓沙地区采用机械整平，配套灌排设施及田间道路建成基本农田，前期（前3年）种植固沙效果好、改良土壤快的牧草，后期土壤得到改良后种植粮食或经济作物；已开发灌区和新开发农田区路边、渠边种植农田防护林带，对边坡滑塌严重的排水沟道采用柳桩草土体技术治理，同时辅以植物措施。对新修填方渠道外边坡土质疏松容易发生土壤侵蚀的问题，采用铺设生物草毯的新技术进行治理。冲洪积平原区补植农田防护林，沿主干道路及渠道栽植主、副林带，形成完整的农田林网防护体系
呼鄂丘陵沟壑拦沙保土区	准格尔旗乌兰沟小流域	以拦蓄地表径流、减轻土壤侵蚀为主，采取坡面整地造林和沟道筑坝拦泥的坡沟兼治的措施。在坡度较大的退耕坡地和撂荒坡地，采取水平沟和鱼鳞坑整地，栽植油松、沙棘纯林和混交林，坡度较小、较完整的地块，种植柠条和优质牧草苜蓿，在有条件的支沟修筑塘坝

续表

三级区	典型小流域名称	小流域措施配置
晋西北黄土丘陵沟壑拦沙保土区	偏关县 沙洼沟小流域	工程措施和生物措施相结合，沟底主沟建骨干坝，支沟建淤地坝，毛沟筑谷坊，沟头锁围堰，层层设防，步步拦蓄。从峁顶到沟底，由沟口至沟掌，整体推进，形成一个完整的防治水土流失体系。在梁峁缓坡上，建设机修梯田。陡坡地退耕还林，油柠混交。在沟坡上，阴坡以油松为主，阳坡以反坡水平阶柠条为主
陕北黄土丘陵沟壑拦沙保土区	米脂县 张塔小流域	在近村的缓坡梁峁顶部布设水窖、蓄水池，发展节水节灌。远村陡坡及梁峁顶部，种植或栽植紫花苜蓿、沙棘柠条等，形成梁峁顶防护带；在20°以上梁峁坡上营造灌木林或种植牧草，在20°以下梁峁坡营造等高灌木带，带内沟垄种植草木樨、沙打旺等优良牧草，近村缓坡和10°以下坡面修水平梯田，其中背风向阳处营造杏、梨等经济林；峁边线采取水平阶或鱼鳞坑整地方式，栽植密集型沙棘、柠条等灌丛生物带；大于35°沟谷陡坡，采用鱼鳞坑整地，营造以柠条、沙棘等为主的护坡林，坡度稍缓坡面营造经济林、用材林；支毛沟至干沟建谷坊、淤地坝，形成完整的坝系；不宜打坝建谷坊的沟道，营造以杨、柳为主的沟底防冲林，沟道宽阔有水源地段，可在两侧台地发展小块水地
陕北盖沙丘陵沟壑拦沙防沙区	榆林市 芹河小流域	河谷阶地用稻草或麦草做成方格或平行带障，网带内栽植紫穗槐，播种花棒、踏椰，沙坡丘顶一次快速固定，2～3年内植被覆盖度达到50%～60%；河岸沙坡以上流沙地在丘间地迎风坡、平行草障或密集栽植带，栽沙柳、紫穗槐、花棒、踏椰、柠条、沙蒿、沙打旺。丘顶暂不栽种，待2～3年后，丘顶被风蚀为平缓波状沙地，沙丘降低2～3m，再在丘顶补栽种灌草，达到沙地全面固定；距村庄较远的大片流沙，采取飞播种植花棒、踏椰、白沙蒿、沙打旺等林草；在沙丘背风坡脚，栽植1～2行杨树；对已半固定的沙地，栽植针叶樟子松，采用大苗稀植和小苗网格沙障法
延安中部丘陵沟壑拦沙保土区	安塞县 郭塌小流域	梯田规划在坡度小于20°、邻近村庄且土壤肥沃的坡地上。 果园规划在背风向阳、土壤较肥沃且坡度小于25°的坡地上。 陡坡地及高山远山种植人工草，或挖鱼鳞坑营造适宜生长的乔木林或灌木林。 荒沟荒坡营造适宜生长的乔木林或灌木林。 沟道内地形条件较好处布设淤地坝或骨干工程。 在农田和果园布设水窖，以补充部分灌溉
汾河中游丘陵沟壑保土蓄水区	阳曲县 阳坡小流域	在流域上游通过封禁治理方式，围栏禁牧，减少人类对当地自然生态环境的干扰，利用自然自我修复能力，促进植被恢复；沟口新建淤地坝等工程；山谷两侧坡度较缓的山坡进行植树造林；沟谷内建设谷坊，下游滩地进行整理，并配套排洪渠系及道路建设
晋南丘陵阶地保土蓄水区	阳城县 凌沟小流域	中峪近村缓坡上，地面坡度在5°～15°之间，且土层较厚的区域，成水平梯田后，地块较大，耕作方便。在立地条件较好的坡耕地，以栽植侧柏为主的水土保持林和桑树、核桃为主的经果林。在远离村庄、靠近分水岭处的荒山荒坡采取封禁治理措施
秦岭北麓渭河阶地保土蓄水区	泾阳县 麦秸沟小流域	整修流域内梯田田埂田坎，提高工程标准，采取植物护埂措施；缓坡发展经济林，配套小型蓄水工程及节水灌溉设施；完善流域内生产道路，改善农业生产条件；在侵蚀严重的沟道布设沟头防护工程，减轻径流冲刷；在有条件的陡坡地，采取鱼鳞坑整地并营造水土保持林；在经济林区采取林草间作措施，防治裸露地表水土流失；对流域内已有林区进行封育管护，避免人为破坏
晋陕甘高塬沟壑保土蓄水区	泾川县 官山沟小流域	塬面合理布设道路，营造农田道路林网，以道路为骨架兴修水平条田，并配置水窖、涝池等小型蓄水工程，在沟头布设沟头防护工程，在塬边修建截排水设施，适当发展果园；塬坡以坡耕地梯田化改造和发展经济林为主，道路配套排水和小型蓄水工程，建设道路防护林带，埂坎种植灌草；沟坡治理以退耕还林还草为主，在陡坡地和荒坡上整修鱼鳞坑、水平阶、水平台等营造水保林和发展人工种草，地势较平缓地方可发展经济林；沟道支沟布设谷坊，主沟修筑淤地坝，沟底营造防冲林

续表

三级区	典型小流域名称	小流域措施配置
宁南陇东丘陵沟壑蓄水保土区	庄浪县堡子沟小流域	梁峁顶营造水保林，实行乔灌草混交，拦蓄降水。对已有林草植被进行封育，促进自然恢复；坡面陡坡及退耕陡坡进行地穴状或水平阶整地，栽植以乔木为主的水保林带，在缓坡区进行坡耕地梯田化改造，发展经果林，梯田配套田间道路、道路排水设施和防护林带，沿道路修水窖、涝池等小型蓄水工程；对幅面较窄、不能使用大中型农用机械的窄幅梯田进行改造；在支毛沟修谷坊，在主沟道修建淤地坝，在沟头修建沟头防护工程，沟沿栽植封沟林带，沟底营造以乔木为主的沟底防冲林。有村庄分布的沟口修建护岸墙，在村庄周边和道路两侧绿化，村庄外围修建截排水设施和小型蓄水工程
陇中丘陵沟壑蓄水保土区	安定区复兴小流域	梁峁顶栽植灌木及草灌混交的林带，对已有林草地进行封育；坡面进行坡耕地梯田化改造，逐步对陡坡耕地退耕还林还草，阴坡栽植乔木或乔灌混交林，阳坡栽植以灌木为主的灌木林或乔灌混交林，在靠近村庄、背风向阳、地势较平缓、水分条件好的部位发展山地果园或经济林；流域内大面积的坡地为宜草地，可种植紫花苜蓿、草木樨、红豆草等。陡坡荒地、难利用地和已有水保林进行围栏封育。梯田配套道路、排水沟和防护林带，沿道路修水窖、涝池等小型蓄水工程。在支毛沟修谷坊，在主沟道修建淤地坝；在沟头修建沟头防护工程；沟沿栽植封沟林带，沟底营造沟底防冲林。在有村庄分布的沟口修建护岸墙，村庄周边和道路两侧绿化，外围修建截排水设施和小型蓄水工程
青东甘南丘陵沟壑蓄水保土区	互助县西山小流域	距村庄较近、坡度小于15°、中度至轻微侵蚀、土地等级为1～2级、位于山梁或山坡的平缓坡耕地进行机修梯田；荒山、荒沟、荒坡，通过水平沟或鱼鳞坑整地，进行水土保持工程造林；背风向阳、土层深厚、有灌溉条件的地块栽植经果林；陡坡退耕地及荒坡以紫花苜蓿、小冠花或红豆草为主，发展草地；以水系、沟道为单元，布设各类工程措施，较大沟道布设骨干坝，支毛沟布设中小型淤地坝，于场院、硬化道路、大块梯田、经济林地附近布设水窖，并修造集流面；草原（场）退化、沙化区域，充分发挥大自然的自我修复能力，进行植被恢复

2.1.2.5 北方风沙区（荒漠化治理）

1. 基本特点

该区位于大兴安岭以西、阴山-祁连山-阿尔金山-昆仑山以北的广大地区，总面积约235万km^2，主要包括内蒙古高原、河西走廊、塔里木盆地、准噶尔盆地及天山山地、阿尔泰山山地等，涉及新疆、甘肃、内蒙古和河北4省（自治区）共162个县（市、区、旗）。该区地处我国地形第二级阶梯，海拔500～4000m，平均海拔约为1500m，主要地貌有高原、山地、盆地，分布有大面积的戈壁、沙漠和沙地，大部分属于内陆河流域。该区属于温带干旱、半干旱气候区，降水稀少，蒸发量大，大风及沙尘暴频繁，年均降水量为25～600mm，≥10℃积温为500～4000℃，干燥指数不小于1.5。该区优势地面组成物质以明沙为主，土壤类型以棕漠土、灰钙土、栗钙土和风沙土为主。植被稀少，主要植被类型为荒漠草原、典型草原以及疏林灌木草原，局部高山地区分布有森林。水土流失以风力侵蚀为主，局部地区风力侵蚀和水力侵蚀并存，土地沙漠化严重。

该区是我国戈壁、沙漠、沙地和草原的主要集中分布区，人口稀少，是我国最主要的畜牧业生产区和绿洲粮棉生产基地，是重要的能源矿产和风能开发基地，也是我国沙尘暴发生的策源地。该区生态脆弱，草场退化和土地沙化问题突出，风沙严重危害工农业生产和群众生活；水资源缺乏，河流下游尾闾绿洲萎缩；局部地区能源开发活动规模大，植被破坏和沙丘活化现象严重。

2. 防治方略

该区主要是防风固沙，合理利用水土资源，保障工农业生产安全，促进区域社会经济发展。重点是建设绿洲防风固沙体系，保护绿洲农业，优化配置水土资源，调整产业结构，改善农牧区生产生活条件；加强水源地预防保护，增加下游尾闾生态用水量，维护湿地生态系统；加强牧区草场管理以及农牧交错地带的水土流失综合防治；保护和修复山地森林植被，提高水源涵养能力；加强能源矿产基地的水土保持监督管理。

3. 措施体系与配置模式

北方风沙区典型三级区措施体系及典型小流域措施配置模式见表Ⅱ.2.1-9和表Ⅱ.2.1-10。

2.1.2.6 西南岩溶区（含石漠化治理）

1. 基本特点

西南岩溶区即云贵高原区，包括四川、贵州、云南、湖南和广西5省（自治区）共259个县（市、区），土地总面积约70万km^2。

表Ⅱ.2.1-9 北方风沙区典型三级区措施体系表

一级区	典型三级区	措施体系
北方风沙区	阴山北麓山地高原保土蓄水区	该区治理重点是侵蚀沟、坡耕地的治理。在有建坝条件的大支沟修筑骨干坝、谷坊群等沟道工程，稳定沟坡，抬高沟床；沟缘线附近以沟头防护工程为主，防止沟岸扩张；5°～15°坡耕地实施梯田等坡耕地治理措施，配置坡面截水沟等小型蓄排引灌工程，防止土壤冲刷，保护耕层；在荒草坡及天然草地，积极采取封育和人工补植补播措施，发展水土保持林草，提高林草覆盖率；滩川地和3°～5°缓坡耕地，实施水源及节水灌溉工程，发展水浇地

表Ⅱ.2.1-10 北方风沙区典型三级区典型小流域措施配置模式表

三级区	典型小流域名称	小流域措施配置
锡林郭勒高原保土生态维护区	锡林浩特市南山小流域	丘间沙地区以封育措施为主，营造以草灌为主，乔灌草、带片网相结合的固沙保土措施，固定活化沙丘；沟道布设谷坊，营造沟底防冲林；坡面营造坡面防护林，采取鱼鳞坑和块状整地，水肥条件较好的地方进行草场改良
蒙冀丘陵保土蓄水区	正蓝旗桑根达来镇207国道K178南侧小流域	草场现状较好区域采取封育治理，进行网围栏建设，依靠植物自我修复功能恢复原貌，排除牲畜啃食、踩踏带来的影响以及其他人为的扰动。同时在区内所有宜林宜草的风蚀坑和活化风蚀沙丘营造防风固沙林和水土保持林，大面积种植黄柳灌木并直播榆树，人工种植多年生牧草，进行生物沙障建设，防风固沙
阴山北麓山地高原保土蓄水区	达茂旗土不胜小流域	在主沟道有泉水出流的地方修建塘坝，拦洪灌溉，在干沟道上修建淤地坝，在支毛沟上修建土谷坊，在流域滩川地和3°～15°的坡耕地，土层较厚的宜农地，通过实施保土耕作、沃土工程等农田改良措施，建设水源节水工程，发展旱作基本农田；土层薄的耕地，退耕种植适生优质牧草。坡度大于15°的坡耕地全部退耕还林还草，坡度15°～25°天然草地，采取围栏封育措施，靠自然恢复植被；坡度5°～15°植被覆盖度小的荒草坡，穴播柠条或栽植沙棘灌木
阿拉善高原山地防沙生态维护区	阿左旗腾格里沙漠东缘小流域	人工治理与生态修复相结合，加大封禁力度，保护荒漠植被，严厉禁止滥挖苁蓉、锁阳、甘草、发菜等，全面围封；植物措施与工程措施相结合，在高大流动沙丘配置植物沙障和机械沙障，再选用本地乡土草树种，建立带、片、网和乔灌草相结合的防风固沙阻沙体系；有条件的区域同步配置小型节水灌溉工程，保障生态用水，提高植物的成活率和保存率
河西走廊农田防护防沙区	金塔县鸳鸯池水库群沙害治理小流域	近库风沙危害区，有植被分布区域以封禁为主，促进植被的自然恢复；流沙活动的区域，采取配套灌溉系统的灌木防护林进行防治。沙丘活动区，采取以砾石黏土沙障压沙为主的固沙措施；对有自然植被分布的区域进行封禁治理，防止人为活动对天然植被的破坏。沙源区以封禁为主
准噶尔盆地北部水源涵养生态维护区	布尔津县也格孜托别乡科巴拉小流域	在浅山区林木分布较稀疏的地方，建设水土保持林或灌木林、经果林，通过实施封山禁牧、轮封轮牧、人工种植，通过拦、蓄、引、提等工程措施对坡面、沟道进行全面治理。牧区实行围栏放牧，有水源条件的缓坡地和滩地，加大发展牧区水利和人工种草，发展草场灌溉
天山北坡人居环境农田防护区	博乐市青德里乡那仁布拉格小流域	对青德里乡政府东北1km处的区域，实行封禁管理，禁止采集、放牧和其他一切不利于天然林草生长繁育的人为活动；对青德里乡红星桥以下0.8km水蚀严重的地段，采取浆砌石护坡进行治理，对青德里乡红星桥处至团结路公路桥处全长1.8km沟道两侧，种植防护林
伊犁河谷减灾蓄水区	伊宁市诺艾图沟小流域	河沟两岸修筑以铅丝笼谷坊为主的沟道拦沙和护坡保土工程，河滩地植树造林；加强草原管理，严禁开垦草原，在荒坡实行封山禁牧、轮封轮牧、舍饲养畜等措施，种植固土能力较强的草本植物，在较陡的坡面，沿等高线修建水平沟和水平阶，条播草籽或移栽草根，在水源地营造涵养水源林

续表

三级区	典型小流域名称	小流域措施配置
吐哈盆地生态维护防风固沙区	吐鲁番市诸胜金口小流域	流域上游区进行封禁管理，实行轮封轮牧，病虫害草场通过喷洒农药进行防治；沟道在水蚀严重的地段，采取布设谷坊进行治理，流域下游风沙危害比较严重的农田外围，种植防风固沙林
塔里木盆地北部农田防护水源涵养区	轮台县迪那河流域中游阿克萨来小流域	在迪那河分洪口处下游6.2km处修建护岸堤；护岸堤背水坡外侧滩地及下游河道种植水保林；阿克萨来乡以北的天然林草地进行封禁治理
塔里木盆地南部农田防护防风固沙区	若羌县塔什萨依河东支小流域	在距河道较远区域及农区外围规划营造防风固沙林，主要种植青杨、胡杨、沙枣及榆树；在塔什萨依村农区西北角荒地上栽植经果林，选择当地适生的红枣；对老灌区与新增治理区之间的残林、疏林地实施封育治理，以恢复植被覆盖度
塔里木盆地西部农田防护减灾区	疏附县木什乡明尧勒小流域	低山区以封育治理为主，在山洪沟中下游临近各排洪沟（渠）两侧农业耕作冲刷较为严重区域，种植水土保持林；为保护改建段渠道免遭洪水侵害导致灌溉引水无保证，同时解决上游洪积扇区洪水排泄问题，在渠道右侧修筑防护堤；为解决上游洪积扇区洪水排泄问题，在渠线沿线桩号处设立跨洪沟（交叉）渡槽和疏浚排洪渠工程

该区是以石灰岩母质及土状物为优势地面组成物质的区域，主要分布有横断山山地、云贵高原、桂西山地丘陵等。大部分处于我国地形第二级阶梯，横断山地为一级、二级阶梯过渡带，地质构造运动强烈，水系河流深切，多为高原峡谷；区内岩溶地貌广布。主要涉及澜沧江、怒江、伊洛瓦底江、金沙江、雅砻江、乌江、赤水河、南北盘江、左右江、红河等河流。大部分属于亚热带和热带湿润气候，年均降水量为800～2000mm。土壤类型主要分布有黄壤、黄棕壤、红壤和赤红壤。植被类型以亚热带和热带常绿阔叶、针叶林，针阔混交林为主，干热河谷以落叶阔叶灌丛为主。

该区是我国少数民族聚集区，是我国水电资源蕴藏最丰富的地区之一，也是我国重要的有色金属及稀土等矿产基地。云贵高原是我国的重要生态屏障，云南是我国面向南亚、东南亚经济贸易的桥头堡，黔中和滇中地区是国家重点开发区，滇南是华南农产品主产区的重要组成部分。该区岩溶石漠化严重，耕地资源短缺，陡坡耕地比例大，工程性缺水严重，农村能源匮乏，贫困人口多；山区滑坡、泥石流等灾害频发；水电、矿产资源开发导致的水土流失问题突出。

2. 防治方略

保护耕地资源，紧密围绕岩溶石漠化治理，加强坡耕地改造和小型蓄水工程建设，促进生产生活用水安全，加快群众脱贫致富；加强自然修复，保护和建设林草植被，推进陡坡耕地退耕；加强山地灾害防治；加强水电、矿产资源开发的监督管理。

加强滇黔桂山地丘陵区坡耕地整治，大力实施坡面水系工程和表层泉水引蓄灌工程，保护现有森林植被，实施退耕还林和自然修复；保护滇北及川西南高山峡谷区森林植被，对坡度较缓的坡耕地实施坡改梯配套坡面水系工程，提高抗旱能力和土地生产力，促进陡坡退耕还林还草，加强山洪泥石流预警预报，防治山地灾害；结合自然保护区建设，保护和恢复滇西南山地区热带森林，治理坡耕地和以橡胶园为主的林下水土流失，做好水电资源开发的监督管理。

3. 措施体系与配置模式

西南岩溶区典型三级区措施体系及典型小流域措施配置模式见表Ⅱ.2.1-11和表Ⅱ.2.1-12。

2.1.2.7 青藏高原区

1. 基本特点

该区位于昆仑山-阿尔金山以南，四川盆地以西的高原地区，总面积约223万km^2，包括西藏、甘肃、青海、四川和云南5省（自治区）共152个县（市、区）。地处我国地形第一级阶梯，海拔2500～5100m，平均海拔约为4200m。该区以高原山地为主，宽谷盆地相间分布，湖泊众多；分属于西藏内陆流域及西南诸河流域。气候从东往西由温带湿润区过渡到寒带干旱区，年均降水量为50～1500mm，≥10℃积温为10～3000℃，干燥指数为0.1～2。该区优势地面组成物质以草甸土为主，土壤类型以高山草甸土、草原土和漠土为主。植被类型以温带高寒草原、草甸和疏林灌木草原为主。水土流失以冻融侵蚀为主，兼有水力侵蚀和风力侵蚀。

该区是世界上海拔最高、面积最大的高原，是我国长江、黄河和西南诸河的源头区，是我国西部重要

表Ⅱ.2.1-11　　西南岩溶区典型三级区措施体系表

一级区	典型三级区	措施体系
西南岩溶区	黔中山地土壤保持区	该区治理重点是加强坡耕地综合整治，积极实施小流域综合治理、石漠化综合治理等工程。以小流域为单元，按照流域（区域）上部、中部、下部不同的水土流失特点和功能，分别以封禁治理、坡改梯地、水系整治为重点建立水土流失防治体系。对植被稀疏的轻度或中度水土流失区实行封山育林，对少数荒地实行补植；对15°～25°的坡耕地，退耕建园，在10°～15°的坡耕地实行坡改梯，把水源有保障的旱地改为水田。在山洼处修建塘坝、蓄水池，开挖引水隧洞，充分利用降雨、径流，开发利用地下水，保障灌溉、人饮水源；修截流沟、排洪沟、排洪隧道，建立完善的防洪体系；在支毛沟设置拦沙坝，就地拦蓄泥沙，减小下游淤积。各项治水措施相互配合，形成“蓄、引、拦、提”多位一体的抗旱防洪体系
	滇黔川高原山地保土蓄水区	该区治理重点是通过积极实施小流域综合治理、坡耕地综合整治、石漠化综合治理等工程，抢救水土资源。以坡面防护、沟道防护、生态经济开发为重点建立水土流失防治体系。对林地、草地加大封育治理力度，促进植被自我修复，遏制土地石漠化，抢救土地资源；对于坡度在25°以下、土层较深的缓坡耕地改造为以土坎坡改梯为主的基本农田，农田内推广保土耕作措施，地坎栽植灌木，坡面种植绿肥植物，稳固地坎。配套建设蓄水池，铺设浇灌管道，完善灌排体系。完善生产道路，增设道路排水沟及水平排水沟；在沟的中上部修筑谷坊、拦沙坝，并与群众交通、引水需求结合，建设成为群众的交通便道或取水口。沟的中下部疏通、整治沟道；将水土流失治理与发展小流域生态经济和特色产业相结合。荒山营造水土保持林，林下种植苜蓿，林业与畜牧业结合。不适宜建设农田的坡耕地发展以梨、油桃等为主的经果林，初期套种花卉、药材，提高土地利用效率，推行科学种植和管理

表Ⅱ.2.1-12　　西南岩溶区典型三级区典型小流域措施配置模式表

三级区	典型小流域名称	小流域措施配置
黔中山地土壤保持区	遵义县连阡小流域	植被稀疏的轻度或中度水土流失区实行封山育林，促进植被恢复，对少数光秃地区实行补植，推广沼气池、节柴灶、太阳能等节能措施，减少薪材用量；15°～25°的坡耕地，退耕建园，采取“大窝、重肥、浅栽、地膜覆盖”的栽植方式，发展经果林及果粮间作、果药间作、果草间作的多种经营和高效农业；10°～15°的坡耕地实行坡改梯，把水源有保障的旱地改为水田；在山洼处修建塘坝、蓄水池，开挖引水隧洞，保障灌溉、人饮水源；修截流沟、排洪沟、排洪隧道，建立完善的防洪体系；在支毛沟设置拦沙坝，形成“蓄、引、拦、提”多位一体的抗旱防洪体系
滇黔川高原山地保土蓄水区	沾益县响坝河小流域	坡度25°以下、土层较厚的缓坡耕地改造为以土坎梯田为主的基本农田，农田内推广分带轮作、地膜覆盖、绿肥横坡聚垄免耕等保土耕作措施；地坎栽植灌木，坡面种植绿肥植物，稳固地坎；配套建设蓄水池，铺设浇灌管道，完善灌排体系；完善生产道路，增设道路排水沟及水平排水沟；沟的中上部修筑谷坊、拦沙坝，并与群众交通、引水需求结合，建成群众的交通便道或取水口，沟的中下部疏通、整治沟道；将水土流失治理与发展小流域生态经济和特色产业相结合。荒山营造水土保持林，林下种植苜蓿，林业与畜牧业结合；不适宜建设农田的坡耕地发展以梨（滇红）、油桃等为主的经果林，初期套种花卉、药材，提高土地利用效率，推行科学种植和管理
黔桂山地水源涵养区	榕江县断颈龙小流域	制定封育管护制度，陡坡耕地退耕还林还草，营造水源涵养林、水土保持林，提高涵养水源能力；疏幼林、低产林进行抚育、更新，坡耕地进行综合改造，提倡多种经营，发展经济林果，形成生态产业；实施人工种草，发展特色畜牧业；加强对农业用地的监督和管理，杜绝陡坡开荒、毁林毁草耕种
滇黔桂峰丛洼地蓄水保土区	隆林县常幺小流域	山体中上部以封为主、封造结合、加强管护，采取多功能互补措施，发展沼气池，推广节柴灶；山腰荒坡和石旮旯地，大力推广种植适宜当地生长的油桃、花椒、香椿、金银花等；山下主要实施以坡耕地改造为重点，完善水系配套工程，治理落水洞

的生态屏障，也是我国高原湿地、淡水资源和水电资源最为丰富的地区。该区地广人稀，生态脆弱，高原草地退化严重，雪线上移，冰川退化，湿地萎缩，江河源头区植被退化，水源涵养能力下降，冻融侵蚀严重，风力侵蚀、水力侵蚀并存。

2. 防治方略

该区主要是维护独特的高原生态系统，保障江河源头区水源涵养功能；保护天然草场，促进牧业生产；合理利用水土资源，优化农业产业结构，促进河谷农业发展。重点加强江河源头区森林、草场和自然保护区保护与管理，维护水源涵养能力；加强"一江两河"高原河谷及柴达木盆地周边农业区水蚀和风蚀防治，做好水电、交通等工程建设的水土保持监督管理工作。

3. 措施体系与配置模式

青藏高原区典型三级区措施体系及典型小流域措施配置模式见表Ⅱ.2.1-13和表Ⅱ.2.1-14。

表Ⅱ.2.1-13　　青藏高原区典型三级区措施体系表

一级区	典型三级区	措施体系
青藏高原区	祁连山山地水源涵养保土区	在山区保护天然乔木林、天然灌木林、天然草地，采取封禁与抚育相结合的办法，加强水源涵养林保护，进行疏林地补植，搞好次生林的抚育改造，恢复生态植被，逐渐扩大森林面积。 在牧区改良天然草地，引进优质牧草，发展草原灌溉，加强草场建设，以草定畜，避免超载放牧；在沟坡采取植物措施与工程措施相结合，实施人工种草、封山育草、围栏养畜等办法，控制草场的退化和土地沙化。 在城镇周边人口密集地区，实施以小流域为单元的综合规划与治理，加强林草及沟头防护、小型蓄水、坡改梯工程等措施建设，防治沟道山洪、泥石流灾害。 开发水资源与保护环境相结合，促进人与环境和谐相处；强化对生产建设项目水土保持监督管理，有效控制新增人为水土流失

表Ⅱ.2.1-14　　青藏高原区典型三级区典型小流域措施配置模式表

三级区	典型小流域名称	小流域措施配置
祁连山山地水源涵养保土区	祁连县冰沟小流域	部分洪水灾害严重的沟道布设谷坊工程，稳定沟坡，并在下游段布设护岸墙工程，同时在适宜造林的河滩荒地，营造水土保持林；沟坡地带采取封禁治理措施布设网围栏及警示牌，对现有草地进行补植，在适宜造林的坡面进行人工造林，对退化草地进行人工种草；流域中高山地带充分发挥大自然自我修复能力，减少人为破坏，增加植被覆盖度，退化草地及疏林地实施以封禁治理为主的生态修复措施，并落实封禁管护制度
青海湖生态维护保土区	刚察县沙柳河小流域	在撂荒及荒草地以营造水土保持林为主；在已退耕和弃耕地以种植人工草地为主；在海拔较高的山区，因为土层薄，植被覆盖度低下，不宜进行水土保持造林种草，以封禁治理为主；在主河道及沟道内，以工程措施为主，建谷坊、护岸墙等
柴达木盆地农田防护防沙区	格尔木市格尔木河小流域	针对流域北部人口稀少、生态脆弱，破坏后难以恢复的特点，实施全面封禁、封育保护和禁止人为开垦、盲目割灌和放牧等活动，加强对林草植被的保护；流域南部至格茫公路以南的区域，具有离市区较近、采砂活动较为集中、水土流失较严重的特点，以保护现有农地、改善生产条件和生态环境为重点，植物措施主要布设防风固沙林和经济林，工程措施主要布设引水渠；针对农业耕种区人口居住密集的特点，建设农田防护林及渠系配套工程

2.2　小流域设计分析与布局

结合GIS软件，对小流域的土地资源状况、防洪安全状况、水资源状况、生态环境状况、水土流失及水土保持现状、社会经济状况等进行系统的数据分析，得出小流域水土保持综合治理过程中存在的优势和薄弱环节，为小流域综合治理措施布局奠定科学基础。

小流域综合治理措施布局应坚持"预防为主，保护优先，全面规划，综合防治，因地制宜，突出重点，科学管理，注重效益"的水土保持方针，要因害设防合理地配置各项水土保持措施，并优化各项措施在小流域范围内的时空分布，构建科学完善的水土流失综合防治体系，以产生良好的生态效益、经济效益与社会效益。

2.2.1 小流域分析与评价

2.2.1.1 基础数据准备

1. 基础地理数据

基础地理数据包括纸质地形图、电子地形图、DEM数据等。纸质地形图通过扫描矢量化后生成电子地形图，利用等值线插值功能生成DEM数据。

2. 遥感数据

遥感数据可选用高精度遥感影像、无人机航拍影像等数据。

3. 气象数据

气象数据选用项目区周边长系列气象资料，主要为降水、温度、湿度、风力等数据。

4. 土地利用数据

项目区现状的土地利用数据，采用遥感影像提取并结合外业踏勘的方法获取。

2.2.1.2 小流域评价单元划分及调查

在对小流域各项基础条件进行分析与评价之前，首先对小流域进行评价单元划分。评价单元分为小流域、微流域、小班3个级别。微流域是为了精确划分自然流域边界并形成流域拓扑关系而划定的最小自然集水单元，是小流域的基本组成单位，以地形特征为基础划分；小班是小流域综合调查、措施设计与施工的基本单元，其划分是以土地利用类型、权属、林分组成、立地条件类型等为基础。

应用GIS软件的水文分析功能，提取小流域内沟道，对沟道进行编码；确定合理的微流域面积划分标准，划分微流域；得到流域划分图层及数据，并按照编码规范进行编码；将微流域数据与土地利用数据叠加得到小班划分图层及数据。

2.2.1.3 小流域评价单元数据分析

1. 土地利用现状数据分析

利用遥感解译，获取小流域内对应小班的土地利用现状数据。

2. 植被调查数据分析

利用遥感解译与土地利用现状数据，对小流域内现有的植被进行调查，得到小班的植被类型数据。

3. 植被覆盖度数据分析

利用遥感解译，获取小流域内的植被覆盖度数据。

4. 坡度分析

利用DEM数据，进行小流域坡度分析。

5. 坡向分析

利用DEM数据，进行小流域坡向分析。

6. 气象数据分析

利用已有的气象点数据，插值生成小流域降水等值线、积温等值线图和数据表。

7. 沟道分析

利用GIS软件水文分析功能，提取小流域内沟道信息，得到小流域沟道分布图，作为小流域沟道治理措施的基础数据。

8. 道路分析

提取小流域内各等级道路，并进行空间分析，作为小流域坡面治理田间道路措施的基础数据。

2.2.1.4 小流域土地资源评价

小流域土地资源评价，应用GIS软件的土地资源功能模块，利用专家知识模型或专家打分模型制定合理的评价规则，建立适宜小流域的评价体系，系统自动生成每个小班的土地等级，对资源评价的结果进行数据分析，生成统计图和统计表，对地图进行填充，得到小流域的土地资源评价图。

2.2.1.5 小流域水土流失与水土保持现状分析与评价

结合小流域水土保持综合调查结果，对区域内的水土流失及水土保持现状与特点进行分析、评价，明确造成水土流失的主要原因，找出较为成功的水土流失治理经验与措施方法。

1. 水土流失现状分析

利用土地利用数据、植被覆盖度数据、坡度数据、坡向数据在软件中建立土壤侵蚀模型进行土壤侵蚀强度分析，得出小流域土壤侵蚀强度分布图和数据表。

2. 水土保持现状分析

分析小流域的植被覆盖度，已有工程措施类型、数量、空间分布位置及运行情况，并加强公众参与，采用入户问卷调查的方式了解当地居民较为认可的水土保持措施，得出水土保持措施现状布局图。

2.2.1.6 小流域防洪安全评价

首先保证小流域范围内防洪安全，查清小流域内山洪灾害基本情况，确定防洪标准，划定重点防洪区域，确保小流域水土保持措施设计满足防洪要求。

1. 洪水灾害情况及成因分析

统计历年洪水灾害损失情况。从暴雨因素、地质因素、人类活动因素等方面分析造成小流域洪水灾害的主要原因。

2. 防洪范围及防洪标准

以影响小流域居民生命财产、农田、基础设施安全等的范围为防洪安全防护范围。根据《防洪标准》(GB 50201—2014)中的要求，确定小流域各重点防护对象的防洪等级及防洪标准，得出小流域防洪安全评价图。

2.2.1.7　小流域生态环境敏感性分析与评价

小流域生态环境敏感性评价应在明确特定区域性生态环境问题的基础上，根据主要生态环境问题的形成机制，分析生态环境敏感性的区域分异规律，然后对多种生态环境问题的敏感性进行综合分析，明确区域生态环境敏感性的分布特征。小流域生态环境敏感性以小班为基本单元进行分析与评价。

评价内容：土壤侵蚀敏感性，沙漠化敏感性，盐渍化敏感性，石漠化敏感性，酸雨敏感性，重要自然与文化价值敏感性，其他敏感性。

评价方法：生态敏感性一般分为五级：不敏感（Ⅰ级）、轻度敏感（Ⅱ级）、中度敏感（Ⅲ级）、高度敏感（Ⅳ级）和极度敏感（Ⅴ级）。运用GIS空间分析功能将各单因子敏感性评价结果GIS图进行叠加，然后将各单因子Ⅳ级和Ⅴ级敏感区域边界勾画出来，作为重要敏感性区域边界。各单因子敏感性存在重叠交叉的区域以生态敏感性较高的因子作为该区域的主要生态敏感性，得出小流域生态环境敏感分布图。

2.2.1.8　小流域社会经济状况分析与评价

小流域社会经济发展情况对小流域综合治理措施的选择、布局有直接的影响，因此需要对小流域社会经济发展的情况进行综合详细的评价。

利用土地利用植被调查数据，计算小流域内各种植物、作物的投入产出效益值，得到小流域经济状况分布图，结合土地资源评价结果筛选小流域的优势作物与优势种植方式。

2.2.1.9　小流域主导功能定位

结合当地的水土保持规划、区划以及土地利用规划成果，提出目标小流域的水土保持基础功能，明确主导功能，并提出一般的水土保持措施配置重点，为规划目标的制定奠定基础。

小流域水土保持基础功能包括：水源涵养、土壤保持、蓄水保水、防风固沙、生态维护、防灾减灾、农田防护、水质维护、拦沙减沙、人居环境维护。各水土保持主导功能区域的分布特点见表Ⅱ.2.2-1。

表Ⅱ.2.2-1　水土保持主导功能区域的分布特点

水土保持主导功能	分布特点
水源涵养	一般位于江河湖泊的源头区、供水水库上游区以及国家已划定的水源涵养区
土壤保持	一般位于山地丘陵综合农业生产区
蓄水保水	一般位于干旱缺水地区及季节性缺水严重地区
防风固沙	一般位于绿洲防护区及风沙区
生态维护	一般位于大面积森林、草原、湿地等集中分布的区域
防灾减灾	一般位于山洪、泥石流、滑坡易发区及工矿集中区
农田防护	一般位于平原地区和绿洲农区
水质维护	一般位于河湖水网、饮用水水源地周边面源污染较重地区
拦沙减沙	一般位于多沙粗沙区及河流输沙量大的地区
人居环境维护	一般位于人均生活水平高的大中型现代化城市集中分布区

2.2.2　小流域治理措施总体布局

在小流域综合调查与自然、生态、社会经济、水土流失状况分析评价的基础上，按照“因地制宜，因害设防”的原则布置各项水土保持治理措施。

为做到技术可行、经济合理、安全可靠，小流域综合治理措施布局应进行多方案的比选。根据项目区的地形地质、水文、植被、土地利用现状、水土流失现状等基础条件以及小流域具体社会经济情况和治理目标，从总体布置、工程措施、施工组织、运行管理、工程投资、效益等方面，经综合分析研究比较后选定推荐的综合治理措施布局方案。

1. 措施体系

小流域措施体系首先要符合小流域主导功能定位。同时突出小流域的经济功能和生态效益功能。

通过小流域的各种分析结论，建立小流域沟道措施防治体系与坡面措施防治体系，得出小流域总体布局图。

措施体系应因地制宜合理确定，应满足总体布局合理、设计原理清楚、治理效果明显和运行管理方便等要求。

2. 工程措施分析试算

沟道措施布设利用GIS软件的水文分析和洪水演算功能，针对小流域的防洪安全分析结论，做到布局合理，真正实现小流域的防洪安全。

3. 土地利用结构措施比较

根据水土保持综合治理措施布局方案，对改变土地利用类型的方案进行土地利用结构变化的比较。特别是对有坝系工程的设计方案，应详细分析不同时期及淤地末期增加置换耕地的面积（或淹没减少耕地的面积）。通过对各类用地增加、消减的比较评价，对效益分析进行反复演算，落实合理的综合治理措施方案。

4. 投资分析

针对不同的措施布局进行工程投资分析，应在满足防护功能的基础上尽量做到工程造价最省，从而节约投资，达到最大的投资效益比。

5. 效益比选

分析各措施布局方案对周边生态、经济、社会环境的影响，其中对蓄水保土效益宜进行定量计算，对生态、经济及社会效益进行简要评价。

6. 施工组织比较

分析不同措施布局的施工组织，主要从施工场地、施工工期、施工强度、施工机械、施工难度和施工风险等方面进行比较，尽量选择施工场地开阔、施工工期短、施工强度均衡、施工机械常规、施工难度和施工风险较低的方案。

7. 运行管理比较

落实运行管理要求，在措施布局中尽量选择运行管理简便易行、管理费用较少的方案。

8. 综合比选结果

对上述各影响指标按重要性进行排序，综合比较分析后确定小流域综合治理措施的总体布局。

参考文献

[1] 中华人民共和国国家质量监督检验检疫总局，中国国家标准化管理委员会. 水土保持综合治理　技术规范：GB/T 16453.1～16453.6—2008 [S]. 北京：中国标准出版社，2008.

[2] 胡甲均. 水土保持小型水利水保工程设计手册 [M]. 武汉：长江出版社，2006.

第3章 梯田工程

章主编　杨伟超　杨　娟
章主审　王治国　贺前进

本章各节编写及审稿人员

节次	编写人	审稿人
3.1	杨伟超　杨　娟　甄　斌　席　琳	王治国 贺前进
3.2	杨伟超　杨　娟　甄　斌　席　琳	
3.3	杨　娟　杨伟超　甄　斌　席　琳	
3.4	杨　娟　杨伟超　张　淼　席　琳	
3.5	张玉华　任兵芳　刘铁辉　张军政　阎岁胜　张经济	
3.6	刘铁辉　侯　克　苗红昌　张玉华　任兵芳　姜圣秋　戴鹏礼　雷孝章	

第3章 梯田工程

3.1 定义与作用

3.1.1 定义

梯田是在坡地上沿等高线修筑成台阶式断面的农田，常见于山区和丘陵区，由于地块排列呈阶梯状而得名。同时，梯田又是治理坡耕地水土流失的有效措施，蓄水、保土、增产作用十分显著。

3.1.2 作用

（1）改造坡地，保持水土资源，发展山区、丘陵区农业生产。

（2）改变地形，滞蓄地表径流，增加土壤水分，减少水土流失，保水、保土、保肥，改善土壤理化性质。

（3）改善生产条件，为机械耕作和推广农业技术创造条件，提高产量。

（4）为集约化经营、农业结构调整以及发展旱作农业奠定基础。

3.2 工程级别划分和设计标准

3.2.1 工程级别划分

根据梯田所在区域的地形、地面组成物质等可分为4种类型区（表Ⅱ.3.2-1），其级别根据梯田面积、土地利用方向或水源条件分为3级。

表Ⅱ.3.2-1 梯田类型区范围及特点

类型区	类型区范围及特点
Ⅰ区	西南岩溶区、秦巴山区及其类似区域。该区地势陡峻、沟道深切、地形破碎、盆地和川道狭小，西南岩溶区岩溶发育。该区成土速率很小，地表土层薄，土壤厚度多在20～30cm，而且连续性差
Ⅱ区	北方土石山区、南方红壤区和紫色土区（四川盆地周边丘陵区及其类似区域）。该区以山地、丘陵地貌为主，地形复杂、地面坡度及地面高差较大，地面土石混杂，石多土少，地面极易砂砾化或石化，土层相对较薄
Ⅲ区	黄土覆盖区，土层覆盖相对较厚及其类似区域。该区地形坡度较缓，坡长短，黄土土层深厚
Ⅳ区	黑土区。该区地形平缓，地面坡度小、坡长大。地面覆盖黑色腐殖质表土

（1）Ⅰ区梯田工程级别按表Ⅱ.3.2-2确定。

表Ⅱ.3.2-2 Ⅰ区梯田工程级别

级别	面积/hm²	土地利用方向
1	＞10	口粮田、园地
2		一般农田、经果林
2	3～10	口粮田、园地
3		一般农田、经果林
3	≤3	—

注 1. 级别划定以面积为首要条件。
2. 当交通和水源条件较好时，提高一级；当无水源条件或交通条件较差时，降低一级。

（2）Ⅱ区梯田工程级别按表Ⅱ.3.2-3确定。

表Ⅱ.3.2-3 Ⅱ区梯田工程级别

级别	面积/hm²	土地利用方向
1	＞30	口粮田、园地
2		一般农田、经果林
2	10～30	口粮田、园地
3		一般农田、经果林
3	≤10	—

注 1. 级别划定以面积为首要条件，面积指一个设计单元面积。
2. 当交通和水源条件较好时，提高一级；当无水源条件或交通条件较差时，降低一级。

（3）Ⅲ区梯田工程级别按表Ⅱ.3.2-4确定。

（4）Ⅳ区梯田工程级别按表Ⅱ.3.2-5确定。

表Ⅱ.3.2-4 Ⅲ区梯田工程级别

级别	面积/hm^2	土地利用方向
1	>60	口粮田、园地
2		一般农田、经果林
2	30～60	口粮田、园地
3		一般农田、经果林
3	≤30	—

注 1. 级别划定以面积为首要条件，面积指一个设计单元面积。
2. 当交通和水源条件较好时，提高一级；当无水源条件或交通条件较差时，降低一级。

表Ⅱ.3.2-5 Ⅳ区梯田工程级别

级别	水源条件	面积/hm^2
1	好	>50
2	一般	20～50
3	差	≤20

注 1. 级别划定以水源条件为首要条件。
2. 水源条件好指引水条件好或地下水量充沛可实施井灌。

3.2.2 梯田工程设计标准

（1）Ⅰ区梯田工程设计标准按表Ⅱ.3.2-6确定。

表Ⅱ.3.2-6 Ⅰ区梯田工程设计标准

级别	净田面宽/m	排水设计标准	灌溉设施
1	>(6～10)	10年一遇至5年一遇短历时暴雨	灌溉保证率$P≥50\%$
2	(3～5)～(6～10)	5年一遇至3年一遇短历时暴雨	具有较好的补灌设施
3	<(3～5)	3年一遇短历时暴雨	—

注 云贵高原、秦巴山区净田面宽取低限或中限；其他地方视具体情况取高限或中限。

（2）Ⅱ区梯田工程设计标准按表Ⅱ.3.2-7确定。

表Ⅱ.3.2-7 Ⅱ区梯田工程设计标准

级别	净田面宽/m	排水设计标准	灌溉设施
1	>10	10年一遇至5年一遇短历时暴雨	灌溉保证率$P≥50\%$
2	5～10	5年一遇至3年一遇短历时暴雨	具有较好的补灌设施
3	<5	3年一遇短历时暴雨	—

（3）Ⅲ区梯田工程设计标准按表Ⅱ.3.2-8确定。

表Ⅱ.3.2-8 Ⅲ区梯田工程设计标准

级别	净田面宽/m	排水设计标准	补灌设施
1	≥20	10年一遇至5年一遇短历时暴雨	有
2	≥15	5年一遇至3年一遇短历时暴雨	—
3	≥10	3年一遇短历时暴雨	—

（4）Ⅳ区梯田工程设计标准按表Ⅱ.3.2-9确定。

表Ⅱ.3.2-9 Ⅳ区梯田工程设计标准

级别	净田面宽/m	排水设计标准	灌溉设施
1	>30	10年一遇至5年一遇短历时暴雨	灌溉保证率$P≥75\%$
2	(5～10)～30	5年一遇至3年一遇短历时暴雨	灌溉保证率P为$50\%～75\%$
3	<(5～10)	3年一遇短历时暴雨	—

注 地形条件具备的净田面宽取高限，地形条件不具备的取低限。

3.3 分类与适用范围

3.3.1 梯田的分类

1. 按断面形式分类

梯田按断面形式可分为水平梯田、坡式梯田和隔坡梯田等。水平梯田田面呈水平，适宜于种植农作物和果树等；坡式梯田是顺坡向每隔一定间距沿等高线修筑田坎而成的梯田，依靠逐年耕翻、径流冲淤并加高田坎，使田面坡度逐年变缓，最终成水平梯田，也是一种水平梯田的过渡形式；隔坡梯田是在相邻两水平台阶之间隔一斜坡段的梯田，从斜坡段流失的水土可被截留于水平台阶，有利于农作物生长，斜坡段则种草、种经济林或林粮间作。

以上 3 种梯田，均可以田面微向内侧倾斜，使暴雨时过多的径流由梯田内侧安全排走，倾斜坡度一般在 2°左右。梯田断面示意图如图Ⅱ.3.3-1 所示。

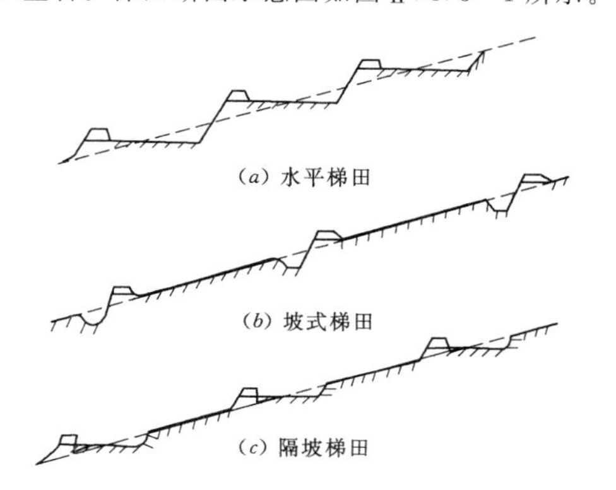

图Ⅱ.3.3-1 梯田断面示意图

2. 按田坎建筑材料分类

梯田按田坎建筑材料可分为土坎梯田、石坎梯田、混凝土坎梯田等。在土层深厚，年降水量少的区域，主要修筑土坎梯田。在石多土薄的土石山区等区域，主要修筑石坎梯田。当大面积修筑梯田，筑坎材料稀少时，可修筑混凝土坎梯田。

3.3.2 适用范围

梯田适于在全国各地的水蚀地区和水蚀与风蚀交错地区，坡度 5°～25°的坡耕地上建设。不同地区选用适宜的梯田形式。

(1) 黄土高原地区坡耕地应优先采用水平梯田。在土层深厚，坡度 15°以下的区域，可利用机械一次修成标准土坎水平梯田；坡度在 15°～25°的地方可修筑隔坡梯田，台阶部分种农作物，斜坡部分种林草植被，利用坡面植被拦蓄径流增加台阶部分土壤水分。

(2) 东北黑土区（坡度大于 3°、土层厚度不小于 0.3m）和黄土高原地区（坡度不小于 8°、土层厚度不小于 0.3m）的塬面以及零星分布在河谷川台地上的缓坡耕地，宜采用水平或坡式梯田。

(3) 坡面土层较薄或坡度较陡，且降水量较少的区域，可以先修坡式梯田，经逐年向下方翻土耕作，减缓田面坡度，逐步变成水平梯田。

(4) 南北方土石山区或石质山区，坡耕地中夹杂大量石块、石砾的，应就地取材，并结合处理地中的石块、石砾，修成石坎梯田。南方地区，特别是西南地区，因人多地少，陡坡地全面退耕困难时，可以修筑窄条石坎梯田。

(5) 混凝土建材获取方便，混凝土坎梯田能够最大限度地提高净田面宽度，各区均适合修筑，特别适宜大面积梯田修筑。

3.4 工 程 规 划

3.4.1 规划原则

(1) 梯田规划应在土地利用规划的基础上进行。

(2) 因地制宜，山水田林路统一规划，坡面水系、田间道路综合配套，优化布设。

(3) 梯田应布设在距村庄较近、交通便利、位置较低、临近水源的地方。

(4) 梯田不得布设在不良地质区域，如滑坡体、泻溜面上。

(5) 田面宜宽不宜窄，田块宜长不宜短。尽量做到生土深翻，表土还原，确保当年不减产。

3.4.2 梯田规划

梯田规划包括田区规划、田块规划、坡面水系规划、田间道路规划、田坎利用等内容。

1. 田区规划

根据梯田建设总体规划进行梯田田区的设计，田区是能够做到统一设计、统一施工，便于组织管理的梯田工程区域，面积从几十亩至上千亩，设计内容包括田片划分、道路及林草措施布置、蓄排工程布设。田区设计应以 1：2000～1：5000 地形图为工作底图，梯田典型断面设计图应为 1：200～1：500。

根据合理利用土地资源的要求，结合县（区）土地利用规划和梯田建设总体规划，选择坡度较缓，土质较好，据村庄较近，水源及交通条件方便，有利于机械化和水利化的地方，以坡面水系、道路为骨架，规划梯田田块，建设具有一定规模、集中连片的梯田。根据地貌及明显切割地貌地物（如道路、陡坎、沟壑、非耕地等）界定连片。

北方地形平缓、有水源条件的区域，田区规划应考虑小型机械耕作和提水灌溉。南方应以水系和道路为骨架选择具有一定规模、集中连片的梯田区，梯田区特别是水稻梯田区规划还应考虑自流灌溉，自流灌溉梯田区的高程不应高于水源出水口的高程。

2. 田块规划

田块是由埂坎围成的单个地块。田块设计包括田面长度、田面宽度、田坎坡度、田埂高度等断面要素的设计。依据地面坡度、土壤类别、施工方式，确定田面宽度、田坎高度和田坎坡度，满足修筑少用工、埂坎少占地、便利机械作业、梯田稳固安全的要求。

在坡面水系、道路规划的基础上，沿等高线呈长条状布设梯田田块；田块布设应做到大弯就势、小弯取直，同时要考虑省工省时，便于机械作业等因素。

各类型区田块规划的一般要求如下：

(1) Ⅰ区、Ⅱ区坡面起伏大，地形变化复杂，土层较薄，该类型区梯田田块设计时需因地制宜，随地形变化定型，宜采取窄条、低坎、地面略成逆坡，内侧开挖截排水沟的形式。

(2) Ⅲ区不同地形部位梯田田块规划的一般要求，以黄土高原为例，见表Ⅱ.3.4-1。

表Ⅱ.3.4-1　不同地形部位梯田田块规划要求

坡耕地类型	位置及边界	地形特征	规划要点
梁峁盖地	丘陵沟壑区的小流域一级梁峁顶部土地梁峁边线以上	一般坡度为3°～8°，宽、平、长梁或峁梁	中心田块较大，四周带形田块环绕，道路沿坡线长的坡缘方向布设
梁峁坡地	上为梁峁边线，下为坡坪交界线或谷缘线，两侧为道路、村庄或深度凹形坡，集水线切割	坡度一般小于30°，凹凸形坡相间，坡面水平方向长度一般大于300m	田块沿等高线布设，长不限，绕山转，大弯就势，小弯取直，道路多呈“之”形布设，连接村庄，通达各地块
阶、坪地	梁峁坡面下部转趋势平缓的土地，上部为坡坪交界线，下部为谷缘线，两侧为切沟或冲沟切割	坡度为3°～10°，常被浅沟、切沟所分割，一般水平方向长度小于300m	可规划修成长方形高标准梯田，田路可棋盘式布设
坡嘴地	流域二级长梁顶部常与流域流水方向垂直，坡界为谷缘线，两侧为切沟、冲沟两边的谷缘线	坡度一般小于15°，常常嘴湾相间出现	常规划成沿等高线的裹肚形田块，等高不等宽，道路沿嘴边走
湾塌地	湾里沟脑，上界为梁坡下部或坪地下部，下界为切沟、冲沟流水线上方陡坎，两侧为大于25°的陡坡或道路切沟	坡度为5°～25°，水热条件较好	沿等高线规划成带状梯田，注意径流水路
沟台地	支毛沟的沟道部分	纵坡小于25°，水热条件较好	梯田块状布设，一般不连续，道路规划在洪水水位线以上谷坡中下部
沟掌地	干沟U形沟道的沟滩地	纵坡一般小于20°，沟道宽浅缓，水热条件好	修成向上方弓的扇形或梯形的大田块，道路布设在掌地与坡梁峁坡地交界处
河谷阶滩地	上部有大于25°的陡坡，下部以流水线为界，两侧多为沟壑流水线分割	坡度一般小于10°，水热条件好	修成沿等高线布设的矩形田块，道路沿上缘布置

(3) Ⅳ区类型区可按漫岗地、梁地、山包地、山弯地、山坡地、沟谷地等不同地形进行规划。

漫岗地地形特点是坡度较缓，多在5°以下，坡脚延伸较长，坡面平展、岗顶较平。横向坡面有的片大而整齐，有的起伏不平，有的形成两面坡向。对横向坡面片大整齐的地形，田块直线布置，由分水岭自上而下沿等高线布置，田面大、田埂直、等高等距。横向坡面起伏不平的地形，田块需随弯就势布置，田面由陡坡一侧开始，绕坡面大弯沿等高线随弯就势，小弯取直，梯田田块等高兼顾等距。

梁地坡度多在10°以下，梁背微弧形，面积小，坡缓，梁坡面积大，坡陡。梯田田块布设由梁两侧自下而上，分层沿等高线布置，直到梁顶，建成后的梯田呈弓背形。

山包地山顶较平缓，呈鳖盖形，山坡呈凸形或凹形，整个山包呈圆形。梯田面从陡坡一面开始，由山顶向山下布置，中心田块大，田块沿等高线围绕山头向左右延伸，形成带形田块、环形梯田，实现等高兼顾等距。

山弯地指向里凹的大面积坡地。地形特点是较大的坡面被冲割成许多冲沟，形如波浪。田面布置宜由下而上，田块规划时应小弯取直，大弯随弯就势。

山坡地坡脚部位坡度较缓，延伸有长有短，山腰坡面随高度逐渐变陡，横向坡面有的起伏不平，有的整齐均匀。横向坡面整齐均匀的山坡地，可采用直形布置，田面从山腰开始，由上而下沿等高线布置，田块田面由上而下逐渐加宽，梯田田面大、埂直、等高等距。横向坡面起伏不平、凹凸不均的山坡地，采取随弯就势布置，梯田田面由陡坡一侧开始，由上而下绕坡面沿等高线布置，等高等距，田面由上而下逐渐加宽。

沟谷地地形特点是两山夹一沟，呈U形，从沟顶口向外逐渐开阔平坦，沟床两岸坡度较缓，坡面较小。田面由沟顶向下逐阶布置，呈台阶式小块梯田。梯田长度与沟宽相同。

3. 坡面水系规划

梯田布置时应充分考虑与小流域内其他措施的配合。如梯田区以上坡面为坡耕地或荒地时，应布置坡面小型蓄排工程。年降水量在250～800mm的地区宜利用降水资源，配套蓄水设施；年降水量大于800mm的地区宜以排为主、蓄排结合，配套蓄排设施。我国南方雨多量大地区，梯田区内应布置小型排水工程以妥善处理周边来水和梯田不能容蓄的雨水。

梯田规划中应将坡面小型蓄排、蓄引工程统一规划，配套实施，合理布设截水沟、排水沟、水窖、蓄水池等小型工程，构成完整的防御体系。

在降水量较大的湿润、半湿润土石山区，根据坡面径流来源、数量，首先进行坡面蓄排工程规划，通过渠系配套，达到坡面径流就地、就近排引、拦蓄、储用，进行高效利用。在降水较多，梯田不能全部拦蓄暴雨径流的地方，应在田区布置截水沟等小型排水工程，以保证梯田区的安全；在降水较少的地方，在道路两侧布设水窖、蓄水池等小型蓄水工程，发展集雨节灌。

4. 田间道路规划

田间道路是梯田区的骨架，修地先修路，路侧排地块。田间道路按照具体地形，采取通梁联峁、跨弯联嘴、沿沟走边等方法布设，在满足机械耕作和运输的前提下，要求连通田区内所有田块，并且总长度最短。道路应尽量少占耕地和割裂地块，同时要有一定的防冲措施，以防路面径流冲毁农田，保证路面完整与畅通。

一般情况下，道路沿田边布置，应与田、林、渠、沟等项目进行综合规划布局，以便于田间生产的管理。

5. 田坎利用

根据田面宽度、田坎高度与坡度，因地制宜选种经济价值高、固土能力强、对田区作物生长影响小的树种、草种，发展田坎经济。

3.5 工 程 设 计

3.5.1 设计原则

(1) 根据地形条件，大弯就势、小弯取直，便于耕作和灌溉。黑土区及其他地面坡度平缓的区域田块布置应便于机械作业。

(2) 应配套田间道路、坡面小型蓄排工程等设施，并根据拟定的梯田等级配套相应灌溉设施。

(3) 为充分利用土地资源，梯田田坎通常选种具有一定经济价值、胁地较小的埂坎植物。

(4) 缓坡梯田区应以道路为骨架划分耕作区，在耕作区内布置宽面（20～30m或更宽）、低坎（1m左右）梯田，田面长200～400m，以便于大型机械耕作和自流灌溉。耕作区宜为矩形，有条件的应结合田、路、沟布设农田防护林网。

对少数地形有波状起伏的，耕作区应顺总的地势呈扇形，区内梯田坎线亦随之略有弧度，不要求一律成直线。

(5) 陡坡地区，梯田长度一般在100～200m。陡坡梯田区从坡脚到坡顶、从村庄到田间的道路规划，宜采用S形，盘绕而上，以减小路面比降，道路应与村、乡、县公路相连。

(6) 北方土石山区与石质山区（如太行山区）的石坎梯田规划，主要根据土壤分布情况划定梯田区，还应结合地形、下伏基岩、石料来源、土层厚度确定梯田的各项参数。原则上应随形就势，就地取材，田面宽度、田块长度不要求统一。

(7) 南方土石山区与石质山区在梯田区划定后，应根据地块面积、用途、降水和原有水源条件进行梯田设计。南方土石山区梯田设计的关键是排水措施，在坡面的横向、纵向规划设计排水系统。排水系统应结合山沟、排洪沟、引水沟布置，出水口处应布设沉沙凼（池）、水塘，纵向沟与横向沟交汇处可考虑布设蓄水池，蓄水池的进水口前酌情配置沉沙凼（池），纵向沟坡度大或转弯处亦应酌情修建消力池。

3.5.2 土坎梯田设计

3.5.2.1 水平梯田设计

1. 土坎水平梯田断面设计

(1) 水平梯田的断面要素如图Ⅱ.3.5-1所示。

(2) 各要素间关系如下：

田坎高度：

$$H = B_x \sin\theta \qquad (Ⅱ.3.5-1)$$

原坡面斜宽：

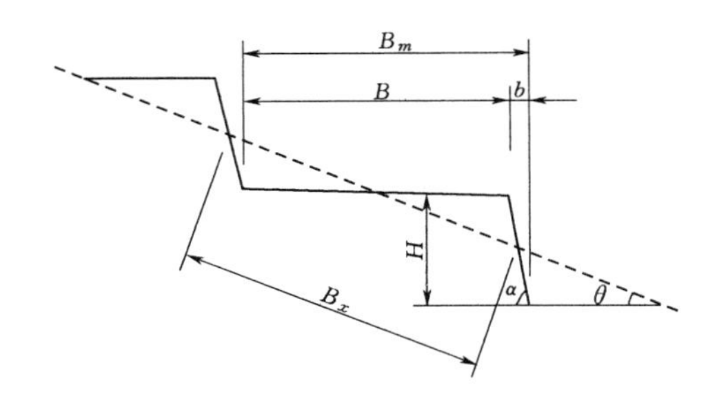

图Ⅱ.3.5-1 水平梯田的断面要素

θ—地面坡度；α—田坎坡度；H—田坎高度；B_x—原坡面斜宽；B_m—田面毛宽；B—田面净宽；b—田坎占地宽

$$B_x = H/\sin\theta \qquad (Ⅱ.3.5-2)$$

田坎占地宽：

$$b = H\cot\alpha \qquad (Ⅱ.3.5-3)$$

田面毛宽：

$$B_m = H\cot\theta \qquad (Ⅱ.3.5-4)$$

田坎高度：

$$H = B_m \tan\theta \qquad (Ⅱ.3.5-5)$$

田面净宽：

$$B = B_m - b = H(\cot\theta - \cot\alpha) \qquad (Ⅱ.3.5-6)$$

（3）土坎水平梯田断面主要尺寸经验参考值见表Ⅱ.3.5-1。

表Ⅱ.3.5-1 土坎水平梯田断面主要尺寸经验参考值

适应地区	地面坡度 θ/(°)	田面净宽 B/m	田坎高度 H/m	田坎坡度 α/(°)
Ⅲ区	1～5	30～40	1.1～2.3	85～70
	5～10	20～30	1.5～4.3	75～55
	10～15	15～20	2.6～4.4	70～50
	15～20	10～15	2.7～4.5	70～50
	20～25	8～10	2.9～4.7	70～50
Ⅰ区和Ⅱ区	1～5	10～15	0.5～1.2	90～85
	5～10	8～10	0.7～1.8	90～80
	10～15	7～8	1.2～2.2	85～75
	15～20	6～7	1.6～2.6	75～70
	20～25	5～6	1.8～2.8	70～65

注 1. 本表Ⅰ区和Ⅱ区为土层相对较厚地区，土层较薄地区其田面宽度应根据土层厚度适当减小。
2. 东北黑土区（Ⅳ区）因地势平缓，梯田断面尺寸可根据地面坡度和机械作业要求等实际情况确定。

（4）机修梯田最优断面应满足机械施工、机械耕作及灌溉要求的最小田宽和保证梯田稳定的最陡坎坡，以减少修筑工作量和埂坎占地。通常缓坡地田宽为20～30m、一般坡地田宽为8～20m；陡坡地田宽为5～8m即可满足机械施工和耕作要求，黄土高原地区人工修筑的田坎的安全坡度为60°～80°。

（5）田面长度。依具体地形、地貌变化而定。

（6）田埂。田埂高度按梯田级别确定的防御标准设计。田埂上宽30～40cm，田埂外边坡坡角同梯田田坎侧坡坡角，田埂内边坡坡角一般取45°。

（7）田坎。根据修筑材料合理确定坎高，土质一般不大于5m，硬坎外坡不大于70°，软坎外坡不大于45°。

2. 水平梯田工程量计算

（1）当挖、填方量相等时，挖方或填方量计算公式为

$$V = \frac{1}{2}\left(\frac{B}{2} \times \frac{H}{2} \times L\right) = \frac{1}{8}BHL \qquad (Ⅱ.3.5-7)$$

式中 V——梯田挖方或填方的土方量，m^3；
L——梯田长度，m；
H——田坎高度，m；
B——田面净宽，m。

若面积以公顷计算，$1hm^2$ 梯田的挖方或填方量为

$$V = \frac{1}{8}H \times 10^4 = 1250H \qquad (Ⅱ.3.5-8)$$

若面积以亩计算，1亩梯田的挖方或填方量为

$$V = \frac{1}{8}H \times 666.7 = 83.3H \qquad (Ⅱ.3.5-9)$$

（2）当挖、填方量相等时，单位面积土方移运量为

$$W = V \times \frac{2}{3}B = \frac{1}{12}B^2HL \qquad (Ⅱ.3.5-10)$$

式中 W——土方移运量，$m^3 \cdot m$；
其他符号意义同前。

土方移运量的单位为 $m^3 \cdot m$，是一复合单位，即需将若干立方米的土方量运若干米距离。

若面积以公顷计算，$1hm^2$ 梯田的土方移运量为

$$W = \frac{BH}{12} \times 10^4 = 833.3BH \qquad (Ⅱ.3.5-11)$$

若面积以亩计算，1亩梯田的土方移运量为

$$W = \frac{BH}{12} \times 666.7 = 55.6BH \qquad (Ⅱ.3.5-12)$$

（3）此外，田边应有蓄水埂，埂高0.3～0.5m，埂顶宽0.3～0.5m，内外坡坡比约1∶1；我国南方多雨地区，梯田内侧应有排水沟，其具体尺寸根据各地降水、土质、地表径流情况而定，所需土方量根据

断面尺寸计算。上述各式工程量计算不包括蓄水埂。

3. 田间道路设计

(1) 设计要求。梯田道路根据所通行车辆的需要分为主干道、支道和田间道路，田间道路纵坡应控制在8°以内，转弯半径不小于12m，连续坡长不能超过20m。主干道宽度不小于5m，能通行中型农用机械；支道能通行中小型农田机械，路面宽度为3～4m。若道路和林带结合起来，宽度可适当增加。

(2) 道路布设。道路布设要以不同的地貌特点为基础进行，在不同地面坡度条件下，道路和田块相交形式应有所不同。一般地面坡度小于8°的坡面，田间道路可垂直于等高线与田块正交，田面布设呈非字形；大于8°而小于12°的田片，道路应按连续的S形布设；对于较大的田片，要根据各田块所处具体地形条件，综合上述各类形式进行道路布设。

(3) 路面排水应与梯田排水结合。

(4) 结合当地条件，可采用水泥、砂石、泥结碎石、素土等路面。

4. 灌溉与排水系统设计

梯田的灌溉与排水系统设计主要包括引洪、排洪渠系、蓄水池、涝池、水窖等。蓄水池一般布设在坡脚或坡面局部低凹处，与排水沟（或截水型截水沟）的终端相连。水窖一般布设在有一定径流汇集或有可集约高附加值利用的梯田周围。

(1) 截水沟设计。当梯田区上部为坡耕地和荒坡时，应在其交界处布置截水沟，截水沟防御暴雨设计标准为10年一遇24h最大降水量。蓄水型截水沟基本上沿等高线布设，排水型截水沟应与等高线取1%～2%的比降，排水一端与坡面排水沟相接，并在连接处做好防冲措施。

(2) 排水沟设计。排水沟一般布设在坡面截水沟的两端或较低一端，终端连接蓄水池或天然排水道。当排水出口的位置在坡脚时，排水沟大致与坡面等高线正交布设，位置在坡面时，排水沟可基本沿等高线或与等高线斜交布设。梯田区两端的排水沟，一般与坡面等高线正交布设，大致与梯田两端的道路同向，土质排水沟应分段设置跌水。

5. 埂坎植物设计

梯田建设完成后，梯田埂坎是梯田水土流失的主要部位，且梯田埂坎占地面积较大，梯田一般修建于丘陵山区，该区人均耕地少。因此，为了固土护埂，提高埂坎稳定性，提高梯田单位面积作物产出，提高经济收入等，应在埂坎合适部位栽植乔灌草种。埂坎植物应选择遮阴小，串根少，林冠一般不高于田面的直根系灌木或小乔木，不宜采用大型乔木和串根较多的灌木。此外，应兼顾经济价值高、胁地较小的植物，宜以乡土植物为主。土坎梯田田面可根据田面宽度以及兼顾坎高、坎坡度配置相应植物。北方田面宽度小于6m、南方田面宽度小于4m时，宜配置灌草植物；北方田面宽度大于6m、南方田面宽度大于4m时，宜配置乔灌木。黄土高原土质田坎高而缓时，可在坎上修筑一台阶，在台阶上种植植物。梯田设埂时，宜在埂内种植1行乔灌木或草本植物。石坎梯田田面宽度小于4m时，不宜配置乔木植物，宜在埂内或坎下种植有经济价值的1行灌木、草本或攀援植物；田面宽度为4～6m时，宜种植乔或灌经济树种。

3.5.2.2　坡式梯田

1. 等高沟埂间距

每两条沟埂之间斜坡田面长度称为等高沟埂间距（图Ⅱ.3.5-2中的B_x），根据地面坡度、降水、土壤渗透性等因素确定。一般情况下，地面坡度越陡，间距越小；降水量和降水强度越大，间距越小；土壤渗透性越差，间距越小。确定间距应综合分析地面坡度情况、降水情况、土质（土壤入渗性能）情况，并应满足耕作需要。坡式梯田经过逐年加高土埂后，最终变成水平梯田时的断面，应与一次修成水平梯田的断面相近。

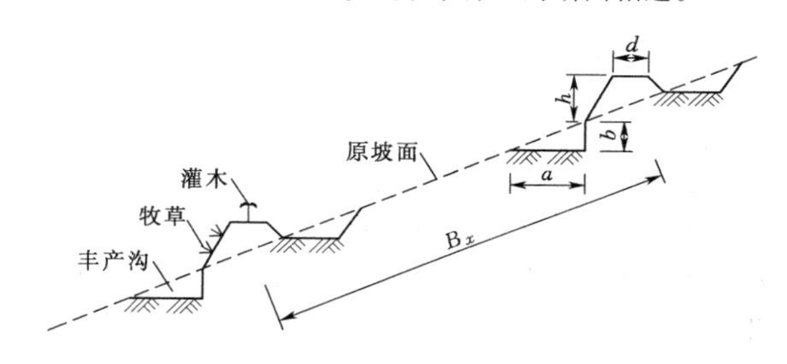

图Ⅱ.3.5-2　坡式梯田断面图

d—田埂宽度；h—田埂高；a—沟底宽；
b—埂下切深；B_x—等高沟埂间距

2. 等高沟埂断面尺寸

等高沟埂断面尺寸设计应满足以下要求：一般情况下埂高0.5～0.6m，埂顶宽0.3～0.5m，外坡坡比约1∶0.5，内坡坡比约1∶1。降水量为250～800mm的地区，田埂上方容量应满足拦蓄与梯田级别对应的设计暴雨所产生的地表径流和泥沙。降水量为800mm以上的地区，田埂宜结合坡面小型蓄排工程，妥善处理坡面径流与泥沙。

3.5.2.3　草带（或灌木带）坡式梯田

可在种草带（或灌木带）之前，先修宽浅式软埂（不夯实）将草（或灌木）种在埂上；草带（或灌木带）的宽度一般为3～4m。

3.5.2.4　隔坡梯田

隔坡梯田断面图如图Ⅱ.3.5-3所示。

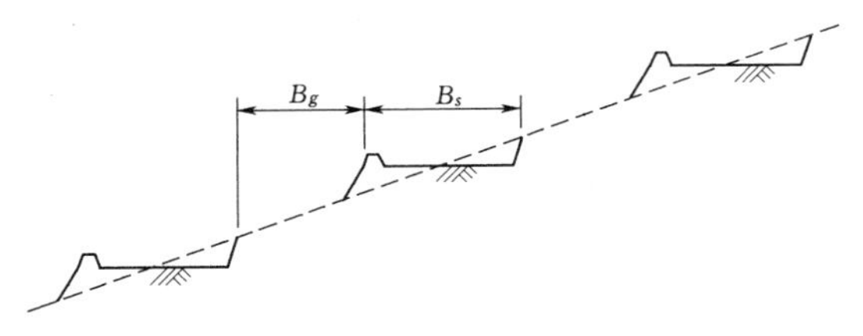

图Ⅱ.3.5-3　隔坡梯田断面图

B_g—隔坡垂直投影宽度；B_s—水平田面宽度

适应隔坡梯田布置的地面坡度为15°～25°，其断面设计主要是确定隔坡垂直投影宽度 B_g 与水平田面宽度 B_s。

水平田面宽度 B_s 的确定应兼顾耕作和拦蓄暴雨径流要求，B_s 与 B_g 的比值一般取1∶1～1∶3。

实际操作中应根据经验，初步拟定 B_g 和 B_s，结合土壤渗透性、设计暴雨径流量、设计暴雨所产生的泥沙量等因素，通过试算确定。田面应能在接受降水后，再接受隔坡部分径流和泥沙，且不发生漫溢。平台田面宽度一般为5～10m，坡度缓的可宽些，坡度陡的可窄些。

3.5.3　石坎梯田设计

一般石坎梯田修建类型为水平梯田。石坎水平梯田断面设计的主要内容包括田坎断面和田块田面各要素的设计。

1. 石坎水平梯田断面设计

(1) 田坎断面。田坎断面一般总体为梯形（基础为矩形），外侧（临空面）倾斜，内侧直立，坎顶高出田面，为重力式石坎，还有一种为仰卧式石坎。

(2) 田坎高度。田坎高度为基础之上田坎的垂直高度，应根据地面坡度、土层厚度、梯田等级等因素合理确定，其范围为1.2～2.5m，其高出田面的高度为0.3～0.5m。

田坎高度按式（Ⅱ.3.5-13）计算：

$$H=B/(\cot\theta-\cot\alpha) \qquad (Ⅱ.3.5-13)$$

式中　H——田坎高度，m；

B——田面宽度，m；

θ——地面坡度，(°)；

α——田坎坡度，(°)。

(3) 田坎顶宽。田坎坎顶有人行耕作便道，也可同时布置灌溉系统，其宽度应根据灌溉系统和梯田等级合理确定，其范围为0.5～1m。

(4) 田坎侧坡。田坎侧坡一般外侧（临空面）倾斜，内侧直立。外侧坡坡比为1∶0.1～1∶0.25(76°～84°)。内侧直立，但当田坎高度较大时，内侧坡宜按坡比1∶0.1(76°) 修筑。

(5) 田坎基础。田坎基础应修建在基岩或硬基之上，基面应里高外低，基础高度不应小于0.5m，宽度应根据田坎顶宽及田坎侧坡坡比确定。

2. 梯田田面

梯田田面宽度与田坎高度、地面坡度、梯田等级等因素有关，田面土层厚度应能满足农业生产需要，田面应外高里低（比降为1/500～1/300），并在内侧修筑排水沟。

石坎梯田田面宽度按式（Ⅱ.3.5-14）计算：

$$B=2(T-h)\cot\theta \qquad (Ⅱ.3.5-14)$$

式中　B——田面净宽度，m；

T——原坡地土层厚度，m；

h——修平后挖方处后缘土层厚度，m；

θ——地面坡度，(°)。

石坎水平梯田断面主要尺寸经验参考见表Ⅱ.3.5-2。

表Ⅱ.3.5-2　石坎水平梯田断面主要尺寸经验值

地面坡度 /(°)	田坎高度 /m	田坎顶宽 /m	田坎坡度 /(°)	基础宽度 /m	基础深度 /m	田面宽度 /m	备注
5～10	1.2～2	0.3～1	76～84	1.1～1.5	≥0.5	10～20	1级
10～15	1.4～2.2	0.3～1	76～84	1.2～1.6	≥0.5	8～12	2级
15～20	1.6～2.2	0.3～1	76～84	1.0～1.4	≥0.5	6～8	3级
20～25	1.8～2.5	0.3～1	76～84	0.7～1.2	≥0.5	5～7	4级

3. 灌溉系统

梯田应根据水源情况、灌溉保证率等因素配套建设灌溉系统，灌溉系统宜修建在田坎上。1级梯田灌溉保证率一般要求 $P\geqslant50\%$，2级梯田灌溉保证率一般要求 $P\geqslant30\%$。

4. 生产道路

梯田应建设生产道路，主干道应能满足农用车辆通行要求，并与主要乡村道路相连通。

5. 田间道路

田间道路选线应与自然地形相协调，避免深挖高填；应与梯田、小型蓄排工程等协调；路面宽度应根据生产作业与使用机械的情况取1～5m；纵坡不宜大于8%；路面排水应与梯田排水结合；结合当地条件，可采用水泥、砂石、泥结碎石、素土等路面。

6. 石坎规格及工程量

石坎有重力式和仰卧式两种形式。重力式石坎占地较少，被广泛应用。当重力式石坎坐落在坚硬土基上时，石坎顶宽为0.35～0.4m，石坎底宽为石坎高的0.5倍；当坐落在岩石上时，石坎顶宽为0.3～0.35m，石坎底宽为石坎高的0.4倍，石坎脚均嵌入地面以下0.2m。仰卧式石坎是贴在田坎侧坡上的，占地多，田坎侧坡开挖时，要按设计边坡施工，使石坎体卧在原状岩土上，石坎顶宽为0.3～0.35m，石坎底宽为0.35～0.5m，石坎脚嵌入地面以下0.2m。石坎规格及工程量参考值见表Ⅱ.3.5-3和表Ⅱ.3.5-4，断面示意图如图Ⅱ.3.5-4所示。

表Ⅱ.3.5-3　重力式石坎规格及工程量

田坎高 H/m	填方高度 h_1/m	挖方深度 h_2/m	石坎顶宽 b_1/m	石坎底宽 b_2/m	单位长度M7.5浆砌石量 V/m³	备注
1.0	0.50	0.50	0.35	0.50	0.56	1. 适用于挖填平衡；括号中的数为岩基；石坎内侧开挖边坡为垂直面。 2. b_2 土基为0.5H，岩基为0.4H。 3. 本表未记入田坎超高部分的工程量，但包括了基础深0.2m的数量
			(0.30)	(0.40)	(0.46)	
1.5	0.75	0.75	0.35	0.75	1.13	
			(0.30)	(0.60)	(0.91)	
2.0	1.00	1.00	0.35	1.00	1.88	
			(0.30)	(0.80)	(1.51)	
2.5	1.25	1.25	0.40	1.25	2.84	
			(0.35)	(1.00)	(2.29)	
3.0	1.50	1.50	0.40	1.50	4.05	
			(0.35)	(1.20)	(3.20)	

表Ⅱ.3.5-4　仰卧式石坎规格及工程量

田坎侧坡坡度 α /(°)	田坎高 H /m	石坎顶宽 b_1 /m	石坎底宽 b_2 /m	单位长度M7.5浆砌石量 V /m³
85	1.0	0.35	0.45	0.49
	1.5	0.35	0.45	0.69
	2.0	0.35	0.45	0.89
	2.5	0.35	0.50	1.16
	3.0	0.35	0.50	1.38
	3.5	0.35	0.50	1.59
80	1.0	0.35	0.45	0.49
	1.5	0.35	0.45	0.69
	2.0	0.35	0.45	0.89

7. 埂坎植物设计

石坎梯田田面宽度小于4m时，不宜配置埂坎乔木植物，宜在埂内或坎下种植有经济价值的1行灌木、草本或攀援植物；田面宽度大于4m时，宜种植灌或乔木经济树种。

3.5.4 预制件筑坎梯田

在石多土薄的土石山区等区域，当筑坎材料稀少时，可修筑混凝土坎梯田。目前比较常见的有混凝土预制构件、混凝土预制空心砖和板式梯田挡土墙几种方式。

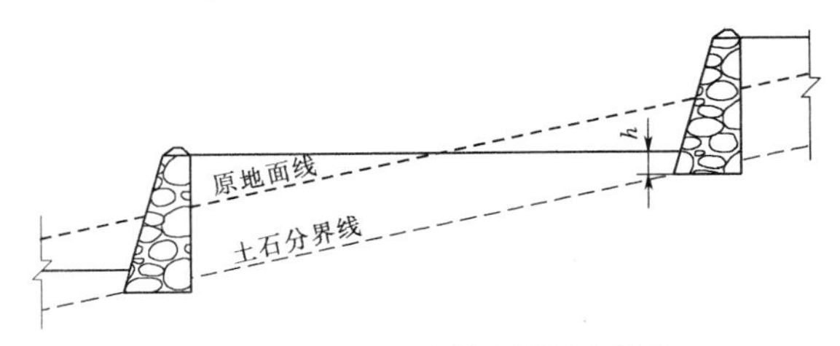

图Ⅱ.3.5－4 石坎梯田断面示意图

3.5.4.1 混凝土预制构件

混凝土预制构件采用"组合面板-立柱锚杆"式结构，其形式为C20混凝土立柱与矩形横板嵌合而成，立柱后部预留铁丝环与锚杆铰接，铰接部位采用M10水泥砂浆填实，立柱、模板、锚杆内分别配置10号铁丝和ϕ4mm冷拔丝作为受力筋。这种结构可根据田坎高度灵活确定立柱长度，田坎最大高度可达1.8m，最小高度为0.6m；长方形横板为了减轻自重、节省混凝土、减小水压力、充分利用田埂土地，将横板镂空，形成8个5cm×15cm的棱台状方孔。利用该方孔，可加速田埂底部排水，增强田埂稳定；同时可在方孔内种植黄花、金银花等经济作物，提高土地利用率。立柱埋深20～40cm，外加锚杆固定，确保整体稳定性。混凝土预制构件田坎构件如图Ⅱ.3.5－5所示。

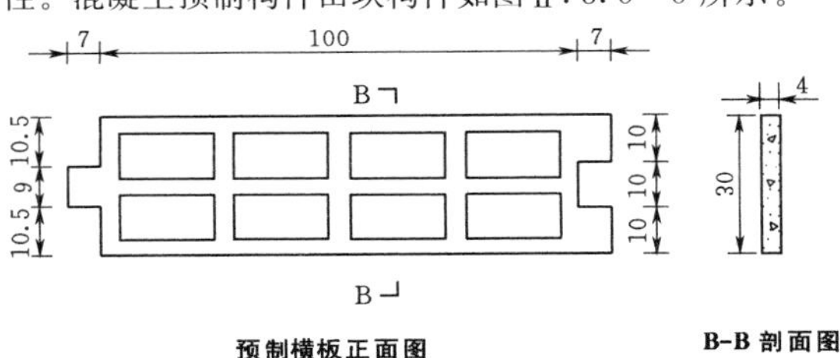

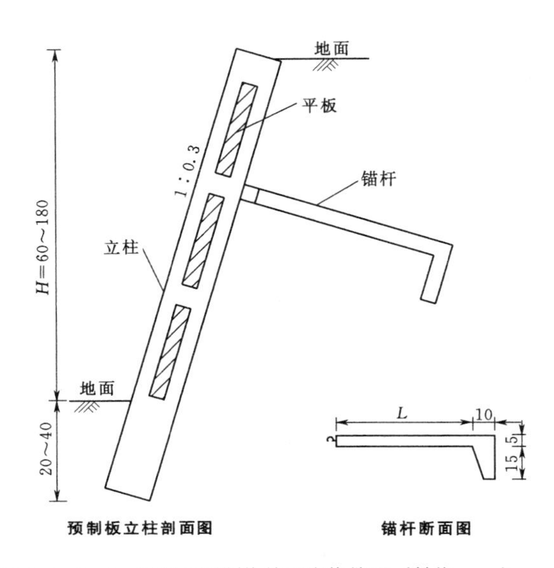

图Ⅱ.3.5－5 混凝土预制构件田坎构件图（单位：cm）

3.5.4.2 混凝土预制空心砖筑坎

混凝土预制空心砖坎采用复式地坎，下部为水泥空心砖，上部为土，以降低造价。

3.5.4.3 板式梯田挡土墙设计

板式梯田挡土墙适用于低丘岗地区，由挡土板支架、挡土板、内压板组成，均为混凝土预制件。挡土板支架由一个垂直支架、水平支架构成，垂直支架、水平支架之间设有斜拉加强支架。挡土板支架间隔排列布置，挡土板砌装在垂直支架的内侧面，内压板压在水平支架的后端。板式梯田挡土墙设计如图Ⅱ.3.5－6所示。

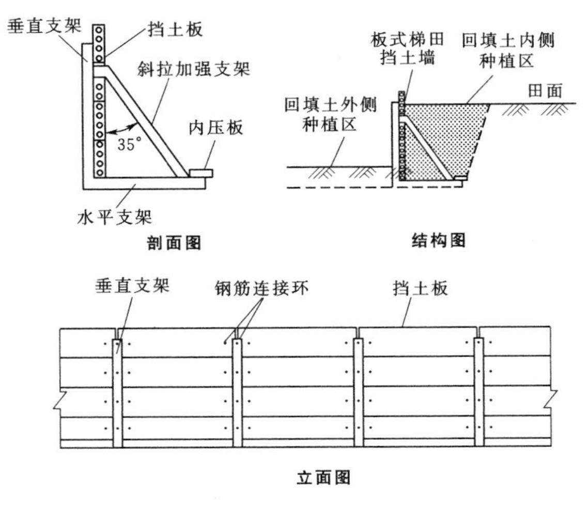

图Ⅱ.3.5－6 板式梯田挡土墙设计图

3.6 案 例

3.6.1 迁安市2015年坡耕地水土流失综合治理试点工程

3.6.1.1 项目概况

迁安市2015年坡耕地水土流失综合治理试点工程——大崔庄项目位于河北省迁安市北部大崔庄镇、闫家店乡、建昌营镇的7个行政村内，地貌类型属低山丘陵区。项目区属暖温带半湿润大陆性季风气候，四季分明，春季干旱少雨，夏季炎热多雨，秋季凉爽，昼夜温差变化大，冬季寒冷干燥多风。年平均气温为10.1℃，多年平均年日照时数为2693h，多年平均年积温为4227.7℃，多年平均年水面蒸发量为1600mm。年平均无霜期为168d左右，最大冻土深度为0.9m。年平均风速为2.3m/s，最大风速为19m/s。项目区多年平均年降水量为662mm，年内70%的降水量主要集中在汛期7—9月。10年一遇6h最大降水量为123mm，10年一遇24h最大降水量为

205.85mm。项目区土壤以褐土为主，属轻壤和中壤土质。土壤条件较好，肥力较强，有机质含量为1.18%，pH值为6.58～8.1，土层厚度为30～100cm，呈中性偏碱。项目区土地面积为2784.07hm²，耕地面积为1188.26hm²，其中坡耕地面积为727.18hm²，占耕地总面积的61.2%。坡度5°～10°的坡耕地面积为4352亩，占坡耕地面积的39.9%；坡度10°～15°的坡耕地面积为6556亩，占坡耕地面积的60.1%；坡度大于15°的坡耕地基本已经退耕。坡耕地土壤肥力低，耕作单靠人力和畜力，靠天收，收入少，水土流失严重、农业基础设施薄弱。

项目的建设规模为：新修水平梯田666.67hm²，其中人工修坡度5°～10°的坡耕地为水平梯田32.87hm²，人工修坡度10°～15°的坡耕地为水平梯田21.2hm²，机修坡度5°～10°的坡耕地为水平梯田235.07hm²，机修坡度10°～15°的坡耕地为水平梯田377.53hm²；新修干砌石谷坊32道（350m）、排水沟14.5km、田间道路14.0km、水窖240座、标志碑4块。项目建成后，可减少区域水土流失量，蓄水保土效益显著，生态环境得到明显改善，并将使粮食增产，提高当地农民经济收入。

3.6.1.2　梯田规划

项目区坡耕地比较集中，地块高差比较小，土层厚，适合坡改梯工程建设。采用机修和人工修水平梯田相结合的方法，以机修为主，大的地块采用机修水平梯田，破碎的地块采用人工修水平梯田。梯田工程与坡面水系工程、田间道路相互协调与配套，优化配置，做到田间灌排结合。本着节约成本、就地取材的原则，梯田田坎设计为土坎。田块布设沿等高线大弯就势，小弯取直，布设为长条形，田块的长度依据地形尽量长、田面尽量宽。田面宽度主要考虑土层厚度、坡度等因子进行确定，同时还要考虑机耕。该项目的坡改梯工程布设在坡度5°～15°的坡耕地上。坡度较缓（5°～10°）、土层较厚的坡耕地，设计田面净宽为20mm；坡度较陡（10°～15°）的坡耕地，顺山坡地形等高布设，大弯就势，小弯取直，田面净宽设计为15m，长度根据地形尽量长。

此外，该项目以建设梯田工程为主，配套建设排水沟、田间道路、干砌石谷坊、水窖和标志碑，在田间路边、梯田边布设排水沟，以便把汛期降水径流排入下游水窖加以利用，防止洪水冲毁道路和耕地。在项目区布置田间道路，以满足项目区机械耕作和材料运输。顺沟布设，尽量少占耕地并要有一定的防冲蚀措施，坡度较大时呈S形布设。布设田间道路14.0km。在项目区侵蚀较严重的沟道内，按沟道的比降、沟谷宽度以及适宜修筑谷坊的位置修建干砌石谷坊。为积蓄坡面和道路的降水径流，根据上游汇水面积大小及径流量，在适宜地点修建水窖，以便在作物生长关键期补灌少量“关键水”，提高粮食单产。标志碑布置在路边、村口等显著位置。

3.6.1.3　工程级别及设计标准

该项目梯田级别为1级，梯田设计标准和蓄排水及灌溉设计部分从略。

3.6.1.4　梯田工程设计

水平梯田设计主要是确定水平梯田田面宽度，即求出不同坡度下梯田的优化断面形式。

1. 梯田布置

梯田一般布置在坡度5°～15°的坡耕地上，地面坡度越陡，田面宽度越窄，相应的田坎高度越大；坡度缓则相反。水平田面宽度一般在缓坡区（5°～10°）为18～20m，较陡坡区（10°～15°）为11～15m。

2. 梯田设计

坡度5°～10°的坡耕地修建梯田田面净宽为18～20m；坡度10°～15°的坡耕地修建梯田田面净宽为11～15m。水平梯田田面纵向、横向比降为1/300～1/500。挡水埂埂高按防御设计标准计算确定，设计埂高0.3m，顶宽0.2m，埂内坡1∶1，外坡与田坎侧坡一致。

3. 田坎设计

修筑梯田田坎高1.0～2.0m，土壤干容重大于1.4t/m³。田坎坡度为75°。根据田坎坡度，田坎占地宽0.40m。水平梯田田坎设计规格见表Ⅱ.3.6-1。

表Ⅱ.3.6-1　　水平梯田田坎设计规格

地面坡度 α/(°)		田坎坡度 β/(°)	田坎高度 H/m	田面净宽 B/m	田坎占地宽 b/m	工程量 /(m³/hm²)
5～15	5	75	1	20	0.4	1250
	8	75	1	18	0.4	1625
	10	75	2	15	0.4	2000
	13	75	2	13	0.4	2375
	15	75	2	11	0.4	2500

4. 工程量计算

根据选取的典型小班（面积为146亩，地面平均坡度为6.8°），通过计算，设计田坎高度为1m，田坎坡度为75°。田面净宽20m，挡水埂埂高0.3m，顶宽0.2m，埂内坡1∶1，土方量为14357m³。

3.6.2 重庆市万州区生态屏障区武陵镇水土保持项目

3.6.2.1 项目概况

重庆市万州区生态屏障区武陵镇水土保持项目位于万州区北部，地貌上属川东平行岭谷区，以丘陵、低山为主，形态以方山式、单斜式、长垣状、浑圆状等最为常见。项目区涉及武陵镇的乐安村、客群村、禹安村、长榜村等4个行政村。土地总面积为26.10km²，其中水土流失面积为10.60km²。

该项目以镇为单元，以治理坡面水土流失为重点，以径流调控为主线，为生态农业和品种改良、提高作物产量创造基础条件，改善农业生产条件和生态环境，发展农村经济，促进农民增收。该项目建设石坎水平梯田83.59hm²、土坎水平梯田9.40hm²；修建蓄水池50座、截排水沟19.82km、沉沙池78个、田间道路6.39km；整治溪沟2766m；布设植物护埂14.25km。

3.6.2.2 工程级别及设计标准

该项目位于西南紫色土区（Ⅱ区），梯田面积小于10hm²，该项目梯田级别为3级。

3.6.2.3 梯田工程设计

（1）梯田布设在交通相对方便，离农村居民点较近，集中连片，地面坡度在25°以下的坡耕地上。梯田地块布局结合山丘区地形，以沟渠、道路为骨架，沿等高线布设，大弯就势，小弯取直，因地制宜，就地取材，合理确定地坎类型和几何尺寸。梯坎宜土则土，宜石则石。合理布设耕作道路和灌排水系统。尽量做到生土平整，表土复原，当年不减产。

（2）田面宽度根据坡耕地坡度、土质和耕作要求等因素确定。地面坡度越大，则田面宽度越窄，埂坎高度越大。田面内侧设置排水沟，排水沟与道路排水系统或自然排水沟道相连。

（3）田坎高度宜根据地形地貌、土壤质地、土埂稳定性、田面宽度的要求而定。活土层不得小于0.4m。田坎边坡应有足够的稳定性，梯埂结实，坎面整齐，不易垮塌。田坎类型主要有土坎、石坎，其次有生物护坎。梯田土坎高度以小于1.5m为宜，石坎高度以小于2.2m为宜。梯田（地）建设要求埂坎安全稳定，占地少，用工省，埂坎材料就地取材。

（4）土坎梯田要求布设植物护埂，在土坎田坎上栽植1行、株距33cm的黄花菜护坎，既可以保持水土，防止田坎的坍塌，又可提高土地利用率，增加群众经济收入。

石坎水平梯田主要设计参数见表Ⅱ.3.6-2。

表Ⅱ.3.6-2 石坎水平梯田主要设计参数

项目	主要设计参数取值		
地面坡度/(°)	10～15	15～20	20～25
田面宽度/m	5～7	5～6	4～5
田坎高度/m	1.5～1.7	1.8～1.9	2～2.2
田坎顶宽/m	0.35	0.35	0.4
田坎侧坡坡度/(°)	80	80	80
石坎边坡坡比	1∶0.25	1∶0.25	1∶0.35
土方量/(m³/hm²)	2125	2375	2750
砌石量/(m³/hm²)	1477	2036	4325

（5）典型地块设计参数。典型地块位于乐安村，面积为4.81hm²，地面坡度为15°，土壤类型为紫色土，埂坎类型为石坎，通过计算，设计田坎高度为1.7m，田坎坡度为75°，顶宽35cm，土石方量为1.73万m³。

3.6.3 河南省平顶山市鲁山县张店乡界板沟村坡改梯设计

3.6.3.1 项目概况

该项目位于河南省平顶山市鲁山县张店乡界板沟村。项目区总土地面积为59.93hm²，包括坡度小于25°的陡坡地面积58.89hm²、道路面积1.04hm²。项目区属北亚热带向暖温带过渡地带，季风进退和四季交替明显，日平均气温为14.6℃，4—5月平均气温为15～20℃，年平均无霜期为214d，年平均日照时数为2068h，全年日照百分率为51%。项目区年平均降水量为773mm，降水量年际差异大，年内分配不均匀，汛期雨量较为集中，60%以上降水量集中在7—9月，降水又多以暴雨形式出现，易发生强对流天气。

项目区内现有道路4条，总长2721m，占地面积为1.33hm²，占开发面积的2.44%；其余均为裸岩砾石地，占地面积为53.24hm²，占开发面积的97.56%，土地利用率极低。项目区内现有道路纵横交错连通村庄及交通道路，其中一条柏油路，长度为1968m，其他为田间土路，长度为192～347m，路面坑洼不平。项目区无其他排水、灌溉设施和建筑设施。项目区为山丘区地貌，地势较高，地面高程相对高差较大，地表裸岩砾石地，经过开发整理可开垦为耕地。通过对项目区土地进行整理，新增耕地面积 $54.94hm^2$，新增耕地率为 91.68%，实现了田、水、林、路的统一规划，项目建成后，能完善项目区土地耕作条件，增加土地抗御自然灾害的能力，提高土地集约化利用。

3.6.3.2 工程等级及设计标准

该项目梯田级别为 2 级，排水设计标准为 5 年一遇最大 6h 降水量，配套灌溉工程。

3.6.3.3 措施设计

1. 坡改梯工程规划设计

（1）梯田田块规划设计。

1）田块方向布置。梯田田块方向的布置以耕作田块长边方向受光照时间最长、受光热量最多为宜，选用南北方向。同时还要考虑各项目区的地理位置现状、地形条件、水源条件、作物种植种类、作业方式和经营管理形式等因素进行综合优化设计。

2）梯田田面高程设计。因地制宜、确保旱涝保收、挖填土方量最小、与农田水利工程设计相结合，该项目区地形起伏大、土层厚，梯田田面高程应根据挖填方工程量确定，在各田块挖填平衡计算的基础上，将进行个别田块间土方调配后的田面高程作为设计田面高程。平整范围以路、沟、渠之间田块为一个平整单位，地面坡度为 1/300～1/500（部分田块坡度较陡，为减少工程量设计为 1/300）。

3）梯田田块布置。项目区属于缓坡区水平梯田，结合微地形按“大弯顺势、小弯取直”的原则布设，以道路为骨架划分耕作区，在耕作区内布置宽 10～50m 的低坎梯田，田面均长 231m，便于耕作和灌溉，对地形波状起伏的，耕作区应顺势呈扇形，区内梯田埂线亦随之成弧形，不要求一定成直线。项目区共布置梯田 192 块，耕地面积为 $54.91hm^2$。

4）梯田田块设计。梯田的田面宽度应根据地形、土层厚度、作物种植种类、劳力和机械化程度等因素，综合考虑。项目区田面宽度一般在 10～15m，个别田块在 25～50m。田坎高度要根据项目区土质好坏、坡度大小和方便耕作等条件来确定。项目区水平梯田田面宽度在 10～15m 情况下，按各田块原地面坡度计算，设计田坎高度为 1.5～2.5m，个别田坎高度为 1.0m，坎边坡以能使田坎稳定而少占耕地为原则，结合项目区土质情况，确定为 70°左右，即壤性土壤一般为 1∶0.3～1∶0.4，沙性土壤一般为1∶0.5。为使发生设计暴雨（5 年一遇）不漫溢地坎，并考虑方便施工，在梯田边设置高 0.3m、顶宽 0.3m、内外坡坡比 1∶1 的蓄水埂。

田块纵剖面图如图Ⅱ.3.6-1 所示。

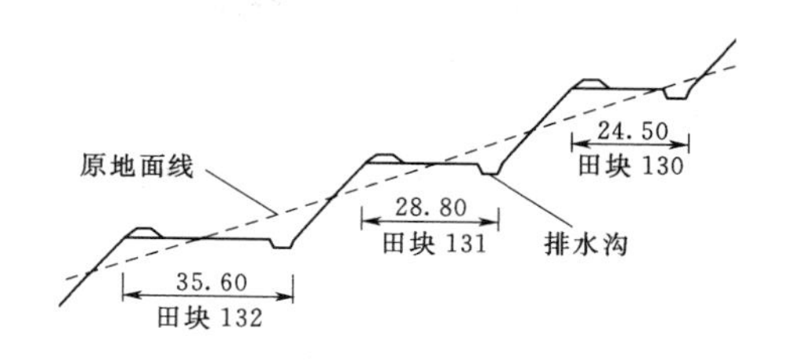

图Ⅱ.3.6-1　田块纵剖面图（单位：m）

（2）土壤改良工程设计。项目区土层厚薄不一，在施工过程中保留表土，待梯田修平后均匀在田面铺好。应及时灌水，可以踏实土壤，促进熟化，蓄足底墒，为适时播种保苗创造条件。因地制宜增施有机肥料，促进土壤熟化，改良土壤结构，以保证作物增产。深耕细整，耙磨碾压，使新老土掺搅，有利于蓄水和土壤熟化。平整后应趁土壤水分较多及时进行翻新。

（3）土地平整。该项目以梯田田块为平整单元进行土地平整。首先除去表面熟土层，确定梯田的方向及大小；其次计算梯田及排水沟的尺寸及其开挖土方量；再将此开挖土方运至填筑土方段；最后以梯田为单元进行平整。梯田内侧设排水沟，外侧田坎顶部设田埂。

水平梯田土地整理示意图如图Ⅱ.3.6-2 所示。

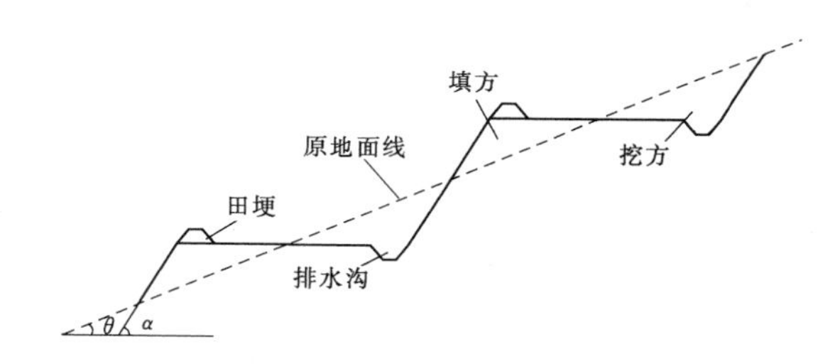

图Ⅱ.3.6-2　水平梯田土地整理示意图

2. 农田水利工程规划设计

（1）灌溉工程设计。项目区采用供水方便、占地少、投资省，便于管理，符合当前农业生产发展水平的低压管道灌溉方式。项目区总耕地面积为 8247.11 亩，提水泵站设置在项目区东北部，水库水经水泵提升后通过总干管向西至田间路，再根据地形条件分成 3 支由 3 条干管 2 条分干管把项目区分成 4 个控制区进行灌溉。设计灌水定额为 60mm，灌水周期为 9d。低压输水管道采用半固定式管道布置形式。项目区共布置输水管道 8292m、给水栓 117 个。管道材料为 PVC 硬塑管。管道埋深在地面以下不小于 0.7m。总干管流量为 $226.21m^3/h$。

（2）排水工程设计。在规划田块的道路旁边设置排水沟。根据地形及排涝系统规划的要求，项目区只设置斗沟一级排水沟道，自流排出项目区外。项目区共有斗沟27条，垂直梯田田坎沿道路两侧布置。排水沟横断面采用梯形断面结构形式。排水沟边坡采用C15混凝土衬砌，厚6cm，沟顶封边宽10cm，沟底齿墙宽6cm，深4cm。

（3）道路及水土保持工程规划设计。项目区共新建扩建田间道路18条，总长5067m，其中田间路3条，路宽4m，共长1788m，路面横向坡降3%，路基边坡坡比1∶1.5，路基压实度0.95；路面为泥结砾石路面，路面厚0.2m，高于田面0.3m；生产路15条，共长3279m，采用单层结构，泥结碎石路面，路面宽2.0m，高出地面0.2m，路基坡度按照项目区当地自然条件和施工方法，边坡坡度取1∶1。

田间道横断面如图Ⅱ.3.6－3所示。

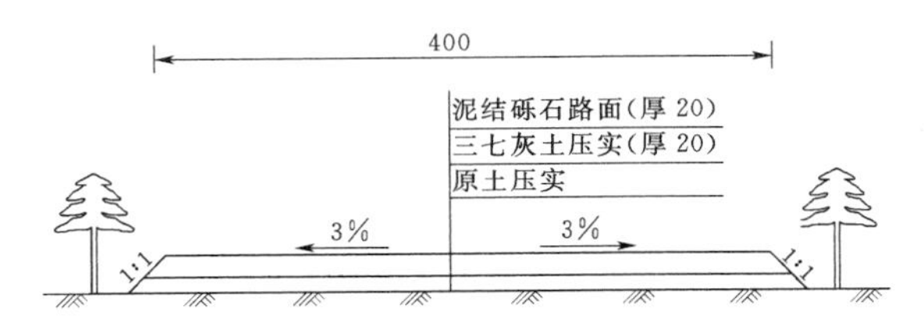

图Ⅱ.3.6－3　田间道横断面图（单位：cm）

3.6.4　会东县姜州项目区梯田设计

3.6.4.1　项目概况

四川省耕地主要分布在四川盆地丘陵区和盆周山地区，会东县姜州项目区位于盆周山地区。盆周山地区海拔大多为1000～3000m，人口密度相对较小，耕地面积较少，占全省耕地面积的18.03%，平均坡度在17°～30°，坡长大于250m，土层以紫色土和黄壤为主，产汇流流程较长，田面宽度较窄，埂坎相对高度较高。

项目区涉及行政村耕地总面积为528.14hm²，其中坡耕地面积为228.04hm²，占耕地面积的43.18%，坡度均在5°～25°，较集中成片，便于坡改梯项目的成片实施，工程施工方便。坡面较缓，进行坡耕地改造工程量较少，工程造价相对较低。该项目以建设梯田工程为主，配以坡面水系和田间道路。

3.6.4.2　梯田规划

根据因地制宜的原则，对地面坡度较缓（5°～15°），土层较厚的区域，修筑土坎梯田；对石料相对充足，且能就地取材的区域，修建M7.5浆砌块石石坎梯田；对周边石料缺乏，又不适宜砌筑土埂的区域，在修筑土坎的基础上，采用预制混凝土网格护坡式梯田。该项目综合治理坡耕地坡改梯面积166.67hm²（2500亩），其中石坎梯田面积42.02hm²（630亩）、土坎梯田面积124.65hm²（1870亩）。

3.6.4.3　工程级别和设计标准

该项目梯田级别为1级，排水设计标准采用10年一遇最大6h降水量，配套灌溉工程。

3.6.4.4　梯田田面设计

1. 石坎梯田

根据项目区的地方建材分布情况，设计石坎梯田砌筑埂坎的主要材料为M7.5浆砌块石、C20混凝土网格两种。

在石料相对充足，且能就地取材的区域，修建M7.5浆砌块石挡墙式石坎梯田，石坎高度根据埂坎的稳定性和田面宽度来确定，石坎外坡坡比为1∶0.1，内坡坡比为1∶0.2，坎顶宽30cm，坎顶高出田面10cm；对周边石料缺乏，土坎相对稳定的坡耕地，结合该项目投资水平，在修筑土坎的基础上，采用预制混凝土网格护坡式梯田。

（1）M7.5浆砌块石挡墙式梯坎。M7.5浆砌块石田坎坡改梯适用于田坎与道路、水沟等交叉部位。断面形式为梯形，砌筑时必须做到清基下石、大石砌下、小石砌上、分层砌筑、竖缝错开、嵌实咬紧，砌石拐角处和砌缝底部如有空隙，均要用合适的片石塞紧，做到底实上紧。基础应置于密实的夯填基础或基岩上。在砌筑时需做到砂浆饱满，外形美观。

石坎梯田（重力式）各种地面坡度单位工程量详见表Ⅱ.3.6－3，其典型设计图如图Ⅱ.3.6－4所示。

（2）预制混凝土网格护坡式田坎。该田坎适用于周边石料缺乏区域。预制块为等边V形块，边长80cm。田埂高出田面10cm，背沟为土沟。清基干净，修成台阶状。对松土层过厚、难以清到坚硬土层的，要进行夯实加固。生土筑坎，层层压实。在侧坡平台基面上用新挖出的生土筑坎，分层填筑压（拍）实。一般每层填土8～15cm，敲碎压实到7～12cm左右。分层铺填、压实时，要求同步进行，直至修到坎顶。扣土拍打，削坡成形。在田坎初步成形后，应对边缘部位进行拍打，使其紧密稳固。待全部拍打压实后，则需按田坎设计坡度削坡成形后用M7.5水泥砂浆浆砌卵（块）石基础（一般基础高30～40cm），然后铺设混凝土预制块，再在混凝土预制块上部用C20混凝土现浇压梁（压梁厚15cm、宽30cm），使其符合设计要求。

石坎梯田（C20混凝土框格）各种地面坡度单位工程量详见表Ⅱ.3.6－4，其典型设计图如图Ⅱ.3.6－5所示。

表Ⅱ.3.6-3　石坎梯田（重力式）各种地面坡度单位工程量表

原地面坡度/(°)	田坎高度 H/m	田面宽度 B/m	硬坎高 h/m	硬坎顶宽 b_1/m	硬坎底宽 b_2/m	表土剥离/(m^3/hm^2)	土石方开挖/(m^3/hm^2)	M7.5浆砌块石/(m^3/hm^2)	土石方回填/(m^3/hm^2)	表土回铺/(m^3/hm^2)
5～10	1	11.1～6.8	1.3	0.3	0.4	725	554	398～639	554	725
	1.2	13.4～8.2	1.5	0.3	0.5	725	804	437～703	804	725
	1.5	16.8～10.3	1.8	0.3	0.6	725	1179	472～759	1179	725
10～15	1.2	8.2～4.1	1.5	0.3	0.5	696	804	703～1340	804	696
	1.5	10.3～5.2	1.8	0.3	0.6	696	1179	759～1448	1179	696
	1.8	12.4～6.3	2.1	0.4	0.75	696	1554	943～1798	1554	696

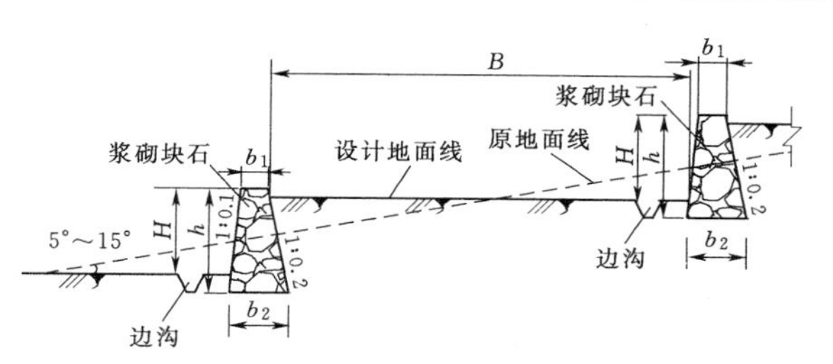

图Ⅱ.3.6-4　5°～15°地面石坎梯田（M7.5浆砌块石）典型设计图

2. 土坎梯田

根据因地制宜的原则，同时为了降低造价，对地面坡度较缓（5°～15°），土层较厚的区域，修筑土坎梯田。该项目设计有土坎梯田124.65hm²，顶宽不小于30cm，外坡坡比为1∶0.75，内坡坡比为1∶0.1，坎高控制在1.5m以内，为了防止雨水乱流，在距离田坎背坡20cm处设置底宽20cm、深20cm、坡比1∶1的背沟排除田面积水。分别取地面坡度为5°～10°、10°～15°的坡耕地作为设计代表断面。

土坎梯田各种地面坡度单位工程量详见表Ⅱ.3.6-5，其典型设计图如图Ⅱ.3.6-6和图Ⅱ.3.6-7所示。

3. 梯田图斑设计

该项目实施坡改梯工程的坡耕地坡度范围为5°～15°，土层厚度均在30～50cm之间，14个坡改梯图斑中有石坎3个，面积为42.02hm²，全部分布在姜州村，其中12号图斑地面坡度为5°～10°，11号和13号图斑地面坡度为10°～15°。在梯田工程设计时石坎梯田分M7.5浆砌块石挡墙式和C20混凝土网格护坡式两种进行分别设计，并对每个石坎梯田地块进行逐一设计。土坎坡改梯按照5°～10°和10°～15°两个坡度范围分别选择6号和3号图斑进行典型设计。

（1）石坎梯田设计。根据现场图斑勾绘、设计，此次项目规划修建石坎梯田42.02hm²，涉及姜州村（11号、12号、13号图斑），根据现场调查量测，地形坡度在5°～10°的有12号图斑，面积为15.84hm²，地形坡度在10°～15°的有11号和13号图斑，各石坎图斑土层厚度均在30～50cm之间。进行石坎梯田设计时按照前述“梯田定型设计”原则进行逐个图斑设计。石坎中M7.5浆砌块石石坎主要用于田坎与道路、水沟等交叉部位，石坎梯田图斑中坡度较陡田面或修筑土坎相对不稳定的坡耕地，总量约20%，其余为C20混凝土框格梯坎。根据图斑所在区域地形特征、水资源情况、建筑材料、生产需要等相关要素，配套布置蓄水池、截排水沟、沉沙凼、田间道路。

（2）土坎坡改梯设计。根据现场图斑勾绘、设计，此次项目规划修建土坎梯田124.65hm²，涉及姜州村（14号、15号、16号、17号图斑）和弯德村（1号、2号、3号、4号、5号、6号、8号图斑）。根据现场调查量测，地形坡度在5°～10°的有1号、6号、14号、17号图斑，地形坡度在10°～15°的有2号、3号、4号、5号、8号、15号、16号图斑，各土坎图斑土层厚度均在30～50cm之间。在5°～10°的图斑中挑选6号图斑，在10°～15°的图斑中挑选3号图斑进行典型设计。同时根据图斑所在区域地形特征、水资源情况、建筑材料、生产需要等相关要素，配套布置蓄水池、截排水沟、沉沙凼、田间道路。

3.6.5　云南省新平县班良河小流域坡耕地水土流失综合治理项目

3.6.5.1　项目概况

班良河小流域坡耕地水土流失综合治理项目位于云南省新平县，属红河水系的李仙江上游支流。项目区面积为210.21hm²，其中水土流失面积为159.46hm²，均为水力侵蚀，侵蚀强度以中度为主，坡耕地是水土流失的主要地类。项目治理水土流失面积为123.04hm²，规划治理措施中坡改梯面积为119.21hm²，

表Ⅱ.3.6-4　石坎梯田（C20混凝土框格）各种地面坡度单位工程量表

原地面坡度/(°)	田坎高度 H/m	田面宽度 B/m	硬坎高 h/m	硬坎底宽 b/m	表土剥离/(m^3/hm^2)	硬坎坡比 m	土石方开挖/(m^3/hm^2)	筑土埂/(m^3/hm^2)	土石方回填/(m^3/hm^2)	表土回铺/(m^3/hm^2)	M7.5浆砌条石基础/(m^3/hm^2)	C20网格/(m^3/hm^2)	C20混凝土压顶/(m^3/hm^2)	钢筋/(t/hm^2)
5～10	1.0	11.0～6.7	0.6	0.6	715	0.5	560	236～379	324～181	715	79～126	23～36	39～63	0.62～1.00
	1.2	13.2～8.1	0.7	0.65	715	0.5	810	242～389	568～421	715	66～105	27～43	33～53	0.75～1.20
	1.5	16.6～10.1	0.8	0.7	715	0.6	1185	233～375	952～810	715	52～84	34～54	26～42	0.94～1.50
10～15	1.2	8.1～4.0	0.7	0.65	662	0.5	810	389～743	421～67	662	105～201	43～83	53～101	1.20～2.29
	1.5	10.1～5.1	0.8	0.7	662	0.6	1185	375～715	810～470	662	84～161	54～104	42～80	1.50～2.87
	1.8	12.2～6.1	1.0	0.8	662	0.7	1560	429～819	1131～741	662	70～134	65～124	35～67	1.80～3.44

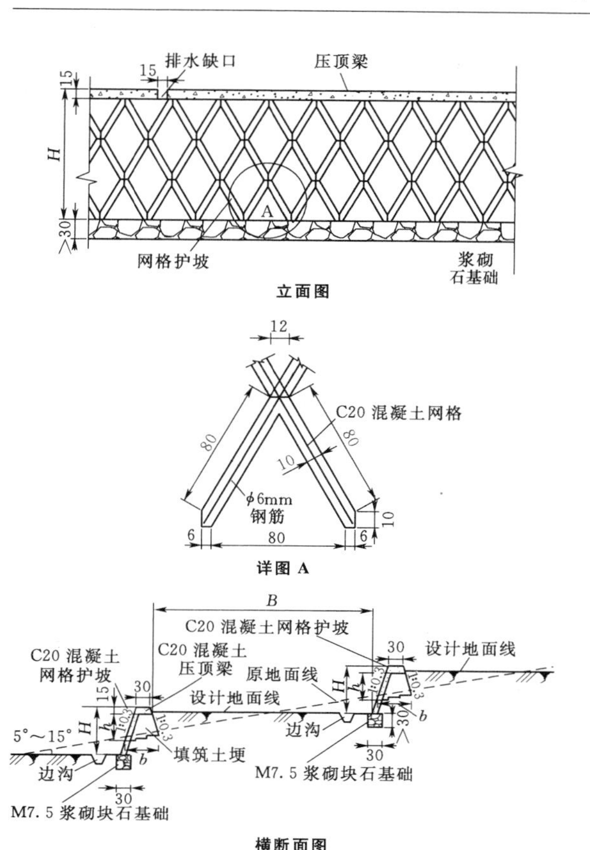

图Ⅱ.3.6-5 5°～15°地面石坎梯田（C20 混凝土框格）典型设计图（单位：cm）

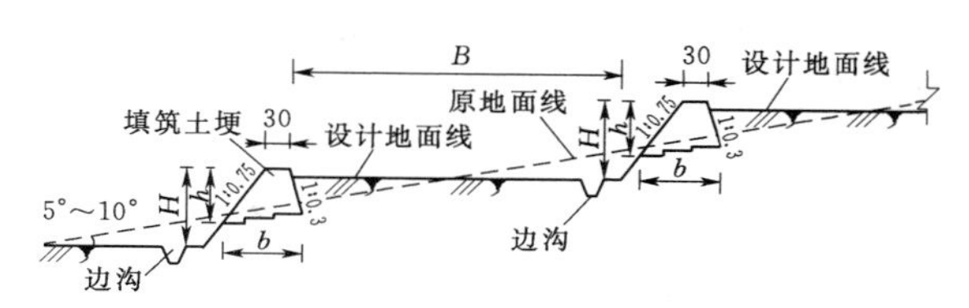

图Ⅱ.3.6-6 5°～10°地面土坎梯田典型设计图（单位：cm）

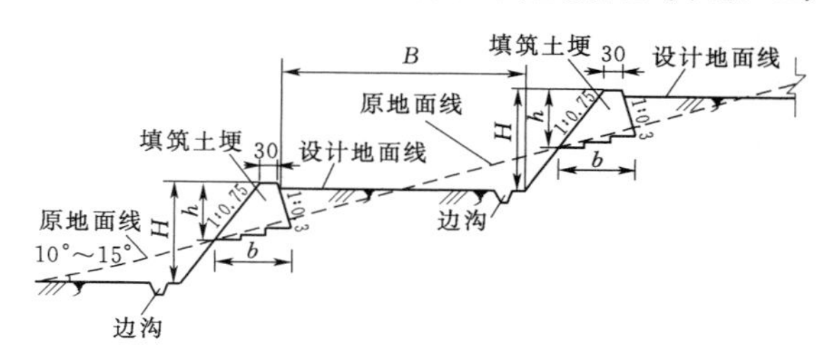

图Ⅱ.3.6-7 10°～15°地面土坎梯田典型设计图（单位：cm）

配套建设灌排工程和田间道路，布设标志碑和标志牌。

项目区地处哀牢山以西，海拔为 878～1128m，属构造剥蚀中山河谷地貌，出露地层为中生界侏罗系中统雅期组（J_2y），岩性为泥岩、粉砂岩、角砾岩，上覆第四系残坡积层紫红色黏土、亚黏土夹风化岩屑及岩块。项目区属亚热带西部半湿润常绿阔叶林区域；年平均气温为 19.7℃，极端最高气温为 31.2℃，极端最低气温为 4.8℃，全年≥10℃积温为 6390℃，年平均无霜期为 355d，年平均日照时数为 2275h，多年平均年降水量为 1150mm；土壤以红壤为主，土层

表Ⅱ.3.6-5 土坎梯田各种地面坡度单位工程量表

原地面坡度 /(°)	田坎高度 H /m	田面宽度 B /m	硬坎高 h /m	硬坎底宽 b /m	表土剥离 /(m^3/hm^2)	土石方开挖 /(m^3/hm^2)	筑土埂 /(m^3/hm^2)	土石方回填 /(m^3/hm^2)	表土回铺 /(m^3/hm^2)
5～10	0.8	8.5～5.1	0.5	0.75	715	578	287～461	291～117	715
	1	10.8～6.4	0.6	0.84	715	863	299～481	564～382	715
	1.2	13.0～7.8	0.7	0.93	715	1168	314～504	854～664	715

平均厚度大于 2.2m，表层熟土层厚度一般为0.05～0.20m。

项目区现有农作物主要为甘蔗和玉米，曼干大沟（人工渠道）从项目区北部（上部）流过，地块范围内无灌溉设施。曼干大沟在项目区段过流能力约 0.6m^3/s，满足项目从渠道取水灌溉要求；项目对外交通道路为乡道，满足对外交通运输要求。项目区涉及 5 个自然村，乡村人口 521 人，人均耕地面积 3.53 亩，年人均产粮 357kg，农民年人均纯收入 2951 元。

3.6.5.2 工程级别和设计标准

项目区属西南岩溶区（Ⅰ区），梯田工程面积为 119.21hm^2（>10hm^2），坡改梯后土地利用方向为一般农田和发展经果林。根据《水土保持工程设计规范》(GB 51018)，梯田工程级别为 2 级，坡面截排水工程为 2 级。设计标准为田面净宽 3～10m，配套较好的灌溉设施，排水设计标准为 5 年一遇至 3 年一遇短历时暴雨，排水沟安全超高为 0.2m。

3.6.5.3 措施布置及设计

1. 措施布置

(1) 梯田工程。根据地形条件，大弯就势、小弯取直，便于耕作和灌溉的要求，对地面坡度大于 5°且小于 25°、土层厚度大于 0.5m、土壤质地及有机质含

量满足耕作要求的地块，分3个片区布置坡改梯措施，修建水平梯田。

(2) 灌排工程。灌排工程以排为主、蓄排结合。曼干大沟兼作项目截水天沟，田块内横向截水沟沿梯田内侧布置，排水沟沿地形纵向布置，排水进入班良河。项目区从曼干大沟取水，通过渠道和管道将水引至蓄水池和道路边沟，再经取水桩和取水池由村民自备软管接水灌溉或挑灌。

(3) 田间道路工程。田间道路参照《公路工程技术标准》(JTG B01) 四级道路设计，以满足耕作和交通需求为目的，在项目区内纵、横向布置，辐射到田间地块。道路边沟结合灌排工程布设。

2. 梯田工程设计

梯田设计为土坎水平梯田，田面设计参照《水土保持综合治理 技术规范 坡耕地治理技术》(GB/T 16453.1) 进行，梯田外边设田埂，内侧设截水沟。

(1) 田坎。设计田坎高度 (H) 分4级：原地面坡度 (θ) 为6°～9°，田坎高度为1m，田坎坡度 (α) 为80°；原地面坡度为10°～14°，田坎高度为1.3m，田坎坡度为75°；原地面坡度为15°～19°，田坎高度为1.5m，田坎坡度为70°；原地面坡度为20°～24°，田坎高度为1.8m，田坎坡度为70°。田坎为土质田坎，采用生土夯实修筑。

(2) 田面。田面毛宽 (B_m) 在4.04～9.51m范围内，田面净宽 (B) 在3.39～9.34m范围内。

(3) 田埂。田埂顶宽 (a) 取0.2m，田埂高 (h) 为0.2m，内侧坡坡比为1∶0.5，外侧坡与田坎坡度一致。

(4) 梯田内侧截水沟。采用土质截水沟，梯形断面，底宽 (c) 为0.25m，沟深 (l) 为0.3m，外侧坡坡比为1∶0，内侧坡与田坎坡度一致。截水沟为临时措施，由农户在每次耕作时自行清理。

3. 灌排工程设计

灌排工程主要包括渠道、管道、取水池、蓄水池、排水沟等。根据《用水定额》(DB53/T 168) 和《灌溉与排水工程设计规范》(GB 50288)，按充分灌溉进行设计，灌溉面积为1788亩，灌水率为0.140m^3/(s·万亩)，设计水平年总需水量为39.12万m^3，最大用水月为5月（需水量为2.21万m^3）。

班良河将灌区分为南、北两部分，北部坡耕地较为集中，为1号灌片，面积为1594亩，南部坡耕地较为分散，分为2号灌片和3号灌片，面积分别为137亩和57亩。分别对3个灌片进行设计。

(1) 1号灌片。1号灌片紧靠曼干大沟，在沟边新建蓄水池，用管道将水引入蓄水池，村民自备软管从蓄水池的取水桩接水灌溉或人工挑灌。新建ϕ160mm PE管引水至蓄水池，全线地埋，埋深不小于1.0m。进水主管将水引至蓄水池，蓄水池再接出水支管，形成“长藤结瓜”的形式。蓄水池冲沙管和放空管各设闸阀1个。主管采用镀锌钢管，每隔6m左右设一镇墩，镇墩尺寸根据管径选择，管径$D>50$mm时镇墩尺寸为0.4m×0.4m×0.4m，管径$D\leqslant 50$mm时镇墩尺寸为0.3m×0.3m×0.3m，采用C15混凝土结构。

(2) 2号灌片。新建1号输水管从曼干大沟取水跨越班良河将水引至2号灌片高点200m^{3}蓄水池。灌溉时从蓄水池向道路边沟的取水池放水，村民自备软管从取水池接水灌溉或人工挑灌。1号输水管进口高程为1128.00m，出口高程为985.00m，采用热镀锌管，管径DN65，跨河处设冲沙闸阀井用于清理管道污物。1号输水管为明管布置，沿轴线方向每隔6m布置一镇墩，尺寸为0.4m×0.4m×0.4m，采用C15混凝土结构。

(3) 3号灌片。新建2号输水管从曼干大沟取水跨越班良河将水引至3号灌片高点100m^{3}蓄水池。灌溉时从蓄水池向道路边沟取水池放水，村民自备软管从取水池接水灌溉或人工挑灌。2号输水管进口高程为1126.90m，出口高程为1028.00m，采用热镀锌管，管径DN50，跨河处设冲沙闸阀井。2号输水管为明管布置，沿轴线方向每隔6m布置一镇墩，尺寸为0.3m×0.3m×0.3m，采用C15混凝土结构。

1号、2号输水管跨河采用地埋的形式，埋深不小于1.5m，冲沙井布置在出水侧岸，冲沙管顺河道布置。

(4) 管网配套建筑物。

1) 闸阀井设计。在蓄水池前、后，倒虹吸最低点均设放空闸阀井。闸阀井长1.28m，宽1.28m，侧壁采用240mm厚的M7.5浆砌砖支砌，盖板为C20钢筋混凝土预制盖板，底板为100mm厚的C15混凝土，底板下铺设200mm厚的碎石垫层。

2) 取水池设计。在2号、3号灌片两个蓄水池控制的道路边沟设取水池。取水池采用C15混凝土结构，池长1.2m，宽1.0m，池壁厚0.25m，底板厚0.25m，底板下铺设0.1m厚的砂碎石垫层。取水池设取水管和放空管。

3) 蓄水池设计。蓄水池分3种，容量分别为200m^3、100m^{3}和50m^3。蓄水池均为圆形蓄水池。

(5) 排水沟设计。排水沟结合道路边沟明渠设计，水流坡降与地面坡降相近，不小于0.12%，坡降较大处设跌水，水流经消能处理后进入班良河。排水沟和道路交叉处埋设混凝土预制涵管过水。

排水沟采用矩形断面，C15混凝土浇筑，靠路侧沟壁厚0.3m，外路侧沟壁厚0.2m，底板厚0.1m。每隔10m布设一道伸缩缝，缝宽20mm，缝内填充沥青浸油木板。

该项目共布设3种断面形式的排水沟，Ⅰ型断面净空尺寸为0.5m×0.4m[沟深(h)×底宽(c)]；Ⅱ型断面净空尺寸为0.4m×0.4m[沟深(h)×底宽(c)]；Ⅲ型断面净空尺寸为0.4m×0.3m[沟深(h)×底宽(c)]。

4. 田间道路设计

依托现有道路进行修缮改造，适当新建部分道路满足交通需求，路面为泥结石路面。田间道路参照《公路工程技术标准》(JTG B01)四级道路设计。

田间道路分为主线道路和支线道路。主线道路路面宽4.5m，路基宽5.1m，设单侧排水沟和路缘石；支线道路路面宽4.0m，路基宽4.6m，设单侧排水沟和路缘石。每间隔200～300m设置错车道，错车道处路基宽度不小于6.0m，有效长度不小于20m，相邻两错车道之间应通视。田间道路横断面典型设计如图Ⅱ.3.6-8所示。

路堑一侧布设排水沟，排水沟采用C15混凝土现浇，结合灌排工程设计。路堤侧埋设C15混凝土路缘石，尺寸为0.3m×0.4m(宽×深)。泥结石路面厚0.2m。

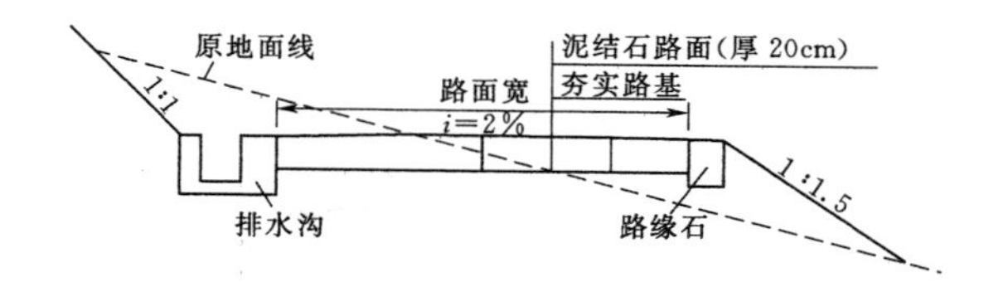

图Ⅱ.3.6-8　田间道路横断面典型设计图

3.6.5.4　工程量

该项目梯田工程面积为119.21hm^2；灌排工程包括管道12.810km，镇墩1480个，闸阀井16座，200m^{3}蓄水池4座，100m^{3}蓄水池4座，50m^{3}蓄水池32座，取水池8座，排水沟6.724km，预制涵管90m；新建和修缮田间道路4条，共8.232km；小流域标志碑1块，标志牌2块。

参考文献

[1] 中华人民共和国住房和城乡建设部，中华人民共和国国家质量监督检验检疫总局. 水土保持工程设计规范：GB 51018—2014 [S]. 北京：中国计划出版社，2014.

[2] 中华人民共和国国家质量监督检验检疫总局，中国国家标准化管理委员会. 水土保持综合治理　技术规范：GB/T 16453.1～16453.6—2008 [S]. 北京：中国标准出版社，2008.

第4章　淤　地　坝

章主编　朱莉莉　王白春

章主审　贺前进　杨伟超

本章各节编写及审稿人员

节次	编写人	审稿人
4.1	朱莉莉　王白春　黎如雁　陈永刚　刘雅丽	贺前进 杨伟超
4.2	朱莉莉　王白春　黎如雁　陈永刚　刘雅丽	
4.3	朱莉莉　王白春　黎如雁　陈永刚　刘雅丽	
4.4	朱莉莉　王白春　黎如雁　陈永刚　刘雅丽	
4.5	朱莉莉　王白春　黎如雁　陈永刚　刘雅丽	
4.6	杨才敏　祁　青	

第4章 淤 地 坝

4.1 定义与作用

淤地坝是指在多泥沙沟道修建的以控制侵蚀、拦沙淤地、减少洪水和泥沙灾害为主要目的的工程设施。其作用主要是：调节径流、泥沙，控制沟床下切、沟岸扩张，减少沟谷重力侵蚀，防止沟道水土流失，减轻下游河道及水库泥沙淤积，变荒沟为良田，改善生态环境。

4.2 分类与适用范围

淤地坝按筑坝材料可分为土坝、石坝、土石混合坝等；淤地坝多采用均质坝，按其施工方法不同，又可分为碾压坝、水坠坝等。不同坝型特点和适用范围见表Ⅱ.4.2－1。

表Ⅱ.4.2－1 不同坝型特点和适用范围

坝型		特点	适用范围
均质土坝	碾压坝	就地取材，结构简单，便于维修加高和扩建；对土质条件要求较低，能适应地基变形，但造价相对水坠坝要高，坝身不能溢流，需另设溢洪道	黄土高原地区
	水坠坝	就地取材，结构简单，施工技术简单，造价较低；但对土料的黏粒含量有一定要求（一般要低于20%），且要有充足水源条件	黄河中游多沙粗沙区的陕西、内蒙古、山西和甘肃的部分地区
	定向爆破-水坠筑坝	就地取材，结构简单，建坝工期短，对施工机械和交通条件要求较低；但对地形条件和施工技术要求较高	黄河中游交通困难、施工机械缺乏、干旱缺水的贫困山区
土石混合坝		就地取材，充分利用坝址附近的土石料和弃渣，但施工技术比较复杂，坝身不能溢流，需另设溢洪道	山西、陕西、河南3省的黄河干流和渭河干流沿岸
浆砌石坝		就地取材，节约钢材、木材、水泥，坝顶可以泄流；施工期允许坝体过水；施工操作技术易于掌握，施工期安排灵活	适用于山西、陕西、河南3省的黄河干流沿岸

4.3 工程等级及设计标准

4.3.1 工程等级

淤地坝工程等别、建筑物级别等应根据淤地坝库容按表Ⅱ.4.3－1确定。

4.3.2 设计标准

淤地坝工程的设计标准根据建筑物级别按表Ⅱ.4.3－2确定。

淤地坝坝坡抗滑稳定安全系数不应小于表Ⅱ.4.3－3规定的数值。

表Ⅱ.4.3－1 淤地坝等级划分

工程等别	工程规模		总库容/万 m^3	永久性建筑物级别		临时性建筑物级别
				主要建筑物	次要建筑物	
Ⅰ	大型淤地坝	1型	100～500	1	3	4
		2型	50～100	2	3	4

续表

工程等别	工程规模	总库容/万 m^3	永久性建筑物级别		临时性建筑物级别
			主要建筑物	次要建筑物	
Ⅱ	中型淤地坝	10～50	3	4	4
Ⅲ	小型淤地坝	<10	4	4	—

注 如遇下述情况，经论证可提高或降低其设计标准：

1. 工程失事后损失巨大或影响十分严重的淤地坝工程2级、3级主要永久性水工建筑物，经过论证，可提高一级。
2. 当永久性水工建筑物基础的工程地质条件复杂或采用新型结构时，对2级、3级建筑物可提高一级。

表Ⅱ.4.3-2 淤地坝建筑物设计标准

建筑物级别	洪水重现期/a	
	设计	校核
1	30～50	300～500
2	20～30	200～300
3	20～30	50～200
4	10～20	30～50

表Ⅱ.4.3-3 淤地坝坝坡抗滑稳定安全系数

建筑物级别 / 荷载组合或运用状况	1、2	3、4
正常运用	1.25	1.2
非常运用	1.15	1.1

4.4 工程规划与布置

4.4.1 工程布设原则

(1) 大、中、小型淤地坝合理布设，安全第一。不宜在下游有居民点、学校、工矿、交通等重要设施的沟道内布设大、中型淤地坝；在同一沟道内，当上游有大型淤地坝时，下游不宜布设同等级淤地坝，确需布设时应进行论证；中、小型淤地坝原则上应布设在大型淤地坝坝控区域内，否则需提高设计标准。

(2) 全面规划，统筹安排，利用水沙，淤地灌溉。坝系工程布设应以小流域为单元，在综合治理的基础上，干支沟、上下游全面规划，统筹安排；以长期控制小流域洪水泥沙为主，结合防洪、保收、防碱治碱，充分利用水沙资源，发挥坝系滞洪、拦泥、淤地、灌溉和种植等多种效益。

(3) 大、中、小型淤地坝联合运用，充分发挥坝系整体功能。合理布设控制性的大型淤地坝，大、中、小型淤地坝相互配合，调洪削峰，确保坝系安全，与小水库、塘坝、引水用水工程等联合运用，保护沟道泉眼与基流，合理利用水资源，充分发挥坝系整体功能，保证坝地高产稳产。

(4) 大型淤地坝一次设计，分期加高，经济合理。应充分考虑坝系工程建设的经济合理性，大型淤地坝可一次设计、分期加高达到最终坝高。坝系其他工程也可根据流域实际情况、坝系运行管理等实施一次规划分期建设。分期加高时，应根据淤地坝变形规律及经济条件，经论证后确定加高部位、尺寸和方法，应注意与放水建筑物、溢洪道的协调。

4.4.2 工程布置

1. 建坝密度

应根据沟壑密度、侵蚀模数、洪水、地形、地质条件等因素，结合坝系运用方式和当地经济发展需要，合理确定大、中、小型淤地坝的数量。建坝密度可通过坝地面积与流域面积之比来反映，黄土高原一般在1/10～1/20之间。

2. 工程规模

应根据工程在坝系中的作用，考虑防洪、生产、水资源利用等要求，按有关规范合理确定各类工程规模。

3. 建坝顺序

应按照有利于合理利用水沙资源，发挥工程效益，保证防洪安全，合理安排工程建设投资与投劳的要求出发，因地制宜，统一规划，合理确定坝系工程的修建顺序。

(1) 汇水面积小于$1km^2$的支沟，宜先下后上，先在沟口建坝，依次向上游推进。

(2) 汇水面积在$3\sim5km^2$的支沟，应从上游向中、下游依次建坝，其坝高和库容指标应依次加大。也可在中、下游同时修建中型淤地坝，待淤平逐步向上游推进，中、上游应布设一座大型淤地坝，确保坝系安全。

(3) 汇水面积在$10\sim20km^2$的流域，应先上后下，先在上游主沟和支沟建设淤地坝，后在中、下游主沟和支沟建设淤地坝。

(4) 汇水面积大时，应首先考虑建设控制性的、安全可靠的骨干工程。

4. 方案优选

坝系工程布设方案应进行多方案比较、优选，经分析论证后，择优确定。

4.4.3 坝系工程布设方式

坝系布设应根据流域面积大小、地形条件、防洪安全、利用方式及经济技术上的合理性等因素确定。一般地，大型淤地坝应起到拦洪、缓洪、拦沙的作用，综合利用水沙资源，保护淤地坝、小水库和其他小型拦蓄工程的安全生产；淤地坝在沟道各干支沟均可布设，主要功能是拦泥淤地、种植作物；小水库主要修建在泉水露头的沟段，主要功能是蓄水利用。目前常见的布设方式有以下几种：

（1）大型淤地坝控制，水沙资源综合利用的方式。

（2）分批建坝，分期加高，蓄种相间的方式。

（3）一次成坝，先淤后排，逐坝利用的方式。

（4）坝体持续加高，增大库容，全拦全蓄的方式。

（5）上坝拦洪拦泥，下坝蓄清水，库坝结合的方式。

（6）清洪分治，排洪蓄清，蓄排结合的方式。

（7）引洪漫地，漫排兼顾的方式。

4.5 工 程 设 计

由于淤地坝多为均质坝，本卷仅对碾压坝和水坠坝设计进行介绍。土石混合坝和浆砌石坝参照相关规范进行设计。

4.5.1 水文计算

淤地坝工程设计水文计算包括洪水总量、洪峰总量、输沙量计算，以及调洪演算等内容，详见本手册《专业基础卷》14.3.1 节。

4.5.2 建筑物组成及坝型选择

4.5.2.1 建筑物组成

淤地坝建筑物由坝体、放水工程、溢洪道组成（图Ⅱ.4.5-1），俗称“三大件”，仅有坝体和放水工程的淤地坝俗称“两大件”。

4.5.2.2 方案选择和工程规模

1. 方案选择

淤地坝建筑物布设方案应根据自然条件、流域面积、暴雨特点、建筑材料和环境状况等确定。流域面积较大，下游有重要的交通设施或工矿、村镇等，起控制性的大中型淤地坝，宜采用“三大件”方案，流域面积较小，坝址下游无重要设施的小型淤地坝，可采用“两大件”方案。

2. 工程规模

坝高与库容应通过水文计算及调洪演算确定，同时应综合考虑地形、雨洪等方面的因素。

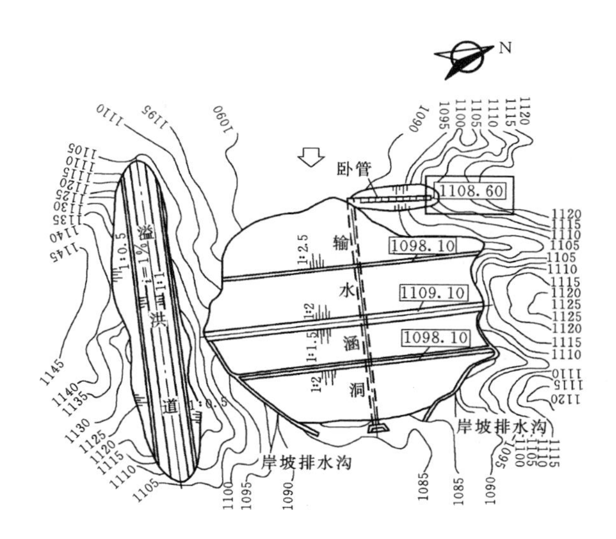

图Ⅱ.4.5-1　淤地坝建筑物组成示意图

4.5.2.3 坝型选择

坝型选择应本着因地制宜、就地取材的原则，结合当地的自然经济条件、坝址地形地质条件以及施工技术条件，进行技术经济比较，合理选择。不同坝型特点和适用范围见表Ⅱ.4.2-1。

（1）砂壤土料丰富地区，宜采用碾压土坝。

（2）石料丰富，相对容易采集，且土料缺乏时可采用浆砌石坝。

（3）结合当地的自然经济条件、坝址地形地质条件、建筑材料情况等，经技术经济比较后选择其他坝型。

4.5.3 淤地坝坝体设计

4.5.3.1 坝址位置选择

（1）坝址应避开较大弯道、跌水、泉眼、断层、滑坡体、洞穴等，坝肩不得有冲沟。

（2）坝体布置应遵循坝轴线短的原则，宜采用直线型布置方式。

4.5.3.2 坝体材料要求

碾压坝土料有机质含量不应超过 5%，水溶盐含量不应超过 5%，渗透系数不应大于 1×10^{-4} cm/s；坝体填筑土料压实度不应小于 94%，无黏性土相对密度不得小于 0.65。

水坠坝冲填土料粒径在 0.005mm 以下的颗粒含量应小于 30%，有机质、水溶盐的含量应分别小于 3%和 8%，崩解时间不应超过 30min，渗透系数应大于 1×10^{-7} cm/s。

4.5.3.3　库容确定

（1）总库容应按式（Ⅱ.4.5-1）计算：

$$V=V_L+V_Z \qquad (Ⅱ.4.5-1)$$

式中　V——总库容，万 m^3；

V_L——拦泥库容，万 m^3；

V_Z——滞洪库容，万 m^3。

（2）拦泥库容应按式（Ⅱ.4.5-2）计算：

$$V_L=\frac{\overline{W}_{sb}(1-\eta_s)N}{\gamma_d} \qquad (Ⅱ.4.5-2)$$

式中　$\overline{W}_{sb}$——多年平均年输沙量，万 t/a；

η_s——坝库排沙比，可采用当地经验值；

N——设计淤积年限，a，可按表Ⅱ.4.5-1确定；

γ_d——淤积泥沙干容重，可取1.3～1.35t/m^3。

表Ⅱ.4.5-1　淤地坝设计淤积年限

工程等别	工程规模		设计淤积年限/a
Ⅰ	大型淤地坝	1型	20～30
		2型	10～20
Ⅱ	中型淤地坝		5～10
Ⅲ	小型淤地坝		5

4.5.3.4　坝体断面设计

1. 坝高确定

淤地坝的库容由拦泥库容和校核标准的滞洪库容构成，一般不考虑兴利库容，所以，淤地坝坝高应根据工程拦泥坝高、滞洪坝高和相应的超高予以确定，即

$$H=H_L+H_Z+\Delta H \qquad (Ⅱ.4.5-3)$$

式中　H——总坝高，m；

H_L——拦泥坝高，m；

H_Z——滞洪坝高，m；

ΔH——安全超高，m。

（1）拦泥坝高。拦泥坝高 H_L，一般取决于淤地坝的淤积年限、地形条件、淹没情况等，拦泥坝高就是拦泥库容所对应的坝高，为拦泥高程与坝底高程之差。

（2）滞洪坝高。滞洪坝高就是滞洪库容所对应的坝高。滞洪坝高 H_Z 的确定如下：当工程由“三大件”组成时，滞洪坝高等于校核洪水位与设计淤泥面高程之差，即溢洪道最大过水深度；当工程由“两大件”组成时，滞洪坝高为设计淤泥面上一次校核洪水总量所对应的水深，即由一次校核洪水总量查库容曲线得出相应的滞洪坝高。

（3）安全超高。为保证坝内洪水不溢过或溅过坝顶，淤地坝坝顶高程需在库内校核洪水位之上并有足够的超高。考虑淤地坝不长期蓄水，一般不计算波浪在坝坡上的爬高，超高值仅取安全超高。安全超高主要根据各地淤地坝运用的经验，制定出不同的标准。设计时可参考表Ⅱ.4.5-2。

表Ⅱ.4.5-2　碾压土坝安全超高

坝高/m	＜10	10～20	20～30
安全超高/m	0.5～1.0	1.0～1.5	1.5～2.0

淤地坝的设计坝高是针对坝沉降稳定以后的情况而言的，因此，竣工时的坝顶高程应预留足够的沉降量，根据淤地坝建设的实际情况，碾压坝坝体沉降量取坝高的1%～3%，水坠坝较碾压坝沉陷量大，一般应按设计坝高的3%～5%增加土坝的施工高度。

2. 坝顶宽度

土坝的坝顶宽度可根据坝高、施工、构造和交通等方面的要求综合考虑后确定，当坝顶有交通要求时，还应满足交通需要。无交通要求时，按表Ⅱ.4.5-3确定。

表Ⅱ.4.5-3　土坝坝顶宽度

坝高/m	＜10	10～20	20～30
碾压坝顶宽度/m	2～3	3～4	4～5
水坠坝顶宽度/m	3.0～4.0	4.0～4.5	4.5～5.0

一般情况下，水坠坝的坝顶最小宽度，坝高在30m以上时为5m，坝高在30m以下时为4m。水坠坝在施工中如不能直接冲填到坝顶高程，则应用碾压等方法进行封顶，封顶厚度以2～3m为宜。为了排除雨水，坝顶面应向两侧或一侧倾斜，坡度宜采用2%～3%，并应做好坝面排水系统。

3. 坝坡与马道

坝坡坡度对坝体稳定以及工程量的大小均起重要作用。碾压土坝的坝坡选择一般遵循以下规律：

（1）上游坝坡在汛期蓄水时处于饱和状态，为保持坝坡稳定，上游坝坡应比下游坝坡缓。

（2）黏性土料的稳定坝坡为一折线面，上部坡陡，下部坡缓，所以用黏性土料做成的坝坡，常沿高度分成数段，每段10～20m，从上而下逐段放缓，相邻坡率差值取0.25。

（3）由粉土、砂、轻壤土修建的均质坝，透水性较大，为了保持渗流稳定，一般要求适当放缓下游坝坡。

(4) 当坝基或坝体土料沿坝轴线分布不一致时，应分段采用不同坡率，在各段间设过渡区，使坝坡缓慢变化。

水坠坝上、下游坝坡，当采用砂壤土、壤土筑坝时，可采用同一坝坡坡率。根据黄土高原地区淤地坝建设的实践经验，一般情况下，砂壤土、壤土碾压土坝的经验坝坡坡率，可根据坝高与坝坡部位按表Ⅱ.4.5-4选定。沙性土壤和风化残积土碾压土坝的坝坡应经稳定分析后确定，或根据当地经验值选定，但一般应缓于表Ⅱ.4.5-4中所列的相应数值。

表Ⅱ.4.5-4 坝 坡 坡 率

坝型	土料或部位	坝高/m		
		<10	10～20	20～30
水坠坝	砂壤土	2.00	2.00～2.25	2.25～2.50
	轻粉质壤土	2.25	2.25～2.50	2.50～2.75
	中粉质壤土	2.50	2.50～2.75	2.75～3.00
碾压坝	上游坝坡	1.50	1.50～2.00	2.00～2.50
	下游坝坡	1.25	1.25～1.50	1.50～2.00

马道，又称为戗台。坝高超过15m时，应在下游坡沿高程每隔10m左右设置一条马道，马道宽度应取1.0～1.5m。

4. 边埂设计

为拦泥阻滑、控制坝型和稳定坝坡，水坠坝还须进行边埂设计。水坠坝的边埂宽度：砂壤土、壤土水坠坝边埂宽度可按表Ⅱ.4.5-5经验值选用，但最小宽度不应小于3m。

表Ⅱ.4.5-5 砂壤土、壤土水坠坝边埂宽度

单位：m

土料	坝高	
	<20	20～30
砂壤土	3～4	4～6
轻粉质壤土	3～5	5～7
中粉质壤土	4～6	6～9
重粉质壤土	5～7	7～10

花岗岩、砂岩、风化残积土均质水坠坝坝高在30m以下时的边埂宽度，可按表Ⅱ.4.5-6经验值选用，最小宽度也不得小于3m。砂土水坠坝的边埂，因沙土渗透性大，施工期脱水固结快，坝体不存在流态区，只起约束泥流方向和控制坝型的作用，故采用淤泥拍埂即可，埂宽一般在0.4～0.6m。

表Ⅱ.4.5-6 花岗岩、砂岩、风化残积土均质水坠坝边埂宽度 单位：m

土料黏粒含量/% \ 平均冲填速度/(m/d)	<0.1	0.1～0.2	0.2～0.3
<15	3～6	5～8	7～10
15～20	4～7	6～9	8～11
20～25	5～8	7～10	9～12
25～30	6～9	8～11	10～13

5. 坝体排水

淤地坝坝体排水形式主要有棱柱式排水、贴坡式排水和褥垫式排水。

(1) 棱柱式排水。棱柱式排水又称为滤水坝趾，它是在下游坝脚处用块石堆成的棱体，如图Ⅱ.4.5-2 (*a*) 所示。棱柱式排水高度应由坝体浸润线位置确定，顶部高程应超出下游最高水位0.5～1.0m，坝体浸润线距坝面的距离应大于该地区的冻结深度；顶部宽度应根据施工条件及检查观测需要确定，但不宜小于1.0m；应避免在棱体上游坡脚处出现锐角。

棱柱式排水是一种可靠的、被广泛应用的排水设施，它排水效果好，可以降低浸润线，能防止坝坡遭

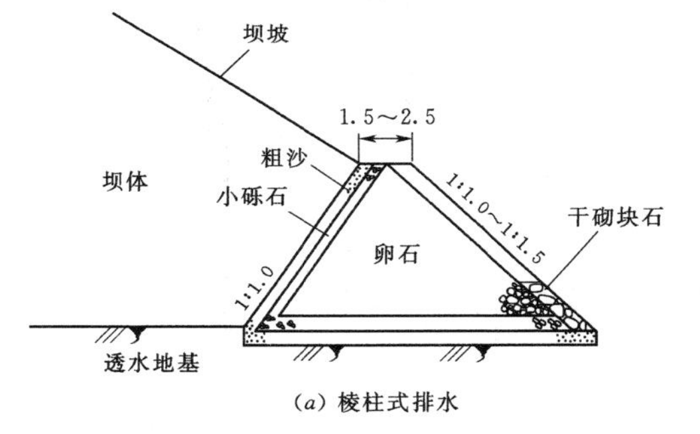

(*a*) 棱柱式排水

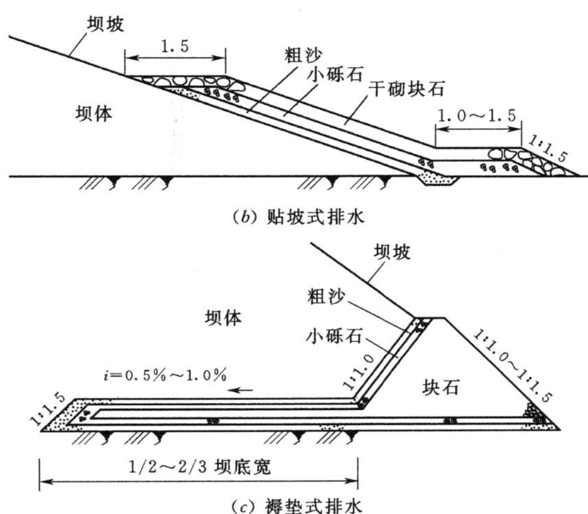

(*b*) 贴坡式排水

(*c*) 褥垫式排水

图Ⅱ.4.5-2 反滤体示意图（单位：m）

受渗透和冲刷破坏，且不易冻损，但用料多，费用高，施工干扰大，堵塞时检修困难。在松软地基上棱体易发生沉陷。

（2）贴坡式排水。贴坡式排水又称为表面排水，它是用一二层堆石或砌石加反滤层直接铺设在下游坝坡表面，不伸入坝体的排水设施，如图Ⅱ.4.5－2（*b*）所示。贴坡式排水顶部高程应高于坝体浸润线出逸点，超过的高度应使坝体浸润线在该地区的冻结深度以下1.5m；底脚应设置排水沟或排水体；材料应满足护坡要求。

这种形式的排水结构简单，用料少，施工方便，易于检修，能保护边坡土壤免遭渗透破坏，但对坝体浸润线不起降低作用，且易因冰冻而失效。

（3）褥垫式排水。褥垫式排水是沿坝基面平铺的由块石组成的水平排水层、外包反滤层，如图Ⅱ.4.5－2（*c*）所示。伸入坝体内的深度一般不超过坝底宽的1/2～2/3，块石层厚0.4～0.5m。这种排水倾向下游的纵坡一般为0.005～0.1。

这种形式的排水能降低坝体浸润线，可防止坝坡土体浸水冻胀和坝坡的渗透破坏，且用石料少，造价低，适用于在下游无水的情况下布设。水坠坝冲填土料的黏粒含量大于20%时，宜采用褥垫式排水。其缺点是施工复杂，易堵塞和沉陷断裂，检修较困难。当下游水位高于排水设备时，降低浸润线的效果将显著降低。

6. 坝顶和护坡

（1）坝顶。淤地坝一般对坝顶构造无特殊要求，可直接采用碾压土料，如兼做乡村公路，可采用碎石、粗沙铺坝面，厚度为20～30cm。为了排除雨水，坝顶面应向两侧或一侧倾斜，做成2%～3%的坡度。

（2）护坡。土坝表面应设置护坡，护坡材料应因地制宜，就地取材，或铺砌砾石，或种植多年生牧草及灌木。护坡的形式、厚度及材料粒径等应根据坝的级别、运用条件和当地材料情况，经技术经济比较后确定。护坡的覆盖范围为：上游面自坝顶至淤积面，下游面自坝顶至排水棱体，无排水棱体时应护至坝脚。

7. 坝面排水

（1）布置。土坝下游坡面应设置纵横向排水沟。排水沟可采用浆砌石砌筑或混凝土现浇。横向排水沟应设置在坝体与两岸结合处，有马道时，纵向排水沟宜与马道一致，并应设于马道内侧，与横向排水沟连通。

（2）排水沟尺寸及材料。

1）设计标准。根据工程实践经验，排水沟应能排除频率为10%的暴雨。

2）断面尺寸。根据式（Ⅱ.4.5－4）确定排水沟泄流量：

$$Q=0.278\psi H_1 F \qquad (Ⅱ.4.5-4)$$

式中 Q——排水沟设计流量，m³/s；

ψ——径流系数，草皮护坡为0.8～0.9，碎砾石或砂卵石护坡为0.85～0.9，坝端岸坡根据植被和坡度等因素确定；

H_1——设计频率的暴雨强度，mm/h；

F——集水面积，km²。

排水沟过水断面面积由式（Ⅱ.4.5－5）确定：

$$\omega=\frac{Qn}{i^{1/2}R^{2/3}} \qquad (Ⅱ.4.5-5)$$

式中 ω——排水沟过水断面面积，m²；

n——糙率，浆砌石为0.025，混凝土为0.017，瓦管为0.012；

i——坡降；

R——水力半径；

其余符号意义同前。

算出的过水断面面积若过小，应按构造要求取值。坝坡排水沟示意图如图Ⅱ.4.5－3所示。

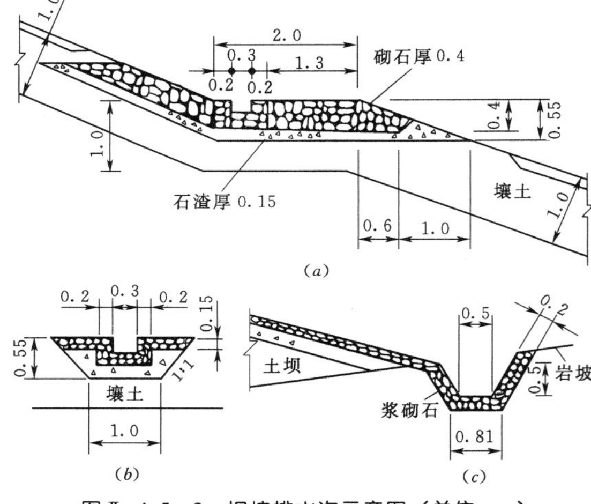

图Ⅱ.4.5－3 坝坡排水沟示意图（单位：m）

（3）材料。排水沟通常采用浆砌石、混凝土现浇或预制块。

4.5.3.5 坝体渗流计算与稳定分析

淤地坝设计条件应根据所处的工作状况和作用力性质分为正常运用条件和非常运用条件。正常运用条件应为淤地坝处于设计洪水位的稳定渗流期。非常运用条件应为施工期工况、校核洪水位工况、正常运用遭遇地震工况。淤地坝坝坡稳定计算应符合下列规定：

（1）应采用水力学方法、流网法或有限元法进行坝体渗流计算，确定坝体浸润线位置，计算渗流流量、平均流速和渗流逸出坡降，作为坝体稳定计算的依据，检验土体的渗流稳定性，防止发生管涌和流土。

(2) 坝坡整体稳定计算应进行运用期下游坝坡稳定计算。对于水坠坝，应进行施工中、后期坝坡整体稳定及边埂自身稳定性计算。

(3) 坝坡抗滑稳定计算应采用刚体极限平衡法。对于非均质坝体，宜采用不计条块间作用力的圆弧滑动法；对于均质坝体，宜采用计及条块间作用力的简化毕肖普法。当坝基存在软弱夹层时，土坝的稳定分析通常采用改良圆弧法。当滑动面呈非圆弧形时，采用摩根斯顿-普赖斯法进行坝坡抗滑稳定计算。

坝体渗流计算与稳定分析详见本手册《专业基础卷》14.3.3 节。水坠坝坝坡稳定和固结计算参照《水坠坝技术规范》(SL 302—2004) 进行计算。

4.5.4 放水建筑物设计

4.5.4.1 放水建筑物的组成及总体布置

1. 放水建筑物的组成

淤地坝放水建筑物由取水建筑物、涵洞、消能设施等组成。取水建筑物常用卧管或竖井，并通过消力池（井）与之连接。涵洞位于坝下，一般与坝轴线基本垂直。出口消能段一般砌筑锥体或翼墙与明渠，当明渠为缓坡，出口流速较小（如低于 6m/s）时，通常采用防冲铺砌与沟床连接；当明渠为陡坡，出口流速较大时，应设置消能设施，通常采用底流或挑流进行消能。

2. 放水建筑物的总体布置

放水建筑物总体布置的任务是：在实地勘察的基础上，根据设计资料，选定放水建筑物的位置和取水建筑物、涵洞、出口建筑物及消能防冲设施的布置形式、尺寸和高程，满足防洪安全且经济合理。

(1) 放水建筑物总体布置的程序：①确定取水建筑物、涵洞与出口建筑物的形式和位置（如涵洞及其轴线位置）；②拟定取水建筑物、涵洞、出口建筑物等的纵坡、孔径、厚度等主要尺寸及控制性高程；③进行必要的水力计算和结构计算；④通过比较，选定经济技术合理方案。上述总体布置过程中，主要尺寸、控制性高程的拟定与水力计算、结构计算等穿插进行，当拟定尺寸、纵坡和高程不满足过水能力和流态要求，或者不满足结构计算要求时，需进行调整和再计算，直到符合相关要求为止。

(2) 放水建筑物的位置选择应满足以下条件：①放水建筑物应设置在基岩或质地均匀而坚实的土基上，以免由于地基沉陷不均匀而发生洞身断裂，引起漏水，影响工程的安全；②卧管应布置在坝上游岸坡，不宜与溢洪道同侧；③卧管与涵洞的轴线夹角应不小于 90°；涵洞的轴线应当与坝轴线基本垂直，并尽量使其顺直，避免转弯；④涵洞有灌溉任务时，其位置应布置在靠近灌区的一侧；若考虑将来坝地排洪渠的布置，则最好选在排洪渠和溢洪道的同侧。出口高程应能满足自流灌溉的要求，出口消能设施应布置在坝脚以外；进口高程应根据地质、地形、施工、淤积运用情况等要求确定；⑤对于后期加高的淤地坝，要考虑土坝在上游淤积面上加高后放水建筑物的处理问题，不但竖井或卧管部分要随之加高，而且涵洞也应视具体情况而延长；⑥对于骨干工程及多地震区的淤地坝，不宜在软基土坝下埋管。

(3) 放水建筑物布置时应满足以下条件：①卧管布置应综合考虑坝址地形条件、运行管护方式等因素，选择岸坡稳定、开挖量少的位置，卧管涵洞连接处应设消力池或消力井；②涵洞轴线布设宜采用直线形并与坝轴线垂直，如受地形、地质条件限制需转弯时，弯道曲率半径应大于洞径的 5 倍，涵洞的进、出口均应伸出坝体以外，涵洞出口水流应采取妥善的消能措施，并使消能后的水流与尾水渠或下游沟道衔接；③涵洞应布设在岩基或稳定坚实的原状土基上，不得布置在坝体填筑体上。

4.5.4.2 放水建筑物的结构形式与材料

1. 卧管、竖井

卧管是一种分段放水的启闭设备，一般采用方形砌石或圆形钢筋混凝土结构。它砌筑在靠近涵洞附近的山坡上，上端高出最高蓄水位，管上每隔 0.3～0.6m（垂直距离）设一放水孔，平时用孔盖（或混凝土塞）封闭（图Ⅱ.4.5-4），用水时，随水面下降逐级打开。卧管下端用消力池与涵洞连接。孔盖打开后，库水就由孔口流入管内，经过消力池由涵洞放出库外。为防止放水时卧管发生真空，其上端设有通气孔。

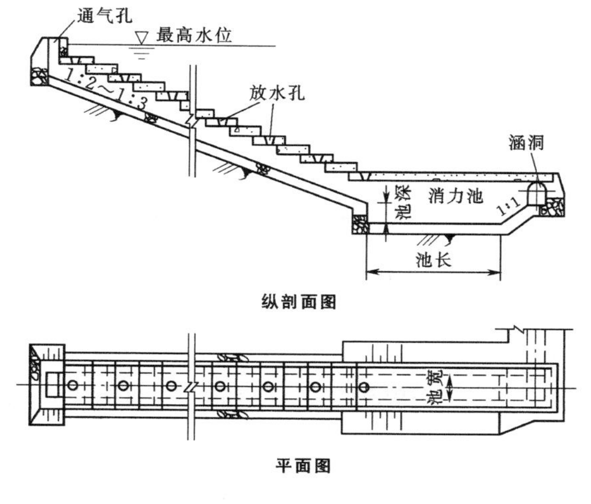

图Ⅱ.4.5-4 卧管结构图

卧管要设置在原状土质或石质基础上，以避免因不均匀沉陷而折裂。其纵坡按山坡地形确定，一般坡比以 1∶2～1∶3 为宜，卧管底板每隔 5～8m 设置齿墙，并根据地基变化情况适地设置沉陷缝。在卧管与涵洞接头处需做消力池，以减小卧管水流冲击力，并将急流变成平顺的水流，然后由涵洞放出。这种放水设备技术比较简单，适宜就地取材，同时不受死库容的影响，下孔淤塞，上孔仍可放水。另外放水时，库面水先放，放的是清水，同时水温较高，有利于作物生长。

卧管的特点是便于管理，排放灵活，缺点是工程量大，造价较高，目前淤地坝多采用这种形式。

竖井常用圆形砌石结构，底部设消力井，井深 0.5～1.0m，井壁每隔 0.5m 设一对放水孔，相互交错排列，孔口顶留门槽以插入闸板（图Ⅱ.4.5－5）。竖井下部与输水涵洞连接。

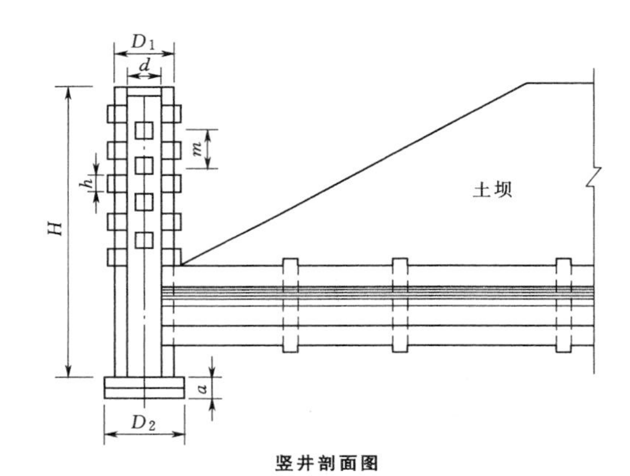

竖井剖面图

插板闸门

b

放水孔大样图

图Ⅱ.4.5－5　竖井结构图

H—竖井高；D_1—竖井外径；d—竖井内径；D_2—井座宽；m—放水孔距；b—放水孔径

竖井特点是结构简单，工程量少，缺点是闸门关闭困难，管理不便，已较少采用。

2. 涵洞

涵洞主要有方涵、圆涵和拱涵 3 种结构形式。

（1）方涵。方涵由洞底、两侧边墙及顶部盖板组成。两侧边墙与洞底可做成整体式［图Ⅱ.4.5－6（*a*）］，也可做成分离式［图Ⅱ.4.5－6（*b*）］，当洞内流速不大时也可不做洞底，仅采用简单护砌［图Ⅱ.4.5－6（*c*）］。

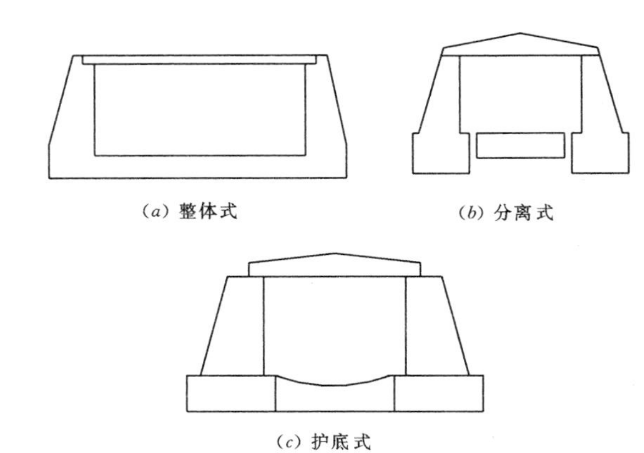

（*a*）整体式　（*b*）分离式

（*c*）护底式

图Ⅱ.4.5－6　方涵

方涵的洞底、边墙多采用浆砌石或素混凝土建造。盖板则多采用钢筋混凝土板。当跨径较小时，在盛产料石地区也可采用石盖板。

（2）圆涵。圆涵多采用钢筋混凝土预制管，目前一般采用的标准直径主要有 0.6m、0.75m、0.8m、1.0m、1.25m，钢筋混凝土圆涵可根据基础情况选择采用有底座基础［图Ⅱ.4.5－7（*a*）］或直接放在地基上［图Ⅱ.4.5－7（*b*）］。

当涵洞直径很小时，也可用混凝土制作的圆涵，但直径不宜超过 0.4m。

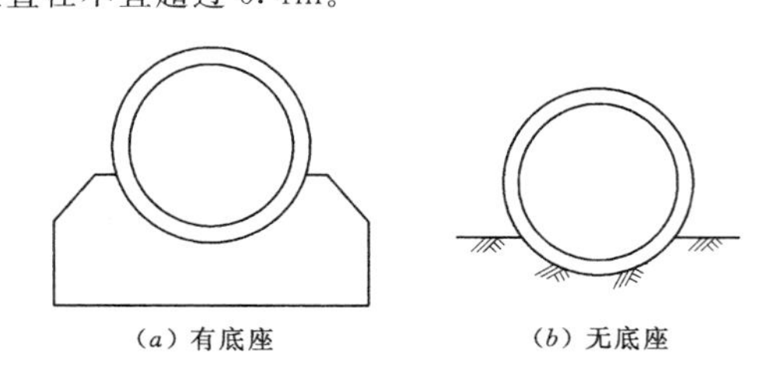

（*a*）有底座　（*b*）无底座

图Ⅱ.4.5－7　圆涵

（3）拱涵。淤地坝中的拱涵多为平拱或半圆拱。拱涵可根据跨径大小和地基情况采用整体式［图Ⅱ.4.5－8（*a*）］或分离式基础［图Ⅱ.4.5－8（*b*）］。拱涵一般采用石砌体或素混凝土建造。

4.5.4.3　放水工程设计

放水建筑物设计，包括确定放水建筑物的设计流量、卧管孔径，卧管流量的校核，卧管与涵洞结合部的消力池设计，竖井水力设计，涵洞水力设计和出口的消能防冲设计等内容。

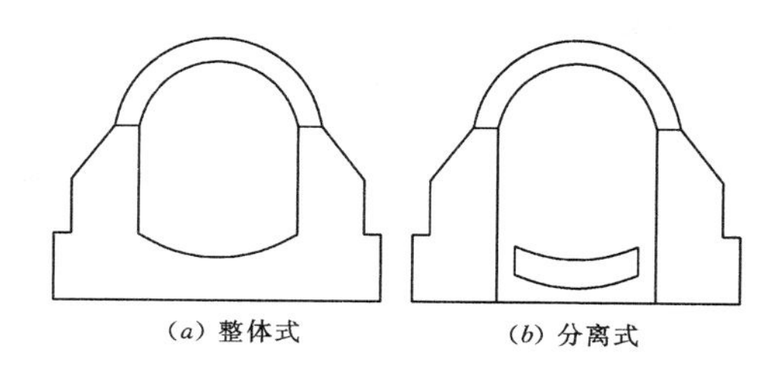

图Ⅱ.4.5-8 拱涵

1. 放水流量的确定

放水工程的放水流量按 4～7d 泄完设计频率一次洪水总量或者 3～5d 泄完 10 年一遇洪水总量计算。

计算公式为

$$Q=\frac{W_P}{N\times 86400} \qquad (Ⅱ.4.5-6)$$

式中 Q——放水流量，m^3/s；

W_P——频率为 P 的设计洪水总量，m^3；

N——放水天数，d；

86400——一昼夜秒数，s。

2. 卧管式放水工程

(1) 卧管放水孔直径的确定。卧管放水孔直径按小孔出流公式计算。计算时一般按开启一孔或同时开启两孔或三孔计算，孔上水头通常按一个台阶高度考虑。卧管放水孔直径不应大于 0.3m，否则按每台设置 2 个放水孔设计。放水孔直径按式 (Ⅱ.4.5-7) ～式 (Ⅱ.4.5-9) 进行计算，如图Ⅱ.4.5-9 所示。

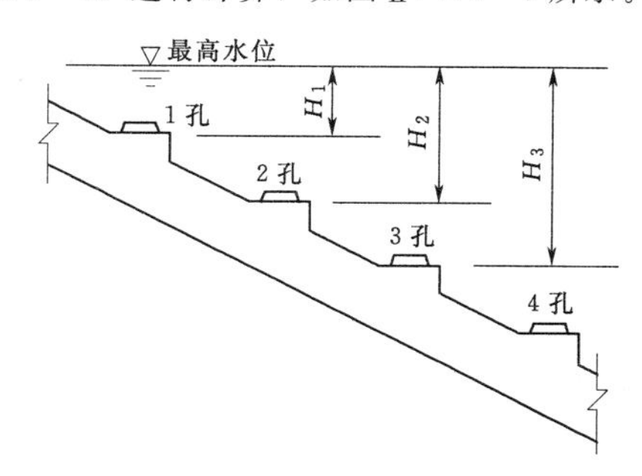

图Ⅱ.4.5-9 卧管放水孔直径计算简图

开启一孔：

$$d=0.68\sqrt{\frac{Q}{H_1^{1/2}}} \qquad (Ⅱ.4.5-7)$$

同时开启两孔：

$$d=0.68\sqrt{\frac{Q}{H_1^{1/2}+H_2^{1/2}}} \qquad (Ⅱ.4.5-8)$$

同时开启三孔：

$$d=0.68\sqrt{\frac{Q}{H_1^{1/2}+H_2^{1/2}+H_3^{1/2}}} \qquad (Ⅱ.4.5-9)$$

式中 d——放水孔直径，m；

Q——放水流量，m^3/s；

H_1、H_2、H_3——各级孔上水深，m。

当卧管采用侧面进水时，放水孔尺寸可按式 (Ⅱ.4.5-11) ～式 (Ⅱ.4.5-13) 计算。

(2) 卧管通过的流量。卧管断面尺寸与通过的流量，应考虑水位变化而导致的放水孔调节，比正常运用时加大 20%～30%。按明渠均匀流公式 [式 (Ⅱ.4.5-10)] 计算其所需过水断面面积。

$$\omega=\frac{Q_{加}}{C\sqrt{Ri}} \qquad (Ⅱ.4.5-10)$$

其中 $$C=\frac{1}{n}R^{1/6}$$

式中 $Q_{加}$——通过卧管的流量，m^3/s；

ω——卧管断面面积，m^2；

C——谢才系数；

R——水力半径，m；

n——糙率，混凝土 $n=0.014～0.017$，浆砌石 $n=0.02～0.025$；

i——卧管纵坡，1∶2～1∶3。

(3) 卧管断面尺寸。卧管有圆管和方管（正方形和长方形）两种，一般用浆砌石、混凝土和钢筋混凝土做成。流量小时，也可用陶瓷管或混凝土预制管。当采用方形卧管时，盖板修成台阶状，以便放水人员上下；如系圆形卧管，则应在管上或管旁另筑台阶。

根据试验，当两孔放水时，放水孔水流跌入卧管时水柱跃起高度约为正常水深的 2.5～3.5 倍，为保持跌下水柱跃高不致淹没放水孔出口，使卧管内不形成压力流，卧管高度应较正常水深加高 3～4 倍。

方形卧管流量与卧管、消力池断面尺寸见表Ⅱ.4.5-7，圆形卧管坡度、管径尺寸见表Ⅱ.4.5-8。

表Ⅱ.4.5-7 方形卧管流量与卧管、消力池断面尺寸

流量 /(m^3/s)	方形卧管 坡度 1∶2		消力池			方形卧管 坡度 1∶3		消力池		
	宽 b×高 d/(cm×cm)	水深 h/cm	池宽 b_0/cm	池长 L_k/cm	池深 d/cm	宽 b×高 d/(cm×cm)	水深 h/cm	池宽 b_0/cm	池长 L_k/cm	池深 d/cm
0.02	15×15	5.0	55	130	30	20×20	4.5	60	105	30
0.04	20×20	6.2	60	180	40	25×25	6.0	65	140	40
0.06	25×25	7.0	65	200	50	25×25	8.0	65	180	50

续表

流量/(m³/s)	方形卧管 坡度1：2		消力池			方形卧管 坡度1：3		消力池		
	宽b×高d/(cm×cm)	水深h/cm	池宽b_0/cm	池长L_k/cm	池深d/cm	宽b×高d/(cm×cm)	水深h/cm	池宽b_0/cm	池长L_k/cm	池深d/cm
0.08	25×25	8.2	65	250	50	30×30	8.2	70	210	50
0.10	30×30	8.3	70	260	50	30×30	10.0	70	225	50
0.12	30×30	9.5	70	290	50	35×35	9.6	75	240	50
0.14	35×35	9.5	75	290	50	35×35	10.5	75	270	50
0.16	35×35	10.2	75	320	50	35×35	11.6	75	290	50
0.18	35×35	11.0	75	340	50	40×40	11.5	80	290	50
0.20	35×40	12.0	75	360	50	40×40	12.0	80	315	50
0.30	45×45	13.0	85	410	60	45×45	14.5	85	385	60
0.40	50×45	14.0	90	475	60	50×50	16.3	90	435	60
0.50	50×50	16.5	90	540	70	55×55	17.5	95	475	60
0.60	55×55	17.5	95	585	80	60×60	18.0	100	515	70
0.70	60×60	18.0	100	610	80	65×65	19.0	105	535	70
0.80	60×60	19.7	100	665	90	65×65	21.0	105	585	80
0.90	65×65	20.0	105	685	90	70×70	21.5	110	620	80
1.00	65×65	21.5	105	735	100	70×70	23.0	110	650	90
1.20	70×70	23.0	110	795	100	75×75	25.0	115	705	100
1.50	75×75	25.0	115	880	140	85×85	26.0	125	760	120
1.60	80×80	25.0	120	880	140	85×85	27.0	125	790	120
1.80	85×85	26.0	125	920	140	90×90	28.0	130	830	120
2.00	85×85	27.5	125	990	150	90×90	30.0	130	885	130

注　1. 消力池净高＝消力池深＋涵洞净高。
2. 消力池长度按5倍的第二共轭水深计算，深度比计算值取的略大。
3. 卧管断面糙率按$n=0.025$计算。
4. 流量为加大流量。

表Ⅱ.4.5-8　圆形卧管坡度、管径尺寸

卧管坡度	圆形卧管管径d	备　注
1∶1	$d=\left(\frac{Q}{6.19}\right)^{3/8}$	$\omega=0.2934d^2$ $R=0.2145d$ $X=1.366d$ $n=0.017$
1∶2	$d=\left(\frac{Q}{4.38}\right)^{3/8}$	
1∶3	$d=\left(\frac{Q}{3.56}\right)^{3/8}$	

(4) 消力池水力计算。消力池一般采用浆砌石或钢筋混凝土筑成的长方形结构，其水力计算公式见本节放水涵洞部分。

(5) 卧管与消力池结构尺寸。卧管与消力池主要承受水压力，其结构尺寸决定于它在水下的位置、跨度以及卧管使用的材料，其结构计算公式可参考本节方涵结构尺寸计算公式。卧管与消力池侧墙、基础和盖板尺寸可参考表Ⅱ.4.5-9～表Ⅱ.4.5-11和图Ⅱ.4.5-10。

表Ⅱ.4.5-9　方形卧管侧墙、基础尺寸　　单位：cm

卧管尺寸		水深5m				水深10m				水深20m					水深30m				
宽	高	侧墙宽	基础厚	基础宽	搭接长度	侧墙宽	基础厚	基础宽	搭接长度	侧墙顶宽	侧墙底宽	基础外伸长	基础厚	搭接长度	侧墙顶宽	侧墙底宽	基础外伸长	基础厚	搭接长度
30	30	30	30	40	15	30	30	40	15	30	50	10	30	15	30	55	10	30	15
40	40	30	30	40	15	30	30	40	15	30	50	10	30	15	30	60	10	30	15
50	50	30	30	40	15	30	30	45	15	40	70	15	40	20	40	80	15	40	20
60	60	30	30	45	15	30	40	45	15	40	75	15	40	20	40	85	15	40	20
70	70	40	40	55	20	40	40	55	20	40	80	15	40	20	50	100	20	50	25
80	80	40	40	55	20	50	40	65	20	50	100	20	50	25	50	105	20	50	25
90	90	50	50	65	25	50	50	70	20	50	100	20	50	25	50	105	20	50	25
100	100	50	50	70	25	60	50	80	30	50	105	20	50	25	50	115	25	55	25

表Ⅱ.4.5-10　　消力池侧墙、基础尺寸

单位：cm

消力池尺寸		水深 10m					水深 20m					水深 30m				
净宽	侧墙高	侧墙顶宽	侧墙底宽	基础外伸长	基础厚	盖板搭接长度	侧墙顶宽	侧墙底宽	基础外伸长	基础厚	盖板搭接长度	侧墙顶宽	侧墙底宽	基础外伸长	基础厚	盖板搭接长度
70	90～110	45～50	100～110	20	50	25	50～55	105～115	20	50	25	50～60	110～120	20	50	25～30
75	100～110	55	115	20	50	25	55～60	115～120	20	50	25	60	120	20	50	30
80	110	60	120	20	50	30	60	120	20	50	30	65	125	20	50	30
85	120～145	60	120～130	20	50	30	60	120～130	20	50	30	65	125～135	20	50	30
90	130～190	60	125～145	20	50	30	60	125～150	20	53	30	65	130～155	20	53	30
100	170～230	60～65	145～170	20～25	50～55	30～35	60～65	150～175	23	55	35	65	155～220	23	55	30～35
105	210～240	65	170～185	25	55～60	35	65	175～190	25	57	35	65	180～195	25	56	35
110	220～240	65	180～185	25	60	35	65～70	185～190	25	60	35	70	190～195	25	60	35
115	275～290	70	195～200	25	60	35	70	200～205	25	60	35	70～75	205～210	25	60	35
120	275～290	70～75	200～205	25	60	35	75	205～210	25	60	35	75	210～215	25	60	35
125	260～320	70～80	195～220	25	60	35～40	70～80	200～225	25	60	37	75～80	205～230	25	60	35～40
130	260～300	70～75	200～220	25	60	60	70～80	205～225	25	60	37	75～80	210～230	25	60	35～40

表Ⅱ.4.5-11 **方形卧管及消力池盖板厚度**

水深/m	净宽0.3m		净宽0.4m		净宽0.5m		净宽0.6m		净宽0.7m	
	条石盖板厚度/cm	混凝土盖板厚度/cm	条石盖板厚度/cm	混凝土盖板厚度/cm	条石盖板厚度/cm	混凝土盖板厚度/cm	条石盖板厚度/cm	混凝土盖板厚度/cm	条石盖板厚度/cm	混凝土盖板厚度/cm
5	10	8	12	10	16	13	18.5	15	21.5	17.5
8	12	10	16	13	20	16	23	19	27	22
10	13	11	17.5	14.5	22	18	26	21.5	30	24.5
12	15	12	19	15.5	24	20	28.5	23.5	33	27
14	16	13	20.5	17	26	21	30.5	25	35.5	29.5
16	17	14	22	18	28	23	32	27	38	31.5
18	18	15	23	19	29	24	34.5	28.5	40.5	33.5
20	19	15	24.5	20	31	25	36.5	30	42.5	35
22	20	16	24.5	21	32	26	38.5	31.5	45	37
24	20	17	27	22	33.5	27.5	40	33	47	38.5
26	21	18	27.5	23	34.5	28.5	41.5	34	48.5	40
28	22	18	29	23.5	36	29.5	43	35.5	50.5	41.5

注 表中混凝土标号为C15。

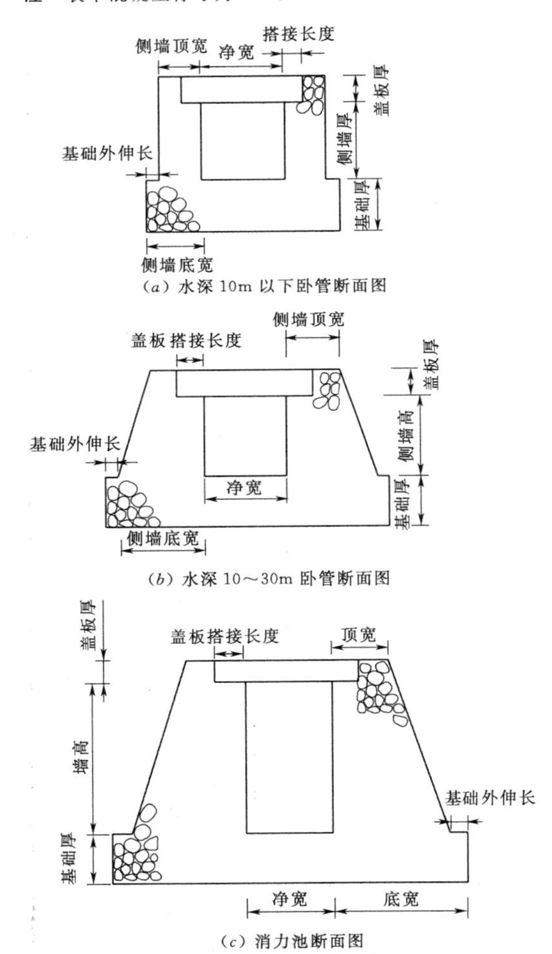

(a) 水深10m以下卧管断面图

(b) 水深10～30m卧管断面图

(c) 消力池断面图

图Ⅱ.4.5-10 卧管、消力池断面图

3. 竖井式放水工程

(1) 竖井水力计算。竖井放水孔布置如图Ⅱ.4.5-11所示，孔口面积可按式（Ⅱ.4.5-11）～式（Ⅱ.4.5-13）计算。

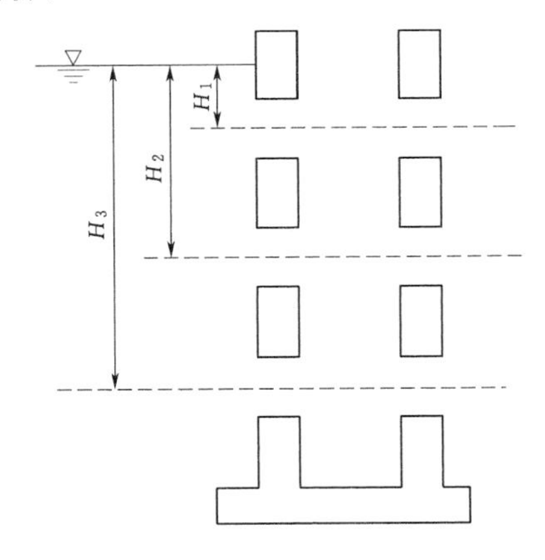

图Ⅱ.4.5-11 竖井放水孔面积计算简图

设一层放水孔放水：

$$\omega=\frac{Q}{n\mu\sqrt{2gH_1}} \quad (Ⅱ.4.5-11)$$

设二层放水孔放水：

$$\omega=\frac{Q}{n\mu(\sqrt{2gH_1}+\sqrt{2gH_2})} \quad (Ⅱ.4.5-12)$$

设三层放水孔放水：

$$\omega=\frac{Q}{n\mu(\sqrt{2gH_1}+\sqrt{2gH_2}+\sqrt{2gH_3})} \quad (Ⅱ.4.5-13)$$

式中 ω——放水孔形式相同、面积相等时，一个放水孔过水断面面积，m^2；

Q——放水流量，m^3/s；

n——放水孔数，个；

μ——流量系数，取0.65；

H_1——水面至孔口中线的距离，m；

H_2——水面至第二层孔口中线的距离，m；

H_3——水面至第三层孔口中线的距离，m。

当水流由放水孔自由下落到井底时，流速很大，具有很大的动能，冲击力也很大，如不处理，则会造成对涵管等的冲刷破坏，所以在井底设消力井消能。消力井的断面尺寸应根据放水流量及竖井高度来计算确定。根据实验，每立方米容积的消力井的消能量为7.5～8.0kW。为了达到充分消能的目的，消力井应具有足够的尺寸。当求出水流实际具有的能量后，即可根据单位体积的消能量确定消力井的体积。

$$\left.\begin{aligned}E&=9.81QH\\V&=\frac{E}{8}=\frac{9.81QH}{8}=1.23QH\end{aligned}\right\}\tag{Ⅱ.4.5-14}$$

式中 H——作用水头，m，可近似采用正常蓄水位与竖井底部高程的差值；

V——消力井的最小容积，m^3；

E——单位体积的消能量，kW/m^3；

其他符号意义同前。

（2）竖井结构尺寸。为了防止因不均匀沉陷而发生竖井与涵洞连接的裂缝。竖井除应选在岩石或硬土地基上外，对于较高的竖井或地基较差时，还应在竖井底部修筑井座，以减小对地基的压力，其高度为1.5～3.0m，厚度可为井壁的2倍。竖井结构和不同井深的各部分断面尺寸，可参考表Ⅱ.4.5-12。

表Ⅱ.4.5-12　　竖井结构尺寸

竖井								消力井		井座		
井深 H/m	井径 d/m	壁厚 M/m	外径 D_1/m	放水孔			井体断面面积/m^2	井径 D/m	井深 H_2/m	高度 H_1/m	直径 D_2/m	底板厚 a/m
				宽 b/m	高 h/m	孔距 e/m						
5.0	0.5	0.3	1.1	0.2	0.3	0.5	3.03	0.5	1.0	1.5	1.5	0.3
10.0	0.8	0.3	1.2	0.2	0.3	0.5	4.02	0.8	1.5	2.0	2.0	0.3
15.0	1.0	0.5	2.0	0.2	0.3	0.5	9.44	1.0	1.5	2.0	2.6	0.3
20.0	1.2	0.5	2.32	0.3	0.4	0.5	10.65	1.2	1.5	2.0	2.8	0.3
25.0	1.5	0.6	2.7	0.3	0.4	0.5	15.7	1.5	2.0	2.5	3.3	0.4
30.0	2.0	0.6	3.2	0.3	0.4	0.5	19.9	2.0	2.0	3.8	3.8	0.5

4. 放水涵洞

（1）涵洞的洞型选择。淤地坝的放水涵洞，通常采用的洞型主要有圆涵、方涵和拱涵3种。在选择涵洞洞型时应考虑以下几点：

1）涵洞的作用及工程特点。涵洞可设计成无压涵、半有压涵或有压涵。涵洞的洞型应结合上述不同涵洞流态的工作特点进行选择。有压涵洞由于受内水压力作用，对防渗要求较高，一般不宜采用拱涵或方涵，而应采用圆涵等。大型淤地坝涵洞一般为无压涵洞，多采用圬工结构，如石砌方涵和拱涵等。小型涵洞或缺少石料的地方也常用圆涵。

2）当地材料和施工条件。建造涵洞所用材料和施工条件将直接影响涵洞的工程造价，涵洞的洞型应尽量考虑选择适于用当地材料建造的洞型，如在产石的山区一般采用石砌拱涵和石砌方涵比较经济，在缺乏石料的地区采用圆涵或混凝土方涵比较经济。

洞型选择还应考虑施工条件，一条小流域内的若干淤地坝的涵洞不宜采用几种不同洞型，以便在条件允许时，便于集中预制。

3）地质条件。拱涵要求有较坚实的基础，对未加处理的软弱地基不宜采用。在寒冷地区修建拱涵要求做好基础防冻处理，以免由于不均匀冻胀或融沉使拱涵遭到破坏。

4）泄流能力及流量大小。相同断面面积时矩形涵洞宣泄能力大。当设计流量较小时，一般宜采用预制圆涵或石（混凝土）方涵；当设计流量较大时，宜采用钢筋混凝土方涵或石（混凝土）拱涵。

（2）涵洞底高程、纵坡及孔径尺寸设计。涵洞底高程及纵坡选择时应考虑以下条件：①满足过水能力和选定流态的要求；②结合地形、地质等条件，力求开挖量小而又安全可靠；③考虑出口沟道的高程、纵坡、水位及其变幅等因素的影响，为出口消能防冲创造有利条件。大型淤地坝涵洞的纵坡一般为1/100～1/200。

涵洞孔径尺寸选择时应遵循：①涵洞的孔径尺寸

应能通过卧管或竖井设计流量，并保证通过设计流量时洞内产生选定的流态；②涵洞的孔径应满足涵洞前积水深度不淹没整个消力池的要求；③宣泄同样流量的涵洞，单孔比多孔经济，因此当宣泄能力相近时，凡能修孔径较大的单孔时，不修孔径较小的多孔；④在确定涵洞孔径时，除考虑涵洞本身的工程量外，还应考虑出口消能或防冲等工程量。合理的涵洞孔径尺寸应通过几种可能方案的经济比较后最终确定。

涵洞底高程、纵坡及孔径尺寸设计，通常需先根据坝高、淤积、地基、施工导流、灌溉、沟道纵坡、出口水位等条件，初拟进出口高程、纵坡和孔径尺寸，然后通过水力计算确定通过设计流量时洞内和出口流速等。如果上述计算结果不符合前述底高程纵坡及孔径尺寸选择的一般原则时，尚需重新拟定，并进行相应的水力计算，直到满足要求为止。

(3) 过水能力计算。过水能力计算的目的在于设计洞径尺寸。为选择合适的过水能力计算公式，应首先根据设计流量和下游水位流量关系曲线，判定出流形式是自由出流还是淹没出流。根据多年来的实践，淤地坝的涵洞出流一般为无压自由出流，其过水能力计算公式按均匀流公式计算（即 $Q=\omega C\sqrt{Ri}$）。涵洞流量与涵洞尺寸可参考表Ⅱ.4.5-13选定。

选定的涵洞孔径应能同时满足设计流量和选定流态的要求。洞内流速应不超过洞身材料允许抗冲流速要求，洞身材料允许抗冲流速按表Ⅱ.4.5-14选取。洞内的净空高度应满足表Ⅱ.4.5-15中的规定要求，净空面积应不少于涵洞断面面积的25%。

表Ⅱ.4.5-13　涵洞流量与涵洞尺寸

流量/(m^3/s) \ 涵洞尺寸	比降1:100						比降1:200					
	圆涵	方涵		拱涵			圆涵	方涵		拱涵		
	直径/cm	宽×高/(cm×cm)	水深/cm	跨度/cm	净高/cm	水深/cm	直径	宽×高/(cm×cm)	水深/cm	跨度/cm	净高/cm	水深/cm
0.02	20	20×20	16				20	25×25	16.5			
0.04	25	30×30	18				25	30×30	23.5			
0.06	25	30×40	24.5				30	30×40	32			
0.08	30	30×40	31				35	30×60	41			
0.10	35	30×50	37				35	40×50	35			
0.12	35	40×40	31				40	40×60	40.5			
0.14	35	40×50	35				40	40×60	46			
0.16	40	40×50	39				45	50×50	39.5			
0.18	40	40×60	43				45	50×60	43.6			
0.20	40	50×50	36	40	65	48	50	50×60	47.5	50	85	47.3
0.30	50	60×60	41	50	85	49.5	55	60×70	53	50	85	66
0.40	55	60×70	51	50	85	64	60	60×90	67	60	100	67.5
0.50	60	60×80	61	60	100	61	65	60×100	81	70	115	67
0.60	65	60×100	71	60	100	71	70			70	115	78
0.70	65	60×100	80.5	70	115	67	75			80	120	75.5
0.80	70			70	115	74.5	80			80	120	84
0.90	75			70	115	82.5	85			90	135	81
1.00	75			80	120	77	85			90	135	88.5
1.20				80	120	89				90	135	103
1.50				90	135	93				100	150	108.5
1.60				90	135	98				100	150	115

续表

涵洞尺寸 / 流量/(m³/s)	比降1∶100						比降1∶200					
	圆涵	方涵		拱涵			圆涵	方涵		拱涵		
	直径/cm	宽×高/(cm×cm)	水深/cm	跨度/cm	净高/cm	水深/cm	直径/cm	宽×高/(cm×cm)	水深/cm	跨度/cm	净高/cm	水深/cm
1.80				100	140	95				110	165	112.5
2.00				100	140	104				110	165	123

注 1. 圆涵糙率 $n=0.015$，水深按$\frac{3}{4}D$（直径）计算。当$D\leqslant 35$cm时，可采用陶瓷管；当$D\geqslant 40$cm时，可采用混凝土管；当$D\geqslant 60$cm时，可采用钢筋混凝土管。

2. 方涵和拱涵采用浆砌石，糙率 $n=0.025$。

3. 本表根据流量给出合理尺寸，除流量很小的涵洞外，一般淤地坝考虑检修方便，可视具体情况采用较大尺寸，以能进人为宜。

表Ⅱ.4.5-14　　洞身或衬砌材料允许冲刷流速

材料名称	水流平均深度			
	0.4m	1.0m	2.0m	3.0m
	允许冲刷流速/(m/s)			
黏土	0.35～1.40	0.40～1.70	0.45～1.90	0.50～2.10
壤土	0.35～1.40	0.40～1.70	0.45～1.90	0.50～2.10
砂壤土（已沉陷的）	1.10	1.30	1.50	0.85～1.70
砾石、泥灰石、页石、多孔性石	2.0	2.5	3.0	3.5
灰石、灰质砂岩、白云石灰岩				4.5
白云砂岩，非成层的致密石灰石、大理石等	3.0	3.5	4.0	22
花岗岩、辉绿岩、玄武岩、安山岩、石英岩、斑岩	15	18	20	1.4
平铺草皮	0.9	1.2	1.3	2.2
槽壁上铺草皮	1.5	1.8	2.0	3.5
15cm厚的铺砌石	2.0	2.5	3.0	4.0
20cm厚的铺砌石	2.5	3.0	3.5	4.5
25cm厚的铺砌石	3.0	3.5	4.0	5.5
28cm厚的铺块石干砌	3.5	4.5	5.0	6.5
30cm厚的铺块石干砌	4.0	5.0	6.0	
密实的土基铺梢捆（厚度20～25cm）		2.0	2.5	
密实的土基铺梢捆（厚度50cm）	2.5	3.0	3.5	
不小于0.5m×0.5m×1.0m的铅丝笼块石	≤4.0	≤5.0	≤5.5	≤6.0
石灰浆砌块石	3.0	3.5	4.0	4.5
浆砌坚硬花岗斑岩	6.0	8.0	10.0	12.0
混凝土护面标号C20	6.5	8.0	9.0	10.0
混凝土护面标号C15	6.0	7.0	8.0	9.0
混凝土护面标号C10	5.0	6.0	7.0	7.5
具有光滑表面的混凝土护面标号C20	13.0	16.0	19.0	20.0
具有光滑表面的混凝土护面标号C15	12.0	14.0	16.0	18.0
具有光滑表面的混凝土护面标号C10	10.0	12.0	13.0	15.0
土基可靠的顺纹木质泄槽	8.0	10.0	12.0	14.0

注 1. 黏土、壤土、砂壤土（已沉陷的）的允许冲刷流速要根据密实程度而定，密实的、孔隙率小的、干容重大的，其允许流速大。

2. 表中流速不可内插，当水深介于表列数值之间时，允许流速应采用与所需水深接近的数值。

3. 不是新鲜完整的岩石，采用时应适当降低，岩石越小，裂隙产状越不利，允许流速越要降低。

表Ⅱ.4.5-15　　无压涵洞顶点至最高水面的净空

进口净高/m ＼ 净空高度/m ＼ 涵洞类型	圆涵	拱涵	矩形涵洞
≤3	$\geqslant\frac{1}{4}a$	$\geqslant\frac{1}{4}a$	$\geqslant\frac{1}{6}a$
>3	≥0.75	≥0.75	≥0.50

注　表中 a 为涵洞高度（m）。

（4）涵洞结构尺寸。

1）方涵结构尺寸。

a. 盖板厚度。方涵由盖板、边墙和底板组成，主要承受土压力。盖板一般采用条石或钢筋混凝土制作而成，其厚度可按下式计算，取大值作为盖板厚度。

（a）条石和混凝土盖板。按最大弯矩计算板厚：

$$h=\sqrt{\frac{6M_{max}}{b[\sigma_b]}} \qquad (Ⅱ.4.5-15)$$

按最大剪切力计算板厚：

$$h=\frac{1.5Q_{max}}{b[\sigma_\tau]} \qquad (Ⅱ.4.5-16)$$

式中　h——盖板板厚，m；

Q_{max}——最大切力，t；

M_{max}——最大弯矩，t·m；

b——盖板单位宽度，取 $b=1$m；

$[\sigma_b]$——允许拉应力，t/m^2；

$[\sigma_\tau]$——允许切应力，t/m^2。

方形涵洞条石和混凝土盖板厚度见表Ⅱ.4.5-16。

表Ⅱ.4.5-16　　方形涵洞条石和混凝土盖板厚度

填土高度/m	净跨 0.3m		净跨 0.4m		净跨 0.5m		净跨 0.6m	
	条石盖板厚度/cm	混凝土盖板厚度/cm	条石盖板厚度/cm	混凝土盖板厚度/cm	条石盖板厚度/cm	混凝土盖板厚度/cm	条石盖板厚度/cm	混凝土盖板厚度/cm
5	13	11	17.5	14.5	21.5	18	26	21.5
8	16.5	13.5	22	18	27.5	22.5	33	27
10	18.5	15	24.5	20	30.5	25	36.5	30
12	20	16.5	26.5	21.5	33	27.5	40	33
14	21.5	18	29	23.5	36	29.5	43	35.5
16	23	19	31	25.5	38.5	31.5	46	38
18	24.5	20	33	27	41	33.5	49	40
20	26	21.5	34.5	28.5	43	35.5	51.5	42.5

注　1. 混凝土标号为C15。

2. 填土高度系洞顶至坝顶土的高度。

（b）钢筋混凝土盖板。当涵洞跨度较大或填土较高，采用条石或混凝土盖板太厚时，可改用钢筋混凝土盖板，计算公式为

$$\left.\begin{aligned} M_{max}&=\frac{1}{8}WL_0\\ h_0&=\gamma\sqrt{\frac{KM_{max}}{b}}\\ h&=h_0+a\\ F_a&=\mu bh_0\\ \sigma_{r_A}&=\frac{Q_{max}}{0.9bh_0}\leqslant\frac{R_p}{k_a} \end{aligned}\right\} \qquad (Ⅱ.4.5-17)$$

式中　W——板的竖向作用力，t/m^2；

L_0——板的计算跨度，m，一般 $L_0=1.05L$，其中 L 为板的净跨；

h_0——板的有效厚度，m；

h——板的总厚度，m；

a——保护层厚度，一般为2～5cm；

γ——断面系数；

μ——经济含钢率，$\mu=0.3\%\sim0.8\%$；

F_a——钢筋断面面积，m^2；

σ_{r_A}——切力产生的主拉应力，t/m^2；

K——安全系数，与建筑物等级有关，一般取 $K=1.6$ 或 $K=1.7$；

R_p——混凝土轴心受拉应力，t/m^2；

k_a——与主拉应力有关的安全系数，与建筑物等级有关，一般取 $k_a=2.4$ 或 $k_a=2.7$；

其他符号意义同前。

如果求得的主拉应力超过允许的主拉应力，可采取下列措施：①将整块板加厚使主拉应力不超过允许主拉应力，即板厚由切力控制，计算采用式（Ⅱ.4.5-19）；②在距板中心的1/4跨度处，用0.5∶1的斜度做托梁，加托处主拉应力比原计算值减少1/2；③用弯起钢筋承受主拉应力。表Ⅱ.4.5-17为方形涵洞钢筋混凝土盖板尺寸，供参考。

表Ⅱ.4.5-17　　方形涵洞钢筋混凝土盖板尺寸

填土高度/m	净跨0.3m				净跨0.4m				净跨0.5m				净跨0.6m			
	盖板厚度/cm	受力钢筋			盖板厚度/cm	受力钢筋			盖板厚度/cm	受力钢筋			盖板厚度/cm	受力钢筋		
		直径/mm	间距/cm	面积/cm²		直径/mm	间距/cm	面积/cm²		直径/mm	间距/cm	面积/cm²		直径/mm	间距/cm	面积/cm²
8	10	6	14	2.02	11	8	17	2.96	13	8	14	3.59	15	8	12.5	4.02
10	10	6	12.5	2.26	13	8	17	2.96	15	8	14	3.59	17	10	18	4.36
12	12	8	22	2.29	14	8	17	2.96	17	8	13	3.87	19	10	17	4.62
14	13	6	13	2.18	16	8	17	2.96	19	8	14	3.59	22	10	18	4.36
16	14	6	13	2.18	18	8	17	2.96	21	8	13	3.87	26	10	17	4.62
18	16	6	12	2.36	19	8	16	3.14	23	8	13	3.87	27	10	17	4.62
20	17	8	19	2.65	21	8	14	3.59	25	10	18	4.36	30	10	15	5.23
22	18	8	17	2.96	23	8	13	3.87	28	10	16	4.91	32	10	14	5.61
24	19	8	16	3.14	25	8	12	4.19	30	10	15	5.23	35	12	18	6.28
26	21	8	14	3.59	26	10	17	4.62	32	10	14	5.61	37	12	17	6.65
28	22	8	13	3.87	28	10	16	4.91	34	10	13	6.04	40	12	15	7.54

注　1. 混凝土标号为C15，钢筋流限 $\sigma_r=2850kg/cm^2$，μ 最小为0.2%，保护层 $a=3.5\sim4.0cm$。

2. $K=1.6$，$k_a=2.4$，$R_p=13.5kg/cm^2$。

3. 分布钢筋一律采用 ϕ6mm，间距为15～25cm。

4. 当计算的主拉应力超过允许的主拉应力时，本表按加大板厚方法予以满足。若采用托梁或弯起钢筋，则应另行计算。

b. 侧墙、底板尺寸。方涵侧墙、底板尺寸与涵洞以上填土高度有关，具体尺寸可参考表Ⅱ.4.5-18和图Ⅱ.4.5-12。

表Ⅱ.4.5-18　　方 涵 各 部 位 尺 寸　　单位：cm

净宽	侧墙高	填土高10m				填土高20m				填土高30m			
		侧墙宽	基础宽	基础厚	盖板搭接长度	侧墙宽	基础宽	基础厚	盖板搭接长度	侧墙宽	基础宽	基础厚	盖板搭接长度
30	30	30	50	30	15	30	50	30	15	30	50	30	15
30	40	30	50	30	15	30	50	30	15	30	50	30	15
30	50	30	50	30	15	30	50	30	15	40	60	40	20
30	60	30	50	30	15	40	60	40	20	50	70	50	25
40	40	30	50	30	15	30	50	30	15	30	50	30	15
40	50	30	50	30	15	30	50	30	15	40	60	40	20
40	60	30	50	30	15	40	60	40	15	40	60	40	20
50	50	40	60	40	20	40	60	40	20	40	60	40	20
50	60	40	60	40	20	40	60	40	20	40	60	40	20

续表

净宽	侧墙高	填土高 10m				填土高 20m				填土高 30m			
		侧墙宽	基础宽	基础厚	盖板搭接长度	侧墙宽	基础宽	基础厚	盖板搭接长度	侧墙宽	基础宽	基础厚	盖板搭接长度
60	60	40	60	40	20	40	60	40	20	40	60	40	20
60	70	40	60	40	20	40	60	40	20	50	70	50	25
60	80	40	60	40	20	40	60	40	20	50	70	50	25
60	90	50	70	50	25	60	80	60	25	65	85	65	25
60	100	50	70	50	25	60	80	60	25	70	90	70	30

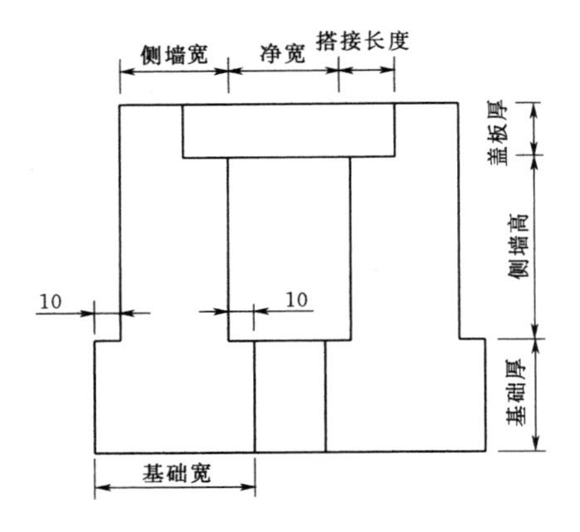

图Ⅱ.4.5-12 方涵断面图（单位：cm）

2）拱涵结构尺寸。拱圈厚度可参考已有的设计或按经验公式初拟。

小跨度石拱涵可按式（Ⅱ.4.5-18）初拟拱圈厚度：

$$\left.\begin{aligned} t &= 1.37\sqrt{R_0+\frac{L_0}{2}}+6 \\ R_0 &= \frac{L_0}{2\sin\phi_0} \end{aligned}\right\} \qquad (\text{Ⅱ}.4.5-18)$$

式中 t——等截面圆弧拱拱圈厚度，cm；

L_0——圆弧拱净跨径，cm；

R_0——拱圈内半径，cm；

ϕ_0——拱脚至圆心的连线与垂线交角（半圆心角），(°)。

在流量不大的情况下，拱圈的厚度也可参考表Ⅱ.4.5-19、表Ⅱ.4.5-20和图Ⅱ.4.5-13选取。

3）圆涵结构尺寸。圆涵的孔径尺寸由水力计算确定，其断面尺寸可参照已有设计或根据经验初步拟定。在一般情况下，可按以下方法初拟圆涵的断面尺寸：填土高度在6m以下时，管壁厚度可按管节内径的1/12.5初拟；填土高度在6m以上时，管壁厚度可按管节内径的1/10初拟。管壁厚度按构造要求，一般不宜小于8cm。

表Ⅱ.4.5-19 石拱涵洞各部位尺寸 单位：cm

项目	尺寸								
跨度	40	50	60	70	80	90	100	100	110
涵洞净高	65	85	100	115	120	135	140	150	165
墩高	45	60	70	80	80	90	90	100	110
起拱面宽	35	40	40	40	50	50	70	70	75
基础宽	60	70	75	80	85	90	120	130	140
拱厚	30	35	40	40	40	40	40	40	40
最大允许过水深	50	70	80	85	90	105	110	110	120

注 1. 涵洞净高＝墩高＋1/2跨度。
2. 底板在岩基上时，厚度可以适当减小（如0.25m、0.30m）；在土基上时，若采用较小的厚度，则底板可做成反拱。
3. 表中拱石厚度适用于拱顶填土不超过10～15m时，若填土超过10～15m，则拱石厚度可加大至60cm，或在表列拱顶尺寸上再浇筑一层混凝土拱顶，也可拱顶全部用混凝土浇筑。
4. 拱和墙面必须全部用水泥砂浆抹面，以防渗漏。

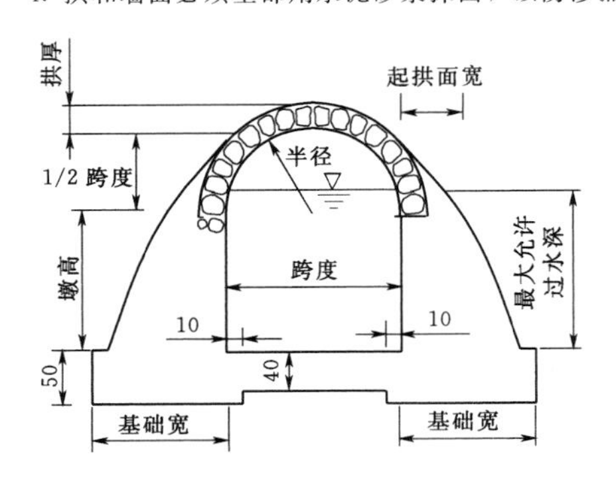

图Ⅱ.4.5-13 拱涵断面图（单位：cm）

表Ⅱ.4.5-20　石拱涵尺寸参考值

编号	流量 Q /(m³/s)	净跨径 B /cm	矢高 F /cm	拱圈半径 R /cm	拱圈厚度 t /cm	边墙顶宽 b_1 /cm	边墙底宽 b_2 /cm
1	0.2～0.4	80	25	45	25	35	60
2	0.6～0.8	120	30	75	30	40	80
3	1.0～1.25	140	40	82	30	40	90
4	1.5～1.75	180	40	121	30	45	100
5	2.0～2.5	200	50	125	35	50	120
6	3.0	220	50	145	35	50	140

混凝土圆涵的管壁厚度亦可按式（Ⅱ.4.5-19）计算：

$$t=\sqrt{\frac{0.06Wd_0}{\sigma_b}} \qquad (Ⅱ.4.5-19)$$

其中　$W=\gamma HD$

式中　t——混凝土管涵壁厚，cm；

W——管上垂直土压力，kg/cm；

γ——填土饱和容重，t/m³；

H——填土高度，m；

D——管涵外径，cm；

d_0——涵管计算直径，cm；

σ_b——混凝土弯曲时允许的压应力，C15混凝土 $\sigma_b=6.7$kg/cm。

圆涵若采用沟埋式［图Ⅱ.4.5-14（a）］，则沟的两壁土层应坚实，涵管中心线以下应砌筑浆砌片石或浇筑素混凝土；若采用上填式［图Ⅱ.4.5-14（b）］，则涵管应置于浆砌块石或混凝土管座上。

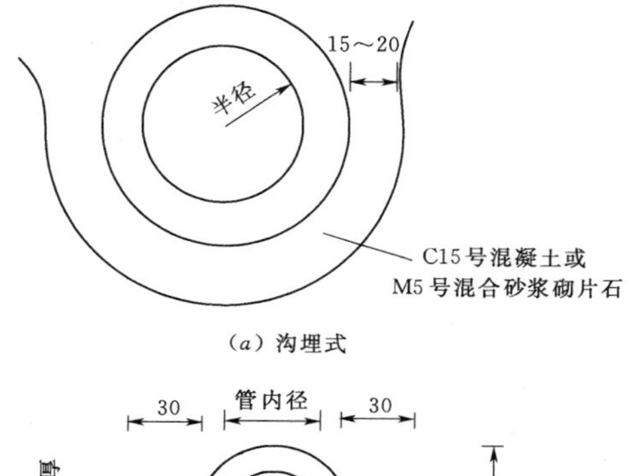

（a）沟埋式

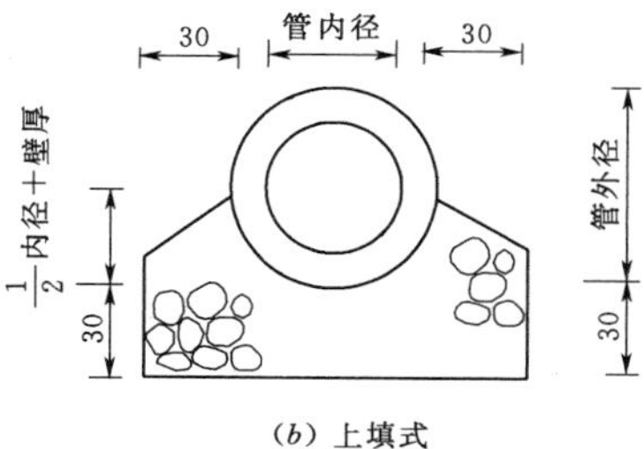

（b）上填式

图Ⅱ.4.5-14　圆涵断面图（单位：cm）

混凝土圆涵的管径一般不宜超过50cm。管径超过50cm的圆涵，一般采用钢筋混凝土涵管。明渠均匀流钢筋混凝土涵管壁厚及钢筋用量可参考图Ⅱ.4.5-15和表Ⅱ.4.5-21。

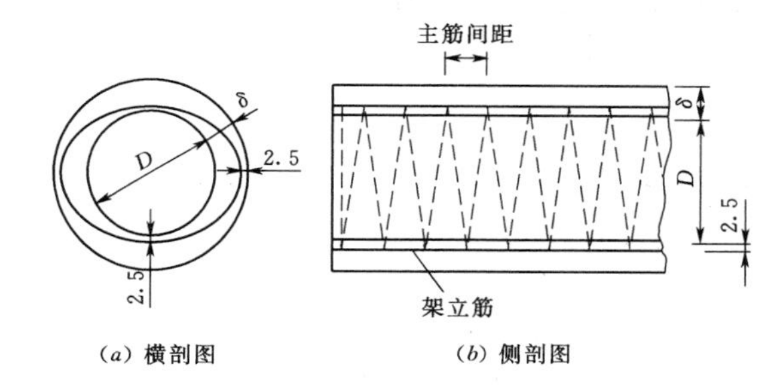

（a）横剖图　（b）侧剖图

图Ⅱ.4.5-15　钢筋混凝土涵管配筋图（单位：cm）

δ—管壁厚

表Ⅱ.4.5-21　钢筋混凝土管壁厚和钢筋用量

管顶填土高度/m	管内径60cm			管内径70cm			管内径80cm			管内径90cm			管内径100cm		
	壁厚 /cm	受力钢筋		壁厚 /cm	受力钢筋		壁厚 /cm	受力钢筋		壁厚 /cm	受力钢筋		壁厚 /cm	受力钢筋	
		直径 /mm	间距 /cm		直径 /mm	间距 /cm		直径 /mm	间距 /cm		直径 /mm	间距 /cm		直径 /mm	间距 /cm
10	10	8	12	11	10	15.5	12	10	13.5	13	10	11.5	15	12	15
15	12	10	13	14	10	11	16	12	14	17	12	12.5	18	14	14.5
20	14	12	15	17	12	12.5	19	14	14.5	21	14	13	22	16	15
25	16	12	12	20	14	13.5	22	16	15	25	16	14	26	16	12

注　1. 壁厚包括保护层2.5cm。
2. 架立钢筋采用 ϕ6mm，间距为20cm。

5. 涵洞出口的消能防冲设计

淤地坝涵洞的出口水流，一般为无压流。当涵洞将水流直接送入沟床或经缓坡明渠将水流送入沟床时，涵洞出口水流的流速一般不大于6m/s，涵洞或明渠出口可采用防冲铺砌消能，较为经济；当涵洞出口接陡坡明渠时，水流流速较大，若采用防冲措施不但难以满足防冲要求，而且还会增加工程投资，在这种情况下宜采用消能措施，如底流消能等。

(1) 防冲铺砌。防冲铺砌结构如图Ⅱ.4.5-16所示。铺砌厚度、长度和垂裙埋置深度可参照以下经验尺寸确定：

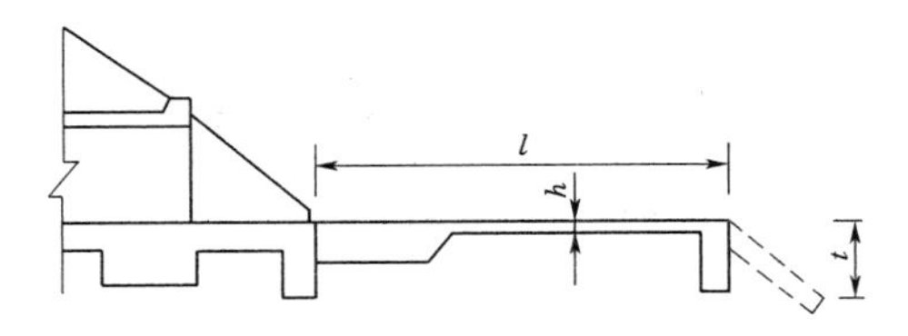

图Ⅱ.4.5-16 防冲铺砌结构图

l—铺砌长度；h—铺砌厚度；t—垂裙埋置深度

1) 铺砌种类。铺砌材料可根据出口流速，参照表Ⅱ.4.5-22确定。

表Ⅱ.4.5-22 铺砌材料的允许流速

出口允许流速 $v_{出}$/(m/s)	≤1.0	1.0～2.0	2.0～0.6	>6.0
铺砌种类	无铺砌	干砌片石	浆砌片石	混凝土

2) 铺砌厚度。干砌片石或浆砌片石均采用0.35m厚。下设0.1m碎石垫层；对于流速较小者，可适当减薄，但不得小于0.25m。

3) 铺砌长度。拱涵出口的铺砌长度应铺至坝坡脚线外20m，圆涵出口的铺砌长度应铺至坝坡坡脚线外10m。

4) 垂裙埋置深度。出口垂裙埋置深度与出口流速有关，表Ⅱ.4.5-23给出了不同出口流速所需的垂裙埋置深度。

表Ⅱ.4.5-23 不同出口流速所需的垂裙埋置深度

出口流速 $v_{出}$/(m/s)	1.0	2.0	3.0	4.0	5.0	6.0
垂裙埋置深度/m	0.5	0.9	1.32	1.7	2.0	2.2

5) 铺砌加固平面尺寸。为防止洞口扩散水流对铺砌两侧的淘刷，铺砌加固需有一定宽度和扩散角度，具体应结合出口沟槽的形状确定。

涵洞出口防冲铺砌的尺寸，除按经验确定外，还可通过计算确定。铺砌厚度可按浮起稳定条件确定，铺砌末端垂裙埋置深度可按计算出的冲刷深度确定。

(2) 消能设计。涵洞或明渠出口消能水力设计的主要内容为：计算、分析水流的衔接形式，判别是否需要采取消能措施，以及确定消能设计的结构形式与尺寸。

涵洞或明渠出口消能，多采用底流消能，所谓底流消能，就是采取一定的工程措施，使水流在涵洞出口处产生水跃，利用水跃消能。底流消能主要有挖深式消力池、消力墙和综合式消力池3种形式。这里主要介绍挖深式消力池和综合式消力池的消能水力设计。

1) 水跃的计算。为判别涵洞出口的水面连接形式，确定是否要采取消能措施及确定消能设施的基本尺寸，需进行水跃计算。水跃计算的主要内容为跃前水深h_c'、跃后水深h_c''和水跃长度L_j的计算。根据水跃的计算结果，即可判断出口水流衔接形式。

a. 跃前和跃后断面水深的计算。对于矩形断面渠槽：

$$\left.\begin{aligned}T_0&=h_c'+\frac{q^2}{2g\varphi^2 h_c'^2}\\h_c''&=\frac{h_c'}{2}(\sqrt{1+8Fr_c^2}-1)\end{aligned}\right\}\qquad(Ⅱ.4.5-20)$$

其中 $$Fr_c=\frac{v_c}{\sqrt{gh_c'}}$$

式中 T_0——以涵洞出口渠底为基准面的涵洞出口总能头，m；

q——收缩断面处的单宽流量，m³/(s·m)；

g——重力加速度，m/s²；

φ——流速系数；

Fr_c——收缩断面的弗劳德数；

v_c——收缩断面流速，m/s；

h_c'、h_c''——与T_0以同一基准线算的跃前、跃后断面水深，m。

b. 水跃长度计算。水跃长度指跃前断面与跃后断面间的距离。计算跃长的公式很多，但多属于经验公式。常采用的公式有以下几种。

按跃前断面弗劳德数Fr_1大小，用不同公式计算L_j：

$$\left.\begin{aligned}&当 1.7<Fr_1\leqslant 9.0 时，L_j=9.5(Fr_1-1)h'\\&当 9.0<Fr_1<16 时，L_j=[8.4(Fr_1-9)+76]h'\end{aligned}\right\}\qquad(Ⅱ.4.5-21)$$

式中 Fr_1——为跃前断面的弗劳德数。

欧勒佛托斯基公式：

$$L_j=6.9(h''-h')\qquad(Ⅱ.4.5-22)$$

吴持恭公式：

$$L_j=10(h''-h')^{-0.32}\qquad(Ⅱ.4.5-23)$$

c. 判别出口水流衔接形式，确定是否需要采取消能措施。涵洞或明渠出口水流衔接形式（图Ⅱ.4.5－17），可通过下游水深 h_t 与出口后收缩水深 h_c' 的共轭水深 h_c'' 进行比较来判别。当 $h_c''>h_t$ 时，为远离水跃；当 $h_c''=h_t$ 时，为临界水跃；当 $h_c''<h_t$ 时，为淹没水跃。

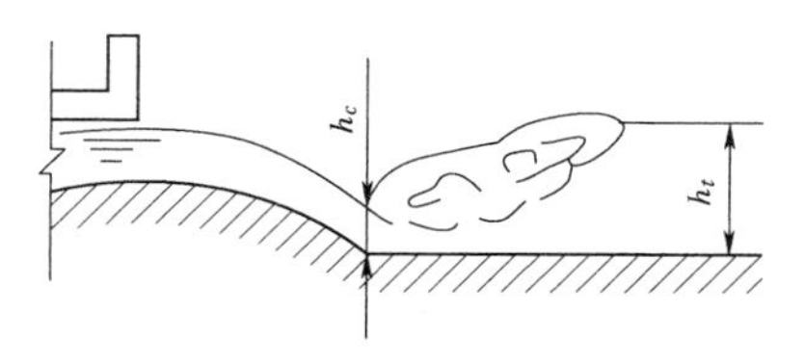

(a) 临界水跃 $h_t=h_c''$

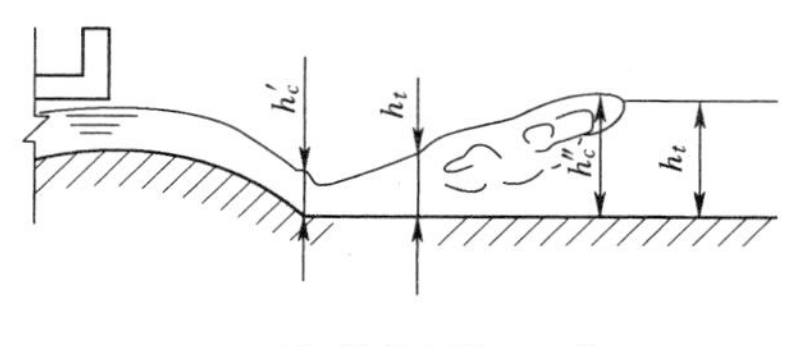

(b) 远离水跃 $h_t<h_c''$

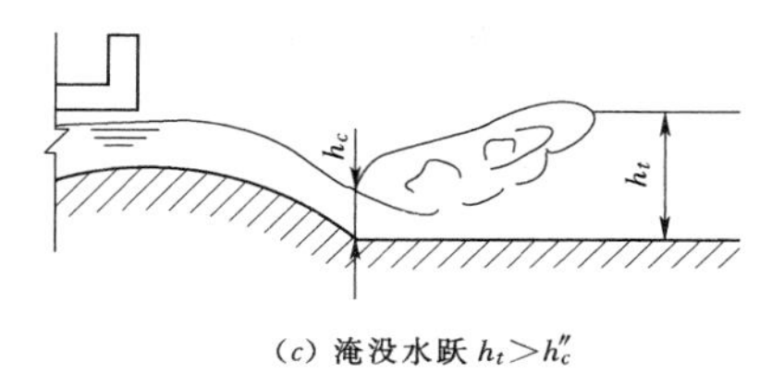

(c) 淹没水跃 $h_t>h_c''$

图Ⅱ.4.5－17 涵洞出口后的水面衔接形式

h_t—下游水深；h_c''—共轭水深；h_c'—出口后收缩水深

若为远离水跃，则必须采取工程措施，强迫水流发生临界或稍有淹没的（淹没系数 $\sigma=1.05\sim1.10$）水跃。

2）挖深式消力池的水力设计。挖深式消力池是在涵洞或明渠出口要求发生水跃的范围内，以挖深池底的办法局部加大下游水深，促成淹没水跃消能。挖深式消力池水力设计的主要任务是确定池深 S 和消力池长度 L_B。涵洞出口后挖深式消力池的水面衔接形式如图Ⅱ.4.5－18所示。

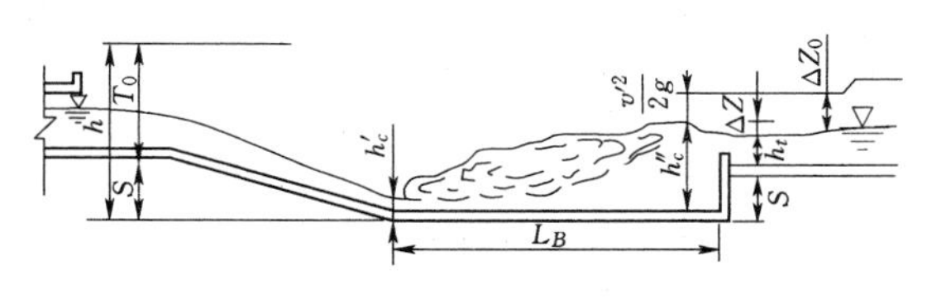

图Ⅱ.4.5－18 挖深式消力池

a. 判别水流衔接形式，确定是否需要采取消能措施。当产生远离水跃式衔接时需要采取消能措施，建造消力池。

b. 消力池深计算。为保证消力池内发生稍有淹没的水跃，池深 S、消力池末端水深 h_c''、下游水深 h_t、消力池出口水面落差 ΔZ 应满足下列关系：

$$\left.\begin{aligned}&\sigma h_c''=h_t+S+\Delta Z\\&\Delta Z=\frac{Q^2}{2gb^2}\left(\frac{1}{\varphi'^2h_t^2}-\frac{1}{\sigma^2h_c''^2}\right)=\frac{q^2}{2g\varphi'^2h_t^2}-\frac{q^2}{2g\sigma^2h_c''^2}\end{aligned}\right\}\qquad(Ⅱ.4.5-24)$$

式中 h_t——下游水深，m；

S——消力池深，m；

ΔZ——消力池出口水面落差，m；

σ——淹没系数，可取 $\sigma=1.05\sim1.10$；

φ'——水流出池时的流速系数，一般取 0.95；

b——消力池宽度，m；

Q——入池流量，m^3/s；

q——单宽流量，$m^3/(s\cdot m)$。

c. 消力池长度计算。自收缩断面起至池末端的长度为

$$L_B=(0.7\sim0.8)L_j\qquad(Ⅱ.4.5-25)$$

式中 L_B——消力池长度，m；

L_j——水跃长度，m。

3）综合式消力池的水力设计。综合式消力池（图Ⅱ.4.5－19）是采用降低护坦高程和建造消力墙两种措施，以局部加大下游水深，促使发生淹没水跃来消能。

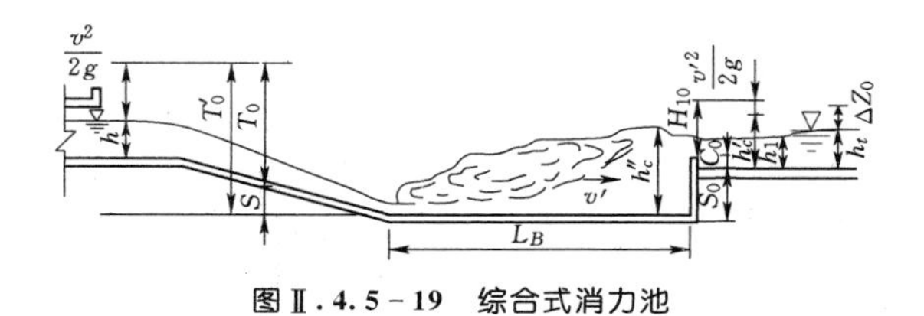

图Ⅱ.4.5－19 综合式消力池

设计综合式消力池时，应使墙后和消力池内均产生淹没水跃。综合式消力池的水力设计按以下步骤进行。

a. 计算墙高 C_0。由下游水深 h_t 反求墙后收缩断面水深 h_{cl}' 及静水消力墙前总水头 T_0、消力墙顶总水头 H_{10}。

$$\left.\begin{aligned}&h_{cl}'=\frac{h_t}{2}(\sqrt{1+8Fr_t^2}-1)\\&T_0=C_0+H_{10}=h_c'+\frac{q^2}{2g\varphi^2h_c'^2}\\&H_{10}=\left(\frac{q}{m\sqrt{2g}}\right)^{2/3}\\&C_0=T_0-H_{10}\end{aligned}\right\}\qquad(Ⅱ.4.5-26)$$

其中 $$Fr_t=\frac{Q}{6h_t\sqrt{gh_t}}=\frac{q}{\sqrt{g}h_t^{3/2}}$$

式中 C_0——消力池墙高，m；

Fr_t——下游断面的弗劳德数；

φ——水流过墙顶的流速系数，可取0.95；

m——水流过墙顶的流量系数，一般取 $m=0.42$；

h'_{ct}——墙后收缩断面水深，m；

Q——消能工的设计流量，m^3/s；

q——单宽流量，$m^3/(s\cdot m)$；

T_0——消力墙前总水头，m；

H_{10}——消力墙顶总水头，m。

b. 计算消力池深 S_0。

$$\left.\begin{aligned}S_0&=\sigma h''_c-(C_0+H_1)\\H_1&=H_{10}-\frac{q^2}{2g(\sigma h''_c)^2}\end{aligned}\right\}\quad(Ⅱ.4.5-27)$$

式中 H_1——消力墙顶水头，m；

S_0——消力池深，m；

其他符号意义同前。

池深 S_0 可用试算法求出。试算时，先假定一系列 S_0，对每一个 S_0 都可以由式（Ⅱ.4.5-27）计算，$T'_0=T+S_0$ 和 h'_c、h''_c，然后按式（Ⅱ.4.5-28）计算墙顶水头 H_1：

$$\left.\begin{aligned}H_1&=\sigma h''_c-(C_0+S_0)=f_1\\H_1&=H_{10}-\frac{q^2}{2g(\sigma h''_c)^2}=f_2\end{aligned}\right\}\quad(Ⅱ.4.5-28)$$

根据上述计算结果点绘出 S_0-f_1、S_0-f_2 两条关系线，两条关系线交点的 S_0 向坐标值即为所求的池深 S_0 值。为了安全，可以把求得的墙高 C_0 值稍降低一些，使墙后、池内都产生稍有淹没的水跃。

c. 消力池长度计算。池长计算见式（Ⅱ.4.5-25）。

4）护坦（消力池）后部的加固防护措施。底流消能可集中消除水流的余能，但在水跃后的相当长距离内，水流仍具有相当高的底流速和相当强的脉动。因此，经消力池集中消能之后，还要对下游河床采取加固防护措施，如设置海漫和防冲槽等。

5）海漫的水力设计。海漫是护坦（消力池）后面对河床的保护设施，它的主要作用是消除跃后段较大的脉动余能，并将进一步扩散与调整水流，减小流速，防止水流对河床的冲刷。海漫水力设计的主要内容为确定海漫的长度及抛石块体的几何尺寸等。

a. 海漫长度计算。海漫长度可按式（Ⅱ.4.5-29）进行估算：

$$L=(10\sim12.5)h_t\quad(Ⅱ.4.5-29)$$

式中 h_t——下游水深，m；

L——海漫长度，m。

计算时，公式中的系数，对于土质较坚实耐冲、消能扩散良好、跃高比 h''_c/h'_c 较小的，取较小值，反之取较大值。

b. 海漫段防冲砌护块体尺寸的计算。海漫防冲块体的几何尺寸，随材料类型及施工方法的不同而有所区别。工程中常用的干砌块石海漫，可按式（Ⅱ.4.5-30）估算块石直径：

$$d=0.06v_{max}^2\quad(Ⅱ.4.5-30)$$

其中 $$v_{max}\approx1.6v$$

式中 d——块石直径，m；

v_{max}——海漫上的最大流速，m/s；

v——出池水流的平均流速，m/s。

从便于施工的角度考虑，公式中的 v_{max} 不宜大于3.5m/s。通常单层干砌石厚度不宜小于20～30cm，其下还应注意做好反滤垫层。从使用上说，双层干砌石不如加厚的单层干砌石好。

c. 海漫末端的水深控制。海漫末端水深 h_{t1} 可根据河床土质允许的最大流速来控制。

$$h_{t1}=\frac{q}{v_0}\quad(Ⅱ.4.5-31)$$

式中 h_{t1}——海漫末端（防冲槽）水深，m；

q——海漫末端的单宽流量，$m^3/(s\cdot m)$；

v_0——河床土质允许流速，m/s。

计算出来的 h_{t1} 值应接近于下游水深 h_t：若 $h_{t1}<h_t$，说明海漫末端的实际流速小于允许流速，则偏于安全；若 $h_{t1}>h_t$，则偏于不安全；海漫设计中应控制其末端水深 h_{t1} 不大于下游水深。

d. 海漫的布置要求。海漫在布置上应有利于水流扩散，如条件许可，海漫应顺水流方向做成斜坡，使水流在平面上扩散的同时，也在铅直方向上扩散。坡度以1：6～1：10为好，否则底部易产生旋涡，反而影响水流扩散。海漫余坡末端（防冲槽）之后，则以倒坡与下游沟床相连接。海漫表面沿着水流方向做成斜坡，目的是使末端加深，以增加水流深度，降低流速，使其接近河床的允许流速；向下游倾斜的海漫尚可促使其末端形成面流式流态，使垂直流速分布情况接近于沟道内的正常流动情况，以减少冲刷。海漫施工中应注意使其表面比沟床更粗糙和具有一定的柔性，以适应沟床可能发生的变形；海漫还应是透水的，以排除渗透水流。海漫的厚度在靠近护坦（消力池）的一端和接近于下游河床的一端都应适当加大一些；海漫前端高程宜低于消力池的尾坎顶高程，以减轻出池水流的影响。为保证海漫的安全运行，海漫施工中应注意做好反滤垫层。

6）防冲槽计算。防冲槽是对海漫末端的保护设施。流至海漫末端的水流情况虽然已与沟道中水流情况相近，但仍具有一定的冲刷能力，原有沟床的土壤将遭到冲刷，进而引起海漫末端的淘刷。所以，海漫末端要加设一道与水流方向垂直的、予以特别保护的防冲槽。

防冲槽常做成堆石式（图Ⅱ.4.5-20）和齿墙式（图Ⅱ.4.5-21）两种类型，其中又以堆石式防冲槽更常用。堆石式防冲槽的作用是防止冲刷而破坏海漫。齿墙式冲槽的作用不是对冲坑的边坡予以保护，而是借助埋深大于可能冲刷深度以下的齿墙截断冲坑向海漫方向的扩展，保护海漫的稳定、安全。

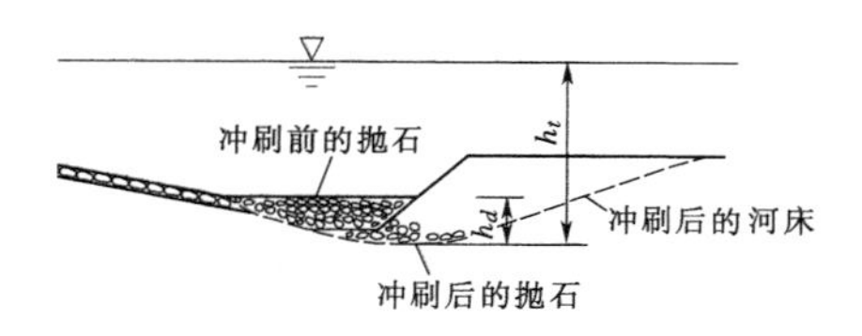

图Ⅱ.4.5-20 堆石式防冲槽

h_d—冲刷坑深度；h_t—下游水深

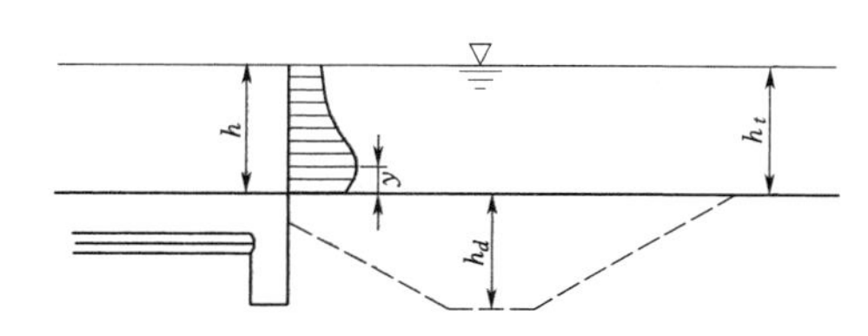

图Ⅱ.4.5-21 齿墙式防冲槽

防冲槽水力设计的主要任务是计算冲刷坑深度和防冲槽断面尺寸。

a. 冲刷坑深度计算。对不同类型的土壤，可按式（Ⅱ.4.5-32）计算：

$$\left.\begin{aligned}&\text{沙性土：}h_d=0.164\frac{Kq\sqrt{2\alpha_0-y/h}}{\sqrt{D}\left(\dfrac{h}{D}\right)^{1/6}}-h_t\\&\text{黏性土：}h_d=\frac{Kq}{v_c}\sqrt{2\alpha_0-y/h}-h_t\end{aligned}\right\}\quad(\text{Ⅱ}.4.5-32)$$

式中 h_d——冲刷坑深度，m；

q——海漫末端的单宽流量，$m^3/(s\cdot m)$；

α_0——海漫末端的动量改正系数，$\alpha_0=1.0\sim1.3$；

y——海漫末端断面垂线上最大流速点距河底的距离，m；

h——海漫末端断面的水深，m；

h_t——下游水深，m；

K——海漫末端断面处的单宽流量集中系数，查表Ⅱ.4.5-24得出；

D——河床砂粒的平均粒径，m，查表Ⅱ.4.5-25得出；

v_c——河床的允许流速，查表Ⅱ.4.5-26和表Ⅱ.4.5-27得出。

式（Ⅱ.4.5-32）中$\sqrt{2\alpha_0-y/h}$综合地反映了海漫末端断面流速分布状态对冲刷坑深度的影响，其值可查表Ⅱ.4.5-28得出。

b. 防冲槽断面面积计算。防冲槽断面面积的大小，决定于冲刷坑形成以后冲坑上游坡的平均坡度及堆石自槽内向坑底塌滑时块石铺盖的厚度。据有关试验研究资料，冲刷上游平均坡度为1∶3～1∶6，下游平均坡度为1∶10或更缓。防冲槽断面面积可按式（Ⅱ.4.5-33）计算：

$$\omega=\delta h_d\sqrt{1+m^2}\qquad(\text{Ⅱ}.4.5-33)$$

式中 ω——防冲槽断面面积，m^2；

h_d——冲刷坑深度，m；

m——坍落的堆石形成的护面坡率，可取$m=3\sim6$；

δ——堆石形成的护面厚度，m，可取$\delta=0.3\sim0.5$m。

c. 防冲槽的布置。防冲槽沿水流流向垂线方向的石料堆放长度，应比槽前段的海漫宽度增加一些，每一端增加的长度约为mh_d（m为冲坑坡率、h_d为

表Ⅱ.4.5-24 K 值

消能扩散情况	K
墙扩散角度适宜，有池、坎、齿等较好的消能工，扩散较好，无回溜或经过模型试验者	1.05～1.5
墙不适宜，消能工不强，扩散不良，下游河床有回溜	1.5～3.0
无翼墙及消能工或极不相宜，有折冲水流或个别集中开放闸门者	3.0～5.5

表Ⅱ.4.5-25 砂粒平均粒径 单位：cm

砂土分类	粉细砂	细砂	中砂	粗砂	细砾	中砾	粗砾
D_{50}	0.015	0.035	0.075	0.15	0.3	0.7	1.5

表Ⅱ.4.5-26　　黏性土的允许（不冲）流速

土的名称	颗粒含量/%		土的特性															
	< 0.005mm	0.005～0.05mm	不甚密实的土（孔隙比为1.2～0.9）；土的骨架容重达1.2t/m³				中等密实的土（孔隙比为0.9～0.6）；土的骨架容重为1.20～1.66t/m³				密实土（孔隙比为0.6～0.3）；土的骨架容重为1.66～2.40t/m³				非常密实的土（孔隙比为0.2～0.3）；土的骨架容重为2.04～2.14t/m³			
			水流平均深度/m															
			0.4	1.0	2.0	3.0	0.4	1.0	2.0	3.0	0.4	1.0	2.0	3.0	0.4	1.0	2.0	3.0
			平均流速/(m/s)															
黏土重壤土	30～50 20～30	70～50 80～70	0.35	0.40	0.45	0.50	0.65	0.80	0.90	1.00	0.95	1.20	1.40	1.50	1.40	1.70	1.90	2.10
轻壤土	10～20	90～80	0.35	0.40	0.45	0.50	0.70	0.85	0.95	1.10	1.0	1.20	1.40	1.50	1.40	1.70	1.90	2.10
已经沉陷完了的砂壤土	—	—	—	—	—	—	0.60	0.70	0.80	0.85	0.80	1.00	1.20	1.30	1.10	1.30	1.50	1.70

表Ⅱ.4.5-27　　非黏性土的允许（不冲）流速

土及其特征		颗粒尺寸/mm	水流平均深度/m					
名称	形状		0.4	1.0	2.0	3.0	5.0	10及以上
			平均流速/(m/s)					
灰尘及淤泥	灰尘及淤泥带细砂、沃土	0.005～0.05	0.15～0.20	0.20～0.30	0.25～0.40	0.30～0.45	0.40～0.55	0.45～0.65
砂，小颗粒的	细砂带中等尺寸砂	0.05～0.25	0.20～0.35	0.30～0.45	0.40～0.55	0.45～0.60	0.55～0.70	0.65～0.80
砂，中颗粒的	细砂带黏土，中等尺寸砂带大的砂粒	0.25～1.00	0.35～0.50	0.45～0.60	0.55～0.70	0.60～0.75	0.70～0.85	0.80～0.95
砂，大颗粒的	大砂夹杂着砾，中等尺寸砂带黏土	1.00～2.50	0.50～0.65	0.60～0.75	0.70～0.80	0.75～0.90	0.85～1.00	0.95～1.20
砾，小颗粒的	细砾带中等尺寸砾石	2.50～5.00	0.65～0.80	0.75～0.85	0.80～1.00	0.90～1.10	1.00～1.20	1.20～1.50
砾，中颗粒的	大砾带砂带小砾	5.00～10.00	0.80～0.90	0.85～1.05	1.00～1.15	1.10～1.30	1.20～1.45	1.50～1.75
砾，大颗粒的	小卵石带砂带砾	10.00～15.00	0.90～1.10	1.05～1.20	1.15～1.35	1.30～1.50	1.45～1.65	1.75～2.00
卵石，小颗粒的	中等尺寸卵石带砂带砾	15.00～25.00	1.10～1.25	1.20～1.45	1.35～1.65	1.50～1.85	1.65～2.00	2.00～2.30
卵石，中颗粒的	大卵石夹杂着砾	25.00～40.00	1.25～1.50	1.45～1.85	1.65～2.10	1.85～2.30	2.00～2.45	2.30～2.70
卵石，大颗粒的	小鹅卵石带卵石带砾	40.00～75.00	1.50～2.00	1.85～2.40	2.10～2.75	2.30～3.10	2.45～3.30	2.70～3.60
鹅卵石，小个的	中等尺寸鹅卵石带卵石	75.00～100.00	2.00～2.45	2.40～2.80	2.75～3.20	3.10～3.50	3.30～3.80	3.60～4.20

表Ⅱ.4.5-28 $\sqrt{2\alpha_0 - y/h}$ 值

布置情况	进入冲刷河床前流速分布的图形	α_0	y/h	$\sqrt{2\alpha_0 - y/h}$
消力池尾坎后为倾斜海漫		1.05～1.15	0.8～1.0	1.05～1.22
尾坎后为较长水平海漫		1～1.05	0.5～0.8	1.10～1.26
尾坎后无海漫，坎前产生水跃		1.1～1.3	0～0.5	1.30～1.61
尾坎后无海漫，坎前为缓流		1.05～1.2	0.5～1.0	1.05～1.38

冲坑深度）。根据经验，防冲槽开挖时，其上游边坡坡比不宜大于1∶4，以利于保护海漫。

4.5.5 溢洪道设计

4.5.5.1 溢洪道类型

溢洪道按其构造类型可分为开敞式和封闭式两种类型。开敞式溢洪道包括正槽溢洪道和侧槽溢洪道两种。开敞式河岸溢洪道泄洪时水流具有自由表面，它的泄流量随库水位的增高而增大很快，运用也安全可靠，因而被广泛应用。开敞式溢洪道根据溢流堰与泄槽相对位置的不同，又分为正槽式溢洪道与侧槽式溢洪道。淤地坝一般采用正槽溢流堰式溢洪道。溢洪道平面布置示意图如图Ⅱ.4.5-22所示。

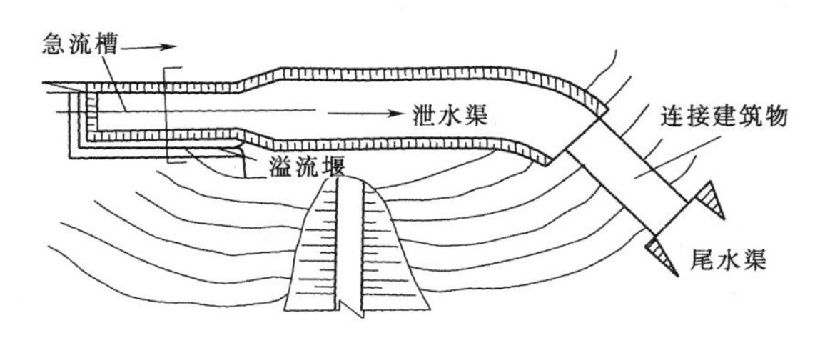

图Ⅱ.4.5-22 溢洪道平面布置示意图

4.5.5.2 溢洪道位置选择

溢洪道的位置应根据坝址的地形、地质条件进行技术经济比较来选定，并应符合以下要求：①溢洪道布设应尽量利用开挖量小的有利地形，进、出口附近的坝坡和岸坡应有可靠的防护措施和足够的稳定性；②溢洪道布置宜避开堆积体和滑坡体；③进水口距坝肩应不小于10m，出水口距下游坝脚不小于20m；④当坝址上游有较大支沟汇入时，溢洪道应布设在有支沟一侧的岸坡上，以便直接排泄支沟洪水；⑤溢洪道布置应尽可能不和泄水洞放在同一侧，以免造成水流干扰和影响卧管安全。

4.5.5.3 溢洪道结构布置

淤地坝一般多采用陡坡式溢洪道，其通常由进口段、陡坡段和出口段三部分组成，如图Ⅱ.4.5-23所示。

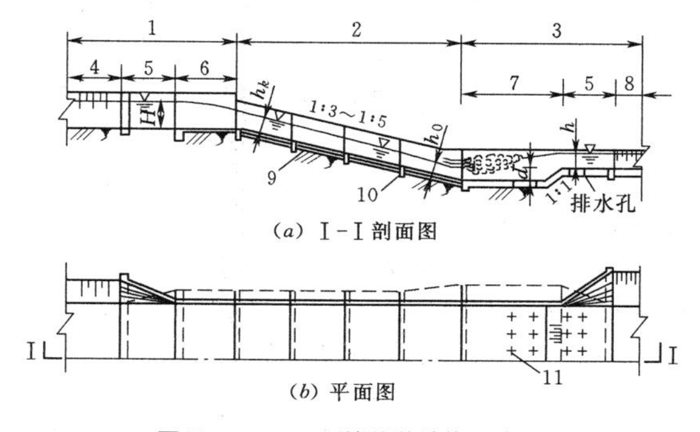

图Ⅱ.4.5-23 溢洪道结构示意图

1—进水段；2—泄槽；3—出口段；4—引水渠；5—渐变段；6—溢流堰；7—消力池；8—尾渠；9—卵石垫层；10—截水齿墙；11—排水孔

1. 进口段

进口段由引水渠、渐变段和溢流堰组成。

（1）引水渠的作用是将坝内的洪水平顺地引送到溢洪道。引水渠进口底板高程应采用设计淤积面高程，可选用梯形断面。中等风化岩石引水渠边坡坡比应为1∶0.5～1∶0.2，微风化岩石引水渠边坡坡比应为1∶0.1，新鲜岩石引水渠边坡可直立；土质边坡设计过水断面以下边坡不应陡于1∶1.0，以上不应陡于1∶0.5。

(2) 渐变段是由引洪渠到溢流堰的过渡段。它的断面应由梯形变为矩形的扭曲面。其作用是使洪水平顺地流至溢流堰。引洪渠和进口渐变段建在较差的岩基和土基上时，为了防止冲刷，应采用块石做护面。

(3) 溢流堰宜采用矩形宽顶堰，溢流堰长度宜取堰上水深的3～6倍。溢流堰及其边墙宜采用浆砌石修筑，堰底靠上游端应设置砌石齿墙，深度宜取1.0m，厚度宜取0.5m。

2. 陡坡段

溢流堰下游衔接的一段坡度较大（大于临界坡度）的急流渠道称为陡坡段。在布置时应尽量使陡坡段顺直，保证槽内水流平稳。

(1) 陡坡坡度的确定。从溢流堰下泄的水流为急流，因此陡坡坡度应大于临界坡度。通常采用的陡坡为1∶3～1∶5，在岩基上可达1∶1。另外，要根据当地的地形和地质情况进行选择。如果选择的陡坡坡度平缓，则陡坡开挖长，土石开挖量大，可能不经济；相反若陡坡很陡，虽然开挖长度短，但下泄流速大，水流冲刷能力大，要求陡坡的衬砌工程和下游的防冲设施（消力池）必须做得很牢固。因此，在确定陡坡坡度时，为使衬砌工程量和开挖量都小，应尽可能与地面坡度相适应，同时也应进行必要的方案比较。

(2) 陡坡横断面尺寸的确定。陡坡因流速大，一般应做在挖方中，以保证运用的安全。陡坡在岩基上的断面为矩形；陡坡在土基上的断面为梯形，边坡坡比为1∶1～1∶2。黄土高原地区，由于砂壤土有直立性，也做成矩形断面。淤地坝工程溢洪道的陡坡宽度一般与溢流堰的宽度相同。

陡坡两边的边墙高度应根据水面曲线来确定。水流在陡坡内产生降水曲线，随陡坡底部高程的下降，槽内水深逐渐减小。陡坡内水深的变化属于明渠非均匀流。另外，当槽内水流流速大于10m/s时，水流中会产生掺气作用，槽内水深因而要增加，这样边墙的高度应以该处的水深和掺气高度再加0.5～0.7m的安全超高来确定。

3. 出口段

溢洪道的出口段一般由出口渐变段、消力池（或挑流消能设施）和下游尾渠组成。

出口渐变段及下游尾渠断面尺寸的确定与进口段的渐变段及引洪渠相同。以下主要介绍消力池和挑流消能设施的结构及布置。

溢洪道下泄的洪水到达陡坡段的末端时，具有很大的动能。为此，当采用底流消能时，出口常布置消力池，用以消能。其横断面宜采用矩形。一般可采用浆砌石、混凝土衬砌。消力池前端几米内的底板应设几排梅花形排水孔，以降低底板浮托力，减少底板厚度。消力池末端，应设置齿墙，以防止淘刷和拦截尾水可能流向消力池底部的渗水。

对于岩石地基的高中水头淤地坝，一般适用于挑流消能。挑流消能设施的平面形式有等宽式、扩散式和收缩式。

4.5.5.4 溢洪道水力计算

溢洪道水力计算的主要任务是：根据调洪计算确定的溢洪道设计流量和地质、地形条件及建筑物布置要求等，计算溢流堰前沿宽，并决定进口导水墙的形式及尺寸；确定陡坡及其断面的形式和各部位尺寸，计算水面曲线和流速大小，选择护面形式及决定边墙高度；计算消能设施的各部位尺寸，保证尾水渠不受冲刷。

1. 进口段水力计算

(1) 明渠及渐变段。引水渠道中水流流速比较小，一般为1.0～1.5m/s，其设计可参考相关水力学书籍。

明渠与陡坡相接处，为将梯形断面过渡到矩形断面，同时为减少土石方开挖量，常将明渠底宽缩窄，做一段渐变槽（图Ⅱ.4.5-24）。为使洪水安全宣泄，渐变槽的底坡一般应不小于临界坡度（即 $i \geqslant i_k$），在这种情况下，渐变槽开始断面处（Ⅰ-Ⅰ断面）水深等于临界水深 h_k。

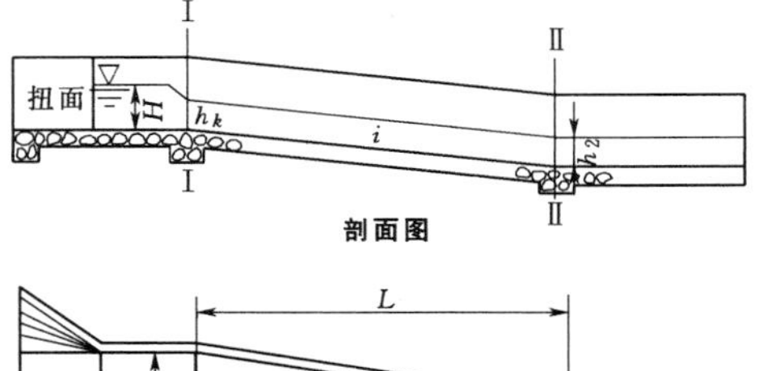

剖面图

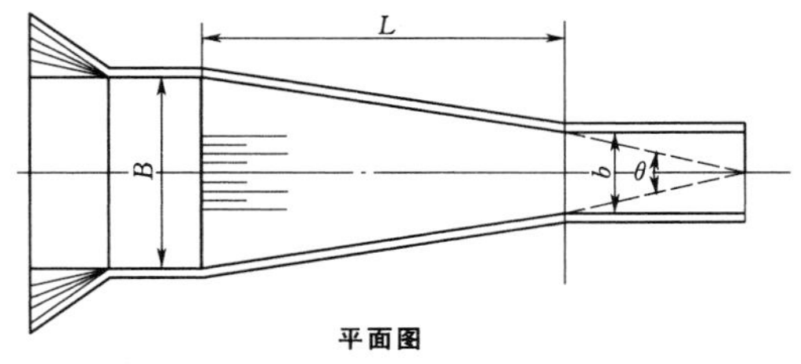

平面图

图Ⅱ.4.5-24 渐变段示意图

渐变槽长度 L 用式（Ⅱ.4.5-34）计算：

$$L=\frac{B-b}{2\tan\frac{\theta}{2}} \tag{Ⅱ.4.5-34}$$

式中 B——宽顶堰宽度，m；

b——渐变槽后的明渠或陡坡底宽，m。

渐变槽末端（Ⅱ-Ⅱ断面）水深 h_2 根据能量平衡

原理用试算法求出。

能量平衡原理：

$$\left.\begin{aligned}\varphi_1+iL&=\varphi_2+h_f\\ \varphi_1&=h_1+\frac{\alpha v_1^2}{2g}\\ \varphi_2&=h_2+\frac{\alpha v_2^2}{2g}\\ h_f&=\frac{v_{cp}^2}{C_{cp}^2R_{cp}}L\end{aligned}\right\}\qquad(Ⅱ.4.5-35)$$

$$v_1=\frac{q}{h_1}=\frac{q}{h_k}$$

$$v_2=\frac{Q}{bh_2}$$

式中 φ_1——断面Ⅰ-Ⅰ单位能量，m；

φ_2——断面Ⅱ-Ⅱ单位能量，m；

h_2——断面Ⅱ-Ⅱ处水深，m；

v_1、v_2——断面Ⅰ-Ⅰ、断面Ⅱ-Ⅱ处的流速，m/s；

α——不均匀系数，采用 $\alpha=1.1$；

i——渐变槽底坡（应使 $i\geqslant i_k$）；

L——渐变槽长度（即Ⅰ-Ⅰ、Ⅱ-Ⅱ两断面间距离），m；

h_f——由断面Ⅰ-Ⅰ到断面Ⅱ-Ⅱ的能量损失，m；

v_{cp}——两断面平均流速，m/s；

R_{cp}——两断面平均水力半径，m；

C_{cp}——两断面平均流速系数。

计算时，先求出 φ，再假定 h_2，求出 φ_2，同时求出 v_{cp}、R_{cp}、C_{cp} 及相应的 h_f。若 $\varphi_1+iL=\varphi_2+h_f$，则说明 h_2 假定正确，h_2 即为所求的Ⅱ-Ⅱ断面处水深。否则，应重复以上步骤，直至求出正确的 h_2 为止。

（2）溢流堰。淤地坝的溢流堰一般采用矩形断面的宽顶堰。溢洪道的溢流堰顶与陡坡相连接，一般属自由堰流。矩形堰宽按式（Ⅱ.4.5-36）计算确定：

$$B=\frac{Q}{mH_0^{3/2}}\qquad(Ⅱ.4.5-36)$$

其中
$$H_0=h_z+\frac{v_0^2}{2g}$$

式中 B——溢流堰宽，m；

Q——溢洪道设计流量，m^3/s；

m——流量系数，可取 1.42～1.62；

H_0——堰上水头，m；

h_z——溢流水深，m；

v_0——堰前流速，m/s；

g——重力加速度，取 $9.81m/s^2$。

堰上水头 H_0 的确定是关系淤地坝造价的重要问题。当溢洪道设计流量确定后，堰上水头 H_0 大，则堰宽 B 小，溢洪道开挖量小，造价低，但由于 H_0 加大，相应土坝要增高，增加了土坝造价。反之，若 H_0 小，堰宽大，则溢洪道开挖工程量大，但土坝造价降低。因此应进行比较，确定经济的堰上水头。淤地坝的堰上水头以 1～3m 为宜，1.5m 以下较好，当开挖溢洪道工程艰巨时，可适当增大堰上水头以减少溢洪道开挖量。

2. 陡坡段水力计算

陡坡是溢洪道的重要组成部分，一般应布置成直线形。陡坡坡度应根据天然地形决定，一般可以采用全段一致的坡度，当受地形限制为减少开挖工程量时，也可以采用多级陡坡或多级跌水。

陡坡坡度 i 应大于临界坡度 i_k，使水流在陡坡段呈急流状态，其水面曲线为降水曲线。降水曲线随它本身长度和陡坡长度的不同，产生两种情况：一种是降水曲线长度小于陡坡长度，即降水曲线在陡坡段中途结束，水流在此以下逐渐接近均匀流，陡坡末端水深等于正常水深（图Ⅱ.4.5-25）；另一种是降水曲线长度大于陡坡长度，陡坡末端水深按明渠变速流公式计算。到底属哪种情况，需通过计算确定。其水力计算步骤如下：

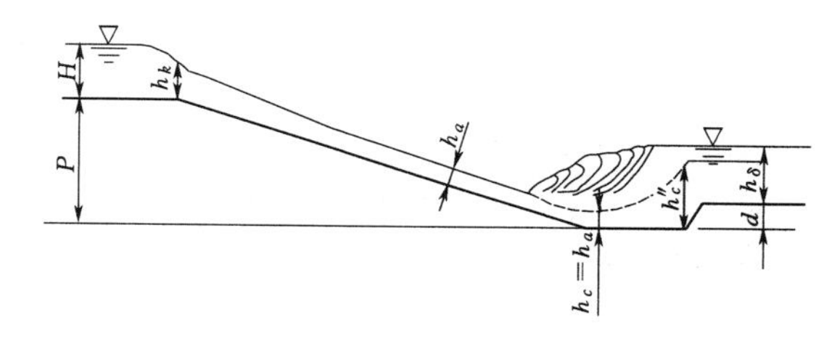

图Ⅱ.4.5-25 陡坡段示意图

（1）计算临界水深 h_k、临界坡度 i_k，验算 $i\geqslant i_k$ 的条件。

矩形断面临界水深：

$$h_k=\sqrt[3]{\frac{\alpha q^2}{g}}\qquad(Ⅱ.4.5-37)$$

其中
$$q=\frac{Q}{b}$$

式中 h_k——临界水深，m；

q——单宽流量，$m^3/(s\cdot m)$；

b——陡坡底宽，m；

α——流量系数，一般取 1.1。

梯形断面临界水深：

$$\frac{\omega_k^3}{B_k}=\frac{\alpha Q^2}{g}\qquad(Ⅱ.4.5-38)$$

其中
$$B_k=b+2mh_k$$
$$\omega_k=(b+mh_k)h_k$$

式中 ω_k——相应临界水深 h_k 的过水断面面积，m²；

B_k——相应临界水深 h_k 的水面宽，m；

其他符号意义同前。

梯形断面示意如图Ⅱ.4.5-26所示。

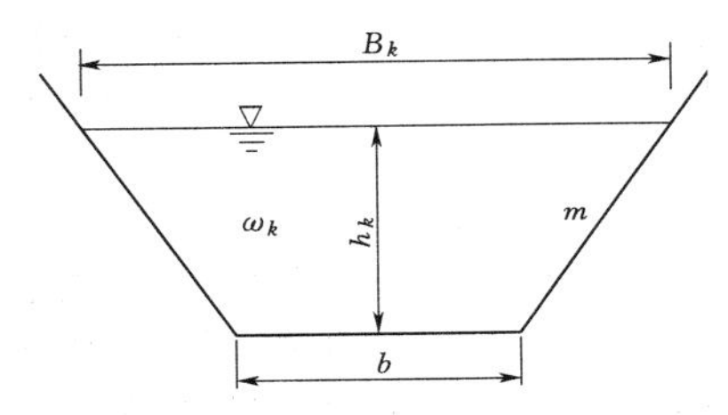

图Ⅱ.4.5-26 梯形断面示意图

临界坡度：

$$\left.\begin{aligned} i_k &= \frac{g}{\alpha C_k^2}\frac{X_k}{B_k} = \frac{Q^2}{K_k^2} \\ K_k &= \omega_k C_k \sqrt{R_k} \end{aligned}\right\} \qquad (Ⅱ.4.5-39)$$

式中 i_k——临界坡度；

C_k——相应临界水深 h_k 的流速系数；

X_k——相应临界水深 h_k 的湿周，m；

R_k——相应临界水深 h_k 的水力半径，m；

K_k——相应临界水深 h_k 的流量模数，m/(s·m)；

其他符号意义同前。

如 $i>i_k$，则水槽为急流，按陡坡计算。

(2) 计算陡坡长度 L_n 和正常水深 h_0。

陡坡长度：

$$L_n = \sqrt{P^2 + \left(\frac{P}{i}\right)^2} \qquad (Ⅱ.4.5-40)$$

式中 L_n——陡坡长度，m；

P——陡坡段的总落差，m；

i——陡坡段的坡度。

正常水深：按均匀流公式 $Q=\omega C\sqrt{Ri}=K\sqrt{i}$ 用试算法求解，即先按 $K=\frac{Q}{\sqrt{i}}$ 求出 K，然后假设 h_0 代入 $K=\omega_0 C_0\sqrt{R_0}$ 求出 K_0，至 $K=K_0$ 为止，相应 K_0 的 h_0 即为所求的正常水深。

(3) 计算降水曲线长度。降水曲线长度 L 按明渠变速流公式计算。

$$L = \frac{h_0}{i}\{\eta_2 - \eta_1 - (1 - j_{cp})[\phi(\eta_2) - \phi(\eta_1)]\} \qquad (Ⅱ.4.5-41)$$

其中

$$\eta_1 = \frac{h_1}{h_0}$$

$$\eta_2 = \frac{h_2}{h_0}$$

$$j_{cp} = \frac{\alpha_i C_{cp}^2}{g}\frac{B_{cp}}{x_{cp}}$$

式中 L——降水曲线长度，m；

η_1——降水曲线起点处水深与正常水深之比；

η_2——降水曲线末端处水深与正常水深之比；

j_{cp}——L 段内的动能变化值；

α_i——不均匀系数，采用1.1；

B_{cp}、x_{cp}、C_{cp}——相应平均水深 $h_{cp}=\frac{h_1+h_2}{2}$ 时的水面宽（m）、湿周（m）和流速系数；

$\phi(\eta_1)$、$\phi(\eta_2)$——与 η_1、η_2 及水力指数 X 有关的函数，可查相关水力学书籍获取。

陡坡上降水曲线起点水深 h_1，要根据溢洪道布置情况确定。当溢洪道进口宽顶堰后紧接陡坡，且陡坡底宽与堰宽相同时，$h_1=h_k$；当堰宽与陡坡底宽不同，其间以渐变槽相连时（渐变槽 $i\geqslant i_k$），降水曲线起点水深 h_1 采用渐变槽末端水深（即渐变槽计算中的 h_2）；当堰后用明渠与陡坡相接时，若明渠流态为缓流，则陡坡降水曲线起点水深 h_1 等于临界水深 h_k（即 $h_1=h_k$）。降水曲线末端水深 h_2 可稍大于正常水深 h_0，通常采用 $h_2=1.005h_0$。

按上述计算即可求得降水曲线长度 L。

(4) 确定陡坡末端水深 h_a 和陡坡末端流速 v_a。算出的降水曲线长度，如果小于陡坡长度，即 $L<L_n$，则陡坡末端水深 h_a 等于正常水深 h_0（$h_a=h_0$）；若降水曲线长度大于陡坡长度，即 $L>L_n$，则需要根据已知的陡坡长度 L_n 及陡坡起点水深 h_1 按变速流公式通过试算求得陡坡末端水深 $h_a=h_2$。

陡坡末端流速 v_a：

$$v_a = \frac{Q}{\omega_a} \qquad (Ⅱ.4.5-42)$$

式中 v_a——陡坡末端流速，m/s；

ω_a——水深 h_a 时的过水断面面积，m²；

其他符号意义同前。

求得 v_a 后，将其与陡坡槽底和槽壁的砌护材料的允许流速进行比较。如算出的陡坡终点处流速大于允许流速，则陡坡的底和壁就需要换砌护材料，或减小陡坡底坡重新计算槽中水流情况，或对超过允许流速的陡坡段采取人工加糙措施，减小陡坡上的水流速度，使之不大于允许流速。表Ⅱ.4.5-29中为岩石及人工护面允许（不冲）平均流速，可供参考，由于溢洪道不经常使用，表列数值可加大20%。

(5) 掺气高度计算。陡坡水流流速较大，有空气掺入其中，流速越大，掺气越多，水流掺气后水深也

表 4.5-29　岩石及人工护面允许（不冲）平均流速

岩石或砌护种类		水流平均深度/m			
		0.4	1.0	2.0	3.0
		平均流速/(m/s)			
砾石、泥灰岩、页岩		2.0	2.5	3.0	3.5
多孔性石灰岩、致密砾岩、灰质砂岩、白云石灰岩		3.0	3.5	4.0	4.5
白云砂岩、非成层的致密石灰岩、硅质石灰岩、大理岩		4.0	5.0	5.5	6.0
花岗岩、辉绿岩、玄武岩、安山岩、石英岩、斑岩		15	18	20	22
用石灰石砌成的浆砌块石（石灰石极限强度不小于 100kg/cm²）		3.0	3.5	4.0	4.5
坚硬岩石砌成的浆砌块石（块石极限强度不小于 300kg/cm²）		6.5	8.0	10.0	12.0
混凝土护面	C20	6.5	8.0	9.0	10.0
	C15	6.0	7.0	8.0	9.0
	C10	5.0	6.0	7.0	7.5
具有光滑表面的混凝土槽	C20	13	16	19	20
	C15	12	14	16	18
	C10	10	12	13	15

相应增加。因此，必须计算掺气高度，以确定侧墙高度。

掺气高度：

$$\left.\begin{aligned}&\text{当 } v\leqslant 20\text{m/s 时},h_b=\frac{vh}{100}\\&\text{当 } v>20\text{m/s 时},h_b=\frac{v^2}{200g}\end{aligned}\right\}\qquad(\text{Ⅱ}.4.5-43)$$

式中　h_b——掺气高度，m；

h——不掺气时的水深，m；

v——陡坡水流流速，m/s；

其他符号意义同前。

侧墙高度：

$$H=h+h_b+\delta\qquad(\text{Ⅱ}.4.5-44)$$

式中　H——侧墙高度，m；

δ——安全超高，m，正常情况下 $\delta=1.0$m，非常情况下 $\delta=0.7$m，当陡坡段基础为岩石基础时，δ 可以适当减小；

其他符号意义同前。

3. 出口段水力计算

溢洪道出口一般采用消力池消能或挑流消能形式。在土基或破碎软弱岩基上的溢洪道，宜选用消力池消能，采用等宽的矩形断面。其水力设计主要包括确定池深和池长。

消力池深度 d 可按式（Ⅱ.4.5-45）和式（Ⅱ.4.5-46）计算：

$$d=1.1h_2-h\qquad(\text{Ⅱ}.4.5-45)$$

$$h_2=\frac{h_0}{2}\left(\sqrt{1+\frac{8\alpha q^2}{gh_0^3}}-1\right)\qquad(\text{Ⅱ}.4.5-46)$$

式中　h_2——第二共轭水深，m；

h——下游水深，m；

h_0——陡坡末端正常水深，m；

α——流速不均匀系数，可取 1.0～1.1；

其他符号意义同前。

消力池长 L_2 可按式（Ⅱ.4.5-47）计算：

$$L_2=(3\sim5)h_2\qquad(\text{Ⅱ}.4.5-47)$$

在较好的岩基上，可采用挑流消能，在挑坎的末端应做一道齿墙，基础嵌入新鲜完整的岩石，在挑坎下游应做一段短护坦。挑流消能水力设计主要包括确定挑流水舌外缘挑距和最大冲刷坑深度。

挑流水舌外缘挑距可按式（Ⅱ.4.5-48）计算，计算简图如图Ⅱ.4.5-27所示。

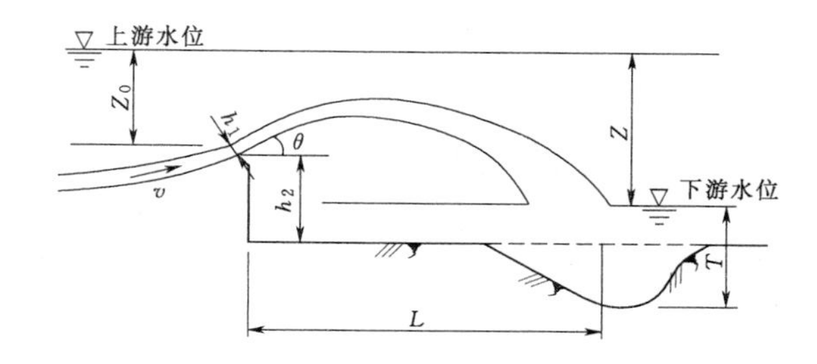

图Ⅱ.4.5-27　挑流消能计算简图

$$L=\frac{1}{g}[v_1^2\sin\theta\cos\theta+v_1\cos\theta\times$$

$$\sqrt{v_1^2\sin^2\theta+2g(h_1\cos\theta+h_2)}\,]$$ (Ⅱ.4.5-48)

式中 L——挑流水舌外缘挑距，m，自挑流鼻坎末端算起至下游沟床床面的水平距离；

v_1——鼻坎坎顶水面流速，m/s，可取鼻坎末端断面平均流速 v 的1.1倍；

θ——挑流水舌水面出射角，(°)，可近似取鼻坎挑角，挑射角度应经比较选定，可采用15°～35°，鼻坎段反弧半径可采用反弧最低点最大水深的6～12倍；

h_1——挑流鼻坎末端法向水深，m；

h_2——鼻坎坎顶至下游沟床高程差，m，如计算冲刷坑最深点距鼻坎的距离，该值可采用坎顶至冲坑最深点的高程差。

鼻坎末端断面平均流速 v，可按下列两种方法计算：

（1）按流速公式计算，使用范围为 $S<18q^{2/3}$：

$$v=\phi\sqrt{2gZ_0} \quad (Ⅱ.4.5-49)$$

$$\phi^2=1-\frac{h_f}{Z_0}-\frac{h_j}{Z_0} \quad (Ⅱ.4.5-50)$$

$$h_f=0.014\times\frac{S^{0.767}Z_0^{1.5}}{q} \quad (Ⅱ.4.5-51)$$

式中 v——鼻坎末端断面平均流速，m/s；

q——泄槽单宽流量，$m^3/(s\cdot m)$；

ϕ——流速系数；

Z_0——鼻坎末端断面水面以上的水头，m；

h_f——泄槽沿程损失，m；

h_j——泄槽各局部损失水头之和，m，可取 h_j/Z_0 的值为0.05；

S——泄槽流程长度，m。

（2）按推算水面线方法计算，鼻坎末端水深可近似利用泄槽末端断面水深，按推算泄槽段水面线方法求出；单宽流量除以该水深，可得鼻坎末端断面平均流速。

最大冲刷坑深度可按式（Ⅱ.4.5-52）计算：

$$T=kq^{1/2}Z^{1/4} \quad (Ⅱ.4.5-52)$$

式中 T——最大冲坑深度，m；

k——综合冲刷系数；

q——鼻坎末端断面单宽流量，$m^3/(s\cdot m)$；

Z——上、下游水位差，m。

对超过消能防冲设计标准的洪水，允许消能防冲建筑物出现部分破坏，但不应危及坝体及其他主要建筑物的安全，且易于修复，不得长期影响枢纽运行。

4.5.5.5 非常溢洪道

淤地坝的校核洪水与设计洪水的洪峰及洪量相差较大，遇到概率较小。为了降低造价，在有条件时，常采用非常泄洪设施来满足非常运用的要求。淤地坝非常泄洪设施一般为自溃式非常溢洪道，是在非常溢洪道的底坎上加设自溃堤，自溃堤平时可以拦洪蓄水，当水位超过一定高程时自动冲开泄洪。这种形式的优点是结构简单、造价经济、施工方便，在具备了一定的地形、地质条件下，可作为淤地坝的防洪保坝措施。

非常溢洪道的设计应注意以下几个问题：

（1）在保坝情况下，启用非常泄洪设施时，淤地坝总的最大下泄流量应不超过来水最大流量。

（2）非常泄洪设计的启用条件，由于各个淤地坝的规模、重要性、地质地形条件、启用非常设施对下游的影响等差别很大，目前尚难于定出一个统一的标准，而应因地制宜，根据具体条件，通过方案比较选定。

（3）非常泄洪设施除应保证及时启用外，当其规模较大或具有两个以上的非常泄洪设施时，一般还应考虑能够分别先后（即分级、分段运用）启用，以控制下泄流量。

（4）非常泄洪设施应尽量选在地质条件较好的地段建造，否则应采用适当的工程措施，做到既能保证预期的泄洪效果，又不致造成变相垮坝。

自溃式非常溢洪道的自溃堤，按其溃决形式可分为漫顶自溃和引冲自溃两种：①漫顶自溃式，当水位超过堤顶后，下游堤的土料被冲，最终溃决。在溃决过水时下游流量有突增现象，给下游防护造成一定困难，所以堤的高度应有一定限制。②引冲自溃式，在自溃堤的适当位置，设置一低于堤顶的引冲槽，其作用在于使水流经过引冲槽冲开缺口，而后再向两侧扩展到整个堤顶，使土堤在较短的时间内自行溃决。这种溃决的泄量在溃决过程中是逐渐增加的，对下游防护较为有利，它适用于任何高度的自溃堤，因而在工程上应用较为广泛。

4.5.6 淤地坝配套加固

4.5.6.1 配套加固内容及标准

1. 配套加固内容

淤地坝配套加固内容一般包括土坝加高、卧管（竖井）加高，个别涉及排洪梁等附属设施的改造和溢洪道的改建。

2. 配套加固标准

土坝配套加固必须满足控制一定的设计洪水的要求，改建后的设计总库容应为新增库容与原有剩余库容之和，工程设计标准应满足《水土保持治沟骨干工程技术规范》（SL 289—2003）和《水土保持综合治理 技术规范 沟壑治理技术》（GB/T 16453.3—2008）的规定，按计划加高运用年限的来沙总量和一次设计洪水总量作为土坝配套加固计算的依据。在已基本形成坝系的沟道中，考虑到库坝之间相互影响的关系，为便于施工，土坝每次加高的高度控制在10m左右。配套放水建筑物的设计标准，必须满足3d泄完一次10年一遇洪水总量的要求，为便于维修养护，放水涵管的最小内径应不小于0.8m。

4.5.6.2 配套加固设计

1. 土坝加高设计

土坝加高可根据工程现状与运用条件，采用坝后式加高、坝前式加高或坝前坝后同时（骑马式）加高3种形式。

淤地坝淤满后，一般坝地已开始耕种，坝前不蓄水，应从长远和当前的生产需要考虑，按设计标准确定土坝加高高度，也可通过一次规划设计，分期加高，达到最终坝高。为节省工作量，宜采用坝前淤土分期加高的方式，如图Ⅱ.4.5-28所示。

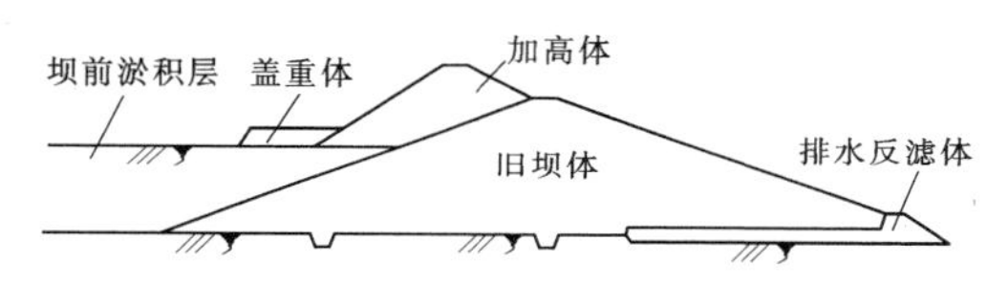

图Ⅱ.4.5-28　坝前式加高

每期加高高度应根据滞洪库容要求设计。当坝前淤土为沙性土或轻、中粉质壤土，土的脱水固结性能较好时，可不设盖重体。反之，当坝前淤土黏粒含量大于20%，脱水固结速度较慢时，则需设置盖重体，并通过滑弧分析法进行抗滑稳定性计算，校核新老坝体接触面及坝基淤土的稳定性，合理设计盖重土体的厚度及长度。

如加坝次数有限，或受地形地质条件限制不宜从坝前淤土上加坝时，亦可采用骑马式（图Ⅱ.4.5-29）或坝后式（图Ⅱ.4.5-30）加高坝体，但后者则需要加设排水反滤棱体，并与原有排水棱体连通，以保证坝体渗流稳定。

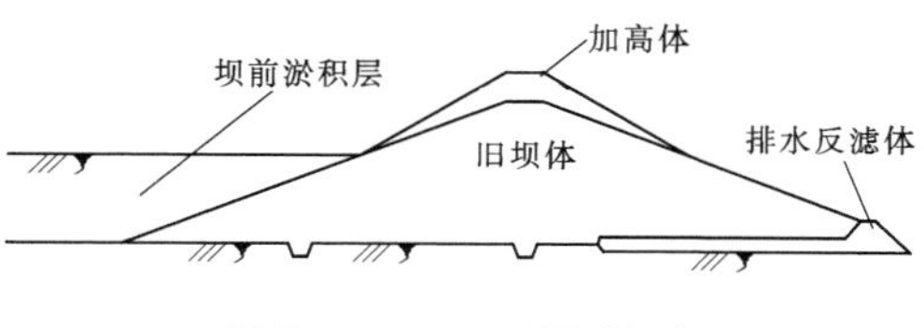

图Ⅱ.4.5-29　骑马式加高

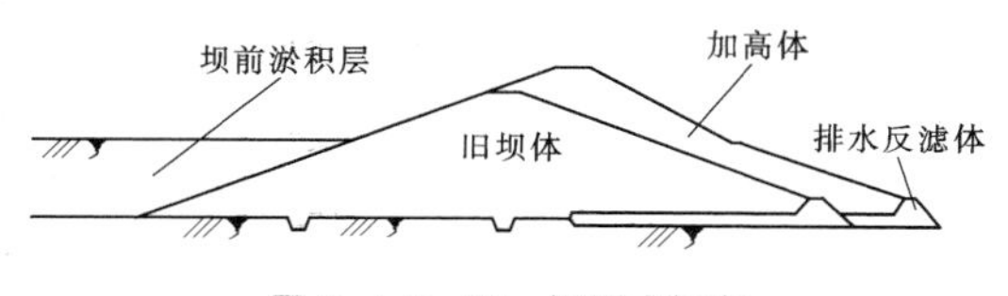

图Ⅱ.4.5-30　坝后式加高

一般来说，坝后式加高土方量大，不经济，而骑马式加高则是在老坝体上把坝坡由缓变陡而加高，加坝高度亦受限制，其稳定计算方法、坝体结构设计与一般土坝类同，关键是要验算新老坝体接触面的抗滑稳定性，合理选用计算指标。

2. 卧管（竖井）加高设计

卧管（竖井）的加高设计可分成两种情况：一种是原卧管（竖井）距离坝轴线较远，土坝加高后卧管（竖井）在坝脚线以外，需根据最终坝高将卧管（竖井）加高，不需延长泄水涵洞（图Ⅱ.4.5-31）；另一种是土坝加高后坝体埋没卧管（竖井），应先将泄水涵洞延长，再加高卧管（竖井），加高高度根据坝高确定（图Ⅱ.4.5-32）。

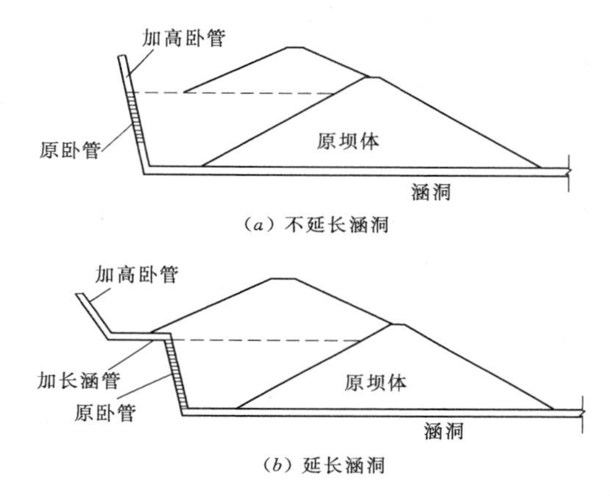

图Ⅱ.4.5-31　卧管加高布置示意图

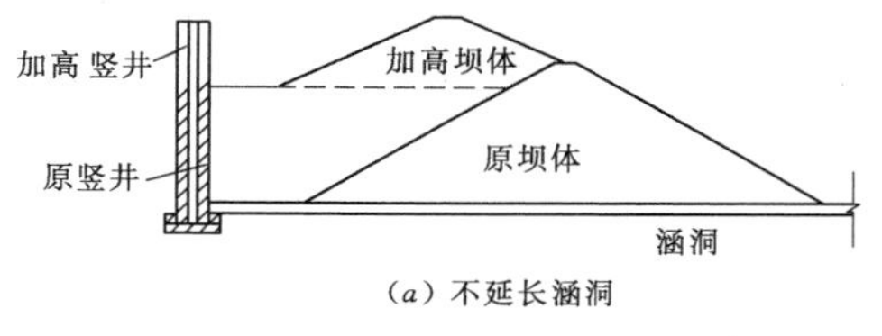

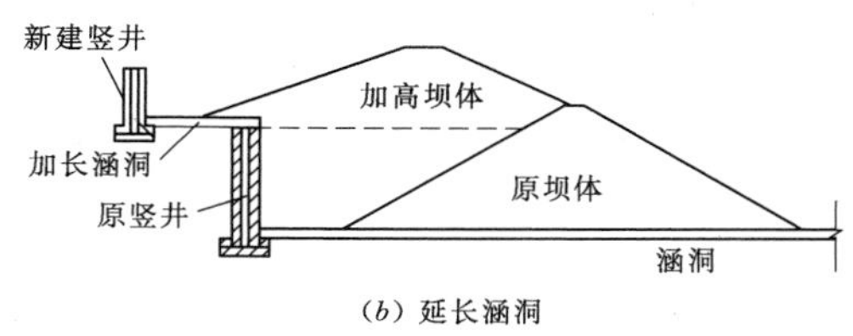

图Ⅱ.4.5-32　竖井加高布置示意图

4.6 算　　例

4.6.1 工程概况

某淤地坝位于黄河中游某一级支流的一条小流域，地处黄土丘陵沟壑区，坝控流域面积为3.52km²。

4.6.1.1 地形、地貌

工程所在河谷呈近西南-东北向，西南高，东北低，地貌类型以河流侵蚀堆积地貌为主，河谷两岸为缓坡丘陵，丘陵顶部呈浑圆状平台，连绵起伏，高程为1307.20～1334.00m。坝址河床底宽60～150m，河谷宽缓，呈U形，河床纵比降约为1.15‰，左岸坡度一般为10°～30°，右岸坡度一般为10°～20°。

4.6.1.2 水文、泥沙

工程所在流域属于干旱半干旱温带大陆性气候，干燥多风，四季分明，年平均气温为5.3℃，封冻期在每年11月中下旬，解冻期在次年4月中旬，最大冻土深1.5m，全年可施工期约220d。多年平均年降水量为291.3mm，多年平均汛期降水量为233.4mm，占多年平均年降水量的80.1%；年最大3h、6h、12h、24h雨量均值分别为20.0mm、27.6mm、37.3mm、45.2mm和50.6mm。24h雨量C_v值为0.58左右。暴雨洪水特征为：暴雨季节性强，暴雨一般发生在7—8月，暴雨次数多、历时短、强度大。沟道内没有常流水，径流主要来源于洪水。由水文计算可知，多年平均洪峰流量模数为2.35m³/(s·km²)，多年平均径流模数为2.76万m³/(a·km²)。工程区以超渗产流为主，由于暴雨量大、雨量集中、强度大，超渗产流的洪量也大，所形成的洪水一般为尖瘦型，即峰高、历时短、洪峰流量大、含沙量高，具有地表产汇流快，洪水流量大、历时短、含沙量大，极易形成洪灾，冲淹农田，并向下游大量输沙的特点。该流域未设水文站，根据该流域相邻水文站现有资料，洪水最大含沙量为1550kg/m³，多年平均含沙量为167kg/m³。

4.6.1.3 工程地质

工程区位于鄂尔多斯沉降构造盆地的中部，经地质勘察，得出以下结论：

(1) 库区为单斜岩层，倾向西北，倾角小于3°，整个库区未发现断层。库区地震动峰值加速度为0.2g，相应的地震基本烈度为Ⅷ度，地震动反应谱特征周期为0.4s。

(2) 库区物理地质现象不发育，两岸自然边坡稳定，对于风积沙岸坡，当高水位运行时，有可能发生崩塌，但不会对淤地坝的正常运行造成影响。库区内岩层平缓，近于水平，黏粒含量高，透水性差，表层为砂砾石，透水性强。蓄水以后，库水可能沿着砂砾石向下游渗漏，这种渗漏是暂时性的，随着库区的蓄水和淤积，一定时间后，渗漏量将逐渐减小，最后趋于稳定。库水不会发生邻谷渗漏。

(3) 砂岩风化物、碎石土及风积沙是库区淤积物的主要来源。库区不存在淹没问题，仅两岸风积沙岸坡会受到浸没的影响，但危害不大。根据含水介质特征、地下水的赋存条件，可将库区地下水分为松散岩类孔隙水和基岩裂隙-孔隙水。

(4) 有产生小规模坝基渗漏和绕坝渗漏的可能，河床表层砂砾石透水性较强，建议采取相应工程处理措施，同时应注意渗透破坏问题。

(5) 坝体两侧基岩表层覆盖较厚风积沙，应注意溢洪道轴线沿线的基础及两侧边坡的稳定性。

(6) 取土场土料含水量偏低，土料在使用时需洒水，使其接近最优含水率。储量满足工程需要。坝址附近块石料、反滤料、混凝土骨料缺乏，建议施工时根据需求外购。

4.6.2 工程组成与布置

该工程坝型确定为碾压式均质土坝，由坝体、放水工程和溢洪道“三大件”组成。

土坝坝轴线垂直沟道布设，坝顶长258.13m，坝顶宽4m，沟底高程为1306.71m，坝顶高程为1321.21m，最大坝高为14.5m。上游坝坡坡比为1∶2.5，下游坝坡坡比为1∶2。坡脚设置贴坡式反滤体，高3m，厚1.1m。在岸坡布设纵横向排水沟，总长310.55m。坝坡栽植沙柳沙障14000m²。

放水工程布设在左岸，由卧管、卧管消力池、涵洞、出口消力池和尾水渠组成。卧管采用矩形断面，宽0.8m，高0.6m，纵坡比降为1∶2，台阶高0.4m，最低放水孔高程为1309.41m，最高放水孔高程为1320.21m，总高度为12.93m，分为28台阶，阶差0.4m，每级台阶设1个放水孔，放水孔孔径为0.25m，按3台3孔放水设计。卧管消力池采用矩形断面，顶部设盖板，池长3.5m，宽0.8m，深0.6m。消力池底部高程为1307.18m，顶部高程为1309.01m。涵管采用钢筋混凝土预应力圆管，内径0.8m，进口底高程为1307.78m，出口底高程为1307.00m，高差0.78m，总长78m，纵坡比降为1∶100；出口消力池采用矩形断面，池长1.1m，宽0.8m，深0.5m，消力池底部高程为1306.50m，出水口高程为1307.00m，消力池出口布设土质尾水渠，尾水渠采用梯形断面，长2m，底宽0.8m，口宽3.2m，边坡坡比为1∶1.5；尾水渠首端采用铅丝石笼衬砌，长5m，宽1.5m，厚0.5m。

溢洪道布设在右岸，由进水渠（引水渠和渐变段）、控制段、泄槽、消力池和出水渠组成，总长186.03m。进水渠总长47m，进口为喇叭口形式，长10m，进水口宽8m，出水口宽4m，侧墙高度由1m渐变为2.5m，边坡坡比为1∶1，明渠采用梯形断面，长30m，底宽4m，口宽9m，高2.5m，边坡坡比为1∶1，渐变段断面从梯形渐变为矩形，进口断面与明渠相同，出口段面与控制段相同，长7m，引水渠首端渠底高程为1317.60m；控制段采用矩形断面，长7m，宽4m，深2.5m；泄槽采用矩形断面，总长88m，宽4m，首端深1.6m，末端深0.8m，底坡比降为1∶8；消力池采用矩形断面，池长7m，宽4m，深0.6m，消力池底部高程为1306.08m，出水口高程为1306.68m；出水渠采用梯形断面，底宽6m，口宽9.9m，边坡坡比为1∶1.5，渠底纵坡比降为1∶200。渐变段由矩形断面渐变为梯形断面，进口断面与消力池出口相同，出口断面与出水渠相同。出水渠总长37.03m，其中铅丝石笼衬砌长10m，土渠长27.03m，进水口底宽4m，出水口底宽6m，渠底纵坡比降为1∶200。

工程平面布置如图Ⅱ.4.6-1所示。

4.6.3 建筑物级别与设计标准

依据《水土保持工程设计规范》（GB 51018—2014）（以下简称《规范》）、《水土保持综合治理 技术规范 沟壑治理技术》（GB/T 16453.3—2008），该工程等级同大（2）型淤地坝，设计洪水标准按20年一遇设计、200年一遇校核，设计淤积年限为20年。按照水利部相关文件及项目需求，该工程按照高标准建设，参照《规范》中大（1）型淤地坝标准进行设计，防洪标准按30年一遇设计、300年一遇校核，设计淤积年限为30年。工程等别为Ⅰ等，主要建筑物等级为1级，次要建筑物等级为3级，临时建筑物等级为4级。

4.6.4 水文计算

4.6.4.1 设计洪水

1. 设计洪峰流量

设计洪峰流量采用经验公式法计算，$Q_p=K_pQ_{平}$，$Q_{平}=CF^n$。其中，$n=0.67$，$C=6.8$，$C_v=1.80$，由C_v值和C_s/C_v值在皮尔逊-Ⅲ型曲线模比系数K_p值表中查得$K_{3.33\%}=5.23$，$K_{0.33\%}=12.64$。经计算，设计洪峰流量为$82.64\text{m}^3/\text{s}$，校核洪峰流量为$199.73\text{m}^3/\text{s}$。

2. 设计洪水总量

设计洪水总量模数分别采用经验公式法、暴雨径流关系法和洪峰洪量相关法计算，并对计算结果进行比较（见表Ⅱ.4.6-1），洪峰洪量相关法推算结果更接近于小流域实测资料成果，因此该工程采用洪峰洪量相关法计算结果，则该工程设计洪水总量模数重现期30年时为4.5万m^3/km^2，重现期300年时为11.5万m^3/km^2。经计算，设计洪水总量为15.84万m^3，校核洪水总量为40.48万m^3。

表Ⅱ.4.6-1　设计洪水总量模数计算成果对比表　单位：万m^3/km^2

计算方法	计算原理或公式	重现期						
		10a	20a	30a	50a	100a	200a	300a
经验公式法	$W_{24}=CF^n$	6.1	9.6	11.3	14.7	18.8	23.2	25.8
暴雨径流关系法	$W_p=0.1h_pF$	1.45	2.41	2.98	3.66	4.63	5.59	6.13
洪峰洪量相关法（采用）	将同一计算分区相似流域作为参证流域，利用其长系列实测资料，选取历年最大洪峰流量和相应24h洪水总量，建立洪峰流量-洪水总量关系推求工程所在小流域不同设计频率下的洪水总量模数	1.9	3.5	4.5	5.9	8.0	10.2	11.5

3. 设计洪水过程线

设计洪水过程线采用概化三角形法进行计算。洪水历时可采用公式$T=5.56\dfrac{W_P}{Q_P}$进行计算，涨水历时可采用公式$t_1=\alpha_{t_1}T$进行计算。

经计算，设计洪水条件下，洪水总历时$T=1.07\text{h}$，涨水历时$t_1=0.36\text{h}$；校核洪水条件下，洪水总历时$T=1.13\text{h}$，涨水历时$t_1=0.38\text{h}$。

4. 计算成果

根据1∶10000地形图量算坝址上游沟道长度为1.87km、汇流沟道比降为3.68%，该工程水文计算成果详见表Ⅱ.4.6-2。

4.6.4.2 泥沙

经水文参证站实测资料和已建淤地坝实际拦沙量统计综合分析，工程所在流域侵蚀模数取值选为

表Ⅱ.4.6-2 水文计算成果表

频率/%	10	5	3.3	2	1	0.5	0.33
重现期/a	10	20	30	50	100	200	300
洪峰流量/(m³/s)	41.40	68.58	82.64	109.66	143.16	178.55	199.73
洪水总量/(万 m³)	6.69	12.32	15.84	20.77	28.16	35.90	40.48
年输沙量/(万 m³/a)	1.83						

7000t/(km² · a)。该工程设计年均输沙量为2.46万t/a。

4.6.5 工程建设规模

4.6.5.1 库容计算

工程总库容由滞洪库容和淤积库容两部分组成，淤积库容及淤地面积通过查询坝高-库容-淤地面积关系曲线进行确定，滞洪库容经调洪演算后确定。

1. 坝高-库容-淤地面积关系曲线的绘制

采用坝库面积分层法在1∶10000地形图上量算绘制水位-库容-淤地面积关系曲线，计算结果见表Ⅱ.4.6-3，水位-库容-淤地面积关系曲线如图Ⅱ.4.6-1所示。

表Ⅱ.4.6-3 水位-库容-淤地面积关系曲线计算表

水位/m	库容/万 m³	面积/km²
1306.71	0.00	0.00
1307.50	0.39	0.01
1310.00	3.83	0.02
1312.50	12.86	0.05
1315.00	28.48	0.08
1317.50	53.49	0.12
1320.00	89.60	0.17
1322.50	139.30	0.23

2. 淤积库容计算

淤积库容采用公式 $V_L = FM_0 N / r$ 计算。经计算，$V_L = 3.52 \times 0.7 \times 30 \div 1.35 = 54.76$（万 m³）。

3. 滞洪库容计算

该工程不串联相同等级的工程，调洪演算只考虑该工程控制区域内的洪峰流量。

该工程设计拦泥库容为54.76万 m³，由坝高-库容-淤地面积关系曲线查得对应的坝高为10.89m，即起调水位（堰底高程）为1317.60m。依据《规范》，溢洪道调洪演算可按公式法和水量平衡法进行计算，经计算，两种方法计算结果一致，此处仅阐述公式法计算过程。

公式法计算公式为

$$q_P = MBH_0^{1.5}$$

$$q_P = Q_P\left(1 - \frac{V_Z}{W_P}\right)$$

根据上述公式，初步选定溢洪道断面尺寸进行调洪计算，该工程设计及校核洪水条件下溢洪道调洪演算结果分别见表Ⅱ.4.6-4和表Ⅱ.4.6-5。

表Ⅱ.4.6-4 设计洪水条件下溢洪道调洪演算结果

B /m	H_z /m	V_z /万 m³	q_{p1} /(m³/s)	H_0 /m	q_{p2} /(m³/s)	$q_{p2}-q_{p1}$ /(m³/s)
4.00	1.00	13.24	13.59	1.00	6.00	−7.59
4.00	1.05	13.95	9.88	1.05	6.46	−3.42
4.00	1.09	14.53	6.84	1.09	6.84	0.00
4.00	1.14	15.25	3.08	1.14	7.31	4.23
4.00	1.19	15.97	−0.70	1.19	7.80	8.50

表Ⅱ.4.6-5 校核洪水条件下溢洪道调洪演算结果

B /m	H_z /m	V_z /万 m³	q_{p1} /(m³/s)	H_0 /m	q_{p2} /(m³/s)	$q_{p2}-q_{p1}$ /(m³/s)
4.00	2.40	34.91	27.50	2.40	22.31	−5.19
4.00	2.45	35.75	23.33	2.45	23.01	−0.32
4.00	2.45	35.81	23.05	2.45	23.05	0.00
4.00	2.50	36.66	18.85	2.50	23.76	4.91
4.00	2.55	37.52	14.62	2.55	24.48	9.85

公式法调洪演算结果：溢洪道底宽4m，在设计洪水条件下，下泄流量为6.84m³/s，滞洪水深 $H_z = 1.09$m；在校核洪水条件下，下泄流量为23.05m³/s，滞洪水深 $H_z = 2.45$m，滞洪库容为35.81万 m³。

4. 总库容确定

工程总库容 $V_{总} = V_L + V_Z = 54.76 + 35.81 = 90.57$（万 m³）。

4.6.5.2 工程规模

该工程设计洪水标准为30年一遇，校核洪水标准为300年一遇，设计淤积年限取30年，设计总坝高为14.5m，总库容为90.57万 m³，其中拦沙库容54.76万 m³、滞洪库容35.81万 m³，工程建成后可淤地12.33hm²，拦截泥沙73.93万t。

4.6.6 坝体设计

4.6.6.1 坝高确定

（1）坝高由拦泥坝高、滞洪坝高、安全超高三部分组成，即 $H=H_L+H_Z+\Delta H$。

(2) 最高洪水位是总库容相对应的高程，由 $V_{总}=90.57$ 万 m^3 查水位-库容-淤地面积关系曲线得最高洪水位为 1320.05m。

(3) 由拦泥库容 $V_L=54.76$ 万 m^3、滞洪库容 $V_Z=35.81$ 万 m^3 查水位-库容-淤地面积关系曲线得拦泥高程为 1317.60m、滞洪高程为 1320.05m，相应的淤地面积为 12.33hm²，拦泥坝高 $H_L=10.89$m，滞洪坝高 $H_Z=2.45$m。

(4) 按照《规范》的要求，安全超高 ΔH 取 1.16m。

(5) $H=H_L+H_Z+\Delta H=10.89+2.45+1.16=14.5$ (m)。相应的坝顶高程为 1321.21m。

4.6.6.2 坝体断面尺寸确定

1. 坝体断面尺寸设计

该坝为机推碾压法施工的均质土坝，坝高 14.5m，按照《规范》的要求，坝顶宽取 4m，上游坝坡坡比为 1∶2.5，下游坝坡坡比为 1∶2。经计算，坝体铺底宽为 69.3m。

2. 清基及削坡设计

在土坝填筑前，应清除坝基范围内的草皮、树根、耕植土和乱石，清基厚度为 0.5m。基础开挖后要求轮廓平顺，避免地形突变，如开挖后发现破碎带，应视具体情况进行处理。按照《规范》要求，坝体与岸坡结合应采用斜坡平顺连接，岸坡整修成正坡，土坡不陡于 1∶1.5。

3. 结合槽设计

为使坝体与坝基及岸坡牢固结合，在坝轴线与沟底及岸坡结合处开挖结合槽，长 258m，坝基透水层以上底宽 2.0m，深 2.0m，坝基透水层以下底宽 39m，深 2.9m，边坡边比为 1∶1。

坝体横、纵断面如图Ⅱ.4.6-1 所示。

4.6.6.3 渗流计算

选取最大断面进行稳定渗流期的坝体及坝基平面稳定渗流分析。计算方法采用基于三角形单元的有限元法。

1. 计算参数

二维计算中筑坝土料和坝基的计算参数根据试验成果确定，反滤体采用类比其他类似工程综合确定，坝体填土及坝基渗透系数详见表Ⅱ.4.6-6。

2. 计算工况

根据《水土保持治沟骨干工程技术规范》(SL 289—2003)(以下简称《技术规范》)和《小型水利水电工程碾压式土石坝设计规范》(SL 189—2013)，并结合该工程特点，渗流计算工况有以下几种：

表Ⅱ.4.6-6　坝体填土及坝基渗透系数表

材料名称	渗透系数/(cm/s)
筑坝土料	2.30×10^{-4}
坝基 1	3.20×10^{-2}
坝基 2	6.03×10^{-4}
坝基 3	5.03×10^{-5}
上游淤积土	2.30×10^{-4}

工况一：正常运用条件下，上游水深为 6.38m，下游无水（非常运用条件Ⅱ考虑地震时，渗流计算同该工况）。

工况二：正常运用条件下，上游淤积厚度为 9.46m，上游水深为 10.89m，下游无水（非常运用条件Ⅱ考虑地震时，渗流计算同该工况）。

工况三：非常运用条件Ⅰ，上游水深为 9.62m，下游无水。

工况四：非常运用条件Ⅰ，上游淤积厚度为 6.08m，上游水深为 10.89m，下游无水。

3. 计算模型及水力边界

计算模型水平向从上、下游坝脚分别延伸截取 1 倍的坝高，竖向向下截取 1.5 倍的坝高。

计算模型水力边界类型主要有已知水头边界和出逸边界两种。已知水头边界包括坝体上、下游水位淹没线以下的定水头边界，下游坝坡地下水位以上为出逸边界。

4. 渗流计算成果

各工况坝体渗流计算结果见表Ⅱ.4.6-7。由渗流计算结果可知，4 种计算工况下坝体、坝基渗流量均较小；因坝前淤积渗透系数较小，淤积起到良好的铺盖作用，淤积对水头折减效果明显；坝体和坝基各区域水力坡降均未超过允许渗透坡降，坝体、坝基渗透稳定。稳定渗流期坝体及基础等水位线分布（等势线）图略。

5. 反滤体设计

根据以上渗流分析计算结果，在下游坝坡趾部设置斜卧式（贴坡）反滤体。依据《规范》，结合坝坡渗流计算结果，确定该工程反滤体高度取 3m，反滤体砂层厚 0.25m、碎石层厚 0.25m、块石层厚 0.6m、顶宽 2.46m。

4.6.6.4 坝坡稳定计算

1. 计算方法

依据本手册《基础专业卷》，采用简化毕肖普法对该工程进行稳定计算，计算公式为

$$K=\frac{[1/(1+\tan\alpha\tan\phi'/K)]\sum\{[(W\pm V)\sec\alpha-ub\sec\alpha]\tan\phi'+c'b\sec\alpha\}}{\sum[(W\pm V)\sin\alpha+M_c/R]}$$

表Ⅱ.4.6-7　　各工况坝体渗流计算结果表

运用条件	工况	工况描述	渗透比降	允许渗透比降	出溢点高度/m	是否满足《规范》要求
正常运用条件（非常运用条件Ⅱ）	工况一	上游水深为6.38m，下游无水	0.30	0.50	0.00	满足
	工况二	上游淤积厚度为9.46m，上游水深为10.89m，下游无水	0.41	0.50	0.00	满足
非常运用条件Ⅰ	工况三	上游水深为9.62m，下游无水	0.49	0.50	0.00	满足
	工况四	上游淤积厚度为6.08m，上游水深为10.89m，下游无水	0.41	0.50	0.00	满足

计算稳定渗流期坝坡稳定时，假定上游坝体内浸润线与上游水位相同；坝体内浸润线依据渗流计算成果确定。

2. 稳定安全标准

根据《规范》，坝体允许抗滑稳定安全系数按照正常运用条件、非常运用条件Ⅰ、非常运用条件Ⅱ应分别采用1.25、1.15和1.10。

3. 计算工况

工况一：正常运用条件下，上游水深为6.38m，下游无水。

工况二：正常运用条件下，上游淤积厚度为9.46m，上游水深为10.89m，下游无水。

工况三：非常运用条件Ⅰ，上游水深为9.62m，下游无水。

工况四：非常运用条件Ⅰ，上游淤积厚度为6.08m，上游水深为10.89m，下游无水。

工况五：非常运用条件Ⅱ，工况一+地震组合。

工况六：非常运用条件Ⅱ，工况二+地震组合。

4. 力学参数

依据地质勘察资料，坝体填土及坝基力学参数见表Ⅱ.4.6-8。

表Ⅱ.4.6-8　坝体填土及坝基力学参数表

材料名称	土的容重/(kN/m³)	土的饱和容重/(kN/m³)	黏聚力/kPa	摩擦角/(°)
筑坝土料	19.64	20.93	5.20	27.60
坝基1	18.67	21.11	0.00	32.00
坝基2	19.88	20.48	28.00	34.30
坝基3	19.90	20.38	34.60	29.10

5. 计算结果

各工况下游坝坡稳定计算最小安全系数成果见表Ⅱ.4.6-9，最危险滑弧分布图略。

表Ⅱ.4.6-9　　坝坡稳定计算最小安全系数成果表

运用条件	工况	工况描述	边坡位置	最小安全系数 K	允许安全系数 $[K]$	是否满足《规范》要求
正常运用条件	工况一	上游水深为6.38m，下游无水	上游	1.58	1.25	满足
			下游	1.38	1.25	满足
	工况二	上游淤积厚度为9.46m，上游水深为10.89m，下游无水	上游	2.15	1.25	满足
			下游	1.35	1.25	满足
非常运用条件Ⅰ	工况三	上游水深为9.62m，下游无水	上游	1.76	1.15	满足
			下游	1.37	1.15	满足
	工况四	上游淤积厚度为6.08m，上游水深为10.89m，下游无水	上游	2.04	1.15	满足
			下游	1.36	1.15	满足
非常运用条件Ⅱ	工况五	上游水深为6.38m，下游无水	上游	1.33	1.10	满足
			下游	1.22	1.10	满足
	工况六	上游淤积厚度为9.46m，上游水深为10.89m，下游无水	上游	1.87	1.10	满足
			下游	1.20	1.10	满足

从计算结果可知，工况二、工况四坝前淤积阻止上游坝坡滑面向上游滑动，上游坝坡安全系数大大提高，坝前淤积对上游坝坡稳定有利。6种工况上、下游坝坡稳定安全系数均满足《规范》要求，坝坡稳定安全性是可靠的。

4.6.6.5 坝面护坡及坝坡排水设计

为防止坝坡冲刷，上、下游岸坡与坝坡结合处分别布设纵向混凝土排水沟，排水沟断面尺寸为0.3m×0.3m，侧墙及基础厚0.1m，布设长度为310.6m。

工程竣工后，对坝体上游淤积面以上、下游坝坡设置生物护坡，即上、下游坝坡栽植沙柳沙障，沙障为方格形，间隔为2.0m×2.0m，共计布设沙柳沙障14000m^2。

4.6.7 放水建筑物设计

4.6.7.1 放水建筑物结构形式

该工程放水工程布设在左岸，根据工程地质、地形条件与《规范》的要求，确定放水工程由卧管、卧管消力池、涵管、涵管消力池和尾水渠组成。放水建筑物均采用钢筋混凝土结构，涵管采用预制混凝土圆管。

4.6.7.2 卧管设计

1. 放水孔尺寸确定

根据《规范》要求，放水工程的设计流量按4～7d内排完30年一遇的一次洪水总量计算，假定放水天数为5d，则：$q=W_{3.33\%}/(5\times86400)=(15.84\times10000)/(5\times86400)=0.37(m^3/s)$。

卧管进水形式采用平孔进水，进水孔断面为圆形，由开启台数控制水量。按同时开启3台，每台一孔放水设计，设计卧管台阶高度为0.4m，则第一孔水头$H_1=0.4$m，第二孔水头$H_2=0.8$m，第三孔水头$H_3=1.2$m。放水孔直径采用《规范》中公式$d=0.68\sqrt{\dfrac{q}{\sqrt{H_1}+\sqrt{H_2}+\sqrt{H_3}}}$计算，得$d=0.25$m，取$d=0.25$m。

2. 放水流量确定

通过选定的放水孔直径$d=0.25$m，反算卧管放水流量$q=0.354m^3/s$，并由此计算出实际的放水天数为5.17d，满足《规范》4～7d的要求。计算卧管、消力池断面时，考虑水位变化而导致放水流量的调节，在设计时，按放水工程正常流量加大20%考虑。$Q_{加}=0.354\times(1+20\%)=0.425(m^3/s)$。

3. 卧管断面与结构尺寸确定

假定卧管底宽为0.8m，卧管内水深采用《规范》中公式计算：$Q=WC(Ri)^{1/2}$，$\chi=B+2h=0.80+2h$，$R=\omega/\chi=0.80h/(0.80+2h)$。

当卧管宽度为0.8m时，经试算，当卧管内水深$h=0.079$m时，可以通过加大流量$Q_{加}=0.425m^3/s$。为使水流由进入孔跌入卧管时跃起水头不致封住卧管，卧管高度取正常水深的3～4倍（取4倍），即卧管高度为0.079×4=0.316（m），为了检修方便，卧管高度取0.6m，卧管断面尺寸取0.8m×0.6m（净宽×净高）。

卧管第一孔进水口高程确定：根据涵管布设位置及进出口高程，经计算确定卧管第一孔进水口高程为1309.41m，最高一孔进水口高程为1320.21m，垂直高度为11.2m，共28个台阶，为防止卧管放水时发生真空，在卧管顶部设有通气孔，通气孔高程应高出最高洪水位0.5m。确定其高程为1320.71m，通气孔尺寸为0.8m×0.6m。在通气孔顶部设钢筋网，并与侧墙砌筑为一体。

通过查表确定卧管结构尺寸为：卧管侧墙高0.92m，底宽1.2m；卧管底板、侧墙、盖板采用钢筋混凝土结构，侧墙顶宽0.2m，底板厚0.25m，盖板厚0.20m。为了保证卧管底板的稳定，在卧管底板每隔6m设一道齿墙，齿墙深0.50m，厚0.50m。

4. 卧管消力池断面与结构尺寸确定

根据《规范》，卧管与涵管由消力池连接，消力池断面采用矩形。

消力池断面尺寸的确定：对于第一共轭水深h_1，可近似地采用卧管中的正常水深。第二共轭水深h_2的计算公式为

$$h_2=\frac{h_1}{2}\left(\sqrt{1+\frac{8\alpha Q^2}{gb^2h_1^3}}-1\right)$$

当卧管中的正常水深$h_{卧管}=h_1=0.079$m时，$h_2=0.86$m。

消力池深度$d_0=1.1h_2-h_0$，涵管正常水深$h_{为}$ 0.36m。

经计算，消力池深度$d_0=1.1\times0.86-0.362=0.584$（m），取0.6m。

消力池长度$L_k=(3\sim5)h_2$，按4倍的h_2计，则$L_k=4\times0.86=3.44$（m），取3.5m。

消力池宽$b_0=b=0.8$m。

消力池断面尺寸为3.5m×0.8m×0.6m（长×宽×深）。

确定消力池结构尺寸为：侧墙高1.83m，侧墙顶宽0.2m，侧墙底宽0.2m，基础厚0.25m。消力池盖板厚0.2m，搭接长度为0.2m。

卧管及其消力池设计如图Ⅱ.4.6-1所示。

4.6.7.3 输水涵管设计

1. 涵管布置方案

涵管采用无压输水钢筋混凝土圆涵。根据《规范》以及实际地形情况，确定涵洞进口高程为1307.78m，比降为1∶100，涵洞全长78m，涵洞出口高程为1307.00m。为了避免涵洞在平面上转弯，涵洞轴线尽量与坝轴线垂直。涵洞进口与卧管消力池连接，出口与涵管消力池连接。

2. 涵管结构尺寸确定

为了保证涵管内水流呈明流状态，满足涵管检修要求，断面尺寸一般不得小于0.8m，涵管内水深应不大于涵管直径的75%。涵管内水深按明渠均匀流公式 $Q=\omega c\sqrt{Ri}$ 试算确定。

假设涵管直径为0.8m，当涵管正常水深为0.362m时，可以通过加大流量 $Q_{加}=0.425m^3/s$，按照检修要求涵管直径取0.8m。

通过计算确定涵管结构尺寸为：管壁厚0.125m，为增加涵管的稳定和防止渗流，涵管每隔10m设一道截水环，环宽2.0m，环高2.0m，厚度0.6m。

3. 涵管消力池断面与结构尺寸确定

涵管出口设置消力池，消力池断面采用矩形。

消力池断面尺寸的确定：对于第一共轭水深 h_1，可近似地采用涵管中的正常水深。第二共轭水深 h_2 的计算公式为

$$h_2=\frac{h_1}{2}\left(\sqrt{1+\frac{8\alpha Q^2}{gb^2h_1^3}}-1\right)$$

当涵管中的正常水深 $h_{涵管}=h_1=0.36m$ 时，$h_2=0.27m$。

消力池深度 $d_0=1.1h_2-h_0$，取下游水深 $h_0=0m$，则消力池深度 $d_0=1.1\times0.27-0=0.3$（m），取池深为0.5m。

消力池长度 $L_K=(3\sim5)h_2$，按4倍的 h_2 计，则 $L_K=4\times0.27=1.08$（m），取1.5m。

消力池宽 $b_0=b=0.8m$。

消力池断面尺寸为1.5m×0.8m×0.5m（长×宽×深）。

确定消力池结构尺寸为：侧墙高1.3m，侧墙厚0.2m，基础厚0.25m。

涵管及其消力池设计如图Ⅱ.4.6-1所示。

4.6.8 溢洪道设计

4.6.8.1 溢洪道布设及结构形式

该工程采用开敞式溢洪道，溢洪道布设在右岸，由进水渠、控制段、泄槽、消力池和出水渠5个部分组成，总长186.03m，采用现浇混凝土结构或钢筋混凝土结构。

4.6.8.2 溢洪道水力计算

1. 进水渠水

进水渠总长47m，进口为喇叭口形，长10m，进水口宽8m，出水口宽4m，侧墙高度由1m渐变为2.5m，边坡坡比为1∶1，明渠采用梯形断面，长30m，底宽4m，口宽9m，高2.5m，边坡坡比为1∶1，渐变段断面从梯形渐变为矩形，进口断面与明渠相同，出口段面与控制段相同，为钢筋混凝土扭面结构，根据《溢洪道设计规范》(SL 253)，渐变段长度一般不小于堰上水头的2倍，依据调洪演算结果，校核工况堰上水深为2.05m，此次设计取7m。进水渠侧墙顶宽0.5m，底宽1.0m，基础厚0.4m。在其起始端下设深为1.0m、宽为0.5m的齿墙。基础以下设0.1m的砾石垫层，砂砾石垫层下铺设一层无纺布。进水渠首端渠底高程为1317.60m；在进水渠末端预留伸缩缝，伸缩缝用聚乙烯闭孔泡沫板填塞。

2. 控制段

控制段选用宽顶堰，采用现浇C25钢筋混凝土结构，矩形断面，底宽4m，侧墙高2.5m。根据《技术规范》，控制段长度为3～6倍的堰上水深，校核工况堰上水深为2.05m，经计算长度取7m。控制段侧墙高同渐变段侧墙高，取2.5m，侧墙顶宽0.5m，底宽1.0m，基础厚0.5m。在堰底靠上游设深为1.0m、宽为0.5m的齿墙，底部高程为1317.60m。基础铺设0.1m的砾石垫层，在溢流堰末端预留伸缩缝，伸缩缝用聚乙烯板填塞。

3. 泄槽

泄槽采用矩形断面，现浇C25钢筋混凝土结构，总长88m，宽4m，首端深1.6m，末端深0.8m，底坡比降为1∶8。

（1）正常水深计算。

1）临界水深计算。由调洪演算结果可知，在设计及校核洪水条件下，溢洪道下泄流量分别为 $6.84m^3/s$ 和 $23.05m^3/s$。由此计算泄槽段临界水深与临界坡度，判断水流形态。

临界水深按下式进行计算：

$$h_k=\sqrt[3]{\frac{\alpha q^2}{g}}$$

经计算，设计洪水条件下，临界水深 $h_{k设}=0.6896m$；校核洪水条件下，临界水深 $h_{k校}=1.5499m$。

2）临界坡度计算。临界坡度按下式进行计算：

$$i_k=gX_k/(aC_k{}^2B_k)$$

经计算，设计洪水条件下，临界坡度 $i_k=0.0043$；校核洪水条件下，临界坡度 $i_k=0.0048$。

3）水流形态判定。由以上临界水深和临界坡度

的计算结果判断：设计洪水条件下，$i_{设}=0.125>i_{k设}=0.0043$，坡度为陡坡，水流为急流；校核洪水条件下，$i_{校}=0.125>i_{k校}=0.0048$，坡度为陡坡，水流为急流；即泄槽段水流形态为急流，泄槽段起始断面水深为临界水深。其水面曲线类型为降水曲线。

（2）泄槽降水曲线计算。通过计算及绘图分析，泄槽坡比 i 确定为 1∶8，泄槽长度确定为 88m。

根据《溢洪道设计规范》（SL 253—2000）逐段累计法进行计算，即 1-1 断面与 2-2 断面存在关系式：

$$\Delta l_{1-2}=\frac{\left(h_2\cos\theta+\frac{a_2 v_2^2}{2g}\right)-\left(h_1\cos\theta+\frac{a_1 v_1^2}{2g}\right)}{i-\overline{J}}$$

经计算，在设计洪水条件下，泄槽末端水深为 0.233m；在校核洪水条件下，泄槽末端水深为 0.526m。

当水流速度大于 10m/s 时应考虑掺气对水深的影响，增加水深。掺气水深计算公式为

$$h_a=(1+\xi v/100)h$$

在设计洪水条件下，泄槽段流速小于 10m/s，因此不考虑掺气对水深的影响。

在校核洪水条件下，泄槽末端的掺气水深 $h_a=(1+1.30\times10.957/100)\times0.526=0.601$（m），即泄槽末端水深为 0.601m。

根据《技术规范》，泄槽边墙高度按设计流量计算，高出水面线 0.5m，判断是否满足下泄校核流量的要求，溢洪道泄槽各控制断面侧墙高度变化详见表Ⅱ.4.6-10。

表Ⅱ.4.6-10　溢洪道泄槽各控制断面侧墙高度变化表

洪水标准	水深及安全超高	泄槽侧墙高度			
		泄槽起点	8m 处	16m 处	出口末端
设计洪水	水深/m	0.68	0.32	0.28	0.23
	安全超高/m	0.50	0.50	0.50	0.50
	水深+安全超高/m	1.18	0.82	0.78	0.73
校核洪水	水深/m	1.53	0.88	0.75	0.53
侧墙高度取值/m		1.60	0.90	0.80	0.80

为降低工程造价，并考虑施工方便，泄槽段侧墙高度选取 3 个值，经比较后，选取最合理的高度值，见表Ⅱ.4.6-10。

（3）泄槽断面与结构尺寸确定。泄槽断面尺寸：底宽 4m，侧墙起始高 1.6m，8m 处侧墙高度为 0.9m，16m 处侧墙高度为 0.8m，出口末端侧墙高度为 0.8m，泄槽坡比为 1∶8，长 88m。侧墙顶宽 0.3m，侧墙底宽 0.5m，基础厚 0.4m。沿纵向每 8.0m 设一道沉降伸缩缝，缝宽 1～2cm，并用沥青浸透的麻丝填满孔隙，每隔 8m 设一道深 0.40m、宽 0.80m 的齿墙。

溢洪道平面及纵、横剖面图如图Ⅱ.4.6-1 所示。

4. 消力池

（1）根据《溢洪道设计规范》（SL 253—2000），等宽矩形断面自由水跃共轭水深 h_2 及水跃长度可按下列公式计算：

$$h_2=\frac{h_1}{2}(\sqrt{1+8Fr_1^2}-1)$$

$$Fr_1=v_1/\sqrt{gh_1}$$

$h_1=0.23$m，$v_1=7.32$m/s，经计算，$h_2=1.6$m，$Fr_1=4.84$m。

（2）水跃长度 L 可按下式计算：

$$L=6.9(h_2-h_1)$$

经计算，水跃长度 $L=6.9\times(h_2-h_1)=6.9\times(1.6-0.23)=8.64$（m）。

等宽矩形断面下挖式消力池池深、池长可按下列公式进行计算：

$$d=\sigma h_2-h_t-\Delta Z$$

$$\Delta Z=\frac{Q^2}{2gb^2}\left(\frac{1}{\phi^2 h_t^2}-\frac{1}{\sigma^2 h_2^2}\right)$$

$$L_k=0.8L$$

经计算，消力池尾部出口水位跌落 $\Delta Z=0.24$m，池深 $d=0.58$m，取 0.6m，池长 $L_k=0.8L=6.91$m，取 7m。消力池侧墙高取 2.1m。

（3）基础排水及反滤。为防止溢洪道消力池底部扬压力对其造成损坏，在消力池底板每间隔 1m 设置 PVC 排水孔，管径为 5.5cm，在底板 C15 混凝土垫层之下布设反滤体，自上而下分别为碎石、砾石和粗砂，厚度分别为 20cm、15cm 和 15cm。

5. 出水渠

出水渠总长 37.03m，渠底纵坡比降为 1∶200。其中，渐变段长 5.0m，采用铅丝笼石衬砌，由矩形断面渐变为梯形断面，进口断面与消力池出口相同，底宽 4.0m，出口段面与出水渠相同，底宽 6.0m；出水渠渠首采用铅丝笼石衬砌，长 5.0m，衬砌厚 0.5m，梯形断面，底宽 6.0m，口宽 9.9m，侧墙高 1.3m，边坡坡比为 1∶1.5，末端接土渠，长 27.03m。

消力池、出水渠设计如图Ⅱ.4.6-1 所示。

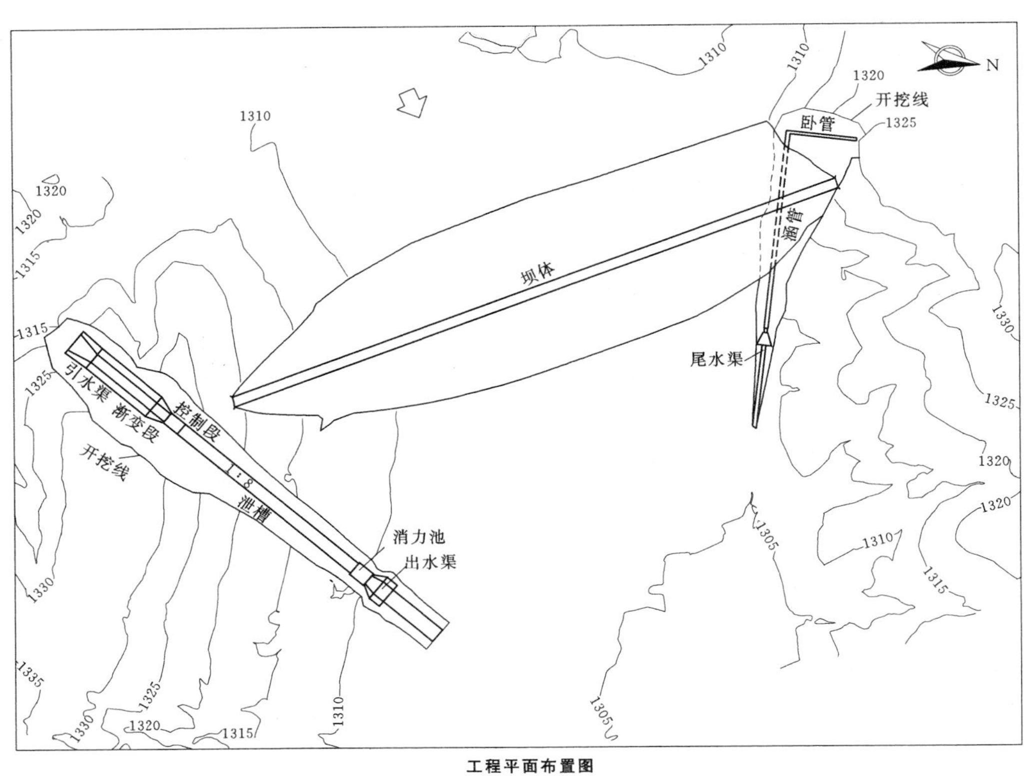

工程平面布置图

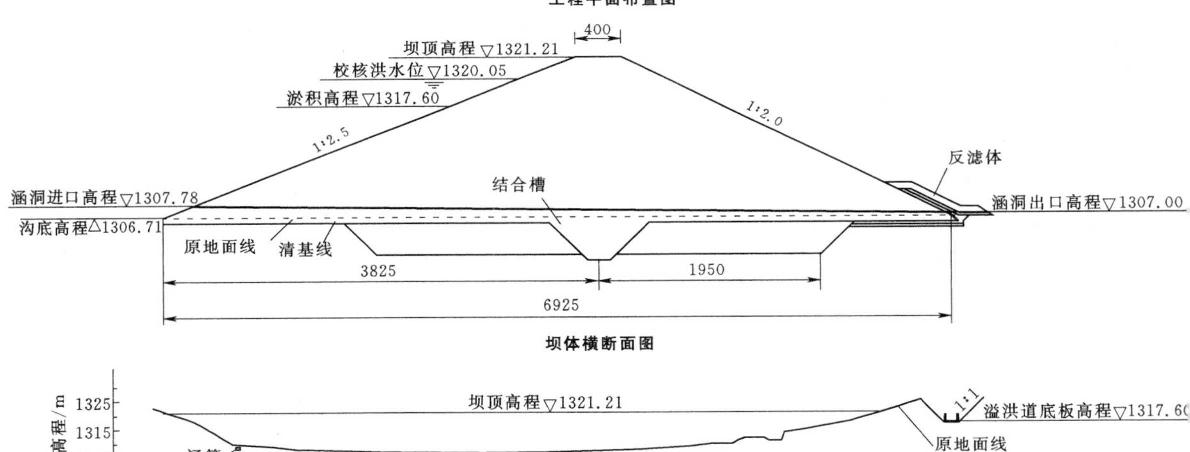

坝体横断面图

坝体纵断面图

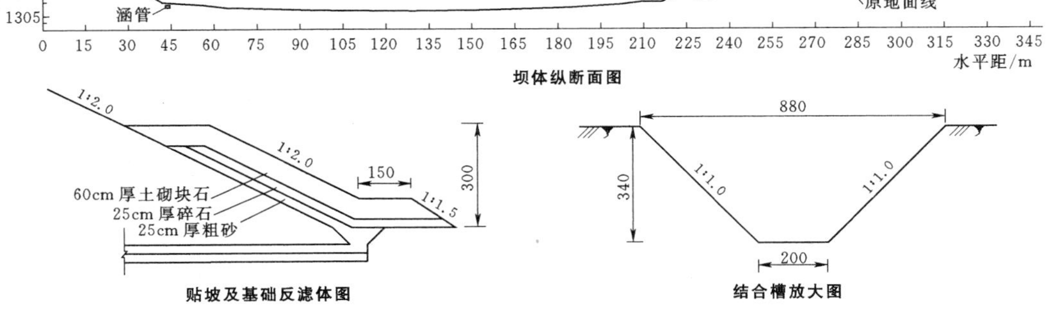

贴坡及基础反滤体图

结合槽放大图

图Ⅱ.4.6-1（一） 某淤地坝设计图（高程单位：m；尺寸单位：cm）

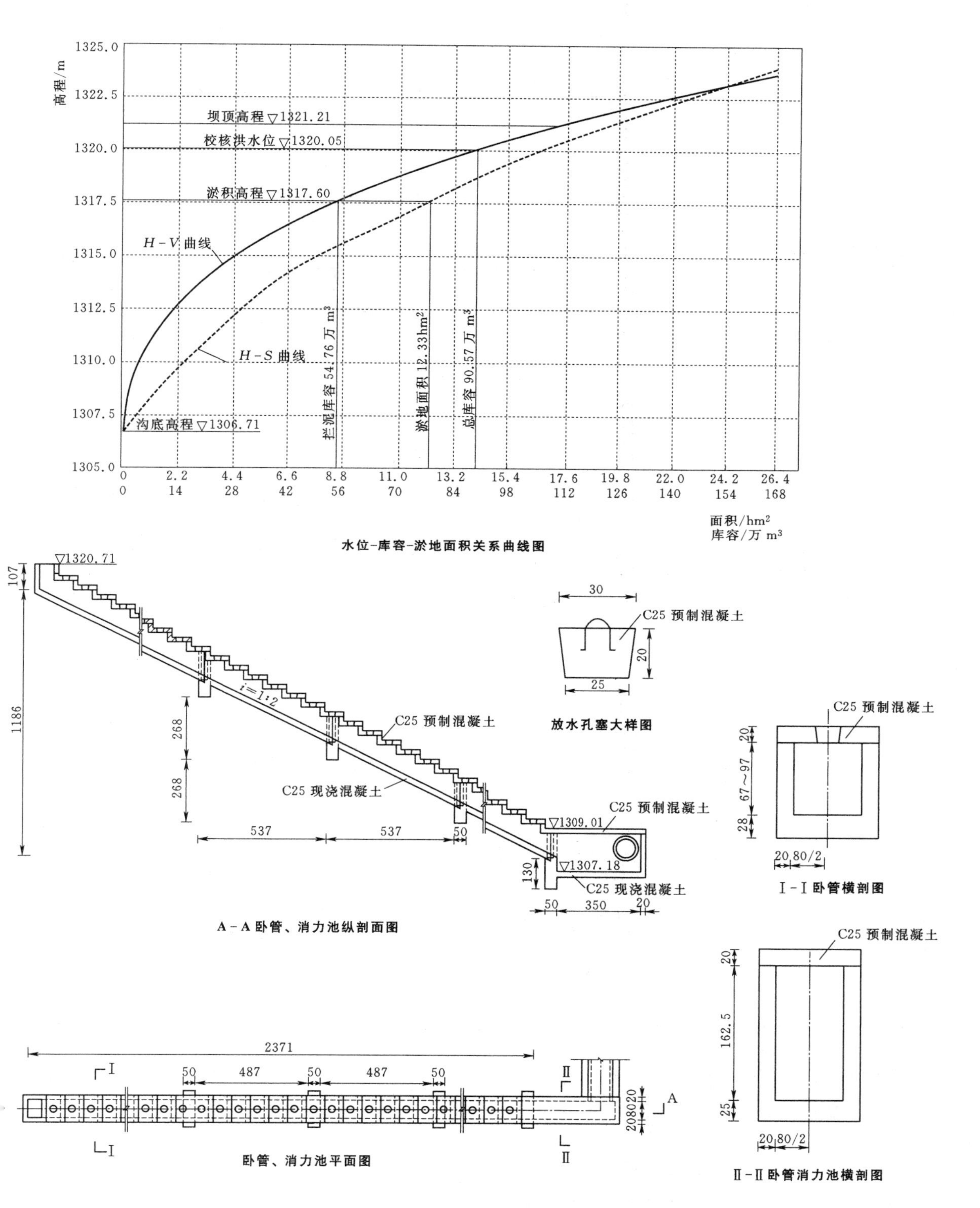

图Ⅱ.4.6-1（二） 某淤地坝设计图（高程单位：m；尺寸单位：cm）

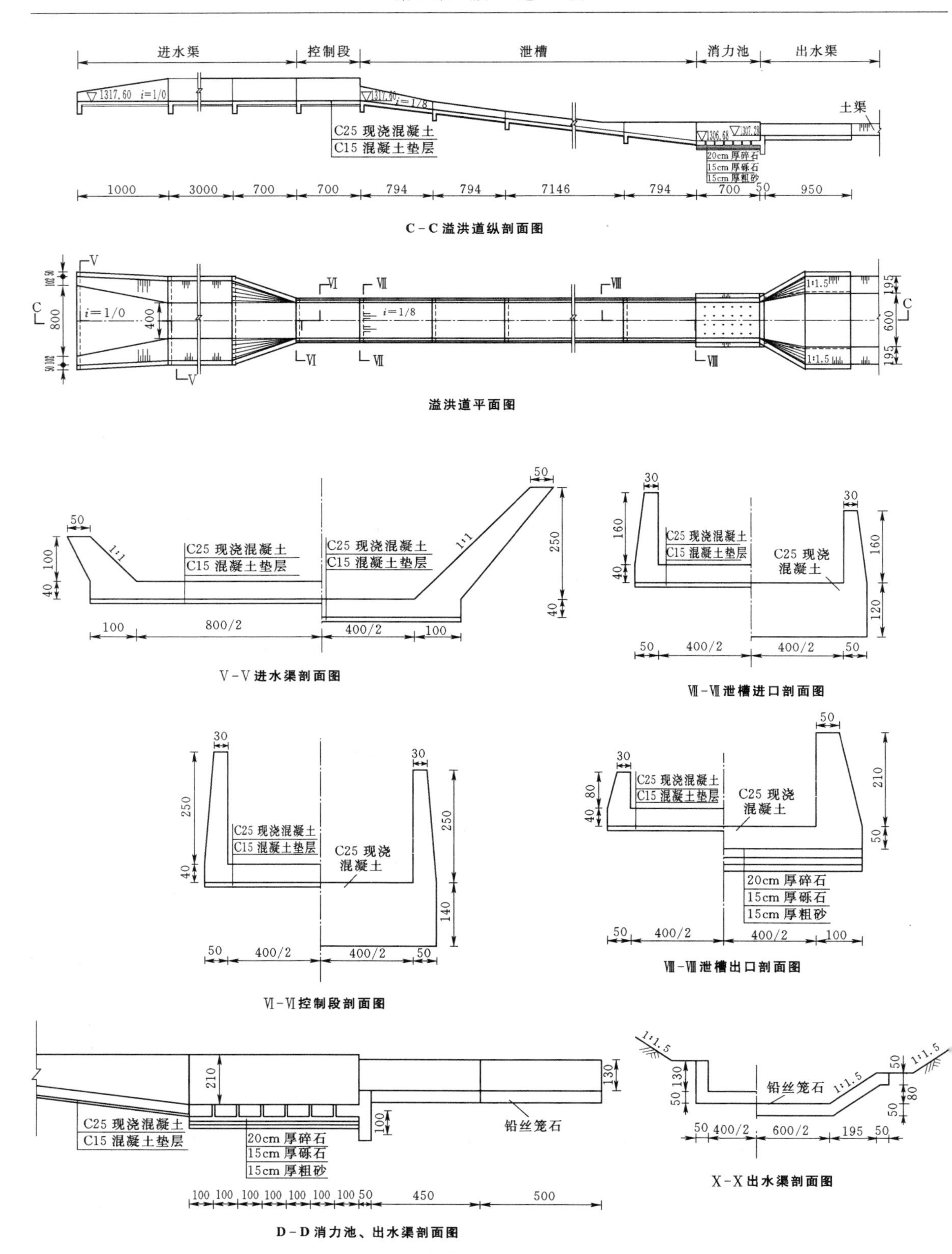

图Ⅱ.4.6-1（三）　某淤地坝设计图（高程单位：m；尺寸单位：cm）

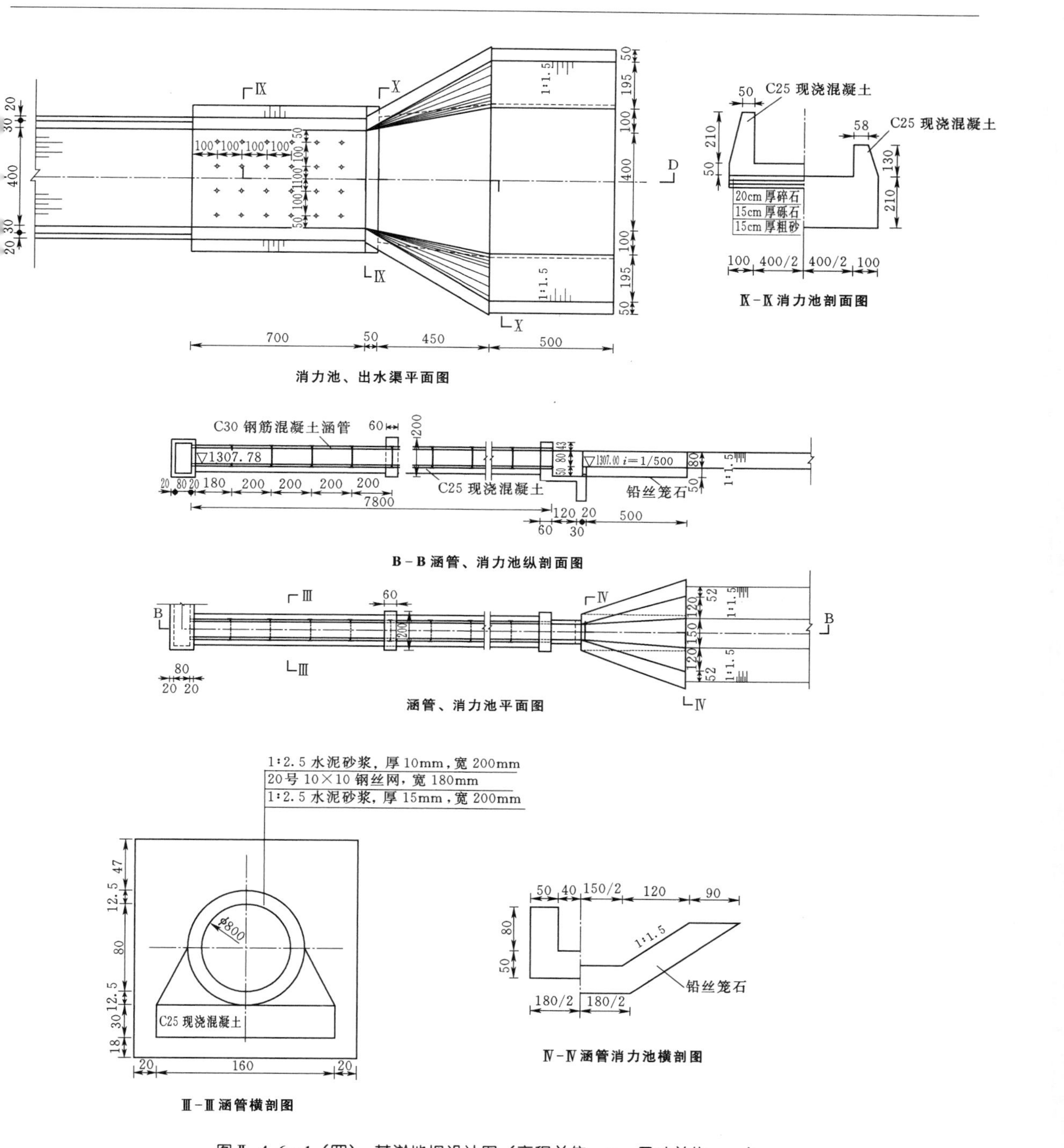

图Ⅱ.4.6-1（四） 某淤地坝设计图（高程单位：m；尺寸单位：cm）

参 考 文 献

[1] 黄河上中游管理局. 淤地坝设计［M］. 北京：中国计划出版社，2004.

[2] 全国勘察设计注册工程师水利水电工程专业管理委员会，中国水利水电勘测设计协会. 水利水电工程专业案例（水土保持篇）［M］. 郑州：黄河水利出版社，2015.

[3] 周月鲁，郑新民. 水土保持治沟骨干工程技术规范应用指南［M］. 郑州：黄河水利出版社，2006.

[4] 中华人民共和国水利部. 水土保持治沟骨干工程技术规范：SL 289—2003［S］. 北京：中国水利水电出版社，2003.

第5章 拦 沙 坝

章主编 廖建文 马 永

章主审 贺前进 王宝全

本章各节编写及审稿人员

节次	编写人	审稿人
5.1	廖建文 马 永 胡惠方	贺前进 王宝全
5.2	马 永 甄育才 彭志祥	
5.3	黄俊文 朱艳艳 方 斌	
5.4	马 永 胡惠方	
5.5	顾小华 苏子清 杨学智 贾立海 侯 克 马 永 魏 飒	

第5章 拦 沙 坝

5.1 定义与作用

1. 定义

拦沙坝是以拦蓄泥沙为主要目的而修建的横向拦挡建筑物。

2. 作用

(1) 拦蓄山洪或泥石流中的泥沙（包括块石），减轻对下游的危害。

(2) 抬高坝址处的侵蚀基准，减缓坝上游沟床坡降，加宽沟底，减小水深、流速及其冲刷力。

(3) 稳定沟岸及滑坡，减小泥石流的冲刷及冲击力，防止溯源侵蚀，抑制泥石流发育规模。

(4) 提供生产用地。淤出的沙渍地可复垦作为生产用地。

拦沙坝不得兼做塘坝或水库的挡水坝使用。对于兼有蓄水功能的拦沙坝应按小型水库进行设计，坝高超过15m的按重力坝设计，对于泥石流防治的拦沙坝执行国土资源部泥石流拦沙坝设计规范中的相关规定。

5.2 分类与适用范围

拦沙坝根据坝体结构，可分为土石坝、重力坝、切口坝、拱坝、格栅坝、钢索坝等。根据建材不同，可分为浆砌石坝、干砌石坝、土石混合坝、木石混合坝、铅丝石笼坝等。

拦沙坝主要采用土石坝和重力坝。

5.2.1 土石坝

坝体采用土料、石料、土石料结合碾压和砌筑而成。主要适用于汇水面积小、沟道泥流冲击力小的沟道末端、崩岗等区域，拦截坡面泥沙、崩岗泥沙等粒径较细的泥沙。多用于南方红壤区拦截崩岗泥沙。

5.2.2 重力坝

重力坝根据砌筑材料可分为浆砌石重力坝和混凝土重力坝。重力坝可根据来沙粗细以及洪水情况，采用透水坝和不透水坝。适用于石料丰富、泥沙粒径较粗、沟道比降较大的沟道。多用于西南岩溶区、北方土石山区的沟道防治。

5.3 工程规划与布置

5.3.1 规划原则

(1) 拦沙坝主要适用于南方崩岗治理，以及土石山区多沙沟道的治理。

(2) 拦沙坝不得兼做塘坝或水库的挡水坝使用。

(3) 拦沙坝设计应调查沟道来水、来沙情况及其对下游的危害和影响，重点收集下列资料：

1) 调查崩岗、崩塌体位置和形态、稳定状况、治理现状、治理经验及可能的崩塌量等资料。

2) 调查山洪灾害现状和治理现状，主要包括洪水中的泥沙土石组成和来源资料、沟道堆积物状况以及两岸坡面植被情况。在西南土石山区还应根据需要调查石漠化情况。

(4) 拦沙坝布置应因害设防，在控制泥沙下泄、抬高侵蚀基准和稳定边岸坡体坍塌的基础上，应结合后续开发利用。

(5) 沟谷治理中拦沙坝宜与谷坊、塘坝等相互配合，联合运用。

(6) 崩岗地区单个崩岗治理应按“上截、中削、下堵”的综合防治原则，在下游因地制宜布设拦沙坝。

5.3.2 坝址选择

天然坝址选择可参考以下原则：

(1) 地质条件。坝址附近应无大断裂通过，坝址处无滑坡、崩塌，岸坡稳定性好，沟床有基岩出露，或基岩埋深较浅，坝基为硬性岩或密实的老沉积物。

(2) 地形条件。坝址选择应遵循坝轴线短、库容大、便于布设排洪泄洪设施的原则。坝址处沟谷狭窄，坝上游沟谷开阔，沟床纵坡较缓，建坝后能形成较大的拦沙库容。

(3) 建筑材料。附近有充足的或比较充足的土石料、砂等当地建筑材料。

(4) 施工条件。离公路较近，从公路到坝址的施工便道易修筑，附近有布置施工场地的地形，有水源等。

5.3.3 拦沙坝布置

1. 布置原则

根据基本条件，初步选定天然坝址后，拦沙坝坝址选择还应遵循以下原则：

(1) 与防治工程总体布置相协调。与上游的谷坊或拦沙坝、下游拦沙坝或排导槽能合理地衔接。

(2) 满足拦沙坝本身的设计要求。设计功能以拦沙为主的坝，坝址应尽量选在肚大口小的沟段；以拦淤反压滑坡为主的坝，坝址应尽量靠近滑坡。坝轴线宜采用直线，当只能采用折线形布置时，转折处应设曲线段。泄洪建筑物宜采用开敞式无闸溢洪道。重力坝可采用坝顶溢流，土石坝坝址地形应有利于布设岸边泄水建筑物。

(3) 有较好的综合效益。拦沙坝既能拦沙、拦水，又能稳坡，使一坝多用。

2. 特殊区域布置

崩岗地区拦沙坝坝址应根据崩岗、崩塌体和沟道发育情况，以及周边地形地质条件进行选择，包括在单个崩岗、崩塌体崩口处筑坝，或在崩岗、崩塌体群下游沟道筑坝两种形式。土石山区拦沙坝坝址应根据沟道堆积物状况、两侧坡面风化崩落情况、滑坡体分布、上游泥沙来量及地形地质条件等选定。

5.3.4 坝型选择

(1) 拦沙坝坝型应根据当地洪水、泥沙量、崩塌物的冲击条件，以及地形地质条件、气候条件、施工条件、坝基处理方案、抗震要求确定，并进行方案比较。

(2) 选择坝型时，要贯彻安全、经济的原则，进行多种方案的比较。

(3) 重力坝主要适用于：①石质山区以重力坝型为主，其中石料丰富、采运条件方便的地方以浆砌石重力坝为主，石料较少的地方以混凝土重力坝为主；②沟道较陡、山洪冲击较大的沟道以重力坝型为主；③不便布设溢洪设施、坝址及其周边土料不适宜作筑坝材料时可选择重力坝。

(4) 土石坝主要适用于：①南方红壤区且以拦截崩岗泥沙为主的地区优先选用均质土坝、土石混合坝；②沟道较缓、沟道山洪冲击力较弱的沟道可选择土石坝；③坝址附近土料丰富而石料不足时，可选用土石混合坝；④小型山洪沟道可采用干砌石坝。

(5) 其他坝型的选择：①盛产木材的地区，可采用木石混合坝；②小型荒溪可采用铅丝石笼坝；③需要有选择性地拦截块石、卵石的沟道可采用格栅坝、钢索坝。

5.3.5 库容与坝高

1. 总库容

拦沙坝总库容应由拦沙库容和滞洪库容两部分组成。

(1) 拦沙库容。拦沙库容根据多年输沙量与设计淤积年限确定。

1) 多年平均年输沙量计算。沟道输沙量应包括悬移质输沙量和推移质输沙量两部分，可按式(Ⅱ.5.3-1)计算：

$$\overline{W_{sb}}=\overline{W_s}+\overline{W_b} \qquad (Ⅱ.5.3-1)$$

式中 $\overline{W_{sb}}$——多年平均年输沙量，万 t/a；

$\overline{W_s}$——多年平均年悬移质输沙量，万 t/a；

$\overline{W_b}$——多年平均年推移质输沙量，万 t/a。

多年平均年悬移质输沙量可按式(Ⅱ.5.3-2)和式(Ⅱ.5.3-3)计算：

$$\overline{W_s}=\sum M_{si}F_i \qquad (Ⅱ.5.3-2)$$

$$\overline{W_s}=K\,\overline{M_0^b} \qquad (Ⅱ.5.3-3)$$

式中 M_{si}——分区输沙模数，万 t/(km^2·a)，可根据省、市有关水文图集、手册的输沙模数等值线图确定；

F_i——分区面积，km^2；

$\overline{M_0}$——多年平均年径流模数，万 m^3/km^2；

b——指数，采用当地经验值；

K——系数，采用当地经验值。

多年平均年推移质输沙量$\overline{W_b}$可按式(Ⅱ.5.3-4)计算：

$$\overline{W_b}=\beta\overline{W_s} \qquad (Ⅱ.5.3-4)$$

式中 β——推悬比，宜取 0.05～0.15，山区取大值，塬区及平原区取小值。

2) 拦沙库容计算。拦沙库容按式(Ⅱ.5.3-5)计算：

$$V=\frac{N\,\overline{W_b}}{\gamma_s} \qquad (Ⅱ.5.3-5)$$

式中 V——拦沙库容，m^3；

N——设计淤积年限，a；

γ_s——淤积泥沙干容重，t/m^3；

$\overline{W_b}$——多年平均年推移质输沙量，万 t/a。

3) 应分析已有的、正在实施的和计划在近期内完成的各类水土保持措施对多年平均年输沙量的影响。

4) 应分析坝址上游崩岗、崩塌体的崩塌量对拦沙坝来沙量的影响。

(2) 滞洪库容。拦沙坝工程调洪计算采用相应设计洪水过程线，根据相关水文公式计算：

$$V_1+\frac{1}{2}(Q_1+Q_2)\Delta t=V_2+\frac{1}{2}(q_1+q_2)\Delta t$$

（Ⅱ.5.3-6）

$$q_P=Q_P\left(1-\frac{V_Z}{W_P}\right)$$ （Ⅱ.5.3-7）

式中 V_1、V_2——时段初、时段末库容，万 m^3；

Q_1、Q_2——时段初、时段末入库流量，m^3/s；

q_1、q_2——时段初、时段末出库流量，m^3/s；

Δt——时段长度，h；

Q_P——区间面积频率为 P 的设计洪峰流量，m^3/s；

q_P——频率为 P 的洪水时溢洪道的最大下泄流量，m^3/s；

V_Z——滞洪库容，万 m^3；

W_P——频率为 P 的设计洪水总量，万 m^3。

2. 坝高

（1）拦沙坝坝顶高程计算。拦沙坝坝顶高程按式（Ⅱ.5.3-8）计算：

$$Z=Z_Z+\Delta H$$ （Ⅱ.5.3-8）

式中 Z——拦沙坝坝顶高程，m；

Z_Z——拦洪高程，m；

ΔH——安全超高，m。

（2）拦沙坝坝高确定。拦沙坝坝高根据地形条件，在高程-库容曲线的基础上综合确定。

$$H=Z-Z_0$$ （Ⅱ.5.3-9）

式中 H——拦沙坝坝高，m；

Z——拦沙坝坝顶高程，m；

Z_0——拦沙坝基础高程，m。

5.4 工 程 设 计

5.4.1 工程级别与设计标准

拦沙坝工程级别与设计标准应执行《水土保持工程设计规范》（GB 51018—2014）的规定。其工程等别、建筑物级别、建筑物防洪标准、抗滑稳定安全系数的确定分别见表Ⅱ.5.4-1～表Ⅱ.5.4-6。

表Ⅱ.5.4-1 拦沙坝工程等别

工程等别	坝高/m	库容/万 m^3	保护对象		
			经济设施的重要性	保护人口/人	保护农田/亩
Ⅰ	10～15	10～50	特别重要的经济设施	≥100	≥100
Ⅱ	5～10	5～10	重要的经济设施	<100	10～100
Ⅲ	<5	<5			<10

表Ⅱ.5.4-2 拦沙坝建筑物级别

工程等别	主要建筑物	次要建筑物
Ⅰ	1	3
Ⅱ	2	3
Ⅲ	3	3

注 1. 失事后损失巨大或影响十分严重的拦沙坝工程的2～3级主要建筑物，经论证可提高一级。
2. 失事后损失不大的拦沙坝工程的1～2级主要建筑物，经论证可降低一级。
3. 建筑物级别提高或降低，其洪水标准可不提高或降低。

表Ⅱ.5.4-3 拦沙坝建筑物防洪标准

建筑物级别	洪水标准（重现期）/a		
	设计	校核	
		重力坝	土石坝
1	20～30	100～200	200～300
2	20～30	50～100	100～200
3	10～20	30～50	50～100

表Ⅱ.5.4-4 土坝、堆石坝坝坡的抗滑稳定安全系数

荷载组合或运用状况 \ 拦沙坝建筑物的级别		1	2	3
基本组合（正常运用）		1.25	1.20	1.15
特殊组合（非常运用）	非常运用条件Ⅰ（施工期及洪水）	1.15	1.10	1.05
	非常运用条件Ⅱ（正常运用+地震）	1.05	1.05	1.05

注 1. 荷载计算及其组合，应满足现行行业标准《碾压式土石坝设计规范》（SL 274）的有关规定。
2. 特殊组合Ⅰ的安全系数适用于特殊组合Ⅱ以外的其他非常运用荷载组合。

5.4.2 坝体设计

坝体设计主要根据坝体材料，经稳定分析试算，并经经济比较决定。设计步骤通常有坝高确定、初拟断面、稳定计算、断面优化等过程。

表Ⅱ.5.4-5 重力坝稳定计算抗滑稳定安全系数

安全系数	采用公式	荷载组合		1级、2级、3级坝	备注
K'	抗剪断公式	基本		3.00	
		特殊	非常洪水状况	2.50	
			设计地震状况	2.30	
K	抗剪公式	基本		1.20	软基
		特殊	非常洪水状况	1.05	
			设计地震状况	1.00	
K	抗剪公式	基本		1.05	岩基
		特殊	非常洪水状况	1.00	
			设计地震状况	1.00	

表Ⅱ.5.4-6 溢洪道控制段及泄槽的抗滑稳定安全系数

安全系数	采用公式	荷载组合		1级、2级、3级坝
K'	抗剪断公式	基本		3.00
		特殊	非常洪水状况	2.50
			设计地震状况	2.30
K	抗剪公式	基本		1.05
		特殊	非常洪水状况	1.00
			设计地震状况	1.00

5.4.2.1 坝高确定

(1) 坝顶高程应为校核洪水位加坝顶安全超高，坝顶安全超高可取0.5～1.0m。

(2) 坝高H应由拦泥坝高H_L、滞洪坝高H_Z和安全超高Δ_H三部分组成，拦泥高程和校核洪水位应由相应库容查水位库容关系曲线确定。

5.4.2.2 初拟断面

坝高确定后，根据不同的坝体材料，先拟断面，再进行试算调节。坝顶宽度还应满足交通需求。常见坝体尺寸见表Ⅱ.5.4-7和表Ⅱ.5.4-8。

表Ⅱ.5.4-7 均质土坝断面尺寸表

坝高/m	坝顶宽度/m	坝底宽度/m	坝坡坡比	
			上游	下游
3.0	2.0	11.0	1∶1.5	1∶1.5
5.0	3.5	19.75	1∶1.75	1∶1.5
8.0	3.5	33.5	1∶2.0	1∶1.75
10.0	4	46.5	1∶2.25	1∶2.0
15.0	4	67.75	1∶2.25	1∶2.0

表Ⅱ.5.4-8 浆砌石重力坝断面尺寸表

坝高/m	坝顶宽度/m	上游边坡坡比	下游边坡坡比(土基)	下游边坡坡比(岩基)	坝底宽度(土基)/m	坝底宽度(岩基)/m
3.0	1.0	1∶0	1∶0.45	1∶0.25	2.35	1.75
5.0	1.2	1∶0	1∶0.60	1∶0.40	4.20	3.20
8.0	2.0	1∶0.03	1∶0.60	1∶0.40	7.04	5.44
10.0	2.8	1∶0.05	1∶0.50	1∶0.35	8.30	6.80
15.0	3.5	1∶0.05	1∶0.50	1∶0.35	11.75	9.5

5.4.2.3 坝的稳定与应力计算

重力坝需进行抗滑、抗倾稳定分析计算；土石坝需进行坝坡稳定、渗透稳定、应力和变形分析计算。

1. 坝的荷载

作用在坝上的荷载，按其性质分为基本荷载和特殊荷载两种。荷载组合分为基本组合和特殊组合。基本组合属设计情况或正常情况，由同时出现的基本荷载组成，特殊组合属校核情况或非常情况，由同时出现的基本荷载和一种或几种特殊荷载所组成。拦沙坝的荷载组合见表Ⅱ.5.4-9。

表Ⅱ.5.4-9 **荷 载 组 合**

荷载组合	主要考虑情况	荷载						
		坝体自重	淤积物重力	静水压力	扬压力	泥沙压力	泥石流冲击力	地震荷载
基本组合	设计洪水位情况	√	√	√	√	√	√	—
特殊组合	校核洪水位情况	√	√	√	√	√	√	—
	地震情况	√	√	√	√	√	√	√

(1)基本荷载。

1)坝体自重：

$$G=V\gamma_d b \qquad (Ⅱ.5.4-1)$$

式中 G——坝体自重，t；

V——坝体横断面面积，m^2；

γ_d——坝体容重，t/m^3；

b——单位宽度，$b=1m$。

2)淤积物重力。作用在上游面上的淤积物重力，等于淤积物体积乘以淤积物容重：

$$W=V_1\gamma_1 \qquad (Ⅱ.5.4-2)$$

式中 W——坝上游面淤积物重力，t；

V_1——淤积物体积，m^3；

γ_1——淤积物容重，t/m^3。

3)静水压力：

$$P=\frac{1}{2}\gamma h^2 b \qquad (Ⅱ.5.4-3)$$

式中 P——静水压力，t；

γ——水的容重，t/m^3；

h——坝前水深，m；

b——单位宽度，$b=1m$。

4)设计洪水位时的扬压力。主要为渗透压力，即水在坝基上渗透所产生的压力。

当坝体为实体坝，而下游无水的条件下，下游边缘的渗透压力为0，上游边缘的渗透压力为

$$W_\varphi=\frac{1}{2}\gamma hBa_1 b \qquad (Ⅱ.5.4-4)$$

式中 W_φ——渗透压力，t；

B——坝体宽度，m；

γ——水的容重，t/m^3；

b——单位宽度，$b=1m$；

h——坝前水深，m；

a_1——基础接触面积系数，可取 $a_1=1$。

下游有水的条件下：

$$W_\varphi=\frac{1}{2}\gamma(h+H_{下})Ba_1 b \qquad (Ⅱ.5.4-5)$$

式中 $H_{下}$——下游水深，m；

其他符号意义同前。

5)泥沙压力。坝前泥沙压力(主动土压力)可按散体土压力公式计算，即

$$P_{泥沙}=\frac{1}{2}\gamma_c h_{s上}{}^2\tan^2\left(45°-\frac{\varphi}{2}\right)b \qquad (Ⅱ.5.4-6)$$

式中 $P_{泥沙}$——坝前泥沙压力，t；

b——单位宽度，$b=1m$；

γ_c——泥沙的容重，t/m^3；

$h_{s上}$——坝前淤积物的高度，m；

φ——淤积物的内摩擦角，与堆沙容重有关，用公式可表示为 $\varphi=7.24(\gamma_c-1)^{5.82}$。

作用在下游坝基上的泥沙压力(被动土压力)可用式(Ⅱ.5.4-7)计算，即

$$E=\frac{1}{2}\gamma_c h_{s下}^2\tan^2\left(45°+\frac{\varphi}{2}\right)b \qquad (Ⅱ.5.4-7)$$

式中 E——被动土压力，t；

$h_{s下}$——坝后泥沙高度；

其他符号意义同前。

6)泥石流冲击力：

$$P_{冲}=K\rho v_c^2\sin\alpha \qquad (Ⅱ.5.4-8)$$

其中
$$\rho=\frac{\gamma_c}{g}$$

式中 $P_{冲}$——泥石流冲击力，t；

K——泥石流动压力系数，决定于龙头特性，一般取1.3；

ρ——泥石流的密度，kg/m^3；

v_c——泥石流流速，m/s；

γ_c——泥石流的容重，t/m^3；

g——重力加速度，$9.81m/s^2$；

α——泥石流流向与坝轴线的交角，(°)。

(2)特殊荷载。特殊荷载包括校核洪水位时的静水压力、校核洪水位时的扬压力和地震荷载。

2. 坝体抗滑稳定计算

$$K_s=\frac{fN}{P} \qquad (Ⅱ.5.4-9)$$

式中 K_s——抗滑稳定安全系数，要求岩基 $K_s=1.05\sim1.1$，土基 $K_s=1.1\sim1.2$；

N——坝体垂直作用力的总和，向下为正，向上为负；

P——坝体水平作用力的总和，向下游为正，向上游为负；

f——坝体与基础的摩擦系数。

3. 重力坝坝基应力计算

重力坝不容许坝体上游面出现拉应力。坝基应力计算公式为

$$\left.\begin{aligned}&\text{上游面应力：}\quad \sigma_{\text{上}}=\frac{N}{b}\left(1-\frac{6e}{b}\right)>0\\&\text{下游面应力：}\quad \sigma_{\text{下}}=\frac{N}{b}\left(1+\frac{6e}{b}\right)\leqslant[\sigma]\end{aligned}\right\}\qquad (\text{Ⅱ}.5.4-10)$$

其中 $$e=\frac{M}{N}$$

式中 $\sigma_{\text{上}}$——上游面坝基应力，当 $\sigma_{\text{上}}>0$ 时，不产生拉应力，kPa；

$\sigma_{\text{下}}$——下游面坝基应力，应不超过岩石的允许压应力 $[\sigma]$，kPa；

b——坝底宽，m；

e——合力作用点至坝底中心点的距离，m，当 $e\leqslant\frac{b}{6}$时，坝体不会产生拉应力（拦沙坝不容许坝体上游面出现拉应力）；

M——所有作用在坝上的各力对坝底中心点力矩的代数和，顺时针为负，逆时针为正，kN·m；

其他符号意义同前。

4. 土石坝坝坡稳定计算

土石坝应进行坝坡稳定计算，参照《水土保持工程设计规范》(GB 51018—2014)“附录B稳定计算”。

坝坡抗滑稳定计算应采用刚体极限平衡法。对于非均质坝体，宜采用不计条块间作用力的圆弧滑动法；对于均质坝体，宜采用计及条块间作用力的简化毕肖普法；当坝基存在软弱夹层时，土坝的稳定分析通常采用改良圆弧法。当滑动面呈非圆弧形时，采用摩根斯顿-普赖斯法计算。

圆弧滑动（图Ⅱ.5.4-1）稳定可按下列公式计算：

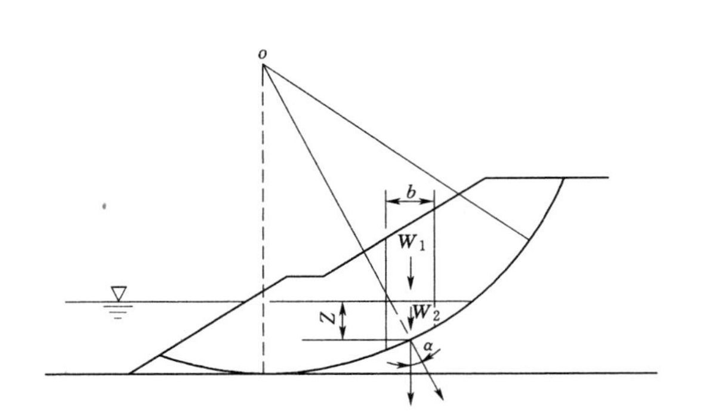

图Ⅱ.5.4-1 圆弧滑动法计算简图

(1) 简化毕肖普法：

$$K=\frac{\sum\{[(W\pm V)\sec\alpha-ub\sec\alpha]\tan\varphi'+c'b\sec\alpha\}[1/(1+\tan\alpha\tan\varphi'/K)]}{\sum[(W\pm V)\sin\alpha+M_c/R]}\qquad (\text{Ⅱ}.5.4-11)$$

(2) 瑞典圆弧法：

$$K=\frac{\sum\{[(W\pm V)\cos\alpha-ub\sec\alpha-Q\sin\alpha]\tan\varphi'+c'b\sec\alpha\}}{\sum[(W\pm V)\sin\alpha+M_c/R]}\qquad (\text{Ⅱ}.5.4-12)$$

其中 $$W=W_1+W_2$$

式中 b——条块宽度，m；

W——条块重力，kN；

W_1——在边坡外水位以上的条块重力，kN；

W_2——在边坡外水位以下的条块重力，kN；

Q、V——水平和垂直地震惯性力（向上为负，向下为正），kN；

u——作用于土条底面的孔隙压力，kPa；

α——条块的重力线与通过此条块底面中点的半径之间的夹角，(°)；

c'、φ'——土条底面的有效应力抗剪强度指标；

M_c——水平地震惯性力对圆心的力矩，kN·m；

R——圆弧半径，m。

改良圆弧法（图Ⅱ.5.4-2）计算坝坡稳定可按下列公式计算：

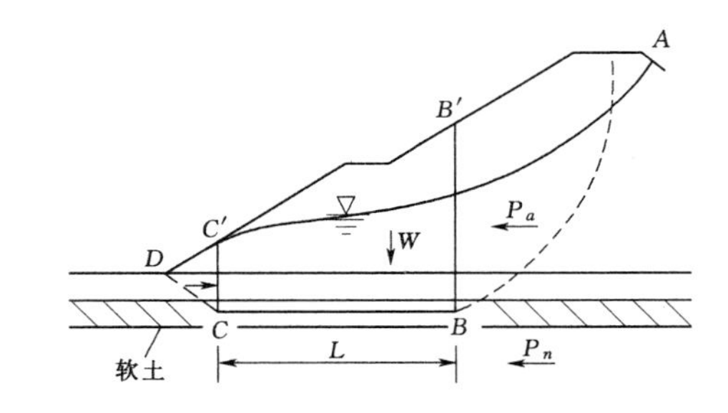

图Ⅱ.5.4-2 改良圆弧法计算简图

$$K=\frac{P_n+s}{P_a}\qquad (\text{Ⅱ}.5.4-13)$$

$$S=W\tan\varphi+CL\qquad (\text{Ⅱ}.5.4-14)$$

式中 W——土体 $B'BCC'$ 的有效重力，kN；

S——BC 面上的抗滑力，kN；

L——土体底宽，m；

C——软弱土层的凝聚力，kPa；

φ——软弱土层的内摩擦角，(°)；

P_a——滑动力，kN；

P_n——抗滑力，kN。

当采用摩根斯顿-普赖斯法（图Ⅱ.5.4-3）计算抗滑稳定安全系数时，应按下列改进公式计算：

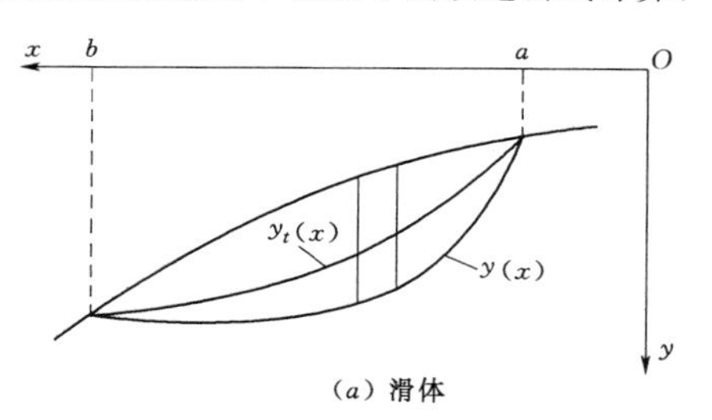

(a) 滑体

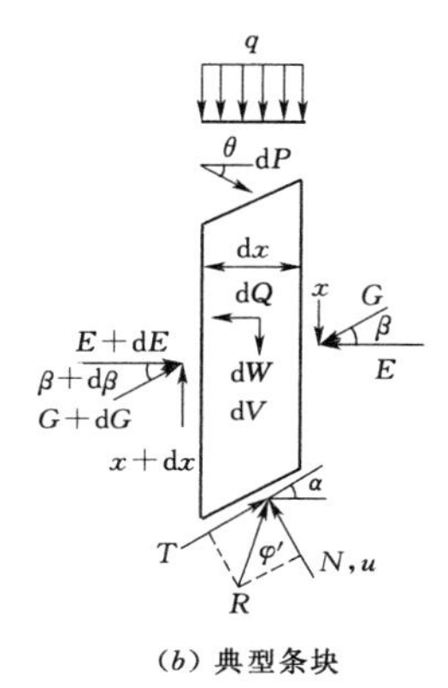

(b) 典型条块

图Ⅱ.5.4-3 摩根斯顿-普赖斯法（改进方法）计算简图

$$\int_a^b p(x)s(x)\mathrm{d}x = 0 \qquad (Ⅱ.5.4-15)$$

$$\int_a^b p(x)s(x)t(x)\mathrm{d}x - M_e = 0 \qquad (Ⅱ.5.4-16)$$

其中
$$p(x)=\left(\frac{\mathrm{d}W}{\mathrm{d}x}\pm\frac{\mathrm{d}V}{\mathrm{d}x}+q\right)\sin(\varphi'-\alpha)-u\sec\alpha\sin\varphi'_e+c'_e\sec\alpha\cos\varphi'_e-\frac{\mathrm{d}Q}{\mathrm{d}x}\cos(\varphi'_e-\alpha) \qquad (Ⅱ.5.4-17)$$

$$s(x)=\sec(\varphi'_e-\alpha+\beta)\exp\left[-\int_a^x\tan(\varphi'_e-\alpha+\beta)\frac{\mathrm{d}\beta}{\mathrm{d}\zeta}\mathrm{d}\zeta\right] \qquad (Ⅱ.5.4-18)$$

$$t(x)=\int_a^x(\sin\beta-\cos\beta\tan\alpha)\exp\left[\int_a^\zeta\tan(\varphi'_e-\alpha+\beta)\frac{\mathrm{d}\beta}{\mathrm{d}\zeta}\mathrm{d}\zeta\right] \qquad (Ⅱ.5.4-19)$$

$$M_e=\int_a^b\frac{\mathrm{d}Q}{\mathrm{d}x}h_e\mathrm{d}x \qquad (Ⅱ.5.4-20)$$

$$C_e=\frac{c'}{K} \qquad (Ⅱ.5.4-21)$$

$$\tan\varphi'_e=\frac{\tan\varphi'}{K} \qquad (Ⅱ.5.4-22)$$

式中 $\mathrm{d}x$——土条宽度；

c'、φ'——条块底面的有效黏聚力和内摩擦角；

$\mathrm{d}W$——土条重力；

q——坡顶外部的垂直荷载；

M_e——水平地震惯性力对土条底部中点的力矩；

$\mathrm{d}Q$、$\mathrm{d}V$——土条的水平和垂直地震惯性力（向上为负，向下为正）；

α——条块底面与水平面的夹角；

β——土条侧面的合力与水平方向的夹角；

h_e——水平地震惯性力到土条底面中点的垂直距离。

土的抗剪强度指标可用三轴剪力仪测定，亦可用直剪仪测定。采用的计算方法和强度指标按表Ⅱ.5.4-10进行选择，抗滑稳定计算时，可根据各种运用情况选用。

表Ⅱ.5.4-10 土的强度指标

坝体渗流状态	计算方法	强度指标
无渗流、稳定渗流期和不稳定渗流期	有效应力法	c'、φ'
不稳定渗流期	总应力法	c_{cu}、φ_{cu}

运用式（Ⅱ.5.4-11）和式（Ⅱ.5.4-12）时，应遵守下列原则：

（1）静力计算时，地震惯性力应等于零。

（2）坝体无渗流期运用时，条块容重应为湿容重。

（3）稳定渗流期用有效应力法计算时，孔隙压力 u 应由 $u-\gamma_w Z$ 代替，条块重 $W=W_1+W_2$，W_1 为外水位以上条块实重，浸润线以上为湿容重，浸润线和外水位之间为饱和容重，W_2 为外水位以下条块浮容重。

（4）水位降落期用有效应力法计算时，应按降落后的水位计算。用总应力法时，c'、φ'应由 c_{cu}、φ_{cu} 代替；分子应采用水位降落前条块容重 $W=W_1+W_2$，W_1 为外水位以上条块湿容重，W_2 为外水位以下条块浮容重；分母应采用水位降落后条块容重 $W=W_1+W_2$，W_1 浸润线以上为湿容重，浸润线和外水位之间为饱和容重，W_2 为外水位以下条块浮容重；u 应由$u_i-\gamma_w Z$代替，u_i 为水位降落前孔隙压力。

土坝的强度指标应按坝体设计干容重和含水率制样，采用三轴仪测定其总应力或有效应力强度指标。试验值可按表Ⅱ.5.4-11的规定取值进行修正。

5. 渗流计算

土石坝坝型还应进行渗流计算。主要确定浸润线、平均流速、平均比降和渗流量。

表Ⅱ.5.4-11 强度指标修正系数

计算方法	试验方法	修正系数
总应力法	三轴不固结不排水剪	1.0
	直剪仪快剪	0.5～0.8
有效应力法	三轴固结不排水剪（测孔压）	0.8
	直剪仪慢剪	0.8

注 根据试样在试验过程中的排水程度选用，排水较多时取小值。

解析法主要采用水力学法。对于不透水地基上矩形土体内的渗流，其计算简图如图Ⅱ.5.4-4所示。

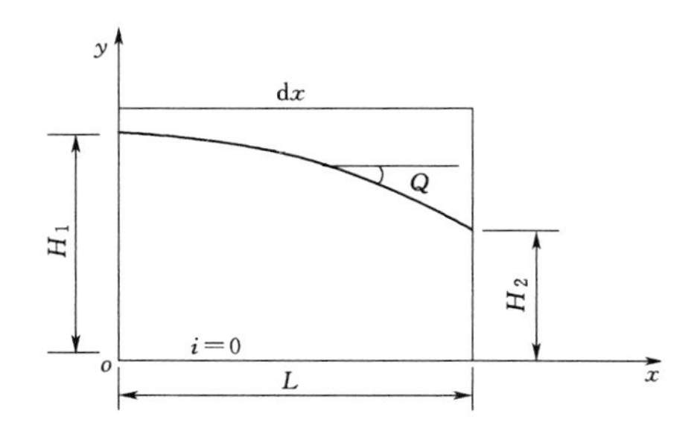

图Ⅱ.5.4-4 矩形土体渗流计算简图

$$q=\frac{K(H_1^2-H_2^2)}{2L} \quad (Ⅱ.5.4-23)$$

即

$$q=\frac{K(H_1^2-y^2)}{2x} \quad (Ⅱ.5.4-24)$$

$$y=\sqrt{H_1^2-\frac{2q}{K}x} \quad (Ⅱ.5.4-25)$$

式中 q——单宽渗流量，m^3/s；

K——坝身土壤渗透系数，cm/s；

H_1——上游水深，m；

H_2——下游水深，m；

L——渗流长度，m。

由式（Ⅱ.5.4-25）可知，浸润线是一个二次抛物线。当渗流量 q 已知时，即可绘制浸润线，若边界条件已知，即可计算单宽渗流量。

（1）不透水地基上均质土石坝的渗流计算。

1）土石坝下游有水而无排水设备的情况。计算时将土坝剖面分为上游楔形体、中间段和下游楔形体三段，如图Ⅱ.5.4-5所示。

等效矩形宽度 ΔL 可由式（Ⅱ.5.4-26）计算：

$$\Delta L=\lambda H_1 \quad (Ⅱ.5.4-26)$$

$$\lambda=\frac{m_1}{2m_1+1} \quad (Ⅱ.5.4-27)$$

式中 m_1——上游坝面的边坡系数，如为变坡则取平均值；

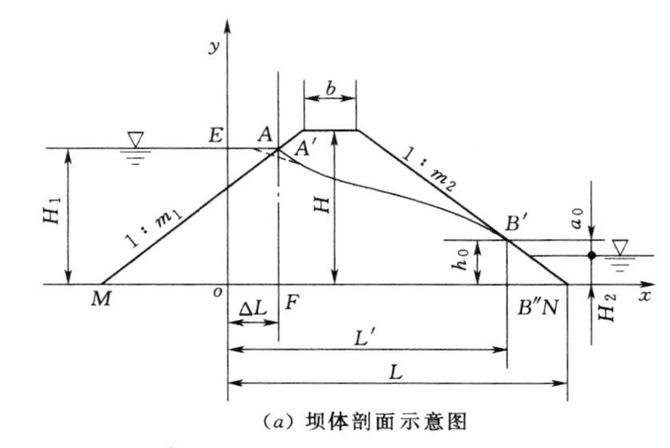

（a）坝体剖面示意图

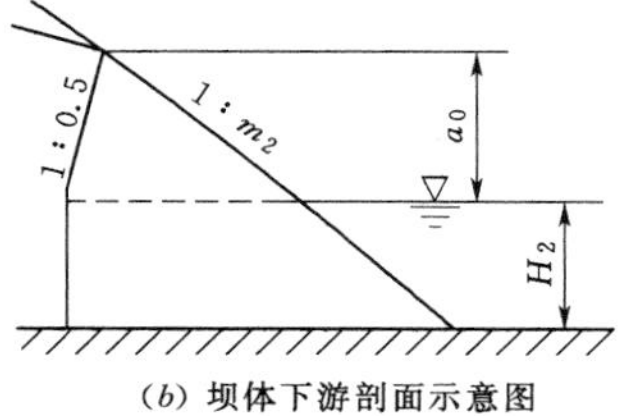

（b）坝体下游剖面示意图

图Ⅱ.5.4-5 土石坝渗流计算示意图

H_1——上游水深。

计算对象：坝身段（$AMB''B'$）及下游楔形体段（$B'B''N$）。

坝身段（$AMB''B'$）渗流量：

$$q_1=K\frac{H_1^2-(H_2+a_0)^2}{2L'} \quad (Ⅱ.5.4-28)$$

式中 a_0——浸润线逸出点在下游水面以上的高度；

K——坝身土壤渗透系数；

H_1——上游水深；

H_2——下游水深；

L'——如图Ⅱ.5.4-5所示。

下游楔形体的渗流量：可分下游水位以上及以下两部分计算。

根据试验研究认为，下游水位以上的坝身段与楔形体段以1：0.5的等势线为分界面，下游水位以下部分以铅直面作为分界面，与实际情况更相近，则通过下游楔形体上部的渗流量 q_2' 为

$$q_2'=\int_0^{a_0}K\frac{y}{(m_2+0.5)y}dy=K\frac{a_0}{m_2+0.5} \quad (Ⅱ.5.4-29)$$

$$q_2''=K\frac{a_0H_2}{(m_2+0.5)a_0+\frac{m_2H_2}{1+2m_2}} \quad (Ⅱ.5.4-30)$$

通过下游楔形体的总渗流量 q_2 为

$$q_2=q_2'+q_2''=K\frac{a_0}{m_2+0.5}\left(1+\frac{H_2}{a_0+a_mH_2}\right) \quad (Ⅱ.5.4-31)$$

其中
$$a_m=\frac{m_2}{2(m_2+0.5)^2} \qquad (Ⅱ.5.4-32)$$

水流连续条件：$q_1=q_2=q$。

未知量的求解：两个未知数，即渗流量 q 和逸出点高度 a_0。

浸润线方程为

$$2qx=K(H_1^2-y^2) \qquad (Ⅱ.5.4-33)$$

上游坝面附近的浸润线需作适当修正：自 A 点作与坝坡 AM 正交的平滑曲线，曲线下端与计算求得的浸润线相切于 A' 点。

当下游无水时，以上各式中的 $H_2=0$；当下游有贴坡排水时，因贴式排水基本上不影响坝体浸润线的位置，所以计算方法与下游不设排水时相同。

2）有褥垫排水的均质坝。有褥垫排水的均质坝渗流计算示意图如图Ⅱ.5.4-6所示。

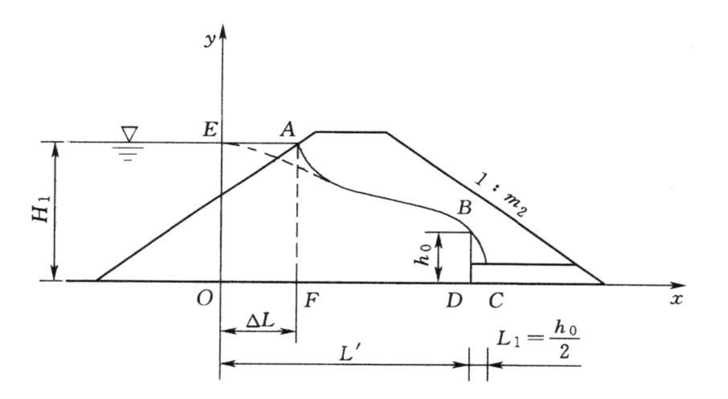

图Ⅱ.5.4-6 有褥垫排水的均质坝渗流计算示意图

浸润线方程为

$$L=\frac{y^2-a_0^2}{2a_0}+x \qquad (Ⅱ.5.4-34)$$

$$h_0=\sqrt{L'^2+H_1^2}-L' \qquad (Ⅱ.5.4-35)$$

通过坝身的单宽渗流量为

$$q=\frac{h}{2L'}(H_1^2-h_0^2) \qquad (Ⅱ.5.4-36)$$

3）有棱体排水的均质坝。有棱体排水的均质坝渗流计算示意图如图Ⅱ.5.4-7所示。

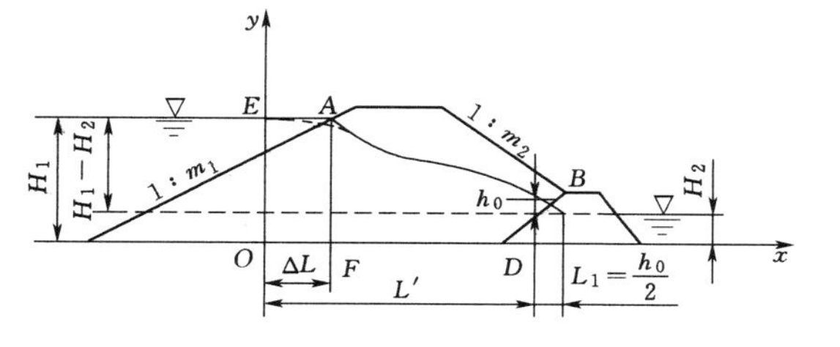

图Ⅱ.5.4-7 有棱体排水的均质坝渗流计算示意图

$$h_0=\sqrt{L'^2+(H_1-H_2)^2}-L' \qquad (Ⅱ.5.4-37)$$

单宽渗流量为

$$q=\frac{h}{2L'}[H_1^2-(H_2+h_0)^2] \qquad (Ⅱ.5.4-38)$$

当下游无水时，按上述褥垫式排水情况计算。

（2）有限深透水地基上土石坝的渗流计算。

1）均质土石坝。渗流量：可先假定地基不透水，按上述方法确定坝体的渗流量 q_1 和浸润线；然后再假定坝体不透水，计算坝基的渗流量 q_2；最后将 q_1 和 q_2 相加，即可近似地得到坝体和坝基的渗流量。

坝体浸润线：可不考虑坝基渗透的影响，仍用地基不透水情况下的结果。

对于有褥垫排水的情况，因地基渗水而使浸润线稍有下降，可近似地假定浸润线与排水起点相交。由于渗流渗入地基时要转一个90°的弯，流线长度比坝底长度 L' 要增大些。根据实验和流体力学分析，增大的长度约为 $0.44T$（T 为地基透水层的厚度）。这时，通过坝体和坝基的渗流量可按式（Ⅱ.5.4-39）计算：

$$q=q_1+q_2=K\frac{H_1^2}{2L'}+K_T\frac{TH_1}{L'+0.44T} \qquad (Ⅱ.5.4-39)$$

式中 K_T——坝基渗透系数。

2）心墙土石坝。心墙、截水墙段：其土料一般是均一的，可取平均厚度 δ 进行计算。

下游坝壳和坝基段：由于心墙后浸润线的位置较低，可近似地取浸润线末端与堆石棱体的上游端相交，然后分别计算坝体和坝基的渗流量。

当下游有水时，可近似地假定浸润线逸出点在下游水面与堆石棱体内坡的交点处，用上述同样的方法进行计算。

3）斜墙土石坝。有限深透水地基上的斜墙土坝，一般同时设有截水墙和铺盖。前者用以拦截透水地基渗流，后者用以延长渗径、减小渗透坡降，防止渗透变形。

有截水墙的情况：它与心墙土坝的情况类似，当下游无水时，$H_2=0$，$L_1=L$。当 $T=0$ 时，也可得出不透水地基上斜墙坝的渗流计算公式。

有铺盖的情况：当铺盖与斜墙的渗透系数比坝体和坝基的渗透系数小很多时，可近似地认为铺盖与斜墙是不透水的，并以铺盖末端为分界线，将渗流区分为两段进行计算。

（3）总渗流量计算。计算总渗流量时，应根据地形及透水层厚度的变化情况，将土石坝沿坝轴线分为若干段，如图Ⅱ.5.4-8所示，然后分别计算各段的平均单宽流量，则全坝的总渗流量 Q 可按式（Ⅱ.5.4-40）计算：

$$Q=\frac{1}{2}[q_1l_1+(q_1+q_2)l_2+\cdots+(q_{n-2}+q_{n-1})l_{n-1}+q_{n-1}l_n] \qquad (Ⅱ.5.4-40)$$

式中　l_1、l_2、…、l_n——各段坝长；

q_1、q_2、…、q_{n-1}——各断面处的单宽流量。

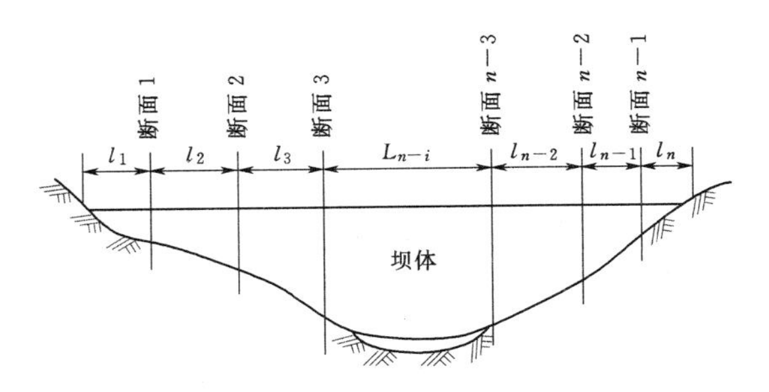

图Ⅱ.5.4－8　总渗流量计算示意图

渗透分析通常采用水力学法。根据坝体和坝基不同的渗透条件分别采取不同的计算公式。计算渗流量时，渗透系数 K 采用大值平均值。计算水位降落时的浸润线采用小值平均值。

5.4.2.4　坝体结构与构造

土石坝坝顶宽度不宜小于 3.5m，坝顶盖面材料宜采用密实的砂砾石、碎石或单层砌石等柔性材料。坝体下游护坡施工完毕后应种植适生草本植物固坡。坝高大于 10m 时，在下游坝坡脚应设反滤排水体。

重力坝上游坝面可为铅直面、斜面或折面。下游坝坡应根据稳定及应力计算确定。重力坝坝顶宽度应考虑通行及检修要求，浆砌石重力坝坝顶宽度通常在 0.8m 以上，混凝土重力坝坝顶宽度在 0.5m 以上。

5.4.3　排水建筑物设计

当拦沙坝内有安全需求时，拦沙坝内可设排水建筑物。拦沙坝设置排水建筑物的目的主要是利于拦沙坝内泥沙固结，以降低安全风险。排水设施通常分为卧管排水、竖井排水、涵管简易排水等形式。

小型拦沙坝排水可参照山塘放水管经验设计。较大拦沙坝排水标准可参照淤地坝排水标准，3～5d 排完溢洪道坎顶以下 1.5m 深的蓄水量。

下游无重要设施的浆砌石（混凝土）拦沙坝，可直接采用坝身设排水孔排水；低矮（通常指坝高小于 4m）的拦沙坝可通过埋设排水涵管排水。

5.4.3.1　卧管排水

卧管排水由开关控制管、进水池、输水管、出水池及镇墩构成。结构形式同淤地坝或山塘卧管式放水工程。

1. 开关控制管

开关控制管布设在拦沙坝任意一端的山坡上，坡度及长度随地形和坝高度而定，管为钢筋混凝土管或 PVC 管，内径不小于 30cm，管的上端设镇墩，下端设进水池，两端之间每隔 3～5m 设镇墩一个，管中间每隔 0.3～0.5m 设进水孔一个，孔直径为 10～20cm，用木塞或塑料旋拧盖作为开关。

2. 进水池

进水池连接开关控制管与输水管，使坝内水流入输水管，经出水池流出。其净空尺寸为 100cm×100cm×100cm，壁厚 25cm，可采用砖砌或加筋混凝土现浇。

3. 输水管

输水管埋在坝底部，采用钢筋混凝土管，内径不小于 40cm，长度随拦沙坝坝基宽度及地形而定，每隔 5m 设镇墩一个及沉陷缝一条。

4. 出水池

出水池起消能防冲作用，尺寸同进水池，使输水管中的水平稳流入下游沟溪。采用浆砌石或混凝土结构。

5. 镇墩

镇墩的作用是固定开关控制管及输水管，墩底部为方形，尺寸为 80cm×80cm×80cm。

5.4.3.2　竖井排水

竖井一般采用浆砌石修筑，布置在坝体上游坡脚。其断面形状多采用圆形，也有采用方形。其内圆直径为 0.8～1.5m。壁厚随竖井的高度而异，一般为 0.3～0.6m。

为便于放水，在竖井上沿高度每隔 0.5m 左右设一对放水孔，相对交错排列，并用木插板控制孔口开闭。孔口尺寸多为 20cm×30cm 和 30cm×30cm 两种。竖井底部通过消力井与输水涵洞相连。消力井的断面尺寸应根据放水流量及竖井高度计算确定，井深 0.5～2.0m。

消力井的最小容积 V 为

$$V=\frac{1}{4}\pi D^2\times 深度 \qquad (Ⅱ.5.4-41)$$

式中　D——竖井直径。

当竖井较高或地基较差时，井底应设置井座。

5.4.3.3　简易排水

浆砌石坝或重力坝坝体设置排水孔，排水孔呈“品”字形布设，间距 1～1.5m，排水孔尺寸通常为 10cm×10cm、12cm×12cm、15cm×15cm。

坝高较低的拦沙坝，也可直接在坝体底部或中部埋设涵管，涵管为钢管，长度应超过坝基，排水时不得冲击坝基，影响坝体稳定。钢管外接阀门，可根据排水量大小进行调节或关闭。

5.4.4　溢洪道设计

土石坝拦沙坝需设溢洪道。具体设计见《水土保持工程设计规范》（GB 51018—2014）“7.4 溢洪道设计”，洪水标准见表Ⅱ.5.4-3。

重力坝通常采用坝体中部设溢流口溢洪。较矮的土石坝也可采用在拦沙坝坝体中部设置泄槽溢流，设置泄槽泄洪时，应计算泄槽沉降。

1. 溢流口设计

（1）溢流口形状。拦沙坝溢洪口为开敞式溢洪口，堰型为宽顶堰，溢流口形状多采用矩形。较大的土石坝型拦沙坝溢洪道参照淤地坝溢洪道设计。

（2）溢洪道设计下泄流量。指发生相应设计标准洪水时，坝址区调洪后的最大下泄量。

（3）溢流口宽度。溢流口宽度按下列公式计算：

$$B=\frac{q}{MH_0^{3/2}} \qquad (Ⅱ.5.4-42)$$

其中

$$H_0=h+\frac{v_0^2}{2g} \qquad (Ⅱ.5.4-43)$$

式中　B——溢流口宽度，m；

q——溢洪道设计流量，m^3/s；

M——流量系数，可取1.42～1.62；

H_0——计入行进流速的水头，m；

h——溢洪水深，m，即堰前溢流坎以上水深；

v_0——堰前流速，m/s；

g——重力加速度，9.81m/s^2。

也可根据坝下的地质条件，选定单宽溢流流量 q [$m^3/(s·m)$]，估算溢流口宽度：

$$B=\frac{Q}{q} \qquad (Ⅱ.5.4-44)$$

式中　q——单宽流量，$m^3/(s·m)$；

Q——溢流口设计下泄流量，m^3/s；

B——溢流口的底宽，m。

（4）溢流口水深：

$$H_0=\left(\frac{Q}{MB}\right)^{2/3} \qquad (Ⅱ.5.4-45)$$

式中　Q——溢流口通过的流量，m^3/s；

B——溢流口的底宽，m；

H_0——溢流口的过水深度，m；

M——流量系数，通常选用1.45～1.55，溢流口表面光滑者用较大值，表面粗糙者用较小值，一般取1.50。

当溢流口为梯形断面，且边坡坡比为1∶1时：

$$Q=(1.77B+1.42H_0)H_0^{1.5} \qquad (Ⅱ.5.4-46)$$

根据上述公式进行试算，如水深过高或过低，可调整底宽重新计算，直到满意为止。

（5）溢流口高度：

$$H=h+\Delta h \qquad (Ⅱ.5.4-47)$$

式中　h——溢洪水深；

Δh——安全超高，可取0.5～1.0m。

2. 坝下消能与坝下冲刷深度估算

（1）坝下消能。一般采用护坦消能。它是在主坝下游修建消力池来消能。消力池由护坦和齿坎组成，齿坎的坎顶应高出原沟床0.5～1.0m，坎顶宽0.3m，齿坎到主坝设护坦，长度一般为2～3倍主坝高。

护坦厚度按经验公式估算：

$$b=\sigma\sqrt{q\sqrt{z}} \qquad (Ⅱ.5.4-48)$$

式中　b——护坦厚度，m；

q——单宽流量，$m^3/(s·m)$；

z——上、下游水位差，m；

σ——经验系数，取0.175～0.2。

另一种常用坝下消能方式为子坝、副坝消能，适用于大、中型山洪或泥石流荒溪。它是在主坝下游设子坝形成消力池来消能。子坝的坝顶高程应高出原沟床0.5～1.0m，以保证回淤线高于主坝基础顶面。主坝与子坝距离可取2～3倍主坝高。

（2）坝下冲刷深度估算：

$$T=3.9q^{0.5}\left(\frac{z}{d_m}\right)^{0.25}-h_t \qquad (Ⅱ.5.4-49)$$

式中　T——从坝下原沟床面起算的最大冲刷深度，m；

q——单宽流量，$m^3/(s·m)$；

d_m——坝下沟床的标准粒径，mm，一般可用泥石流固体物质的 d_{90} 代替，以重量计，有90%的颗粒粒径比 d_{90} 小；

h_t——坝下沟床水深，m；

z——上、下游水位差，m。

5.5 案　　例

5.5.1 云南省元阳县杨系河小流域浆砌石拦沙坝设计

5.5.1.1 沟道概况

拟建拦沙坝位于云南省红河州元阳县东南部杨系河小流域小芒迷村南侧支流，沟道集雨面积为0.6km^2，沟道长度为2.41km，沟道平均宽度为10m，沟道平均比降为1∶3.4，沟道下游为村庄和农田。沟道下切较严重，泥沙随水流冲至下游红河，造成较严重的水土流失。项目区抗震设防烈度为7度，设计基本地震加速度值为0.1g。20年一遇设计洪峰流量为3.5m^3/s，50年一遇设计洪峰流量为5.7m^3/s。拟建拦沙坝坝址处为弱风化变粒岩，基础承载力为3MPa，坝基接触面摩擦系数为1.0。

5.5.1.2 工程布置

1. 坝址选择

此次设计调查了全沟道，在高程1350.00m位置布设拦沙坝可以获得较大库容，可以防止沟道进一步下切，该位置有弱风化变粒岩出露，布设拦沙坝较为安全。

2. 库容分析与坝高确定

根据云南省水文相关资料，项目区输沙模数为1000t/(km² · a)，推悬比为0.1。拦沙坝设计使用年限为5年。

(1) 拦沙库容计算。由式（Ⅱ.5.3-4）～式（Ⅱ.5.3-7）可计算多年平均年输沙量为650t/a，设计使用期内拦沙量为1711m³。根据坝址处的坝高库容关系曲线，确定拦沙坝坝高为4.0m时，拦沙坝库容为2100m³。

(2) 滞洪库容计算。由于洪水较小，此次设计计算滞洪库容仅考虑拦沙坝淤满时，洪水可能的最大壅高。根据项目区实际地形取溢流口宽为5m，初拟校核流量采用50年一遇洪水。校核洪水流量为5.7m³/s。由式（Ⅱ.5.4-42）确定洪水壅高为0.83m，由坝高库容关系曲线可以计算滞洪库容为730m³。

(3) 拦沙坝最大坝高计算。由以上计算得 H_L 为4.0m，H_Z 为0.83m，ΔH 取0.67m，由式（Ⅱ.5.3-9）确定最大坝高 H 为5.5m。

3. 坝型选择

坝址附近石料丰富，交通方便，水泥、砂石料可通过现有道路运至坝址位置，坝址处有水源可以满足施工要求；沟道较陡、山洪冲击较大；坝址处沟道较窄，不适合布置溢洪道。根据以上情况选择建设浆砌石重力坝。

5.5.1.3 工程设计

1. 工程等级与设计标准

拦沙坝最大坝高为5.5m，拦沙坝库容为0.28万m³，根据表Ⅱ.5.4-1可以确定，拦沙坝工程等别为Ⅱ等，拦沙坝主要建筑物级别为2级，次要建筑物级别为3级。拦沙坝拟采用浆砌石重力坝，建筑物设计洪水标准为20年一遇，校核洪水标准为50年一遇。

2. 坝体设计

拦沙坝坝体材料采用M7.5浆砌石。拦沙坝长15.0m，其中左岸坝段长5.0m，溢流坝段长5.0m，右岸坝段长5.0m。拦沙坝非溢流坝段最大坝高5.5m，溢流坝段坝高4.0m，坝顶宽1.1m，上游坝坡坡比为1∶0.3，下游坝坡坡比为1∶0.3。在坝身溢流面设置溢流孔，孔口尺寸为100mm×100mm，如图Ⅱ.5.5-1所示。

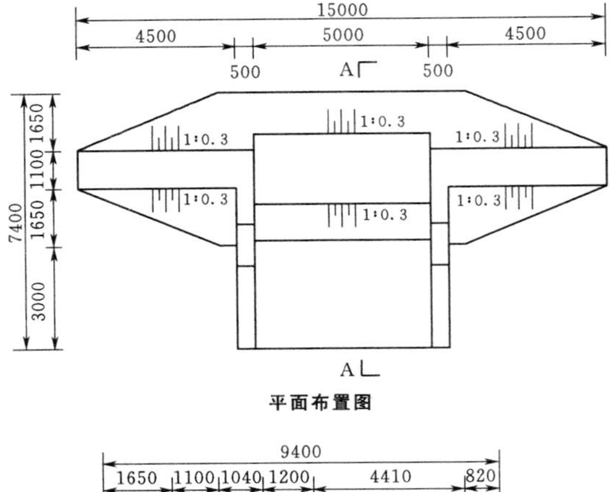

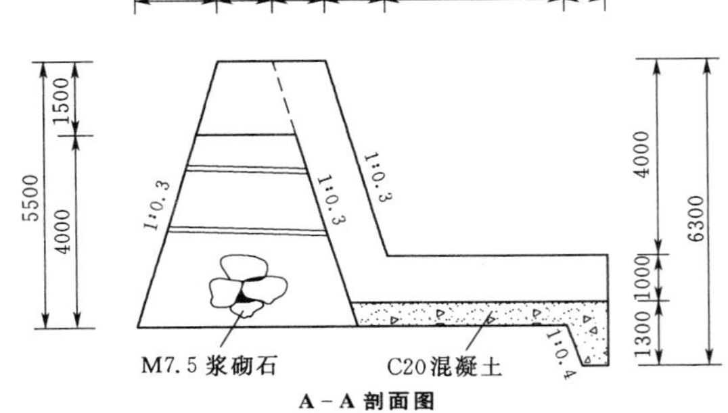

图Ⅱ.5.5-1 拦沙坝设计图（单位：mm）

(1) 计算断面拟定。拦沙坝相对较短，溢流坝段和非溢流坝段坝高相差不大，此次设计选择非溢流坝段最高坝体断面为此拦沙坝设计计算断面。

(2) 荷载组合和计算工况拟定。根据拦沙坝运行情况，拦沙坝的荷载组合和计算工况拟定为：基本组合，拦沙坝未淤满时遇设计洪水；特殊组合，拦沙坝淤满时遇校核洪水。拦沙坝计算工况及荷载组合见表Ⅱ.5.5-1。

表Ⅱ.5.5-1 拦沙坝计算工况及荷载组合

荷载组合	主要考虑工况	荷载类别					
		坝体自重	淤积物重力	静水压力	扬压力	泥沙压力	泥石流冲击力
基本组合	设计洪水工况	√	—	√	√	—	√
特殊组合	校核洪水工况	√	√	√	√	√	—

(3) 主要荷载计算。坝体自重按式（Ⅱ.5.4-1）计算，静水压力按式（Ⅱ.5.4-3）计算，扬压力按式（Ⅱ.5.4-4）计算，淤积物重力按式（Ⅱ.5.4-2）计算，泥石流冲击力按式（Ⅱ.5.4-8）计算。设计洪水工况下拦沙坝荷载计算结果见表Ⅱ.5.5-2，校核洪水工况下拦沙坝荷载计算结果见表Ⅱ.5.5-3。

表Ⅱ.5.5-2 设计洪水工况下拦沙坝荷载计算结果表

荷载	作用力			弯矩/(kN·m)	偏心距 e/m	最大应力 σ_{max}/kPa	最小应力 σ_{min}/kPa
	作用方向	竖向力大小/kN	水平力大小/kN				
坝体自重	↓	340		0	0	77.3	77.3
静水压力	↓	29		49.0	1.72	−8.7	21.7
	→		95				
扬压力	↑	−95		−69.6	0.73	0	−43.1
泥石流冲击力	→		41				
合计		274	136	−20.6		68.6	55.9

表Ⅱ.5.5-3 校核洪水工况下拦沙坝荷载计算结果表

荷载	作用力			弯矩/(kN·m)	偏心距 e/m	最大应力 σ_{max}/kPa	最小应力 σ_{min}/kPa
	作用方向	竖向力大小/kN	水平力大小/kN				
坝体自重	↓	340		0	0	77.3	77.3
静水压力	↓	32		55.8	1.72	−9.9	24.7
	→		108				
淤积物重力	↓	23		41.4	1.80	−7.6	18.0
	→		77				
扬压力	↑	−103		−75.9	0.73	0	−47.0
泥沙压力	→		70				
合计		292	255	21.3		59.8	73.0

(4) 坝体抗滑稳定计算。由式(Ⅱ.5.4-9)可计算设计洪水工况和校核洪水工况下抗滑稳定安全系数，计算结果见表Ⅱ.5.5-4，拦沙坝抗滑稳定满足设计要求。

表Ⅱ.5.5-4 拦沙坝抗滑稳定计算结果

主要考虑工况	抗滑稳定安全系数 K_s	
	规范值	计算值
设计洪水工况	1.25	2.01
校核洪水工况	1.1	1.15

(5) 坝基应力计算。由式(Ⅱ.5.4-10)可计算设计洪水工况和校核洪水工况下坝基应力，计算结果见表Ⅱ.5.5-5，基础承载力可满足设计要求。

3. 坝下消能及抗冲处理

拦沙坝坝后地形较陡，不适合布置消力池。拦沙坝下游河床为弱风化变粒岩出露，但是岩石裂隙较为发育，此次设计在坝后浇筑混凝土底板，增加拦沙坝下游河床的抗冲刷能力。底板采用C20混凝土结构，长3.0m，宽5.0m，厚50cm。

表Ⅱ.5.5-5 拦沙坝坝基应力计算结果

荷载组合	主要考虑工况	坝基应力		基础承载力/MPa
		σ_{min}/kPa	σ_{max}/kPa	
基本组合	设计洪水工况	55.9	68.6	3
特殊组合	校核洪水工况	59.8	73.0	3

5.5.2 河北省崇礼县上摆察小流域浆砌石拦沙坝设计

5.5.2.1 工程布置

上摆察小流域位于河北省崇礼县，属北方土石山区。主沟沟底平均纵坡比降为1/30，多年平均年降水量为401mm，多年平均年含沙量为36.4kg/m³。设计建设2座拦沙坝，根据沟道地质条件、建筑材料，拟定建设浆砌石拦沙坝。坝址按以下原则选定：

(1) 选择在沟内断面狭窄处，上游沟谷开阔，沟床纵坡较缓，岸坡稳定性好。

(2) 避免淹没村庄、耕地和其他重要建筑物。

(3) 附近有良好的建筑材料和料场，采运容易，交通、施工方便。

据此，上摆察小流域沟道2座拦沙坝坝址分别选择在东经114°58′47.28″、北纬41°02′12″和东经114°58′53.49″、北纬41°02′18.54″，控制流域面积分别为22.12km² 和21km²。

5.5.2.2 坝体设计

1. 工程等级与设计标准

初拟拦沙坝高度为3.0m，依据《水土保持工程设计规范》(GB 51018—2014)，确定拦沙坝等别为Ⅲ等，相应建筑物级别为3级，设计洪水标准采用20年一遇洪水设计，30年一遇洪水校核。其基本组合最小抗滑稳定安全系数为1.05，特殊组合抗滑稳定安全系数为1.0，溢洪道控制段及泄槽抗滑稳定安全系数采用抗剪断公式计算，不小于2.30。

2. 初拟断面

根据上摆察小流域地形地貌、降水、沟道坡降等条件，初选浆砌石拦沙坝断面轮廓尺寸为：坝高3.0m，坝顶宽2.0m，迎水坡坡比1∶0.2，背水坡坡比1∶0.5，坝基础埋深2.0m。

3. 坝的稳定与应力计算

(1) 作用力计算。作用在单位坝长上的力，按其性质不同分为坝体自重、淤积物重力、静水压力、泥沙压力、扬压力、泥石流冲击力等，如图Ⅱ.5.5-2所示。

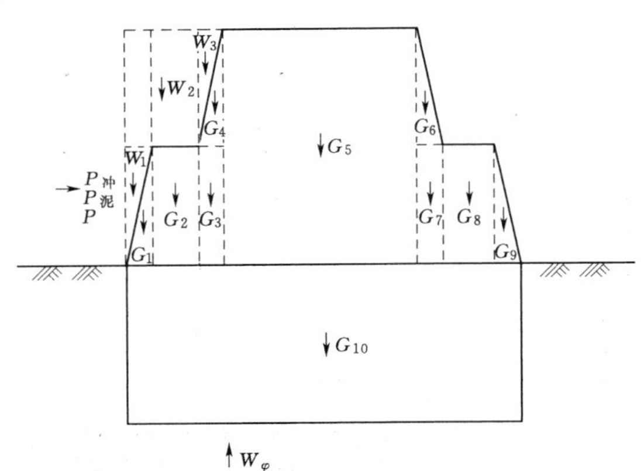

图Ⅱ.5.5-2 浆砌石拦沙坝作用力分布图

1) 坝体自重G。按式(Ⅱ.5.4-1)计算，γ_d取值为2.4t/m³，通过计算，坝体自重为50.06t。

2) 淤积物重力W。作用在上游面上的淤积物重力，等于淤积物体积乘以淤积物容重。按式(Ⅱ.5.4-2)计算，γ_1取值为1.6t/m³。通过计算，淤积物重力为4.49t。

3) 静水压力P。按式(Ⅱ.5.4-3)计算，通过计算，静水压力为1.13t。

4) 泥沙压力$P_{泥}$。按式(Ⅱ.5.4-6)计算，通过计算，泥沙压力为6.72t。

5) 扬压力W_φ。按式(Ⅱ.5.4-4)计算，通过计算，扬压力为7.65t。

6) 泥石流冲击力$P_{冲}$。按式(Ⅱ.5.4-8)计算，通过计算，泥石流冲击力为0.13t/m²。

(2) 坝体抗滑稳定计算。按式(Ⅱ.5.4-9)计算，其中f取值为0.65，通过计算，坝体抗滑稳定安全系数为4.19。拟选的浆砌石拦沙坝断面尺寸满足抗滑稳定要求。

(3) 坝基应力计算。按式(Ⅱ.5.4-10)计算，$\sigma_{上}=1.47t/m^2>0$，$\sigma_{下}=19.36t/cm^2$ (1.936kg/m²)。查表得知地基容许承载力为2kg/cm²，满足强度要求。

4. 确定设计断面

通过上述计算可知，初选的坝断面既能满足抗滑要求，又能满足坝基应力计算，最后确定上摆察小流域浆砌石拦沙坝断面尺寸为：坝高3.0m，坝顶宽2.0m，迎水坡坡比1∶0.2，背水坡坡比1∶0.5，坝基础埋深2.0m，浆砌石水泥砂浆标号为M7.5。

5.5.2.3 溢洪口设计

1. 洪峰流量

20年一遇洪峰流量采用河北省水文研究所提出的计算公式$Q_{5\%}=0.278\psi iF$计算(ψ为洪峰径流系数，i为设计时段流域平均雨强，F为流域面积)，上摆察小流域沟道20年一遇的洪峰流量为13.13m³/s。

2. 溢流口的底宽及高度

按式(Ⅱ.5.4-42)和式(Ⅱ.5.4-43)计算。

经试算，当底宽为10m，溢流水深为1.5m时，可通过设计的洪峰流量。为减小坝下游冲刷，保护坝体稳定，在坝下游设浆砌石护坦消能，护坦长5.0m，厚0.4m。拦沙坝两侧设翼墙，墙高0.6m，厚0.3m。

5.5.2.4 排水设计

为排除坝后积水，拦沙坝内设置排水孔，坝内预埋ϕ10cm PVC排水孔，排水孔竖直间距为1.0m，水平间距为2.0m，梅花形布置，排水孔比降为5%，在水流入口PVC管端包裹土工布，起反滤作用。

5.5.3 广东省五华县乌陂河小流域拦沙坝设计

5.5.3.1 区域概况

乌陂河小流域位于五华县华城镇北部，是广东省及五华县水土流失重点防治区之一，水土流失问题主要表现为崩岗，小流域共分布有崩岗1595个，崩岗面积为430hm²，导致河道淤积严重，泄流能力不足，抵御洪水能力差，存在较大的安全隐患。设计共治理崩岗 108 个，其中需修建拦沙坝 20 座，并选择 1 处示范点做典型设计。示范点总面积约为 25hm²，示范点内共有崩岗 8 个，设计在崩岗群下游沟口布设 1 座拦沙坝。

5.5.3.2 工程布置

1. 坝址选择

选择在典型设计片区的最下游位置设置一拦沙坝，该位置为“口小肚大”，沟道比降较缓，库容大，能淤地多，从现状的测量图上量算库区高程 146.00m 处的库面面积为 6187.3m²，高程 149.00m 处的库面面积为 11141.7m²，即仅 3.0m 高的拦沙坝就可获约 2.60 万 m³ 的库容，且坝址位置不存在陷穴、泉眼等隐患；土质坚硬，地质构造稳定；可节省溢洪道衬砌的工程量和投资。坝址附近有良好的筑坝材料，而且采运容易，交通、施工等相对其他位置更为方便。

2. 库容分析

拟定坝址以上集雨面积为 0.273km²，查算 20 年一遇最大降水量为 181.20mm，求得设计洪水流量为 2.80m³/s。该区域面积较小，无滞洪要求，不设计滞洪库容。

该区土壤侵蚀模数参照 2006 年广东省土壤侵蚀遥感调查等相关资料，并结合现场实际情况确定为 2502.58m³/(km²·a)，设计按淤满年限为 20 年考虑。拦沙库容按式（Ⅱ.5.3－5）计算。计算得崩岗典型设计片区内拦沙坝的拦沙容量为 1.37 万 m³，而设计确定的拦沙坝拦沙高度为 3.0m，相应的库容约为 2.60 万 m³，能满足拦沙要求。

3. 坝型选择

该工程拦沙坝设计按照因地制宜、就地取材、综合利用的原则。由于崩岗区域的交通不便，石料不易采集，且各崩岗沟口深度小、宽度大、径流分散，周围植被良好，坝址周边的土料较多，设计考虑建均质土拦沙坝。初拟坝高较低，汇水面积小，初拟坝体中部溢流，洪流道采用浆砌石砌筑。

5.5.3.3 工程设计

1. 工程等级与设计标准

初拟拦沙坝高度为 4.5m，相应的库容约为 2.60 万 m³，依据《水土保持工程设计规范》(GB 51018—2014)，确定拦沙坝等别为Ⅲ等，相应建筑物级别为 3 级，设计洪水标准采用 20 年一遇设计，30 年一遇校核。其基本组合最小抗滑稳定安全系数为 1.15，特殊组合抗滑稳定安全系数为 1.05，溢洪道控制段及泄槽抗滑稳定安全系数采用抗剪断公式计算，不小于 2.30。

2. 坝体设计

根据初拟断面进行稳定分析、应力变形分析，优化断面，确定设计断面。土坝还需进行渗流分析。

（1）断面设计。拦沙坝设计断面为梯形，坝体材料为回填土料。初拟拦沙坝高度为 4.5m，长度为 102.0m，顶宽为 2.0m，上、下游坡比均为 1∶2.0。下游坡面采用种草护坡。中间位置设 M7.5 浆砌石溢洪口，溢洪口宽 1.5m，高 1.5m；下游边坡侧设接溢洪口的跌水步级，跌水步级尺寸为 400mm×200mm，共长 6.4m，跌水两侧设侧墙，侧墙顶宽 0.4m，高 1.5m；跌水出口设消力池，消力池长度为 7.0m，池底底板厚度为 0.5m，宽度为 2.0m，消力池两侧设侧墙，墙高 1.5m，末端设消力坎，坎高 0.65m。拦沙坝典型设计如图Ⅱ.5.5－3 所示。

（2）稳定计算。拦沙坝断面稳定计算采用“北京理正岩土软件”里的边坡稳定分析程序进行计算，计算参数取值及计算成果见表Ⅱ.5.5－6。拦沙坝断面稳定计算简图如图Ⅱ.5.5－4 和图Ⅱ.5.5－5 所示。

表Ⅱ.5.5－6　拦沙坝断面稳定计算参数取值及计算成果表

土　层	容重/(kN/m³)	c/kPa	φ/(°)
回填土层	15.0	0	30.0
基础土层	18.0	24.00	20.0

拦沙坝稳定计算结果如下：

最不利滑动面的滑动圆心为（3.800m，9.320m），滑动半径为 9.320m，滑动安全系数为 2.069。

由上述计算结果可知，拦沙坝设计断面的滑动安全系数为 2.069，大于规范规定值 1.15，因此，拦沙坝设计断面的稳定满足要求。

3. 溢洪道设计

（1）过流计算。采用式（Ⅱ.5.4－42）计算。计算而得拦沙坝溢洪口相应设计过流流量为 2.80m³/s 时的水深为 0.96m，设计的溢洪口高度为 1.50m，因此拦沙坝溢洪口过流满足要求。

（2）水面线计算。由于拦沙坝跌水长度不长，此次设计近似按陡坡水面线进行跌水水面线计算，水面线起推水位以溢洪口开始起推，起推水位按临界水深计算。计算得下泄流量为 2.80m³/s，跌水长度为 6.4m，坡比为 1∶2（0.50）。

（3）消能计算。设计的拦沙坝消能防冲设施采用底流消能，消力池消能防冲采用 20 年一遇标准，相应上游总势能水头为 3.16m，下泄流量为 2.80m³/s，下游尾水位为 0.79m，设计消力池宽度为 2.0m。计算结果如下：

1）收缩水深 H_c：0.1766m。

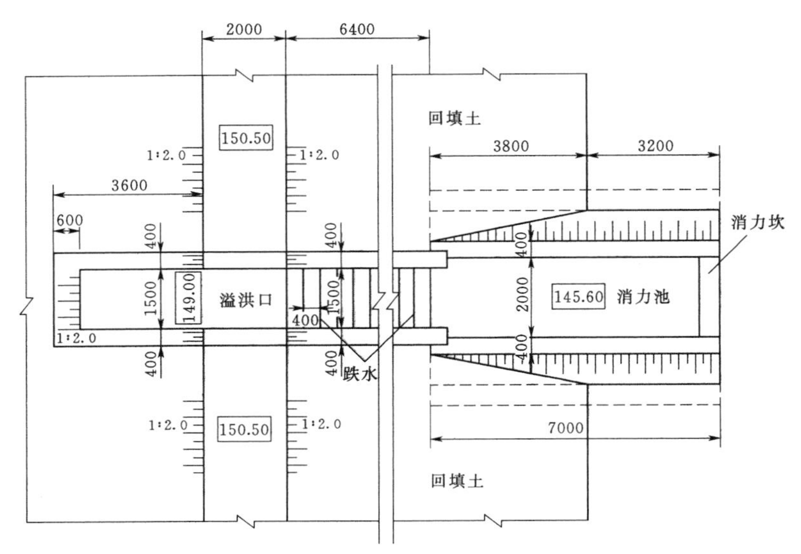

平面布置图

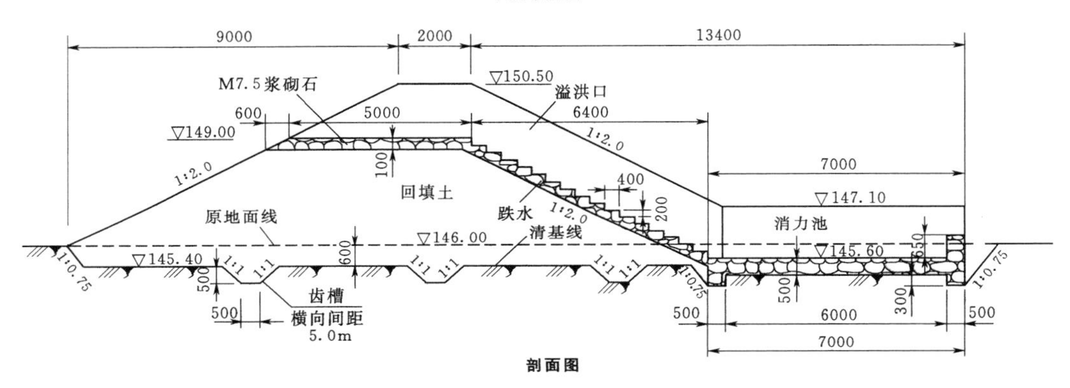

剖面图

图Ⅱ.5.5-3 拦沙坝典型设计图（高程单位：m；尺寸单位：mm）

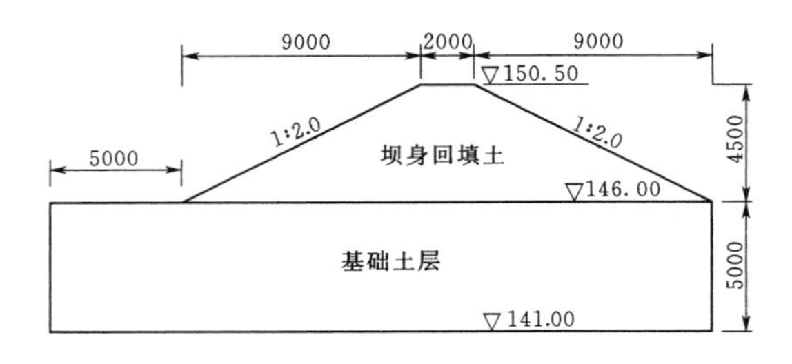

图Ⅱ.5.5-4 拦沙坝断面稳定计算简图1（高程单位：m；尺寸单位：mm）

2）收缩断面的弗劳德数 Fr：36.2819。

3）共轭水深 H_c''：1.4190m。

4）水跃长度 L_j：8.5725m。

5）消力池深度 S：0.5674m。

6）消力池长度 L_k：6.4294m。

7）消力池宽度 B：2.0000m。

由上述计算结果可知，共轭水深为1.42m，所需的消力池深度为0.57m，长度为6.43m，而设计相应的消力池侧墙高度为1.50m，消力坎高度为0.65m，消力池长度为6.50m，因此设计的消力池消能满足要求。

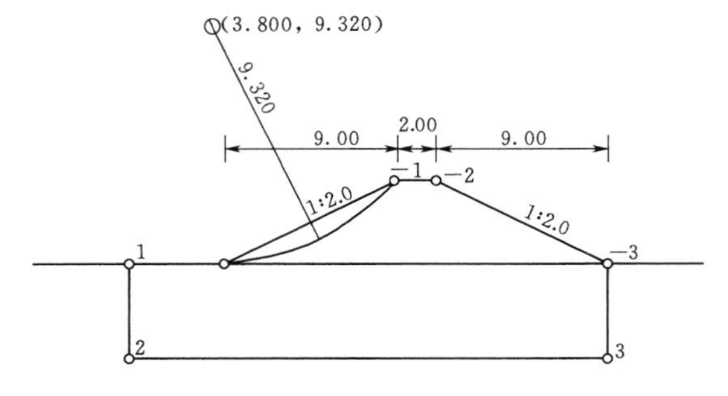

图Ⅱ.5.5-5 拦沙坝断面稳定计算简图2（单位：mm）

参考文献

[1] 中华人民共和国住房和城乡建设部，中华人民共和国国家质量监督检验检疫总局．水土保持工程设计规范：

GB 51018—2014 [S]. 北京：中国计划出版社，2014.
[2] 中华人民共和国水利部. 水利水电工程水土保持技术规范：SL 575—2012 [S]. 北京：中国水利水电出版社，2012.
[3] 胡甲均. 水土保持小型水利水保工程设计手册 [M]. 武汉：长江出版社，2006.
[4] 华东水利学院. 水工设计手册 第四卷 土石坝 [M]. 北京：水利电力出版社，1984.
[5] 华东水利学院. 水工设计手册 第五卷 混凝土坝 [M]. 北京：水利电力出版社，1987.
[6] 《长江流域水土保持技术手册》编辑委员会. 长江流域水土保持技术手册 [M]. 北京：中国水利水电出版社，1999.

第6章　塘坝、滚水坝

章主编　李世锋　马　力

章主审　马　永　张立强　贺前进

本章各节编写及审稿人员

节次	编写人	审稿人
6.1	刘　晖　马　力　黄　斌	马　永 张立强 贺前进
6.2	李世锋　彭庆卫　朱春波	
6.3	朱春波　杨伟俊　王　博　张慧萍　魏东坡	

第6章 塘坝、滚水坝

6.1 塘 坝

6.1.1 定义与作用

塘坝是利用天然沟道或来水丰富的洼地作为蓄水区，通过修筑拦水坝或建筑物而形成的蓄水量小于10万m^3的小型蓄水设施。

塘坝的主要功能是蓄集附近区域的地表径流和地下水，以供村镇居民生活及养殖、工业生产、农业灌溉、生态灌溉等。

6.1.2 分类与使用范围

1. 分类

按照所处位置不同，塘坝一般可分为山塘、陂塘。山塘是指利用山区天然沟道的蓄水型塘坝，主要蓄集山区沟道水、坡面水或泉水；陂塘是指利用平原区洼地的蓄水型塘坝，主要是利用低洼之地汇集周边沟道水、坡面水或泉水。

2. 使用范围

在山丘区优先按照山塘的形式，在沟道或溪沟的中下部筑坝拦蓄水流，拦挡建筑物主要为土石坝（土坝、堆石坝）、重力坝（砌石坝、混凝土坝）等；在平原区优先按照陂塘的形式，利用洼地或平地蓄水，拦挡建筑物主要为土（石）埂等。

6.1.3 工程规划与布置

6.1.3.1 塘坝规划

1. 规划与布置原则

（1）塘坝应根据洪水调节计算确定工程规模。

（2）塘坝设计应重点调查收集下列资料：①区域气候、降水、蒸发等水文气象资料；②坝址区1∶1000～1∶500地形图，库区1∶5000～1∶2000地形图，坝址1∶500～1∶100断面图；③区域地质资料及坝区地质情况；④灌溉面积、人畜用水、养殖等社会经济情况；⑤工程所在河流河道纵横断面图；⑥建筑材料来源等。

（3）塘坝布置应力求紧凑，满足功能要求，节省工程量，并应方便施工和运行管理。

（4）溢洪道宜修建在天然垭口上，如无天然垭口，溢洪道可布置在靠近坝肩处，土质溢洪道进口段应采取防护措施，溢洪道出口应采取消能措施。

（5）放水建筑物布置宜与坝轴线垂直。放水建筑物应布设在岩基或稳定坚实的原状土基上，不得布置在坝体填筑体上。

2. 坝址选择

塘坝坝址的选择，主要从地形、地质、水源、建筑材料、建筑物布置、受水区、施工、交通、管理、行政区划等角度考虑。

（1）地形条件好。建坝位置适宜，容积大，自流或灌溉面积大；淹没占地少，有适宜修建溢洪道的位置；工程简单，土方和配套建筑物少；费用少，进度快。

（2）地质条件好。坝址宜选择地质构造简单的岩基，厚度不大的砂砾石地基或密实的土基。工程安全可靠，渗漏损失小，能蓄住水。

（3）水源条件好。坝址上游集水面积大，来水量丰富，水质无污染，无较大的淤积源。

（4）建筑物布置条件好，附近有合适的筑塘材料。

（5）靠近受水区。有人畜用水要求的塘坝，尽量靠近供水对象，或选择位置较高处，实现自流供水；有农田灌溉要求的，“塘跟田走”，连接渠道短，输水损失小。

（6）施工、交通及管理方便。施工道路布设容易，取料运料方便，优先利用开挖料。

（7）塘坝工程行政区划单一，归属权界定清楚。

3. 主要建筑物布置

山塘的主要建筑物包括坝体、放水建筑物和溢洪道，坝体一般垂直于沟道布置，溢洪道位于两岸坝肩或坝体上（砌石坝、混凝土坝可从坝顶溢流），放水建筑物结合受水区布置在左岸或右岸。某山塘平面布置图如图Ⅱ.6.1-1所示。

陂塘的主要建筑物包括坝体（土埂）、放水建筑物等。坝体位于较低洼处，放水建筑物一般位于坝体上。某陂塘平面布置图如图Ⅱ.6.1-2所示。

6.1.3.2 水文、水利计算

1. 水文计算

塘坝水文计算主要包括径流计算和设计暴雨洪水

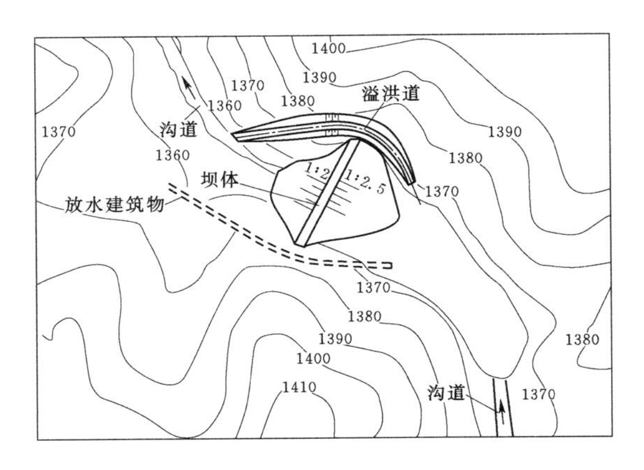

图Ⅱ.6.1-1 某山塘平面布置图

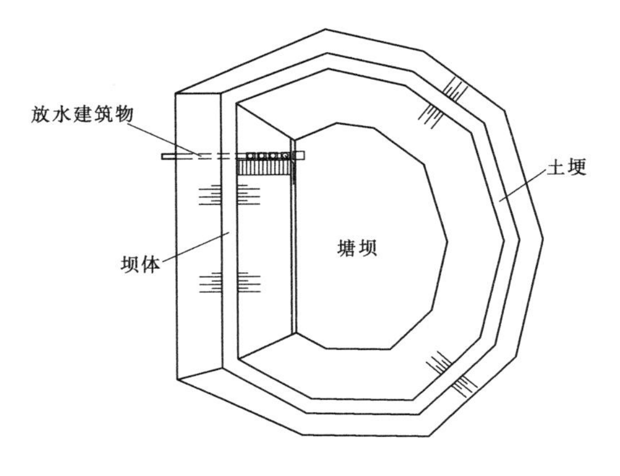

图Ⅱ.6.1-2 某陂塘平面布置图

计算。

(1) 径流计算。径流计算主要包括流量、径流量、径流深、径流模数等的计算。

1) 流量计算。塘坝所在流域一般较小，没有专门的水文站点及观测成果。塘坝流域的流量一般根据流域附近水文站点多年平均年降水量推算。

2) 径流量计算。径流量按式（Ⅱ.6.1-1）计算：

$$W=\int_{t_1}^{t_2}Q(t)\mathrm{d}t=\overline{Q}T \qquad (Ⅱ.6.1-1)$$

其中 $T=t_2-t_1$

式中 W——时段 T 内径流量，m^3；

T——计算时段，s；

Q——时段 T 内平均流量，m^3/s。

3) 径流深计算。径流深按式（Ⅱ.6.1-2）计算：

$$R=\frac{W}{1000F}=\frac{\overline{Q}T}{1000F} \qquad (Ⅱ.6.1-2)$$

式中 R——径流深，mm；

F——流域面积，km^2。

4) 径流模数计算。径流模数是单位面积上的径流量，按式（Ⅱ.6.1-3）计算：

$$M=\frac{1000Q}{F} \qquad (Ⅱ.6.1-3)$$

式中 M——径流模数，$L/(s\cdot km^2)$。

(2) 设计暴雨洪水计算。设计洪水计算方法有两种：一种为由流量资料推求设计洪水；另一种为由暴雨资料推求设计洪水。塘坝工程流域面积较小，流量资料不足，一般采用暴雨资料推求设计洪水。

2. 水利计算

塘坝的水利计算主要包括死库容计算、兴利库容计算和总库容确定。

(1) 死库容计算。当来沙量较少时，按照自流灌溉需求确定死水位；当来沙量较大时，按式（Ⅱ.6.1-4）确定死库容：

$$V_{死}=N(V_{淤}-\Delta V)/\gamma_d \qquad (Ⅱ.6.1-4)$$

其中 $$V_{淤}=\overline{W}\eta F/1000\gamma_d \qquad (Ⅱ.6.1-5)$$

式中 $V_{死}$——死库容，m^3；

$V_{淤}$——年淤积量，m^3；

ΔV——年均排沙量，m^3；

N——淤积年限，a；

γ_d——淤积泥沙干容重，可取 1.2～1.4t/m^3；

$\overline{W}$——多年平均年侵蚀模数，$t/(km^2\cdot a)$；

η——输移比，可根据经验确定；

F——流域集水面积，km^2。

死库容确定后，应由塘坝水位库容曲线查算死水位 $Z_{死}$。

(2) 兴利库容计算。鉴于塘坝设计一般资料少，兴利库容可采用简单的估算方法确定。通常采用多年平均年来水量或总用水量估算方法确定兴利库容。

1) 按多年平均年来水量确定兴利库容。当根据多年平均年来水量确定兴利库容时，兴利库容按式（Ⅱ.6.1-6）计算：

$$V_{兴}=\frac{10h_0F}{n} \qquad (Ⅱ.6.1-6)$$

式中 $V_{兴}$——兴利库容，m^3；

h_0——流域多年平均年径流深，mm；

n——系数，根据实际情况确定，宜取 1.5～2.0；

F——流域集水面积，hm^2。

2) 按总用水量确定兴利库容。当塘坝上游多年平均年来水量较大时，兴利库容按总用水量的40%～50%选定。按照受水对象不同，塘坝供水可包括村镇生活及养殖用水、工业生产用水、农业灌溉用水、生态灌溉用水四大类，兴利库容按式（Ⅱ.6.1-7）计算：

$$V_{兴}=(40\%\sim50\%)(V_{人}+V_{企}+V_{农}+V_{植}) \quad (Ⅱ.6.1-7)$$

$$V_{农}=q_P S_{农} \quad (Ⅱ.6.1-8)$$

$$V_{植}=W_d S_{植} \quad (Ⅱ.6.1-9)$$

$$W_d=\beta(N-10P_e-W_e)/\eta \quad (Ⅱ.6.1-10)$$

式中　$V_{兴}$——塘坝兴利库容，m^3；

$V_{人}$——全年人畜饮用及生活用水总量［村镇居民生活、饲养牲畜等用水量可根据《村镇供水工程技术规范》（SL 687）、《建筑给水排水设计规范》（GB 50015）中相关规定及计算公式确定］，m^3；

$V_{企}$——全年工矿企业用水总量（按照当地类似工矿企业需水量推算），m^3；

$V_{农}$——全年农业灌溉需水总量，m^3；

$V_{植}$——全年植物等生态需水总量，m^3；

q_P——灌溉设计保证率 P 下的灌溉定额［灌溉设计保证率查《灌溉与排水工程设计规范》（GB 50288）］，m^3/hm^2；

$S_{农}$——农作物灌溉面积，hm^2；

W_d——非充分灌溉条件下生态植物灌溉定额，m^3/hm^2；

$S_{植}$——植物灌溉面积，hm^2；

β——非充分灌溉系数，一般取 0.3～0.6；

N——养护植被灌溉的全年需水量，m^3/hm^2；

P_e——林草生育期有效降水量，mm；

W_e——种植前土壤有效储水量，可根据实测资料确定，缺乏实测资料的地区可按 N 值的 15%～25%估算；

η——灌溉水利用系数，可取 0.8～0.95。

兴利库容确定后，应由塘坝水位库容曲线查算正常蓄水位 $Z_{正}$。

（3）总库容确定。塘坝总库容应由死库容、兴利库容和滞洪库容组成。总库容按式（Ⅱ.6.1-11）计算：

$$V_{总}=V_{死}+V_{兴}+V_{滞} \quad (Ⅱ.6.1-11)$$

式中　$V_{总}$——塘坝蓄水容积，m^3；

$V_{滞}$——滞洪库容；

其他符号意义同前。

塘坝总库容确定后，可按表Ⅱ.6.1-1和表Ⅱ.6.1-2确定塘坝的工程等级和防洪标准。

（4）洪水调节计算。无防洪要求的塘坝可不进行调洪验算。有防洪要求的塘坝可采用简化方法进行调洪验算，假定来水过程线为三角形，滞洪库容可按式（Ⅱ.6.1-12）计算：

$$q_{泄}=Q(1-V_{滞}/W) \quad (Ⅱ.6.1-12)$$

式中　$q_{泄}$——溢洪道和放水建筑物最大下泄流量之和，m^3/s；

Q——设计洪峰流量［按《水土保持工程设计规范》（GB 51018—2014）附录 A.2 计算］，m^3/s；

$V_{滞}$——滞洪库容，m^3；

W——校核洪水总量，m^3。

在滞洪库容确定后，由塘坝库容曲线查算校核洪水位 $Z_{校}$。

6.1.4　山塘工程设计

6.1.4.1　工程级别与设计标准

塘坝的工程级别和防洪标准按照《水土保持工程设计规范》（GB 51018—2014）确定，详见表Ⅱ.6.1-1。对有防洪任务和要求的塘坝，按表Ⅱ.6.1-2确定其防洪标准。塘坝的抗滑稳定安全系数的确定详见表Ⅱ.6.1-3和表Ⅱ.6.1-4。

表Ⅱ.6.1-1　塘坝工程级别划分

工程级别	级别指标	
	库容/万 m^3	坝高/m
1	5～10	5～10
2	<5	<5

注　根据库容和坝高确定工程级别时就高不就低。

表Ⅱ.6.1-2　塘坝工程防洪标准

工程级别	防洪标准（重现期）/a	
	设计	校核
1	10	20
2	5	10

表Ⅱ.6.1-3　塘坝（土石坝）坝坡的抗滑稳定安全系数

运用条件		1、2级坝最小安全系数
正常运用	稳定渗流期	1.25
	库水位正常降落	
非正常运用	施工期	1.15
	库水位非常降落	
	正常运用条件+地震	1.10

6.1.4.2　坝体设计

1. 坝型的选择原则

山塘的坝型选择，按照以下原则进行：

（1）当坝址附近有性质适宜、数量足够的土料时，宜选用均质土坝。

表Ⅱ.6.1-4 塘坝（重力坝）抗滑稳定安全系数

安全系数名称	荷载组合		1、2级坝安全系数
抗剪断稳定安全系数	基本		3.00
	特殊	校核洪水情况	2.50
		地震状况	2.30
抗剪稳定安全系数	基本		1.05
	特殊	校核洪水状况	1.00
		地震状况	1.00

（2）当坝址附近无性质适宜、数量足够的土料时，宜选用土质防渗体分区坝或非土质材料防渗体坝。

（3）当坝址附近有性质适宜、数量足够的石料时，宜选用砌石坝。

（4）当坝址附近无性质适宜、数量充足的土石料时，可采用混凝土坝。

2. 坝体的设计原则

山塘的坝体设计，按照以下原则进行：

（1）坝体的迎、背水坡稳定，不会发生滑坡、坍塌。

（2）坝基和坝身不会发生严重渗漏、管涌和流土。

（3）就地取材，因材设计。

（4）构造简单，适应地形、地基条件，方便施工，节省费用。

3. 坝体设计步骤

（1）按照塘坝的功能要求、受水区位置等确定坝址及坝轴线。

（2）在确定的死水位、设计洪水位、校核洪水位的基础上，考虑坝顶超高以确定坝顶高程。

（3）结合地形地质条件、当地材料、市场价格等确定坝体的设计形式；若有必要，可进行不同方案比选，选择安全、经济、施工及管理便利的方案。

（4）复核坝体稳定计算（包括整体稳定、边坡稳定、抗滑稳定分析和地基承载力计算等）、应力应变分析等。

（5）在上述基础上，确定泄水建筑物（包括放水建筑物和泄洪建筑物）及消能建筑物的设计。

4. 坝顶高程确定

按照库区防护工程的运用条件，塘坝的坝体一般高度较小，宜按照《堤防工程设计规范》（GB 50286—2013）的相应要求进行防护。塘坝坝顶高程按照校核洪水位加坝顶安全超高确定，校核洪水位按照塘坝防洪标准对应的水库淤积回水线高程确定。坝顶安全超高按式（Ⅱ.6.1-13）计算：

$$Y=R+e+A \qquad (Ⅱ.6.1-13)$$

式中 Y——坝顶安全超高，m；

R——设计波浪爬高，m；

e——设计风壅水面高度，m；

A——安全超高，m。

波浪爬高和风壅高度根据经验公式计算求得，所需的基础数据包括风速、风向及风区长度、风区内水域平均深度和波浪要素等，可分别通过实测、量图和经验公式计算获得；安全超高值宜取0.5～1.0m。

5. 坝体的设计形式

塘坝形式根据塘坝高度、筑坝材料、坝址的地形地质条件，以及当地的水文、气象、施工、劳动力等因素，因地制宜地进行综合分析。塘坝一般可采用土坝、堆石坝、重力坝（砌石坝、混凝土坝）等形式。各形式坝体的主要适用范围详见表Ⅱ.6.1-5。

（1）土坝。

1）土坝类型。土坝按照施工方法不同，可分为碾压土坝、水中填土坝和水力充填坝，本章主要讲述碾压土坝。碾压土坝按照土料在坝体的分布情况及防渗设施位置的不同，可分为以下几种坝型：

a. 均质土坝。坝体基本上由一种透水性较弱的黏土料（如壤土、砂壤土等）填筑而成，整个坝体起防渗作用。

b. 心墙土坝。在坝体中央采用弱透水性的土料或其他材料做成防渗心墙，两侧坝体采用透水性较大的土料。

c. 斜墙土坝。在坝体上游采用弱透水性的土料或其他材料做成防渗斜墙，坝体采用透水性较大的土料。

2）坝顶和坝坡。坝顶高程应为校核洪水位加坝顶安全超高，坝顶安全超高可按式（Ⅱ.6.1-13）计算确定，或取0.5～1.0m。坝顶宽度应根据坝高、构造、交通等要求确定。塘坝的坝顶宽度，一般为1～4m。坝顶宽度必须满足心墙或斜墙顶部及反滤层的布置需要。

根据土料、坝高、坝体结构、施工方法、地质条件等不同，土坝上游边坡坡比一般取1∶1.5～1∶3.0，下游边坡坡比一般取1∶1.5～1∶2.5。土坝填筑后，上、下游坝面必须设置护坡。其中，上游坝面护坡的作用主要是防止风浪淘刷和冰层的破坏；下游坝面护坡的作用是防止雨水冲刷、冬冻夏裂、穴居动物（蛇、虫、鼠、蚂蚁等）的钻洞以及满足下游有水部位的波浪、冰层和水流冲刷的要求。护坡材料可结合当地材料及工程特性确定，一般选择砌石、混凝土、钢筋混凝土板、草皮等。

3）坝体。土坝坝体填筑材料，主要在坝址附近开采。可根据土方平衡分析成果，尽量利用开挖料，

表Ⅱ.6.1-5　　塘坝主要坝体形式及适用范围一览表

坝体形式		设计断面	适用范围
土坝	均质土坝	梯形断面，坝顶宽度一般为1.5～3.0m，坝高小于10m，迎水坡1∶1.5～1∶3.0，背水坡1∶1.5～1∶2.5。迎水坡采用混凝土板、植生块等衬砌；背水坡铺草皮、撒播草籽等生态护坡	坝址附近土源丰富，土质均匀或土质不均匀但附近有黏土料，渗透性较低，坝顶不泄流，需在坝外设置施工导流和泄水建筑物
	心墙土坝		
	斜墙土坝		
堆石坝	面板（斜墙）堆石坝	梯形断面，坝顶宽度为2.0～5.0m（有交通要求的根据公路标准确定），坝高小于10m，迎水坡1∶1.5～1∶3.0，背水坡1∶1.5～1∶2.5。迎水坡和背水坡采用码砌块石或干砌石护坡	坝址附近石多土少，坝顶不泄流，需在坝外设置施工导流和泄水建筑物
	心墙堆石坝		
	过水堆石坝	梯形断面，坝顶宽度为2.0～5.0m（有交通要求的根据公路标准确定），坝高小于10m，迎水坡1∶1.5～1∶3.0，背水坡1∶1.5～1∶2.5。坝顶及上、下游边坡采用钢筋混凝土或浆砌石等护面，并对坝脚加以防护	坝址附近石多土少，可利用坝顶泄流，不需专门布置泄水建筑物
重力坝	砌石坝	梯形断面、拱形断面或复合结构，坝顶宽度一般为0.5～5.0m（有交通要求的根据公路标准确定），坝高小于10m，迎水坡垂直或1∶0.05～1∶0.2，背水坡1∶0.2～1∶1.5。迎水坡设混凝土面板、防渗墙或水泥砂浆勾缝防渗	坝址附近石料丰富，地质条件较好，可直接在坝体布置泄水建筑物
	混凝土坝	梯形断面、拱形断面或复合结构，坝顶宽度一般为0.5～5.0m（有交通要求的根据公路标准确定），坝高小于10m，迎水坡垂直或1∶0.05～1∶0.2，背水坡1∶0.2～1∶1.5	坝址附近石料丰富，地质条件较好，可直接在坝体布置泄水建筑物

并根据填筑材料的性质、储量和各种材料在坝体中的作用等确定坝体填筑材料组成和分区。

均质土坝坝体材料单一，主要由坝体、排水体、反滤层和上、下游护坡等组成；防渗土坝（心墙坝和斜墙坝）主要由坝体、防渗（心墙或斜墙）、排水体、反滤层和上、下游护坡组成，防渗体需满足防渗要求。

坝体排水设计应符合以下要求：

a. 当坝下游有水时，宜选用棱体排水形式，其顶部高程应超出下游最高水位0.5m以上，顶宽不宜小于1.0m，内、外坡可根据石料和施工情况确定，内坡坡比可取1∶1.0，外坡坡比取1∶1.5或更缓。在寒冷地区，还需保证坝体浸润线与坝面的最小距离大于该地区的冻结深度。

b. 当坝下游无水时，宜选用褥垫式排水形式，排水体伸入坝体内的长度可为坝底宽度的1/3～1/4，厚度可按排除2.0倍入渗量确定，对易产生不均匀沉降的坝基应增加褥垫式排水的厚度，在排水体的坝脚处，应设置与之相连通的纵向排水明沟，沟底面应低于褥垫式排水的底面。在寒冷地区，应保证明沟冰层以下仍有足够的排水断面。

4）稳定性分析。根据可能的失稳方式，土坝的稳定性分析包括整体稳定性分析和上、下游边坡稳定性分析。土坝稳定计算采用刚体极限平衡法，其坝坡抗滑稳定计算结果应不小于《水土保持工程设计规范》（GB 51018—2014）中表5.4.3-2规定的数值。土坝整体稳定性分析可采用ABAQUS、FLAC3D等软件计算；上、下游边坡稳定性分析可采用理正岩土计算软件、SLOPE/W或Slide软件计算。土坝边坡稳定计算采用瑞典圆弧法，抗滑稳定系数计算公式为

$$k=\frac{\sum\{[(W\pm V)\cos\alpha-ub\sec\alpha-Q\sin\alpha]\tan\varphi'+c'b\sec\alpha\}}{\sum[(W\pm V)\sin\alpha+M_c/R]} \tag{Ⅱ.6.1-14}$$

式中　W——土条重力，kN；

Q、V——水平和垂直地震惯性力（向上为负，向下为正），kN；

u——作用于土条底面的孔隙压力，kN；

α——条块重力线与通过此条块底面中点的半径之间的夹角，(°)；

b——土条宽度，m；

c'、φ'——土条底面的有效应力抗剪强度指标；

M_c——水平地震惯性力对圆心的力矩，kN·m；

R——圆弧半径，m。

5）地基及岸坡处理。土石坝防渗体应与基岩面相接触，如基岩裂隙发育，应沿基岩与坝防渗体接触面设混凝土盖板、喷水泥砂浆或喷混凝土，将基岩与防渗体隔开，必要时应对基岩进行灌浆。

（2）堆石坝。

1）堆石坝类型。堆石坝由作为支撑体的堆石和防渗体两部分组成，按照防渗体位置的不同，堆石坝一般分为面板堆石坝、斜墙堆石坝、心墙堆石坝和过水堆石坝。

a. 面板（斜墙）堆石坝。坝体基本上由不同级配石料分区填筑而成，并在上游迎水面布置防渗体。按照防渗体材料不同，可分为土质斜墙堆石坝、钢筋混凝土面板堆石坝、沥青混凝土面板堆石坝等。

b. 心墙堆石坝。坝体基本上由不同级配石料分区填筑而成，并在坝体中部采用心墙防渗。根据心墙材料不同，可分为土质心墙堆石坝、混凝土心墙堆石坝、沥青混凝土心墙堆石坝等。

c. 过水堆石坝。坝体基本上由不同级配石料分区填筑而成，在坝顶和上、下游边坡采用钢筋混凝土或浆砌石等护面，并对坝脚加以防护，以防止水流冲刷基础和坝体。

2）坝顶和坝坡。堆石坝为梯形断面，坝顶高程、坝顶宽度的要求和土坝相同，根据坝高、构造和交通等要求，一般为2.0～5.0m。坝顶宽度必须满足心墙或斜墙顶部的布置需要。

根据石料、坝高、坝体结构、施工方法、地质条件等不同，堆石坝上游边坡坡比一般取1∶1.5～1∶3.0，下游边坡坡比一般取1∶1.5～1∶2.5。

3）坝体。坝体由堆石体和防渗结构两部分组成。除坝体材料不同外，其他坝体设计同土坝。

4）稳定性分析。堆石坝稳定计算采用刚体极限平衡法。由于塘坝规模较小，堆石体一般为非均质体，其可能的滑动面为非圆弧形，宜采用摩根斯顿-普赖斯法计算。

（3）重力坝。

重力坝是采用混凝土或浆砌石修筑的、利用坝体自身重力产生的抗滑力来维持稳定的大体积挡水建筑物。

1）重力坝类型。

a. 混凝土重力坝。采用混凝土浇筑或碾压而成。按照结构形式，混凝土重力坝可分为实体重力坝、宽缝重力坝和空腹重力坝。

b. 浆砌石重力坝。主要用胶凝材料将石料砌筑而成，在迎水面设有防渗面板、防渗墙或用水泥砂浆勾缝。按照结构及材料不同，可分为浆砌石实体重力坝、浆砌石硬壳坝、浆砌石填渣坝和浆砌石支墩坝。

2）坝顶和坝坡。重力坝的断面形式根据结构形式不同可分为三角形、梯形及组合结构。根据坝高、构造和交通等要求，重力坝坝顶宽度一般为0.5～5.0m。坝顶宽度必须满足坝体稳定的需要。

根据材料、坝高、坝体结构、施工方法、地质条件等不同，重力坝上游边坡坡比一般近似垂直或取1∶0.05～1∶0.2，下游边坡坡比一般取1∶0.2～1∶1.5。

3）坝体。坝体主要由混凝土浇筑或碾压、石料（块石、卵石或砂砾石）砌筑而成。按照工程布置、地理位置、使用功能等不同，可在坝体内布置泄水建筑物（泄水孔、溢流堰），以减少工程占地和土石方开挖。

4）稳定性分析。重力坝的稳定计算主要包括抗滑稳定计算、抗倾稳定计算和地基承载力验算。

重力坝的稳定计算按照《混凝土重力坝设计规范》（SL 319）、《砌石坝设计规范》（SL 25）中的相关公式计算，且其抗滑稳定计算结果应满足表Ⅱ.6.1-4中规定的数值。

6.1.4.3 放水建筑物设计

塘坝的放水建筑物可采用放水涵洞（管）、放水明渠等。放水设施的轴线与坝轴线垂直，当为压力流时，宜用钢管或混凝土管。根据塘坝规模及灌溉要求，放水建筑物前可设置水闸以便于控制下泄流量及放水建筑物检修清淤等。

1. 放水涵洞（管）

放水涵洞（管）主要采用PVC管、圆管涵、钢管、浆砌石拱涵或箱涵等。

涵洞（管）的水力要素按照《灌溉与排水工程设计规范》（GB 50288）中无压涵洞公式计算，并考虑检修要求后确定。PVC管管径不宜小于0.2m；涵管管径不应小于0.4m；拱涵断面宽不应小于0.8m，高不应小于1.2m；箱涵底宽不应小于1.0m，高不应小于1.5m。

2. 放水明渠

将确定的死水位作为放水渠进口底板控制高程，并以设计的灌溉流量作为放水渠的设计流量。放水渠一般为明渠，可按照《灌溉与排水工程设计规范》（GB 50288）、《农田排水工程技术规范》（SL 4）等确定放水渠的断面形式。考虑机械施工便利的要求，明渠底宽应不小于0.4m，深度应不小于0.3m，且水深应小于净高的75%，应采用混凝土或钢筋混凝土结构。

3. 水闸

塘坝的水闸主要为节制闸，用于控制放水建筑物的下泄流量和放水建筑物检修清淤。塘坝放水规模较小，一般采用简易的平板闸门或拍门。

（1）闸孔形式及堰顶高程。塘坝放水建筑物进口前水闸采用宽顶堰孔口形式；堰顶高程根据塘坝死水位、灌溉流量、泥沙、闸址地质和地形条件、水闸施工及运行条件等，经技术经济比较后确定。

（2）闸顶高程。根据挡水和泄水两种运用情况确定闸顶高程。挡水时，闸顶高程不应低于塘坝正常蓄水位（或最高挡水位）加波浪计算高度与相应安全超高之和；泄水时，闸顶高程不应低于塘坝设计洪水位（或校核洪水位）与相应安全超高之和。水闸按照5级水闸考虑，其安全超高挡水时不小于0.2m、泄水时不小于0.4m，具体按《水闸设计规范》（SL 265）确定。

（3）闸基的防渗排水。水闸设计过程中，需确定最优的地下轮廓及防渗排水措施，使闸基不发生渗透变形。针对软弱基础，可采用铺盖、板桩及齿墙等防渗措施。

6.1.4.4 溢洪道设计

根据塘坝筑坝材料的不同，塘坝可通过坝体溢流或开挖溢洪道。其中，过水堆石坝、混凝土坝、砌石坝等均可从坝体表面过水，不需专门布置溢洪设施；其余土石坝需专门布置溢洪道。

1. 溢洪道布置原则

（1）溢洪道的布置应尽量利用有利地形地貌，既要经济合理又要保证安全。

（2）溢洪道沿线基础坚硬均一，线路短，无或少弯道，出口远离坝体（针对土石坝）。

（3）溢洪道应根据地形和地质条件布置，宜避免开挖形成高边坡，且宜避开冲沟、崩塌体及滑坡体。

2. 溢洪道设计

溢洪道一般采用开敞式明渠溢洪道或溢洪洞。

（1）开敞式明渠溢洪道。塘坝的泄洪消能设施一般采用开敞式明渠溢洪道。开敞式明渠溢洪道一般为梯形断面或矩形断面，按照设计洪峰流量及消能防冲要求，断面衬砌采用干砌石、浆砌石、混凝土或钢筋混凝土，出口末端布置消力池。溢洪道及消力池设计参照《溢洪道设计规范》（SL 253）中的相关规定和公式。

（2）溢洪洞。对于山体地质条件较好、线路顺直、不宜设开敞式溢洪道的塘坝，可布置溢洪洞。若采用人工开挖，则溢洪洞断面需满足施工便利要求；若采用机械施工，则溢洪洞断面需满足机械施工要求。溢洪洞出口根据需要，布置消力池等消能防冲设施。溢洪洞及消力池设计参照《水工隧洞设计规范》（SL 279—2016）中的相关规定和公式。

3. 消能防冲设施设计

针对溢洪道出口，需布置消能防冲设施，塘坝消能防冲设施一般采用消力池。消力池计算如下。

（1）自由水跃共轭水深 h_2：

$$h_2=\frac{h_1}{2}\left(\sqrt{1+8Fr_1^2}-1\right) \quad (Ⅱ.6.1-15)$$

其中

$$Fr_1=\frac{v_1}{\sqrt{gh_1}} \quad (Ⅱ.6.1-16)$$

式中　Fr_1——收缩断面弗劳德数；

h_1——收缩断面水深，m；

v_1——收缩断面流速，m/s。

（2）水跃长度 L：

$$L=6.9(h_2-h_1) \quad (Ⅱ.6.1-17)$$

（3）池长、池深：

$$d=\delta h_2-h_t-\Delta z \quad (Ⅱ.6.1-18)$$

$$\Delta z=\frac{Q^2}{2gb^2}\left(\frac{1}{\varphi^2 h_t^2}-\frac{1}{\delta^2 h_2^2}\right) \quad (Ⅱ.6.1-19)$$

$$L_K=0.8L \quad (Ⅱ.6.1-20)$$

式中　d——池深，m；

δ——水跃淹没度，取 $\delta=1.05$；

h_2——池中发生临界水跃时的跃后水深，m；

h_t——消力池出口下游水深，m；

Δz——消力池尾部出口水面跌落，m；

Q——流量，m^3/s；

φ——消力池出口段流速系数，取0.95；

L_K——水跃长度（消力池长度），m。

（4）消力池底板厚度应根据布置要求、水力设计、抗浮稳定计算、地基条件以及采取的措施，并参照已建类似工程综合考虑选定。消力池抗浮稳定复核公式为

$$K_f=\frac{P_1+P_2+P_3}{Q_1+Q_2} \quad (Ⅱ.6.1-21)$$

式中　P_1——底板自重，kN；

P_2——底板顶面上的时均压力，kN；

P_3——当采用锚固措施时，为地基的有效重力，kN；

Q_1——底板顶面上的脉动压力，kN；

Q_2——底板底面上的扬压力，kN。

6.1.4.5 施工组织

（1）施工导流。山塘的施工周期较短，导流建筑物一般采用袋装土围堰、土石围堰等，其度汛洪水重现期取1～3年。施工前，根据施工季节和现场实际条件选择合适的导流建筑物，应利用垭口、小冲沟、现有灌渠进行导流。

（2）料源选择。山塘坝体的填筑材料可在土石方平衡和综合分析的基础上确定采取外购或现场开采。现场开采料场前，需开展料源质量和储量的勘察，并根据需求量尽量控制开采范围。

（3）施工道路。施工道路宜利用现有乡村路和田间道路。根据工程布置和坝区的地形地质条件，永久道路线路尽量顺直，宜采用半挖半填的形式，尽量避免高填和深挖的形式；临时道路宜优先在坝区已征地

范围内布置，尽量减少征地面积和对地表的破坏。

(4) 土石方平衡及弃渣场。根据水工设计成果完成工程土石方平衡和调配分析。塘坝总体规模不大，开挖及回填量均较小，宜尽量利用开挖料，减少弃渣量。施工中的弃渣应选择合适的弃渣场集中堆存，并采取合适的防护措施，以保障弃渣的安全稳定。

(5) 施工场地。施工场地应尽量在坝区已征地范围内布置，宜选择非耕地布置。根据工程实际需要布置施工场地，尽量紧凑，减少征地面积和对地表的破坏。

(6) 施工进度。应根据塘坝所在地区的气候特点编制施工进度，尽量避开汛期施工。

6.1.5 陂塘工程设计

6.1.5.1 工程级别与设计标准

陂塘一般为平原区利用洼地下挖或土（石）埂填筑形成的塘坝，其不具备防洪功能，相应工程级别详见表Ⅱ.6.1-1。

6.1.5.2 坝体设计

陂塘的坝顶超高按式（Ⅱ.6.1-13）计算确定。陂塘坝体设计，按照下挖式陂塘和土（石）埂拦挡式陂塘分别说明。

下挖式陂塘主要为沿原洼地或平地下挖形成，开挖边坡坡比一般1∶1.0～1∶3.0。下挖式陂塘一般不需要布置挡水坝，仅根据工程现场的地质条件补充开挖坡面的防渗结构，如干砌石护坡、浆砌石护坡、混凝土或钢筋混凝土防渗面板等。

土（石）埂拦挡式陂塘利用土（石）埂为挡水结构（迎水面根据填筑材料补充必要的防渗体），一般不需额外布置挡水坝。土（石）埂顶宽一般为0.3～2.0m，迎水侧边坡坡比为1∶0.5～1∶2.0，背水侧边坡坡比为1∶0.5～1∶2.5。

6.1.5.3 放水建筑物设计

陂塘位置较低，与受水区的高差不大，一般采用“小型泵站+明渠”、明渠、供水管道等形式供水。泵站设计详见《泵站设计规范》(GB 50265—2010)，明渠和供水管道设计同山塘。

6.1.5.4 溢洪道设计

陂塘规模较小，来水量及蓄水量均不大，溢洪道一般采用开敞式明渠溢洪道，相应设计同山塘。

6.2 滚 水 坝

6.2.1 定义

滚水坝是以抬高沟道上游水位、固定沟床、灌溉为主要目的的一种高度较低的挡水建筑物。

6.2.2 分类与使用范围

1. 分类

滚水坝按材料可分为浆砌石坝、混凝土坝和橡胶坝。

2. 使用范围

坝型的选择应本着因地制宜、安全可靠、经济合理和使用美观的原则。一般在建筑石料丰富的地区多选用浆砌石坝。在石料缺乏地区或结构强度要求较高时可选用混凝土坝。在靠近城区或景观要求较高时也可选用橡胶坝。

6.2.3 工程级别与防洪标准

(1) 滚水坝工程级别依据坝高指标，按表Ⅱ.6.2-1确定。

表Ⅱ.6.2-1 滚水坝工程级别划分

工程级别	坝高/m
1	5～10
2	<5

(2) 滚水坝防洪标准按表Ⅱ.6.2-2确定。

表Ⅱ.6.2-2 滚水坝工程防洪标准

工程级别	防洪标准（重现期）/a
1	10
2	5

(3) 滚水坝（重力坝）坝体抗滑稳定按抗剪断强度和抗剪强度计算时，参照塘坝设计，其抗滑稳定安全系数应不小于表Ⅱ.6.2-3规定的数值。

表Ⅱ.6.2-3 滚水坝（重力坝）坝体抗滑稳定安全系数

安全系数名称	荷载组合		1、2级坝最小安全系数
抗剪断稳定安全系数	基本		3.00
	特殊	校核洪水情况	2.50
		地震状况	2.30
抗剪稳定安全系数	基本		1.05
	特殊	校核洪水状况	1.00
		地震状况	1.00

6.2.4 设计要点

(1) 滚水坝应根据用途、地质、水文等因素确定其规模，有灌溉任务的滚水坝建设规模应满足灌溉需求。

（2）滚水坝设计应具备以下基本资料：

1）区域气候、降水、蒸发等水文气象资料。

2）坝址区 1∶1000～1∶500 地形图，库区 1∶5000～1∶2000 地形图，坝址 1∶500～1∶100 断面图。

3）区域地质资料及坝区地质情况。

4）灌溉面积、人畜用水、养殖等社会经济情况。

5）工程所在河流河道纵横断面图等。

（3）滚水坝工程布置应满足防洪要求，坝面无不利的负压或振动，下泄水流不得造成危害性冲刷。

（4）坝址坝型选择。坝址选择应符合以下规定：

1）应综合考虑地形、地质、水源、建筑材料、建筑物布置等条件及上、下游情况，经比较后确定。

2）宜选择地质构造简单的岩基，厚度不大的砂砾石地基或密实的土基。

3）有灌溉要求的，宜选择位置较高处，实现自流供水；有人畜用水要求的，应靠近供水对象。

4）滚水坝坝型应根据地形、地质以及建筑材料等条件，选择浆砌石坝、混凝土坝或橡胶坝。

（5）坝体设计。

1）滚水坝顶部为堰面曲线，底部采用反弧曲线与下游消能设施衔接，各段间宜采用切线连接。

2）基底应力计算和坝体抗滑稳定计算应符合《水土保持工程设计规范》（GB 51018—2014）等的相关要求。

3）滚水坝坝顶泄洪时，应进行消能防冲设计。具体可参照《水闸设计规范》（SL 265）等进行设计及计算。

4）采用浆砌石坝和混凝土坝时，地基及岸坡处理应满足坝体强度、稳定、刚度和防渗、耐久的要求。

6.3 案 例

6.3.1 浆砌卵石滚水坝

1. 工程概况

小南河滚水坝是为抬高小南河水位、拦蓄水量、保护坝址上游渠道引水的建筑物。坝址以上流域面积为 79.10km^2，流域内多年平均年降水量为 1117.3mm，坝址处河道断面呈不规则浅 U 形，河槽深约 3.2m，底宽约 14.5m。坝址区域地质由粉质黏土层和砾石土层组成，上层为粉质黏土层，下层为砾石土层。

2. 工程设计标准

根据表Ⅱ.6.2-1 和表Ⅱ.6.2-2，小南河滚水坝工程级别为 2 级，相应防洪标准为 5 年一遇。但考虑到该滚水坝还有保护坝址上游渠道引水的任务，根据《防洪标准》（GB 50201—2014）、《水利水电工程等级划分及洪水标准》（SL 252—2017）等有关规定，综合确定小南河滚水坝工程防洪标准为 10 年一遇，相应洪峰流量为 123.4m^3/s。

3. 坝址选择

该坝的建设主要是为了抬高河道水位、拦蓄水量和保证渠道引水。按照滚水坝设计要求，坝址应选在渠道取水口下游。但渠道取水口下游为河道弯道段，冲刷严重，河底形成低洼坑潭，不利于坝体及消力池布置。而弯道下游河道顺直，断面较规整，坝址选在弯道下游，可以通过坝前淤积，平顺河底，有利于坝体安全，因此，坝址选在弯道以下距取水口约 90m 处。

4. 工程布置

滚水坝分上游铺盖段、坝体段、消力池段和海漫段。坝右侧设冲沙闸。

上游铺盖段长 10m，底板采用 C20 混凝土，厚 0.4m，底板下面采用 C10 混凝土垫层，厚 0.1m，横断面为梯形断面，底宽 14.5m，边坡坡比为 1∶2，采用 C20 混凝土护坡，厚 0.4m，护坡顶部高程为 436.00m。

堰体段由顶部曲线段、中间直线段和下部反弧段三部分组成。采用 C25 混凝土的 WES 实用堰，堰底高程为 432.80m，堰顶高程为 434.00m，横断面为梯形断面，堰底宽 12.2m，堰顶宽 14.6m，边坡坡比为 1∶2，采用 C20 混凝土护坡，厚 0.4m，堰底垫层采用 C10 混凝土，厚 0.1m。边坡顶部和现有河道堤防齐平。

冲沙闸闸室位于溢流堰的右侧，闸底板采用 C25 钢筋混凝土，厚 1.0m，闸底板高程为 432.80m，闸墩采用 C25 钢筋混凝土，厚 0.4m，闸孔为 1 孔，尺寸为 1.2m×1.0m。

消力池采用 C25 混凝土的综合式消力池，长 9.4m，池深 0.8m，底板厚 0.5m，底部垫层采用碎石垫层，厚 0.2m，下铺土工布，横断面为梯形断面，采用 C20 混凝土护坡，厚 0.4m。

海漫段全长 12m，前段 4m 护底采用 M4.5 浆砌石；中间段 4m 护底采用干砌石，底部均铺碎石滤层，厚 0.2m；后段 4m 为防冲槽，槽深 1m，断面为梯形断面，坡比为 1∶2。

小南河滚水坝设计如图Ⅱ.6.3-1 所示。

5. 坝体设计

（1）坝高确定。根据渠道分水闸设计，进水口底板高程为 433.50m，设计水深为 0.5m，因此，确定坝顶高程为 434.00m，坝高 1.20m。

（2）坝体剖面设计。滚水坝采用 WES 溢流形式，堰顶部曲线以堰顶为界分为上游段和下游段两部分。

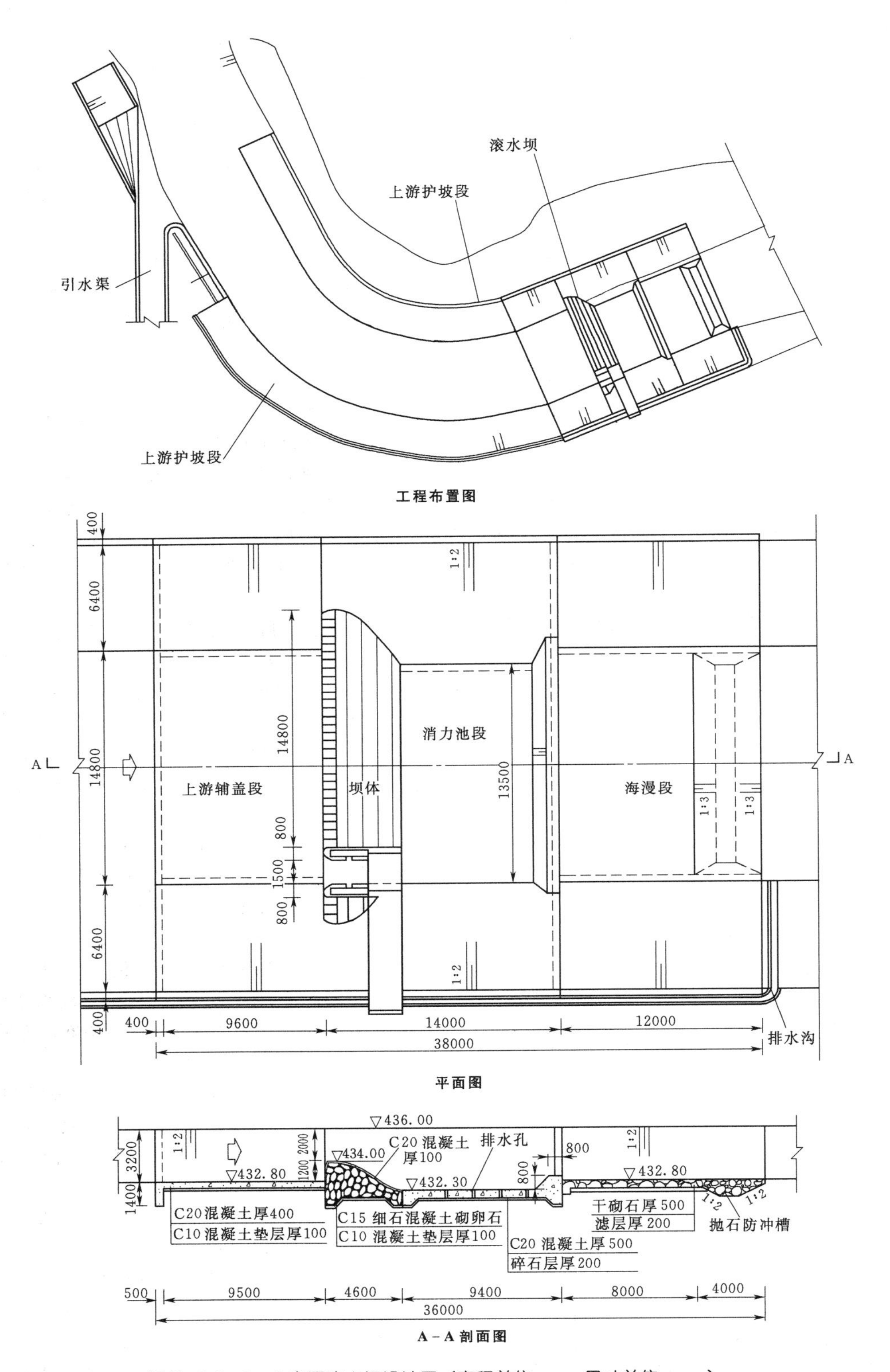

图Ⅱ.6.3－1 小南河滚水坝设计图（高程单位：m；尺寸单位：mm）

上游面采用三圆弧连接，下游面采用幂曲线。下游段幂曲线为

$$x^{1.85}=2.0H_d^{0.85}y \qquad (Ⅱ.6.3-1)$$

式中　H_d——定型设计水头，m。

坐标原点在堰顶，如图Ⅱ.6.3-2所示。

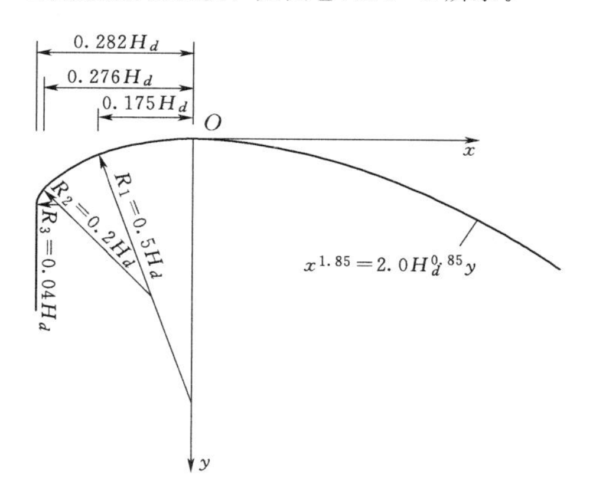

图Ⅱ.6.3-2　堰顶曲线

经计算，上游段三圆弧曲线和下游段幂曲线相关参数见表Ⅱ.6.3-1和表Ⅱ.6.3-2。

表Ⅱ.6.3-1　上游段三圆弧曲线相关参数表

单位：m

R_1	R_2	R_3	$0.175H_d$	$0.276H_d$	$0.282H_d$
1.29	0.52	0.10	0.45	0.71	0.73

表Ⅱ.6.3-2　下游段幂曲线相关参数表

y/m	0.10	0.20	0.30	0.40	0.50	0.60	0.65
x/m	0.65	0.94	1.17	1.37	1.55	1.71	1.78

6. 水文及水利计算

（1）洪峰流量计算。小南河没有实测的水文资料，邻近河流有实测水文资料，采用洪峰模数法，计算可得小南河10年一遇洪峰流量为123.4m³/s。

（2）水面线推算。水位流量关系曲线采用堰流公式计算，计算公式为

$$Q=\sigma_s\sigma_c mb\sqrt{2g}H_0^{3/2} \qquad (Ⅱ.6.3-2)$$

式中　Q——流量，m³/s；

b——每孔净宽，m；

H_0——包括行进流速水头的堰前水头，m；

m——流量系数，$m=0.4267\sim0.5070$；

σ_c——侧收缩系数，$\sigma_c=1$；

σ_s——淹没系数，$\sigma_s=0.97\sim1$。

根据上述公式计算堰的水位流量关系，计算成果见表Ⅱ.6.3-3。

（3）过流能力计算。过流能力按实用堰过流公式计算，具体计算公式见式（Ⅱ.6.3-2）。

经计算，滚水坝泄洪时过流能力为145.6m³/s，满足小南河行洪要求。

（4）消能设计。采用综合式消力池消能，消力池与滚水坝之间为反弧段连接。

表Ⅱ.6.3-3　小南河溢流堰坝址处水位流量关系表

水位 Z/m	434.00	434.50	435.00	435.50	436.00	436.50	436.58	437.00
流量 Q/(m³/s)	0	9.36	28.95	56.33	88.04	121.80	123.40	158.47

1）消力池深度及长度计算。消力池深度及长度按《水闸设计规范》（SL 265）中的公式计算，也可参见式（Ⅱ.6.1-15）～式（Ⅱ.6.1-20）。

经计算，消力池深度计算值为0.71m，长度计算值为8.7m。同时参考同类工程，综合分析确定池深为0.8m，池长为9.4m。

2）消力池底板厚度确定。消力池底板厚度按《水闸设计规范》（SL 265）中的公式计算，也可参见式（Ⅱ.6.1-21）。

经计算，消力池底板厚度计算值为0.59m，同时参考同类工程，综合分析确定消力池底板厚度为0.7m。

3）海漫长度计算。计算公式采用《水闸设计规范》（SL 265）中的公式，具体为

$$L_p=K_s\sqrt{q_s\sqrt{\Delta H'}} \qquad (Ⅱ.6.3-3)$$

式中　L_p——海漫长度，m；

q_s——消力池末端单宽流量，m²/s；

K_s——海漫长度计算系数，按中粉质壤土考虑，取11。

经计算，海漫长度计算值为10.8m，参考同类工程，综合分析确定海漫长度为12.0m。

4）河床冲刷深度计算。海漫末端的河床冲刷深度采用《水闸设计规范》（SL 265）中的公式计算，具体为

$$d_m=1.1\frac{q_m}{[v_0]}-h_m \qquad (Ⅱ.6.3-4)$$

式中　d_m——海漫末端河床冲刷深度，m；

q_m——海漫末端单宽流量，m^2/s；

$[v_0]$——河床土质允许不冲流速，m/s；

h_m——海漫末端河床水深，m。

经计算，海漫下游河床冲刷深度为0.76m，设计防冲槽深1.0m。

7. 渗透稳定计算

（1）坝基防渗长度计算。根据《水闸设计规范》（SL 265）的规定，坝基防渗长度可按式（Ⅱ.6.3-4）计算：

$$L=C\Delta H \qquad (Ⅱ.6.3-5)$$

式中 L——坝基防渗长度，m；

C——允许渗径系数；

ΔH——上、下游水位差，m。

根据《水闸设计规范》（SL 265）中的表4.3.2查得，允许渗径系数C取6，经计算，坝基防渗长度应不小于7.2m。根据溢流堰布置，坝基防渗长度满足设计。

（2）坝基渗流坡降计算。坝基渗流坡降参考《水闸设计规范》（SL 265）附录C.2中的有关公式计算，按改进阻力系数法计算坝基渗流坡降。

根据工程区域地质情况，按照《水闸设计规范》（SL 265）附录C中的计算公式，坝基渗流复核计算成果见表Ⅱ.6.3-4，由此表分析，坝基水平段最大渗流坡降值和渗流出逸坡降值均小于允许坡降值，满足要求。

表Ⅱ.6.3-4 坝基渗流复核计算成果表

项 目	计算坡降值J	允许坡降值$[J]$
水平段最大渗流坡降J_x	0.07	0.26
渗流出逸坡降J_0	0.12	0.59

8. 稳定计算

（1）坝体抗滑稳定计算。坝体抗滑稳定计算主要核算坝基面上的抗滑稳定安全系数，按照《混凝土重力坝设计规范》（SL 319）中的公式计算，计算结果见表Ⅱ.6.3-5。

（2）基底应力计算。坝基基底截面应力按照《混凝土重力坝设计规范》（SL 319）中的公式计算，计算结果见表Ⅱ.6.3-5。

表Ⅱ.6.3-5 小南河溢流堰坝体稳定计算成果表

计算工况		抗滑稳定安全系数K_c	地基应力σ/kPa			地基不均匀系数η	地基允许承载力设计值$[R]$/kPa
			上游端	下游端	平均值		
基本组合	完建期	—	125.40	125.04	125.22	1.00	300
	设计挡水	2.40	127.50	100.50	114.00	1.27	300
	设计洪水	3.80	110.39	89.58	99.98	1.23	300
特殊组合	非常运行	1.95	144.25	116.42	130.34	1.44	300

其中，建筑物的抗滑稳定安全系数不小于1.20，地基不均匀系数小于2，地基应力最大值不大于地基允许承载力设计值的1.2倍。计算结果显示，滚水坝抗滑稳定安全系数、地基承载力及不均匀系数均满足规范要求。

6.3.2 浆砌石滚水坝

1. 工程概况

某近村庄河段除岸坡整治等措施外，在河段内修建2处滚水坝，形成连续水面，提高该区的景观质量，并防止溪沟的进一步侵蚀下切。

2. 设计方案

坝址选择时，首先考虑回水区应在在建的枫树坪广场的可见范围内，呼应广场布局，为整个区域的景观增色；其次坝址以上河槽开阔，形成的回水面积大。经综合方案比选，在K0+214.80、K0+448.20处各修建一座滚水坝，即上游滚水坝、下游滚水坝。为避免影响河道行洪，并考虑回水情况，滚水坝最大坝高均为1.00m，溢流段最大坝高为0.80m，堰体采用M7.5浆砌块石结构，表面采用C15混凝土衬护10cm。

3. 工程设计

上游滚水坝位于溪沟整治河段的K0+214.80处，坝址附近上、下游的河道比降不大，河底最低高程为100.61m。坝址附近部分区域花岗岩基岩出露，地质情况较好。坝长36.3m（即YK10+000～YK10+036.3），右岸连接到绿化平台下的陡坎，左岸连接到附近的水田田坎。设计坝顶高程为101.61m，最大坝高为1.0m，上游坡直立，下游坡坡比为1∶0.7。考虑到平时滚水坝的过水效果，在滚水坝的YK10+016～YK10+024.5段设8.50m宽、锯齿状的溢流段，溢流顶高程为101.41m，溢流段内设5个0.5m宽、0.2m高的方墩，间距1.0m。堰体基础最大埋深为0.5m，堰基最低高程为100.11m，坐落在微风化的基岩上。实际施工过程中，部分坝段进行灌浆等加固措施。

4. 稳定性分析

经计算，抗滑、抗倾安全系数均满足要求。堰体基础两侧的开挖边坡坡比为 1∶1 以上。滚水坝基础砌筑完成后，两侧回填碎石压实。

5. 典型设计

上游滚水坝（浆砌石坝）设计图如图Ⅱ.6.3－3所示。下游滚水坝断面设计及基础处理等基本同上游滚水坝。

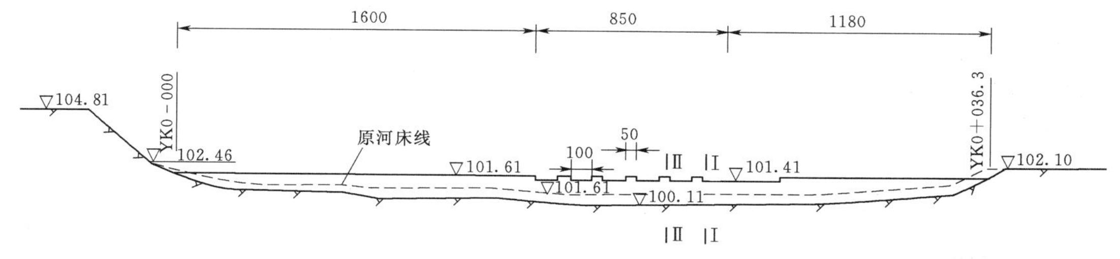

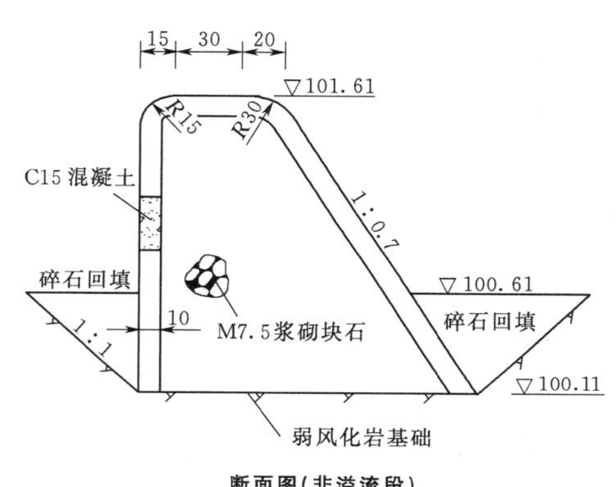

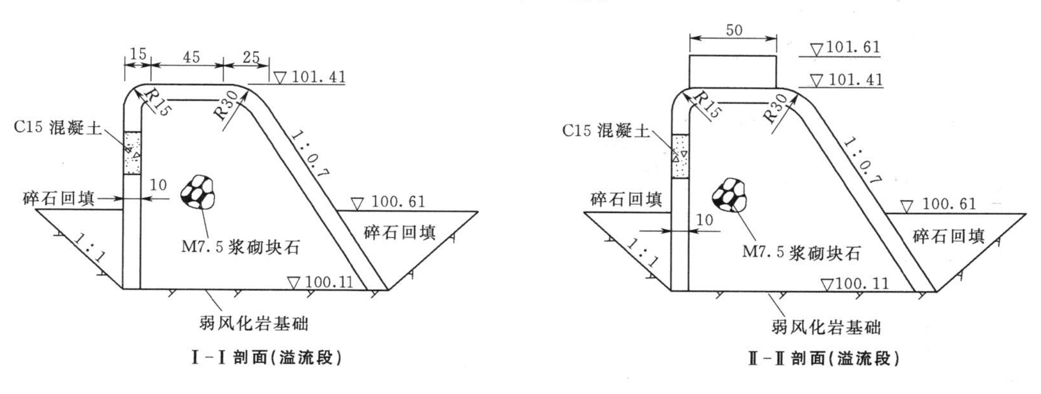

图Ⅱ.6.3－3　某上游滚水坝（浆砌石坝）设计图（高程单位：m；尺寸单位：cm）

6.3.3　埋石混凝土滚水坝

1. 工程概况

某滚水坝在某山区河道中，主要功能为满足河道景观蓄水，并承担一定的交通功能。河床宽 7m，河道蓄水约 1.1m 深。

2. 主体结构总体设计

该工程中总体河宽 7m，设计坝体总体高度为 2.7m，坝体形式为坝顶溢流式重力坝，坝顶宽为 2.5m，坝体采用 C25 埋石混凝土结构，埋石率不大于 20%；坝体外包钢筋，钢筋保护层厚度为 30mm。坝顶高程为 1.10m，铺装好卵石后，控制其顶面高程为 1.20m。

滚水坝上采用 DN300 的排水闸阀进行排水，排水闸阀高于上游河底 0.1m，其预埋详见相关图集。

3. 主要结构施工工艺

汀步石：坝顶作汀步的石材采用顶面较为平整的芝麻灰花岗岩，其他面为开凿面，形状自然即可。汀步石允许密封拼接。

护底：采卵石护底，大部分粒径为15～40cm，以粒径20cm左右的为主，可局部散植一些直径超1m的大卵石。可采用C20细石混凝土黏接。

景观石施工方法：①侧挡墙墙顶高程以下70cm开始改用天然卵石叠砌，背后灌浆，露明面调色勾缝；②天然大卵石带浆垒筑，墙主体以横向线条为主，弱化竖向线条，墙身石材凹凸要求疏密有致，忌凌乱；③护底卵石散铺，密度大约为70%。

4. 设计图纸

埋石混凝土滚水坝设计图如图Ⅱ.6.3-4所示。

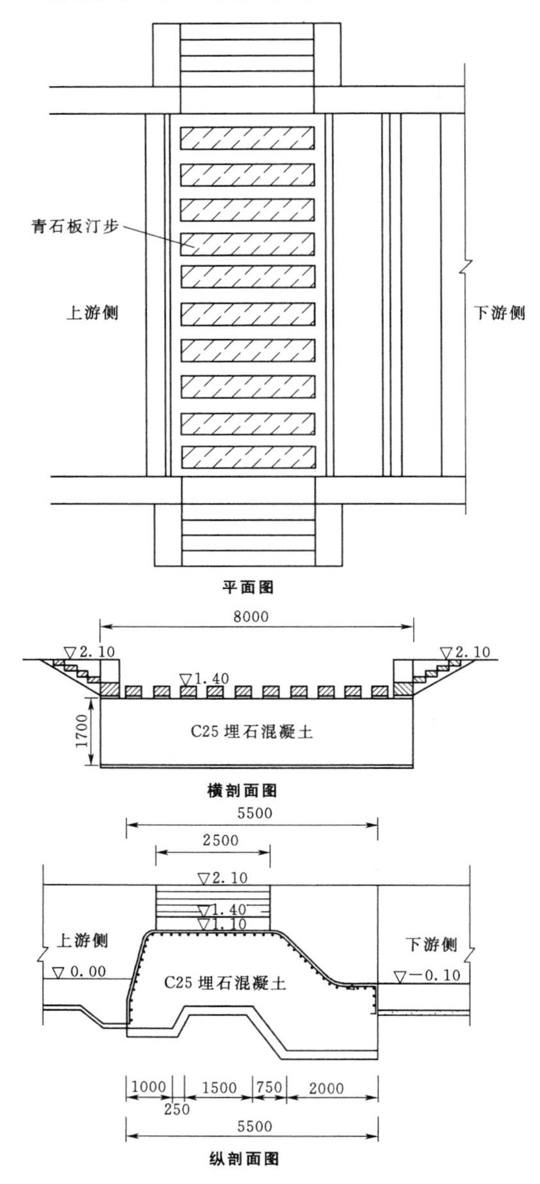

图Ⅱ.6.3-4　某埋石混凝土滚水坝设计图
（高程单位：m；尺寸单位：mm）

6.3.4　橡胶坝

1. 工程概况

工程位于城镇区，其所在的溪流穿城镇而过，是城镇区总体生态景观的重要组成部分。由于所在区域降水呈较强季节性，枯水期河道脱水严重，通过建设滚水坝工程，形成面积超过15hm^{2}的常水面，美化城镇形象，提升城市品位。滚水坝采用橡胶坝为充水结构，高1.65m，坝袋长49m。

2. 项目区概况

项目区属亚热带季风气候区，温暖湿润，四季分明，阳光充足，降水丰沛。年平均气温为17.3℃，多年平均年降水量为1719.6mm。流域降水量年际分布不均，丰水年与枯水年变差大。

3. 设计理念

工程目标是通过壅水建筑物形成稳定水面，改善城镇区水环境。考虑到该工程景观要求较高和挡水水头较低，结合当地工程经验，可供选择的滚水坝挡水建筑物类型包括橡胶坝、翻板门、固定式堰坝等。但由于项目位于城镇区，为满足防洪要求，所选建筑物不能抬高洪水位，固定式堰坝不适合；橡胶坝较翻板门景观效果好，行洪时可以塌坝，不会抬高洪水位。因此，经综合比较，选择橡胶坝作为推荐坝型。

4. 橡胶坝设计步骤

（1）基本资料收集。搜集整理的资料包括坝区的地形资料、水文气象资料、工程地质资料等。

（2）坝址选择。坝址选在河段相对顺直、水流流态平顺及岸坡稳定的河段，同时考虑景观、交通、运行管理、坝袋检修等条件。

（3）工程规模和布置。工程规模根据水利计算研究确定，主要内容包括常水位、橡胶坝底板高程和泄洪净宽、其他附属建筑物（泄洪冲沙闸、护岸等）规模等。底板高程较上游河床高程高出0.2～0.4m，橡胶坝坝顶高程较上游水位高出0.1～0.2m。

工程布置包括土建、坝体、充排和安全观测系统等的布置，应做到布局合理、结构简单、安全可靠、运行方便、造型美观。

（4）工程设计。建筑物结构设计包括橡胶坝坝袋设计、锚固结构设计、控制系统设计、安全观测设计和土建工程设计等。土建工程包括橡胶坝基础，边墩，中墩，上、下游翼墙，上、下游护坡，防渗设施和消能防冲设施等。橡胶坝典型设计断面图如图Ⅱ.6.3-5所示。

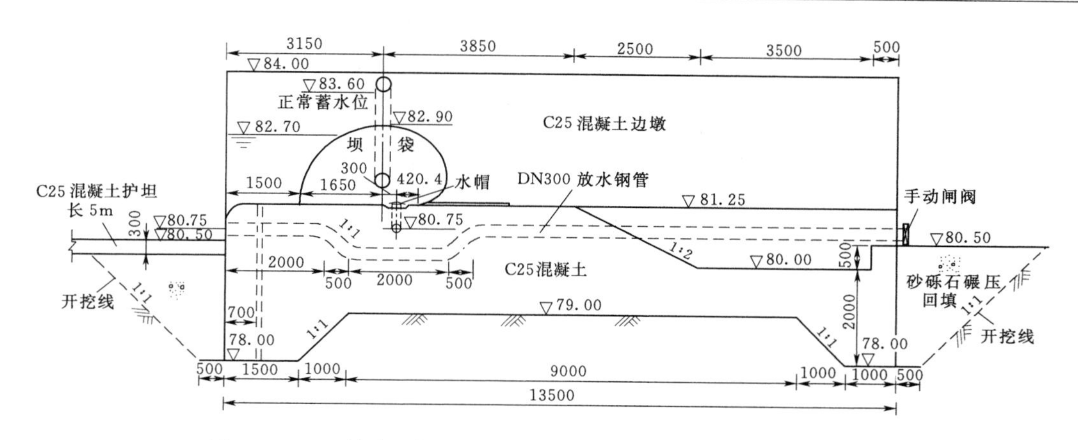

图Ⅱ.6.3-5 橡胶坝典型设计断面图（高程单位：m；尺寸单位：mm）

参 考 文 献

[1] 中华人民共和国住房和城乡建设部，中华人民共和国国家质量监督检验检疫总局. 水土保持工程设计规范：GB 51018—2014 [S]. 北京：中国计划出版社，2014.

[2] 中华人民共和国住房和城乡建设部，中华人民共和国国家质量监督检验检疫总局. 防洪标准：GB 50201—2014 [S]. 北京：中国计划出版社，2014.

[3] 中华人民共和国水利部. 水利水电工程等级划分及洪水标准：SL 252—2017 [S]. 北京：中国水利水电出版社，2017.

[4] 中华人民共和国水利部. 村镇供水工程设计规范：SL 687—2014 [S]. 北京：中国水利水电出版社，2014.

[5] 中华人民共和国住房和城乡建设部，中华人民共和国国家质量监督检验检疫总局. 建筑给水排水设计规范：GB 50015—2003 [S]. 北京：中国建筑工业出版社，2003.

[6] 中华人民共和国住房和城乡建设部，中华人民共和国国家质量监督检验检疫总局. 灌溉与排水工程设计规范：GB 50288—2018 [S]. 北京：中国计划出版社，2018.

[7] 中华人民共和国水利部. 农田排水工程技术规范：SL 4—2013 [S]. 北京：中国水利水电出版社，2013.

[8] 中华人民共和国水利部. 混凝土重力坝设计规范：SL 319—2005 [S]. 北京：中国水利水电出版社，2005.

[9] 中华人民共和国水利部. 砌石坝设计规范：SL 25—2006 [S]. 北京：中国水利水电出版社，2005.

[10] 中华人民共和国水利部. 水闸设计规范：SL 265—2016 [S]. 北京：中国水利水电出版社，2016.

[11] 中华人民共和国水利部. 溢洪道设计规范：SL 253—2000 [S]. 北京：中国水利水电出版社，2003.

[12] 中华人民共和国水利部. 水工隧洞设计规范：SL 279—2016 [S]. 北京：中国水利水电出版社，2016.

[13] 中华人民共和国住房和城乡建设部，中华人民共和国国家质量监督检验检疫总局. 泵站设计规范：GB 50265—2010 [S]. 北京：中国计划出版社，2010.

[14] 陈德亮，夏富洲. 水工建筑物 [M]. 北京：中国水利水电出版社，2008.

第7章 沟道滩岸防护工程

章主编　王宝全　王利军

章主审　苗红昌　李俊琴　郑国权

本章各节编写及审稿人员

<table>
<tr><th>节次</th><th>编写人</th><th>审稿人</th></tr>
<tr><td>7.1</td><td>王宝全　刘素君　刘铁辉</td><td rowspan="3">苗红昌
李俊琴
郑国权</td></tr>
<tr><td>7.2</td><td>贺前进　田　盈　陈　刚　邹兵华　原军伟　韩育宁</td></tr>
<tr><td>7.3</td><td>张　彤　王利军　王艳梅　周　航　李建生　谢艾楠
张陆军　高晓薇　朱雪诞　李韻怡　樊　华</td></tr>
</table>

第7章 沟道滩岸防护工程

7.1 护地堤

7.1.1 定义与作用

护地堤是沿沟道岸边修筑的挡水建筑物。其作用是提高沟道的过流能力，保护沟道沿岸农田免受洪水淹没，同时也具有约束水流流向、防止沟道遭受横向侵蚀、稳定河床的作用。

7.1.2 分类与适用范围

护地堤按照筑堤材料分为土堤、砌石堤、混凝土堤、混合堤。

土堤一般以均质土或土石混合填筑而成，横断面一般为梯形，适用于筑堤土料充足地区。土堤一般可以就地取料，具有施工方便、适应变形、便于维护、经济适用等优点，缺点是占地较多。

砌石堤是利用石料砌筑而成，一般为浆砌石，也有用卵石混凝土或毛石混凝土等修筑的防洪墙，适用于土料匮乏、石料充足地区，占地较少，一般为重力式。

混凝土堤是利用混凝土修筑的防洪墙，适用于土料、石料匮乏地区，占地较少，一般为悬臂梁形式。

混合堤是砌石堤或混凝土堤加堤后填筑土料形成的护地堤。

7.1.3 工程规划与布置

7.1.3.1 规划原则

（1）护地堤规划应纳入沟道所在的小流域规划及水土保持规划中，与其他工程设施统筹规划。

（2）护地堤规划应兼顾上下游、左右岸，充分考虑各地区、各部门的实际情况，选择适宜的防洪标准和堤防形式。

（3）护地堤规划应考虑与山洪沟治理等规划相衔接。

7.1.3.2 工程布置

（1）护地堤布置应尽可能少占农田、拆迁量少、利于防汛抢险和工程管理，并应尽可能与道路交通、灌溉排水等工程相结合。

（2）护地堤堤线应与河势流向相适应，并与洪水主流线大致平行。堤线应力求平顺，各堤段平缓连接，不得采用折线或急弯，并应尽可能利用现有护地堤和有利地形，修筑在土质较好、比较稳定的滩岸上，尽可能避开软弱地基、深水地带、古河道、强透水地基。

（3）一个河段的护地堤堤距（或一岸护地堤一岸高地的距离）应大致相等，不宜突然扩大或缩小。护地堤堤距应根据流域特点、地形地质条件、水文泥沙特性、不同堤距的技术经济指标，经综合分析后确定，并应考虑滩区长期的滞洪、淤积作用及生态环境保护等因素，留有余地。护地堤的堤距同时应满足稳定河宽的要求。

（4）堤距与堤顶高程密切相关，在同一设计流量时，堤距窄时保护农田面积大，但堤顶高程高，堤防工程量大，工程投资高，且沟道水流流速加大，沟道受冲刷的可能性加大；堤距宽则相反，堤顶高程较低，堤防工程量较小，投资较低，但工程占用的农田面积也加大。所以，在确定堤距时应充分考虑。

（5）护地堤堤型选择应因地制宜、就地取材，根据地质、筑堤材料、水流和风浪特性、施工条件、运用和管理要求、环境景观、工程造价等因素，经综合分析后确定。

（6）护地堤的防护宜采用工程设施与生物设施相结合的形式。

7.1.3.3 防洪标准

沟道防护工程防护对象的防洪标准以防护区耕地面积划分为两个等级，各等级的防洪标准按表Ⅱ.7.1-1的规定确定。护地堤上的闸、涵、泵站等建筑物及其他构筑物的设计防洪标准，不应低于护地堤的防洪标准。

7.1.3.4 设计洪水

沟道流域面积较小，一般没有水文观测设施，属于缺乏流量观测或资料不足地区，在设计洪水洪峰流量计算时采用无资料地区计算方法，一般有经验公式法、推理公式法、综合单位线法以及水文模型法等。采用较多的是推理公式法，即由暴雨资料推求设计洪水，计算中一般可采用各省（自治区、直辖市）的暴雨洪水查算图表中的计算方法推求设计洪水。

表Ⅱ.7.1-1 沟道滩岸防护区的等级和防洪标准

等 级			Ⅰ	Ⅱ
防护区耕地面积/hm^2	区域	Ⅰ区	≥100	<100
		Ⅱ区	≥10	<10
		其他区	≥5	<5
防洪标准（洪水重现期）/a			10	5

注 1. 涉及影响人口时，可适当调高标准。
2. 汇水面积在 $50km^2$ 以下的小流域采用此标准，其他采用堤防标准。
3. Ⅰ区是指东北黑土区，Ⅱ区是指北方土石山区、南方红壤区和四川盆地周边丘陵区及其类似区域。

7.1.3.5 设计水面线

沟道护地堤规模较小，设计水面线计算一般情况下可按照一维恒定流考虑，利用能量方程式推算。能量方程式为

$$Z_2=Z_1+h_f+h_j+\frac{a_1u_1^2}{2g}-\frac{a_2u_2^2}{2g} \quad (Ⅱ.7.1-1)$$

式中 Z_1、Z_2——下、上游断面的水位，m；
h_f、h_j——上、下游断面间的沿程、局部水头损失，m；
u_1、u_2——下、上游断面的流速，m/s。

设计水面线计算的糙率可根据沟道的地形地质及边界情况等条件，按照糙率表选取，有条件时可与类似沟道成果进行对比分析。

7.1.4 工程设计

7.1.4.1 堤形选择

护地堤堤形应根据当地的筑堤材料、地形地质条件、施工条件、环境要求、工程占地、工程投资等因素综合选定。筑堤材料应优先考虑就地取材，充分利用当地材料。护地堤规模较小，一般优先选用当地土料修建土堤，土料不适宜筑堤或土料不足时，可考虑修建浆砌石或混凝土防洪墙。

7.1.4.2 工程级别

护地堤的工程设计首先确定护地堤的级别，再根据不同堤形进行结构设计及稳定计算。护地堤的级别按照表Ⅱ.7.1-2的规定确定。护地堤上的闸、涵、泵站等建筑物及其他构筑物的设计防洪标准，不应低于护地堤的防洪标准。

表Ⅱ.7.1-2 护地堤的级别

防洪标准（洪水重现期）/a	10	5
护地堤级别	1	2

7.1.4.3 结构设计

1. 土堤结构形式

护地堤选用土堤时，其结构设计要素主要包括筑堤土料及填筑标准确定、堤顶设计、堤身设计、堤坡防护设计等。

（1）筑堤土料及填筑标准确定。筑堤土料选用黏性土时，宜选择黏粒含量为10%～35%、塑性指数为7～20的黏性土，且不得含植物根茎、砖瓦垃圾等杂质；筑堤土料含水率与最优含水率的允许偏差为±3%；铺盖、心墙、斜墙等防渗体宜选用防渗性能好的土；堤后盖重宜选用砂性土。选用砂砾料时，应选择耐风化、级配较好、透水性好、不易发生渗透变形、含泥量小于5%的砂砾石或砾卵石。淤泥类土、天然含水率不符合要求或黏粒含量过多的黏土、冻土块、杂填土及水稳定性差的膨胀土、分散性土等不宜作堤身填筑土料，当需要时，应采取相应的处理措施。

土堤的填筑密度应根据堤身结构、土料特性、自然条件等因素，综合分析确定。黏性土土堤的填筑标准应按压实度确定，其压实度应不小于0.91；无黏性土土堤的填筑标准应按相对密度确定，其相对密度应不小于0.60。

（2）堤顶设计。土堤的堤顶高程按照设计水面线加堤防超高确定。堤顶超高应为设计风浪爬高加设计风壅水面高度再加安全加高，其中安全加高按规范要求根据堤防级别及是否越浪取值。堤顶超高计算公式为

$$Y=R+e+A \quad (Ⅱ.7.1-2)$$

式中 Y——堤顶超高，m；
R——设计波浪爬高，m；
e——设计风壅水面高度，m；
A——安全加高，m。

护地堤一般规模较小且缺乏必要的资料，一般可不再计算波浪爬高和风壅水面高度，堤顶超高可根据类似工程经验取不小于0.5m。当沟道较宽、风浪较大时，取值可适当大些。

土堤应考虑预留沉陷高，一般可取堤高的3%～5%。

（3）堤身设计。护地堤的土堤堤身设计一般包括确定堤顶宽和边坡坡度。

土堤的堤顶宽度及边坡坡度可参照已建类似工程

初选，并应根据稳定计算确定，顶宽不宜小于 3m。堤路结合时，堤顶宽度及边坡坡度的确定宜考虑道路的要求，并应根据需要设置上堤坡道。上堤坡道的位置、坡度、顶宽、结构等可根据需要确定。临水侧坡道，宜顺水流方向布置。坡道的坡度一般不宜陡于 8%。

（4）堤身稳定计算。

1）渗流及渗透稳定计算。护地堤应进行渗流及渗透稳定计算，计算求得渗流场内的水头、压力、比降、渗流量等水力要素，应进行渗透稳定分析，并应选择经济合理的防渗、排水设计方案或加固补强方案。

护地堤的挡水一般是季节性的，在挡水时间内不一定能形成稳定渗流的浸润线，渗流计算宜根据实际情况考虑不稳定渗流或稳定渗流情况。

土堤渗流计算断面应具有代表性，并应进行下列计算：

a. 应核算在设计洪水或设计高潮持续时间内浸润线的位置，当在背水侧堤坡逸出时，应计算出逸点的位置、逸出段与背水侧堤基表面的出逸比降。

b. 当堤身、堤基土渗透系数不小于 1×10^{-3} cm/s 时，应计算渗流量。

c. 应计算洪水或潮水水位降落时临水侧堤身内的自由水位。

土堤渗流计算应计算下列水位的组合：

a. 临水侧为设计洪水位，背水侧为相应水位。

b. 临水侧为设计洪水位，背水侧为低水位或无水。

c. 洪水降落时对临水侧堤坡稳定最不利的情况。

进行渗流计算时，对比较复杂的地基情况可作适当简化，并应符合下列规定：

a. 对于渗透系数相差 5 倍以内的相邻薄土层可视为一层，可采用加权平均的渗透系数作为计算依据。

b. 双层结构地基，当下卧土层的渗透系数小于上层土层的渗透系数的 100 倍及以上时，可将下卧土层视为不透水层。表层为弱透水层时，可按双层地基计算。

c. 当直接与堤底连接的地基土层的渗透系数大于堤身的渗透系数的 100 倍及以上时，可视为堤身不透水，可仅对堤基进行渗流计算。

渗透稳定应进行下列判断和计算：

a. 土的渗透变形类型。

b. 堤身和堤基土体的渗透稳定。

c. 堤防背水侧渗流出逸段的渗透稳定。

土的渗透变形有流土和管涌两种类型。

护地堤的渗流及渗透稳定计算可参照《堤防工程设计规范》（GB 50286—2013）附录 E 进行。背水侧堤坡及地基表面逸出段的渗流比降应小于允许比降；当出逸比降大于允许比降时，应采取反滤、压重等保护措施。

无黏性土防止渗透变形的允许坡降应以土的临界坡降除以安全系数确定，安全系数宜取 1.5～2.0。无试验资料时，无黏性土的允许坡降可按表Ⅱ.7.1-3 选用。表Ⅱ.7.1-3 适用于无黏性土渗流出口无滤层的情况。黏性土的允许坡降通过试验确定。

表Ⅱ.7.1-3　　无黏性土的允许坡降

渗透变形类型	流土型			过渡型	管涌型	
	$C_u<3$	$3\leqslant C_u\leqslant5$	$C_u>5$		级配连续	级配不连续
允许坡降	0.25～0.35	0.35～0.50	0.50～0.80	0.25～0.40	0.15～0.25	0.10～0.15

2）抗滑稳定计算。土堤边坡整体抗滑稳定计算，应根据不同堤段的断面形式、高度及地质情况，结合渗流计算需要，选定具有代表性的断面进行分析。对地形、地质条件复杂或险工段，其计算断面可以适当地加密。

计算工况分为正常运用条件和非常运用条件两种。正常运用条件抗滑稳定计算包括：设计洪水位下的稳定渗流期或不稳定渗流期的背水侧堤坡，设计洪水位骤降至低水位的临水侧堤坡。非常运用条件抗滑稳定计算包括：施工期的临水、背水侧堤坡，多年平均水位时遭遇地震的临水、背水侧堤坡。

土堤抗滑稳定计算可采用瑞典圆弧法或简化毕肖普法。当堤基存在较薄软弱土层时，宜采用改良圆弧法。土堤的抗滑稳定计算可参照《堤防工程设计规范》（GB 50286—2013）附录 F 进行。抗滑稳定安全系数应不小于表Ⅱ.7.1-4 规定的数值。护地堤一般对渗流不做控制，除非渗流影响到护地堤的稳定，才采取防渗、排水措施。

表Ⅱ.7.1-4　　土堤抗滑稳定安全系数

护地堤级别	1、2 级
安全系数	1.10

（5）堤坡防护设计。土堤应采取护坡措施。土堤临水侧护坡的主要作用是防止水流冲刷、风浪淘刷及雨水冲蚀破坏，一般根据不同水流、风浪等条件采用

不同的防护形式；背水侧护坡主要考虑防止雨水冲蚀破坏，一般可采用草皮等生物形式。护地堤临水侧堤坡的防护形式与工程护岸形式基本相同，为避免重复，将护地堤临水侧的堤坡防护设计放在本章7.2节工程护岸中说明。

2. 防洪墙结构形式

防洪墙设计包括确定堤身结构形式、墙顶高程、基础轮廓尺寸等，必要时应考虑防渗、排水等设施。

防洪墙可采用浆砌石、混凝土或钢筋混凝土结构。其墙顶高程确定方法与土堤堤顶高程确定方法相同。基础埋置深度应满足抗冲刷和冻结深度要求。河道冲刷计算与土堤一致。

防洪墙应设置变形缝。浆砌石及混凝土墙缝距宜为10～15m，钢筋混凝土墙宜为15～20m。地基土质、墙高、外部荷载、墙体断面结构变化处，应增设变形缝，变形缝应设止水。

防洪墙在设计时，一般初选堤身结构形式和基础轮廓尺寸，并经抗倾、抗滑和地基整体稳定计算后确定。

作用在防洪墙上的荷载可分为基本荷载和特殊荷载。基本荷载应包括自重，设计洪水位或多年平均水位时的静水压力、扬压力，风浪压力，土压力，冰压力以及其他出现机会较多的荷载；特殊荷载应包括地震荷载以及其他稀遇荷载。

防洪墙设计的荷载组合可分为正常运用条件和非常运用条件。正常运用条件应由基本荷载组合；非常运用条件应由基本荷载和一种或几种特殊荷载组合；应根据各种荷载同时出现的可能性，选择不利的情况进行计算。

岩基上的防洪墙基底不应出现拉应力。土基上的防洪墙除应计算堤身或沿基底面的抗滑稳定性外，还应核算堤身与堤基整体的抗滑稳定性。

防洪墙的稳定计算参照《堤防工程设计规范》（GB 50286—2013）附录F进行。其安全系数应不小于表Ⅱ.7.1-5和表Ⅱ.7.1-6规定的数值。防洪墙在各种荷载组合的条件下，基底的最大压应力应小于地基的允许承载力。土基上防洪墙基底压应力最大值与最小值之比的允许值，不应大于表Ⅱ.7.1-7规定的数值。

表Ⅱ.7.1-5　防洪墙抗滑稳定安全系数

地基性质	岩基	土基
护地堤级别	1、2级	1、2级
安全系数	1.00	1.15

表Ⅱ.7.1-6　防洪墙抗倾稳定安全系数

护地堤级别	1、2级
安全系数	1.40

表Ⅱ.7.1-7　土基上防洪墙基底压应力最大值与最小值之比的允许值

土基性质	荷载组合	
	基本组合	特殊组合
松软	1.5	2.0
中等坚实	2.0	2.5
坚实	2.5	3.0

7.1.4.4　配套设施设计

1. 排水设计

护地堤特别是土堤堤身易受雨水冲蚀破坏，应注意堤身的排水设施。考虑到护地堤一般规模较小、堤身较矮，不必设置专门的排水设施，在施工时，注意将堤顶做成向一侧或两侧倾斜，坡度一般为2%～3%。堤坡防护设施在雨季来临前施工完成并能发挥作用即可。

护地堤修建后，改变了现状农田的排水条件，可能影响到现状农田的排水，需要在适当位置设置排水设施。

排水位置一般选在堤脚较低处，并与农田排水渠道相结合。排水规模应满足农田的排水标准。

排水建筑物的防洪标准不应低于护地堤的防洪标准。

2. 道路设计

护地堤堤顶宽一般为3m，当堤路结合时，可结合当地交通情况隔适当距离设一个错车台，错车台宽6m，长20m。

为便于当地群众上下堤顶路或进出沟道，可隔适当距离设一个道口坡道。道口坡道应考虑与现状道路结合布置。坡道宽可取3m，坡度不宜大于8%，临水侧坡道宜顺水流方向布置。

7.1.5　案例——山阳县罗家坪小流域溪沟整治护地堤工程

罗家坪小流域疏溪护地堤措施主要是对罗家坪段主沟道进行综合整治。该项目位于陕西省山阳县境内，该段河堤在2011年“7·21”洪水中有2km河堤被洪水冲毁，大片农田被淹没、沙埋。通过对该段右岸河堤综合整治，可沿河保护村庄（25户）及基本农田30hm²，有效防止水土流失。经规划，需整治河岸护地堤长度为1.0km，罗家坪以上流域面积为21.4km²。

1. 设计依据

工程设计依据《堤防工程设计规范》（GB 50286—2013）、《防洪标准》（GB 50201—2014）及

《陕西省河道堤防工程管理规定》等有关国家和地方标准、规范。

2. 防洪标准

依据《防洪标准》(GB 50201—2014)、《陕西省河道堤防工程管理规定》及相关文件精神，该防洪工程防洪标准确定为10年一遇，按工程等级为五等，基础估计为土基，其抗滑稳定安全系数为1.2（正常运用），抗倾稳定安全系数为1.5（正常运用）。

3. 工程设计

河道糙率取$n=0.025$，实测河床比降$J=4.9‰$。

因该河段没有实测洪水资料，故洪水计算采用《商洛地区实用水文手册》中的经验公式进行。计算公式为

$$Q_P=K_PF^n$$

式中 Q_P——设计频率为P的洪峰流量，m^3/s；

F——设计流域面积，km^2；

K_P、n——设计频率为P的经验参数和指数，该流域$n=0.59$，查《商洛地区实用水文手册》得$K_P=15.51$。

计算成果见表Ⅱ.7.1-8。

表Ⅱ.7.1-8　设计洪水流量成果计算表

河流	断面	流域面积/km²	比降/‰	洪峰流量（P=10%）/(m³/s)
罗家沟	罗家坪村委会驻地以上	21.4	4.9	94.53

由上式算得流量后采用明渠均匀流公式进行水深试算，试算成果见表Ⅱ.7.1-9。

表Ⅱ.7.1-9　护地堤断面要素表

河流	河宽/m	湿周/m	水力半径/m	过水断面面积/m²	正常水深/m	流速/(m/s)
罗家沟	25	27.56	1.13	31.13	1.2	3.03

经算得水深为1.3m时，满足设计流量要求，安全超高取0.7m，则堤高为2.00m。

4. 堤岸冲刷深度及基础埋深确定

堤岸冲刷深度计算采用《堤防工程设计规范》(GB 50286—2013）附录D推荐公式。通过计算，顺直河段堤岸冲刷深度为1.5m，弯曲河段堤岸冲刷深度为2.5m。因该河段比较顺直，因此捷峪沟罗家坪段河堤基础深定为1.5m。

5. 堤防结构设计

根据《堤防工程设计规范》(GB 50286—2013）的有关规定，结合该工程实际，该段河道设计平均宽度为25m，原河堤断面设计顶宽0.6m，平均高2.0m，迎水坡坡比为1：0.3，经计算，原河堤符合设计要求。该实施方案河底断面采用原断面设计，河堤顶宽0.6m，高2.0m，迎水坡坡比为1：0.3，底宽1.6m，深1.5m，M7.5浆砌石砌垒，M10水泥砂浆压顶抹面。

堤断面经抗滑、抗倾验算得：抗倾稳定安全系数$K_t=2.27>1.5$，抗滑稳定安全系数$K_s=1.26>1.2$，稳定性符合设计规范要求。

罗家坪小流域溪沟整治浆砌石挡墙断面设计如图Ⅱ.7.1-1所示。

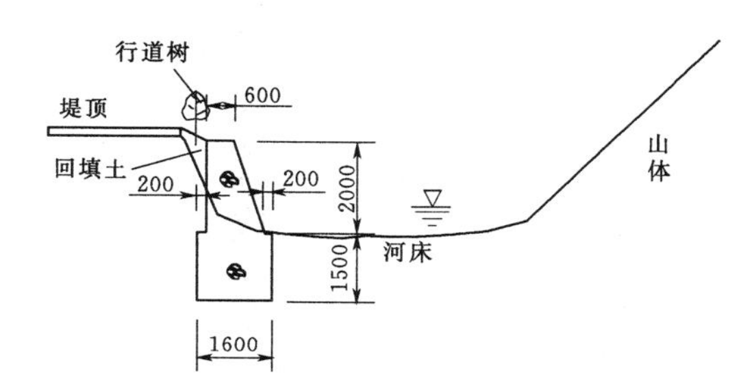

图Ⅱ.7.1-1　罗家坪小流域溪沟整治浆砌石挡墙断面设计图（单位：mm）

7.2 工 程 护 岸

工程护岸按照工程平面布置及防护作用分为平顺护岸和坝式护岸两种主要形式，在河道整治工程中，平顺护岸称为防护工程，坝式护岸称为控导工程。

7.2.1 平顺护岸

7.2.1.1 定义与作用

平顺护岸是指为保护护地堤或沟道滩岸，防止水流和波浪冲蚀及渗流破坏而沿护地堤或沟道滩岸修筑的防护工程。其作用主要是保护护堤地或沟道岸坡免受水流冲刷破坏。

7.2.1.2 分类与适用范围

平顺护岸包括坡式护岸和墙式护岸。坡式护岸是将抗冲材料直接铺设在岸坡一定范围内形成连续的覆盖式护岸。该护岸形式对河道边界条件改变较小，对近岸水流的影响也较小，是一种比较常见的、优先选用的护岸形式。我国许多大江大河、中小河流堤防、湖堤及部分海堤均采用平顺坡式护岸，起到了很好的作用。

墙式护岸为修建在滩岸前的挡土墙形式的护岸，

适用于断面狭窄或护地堤临水侧无滩、易受水流冲刷、受地形条件或已建建筑物限制的沟道。墙式护岸顺滩岸布置，具有断面小、占地少的优点，但要求地基满足一定的承载能力。

7.2.1.3 工程规划与布置

1. 规划原则

(1) 护岸工程规划应纳入沟道所在的小流域规划及水土保持规划中，与护地堤、生态护岸及其他沟道防护设施统筹规划。

(2) 护岸工程规划应兼顾上下游、左右岸，统筹规划、合理布局，根据沟道的水流、河势、地形、地质等具体情况，选定适宜的护岸形式。

(3) 护岸工程应尽量不缩窄沟道过洪断面，不造成汛期洪水位较大抬高，凡适宜修建平顺护岸的则尽量不修建丁坝，尤其不宜修建长丁坝。

(4) 护岸工程要尽量采用工程措施与生物措施相结合的方式，以达到经济合理并有利于环境保护的效果。生物防护是一种有效的防护措施，具有投资省、易实施、效果好的优点，要因地制宜采用树、草进行防护。对水深较浅、流速较小的沟道，通常多采用生物防护措施。

2. 工程布置

(1) 护岸工程的位置和长度不仅关系到护岸工程的规模，而且与河势的控制及调整密切相关。护岸工程的位置和长度应根据水流、风浪特性、河床演变及河岸崩塌情况等综合分析确定。护岸工程的长度也可参考已建同类工程的经验确定。

(2) 护岸工程以设计枯水位分界，分为上部护坡工程与下部护脚工程。设计枯水位可按月平均水位最低的3个月的平均值计算，也可取历年平均最低水位加0.3m。当沟道非汛期水流较小或处于干河状态时，则以设计坡脚线划分护脚工程和护坡工程。

(3) 无滩或窄滩段护岸工程与护地堤堤身防护工程的连接应良好。

3. 防洪标准

沟道护岸的防洪标准参照护地堤的等级和防洪标准确定，见本章7.1.3.3节。

4. 设计洪水及设计水面线

沟道护岸的设计洪水及设计水面线参照护地堤的设计洪水及设计水面线计算，见本章7.1.3.4节和7.1.3.5节。

7.2.1.4 工程设计

1. 坡式护岸设计

坡式护岸设计包括上部护坡工程设计和下部护脚工程设计两部分。

(1) 护坡工程设计。

1) 护坡形式选择。护地堤临水侧堤坡及沟道岸坡一般可采用草皮护坡，在流速较大，易造成护地堤临水侧堤坡或沟道岸坡冲刷破坏时，可采用工程护坡措施。表Ⅱ.7.2-1为几种常见类型护坡材料的允许不冲流速，可在护坡工程设计时根据具体情况参考选用。

表Ⅱ.7.2-1 护坡材料的允许不冲流速

护坡材料	允许不冲流速/(m/s)
干砌石	2～4
浆砌石	2.5～5
现浇混凝土	5～6.5
生态格网绿滨垫	3.5～5
生态格网固滨笼	5.8～6.4

工程护坡形式一般有干砌石、浆砌石、混凝土板、石笼、模袋混凝土、水泥土、沥青混凝土等。护地堤规模较小，一般较常采用干砌石、浆砌石、混凝土板、石笼等护坡形式，以下分别说明这几种常用形式。

a. 干砌石护坡。干砌石护坡是一种最常使用的护坡形式，它有较好的排水性能，且有利于岸坡的稳定，是当地有充足石料来源条件下的首选形式。干砌石护坡能较好地适应堤身的沉降变形，施工简便，易于维修，造价相对较低，能够较好地维持水边的生态环境。其缺点是护坡整体性较差，抗风浪能力较弱，需要经常维修。

b. 浆砌石护坡。浆砌石护坡整体性较好，外表整洁美观，抗波浪能力较强，防波浪淘刷效果较好，且管理方便。缺点是堤坡发生不均匀沉陷时易于发生局部坍塌破坏，且维修不如干砌石护坡方便。

c. 混凝土板护坡。混凝土板护坡可分为混凝土砌块护坡和大型板块护坡。混凝土砌块可做成各种形状和适当尺寸用于堤坡防护，其防护特点类似于干砌石护坡。混凝土板块又分为预制板和现浇板，适宜用在沉降已基本稳定的坡面。该种形式护坡整体性较好，但施工较复杂，造价较高，维修不便，且难以达到保护生态环境的要求，所以一般多用于石料缺乏地区。

d. 石笼护坡。石笼是用铁丝、化纤、竹篾或荆条等材料做成各种网格的笼状物，内装块石、卵石或砾石，石笼护坡在我国有着悠久的历史，近百年来在国外也得到了广泛运用。石笼的主要优点是可以充分利用较小粒径的石料，构造较大的体积与质量，其整体性和柔韧性均较好，用于岸坡防护时，适用于坡度较陡的河岸。近年来随着生态格网技术的规范和推广，生态格网以其安全性和生态性方面的优势在河道护岸工程中得到了广泛的运用。

2）护坡结构设计。护坡一般由封顶、坡面、脚槽、枯水平台等组成。脚槽和枯水平台位于护坡工程下部，起到支撑、保护坡面的作用。枯水平台位于护坡与护脚的交接处，一般高于设计枯水位 0.5～1.0m，宽 1～4m。在非汛期水流较小或处于干河状态的沟道中，可不设枯水平台，护坡与护脚工程可直接相接。

护坡下部位于枯水平台内侧时，应设置脚槽，脚槽顶部高程应高于设计枯水位 0.5～1.0m。脚槽断面宜为矩形或梯形，可采用浆砌石、干砌块石或现浇混凝土结构。干砌石脚槽断面面积可为 0.6～1.0m^2，浆砌块石或混凝土脚槽断面面积可为 0.4～0.8m^2。

护坡的顶部高程应与滩面相平，以保证滩沿的稳定；护地堤护坡的顶部高程应高于设计洪水位 0.5m。

护坡的结构形式应安全实用，便于施工和维护。对不同堤段或同一坡面的不同部位可选用不同的护坡形式。

干砌石和石笼护坡所用石料应质地坚硬，冻融损失率应小于 1%，石料外形应规整，边长比宜小于 4，护坡石料粒径应满足抗冲要求，填筑石料最大粒径应满足施工要求。垫层和反滤层的砂砾料宜级配连续、耐风化、水稳定性好。砂砾料用于反滤时含泥量宜小于 10%。

现场浇制的混凝土板一般不加钢筋或只加少量构造筋，厚度一般为 10～30cm，一般冻土区适当取大值，非冻土区取小值，单元尺寸可根据堤坡情况、施工条件等确定，一般可为 (2～3)m×(2～3)m；分缝可用沥青木板。预制板一般需配置构造钢筋，以防止在运输、安装过程中开裂。预制板厚度一般为 8～12cm，尺寸一般为 1.5m×1.5m 或根据工程需要选取，板与板之间也常用企口缝铰接，或用预埋的抗老化塑料系带连接，并用沥青混凝土灌缝。无论是现场浇制还是预制安装，在护面板下均应铺设砂砾石或土工织物反滤垫层。

干砌石和石笼护坡坡身由面层和垫层组成。面层块石的大小及厚度应能保证在水流和波浪作用下不被冲动，厚度一般为 25～30cm。块石下面的垫层起反滤作用，以防止边坡土粒被波浪吸出或渗流带出流失，垫层一般可采用无纺布作为反滤材料。

垫层采用砂砾石时，其厚度一般为 10～15cm，粒径为 2～30mm，采用土工织物时应符合《土工合成材料应用技术规范》（GB 50290—2014）及《水利水电工程土工合成材料应用技术规范》（SL/T 225—98）的有关规定。

浆砌石、混凝土等刚性护坡应设置排水孔，孔径可为 50～100mm，孔距可为 2～3m，宜呈梅花形布置。浆砌石、混凝土护坡应设置变形缝，间距一般采用 10～20m。

砌石、混凝土护坡在堤脚、戗台等坡度变化处均应设置基座，堤脚处基座埋深不宜小于 0.5m。护坡和堤顶交界处易形成雨水顺垫层的渗流通道，造成堤身的冲刷，所以护坡与堤顶相交处应牢固封顶，封顶宽度可为 0.5～1.0m。

3）护坡厚度确定。护坡厚度一般可参照上述护坡结构设计中的说明并参照同类工程选用。在缺少同类工程经验或护坡厚度需要经过计算复核时，可按以下方法进行计算并参照上述护坡结构设计中的说明进行确定。

a. 在波浪作用下，斜坡干砌块石护坡的护面厚度可按式（Ⅱ.7.2-1）计算：

$$t=K_1\frac{\gamma}{\gamma_b-\gamma}\frac{H}{\sqrt{m}}\sqrt[3]{\frac{L}{H}} \qquad (Ⅱ.7.2-1)$$

其中

$$m=\cot\alpha \qquad (Ⅱ.7.2-2)$$

式中 t——干砌块石护坡的护面厚度，m；

K_1——系数，干砌石可取 0.266，砌方石、条石可取 0.225；

γ_b——块石的容重，kN/m^3；

γ——水的容重，kN/m^3；

L——波长，m；

H——计算波高，m，当 $d/L\geqslant 0.125$ 时取 $H_{4\%}$，当 $d/L<0.125$ 时取 $H_{13\%}$，其中 d 为岸坡前水深；

m——斜坡坡率，$1.5\leqslant m\leqslant 5.0$；

α——斜坡坡脚，(°)。

b. 当采用人工块体或经过分选的块石作为斜坡的护坡面层时，波浪作用下单个块体、块石的质量及护面层厚度，可按式（Ⅱ.7.2-3）和式（Ⅱ.7.2-4）计算：

$$Q=0.1\frac{\gamma_b H^3}{K_D(\gamma_b/\gamma-1)^3 m} \qquad (Ⅱ.7.2-3)$$

$$t=nC\left(\frac{Q}{0.1\gamma_b}\right)^{1/3} \qquad (Ⅱ.7.2-4)$$

其中

$$m=\cot\alpha \qquad (Ⅱ.7.2-5)$$

式中 Q——主要护坡面层的护面块体、块石个体质量，t，若护面由两层块石组成，则块石质量可为 (0.75～1.25)Q，但应有 50% 以上的块石质量大于 Q；

γ_b——人工块体或块石的容量，kN/m^3；

γ——水的容重，kN/m^3；

H——计算波高，m，当平均波高（$\overline{H}$）与水深（d）比值 $\overline{H}/d<0.3$ 时，宜采用 $H_{5\%}$，当 $\overline{H}/d\geqslant0.3$ 时，宜采用 $H_{13\%}$；

K_D——稳定系数，可按表Ⅱ.7.2-2选用；

t——块体或块石护面层厚度，m；

n——护面块体或块石的层数；

m——斜坡坡率，$1.5\leqslant m\leqslant5.0$；

α——斜坡坡脚，(°)；

C——系数，可按表Ⅱ.7.2-3确定。

表Ⅱ.7.2-2　稳定系数 K_D

护面类型	构造形式	K_D	说明
块石	抛填二层	4.0	—
块石	安放（立放）一层	5.5	—
方块	抛填二层	5.0	—
四脚锥体	安放二层	8.5	—
四脚空心方块	安放一层	14.0	—
扭工字块体	安放二层	18.0	$H\geqslant7.5$m
扭工字块体	安放二层	24.0	$H<7.5$m

表Ⅱ.7.2-3　系　数　C

护面类型	构造形式	C	说明
块石	抛填二层	1.0	
块石	安放（立放）一层	1.3～1.4	
四脚锥体	安放二层	1.0	
扭工字块体	安放二层	1.2	定点随机安放
扭工字块体	安放二层	1.1	规则安放

c. 当混凝土板作为岸坡护面时，满足混凝土板整体稳定所需的护面板厚度可按式（Ⅱ.7.2-6）计算：

$$t=\eta H\sqrt{\frac{\gamma}{\gamma_b-\gamma}\frac{L}{Bm}} \qquad (Ⅱ.7.2-6)$$

其中

$$m=\cot\alpha \qquad (Ⅱ.7.2-7)$$

式中　t——混凝土护面板厚度，m；

η——系数，对开缝板可取0.075，对上部为开缝板，下部为闭缝板可取0.10；

H——计算波高，m，取 $H_{1\%}$；

γ_b——混凝土板的容重，kN/m^3；

γ——水的容重，kN/m^3；

L——波长，m；

B——沿斜坡方向（垂直于水边线）的护面板长度，m；

m——斜坡坡率；

α——斜坡坡脚，(°)。

d. 在水流作用下，防护工程抛石护坡、护脚块石保持稳定的抗冲粒径（折算粒径），可按式（Ⅱ.7.2-8）和式（Ⅱ.7.2-9）计算：

$$d=\frac{v^2}{C^2 2g\frac{\gamma_s-\gamma}{\gamma}} \qquad (Ⅱ.7.2-8)$$

$$W=\frac{\pi}{6}\gamma_s d^3 \qquad (Ⅱ.7.2-9)$$

式中　d——折算直径，m，按球形折算；

W——石块重力，kN；

v——水流流速，m/s；

g——重力加速度，m/s^2；

C——石块运动的稳定系数，水平底坡 $C=1.2$，倾斜底坡 $C=0.9$；

γ_s——石块的容重，kN/m^3；

γ——水的容重，kN/m^3。

（2）护脚工程设计。护脚工程是护岸工程的基础，一般常年位于水下，受到水流的冲击和侵蚀，其稳固与否关系到护岸工程的成败。护脚的结构形式应根据岸坡地形地质情况、水流条件和材料来源，采用抛石、石笼、柴枕、柴排、土工织物枕、软体排、模袋混凝土排、铰链混凝土排、钢筋混凝土块体、混合形式等。

1）护脚工程范围。护脚工程上部与护坡工程相接。下部在深泓逼近的河岸段，宜护至深泓线，并应满足河床最大冲刷深度的要求；在岸坡较缓、深泓离岸较远的水流平顺段，可护至坡度为1∶3～1∶4的缓坡河床处。

2）护脚形式。

a. 抛石护脚。抛石护脚是古今中外广泛采用的结构形式，抛投体可选用块石、石笼、混凝土预制块等。块石块径应进行计算或依据已建类似工程经验分析确定。护脚的厚度不应小于抛投体平均块径的2倍，水深流急处宜增大。护脚的坡度不宜陡于1∶1.5，迎流顶冲、重点河段宜缓于1∶2.0。

b. 沉枕护脚。柴枕和柴排是传统的护岸形式，造价低，可就地取材，各地都有许多经验。柴排的排形和沉排面积可根据基本技术要求、施工条件及历年使用经验确定。

沉枕护脚可选用柳石枕、秸料枕、土工织物枕等。沉枕护脚可设计为单层、双层、多层，多层沉枕总断面也可设计为三角形或梯形。柴枕护脚的顶端应位于多年平均最低水位处，其上应加抛接坡石，厚度宜为0.8～1.0m；柴枕外脚应加抛压脚块石或石笼等。

柴枕的规格应根据防护要求和施工条件确定，枕长可为10～15m，枕径可为0.5～1.0m，柴、石体积比宜为7∶3；柴枕可为单层抛护，也可根据需要抛两层或三层；单层抛护的柴枕，其上压石厚度宜为0.5～0.8m。

c. 沉排护脚。沉排护脚可选用柴排、土工织物软体排、模袋混凝土沉排、铰链式混凝土板沉排等。沉排材料应有足够的强度，沉排应与被保护体有足够强度的锚固连接，排体应稳定并能抵抗水流冲刷。

采用高强度土工织物的沉排护脚，其岸坡不宜陡于1∶2.0；采用其他沉排护脚，其岸坡不宜陡于1∶2.5。排脚外缘宜抛石防护，并应适应河床冲刷。采用柴排护脚的岸坡不应陡于1∶2.5，排体顶端应位于多年平均最低水位处，其上应加抛接坡石，厚度宜为0.8～1.0m。

柴排垂直流向的排体长度应满足在河床发生最大冲刷时，排体下沉后仍能保持缓于1∶2.5的坡度。相邻排体之间的搭接应以上游排覆盖下游排，其搭接长度不宜小于0.5m。

d. 土工织物枕及土工织物软体排护脚。土工织物枕及土工织物软体排护脚可根据水深、流速、河岸及附近河床土质情况，可采用单个或3～5个土工织物枕抛护，也可采用土工织物枕与土工织物垫层构成软体排形式防护。土工织物材料应具有抗拉、抗磨、耐酸碱、抗老化等性能，孔径应满足反滤要求。当护岸土体自然坡度陡于1∶2且坡面不平顺有大的坑洼起伏及块石等尖锐物时，不宜采用土工织物枕及土工织物软体排护脚。

土工织物枕、土工织物软体排的顶端应位于多年平均最低水位以下，其上应加抛接坡石，厚度宜为0.8～1.0m。土工织物软体排垂直流向的排体长度应满足在河床发生最大冲刷时，排体随河床变形后坡度不应陡于1∶2.5。土工织物软体排垫层顺水流方向的搭接长度不宜小于1.5m，并应采用顺水流方向上游垫布压下游垫布的搭接方式。排体护脚处及其上、下端宜加抛块石。

e. 铰链混凝土排护脚。在工程实践中，铰链混凝土排也可与土工织物结合使用，由铺敷于岸床的土工织物及上压的铰链混凝土板组成。排的顶端应位于多年平均最低水位处，其上应加抛接坡石，厚度宜为0.8～1.0m。混凝土板厚度应根据水深、流速经防冲稳定计算确定。顺水流向沉排宽度应根据沉排规模、施工技术要求确定。排体之间的搭接应以上游排覆盖下游排，搭接长度不宜小于1.5m。排的顶端可用钢链系在固定的系排梁或桩墩上，排体坡脚处及其上、下端宜加抛块石。

f. 石笼护脚。在非汛期水流较小或处于干河状态的沟道中，一般可采用石笼或生态网格护脚。石笼或生态格网护脚在中小河流治理中被广泛采用。设计中，石笼护脚应与护坡工程综合考虑，护脚可采用水平或墙式，护脚石笼顶部与设计坡脚线持平。

3）冲刷深度计算。顺坝及平顺护岸冲刷深度可按式（Ⅱ.7.2-10）计算：

$$h_s = H_0\left[\left(\frac{U_{cp}}{U_c}\right)^n - 1\right] \quad (Ⅱ.7.2-10)$$

其中

$$U_{cp} = U\frac{2\eta}{1+\eta} \quad (Ⅱ.7.2-11)$$

$$U_c = \left(\frac{H_0}{d_{50}}\right)^{0.14}\sqrt{17.6\frac{\gamma_s-\gamma}{\gamma}d_{50}+0.000000605\frac{10+H_0}{d_{50}^{0.72}}} \quad (Ⅱ.7.2-12)$$

$$U_c = 1.08\sqrt{gd_{50}\frac{\gamma_s-\gamma}{\gamma}}\left(\frac{H_0}{d_{50}}\right)^{1/7} \quad (Ⅱ.7.2-13)$$

式中 h_s——局部冲刷深度，m；

H_0——冲刷处的水深，m；

U_{cp}——近岸垂线平均流速，m/s；

U_c——泥沙起动流速，m/s，对于黏性与砂质河床可采用张瑞瑾公式［式（Ⅱ.7.2-12）］计算，对于卵石河床，可采用长江科学院公式［式（Ⅱ.7.2-13）］计算；

U——行进流速，m/s；

γ_s、γ——泥沙与水的容重，kN/m^3；

g——重力加速度，m/s^2；

d_{50}——床砂的中值粒径，m；

n——与防护岸坡在平面上的形状有关的参数，取$n=1/4\sim1/6$；

η——水流流速不均匀系数，根据水流流向与岸坡交角α查表Ⅱ.7.2-4确定。

表Ⅱ.7.2-4 水流流速不均匀系数

α/(°)	≤15	20	30	40	50	60	70	80	90
η	1.00	1.25	1.50	1.75	2.00	2.25	2.50	2.75	3.00

2. 墙式护岸设计

沟道护岸规模较小，墙式护岸形式一般可采用重力式挡土墙形式，墙体材料可选用浆砌石、混凝土、石笼等。

墙式护岸断面在满足稳定要求的前提下，宜尽量小些，以减少占地。断面尺寸和墙基嵌入河岸坡脚的深度应根据具体情况及河岸整体稳定计算分析确定。墙基嵌入河岸坡脚一定深度对墙体和河岸整体抗滑稳定与抗冲刷有利，如冲刷深度大，则应采取护基措施。

墙式护岸在墙与岸坡之间可回填砂砾石，因砂砾石内摩擦角较大，可减少侧压力。墙体应设置排水孔，排水孔处应设置反滤层。在水流冲刷严重的河岸，墙后回填体的顶面应采取防冲措施。

墙式护岸沿长度方向应设置变形缝，钢筋混凝土结构护岸分缝间距可为15～20m，混凝土、浆砌石结构护岸分缝间距可为10～15m。在地基条件改变处应增设变形缝，墙基压缩变形量较大时应适当减小分缝间距。

墙式防护工程应进行稳定分析计算，重力式防护工程稳定计算应包括整体滑动稳定计算和抗滑、抗倾、地基应力计算。整体滑动稳定计算可采用瑞典圆弧法，计算应考虑工程可能发生的最大冲深对稳定的影响。

7.2.2　坝式护岸

7.2.2.1　定义与作用

1. 丁坝

丁坝是由坝头、坝身和坝根三部分组成的一种建筑物，其坝根与河岸相连，坝头伸向河槽，在平面上与河岸连接起来呈丁字形，坝头与坝根之间的主体部分为坝身，其特点是不与对岸连接。

丁坝的作用包括以下几点：

(1) 改变山洪流向，防止横向侵蚀，避免洪水冲淘坡脚，降低山崩的可能性。

(2) 缓和山洪流势，使泥沙沉积，并能将水流挑向对岸，保护下游的护岸工程和堤岸不受水流冲击。

(3) 调整沟宽，迎托水流，防止洪水乱流和偏流，阻止沟道宽度发展。

2. 顺坝

顺坝是一种纵向整治建筑物，由坝头、坝身和坝根三部分组成，坝身一般较长，与水流方向接近平行或略有微小交角，布置在整治线上，具有导引水流、调整河岸等作用。

7.2.2.2　分类与适用范围

1. 丁坝

丁坝可按建筑材料、高度、长度、透水性能及与水流所形成的角度进行分类。

(1) 按建筑材料不同，可分为石笼丁坝、梢捆丁坝、砌石丁坝、混凝土丁坝、木框丁坝、石柳坝及柳盘头等。

石丁坝适用于水深流急、石料来源丰富的地区，也可以用混凝土丁坝；土丁坝适用于非淹没的护岸，坝头用抛石或砌石护坡、护根，当有严重冲刷时采用抛石护脚、护岸，无严重冲刷时可植树或草皮护坡；柳盘头适用于流速小（河道比降小）的河道整治。

(2) 按高度不同，即山洪是否能漫过丁坝，可分为淹没丁坝和非淹没丁坝两种。淹没丁坝高程一般在中水位以下，又称为潜丁坝，而非淹没丁坝在洪水时也露出水面。

(3) 按长度不同，丁坝分为短丁坝与长丁坝。长丁坝可束窄河床，并能将水流挑向对岸，掩护此岸下游的堤岸不受水流冲刷，但水流紊乱，易使对岸工程遭破坏，坝头冲刷坑较大。短丁坝的作用只能逼使水流趋向河心而不致引起对岸水流的显著变化，起局部护岸护滩作用，在沟床（或河床）较窄的地区，宜修短丁坝。短丁坝按平面形状又分为挑水坝、人字坝、雁翅坝、磨盘头等几类。

(4) 按丁坝与水流所成角度不同，可分为垂直布置形式（即正交丁坝，角度 $\alpha=90°$）、下挑布置形式（即下挑丁坝，角度 $\alpha<90°$）、上挑布置形式（即上挑丁坝，角度 $\alpha>90°$）。挑流坝能将水流挑离岸边，可用以束窄河槽或护岸。

(5) 按透水性能不同，可分为不透水丁坝与透水丁坝。

2. 顺坝

顺坝有淹没与非淹没两种形式。淹没顺坝用于整治枯水河槽，顺坝高程由整治水位而定，自坝根到坝头沿水流方向略有倾斜，其坡度大于水面比降，淹没时自坝头至坝根逐渐漫水；非淹没顺坝在河道整治中采用较少。

7.2.2.3　工程等级与标准

坝式护岸工程的防洪标准根据防护区耕地面积和所在区域划分为两个等级，相应防洪标准按表Ⅱ.7.1-1的规定确定。

7.2.2.4　工程布置原则

(1) 丁坝、顺坝防护长度根据水流、风浪特性及堤岸崩塌趋势等因素分析确定。

(2) 丁坝、顺坝布置应根据水流、风浪、地质地形条件、施工条件、运用要求等因素选用合适的形式，应因势利导、符合水流演变规律，并统筹兼顾上下游、左右岸。

(3) 丁坝、顺坝应依堤岸修建。平面布置应根据整治规划、水流流势、堤岸冲刷情况及已建类似工程经验确定。丁坝坝头位置应在治导线上，并宜成组布置，顺坝应沿治导线布置。

(4) 丁坝长度应根据堤岸与治导线距离确定，间距可为坝长的1～3倍。丁坝按结构材料、坝高及与水流流向关系，可分为透水、不透水，淹没、非淹没，上挑、正挑、下挑等形式。非淹没丁坝宜采用下挑形式布置，坝轴线与水流流向的夹角可采用30°～60°。

(5) 顺坝用于束窄河槽、导引水流、调整河岸时，宜布置在过渡段、分汊河段、急弯及凹岸末端、河口及洲尾等水流不顺和水流分散的河段。顺坝与水流方向应接近或略有微小交角，直接布置在整治线上。长度应根据风浪、水流及崩岸趋势等分析确定。

7.2.2.5 工程设计

1. 丁坝

(1) 丁坝的布置。丁坝多设在沟道下游部分，必要时也可在上游设置。一岸有崩塌危险，对岸较坚固时，可在崩塌地段起点附近修非淹没的下挑丁坝，将山洪引向对岸的坚固岸石，以保护崩塌段沟岸；对崩塌延续很长范围的地段，为促使泥沙淤积，多做成上挑丁坝组；在崩塌段的上游起点附近修筑非淹没丁坝，并在崩塌段的下游末端加置一道护底工程防止沟底侵蚀使丁坝基础遭破坏。丁坝的高度，在靠山一面宜高，缓缓向下游倾斜到丁坝头部。

非淹没丁坝均设计为下挑形式，坝轴线与水流的夹角以70°～75°为宜。在山区，为了逼使水流远离沟岸的崩塌地带，促使泥沙在沟岸附近沉积以及固定流水沟道等，一般常采用非淹没式下挑丁坝。而淹没丁坝则与此相反，一般都设计成上挑形式，坝轴线与水流的夹角为90°～105°，坝顶面宜做成坝根斜向河心的纵坡，其坡度可取1%～3%。

(2) 丁坝的结构。丁坝应坚固耐久，抗冲刷、抗磨损性能强，能较好地适应河床变形，便于施工、修复、加固，且就地取材、经济合理。一般可采用抛石丁坝、土心丁坝、沉排丁坝等结构形式。

抛石丁坝：用块石抛筑，表面用干砌石、浆砌石修平或用较大的块石抛护，其范围是上游伸出坝脚4m，下游伸出8m，坝头伸出12m；其断面较小，顶宽一般为1.0～3.0m，迎面、背面边坡系数不小于1∶1.5，坝头坡度为1∶2.5～1∶3。

土心丁坝：此丁坝采用沙土或黏性土料做坝体，用块石护脚护坡，还需用沉排护底（即将梢料制成大面积的排状物）。沉排用直径13～15cm的梢龙，扎成1m见方上下对称的十字格，作为排体骨架，十字格交点用铅丝扎牢，沉排护底伸出基础部分的宽度，视水流及地质条件而定，以不因底部冲刷而破坏丁坝的稳定性为原则，通常在丁坝坝身的迎流面采用3m以上，背水面采用5m以上。

土心丁坝坝顶的宽度宜采用5～10m，坝的上、下游护砌坡度宜缓于1∶1，护砌厚度可采用0.5～1.0m；坝头部分采用抛石，上、下游坡度不宜陡于1∶1.5，坝头坡度为1∶2.5～1∶3。土心丁坝在土与护坡之间应设置垫层。根据反滤要求，可采用砂石垫层或土工织物垫层，砂石垫层厚度应大于0.1m。土工织物垫层的上面宜铺薄层砂卵石保护。

沉排丁坝：沉排丁坝的顶宽宜采用2.0～4.0m，坝的上、下游坡度宜采用1∶1～1∶1.5。护底层的沉排铺设范围应保证在河床产生最大冲刷深度情况下坝体不受破坏。

中细砂组成的河床或水深流急处修建丁坝宜采用沉排护底，坝头部分应加大护底范围，铺设的沉排宽度应保证在河床产生最大冲刷深度情况下坝体不受破坏。冲刷深度可综合考虑水深、流速、土质等因素，或参照类似工程经验确定。

(3) 丁坝设计。丁坝设计包括确定丁坝长度、坝顶高程、坝顶宽度和坝的上、下游坡度等。结构尺寸应根据水流条件、稳定条件、施工及运用要求分析确定，或根据已建类似工程的经验选定。

丁坝的间距：合理的丁坝间距可通过以下两个方面来确定：①使下一个丁坝的壅水刚好达到上一个丁坝处，避免在上一个丁坝下游发生水面跌落现象，既充分发挥每一个丁坝的作用，又能保证两坝之间不发生冲刷；②使绕过上一个坝头之后形成的扩散水流的边界线，大致达到下一个丁坝有效长度的末端，以避免坝根的冲刷。丁坝间距与丁坝有效长度的关系一般是

$$\left.\begin{aligned}L_P&=\frac{2}{3}L_0\\L&=(2\sim3)L_P\text{（凹岸段）}\\L&=(3\sim5)L_P\text{（凸岸段）}\end{aligned}\right\}\qquad(\text{Ⅱ}.7.2-14)$$

式中 L_0——坝身长度，m；

L_P——丁坝有效长度，m；

L——丁坝间距，m。

丁坝的理论最大间距L_{max}，可按式（Ⅱ.7.2－15）求得：

$$L_{max}=\cot\beta\frac{B-b}{2}\qquad(\text{Ⅱ}.7.2-15)$$

式中 β——水流绕过丁坝头部的扩散角，据试验$\beta=6°6'$；

B、b——沟道及丁坝的宽度，m。

丁坝的高度和长度：丁坝坝顶高程按历年平均水位设计，但不得超过原沟岸的高程。在山洪沟道中，以修筑不漫流丁坝为宜，坝顶高程一般高出设计水位0.5m以上。丁坝坝身长度与坝顶高程相关，根据滩岸与整治线距离确定。淹没丁坝可采用较长的坝身，而非淹没丁坝坝身都是短的。对坝身较长的淹没丁坝可将丁坝设计成两个以上的纵坡，一般坝头部分较缓，坝身中部次之，近岸部分（占全坝长的1/6～1/10）较陡。

丁坝坝头冲刷坑深度的估算：沟道中修建丁坝后，常形成环绕坝头的螺旋流，在坝头附近形成了冲刷坑。一般水流与坝轴线的交角越接近90°，坝身越长，沟床沙性越大，坝坡越陡，冲刷坑也越深。冲刷

深度可采用公式计算或根据经验确定。丁坝冲刷深度与水流、河床组成、丁坝形状与尺寸以及所处沟道的具体位置等因素有关，其冲刷深度计算公式应根据水流条件、河床边界条件以及观测资料分析、验证选用。非淹没式丁坝冲刷深度按式（Ⅱ.7.2-16）计算：

$$\frac{h_s}{H_0}=2.80k_1k_2k_3\left(\frac{U_m-U_c}{\sqrt{gH_0}}\right)^{0.75}\left(\frac{L_D}{H_0}\right)^{0.08} \quad (Ⅱ.7.2-16)$$

$$k_1=\left(\frac{\theta}{90}\right)^{0.246} \quad (Ⅱ.7.2-17)$$

$$k_3=e^{-0.07m} \quad (Ⅱ.7.2-18)$$

$$U_m=\left(1.0+4.8\frac{L_D}{B}\right)U \quad (Ⅱ.7.2-19)$$

$$U_c=\left(\frac{H_0}{d_{50}}\right)^{0.14}\sqrt{17.6\frac{\gamma_s-\gamma}{\lambda}d_{50}+0.000000605\frac{10+H_0}{d_{50}^{0.72}}} \quad (Ⅱ.7.2-20)$$

$$U_c=1.08\sqrt{gd_{50}\frac{\gamma_s-\gamma}{\lambda}}\left(\frac{H_0}{d_{50}}\right)^{1/7} \quad (Ⅱ.7.2-21)$$

式中 h_s——冲刷深度，m；

k_1、k_2、k_3——丁坝与水流方向的交角 θ、守护段的平面形态及丁坝坝头的坡比对冲刷深度影响的修正系数，位于弯曲河段凹岸的单丁坝，$k_2=1.34$，位于过渡段或顺直段的单丁坝，$k_2=1.00$；

m——丁坝坝头坡率；

U_m——坝头最大流速，m/s；

U——行进流速，m/s；

L_D——丁坝的有效长度，m；

B——河宽，m；

U_c——泥沙的起动流速，m/s，对于黏性与砂质河床可采用张瑞瑾公式［式（Ⅱ.7.2-20）］计算，对于卵石河床，可采用长江科学院公式［式（Ⅱ.7.2-21）］计算；

d_{50}——床沙的中值粒径，m；

H_0——行进水流水深，m；

γ_s、γ——泥沙与水的容重，kN/m^3；

g——重力加速度，m/s^2。

2. 顺坝

（1）顺坝的布置。顺坝用于束窄河槽、导引水流、调整河岸时，宜布置在过渡段、分汊河段、急弯及凹岸末端、河口及洲尾等水流不顺和水流分散的河段。顺坝与水流方向应接近或略有微小交角，直接布置在整治线上。

顺坝一般按规划的治导线位置布置。为防止水流绕过坝根，一种方法是将坝根与河岸直接相连，将护坡护脚工程向下作适当延伸；另一种方法是在河岸开挖基槽，将坝根嵌入其中。

顺坝长度应根据风浪、水流及崩岸趋势等分析确定。

（2）顺坝的结构。顺坝的结构按建筑材料的不同分为土坝和石坝两种。

土坝：土坝一般用当地现有土料修筑。坝顶宽度可取3～10m，一般为4m左右，坝顶高程应高于河道整治流量相应水位0.5m及以上，迎水坡边坡系数因有水流紧贴流过，不应小于2，并设抛石加以保护；背水坡边坡系数可取1.5～2.0。

石坝：在河道断面较窄、流速比较大的山区河道，如当地有石料，则可采用干砌石或浆砌石顺坝。坝顶宽度可取2～5.0m，坝的边坡系数，外坡可取1.5～2.0，内坡可取1.0～1.5。外坡也应设抛石加以保护。

混合坝：迎水面为石料浆砌，背水面用砂土填筑。

对土顺坝、石顺坝，坝基如为细砂河床，都应设沉排，沉排伸出坝基之宽度，外坡不小于6m，内坡不小于3m。顺坝因阻水作用较小，坝头冲刷坑较小，无需特别加固，边坡系数不小于3。

（3）顺坝设计。顺坝设计包括确定坝长、坝顶高程、坝顶宽度和坝的上、下游坡度等。结构尺寸根据水流条件、稳定条件、施工及运用要求分析确定，或根据已建类似工程的经验选定。

坝长及坝顶高程：顺坝长度根据风浪、水流及崩岸趋势等因素确定。坝顶高程应高于河道整治流量相应水位0.5m及以上，也可自坝根至坝头，顺水流方向略有倾斜。

坝顶宽度：顺坝坝顶宽度根据坝体结构、施工及抢险要求确定。土质顺坝坝顶宽度可取3～10m，抛石顺坝坝顶宽度可取2～5m。

坝坡坡度：坝外坡坡度应较平顺，边坡可取1∶1.5～1∶3，并沿边坡抛石或抛枕加以保护，坝头处边坡应适当放缓，不宜小于1∶3；坝内坡边坡可取1∶1～1∶2。

顺坝的冲刷坑深度：由于束窄河道，使流速加大而引起冲刷河床，冲刷深度可采用公式计算或根据经验确定。水流平行于防护工程产生的冲刷深度可按式（Ⅱ.7.2-10）～式（Ⅱ.7.2-13）计算。

7.2.3 工程案例

7.2.3.1 工程概况

山西省桑干河干流河道输水河槽整治工程位于东

榆林水库坝下至下游 4km 处，整治段河道长度为 4km，工程主要有河槽整治工程和控导工程。整治段河床宽度为 20～80m，河床中水深 1.0～1.6m，河流两侧地下水埋深 0.7～1.6m，地下水两岸补给河流。

7.2.3.2 工程任务

确定该工程的任务是：通过输水河槽整治，疏通输水线路，消除局部河槽内深坑，减少河道输水损失，稳定中水河槽流势，减少河岸坍塌。

7.2.3.3 等级标准

根据表Ⅱ.7.1-1，按防护面积确定该工程的工程等级为Ⅰ级，防洪标准为 10 年一遇，挡土墙为 5 级建筑物。

7.2.3.4 工程设计

1. 工程总体布置

工程具体内容为：治理河道长 4km，其中控导工程布置护滩丁坝 22 条，平顺式护岸 0.7km，浆砌石顺坝 590m。

险工护岸工程选用能适应河床下沉变形而自身又比较稳定的铅丝石笼丁坝和顺坝两种形式。丁坝依滩面而设，采用下挑、淹没式丁坝；顺坝采用浆砌石重力式挡墙形式，平顺式护岸采用浆砌石贴坡结构形式，主要布置在险工段。

工程总体布置如图Ⅱ.7.2-1 所示。

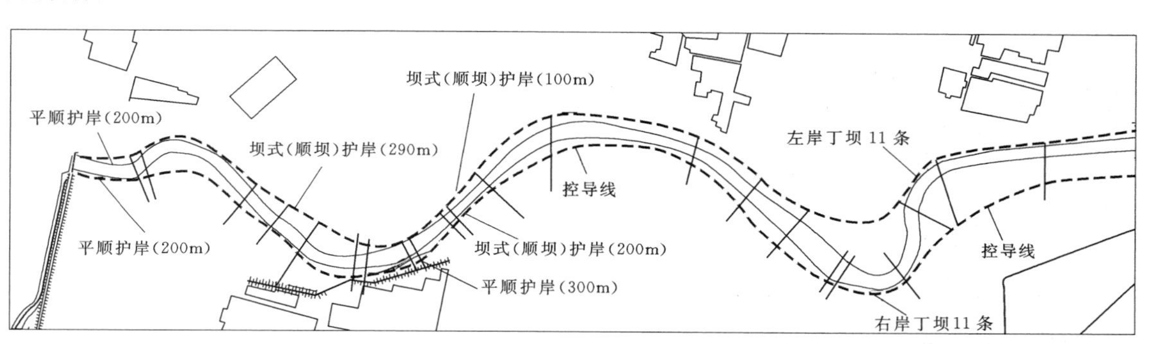

图Ⅱ.7.2-1 工程总体布置图

2. 水文计算

根据附近水文站近几年的统计资料进行水文计算，确定该治理河道段 10 年一遇的洪水流量为 52.5m^3/s，河道平均宽度为 60m，整治宽度为 40m，平均水深为 1.26m。

3. 控导工程

控导工程是稳定中水流路，控制河势，防止堤防和滩岸被冲刷而采取的工程措施，根据其在河槽整治工程中所处位置不同分为险工和控导工程。

险工段主要指凹岸、顺直段主流顶冲处；采用平顺式护岸和顺坝防护，平顺式护岸采用贴坡式，顺坝防护依据治理段地形、地质条件和料源情况采用重力式。

控导工程主要布置在滩面高程较高的崩岸段、汊流河道及主流靠近村庄处。控导工程采取的主要工程措施为丁坝和丁坝与浆砌石顺坝相结合的守点顾线形式。

控导工程布置平顺护岸 0.7km，浆砌石重力式挡土墙顺坝 590m。险工、控导工程特性详见表Ⅱ.7.2-5 和表Ⅱ.7.2-6。

7.2.3.5 建筑物设计

1. 平顺护岸

平顺护岸采用贴坡式浆砌石结构挡墙，基础宽 1.0m，高 1.0m；护坡边坡坡比为 1：2，护坡高 2.0m，护坡浆砌石厚 30cm，护坡下铺设 10cm 厚的砂砾石垫层，顶部设 1.0m 的浆砌石压顶。平顺护岸断面设计如图Ⅱ.7.2-2 所示。

表Ⅱ.7.2-5 控导工程浆砌石顺坝布置表

序号	桩　号	长度/m	断面形式	备　注
1	K00+000～K00+400	400	平顺护岸	东榆林水库坝下
2	K01+016～K01+316	300	平顺护岸	东榆林水库坝下
3	K00+670～K00+960	290	坝式护岸	东榆林桥上游
4	K01+117～K01+217	200	坝式护岸	东榆林桥上游
5	K01+330～K01+430	100	坝式护岸	东榆林桥下游
合计		1290		

表Ⅱ.7.2-6 输水河槽整治工程丁坝布置表

序号	桩　号	长度/m	丁坝条数	备注
1	R03+270～R03+470	200	11	左岸
2	R02+800～R03+000	200	11	右岸
合计			22	

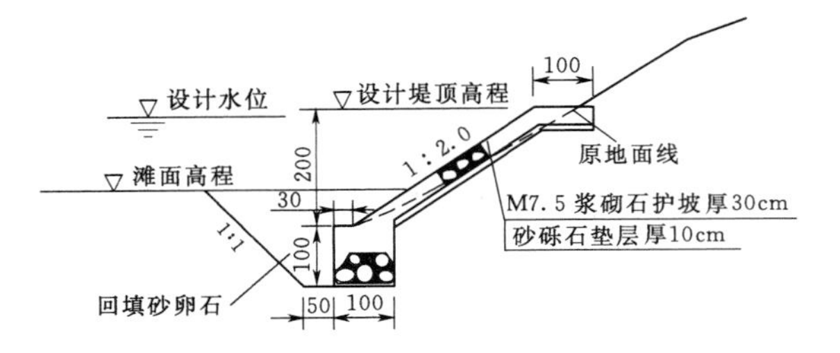

图Ⅱ.7.2-2 平顺护岸断面设计图（单位：cm）

2. 顺坝设计

（1）顺坝式浆砌石挡土墙稳定性计算。稳定计算包括挡土墙自身的稳定（抗滑稳定、抗倾稳定）和地基承载力的计算。稳定计算成果见表Ⅱ.7.2-7，均满足要求。

（2）堤岸冲刷深度的确定。堤岸冲刷深度根据式（Ⅱ.7.2-10）～式（Ⅱ.7.2-13）进行计算。

经计算，冲刷深度为1.04～2.0m，冲刷深度按2.0m设计。

表Ⅱ.7.2-7 稳定计算成果表

运用条件	计算工况	抗滑安全系数	抗滑允许安全系数	抗倾安全系数	抗倾覆允许安全系数	最大应力 σ_{max}/kPa	最小应力 σ_{min}/kPa	$\sigma_{max}/\sigma_{min}$
正常运用条件下	汛期：河道内为设计水位，设计水深1.9m，挡土墙后无水，无地下水	1.35		2.17		55.27	46.84	1.18
非常运用条件下	汛期遭遇地震，地震基本烈度为7度	1.16	1.05	1.54	1.3			
	施工期：河道内无水，填土侧无水，无地下水	1.21	1.15	1.83	1.4	65.23	43.18	1.51

经计算，局部冲刷深度h_B=0.79m。

（3）顺坝设计。顺坝采用浆砌石重力式挡土墙结构形式，主要布置在险工段。

挡土墙断面设计如图Ⅱ.7.2-3所示，图中各参数见表Ⅱ.7.2-8。

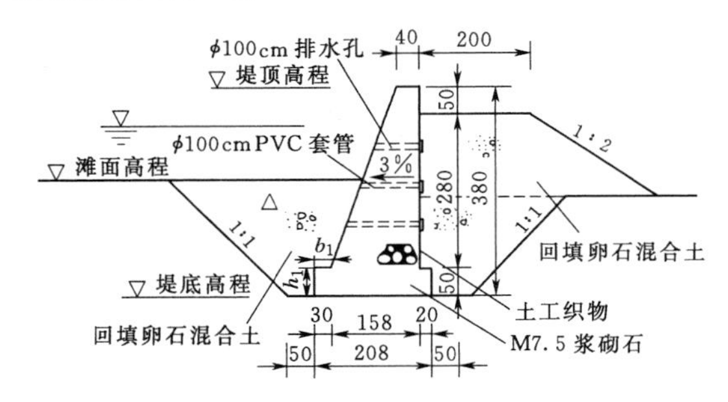

图Ⅱ.7.2-3 挡土墙断面设计图（单位：cm）

表Ⅱ.7.2-8 挡土墙断面参数表

墙高H/m	基础埋深h/m	墙面坡度/m	h_1/m	b_1/m	墙底宽/m
3.8	2.1	0.357	0.5	0.3	2.08

3. 丁坝设计

（1）丁坝群的设计。由于该河流治理段在山区，丁坝采用下挑、淹没式，与水流的夹角采用30°。

1）丁坝高度的确定。根据设计水位确定丁坝高程，根据实际调查，水位一般不超过河滩滩面，丁坝高程高于滩面高程0.4m，高出河底高程1.6m，埋深0.8m，确定丁坝高度为2.4m。

2）丁坝长度的确定。根据坝高和地形情况，确定丁坝长度为6m。

3）丁坝间距的确定。丁坝间距根据经验，取丁坝间距为20m，两组丁坝群的防护长度均为200m，每组丁坝群均布设11个丁坝。

（2）丁坝冲刷深度的确定。采用式（Ⅱ.7.2-10）～式（Ⅱ.7.2-13）计算丁坝冲刷深度。

计算得丁坝的冲刷深度为1.22～2m，考虑到所选计算粒径的局限性及各段流速差别，冲刷深度按平均冲深2m设计。

（3）丁坝结构设计。险工护岸工程选用能适应河床下沉变形而自身又比较稳定的铅丝石笼丁坝。

丁坝依滩面而设，采用下挑、淹没式。前两条丁坝由于基础冲刷较大，需加大其头部护底工程面积；丁坝长6m，最后两条丁坝可适当加长，坝间距均为20m。丁坝轴线与水流方向夹角，前两条与最后两条分别取15°、20°、40°和45°，其余均为30°。丁坝断面采用4层台阶式梯形断面，河底（滩面）以上层高为0.8m，以下层高为1.0m，顶层宽1m，中层宽2.6m，考虑冲刷的影响，底层上、下游侧和坝头均加宽3.0m。丁坝设计如图Ⅱ.7.2-4所示。

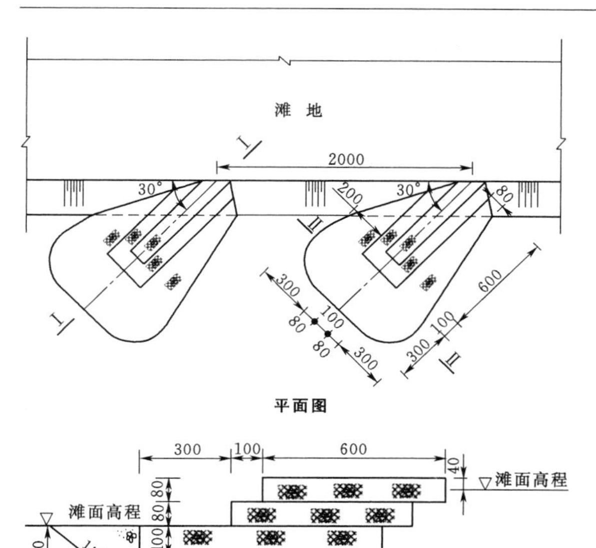

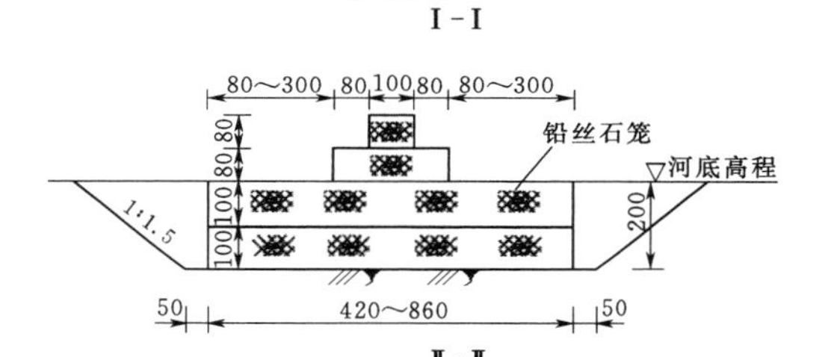

图Ⅱ.7.2-4 丁坝设计图（单位：cm）

7.3 生 态 护 岸

7.3.1 定义与作用

生态护岸是指利用植物或者植物与工程相结合，对沟道滩岸进行防护，以达到固岸护地、控制土壤侵蚀和修复水生态的一种护岸形式。生态护岸既具有硬质护岸的结构性和稳定性，又具有自然护岸的生态性、景观性和渗透性，是集防洪效应、生态效应、景观效应和自净效应于一体的沟道滩岸防护措施。

生态护岸除了具有传统护岸的行洪、排涝以及水土保持等方面功能外，其作用主要体现在以下几个方面：

（1）滞洪补枯、调节水位。生态护岸采用自然材料，形成一种“可渗透性”的界面。丰水期，河（沟）道水向堤岸外的地下水层渗透储存，缓解洪灾；枯水期，地下水通过生态护岸反渗入河，起着滞洪补枯、调节水位的作用，而且生态护岸上的大量植被也有涵蓄水分的作用。

（2）保护和建立丰富的河（沟）道生态系统。生态护岸改善了传统硬式护岸破坏河（沟）道原生态功能的缺陷，通过丰富河（沟）道岸边植被层次，营造近自然滨水环境，使河（沟）道生态环境和谐、自然，促进区域生态系统的正常循环，增强岸边生物栖息地的连续性，体现生态环保和可持续发展的理念。

（3）可以提升河（沟）道景观效果。生态护岸可以使河（沟）道护砌外观更接近自然态，通过保护和建立丰富的生态系统营造自然生态景观，改善滨水环境，协调周边环境，为人类提供休闲娱乐的场所。

7.3.2 分类与适用范围

在沟道滩岸防护的具体应用中，生态护岸通常根据河道的断面形式、护岸修复形式、护岸方法以及护岸材料和功能等进行分类。按照河道的断面形式可分为梯形护岸、矩形护岸、复式护岸和双层护岸等；按照护岸修复形式可分为自然原型（只种植被保护河岸，以保持河流的原生态特性）、自然型（除种植植被外，还采用石材、木材等天然材料，以增强护岸工程的抗洪能力）和多自然型（在自然型护岸的基础上，巧妙地使用混凝土、钢筋混凝土等硬质材料，既不改变河岸的自然特性，又确保了护岸工程的稳定性等）等；按照护岸方法可分为纯植被护岸、植被与工程复合护岸和生态混凝土材料护岸等；按照护岸使用的主要材料可分为植物护岸、木材护岸、石材护岸和石笼护岸等。

鉴于河（沟）道生态治理时，生态护岸多由护岸方法的不同而呈现出不同的功能和效果，在此仅按照护岸方法的不同，即按照纯植被护岸、植被与工程复合护岸、生态混凝土材料护岸等进行介绍。

1. 纯植被护岸

纯植被护岸通常是指在天然或经过平整处理过的岸坡上，种植不同种类、不同品种的护坡植物（乔木、灌木、草等）或扦插活体植物（如柳木桩、柳枝等）而形成的护岸，通过植被筋络的固土作用对河（沟）道岸坡进行防护，同时植物的茎叶还可以增大河沟道糙率起到消能作用。根据使用植被材料的不同，纯植被护岸分为植被护岸和活体植物护岸等。

纯植被护岸防护形式比较简单、成本低、工程量小、环境协调性好，可以起到防止水土流失、抵御短时间径流冲刷的作用。但是由于纯植被护岸防护抗冲蚀能力较弱，在河道水流冲刷较强区域，不宜采用。纯植被护岸如图Ⅱ.7.3-1所示。

2. 植被与工程复合护岸

植被与工程复合护岸主要是利用木材、石材、混凝土预制件、生态混凝土现浇网格、土工合成材料等作为坡面防护骨架或防护基层，结合坡面覆土种植植物，将工程措施的防冲固土与植物根系固土作用结合

(*a*) 灌草结合植被护岸

(*b*) 木栅栏树篱护岸

图Ⅱ.7.3－1　纯植被护岸

起来，增强岸坡的抗侵蚀能力。根据护砌形式及材料构成的不同，该类护岸又可划分为墙式生态护岸、坡脚护砌与坡面植被护岸、坡面防护骨架与植被护岸、坡面防护基层与植被护岸等。植被与工程复合护岸如图Ⅱ.7.3－2所示。

植被与工程复合护岸适用于土壤肥沃，植被易于成活、生长，水流、风浪冲刷稍大的地带，当地环境对物种多样性要求不高的区域。它比纯植被护岸具有更高的抗冲蚀能力，可以有效地减少土壤侵蚀，增强岸坡稳定性，同时还可以起到减缓流速，促进边滩泥沙淤积的作用。但由于植被的生长规律所限，护岸从工程实施到工程发挥效果存在一定的过渡期，过渡期内护岸作用比较弱。

3. *生态混凝土材料护岸*

生态混凝土材料护岸从某种角度来说可以归类于植物与工程措施相结合的复合式护岸，但是由于该类护岸投资金额高，施工要求高、难度较大，而且混凝土和钢筋混凝土的使用潜在给河道水域带来二次污染的可能性。在此，将该类护岸单独列出，选择使用时需重视该类护岸材料的可行性。

生态混凝土材料护岸主要通过较大规模地使用高分子材料、混凝土及药剂等人工材料与植物相互结合

(*a*) 仿木桩＋坡面植草

(*b*) 植生砌块扦插柳条

图Ⅱ.7.3－2　植被与工程复合护岸

形成一个具有较大抗侵蚀能力的护岸结构，目前使用较为广泛的有植被生态混凝土护岸、水泥生态种植基护坡等。植被生态混凝土护岸剖面结构如图Ⅱ.7.3－3所示，植被生态混凝土预制块结构如图Ⅱ.7.3－4所示。

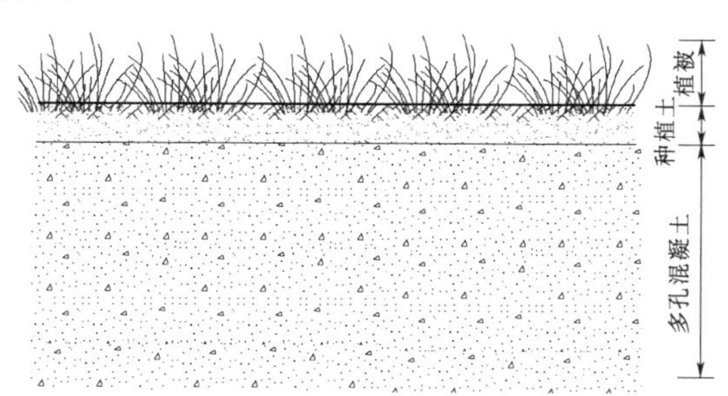

图Ⅱ.7.3－3　植被生态混凝土护岸剖面结构

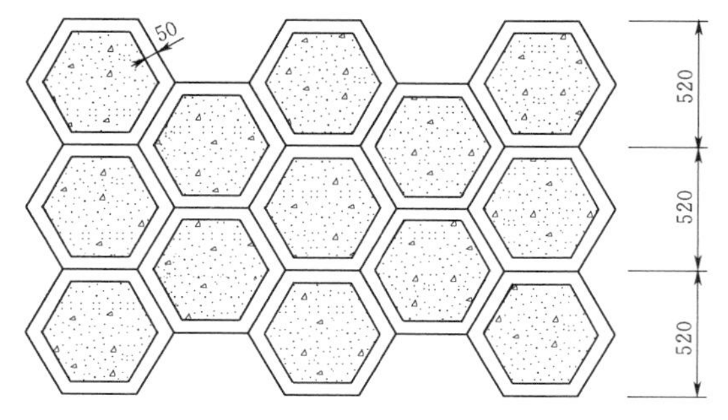

图Ⅱ.7.3－4　植被生态混凝土预制块结构（单位：mm）

生态混凝土材料护岸的整体稳定性比较好，可以抵御较大洪水，抗水流冲刷能力较强，同时特殊的结构和材料也可以为河（沟）道生态系统的恢复提供较好的平台。但护岸的绿化效果与前两类相比相对较差，使用时需慎重。

护岸形式的选择已成为河流整治的重点，河流整治的最终效果通常取决于护岸形式的选择。在生态护岸工程设计时，应结合生态护岸分类情况，综合考虑河（沟）道弯曲程度、河床的复杂形态、高程起落变化、河岸的迎水面或背水面特点、河流的流速大小、河岸岸坡的倾角、岸坡抗土壤侵蚀度等指标，以及材料来源是否方便等因素进行护岸形式的选取，具体可参考表Ⅱ.7.3-1进行选取。

7.3.3 生态护岸工程布置

7.3.3.1 工程布置原则

（1）生态护岸应结合沟道的地形地势和水流形态、区域地理位置及气候条件等进行布置。为使沟道滩岸坡面形成综合防护结构体系，应充分考虑岸坡区域水位多变、土壤结构不稳定的情况，结合边坡稳定性特征，对护岸进行合理布设，以满足沟道滩岸区域生态护岸功能性防护和环境景观功能。

（2）岸坡稳定是进行生态护岸设计的必要条件。在设计生态护岸前需对边坡稳定性进行分析和判别，根据边坡稳定性特征选择合理有效的生态护岸形式，以确保生态护岸的稳定和作用持久性。

（3）护岸形式选择要与河道防洪要求、地质条件、施工条件、用地范围、工程造价等相结合，同时兼顾所在区位及周边人文环境、建筑风格、生态景观等方面的要求，突出主要影响因素，因地制宜采用纯植被护岸、植被与工程复合护岸和生态混凝土材料护岸等形式。在条件允许的情况下，植物与工程措施结合的复合护岸优先于单纯的植物护岸或生态混凝土材料护岸。

（4）生态护坡植被种类选择时，首先应根据坡面区域水湿条件变化较大的情况，结合植物种对水分的要求及适应性选择抗性强的植物种类，以保证坡面植被的有效性。同时应考虑所在区域的植物类型、植被环境，营造护岸植被小环境时应与当地植被大环境协调一致，使生态护岸工程尽快融入当地自然环境，使采取的植被措施持久有效。

（5）设置生态护岸应该尽量考虑原位修复以及利用和改造相结合的方式。原河（沟）道已经进行过治理的应尽量结合原护砌形式进行利用和改造，避免造成浪费。

7.3.3.2 生态护岸布设

在护岸工程建设中，河（沟）道弯曲程度、河床的形态、河道水位高程起落变化、河岸的迎水面或背水面特点、河流的流速大小、河岸岸坡的倾角、岸坡抗土壤侵蚀度等指标，都会对护岸措施的防护产生较大的影响。具体进行生态护岸设计时，通常根据河（沟）道弯曲程度、河道断面水位、河流的流速大小进行初步布置。

1. *生态护岸平面分布*

结合河（沟）道弯曲程度，通常在水流动力作用较为强烈的弯道顶冲部位，采用抗冲性较强的纯工程护岸或植被与工程复合护岸。而对于水流动力作用不强烈的顺直河段，多采用纯植被护岸或植被与工程复合护岸。

2. *生态护岸横向分布*

由于河沟道内水位变化较大，河流的岸坡通常可划分为3个区域，即死水区、水位变动区和无水区。死水区是指坡脚到常水位之间的区域，这段区域常年浸泡在水下，在季节性河流中，死水区大部分时间流量很小或接近于零，但是汛期洪水对坡脚的冲刷较为严重，是影响坡面稳定的重要区域；水位变动区是指常水位与设计高水位之间的区域，该区域受丰水期与枯水期的交替作用，是水位变化最大的区域，也是受风浪淘蚀最严重的区域；无水区是指设计高水位到坡顶之间的区域，属于没有洪水等频繁淹没影响的安全地带。河（沟）道岸坡分区如图Ⅱ.7.3-5所示。结合河道横断面水位分区，对于枯水位以下长期有水且受冲刷较严重的区域需采用纯工程护岸。设计洪水位与常水位之间水位变动区可采用植被与工程复合护岸，设计洪水位以上区域多采用纯植被护岸。

3. *生态护岸布置*

纯植被护岸通常布置于中小河流或河（沟）道水流较少到达的岸滩区以及凸岸等不受洪水主流冲刷、水流条件较平缓的区域，护岸坡度一般不宜陡于1：2.5，且不宜应用到长期浸泡在水下、行洪流速超过1.2～1.8m/s（具体根据植被生长情况而定）的迎水坡面和防洪重点河岸段。

植被与工程复合护岸多布置于大中型河流或河（沟）道水流流速较大的岸坡上，尤其是一些坡岸较陡、水流流速较大或冲蚀较严重的河（沟）段多使用此类护岸形式。护岸适用坡度基本覆盖了所有的坡度范围。根据护岸防护形式及材料的不同，护岸抗冲流速通常能够满足2.0m/s以上的容许流速，个别护岸形式甚至可达到7.0m/s的容许流速。其中，墙式生态护岸主要应用于坡岸较陡、水流流速较大或冲蚀较严重的河（沟）段，坡脚护砌与坡面植被护岸、坡面防护骨架与植被护岸、坡面防护基层与植被护岸等护

表Ⅱ.7.3-1 生态护岸分类及特性表

护岸类型		生态护岸形式	防护坡面坡度	河段流势	河（沟）道允许不冲流速 v	护岸特点
纯植被护岸	植被护岸	草皮护坡、灌草护坡、乔灌草护坡等	≤1∶2.5	中小河流、水流较少到达的岸滩区域或者凸岸等不受洪水主流冲刷、水流条件较平缓的区域	v≤1.0m/s	生态亲和性佳，抗冲刷能力弱，不耐水淹
	活体植物护岸	柳排护岸、柳篱挡墙护岸、立式柳梢捆护岸等	≤1∶1.5		填方的土质、土石边坡，v=1.0～2.0m/s	
植被与工程复合护岸	墙式生态护岸	山石护岸、景观堆石挡墙护岸	≤1∶0.5	一些坡岸较陡、水流流速较大或冲蚀较严重的河（沟）段	对坡比及流速一般没有特别要求	透水性强、施工简便，生态亲和性佳；耐久性、稳定性相对较差
		石笼（格宾网）生态挡土墙护岸、自嵌式生态挡土墙护岸			凹岸及陡峭岸坡，v>4.0m/s	抗冲刷能力强、透水性强、施工简便、植被覆盖度不高
	坡脚护砌与坡面植被护岸	木桩护脚＋坡面植被护坡、木框挡土墙护脚＋坡面植被护坡	坡脚坡度>1∶0.5，坡面坡度≤1∶2.5	水流方向较平顺的河岸滩地边缘或不受主流冲刷的路堤边坡	土质、土石边坡，坡脚护砌，v≤2.0m/s，坡面植被，v≤1.0m/s	坡脚范围抗冲刷能力强、透水性较强，生物恢复较慢；坡上部植被生态亲和性佳，抗冲刷能力弱，不耐水淹
		堆石护脚＋坡面植被护坡				
		仿木桩护脚＋坡面植被护坡			土质、土石边坡，坡脚护砌，v≤4.0m/s，坡面植被，v≤1.0m/s	
		混凝土预制件护脚＋坡面植被护坡（如生态砖、植生砌块护脚等）、生态袋护脚＋坡面植被护坡				
	坡面防护骨架与植被护岸	框架（石材、混凝土预制块、现浇混凝土等）植草护坡、定型混凝土骨架砌块植灌草护坡	≤1∶1	水流方向较平顺的河岸滩地边缘或不受主流冲刷的路堤边坡	填方的土质、土石边坡，v≤3.0m/s	整体性好、抗冲刷能力强、透水性好、施工和养护简单，生物恢复较慢
	坡面防护基层与植被护岸	石材防护基层＋植被护坡（干砌石、抛石、石笼网垫、土工格栅石垫等）	≤1∶1	水流方向较平顺的河岸滩地边缘或不受主流冲刷的路堤边坡	土质坡面，v≤4.0m/s	抗冲刷能力强、透水性强、施工简便、生物易于栖息，植物恢复较慢
		土工材料＋植被护坡、椰纤毯网垫植草加筋毯植被护坡	≤1∶1.5	水流方向较平顺的河岸滩地边缘或不受主流冲刷的路堤边坡	填方的土质、土石边坡，v≤2.0m/s	生态亲和性较佳。坡面防护基层材料耐久性不佳。由于空间环境所限，后期植被生存条件受到限制，整体稳定性较差
		生态袋护坡			填方的土质、土石边坡，v≤4.0m/s	生态环保、地基处理要求低、施工和养护简单，尤其在雨热条件较好的区域绿化效果好；耐久性、稳定性相对较差，常水位以下绿化效果较差
生态混凝土材料护岸	预制构件式生态混凝土护岸	孔洞型绿化混凝土护坡	≤1∶1	水流方向较平顺的岸滩或不受主流冲刷的路堤边坡	v≤3m/s	整体性好、抗冲刷能力强、透水性好、施工和养护简单，绿化植物恢复较慢
	现浇式生态混凝土护岸	敷设式绿化混凝土护坡、随机多孔型绿化混凝土护坡	<1∶1	冲刷要求较高的河段	v≥5m/s	抗冲性能好，防护性能高，透水性可满足河道岸坡区域的水土交换，对河道岸坡景观微地形的适应能力差，绿化植物恢复较慢；投资造价较高

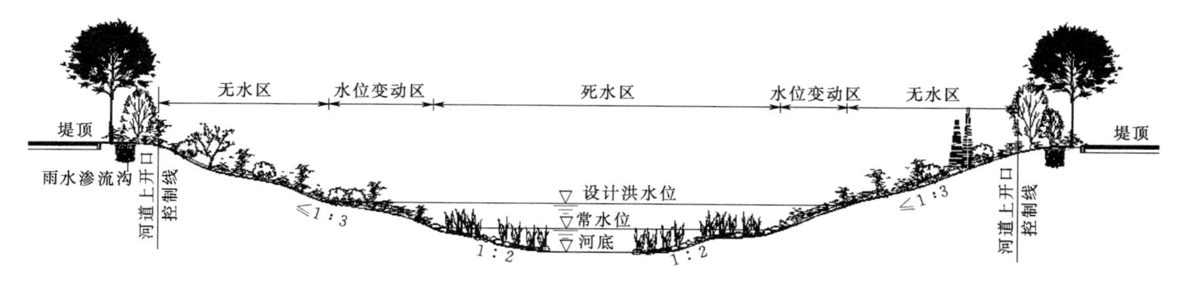

图Ⅱ.7.3-5 河（沟）道岸坡分区图

岸形式多布置于坡度稍缓、水流方向较平顺的河岸滩地边缘或不受主流冲刷的路堤边坡。

生态混凝土材料护岸多布置于防洪要求较高且腹地较小河（沟）段，尤其是在河（沟）道岸坡水陆交错地带较多使用，可以抵御强烈的水流冲刷和频繁变化的水陆环境。生态混凝土材料护坡坡度适用范围较广，甚至可以在陡于 1∶1 的坡面上敷设，护岸抗冲流速通常能够达到 3.0m/s 以上的容许流速。

7.3.4 工程设计

7.3.4.1 设计计算

生态护岸的布设通常需考虑沟道洪水水位情况、边坡是否稳定以及边坡坡面的土壤类型等方面的因素。其中，设计水位的确定影响着护岸形式以及植被种类的选取，同时对护岸工程的功能发挥、景观效果、工程造价等有着决定性的影响。而生态护岸又属于护岸工程的一种形式，其稳定性与安全性是需要满足的首要条件，边坡稳定、护岸结构的抗冲刷能力和稳定性等相关内容的计算是确保护岸稳定与安全的基础。

设计计算内容主要包括坡岸设计水位、坡面抗冲稳定性、渗透稳定、抗滑稳定性、抗倾稳定性、护岸坡脚冲刷深度等的计算。

1. 设计水位确定

由于气候原因，尤其是降水情况的不确定性，沟道滩岸坡面区域环境条件变化较大。沟道内水位变幅通常随着降水的出现而发生较大的变化，高水位时，水流淹没岸坡，设计洪水位以下岸坡植被浸泡于水面下，坡面土壤多呈饱和或过饱和状态。但随着降水过程的结束，高水位通常只能维持很短时间，水位下降至常水位附近，坡面水位变动区域水湿条件变化较大的特性，通常会对护坡形式产生较大的影响。而生态护岸坡面植被也受水湿条件变化的影响而有很大的区别，所以河（沟）道设计水位的确定对护岸工程设计有着根本性的影响。设计水位通常根据拟治理河（沟）道的设计洪水标准、设计流量、实测纵横断面资料等进行设计水面线推算，根据推算断面的设计高水位、断面流速以及护岸河段形态确定生态护岸形式以及护坡植被种类。设计水位计算方法参见本章 7.1.4 节相关内容。

2. 护岸稳定性计算

生态护岸稳定性计算包括抗冲稳定性、渗流及渗透稳定性、抗滑稳定性和抗倾稳定性等计算内容。

（1）抗冲稳定性计算。在进行河道稳定性或各种河道衬砌结构材料的适宜性分析时，首先要计算平均流速和剪应力，然后与相应的经验允许值或类似工程进行对比。

1）水力条件计算。河（沟）道水流流速受流量、水力梯度、河（沟）道结构形式和糙率等因素的影响，可采用常规的水力学方法进行计算。在此基础上，计算每一个断面的流速和平均剪应力。

2）估算局部或瞬时水流状态。根据局部和瞬时条件变化对剪应力的计算值进行调整。在此方面有很多资料可供参考，Chang 提出的简化方法比较实用。

顺直河道，局部最大剪应力按式（Ⅱ.7.3-1）计算：

$$\tau_{max}=1.5\tau_0 \qquad (Ⅱ.7.3-1)$$

式中 τ_{max}——局部最大剪应力；

τ_0——平均剪应力（平均剪应力参考河道水力计算相关内容确定）。

蜿蜒河道，最大剪应力是平面形态的函数，按式（Ⅱ.7.3-2）计算：

$$\tau_{max}=2.65\tau_0(R_c/W)^{-0.5} \qquad (Ⅱ.7.3-2)$$

式中 R_c——河弯曲率半径；

W——弯曲段河道横断面顶宽度。

上述公式对剪应力的空间分布进行了调整，但湍流时的瞬时最大值可能还要高于该值的 10%～20%，因此，可在上述公式的基础上乘以 1.15 的系数进行适当调整。

3）抗冲稳定性验算。综合考虑坡岸土层和植被条件，并把上述计算获得的局部和瞬时流速及剪应力与表Ⅱ.7.3-2中的经验值进行比较，分析是否满足抗冲稳定性要求。如不满足要求，则应选用抗冲极限值高于上述计算值的其他材料，重新进行水力计算，并对河段和断面的平均状态进行局部和瞬时条件调整，直至满足抗冲稳定性要求。

表Ⅱ.7.3-2　部分生态护岸材料的允许剪应力和允许流速

边界分类	边界类型	允许剪应力 /(N/m²)	允许流速 /(m/s)
土	胶质细砂	0.96～1.44	0.46
	砂壤土（无胶质）	1.44～1.91	0.53
	冲积粉砂土（无胶质）	2.15～2.39	0.61
	粉土（无胶质）	2.15～2.39	0.53～0.69
	壤土	3.59	0.76
	细砂砾土	3.59	0.76
	黏土	12.44	0.91～1.37
	冲积粉砂土（胶质）	12.44	1.14
	含漂石级配壤土	18.18	1.14
	含漂石级配粉土	20.58	1.22
	页岩和硬土层	32.06	1.83
砾石/漂石	砾/漂石直径2.5cm	15.79	0.76～1.52
	砾/漂石直径5.0cm	32.06	0.91～1.83
	砾/漂石直径15cm	95.70	1.22～2.29
	砾/漂石直径30cm	191.40	1.68～3.66
植被	A级草皮	177.04	1.83～2.44
	B级草皮	100.48	1.22～2.13
	C级草皮	47.85	1.07
	长的本土草类	57.42～81.34	1.22～1.83
	短的本土丛生禾草	33.49～45.46	0.91～1.22
	芦苇	4.78～28.71	
	阔叶树	19.62～119.62	
临时可降解的侵蚀防护材料	黄麻网	21.53	0.31～0.76
	稻草网垫	71.77～78.95	0.31～0.91
	椰子纤维网垫	107.66	0.91～1.22
	玻璃纤维粗纱	95.70	0.76～2.13
不可降解的侵蚀防护材料	无植被	143.55	1.52～2.13
	部分植被	191.40～287.10	2.29～4.57
	全植被	382.79	2.44～6.40
抛石	抛石中值粒径 d_{50}=15cm	119.62	1.52～3.05
	抛石中值粒径 d_{50}=22.5cm	181.83	2.13～3.35
	抛石中值粒径 d_{50}=30cm	244.03	3.05～3.96
	抛石中值粒径 d_{50}=45cm	363.65	3.66～4.88
	抛石中值粒径 d_{50}=60cm	483.28	4.27～5.49

续表

边界分类	边 界 类 型	允许剪应力 /(N/m²)	允许流速 /(m/s)
土体加固生态工程技术材料	枝条	9.57～47.85	0.91
	覆盖椰子壳纤维席	191.40～382.79	2.90
	活灌木丛沉床（初期）	19.14～196.18	1.22
	活灌木丛沉床（成熟期）	186.61～392.36	3.66
	灌木丛压条（初期/成熟期）	19.14～299.06	3.66
	活柴笼	59.81～148.33	1.83～2.44
	活柳木树桩	100.48～148.33	0.91～3.05
硬质表面防护材料	石笼	478.49	4.27～5.79
	混凝土	598.12	>5.49

（2）渗流及渗透稳定性计算。渗透破坏是河道岸坡的主要破坏形式之一，由于生态护岸结构通常孔隙率较大、透水性较强，其所防护坡面的渗透稳定性对生态护岸是否能正常发挥作用有着较大的影响，设计时应进行岸坡的渗流及渗透稳定性计算，可参照《堤防工程设计规范》（GB 50286—2013）附录E推荐公式进行计算。

（3）抗滑、抗倾稳定性计算。护岸稳定是河（沟）道滩岸安全的重要基础，应在设计中予以重视。坡式生态护岸的抗滑稳定计算以及墙式生态护岸的抗滑、抗倾稳定计算可参照《堤防工程设计规范》（GB 50286—2013）附录D推荐公式进行。

3. *护岸坡脚冲刷深度计算*

护岸坡脚的淘刷对防护边坡的崩塌和护岸工程的破坏起着决定性的作用。在护岸工程设计中，坡脚冲刷深度计算尤为重要，坡脚处的冲刷深度与治理河段所处的河道形态有关，具体计算包括平顺段冲刷深度计算和弯曲河段冲刷深度计算两种类型。水流平行于岸坡产生的冲刷计算参考《堤防工程设计规范》（GB 50286）中护岸工程设计相关内容，弯曲河段冲刷深度计算参考《水力计算手册》（第二版）中水流斜冲防护堤岸冲刷深度计算相关内容。

4. *反滤层设计*

对于生态护岸结构，通常均具有较大的孔隙率和较强的透水性，如将这些结构直接作用于土坡，在水流和波浪的淘刷作用下，其下面的土层在植被完全发育之前将会受到严重侵蚀，可能导致防护结构丧失稳定性，因此，在这些防护结构下面设置反滤层是十分必要的。

生态护岸结构多数采用土工织物作为其反滤层材料，选取使用时，反滤层结构应遵循保土性、透水性、防堵性和强度准则。保土性是指土工织物的孔径必须满足一定的准则，防止被保护土体随水流失。透水性则要求土工织物的渗透系数应大于土的渗透系数，保证渗流水被通畅排走。防堵性应保证土工织物具有高孔隙率，且分布均匀，适宜水流通过，多数孔径应足够大，允许较细的土颗粒通过，防止被细粒土堵塞失效。土工织物作为反滤层材料时，其保土性、透水性、防堵性相关设计可参考《土工合成材料应用技术规范》（GB 50290—2014）中的规定进行。具体选择时还可参考地区已有工程经验进行选取。

另外，作为反滤层的土工织物除必须具有保土性、透水性、防堵性外，还应具有一定的强度，以抵御施工干扰破坏，而且根据植被根系生长的需要，土工织物还应具有一定的可栽种性和扎根性。选择反滤层土工织物时，尽量选取可被生物降解的土工织物，如由黄麻、椰壳纤维、木棉、稻草、亚麻等天然纤维制成的材料，分解后可促进腐殖质的形成，利于岸坡植被生长，避免产生二次污染。

7.3.4.2 纯植被护岸

纯植被护岸包括植被护岸和活体植物护岸等。

1. *植被护岸*

植被护岸主要采用根系发达的固土植物通过纯草本、灌草混交或乔灌草混交的配置模式进行岸坡防护。

（1）纯草本植物护岸。通常由人工种草、液压喷播植草、客土植生植物（要求坡面稳定、坡面冲刷轻微，边坡坡度极大的地方以及长期浸水区域均不适合）平铺草皮等方式形成。岸坡采用撒播草籽复绿防护时，其播种量通常为5～20g/m²。

（2）灌草混交植物护岸。通常在平整稳定的河（沟）道边坡上，灌木应按照株行距1m×1m、1m×1.5m、1m×2m、1.5m×1.5m、1.5m×2m、2m×2m、2m×3m、3m×3m等开挖种植穴，穴坑规格为40cm×40cm×40cm、50cm×50cm×50cm、60cm×

60cm×60cm等，按照每穴1～5株进行灌木种植，同时坡面播撒草籽，形成灌草结合的坡面防护形式。干旱与半干旱地区（年均降水量不足300mm地带）沟道坡面采用纯植物护坡时建议采用灌草结合的防护形式。

（3）乔灌草混交植物护岸。仅适用于设计高水位以上的区域，防止高大乔木阻碍河（沟）道行洪。乔木应按照株行距2m×2m、2m×3m、3m×3m、3m×4m等开挖种植穴，穴坑规格为50cm×50cm×50cm、60cm×60cm×60cm、80cm×80cm×80cm、100cm×100cm×100cm等，按照每穴1株进行乔木种植。灌草规格参考灌草混交植物护岸。在湿润、半湿润地区乔灌草相结合的植物护岸效果较好，干旱与半干旱地区应谨慎使用。

2. 活体植物护岸

活体植物护岸是将活植物和其他辅助材料，按一定方式和方向排列插扦、种植或掩埋在边坡的不同位置，在植物群落生长和建群过程中加固和稳定边坡，控制水土流失和实现生态修复的一种护岸方式，包括柳排护岸、柳梢篱笆护岸、柳篱挡墙护岸、立式梢捆护岸等。作为该类护岸主要材料的柳树限于季节，在北方多应用，在南方由于长势不好，应用较少。而且实际应用中，由于受木桩、柳篱、梢捆等固定于岸坡内的施工方法不易控制所限制，多采用编筐填充土石的方式代替，以获得更有效的护岸效果。

（1）柳排护岸。柳排护岸是以柳树梢捆（用铁丝或线将柳树梢扎成圆筒状，内部为死的柳树梢，外围为活的柳树梢）为主要护岸材料，用铁丝将其捆扎成木排形状，放置在河岸下部，用木桩固定。柳排护岸结构如图Ⅱ.7.3-6所示。该类护岸主要适用于保护坡岸下部，免受水流冲刷。

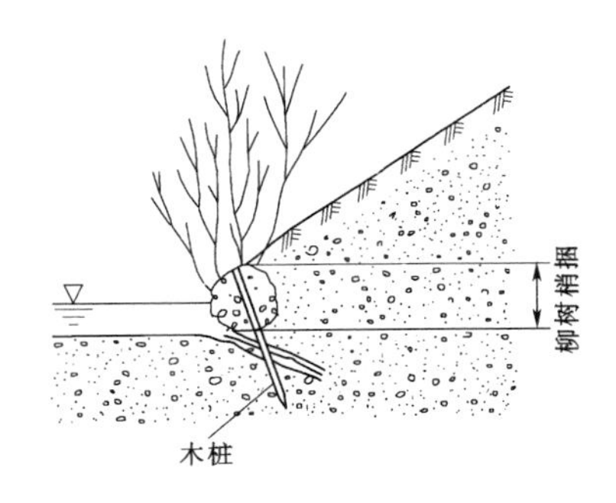

图Ⅱ.7.3-6 柳排护岸结构图

（2）柳梢篱笆护岸。柳树篱笆护岸是在坡脚沿线处打入柳杆木桩，用柳树梢围绕木桩纺织成篱笆状，篱笆后回填岸坡整修时挖出的土料。柳树梢与木桩生根发芽后，其根将伸入挡土篱笆后面的回填土中，进一步固土护坡。柳梢篱笆护岸结构如图Ⅱ.7.3-7所示。该类护岸适用于空间上不容许坡脚向前延伸，且水流流速一般的近垂直断面。

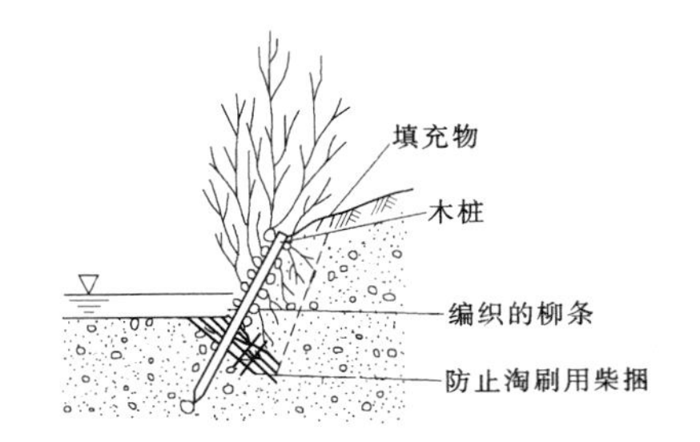

图Ⅱ.7.3-7 柳梢篱笆护岸结构图

（3）柳篱挡墙护岸。选取直径为5cm的枝条作为施工材料，首先利用工具沿岸坡坡线钻孔，钻孔深50cm；然后将枝条沿生长方向埋入钻孔中，覆土踩实，形成柳桩，在柳桩之间顺河流流向交叉布设，层层铺设，形成柳枝挡墙。柳篱挡墙护岸结构如图Ⅱ.7.3-8所示。柳桩与接触土壤的柳枝生长根系与岸坡土石结合加固坡体，其枝叶部分起到覆盖和美化坡体的作用。

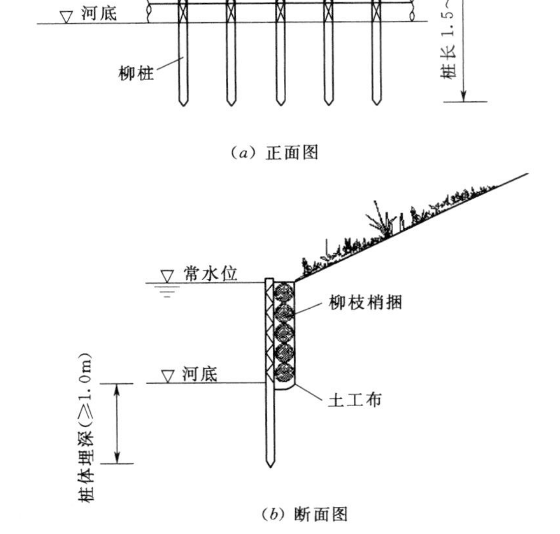

图Ⅱ.7.3-8 柳篱挡墙护岸结构图

（4）立式柳梢捆护岸。把植物活枝捆在一起，形成圆柱状的活枝捆扎束，按水平方向浅埋入坡岸，其间可扦插单体活枝，以固定活枝捆扎。立式柳梢捆护岸结构如图Ⅱ.7.3-9所示。该类护岸可有效保护水位线附近的坡岸，对控制岸坡侵蚀具有立竿见影的效果，该类护岸可截留土壤颗粒和稳定坡岸表面，形成有利于植物生长的小生境，进而改善自然植物的生境。

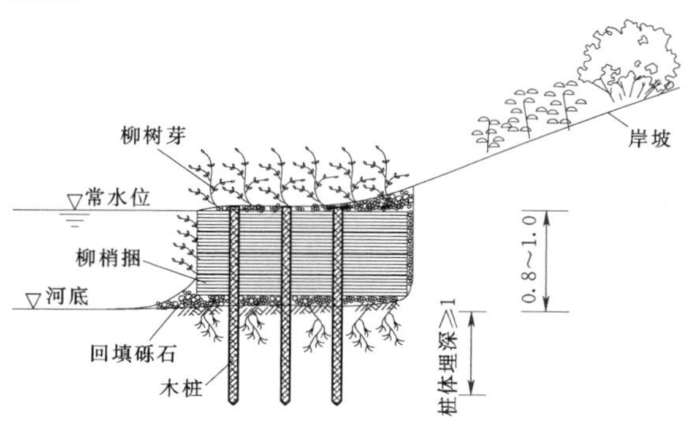

图Ⅱ.7.3-9　立式柳梢捆护岸结构图（单位：m）

7.3.4.3　植被与工程复合护岸

植物与工程复合护岸常见的有墙式生态护岸、坡脚护砌与坡面植被护岸、坡面防护骨架与植被护岸以及坡面防护基层与植被护岸等比较典型的方式。下面分别按照墙式生态护岸、坡脚护砌与坡面植被护岸、坡面防护骨架与植被护岸、坡面防护骨架与植被护岸、坡面防护基层与植被护岸等进行说明。

1. 墙式生态护岸

墙式生态护岸常用的材料有山石（景观石）、石笼（格宾网）、自嵌式生态挡土块等，此类生态护岸多以重力式挡墙的结构形式出现。山石（景观石）护岸通常多应用于坡面常水位附近及以下部位的护砌，其他墙式护岸既可以作为岸坡坡脚护砌，也可以应用于冲刷较强烈且岸坡放坡受限的河（沟）道岸坡的全断面护砌。

（1）山石（景观石）护岸。山石护岸通常在河（沟）道岸坡常水位附近，利用不经人工整形的天然山石（景观石）进行垒砌，同时在石缝间种植乔木、灌木等植物，作为岸坡常水位以下及坡脚的防护，岸坡常水位以上采用纯植被护坡，是一种比较生态自然的岸坡护砌形式。山石（景观石）护岸结构如图Ⅱ.7.3-10所示。该类护岸一般适用于河岸带较宽、坡度较缓、水流流速较小的低水位河道，多应用于自然景观要求较高的河道。岸坡坡度范围为1∶3～1∶5。

山石（景观石）护岸通常作用于坡面常水位附近及以下部位，护岸底部基础埋深应深入河底最大冲刷深度以下约0.5m。山石护岸中的山石尺寸一般在1.0～1.5m，具体根据岸坡地形进行自然堆砌，石块与石块之间的缝隙不用胶凝材料填塞饱满，而是利用碎石和土填充，块石背后做砾料反滤层，用泥土填实筑紧。石材之间的空隙可作为天然鱼巢，为多种鱼类

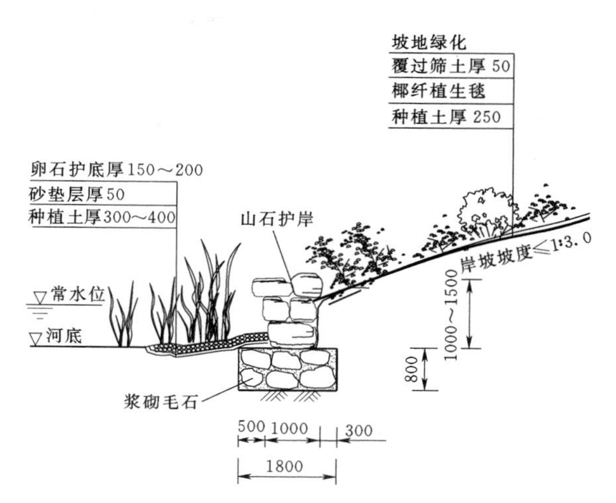

图Ⅱ.7.3-10　山石（景观石）护岸结构图（单位：mm）

提供栖息和繁衍场所，也为水生植物提供了生存空间，从而增加水体及水陆交错带的生物多样性。

岸坡常水位以上可结合纯植被护坡、坡面防护基层与植被护坡等形式进行护岸治理，相关形式护坡可参照本节纯植被护岸、坡面防护基层与植被护岸进行设计。

（2）石笼生态挡土墙护岸。石笼生态挡土墙护岸比较适合于流速大、坡面陡峭的河道断面，具有抗冲刷能力强、整体性好、应用比较灵活、能随着地基变形而变化等特点。同时，又可为水生动物、植物与微生物提供生存空间。

石笼生态挡土墙护岸应用时，既可以作为岸坡坡脚护砌，也可以作为河（沟）道岸坡的全断面护砌。当作为岸坡坡脚护砌时，多应用于缓坡常水位以下部分，与缓坡常水位以上的植被护坡共同作用形成一种生态护岸形式，该类护岸设计可参照山石护岸进行，其坡脚部位的抗冲能力优于山石护岸。当作为河（沟）道岸坡的全断面护砌时，应用于冲刷较强烈、占地范围有限、坡面较陡（陡于1∶0.5）岸坡的护砌。无论哪种形式其基础埋设深度均应满足冲刷深度要求。

石笼生态挡土墙护岸所用石笼通常可以根据护岸设计尺寸向厂家订购定型产品，规格通常有1.0m×1.0m×1.0m、2.0m×1.0m×1.0m、3.0m×1.0m×1.0m、4.0m×1.0m×1.0m、5.0m×1.0m×1.0m等，也可结合生态挡土墙尺寸进行定做。石笼通常由镀锌、喷塑铁丝网笼内装入碎石、肥料和适合于植物生长的土壤等填充材料构成。根据护岸结构尺寸，将定型尺寸石笼垒成台阶状护岸或做成砌体的挡土墙等，进行沟岸护砌。同时，在石笼表面覆盖土层种植植物，种植土厚度不能低于30cm，植物多选择适于所

在区域特点及河（沟）道水热条件的草本植物。石笼（格宾网）生态挡土墙护岸结构如图Ⅱ.7.3-11所示。

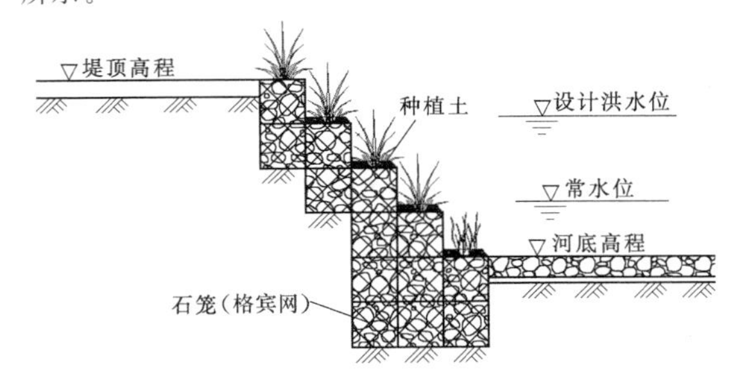

图Ⅱ.7.3-11 石笼（格宾网）生态挡土墙护岸结构图

（3）自嵌式生态挡土墙护岸。自嵌式生态挡土墙护岸比较适合一些坡岸较陡、水流流速较大或冲蚀较严重的河（沟）段，多应用于岸坡陡于1∶0.5的河（沟）道凹岸及陡峭岸坡处，可抵抗4.0m/s的流速。自嵌式生态挡土墙护岸应用时同石笼生态挡土墙护岸相似，既可以作为岸坡坡脚护砌，也可以作为河（沟）道岸坡的全断面护砌，但该类护岸景观性优于石笼生态挡土墙护岸。具体设计可参照石笼生态挡土墙护岸进行。

自嵌式生态挡土墙护岸是一种模块化的挡土墙护岸形式，挡土墙由预制混凝土生态景观块、塑胶棒（或玻璃纤维插销）、加筋材料、滤水填料和土体组成。挡土墙面板为大小、形状、质量一致的生态景观块通过塑胶棒（或玻璃纤维插销）互锁砌筑形成，面板后填筑滤水材料，滤水材料为30～50mm级配碎石。为增加墙体稳定性，可于墙后填土中加筋形成复合挡土结构。墙体加筋材料通常采用土工格栅，通过墙体后分层夯实的土体固定水平铺设的土工格栅，上述结构充分发挥了墙体、加筋网片和填土的协同作用，起到沟道滩岸防护作用。自嵌式生态挡土墙护岸结构如图Ⅱ.7.3-12所示。

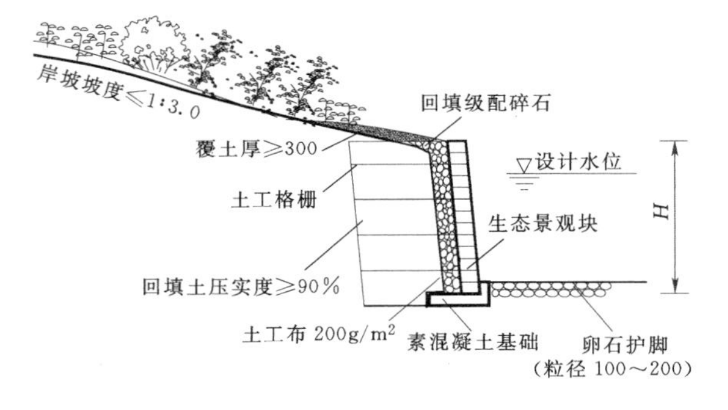

图Ⅱ.7.3-12 自嵌式生态挡土墙护岸结构图（单位：mm）

自嵌式生态挡土墙护岸墙体为透水结构，可以促进沟道滩岸区域水土交换，而且墙面和墙体可种植植物，水下部分可以种水草，特有的空洞形成天然鱼巢，为鱼类生存提供保障。该类护岸为柔性结构，能适应填土较大变形，由于结构的重量较混凝土和干砌块石轻，对地基承载要求较低。

2. 坡脚护砌与坡面植被护岸

该类护岸通常采用石材、木材、混凝土预制块等材料对河（沟）道常水位以下或坡脚部位进行护砌，以增强河（沟）道岸坡的抗冲刷能力，并在坡上部采用植物护坡的形式进行防护，既能够保证岸坡的稳定性，又能够体现护岸工程的生态性。工程中通常在常水位以下或坡脚部位采用木桩、石笼、干砌块石、混凝土预制块等材料进行护砌，其上筑一定坡度的土堤，斜坡上乔灌草相结合，固堤护岸。

（1）木桩护脚＋坡面植被护坡。该类护岸通过在水下、坡脚的位置设置密排木桩对水位变动区及坡脚进行防护，其坡上再结合植被防护，固土护坡的同时，兼顾生态功能和景观功能。但是这种护岸的稳定性、安全性较差，木桩的使用年限相对较短。

密排木桩多采用杂木桩，局部可考虑点缀萌芽桩，增加生态效果。桩后覆土工布防止水流淘刷岸坡土体，同时于桩后坡面覆土绿化。

杂木桩桩体直径为50～100mm。杂木桩埋设于坡脚，单排设置，桩与桩之间密排，桩顶标高偏差不得超过20mm。桩后覆土绿化植物可根据项目区的气候和土壤条件，选择适应性强的乡土乔灌草植物种进行播种，或栽植实生苗木。木桩护脚＋坡面植被护坡结构如图Ⅱ.7.3-13所示。

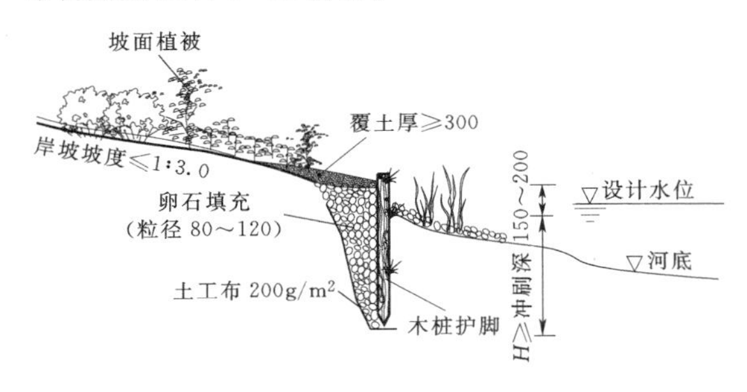

图Ⅱ.7.3-13 木桩护脚＋坡面植被护坡结构图（单位：mm）

（2）木框挡土墙护脚＋坡面植被护坡。由未处理过的圆木相互交错形成箱形结构，在其中充填碎石和土壤，并扦插活枝条，形成的重力式挡土结构，可减缓水流冲刷，促进泥沙淤积。主要应用于河（沟）道流速不大于2.0m/s的陡峭岸坡防护。

圆木直径通常为100～150mm，且有满足工程设计要求的足够长度。插条的直径应为10～60mm，并且应有足够长度以插入木框墙后面的河岸中。

木框内部填充直径为150～200mm的碎石，填充时应避免填充料在原木间隙漏掉，可将粒径大的材料放置在边缘处，由外向内填充料粒径逐渐变小。木框挡土墙护脚＋坡面植被护坡结构如图Ⅱ.7.3－14所示。

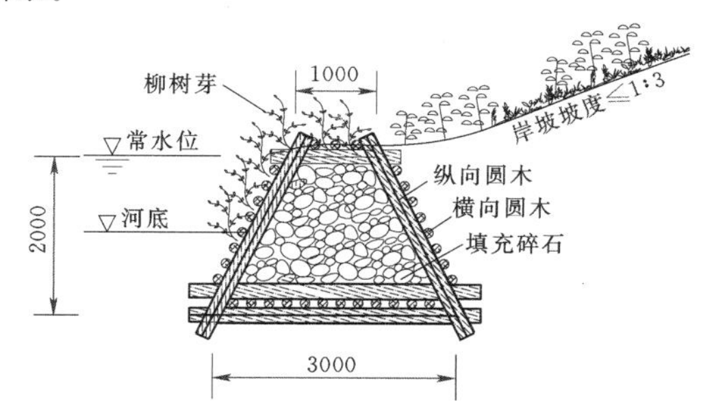

图Ⅱ.7.3－14　木框挡土墙护脚＋坡面植被护坡结构图（单位：mm）

木框挡墙埋深应满足河（沟）道最大冲刷深度要求。

（3）堆石护脚＋坡面植被护坡。堆石护脚适用于水流方向较平顺的河岸滩地边缘或不受主流冲刷的流速小于2.0m/s的路堤边坡坡脚。堆石护脚的最大好处是具有可变形性，破坏若发生也是缓慢的，由于堆石的可移动性，破坏后具有一定的自愈能力。通常于护脚处河床下挖深度不小于50cm，然后铺设土工布，于土工布上随意堆放大量的块石，之后再于表层覆30cm以上的种植土，填充块石与块石之间的缝隙并种植植物。堆石护脚所用块石直径一般为30～60cm，堆石厚度为块石粒径的2倍。主要种植植物采用较易成活的适宜于河（沟）道岸坡水热条件的灌草植物。堆石护脚＋坡面植被护坡结构如图Ⅱ.7.3－15所示。

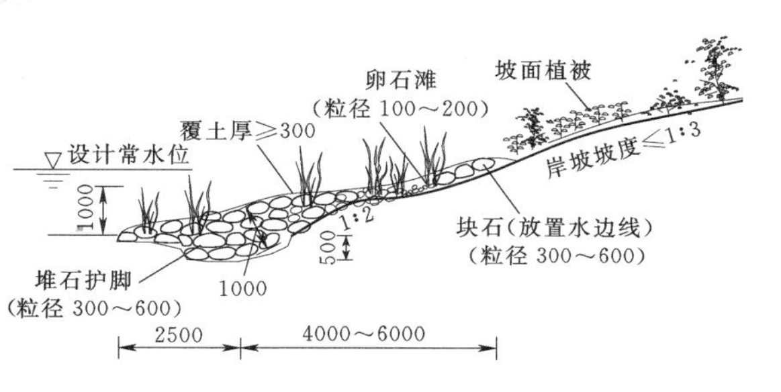

图Ⅱ.7.3－15　堆石护脚＋坡面植被护坡结构图（单位：mm）

（4）混凝土预制件护脚＋坡面植被护坡。混凝土预制件护脚材料经常使用的有生态砖（鱼巢砖）、植生砌块等。由于植生砌块与生态砖（鱼巢砖）护脚结构形式相同，具体设计时参照生态砖（鱼巢砖）使用。

生态砖通常采用混凝土材质的预制块，多由厂家预制。种植槽中植物选配根据实施工程所在项目区气候、土壤及周边植物等情况确定，可选用适生的乡土草种、灌木等。生态砖护脚＋坡面植被护坡结构如图Ⅱ.7.3－16所示。

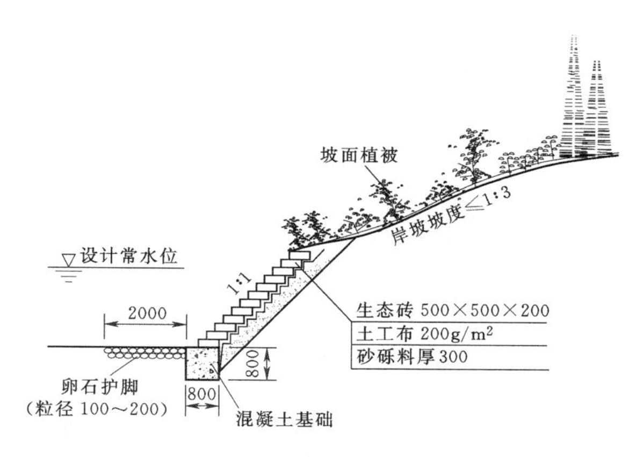

图Ⅱ.7.3－16　生态砖护脚＋坡面植被护坡结构图（单位：mm）

（5）仿木桩护脚＋坡面植被护坡。仿木桩通常为钢筋混凝土结构，桩顶通常高于设计常水位20～30cm，仿木桩要求密排。一般要求仿木桩直径不小于150mm，实际设计中根据桩长要求直径不小于桩长的1/30。桩体与桩体之间的间隙不大于20mm。仿木桩护脚＋坡面植被护坡结构如图Ⅱ.7.3－17所示。

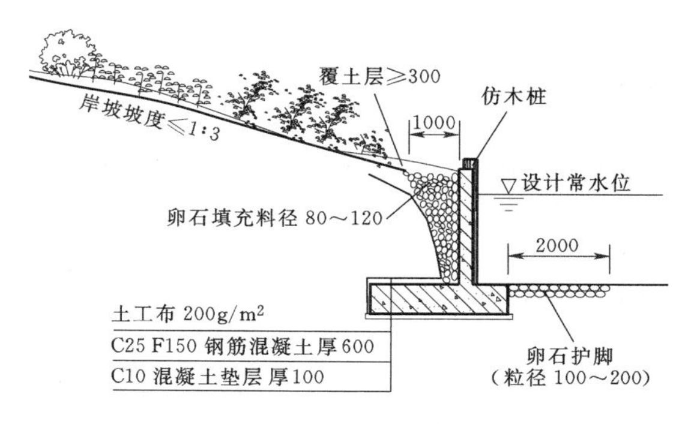

图Ⅱ.7.3－17　仿木桩护脚＋坡面植被护坡结构图（单位：mm）

（6）生态袋护脚＋坡面植被护坡。用聚丙烯（PP）或者聚酯纤维（PET）为原材料制成的双面熨烫针刺无纺布加工而成的袋子装土（土体包括草种、碎石、腐殖土等材料），在岸坡上呈阶梯状排列，用于岸坡防护。生态袋表皮也可通过混播、插播、铺草皮及喷播等方法实现植物生长。一般用于流速不大于2m/s的河道。生态袋护脚＋坡面植被护坡结构如图Ⅱ.7.3－18所示。

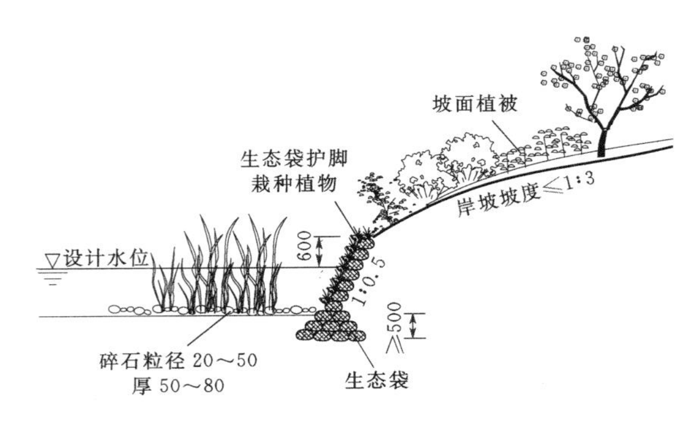

图Ⅱ.7.3-18 生态袋护脚+坡面植被护坡结构图（单位：mm）

3. 坡面防护骨架与植被护岸

坡面防护骨架通常包括由石材、混凝土等材料形成的框格和定型混凝土骨架砌块等类型。由上述材料构成坡面防护骨架铺设于坡面上，同时在网格中栽植植物，形成网格与植物综合护坡系统，既能起到护坡作用，又能恢复生态、保护环境。

（1）框架植草护坡。根据框格采用的材料不同，框格可分为浆砌片石框格、现浇混凝土框格和预制混凝土框格等。框格形状通常有方格形、菱形、拱形、人字形等。其中，方格形、菱形框格的骨架水平控制间距为浆砌片石小于 3.0m，现浇混凝土小于 5.0m；人字形、拱形框格的骨架横向或水平控制间距为浆砌片石小于 3.0m，现浇混凝土小于 4.5m。框格骨架宽度不低于 250mm，厚度大于 300mm。由于该类框格护坡结构布置均具有相似之处，此处仅以浆砌片石框架植草护坡为例进行说明，其他形式框格护坡参照设计。

浆砌片石框架植草护坡利用浆砌片石在坡面形成铺砌框架，在框架里铺填种植土，然后铺草皮、喷播草种形成岸坡生态防护措施。浆砌片石骨架通常做成截水型，能减轻坡面冲刷，保护草皮生长，从而避免了人工种植草坪护坡和平铺草坪护坡的缺点。浆砌片石框架植草护坡坡度适用范围通常在 1∶1.0～1∶1.5 之间，只适用于填方岸坡防护。

浆砌片石框架边框宽 0.5m，浆砌片石框架采用 M10 水泥砂浆浆砌片石，片石大小依实际情况而定。浆砌片石厚度大于 300mm，其中骨架宜出露坡面 120mm，坡面下部埋深大于 80mm；在铺筑完成的框架内回填种植土，然后结合铺草皮、喷播植草、栽植苗木等方式直接进行绿化。绿化选择适应性强的乡土乔灌草植物等，可根据景观需要配置一定比例的花灌木或草花类植物。浆砌片石框架植草护坡结构如图Ⅱ.7.3-19所示。

（2）定型混凝土骨架砌块植灌草护坡。随着混凝土预制块体市场的发展，定型混凝土骨架砌块品种繁多，比较有代表性的是已应用多年的预制混凝土骨架砖和混凝土互锁砌块，前者属于孔洞较大的预制块，后者属于孔洞有限的预制块，应用于坡面防护中具有一定的生态效果，也代表了绝大多数定型混凝土骨架砌块的使用特点。在此分别对预制混凝土骨架砖植灌草护坡和混凝土互锁砌块植灌草护坡进行介绍，其他同类产品可参照相关内容进行护砌设计。

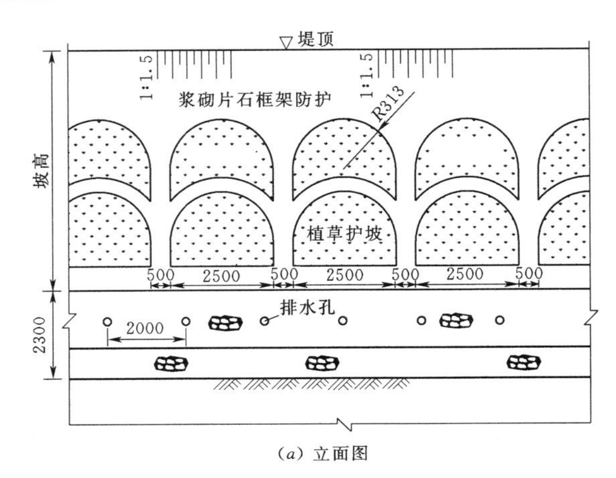

（a）立面图

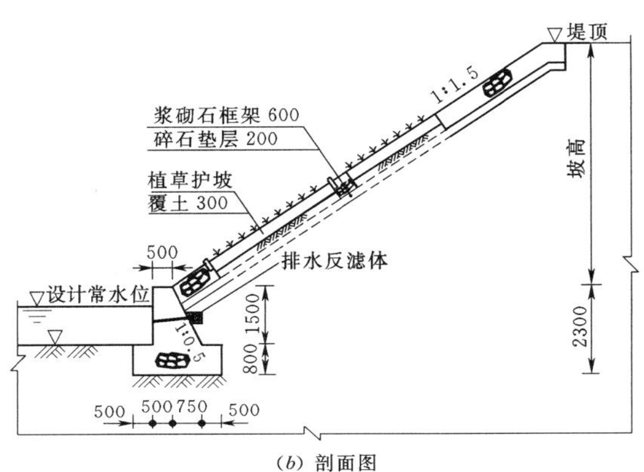

（b）剖面图

图Ⅱ.7.3-19 浆砌片石框架植草护坡结构图（单位：mm）

1）预制混凝土骨架砖植灌草护坡。当采用预制混凝土骨架砖铺设时，块体通常由厂家预制，根据设计要求购置相应的规格即可。目前应用较多的为混凝土六棱骨架砖植灌草护坡，下面以该种形式为例对此类护砌进行说明。

混凝土六棱骨架砖植灌草护坡护砌材料主要包括骨架砖、回填种植土、灌草种及养护用覆盖物等，防护岸坡坡度不陡于 1∶1.0。骨架砖为混凝土预制块，混凝土强度不应低于 C20，厚度不应低于 150mm，骨架宽度宜为 50mm，其边长宜为 150～200mm。回填种植土应为腐殖土或改良土，以肥沃表土为宜，对于贫瘠土应掺入有机肥、化肥以提高肥力。撒播灌草种可选用所在区域满足河（沟）道水热条件的、具有深根性的适用灌草种等。混凝土六棱骨架砖植灌草护坡结构如图Ⅱ.7.3-20所示。

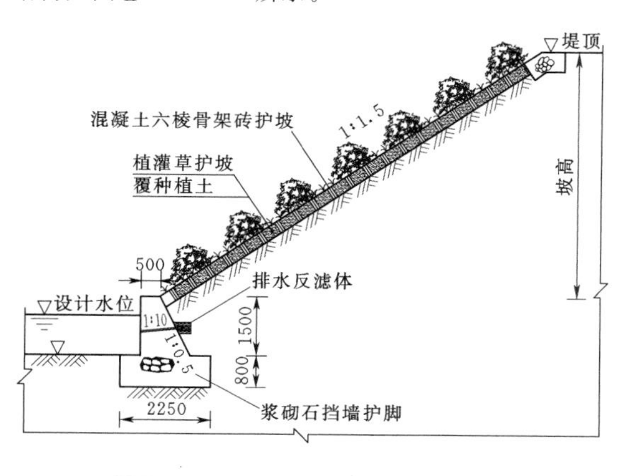

图Ⅱ.7.3-20 混凝土六棱骨架砖植灌草护坡结构图（单位：mm）

2）混凝土互锁砌块植灌草护坡。混凝土互锁砌块灌草护坡适用于填方的土质、土石边坡，边坡坡比一般不超过1∶1.25。该类护坡是在修整好的边坡坡面上拼铺连锁砖形成网格，在网格内填充种植土、进行植灌草的边坡防护技术。混凝土互锁砌块植灌草护坡结构如图Ⅱ.7.3-21所示。连锁砖为混凝土材质，混凝土强度不应低于C20。由于设有种植孔，需在混凝土互锁砌块下设置反滤层和土工布防止边坡土体的掏空。混凝土互锁砌块植灌草护坡造价略高，但整体性好，强度高，本身受风浪水流的影响小，能机械化施工，工期短；因其表面平滑，消浪作用小，对堤坡变形适应性较差；灌草覆盖率也较低。

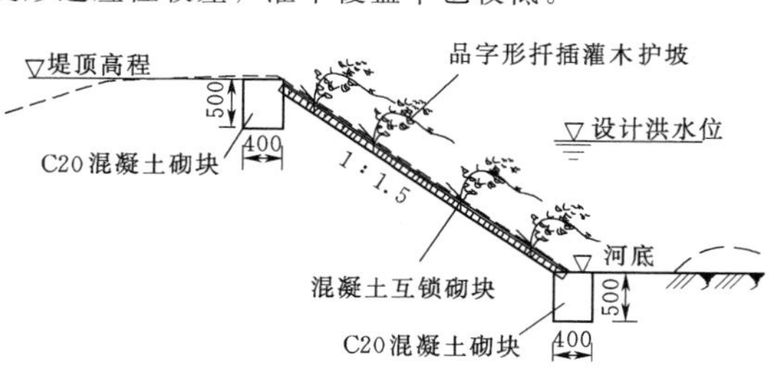

图Ⅱ.7.3-21 混凝土互锁砌块植灌草护坡结构图（单位：mm）

4. 坡面防护基层与植被护岸

坡面防护基层与植被护岸多应用于河（沟）道两岸坡度缓于1∶1或1∶1.5的堤坡。坡面防护基层通常采用的材料有石材、土工材料、复合生物垫层等，其中石材通常以干砌石、抛石、石笼网垫、土工格栅石垫的形式出现，土工材料则多以土工格栅、土工网垫及土工格室等材料作为岸坡固土种植基，复合生物垫层主要以椰壳、棕榈、稻草、芦苇等天然纤维的编织物为主。

（1）石材防护基层+植被护坡。

1）干砌石+植被护坡。这种措施适用于水流方向较平顺的河岸滩地边缘或不受主流冲刷的路堤边坡，该种形式护坡的容许流速在2～4m/s之间。可按流速大小分别采用单层或双层铺砌，单层干砌厚度一般为25～35cm；双层干砌上层厚25～35cm，下层厚25cm。护坡下设置0.3m厚砂砾料垫层，防止水位变动破坏护坡。护坡坡脚均需深入河底，深入设计河底高程根据冲刷深度的计算确定。干砌石护坡上覆土0.5m，种植灌草等植物。干砌石+植被护坡结构如图Ⅱ.7.3-22所示。

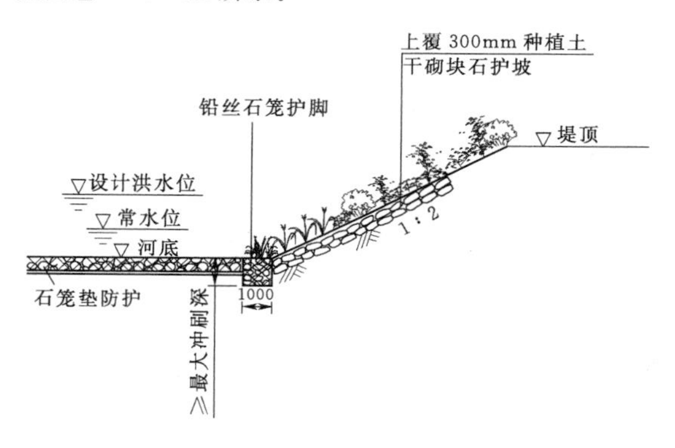

图Ⅱ.7.3-22 干砌石+植被护坡结构图

2）抛石+植被护坡。抛石+植被护坡适用于水流方向较平顺无严重局部冲刷岸坡，所抛石块的尺寸根据流速和波浪大小确定，一般为30～50cm，抛石的厚度不应小于石块尺寸的2倍。抛石容许流速为3m/s。抛石间隙植草灌绿化。

3）石笼网垫+植被护坡。石笼网垫是由镀锌、喷塑铁丝编织而成的网片组合而成的护坡框架，在工程现场向石笼网垫中填充石头形成柔性的、自透水性的、整体的护坡防护结构。

石笼网垫填充料必须采用坚固密实、耐风化好的石料。填充料中5～10cm粒径的填充比例应达到90%以上。然后用较小粒径的碎石灌实填充料间的空隙，最后在石笼网垫护坡空隙处填满壤土，壤土面宜高出网垫顶约5cm，护坡全部制作完成后喷播草籽。石笼网垫+植被护坡结构如图Ⅱ.7.3-23所示。石笼网垫的空隙性使得防护措施后期恢复植被效果更好，在南方湿润地区甚至可不用进行播种，一些野生植被通过空隙可以进行自然恢复。

土工格栅石垫+植被护坡与石笼网垫+植被护坡的不同之处在于石笼是由镀锌、喷塑铁丝编织而成的网片，而土工格栅石垫则是用的土工格栅网片，其设

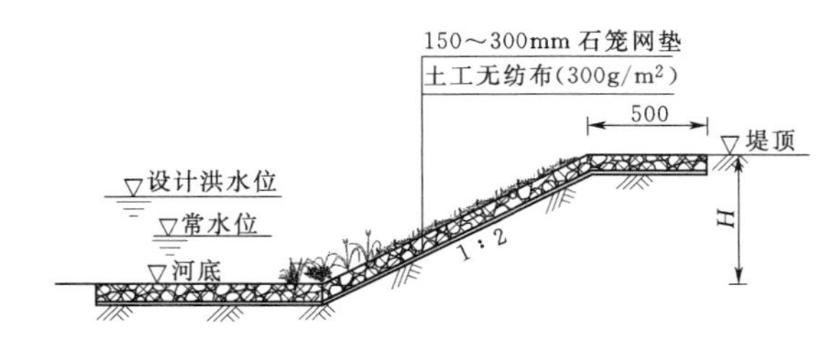

图Ⅱ.7.3-23　石笼网垫+植被护坡结构图

计可参照石笼网垫+植被护坡结构进行。

(2) 土工材料种植基层+植被护坡。土工材料+植被护坡属于轻型护坡结构，一般用于坡度不陡于1∶1.5的岸坡。该类护坡是将聚丙烯等高分子材料制成的网格或格室铺设于坡面上，覆土绿化。其具有整体性和柔韧性，既能抵御水流动力牵拉，又能适应地基沉降变形。

土工材料种植基层+植被护坡主要基材包括土工格栅固土种植基、土工单元固土种植基、土工网垫固土种植基等。其中，土工格栅固土种植基是利用土工格栅进行土体加固，并在边坡上植草固土；土工单元固土种植基是利用聚丙烯等片状材料经热熔黏接成蜂窝状的网片整体，在蜂窝状单元中填土植草，起固土护坡作用；土工网垫固土种植基主要由网垫、种植土和草籽等组成。网垫质地疏松、柔韧，有合适的空间，可充填土壤和沙粒。植物的根系可以穿过网孔生长，长成后的草皮可使网垫、草皮、泥土表层牢固地结合在一起。由于上述土工材料种植基均为铺设于坡面上覆土绿化，具有相近的结构形式和施工方法，下面主要以土工格栅固土种植基植草护坡为例进行说明，土工单元、土工网垫等固土种植基植草护坡可参照使用。

土工格栅固土种植基植草护坡通常选择方形孔状结构的双向拉伸土工格栅（GSL）作为护坡材料。考虑到灌木生长的需求，土工格栅的网孔尺寸尽量不小于40mm×40mm，土工格栅每延米极限抗拉强度不小于30kN/m，延伸率不大于10%。坡面种植植物通常根据项目区气候条件和土壤情况，选择抗性强、根系发达的植物种类。为利于形成稳定植物群落，宜采用混播的形式。土工格栅固土种植基植草护坡结构如图Ⅱ.7.3-24所示。

(3) 复合生物垫层+植物护坡。该类护岸通常用可降解的椰壳、棕榈、稻草、芦苇等天然纤维制成编织物覆于坡面上，然后覆土种植，坡面结构同土工材料+植被护坡。目前，市面上也有融抗冲刷、植被绿化为一体的复合纤维一体化草毯，其充分考虑了立地条件和后期养护条件，应用较为广泛，常见的有加筋植被防冲毯、椰纤毯、苎麻纤维培育垫等，在此以加

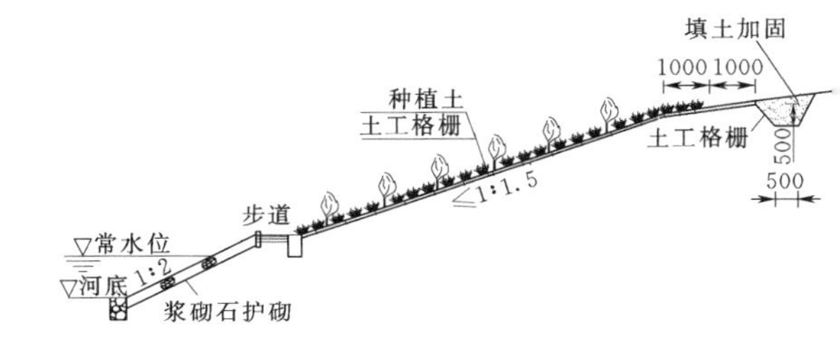

图Ⅱ.7.3-24　土工格栅固土种植基植草护坡结构图（单位：mm）

筋植被防冲毯护坡为例进行说明。

加筋植被防冲毯护坡的主要基材为加筋毯。加筋毯主要由小麦秸秆、稻草纤维及椰壳纤维等为主要原材料定形成网，其中添加草种、保水剂及营养剂等，上、下再结合PP或PE网形成多层结构，厚度大致在4～8cm。

加筋植被防冲毯铺设于坡面土壤表层，并固定在坡面，雨水对坡面土壤的冲刷降低，其中的保水剂及营养剂等为植物根系提供了理想的生长环境，保温、保水，防止表面冲刷，使种子的出芽率均衡等，促使坡面植物生长良好，从而达到坡面植物绿化且防止水土流失的效果。加筋植被防冲毯护坡结构如图Ⅱ.7.3-25所示。加筋植被防冲毯在应用时，植物可以从毯中生长出来，而作为复核生物垫层的加筋毯为可降解材料，降解后变成植物生长需要的有机肥料，有利坡面植物生长。加筋植被防冲毯通常铺设于边坡坡度缓于1∶1.5、土质及边坡整体稳定性较好、流速缓于4m/s的情况。

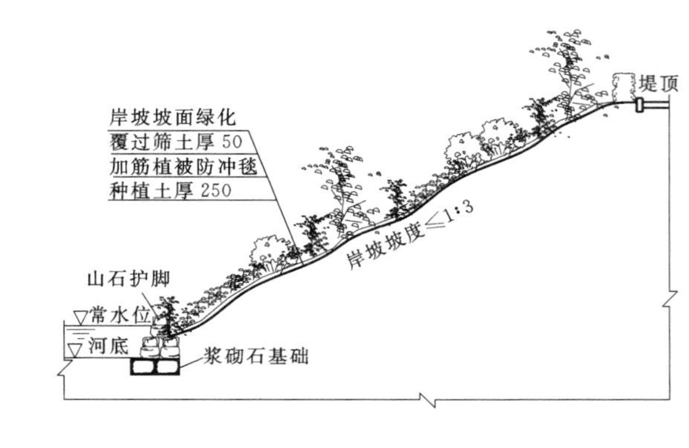

图Ⅱ.7.3-25　加筋植被防冲毯护坡结构图（单位：mm）

7.3.4.4　生态混凝土材料护岸

生态混凝土材料由多孔混凝土、保水材料、缓释肥料和表层土组成。多孔混凝土由粗骨料与水泥浆或砂浆结合而成，孔隙率一般为5%～35%，称为“无砂混凝土”或大孔型混凝土，作为生态混凝土材料护岸的骨架，在其上覆土复绿或依靠自然复绿形成绿化

混凝土护坡，在满足河沟道防洪要求的同时改善河（沟）道岸坡环境。生态混凝土材料护岸的抗冲能力强，其抗水流冲击流速大于3m/s。

生态混凝土材料包括现浇式与预制构件式，现浇式通常有敷设式绿化混凝土和随机多孔型绿化混凝土等，预制构件式主要为孔洞型绿化混凝土。

1. 现浇式生态混凝土护坡

（1）敷设式绿化混凝土护坡。此类护坡是在普通混凝土表面固定植被网并喷涂按一定比例配制的胶黏材料、保水剂、肥料、植物秸壳粉末、草籽混合物、填料等，构成植物生长基体并使其长草。这种方法多用于河道冲刷较大的河段以及既有混凝土表面又有裸露岩石面的绿化。若为绿化混凝土新建护坡，因包括混凝土本身和敷设基材，故价格一般较高。

（2）随机多孔型绿化混凝土护坡。随机绿化多孔型混凝土护坡材料包括生态多孔型混凝土、多孔连续型混凝土等，是将无砂混凝土作为植物生长基体，并在孔隙内充填植物生长所需的物质，植物根系深入或穿过无砂混凝土至被保护土中。为使植草能够在混凝土孔隙间生根发芽并穿透长至其下土层，要合理选择骨料粒径（一般选20～30mm），保证有一定的孔隙率和有效孔径（表面孔隙率）。孔隙率与强度成反比，应在保证客观强度需求的前提下，尽量加大孔隙率，以为植被的生长创造条件。

2. 预制构件式生态混凝土护坡

预制构件式生态混凝土护坡材料主要为孔洞型绿化混凝土。孔洞型绿化混凝土是在混凝土上预留的孔洞内填充土壤并种植植物。又分为孔洞型块体绿化混凝土和孔洞型多层绿化混凝土。孔洞型绿化混凝土构件制作相对简单，受混凝土盐碱性胁迫影响小，但可绿化面积较少，一般能达到8%～20%。

孔洞型绿化混凝土通常为六角形预制结构，常规尺寸为单边长300mm，对边距离520mm，对角距离600mm，厚度一般根据设计要求确定，一般厚度在100mm时基本可满足3m/s流速的要求，孔洞型绿化混凝土护坡结构如图Ⅱ.7.3-26所示。

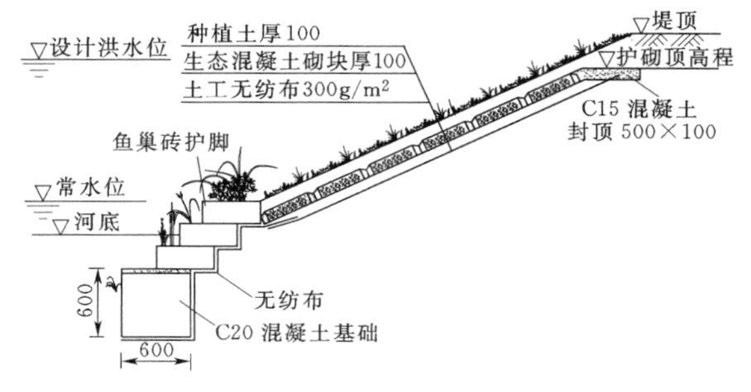

图Ⅱ.7.3-26　孔洞型绿化混凝土护坡结构图（单位：mm）

生态混凝土材料护岸中，现浇式生态混凝土护坡的强度较高，但其对岸坡平整度、施工作业的场地以及养护条件的要求较高，且固化后生态混凝土的最大孔径仅为毫米级，无法提供大型植物的生长条件，同时其绿化方式也仅限于液压喷播或铺草皮等；预制构件式生态混凝土护坡相比于现浇式，很大程度上克服了其缺点，其孔隙率可达到20%～35%，适合各类植物的生长，强度可达到15～25MPa，施工方便，适用范围广。而且这种结构可以根据不同的工程要求来调整结构强度，对于防护要求比较高的护岸，可以通过降低连续孔隙率的方式来提高强度，对于重视生态效果且水流影响较小的河道，可以通过提高连续孔隙率来增强其生态调节功能，具有很大的工程适用性与灵活性。

7.3.4.5　生态护岸植物选择

1. 生态护岸植物选择原则

（1）确保水力稳定性。所选择的护岸植物应首先保证河坡的基本功能，确保河坡的稳定性，不能对河（沟）道的水力特性造成不利影响。

（2）生态和谐。护岸植物选择时应以乡土植物或特性接近乡土植物的植物种类为主，避免破坏当地的生态环境。

（3）生态功能优先，具有较强的抗逆性。护岸植物选择应强调固土护坡、缓冲过滤、净化水质、巩固和改良土壤、改善环境等生态功能，优先选用生态功能优良的植物种类。同时结合河（沟）道特点，选择较强抗逆性的植物种类，确保护岸植物生长良好，降低植物管护成本。

（4）环境、景观和谐。植物选择应充分考虑工程所在区域坡面情况以及当地自然景观和人文环境的和谐。

2. 生态护岸植物选择要求

生态护岸植物的选择主要受河（沟）道类型及主要功能、河（沟）道所在区域大环境以及河（沟）道内部水位影响等方面因素的控制，具体选择护岸植物应充分考虑到上述各方面的特点和植物的生物生态学特性，并有机结合，构建良好健康的护岸植被环境。

（1）河（沟）道类型对生态护岸植物选择的要求。根据地形、地貌特征和流经地域的不同，存在山区河道、平原区河道和沿海地区河道等类型，河道类型不同，提出了对护岸植物的不同要求。

山区河道具有坡降较陡、洪水汇流时间短、陡涨陡落的特点，岸坡水位变幅大，冲刷严重，洪水位以下区域多采用硬质护砌形式。鉴于此类河道岸坡冲刷严重、土壤贫瘠且保水性差的特点，护岸植物应选用耐贫瘠、抗冲刷的植物种类，所选择植物同时应具有须根发达、主根不粗壮的特点，在满足固土护坡功能的同时，避免过于粗壮的主根对岸坡硬质护砌造成损坏。

平原区河道具有坡降平缓、洪水水位持续时间长、水流较缓，水质差，坡岸侵占严重导致的坡岸直陡等特点，护岸植物应选用耐水淹、水质净化作用明显的植物种类。

沿海地区受台风影响较大，河道岸坡多处于风力引起的海浪冲刷影响范围内，同时岸坡土壤有机质含量低，含盐分比较高。护岸植物易选用耐瘠薄、耐盐碱、枝条柔软的低矮植物，具体植物种类还需根系发达，固土固岸作用明显。

（2）河（沟）道功能对生态护岸植物选择的要求。河（沟）道除具有防洪排涝的功能外，还可满足村镇供水和灌溉用水、交通航运、生态景观等多项功能，护岸植物的选择结合河（沟）道主导功能而有不同。防洪排涝河道生态护岸植物以不影响河道泄洪及抗冲性强的低矮植物为主；灌溉供水河道护岸植物选择则应避免有毒有害植物并且注重其水质净化功能；交通航运河道护岸植物选择则应考虑船行所引起的波浪对坡岸淘刷坍塌的影响，常水位上下尽量选用抗冲性强且耐水湿的植物种类；景观河道生态护岸植物选择则需在强调固土护坡功能的基础上兼顾美化环境的景观需求。

（3）河（沟）道水位变化条件对生态护岸植物选择的要求。河（沟）道岸坡由3个部分组成，即坡顶、坡面和坡脚。其中，坡顶属于陆地生态系统，坡脚常年淹没在水下，属于河流生态系统的一部分，坡面则是水陆生态系统的过渡带，即水陆交错带，它兼具水陆生态系统的双重特征和功能。由此，在生态护岸设计时，应通过水文分析计算确定水位变幅，选择适合当地生长的、耐淹的、成活率高和易于管理的植物物种。鉴于岸坡由水下到水上具有生态系统的多重功能，生态护岸植物的选择可根据坡面死水区、水位变动区和无水区的不同特征进行选择。

对于设计洪水位以上的无水区属于没有洪水等频繁淹没影响的安全地带，土壤含水量相对较低。该区域植被的主要作用是减少降水对坡面的冲刷、防止水土流失及美化环境等，因此可与景观规划结合起来，选择一些观赏性好、有一定耐旱性的中生植物，布置时尽量体现植物种类分布的多样性。

设计洪水位与常水位之间的水位变动区属于经常出现不定期水位变动的区域。该区域丰水期与枯水期的交替作用，使得河（沟）道岸坡受洪水浸泡和水流冲刷与岸坡干旱和土壤含水量低交替出现，是岸坡水位变化最大的区域，也是汛期受风浪淘蚀最严重的区域。护岸植物选择时主要以适应性很强的有固岸护坡及美化坡岸作用的湿生和中生植物为主，常水位以上多选择中生但耐短期水淹的植物。具体应以多年生草本、灌木和小型乔木树种为主，若河（沟）道有行洪功能，则设计洪水位以下区域严禁种植阻碍行洪的高大乔木。常水位以下区域常年浸泡在水下，因此可选择一些耐水湿的中生植物和对水质有一定净化作用的水生植物。临近河（沟）道主槽常水位水面线左右地带，较为宽阔平缓的区域可以选择管束类或可以吸收水中有害物质的沉水型水生植物。

3. 生态护岸坡面植物群落选择

在进行坡面植物种类选择时，为促进坡面植物群落建立，以人工辅助自然植物群落建立为主要原则。首先，应该营造坡面植物生长的稳定环境，提供满足植物生长的水分需求和养分供给；其次，坡面植物群落应以播种为主，栽植为辅，因播种苗木比栽植苗木的根系发达，固土护坡作用明显，植物抗拔强度高不易倒，同时播种建立的植物群落比栽植建立的植物群落抗灾害性强且易于产生自然淘汰，以保证坡面植被护坡的有效性和持续性。

常见的坡面植物群落包括草本型、草灌型、乔灌草型、观赏型等。

草本型植物群落是以多种乡土草或外来草为主要物种而建立的坡面植物群落，一般应用于缓坡坡地。

草灌型植物群落是以灌木、草本类为主要植物种而建立的坡面植物群落，适用于陡坡和易侵蚀坡面区域。其中，灌木高度一般低于3～4m。在坡面生长发育基层厚度较小的情况下，有时灌木也采用乔木树种，通过修剪等维持灌木高度。

乔灌草型植物群落是以乔木、灌木、草本类为主要植物种而建立的坡面植物群落，主要应用于坡面无水区和水位变动区。乔木树高通常为3～4m，灌木和草本植物可参考草灌型植物群落的要求。

观赏型植物群落是以草本类、花草类、低矮灌木类以及攀援植物为主要物种建立的坡面植物群落。主要应用于城镇区域、水利风景区等人口聚集区的边坡绿化植物群落的营造。坡面植被有景观需求时，在选择植物种时，除考虑岸坡防护要求外，还应着重考虑景观效果好、观赏价值高的花卉、灌木以及一些有特殊寓意的植物，注意在形状、颜色、造型上的搭配。

为利于形成稳定的植物群落，草本宜采用多种种子混播的形式，通常合理选用4～8种植物种类就可满足要求，混播时植物种类的生态类型要互相搭配，以便减少生存竞争的矛盾。种植时草本类植物应包括禾本科和豆科的植物种类，豆科植物数量应占25%～30%，禾本科及其他科占70%～75%。灌草型植被护坡的灌木种植密度宜小于 100 株/m²。

4. 生态护岸植物种类选择

适宜的植物种类对生态护岸的实施效果及发挥防护功能非常必要，具体选择护岸植物时，按照护岸所在河（沟）道类型及主要功能、河（沟）道所在区域大环境以及河（沟）道内部水位影响等方面因素的要求，参照本手册《专业基础卷》第5章中关于常用水土保持树种、草种特性表所列物种选取乔灌木植物种，水生植物参照本卷第 15 章配套工程中关于人工湿地植物种相关内容选取。

5. 生态护岸植物种植技术要求

生态护岸植物种类及种植技术要求见表Ⅱ.7.3－3。

表Ⅱ.7.3－3　生态护岸植物种类及种植技术要求

植物种类	适宜种植区	种植密度	种植方法、栽植季节	抚育管理期
乔木	设计洪水位以上的堤坡、河（沟）道岸边等	株行距：2m×2m～4m×4m	种植穴不小于 60cm×60cm×50cm，每穴 1 株。 植苗（春季、雨季）	3 年
灌木	堤坡、河（沟）道岸边等	株行距：1m×1m～2m×2m	种植穴不小于 40cm×40cm×30cm，每穴 1～5 株。 播种、植苗（春季、雨季）	3 年
草本	堤坡、河（沟）道岸边等	种子用量根据种子大小而定，5～20g/m² 不等	全面整地，播种或植苗（春季、雨季）	3 年
湿生植物	河（沟）道水边线左右区域、河槽内的浅水区等	种植密度根据植物个体大小和分蘖特征而定，2～15 株/m² 不等	全面整地，扦插或分株（春季、雨季）	3 年

7.3.5 案例

7.3.5.1 永定河（京原铁路桥—梅市口路桥段）园博湖综合治理工程

1. 工程概况

永定河为海河水系最大的一条河流，北京市境内流域面积约 3200km²，占总流域面积的 6.7%。永定河北京段长约 170km。鉴于北京市境内的永定河段河床逐渐沙化，植被逐渐减少，入河污水排入量逐年增多，自 2002 年开始，北京市分期分批对永定河沿线进行生态环境改善。该项目为“永定河绿色生态走廊建设工程”第二批实施项目，工程治理内容中包括永定河（京原铁路桥—梅市口路桥段）4.2km 河道的生态修复工程。

工程区域属温带大陆性季风气候，夏季炎热多雨，冬季寒冷干燥，秋季多风少雨，冬夏两季气温变化较大。年平均气温为 11.7℃。

所在区域降水年际变化较大，最大年降水量为 1108mm（1956 年），最小年降水量为 339mm（1984 年）。降水量年内分配不均，主要集中在汛期 6—9 月，约占全年降水量的 80%。

2. 工程地质

工程区永定河段为平原区，地势较平缓，总体地势西北高、东南低。河段地处永定河冲洪积扇的上部，为平原河谷。地层岩性为单一的卵砾石均一结构层，局部地段夹有砂层，其顶部覆盖薄层黏性土，现河道内大部分地段卵砾石直接裸露在地表，部分地段覆盖有耕土、粉煤灰、填土。

工程区地下水埋深大，地层总体渗透性强，而作为园博湖的湖区采取了防渗措施。在采取防渗措施后，垂直入渗受防渗材料控制，在汛期和上游来水的情况下，河水对岸坡冲刷将加剧，陡坡段易形成塌岸，应注意对裸露岸坡的保护和堤防安全。而工程沿线河岸地势较为平缓，场地整体条件较好，适宜采取适当的护岸工程措施。

3. 设计理念

在永定河湖区及溪流护岸的设计中，结合多年的生态护岸经验及参观考察的成果，根据永定河自身特色，同时配合多年生态护岸成功经验，在大部分区域，以生态自然的防护为目的，采取植物的“柔”与材料的“刚”多种组合形态的水岸处理方式。只在少部分为大量人群游憩活动提供服务的区域内采取硬质材料砌筑护岸。这种做法不但可以提高水系统的水体质量及水土保持效果，同时也可以保证水体的景观效果达到最优。

4. 护岸工程设计

生态护岸设计根据水流动力情况以及历史上永定河护岸的经验，选择植物、抛石、石笼、生态砖、生态袋等多种形式的护岸材料来解决水流冲刷问题。主要以各种柳树圆桩及柳树枝为主材并与各种材料相互结合，形成护岸的整体形式。在充分考虑抵抗岸坡冲刷的同时，兼顾了作为城市河道高标准的景观效果，使护岸做到里刚外美，很好地解决了防洪与生态的矛盾。此次治理采用的生态护岸形式有自然护岸、柳枝栅栏＋卵石缓坡护岸、连柴栅栏植物护岸、山石护岸、连柴栅栏＋块石护岸、生态（鱼巢）砖护岸、生态袋护岸、覆土石笼＋柳枝木桩护岸等。

（1）柳枝栅栏＋卵石缓坡护岸。柳枝栅栏＋卵石缓坡护岸用于防止缓坡面基部崩塌，保持水土。雨水或渗水可无遮拦地流出，随着柳枝的生发成长，达到保护坡面的作用。护岸主要通过打桩（夯木）、编织、桩后背面纵向铺柳枝，然后再于其背后铺满土砂等几道工序与粒径150～200mm的卵石缓坡相互衔接。在柳枝长成之前，为解决背面的土砂可能流失，为此在柳枝背面增加防拔出材料。同时在缓坡护岸上点缀铺设卵石、景石等进行防护。柳枝栅栏＋卵石缓坡护岸如图Ⅱ.7.3-27所示。卵石缓坡护岸为理想的生态护岸，其横断面俗称"碟形"断面，有利于安全，有利于两栖动物的出行，更有利于冬季防冰。随着柳枝逐渐生发成长，结合水生植物种植，凸现自然生态感。

图Ⅱ.7.3-27 柳枝栅栏＋卵石缓坡护岸

（2）连柴栅栏＋植物护岸。连柴栅栏＋植物护岸是将粗大的圆桩及连柴和柳枝组合在一起，起到保护河流堤岸及固定土壤的作用，该类形式护岸设计充分体现了自然景观和生态功能。连柴栅栏采用长度为1.5～3.0m、直径为10～25mm的枝条。同时采用活木桩（长度为0.8m）、死木桩（长度为0.7～0.9m）和粗麻绳若干（直径为5～30mm）对连柴栅栏进行锚固。主要以连柴栅栏与平缓的植被护坡入水形式为主，将连柴及设施联结在一起成为一个整体，分散了土的压力，避免土的压力集中在某一部位，同时由于其透水性强，还可以迅速处理雨水和流水。此外，柳枝生发成长后可以成为环境友好的保土栅子。同时为保护铺设完成的河流护岸工程，在柳枝内侧铺上防拔出材料，以使背面不散塌。连柴栅栏＋植物护岸如图Ⅱ.7.3-28所示。连柴栅栏＋植物护岸的优势是以植物为主要材料，大量加强水生植物、亲水植物以及喜水植物的应用。这一做法主要是为了利用植物自身的生物净化功能，以达到全面净化水体的作用。种植不同植物可形成变化的滨水景观。

图Ⅱ.7.3-28 连柴栅栏＋植物护岸

（3）山石护岸。山石护岸充分体现了中国传统景观水系特色，尤其是用在"点睛之笔"的生态岛护岸中，利用就地取材的乡土天然山石，不经人工整形，顺其自然。山石尺寸一般在1.0～1.5m，石块与石块之间的缝隙不要求用胶凝材料填塞饱满，而是巧妙地用碎石和土填充，尽量形成孔穴，使这种小空间成为水生动物和植物的"乐园"，并使土体与水气互相交换和循环。块石背后做砾料反滤层，用泥土填实筑紧，与生态岛的浅水湾相衔接，岛屿的缓坡利用山石维护陡岸的稳定、保护堤脚不受强烈水流的淘刷、促淤保堤、防止水流冲蚀及侵蚀，使山石与水融为一体。

（4）连柴栅栏＋块石护岸。块石护岸的最大好处是具有可变形性，以致破坏是缓慢发生的，然而，起缓坡交接处的固土效果并不是很理想，利用连柴栅栏与块石相结合，使缓坡的绿地达到一定的自愈能力，加强其固土的稳定性能。在缓坡处将木桩钉入坡脚，再将树枝捆成捆横向拦于木桩成柴栅栏，栅栏前铺设土工布，再在上面随意堆放块石，堆放的边缘弯曲而自然。之后再在上面覆盖一层种植土，使之填充石与石之间的缝隙。在浅水湾处，很容易生长出大量的水生植物，连柴栅栏既能保持填筑地基的土壤不受冲刷，又能保持暗流排水的畅通。连柴栅栏＋块石护岸如图Ⅱ.7.3-29所示。

（5）生态墙壁（鱼巢）砖护岸。生态墙壁（鱼巢）砖采用无砂混凝土预制加工，骨料粒径满足强度及孔隙率、表面空隙率要求。孔隙具备良好的通透性，满足被保护土与空气之间的湿热交换，能保证植物根系穿透护砌材料伸入土壤，通过充填外加剂等简单、有效的技术措施，改善生态（鱼巢）砖孔隙内碱性水环境，保证植被、昆虫等适宜的生长环境。生态墙壁（鱼巢）砖采用连接棒（直径为14～16mm的Ⅱ

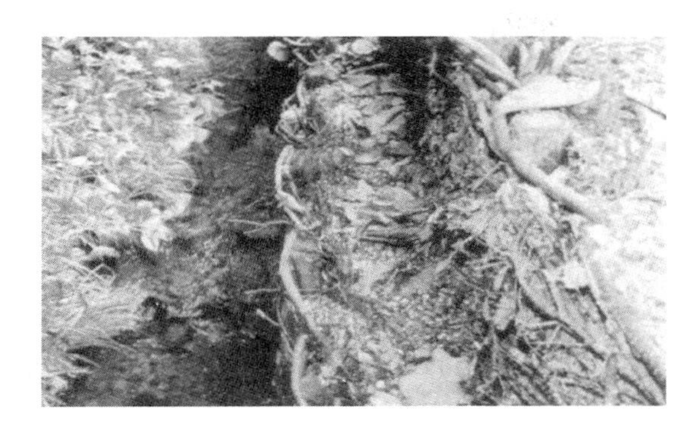

图Ⅱ.7.3-29 连柴栅栏+块石护岸

级钢筋外涂防腐剂）加以联结固定。在基础开挖、平整后，铺设300mm厚砂砾料垫层并夯实，砂砾料要求天然级配，并且含粒量在40%～70%。在此基础上用10mm厚的水泥砂浆作为找平层然后在其上铺设无纺布，无纺布上垒砌生态墙壁（鱼巢）砖，确认砖的位置后安装连接棒，并灌入水泥砂浆固结。上层的砖与其下端的砖用10mm厚水泥砂浆附着，防止脱离。

（6）生态袋护岸。生态袋是由聚丙烯（PP）为原材料制成的双面熨烫针刺无纺布加工而成的袋子，具有抗紫外线（UV）、抗老化、无毒、不助燃、裂口不延伸的特点，主要运用于建造柔性生态边坡。生态袋是柔性生态边坡工程系统重要的组成部分，此新型材料，可以完全替代石头、水泥等材料，可以大幅度减少工程成本。施工后的边坡具有被植被覆盖的表面，使开挖的坡面达到绿化的效果，形成自然生态边坡。生态袋具有透水不透土的过滤功能，既能防止填充物（土壤和营养成分混合物）流失，又能实现水分在土壤中的正常交流，植物生长所需的水分得到了有效的保持和及时的补充，对植物非常友善，使植物穿过袋体自由生长。根系进入工程基础土壤中，如无数根锚杆完成了袋体与主体间的再次稳固作用，时间越长，越加牢固，实现了建造稳定性永久边坡的目的，大大降低了维护费用。

（7）石笼+柳枝木桩护岸。永定河属防洪河道，行洪时河水流速高，对河岸冲刷破坏作用强，因此在水位变动区采用了石笼+柳枝木桩护岸，石笼垫是由块石、铁丝做成的长方形笼状结构，其厚度通常为20～40cm，石笼垫底面设置反滤层，上面插种活的植物枝条，并可敷土后撒播草种。石笼+柳枝木桩护岸如图Ⅱ.7.3-30所示。利用覆土石笼抗冲刷能力强与柳枝木桩中的植被护岸能保证岸坡稳定这两种优势特点的结合，既加强了永定河堤防洪安全又协调了周边绿化景观。石笼根据边坡高度按一定角度堆放、铺设，表面覆盖素土或种植土，厚度在0.3m以上，过水一段时间后植物生发成长，通过植物根系将石笼紧紧连接，起到加固堤岸的作用。同时，卵石良好的透水性可以补枯、调节水位。石笼后背土工无纺布，可以有效地防止水土流失，柳枝木桩主要起到护坡的功能，利用柳枝木桩的柔韧性，能够很好地适应各种缓坡地形，同时还可以随着缓坡地形的变动而变化，石笼+柳枝木桩护岸使河道得到良好的景观效果和固土作用。

图Ⅱ.7.3-30 石笼+柳枝木桩护岸

7.3.5.2 上海市2011年度河道生态治理试点项目——崇明县万平河工程

1. 工程概况

万平河位于上海市崇明县北部，河道全长约10km，是穿越东平镇中心镇区的一条镇级重要景观河道，现状河底高程为1.00～1.20m（上海吴淞高程系统，下同），河口宽度为20～32m，以土质边坡为主，河道岸线相对顺直，由于河道两岸冲刷，水土流失较严重。为了增强护岸稳定性，防治水土流失，改善河流两岸生态环境，保护河道水环境，对该河道进行综合整治。整治工程河段长度约3.95km，工程内容包括疏拓河道、新建生态护岸、生态修复、景观绿化等。

2. 工程水文气象

工程区位于北亚热带季风地区，年平均气温为15.3℃，月平均气温最低为2.90℃（1月），月平均最高气温为27.60℃（7月）。崇明岛雨水充沛，多年平均年降水量为1049.30mm，年平均雨日125～135d，降雨多以梅雨和台风暴雨型为主，强降雨易产生河道边坡坡面水蚀。项目所在区域规划排涝最高控制水位为3.75m，常水位为2.50～3.00m，突击预降水位为2.30m，引水最高控制水位为3.00m。

3. 工程地质

工程场地水系发育，河流纵横，河道两侧大部分为树林、农田，部分河段有密集的房屋分布，河道两岸大部分为土坡。工程勘探深度20.45m范围内土层共分为两大层，分别以①、②层上海市统编土层序号表示，其中①、②层根据土性的差异又各分为若干亚层和次亚层。工程沿线河岸地势平坦，不存在导致场地滑移或产生其他严重破坏的重大不良地质条件，场地整体稳定性较好，采取适当的工程措施后适宜该工程建设。

4. 生态河道建设总体思路

崇明县万平河的生态建设从生态系统的两大基本组分着手，针对河道存在的生态受损、生物多样性低、水土流失严重及岸坡稳定性差等问题，从环境可持续发展的角度出发，在满足河道岸坡安全性、耐久性的前提下，以"自然、生态"为主要建设目标，通过工程措施重点改善河道生境，使之能为生物的生长繁殖提供适宜的环境，同时丰富河道生态系统的生物多样性，恢复河道健康稳定良性的生态系统，从而提高河道生态系统的服务功能，充分体现"尊重自然、以人为本、生态优先、人水和谐"的生态治水理念。

5. 工程规模

对工程范围内的万平河进行全线护岸整治和生态修复，河岸岸线基本按照现状河道走向布置，河道整治轴线总长度为3.95km，护岸总长度为7.81km。

6. 生态护岸总体布置

根据万平河现状情况及周边区域的规划情况，该工程分三段进行护岸设计。

第一段：工程起点—黄河路桥段，长约1.89km，设计河底高程为1.00m，河底宽度为8～18m，河口宽度为26～36m。该段设计为自然保护段，采用生态膜袋格栅挡墙和生态混凝土两种护岸结构形式。

第二段：黄河路桥—长江公路桥段，长0.75km，设计河底高程为1.00m，河底宽度为12～14m，河口宽度为30～32m。因两岸居民和企事业单位较多，景观要求较高，设计为景观保护段，采用景观堆石挡土墙生态护岸。

第三段：长江公路桥—新河港段，长约1.31km，设计河底高程为1.00m，河底宽度为11～14m，河口宽度为26～32m。该河段也为自然保护段，采用开孔式混凝土砌块生态护岸。

7. 生态护岸结构设计

(1) 生态膜袋格栅挡墙护岸。生态膜袋格栅挡墙护岸总长约2362m，主要位于工程第一段。设计河底高程为1.00m，以坡比1：2.5至标高2.30m处设置平台，平台宽2.0m，并种植水生湿生植物，平台内侧设置生态膜袋格栅挡墙，墙顶标高3.00m，墙后南岸以1：2.5、北岸以1：4的植草护坡至堤顶高程4.00m，草皮草种选用沿阶草、早熟禾。堤顶以上采用乔灌草综合绿化，乔木以当地河岸两侧常用的水杉为主，灌木选择防护效果和景观效果较好的木槿、栀子花、夹竹桃、黄馨等形成绿篱，在河岸与农田之间形成有效的分隔，灌木下方撒播草籽，草种选用沿阶草、早熟禾。生态膜袋格栅挡墙护岸结构如图Ⅱ.7.3-31所示。

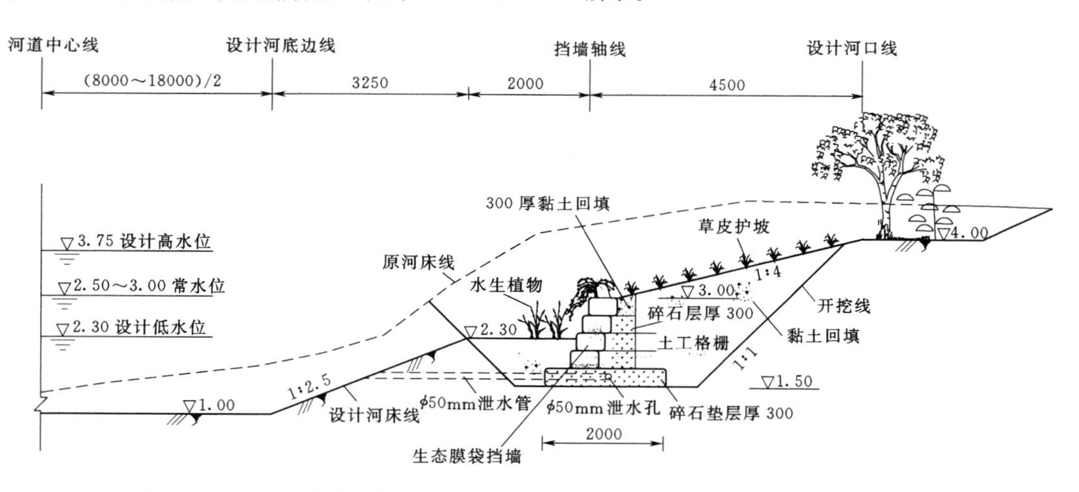

图Ⅱ.7.3-31　生态膜袋格栅挡墙护岸结构断面图（高程单位：m；尺寸单位：mm）

生态膜袋格栅挡墙结构为：墙底基础为300mm厚碎石垫层，宽2.0m，墙身为生态膜袋，由连接扣固定，墙身坡比5：1；墙后设置两层土工格栅，栅间距为300mm，长度分别为1600mm、1800mm。

(2) 生态混凝土护岸。生态混凝土护岸总长约1013m，同样位于工程第一段。设计河底高程为1.00m，以坡比1：2.5至标高2.30m处设置平台，平台宽1.0m，并种植水生湿生植物，平台以上以1：2.5铺置生态混凝土至高程3.50m，其后以1：2.5的植草护坡至堤顶高程4.20m，草皮草种选用沿阶草、早熟禾。堤顶以上部分采用乔灌草综合绿化，配置生态膜袋格栅挡墙护岸中的乔灌草绿化配置。生态混凝土护岸结构如图Ⅱ.7.3-32所示。

生态混凝土结构为：最下缘建素混凝土护脚，底部铺设土工布反滤层，反滤层上部铺设一层100mm厚碎石垫层，碎石垫层上部铺设一层生态混凝土，层厚为100mm，在生态混凝土孔状结构内、砌块之间铺设腐殖土，并辅以土壤菌、缓释肥料、保水剂，种植草本植物。

（3）景观堆石挡土墙生态护岸。景观堆石挡土墙生态护岸总长约1510m，主要位于工程第二段。设计河底高程为1.00m，以坡比1∶2.5至标高2.30m处设置平台，平台宽2.0m，平台内侧采用景观堆石挡土墙生态护岸，堆石墙顶高程不小于3.00m，墙后南岸以1∶2.5、北岸以1∶4的植草护坡至堤顶高程4.00m，草皮选用沿阶草、早熟禾。堤顶以上部分采用乔灌草综合绿化，绿化种类与方式采用生态膜袋格栅挡墙护岸中的乔灌草绿化配置。景观堆石挡土墙生态护岸结构如图Ⅱ.7.3-33所示。

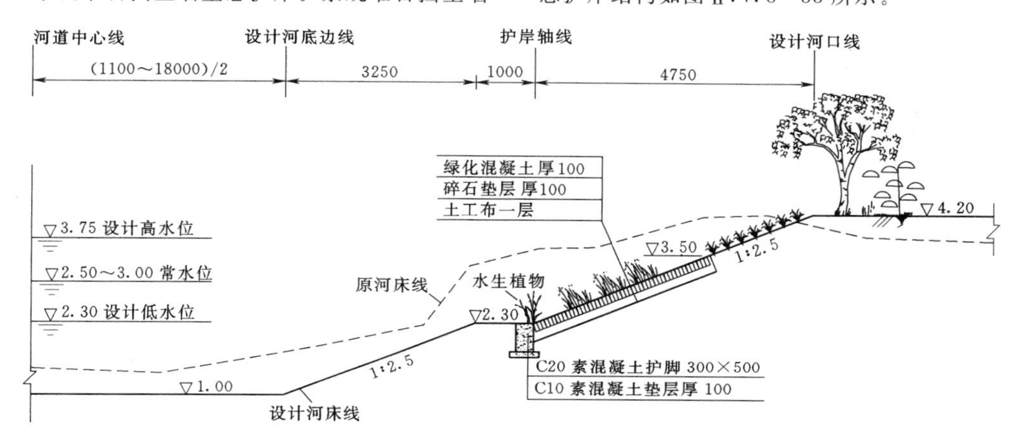

图Ⅱ.7.3-32 生态混凝土护岸结构断面图（高程单位：m；尺寸单位：mm）

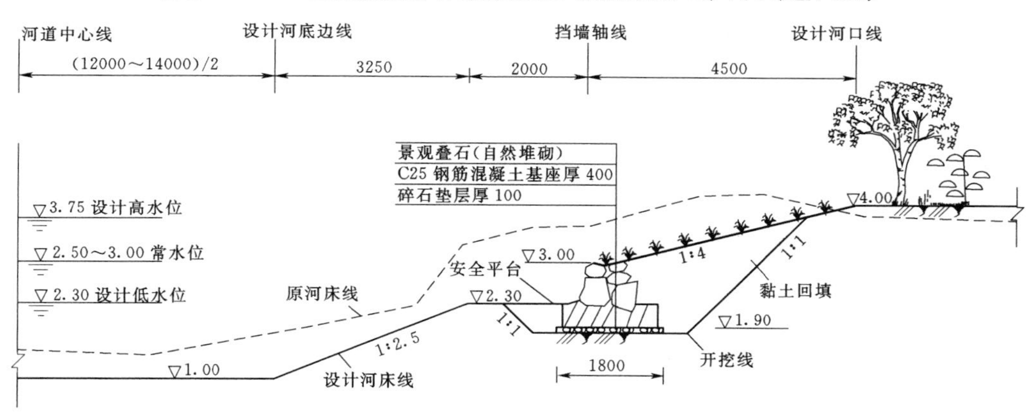

图Ⅱ.7.3-33 景观堆石挡土墙生态护岸结构断面图（高程单位：m；尺寸单位：mm）

景观堆石挡土墙结构为：挡墙采用钢筋混凝土底板，宽1800mm，厚400mm，底板上部采用园艺堆石交错堆置，堆石水平面间以M15砂浆浆砌，竖直面间留有空隙，以利于水体交换。石材的耐久性和观赏性均较高，以堆石叠石的形式衬托沿岸郁郁葱葱的植物，植物与山石相得益彰地配置营造出丰富多彩、充满灵韵的景观，堆石顶高不小于3.00m。

（4）开孔式混凝土砌块（舒布洛克连锁块）生态护岸。开孔式混凝土砌块（舒布洛克连锁块）生态护岸总长约2925m，主要位于工程第三段。设计河底高程为1.00m，以坡比1∶2.5至标高2.60m处设置平台，平台宽0.60m，平台以上以1∶2.5铺置开孔式混凝土砌块（舒布洛克连锁块）至高程3.10m，其后以1∶2.5的植草护坡至堤顶高程4.00m，草皮草种选用沿阶草、早熟禾。堤顶以上部分采用乔灌草综合绿化，配置方式同生态膜袋格栅挡土墙中乔灌草绿化配置。开孔式混凝土砌块生态护岸结构如图Ⅱ.7.3-34所示。

开孔式混凝土砌块（舒布洛克连锁块）结构为：斜坡结构下设10mm厚粗砂垫层和300mm厚碎石垫层，在砌块孔状结构内铺设腐殖土，并辅以土壤菌、

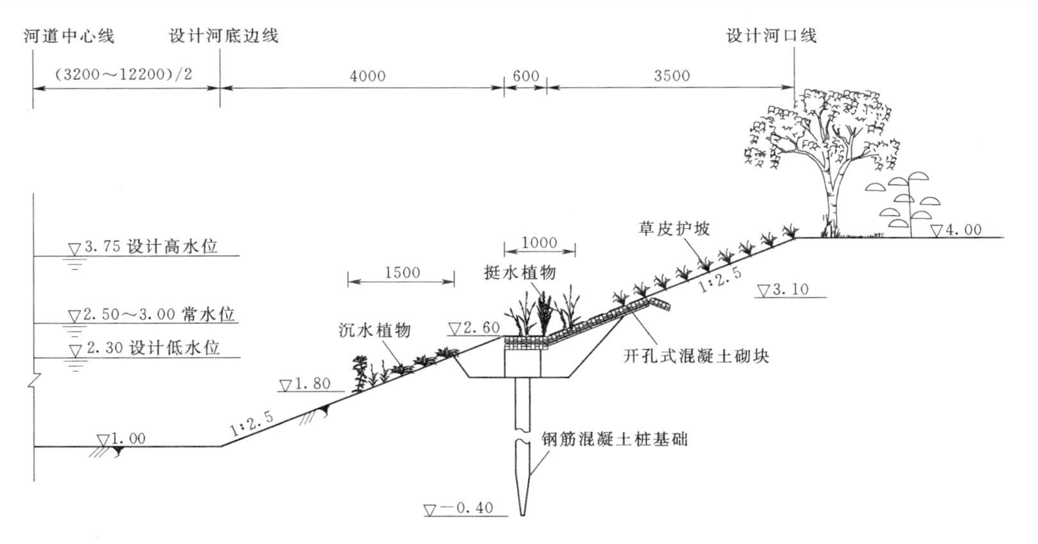

图Ⅱ.7.3-34 开孔式混凝土砌块生态护岸结构断面图（高程单位：m；尺寸单位：mm）

缓性肥料、保水剂，种植草本植物。

8. 边坡和护岸结构稳定性分析

根据《地基基础设计规范》（DGJ 08—11—2010），采用瑞典条分法验算，河道边坡整体稳定满足规范要求；根据《堤防工程设计规范》（GB 50286—2013），护岸结构的抗渗、抗滑稳定、抗倾稳定均满足规范要求。

7.3.5.3 广州国际生物岛堤防堤岸整治工程

1. 工程简介

广州国际生物岛位于广州市东南端，是沿珠江后航道发展带上的一个江心岛，占地面积约 1.83km^2，南依广州大学城，北望琶洲国际会展中心，东面与长洲岛隔江相望，西面为广州果园生态保护区。2008年，《珠江三角洲地区改革发展规划纲要（2008—2020年）》把广州国际生物岛项目上升到国家发展战略地位。

生物岛堤防工程防洪设计标准为200年一遇，生物岛防洪堤为1级堤防。

工程治导线总长 6.618km。根据生物岛特殊的地理位置及高起点、高标准的发展战略，堤线布置不仅要考虑防洪、防潮功能，还应充分考虑城市景观、休闲、旅游和生态功能。

2. 景观布局

（1）平面布局。整个堤岸按“一岛、一带、一园、四区”格局布景，即在酒店周边布置小鸟天堂景观岛，靠近大学城一侧布置观景带，在古村落群布置太阳广场古村落景观区，在凹岸布置湿地公园景观区，在开阔的河口处布置市民公园，在码头处布置码头景观区，环岛布设生态滨水休闲区、自然林地景观区。

（2）竖向布置。依据潮汐规律、洪水特征，为避免枯水期过多暴露堤岸线，影响景观，一级平台高程选定为 0.50m，此平台大部分时间需淹没在水下；二级平台高程选定为 1.80m，该平台有休闲功能，正常情况下潮水不应达到该平台，该高程满足一年内短时间过水要求。二级平台上按 1∶2.5 土坡至堤顶高程；在用地条件较为宽裕的堤段，则采用配合园林景观规划按自然土坡或梯级平台至堤顶高程的多级复式堤岸。

（3）景观设计。根据生物岛总体规划布局，在生物岛北侧，结合原有果园农地建设生态湿地公园，并设置了小鸟天堂生态功能区。根据湿地环境的特点，拆除原有堤围，恢复湿地的水系交流和能量交流能力。通过在堤岸处要设置丰富的水系植物联系和生物栖息区，积极为水生生物和两栖动物创造栖息、繁衍的环境。在岛的西侧，由于河流的推顶，形成自然沉积区和生态营养环境氛围，可利用作为生态功能较强的自然堤岸。沿岛堤岸沿线长，具有一定的厚度，适合培育种植岭南当地优势树种，并形成局部具有自然功能的本地植物种群。植物的繁盛，能够吸引野生动物的栖息，结合堤岸“生态接口”处理，形成自然滋养能力。在原有堤岸河涌水口处，利用原有的凹口，形成堤内生态湖面，为生态环境的多样性提供更好的条件。

3. 护岸设计

结合现场地形条件及环境景观等综合分析比较，堤岸采用以下三种类型：

（1）直墙式堤岸：该类堤岸适用于堤岸用地比较紧张、改造余地不大的地区，如太阳广场附近与环岛路紧靠段、客运码头段等个别特殊堤段。直墙式堤岸拉开了人与河流水景的联系，显得呆板、单调，过于工程化，景观效果差。

（2）直斜结合的复式堤岸：即在常水位以下采用直墙，以上采用斜坡，直墙与斜坡之间设亲水平台。该类堤岸为此次设计的主要堤岸形式。直斜结合的复式堤岸造价适中，堤岸结构亲水性较强，且平台以上可植草皮做绿化，尽可能地增大了绿化面积，既亲水又符合生态要求，满足了城市居民休闲生活的需要和人们对珠江母亲河的多元化心理要求等。

（3）多级复式堤岸（自然堤）：即采用抛石或重力式基础作为堤脚，以上采用较缓的自然坡或多级平台，并构筑大型亲水平台，适用于生物岛南面堤岸、景观休闲广场段。该类堤岸结构简单、安全性高、景观效果好、亲水性强、更贴近自然生态。

各堤段堤岸形式见表Ⅱ.7.3-4，典型断面如图Ⅱ.7.3-35～图Ⅱ.7.3-40所示。

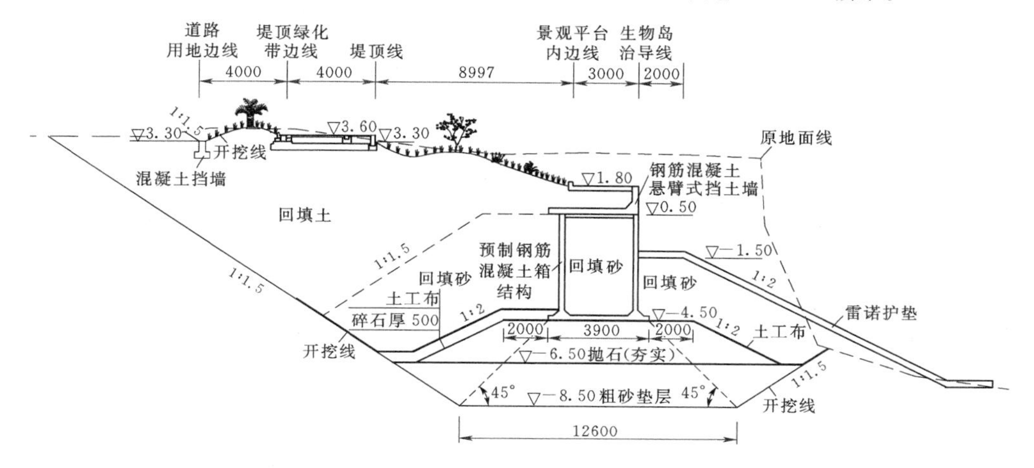

图Ⅱ.7.3-35　桩号0+000～0+300和5+600～6+618堤段护岸横断面图（高程单位：m；尺寸单位：mm）

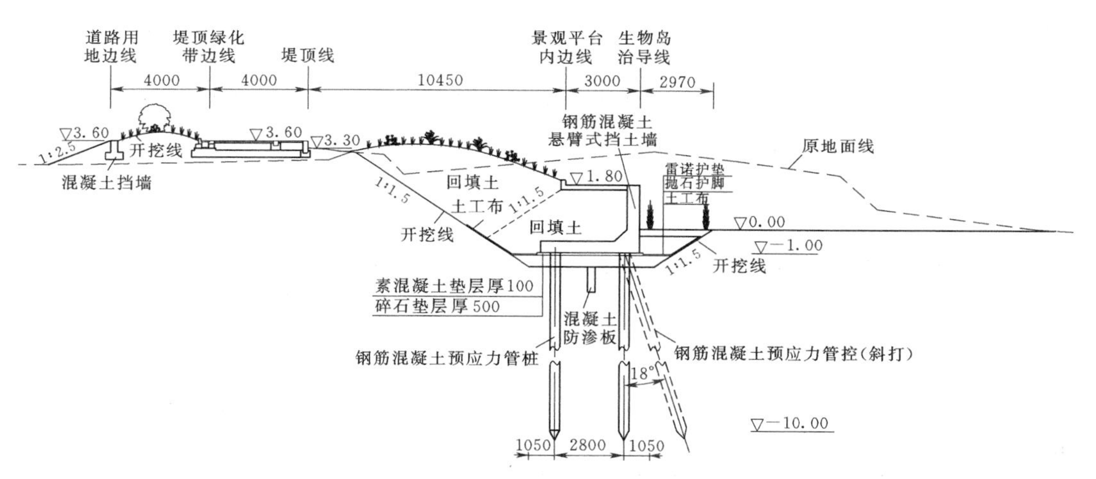

图Ⅱ.7.3-36　桩号0+300～0+900堤段护岸横断面图（高程单位：m；尺寸单位：mm）

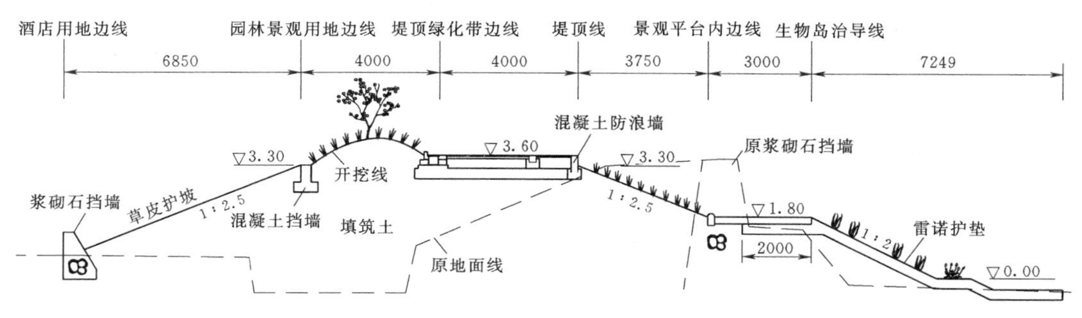

图Ⅱ.7.3-37　桩号2+800～4+100堤段护岸横断面图（高程单位：m；尺寸单位：mm）

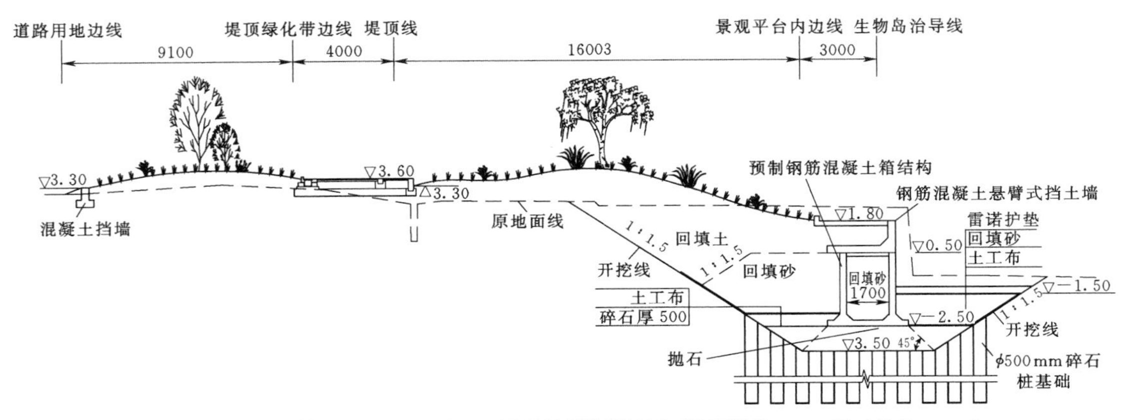

图Ⅱ.7.3-38　桩号4+100～4+750堤段护岸横断面图（高程单位：m；尺寸单位：mm）

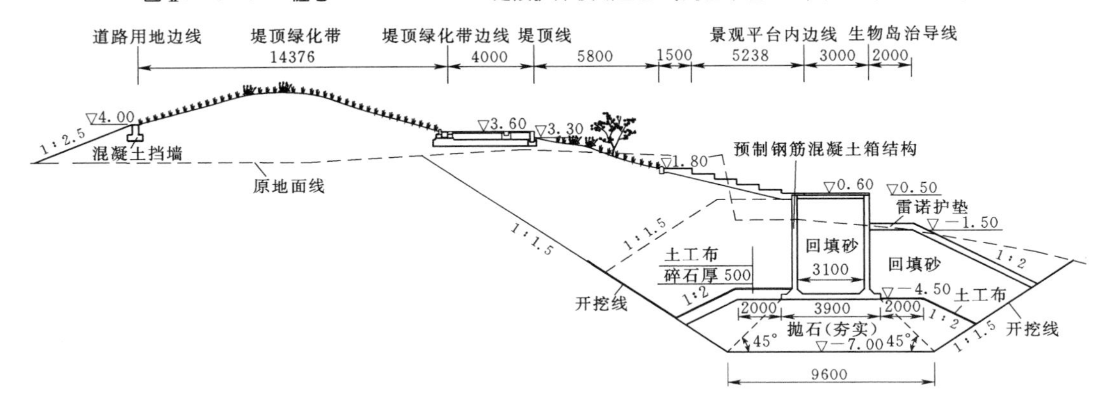

图Ⅱ.7.3-39　桩号4+750～5+450堤段护岸横断面图（高程单位：m；尺寸单位：mm）

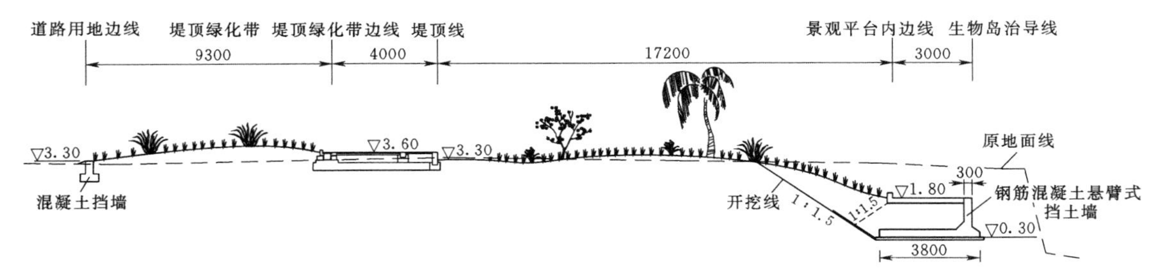

图Ⅱ.7.3-40　桩号5+450～5+600堤段护岸横断面图（高程单位：m；尺寸单位：mm）

表Ⅱ.7.3-4　各堤段堤岸形式汇总表

桩号区间	堤　岸　形　式
0+000～0+300 5+600～6+618	采用重力式沉箱挡墙方案。上部迎水面采用现浇钢筋混凝土L形挡墙防护，挡墙下为重力式沉箱，沉箱下抛填块石及砂砾垫层基础，墙顶与景观水位平台平齐，高程为1.8m，平台以上按1∶2.5放坡至堤顶高程，坡面结合园林景观规划进行绿化
0+300～0+900	该段采用直斜结合的复式断面，上部迎水面采用现浇钢筋混凝土L形挡墙防护，挡墙基础为预应力管桩基础，墙顶与景观水位平台平齐，高程为1.8m，平台以上按1∶2.5放坡至堤顶高程；坡面结合园林景观规划进行绿化。堤脚采用雷诺护垫护脚，再种植水生植物营造绿色生态环境
2+800～4+100	堤岸用地范围较小，采用直斜结合的复式断面。考虑到以后的园林景观规划，将原浆砌石削至高程1.80m设置景观亲水平台，平台以上按1∶2.5坡度砌筑景观护坡。堤脚采用雷诺护垫护脚，再种植水生植物

续表

桩号区间	堤 岸 形 式
4+100～4+750	采用直接大开挖至持力层，换填抛石垫层，放置预制沉箱至施工水位。在用地条件较为紧张的堤段，采用直斜结合的复式断面，上部迎水面采用现浇钢筋混凝土L形挡墙防护，墙顶与景观水位平台平齐，高程为1.8m，平台以上按1∶2.5放坡至堤顶高程，再配合园林景观规划进行绿化。平台以下沉箱迎水面坡脚处回填后采用雷诺护垫防护
4+750～5+450	基础换填抛石垫层后，上置预制沉箱形式景观平台，平台以上回填后结合园林景观规划为自然土坡或梯级复式边坡，并进行绿化。平台以下沉箱迎水面回填后采用雷诺护垫进行防护
5+450～5+600	采取拆除旧岸墙并开挖至持力层重建多级复式堤岸（自然堤）。回填碎石垫层，直接现浇钢筋混凝土挡墙，墙后填土形成景观平台，平台后结合生态岛园林景观规划按自然土坡或梯级平台至堤顶高程，再进行景观绿化

4. 绿化规划设计

植物种植配合沿江景观带，以点、线、带、块状植物种植相结合的方式组织绿化景观布局、丰富绿化层次，达到步移景异的优美效果。

树种选择要体现热带风情和岭南特色，在城市广场上可以较多地运用有强烈感观效果的棕榈科植物。以乔木构成主景，灌木、地被和草本植物做衬托。沿江绿带的基调应配合城区的景观效果，与城市绿化骨干树种协调，下层点缀热带花卉和观叶植物。

各功能区主要运用不同的骨干树种进行分隔，在树种选择上尽量体现各个功能区的个性。重要的景点配置地带性强的热带花卉和观赏性植物，丰富视觉景观。

滨水及湿地区域，布置亲水及水生植物群落，营造丰富的绿化层次。

5. 实施效果

护岸工程实施后，生物岛已成为一处集创业、休闲、娱乐、美食、健身的水上方舟，给整日处于高楼林立、车马喧嚣中的市民提供了一方心灵净土。如今生物岛呈现的是“鱼虾水中戏、白鹭江上舞、老翁垂江钓、稚童放纸鸢”的巨幅水墨画，实现了山水、动静、古今、人与自然的高度和谐。

参 考 文 献

[1] 中华人民共和国住房和城乡建设部，中华人民共和国国家质量监督检验检疫总局．堤防工程设计规范：GB 50286—2013［S］．北京：中国计划出版社，2013.

[2] 中华人民共和国住房和城乡建设部，中华人民共和国国家质量监督检验检疫总局．河道整治设计规范：GB 50707—2011［S］．北京：中国计划出版社，2011.

[3] 中华人民共和国住房和城乡建设部，中华人民共和国国家质量监督检验检疫总局．土工合成材料应用技术规范：GB 50290—2014［S］．北京：中国计划出版社，2014.

[4] 中华人民共和国水利部．水利水电工程土工合成材料应用技术规范：SL/T 225—1998［S］．北京：中国水利水电出版社，1998.

[5] 中华人民共和国水利部．水利工程水利计算规范：SL 104—1995［S］．北京：中国水利水电出版社，1995.

[6] 中华人民共和国水利部．水利水电工程设计洪水计算规范：SL 44—2006［S］．北京：中国水利水电出版社，2006.

[7] 崔承章，熊治平．治河防洪工程［M］．北京：中国水利水电出版社，2004.

[8] 路毅，董艳桐，李庆军．园林水景生态型护岸设计研究［J］．北方园艺，2008（5）：152-154.

[9] 田硕．城市河道护岸规划设计中的生态模式［J］．中国水利，2006（20）：18-21.

[10] 王洪霞，金德钢．宁波市生态河道护岸初探［J］．浙江水利科技，2006（1）：56-59.

[11] 王越．河道不同生态护岸形式的适用性研究［D］．武汉：长江科学院，2012.

[12] 董哲仁，孙东亚．生态水利工程原理与技术［M］．北京：中国水利水电出版社，2007.

[13] 李念斌，印勇，杨卫平．绿化混凝土在河道护坡工程中施工方法和要求［J］．上海水务，2008，24（4）：33-35.

[14] 韩玉玲，岳春雷，叶碎高，等．河道生态建设——植物措施应用技术［M］．北京：中国水利水电出版社，2009.

[15] 上海市河道生态治理技术指南编制课题组．上海市河道生态治理设计指南（试行）［Z］．2013.

[16] 北京市水务局．建设项目水土保持边坡防护常用技术与实践［M］．北京：中国水利水电出版社，2010.

[17] 王兵，高甲荣，王越，等．北京市永定河生态护岸效果评价［J］．中国水土保持，2014（4）：10-13.

[18] Chang H H. Fluvial processes in River Engineering［M］. John Wiley and Sons，New York，1988.

[19] Fischenich J Craig. Stabily Thesholds for stream restoration materials［R］. EMRRP Technical notes collection（ERDC TNEMRRP—SR—29），U. S. Army Engineer Research and Development center，Vicksburg，2001.

第8章　截排水工程

章主编　阮　正　姜圣秋

章主审　苗红昌　王宝全　李俊琴

本章各节编写及审稿人员

节次	编写人	审稿人
8.1	赵春晖　姜圣秋	苗红昌 王宝全 李俊琴
8.2	赵先进　阮　正　姜圣秋　宁　扬　张　淼	
8.3	赵春晖　姜圣秋	

第8章　截排水工程

8.1　概　　述

由于南北自然条件差异较大，各地截排水要求不同，按所处空间分为地面排水工程和地下排水工程，如图Ⅱ.8.1－1所示。

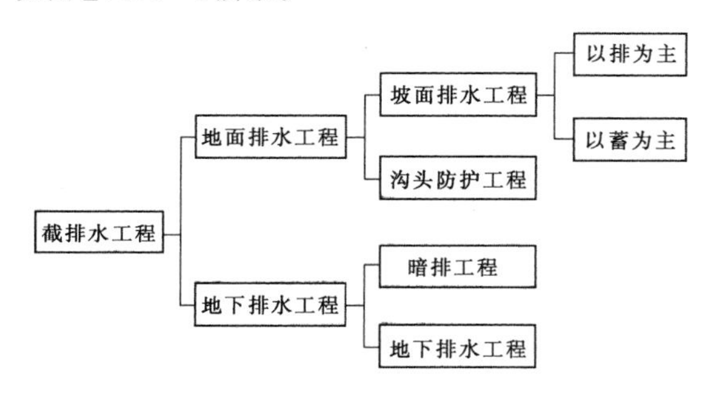

图Ⅱ.8.1－1　截排水工程分类图

地面排水工程按保护对象，分为坡面排水工程、沟头防护工程。坡面排水工程一般用于流域综合治理中山坡和梯田的保护，按蓄水排水要求，分为多蓄少排型、少蓄多排型和全排型3种，山坡截流沟一般用于东北黑土区坡耕地水土流失治理；沟头防护的截排水工程用于沟头治理。

地下排水工程是将坡面径流变成地下径流排出的措施体系，吸水管、集水管与排水明沟结合布置，构成复合式排水网络管网。地下排水工程一般用于东北黑土区涝渍灾害、侵蚀沟和坡耕地水土流失治理，南方地区坡耕地实施横向垄作，需进行暗排的可以黑土区暗排工程作参考。

8.2　地面排水工程

8.2.1　地面截排水沟

8.2.1.1　工程规划与布置

1. 工程规划

坡面截排水工程不是一个独立的工程，须与梯田、道路、沉沙蓄水工程等联合布置形成完整的系统，才能发挥最大作用。应该根据当地地形条件，因地制宜、安全、高效地布设。工程规划时遵循以下原则：

（1）坡面截排水工程应与梯田、道路、沉沙蓄水工程同时规划，并以沟渠、道路为骨架，合理布设截洪沟、排水沟、蓄水沟、沉沙池、蓄水池等建筑物，形成完整的防御、利用体系。

（2）应根据治理区的地形条件，按照高水高排、低水低排、就近排泄、自流原则选择线路。

（3）梯田排水沟布设应兼顾拦蓄和利用当地雨水的原则。在干旱缺水区的山坡或山洪汇流的槽冲地带，合理布设蓄水灌溉和排洪防冲工程。

（4）坡面截排水工程布置应避开滑坡体、危岩等地带。

2. 工程布置

（1）排水型截水沟。雨量充沛地区截排水工程以排为主，多采用排水型截水沟＋排水沟＋小型蓄水工程的形式布置。

排水型截水沟工程布置要点如下：

1）排水型截水沟治理坡面时，一般沿等高线方向或沿梯田傍山一侧边界横向布置。

2）当坡面较长时，在治理坡面或梯田内部增设多级截水沟，间距根据其控制面积、坡面洪水流量、排水能力并结合地形确定。

3）排水沟纵比降宜为1%～2%，出口就近接至排水沟或承泄区。坡度较大时应设置急流槽或跌水。

（2）蓄水型截水沟。北方干旱、半干旱地区截排水工程以蓄水为主，多采用蓄水型截水沟＋排水沟＋小型蓄水工程的形式布置。

蓄水型截水沟工程布置要点如下：

1）沿坡面治理区等高线方向或沿梯田傍山一侧边界水平布置。

2）当坡面治理区的坡长较长时，应增设多级截水沟。

3）蓄水型截水沟的出口接至排水沟或承泄区。

4）土沟应在沟底每5～10m修筑高0.2～0.3m的土埂，两端设拦水坎。

5）与排水沟的连接处应做好防冲措施。

（3）排水沟。排水沟工程布置要点如下：

1）在梯田边界或内部大致垂直于等高线纵向布置，坡度较大时，应设置急流槽或跌水。

2）连接蓄水池或天然排水道，宜布置在低洼地带，并尽量利用天然沟道。

3）排水沟密度、间距根据排水流量、地形条件等因素综合分析确定。

4）宜与沉沙蓄水工程联合布置，沉沙蓄水工程设计见本手册第10章相关内容。

5）排水沟之间及其与承泄区之间的交角宜为30°～60°，出口宜采用自排方式。

6）排水承泄区应保证排水系统的出流条件，具有稳定的河槽或湖床、安全的堤防和足够的承泄能力，且不产生环境危害。

8.2.1.2 工程设计

1. 设计标准

坡面截排水工程的级别和设计标准按《水土保持工程设计规范》（GB 51018—2014）确定。

坡面截排水工程级别包括下列三级：

（1）1级。配置在坡地上具有生产功能的1级林草工程、1级梯田的截排水沟。

（2）2级。配置在坡地上具有生产功能的2级林草工程、2级梯田的截排水沟。

（3）3级。配置在坡地上具有生产功能的3级林草工程、3级梯田的截排水沟。

设计标准按表Ⅱ.8.2-1确定。

表Ⅱ.8.2-1 坡面截排水工程设计标准

级别	标 准	超高/m
1	5～10年一遇短历时暴雨	0.3
2	3～5年一遇短历时暴雨	0.2
3	3年一遇短历时暴雨	0.2

2. 排水型截水沟设计

多雨地区截水沟采用排水型，设计要点如下。

（1）排水型截水沟断面按明渠均匀流公式计算：

$$Q=Ac\sqrt{Ri} \qquad (Ⅱ.8.2-1)$$

其中

$$\begin{cases} c=\dfrac{1}{n}R^{1/6} \\ R=A/x \end{cases} \qquad (Ⅱ.8.2-2)$$

式中 Q——最大流量，m^3；

A——过水断面面积，m^2；

c——谢才系数；

R——水力半径，m；

x——断面湿周，m；

i——截水沟坡降；

n——糙率，按表Ⅱ.8.2-2取值。

表Ⅱ.8.2-2 糙率参考值表

过流表面情况	糙率取值
抹光的水泥抹面	0.0120
未抹光的水泥抹面	0.0140
光滑的混凝土护面	0.0150
料石砌护	0.0150
砌砖护面	0.0150
粗糙的混凝土护面	0.0170
浆砌块石护面	0.0250
干砌块石护面	0.0275～0.0300
卵石铺砌	0.0225
中等土渠	0.0250
低于一般土渠	0.0275
较差土渠（水草、崩塌）	0.0300

（2）排水型截水沟有一定比降，水流在弯曲段凹岸会产生壅高，严重时会冲毁岸坡，应加强壅高段沟壁砌护。

（3）沟内流速应同时满足不冲、不淤要求。排水沟流速按式（Ⅱ.8.2-3）计算，不冲流速$v_{不冲}$参考表Ⅱ.8.2-3取值，明沟不淤流速$v_{不淤}$可取0.4～0.5m/s，暗沟不淤流速$v_{不淤}$可取0.75m/s。

$$v=\frac{Q}{A}=\frac{Q}{(b+mh)h} \qquad (Ⅱ.8.2-3)$$

式中 v——流速，m/s；

b——断面底宽，m；

m——内坡率；

h——有效水深，m。

表Ⅱ.8.2-3 不冲流速参考值表

沟内土壤和衬砌条件		不冲流速/(m/s)
土壤类（干密度为1.3～1.7t/m³）	轻壤土	0.60～0.80
	中壤土	0.65～0.85
	重壤土	0.70～0.90
	黏壤土	0.75～0.95
衬砌类型	混凝土衬砌	5.0～8.0
	块石衬砌	2.5～5.0
	卵石衬砌	2.0～4.5

3. 蓄水型截水沟设计

应根据地形合理选择断面形式，坡度不大时宜采用梯形断面，内坡比可取1∶1～1∶0.5；坡度较大时，为减少开挖可采用矩形断面。蓄水型截水沟的断面设计应符合以下规定：

(1) 每道蓄水型截水沟的容量 V 按式（Ⅱ.8.2-4）计算：

$$V=V_w+V_s \quad (Ⅱ.8.2-4)$$

式中 V——截水沟容量，m^3；

V_w——一次暴雨径流量，m^3；

V_s——1～3年土壤侵蚀量，m^3。

V_s 的计量单位，根据各地土壤的容重，由 t 折算为 m^3。

(2) V_w 和 V_s 的值按式（Ⅱ.8.2-5）和式（Ⅱ.8.2-6）计算：

$$V_w=M_wF \quad (Ⅱ.8.2-5)$$

$$V_s=(1\sim3)M_sF \quad (Ⅱ.8.2-6)$$

式中 F——截水沟的集水面积，hm^2；

M_w——一次暴雨径流模数，m^3/hm^2；

M_s——1年的土壤侵蚀模数，m^3/hm^2。

(3) 根据 V 值按式（Ⅱ.8.2-7）计算截水沟面积（A_1）：

$$A_1=V/L \quad (Ⅱ.8.2-7)$$

式中 A_1——截水沟断面面积，m^2；

L——截水沟长度，m。

(4) 按表Ⅱ.8.2-1中的规定增加安全超高。

4. 排水沟设计

排水沟除参照上述排水型截水沟断面设计以外，其他设计要点如下：

(1) 排水沟进口宜采用喇叭口或八字形导流翼墙，翼墙长度可取设计水深的3～4倍。

(2) 排水沟断面变化时，应采用渐变段衔接，其长度可取水面宽的5～20倍。

(3) 土质排水沟应分段设置跌水。梯田排水沟纵断面可与梯田纵断面一致，以每台田面宽为一水平段，以每台田坎高为一跌水，在跌水处做好防冲措施。

(4) 排水沟末端应有消能设施。当坡度小、流量小时，用消力池消能；当坡度大、流量大时，要用多级跌水或加糙（坎）消能。

(5) 土质山坡排水沟宜采用梯形或复式断面，石质山坡排水沟可采用矩形断面。排水沟如果为陡坡式渠道，多采用矩形断面，用浆砌块石或混凝土建造。

(6) 土质沟为梯形断面时，内坡坡比按土质类别采用1∶1.0～1∶1.5。沟道比降一般不宜小于0.5%，土质沟渠的最小比降不应小于0.25%，沟壁铺砌的沟渠最小比降不应小于0.12%。

(7) 断面应便于施工，深度不宜小于0.20m，梯形断面底宽不宜小于0.20m，矩形断面底宽不宜小于0.30m。

(8) 排水沟比降 i 取决于沿线的地形条件和土质条件，一般要求 i 值与沟沿线的地面坡度相近，以避免开挖太深。

(9) 应按表Ⅱ.8.2.1增加安全超高。

(10) 以排涝为目的的排水沟设计参照《灌溉与排水工程设计规范》（GB 50288）和《室外排水设计规范》（GB 50014—2006）的有关规定执行。

8.2.1.3 案例

东北某综合治理工程，在项目区内建设水平梯田，以提高坡耕地的经济效益并达到治理水土流失的目的。在梯田中小沟道上游布设谷坊，为汇集坡面来水，在谷坊下游布设截排水沟，将雨水引至附近的河道或坑塘，作为灌溉用水。

1. 设计标准

该截排水沟是梯田工程的配套措施，其设计标准均采用10年一遇6h暴雨标准。

2. 截排水工程典型设计

(1) 截（排）水沟断面。该截（排）水沟设计采用矩形断面，断面尺寸为底宽0.3m、高0.3m，截（排）水沟施工采用人工开挖，采用0.3m浆砌石砌筑，如图Ⅱ.8.2-1和图Ⅱ.8.2-2所示。

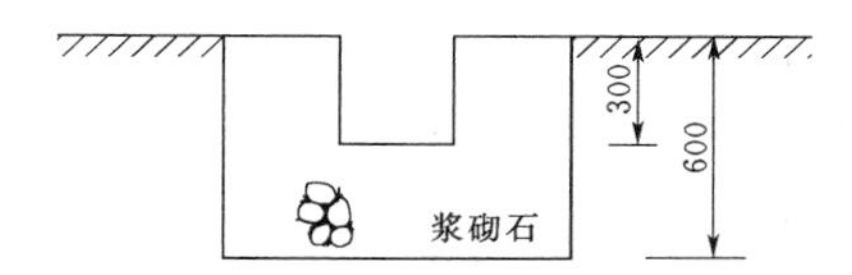

图Ⅱ.8.2-1 截（排）水沟设计断面图（单位：mm）

图Ⅱ.8.2-2 截（排）水沟实景图

(2) 截（排）水沟断面过水能力。

1) 采用当地水文手册确定洪峰流量 $Q_B=0.44m^3/s$。

2) 截（排）水沟断面采用明渠均匀流公式［式（Ⅱ.8.2-1）］计算。假定矩形截（排）水沟断面尺寸为0.3m×0.3m（宽×深），经计算，排水沟过水流量 $Q=0.65m^3/s$，大于 $Q_B=0.44m^3/s$，所以假定断面成立。截（排）水沟断面验算表见表Ⅱ.8.2-4。

表Ⅱ.8.2-4　截（排）水沟断面验算表

沟底宽/m	沟深/m	比降	糙率	湿周/m	断面面积/m²	水力半径/m	谢才系数	过水能力/(m³/s)
B	H	i	n	x	A	R	c	Q
0.3	0.3	0.33	0.017	0.9	0.09	0.10	40.08	0.65

（3）截（排）水工程量。项目区共布设截（排）水沟2.00km，具体工程量见表Ⅱ.8.2-5。

表Ⅱ.8.2-5　截（排）水沟工程量表

所属村	长度/m	断面形状	底宽/m	沟深/m	材料	砌石厚/m	比降/%	实施年份
邹家杖子村	396	矩形	0.3	0.3	浆砌石	0.3	9.93	2013
邹家杖子村	667	矩形	0.3	0.3	浆砌石	0.3	11.59	2013
邹家杖子村	296	矩形	0.3	0.3	浆砌石	0.3	10.39	2013
邹家杖子村	641	矩形	0.3	0.3	浆砌石	0.3	8.75	2013
合计	2000							

8.2.2　山坡截流沟

8.2.2.1　工程规划

（1）山坡截流沟基本上沿等高线布设，坡降宜取1%～2%，沟线应力求顺直（尽量沿耕地边布设，不破坏耕地完整性）。沟底坡降较大地段，隔一段距离修筑土埂。

（2）分级截流泄洪。高水高排，低水低排，分割水势，分散排泄，避免水量集中、暴雨引发洪灾。

（3）截流沟长超过500m时，应根据上游集水面积进行分段设计，断面变化段采用渐变段衔接，其长度可取水面宽的5～20倍。

（4）山坡截流沟与等高耕作、沟头防护等措施相配合。

8.2.2.2　工程设计

1. 设计标准

设计标准为防御10年一遇24h暴雨标准。

2. 断面设计

截流沟断面为梯形断面，采用明渠均匀流公式[式（Ⅱ.8.2-1）]计算。不同流量的不淤比降见表Ⅱ.8.2-6。

表Ⅱ.8.2-6　不同流量的不淤比降表

流量/(m³/s)	0.5	1.0	2.0	3.0	5.0
比降/%	1.0～2.0	0.7～1.0	0.5～0.7	0.4～0.5	0.3～0.4

8.2.2.3　案例

穆棱河流域红星小流域上游集水面积为0.23km²，全长920m，保护耕地面积为21hm²。截流沟拦截径流后，流量由上游到下游逐渐增大，进行分段设计。

1. 设计标准

根据《水土保持综合治理　技术规范　小型蓄排引工程》（GB/T 16453.4—2008），设计标准为防御10年一遇24h暴雨标准。

2. 最大洪峰量

根据《黑龙江省水文图集》查得：10年一遇24h最大降水量为100mm，径流系数$K=0.27$，$C_v=0.58$（最大流量变差系数），$C_s=3.5C_v$，$K_{5\%}=1.35$（20年一遇模比系数）。

$$W=1000KiF \qquad (Ⅱ.8.2-8)$$

式中　W——最大洪峰量，m³；

K——径流系数，取0.27；

i——10年一遇24h最大降水量，取100mm；

F——集水面积，km²。

经计算，上段和下段最大洪峰量分别为11411m³和14834m³。

3. 最大流量

从《黑龙江省水文图集》查得：$K_{10\%}=2.73$，$K_{5\%}=4.14$，$C_v=1.6$，$C_s=2.25C_v$，$C_p=7$，最大流量计算公式为

$$Q_{m1}=\frac{K_{10\%}}{K_{5\%}}C_pF_1^{0.67} \qquad (Ⅱ.8.2-9)$$

$$Q_{m2}=\frac{K_{10\%}}{K_{5\%}}C_pF_2^{0.67} \qquad (Ⅱ.8.2-10)$$

式中　Q_{m1}、Q_{m2}——上段和下段的最大流量，m³/s；

F_1、F_2——上段和下段的集水面积，km²；

C_p——最大径流量参数。

经计算，上段和下段最大洪峰流量分别为2.59m³/s和3.09m³/s。

4. 汇流历时

在截流沟坡度变化点或者有支沟（支管）汇入处分段，分别计算各段的汇流历时后再叠加而得沟（管）内汇流历时。沟（管）内汇流历时计算公式为

$$t=\sum_{i=1}^{n}\frac{l_i}{60v_i} \qquad (Ⅱ.8.2-11)$$

式中　t——沟（管）内汇流历时，min；

n、i——分段数和分段序号；

l_i——第i段的长度，m；

v_i——第i段的平均流速，m/s。

上段汇流时间为4402s，即1.2h；下段汇流时间

为 4798s，即 1.3h。

5. 断面要素确定

截流沟断面为梯形断面，采用明渠均匀流公式计算，边坡系数为 1，底宽 $b=2$m。根据相关规范，黏土渠道的不冲不淤流速为 0.75m/s，截流沟断面计算结果见表Ⅱ.8.2-7。

表Ⅱ.8.2-7　截流沟断面计算结果

前段					后段				
最大流量 /(m³/s)	上口宽 /m	沟深 /m	底宽 /m	断面面积 /m²	最大流量 /(m³/s)	上口宽 /m	沟深 /m	底宽 /m	断面面积 /m²
2.59	4.6	1.3	2.0	4.3	3.09	5.0	1.5	2.0	5.3

6. 截流沟埂

截流沟埂（堤）外坡坡比 $m_0=1.5$，内坡坡比 $m_1=1.0$。前段顶宽 1.1m，高 1.15m；后段顶宽 1.0m，高 1.3m，如图Ⅱ.8.2-3 所示。

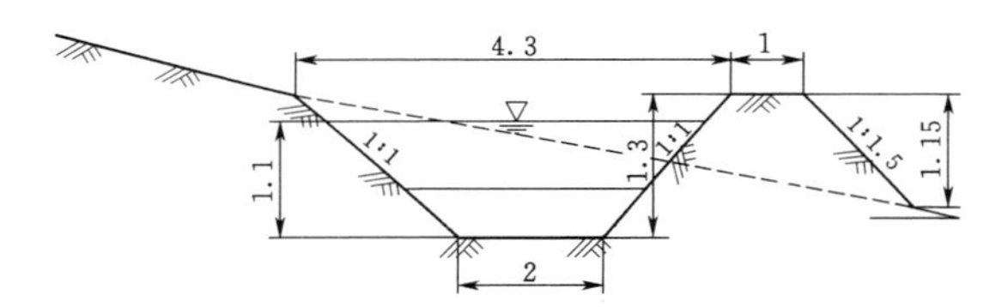

图Ⅱ.8.2-3　截流沟典型横断面图（单位：m）

7. 工程量

截流沟工程量见表Ⅱ.8.2-8。

表Ⅱ.8.2-8　截流沟工程量表

桩号区间	沟长 /m	断面 /m²	挖方 /m³	填方 /m³
0+000～0+460	460	4.3	2411	1804
0+460～0+920	460	5.3	2951	2208

8.3 地下排水工程

8.3.1 工程规划与布置

8.3.1.1 布置原则

1. 吸水管

鼠洞布设在有一定塑性的黏性土壤中，花管可布设在任何土壤中；管线平面布置宜相互平行，与地下水流动方向的夹角不宜小于 40°，其坡度与地面坡度保持一致；在线形洼地，吸水管与布置在洼地中轴线的集水暗管相通，再与周边固定排水沟网或承泄区连接。

吸水管布设时要考虑地下水位埋深和剩余水头，剩余水头值可取 0.2m 左右。

2. 集水管

集水管宜顺地面坡向布置，一般坡降在 1/50～1/500 之间。与吸水管管线夹角不应小于 30°，且集排通畅。通常布设在同一深度，按等距排列，对于透水性较差的黏性土或在上部有浅位阻水层时，集水管间距宜加密。对于侧向来水，则按截渗排水要求布设暗管。

集水管的布局形式有棋盘形、鱼刺形和不规则形 3 种。根据地形条件，集水管布设在线形洼地的中轴线上，间距一般为 50～100m，局部闭流洼地和低洼水线处应适当加密，间距为 10～30m，地形平缓时间距可适当加大。

南方集水管埋深一般为 1～1.2m，间距为 8～20m；北方集水管埋深一般为 1.5～2.5m，间距为50～200m。

8.3.1.2 形式选择

1. 坡耕地暗排工程

根据土壤、坡面复杂程度，将地下排水工程组合形式划分为鼠洞（花管）-暗管-排水明沟、鼠洞（花管）-排水明沟和暗管-排水明沟 3 种。

（1）鼠洞（花管）-暗管-排水明沟。地表水通过土壤渗透到鼠洞（花管），再汇入暗管，并导入排水明沟，鼠洞（花管）为一级暗排（吸水管），暗管为二级暗排（集水管），适宜布设在坡面复杂、土壤黏性较大的坡耕地。

（2）鼠洞（花管）-排水明沟。地表水通过土壤渗透到鼠洞（花管），再汇入排水明沟，适宜布设在坡面不复杂、土壤黏性较大的坡耕地。

（3）暗管-排水明沟。地表水通过土壤渗透到暗管，再导入排水明沟，适宜布设在坡面较复杂、土壤黏性小（壤土）的坡耕地或侵蚀沟底。

2. 侵蚀沟道地下排水工程

侵蚀沟道地下排水工程结合沟头防护、谷坊等治沟措施布设，地表径流分别由地面、地下排出，减少坡面径流对沟道的侵蚀。沟底埋设排水管，使一部分地表径流由地下排出，由排水明沟输送到排水骨干河沟中去。排水管出口处应采取防冲措施，以防止冲刷沟道。

8.3.2 工程设计

8.3.2.1 吸水管

鼠洞（花管）宜布设在距耕地表面 0.5～0.6m 为宜，其间距根据土壤结构而定，不同土质的鼠洞深度与间距经验数值见表Ⅱ.8.3-1，吸水管埋深与间距见表Ⅱ.8.3-2。

表Ⅱ.8.3-1 鼠洞深度与间距经验数值表

土壤质地	洞深/m	洞距/m	土壤质地	洞深/m	洞距/m
黏土	0.35～0.5	1.0～2.0	黏壤土	0.35～0.5	1.0～2.2
	0.5～0.7	1.5～2.8		0.5～0.7	1.5～3.0
	0.7～1.0	2.0～4.0		0.7～1.0	2.0～4.5

表Ⅱ.8.3-2 吸水管埋深与间距

吸水管埋深/m	吸水管间距/m		
	黏土、重壤土	中壤土	轻壤土、砂壤土
0.8～1.3	10～20	20～30	30～50
1.3～1.5	20～30	30～50	50～70
1.5～1.8	30～50	50～70	70～100
1.8～2.3	50～70	70～100	100～150

8.3.2.2 集水管

1. 排水强度计算

排水强度 q 可按式（Ⅱ.8.3-1）计算：

$$q=\frac{\mu\Omega(H_0-H_t)}{t} \quad (Ⅱ.8.3-1)$$

式中 μ——地下水面变动范围内的土层平均给水度；

Ω——地下水面形状校正系数，取0.7～0.9；

H_0——地下水水位降落起始时刻，集水管排水地段的作用水头，m；

H_t——地下水水位降落到 t 时刻，集水管排水地段的作用水头，m；

t——设计要求地下水水位由 H_0 降到 H_t 的历时，d。

2. 集水管流量计算

集水管径应满足设计排渍流量要求，不形成满管出流，流量可按式（Ⅱ.8.3-2）计算：

$$Q=CqA \quad (Ⅱ.8.3-2)$$

式中 Q——集水管流量，m^3/d；

C——排水流量折减系数，可从表Ⅱ.8.3-3查得；

q——地下水排水强度，m/d；

A——集水管控制面积，m^2。

表Ⅱ.8.3-3 排水流量折减系数

排水控制面积/hm^2	≤16	16～50	50～100	100～200
排水流量折减系数	1.00	1.00～0.85	0.85～0.75	0.75～0.65

3. 集水管内径计算

集水管内径按式（Ⅱ.8.3-3）计算：

$$d=2[nQ/(\alpha\sqrt{i})]^{\frac{3}{8}} \quad (Ⅱ.8.3-3)$$

式中 d——集水管内径，m，一般不小于0.08m；

n——管内壁糙率，可从表Ⅱ.8.3-4查得；

α——与管内水的充盈度 a 有关的系数，可从表Ⅱ.8.3-5查得；

i——管的水力比降，可采用管线的比降。

管道的比降 i 应满足管内最小流速不低于0.3m/s的要求。当 $d\leqslant$100mm时，i 可取1/300～1/600；当 $d>$100mm时，i 可取1/1000～1/1500。

表Ⅱ.8.3-4 排水管内壁糙率

排水管类别	陶土管	混凝土管	光壁塑料管	波纹塑料管
内壁糙率	0.014	0.013	0.011	0.016

表Ⅱ.8.3-5 系数 α 和 β 取值

a	0.60	0.65	0.70	0.75	0.80
α	1.330	1.497	1.657	1.806	1.934
β	0.425	0.436	0.444	0.450	0.452

注 管内水的充盈度 a 为管内水深与管的内径之比值。管道设计时，可根据管的内径 d 值选取充盈度 a 值：当 $d\leqslant$100mm时，取 $a=0.6$；当 $d=100\sim200$mm时，取 $a=0.65\sim0.75$；当 $d>200$mm时，取 $a=0.8$。

4. 集水暗管平均流速计算

集水暗管平均流速按式（Ⅱ.8.3-4）计算：

$$v=\frac{\beta}{n}\left(\frac{d}{2}\right)^{\frac{2}{3}}i^{\frac{1}{2}} \quad (Ⅱ.8.3-4)$$

式中 v——集水暗管平均流速，m/s；

β——与管内水的充盈度 a 有关的系数，可从表Ⅱ.8.3-5查得。

8.3.2.3 排水沟

排水沟的断面按设计频率暴雨坡面最大径流量公式计算，沟内水流的流速应同时满足不冲、不淤的要求，最小允许流速为0.4m/s，矩形和梯形排水沟断面的底宽和深度不宜小于0.20m。土质沟梯形断面内坡坡比为1∶1.0～1∶1.5，沟道比降不宜小于0.5%，最小比降不应小于0.25%。

8.3.3 施工及维护

8.3.3.1 鼠洞

在鼠洞的施工时，应注意保证其坡度与地面坡度保持一致，同时一条鼠洞要一次完成，避免中途起犁，引起鼠洞阻塞。

如果鼠洞直接与固定明沟相接，则在鼠洞出口内插满树枝（麦秸或草把），以防洞口坍塌。出口段沟底及边坡护砌，防止渠道边坡因鼠洞排水而被破坏。鼠洞实施时间受春季冻土深度及播种期紧张等因素影响，一般定为秋季作物收获后进行。

8.3.3.2 集水管（花管）

集水管（花管）施工采用开沟铺管机，结合鼠洞施工，采取开挖沟槽、铺设管道、下滤料和回填土联合作业。集水管的过水断面一般小于同级明沟，而管壁的阻抗系数则较大，因此，集水管的纵坡通常为1/500～1/1000，以达到输水畅通和防淤目的。为防止管道淤塞，施工时应做好滤水层，同时加强管道的管理和养护工作。为防止集水管出口附近的沟底和边坡遭受冲刷破坏，可用砖石料或混凝土加固基础。

管道外包滤料应满足以下要求：

（1）外包滤料的渗透系数应比周围土壤大10倍以上。

（2）外包滤料宜就地取材，选用耐酸、耐碱、不易腐烂、对农作物无害、不污染环境、方便施工的透水材料。

（3）外包滤料厚度可根据当地实践经验选取。散铺外包滤料压实厚度，在土壤淤积倾向较重的地区，不宜小于8cm；在土壤淤积倾向较轻的地区，宜为4～6cm；在无土壤淤积倾向的地区，可小于4cm。

8.3.4 案例

某小流域41号地块耕地面积为20.52hm^2，集水面积为3.96hm^2，地下水平均给水度为0.04，地下水面形状校正系数取0.8，涝坑积水面高程为99.82m，涝渍排除时水位高程为98.32m，确定地下排水管道内径，并计算其流域。

1. 设计标准

设计标准为24h暴雨标准，3d排除。由于上游集水面积小于16hm^2，所以排水流量折减系数为1.00；集水管材质为塑料波纹管，内壁糙率为0.016；根据经验，集水管内径应大于0.2m，所以a取0.8，$\alpha=1.934$，$\beta=0.452$；管道水力比降为0.08%。

2. 排水强度

将地面高程视为排水作用水头，即地下水位降落起始时刻，排水地段的作用水头为99.82m，排水历时3d，第三天时集水管排水地段的作用水头为98.32m，经计算，地下水排水强度为0.012m/d。

3. 计算集水管流量

由于上游集水面积小于16hm^2，所以排水流量折减系数为1.00，由公式计算得集水管流量为475m^3/d。

4. 计算集水管内径和平均流速

根据经验，集水管内径应大于0.2m，所以a取0.8，$\alpha=1.934$，$\beta=0.452$；管道水力比降为0.08%。

经计算，集水管内径为0.85m，平均流速为0.21m/s。

参考文献

[1] 中华人民共和国住房和城乡建设部，中华人民共和国国家质量监督检验检疫总局. 水土保持工程设计规范：GB 51018—2014 [S]. 北京：中国计划出版社，2014.

[2] 中华人民共和国国家质量监督检验检疫总局，中国国家标准化管理委员会. 水土保持综合治理　技术规范：GB/T 16453.1～16453.6—2008 [S]. 北京：中国标准出版社，2008.

第9章　支毛沟治理工程

章主编　姜圣秋　刘铁辉

章主审　王宝全　李俊琴

本章各节编写及审稿人员

节次	编写人	审稿人
9.1	赵春晖　姜圣秋	王宝全 李俊琴
9.2	姜圣秋　赵春晖	
9.3	赵春晖　姜圣秋	
9.4	刘铁辉　苗红昌　张军政　阎岁生　张经济　姜圣秋	
9.5	苗红昌　张军政　阎岁生　张经济　袁　月	

第9章 支毛沟治理工程

9.1 定义与作用

支毛沟是沟道水路网中主沟道的分支沟，一般指小流域中汇水面积小于 $1km^2$ 的侵蚀沟。支毛沟治理工程是指修建在沟道中的设施，能够防止沟头前进、沟底下切、沟岸扩张；拦蓄泥沙，减轻山洪及泥石流灾害，使沟底逐渐台阶化，为综合开发利用沟道创造条件。

9.2 分类与适用范围

9.2.1 分类

支毛沟治理工程主要包括沟头防护、削坡、谷坊和覆盖性治沟措施。

9.2.1.1 沟头防护

沟头防护分为蓄水型和排水型两类。蓄水型沟头防护包括围埂式和围埂蓄水池式。排水型沟头防护包括跌水式和悬臂式。

9.2.1.2 削坡

削坡包括直线型、折线型和阶梯型。

9.2.1.3 谷坊

谷坊按建筑材料不同分为土谷坊、石谷坊（浆砌石谷坊、干砌石谷坊、石笼谷坊、混凝土预制谷坊）和植物谷坊（柳桩编篱型植物谷坊、多排密植型植物谷坊）。

9.2.1.4 覆盖性治沟措施

覆盖性治沟措施包括垡带、柳编护沟和秸秆填沟。

9.2.2 适用范围

9.2.2.1 沟头防护

沟头防护适用于土石山区、丘陵区、黄土高原区和漫川漫岗区等沟壑发育、沟头前进危害严重的地区。

9.2.2.2 削坡

削坡适用于漫川漫岗区和南方崩岗区。

9.2.2.3 谷坊

谷坊适用于沟头前进、沟底下切、沟岸扩张严重的沟壑地区，包括土石山区、丘陵区、黄土高原区和漫川漫岗区等，其中石笼谷坊适用于石料较丰富且外形不规整的地区，混凝土预制谷坊适用于石料匮乏地区，植物谷坊适用于土层较厚、气候湿润地区。

9.2.2.4 覆盖性治沟措施

覆盖性治沟措施主要适用于漫川漫岗区。秸秆填沟适用于作物秸秆资源丰富的地区，垡带和柳编护沟适用于气候湿润、光照较多、土层较厚的地区。

9.3 工程规划

9.3.1 布设原则

9.3.1.1 沟头防护

（1）沟头防护工程以小流域综合治理措施布设为基础，与削坡、谷坊、淤地坝等措施互相配合布置。

（2）沟头防护工程应布设在沟头以上有天然坡面集流槽、暴雨径流集中泄入、引起沟头剧烈前进的区域。

（3）当坡面来水不仅集中于沟头，还有多处径流分散进入沟道时，在布设沟头防护工程的同时，围绕沟边修建沟边埂，制止坡面径流进入沟道。

（4）当沟头以上集水区面积较大（$10hm^2$ 以上）时，应布设相应的治坡措施与小型蓄水工程，以减少地表径流汇集沟头。

9.3.1.2 削坡

（1）削坡措施布设在边坡较陡，或沟坡破碎、不稳定的沟道，与谷坊、沟头防护等措施互相配合布置。

（2）直线型削坡适用于高度小于10m、结构紧密的土坡。从上到下整体削成同一坡度，使沟道边坡变缓达到稳定坡度，有松散夹层的土坡应采取加固措施。

（3）折线型削坡适用于高10～20m、结构比较松散的土坡，尤其是上部结构较松散、下部结构较紧密的土坡。重点是削缓上部，削坡后保持上部较缓、下部较陡的折线形。上、下部的高度和坡比，根据土坡高度与土质情况具体分析确定，以削坡后能保证稳定安全为原则，一般削坡边坡容许坡比见表Ⅱ.9.3-1。

表Ⅱ.9.3-1　　工程岩质和土质边坡容许坡比

岩土类别	岩土性质	容许坡比			
硬质岩石	坡高/m	<8	8～15	15～30	
	微风化	1：0.10～1：0.20	1：0.20～1：0.35	1：0.35～1：0.50	
	中等风化	1：0.20～1：0.35	1：0.35～1：0.50	1：0.50～1：0.75	
	强风化	1：0.35～1：0.50	1：0.50～1：0.75	1：0.75～1：1.00	
软质岩石	坡高/m	<8	8～15	15～30	
	微风化	1：0.35～1：0.50	1：0.50～1：0.75	1：0.75～1：1.00	
	中等风化	1：0.50～1：0.75	1：0.75～1：1.00	1：1.00～1：1.50	
	强风化	1：0.75～1：1.00	1：1.00～1：1.25		
碎石土	坡高/m	<5	5～10		
	密实	1：0.35～1：0.50	1：0.50～1：0.75		
	中密	1：0.50～1：0.75	1：0.75～1：1.00		
	稍密	1：0.75～1：100	1：1.00～1：1.25		
粉土	坡高/m	<5	5～10		
	S_r≤0.5	1：1.00～1：1.25	1：1.25～1：1.50		
黏性土	坡高/m	<5	5～10		
	坚硬	1：0.75～1：1.00	1：1.00～1：1.25		
	硬塑	1：1.00～1：1.25	1：1.25～1：1.50		
黄土	坡高/m	<6	6～12	12～20	20～30
	次生坡积黄土 Q_4	1：0.50～1：0.75	1：0.50～1：1.00	1：0.75～1：1.25	
	次生洪积冲积黄土 Q_4	1：0.20～1：0.40	1：0.30～1：0.60	1：0.50～1：0.75	1：0.75～1：1.00
	马兰黄土 Q_3	1：0.30～1：0.50	1：0.40～1：0.60	1：0.60～1：0.75	1：0.75～1：1.00
	离石黄土 Q_2	1：0.10～1：0.30	1：0.20～1：0.40	1：0.30～1：0.50	1：0.50～1：0.75
	午城黄土 Q_1	1：0.10～1：0.20	1：0.20～1：0.30	1：0.30～1：0.40	1：0.40～1：0.60

注　1. 使用本表时，可根据地区性的水文、气象等条件，予以校正。
2. 本表不适用于岩层层面或主要节理面有顺坡向滑动可能的边坡。
3. 混合土可参照表中相近的土使用。
4. 表中碎石土的充填物为坚硬或硬塑状的黏性土、粉土，对于砂土或充填物为砂土的碎石土，其边坡坡度容许值均按安息角确定。
5. S_r 为土的饱和度。

（4）阶梯型削坡适用于高10m以上、结构较松散，或高20m以上、结构较紧密的均质土坡。对非稳定坡面进行开级削坡，台坡相间以保证土坡稳定。根据土质与暴雨径流情况确定每一阶小平台的宽度和两平台的高差，一般小平台宽1.5～2.0m，两平台间高差5～10m。干旱、半干旱地区两平台间高差大些；湿润、半湿润地区两平台间高差小些。陡直坡面可先削坡后开级，开级后应保证土坡稳定。

9.3.1.3　谷坊

（1）谷坊工程是小流域综合治理措施之一，与沟头防护工程、削坡、淤地坝、侵蚀沟防护林（草）等措施互相配合。

（2）遵循“顶底相照”的原则，根据沟底比降，从下而上确定谷坊位置，下一座谷坊的顶部（溢流口）大致与上一座谷坊基部等高。

（3）谷坊工程修建在沟底比降较大（5%～

15%)、沟底下切剧烈发展的沟段。

(4) 谷坊坝址应布设在沟底与岸坡地形、地质条件好，口小肚大，无孔洞或破碎地层，没有不易清除的乱石和杂物的部位。

(5) 土、石谷坊布设在拦蓄径流泥沙多、建筑材料充足的沟道；植物谷坊布设在沟底比降较缓、土层较厚且湿润的沟道。

9.3.1.4 覆盖性治沟措施

秸秆填沟措施布设在耕地中的侵蚀沟，垡带和柳编护沟措施布设在沟底比降小于5%、土层较厚的宽浅型侵蚀沟。

9.3.2 类型选择

9.3.2.1 沟头防护

(1) 蓄水型沟头防护。沟头以上集水面积小于 $5hm^2$ 时，采用围埂式；集水面积大于 $10hm^2$ 时，采用围埂蓄水池式。

(2) 排水型沟头防护。降水量大的地区，沟头溯源侵蚀对村镇、交通设施构成威胁时，采用排水型沟头防护；沟头以上集水面积为 $5\sim10hm^2$ 时，沟头陡崖（或陡坡）高差小于3m时修建跌水式沟头防护，沟头陡崖高差大于3m时修建悬臂式沟头防护。

9.3.2.2 谷坊

土谷坊一般高2～5m，顶宽1.5～4.5m，上游边坡坡比1∶1.5～1∶2.0，下游边坡坡比1∶1.25～1∶1.75；浆砌石、混凝土预制谷坊高不大于5m，顶宽0.6～1.0m，上游边坡坡比1∶0.1，下游边坡坡比1∶0.2～1∶0.5；石笼谷坊高不大于3m，顶宽1.0～1.5m，上游边坡坡比1∶0.8～1∶1.0，下游边坡坡比1∶1.0～1∶1.2；植物谷坊（柳桩编篱型植物谷坊、多排密植型植物谷坊）布设在土层较厚且湿润的沟道，外观几何形式与土谷坊相似。

土谷坊和石质谷坊进、出口处应配套护坡、护底等防护措施。末级谷坊出口处应布设消力池、海漫等消能防冲设施。

9.4 工 程 设 计

9.4.1 沟头防护

9.4.1.1 蓄水型沟头防护

根据沟头地形、蓄水容积、来水量、土质等条件确定围埂的位置及长度。根据蓄水容积 V 和来水量 W 确定围埂数量，若 V 接近 W，则设计的围埂断面和长度满足要求。若 W 小于 V，则可缩小围埂的断面尺寸或长度；若 W 大于 V，则需增设第二道围埂，依此类推。

沟头深小于10m时，围埂距沟头3～5m；沟头深大于10m时，第一道围埂距沟边安全距离为沟头深的2～3倍。需要布设多道围埂时，每道围埂间隔5～10m，以免引起沟壁坍塌。

1. 来水量

来水量按式（Ⅱ.9.4-1）计算：

$$W=10KRF \qquad (Ⅱ.9.4-1)$$

式中 W——来水量，m^3；

F——沟头以上集水面积，hm^2；

R——10年一遇3～6h最大降水量，mm；

K——径流系数，参照当地水文手册或经验确定。

2. 围埂蓄水量

围埂蓄水量可按式（Ⅱ.9.4-2）进行计算：

$$V=L\left(\frac{hB}{2}\right)=L\frac{h^2}{2i} \qquad (Ⅱ.9.4-2)$$

式中 V——围埂蓄水量，m^3；

L——围埂长度，m；

B——回水长度，m；

h——埂内蓄水深，m；

i——地面比降，%。

沟头围埂蓄水量示意图如图Ⅱ.9.4-1所示。

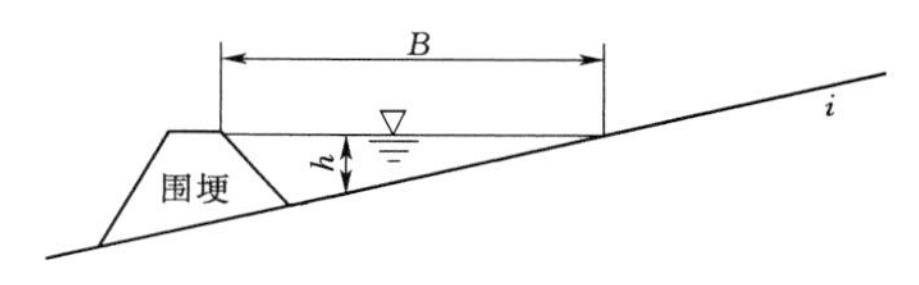

图Ⅱ.9.4-1 沟头围埂蓄水量示意图

3. 围埂断面

围埂为土质，断面为梯形，如图Ⅱ.9.4-2所示。一般埂高0.8～1.0m，安全超高可取0.3～0.5m，顶宽0.4～0.5m，内、外坡坡比均为1∶1。围埂修筑时沿埂线两侧清基宽，分层夯实，埂体干容重达 $1.4\sim1.5t/m^3$。沟中每隔5～10m修一小土挡防止水流集中。

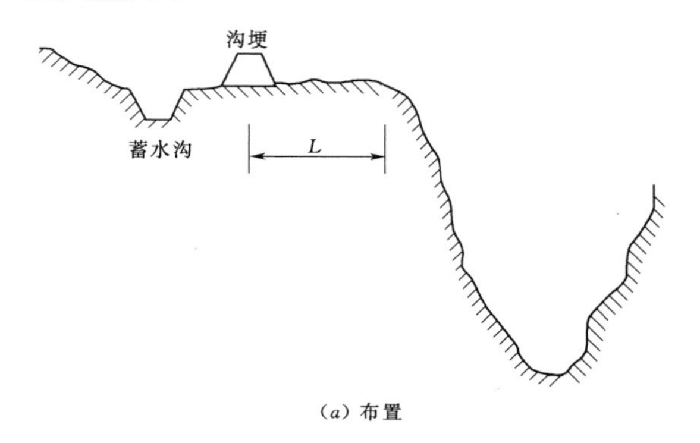

(a) 布置

图Ⅱ.9.4-2（一） 围埂布置与断面示意图

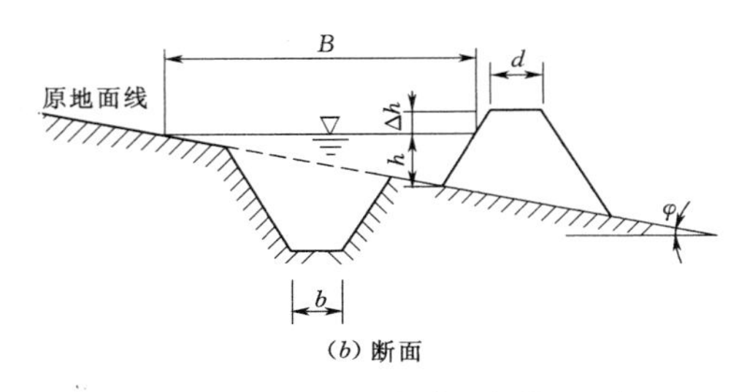

图Ⅱ.9.4-2（二）　围埂布置与断面示意图

4. 埂间距

多道围埂的围埂间距可用式（Ⅱ.9.4-3）计算：

$$D=\frac{H'}{i} \qquad (Ⅱ.9.4-3)$$

式中　D——围埂间距，m；

H'——埂高，m；

i——地面比降，%。

5. 溢洪口

为确保围埂安全，在埂顶每隔 10～15m 布设深 0.2～0.3m、宽 1～2m 的溢流口，并以草皮铺盖或块石铺砌，使多余的水通过溢流口流入下方围埂内。

6. 沟头蓄水池

受沟头地形、土质等条件所限，当来水量大于围埂蓄水量时，需在围埂上方布设蓄水池，蓄水池位置应距沟头 10m 以上，如图Ⅱ.9.4-3 所示。

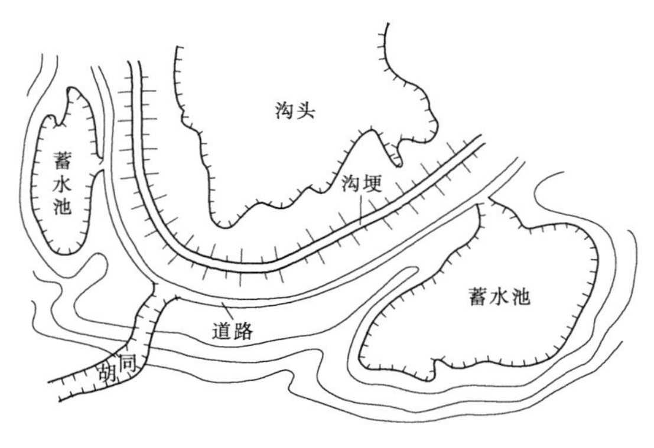

图Ⅱ.9.4-3　围埂蓄水池式沟头防护示意图

沟头蓄水池容积为来水量减去围埂蓄水量，蓄水池设计参照《水土保持综合治理　技术规范　小型蓄排引水工程》（GB/T 16453.4—2008）进行。

9.4.1.2　排水型沟头防护

1. 流量

设计流量按式（Ⅱ.9.4-4）计算：

$$Q=0.278KIF \qquad (Ⅱ.9.4-4)$$

式中　Q——设计流量，m^3/s；

F——沟头以上集水面积，km^2；

I——10 年一遇 1h 最大降水强度，mm/h；

K——径流系数。

2. 悬臂式沟头防护

悬臂式沟头防护主要由集水渠、悬臂管（槽）、支架及消能设施组成，如图Ⅱ.9.4-4 所示。

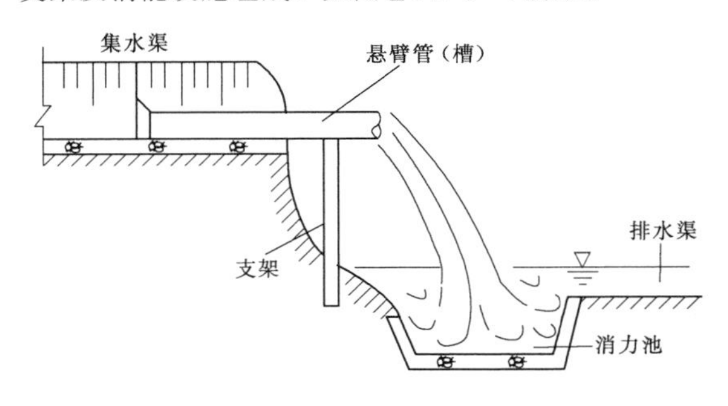

图Ⅱ.9.4-4　悬臂管（槽）式排水示意图

（1）悬臂管。悬臂管为圆形断面，管径 d 按无压圆管自由出流流量计算，经水力试算确定：

$$Q_m=AK_0\sqrt{i} \qquad (Ⅱ.9.4-5)$$

式中　Q_m——无压圆管流量，m^3/s；

A——系数，取决于管内充水程度，一般取管内水深 $h=0.75d$，此时，$A=0.91$；

K_0——管内完全充水时的流量模数，可查表Ⅱ.9.4-1 确定；

i——管坡，可取为 1/50～1/100。

表Ⅱ.9.4-1　　K_0 值表

d/mm	300	400	500	600	700	800	900	1000
K_0 /(m^3/s)	1.004	2.153	3.900	6.325	8.698	12.406	19.998	22.439

（2）悬臂槽。悬臂槽为矩形断面，可按式（Ⅱ.9.4-6）和式（Ⅱ.9.4-7）计算槽中水深 h 及槽宽 b：

$$h=0.501\left(\frac{Q_m}{b}\right)^{\frac{3}{2}} \qquad (Ⅱ.9.4-6)$$

$$b=0.355h^{-\frac{1}{3}} \qquad (Ⅱ.9.4-7)$$

式中　h——槽中水深，m；

Q_m——矩形明槽流量，m^3/s；

b——矩形明槽宽，m。

设计时先假定槽宽 b，再求出槽中水深 h，通常取 $b>h$。矩形槽总深度可取为 $h+0.3$(m)。用木料做挑流槽和支架时应作防腐处理。木料支架下部扎根处应浆砌料石，在石上开孔，将木料下部插于孔中并固定。扎根处必须保证不因雨水冲蚀而动摇；浆砌块石支架应做好清基，座底尺寸为 0.8m×0.8m～1.0m×1.0m，逐层向上缩小。

3. 跌水式沟头防护

跌水式沟头防护有陡坡式跌水、单级跌水和多级跌水。沟头来水流量较小时，按悬壁槽计算公式确定其各部尺寸；来水流量较大、过水断面变化时，按一般水利工程设计要求分别计算其各部尺寸。

（1）陡坡式跌水。陡坡式跌水通常由进口段（宽顶堰）、陡坡段（陡槽段）、消力池和出口段组成，如图Ⅱ.9.4-5所示。

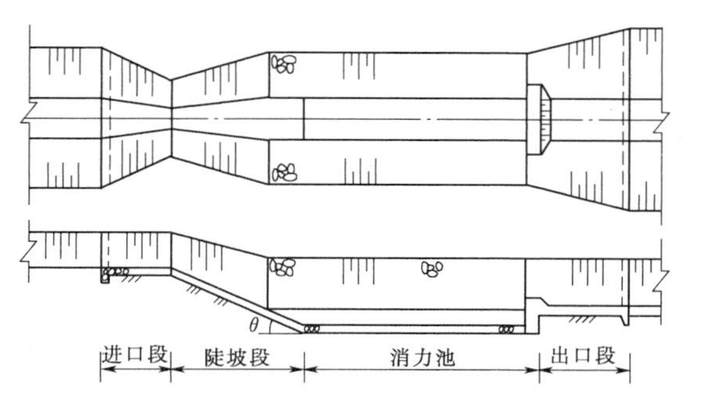

图Ⅱ.9.4-5 陡坡式跌水结构示意图

1）进口段。进口段由进口渐变段（八字墙或扭曲面）和跌水口组成。

连接段前端（进口端）需做齿墙，深入渠底0.3～0.5m。进口护底和侧墙采用片石（或混凝土）砌筑，厚0.3m（或0.1～0.3m）。连接段（渐变段）的长度为h（渠道加大流量的正常水深）的2.5～3.0倍。底部边线的位置与渠道中心线的夹角小于45°。

跌水口多采用矩形断面或梯形断面，前者适用于渠道流量频变且变化不大的情况，后者适用于渠道流量变化较大的情况，如图Ⅱ.9.4-6所示。

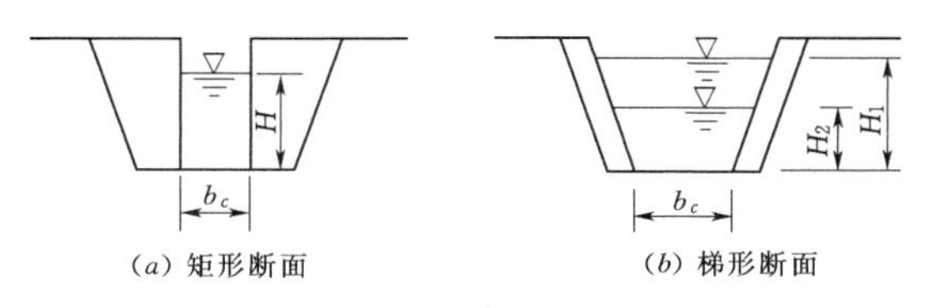

(a) 矩形断面　　(b) 梯形断面

图Ⅱ.9.4-6 跌水口断面形式

矩形断面的流量按宽顶堰公式［式（Ⅱ.9.4-8）］计算：

$$Q=Mb_cH^{\frac{3}{2}} \qquad (Ⅱ.9.4-8)$$

式中 Q——设计流量，m^3/s；

b_c——溢洪口底宽，m；

H——溢洪口水深，m；

M——流量系数，一般采用1.55。

梯形断面的流量可按式（Ⅱ.9.4-9）计算：

$$Q_m=\varepsilon M(b_c+0.8n_cH)H_0^{\frac{3}{2}} \qquad (Ⅱ.9.4-9)$$

其中

$$H_0=H+\frac{\alpha v^2}{2g}$$

$$\varepsilon=1-0.2\frac{H}{H+b_c}$$

式中 Q_m——设计流量，m^3/s；

b_c——溢洪口底宽，m；

n_c——溢洪口边坡系数；

H——堰顶水头（进口段引水渠水深），m；

H_0——堰顶总水头，m；

ε——收缩系数，设计时可取$\varepsilon=1.0$；

α——动能修正系数，工程设计中一般取1.0；

M——流量系数，根据试验，M随溢洪口形状和水深而变化。

对于扭曲面连接，当进口段引水渠边坡系数$m=1\sim2$，边坡系数$n_c=0.25\sim1.00$，连接段长度大于$3h$时，$M=2.25-0.15\frac{\overline{b}}{H}$，$\overline{b}$为溢洪口平均宽度，$\overline{b}=b_c+0.8n_cH$；对于八字墙连接，当$m=1\sim2$，$n_c=0.4\sim0.9$，连接段长度大于$2.5H$时，$M=(2.18\sim2.08)-0.15\frac{\overline{b}}{H}$。

设H_1和H_2为进口上游渠道按式（Ⅱ.9.4-10）计算得到的均匀流水深，则按该两水深控制求出的梯形口尺寸，渠中将不产生壅水和降水。

$$\left.\begin{aligned}H_1&=H_{max}-0.25(h_{max}-h_{min})\\H_2&=H_{min}+0.25(h_{max}-h_{min})\end{aligned}\right\} \qquad (Ⅱ.9.4-10)$$

式中 H_{max}——相应于渠道加大流量时的正常水深，m；

H_{min}——相应于渠道最小流量时的正常水深，当H_{min}不知时，可取$H_{min}=(0.33\sim0.5)H_{max}$，m。

2）陡坡段（陡槽段）。陡坡段横断面有矩形和梯形两种，梯形断面边坡坡比小于1∶1。较长的陡槽，应沿槽长每隔5～20m设一接缝，并在此处设齿坎止水，以减少渗流。槽底和侧墙一般用块石砌筑，厚0.3～0.5m。

小型陡坡式跌水的陡槽坡度较陡且短，槽中水面线可视为直线，不需计算水面曲线，只计算临界水深h_k及正常水深h_0即可。陡坡的底坡取$\tan\theta\leqslant\tan\alpha_c$，$\theta$为陡坡倾角，$\alpha_c$为地基土壤的内摩擦角。

3）消力池。消力池由池底板、侧墙和跌水墙组成，消除跌落水流的能量，其宽度应大于跌水口宽度，以减小出口流速，削减水流动能，防止冲刷下游沟道；消力池池底和侧墙用浆砌块石修筑，池底厚度为0.3～0.5m，材料采用砌石或混凝土。

低于渠底部分的消力池横断面为矩形，高于渠底部分的断面与渠道断面相同。消力池的水力计算主要是确定池深 S 和池长 l，如图Ⅱ.9.4-7所示。

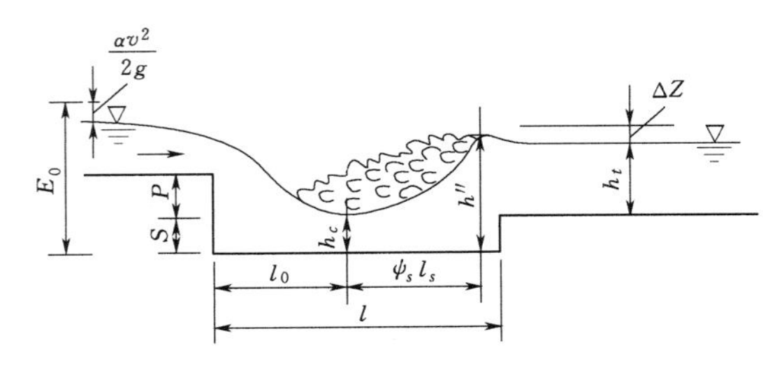

图Ⅱ.9.4-7 消力池计算示意图

消力池池深的水力计算可按造成淹没式完整水跃的水力条件（图Ⅱ.9.4-7），由式（Ⅱ.9.4-11）联立迭代求解：

$$\begin{cases} h_c=\dfrac{q}{\varphi\sqrt{2g(E_0+S-h_c)}} \\ h''=\sigma h_c''=\dfrac{\sigma h_c''}{2}\left(\sqrt{1+\dfrac{8q^2}{gh_c^3}}-1\right) \\ S=h''+\dfrac{q^2}{2gh''^2}-\dfrac{q^2}{2g(\varphi h_t)^2}-h_t \end{cases} \tag{Ⅱ.9.4-11}$$

式中 h_c——陡坡末端收缩断面水深，m；

E_0——进口控制断面对消力池池底的总水头，m；

q——陡坡末端收缩断面上的单宽流量，m^2/s；

h_c''——收缩断面水深的共轭水深，m；

h_t——下游渠道正常水深，m；

σ——安全系数，一般取 $\sigma=1.05\sim1.10$；

φ——流速系数，由经验公式，$\varphi=0.85\sim0.95$；

h''——考虑安全系数的跃后水深，m，$h''=\sigma h_c''$；

S——消力池池深，m。

消力池长度可按式（Ⅱ.9.4-12）计算：

$$\left.\begin{aligned} l&=l_0+\psi_s l_s \\ l_s&=6.9(h_c''-h_c) \\ l_0&=1.74\sqrt{h_0(P+S+0.24h_0)} \end{aligned}\right\} \tag{Ⅱ.9.4-12}$$

式中 ψ_s——完整水跃长度 l_s 的折减系数，一般取0.7～0.8；

P——陡坡末端堰坎高度，m；

其他符号意义同前。

若消力池横断面大于下游河道（或沟道）断面，出口后平面衔接段的收缩比应不小于1：3。在消力池消能良好的情况下，出口后砌护段长度为 $(3\sim6)h_c''$，在消能不充分的情况下，砌护长度为 $(8\sim15)h_c''$。

4）出口。出口形式与进口相同，将消能后的水流平稳地引入下游沟道，防止剩余能量冲刷沟道，长度可等同消力池池长，使消能后的紊乱水流充分扩散，避免涡流。

（2）单级跌水。单级跌水由进口、跌水墙和消力池三部分组成，如图Ⅱ.9.4-8所示。

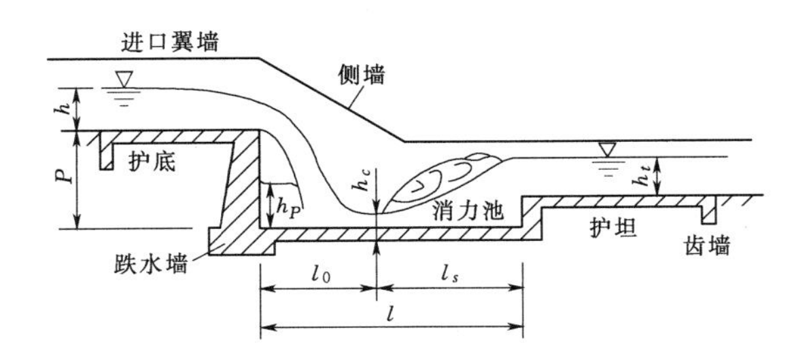

图Ⅱ.9.4-8 单级跌水纵剖面示意图

1）进口。进口形式与陡坡式跌水进口相同，根据具体情况可做成矩形或梯形断面，水力计算参阅陡坡式跌水的水力计算。

2）跌水墙。跌水墙为一挡土墙，是连接跌水口与消力池的建筑物，有直墙式和斜墙式两种形式，如图Ⅱ.9.4-9所示，通常按重力式挡土墙设计。常用浆砌块石做成，厚度为0.4～0.6m，倾斜面1：0～1：0.3。

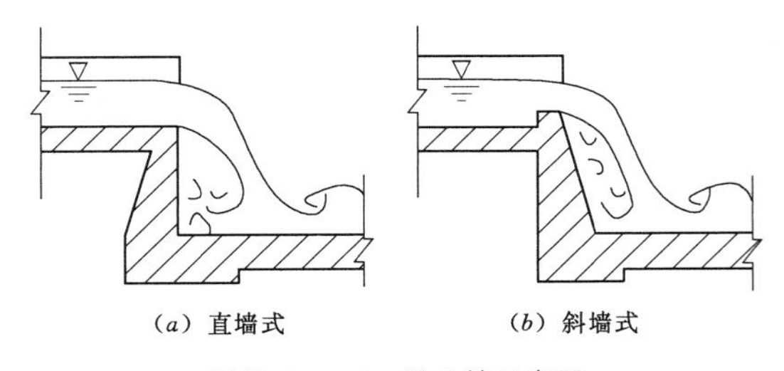

图Ⅱ.9.4-9 跌水墙示意图

矩形断面直墙式跌水墙［图Ⅱ.9.4-9（a）］水力计算要素按经验公式［式（Ⅱ.9.4-13）～式（Ⅱ.9.4-20）］计算：

跌落水舌长度：

$$l_0=4.30D^{0.27}P \tag{Ⅱ.9.4-13}$$

水舌后水深：

$$h_P=D^{0.22}P \tag{Ⅱ.9.4-14}$$

跃前水深：

$$h_c=0.54D^{0.425}P \tag{Ⅱ.9.4-15}$$

跃后水深：

$$h_c''=1.66D^{0.27}P \tag{Ⅱ.9.4-16}$$

水跃长度：

$$l_s=1.9h_c''-h_c \tag{Ⅱ.9.4-17}$$

消力池池深：

$$S=h''-h_t \qquad (Ⅱ.9.4-18)$$

消力池池长：

$$l=l_0+0.8l_s \qquad (Ⅱ.9.4-19)$$

$$D=\frac{q^2}{g(P+S)^3} \qquad (Ⅱ.9.4-20)$$

式中 q——单宽流量；

其他符号意义同前。

斜墙式跌水墙水力要素可按一般平底矩形断面水跃公式［式（Ⅱ.9.4-21）和式（Ⅱ.9.4-22）］计算：

跃前水深：

$$h_c=\frac{q}{\varphi\sqrt{2g(P+E_0-h_c)}} \qquad (Ⅱ.9.4-21)$$

跌落水舌长度：

$$l_d=v\sqrt{\frac{2y}{g}} \qquad (Ⅱ.9.4-22)$$

其中

$$q=\frac{Q}{b_c}$$

$$y=P+\frac{h'}{2}$$

式中 h_c——跃前水深，m；

b_c——矩形缺口底宽；

h'——缺口处水深；

φ——流速系数；

v——缺口断面平均流速；

其他符号意义同前。

3）梯形断面进口消力池：梯形断面进口消力池的水力要素按式（Ⅱ.9.4-23）～式（Ⅱ.9.4-25）确定：

消力池池深：

$$S=1.05h_c''-h_t \qquad (Ⅱ.9.4-23)$$

消力池池宽：

$$B=b_c+0.8n_ch \qquad (Ⅱ.9.4-24)$$

消力池池长：

$$l=l_0+0.8l_s \qquad (Ⅱ.9.4-25)$$

式中 h——设计流量时上游引水渠正常水深，m；

其他符号意义同前。

（3）多级跌水。在跌差比较大时（$P>3.0$m）可采用多级跌水，如图Ⅱ.9.4-10所示。

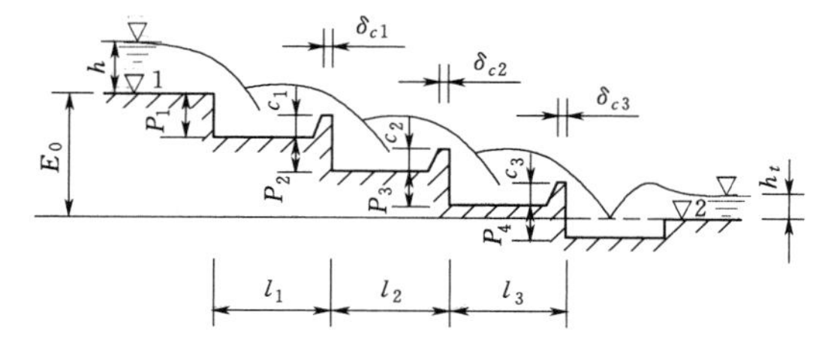

图Ⅱ.9.4-10 多级跌水纵剖面示意图

多级跌水的进口和最末一级的消能出口部分的水力计算与单级跌水相同，从第二级起，采用消力坎消能。

跌差的分级一般按地形分段确定不同的各级跌差P_i。当地面坡度较均匀时，可按各级底部（或水面）落差相等分段，如沟底总跌差为E_0，分为n级，则每级跌差$P_i=\frac{E_0}{n}$，每级设消力坎消能。

梯形断面底部等跌差、矩形消力池的多级跌水的水力计算如下：

1）第一级。

消力坎高：

$$c_1=1.05h_c''-h_1 \qquad (Ⅱ.9.4-26)$$

第一级平台长：

$$l_1=l_0+0.8(1.9h_c''-h_c)+\delta_{c1} \qquad (Ⅱ.9.4-27)$$

其中 $$\delta_{c1}=(1\sim2)h_1$$

式中 l_1——坎顶长度；

δ_{c1}——坎顶厚度；

h_1——坎顶水深。

2）第二级。消力坎高、平台长度和坎顶长度的计算公式与第一级相同，但在计算跃后水深时，其跌差应为：$P=P_2+c_2$，$q=\frac{Q}{b}$，b为矩形消力池宽度。

3）第三级以后的计算方法均与第二级相同。

4）最后一级按消力池设计，其跌差为

$$P=P_n+c_{n-1}+S \qquad (Ⅱ.9.4-28)$$

9.4.2 削坡

9.4.2.1 直线型削坡

削坡断面根据土壤物理特性和边坡稳定系数确定，边坡较大的侵蚀沟削缓坡角，并进行局部整形，削坡土方直接平铺沟底。

（1）削坡宽度（单侧）。单侧削坡宽度（以下简称“削坡单宽”）计算公式为

$$d=H(\cot\beta-\cot\alpha) \qquad (Ⅱ.9.4-29)$$

$$\tan\alpha=\frac{2H}{M-N} \qquad (Ⅱ.9.4-30)$$

式中 d——削坡单宽，m；

H——原沟深，m；

α——原坡角，（°）；

β——削坡后坡角，（°）；

M——上口宽，m；

N——底宽，m。

（2）削坡断面面积。左侧削坡断面示意图如图Ⅱ.9.4-11所示，面积按式（Ⅱ.9.4-31）计算：

$$A_{左}=S_1-S_2 \qquad (Ⅱ.9.4-31)$$

式中 $A_{左}$——左侧削坡断面面积，m²；

S_1——梯形面积（图Ⅱ.9.4-11中$ABCD$合围阴影面积），m^2；

S_2——三角形面积（图Ⅱ.9.4-11中ABC合围阴影面积），m^2。

同理可计算出右侧削坡断面面积$A_{右}$，则削坡断面面积按式（Ⅱ.9.4-32）计算：

$$A=A_{左}+A_{右} \qquad (Ⅱ.9.4-32)$$

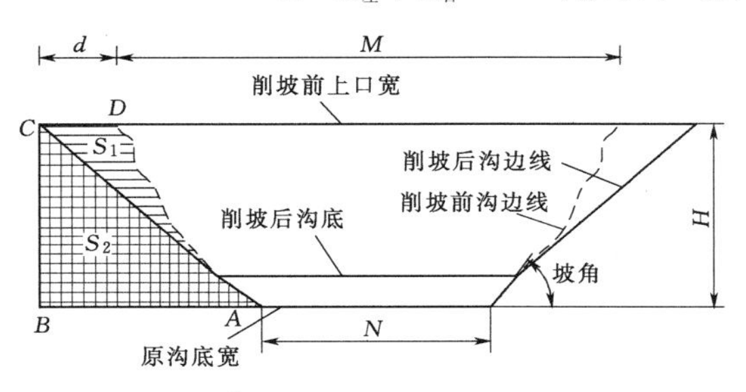

图Ⅱ.9.4-11　削坡断面示意图

（3）削坡后沟道深度。削坡后沟道深度按式（Ⅱ.9.4-33）计算：

$$H'=H\frac{\sqrt{4\tan\beta(A_{左}+A_{右})+N^2}}{2\tan\beta}\lambda \qquad (Ⅱ.9.4-33)$$

式中　H'——削坡整形后沟深，m；

λ——系数，取值范围为0.2～0.6。

（4）工程量。工程量按式（Ⅱ.9.4-34）计算：

$$V=AL \qquad (Ⅱ.9.4-34)$$

式中　V——削坡土方量，m^3；

L——削坡长，m。

9.4.2.2　折线型削坡

折线型削坡重点是削缓上部，削坡后保持上部较缓、下部较陡的折线形。折线型削坡可视为多个直线型削坡的组合，其设计参照直线型削坡进行。

9.4.3　谷坊

9.4.3.1　土谷坊

坝高一般为2～5m，顶宽1.5～2.0m，迎水坡坡比1∶1.5～1∶2.0，背水坡坡比1∶1.25～1∶1.75，见表Ⅱ.9.4-2；在能迅速淤满的地方，迎水坡坡比与背水坡坡比一致。谷坊坝与地基通过结合槽紧密连接，坝顶或坝端侧设溢水口，如图Ⅱ.9.4-12所示。

表Ⅱ.9.4-2　土谷坊坝体断面尺寸

坝高/m	顶宽/m	底宽/m	迎水坡坡比	背水坡坡比
2	1.5	7.0	1∶1.50	1∶1.25
3	1.5	11.1	1∶1.70	1∶1.50
4	2.0	15.6	1∶1.80	1∶1.60
5	2.0	20.75	1∶2.00	1∶1.75

注　1. 坝顶作为交通道路时按交通要求确定坝顶宽度。
2. 在谷坊能迅速淤满的地方，迎水坡坡比可采取与背水坡坡比一致。

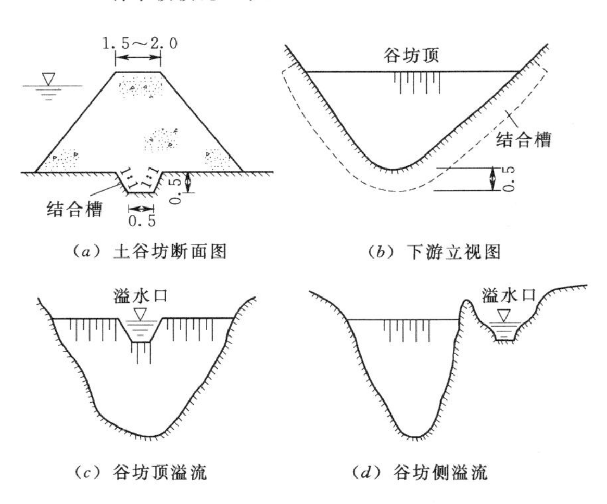

图Ⅱ.9.4-12　土谷坊示意图（单位：m）

近年来，用塑料编织袋装填砂土垒筑施工更方便，能适应地基变形沉陷要求，塑料编织袋土谷坊断面构造如图Ⅱ.9.4-13所示。

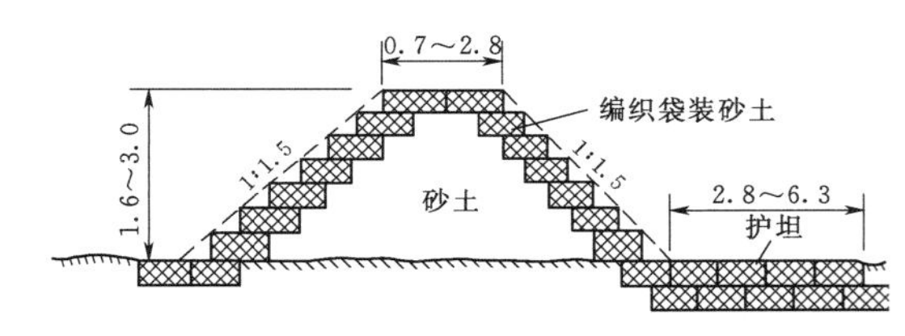

图Ⅱ.9.4-13　塑料编织袋土谷坊断面构造图（单位：m）

1. 谷坊间距

（1）底坡均匀一致。底坡均匀一致时，谷坊淤满后形成川台地，谷坊的间距可按式（Ⅱ.9.4-35）确定：

$$L=\frac{h}{i} \qquad (Ⅱ.9.4-35)$$

式中　L——谷坊间距，m；

h——谷坊高度，m；

i——沟床比降，%。

当采用的谷坊高度相同时，其座数n为

$$n=\frac{H}{h} \qquad (Ⅱ.9.4-36)$$

式中　n——谷坊数量，座；

H——沟道沟头至沟口地形高差，m。

（2）沟道底坡不均。沟道底坡不均时，有台阶或跌坎时，应根据台阶或跌坎段地形高差确定谷坊数量及高度，方法与上相同。

（3）比降较大的沟道。比降较大的沟道，为减少谷坊座数，可允许两谷坊淤积后有一定坡度（比降）i_c，如图Ⅱ.9.4－14所示，谷坊间距 L 可按式（Ⅱ.9.4－37）确定：

$$L=\frac{h}{i-i_c} \qquad (Ⅱ.9.4-37)$$

式中 i_c——谷坊淤满后的比降，%；

其他符号意义同前。

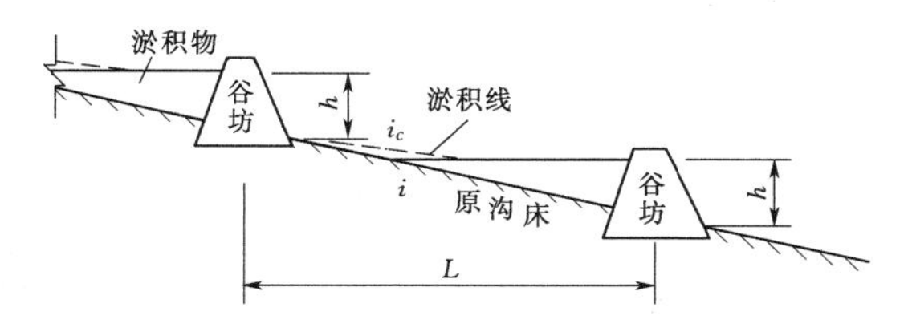

图Ⅱ.9.4－14 谷坊座数确定示意图

不同淤积物质淤满后淤积比降按表Ⅱ.9.4－3选取。

表Ⅱ.9.4－3 i_c 取值表

淤积物	粗砂（夹卵砾石）	黏土	黏壤土	砂土
i_c/%	2.0	1.0	0.8	0.5

当采用的谷坊高度相同时，其座数 n 为

$$n=\frac{H}{h+Li_c} \qquad (Ⅱ.9.4-38)$$

2. 溢洪口

（1）洪峰流量。设计洪峰流量按式（Ⅱ.9.4－4）计算。

（2）溢洪口断面面积。溢洪口断面示意图如图Ⅱ.9.4－15所示，面积按式（Ⅱ.9.4－39）和式（Ⅱ.9.4－40）计算：

$$A=\frac{Q}{v} \qquad (Ⅱ.9.4-39)$$

$$A=(b+h/n_c)h \qquad (Ⅱ.9.4-40)$$

式中 A——溢洪口断面面积，m^2；

Q——设计洪峰流量，m^3/s；

v——相应的流速，m/s；

b——溢洪口底宽，m；

h——溢洪口水深，m；

n_c——溢洪口边坡系数。

（3）流速。流速按式（Ⅱ.9.4－41）计算：

$$v=C\sqrt{Ri} \qquad (Ⅱ.9.4-41)$$

其中

$$R=\frac{A}{x}$$

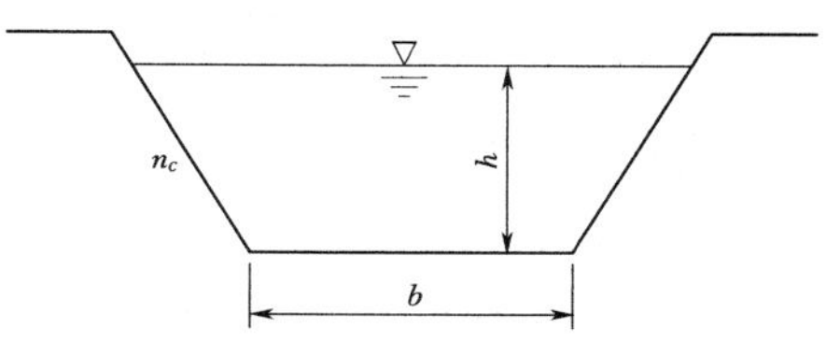

图Ⅱ.9.4－15 明渠式溢洪口断面示意图

$$C=\frac{1}{n}R^{\frac{1}{6}}$$

式中 v——流速，m/s；

R——水力半径，m；

i——渠底比降，%；

C——谢才系数；

n——糙率，取0.025；

x——溢洪口断面湿周，$x=b+2h\sqrt{1+m^2}$，m。

（4）溢洪口防护。溢洪口用石料砌筑，以防冲刷；不设溢洪口而允许坝面溢流时，可在坝顶、坝坡种植草灌（灌木）或砌面保护。

（5）溢洪口布设。溢洪口布设在土坝一侧的坚实土层或岩基上，上下两座谷坊溢洪口尽可能左右交错布设。

两岸是平地，且沟深小于3.0m的沟道，坝端没有适宜开挖溢洪口的位置时，可将土坝高度修到超出沟床0.5～1.0m，坝体在沟道两岸平地上各延伸2～3m，并用草皮或块石护砌，使洪水从坝两端漫至坝下农、林、牧地，或安全转入沟谷，不允许水流直接回流到坝脚处。

3. 迎水坡、背水坡防护

迎水坡铺0.4m厚块石，下铺0.2m厚碎石垫层和土工布，背水坡植草护坡。

9.4.3.2 石谷坊

1. 干砌石谷坊

谷坊迎水面和背水面用毛料石防护，高度不大于3m，断面为梯形，迎水坡坡比1：1.25～1：1.75，背水坡坡比1：1.0～1：1.5，底部设有结合槽，顶宽0.8～1.5m。谷坊顶设梯形或簸箕形断面溢流口，下游沟床铺设海漫防冲，海漫长度为坝高的2～3倍，厚0.3～0.5m，如图Ⅱ.9.4－16所示。

2. 浆砌石谷坊

浆砌石谷坊断面为梯形或曲线形，一般高不大于5m，顶宽0.6～1.0m，迎水坡坡比1：0.1，背水坡坡比1：0.2～1：0.5（梯形断面）。山洪大的沟道，谷坊迎水坡坡比1：0.5，背水坡坡比1：1.5～1：2.0，以增大稳定性。坝基上、下游做一齿坎，淤积厚的地基，清基深度在1.0m以上，两侧深0.5～1.0m，下游为防冲设护坦，其长度与干砌石谷坊海

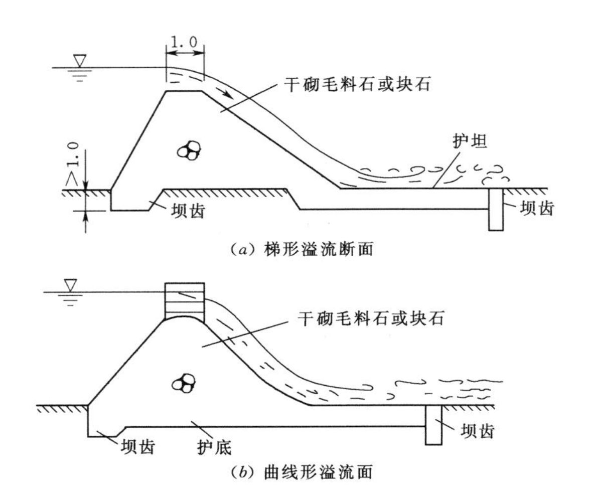

图Ⅱ.9.4-16 干砌石谷坊（单位：m）

漫长度相同。若为岩基，可不设齿坎与护坦，如图Ⅱ.9.4-17所示。

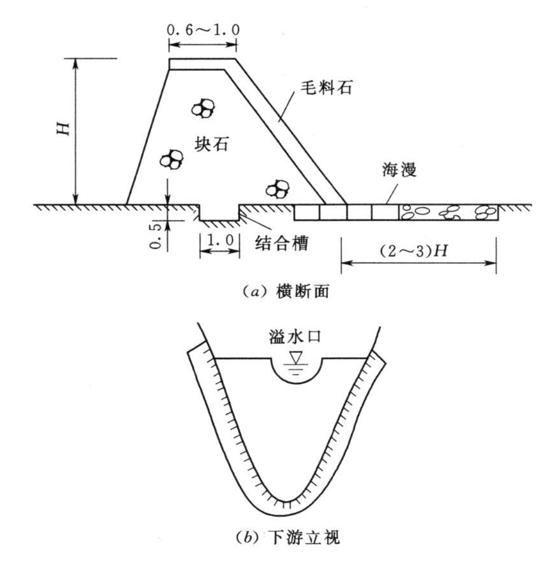

图Ⅱ.9.4-17 浆砌石谷坊（单位：m）

在谷坊墙体设置排水孔，径流量大时使水能尽快泄出，保证谷坊的稳定性，孔径为5～20cm，孔距为0.5～1.0m。

曲线形断面谷坊过流量大，适宜修建在常流水沟道和洪水流量变化较大的沟道，它的曲面尺寸可用实用断面堰公式求算。

3. *石笼谷坊*

石笼谷坊适用于清基困难的淤泥地基沟道。石笼谷坊一般用ϕ8mm或ϕ10mm铁丝编网，卷成直径0.4～0.5m、长3～5m的网笼，内装石块堆筑而成，南方可用毛竹编网制作。谷坊高小于3m，顶宽1.0～1.5m，迎水坡坡比1∶0.8～1∶1.0，背水坡坡比1∶1.0～1∶1.2，如图Ⅱ.9.4-18所示。

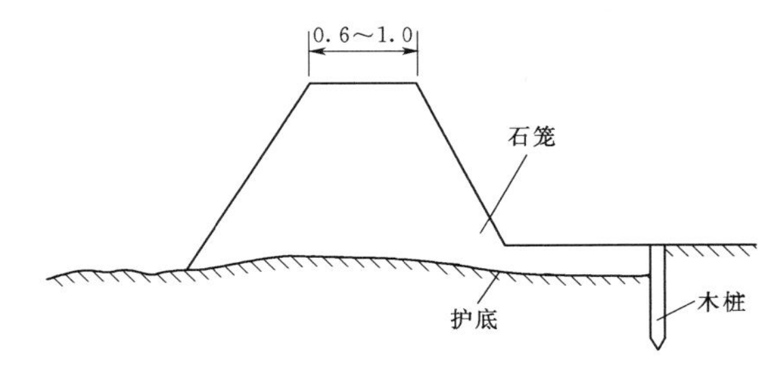

图Ⅱ.9.4-18 石笼谷坊（单位：m）

(1) 谷坊间距。石谷坊间距按土谷坊间距计算公式［式（Ⅱ.9.4-35)］计算。

(2) 溢洪口。溢洪口一般布设在坝顶，断面为矩形，流量按宽顶堰公式［式（Ⅱ.9.4-8)］计算。

(3) 消力池。消力池布设在末级谷坊出口，采用石笼干砌石形式，水力要素按直墙式跌水墙水力要素计算公式［式（Ⅱ.9.4-13）～式（Ⅱ.9.4-20)］计算。消力池出口为海漫，削减余能和使断面流速分布均匀。

(4) 谷坊上、下游沟道防护设计。每座谷坊上游和下游采取石笼干砌石护坡、护底，上游和下游各防护3m长。自下而上依次为土工布、碎石垫层(0.2m)和石笼干砌石(0.3m)，两岸压顶0.5m。

9.4.3.3 植物谷坊

1. *多排密植型植物谷坊*

柳（杨）杆长1.5～2.0m，埋深0.5～1.0m，露出地面1.0～1.5m。柳（杨）杆5排以上，行距1.0m，株距0.3～0.5m，埋杆直径5～7cm。

2. *柳桩编篱型植物谷坊*

在沟底打4～5排柳（杨）桩，柳桩直径5～10cm，相邻两排柳（杨）桩呈品字形错开分布，桩长1.5～2.0m，打入地中0.5～1.0m，排间距1.0m，桩距0.3m。用柳梢将树桩编织成篱，每两排篱中填入卵石（或块石），再用捆扎柳梢盖顶。用铁丝将前后排树桩联结绑牢，使之成为整体，加强抗冲能力，如图Ⅱ.9.4-19所示。

3. *埋桩及编篱技术要点*

(1) 桩料应选择生长能力强的活立木，按设计深度打入土内，注意桩身与地面垂直，打桩时勿伤柳桩外皮，牙眼向上，各排桩位呈品字形错开。

(2) 编篱与填石。以柳桩为经，从地表以下0.2m横向编篱。与地面齐平时，在背水面最后一排桩间铺柳枝作为海漫，厚0.1～0.2m，桩外露枝梢约1.5m。各排编篱中填入卵石（或块石），靠篱处填大

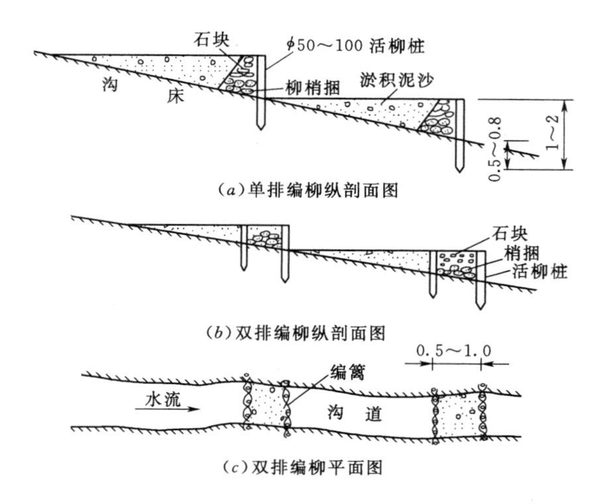

图Ⅱ.9.4-19 柳桩编篱型植物谷坊(单位:m)

块,中间填小块。编篱(包括填石)顶部做成下凹弧形溢水口。

(3) 填土。编篱与填石完成后,在迎水面填土约0.5m。

9.4.4 覆盖性治沟措施

9.4.4.1 秸秆填沟

(1) 削坡整形。侵蚀沟削坡整形,使沟底、沟坡形状规整,坡角为90°左右。沟深小于1.0m的侵蚀沟,下挖至1.0m。

(2) 木桩。沿沟底横向布设木桩,桩径0.05～0.07m,桩长1.0～1.5m,排间距10m,桩间距0.5m,桩埋入地下0.5m左右,桩顶距离地面不小于0.5m。

(3) 秸秆捆。秸秆捆规格为0.75m×0.5m×0.5m(长×宽×高,可根据实际情况调整)。沟深小于1.5m的侵蚀沟,铺设1层秸秆捆,秸秆捆距离地面不小于0.5m;沟深不大于1.5m的侵蚀沟,铺设2层以上的秸秆捆,相邻两层秸秆捆呈品字形布设,顶层捆距离地面不小于0.5m。

(4) 覆土。秸秆捆上部覆土(耕作土壤)厚0.5m以上。

(5) 截水埂(沟)。沿沟横向挖沟,利用挖方修筑土埂(下筑埂),埂间距30～50m,埂顶宽0.3m,埂高0.3m,边坡坡比1∶1。

(6) 沟道削坡近90°,沿沟底横向打木桩,每排桩间隔10m;根据设计要求选择秸秆捆的材质和规格,相邻两捆呈品字形错开摆放,铺设2层以上的秸秆捆,相邻捆、上下层捆呈品字形交错排列,顶层捆距离地面不小于0.50m;秸秆捆上覆土厚度要大于0.5m,考虑覆土压实沉降。

9.4.4.2 垡带

沟道削坡整形,利用推土机从沟边向沟底推土,将V形沟变成宽浅式U形沟,回填后沟深为原沟深的1/2～1/3。沿沟横向挖沟槽,沟槽间距30～50m,宽2.4m,深0.35m,见表Ⅱ.9.4-4。垡块长0.5m,宽0.3m,厚0.2m。植垡前必须夯实底土,相邻垡块错缝砌筑,垡块上覆土2～5cm,并充填垡块之间的空隙,用土压实垡带边缘。在垡带间的空地及垡块上插植柳条、种草,插柳密度2株/m²,撒播草籽50kg/hm²,形成林草防冲带,达到固持沟底,防止冲刷。

表Ⅱ.9.4-4 垡带间距取值表

沟道比降/%	1	2	3	4	5
垡带间距/m	50	45	40	35	30

9.4.4.3 柳编护沟

侵蚀沟经削坡整形变成宽浅形式,沿沟底、沟坡全面放线密插柳桩,横纵编铺柳条,先横后顺并分层压实填土。

(1) 桩料。选生长能力强的柳桩,柳桩长1.2m左右,直径5～6cm。

(2) 埋桩。柳桩埋深0.5m左右,柳桩间距0.5m×0.5m,桩身与地面垂直,纵横成直线,打桩时勿伤树桩外皮,牙眼向上。

(3) 编篱。先横向铺一层柳条,再纵向(顺沟方向为纵向)铺2层柳条,每层约15cm,然后压实柳条以树桩为径纵横向编篱,用铁丝把柳条固定在柳桩上。

(4) 覆土。编篱后覆土20cm,并压实,外露柳桩约20cm。

9.5 案 例

9.5.1 沟头防护

【案例1】 黄土高原丘陵沟壑区,土质为中粉质壤土,引水渠为挖方渠道,根据实地勘察,沟头防护工程采用陡坡式跌水消能,进口采用梯形缺口光滑圆弧连接,$Q_{max}=12.8\text{m}^3/\text{s}$,$H_{max}=1.82\text{m}$,$Q_{min}=5.5\text{m}^3/\text{s}$,$H_{min}=1.16\text{m}$,渐变段长度$l_1=6.0\text{m}$,由最大水深和最小水深所确定的缺口上游引水渠均匀流流量分别为$Q_{m1}=10.8\text{m}^3/\text{s}$、$Q_{m2}=7.0\text{m}^3/\text{s}$,试确定陡坡进口的尺寸。

解: 由于引水渠流量变化较大,故陡坡进口采用梯形缺口形式,且为光滑圆弧形的连接段。

(1) 由式(Ⅱ.9.4-10)计算 H_1 和 H_2：

$$\left.\begin{aligned}H_1&=H_{\max}-0.25(H_{\max}-H_{\min})\\H_2&=H_{\min}+0.25(H_{\max}-H_{\min})\end{aligned}\right\}$$

$H_1=1.82-0.25\times(1.82-1.16)=1.655(\mathrm{m})$

$H_2=1.16+0.25\times(1.82-1.16)=1.325(\mathrm{m})$

(2) 由经验公式得出相应于 H_1 和 H_2 的流量系数 M 为：$M_1=1.825$，$M_2=1.78$。

忽略行近流速水头，得 $H_{01}=H_1$，$H_{02}=H_2$，则

$$b_{c1}=\frac{Q_{m1}}{M_1H_{01}^{3/2}}=\frac{10.8}{1.825\times1.655^{1.5}}=2.78$$

$$b_{c2}=\frac{Q_{m2}}{M_2H_{02}^{3/2}}=\frac{7.0}{1.78\times1.325^{1.5}}=2.58$$

因 $l_1/H_{\max}=6/1.82=3.3>3.0$，缺口边界为光滑的扭曲面和上游连接，故可取 $\varepsilon=1.0$。

将 b_{c1}、b_{c2}、M_1、M_2、H_1、H_2、ε 各值代入式(Ⅱ.9.4-9)联立求解：

$$\left.\begin{aligned}Q_{m1}&=\varepsilon M_1(b_c+0.8n_cH_1)H_{01}^{\frac{3}{2}}\\Q_{m2}&=\varepsilon M_2(b_c+0.8n_cH_2)H_{02}^{\frac{3}{2}}\end{aligned}\right\}$$

得 $n_c=0.77$，$b_c=1.81\mathrm{m}$。

取进口尺寸：$n_c=0.8$，$b_c=1.80\mathrm{m}$。

(3) 校核。以 $H_{\max}=1.82\mathrm{m}$ 代入式(Ⅱ.9.4-9)计算流量系数 $M=1.85$，则

$$\begin{aligned}Q_m&=\varepsilon M(b_c+0.8n_cH)H_0^{\frac{3}{2}}\\&=1.0\times1.85\times(1.8+0.8\times0.8\times1.82)\times1.82^{1.5}\\&=13(\mathrm{m^3/s})\approx Q_{\max}\end{aligned}$$

所以，最后可确定此陡坡梯形缺口进口尺寸为：$n_c=0.8$，$b_c=1.80\mathrm{m}$。

【案例2】 如图Ⅱ.9.4-7所示，在底宽 $b=8\mathrm{m}$ 的矩形引水渠中，有一无侧收缩宽顶堰，堰高 $P=1.5\mathrm{m}$，流量系数 $M=1.514$，流速系数 $\varphi=0.95$，通过流量 $Q=26.8\mathrm{m^3/s}$，下游水深 $h_t=1.2\mathrm{m}$，试求收缩断面水深 h_c，试判别下游的衔接形式并决定消能措施的尺寸。

解：因 $h_t<P$，故此宽顶堰为自由出流堰。由式(Ⅱ.9.4-8)得

$$h_0=\left(\frac{Q}{Mb}\right)^{\frac{2}{3}}=\left(\frac{26.8}{1.514\times8}\right)^{\frac{2}{3}}=1.69(\mathrm{m})$$

$$E_0=P+h_0=1.5+1.69=3.19(\mathrm{m})$$

$$q=\frac{Q}{b}=\frac{26.8}{8}=3.35[\mathrm{m^3/(s\cdot m)}]$$

由式(Ⅱ.9.4-11)迭代计算得收缩断面水深 $h_c=0.48\mathrm{m}$。

由水跃共轭水深计算公式，计算得跃后水深 h_c'' 为

$$h_c''=\frac{h_c}{2}\left(\sqrt{1+\frac{8q^2}{gh_c^3}}-1\right)=\frac{0.48}{2}\left(\sqrt{1+\frac{8\times3.35^2}{9.8\times0.48^3}}-1\right)$$

$$=1.95(\mathrm{m})$$

因 $h_c''>h_t=1.2\mathrm{m}$，堰下游将发生远离式水跃，拟建消力池以提供淹没水跃条件。

消力池深度计算：由式(Ⅱ.9.4-12)迭代得 $h_c=0.4289\mathrm{m}$，$S=0.6882\mathrm{m}$。

消力池长度计算：取 $\psi_s=0.75$，代入式(Ⅱ.9.4-12)得

$$\begin{aligned}l_0&=1.74\sqrt{h_0(P+S+0.24h_0)}\\&=1.74\sqrt{1.69(1.5+0.69+0.24\times1.69)}\\&=3.64(\mathrm{m})\end{aligned}$$

$$h_c''=\frac{h_c}{2}(\sqrt{1+8Fr_c}-1)=\frac{h_c}{2}\left(\sqrt{1+\frac{8q^2}{gh_c^3}}-1\right)$$

$$=\frac{0.43}{2}\left(\sqrt{1+\frac{8\times3.35^2}{9.8\times0.43^3}}-1\right)=2.10(\mathrm{m})$$

$$l_s=6.9(h_c''-h_c)=6.9(2.10-0.43)=11.59(\mathrm{m})$$

$$l=l_0+\psi_sl_s=3.64+0.75\times11.59=12.35(\mathrm{m})$$

9.5.2 削坡

某小流域Q1侵蚀沟长342m，平均上口宽6.88m，底宽2.28m，深1.70m，见表Ⅱ.9.5-1和图Ⅱ.9.5-1，该沟所在区域土壤为黏性土(硬塑)，试计算其削坡工程量。

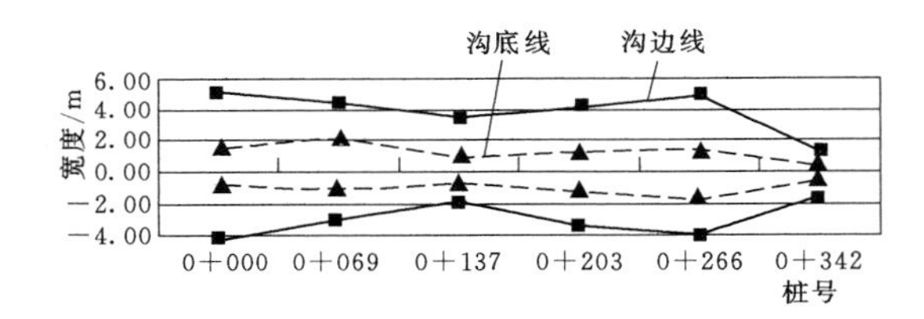

图Ⅱ.9.5-1 Q1侵蚀沟平面图(单位：m)

表Ⅱ.9.5-1 Q1侵蚀沟参数表

桩号	0+000	0+069	0+137	0+203	0+266	0+342
沟边高程/m	163.62	159.68	154.81	149.22	145.63	142.88
沟底高程/m	161.82	157.29	152.79	147.13	144.57	142.07
上口宽/m	9.3	7.40	5.4	7.5	8.8	2.9
底宽/m	2.3	3.30	1.7	2.5	3.1	0.8
沟深/m	1.8	2.39	2.02	2.09	1.06	0.81
原坡角/(°)	27	49	48	40	20	38
区段长度/m		69	68	66	63	76

Q1侵蚀沟坡角在20°～49°之间，局部边坡破碎。采取削坡整形措施，由于该区土壤为硬塑黏性土，侵蚀沟深1.70m，因此，边坡容许比取1∶1.25，即安息

角为39°。坡角大于安息角的地方削坡至安息角，使边坡稳定，坡角小于安息角且边坡破碎的地方进行整形，削坡整形土方直接平铺沟底，如图Ⅱ.9.5-2所示。

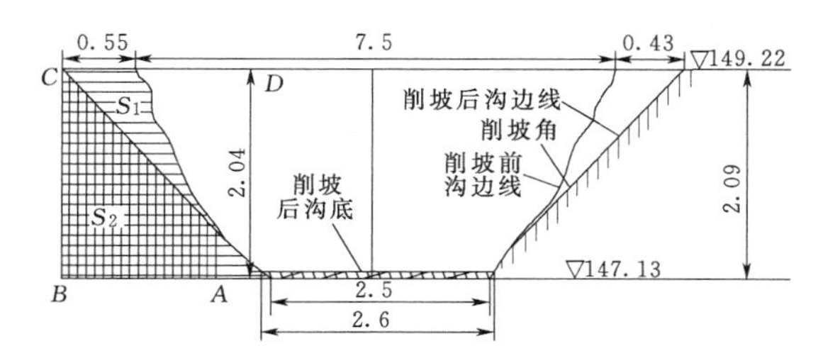

图Ⅱ.9.5-2 Q1侵蚀沟0+203处削坡设计图（单位：m）

(1) 单侧削坡宽度按式（Ⅱ.9.4-29）计算确定，削坡后坡度为35°，经计算，左侧削坡宽为0.55m，右侧削坡宽为0.43m。

(2) 削坡断面面积按式（Ⅱ.9.4-31）和式（Ⅱ.9.4-32）计算，0+203处削坡面积为1.02m²。

(3) 削坡后沟道深度按式（Ⅱ.9.4-33）计算，系数λ取值范围为0.2～0.6。

(4) 工程量按式（Ⅱ.9.4-34）计算。

削坡后平均上口宽7.91m，底宽2.38m，深1.65m，削坡土方量为418m³，见表Ⅱ.9.5-2。

表Ⅱ.9.5-2 Q1侵蚀沟削坡参数表

桩号	0+000	0+069	0+137	0+203	0+266	0+342
措施	沟坡整形	削坡整形	削坡整形	削坡整形	沟坡整形	沟坡整形
削坡后坡角/(°)	27	39	39	39	20	38
单侧削坡宽度/m	0.03	1.36	1.04	0.49	0.06	0.11
上口宽/m	9.36	10.12	7.48	8.48	8.92	3.12
底宽/m	2.4	3.4	1.8	2.6	3.2	0.9
削坡后沟深/m	1.75	2.34	1.97	2.09	1.01	0.76
削坡土方量/m³		101	180	104	27	6

9.5.3 谷坊

某一土质沟道内拟修建谷坊，沟道中下游及坡麓地带为黄土，土层深厚，有成片旱柳林，上游基岩出露，两侧为红黏土。经查勘，沟底比降为8%，拟建谷坊高度为4m，谷坊淤满后的比降为2%。试确定谷坊布设的间距。

根据查勘数据计算，$L=\frac{H}{i-i'}=\frac{4}{8\%-2\%}=66.7(\mathrm{m})$，即下一座谷坊与上一座谷坊之间的水平距离理论上应为66.7m。根据地形情况，下中游按80～100m布设土谷坊或植物谷坊（土柳谷坊），上游布设石谷坊。

9.5.4 秸秆填沟

某小流域中有一条侵蚀沟横跨耕地，将耕地分割成两部分，侵蚀沟长350m，上口平均宽约3.5m，底宽约1.3m，深约1.0m，沟底比降为1%，见表Ⅱ.9.5-3。侵蚀沟不仅侵占耕地，而且影响机械作业，增加生产成本，该沟应采取削坡整形+秸秆填沟的治理措施。

表Ⅱ.9.5-3 某侵蚀沟参数表

桩号	0+000	0+080	0+150	0+200	0+280	0+350	平均
沟边高程/m	339.13	336.77	336.88	335.43	335.53	334.60	
沟底高程/m	337.01	335.27	335.88	335.05	334.98	334.33	
沟口宽/m	5.6	4.3	3.0	2.5	2.8	2.6	3.47
沟底宽/m	1.3	1.5	1.2	1.0	1.2	1.5	1.28
沟深/m	2.1	1.5	1.0	0.4	0.6	0.3	0.97
坡角/(°)	47.79	39.64	37.85	41.63	29.8	16.22	

首先对沟道进行削坡整形，侵蚀沟坡角为90°，即将沟道断面修整为槽形。0+000～0+200段沟深大于1m，削坡后沟底宽同沟口宽，沟深为原沟深；0+200～0+350段沟深小于1m，该段需要下挖至1m，削坡后沟底宽同沟口宽，沟深为1m，削坡挖方量为712m³，削坡整形参数和工程量见表Ⅱ.9.5-4。

表Ⅱ.9.5-4 某侵蚀沟削坡后参数表

桩号	0+000	0+080	0+150	0+200	0+280	0+350
单侧削坡宽度/m						
削坡后沟口宽/m	5.6	4.3	3.0	2.5	2.8	2.6
削坡后沟底宽/m	5.6	4.3	3.0	2.5	2.8	2.6
削坡后沟深/m	2.1	1.5	1.0	1.0	1.0	1.0
削坡断面面积/m²	4.56	2.10	0.90	1.84	1.70	2.05
削坡挖方量/m³		266	105	68	141	131
木桩/根		79	51	28	42	38
秸秆捆/个		1131	730	393	606	540
秸秆捆/m³		198	128	69	106	95
覆土/m³		519	192	69	106	95
复耕/m²		396	256	138	212	189

沿沟底横向布设木桩，桩径0.06m，桩长1.0～1.5m，排间距10m，桩间距0.5m，桩埋入地下0.5m左右。经计算，埋入238根木桩，铺秸秆捆3400个（596m³），秸秆捆的规格为0.7m×0.5m×0.5m（长×宽×高），覆土981m³，复耕1191m²。

9.5.5 垡带

某侵蚀沟分布在东北黑土区漫川漫岗地两块坡耕地之间的低洼水线，由于不合理耕作，破坏了沟原有沟底植被，坡面汇水径流冲刷形成侵蚀沟，沟长485m，平均宽5.7m，深1.25m，沟底比降为2.8%，参数详见表Ⅱ.9.5－5。采取适当措施治理侵蚀沟。

表Ⅱ.9.5－5 某侵蚀沟参数表

桩号	沟边高程/m		沟底高程/m	沟深/m	上口宽/m	底宽/m	沟底比降/%
	左侧	右侧					
0+000	333.00	333.25	331.34	1.79	7.30	1.15	
0+100	327.76	327.98	326.24	1.63	6.20	1.47	5.10
0+210	324.22	324.25	322.74	1.50	7.50	2.62	3.18
0+350	321.46	321.45	320.35	1.10	5.00	4.50	1.71
0+410	320.25	320.47	319.59	0.77	4.50	6.50	1.27
0+485	319.35	319.55	318.75	0.70	4.00	5.00	1.12

治理该侵蚀沟的思路是恢复低洼水线走水行洪的功能，因此采取沟道整形＋植垡块＋插柳方式，形成林草泄洪带。

将V形沟变成宽浅式U形沟，沿沟横向挖沟槽，沟槽间距30～50m，宽2.4m，深0.35m。垡块长0.5m，宽0.3m，厚0.2m。垡块上覆土5cm，并充填垡块之间的空隙，用土压实垡带边缘。在垡带间的空地及垡块上插植柳条、种草，插柳密度2株/m²，撒播草籽50kg/hm²，形成林草防冲带，达到固持沟底，防止冲刷。垡带布设如图Ⅱ.9.5－4所示。

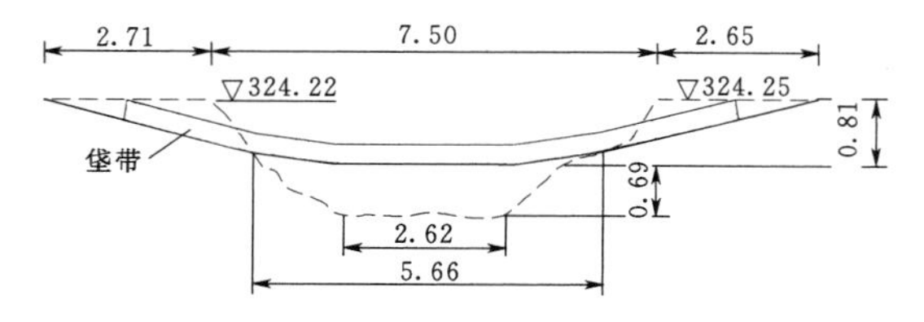

图Ⅱ.9.5－3 垡带（0+210处）设计图（单位：m）

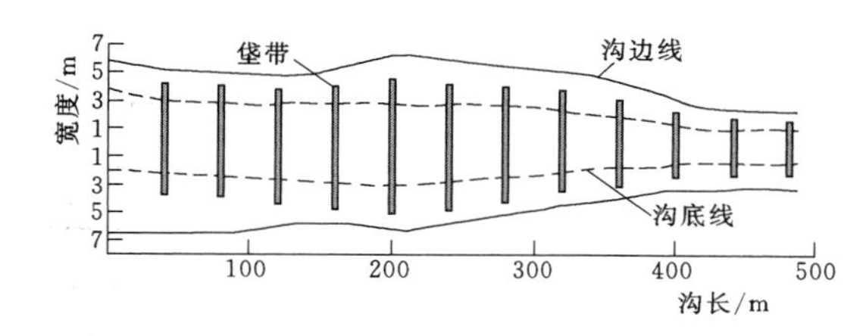

图Ⅱ.9.5－4 垡带布设图

该沟整形土方876m³，填于沟底。根据沟底坡降，每隔一定距离横向推沟槽，宽2.4m，深0.35m，推沟槽挖方57m³；垡块长0.5m，宽0.3m，厚0.2m，砌筑垡方32m³，覆表土356m³；插柳5916株，撒播草籽26kg。

某侵蚀沟整形后参数见表Ⅱ.9.5－6，某侵蚀沟垡带治沟措施工程量统计见表Ⅱ.9.5－7。

表Ⅱ.9.5－6 某侵蚀沟整形后参数表

桩号	区段长/m	上口宽/m	底宽/m	沟深/m	填深/m	断面面积/m²
0+000		12.32	5.89	0.64	1.14	1.7
0+100	100	11.25	5.38	0.59	1.04	1.4
0+210	110	12.56	5.66	0.69	0.81	1.3
0+350	140	8.73	3.65	0.51	0.60	2.1
0+410	60	6.08	2.54	0.35	0.42	2.7
0+485	75	5.53	2.31	0.32	0.38	1.9

表Ⅱ.9.5－7 某侵蚀沟垡带治沟措施工程量统计表

桩号	区段长/m	整形土方/m³	沟槽数量/条	沟槽间距/m	挖方/m³	砌筑垡方/m³	覆表土/m³	插柳/株	撒播草籽/kg
0+000									
0+100	100	137	3	30	17	10	113	1449	6
0+210	110	141	3	40	16	9	114	1808	8
0+350	140	294	3	45	16	9	82	1620	7
0+410	60	162	1	50	4	2	22	486	2
0+485	75	142	2	50	4	2	25	553	3
合计		876	12		57	32	356	5916	26

9.5.6 柳编护沟

某侵蚀沟位于耕地与荒草地之间，沟长848m，上口平均宽4.12m，底宽1.28m，平均沟深1.5m，拟采取柳编护沟措施治理该侵蚀沟。

首先将沟道进行修坡整形，使其变为宽浅形沟道。然后沿沟坡、沟底埋柳桩，埋深0.5m左右，柳桩间距0.5m×0.5m，横向铺1层柳条，纵向铺2层柳条，每层约15cm，覆土约20cm，柳桩外露约20cm，如图Ⅱ.9.5－5所示。

削坡后沟口宽5.2m，沟底宽1.38m，平均沟深1.45m，削坡土方量为523m³。柳编护沟面积为5877m²，柳桩密度为0.5m×0.5m，埋柳桩17638根，铺柳条882m³，覆土1175m³。某侵蚀沟参数见表Ⅱ.9.5－8。

表Ⅱ.9.5-8　　　　某侵蚀沟参数表

桩号		0+000	0+100	0+165	0+200	0+241	0+300	0+400	0+474	0+500	0+549	0+600	0+675	0+700	0+784	0+800	0+848
沟道整形前	上口宽/m	4.00	3.30	4.30	4.30	3.10	3.10	3.00	3.70	3.70	3.70	3.70	4.60	4.60	6.30	6.30	4.20
	底宽/m	1.00	0.76	0.90	0.90	1.40	1.40	1.60	1.68	0.70	1.80	1.80	1.90	1.89	1.00	1.00	0.80
	沟深/m	1.57	1.74	2.02	2.09	1.89	1.89	0.46	1.26	1.28	1.15	1.15	1.22	1.20	2.00	2.06	1.09
沟道整形后	上口宽/m	5.94	4.18	4.90	5.04	5.46	5.42	3.28	4.34	4.74	4.66	4.68	5.54	5.50	7.08	7.08	5.34
	底宽/m	1.10	0.80	1.00	1.00	1.50	1.50	1.70	1.80	0.80	1.90	1.90	2.00	2.00	1.10	1.10	0.90
	沟深/m	1.52	1.69	1.97	2.04	1.84	1.84	0.41	1.21	1.23	1.10	110	1.17	1.15	1.95	2.01	1.04
	单侧削坡宽度/m	0.97	0.44	0.3	0.37	1.18	1.16	0.14	0.32	0.52	0.48	0.49	0.47	0.45	0.39	0.39	0.57
沟底比降/%			0.99	0.78	1.06	1.46	1.76	0.95	0.91	0.96	1.55	1.24	0.24	1.04	1.07	1.31	1.10
削坡土方量/m^3			83	31	17	46	98	59	11	10	24	25	33	10	40	9	29
沟坡面积/m^2			590	446	249	262	378	196	312	151	187	195	414	137	776	152	235
沟底面积/m^2			80	65	35	62	89	170	133	21	93	97	150	50	92	18	43

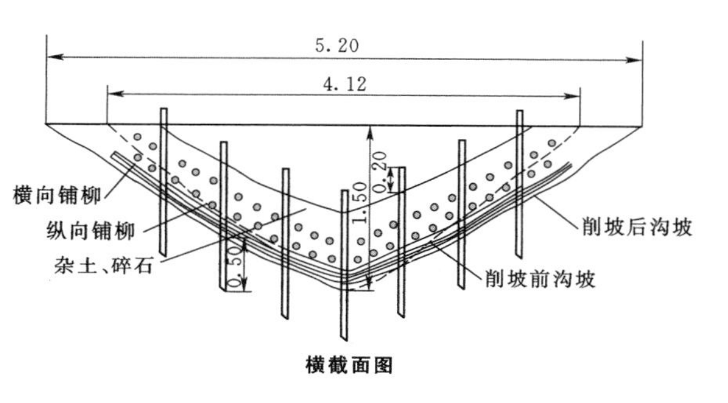

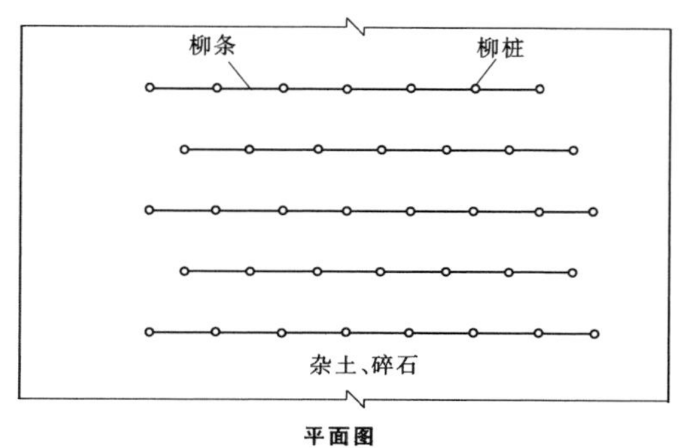

图Ⅱ.9.5-5　柳编护沟设计图（单位：m）

参 考 文 献

[1] 中华人民共和国水利部. 水利水电工程水土保持技术规范：SL 575—2012 [S]. 北京：中国水利水电出版社，2012.

[2] 中华人民共和国住房和城乡建设部，中华人民共和国国家质量监督检验检疫总局. 水土保持工程技术规范：GB 51018—2014 [S]. 北京：中国计划出版社，2014.

[3] 朱首军，李占斌. 水力学 [M]. 北京：科学出版社，2013.

[4] 李炜. 水力计算手册（第二版）[M]. 北京：中国水利水电出版社，2006.

第10章　小型蓄引用水工程

章主编　杨伟超　李俊琴

章主审　苗红昌　贺前进

本章各节编写及审稿人员

节次	编写人	审稿人
10.1	王艳梅　李俊琴　连振龙　薛保平　田　盈　杨寿荣 祁　菁　侯繁荣　阮　正　宁　扬　丁　明　雷智敦	苗红昌 贺前进
10.2	甄　斌	
10.3	邵学栋　原军伟　陈　刚　马　芳	
10.4	丁　明　雷智敦　肖　文	
10.5	贾洪文　张德敏　孟冬梅	

第10章　小型蓄引用水工程

10.1　小型蓄水工程

10.1.1　定义与作用

10.1.1.1　定义

小型蓄水工程通常是指拦蓄地表径流或山泉溪水的小型水利工程设施。小型蓄水工程多修建于山区、丘陵区，通过拦蓄地表径流，合理利用天然降水和山泉溪水，以供人畜饮用和小范围的农田灌溉，同时减轻水土流失。

10.1.1.2　作用

小型蓄水工程的主要作用是拦蓄地表径流，防止水土流失。蓄存的天然降水和山泉溪水可以有效解决天然降水和作物需水不对应引起的旱情问题，可以解决水源匮乏、居住分散地区的人畜安全用水问题，可促进半干旱和存在季节性缺水的湿润、亚湿润山丘地区农业综合发展。其作用主要体现在以下几个方面：

(1) 小型蓄水工程可以有效拦截水土，减少地表径流量，从而减轻径流对下游土壤的侵蚀，对区域生态环境起到良性促进作用。

(2) 小型蓄水工程有利于雨水资源的收集和合理分配利用，可充分利用雨水资源拾遗补缺，缓解骨干水源工程压力。

(3) 小型蓄水工程适应性强，尤其在地形割裂、破碎，孤立山丘和岗地多布的丘陵山区，可以充分利用零星分散的地形特点，蓄积天然降水，广积水资源，起到雨时蓄水、旱时应急的作用。

(4) 小型蓄水工程通常修建于田间地头、房前屋后，输水距离短，可提高用水水资源利用率，水资源利用率可达80%以上。水资源利用率的提高，可以增强抗旱减灾能力，可以满足田头地角灌溉用水需求，改善生态环境，促进当地农业经济发展。

10.1.2　分类与适用范围

小型蓄水工程包括水窖、蓄水池、涝池等形式。

(1) 水窖。水窖是一种地埋式的蓄水设施，通常在田边、路旁水流汇集的地方，挖掘井式或瓶状土窖，内壁及底部设置防渗设施，蓄水除供人畜饮用外，还可浇灌农田，并起到蓄水保土作用。水窖多适用于干旱缺水、水土流失严重的黄土高原及云贵高原地区，在土质地区和岩石地区均有应用。

(2) 蓄水池。蓄水池是用人工材料修建、具有防渗作用的蓄水设施。蓄水池应用范围较广，在我国的南北方均较常见。蓄水池通常分为开敞式和封闭式两大类。开敞式蓄水池多用于山区，主要在区域地形比较开阔且水质要求不高时使用；封闭式蓄水池适用于区域占地面积受限制或水质要求较高的地区。

(3) 涝池。涝池是在地形条件土质较好、有一定集流面积的低洼地修建的季节性简易蓄水设施。涝池又称为水塘、山塘、塘堰，是北方和西南地区用于满足牲畜用水、居民饮用水，减轻道路与沟壑水土流失的一种工程措施。多修筑在村庄附近，利用附近洼地四周筑埂形成，其结构简单，技术要求不高。鉴于涝池的蒸发量大，占地也较多，在蒸发量太大的干旱地区不宜修筑涝池。

四川、陕西、云南、贵州等省，通常利用山高、水高、坡陡的特点，高塘低用，塘塘串联，调水配水，可达到稳产高产，池水若不足，可远程依山开渠导水入池，用于梯田农作物种植和养殖业生产，成为山区农业生产的重要水保设施。

10.1.3　工程规划与规模确定

10.1.3.1　工程规划

1. 规划布置

(1) 小型蓄水工程应结合坡耕地改造、沟壑治理、农业耕作和造林种草措施统筹设计。

(2) 小型蓄水工程规模、分布数量及类型应综合分析水土流失治理和需水要求确定。

(3) 小型蓄水工程形式的选择应根据地形、土质和集流方式及用途进行。当土质为较黏的黄土时，可选用水窖形式；当土质含砂较多或土中有较多裂缝时，可选用蓄水池；当有适宜的低洼地形且主要用以拦蓄沟岔或蓄存坡、耕地及土路面等含沙量较大的雨洪时，可选用涝池。

(4) 小型蓄水工程选址时，应选择附近具有充足的可用水源、集水面积等，能够产生一定数量的地表径流，保证工程建成后有水可蓄。还应尽量选在临近地表径流汇流沿线，考虑容易施工，并尽量靠近用水区域，减少工程造价，方便使用。

(5) 小型蓄水工程兴建数量宜根据所在区域的地表径流情况和用水对象需水量确定。地表径流量是确定兴建工程数量的主要依据，因地形、地质、植被条件不同而有不同的径流量。在地表径流满足的情况下，根据用水对象需水量确定小型蓄水工程的蓄水量，并确定工程兴建数量。

2. 小型蓄水工程规划

小型蓄水工程通常包括蓄水水源、集流工程、蓄水建筑物、输配水系统等。

(1) 蓄水水源。蓄水水源应具有能最大限度地拦蓄地面、屋面、路面等区域的径流，并且尽量考虑引蓄山泉溪水及其他骨干水利工程可提供补充水量的条件。

小型蓄水工程应选择靠近泉水、引水渠、溪沟、道路边沟等便于引蓄天然径流的场所修建，无引蓄天然径流条件的，应开辟集雨场区，通过输水设施引入小型蓄水建筑物。天然降水作为小型蓄水工程的水源时，通常利用自然坡面、屋面、道路等集雨，并需配备集流面、汇流沟等配套工程。小型蓄水工程所需集雨面积的大小应根据当地径流的特点及蓄水建筑物的容积确定。对于集雨区内集流效率较低的下垫面可采取人工措施，减少地面入渗，保障小型蓄水工程的蓄水量满足人畜饮水和灌溉需求。

(2) 集流工程。集流工程包括集流面、输水系统等。

1) 集流面。

a. 集流面的选择应遵循因地制宜、就地取材、提高集流效率、降低工程造价的原则进行。

b. 需在来水量和需水量供需平衡的基础上，选择集流面类型并确定相应面积；西北、华北等干旱缺水地区，多为孤立山丘和岗地，天然集流面条件不足，需要修建人工集流面；西南地区则多为自然集流面。

c. 集流面可采用混凝土面、瓦屋面、庭院、场院、沥青公路、砾石路面、土路面、天然坡面等。发展作为灌溉的集流面工程，可首先利用各种现有集流面，如沥青公路路面、农村道路、场院及天然土坡等集流面。天然集流面集水效益差时，要通过人工进行补修。现有集流面集水量不足时，可修建人工防渗集流面进行补充。人工防渗集流面可采用原土碾压、塑料薄膜及石块衬砌等多种形式。

d. 发展作为灌溉的集流面工程，其集流面和拟灌耕地之间应有一定高差，尽量满足各种灌溉方式所需要的水头，以便进行自流灌溉。

e. 有条件的区域，可结合小流域治理，利用荒山荒坡作为集流面并按一定间距修建截流沟和输水沟把水引入蓄水建筑物。

2) 输水系统。输水系统应根据所在地区的地形条件、防渗材料的种类以及经济条件等，因地制宜地进行规划布置。输水系统包括截流沟、输水沟（渠）和沉沙池等。

a. 截流沟和输水沟（渠）的作用是将集流面上的雨水进行汇集并输入蓄水建筑物。其形式应根据当地经济发展状况和投资情况决定，应能够最大限度地减少泥沙汇入蓄水建筑物。

利用屋面作为集流面时，截流沟可以布置在屋檐落水下的地面上，可采用混凝土槽或生态沟槽等。利用公路作为集流面且公路已修建了排水沟的，截流沟可以利用公路排水沟，并在其出口处修建输水渠连接蓄水建筑物；利用天然土坡面作为集流面时，可在坡面上每隔一定距离沿等高线修建截流沟，末端连接至输水沟（渠）。

b. 沉沙池。沉沙池为蓄水建筑物前的附属设施。北方干旱半干旱地区，小型蓄水工程以集蓄雨洪径流为主，来水中常挟带着泥沙，尤其是坡面、沟壕径流含沙量更大。因此，输水系统末端必须修建沉沙池。

沉沙池位置选择适当与否直接关系到沉沙效果。当利用坡面、沟壕集水，水中含沙量较大时，不宜按来水方向在窖前布设沉沙池。因为水流沿坡面、沟壕直下，流速比较大，即使水进入沉沙池也难以使泥沙沉淀。必须沿等高线大致走向开挖沉淀渠，按来水反方向布设沉沙池，这样可使泥沙充分沉淀，真正发挥沉沙池的作用。

沉沙池具体规划设计内容参见本章10.2节。

(3) 蓄水建筑物。

1) 水窖。

a. 根据年降水量、地形、集雨场面积等条件因地制宜进行合理布局，规划时应结合现有水利设施，建设高效能的人畜饮水、旱地灌溉或两者兼顾的综合利用工程。

b. 根据区域人口数量和年人均需水量、畜禽养殖用水量以及作物灌溉需水量等确定水窖总需水量，扣除其他水源可供水量。

c. 在有水源保障的地方，修建水窖分配（或调节）用水量，根据地形及用水地点，修建多个水窖，用输水管（渠）串联或并联运行供水。

d. 在无水源保障的地方，可修建容积较大的水窖，其蓄水调节能力一般应满足当地3～4个月的供水量。

e. 水源区高于供水区时，采取蓄、引工程措施；水源区低于供水区时，采取提、蓄工程措施；无水源时，采取建塘库、池窖，分散解决的工程措施。

2）蓄水池。蓄水池选址应根据地形有利、便于利用、地质条件良好、蓄水容量大、工程量小、施工方便等条件确定。蓄水池的分布与容积应根据坡面径流总量、蓄排关系，按经济合理的原则确定。

蓄水池容积确定应综合考虑以下4个方面：①可能收集、储存水量的多少，是属于临时或季节性蓄水还是常年蓄水，以及蓄水池的主要用途和蓄水量；②调查、掌握的当地地形、土质情况；③结合当地经济水平和可能的投入及技术参数要求进行全面衡量与综合分析；④要选用多种形式进行对比、筛选，按投入产出比确定最佳容积。

蓄水池布设时可集中布设一个蓄水池，也可分散布设若干蓄水池。

3）涝池。

a. 涝池一般规划布设在坡面径流汇集的低凹处，并与排水沟、沉沙池形成水系网络，以满足农、林用水和人畜饮水需要。规划布设中应尽量考虑少占耕地、来水充足、蓄引方便、造价低、基础稳固等条件。

b. 涝池应根据规划区域的村庄院落、道路、硬化地面等的集流面积、径流系数，按照中等丰水年的雨量作为设计标准，对来水量与需水量进行水量供需平衡分析后确定蓄水容积。

(4) 输配水系统。输配水系统是由蓄水建筑物向供水用户和灌溉设施供水的设施系统。对于蓄积的雨水资源，有条件的区域应尽可能实现自流灌溉。当无自流灌溉条件时，通常需要机泵和输水管道等设备完成取水、输水工作。具体设计可参照灌溉、人畜饮水等工程进行。

10.1.3.2 小型蓄水工程规模确定

小型蓄水工程规模的确定包括蓄水量分析计算和容积计算两部分内容。设计时通常根据来水量和需水量两个方面的情况确定小型蓄水工程规模。当区域水源丰沛、供大于求时，通常根据用水对象需水量确定工程规模；当区域水源条件比较匮乏时，通常结合区域来水量情况合理确定工程规模。小型蓄水工程多以自然降水作为蓄水水源，本节主要对蓄积雨水的小型蓄水工程规模进行分析确定。

1. 蓄水量分析计算

(1) 用水对象需水量。

1）供水定额。

a. 农村居民生活供水定额。根据所在地区降水量的多少、建设雨水集蓄利用工程的难易程度，确定农村居民生活供水定额，详见表Ⅱ.10.1-1。

表Ⅱ.10.1-1　农村居民生活供水定额

分　　区	供水定额 /[L/(d·人)]
多年平均年降水量为250～500mm地区	20～40
多年平均年降水量大于500mm地区	40～60

b. 灌溉供水定额。区域水源充沛地区的灌溉供水定额可采用常规灌溉定额。当区域水源比较匮乏时，灌溉供水包括农作物、蔬菜、果树和林草的补充灌溉供水。

小型蓄水工程通过截蓄降水资源进行蓄水时，降水的时空分布不均决定了小型蓄水工程蓄水量的不确定性。将其作为灌溉水源时，应采用非充分灌溉和限额灌溉的原则和方法。只限于在作物最需水的关键期补水灌溉，通常采用比常规灌溉小得多的灌水定额，即采用非充分灌溉的原理，确定补充灌溉的次数及每次补灌量。

我国缺水地区进行节水灌溉，包括下种时的保苗水和作物生长期的灌水，一般只有2～3次。采用的灌溉方法包括人工点浇、坐水种、手持软管浇灌、地膜穴灌等节水灌溉方法，灌水定额普遍很低。当种植作物位于旱作农业区，且区域内资料比较完善时，按式（Ⅱ.10.1-1）进行计算；当区域资料缺乏时，设计时可针对我国地域广、植物种类繁多的特点，根据工程所在地域不同，按照区域气候条件、降水特点及植物生长要求，参考当地植物用水定额或植物灌溉制度以及种植情况确定用水量。也可参考表Ⅱ.10.1-2选取作物的灌水次数和灌水定额。

$$W_d=\beta(N-10P_e-W_e)/\eta \qquad (Ⅱ.10.1-1)$$

式中　W_d——非充分灌溉条件下的年灌溉定额，m^3/hm^2；

β——非充分灌溉系数，一般取0.3～0.6；

N——养护植被的全年需水量，m^3/hm^2；

P_e——林草生育期有效降水量，mm；

W_e——种植前土壤有效储水量，可根据实测资料确定，缺乏实测资料的地区可按N值的15%～25%估算；

η——灌溉水利用系数，可取0.8～0.95。

c. 畜禽养殖供水定额。畜禽养殖供水定额见表Ⅱ.10.1-3。

2）需水量。根据供水定额、需水对象数量确定需水量。

a. 农村居民生活、畜禽供水需水量：

$$W=0.365\sum_{i=1}^{n}A_iQ_i \qquad (Ⅱ.10.1-2)$$

表Ⅱ.10.1-2　不同多年平均年降水量地区作物集雨灌水次数和灌水定额

作物	灌水方式	灌水次数		灌水定额/(m^3/hm^2)
		多年平均年降水量为250～500mm地区	多年平均年降水量大于500mm地区	
玉米等旱田作物	坐水种	1	1	45～75
	点灌	2～3	2～3	45～90
	膜上穴灌	1～2	1～3	45～100
	注水灌	2～3	2～3	45～75
	滴灌、地膜沟灌	1～2	2～3	150～225
一季蔬菜	滴灌	5～8	6～10	150～180
	微喷灌	5～8	6～10	150～180
	点灌	5～8	6～10	90～150
果树	滴灌	2～5	3～6	120～150
	小管出流灌	2～5	3～6	150～240
	微喷灌	2～5	3～8	150～180
	点灌（穴灌）	2～5	3～6	150～180
一季水稻	“薄、浅、湿、晒”和控制灌溉		3～6	300～450

表Ⅱ.10.1-3　畜禽养殖供水定额

畜禽种类	大牲畜	猪	羊	禽
供水定额/[L/(d·头或只)]	30～50	20～30	5～10	0.5～1.0

式中　W——设计供水保证率条件下，雨水利用生活用水工程的年需水量，m^3；

A_i——第 i 类需水对象的数量，人、头或只；

Q_i——第 i 类需水对象的供水定额，L/(d·人、头或只)，按表Ⅱ.10.1-1和表Ⅱ.10.1-3取值；

n——生活需水对象的种类数。

b. 灌溉工程需水量可按式（Ⅱ.10.1-3）计算：

$$W = \sum_{i=1}^{n} S_i M_i \qquad (Ⅱ.10.1-3)$$

式中　W——设计保证率条件下，雨水利用灌溉工程的年需水量，m^3；

S_i——第 i 次灌溉面积，hm^2；

M_i——第 i 次灌水定额，m^3/hm^2，按表Ⅱ.10.1-2取值；

n——灌水次数。

（2）区域来水量。区域来水量计算分为两种计算方式：一种是根据区域可集流区域面积确定可收集的雨水量；另一种是根据区域降水情况采用推理公式法计算雨水总量。

1）根据工程范围内可集流区域面积确定可收集的雨水量。

a. 单用途的小型蓄水工程集雨量计算公式为

$$W_j = \sum_{i=1}^{n} F_i \varphi_i P_P / 1000 \qquad (Ⅱ.10.1-4)$$

式中　W_j——可集水量，m^3；

F_i——第 i 种材料的年集流面面积，m^2；

φ_i——第 i 种材料的年集流效率，年集流效率应根据各种材料在不同降水特性下的试验观测资料确定，缺乏资料时可按表Ⅱ.10.1-4取值；

P_P——保证率为 P 时的年降水量，mm；

n——集流面材料种类数。

表Ⅱ.10.1-4　不同多年平均年降水量地区不同材料集流面的年集流效率

集流面材料	年集流效率/%		
	多年平均年降水量为250～500mm地区	多年平均年降水量为500～1000mm地区	多年平均年降水量为1000～1500mm地区
混凝土	73～80	75～85	80～90
水泥瓦	65～75	70～80	75～85
机瓦	40～55	45～60	50～65
手工制瓦	30～40	40～50	45～60
浆砌石	70～80	70～85	75～85
良好的沥青路面	65～75	70～80	70～85
乡村常用的土路、土场和庭院地面	15～30	20～40	25～50
水泥土	40～55	45～60	50～65
固化土	60～75	75～80	80～90
完整裸露膜料	85～90	85～92	90～95
塑料膜覆中粗砂或草泥	28～46	30～50	40～60
自然土坡（植被稀少）	8～15	15～30	25～50
自然土坡（林草地）	6～15	15～25	20～45

注　本表中数值根据《雨水集蓄利用工程技术规范》（GB/T 50596—2010）确定。

b. 当为多用途的小型蓄水工程时，则仅能根据区域集水量确定所需要的集流面积。集流面积按式（Ⅱ.10.1-5）计算。

$$F_i = \sum_{j=1}^{m} F_{ij} \quad (Ⅱ.10.1-5)$$

式中 F_{ij}——第 j 种用途第 i 种材料的集流面面积，m^2；

m——小型蓄水工程服务对象的种类数量。

当小型蓄水工程为提供多种用途的水源时，如为居民生活用水、集雨灌溉、畜禽养殖以及小型加工企业等需水对象提供水源，则应根据区域可集水量计算所需集流面面积。因不同用途的工程供水保证率不同，应采用不同保证率的降水量分别计算不同用途所需的各类集流面面积，再把同类型集流面各种用途所需面积相加，可以得到该类型工程集流面的总面积。

c. 集雨量计算公式中不同用途的供水保证率应按照表Ⅱ.10.1-5进行取值。

表Ⅱ.10.1-5 供水保证率

供水项目	居民生活用水	集雨灌溉	畜禽养殖	小型加工企业
供水保证率/%	90	50～75	75	75～90

2）雨水总量应根据区域降水资料情况确定。当流域长度、平均宽度、流域纵坡、流域汇流等汇水区域上的暴雨资料和流域几何参数齐全时，则推荐采用推理公式法计算雨水总量，见式（Ⅱ.10.1-6）。如果不具备上述详细资料，并且有适合当地的水文手册、暴雨洪水计算手册等，可以考虑采用地区经验公式法计算雨水总量，见式（Ⅱ.10.1-8）。当集雨区域临近或位于城镇建设区时，雨水总量计算采用市政工程的雨量计算方法，具体方法参见本手册《生产建设项目卷》第7章相关内容。

a. 推理公式法：

$$W_P = 0.1\alpha H_P F \quad (Ⅱ.10.1-6)$$

$$H_P = K_P \overline{H_{24}} \quad (Ⅱ.10.1-7)$$

式中 W_P——设计洪水总量，万 m^3；

H_P——频率为 P 的流域中心点24h雨量，mm，频率 P 值视所在区域具体情况确定，一般可选10%～20%。

α——洪水总量径流系数，无量纲，可采用当地经验值；

$\overline{H_{24}}$——流域最大24h暴雨量均值，mm，可由当地水文手册查得；

K_P——频率为 P 的模比系数，由 C_v 及 C_s 的皮尔逊-Ⅲ型曲线 K_P 表查得；

F——汇水面积，km^2。

b. 经验公式法：

$$W_P = BF^n \quad (Ⅱ.10.1-8)$$

式中 B——地理参数，由当地水文手册查得；

n——指数，由当地水文手册查得。

2. 容积计算

（1）蓄水容积计算。小型蓄水工程蓄水容积计算时，推荐使用简化的容积系数法，容积系数定义为在不发生弃水又能满足供水要求的情况下，需要的蓄水容积与全年供水量的比值。蓄水容积计算公式为

$$V = \frac{KW}{1-\alpha} \quad (Ⅱ.10.1-9)$$

式中 V——蓄水容积，m^3；

W——设计保证率条件下的年可蓄水量，m^3；

α——蓄水工程蒸发、渗漏损失系数，取0.05～0.1；

K——容积系数。

容积系数可按照表Ⅱ.10.1-6进行取值，当实际集流面积是由式（Ⅱ.10.1-3）确定的集流面积的1.5倍以上时，容积系数可按表Ⅱ.10.1-7进行取值。

表Ⅱ.10.1-6 容积系数

供水用途	容积系数		
	多年平均年降水量为250～500mm地区	多年平均年降水量为500～1000mm地区	多年平均年降水量为1000～1500mm地区
居民生活用水	0.55～0.6	0.5～0.55	0.45～0.55
旱作大田灌溉	0.83～0.86	0.75～0.85	0.75～0.8
水稻灌溉	—	0.7～0.8	0.65～0.75
温室大棚灌溉	0.55～0.6	0.4～0.5	0.35～0.45

表Ⅱ.10.1-7 实际集流面积较大条件下的容积系数

供水用途	容积系数		
	多年平均年降水量为250～500mm地区	多年平均年降水量为500～1000mm地区	多年平均年降水量为1000～1500mm地区
居民生活用水	0.51～0.55	0.4～0.5	0.3～0.4
旱作大田灌溉	0.71～0.75	0.6～0.65	0.53～0.6
水稻灌溉	—	0.55～0.6	0.5～0.56
温室大棚灌溉	0.5～0.55	0.32～0.4	0.26～0.35

（2）设计容积计算。

1）小型蓄水工程设计容积按式（Ⅱ.10.1-10）计算：

$$V_{设计}=K(V+V_s) \quad (Ⅱ.10.1-10)$$

式中　$V_{设计}$——设计容积，m^3；

V——蓄水容积，m^3；

V_s——设计清淤年限（n 年）累计泥沙淤积量，m^3；

K——安全系数，取1.2～1.3。

小型蓄水工程设计容积计算时，应该注意一种特殊情况的计算要求，当小型蓄水工程中的水窖、蓄水池在坡面小型蓄排工程系统之中，与坡面排水沟终端连接，并以沟中排水为其主要水源时，其 V 值与 V_s 值则需根据坡面排水沟的设计排水量和淤积量计算。

2）小型蓄水工程总容积应在式（Ⅱ.10.1-10）的计算量基础上，考虑蓄水建筑物的安全超高值后确定。

a. 顶拱采用混凝土浇筑的水窖蓄水位距地面的高度应大于0.5m，并应满足当地冻深要求；顶拱采用薄壁水泥砂浆或黏土防渗的水窖蓄水位应至少低于起拱线0.2m。

b. 水池超高值应按表Ⅱ.10.1-8进行取值。

表Ⅱ.10.1-8　水池超高值

蓄水容积/m^3	<100	100～200	200～500	500～10000
超高值/cm	30	40	50	60～70

10.1.3.3　集流工程设置

小型蓄水工程设计时，当利用天然降水作为蓄水水源时，均需设置集流工程。集流工程包括集流面和输水系统。工程设计中，先根据选定的集流面，按照区域内汇流面积、降水强度等进行汇流流量计算，再根据汇流流量确定各集水沟（管）槽、输水管等的规模。

1. 集流面

集流面主要是指收集雨水的集雨场地。通常利用空旷地面、路面、坡面、屋面等作为蓄水工程的集流面。集流面有效汇水面积通常按汇水面水平投影面积计算。当集流面所收集雨水包括直接集雨面以外的汇水时，还应计入区域外汇水的汇流面积。

屋面的典型材料为混凝土、黏土瓦、金属、沥青以及其他木板或石板，作为集流面的屋顶应保持适当的坡度，以避免雨水滞留。由于沥青屋面雨水污染程度较高，设计中尽量避免使用。屋面雨水收集可采用汇流沟汇集雨水。汇流沟可布置在建筑周围散水区域的地面上，沟内汇集雨水输送至末端蓄水池内。汇流沟结构形式多为混凝土宽浅式弧形断面渠，混凝土标号不低于C15，开口尺寸为20～30cm，渠深为20～30cm。

作为集流面的路面通常有混凝土路面、沥青公路面、砾石路面、土路面等，选择集流路面时，道路前方应具有较大的汇水面积，路牙连接间隙尽量小，而且路面应有一定的坡度，路旁最好有地势低于路面的空阔地，以便修建蓄水建筑物。

利用已经进行混凝土硬化防渗处理的小面积庭院或坡面作为集流场的，可将集流面规划成一个坡向，使雨水集中流向沉沙池的入水口。若汇集的雨水较干净，也可直接流入蓄水设施，可不另设输水渠。

利用天然土坡集流时，坡面应尽量采用林草措施增加植被覆盖度。地面、局部开阔地的集流面基本与路面类似，利用其集流时可参照路面进行。

2. 输水系统

输水系统包括输水沟（渠）和截流沟、沉沙池等。通过输水沟（渠）和截流沟将集雨场上的来水汇集起来，引入沉沙池，而后流入蓄水建筑物内。

（1）输水系统设计。输水系统主要根据确定的集流面，先按照区域内汇流面积、降水强度等进行汇流流量计算，再通过汇流流量确定各集水沟（管）槽、输水管等的规模。

1）集流面上降水高峰历时内汇集的径流量可参照水文计算的相关公式计算。

2）集流面与蓄水建筑物采用集水沟槽连接时，通常根据明渠均匀流公式采用试算法拟定集水沟槽断面形式及底坡。沟槽纵向坡度通常为0.3%～5%。沟槽断面多采用梯形、U形、抛物线形等，深度宜为50～250mm，两侧边坡坡比应尽可能小于1∶3。

3）天然土坡汇流需修建截排水系统。截排水系统设计参考《水土保持综合治理　技术规范　小型蓄排引水工程》（GB/T 16453.4）中的相关内容进行。

4）沉沙池设计内容参见本章10.2节。

（2）输水系统结构要求。

1）对于因地形条件限制离蓄水设施较远的集雨场，考虑长期使用，应规划建成定型的土渠。若经济条件允许，可建成U形或矩形的素混凝土渠。

2）利用公路、道路作为集流场且具有路边排水沟的，截流输水沟（渠）可从路边排水沟的出口处连接，修到蓄水设施。路边排水沟及输水沟（渠）应进行防渗处理，蓄水季节应注意经常清除杂物和浮土。

3）天然土坡集流的坡面截排水系统中，截流沟沿坡面等高线设置，输水沟设于集流沟两端或较低一端，并在连接处做好防冲措施，排水沟的终端经沉沙设施后与蓄水建筑物连接。集流沟沿等高线每隔20～30m设置一处，输水沟在坡面上的比降根据蓄水建筑物的位置而定。若蓄水建筑物位于坡脚，则输水沟大致与坡面等高线正交；若蓄水建筑物位于坡面，则输水沟可基本沿坡面等高线或与坡面等高线斜交。截流沟和输水沟通常为现浇、预制混凝土或砌体衬砌的矩形、U形渠。输水系统末端必须设置沉沙设施，以减少收集及蓄水设施的泥沙淤积。

10.1.4 水窖

10.1.4.1 水窖的类型

水窖根据修窖条件可分为井式水窖和窑式水窖。按照修建的结构不同可分为传统式土窖、水泥砂浆薄壁窖、盖碗窖、钢筋混凝土窖等。按采用的防渗材料不同又可分为胶泥窖、水泥砂浆抹面窖、混凝土和钢筋混凝土窖、人工膜防渗窖等。由于各地的土质条件、建筑材料及经济条件不同，可因地制宜选用不同结构的水窖类型。

1. 井式水窖

井式水窖比较常见的为胶泥防渗的传统式土窖，水泥砂浆薄壁窖、盖碗窖、球形窖、混凝土窖等多是在传统式土窖的基础上对窖身形式、防渗材料等方面优化改进而来的。

传统式土窖因各地土质不同，窖的样式主要分为瓶式窖和坛式窖。瓶式窖窖口小而长，窖深而蓄水量小；坛式窖窖口相对短而大，蓄水量多。当前除个别山区群众还习惯修建瓶式窖用来解决生活用水外，多采用坛式窖。瓶式窖典型断面示意图如图Ⅱ.10.1-1所示。

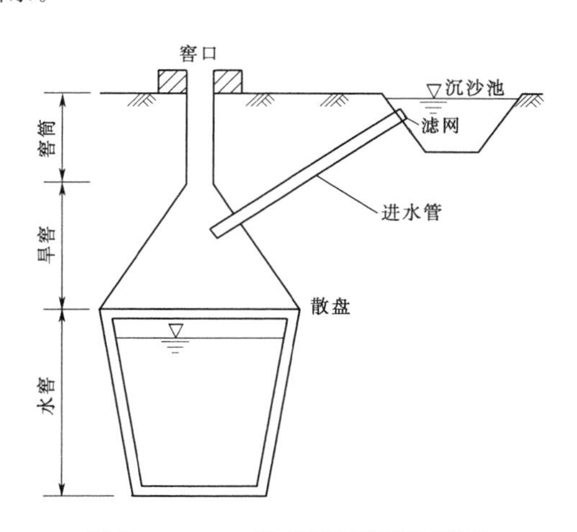

图Ⅱ.10.1-1 瓶式窖典型断面示意图

水泥砂浆薄壁窖是由传统的人饮窖经多次改进、筛选成型。其形状近似“坛式酒瓶”，它比瓶式窖缩短了旱窖部分深度，加大了水窖中部直径和蓄水深度。水泥砂浆薄壁窖断面示意图如图Ⅱ.10.1-2所示。

混凝土盖碗窖形状类似盖碗茶具，包括水窖和窖盖两部分。水窖为水缸形，结构上舍弃不稳定的旱窖

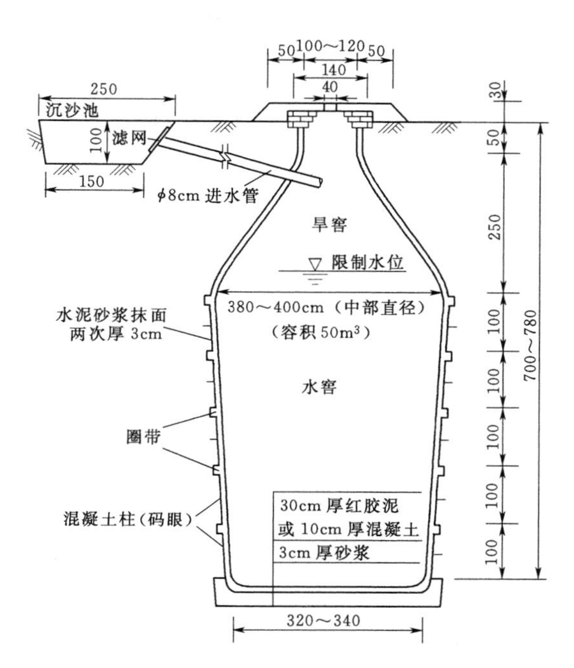

图Ⅱ.10.1-2 水泥砂浆薄壁窖断面示意图（单位：cm）

部分，以避免传统土窖和水泥砂浆抹面窖脖子过深、打窖取土不便、提水灌溉困难等缺点。同时避免了窖内土体塌方，稳定性好，施工安全。窖盖采用混凝土薄壳型拱盖，承载能力高。混凝土盖碗窖断面示意图如图Ⅱ.10.1-3所示。

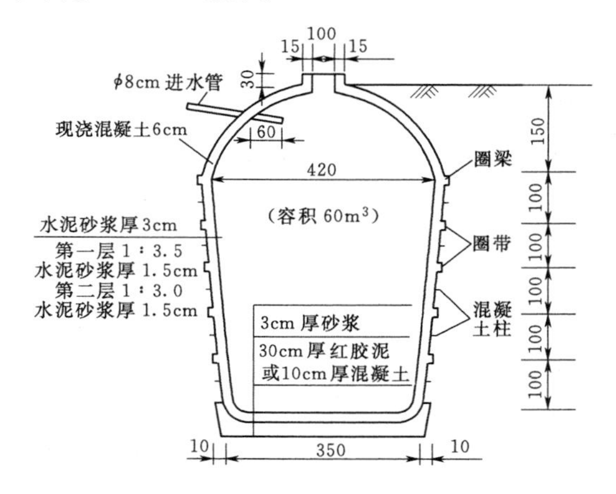

图Ⅱ.10.1-3 混凝土盖碗窖断面示意图（单位：cm）

混凝土球形窖主要由现浇混凝土上半球壳、水泥砂浆抹面下半球壳、两半球结合部圈梁、窖颈和进水管等部分组成。混凝土球形窖由于是球形混凝土窖体，只要混凝土强度达到设计要求，则承压力强，不易破碎，不易冲刷，经久耐用，是属于应用比较好的水窖类型。混凝土球形窖断面示意图如图Ⅱ.10.1-4所示。

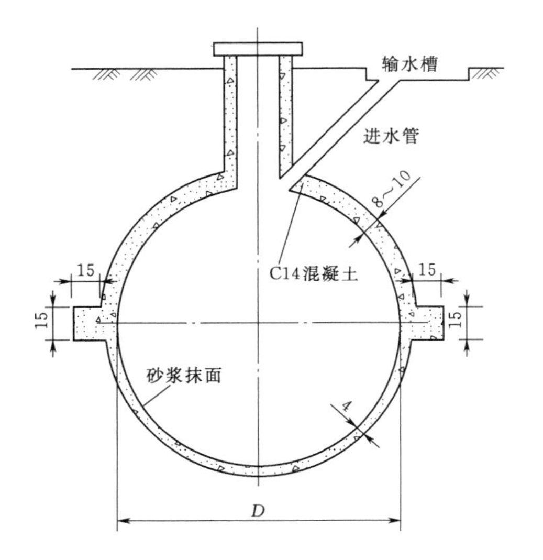

图Ⅱ.10.1-4 混凝土球形窖断面示意图（单位：cm）

目前西北、华北地区多采用的混凝土拱底顶盖水泥砂浆抹面窖主要由混凝土现浇弧形顶盖、水泥砂浆抹面窖壁、三七灰土翻夯窖基、混凝土现浇拱形窖底、混凝土预制圆柱形窖颈、进水管等组成，如图Ⅱ.10.1-5所示。

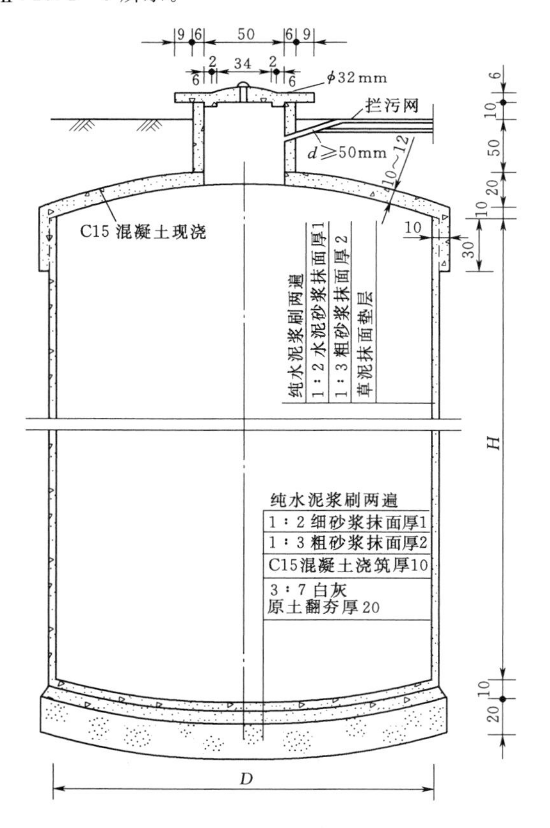

图Ⅱ.10.1-5 混凝土拱底顶盖水泥砂浆抹面窖断面示意图（单位：cm）

2. 窑式水窖

窑式水窖多利用现有崖面开挖而成，挖土浅、省工、占地少，窖身在地下可以延伸，容积大，通常为窄长形，断面为城门洞形。利用现有崖面水平开挖时，土崖上开挖的形状通常为窑洞状，岩石崖面上开挖的形状通常为隧洞状。有的采用浆砌石结构，持久耐用，出水口在底部的，用水为自流。西南地区多用隧洞式水窖，适于农户居住较集中的地方，以拦蓄径流为主，可作为生产和生活用水。

窑式水窖可分为混凝土拱窖和自然土拱窖，也可以用胶泥（黏性好的黄土）做防渗材料处理窖壁。窑式水窖断面示意图如图Ⅱ.10.1-6所示。

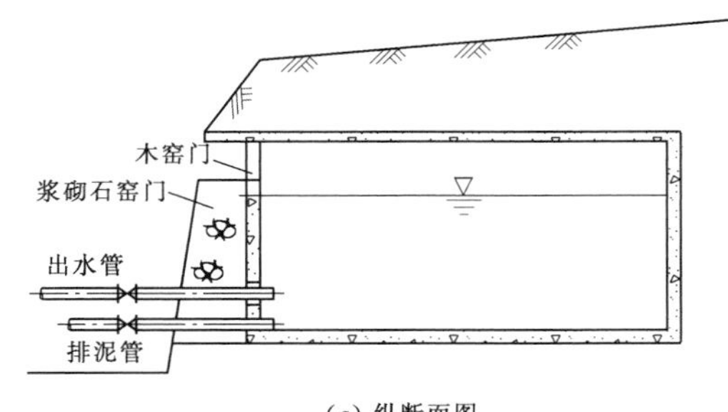

(a) 纵断面图

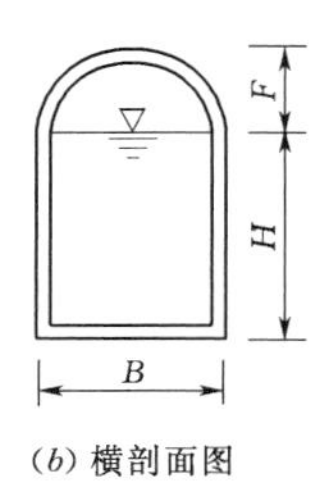

(b) 横剖面图

图Ⅱ.10.1-6 窑式水窖断面示意图

10.1.4.2 水窖布置原则

（1）水窖应尽量布置在地质稳定区域，注意避开大树、溶洞、滑坡、泥石流、软基等不良地质地段及易污染地区。

（2）水窖宜布设在村庄道路旁边、有足够地表径流汇流的区域。窖址应具有深厚坚实的土层，距沟头、沟边20m以上，距大树根10m以上。石质山区水窖应布设在不透水基岩上。

（3）水窖宜布设在庭院内或庭院附近，充分利用庭院地面、麦场及屋顶作为集水场地，以解决饮水和庭院内或附近菜地及果园的灌溉问题。灌溉用水窖应修建在灌溉田块附近并尽量高出田块，以便自流灌溉。

（4）集雨区或补充水源应位于高位，以便自流供水。同时避开冲刷严重区域，确保工程安全。

（5）井式水窖单窖容量宜取30～50m³；道路旁边有土质坚实崖坎且要求蓄水量较大的地方，可布设窑式水窖，单窖容量可大于 100m³。

10.1.4.3 水窖形式选择

水窖形式可结合区域实际情况采用单窖、多窖串联或并联运行，以发挥其调节用水的功能。

（1）来水量不大的路旁，可修井式水窖，单窖容量宜取 30～50m³。

水窖有传统式土窖、水泥砂浆薄壁窖、混凝土盖碗窖、混凝土拱底顶盖水泥砂浆抹面窖等，具体应用时主要根据当地土质、建筑材料、用途等条件进行选择。

传统式土窖适宜于土质密实的红、黄土地区，因防渗材料不同又分为黏土防渗土窖和水泥砂浆防渗土窖两种，黏土防渗土窖更适合于干旱山区人畜饮水使用。

水泥砂浆薄壁窖适宜土质比较密实的红、黄土地区，对于土质疏松的砂壤土地区以及土壤含水量过大地区不宜采用。

混凝土盖碗窖适宜于土质比较松软的黄土和砂石壤土地区，打窖取土、提水灌溉和清淤等都比较方便，质量可靠，使用寿命长，但投资较高。

球形窖不仅适宜于干旱地区，也可以应用于降水量较大的山区，通常应用于黄土地区。

混凝土拱底顶盖水泥砂浆抹面窖多用于西北、华北地区，尤其在我国甘肃地区比较常见。

（2）在路旁有土质坚实的崖坎且要求蓄水量较大的地方，可修窑式水窖，单窖容量可大于 100m³。

（3）单窖不能满足用水需求时，可采用窖群的形式进行蓄水。

水窖的数量应考虑来水量的大小，来水量不大时，可设 1～2 个水窖。如果来水量过大，则应修水窖群拦蓄来水，水窖群总容量应与其控制面积相适应，为了就地拦蓄坡面径流，增大灌溉面积，应使窖群均匀地分布在坡面上，而不应使水窖集中在坡面下部。

水窖群的布置形式通常有梅花形和排子形。

梅花形：将若干水窖按梅花形布置成群，用暗管连通，从中心水窖提水灌溉。

排子形：此种水窖群布置在水平梯田内，顺等高线方向筑成一排水窖群。窖底以暗管串通，在水窖群下的下一台梯田坎上设暗管直通窖内，窖水可自流灌溉下方农田。

10.1.4.4 水窖工程设计

1. 井式水窖

（1）水窖结构。传统式土窖包括瓶式窖和坛式窖。窖体由水窖、旱窖、窖口和窖盖等部分组成。水窖位于窖体下部，是主体部位，是蓄水的主要区域，形似水缸。旱窖位于水窖上部，由窖口经窖脖子（窖筒）向下逐渐呈圆弧形扩展，至中部直径（缸口）后与水窖部分连接。这种倒坡结构，受土壤力学结构的制约，其设计结构尺寸是否合理直接关系到水窖的稳定与安全。窖口、窖盖是起稳定上部结构的作用，防止来水冲刷，并连接提水灌溉设施。

鉴于水泥砂浆薄壁窖、盖碗窖、球形窖、混凝土窖等多是在传统式土窖的基础上对窖身形式、防渗材料等方面优化改进而来的，窖体结构基本相近，此处仅以土质山区比较常见的水泥砂浆薄壁窖为例简略说明水窖的基本结构形式。水窖结构介绍按照窖体、窖拱、窖口、窖盖、进水管等部位进行说明。水窖典型断面图如图Ⅱ.10.1-7 所示。

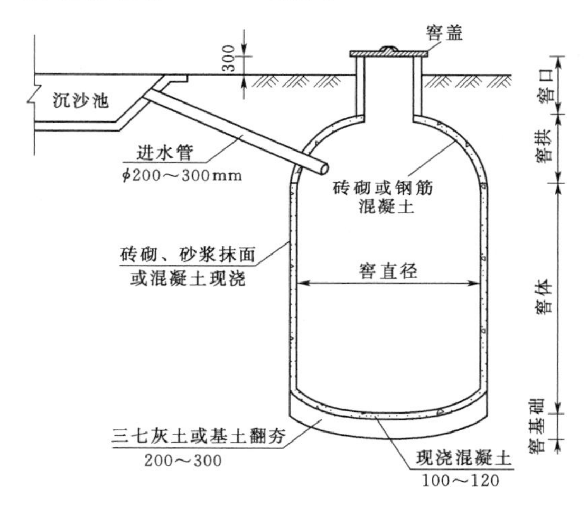

图Ⅱ.10.1-7 水窖典型断面图（单位：mm）

1）窖体。窖体是水窖的主要蓄水部分，多为圆柱形。直径一般为 3～4m，深度为 4～6m，多为砖浆砌或混凝土现浇、水泥砂浆抹面的形式。现浇混凝土窖壁厚度一般为 100～150mm。

2）窖拱。窖拱上部与窖口相连，深 2～3m，为球冠（穹隆）形，内径自上而下逐渐放大，下部与窖筒相接。一般采用砂浆砌砖拱或钢筋混凝土定型浇铸而成。砖砌窖拱的砂浆标号应不低于 M10，混凝土拱的混凝土标号不宜低于 C15，厚度应不小于 100mm。当土质较好时，也可采用厚 30～50mm 的黏土和水泥砂浆防渗。

3）窖口。窖口直径一般为 600～800mm，应高出地面 300～500mm，以方便管理并防止地表污物及沙土进入窖内。采用砖或石砌筑。

4）窖盖。窖盖一般为钢筋混凝土预制成的圆形顶盖，安装于窖口的顶盖厚 80～100mm，中心处需设置提环，以方便开启。

5）进水管。进水管多为圆形暗管，管径为0.2～0.3m，进口高出沉沙池底0.6m，在沉沙池从地表向下深约2/3处，以1∶1坡度向下与旱窖相连，深入窖内约30cm，使水流直接落至窖底。

（2）水窖的构造要求。土层内的水窖设计宽度不宜大于4.5m，拱的矢跨比不宜小于0.33，窖顶以上土体厚度应大于3m，蓄水深度不宜大于3m。窖顶壁和底均采用水泥砂浆或黏土防渗，无其他支护的水窖总深度不宜大于8m，最大直径不宜大于4.5m，顶拱的矢跨比不小于0.5；窖顶采用混凝土或砖砌拱、窖底采用混凝土、窖壁采用砂浆防渗的水窖总深度不宜大于6.5m，最大直径不宜大于4.5m，顶拱的矢跨比不宜小于0.3。

（3）水窖防渗及基础。土层内修建的水窖防渗材料可采用水泥砂浆、黏土或现浇混凝土，当土质条件较好时，通常采用传统的胶泥防渗窖或水泥砂浆防渗窖；当土质条件一般时，多采用混凝土防渗窖。水泥砂浆抹面的砂浆标号不低于M10，厚度应大于30mm，也可以在窖壁上按一定间距布设深度不小于100mm的砂浆短柱，与砂浆层形成整体。采用黏土防渗时，黏土厚度为30～50mm，同时在窖壁上按一定间距布设土铆钉，铆钉深度不小于100mm且不少于20个/m^2。采用混凝土防渗时，混凝土标号不应低于C15，厚度可为100mm。

水窖应坐落于质地均匀的土层上，以黏性土壤最好，黄土次之。水窖的底基土进行翻夯处理后，可现浇厚100mm的混凝土，也可以填筑厚200～300mm的三七灰土垫层，垫层上抹厚30～40mm的水泥砂浆。

2. 窑式水窖

（1）窑体由水窑、窑顶和窑门三部分组成。

1）水窑（蓄水部分）。水窑深3～4m，长8～10m，断面为上宽下窄的梯形，上部宽3～4m，两侧坡比为1∶0.12左右。

2）窑顶（不蓄水部分）。窑顶长度与水窑部分一致，为半圆拱形断面，直径3～4m，与水窑上部宽度一致（有的窑式水窖在窑顶中部留圆形取水井筒，直径0.6～0.7m，深度随崖坎高度而异，从窑顶上通地面取水口）。

3）窑门。窑门下部为梯形断面，尺寸与水窑部分一致，由浆砌料石制成，厚0.6～0.8m，密封不漏水。在离地面约0.5m处埋一水管，外装水龙头，可自由放水。窑门上部为半圆形断面，尺寸与窑顶部分一致，由木板或其他材料制成。木板中部设可以开关的1.0m×1.5m小门。

（2）水窑建筑材料及防渗结构形式可参考井式水窖相关内容。

10.1.5 涝池

10.1.5.1 涝池的类型

涝池按材料可分为土池、三合土池、浆砌条石池、砖砌池和钢筋混凝土池等；按形式可分为圆形池、矩形池、椭圆形池等。此外，涝池还可分为封闭式和敞开式两大类。矩形涝池、圆形涝池平面示意图分别如图Ⅱ.10.1-8和图Ⅱ.10.1-9所示。

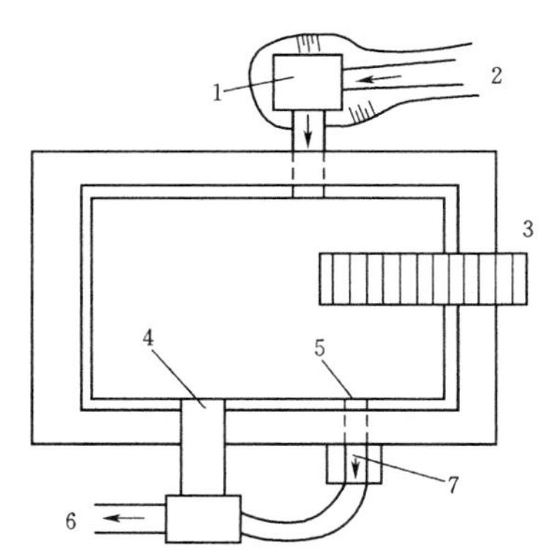

图Ⅱ.10.1-8 矩形涝池平面示意图

1—沉沙池；2—进水渠；3—取水清淤梯步；4—溢水孔；5—放水孔；6—排引水沟；7—闸阀开关

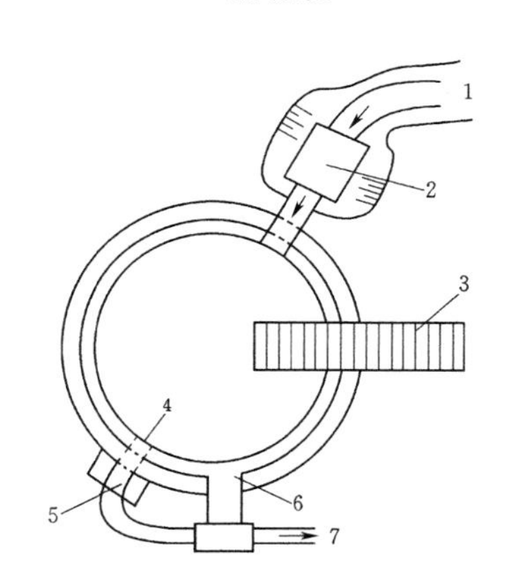

图Ⅱ.10.1-9 圆形涝池平面示意图

1—进水沟；2—沉沙凼；3—取水清淤梯步；4—放水孔；5—闸阀开关；6—溢流口；7—排引水沟

10.1.5.2 涝池布置原则

（1）涝池布设中应尽量考虑少占耕地、来水充足、蓄引方便、造价低、基础稳固等条件。

（2）涝池多选在有一定来水或较大集流面积的地方，如坡面水汇流的低凹处，路旁低于路面、土质较好（无裂缝）、暴雨中足够地表径流的地方，距沟头、沟边10m以上，蓄引方便，并与排水沟、沉砂池形成水系网络，以满足农、林用水和农村饮水需要。

(3) 涝池尽可能与较大饮水灌溉渠系串联，以提高蓄水利用保证率。

(4) 傍山麓开挖的涝池应避开崩塌、滑坡危险区和泥石流易发区。

(5) 基础选择在土质坚实、黏结性强、透水速率弱的区域，土质以黏土或黏壤土为主，避免砂性土。

(6) 涝池附近要有充足的可供使用的建筑材料。

(7) 涝池容积过大时，应参照小型水库或淤地坝设计。

10.1.5.3 涝池形式选择

涝池的形式按容积分为一般涝池、大型涝池和路壕蓄水堰。一般涝池单池容量为100～500m³，大型涝池单池容量为数千立方米到数万立方米，路壕蓄水堰单堰容量一般为500～1000m³。具体设计时可根据区域水源条件、地形条件以及需水要求选择适合的涝池形式。

涝池多为圆形或椭圆形。其平面形状以圆形最好，中长期蓄水的涝池绝大多数为浅锅形，也可根据地形情况采用其他形状。南方山区确定涝池规模和数量时，一般按照控制涝池面积与灌溉面积的比例在1∶10～1∶5之间；北方地区气候较干旱，农业使用池水较少，多引抽河流水库水源，一般无明确定量需水要求。

10.1.5.4 涝池工程设计

1. 涝池位置的选择

涝池位置宜优先选择在进水、排水易布置地段，同时要避开填方、易塌陷地段，确保涝池建设质量和工程安全。涝池通常修建在村庄附近、路边、梁峁坡和沟头上部，不能离沟头、沟边太近，以防渗水引起坍塌。基础土质应坚实，以黏土或黏壤土为主，硬性大的土壤容易渗水和造成陷穴，不宜修筑涝池。此外，选择涝池的位置时，还应注意涝池池底应高于被灌溉的农田田面，以便自流灌溉。

2. 涝池的布置形式

(1) 平地开挖的涝池。在地势低凹处，经加深开挖形成涝池，挖方土可夯实筑埂围于池周。

(2) 结合沟头防护的涝池。当沟头以上来水量较大时，为防止沟头前进、沟底下切、沟岸扩张，可在围埂以上低洼处修筑，如图Ⅱ.10.1-10所示。

(3) 利用地下水的涝池。沟底坡脚常有地下水渗出，易造成坡面滑塌。可在附近开挖涝池，修建小渠，使地下水流入涝池，预防滑坡或崩塌发生。

(4) 结合山地灌溉开挖的涝池。依托山地灌排渠系，根据实际情况及需要，选择适当间隔位置开挖一定数量的涝池，并在涝池与渠道连接处设立闸门，将灌溉余水积蓄池中，用于抗旱应急，如图Ⅱ.10.1-11所示。

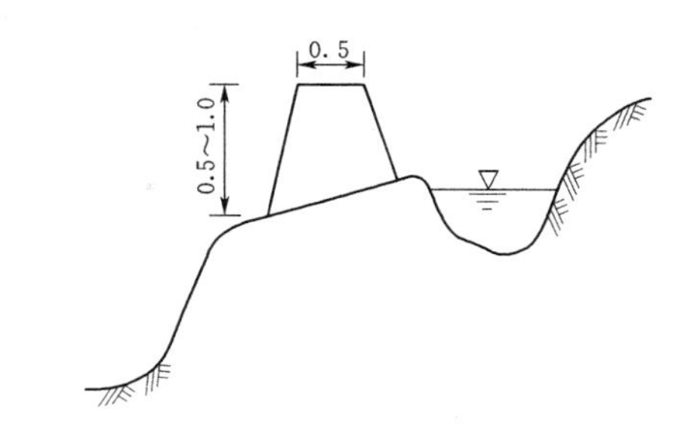

图Ⅱ.10.1-10 埂墙涝池式沟头防护示意图（单位：m）
（埂墙高为1～2倍的沟深）

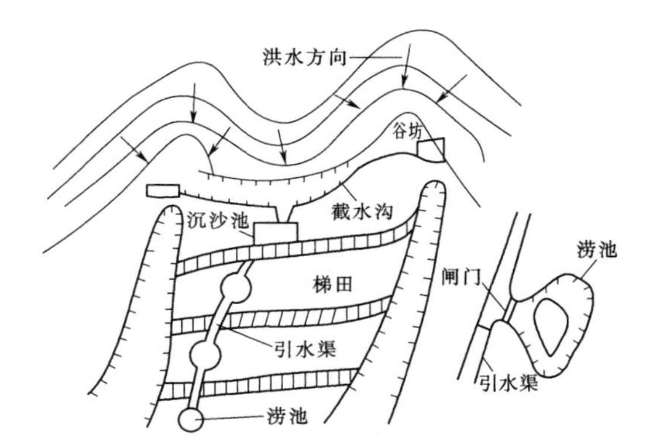

图Ⅱ.10.1-11 渠道连接涝池示意图

3. 涝池容积计算

涝池蓄水量加上超高的容积即为涝池总容积。池的形状随地形变化而异，不同形状的涝池容积计算方法如下：

(1) 矩形涝池。总容积计算公式为

$$V=\frac{1}{2}(h_{水}+\Delta h)(A_{池口}+A_{池底}) \quad (Ⅱ.10.1-11)$$

式中 V——总容积，m³；
$h_{水}$——水深，m；
Δh——安全超高，m；
$A_{池口}$——池口面积，m²；
$A_{池底}$——池底面积，m²。

(2) 平底圆形涝池。总容积计算公式为

$$V=\frac{\pi}{2}(R_{池口}^2+R_{池底}^2)(h_{水}+\Delta h) \quad (Ⅱ.10.1-12)$$

式中 V——总容积，m³；
$R_{池口}$——池口半径，m；
$R_{池底}$——池底半径，m；

$h_水$——水深，m；

Δh——安全超高，m；

π——圆周率，取3.14。

（3）平底椭圆形涝池。总容积计算公式为

$$V=\frac{2}{3}\pi(R_长+R_短)(h_水+\Delta h) \tag{Ⅱ.10.1-13}$$

式中 V——总容积，m^3；

$R_长$——长半轴长，m；

$R_短$——短半轴长，m；

$h_水$——水深，m；

Δh——安全超高，m；

π——圆周率，取3.14。

4. 结构设计要点

涝池工程包括涝池池体工程和相应的配套设施。涝池配套设施包括引水渠、排水沟、沉沙池、过滤池（有人畜饮水要求时）、进水和取水设施等，开敞式涝池还应配有栏杆等维护设施。

（1）涝池池体设计。涝池池体工程包括池体、岸埂及附属设施等。

1）涝池池体一般利用低洼地开挖形成，涝池应根据土质情况，确定合理的边坡坡度，坡比以1：1.0～1：2.5为宜。建议涝池蓄水深应在1.5m以上，以防被蒸发干涸。涝池应每2～3年清淤一次。

a. 涝池是否需要防渗处理要根据各地土壤条件、地理位置等实际情况区别对待。池壁防渗高度根据涝池蓄存水体水深要求确定，池壁防渗高度可取景观水深。常见涝池防渗技术有胶泥防渗、混合土防渗、土工膜衬砌防渗、沥青玻璃布油毡防渗、塑模防渗、混凝土硬化防渗等。池底采用黏土作为防渗层时，防渗层厚度为10cm～30cm。采用红胶土作为防渗材料时，红胶土铺垫夯实后，上面宜覆20～30cm厚的黄土，以防龟裂。如发现细小裂缝，应及时灌浆处理。

b. 涝池边坡可为土质，也可以对边坡进行防护，以增加边坡的稳定性。边坡防护形式包括干砌石、浆砌石、铁丝石笼等。当有村庄环境美观要求时，也可以采用生态防护形式，如浆砌石框架、木桩、砌山石、生态植被毯以及植被护坡等。

2）常利用开挖涝池挖出的土培筑在池坑的周围形成涝池岸埂。培埂前应先清基，以使岸埂与底土结合紧密，培筑岸埂时应分层填筑。岸埂应高出蓄水面0.3～0.7m，顶宽1.0m左右。

3）涝池附属设施。

a. 为防止池水漫溢冲毁岸埂，应在岸埂的一端或两端修溢水口，溢水口最好用砖石砌护。蓄水较少的涝池，也可用草皮护砌溢水口。

b. 涝池水面低于灌溉作物地面时，为便于安装提水设备，可预先在池边安设支架。若用池水自流灌溉，则需在涝池岸下埋设管道或水槽等，并配上小闸门。

4）涝池构造。涝池分为一般涝池、大型涝池和路壕蓄水堰等。

a. 一般涝池。沿道路系统分散布设，单池容量为100～500m^3。多为土质，深1.0～1.5m，形状依地形而异，圆形涝池直径一般为10～15m，方形、矩形涝池边长为10～30m，四周边坡根据土质条件坡比以缓于1：1.0为宜。

b. 大型涝池。容蓄城镇、村庄大量来水，单池容量数千到数万立方米。池深通常为2.0～3.0m，圆形涝池直径为20～30m，方形、矩形涝池边长一般为30～50m，特大型的可达70～100m。土质的涝池周边边坡根据土质条件坡比以缓于1：1.0为宜，料石（或砖、混凝土板）衬砌的涝池周边边坡坡比为1：0.3。涝池位置不在路旁的需修建引水渠，将道路径流引入池中。为防止过量洪水入池，在池的进水口前应设置退水设施。

c. 路壕蓄水堰。在路面低于两侧地面，形成深1～2m的路壕处，应将道路改在一侧地面上，而在路壕中分段修筑小土坝，做成路壕蓄水堰，拦蓄暴雨径流。单堰容量随路壕的宽度、深度和土坝的高度与道路的坡度而定，一般为500～1000m^3。小土坝一般高1.0～2.0m或3.0～5.0m，顶宽1.5～2.0m，上游坡比为1：1.5，下游坡比为1：1。

（2）涝池配套设施。涝池配套设施包括引水渠、排水沟、沉沙池、过滤池（有人畜饮水要求时）、进水和取水设施等。

10.1.6 蓄水池

10.1.6.1 蓄水池的类型

蓄水池根据地形和土质条件修建在地上或地下，按有无顶盖分为开敞式和封闭式两大类，按形状特点分为圆形和矩形两种，因建筑材料不同又可分为砖池、浆砌石池、混凝土池等。

1. 开敞式和封闭式蓄水池

开敞式蓄水池池体由池底和池墙两部分组成，多为季节性蓄水池，不具备防蒸发、保护水质的功能，多用于灌溉；封闭式蓄水池池体设在地面以下，相对于开敞式蓄水池可有效防止蒸发、保护水质，多用于人畜饮水。封闭式蓄水池结构较复杂，投资较大。

2. 地面式和地埋式蓄水池

地面式和地埋式蓄水池除受地形因素制约外，防冻也是一大制约因素。保温防冻层厚度要根据当地气候情况和最大冻土层深度确定，保证池水不发生结冰和冻胀破坏。

3. 圆形和矩形蓄水池

圆形蓄水池结构受力条件好，在相同蓄水量条件下所用建筑材料较省，投资较少。

矩形蓄水池的池体组成、附属设施、墙体结构与圆形蓄水池基本相同，尺寸灵活多变，受地形制约小。但矩形蓄水池的结构受力条件不如圆形蓄水池，同等容积耗费材料比圆形蓄水池多。

4. 各种材料蓄水池

蓄水池按建筑材料分为浆砌砖蓄水池、浆砌石蓄水池、素混凝土蓄水池、钢筋混凝土蓄水池等，应根据当地材料、结构需要等进行选择。

10.1.6.2 蓄水池布置原则

蓄水池布置原则和水窖基本相同。

(1) 蓄水池宜布设在坡脚或坡面局部低洼处，与排水沟相连，容蓄坡面排水。

(2) 蓄水池的分布与容量应根据坡面径流总量、蓄排关系，按经济合理、便于使用的原则确定。

(3) 一个坡面可集中布设一个蓄水池，也可分散布设若干蓄水池。单池容量宜为 10～500m^3。

(4) 蓄水池进水口的上游附近宜布设沉沙池，以保证清水入池。

10.1.6.3 蓄水池形式选择

蓄水池形式根据有无顶盖分为开敞式和封闭式两大类后，再根据形状或材料的不同进行分类。其余分类仅是形状和材料等的不同。

开敞式蓄水池多用于山区，主要在区域地形比较开阔且水质要求不高时使用，通常为季节性蓄水池，不具备防蒸发、保护水质的功能，多用于灌溉。开敞式蓄水池又分为全埋式和半埋式两种，全埋式蓄水池使用较广泛，半埋式蓄水池主要分布在开挖比较困难的地区，容积一般不小于 30m^3。池体形式为矩形或圆形，其中圆形蓄水池因受力条件好应用比较多。

封闭式蓄水池适用于区域占地面积受限制或水质要求较高的地区。池体结构形式可采用方形、矩形或圆形，其中以圆形蓄水池受力条件比较好。池体材料多采用浆砌石、素混凝土或钢筋混凝土等，可根据工程区建筑材料来源、地形地质条件选取。在湿陷性黄土地区修建时，应尽量采用整体性好的混凝土或钢筋混凝土结构，不宜采用浆砌石结构。

10.1.6.4 蓄水池工程设计

(1) 荷载组合。不考虑地震荷载，只考虑蓄水池自重、水压力及土压力。计算时荷载组合根据表Ⅱ.10.1-9确定。

表Ⅱ.10.1-9 蓄水池设计荷载组合

蓄水池形式	最不利组合条件	蓄水池自重	水压力	土压力
开敞式	池内满水，池外无土	√	√	
封闭式	池内无水，池外有土	√		√

(2) 池体结构及材料。

1) 蓄水池池体结构形式多为矩形或圆形，池底及边墙可采用浆砌石、素混凝土或钢筋混凝土结构，在最冷月平均气温高于 5℃ 的地区也可以采用防水砂浆抹面的砖砌体结构。浆砌石或砌砖结构的表面宜采用水泥砂浆抹面。修建在寒冷地区的蓄水池，地面以上应覆土或采取其他防冻措施。

2) 采用浆砌石衬砌时，应采用强度不低于 M10 的水泥砂浆坐浆砌筑，浆砌石底板厚度不宜小于 25cm；采用混凝土现浇结构时，素混凝土强度不宜低于 C15，厚度不宜小于 10cm；采用钢筋混凝土结构时，混凝土强度不宜低于 C20，底板厚度不宜小于 8cm。

3) 石料衬砌的蓄水池，衬砌中应专设进水口与溢水口；土质蓄水池的进水口和溢水口应进行石料衬砌。一般口宽 40～60cm，深 30～40cm，并用矩形宽顶堰流量公式［式（Ⅱ.10.1-14）］校核过水断面。当蓄水池进口不是直接与坡面终端连接时，应布设引水渠，其断面与比降设计可参照坡面排水沟的要求进行。

$$Q=M\sqrt{2g}bh^{3/2} \tag{Ⅱ.10.1-14}$$

式中 Q——进水（或溢洪）最大流量，m^3/s；

M——流量系数，采用 0.35；

g——重力加速度，9.81m/s^2；

b——堰顶宽（口宽），m；

h——堰顶水深，m。

4) 封闭式蓄水池应尽量采用标准设计，或按 5 级建筑物根据有关规范进行设计。

5) 蓄水池除进、出水口外还应设溢流管，溢流管口高程应等于正常蓄水位。池内需设置爬梯，池底设排污管。封闭式蓄水池还应设清淤检修孔，开敞式蓄水池应设置护栏，高度不低于 1.1m。

(3) 地基基础。设计应按区域地质条件推求容许地基承载力，如地基的实际承载力达不到设计要求或地基会产生不均匀沉陷，则必须先采取有效的地基处理措施后才可修建蓄水池。蓄水池底板的基础不允许坐落在半岩基半软基或直接置于高差较大或破碎的岩基上，要求有足够的承载力，平整密实，否则须采用碎石（或粗砂）铺平并夯实。

土基应进行翻夯处理，深度不小于 40cm。

地基土为湿陷性黄土时，需进行预处理，同时池体优先考虑采用整体式钢筋混凝土或素混凝土结构。

地基土为弱湿陷性黄土时，池底应填筑厚 30～50cm 的灰土层，并应进行翻夯处理，翻夯深度不宜小于 50cm。地基土为中、强湿陷性黄土时，应加大翻夯深度，并应采取浸水预沉等措施。

（4）蓄水池构造要求。

1）开敞式蓄水池。开敞式蓄水池又分为全埋式和半埋式两种，全埋式蓄水池使用较广泛，半埋式蓄水池主要分布在开挖比较困难的地区，容积一般不小于 30m³。开敞式蓄水池典型结构如图Ⅱ.10.1－12 所示。

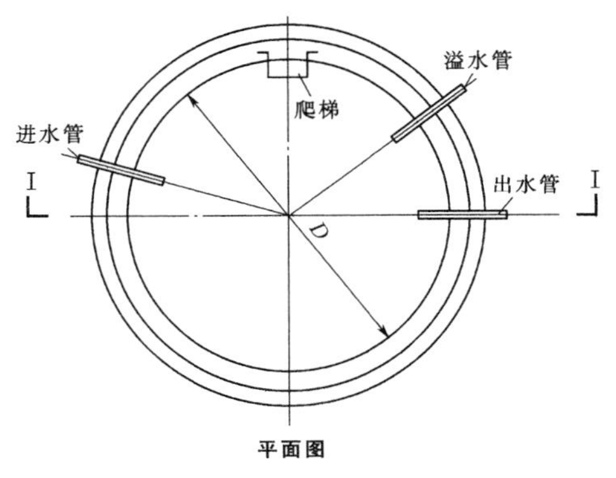

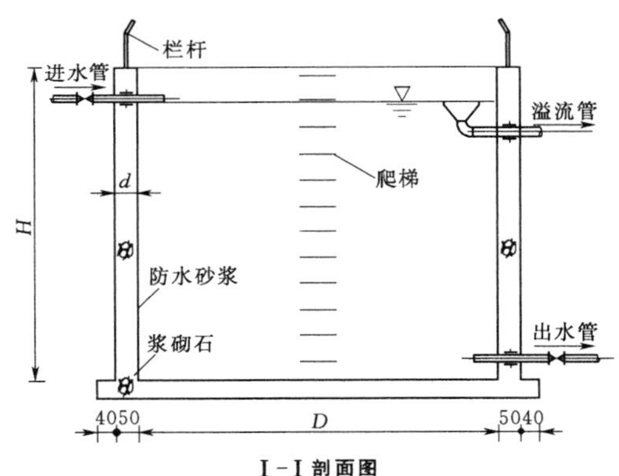

图Ⅱ.10.1－12 开敞式蓄水池典型结构图（单位：cm）

池体形式为矩形或圆形，其中圆形池因受力条件好应用比较多。矩形池蓄水量小于 60m³ 时，多为近正方形布设，当蓄水池长宽比超过 3 时，池体中间需布设隔墙，隔墙上部留水口，以减少边墙侧压力和有效沉淀泥沙。

池体包括池底和池墙两部分。池底多为混凝土浇筑，混凝土标号不低于 C15。容积小于 100m³ 时，护底厚度宜为 100～200mm；容积不小于 100m³ 时，护底厚度宜为 200～300mm。池墙通常采用砖、条石、混凝土预制块浆砌，水泥砂浆抹面并进行防渗处理，池墙厚度通过结构计算确定，一般为 200～500mm。

当蓄水池为高位蓄水池时，出水管应高于池底 300mm，以利水体自流使用，同时在池壁正常蓄水位处设溢流管。

全埋式蓄水池池体近地面处应设池沿，池沿高出地面至少 300mm，以防止池周泥土及污物进入池内，同时在池沿设置护栏，护栏高度不低于 1100mm，池内设梯步以方便取水。

2）封闭式蓄水池。封闭式蓄水池池体基本设在地面以下，其防冻、防蒸发效果好，但施工难度大，费用较高。池体结构形式可采用方形、矩形或圆形，池体材料多采用浆砌石、素混凝土或钢筋混凝土等。在湿陷性黄土地区修建时，应尽量采用整体性好的混凝土或钢筋混凝土结构，不宜采用浆砌石结构。

池体设计尽量采用标准设计的钢筋混凝土结构，参考符合使用条件的蓄水池定型图集进行结构选型，结构设计应满足《给水排水工程钢筋混凝土水池结构设计规程》（CECS 138：2002）的要求。

蓄水池池底宜设集泥坑和吸水坑，池底以不小于 5%的坡度坡向集泥坑，同时于集泥坑上方设检查口，以利于清理淤泥。

10.1.6.5 施工及维护

蓄水池不同结构形式的施工程序基本相同，本节仅叙述开敞式圆形蓄水池（浆砌石墙）和封闭式矩形蓄水池（砖砌墙）的施工及维护。

1. 开敞式圆形蓄水池（浆砌石墙）

施工程序包括地基处理、池墙砌筑、池底建造、防渗处理、附属设施安装施工等部分。

（1）地基处理。施工前应首先了解地质资料和土壤的承载力，并在现场进行坑探试验。当土基承载力不够时，应根据设计提出对地基的要求，采取加固措施，如扩大基础、换基夯实等。

（2）池墙砌筑。

1）按图纸设计要求放线，严格掌握垂直度、坡度和高程。

2）池墙砌筑时要沿周边分层整体砌石，不可分段分块单独施工，以保证池墙的整体性。

3）池墙采用的各种材料质量应满足有关规范要求，浆砌石应采用坐浆砌筑，不得先干砌再灌缝。砌筑应做到石料安砌平整、稳当，上下层砌石应错缝，砌缝应用砂浆填充密实。石料砌筑前，应先湿润表面。

4）池墙砌筑时，要预埋（预留）进、出水管（孔），出水管处要做好防渗处理。防渗止水环要根据出水管材料或设计要求选用和施工。

5）池墙内壁用 M10 号水泥砂浆抹面 3cm 厚，砂浆中加入防渗剂（粉），其用量为水泥用量的3%～5%。

（3）池底建造。池底施工程序分底土处理、浆砌块石砌筑、混凝土浇筑以及池墙、池底防渗等环节。

1）底土处理。凡是土质基础一般都要经过换基土、夯实碾压后才能进行建筑物施工。首先在池旁设高程基准点，根据设计尺寸开挖池底土体，并碾压夯实底部原状土。回填土可按设计施工要求采用3∶7灰土、1∶10水泥土或原状土，采用分层填土碾压、夯实。原土翻夯应分层夯实，每层铺松土应不大于20cm。夯实深度和密实度应达到设计要求。夯实后表面应整平。回填土料适宜含水量范围见表Ⅱ.10.1-10。野外用手鉴别土的含水量方法详见表Ⅱ.10.1-11。

表Ⅱ.10.1-10　回填土料适宜含水量范围

土料种类	砂壤土	壤土	重壤土	黏土
含水量范围/%	9～15	12～15	16～20	19～23

表Ⅱ.10.1-11　野外用手鉴别土的含水量方法表

含水量/%	鉴别方法
13～15	用手勉强可捏成自来水笔粗，裂缝多
15～16	搓成铅笔粗，有裂缝
17～18	搓成铅笔芯粗，有裂缝
21～22	搓成铅笔芯粗，光滑，弯曲易断
23～24	用手指一搓，指上粘泥
25～26	脚踏上即陷下，脚离开后恢复原状，有裂缝

人工夯实时，每层铺土厚0.15m，夯打时应重合1/3，打夯时，各处遍数要相同，不能漏打和少打，边墙处更应夯打密实。干容重要求达到1.5～1.6g/cm^3。机械碾压时，铺土厚度为0.20～0.25m，碾压遍数根据压重和振动力确定。

2）浆砌块石砌筑。地基经回填碾压夯实达到设计标准时，即可进行池底砌石，当砌石厚度在30cm以内时，一次砌筑完成，当砌石厚度大于30cm时，可根据石料情况分层砌筑。浆砌石同样应采用坐浆砌筑，然后进行灌浆，用碎石填充石缝，务必灌浆密实，砌石稳固。

3）混凝土浇筑。在浆砌石基础上浇筑混凝土，标号不低于C15，厚度不小于10cm，依次推进，形成整体，一次灌筑完成，并要及时收面3遍，表面要求密实、平整、光滑。

4）池墙、池底防渗。池底混凝土浇筑好后，要用清水洗净清除尘土后即可进行防渗处理，防渗措施多种多样。可采用水泥加防渗剂用水稀释成糊状刷面，也可喷射防渗乳胶。

2. 封闭式矩形蓄水池（砖砌墙）

施工程序包括池体开挖、池墙砌筑、池底浇筑、防渗处理、池盖混凝土预制安装和附属设施安装施工等。

（1）池体开挖。要根据当地土质条件确定开挖边墙坡度。垂直开挖，即使是特别密实的土体，也只允许挖深2m左右，当池体深度大于2m时，开挖时都要有坡度（表Ⅱ.10.1-12），以确保土体稳定。

表Ⅱ.10.1-12　基坑开挖边坡坡度参考值

土质类别	挖深小于3m	挖深为3～5m
黏土	1∶0.3	1∶0.3
砂质黏土	1∶0.3	1∶0.5
亚砂土	1∶0.5	1∶0.7
无黏性砂土	1∶0.7	1∶1.0
淤土	1∶3.0	1∶4.0
岩石	1∶0	1∶0

根据土质、池深选定边坡坡度，根据池底尺寸确定开挖线。开挖过程要施工放线，严格掌握坡度，池深开挖要计算池底回填夯实部分和基础厚度，按设计要求挖够深度，并进行墙基开挖。

（2）池墙砌筑。挖好池体后，应先对墙基和池基进行加固处理，然后砖砌池墙。砖砌矩形蓄水池受力条件不如圆形蓄水池，要加设钢筋混凝土柱和上下圈梁（圆形蓄水池可不设）。砖砌墙体时，砖要充分吸水，沿四周分层整体砌筑，坐浆要饱满，墙四周空隙处要及时分层填土夯实。墙角混凝土柱与边墙要做好接茬。先砌墙，后浇筑混凝土柱。圈梁和柱的混凝土要按设计要求施工。

（3）池底浇筑和防渗处理同开敞式圆形蓄水池。

（4）池盖混凝土预制安装。池盖混凝土可就地浇筑或预制板安装，矩形蓄水池因宽度较小，一般选用混凝土空心板预制板件安装，施工简便。板上铺保温防冻材料，四周用二四砖墙浆砌，池体外露部分和池盖保温层四周填土夯实，以增强上部结构的稳定和提高保温防冻效果。

（5）附属设施安装施工。附属设施包括沉沙池、进水管、检查洞（室）及爬梯、出水管等。爬梯在安装出水管的侧墙上按设计要求布设，砌墙时将弯制好的钢筋砌于墙体内。顶盖预留孔口，四周砌墙，比保温层稍高，顶上设混凝土板，在顶盖混凝土板安装后即可进行爬梯施工。

10.1.7　设计案例

10.1.7.1　北方地区水窖工程

1. 工程现状

棋盘山项目区位于河北省卢龙县南部，地势为北高南低、西高东低，地理坐标介于东经 118°48′49″～118°08′58″、北纬 39°46′24″～39°50′00″，海拔为 51.6～148.7m，高差为 97.1m。项目区地处浅山丘陵区，区域内沟谷纵横，沟壑密度为 1.5km/km²，干沟平均比降为 6.86%，沟谷比降为 2.8%～7.25%。

2. 工程建设内容

根据当地建设水窖的经验，设计两种水窖形式，即小型水窖（容积 15m³）和大型水窖（容积 108m³），水窖与排水沟终端相连。在作物生长关键期浇灌“关键水”，提高粮食单产。

3. 工程设计

（1）小型水窖典型设计。

1）集雨量。水窖集雨量采用式（Ⅱ.10.1－6）进行计算。此案例根据实际情况采用设计频率为 10 年一遇 24h 暴雨量的设计标准，10 年一遇 24h 最大暴雨量取 123mm，集流场（路面）面积为 300m²，径流系数根据现场情况取 0.3，经过计算，1 号水窖集流面积 10 年一遇 24h 集雨量为 11m³。

2）蓄水容积。水窖容积采用式（Ⅱ.10.1－9）和式（Ⅱ.10.1－10）计算，每年清淤一次，一年累计泥沙淤积量为 2m³，设计水窖容量约 15m³。

3）水窖结构设计。结合当地建设水窖的经验及建筑材料来源，采用地下圆形结构，水窖直径为 2.5m，深 3m，池壁采用浆砌砖，厚 40cm，池底基础采用 0.5m 厚灰土，浇筑 0.20m 厚混凝土，池顶采用预制空心楼板，厚 0.3m，池内壁用 M7.5 防水水泥砂浆抹面。15m³ 水窖典型设计如图Ⅱ.10.1－13 所示。

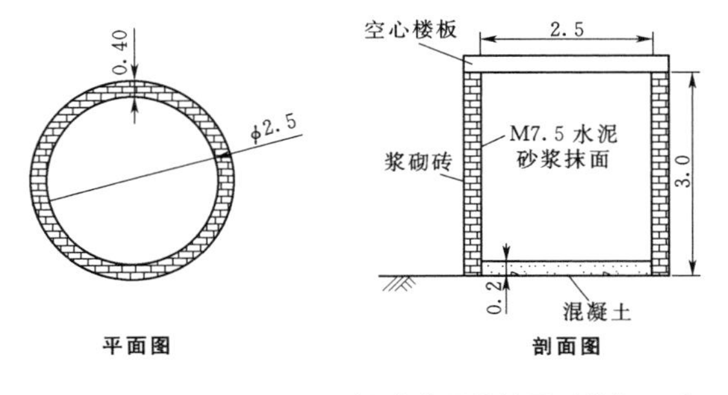

图Ⅱ.10.1－13　15m³ 圆形水窖典型设计图（单位：m）

水窖外壁做 1∶3 水泥砂浆抹面，抹面外可加做冷底子油一道，内壁做五层刚性防水。

在水窖前 2～3m 处，建设沉沙池。根据当地经验，设计沉沙池长 2m，宽 1.5m，高 1.5m。池壁、池底采用浆砌砖，水泥砂浆抹面。

设计沉沙池前引水沟采用梯形断面，渠底宽 0.3m，沟深 0.3m，内坡坡比为 1∶1，外坡坡比为 1∶1，采用砖砌，水泥砂浆抹面。

沉砂池和水窖用进水沟相连，采用梯形断面，渠底宽 0.3m，沟深 0.3m，内坡坡比为 1∶1，外坡坡比为 1∶1，采用砖砌，水泥砂浆抹面。

（2）大型水窖典型设计。

1）集雨量。水窖集雨量采用式（Ⅱ.10.1－6）进行计算，10 年一遇 24h 最大暴雨量取 123mm，集流场（路面）面积为 2000m²，径流系数根据现场情况取 0.3，经过计算，1 号水窖集流面积 10 年一遇 24h 集雨量为 74m³。

2）蓄水容积。水窖容积采用式（Ⅱ.10.1－9）和式（Ⅱ.10.1－10）计算，每年清淤一次，一年累计泥沙淤积量为 20m³，水窖蓄水容量确定为 108m³。

3）水窖结构设计。根据水窖的蓄水容积，结合当地建设水窖的经验及建筑材料来源，采用地下矩形结构，长 12m，宽 3m，深 3m，池壁采用浆砌砖，厚 40cm，池底基础采用 0.5m 厚灰土，浇筑 0.20m 厚混凝土，池顶采用预制空心楼板，厚 0.3m，池内壁用 M7.5 防水水泥砂浆抹面，抹面外做冷底子油一道，内壁做五层刚性防水。108m³ 水窖典型设计如图Ⅱ.10.1－14 所示。

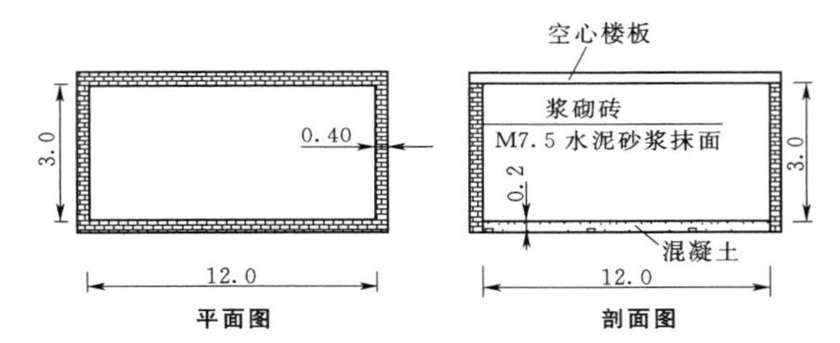

图Ⅱ.10.1－14　108m³ 方形水窖典型设计图（单位：m）

在水窖前 2～3m 处，建设沉沙池。根据当地经验，设计沉沙池长 3m，宽 2m，高 1.5m。池壁、池底采用浆砌砖。

沉沙池和水窖用进水渠相连，采用梯形断面，渠底宽 0.6m，渠深 0.5m，内坡坡比为 1∶1，外坡坡比为 1∶1，采用砖砌，水泥砂浆抹面。

10.1.7.2　西南地区水窖工程

1. 项目简介

项目区位于云南省广南县，距县城 58.48km，属于珠江流域西江水系，为云南省坡耕地水土流失综合治理试点工程。整个项目区均属溶峰、丘峰溶丘谷地地貌，总体地势南高北低，海拔为 1380～1526.8m。项目所在地属中亚热带低纬高原季风气候，全年气候温和，无霜期长，光照均匀，雨量充沛而集中，多年平均年降水量为 1000mm。项目区主要土壤类型为石灰岩红壤、黄红壤，由石灰岩发育而成，红壤耕作层厚 60cm 左右，缺速效磷，质地中壤以上，不宜耕作，保水保肥能力差，坡地易受冲刷。黄红壤耕作层厚55cm左右，表层由于水化作用，多呈灰黄色或棕色，肥力低，速效养分缺乏。项目区无河流经过，无水源灌溉条件。

对项目区238.65hm² (3579.75亩) 的坡耕地进行坡改梯设计，配套解决其作物生长关键期灌溉问题。根据项目区情况，全部采用水窖进行关键期补水灌溉。

灌溉面积中大春作物烤烟1754亩、玉米1360亩、花生215亩、大春蔬菜179亩、其他72亩；小春作物小麦2005亩、小春蔬菜54亩、其他54亩。

2. 工程布置与设计

(1) 供需水量平衡分析。

1) 设计标准。根据《灌溉与排水工程设计规范》(GB 50288)，结合项目区的实际情况，现状年为2013年，设计水平年为2018年，项目区以旱作物灌溉为主，且水资源短缺，作物的灌水仅进行关键期补水灌溉，根据灌溉面积、作物种植结构和实地调查结果，结合集雨灌溉次数和灌水定额，综合进行水量平衡计算，确定流域内坡改梯范围内的灌溉需水量。

2) 作物种植结构。项目区坡改梯面积为3579.75亩，由于该区地表水源匮乏，考虑全部采用水窖进行灌溉。项目区主要种植的大春作物有烤烟、玉米、花生和辣椒、萝卜等大春蔬菜，小春作物包括小麦和油菜、豌豆等小春蔬菜。此方案主要根据以上分析，并对项目区作物种植结构进行调整，通过提高复种指数、扩大农作物种植面积，调整作物种植比例，改善种植结构，发展高效农业产业。通过该工程的建设，项目区复种指数可由现状年2013年的111%提高到设计水平年2018年的159%。项目区作物种植结构见表Ⅱ.10.1-13。

表Ⅱ.10.1-13　项目区作物种植结构表

作物		现状年		设计水平年	
		种植面积/亩	种植比例/%	种植面积/亩	种植比例/%
大春	烤烟	1611	45	1754	49
	玉米	1611	45	1360	38
	花生	179	5	215	6
	大春蔬菜	107	3	179	5
	其他	72	2	72	2
	小计	3580	100	3580	100
小春	小麦	322	9	2005	56
	小春蔬菜	36	1	54	1.5
	其他	36	1	54	1.5
	小计	394	11	2113	59
复种指数		111		159	

3) 作物灌溉制度。根据项目区降水量和作物需水规律，采用非充分灌溉原理，确定补充灌溉的次数和每次补灌量，计算结果详见表Ⅱ.10.1-14。

表Ⅱ.10.1-14　项目区年灌溉供水量计算表

作物	大春					小春			合计
	烤烟	玉米	花生	蔬菜	其他	小麦	蔬菜	其他	
灌水定额/(m³/亩)	4	3	3	6	3	3	10	3	
灌溉次数	2	1	1	3	1	2	6	2	
灌溉面积/亩	1754	1360	215	179	72	2005	54	54	5693
总需水量/m³	14032	4080	645	3222	216	12030	3240	324	37789

4) 水窖容积。根据广南县近期实施的坡耕地治理及烟水项目施工经验，结合当地群众意愿，本着节省材料、便于施工和使用的原则，综合确定该工程单个水窖容积为30m³。

5) 单个水窖年供水量。单个水窖年蓄水容积按式(Ⅱ.10.1-9)计算。经计算分析，该工程单个水窖年供水量为53.16m³，各参数取值及计算结果详见表Ⅱ.10.1-15。

表Ⅱ.10.1-15　单个水窖年供水量计算参数和取值表

编号	参数	数值	说明
1	容积系数 K	0.45	参考《雨水集蓄利用工程技术规范》(GB/T 50596—2010)结合该工程实际进行取值
2	蒸发、渗透损失系数 α	0.08	
3	蓄水容积/m³	30.0	
4	年供水量/m³	53.16	

6) 水窖数量。根据计算获得的项目区年需水量及单个水窖年供水量，设计保证率条件下年需水量与单个水窖年供水量的比值即为需要修建的水窖数量。通过实地调查并与当地水务部门和群众沟通后，结合该项目地形地貌、道路及图斑分布情况，计算确定项目区共布设水窖711口。

7) 最小集流面积。最小集流面积按式(Ⅱ.10.1-4)

确定，计算结果见表Ⅱ.10.1-16。

表Ⅱ.10.1-16　水窖最小集流面积计算参数和取值表

编号	参数	取值	说　明
1	年供水量 W/m^3	53.15	
2	集流效率 φ_i	0.45	乡村土路、自然植被
3	年降水量 P_P/mm	887.94	保证率为75%情况下的降水量
4	集流面材料种类 n	1	该工程集流范围内 n 取1
5	最小集流面积/m^2	133.0	

经分析计算，该项目单个水窖最小集流面积为133.0m^2，即单个水窖的集流面面积不得小于133.0m^2。

(2) 水窖及配套工程布置。根据工程区建设经验，结合该工程建设内容，主要考虑与现有及新建和修缮道路工程截、排水沟结合布置，集蓄利用道路排水。在道路密度较低，不能满足水窖布设集流面积的地块，且无可利用水源，结合项目区地形条件，考虑布设截水沟将坡面径流拦截后汇入水窖。

水窖形式为井式，底部采用C15混凝土浇筑，侧壁采用M7.5砖砌体砌筑，顶部采用C20钢筋混凝土浇筑。因道路排水沟多布设于道路内侧，而部分水窖布置在道路外侧，该工程考虑埋设ϕ160PE管将道路内侧排水沟与外侧水窖连接，管道纵坡坡比 i 不小于0.01，不允许出现反坡。

为防止含沙量较高的雨水直接进入水窖造成淤积，在每口水窖前设一座沉沙池进行沉沙处理，沉沙池为矩形结构，池壁采用0.12m厚C15现浇混凝土，底板采用0.1m厚C15现浇混凝土，集流沟进口设置0.2m×0.2m拦污网。

截水沟因汇流面积较小（133.0m^2），该工程不再对过流断面进行验算。每个水窖考虑截水沟长20m，结合便于施工及节省材料的原则，将截水沟过水断面设为0.3m×0.3m，采用C15混凝土结构，壁厚0.15m，底厚0.10m。

3. 水窖工程设计图

水窖平面布置图和剖面图如图Ⅱ.10.1-15和图Ⅱ.10.1-16所示。

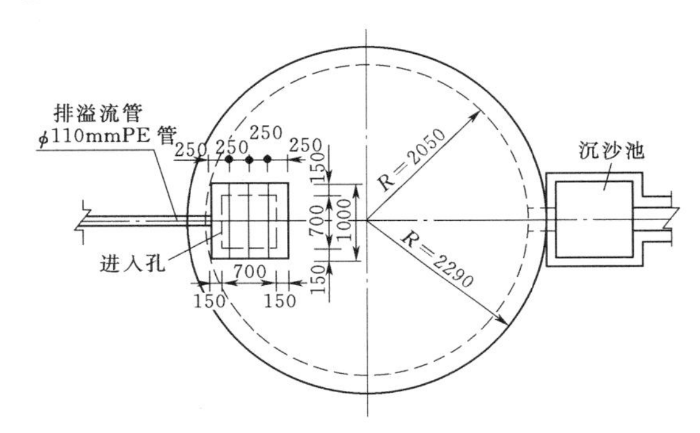

图Ⅱ.10.1-15　水窖平面布置图（含沉沙池）（单位：mm）

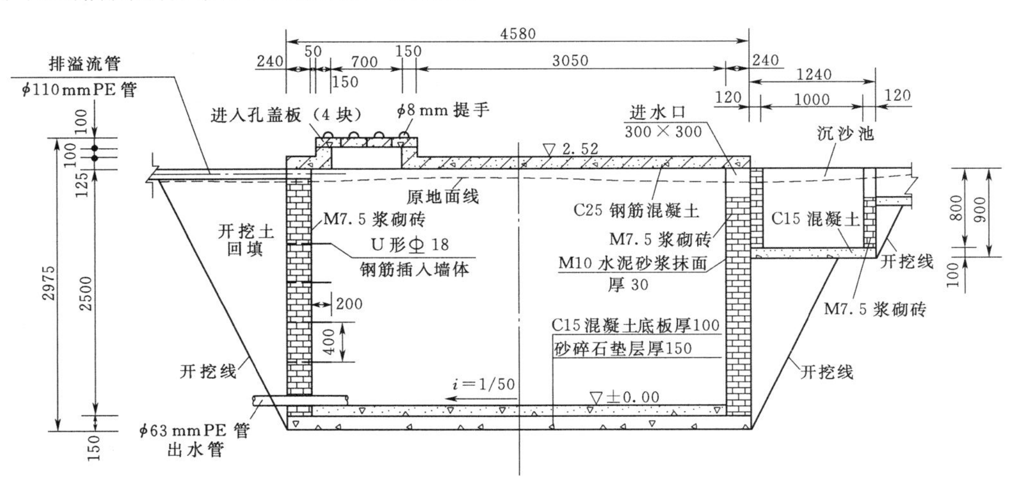

图Ⅱ.10.1-16　水窖剖面图（含沉沙池）（单位：mm）

10.1.7.3　石家庄行唐县口头小流域综合治理

1. 工程简况

河北省石家庄市行唐县口头小流域水土保持综合治理中，在口头镇东南规划建7座容积200m^3的涝池，主要满足核桃、枣树栽植用水。

2. 工程设计

(1) 涝池类型。涝池为圆形半地下建筑，采用浆砌石结构。

(2) 涝池容积。经计算，涝池容积为200m³。

(3) 涝池位置。涝池位置在乡镇附近。

(4) 涝池设计。涝池为圆形半地下建筑，地下埋深2.00m，地上高1.00m，涝池池壁厚0.5m，用M7.5浆砌石砌筑，池外用水泥砂浆勾缝，池内用水泥砂浆抹面，池底浇筑0.10m厚C20混凝土防渗。涝池内半径为5.00m，外半径为5.50m，池高3.00m。每座涝池工程量为：基础开挖土方190m³，浆砌块石47.0m³，浇筑混凝土8.0m³。

3. 设计图

浆砌石涝池（200m³）设计如图Ⅱ.10.1－17所示。

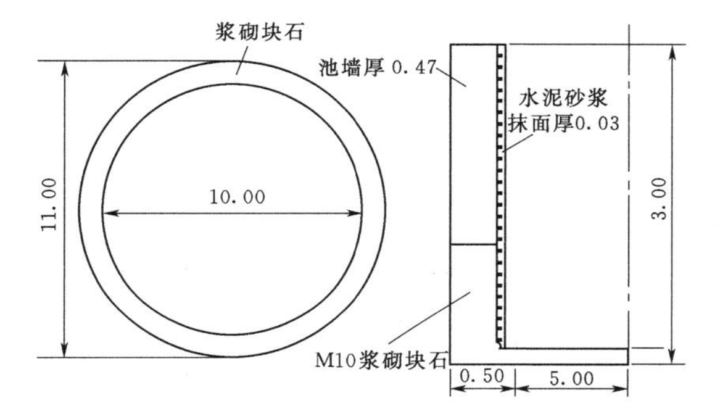

图Ⅱ.10.1－17　浆砌石涝池（200m³）设计图（单位：m）

10.1.7.4　陕西省澄城县寺前镇涝池

1. 工程简况

项目区位于陕西省澄城县的寺前镇境内，为解决吴坡村0.65km²汛期洪水排放问题，在吴坡村西北方向台塬区修建蓄水总量为5000m³的涝池，雨水集蓄后兼顾灌溉养殖等作用。项目所地区域土质为深厚黄土，地质条件稳定。

2. 涝池设计

(1) 涝池类型。涝池为矩形地面建筑，采用钢筋混凝土结构。

(2) 涝池容积。集流面积为0.65km²，经计算，涝池容积为5000m³。

(3) 涝池位置。涝池位置在吴坡村以西。

(4) 涝池设计。吴坡村涝池按10年一遇洪水标准进行设计。采用矩形开敞式C25钢筋混凝土结构。池长52m，池宽40m，池深3.0m，池壁边坡坡比为2∶1。池底采用原土夯实后，铺50cm厚三七灰土，再铺一布一膜，面层采用15cm厚C25钢筋混凝土，池壁采用原土夯实后，铺一布一膜，面层采用15cm厚C25钢筋混凝土。池底及池壁钢筋混凝土面层每10m设一道伸缩缝，缝宽2～3cm，缝内填充聚氯乙烯胶泥。设计蓄水高度为2.5m。为确保安全，涝池东、西、南三侧安装护栏，护栏采用钢筋混凝土预制，高1.2m。

为便于将雨水径流引入池子，工程设计在涝池北侧配套新建U形混凝土引水渠道840m。雨水由引水渠道接ϕ800mm混凝土管20m引入池中，在涝池东北角设ϕ300mm钢筋混凝土排水管道，通过自流进行灌溉。在涝池东南角设ϕ600mm钢筋混凝土溢水管道，以保证涝池安全。吴坡村涝池剖面图如图Ⅱ.10.1－18所示。

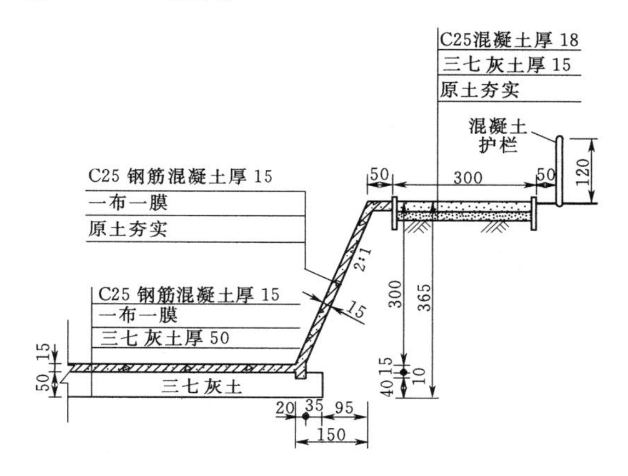

图Ⅱ.10.1－18　吴坡村涝池剖面图（单位：cm）

10.2　沉　沙　池

10.2.1　定义与作用

定义：用以沉降挟沙水流中粒径大于设计沉降粒径的悬移质泥沙、降低水流中含沙量的建筑物。

作用：小型蓄水工程设置沉沙池是为了减少水流中悬移质泥沙流入水窖、涝池或蓄水池等蓄水建筑物内，增加蓄水建筑的使用寿命；小型引水工程设置沉沙池主要是为了减轻泥沙对泵站水泵的磨损危害；排洪渠中间或末端设置沉沙池主要是为了减少水土流失。

10.2.2　分类与适用范围

沉沙池一般根据冲洗方式进行分类，本节主要用于小型蓄引用水工程配套设置的建筑物，以定期人工清淤为主。

根据小型蓄引用水工程的建筑材料还可将沉沙池分为土质、砖砌、浆砌石和混凝土等结构类型。

10.2.3　工程规划与布置

10.2.3.1　布置原则

(1) 在水窖、涝池、蓄水池等蓄水建筑物的进水口前设置沉沙池，起到拦沙、防冲和澄清水的作用。

(2) 当利用坡面、沟壕集水，水中含沙量较大时，不宜按来水方向在小型蓄水建筑物前布设沉沙池。因水流沿坡面、沟壕直下，流速比较大，即使水进入沉沙池也难以使泥沙沉淀，应沿等高线走向开挖沉淀渠，按来水反方向布设沉沙池，使泥沙充分沉淀。

(3) 为了减轻泥沙对泵站水泵的磨损危害，在引水渠的末端设置沉沙池。

(4) 为防止水土流失，在排洪渠的末端设置沉沙池，并结合消力池进行布置；当排洪渠距离较长时，需要在中间布设沉沙池，以防堵塞。

10.2.3.2 工程设计

沉沙池的容积取决于沟渠中的输水量和水中的含沙量，来沙量多则容积大，反之则小。水土保持坡面灌排蓄工程规模较小，沉沙池容积范围为 0.2～11m^3。在灌溉（引水）渠中及蓄水池前的沉沙池，池深为 0.4～0.7m，宽度为渠道宽度的 1.5 倍，为 0.45～1.35m，长度为沉沙池宽度的 2 倍，为 0.9～2.7m。在排洪渠上的沉沙池，池深为 0.7～1.2m，宽度为渠道宽度的 1.5 倍，为 0.6～2.55m，长度为池宽度的 1.5 倍，为 0.9～3.8m。结合消能布置的沉沙池，其结构尺寸根据消能设计确定，沉沙池内的流速应小于泥沙允许沉降速度，以利于泥沙的沉淀。沉沙池进水口与出水口应错开布设，且出口高程低于进口高程 0.1m。较深的沉沙池设人工梯进行人工清淤。沉沙池的断面有圆形、矩形和方形。建筑材料采用混凝土或浆砌石，这些材料能防冲，防渗强度高，经久耐用。

小型沉沙池规格及工程量见表Ⅱ.10.2－1 和表Ⅱ.10.2－2，沉沙池设计如图Ⅱ.10.2－1 所示。

表Ⅱ.10.2－1　　灌溉（引水）渠及蓄水池前沉沙池规格及工程量

设计流量 $Q/(m^3/s)$	灌溉（引水）渠底宽 b/m	灌溉（引水）渠高度 H/m	沉沙池底宽 b_2/m	沉沙池高度 H_2/m	沉沙池长 L_2/m	沉沙池深 t/m	侧墙底宽 B/m	M7.5浆砌石用量/m^3	备注
0.01	0.3	0.40	0.45	0.80	0.9	0.4	0.45	2.04	1. 沉沙池尺寸：$b_2=1.5b$；$L_2=2b_2$；$H_2=H+t$。 2. 沉沙池侧墙顶宽 0.4m。 3. 灌溉（引水）渠设计流量大于本表时，可参用排洪渠沉沙池的规格及工程量
	0.3	0.45	0.45	0.85	0.9	0.4	0.45	2.12	
	0.3	0.50	0.45	0.90	0.9	0.4	0.45	2.19	
0.05	0.4	0.50	0.60	0.90	1.2	0.4	0.50	2.84	
	0.4	0.55	0.60	0.95	1.2	0.4	0.50	2.94	
	0.4	0.60	0.60	1.00	1.2	0.4	0.50	3.04	
0.1	0.5	0.60	0.75	1.10	1.5	0.5	0.60	4.26	
	0.5	0.65	0.75	1.15	1.5	0.5	0.60	4.39	
	0.5	0.70	0.75	1.20	1.5	0.5	0.60	4.52	
0.13	0.6	0.70	0.90	1.20	1.8	0.5	0.65	5.48	
	0.6	0.75	0.90	1.25	1.8	0.5	0.65	5.63	
	0.6	0.80	0.90	1.30	1.8	0.5	0.65	5.78	
0.2	0.7	0.80	1.05	1.40	2.1	0.6	0.70	7.29	
	0.7	0.85	1.05	1.15	2.1	0.6	0.70	7.47	
	0.7	0.90	1.05	1.50	2.1	0.6	0.70	7.65	
0.23	0.8	0.90	1.20	1.50	2.4	0.6	0.80	9.27	
	0.8	0.95	1.20	1.55	2.4	0.6	0.80	9.49	
	0.8	1.00	1.20	1.60	2.4	0.6	0.80	9.70	
0.3	0.9	1.00	1.35	1.70	2.7	0.7	0.85	11.75	
	0.9	1.05	1.35	1.75	2.7	0.7	0.85	12.00	
	0.9	1.10	1.35	1.80	2.7	0.7	0.85	12.25	

表Ⅱ.10.2-2 排洪渠沉沙池规格及工程量

设计流量 $Q/(m^3/s)$	排洪渠底宽 b/m	排洪渠高度 H/m	沉沙池底宽 b_2/m	沉沙池高度 H_2/m	沉沙池长 L_2/m	沉沙池深 t/m	侧墙底宽 B/m	M7.5浆砌石用量 $/m^3$	备注
0.1	0.4	0.4	0.60	1.1	0.9	0.7	0.55	2.46	1. 沉沙池尺寸：$b_2=1.5b$；$L_2=2b_2$；$H_2=H_1+t$。2. 沉沙池侧墙顶宽0.4m。底宽 $B=0.5H_2$。3. 排洪渠设计流量小于本表时，可参用灌溉（引水）渠沉沙池的规格及工程量
0.5	0.5	0.5	0.75	1.2	1.1	0.7	0.60	3.91	
1	0.6	0.6	0.90	1.4	1.4	0.8	0.70	5.62	
2	0.7	0.7	1.05	1.5	1.6	0.8	0.75	6.86	
3	0.8	0.8	1.20	1.6	1.8	0.8	0.80	8.25	
4	0.9	0.9	1.35	1.8	2.0	0.9	0.90	10.61	
5	1.0	1.0	1.50	1.9	2.3	0.9	0.95	12.76	
6	1.1	1.1	1.65	2.0	2.5	0.9	1.00	14.77	
8	1.2	1.2	1.80	2.2	2.7	1.0	1.10	18.17	
10	1.3	1.3	1.95	2.4	2.9	1.0	1.20	21.94	
15	1.5	1.5	2.25	2.7	3.4	1.2	1.35	30.21	
20	1.7	1.7	2.55	2.9	3.8	1.2	1.45	37.36	

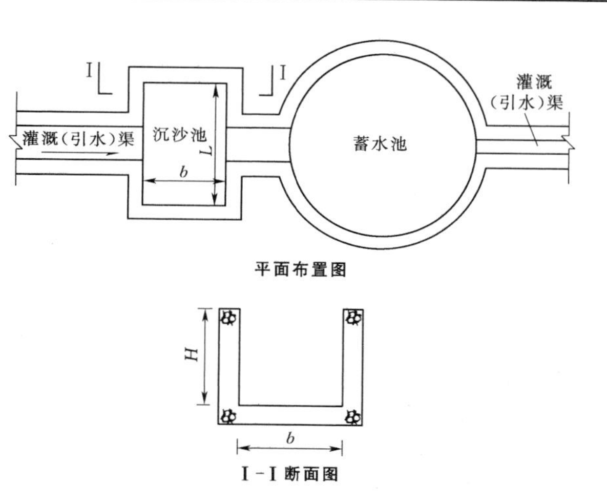

图Ⅱ.10.2-1 沉沙池设计图

10.3 人 字 闸

10.3.1 定义与作用

人字闸是一种半固定式蓄水闸门，可充当轻型的小型挡水坝，其支架为人字状。主要由人字支撑架、挡水面板、闸基及两岸闸墩、翼墙四部分组成。

人字闸主要有以下几个方面的作用：

（1）蓄水灌溉。通过人字闸可以拦蓄径流并调节使用。

（2）增加入渗。人字闸蓄水可抬高河道水位，加大对河床、河岸的水压力，并增加入渗量。

（3）调节小气候。人字闸蓄水可几十倍甚至成百倍地扩大水面面积，增加水面蒸发，使空气中湿度明显增大，起到调节小气候、改善生态环境的作用。

（4）发展多种经营。人字闸建设增加水面面积，可以发展养鱼、养鸭、养鹅等水产养殖业；在有条件的乡镇或城区还可建成水上公园，发展水上娱乐业。

10.3.2 分类与适用范围

10.3.2.1 分类

人字闸根据形式分为钢筋混凝土人字闸、平板拆卸式钢制人字闸、拱形薄板拆卸式钢制人字闸等3类。

（1）钢筋混凝土人字闸。人字支撑架、挡水面板均为钢筋混凝土预制构件。

（2）平板拆卸式钢制人字闸。人字支撑架、挡水面板分别由工字钢（槽钢、角钢）和钢板加工而成，面板为折边平面板，人字支撑架与面板采用螺栓进行连接。

（3）拱形薄板拆卸式钢制人字闸。人字支撑架、挡水面板分别由工字钢（槽钢、角钢）和钢板加工而成，面板为拱形薄板，与人字支撑架采用插入式进行连接。

10.3.2.2 适用范围

（1）从地形地貌方面看，人字闸应建于河道比降较小、集水流域面积适中的地区。闸址处尽量狭窄且两岸地形对称，蓄水区应开阔平缓。闸址规划用水区尽可能近，优先发展可以自流灌溉或扬程小的地块。

沟道呈V字形构造，两岸土地面积小、坡度大、扬程高的地区不宜建人字闸。

（2）从地质方面看，基岩上建闸应避开上下游贯通的纵向裂缝发育地段，土基上建闸至下部持力层，河床、蓄水渗漏严重地区不宜建人字闸。

（3）从水源方面看，水量调配应与灌溉效益相适应。一般情况下，人字闸调节水量宜在0.5万～1.5万m^3，清水流量较大或较小的河流上不宜建人字闸。

（4）适用于山区小泉小水的拦蓄和小面积灌溉。

（5）可在梯级开发中使用。

10.3.3 工程标准

防洪标准根据当地自然条件和实际防护对象，依照工作经验确定。一般情况下，设计洪水按$P=10\%\sim5\%$（10～20年一遇24h暴雨洪水）考虑，校核洪水按$P=2\%\sim1\%$（50～100年一遇24h暴雨洪水）考虑。灌溉保证率一般按$P=50\%\sim75\%$考虑。

10.3.4 工程规划与设计

10.3.4.1 工程规划

（1）人字闸以河流、沟道等小泉小水为规划单元，以水土平衡计算为依据。考虑流动机泵串联适用时的扬程，应重点规划扬程50m以下的水土资源，与人字闸相配套的水保工程规划，以小流域为单元，兼顾行政区域的完整性。

（2）规划应当与当地经济发展的远、中、近期目标相结合，因地制宜，综合开发。

（3）工程规划遵循自上而下梯级开发原则，实现水资源的统一调配，实现山水田林路综合治理。

（4）工程规划要与发展水利灌溉相结合。优先考虑充分发挥现有水利工程实施的效益，其次考虑与新发展的自流、流动机泵、微灌、固定扬水站等相配套的工程。

10.3.4.2 工程设计

1. 闸址的选择

闸址应尽可能选在基岩或质地均匀密实、压缩性小的地基上，靠近村庄或处在水土保持治理区内，能够发挥灌溉效益。闸址附近应具有较好的施工条件，便于运行管理。

2. 水文计算

（1）径流计算。根据闸址附近或上游流域内气象站（雨量站）的降水资料，利用当地水文手册计算年径流量，也可根据闸址处实测的清水流量，适当考虑增加洪水量求得。

（2）设计洪水计算。由于人字闸一般处于小河道上，无实测的洪水资料，设计洪水可按无资料地区小流域洪水推求方法计算求得。

（3）用水量计算。用水量包括生活用水量和灌溉用水量。生活用水量可统计定居人口及大牲畜数量，按人用水量30L/(d·人)、牲畜用水量50L/(d·头)计算；根据当地种植作物比例与面积以及灌水定额等制定出简单的灌溉制度，确定轮灌时间（天数），计算一次灌溉用水量。

（4）兴利调节计算。主要是确定兴利库容和正常蓄水位（闸底板高程＋闸前水深）。人字闸工程一般为年调节，对于无水文资料地区，兴利调节计算一般采用实际代表年法。根据选定的典型年年内来水情况进行水量平衡计算，确定兴利库容。根据绘制好的水深库容关系曲线可求出相应闸前水位，从而求得正常蓄水位。

3. 水力学计算

根据已有的设计洪水流量，确定过洪时闸前水深，并通过闸前水深确定两岸翼墙高度。翼墙高度为闸前水深加上0.5m的超高。闸坝的堰型一般为折线实用堰。闸前水深按下式计算：

$$H=\sqrt[3]{Q^2/(2g\sigma^2\varepsilon^2m^2l_0^2)} \qquad (\text{Ⅱ}.10.3-1)$$

式中 H——闸前水深，m；

Q——设计洪水流量，m^3/s；

σ——淹没系数；

ε——侧收缩系数，一般为0.90～1.00；

m——流量系数；

l_0——闸室总净宽（一般与原河道宽度相同），m。

4. 人字闸结构

人字闸结构简图如图Ⅱ.10.3-1所示。可以看出，撑杆的倾角对工程结构的影响较为突出。当θ变小时，迎水面坡度增大，挡水板工程量相应增大；当θ过大时，人字闸抗倾覆能力减弱。另外，撑、压杆之间的跨度R与闸基的工程量直接相关，R大时闸基工程量则大，反之则小。人字闸结构的一系列尺寸选择应从θ、R起步。

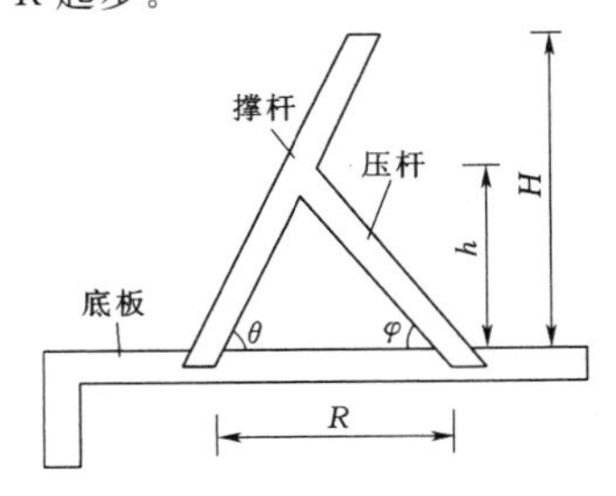

图Ⅱ.10.3-1 人字闸结构简图

H—人字闸高度；h—压杆高度；R—撑压杆之间的跨度；θ—撑杆与底板夹角；φ—压杆与底板夹角

5. 闸室结构与稳定计算

(1) 闸底宽度根据河道地质情况、人字支撑架双杆跨度及管理运用情况等因素控制在 3～8m 之间，厚度（即深入河床的深度）视地区情况而定。若坝基为岩石，则按筑坝要求清至基岩即可砌筑，直至闸底板设计高程；若坝基为软层，则需挖至第一隔水层或 1.5～2.0m 深，采取上游设黏土防渗铺盖、下游铺设沙砾料反滤层的办法加以处理。

闸底板一般为平底整体式底板，厚度为 0.5～1.5m，长度为 (1.5～2.0) H。底板上、下游设齿墙，闸底板采用现浇混凝土浇筑或浆砌石砌筑。

(2) 人字支撑架。支撑架倾角一般为 60°～70°，两架间距为 1.5～2.0m，断面尺寸为 0.2m×0.2m～0.3m×0.3m，其配筋按构造配筋即可，为钢筋混凝土预制构件。人字支撑架应深入闸基坝面以下 0.8～1.2m（基础好的可适当减少），闸底高程一般要高出河床 0.2～0.4m。

(3) 闸板。厚度为 7～10cm，宽度为 30～50cm，板重以 4 个人能抬起为标准，配筋按简支板计算，若拆卸、安装方便可配置双面筋。

(4) 翼墙。采用浆砌石重力式挡墙，墙高按蓄水期间闸前水深加上超高 0.5m 和过洪闸前水深加上超高 0.5m 的大者确定，一般为 2.5～4.0m，断面尺寸根据挡土墙稳定计算确定。墙后回填黏性土，干容重不得小于 1.5t/m³。

(5) 稳定计算。对人字闸的整体稳定计算要求为：基底压力小于地基允许承载力；基底压力最大值与最小值之比小于允许值；抗滑稳定安全系数大于允许值，计算方法可参照《水闸设计规范》(SL 265—2016) 中的附录 H。

(6) 闸室下游的消能与防冲。首先要选用适宜的单宽流量；其次是合理地进行平面布置，以利于水流扩散，避免或减轻回流的影响，最后是消除水流的多余能量和采取相应的防冲措施。人字闸闸室下游的消能与防冲设计可参照 SL 265—2016 中的附录 B。

10.3.5 工程案例

10.3.5.1 现状

仙洞沟涧河是汾河的一级支流，为尧都区域内河流，河流长度为 25km，流域面积为 122.5km²，河道平均比降为 21‰，河源高程为 1322.00m，河口高程为 424.50m。多年平均降水深为 424.5mm，多年平均径流深为 32.1mm。

枕头乡仪上村段为仙洞沟涧河上游，该段长度为 3.7km，河流平均比降约为 2%，河道宽度约为 16m。河槽呈 V 形，两岸岸坡多为自然陡坎，岸坡高度为 3～5m，河道两侧多为农田。该段下游平缓处河床内有淤积，多为砂砾料，厚度为 1～2m。该段有跨河农桥（漫水桥）3 座、跨河生产道路（漫水路）7 条。

10.3.5.2 工程建设内容

为满足河道两侧旱塬的灌溉需要，根据项目区实际情况，在该段 1 号跨河农桥上游 12m 处修建 15m 人字闸 1 座和 7 号生产道路上游 14m 处修建 24.15m 人字闸、桥结合体 1 座。根据蓄水需求，对原始河槽局部进行清淤。该案例只介绍在 1 号跨河农桥上游 12m 处修建的 15m 人字闸的设计。

10.3.5.3 人字闸设计

1. 闸址的选择

为满足河道两侧旱塬的灌溉需要，根据项目区实际情况，在该段 1 号跨河农桥上游 12m 处修建 15m 人字闸 1 座。

2. 闸前水深的确定

闸址位置上游段岸坡高度为 3～5m，根据现场实际地形情况，取闸前水深为 2m。

3. 闸室结构与稳定计算

进水段宽 5m，底部为浆砌石结构，厚 1m，两侧为 M10 浆砌石挡土墙；人字闸闸基宽 5m，其基础为 M10 浆砌石，在浆砌石基础上现浇 50cm 厚的 C25 钢筋混凝土，闸基两侧为 C25 混凝土挡土墙，厚度为 0.3m；人字闸下游段基础为 M10 浆砌石，宽 5m，厚 1m，基础上边铺设 1m 厚的铅丝石笼网，两侧为 M10 浆砌石挡土墙。人字闸平面布置如图Ⅱ.10.3-2 所示。

4. 结构形式

人字闸由四大部分组成，即闸基、人字支撑架、闸板和翼墙，具体如图Ⅱ.10.3-2 所示。

5. 结构与配筋计算

将挡水板自重与水压力沿垂直板面方向分解，将面板计算模型简化为一受均布荷载的简支梁：人字支撑架的撑杆下部伸入闸底板中，上部与压杆连接，可看作两端半固定梁进行计算，荷载由水压力、挡板压力和撑杆自重三部分组成，沿垂直撑杆方向分解后为一个均布荷载和一个三角形荷载的叠加，也可简化为三角形荷载计算；压杆按两端固定梁计算，主要承受压力作用，仅按构造配筋即可。

分别求出挡水面板和撑杆的最大弯矩，按最大弯矩截面进行配筋，经计算，挡水面板跨度为 1.5m，宽度为 1.6m，厚度为 0.10m。运用上述结构形式进行荷载和配筋计算，结果为：挡水面板采用 C25 钢筋混凝土，配筋为 $\phi 8$@100 双面配筋；人字闸底板采用 C25 钢筋混凝土，配筋为 $\phi 16$@200 与 $\phi 12$@200。人字支撑架间距为 1.5m，闸前水深为

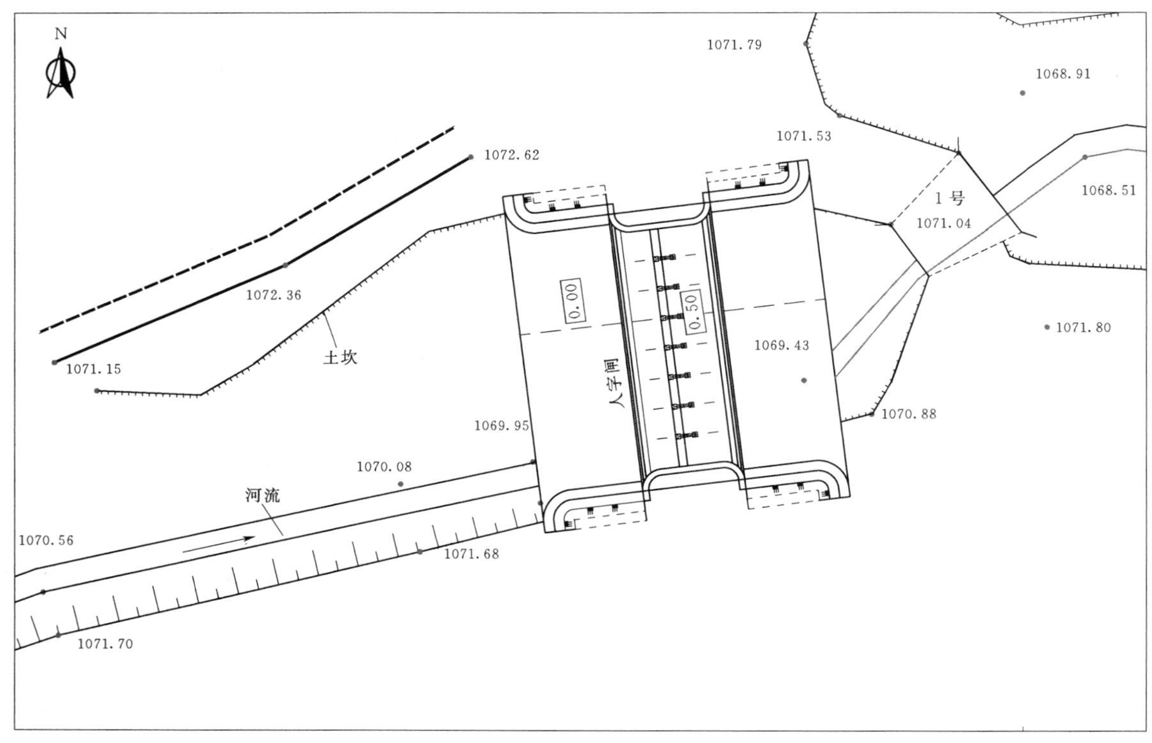

工程布置图

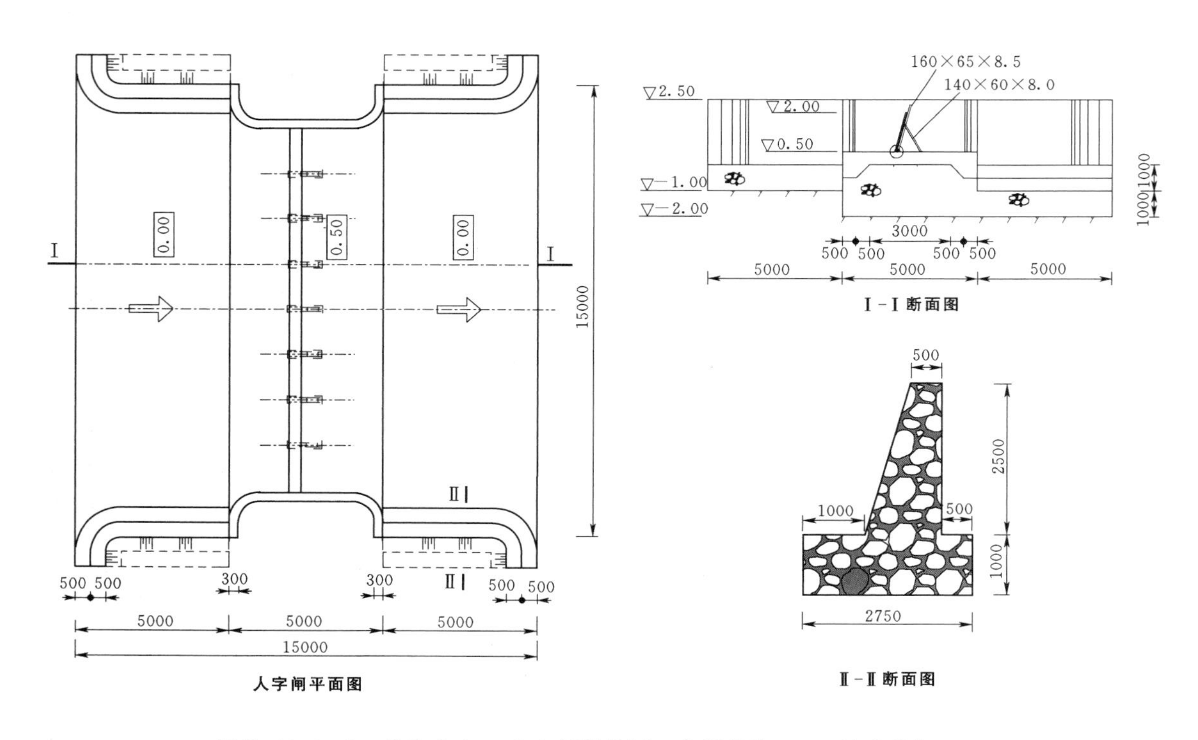

人字闸平面图

Ⅰ-Ⅰ断面图

Ⅱ-Ⅱ断面图

图Ⅱ.10.3-2 枕头乡15m人字闸结构图（高程单位：m；尺寸单位：mm）

1.5m，人字支撑架采用 160mm×65mm×8.5mm 与 140mm×60mm×8.0mm 槽钢，如图Ⅱ.10.3-3所示。

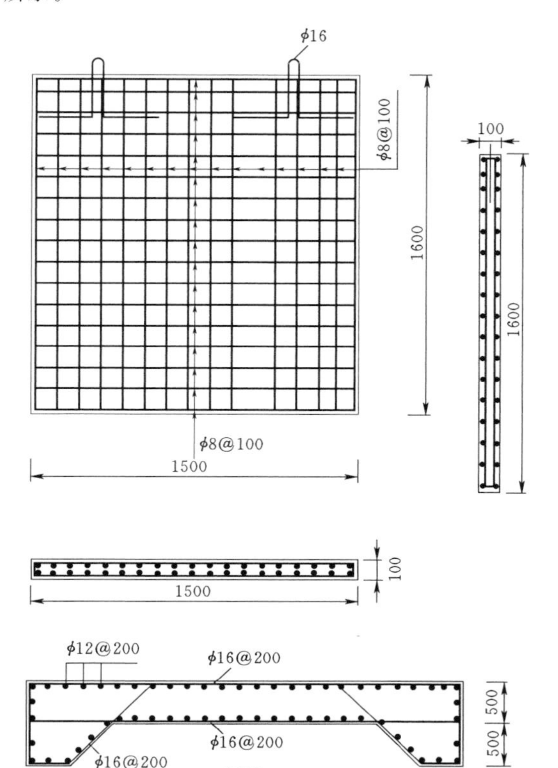

图Ⅱ.10.3-3　枕头乡 15m 人字闸配筋图（单位：mm）

10.4 引 水 工 程

10.4.1　定义与作用

引水工程是在输水起点与终点间的地形高差或沿线地形不能满足自流条件时，利用各式水泵提升或输送水体至所需之处而采取的工程措施。

10.4.2　分类与适用范围

引水工程根据泵站等别指标划分工程等级，本节内容主要适用于设计流量不大于 0.5m³/s、装机功率不大于 500kW 的小型引水工程。

10.4.3　工程规划与布置

10.4.3.1　布设原则

1. 引水管线布置原则

（1）根据取水点与用水点间和用水区的地形及实际情况进行管道布置，应进行多方案的技术经济比较。

（2）引水管线布置应选择经济合理的线路。尽量做到线路短、起伏小、管线平顺、土石方工程量少，以减小水头损失，控制停泵水锤最大压力上升值，节约工程投资与运行管理费用。

（3）管线布置应尽量减少跨、穿越障碍次数，避免重大拆迁、少占农田或不占农田。

（4）管线布置应尽量避免穿越河谷、山脊、沼泽、重要铁路和泄洪地区，并注意避开地震断裂带、沉陷、滑坡、坍方以及易发生泥石流和高侵蚀性土壤地区，穿越时应采取防护措施。

（5）应尽可能沿现有道路或规划道路一侧布置，以便于施工和运行维护。

（6）应尽可能利用地形条件，重力流供水或尽可能降低引水泵站的扬程，以降低运行成本。

（7）在满足受水区供水水压的情况下，应尽量控制引水渠（涵、管）的工作压力。

2. 泵站布设原则

（1）泵站站址选择应根据泵站功能、取水点与供水区间的地形及实际情况综合考虑确定。

（2）泵房布置应符合：①满足机电设备布置、安装、运行和检修的要求；②满足泵房结构布置的要求；③满足泵房内通风、采暖和采光的要求，并符合防潮、防火、防噪声等技术规定；④满足内外交通运输的要求；⑤注意建筑造型，做到布置合理、适用美观。

（3）主泵房宽度应根据主机组及辅助设备、电气设备布置要求，进、出水流道（或管道）尺寸，工作通道宽度，进、出水侧必需的设备吊运要求等因素，结合起吊设备的标准跨度确定。

（4）主泵房各层高度应根据主机组及辅助设备、电气设备布置要求，机组安装、运行和检修要求，设备吊运以及泵房内通风、采暖和采光要求等因素确定。立式泵泵房电动机层楼板高程应根据水泵安装高程和泵轴、电动机轴的长度等因素确定。

（5）主泵房水泵层底板高程应根据水泵安装高程和进水流道布置或管道安装要求等因素确定。水泵安装高程应根据不同类型水泵的汽蚀余量或允许吸上真空高度，通过对水泵装置进行水力计算，结合泵房处的地形、地质条件综合确定。

（6）水泵选型应尽可能采用高效水泵，设计扬程应在水泵高效率点附近，以获得良好的经济性能和节能效果。

10.4.3.2　选型

引水泵房按水泵机组安装处与泵房室外地形的相对位置关系可分为地面式泵房、地下式泵房和半地下式泵房。

引水泵房按水泵进水口轴线标高与泵站吸水井启

泵水位之间的相对关系可分为自灌式泵房与吸入式泵房两类。

(1) 为方便泵房运行管理，引水工程泵房一般采用自灌式泵房，该类型泵房室内地面高程一般较低，多为半地下式或地下式泵房，土建工程量较大。

(2) 受条件限制不能满足自灌引水时，可选择吸入式泵房，在泵房内增加引水设备（底阀、真空泵、水射器等）以提高水泵轴线安装高度。

10.4.4 工程设计

10.4.4.1 小型引水泵站

小型引水泵站设计应符合《室外给水设计规范》(GB 50013)、《泵站设计规范》(GB 50265) 的有关规定。

引水工程中的小型抽水泵站根据供水对象的性质可分为两类：向调节构筑物引水的加压泵站、直接向用水点供水的加压泵站。

1. 设计流量

(1) 向调节构筑物引水的加压泵站。其设计流量应为最高日工作时平均引水量，可按式（Ⅱ.10.4-1）计算：

$$Q=W/T_1 \qquad (Ⅱ.10.4-1)$$

式中 Q——泵站设计流量，m^3/h；

W——供水对象最高日用水量，m^3/d，按工程性质、用水类型及相关规范规定的用水定额确定；

T_1——泵站日工作时间，h，应综合考虑泵站管理实际、泵站上游水量（或水源设计保证率下的可供水量）、泵站吸水池容积、调节构筑物有效调节容积等因素确定。

(2) 直接向用水点供水的加压泵站。没有条件设置调节构筑物的地区，由加压泵站直接向用水点供水，设计流量应满足用水点最高日最大时流量，且宜采用变频调速泵供水。

$$Q=K_{hi}W/T_2 \qquad (Ⅱ.10.4-2)$$

式中 Q——泵站设计流量，m^3/h；

W——供水对象最高日用水量，m^3/d，按工程性质、用水类型及相关规范规定的用水定额确定；

T_2——受水区日用水时间，h，根据工程性质、用水类型及用水点实际情况确定；

K_{hi}——时变化系数。

2. 设计扬程

(1) 向调节构筑物引水的加压泵站。其设计扬程应根据泵站进、出水池设计水位差，并计入管道水头损失按式（Ⅱ.10.4-3）确定：

$$H=H_0+h_s+h_d+H_c \qquad (Ⅱ.10.4-3)$$

式中 H——泵站设计扬程，m；

H_0——静扬程，吸水池最低水位与水泵上水管出口水量调节构筑物设计水位线的高差，m；

h_s——水泵吸水管路的水头损失，m；

h_d——水泵上水管路的水头损失，m；

H_c——安全水头，m，一般取2～3m。

(2) 直接向用水点供水的加压泵站。其设计扬程应根据管网平差计算确定的管网水头损失、管网最不利点的最小服务水头按式（Ⅱ.10.4-4）确定：

$$H=H_0+h_1+h_2+H_e+H_c \qquad (Ⅱ.10.4-4)$$

式中 H——泵站设计扬程，m；

H_0——静扬程，吸水池最低水位与管网控制点（最不利点）的地面高差，m；

h_1——由泵站吸水管路起端至泵站总出水管前的泵站内管道水头损失，m；

h_2——由泵站总出水管至管网控制点（最不利点）间的配水管网管道总水头损失，m，一般通过平差计算确定；

H_e——管网控制点（最不利点）所需要的最小服务水头，m；

H_c——安全水头，m，一般取1～2m。

3. 水泵选型

在确定泵站的设计流量、设计扬程并拟定工作泵数量后，可根据单台水泵的出水量、设计扬程确定水泵规格型号。所选水泵应在拟定的单台出水流量下，满足泵站设计扬程的要求。在拟定流量下，水泵的实际扬程可查水泵性能曲线图确定，在条件有限时，一般用近似的抛物线方程（式Ⅱ.10.4-5）表示水泵扬程和流量的关系：

$$H_P=H_b-sQ^2 \qquad (Ⅱ.10.4-5)$$

式中 H_P——水泵在流量为拟定流量 Q 时的扬程，m；

H_b——水泵在流量为0时的扬程，m，按式（Ⅱ.10.6-6）计算；

s——水泵摩阻，按式（Ⅱ.10.4-7）计算；

Q——由泵站设计流量、工作水泵台数拟定的单台水泵出水量，m^3/h。

$$H_b=H_1+sQ_1^2=H_2+sQ_2^2 \qquad (Ⅱ.10.4-6)$$

$$s=\frac{H_1-H_2}{Q_2^2-Q_1^2} \qquad (Ⅱ.10.4-7)$$

式中 Q_1、Q_2——查水泵性能表所得的水泵特征工况点流量，m^3/h；

H_1、H_2——查水泵性能表所得的水泵特征工况点 Q_1、Q_2 分别对应的水泵扬程，m。

4. 水泵机组设计基本要求

（1）水泵机组的选择应根据泵站的功能、流量和扬程，进水含沙量、水位变化，以及出水管路的流量-扬程特性曲线等确定。

（2）水泵性能和水泵组合应保证设计流量时水泵机组在高效区运行，最高与最低流量时水泵机组能安全、稳定运行。

（3）有多种泵型可供选择时，应进行技术经济比较，选择效率高、高效区范围宽、机组尺寸小、日常管理和维护方便的水泵。

（4）离心泵的安装高程应尽可能满足自灌式充水，并在进水管上设检修阀；不能自灌式充水时，泵房内应设充水系统，并按单泵充水时间不超过5min设计。

（5）向高地调节构筑物输水的泵站，在其出水管上需设水锤消除装置。

5. 泵房设计注意事项

（1）泵房设计应便于机组和配电装置的布置、运行操作、搬运、安装、维修和更换，以及进、出水管的布置。

（2）泵房内的主要人行通道宽度不应小于1.2m；相邻机组之间、机组与墙壁间的净距不应小于0.8m，且泵轴和电动机转子在检修时应能拆卸；高压配电设备与水泵机组的净距应不小于2.0m；低压配电设备与水泵机组的净距应不小于1.5m。

（3）供水泵房内应设排水沟、集水井，地下式或半地下式泵站应设排水泵。

（4）泵房至少设一个可以通过最大设备的门。

（5）采用井用潜水泵时，应在井口上方屋顶处设吊装孔。

（6）泵房地面层应高出室外地坪0.3m。

6. 机组布置

（1）横向单排布置。该布置方式适用于侧向进水、侧向出水的SH型双吸式水泵或立式泵，进、出水管顺直，水力条件好。这种布置形式虽然泵房长度大些，但跨度小；吊装设备采用单轨吊车即可。横向单排布置如图Ⅱ.10.4-1所示。

（2）纵向单排布置。该布置形式适用于IS型单级双吸悬臂式离心泵，由于IS型水泵轴向进水顶端出水，故采用这种排列形式可以使吸水管保持顺直，机组布置较为紧凑整齐。纵向单排布置如图Ⅱ.10.4-2所示。

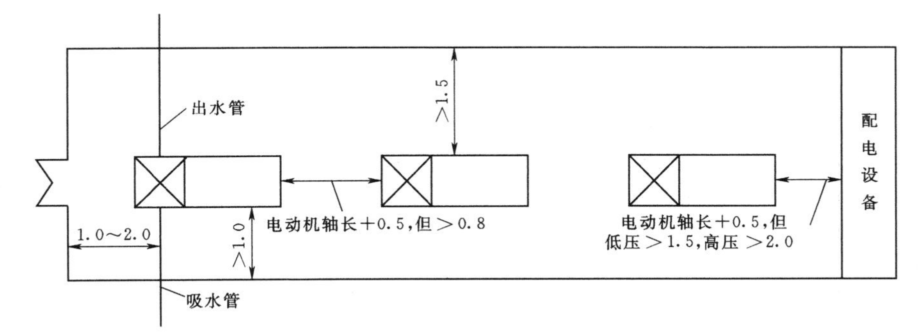

图Ⅱ.10.4-1 横向单排布置图（单位：m）

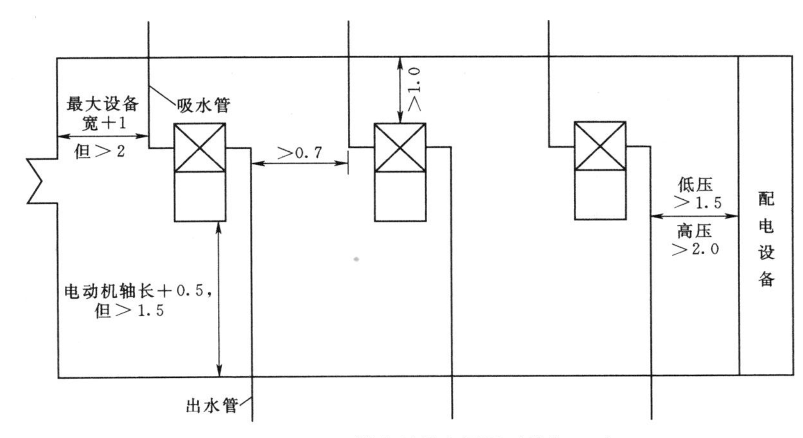

图Ⅱ.10.4-2 纵向单排布置图（单位：m）

（3）横向双排布置。该布置形式适用于泵房内机组数量较多的情况，可有效减小泵房的长度，但泵房跨度较大，起重设备需要采用桥式吊车。横向双排布置如图Ⅱ.10.4-3所示。

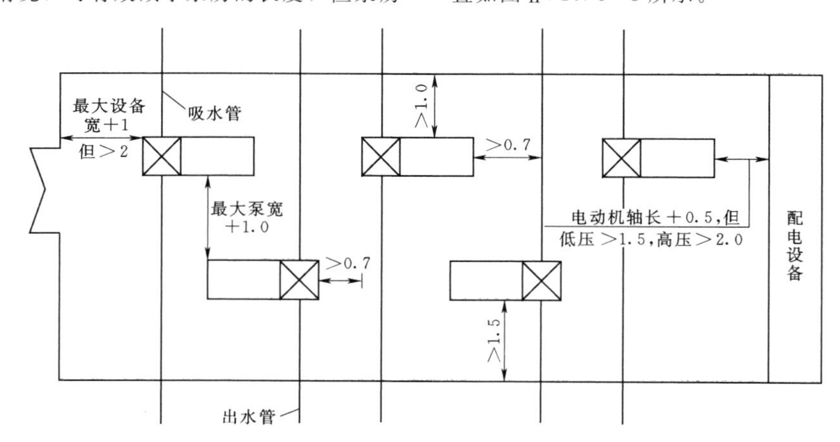

图Ⅱ.10.4-3　横向双排布置图（单位：m）

7. 水泵安装高度

水泵安装高度应尽量满足自灌启动，但受条件限制时，可在泵房内增加引水设备（底阀、真空泵、水射器等）以提高水泵轴线安装高度。水泵轴线安装高程与泵房吸水池最低运行水位之间的最大高差 Z_s 应满足式（Ⅱ.10.4-8）：

$$Z_s=[H_s]-\left(\frac{v_1^2}{2g}+\sum h_s\right) \qquad (Ⅱ.10.4-8)$$

式中　$[H_s]$——实际装置所需的真空吸上高度，m，若 $[H_s]>H_s$ 将发生汽蚀，实际设计中考虑安全一般采用 $[H_s]\leqslant 90\%\sim95\% H_s$；

$\sum h_s$——吸水管沿程及局部水头损失之和，m；

v_1——水泵吸入口的流速，m/s；

H_s——标准工况下，水泵厂家给出的最大允许吸上真空高度，m，水泵实际工况与标准状况不一致时，H_s 应按式（Ⅱ.10.4-9）修正为 H_s'。

$$H_s'=H_s-10.06+H_g-H_z \qquad (Ⅱ.10.4-9)$$

式中　H_g——水泵安装地点的大气压力，mH_2O，其值与海拔有关，见表Ⅱ.10.4-1；

H_z——液体相应温度下的饱和蒸汽压力，m，其值与水温有关，见表Ⅱ.10.4-2。

表Ⅱ.10.4-1　不同海拔时的大气压力

海拔/m	-600	0	100	200	300	400	500	600	700
大气压力 H_g/mH_2O	11.3	10.3	10.2	10.1	10	9.8	9.7	9.6	9.5
海拔/m	800	900	1000	1500	2000	3000	4000	5000	
大气压力 H_g/mH_2O	9.4	9.3	9.2	8.6	8.4	7.3	6.3	5.5	

表Ⅱ.10.4-2　不同水温时的饱和蒸汽压力

水温/℃	0	5	10	15	20	30	40
饱和蒸汽压力 H_z/m	0.06	0.09	0.12	0.17	0.24	0.43	0.75
水温/℃	50	60	70	80	90	100	
饱和蒸汽压力 H_z/m	1.25	2.02	3.17	4.82	7.14	10.33	

有时，水泵厂家提供的参数中未包含最大允许吸上真空高度，而是提供了水泵必需汽蚀余量 $NPSHR$，最大允许吸上真空高度与必需汽蚀余量的关系见式（Ⅱ.10.4-10）。

$$NPSHR=H_g-H_z+\frac{v_1^2}{2g}-H_s \qquad (Ⅱ.10.4-10)$$

10.4.4.2 引水管线

1. 引水管线布置的一般要求

(1) 在管道隆起点和必要位置上，应装设排（进）气阀，以便及时排除管内空气，避免发生气阻；在放空管道或发生水锤时引入空气，防止管道产生负压。

(2) 在管线凸起和管桥处均需设置排（进）气阀。

(3) 管渠的低凹处应设置泄水管和泄水阀。泄水阀应直接接至河沟和低洼处。

(4) 管道上的法兰接口不宜直接埋在土中，应设置在检查井或地沟内。在特殊情况下必须埋入土中时，应采取保护措施，以免螺栓锈蚀，影响维修及缩短使用寿命。

2. 水力计算

(1) 过流断面面积：

$$A=Q/v \qquad (Ⅱ.10.4-11)$$

式中 Q——管渠设计流量，m^3/s；

v——流速，m/s，应按经济流速选择（经济流速根据选用管材及当地的敷管单价，通过计算确定。对于小型引水工程，不具备条件时，可采用平均经济流速代替，平均经济流速见表Ⅱ.10.4-3，一般大管径可取较大的平均经济流速，小管径可取较小的平均经济流速）。

表Ⅱ.10.4-3 平均经济流速选用表

管径/mm	平均经济流速/(m/s)
D=100～400	0.6～0.9
D≥400	0.9～1.4

(2) 管径：

$$D=\sqrt{\frac{4A}{\pi}} \qquad (Ⅱ.10.4-12)$$

式中 A——水流有效断面面积，m^2，见式（Ⅱ.10.4-11）。

(3) 总水头损失：

$$h_z=h_y+h_j \qquad (Ⅱ.10.4-13)$$

式中 h_z——管道总水头损失，m；

h_y——管道沿程水头损失，m，按式（Ⅱ.10.4-14）计算；

h_j——管道局部水头损失，m，按式（Ⅱ.10.4-20）计算。

1) 沿程水头损失。管道沿程水头损失采用式（Ⅱ.10.4-14）计算：

$$h_y=il \qquad (Ⅱ.10.4-14)$$

式中 l——管段长度，m；

i——管道单位长度的水头损失（水力坡降），根据《室外给水设计规范》（GB 50013），可分别按下列公式计算。

a. 塑料管、内衬或内涂塑料的钢管按式（Ⅱ.10.4-15）计算：

$$i=\frac{\lambda}{d_j}\frac{v^2}{2g} \qquad (Ⅱ.10.4-15)$$

式中 λ——沿程阻力系数，其计算公式参见所采用管材相应的技术规程；

d_j——管道计算内径，m。

b. 混凝土管（渠）及采用水泥砂浆内衬的金属管道按式（Ⅱ.10.4-16）计算：

$$i=\frac{v^2}{C^2R} \qquad (Ⅱ.10.4-16)$$

式中 R——水力半径，m；

C——流速系数，按式（Ⅱ.10.4-17）计算。

$$C=\frac{1}{n}R^y \qquad (Ⅱ.10.4-17)$$

式中 n——管（渠）道的粗糙系数，详见表Ⅱ.10.4-4；

y——当 $0.1\leqslant R\leqslant 3.0$、$0.011\leqslant n\leqslant 0.040$ 时，可按式（Ⅱ.10.4-18）计算，也可取1/6。

$$y=2.5\sqrt{n}-0.13-0.75\sqrt{R}(\sqrt{n}-0.1) \qquad (Ⅱ.10.4-18)$$

c. 除以上公式外，也可按海曾-威廉公式计算：

$$i=\frac{10.67q^{1.862}}{C_h^{1.862}d_j^{4.87}} \qquad (Ⅱ.10.4-19)$$

式中 q——设计流量，m^3/s；

d_j——管道计算内径，m；

C_h——海曾-威廉系数，其数值与选择的管道材料及管道内衬有关，详见表Ⅱ.10.4-4。

2) 局部水头损失。管（渠）道的局部水头损失宜按式（Ⅱ.10.4-20）计算：

$$h_j=\sum\zeta\frac{v^2}{2g} \qquad (Ⅱ.10.4-20)$$

式中 ζ——管（渠）道局部水头损失系数，管（渠）道各配件、附件的局部水头损失系数可参见《给水排水设计手册》第1册“常用资料”。

局部水头损失与管内平均流速的平方成正比，一般对于流速较小的管（渠），初步规划时可不对局部水头损失进行详细计算，近似地将局部水头损失按沿程水头损失的10%～15%进行估算。对取用设计流速较大的管（渠），还应计算其局部水头损失。

表Ⅱ.10.4-4　　各种管道沿程水头损失水力计算参数（n、C_h）值

管道种类		粗糙系数 n	海曾-威廉系数 C_h
钢管、铸铁管	水泥砂浆内衬	0.011～0.012	120～130
	涂料内衬	0.0105～0.0115	130～140
	旧钢管、旧铸铁管（未做内衬）	0.014～0.018	90～100
混凝土管	预应力混凝土管（PCP）	0.012～0.013	110～130
	预应力钢筒（PCCP）	0.011～0.0125	120～140
矩形混凝土管DP管（渠）道（现浇）		0.012～0.014	
化学管材（聚乙烯管、聚氯乙烯管、玻璃纤维增强树脂夹砂管等）、内衬与内涂塑料的钢管			140～150

10.4.5 案例

沪昆客运专线途经贵州省台江县，工程施工对当地的水土资源产生一定影响，特别是报信山隧道的建设造成部分村寨使用的山丘间泉水出现不同程度的缺水、少水和断水情况。为恢复当地正常的生产生活用水，台江县高铁建设指挥部组织实施了“沪昆客运专线报信山隧道地表失水永久性供水工程”，从岩寨水库和新寨山塘将原水引至受施工影响的缺水区，满足当地人畜用水的要求。其中，新寨山塘供水区的工程规模为400m³/d，属小型引水工程。

工程总体布置为：在新寨山塘大坝出水管处接引水管将水引至水库下游0.2km处，新建水处理厂一座（建设高程682.00m），对原水进行处理后，由13km长的引水管道配送至各用水区。大部分村寨地理位置低于水厂建设高程，采用重力承压式引水方式，小部分村寨（新寨三组）地理位置较高，设计在水厂内采用水泵加压的引水方式。

新寨三组设计用水量为30m³/d。由于新寨三组用水户较少，工程较小，一天内各小时用水量变化较大，泵站不宜直接对用水户供水，考虑到工程区域地形高差较大，泵站拟向高于用水区的调节水池供水，由调节水池控制用户的供水水压，调节水量。

出于管理方便考虑，泵站工作时间取为6h，则泵站设计流量为5m³/h。

泵站设计扬程按式（Ⅱ.10.4-3）计算，其中静扬程H_0为水厂清水池池底（高程682.00m）至新寨黄坡蓄水池S2设计水面（高程890.00m）间的高差，为208.00m；水泵吸水管路的水头损失h_s为5m（吸水管采用D60.3mm×3.8mm无缝钢管），压力管道水头损失h_d经计算为46.79m（上水管采用D60.3mm×3.8mm无缝钢管），安全水头H_c取5m，则泵站的设计扬程为265m。

为方便泵站的运行检修，泵站按1用1备进行工程设计，则单泵设计流量为4.91m³/h，设计扬程为268m。设计选择D型多级离心泵D6-25×11，该类型水泵参数为：Q=6.3m³/h，H=275m，电机功率N=18.5kW。

泵站采用半地下式结构以满足离心泵自灌启动的需要。

由于水泵工作时间较短，为平衡水泵水量与用水户用水量，调节水池容积按用水区最高日用水量取为30m³。

10.5 灌　　溉

10.5.1 定义与作用

灌溉是指把水输送到种植有作物的田地里以满足作物用水需求的手段，灌溉方式主要有渠灌、喷灌和滴灌等。喷灌和滴灌是比渠灌节水的灌溉方式，是在干旱缺水和水资源短缺时期应用比较广泛的灌溉措施，本节重点对喷灌和滴灌的设计要点进行介绍。

10.5.2 分类与适用范围

喷灌是利用专门设备将有压水流送到灌溉地段，通过喷头以均匀喷洒方式进行灌溉的方法。按工作动力来源可分为机压喷灌系统和自压喷灌系统，按系统构成特点可分为管道式喷灌系统和机组式喷灌系统。喷灌既适用于平原，也适用于山区；既适用于透水性强的土壤，也适用于透水性弱的土壤；既可以灌溉树木，也可以灌溉园林、花卉、草地，还可以用来喷洒肥料、农药等，不适用于多风地区或灌溉季节风大的

地区。

滴灌是利用滴头、滴灌管（带）等设备，以滴水或细小水流的方式湿润植物根区附近部分土壤的灌水方法。按灌水器布设形式分为地下滴灌和地表滴灌，按系统首部设施及输配水管道固定形式分为固定式滴灌、半固定式滴灌和全移动式滴灌，按系统工作压力来源分为加压式滴灌和自压式滴灌。滴灌系统宜用于篱笆、狭长地带、防护林带等的灌溉，节水、灌水均匀、适应性强，相比喷灌较节能。

10.5.3 工程规划与布置

10.5.3.1 工程布置

（1）灌溉系统由水源、首部枢纽、输配水管网、灌水器、电气与控制设备等组成。滴灌输配水管网可由干管、支管和毛管三级管道，以及各种控制、调节阀门和安全装置组成。喷灌系统输配水管网可由干管、支管两级管道，以及各种控制、调节阀门和安全装置组成。对于面积大、地形复杂的灌区也可增设主干管、分干管和分支管。

（2）灌溉系统形式应根据水源、地形、土壤、植物、管理水平、经济条件因地制宜选择，并通过环境效益、节水、节能与投资、灌溉成本比较确定；灌溉系统形式应与周围景观相协调，并宜利用已有的灌溉设施，以便节约投资。

（3）灌溉系统布置应综合分析水源与灌区的相对位置、地形、地质、植物、建筑物等因素，以安全、经济和管理方便为原则，通过技术经济比较确定。

（4）灌溉水源可选地表水（河流、湖泊、水库、池塘等）、地下水、市政自来水、再生水和雨水，其中雨水和再生水应优先利用。灌溉水质应符合《农田灌溉水质标准》（GB 5084）的规定。利用再生水作为灌溉水源时，水质应符合《城市污水再生利用 景观环境用水水质》（GB/T 18921）的规定，并设置明显的标志。对含固体悬浮杂质的水源，应根据悬浮物特点采取相应的净化措施。

（5）首部枢纽位置宜选在水源地取水方便、基础稳固处。泵房平面布置及设计可按现行国家标准《泵站设计规范》（GB/T 50265）或《灌溉与排水工程设计规范》（GB 50288）的有关规定执行。

（6）管道布置应力求管线平顺，少穿越障碍物，避开地下管线设施；输配水管线宜沿地势较高位置布置；滴灌支管宜垂直于植物种植行布置，毛管宜顺植物种植行布置。管道布置形式如图Ⅱ.10.5-1～图Ⅱ.10.5-4所示。

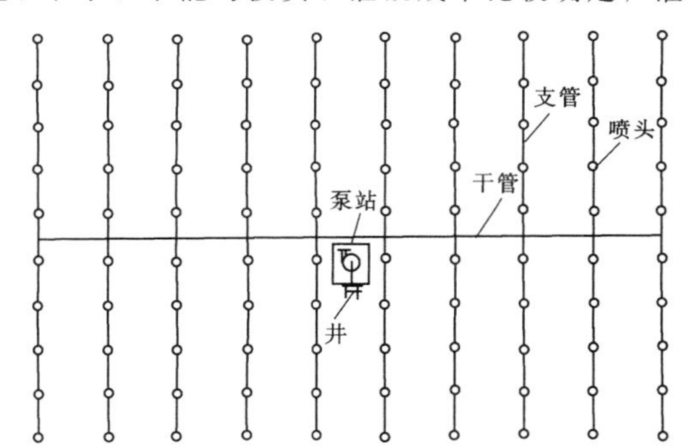

图Ⅱ.10.5-1 喷灌管道布置形式（地下水）

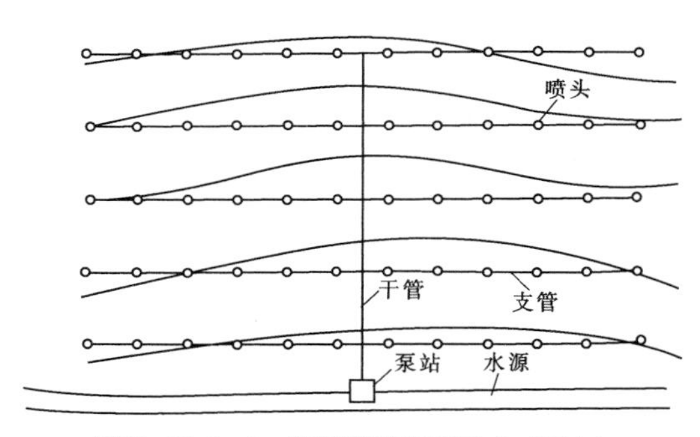

图Ⅱ.10.5-2 喷灌管道布置形式（河水）

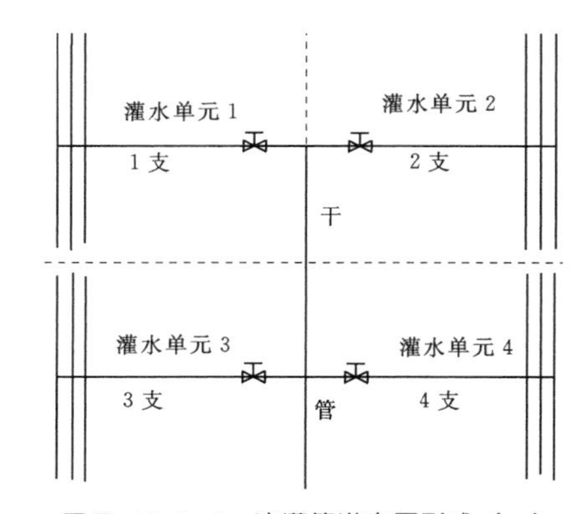

图Ⅱ.10.5-3 滴灌管道布置形式（一）

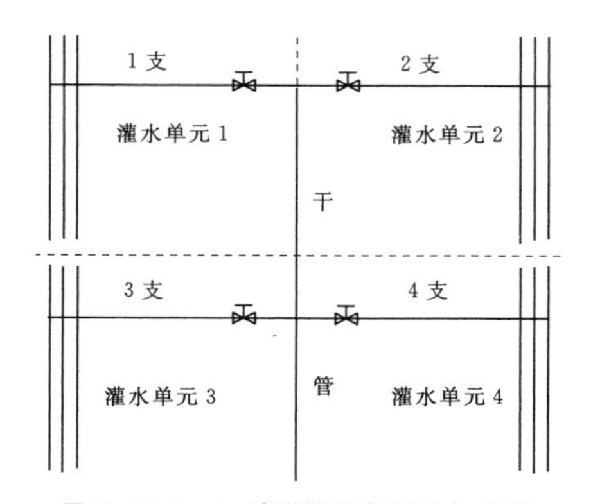

图Ⅱ.10.5-4 滴灌管道布置形式（二）

（7）滴灌灌水器的布置形式、位置和间距应根据灌水器水力特点，有利于植物对水分的吸收，满足土壤湿润比的要求确定。

（8）喷头布置形式、位置和间距应根据喷头水力特点、风向、风速和地形坡度，采用三角形或正方形的布置形式，满足喷灌强度和喷灌均匀性的要求，喷头工作时不应影响人的通行，不应损害花木和绿地附属设施。

（9）地埋管道的埋深应根据土壤冻层深度、地面荷载和灌溉要求等确定。

10.5.3.2　灌溉制度

在灌水周期内，为保证作物适时适量地获得所需的水分，需制定一个合理的灌溉制度，包括喷头在一个喷点上的喷洒时间，每次需要同时工作的喷头数以及确定轮灌分组和轮灌次序等。

灌溉系统通常采用轮灌的工作制度，即将若干灌水单元分成若干组，由干管轮流向各灌水单元供水。当绿地面积较小，且水源可提供流量不小于绿地全部灌水器流量之和时，也可采用续灌方式。

轮灌组划分时应遵循以下原则：

（1）由于水土保持绿化项目植物繁杂，轮灌组划分及末级管道布置应充分考虑不同植物的不同需水规律，杜绝将需水差异大的植物划分在同一个轮灌组中，如乔木与草坪的需水要求差异很大，若划分在同一个轮灌组，则会导致植物不能健康生长。

（2）轮灌组划分应以灌水小区或喷灌支管为基本灌水单元，将系统划分为几个轮灌组，每组包含一个或若干个基本灌水单元。每个轮灌组的组合方式和包含的基本灌水单元数应考虑系统运行的控制形式和操作方便，并尽可能地减小输配水管道的设计流量，使系统最大供水流量不超过设计流量，保持水泵工况稳定。

（3）轮灌顺序的确定应考虑灌溉系统不同种类植物的分布情况、运行操作方便等因素。

10.5.4　工程设计

10.5.4.1　喷灌设计要点

1. 基本设计参数

（1）灌溉设计保证率。一般以正常供水或供水不破坏的年数占总年数的百分比表示。以地下水为水源的喷灌工程其灌溉设计保证率不应低于90%，其他情况下喷灌工程灌溉设计保证率不应低于85%。

（2）设计耗水强度（E_d）。设计耗水强度应由试验确定。在无实测资料时，可利用气象资料通过计算确定，或参照表Ⅱ.10.5－1选取，但要根据本地区经验进行论证后选取。

表Ⅱ.10.5－1　设计耗水强度建议值

单位：mm/d

植物种类	喷灌
乔木	—
灌木	4～7
冷季型草	5～8
暖季型草	3～5

注　“—”表示不适用于此灌溉技术。

（3）灌溉水利用系数（η）。灌溉水利用系数按式（Ⅱ.10.5－1）计算：

$$\eta=\eta_G\eta_p \qquad (Ⅱ.10.5-1)$$

式中　η——灌溉水利用系数；

η_G——管道系统水利用系数，可在0.95～0.98之间选取，湿润地区取大值，干旱地区取小值；

η_p——田间喷洒水利用系数，根据气候条件可在下列范围内选取：风速低于3.4m/s时$\eta_p=0.8\sim0.9$，风速为3.4～5.4m/s时$\eta_p=0.7\sim0.8$。

（4）土壤计划湿润层深度（h）。土壤计划湿润层深度应采用植物主要吸水根系分布深度，通过实测确定。当无实测资料时，可参照表Ⅱ.10.5－2确定。

表Ⅱ.10.5－2　土壤计划湿润层深度　　单位：m

草坪	灌木	乔木
0.2～0.3	0.5～0.7	0.6～0.8

（5）设计灌溉系统日工作时间。设计灌溉系统日工作时间应根据绿地的功能、水源条件和运行管理的要求确定，不宜大于22h。

2. 质量控制参数

（1）喷灌均匀系数（C_u）。喷灌均匀系数按式（Ⅱ.10.5－2）计算：

$$C_u=1-\frac{\Delta h}{h} \qquad (Ⅱ.10.5-2)$$

式中　C_u——喷灌均匀系数；

Δh——喷洒水深的平均离差值，mm；

h——喷洒水深的平均值，mm。

定喷灌式喷灌系统C_u值不应低于0.75，行喷式喷灌系统C_u值不应低于0.85。

喷灌均匀系数C_u在设计中可通过控制喷头组合间距、喷头的喷洒水量分布、喷头工作压力等进行调整。

喷头的组合间距可按表Ⅱ.10.5－3确定。

表Ⅱ.10.5-3　喷头组合间距

设计风速/(m/s)	组合间距	
	垂直风向	平行风向
0.3～1.6	(1.1～1)R	1.3R
1.6～3.4	(1～0.8)R	(1.3～1.1)R
3.4～5.4	(0.8～0.6)R	(1.1～1)R

注　1. R 为喷头射程。
2. 在每一档风速中可按内插法取值。
3. 在风向多变时采用等间距组合时，应选用垂直风向栏的数值。

(2) 设计喷灌强度。喷灌强度是一个类似雨强的概念，指单位时间内喷洒在地面上的水深。定喷式喷灌系统的设计喷灌强度不得大于土壤的允许喷灌强度，不同类别土壤的允许喷灌强度可按表Ⅱ.10.5-4确定。当地面坡度大于5%时，允许喷灌强度应按表Ⅱ.10.5-5进行折减。行喷式喷灌系统的设计喷灌强度可略大于土壤的允许喷灌强度。

表Ⅱ.10.5-4　各类土壤的允许喷灌强度

土壤类别	允许喷灌强度/(mm/h)
砂土	20
砂壤土	15
壤土	12
壤黏土	10
黏土	8

注　有良好覆盖时表中数据可提高20%。

表Ⅱ.10.5-5　坡地允许喷灌强度降低值

地面坡度/(°)	允许喷灌强度降低值/%
5～8	20
9～12	40
13～20	60
>20	75

目前除壤黏土和黏土有时不能满足外，大多数情况下，设计喷灌强度是容易满足要求的。当设计喷灌强度不满足要求时，可进行适当调整。

1) 在允许的情况下加大喷头组合间距。

2) 改选小直径喷嘴或设计工作压力低的喷头，使喷头流量的减小量大于喷洒覆盖面积的减小量。

3) 改变同时喷洒喷头的工作方式（按多行多喷头同时作业、双行多喷头同时作业、单行多喷头同时作业、单喷头作业的顺序，喷灌强度可逐步减小）。

(3) 喷灌系统设计喷头工作压力应符合下列要求：

1) 设计喷头工作压力均应在该喷头所规定的压力范围内。

2) 任何喷头的实际工作压力不得低于喷头设计工作压力的90%。

3) 同一条支管上任意两个喷头之间的工作压力差应在喷头设计工作压力的20%以内。

4) 当不能满足上述要求时，应将喷灌系统划分压力区，分区进行设计。

3. 水量平衡计算

灌溉用水量应根据设计年的降水量、蒸发水量、植物种类及种植面积等因素计算确定。

对设计年水源供应能力（水量、流量与水位或者压力过程线）与灌溉用水量和其他用水户用水量过程线应进行平衡计算分析。当水源可供水量满足灌溉要求，而某时段流量不能满足灌溉需求时，宜在植物允许的条件下采用错峰取水；当水源可供水量和流量均不能满足灌溉需求时，可以开辟新水源，缩小灌溉面积或改为种植耗水量小的植物。

4. 灌溉设计技术参数

(1) 灌水定额（m_d）。喷灌系统灌水定额按式（Ⅱ.10.5-3）计算：

$$m_d=0.1h(\beta_1-\beta_2) \quad (Ⅱ.10.5-3a)$$

$$m_d=0.1\gamma h(\beta_1'-\beta_2') \quad (Ⅱ.10.5-3b)$$

式中　m_d——灌水定额，mm；
h——土壤计划湿润层深度，cm；
γ——土壤容重，g/cm^3；
β_1——适宜土壤含水量上限，体积百分比；
β_2——适宜土壤含水量下限，体积百分比；
β_1'——适宜土壤含水量上限，重量百分比；
β_2'——适宜土壤含水量下限，重量百分比。

(2) 灌水周期（T）。灌水周期应根据当地试验资料确定，资料缺乏时，可按式（Ⅱ.10.5-4）计算，计算结果取整：

$$T=\frac{m_d}{E_d} \quad (Ⅱ.10.5-4)$$

式中　T——灌水周期，计算值取整，d；
E_d——作物日蒸发蒸腾量，取设计代表年灌水高峰期平均值，mm/d。

(3) 一次灌水延续时间（t）。设计一次灌水延续时间按式（Ⅱ.10.5-5）计算：

$$t=\frac{mab}{1000q_p\eta_p} \quad (Ⅱ.10.5-5)$$

式中　t——一次灌水延续时间，h；
m——设计灌水定额，mm；
a——喷头布置间距，m；

b——支管布置间距，m；

q_p——喷头设计流量，m^3/s；

η_p——田间喷洒水利用系数。

(4) 灌溉系统设计流量 (Q_d)。灌溉系统设计流量按式 (Ⅱ.10.5-6) 计算：

$$Q_d = \frac{10AE_d}{C\eta} \quad (Ⅱ.10.5-6)$$

式中　Q_d——灌溉系统设计流量，m^3/h；

A——灌溉面积，hm^2；

C——灌溉系统日工作小时数，h。

(5) 喷灌喷头设计参数。喷灌喷头设计参数可参照《喷灌工程技术规范》(GB/T 50085) 4.2节和4.4节相关内容计算。

(6) 管网水力计算。

1) 喷灌系统设计流量 (Q)。喷灌系统设计流量按式 (Ⅱ.10.5-7) 计算：

$$Q = \sum_{i=1}^{n_p} q_p/\eta_G \quad (Ⅱ.10.5-7)$$

式中　Q——喷灌系统设计流量，m^3/h；

q_p——喷头设计流量，m^3/h；

n_p——同时工作的喷头数目；

η_G——管道系统水利用系数，取0.95～0.98。

2) 系统设计水头 (H)。喷灌系统设计水头应根据灌区或压力区最不利的灌水情况按式 (Ⅱ.10.5-8) 计算：

$$H = Z_d - Z_s + h_s + h_p + \sum h_f + \sum h_j + \sum h_s \quad (Ⅱ.10.5-8)$$

式中　H——喷灌系统设计水头，m；

Z_d——典型喷点的地面高程，m；

Z_s——喷灌系统水源设计水位，m；

h_s——典型喷点的竖管高度，m；

h_p——典型喷点喷头的工作压力水头，m；

$\sum h_f$——由水泵进水管至典型喷头喷点进口处的管道沿程水头损失之和，m；

$\sum h_j$——由水泵进水管至典型喷头喷点进口处的管道局部水头损失之和，m；

$\sum h_s$——首部枢纽各个部件水头损失之和，m。

3) 管道沿程水头损失 (h_f)。管道沿程水头损失按式 (Ⅱ.10.5-9) 计算：

$$h_f = f\frac{Q^m}{d^b}L \quad (Ⅱ.10.5-9)$$

式中　h_f——管道沿程水头损失，m；

f——摩阻系数；

L——管长，m；

Q——流量，m^3/h；

d——管内径，mm；

m——流量指数；

b——管径指数。

各种管材的 f、m、b 值可按表Ⅱ.10.5-6确定。

表Ⅱ.10.5-6　f、m、b 取值表

管材		f	m	b
混凝土管、钢筋混凝土管	n=0.013	1.312×10^6	2	5.33
	n=0.014	1.516×10^6	2	5.33
	n=0.015	1.749×10^6	2	5.33
钢管、铸铁管		6.25×10^5	1.9	5.1
硬塑料管		0.948×10^5	1.77	4.77
铝管、铝合金管		0.861×10^5	1.74	4.74

注　n 为粗糙系数。

4) 等距等流量多喷头（孔）支管沿程水头损失 (h'_{fz})。多喷头（孔）支管沿程水头损失按式 (Ⅱ.10.5-10) 计算：

$$h'_{fz} = Fh_{fz} \quad (Ⅱ.10.5-10)$$

其中

$$F = \frac{N\left(\frac{1}{m+1} + \frac{1}{2N} + \frac{\sqrt{m-1}}{6N^2}\right) - 1 + X}{N - 1 + X} \quad (Ⅱ.10.5-11)$$

式中　h'_{fz}——多喷头（孔）支管沿程水头损失，m；

F——多口系数，取值见表Ⅱ.10.5-7；

N——喷头或孔口数；

X——多孔支管首孔位置系数，即支管入口至第一个喷头（或孔口）的距离与喷头（或孔口）间距之比；

h_{fz}——无出流支管沿程水头损失，m。

表Ⅱ.10.5-7　塑料管或铝管的多口系数

孔口数	5	6	7	8	9	10	11	12	13	14
X=1	0.47	0.45	0.44	0.43	0.42	0.42	0.41	0.41	0.40	0.40
X=0.5	0.41	0.40	0.40	0.39	0.39	0.39	0.38	0.38	0.38	0.38

注　X 为支管上第一个喷头距支管首端的距离与支管上喷头间距的比值。

5）管道局部水头损失（h_j）。管道局部水头损失按式（Ⅱ.10.5－12）计算：

$$h_j=\xi\frac{v^2}{2g} \qquad (Ⅱ.10.5-12)$$

式中 h_j——管道局部水头损失，m；

ξ——管道局部水头损失系数，m；

v——截面平均流速，m/s；

g——重力加速度，9.81m/s^2。

在实际工程设计中，为简化局部水头损失计算，喷灌工程局部水头损失通常取沿程水头损失的10%～15%。

6）水锤压力验算。遇下述情况时，应进行水锤压力验算。

a. 管道布设有易滞留空气和可能产生水柱分离的凸起部位。

b. 阀门开闭时间小于压力波传播的一个往返周期。

c. 对于设有单向阀的上坡干管，应验算事故停泵时的水锤压力；未设单向阀时，应验算事故停泵时水泵机组的最高反转转速。对于下坡干管应验算启闭阀门时的水锤压力。

遇下列情况时，管道应采取相应的水锤防护措施，如安装安全阀、空气阀、逆止阀等管件，安装水锤消除器等。

a. 水锤压力超过管道试验压力。

b. 水泵最高反转转速超过额定转速的1.25倍。

c. 管道水压接近汽化压力。

地面坡度较大顺坡铺设的管道，应考虑管道中的静水压力。

当关阀历时 T_s 符合式（Ⅱ.10.5－13）时，可不验算水锤压力：

$$T_s\geqslant 40\frac{L}{a_w} \qquad (Ⅱ.10.5-13)$$

其中

$$a_w=1425\sqrt{1+\frac{K}{E}\frac{D}{e}c} \qquad (Ⅱ.10.5-14)$$

式中 L——管长，m；

a_w——水锤波传播速度，m/s；

K——水的体积弹性模数，GPa，常温时 $K=$ 2.205GPa；

E——管材的纵向弹性模量，GPa，各种管材的 E 值见表Ⅱ.10.5－8；

D——管径 m；

e——管壁厚度 m；

c——管材系数，匀质管 $c=1$，钢筋混凝土管 $c=1/(1+9.5a_0)$，其中 a_0 为管壁环向含钢系数，$a_0=f/e$，f 为每米长管壁内环向钢筋的断面面积，m^2。

表Ⅱ.10.5－8 各种管材的纵向弹性模量

单位：GPa

管材	钢管	球墨铸铁管	铸铁管	钢筋混凝土管	铝管	PE管	PVC管
E值	206	151	108	20.58	69.58	1.4～2	2.8～3

5. 设备配套和组装设计

（1）面积大、坡度明显、地形起伏或长度大的长条形绿地滴灌系统宜采用具有压力补偿功能的灌水器；草坪喷灌系统宜选用地埋式喷头；具有明显高差的绿地喷灌系统，在高程较低的区域应选用具有止溢功能的喷头。

（2）在河流、湖泊、水库和池塘等露天水源取水的灌溉系统的取水口应安装拦污栅；在多泥沙水流的河道取水时，灌溉系统取水口前宜修建沉沙池。

（3）取水增压设备应针对水源工程的类型和取水条件选配，其型号、功率应满足系统设计流量和设计扬程的要求。

（4）干管进口应安装能防止停灌、断电时灌溉水倒流的逆止阀；干管末端和低处应安装泄水阀；支管进口宜安装控制阀和压力调节阀；输配水管道高处应安装进排气阀；起伏管线低处应设置泄水阀；支管末端应安装泄水阀。各种阀门的型号规格应与管道的规格相匹配。

6. 水源工程设计

（1）水源工程设计应针对不同水源类型按照相应的国家或行业标准执行。

（2）在水流挟沙量大的河道上取水的灌溉工程，宜利用弯道环流离心力分离泥沙，并应修建沉沙池进行初级处理。沉沙池长度应能沉淀大部分泥沙，容积应视进入沉沙池水流的含沙量和清沙时间间隔确定。

（3）当采用离心泵取水时，进水池深度应使进水管口淹没在灌溉季节设计最低水位以下0.6～1.8倍的进水管口直径，并距离池底不小于0.5～0.8倍的进水管口直径，进水池宽度不应小于3倍的进水管口直径乘以水泵台数。水泵安装高程应低于水源设计最低水位加吸程。

（4）当采用潜水泵取水时，应保证设计最低水位以下有足够的淹没深度，进水池尺寸可参照离心泵确定。

（5）当河流、湖泊和水库岸坡平缓，水位变化大，泵站距离最高水位线较远时，宜采用明渠引水的方式进行取水。

7. 电气系统与控制系统设计

（1）灌溉系统电气设备的各种电气电路应接地良好，绝缘可靠，保护装置灵活可靠。

(2) 采用水泵机组取水增压的灌溉系统，宜配备变频泵。

(3) 控制面积 $1hm^2$ 以上的灌溉系统宜采用计算机控制或时序控制方式运行。

(4) 喷灌系统的电磁阀应安装在支管进口，滴灌系统的电磁阀应安装在灌水小区进口。

(5) 在不具备交流电源或电缆铺设受限的区域，可采用电池驱动的自动控制系统。

10.5.4.2 滴灌设计要点

1. 基本设计参数

(1) 灌溉设计保证率。一般以正常供水或供水不破坏的年数占总年数的百分比表示。

(2) 土壤湿润比 (p)。一般以滴灌时被湿润的土体占计划湿润总土体的百分比表示。在实际应用中，常以地表以下20～30cm处的湿润面积占总灌水面积的百分比表示。土壤湿润比的大小取决于作物、滴头间距及流量、灌水量、毛管间距、土壤理化特性等因素，并结合当地试验资料确定。当没有试验资料时可参考表Ⅱ.10.5-9选取。

表Ⅱ.10.5-9 滴灌设计土壤湿润比建议取值

植物种类	p/%
乔木	20～30
灌木	100
草坪	100

注 干旱地区取上限值。

(3) 设计耗水强度 (E_d)。设计耗水强度是指在设计条件下作物的耗水强度，是确定滴灌系统最大输水能力的依据。取设计典型年灌溉季节月平均作物耗水强度的峰值作为设计耗水强度，在无实测资料时，可利用气象资料通过计算确定，或参照表Ⅱ.10.5-10选取，但要根据本地区经验进行论证后选取。

表Ⅱ.10.5-10 设计耗水强度建议值

单位：mm/d

植物种类	滴灌
乔木	2～4
灌木	3～5

(4) 灌溉水利用系数 (η)。滴灌水利用系数不应低于0.9。

(5) 土壤计划湿润层深度 (h)。不同绿地设计土壤计划湿润层深度应采用植物主要吸水根系分布深度，通过实测确定。当无实测资料时，可参照表Ⅱ.10.5-11确定。

表Ⅱ.10.5-11 土壤计划湿润层深度 单位：m

草坪	灌木	乔木
0.2～0.3	0.5～0.7	0.6～08

(6) 设计灌溉系统日工作时间。设计灌溉系统日工作时间应根据绿地的功能、水源条件和运行管理的要求确定，不宜大于22h。

2. 质量控制参数

(1) 滴灌均匀系数 (C_{uw}) 按式 (Ⅱ.10.5-15) 计算：

$$C_{uw}=1-\frac{\overline{\Delta q}}{\overline{q}} \qquad (Ⅱ.10.5-15)$$

其中 $$\overline{\Delta q}=\frac{1}{n}\sum_{i=1}^{n}|q_i-\overline{q}| \qquad (Ⅱ.10.5-16)$$

式中 C_{uw}——滴灌均匀系数；

$\overline{\Delta q}$——灌水器流量的平均偏差，L/h；

q_i——各灌水器流量，L/h；

$\overline{q}$——田间实测的各灌水器的平均流量，L/h；

n——灌水器数目。

滴灌均匀系数不应低于0.8。

(2) 灌水器流量偏差率 (q_v)。为了保证灌水质量和水资源利用效率，要求滴灌灌水均匀或达到一定的要求，一般采用流量偏差率来控制设计灌水均匀度，即同一灌水小区内灌水器的最大、最小流量之差与设计流量的比值，按式 (Ⅱ.10.5-17) 进行计算：

$$q_v=\frac{q_{max}-q_{min}}{q_d}\times100\% \qquad (Ⅱ.10.5-17)$$

式中 q_v——灌水器流量偏差率，%，当采用流量偏差率来表征灌水均匀度时，滴灌系统灌水小区灌水器设计允许流量偏差率应满足$[q_v]\leqslant20\%$；

q_{max}——灌水器最大流量，L/h；

q_{min}——灌水器最小流量，L/h；

q_d——灌水器平均流量或灌水器设计流量，L/h。

3. 水量平衡计算

灌溉用水量应根据设计年的降水量、蒸发水量、植物种类及种植面积等因素计算确定。

对设计年水源供应能力（水量、流量与水位或者压力过程线）与灌溉用水量和其他用水户用水量过程线应进行平衡计算分析。当水源可供水量满足灌溉要求，而某时段流量不能满足灌溉需求时，宜在植物允许的条件下采用错峰取水；当水源可供水量和流量均不能满足灌溉需求时，可以开辟新水源，缩小灌溉面积或改为种植耗水量小的植物。

4. 灌溉设计技术参数

(1) 灌水定额 (m_d)。滴灌系统灌水定额按式

（Ⅱ.10.5－18）计算：

$$m_d=0.001hp(\beta_1-\beta_2) \quad (Ⅱ.10.5-18a)$$

$$m_d=0.001\gamma hp(\beta_1'-\beta_2') \quad (Ⅱ.10.5-18b)$$

式中 m_d——灌水定额，mm；

h——土壤计划湿润层深度，cm；

p——土壤湿润比，%；

γ——土壤容重，g/cm³；

β_1——适宜土壤含水量上限，体积百分比；

β_2——适宜土壤含水量下限，体积百分比；

β_1'——适宜土壤含水量上限，重量百分比；

β_2'——适宜土壤含水量下限，重量百分比。

（2）灌水周期（T）。灌水周期应根据当地试验资料确定，资料缺乏时，可按式（Ⅱ.10.5－19）计算，计算结果取整：

$$T=\frac{m_d}{E_d} \quad (Ⅱ.10.5-19)$$

式中 T——灌水周期，计算值取整，d；

E_d——设计时选用的作物耗水强度，mm/d。

（3）一次灌水延续时间（t）。一次灌水延续时间为通过灌水器将灌水量灌到毛灌水深度所需要的灌水时间，由式（Ⅱ.10.5－20）确定：

$$t=\frac{m_d S_e S_l}{q_d} \quad (Ⅱ.10.5-20)$$

对于 n_s 个灌水器绕树布置时：

$$t=\frac{m_d S_r S_t}{n_s q_d} \quad (Ⅱ.10.5-21)$$

式中 t——一次灌水延续时间，h；

S_e——灌水器间距，m；

S_l——毛管间距，m；

S_r——植物行距，m；

S_t——植物株距，m；

n_s——一棵树的灌水器个数。

根据目前实践经验，一般在灌水高峰期一个轮灌组灌水延续时间在3～10h较适宜，时间长，滴灌带的利用率高。灌水时间与土壤吸水率、作物种植种类和滴头流量、间距以及滴灌带铺设间距有关。

（4）管网水力计算。

1）滴灌系统设计流量（Q）。滴灌系统设计流量按式（Ⅱ.10.5－22）计算：

$$Q=\frac{n_0 q_d}{1000} \quad (Ⅱ.10.5-22)$$

式中 Q——滴灌系统设计流量，m³/h；

q_d——灌水器设计流量，L/h；

n_0——同时工作的灌水器个数。

2）滴灌系统设计水头、水头损失、水锤压力计算，设备配套和组装以及水源工程设计同喷灌系统设计，可参考本章10.5.4.1节有关内容。

a. 各种管材的 f、m、b 值可按表Ⅱ.10.5－12确定。在实际工程设计中，为简化局部水头损失计算，滴灌工程局部水头损失支管宜为沿程水头损失的5%～10%，毛管宜为沿程水头损失的10%～20%。

表Ⅱ.10.5－12 f、m、b 取值表

管材			f	m	b
硬塑料管			0.464×10^5	1.77	4.77
滴灌用聚乙烯管	$D>8$mm		0.505×10^5	1.75	4.75
	$D\leqslant8$mm	$Re>2320$	0.595×10^5	1.69	4.69
		$Re\leqslant2320$	1.75×10^5	1	4

注 1. Re 为雷诺数。
2. 聚乙烯管的摩阻系数值对应于水温10℃，其他温度时应修正。

b. 采用聚乙烯管材时，可不进行水锤压力验算。其他管材当关阀历时大于20倍的水锤相长时，也可不验算关阀水锤。

c. 过滤器应根据水质状况和灌水器的流道尺寸进行选择。过滤器应能过滤掉大于灌水器流道尺寸1/10～1/7粒径的杂质，过滤器类型及组合形式可按表Ⅱ.10.5－13选择。

10.5.5 案例

10.5.5.1 喷灌案例

1. 概述

新疆某水利枢纽工程设有弃渣场，为防治水土流失，需对弃渣场采取撒播草籽恢复植被。为了充分利用水资源，项目区采用喷灌的方式来解决灌溉问题，保证草坪生长过程中的需水量。

2. 基本情况

项目区属大陆性北温及寒温带气候，夏季干热，冬季严寒，降水量小，蒸发量大。由当地气象站47年的气象资料统计可知，多年平均风速为3.7m/s，风向为NW，最大蒸散量月份为6月，6月平均风速为3.2m/s，风向为WWNW，最大冻土深为127cm；土壤质地多为砂土。灌溉水源利用施工期所建的500m³蓄水池。

3. 工程任务

喷灌灌溉总面积12.0hm²，对弃渣场进行平整覆土后撒播草籽，草种选用早熟禾、三叶草等。

4. 总体布置

喷灌系统的构成为：蓄水池、系统首部、干管、分干管、支管和喷头。将库区水引至沉淀池进行沉

表Ⅱ.10.5-13　　过滤器选型表

水质状况			过滤器类型及组合形式
无机物	含量/(mg/L)	<10	筛网过滤器（叠片过滤器）或砂过滤器+筛网过滤器（叠片过滤器）
	粒径/μm	<80	
	含量/(mg/L)	10～100	旋流水砂分离器+筛网过滤器（叠片过滤器）或旋流水砂分离器+砂过滤器+筛网过滤器（叠片过滤器）
	粒径/μm	80～500	
	含量/(mg/L)	>100	沉淀池+筛网过滤器（叠片过滤器）或沉淀池+砂过滤器+筛网过滤器（叠片过滤器）
	粒径/μm	>500	
有机物	含量/(mg/L)	<10	砂过滤器+筛网过滤器（叠片过滤器）
	含量/(mg/L)	>10	拦污栅+砂过滤器+筛网过滤器（叠片过滤器）

淀，再用水泵将沉淀池水扬至蓄水池（主体工程已建成，可直接利用），蓄水池水通过自流进入系统首部，再由首部向田间供水。田间供水分三级管道，干管从首部连接至一分干管再连接至二分干管，分干管垂直干管布置，支管垂直于分干管布置。干管、分干管和支管为地埋管，在各管段的进水口处设置闸阀，在管段最高处要设置排气阀，在地埋管道的末端要设置排水井。

5. 灌溉设计

（1）灌水定额。采用式（Ⅱ.10.5-3）计算，γ取1.5g/cm^3；h取30cm；β_1'、β_2'分别取田间持水量的90%和60%。经计算，灌水定额m_d=32.4mm。

（2）灌水周期。采用式（Ⅱ.10.5-4）计算，E_d取6.6mm/d。经计算，灌水周期T=4.91d，取5d。

（3）喷头。根据地形、压力条件，选择ZYH-1型摇臂式换向喷头，主要技术参数为：喷嘴直径为7.0mm，工作压力为0.20MPa，流量为2.62m^3/h，射程为16.0m。

设计风速应采用设计年灌溉季节作物月平均蒸发蒸腾量峰值所在月份的多年平均风速值，设计风向取上述月份的主风向，项目区最大蒸发量月份为6月，故项目区设计风速取3.2m/s，设计风向为WWNW。

1）该工程选用垂直风向的组合系数，喷头的组合间距为（1.0～0.8）R，即K_a=1.0～0.8，按内插法计算得K_a=0.82，取支管间距和喷头间距均为0.82R=13（m）。

2）雾化指标W_h=2857，满足规范规定的2000～3000。

3）一次灌水延续时间按式（Ⅱ.10.5-5）计算，式中a取13m，b取13m，q_p取2.62m^3/h，η_p取0.8，计算得t=2.6h。

4）一天工作位置数按$n_d=\frac{t_d}{t}$计算，式中t_d取16h。计算得n_d=6.12，取整为6个。

5）同时工作喷头数（按喷头数最多计算）按$n_p=\frac{N_p}{n_d T}$计算，式中N_p取695个，计算得弃渣场同时工作喷头数为24个。喷灌系统水力计算成果见表Ⅱ.10.5-14。

6）支管一次灌水2.6h，1天工作16h，一天轮灌6组，一个轮灌组同时工作喷头数为24个，5天全部灌完。

7）弃渣场喷灌系统轮灌运行安排见表Ⅱ.10.5-15。

（4）水力计算。

1）流量分析。

支管流量$Q_{支}=\frac{q_p n}{\eta_G}$，式中$\eta_G$取0.95。经计算，$Q_{支}$=33.09m^3/h。

分干管流量$Q_{分}=\frac{q_p n}{\eta_G}$，经计算，$Q_{分}$=66.19m^3/h。

干管流量$Q_{干}=Q_{分}$=66.19m^3/h。

2）管径选择。干管、分干管和支管选取PE热熔管，根据以下公式分别计算管径：

$$d=1000\sqrt{\frac{4Q}{3600\pi V}}$$

经计算，取$d_{支}$=90mm，$d_{分}=d_{干}$=140mm。

3）水头损失。干管和分干管沿程水头损失按式（Ⅱ.10.5-9）计算，f取94800，m取1.77，b取4.77。

等距等流量多喷头支管沿程水头损失可按式（Ⅱ.10.5-10）计算。

管道局部水头损失按沿程水头损失的10%计算。

4）节点压力分析。节点压力按$H=Z_d-Z_s+h_s+h_p+\sum h_f+\sum h_j$计算。

表Ⅱ.10.5-14　　喷灌系统水力计算成果表

管道名称	管段桩号	管长/m	流量/(m³/h)	计算管径/mm	管径(外)/mm	沿程水头损失/m	总水头损失/m	地形高差/m	管道首端自由水头/m	管道末端自由水头/m	管道末端水压线标高/m	流速/(m/s)
干管	O-A	174.0	66.19	125.0	140	2.34	2.58	36.00	0.00	23.42	639.42	1.40
	A-B	214.0	66.19	125.0	140	2.88	3.17	3.75	23.42	24.01	636.26	1.40
	B-C	312.0	66.19	125.0	140	4.20	4.62	2.82	24.01	22.21	631.64	1.40
一分干管		289.0	66.19	125.0	140	3.89	4.28	3.95	24.01	23.68	631.98	1.40
二分干管		330.0	66.19	125.0	140	4.44	4.88	3.08	22.21	20.41	626.76	1.40
最不利支管 支2-27		149.5	33.09	88.4	90	1.25	1.37	-0.83	22.21	20.00	628.72	1.45

表Ⅱ.10.5-15　　弃渣场喷灌系统轮灌运行安排表

轮灌次序		开启支管	灌水时间/h
第一天	第1轮	支1-1、支1-2	2.6
	第2轮	支1-3、支1-4	2.6
	第3轮	支1-5、支1-6	2.6
	第4轮	支1-7、支1-8	2.6
	第5轮	支1-9、支1-10	2.6
	第6轮	支1-11、支1-12	2.6
第二天	第7轮	支1-13、支1-14	2.6
	第8轮	支1-15、支1-16	2.6
	第9轮	支1-17、支1-18	2.6
	第10轮	支1-19、支1-20	2.6
	第11轮	支1-21、支1-22	2.6
	第12轮	支1-24、支1-23、支1-25	2.6
第三天	第13轮	支2-1、支2-2	2.6
	第14轮	支2-3、支2-4	2.6
	第15轮	支2-5、支2-6	2.6
	第16轮	支2-7、支2-8	2.6
	第17轮	支2-9、支2-10	2.6
	第18轮	支2-11、支2-12	2.6
第四天	第19轮	支2-13、支2-14	2.6
	第20轮	支2-15、支2-16	2.6
	第21轮	支2-17、支2-18	2.6
	第22轮	支2-19、支2-20	2.6
	第23轮	支2-21、支2-22	2.6
	第24轮	支2-23、支2-24	2.6

续表

轮灌次序		开启支管	灌水时间/h
第五天	第25轮	支2-25、支2-26	2.6
	第26轮	支2-27、支2-28	2.6
	第27轮	支2-29、支2-30	2.6
	第28轮	支2-31、支2-32	2.6
	第29轮	支2-33、支2-34、支2-35	2.6

10.5.5.2 滴灌案例

1. 项目概况

新疆莎车县东北部的荒地镇，东西宽23km，南北长28km，耕地面积为570万m^2，项目区内基本平整，个别地方高低不平，有若干个大小不等的沙包和下潮地，沙包大的高3～4m，小的高1～2m，地势总体来讲无明显坡降，南向北坡降为1/1000～1/1500，东西面几乎在同一高程面上，属典型的传统灌溉农业，且大风及沙尘暴灾害严重。

长期以来，项目区地下水水位较高，土壤盐碱化程度十分严重。项目区降水量稀少，多年平均年降水量为50mm，叶尔羌河是该县唯一的地表水源。但是荒地镇地处叶尔羌河中下游，由于地势低而平坦，坡度小，排水困难。因此大力发掘水资源利用潜力、优化供水结构、增加水资源利用效率显得非常重要。

按河流来水量对莎车县各乡镇进行分水比计算，该项目区在75%偏枯来水年份，分水比为3.43%，可利用地表水资源量为5300万m^3。项目区用地表水进行灌溉，共有灌溉干渠23km，支、斗渠63km。现有灌溉渠系水利用系数仅为37%，40%以上的支渠、斗渠直接输水进入农田，形成大水漫灌的粗放型灌溉形式，造成田间水量损失偏大。由于灌溉工程配套不完善，没有先进的灌溉技术，灌溉管理不科学。田间灌溉渠系大部分渠道年久失修，渠系建筑物已老化，当地农户自行修补后勉强使用。该地区原有灌溉系统存在严重的水资源利用效率低、农田占地严重以及灌溉设施落后等问题，亟待优化设计新型灌溉模式。

2. 滴灌系统设计

(1) 灌溉系统组成。项目区共规划200万m^2棉花，采用地面加压式滴灌，加压式滴灌系统包括水源、系统首部枢纽、管网工程、灌水器4个部分。

1) 水源设计。项目区以渠道水+井水为水源，在临近的荒地渠干渠上引水，规划后更新的6眼机井布置在干渠和斗渠边上，采用混灌灌水，水源可以保证。系统设计流量根据系统的灌水需要设计，在斗渠分水口边修建沉沙池，并在地表水不能满足灌溉需求时，采用地下水补充地表水灌溉来确保作物的灌溉要求。

2) 系统首部枢纽。系统首部枢纽建立在各系统条田的引水处附近，主要包括泵房、沉沙池等。主要设备包括：加压离心泵、电动机、过滤设施、压差式施肥罐、压力表、空气阀、闸阀、水表以及安全保护和控制设施等。

3) 管网工程。项目区为老灌区，路、林、居民区、条田均已形成，管网按灌区地形条件条田布置，管网采用梳状单向布置，管网主要结构为：输水干管→分干管→支管→毛管。滴灌系统的结构为：首部→砂石+网式过滤器→施肥罐→干管→分干管→支管→毛管→滴头。干管、分干管为地埋管。

4) 灌水器选择。目前滴灌灌水器的形式主要有管上式和内镶式两大类。管上式滴头抗堵塞性能较好，但施工安装较烦琐。滴头露于管外，易于损坏。内镶式滴灌管（带）采用迷宫式长而宽的曲径式密封流道，在管内形成汹涌的紊流，因而抗堵性强，且每个滴头可配备两个出水口，当系统关闭时可避免土壤颗粒"吸回堵塞"的危险，使用寿命较长。灌水器技术参数见表Ⅱ.10.5-16。

表Ⅱ.10.5-16 灌水器技术参数

类别	工作压力/MPa	滴灌带直径/m	滴头流量/(L/h)	滴头间距/m
参数	0.1	0.16	2.2	0.3

(2) 滴灌系统参数设计。莎车县荒地镇属于暖温带大陆性荒漠气候，干燥少雨，项目区土壤主要是冲洪积粉土、黏土，含水量为11.5%～23%，渗透系数$K=2.3\times10^{-3}\sim4.3\times10^{-5}$cm/s。入春后气温上升较快，农作物生长需水量较大，而此时降水不足，需要灌溉水补充，结合该地区实际状况，确定设计参数。

1) 灌水定额按式(Ⅱ.10.5-19)计算，式中$\beta_1'=90\%$，$\beta_2'=65\%$，计算得$m_d=33.48$mm。

2) 灌水周期按式(Ⅱ.10.5-20)计算，灌溉时农作物最大日耗水强度$E_d=7.28$mm/d，计算后取整得$T=5$d。

3）一次灌水延续时间按式（Ⅱ.10.5-21）计算，苗圃株距 S_t=0.46m，苗圃行距 S_r=0.6m，灌水器输水流量 q_d=2.2L/h，计算得 t=4.2h。

4）滴灌带布置。项目区棉花种植模式采用膜下滴灌，一膜四行，宽窄行，布设两条滴灌带，毛管间距为 0.9m，一管两行，膜间距为 1.45m，如图Ⅱ.10.5-5所示。

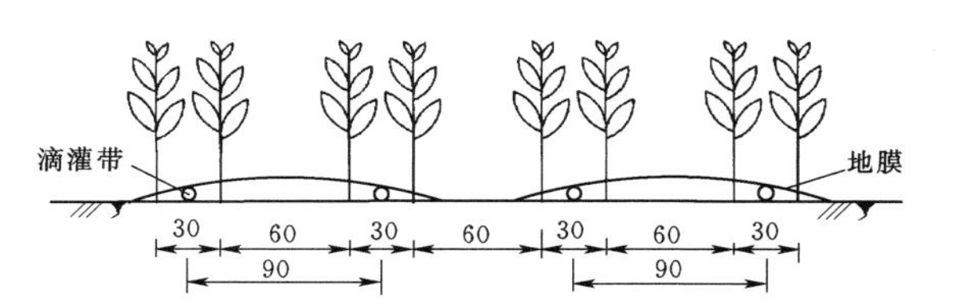

图Ⅱ.10.5-5　棉花种植滴灌带布置图（单位：cm）

参考文献

[1] 中华人民共和国水利部．雨水集蓄利用工程技术规范：SL 267—2001［S］．北京：中国水利水电出版社，2001．

[2] 中华人民共和国住房和城乡建设部，中华人民共和国国家质量监督检验检疫总局．雨水集蓄利用工程技术规范：GB/T 50596—2010［S］．北京：中国计划出版社，2010．

[3] 陕西省水利学校．小型水利工程手册　蓄水工程［M］．北京：农业出版社，1978．

[4] 水利部农村水利司农水处．雨水集蓄利用技术与实践［M］．北京：中国水利水电出版社，2001．

[5] 蔡同颖．蓄水池工程施工技术要点与注意事项［J］．低碳地产，2016（3）．

[6] 尹亚秋．干旱丘陵地区小型蓄水工程建造技术［J］．水利科技与经济，2008，14（2）：166，170．

[7] 郑光雄．小工程可以解决大问题——对我省塘堰与小微型雨水集蓄利用工程发展的一点思考［J］．节水灌溉，2001（6）：8-9．

[8] 刘涓，尚慧，魏朝富．丘陵山区小型农业蓄水工程研究［J］．水资源与水工程学报，2010，21（5）：133-136．

[9] 文军，陈萍，阚永胜．球形薄壳窖技术与应用［J］．水利水电科技进展，2000，20（1）：60-62．

[10] 中华人民共和国建设部，中华人民共和国国家质量监督检验检疫总局．喷灌工程技术规范：GB/T 50085—2007［S］．北京：中国计划出版社，2007．

[11] 中华人民共和国住房和城乡建设部，中华人民共和国国家质量监督检验检疫总局．微灌工程技术规范：GB/T 50485—2009［S］．北京：中国计划出版社，2009．

[12] 中国工程建设协会．园林绿地灌溉工程技术规程：CECS 243：2008［S］．北京：中国计划出版社，2008．

[13] 国家节水灌溉工程技术研究中心（新疆），顾烈烽．滴灌工程设计图集［M］．北京：中国水利水电出版社，2005．

[14] 迟道才．节水灌溉理论与技术［M］．北京：中国水利水电出版社，2009．

[15] 王涛．国电托克逊县电厂砾土质戈壁防风林营建技术［J］．防护林科技，2015（4）：102-103．

[16] 古丽格娜·托乎达．荒地镇滴灌系统设计与施工［J］．黑龙江水利，2016，2（3）：55-57．

第 11 章　农业耕作与引洪漫地

章主编　赵春晖　刘铁辉

章主审　王治国　马　永　李俊琴

本章各节编写及审稿人员

节次	编写人	审稿人
11.1	姜圣秋　杨才敏	王治国 马　永 李俊琴
11.2	刘铁辉　阎岁生　张经济	

第11章 农业耕作与引洪漫地

11.1 水土保持耕作措施

11.1.1 定义与作用

11.1.1.1 定义

水土保持耕作措施是在坡耕地上或旱平地结合农事耕作，采取的一些具有水土保持功能的农业措施，以拦蓄天然降水，提高土壤入渗能力和抗蚀性能，减少土壤水分蒸发，提高作物产量。

11.1.1.2 作用

实施水土保持耕作措施，结合改土培肥，增加土壤入渗、保蓄水分，提高土壤抗蚀力，减轻土壤侵蚀，有效提高土地生产力，控制坡耕地上的水蚀和风蚀，在干旱缺水地区也能够起到抗旱保收的作用，在一定程度上提高作物产量。

11.1.2 分类

水土保持耕作措施主要有以下四类：

(1) 改变微地形。通过耕作改变坡耕地的微地形，增加地面粗糙度，强化降水就地入渗，拦蓄、削减或制止冲刷土体。改变微地形措施主要有等高耕作(横坡耕作)、地埂、垄向区田、格网式垄作、沟垄种植、坑田（掏钵）种植、水平沟、抗旱丰产沟等。

(2) 增加地面被覆。措施主要有草田轮作、间作、套种、带状间作、休闲地种绿肥、等高植物篱、秸秆还田、砂田法、地膜覆盖等，可改善和增强地面抗蚀性能。

(3) 提高土壤蓄水容量。提高土壤蓄水容量措施主要有深松、深耕、增施有机肥等，可提高土壤持水能力和土壤抗蚀性能。

(4) 少耕或免耕。少耕或免耕措施主要有留茬播种、少耕法、免耕法等，可减少土壤水分蒸发和水土流失。

11.1.3 工程组成与适用范围

每一水土保持耕作措施的具体做法和规格尺寸各有其不同的适应条件，应根据不同的地形、土质、降水和农事耕作情况，因地制宜，合理确定。

11.1.3.1 改变微地形

1. 等高耕作

(1) 等高耕作是沿坡耕地等高线进行耕作的方法，适用于坡度25°以下的缓坡耕地，坡度小于10°的缓坡耕地效果最佳，随着坡度的增加，蓄水保土作用降低。

(2) 等高耕作常与截流沟、地埂等措施配套使用。沿等高线起垄，由下至上进行翻耕，垄高和垄间宽度根据耕作机具和地面坡度确定，垄向根据地形、坡度、土质等条件进行调整。淮河以南地区，耕作方向宜与等高线呈1%～2%的比降。风蚀缓坡地区，耕作方向宜与主风向垂直，斜交时与主风向夹角宜小于45°。

2. 地埂

地埂是东北黑土区治理坡耕地的措施，布设在坡度3°～5°的坡耕地。沿坡耕地横向培修土埂，截短坡长、拦截坡面径流，有效防止坡耕地水土流失。土埂经过多年耕作和逐年加高，逐步形成坡式梯田，最终发展成为水平梯田。地埂分为单埂和双埂两种。

(1) 单埂。单埂主要布设在降水量500mm以下，坡度在3°左右的坡耕地。土埂间距以不产生坡面径流冲刷为宜，斜坡田面宽度还应满足耕作需要。地面坡度越陡，埂间距越小；地面坡度越缓，埂间距越大。雨量和强度大的地区埂间距宜小，雨量和强度小的地区埂间距宜大。

埂顶宽0.3～0.5m，埂高0.5～0.6m，内、外临界坡比为1：0.5～1：1。当遇水线或洼兜时，地埂应适当加高、夯实。

地埂间距按式（Ⅱ.11.1-1）确定，并根据机耕播幅倍数及当地经验适当调整。

$$L=\frac{v_{max}^2}{m^2 CI\varphi} \qquad (\text{Ⅱ}.11.1-1)$$

式中 L——地埂间距，m；

v_{max}——地埂间开始发生土壤侵蚀的临界流速，m/s，取0.15m/s或0.16m/s；

m——流速系数，根据地形切割度大小而定，取1.0～2.0；

C——径流系数；

I——10年一遇24h最大降水强度，mm/s；

φ——根据坡降与地面糙率决定的系数，取$7\sqrt{i}\sim30\sqrt{i}$（i为地面坡降）。

无实测数据时，埂间距可按表Ⅱ.11.1-1确定。

表Ⅱ.11.1-1　埂间距参考数值表

降水量/mm	<300	300～500	>500
埂间距/m	60	50	40

（2）双埂。双埂是截流沟和地埂的结合体，具有蓄排结合、抗蚀能力强、防御标准高的特点。适用于坡面相对较陡（坡度多为5°，有些地方坡度达到8°以上），土层相对较薄，降水量较大，易产生坡面径流，不适合实施水平梯田的地区。拦洪量按10年一遇24h最大降水强度计算。双埂断面示意图如图Ⅱ.11.1-1所示。

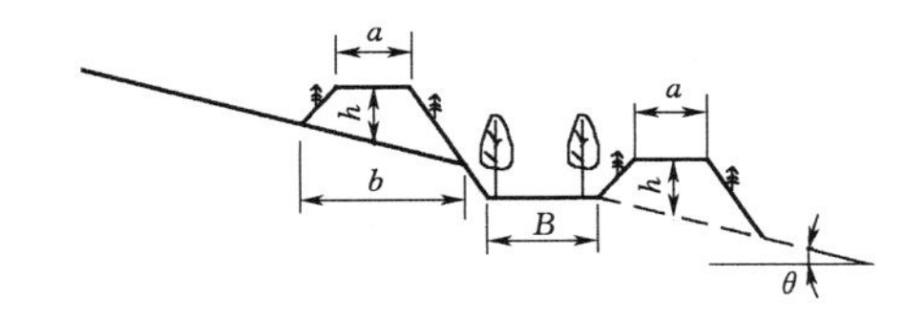

图Ⅱ.11.1-1　双埂断面示意图

B—埂间距；θ—地面坡度；h—埂高；
a—埂顶宽；b—埂底宽

每延米双埂拦洪量按式（Ⅱ.11.1-2）计算：

$$Q_1=(h^2/\sin\theta-A)/2+(h+B)h \quad （Ⅱ.11.1-2）$$

式中　Q_1——每延米双埂拦洪量，m^3；

A——单埂断面面积，m^2；

θ——原地面坡度，(°)；

h——埂高，m；

B——埂间距，m。

设计洪水总量按式（Ⅱ.11.1-3）计算：

$$W=1.16\times0.1(K_{10\%}/K_{5\%})B_1\times20^{0.83}F/20 \quad （Ⅱ.11.1-3）$$

式中　W——10年一遇24h最大暴雨条件下洪水总量，m^3；

$K_{10\%}$——10年一遇模比系数，查相关水文资料确定；

$K_{5\%}$——20年一遇模比系数，查相关水文资料确定；

B_1——最大24h洪量参数；

F——集水面积，km^2。

土埂上种植灌木或多年生草本植物，如胡枝子、紫穗槐、柠条、桑条、草木樨、马莲、黄花菜等。

3. 垄向区田

垄向区田（又称垄作区田）是东北黑土区治理坡耕地水土流失的主要措施。在作物最后一次中耕（趟地）或秋整地时，沿垄向每隔一定距离在垄沟内修筑高度略低于垄高的土挡，相邻垄沟间的土挡错开布设，分散径流，提高降水入渗能力。

最佳挡距按式（Ⅱ.11.1-4）计算：

$$L=a\theta^{-b} \quad （Ⅱ.11.1-4）$$

式中　L——最佳挡距，cm；

θ——地面坡度，(°)；

a、b——与垄高和行距相关的系数，当行距为70cm时，$a=168$cm，$b=0.5$。

垄向区田适用于坡度1°～15°的坡耕地，坡度小于6°的坡耕地实施效果比较好，不同坡度拦蓄降水量统计见表Ⅱ.11.1-2。

表Ⅱ.11.1-2　不同坡度拦蓄降水量统计表

坡度/(°)	最佳挡距/cm	可拦蓄降水量/mm	最大挡距/cm	可拦蓄降水量/mm
0.1	531	62.4	8021	29.9
0.5	237	56.0	1604	29.7
1.0	168	51.6	802	29.4
2.0	118	45.7	401	28.7
3.0	97	41.5	267	28.1
4.0	84	38.4	200	27.5
5.0	75	35.2	160	26.7
6.0	68	32.9	133	26.1
8.0	59	29.0	100	24.5
10.0	53	25.5	80	23.0

区田横挡应从田块最高处开始修筑；挡高14～16cm，低于垄台2～3cm，间距60～70cm，底宽30～45cm，顶宽10～20cm。

4. 格网式垄作

格网式垄作适用于西南紫色土区坡耕地，其原理类同于垄向区田，仅在操作和作物布局上有所不同。顺坡开厢，垂直起垄，形成封闭垄沟，厢宽1.8～2m。

5. 沟垄种植

沟垄种植适用于坡度5°～20°的坡耕地，在坡耕地上沿等高线（或垄向与等高线呈1%～2%的比降）耕作，沟垄相间，容蓄雨水，减轻水土流失。在沟内和垄上种植作物或者牧草。

（1）播种时起垄。播种时犁地形成沟垄相间状，垄顶至沟底深20～30cm，将种子、肥料撒在沟内；

在沟中每隔3～5m做一小土挡，高10cm左右，相邻两沟间小土挡呈品字形错开。

(2) 中耕时起垄。主要适用于玉米、高粱等高秆作物耕作。在坡耕地上沿等高线条状播种，播种时不做沟垄。第一次中耕时取苗间土培在苗根部，取土处连续不断形成水平沟，培土处连续不断形成等高垄。取土时在沟中每隔3～5m留一高约10cm的小土挡，相邻两沟间小土挡呈品字形错开。

(3) 畦状沟垄适于南方红壤土。每隔5～6条沟垄留一田间小路，兼作排水道，形成坡面长畦；沿排水道每隔20～30cm做一横向畦埂，将长畦隔成短畦。

6. 坑田（掏钵）种植

坑田种植主要应用于坡度20°以下的坡耕地，依地区、作物和栽培目的不同而异。通过深翻打破犁底层，使堆放坑外做埂的底土熟化；改变了耕作层土壤的理化性状，使土质疏松，提高渗透率，拦蓄径流。

一般在冬季、春季定好坑位，在1m²的面积内挖长、宽、深各为0.5m的坑，把底土堆在坑周围做成埂，再将周边的表土填入坑内，并施入肥料。依次按顺序挖坑、做埂、填土即成。每区掏1～2钵，种植坑上下交错，等高成行。

(1) 一钵一苗法。在坡耕地上沿等高线挖穴（掏钵），株距为0.3～0.4m，行距为0.6～0.8m；穴径为0.2～0.25m，上下两行穴呈品字形错开；挖穴取出的生土在穴下方做成小土埂，再将穴底挖松，从第二穴位置上取0.1m表土置于第一穴内，施入底肥，播下种子；以后逐穴采取同样方法处理。

(2) 一钵数苗法。在坡耕地上沿等高线挖穴，穴径为0.5m，深0.3～0.4m，挖穴取出的生土在穴下方做成小土埂。穴间距为0.5m，将穴底挖松，深0.15～0.2m，再将穴上方0.5m×0.5m位置上的表土取起0.1～0.15m，均匀铺在穴底，施入底肥，播下种子，根据不同作物情况，每穴可种2～3株，相邻上下两行穴呈品字形错开。

7. 水平沟

水平沟适用于黄土高原的梁、峁坡面以及塌地、湾地，坡度以不超过20°为宜，沿等高线用套二犁播种。

播种时犁地形成沟垄相间状，垄高10cm，垄顶至沟底深17～30cm，将种子、肥料撒在犁沟内。沟间距根据坡度和降水情况适当调整，坡度陡、雨量大，间距宜小；坡度缓、雨量小，区间距宜大。

8. 抗旱丰产沟

抗旱丰产沟又称为蓄水聚肥改土耕作法，是干旱山区建设高产稳产农田的极好措施。从坡地下边开始沿等高线挖水平沟，挖沟筑垄，先将垄和沟的上层表土挖出，放在沟下方，再把垄下层土深松，然后用沟的上层生土做垄，沟内种植农作物；沟中表土和松土层厚30～40cm，生土垄高10～20cm。

11.1.3.2 增加地面被覆

1. 草田轮作

草田轮作是指作物与牧草的轮作，适用于地多人少的农区或半农牧区。对原来有轮歇、撩荒习惯的地区，应采用草田轮作代替轮歇撩荒。

草田轮作采用短期牧草、绿肥作物和大田作物轮换，恢复土壤肥力和提高作物产量，如大豆→草木樨→冬小麦→谷子轮作。

短期轮作主要适用于农区，种2～3年农作物后，轮种1～2年草类。草种以短期绿肥、牧草为主，主要有毛苕子、箭舌豌豆等；长期轮作主要适用于半农半牧区，种4～5年农作物后，轮种5～6年草类。草种以多年牧草为主，主要有苜蓿、沙打旺等。

2. 间作

间作是指在同一地块，成行或成带（厢式）间隔种植两种或两种以上发育期相近的作物。

间作作物应具备生态群落相互协调、生长环境互补的特点，间作方式有行间间作、株间间作。间作的作物主要有高秆作物与低秆作物、深根作物与浅根作物、早熟作物与晚熟作物、密生作物与疏生作物、喜光作物与喜阴作物、禾本科作物与豆科作物等。

3. 套种

套种是指在同一地块内，在前季作物的发育后期，于其行间或株间播种或栽植后季作物的种植方式。两种作物收获时间不同，作物配置的协调互补、株行距要求与间作相同。

4. 带状间作

带状间作的作物种类参见“间作”。带状间作条带方向基本沿等高线，或与等高线保持1%～2%的比降；条带宽度一般为5～10m，两种作物可取等宽或分别采取不同的宽度，陡坡地条带宽度小些，缓坡地条带宽度大些；条带上的不同作物，每年或2～3年互换一次，形成带状间作又兼轮作。

草粮带状间作，草类可参照“草田轮作”；作物带与草带一般情况下等宽；在地多人少、坡度较陡地区，草带宽度可比作物带宽度大些；相反则草带宽度可比作物带宽度小些；每2～3年或5～6年将草带和作物带互换一次，但互换后需调整带宽，使草带与作物带保持原来的宽度比例。

5. 休闲地种绿肥

作物未收获前10～15d，在作物行间顺等高线地面播种绿肥植物；暴雨季节过后，将绿肥植物翻压土中，或收割作为牧草。

6. 等高植物篱

等高植物篱应用于西南紫色土区坡度小于25°的坡耕地。在坡耕地上沿等高线按一定的间隔，以线状或条带状密植多年生灌木或草本植物，形成能挡水、挡土的篱笆墙，减少坡耕地水土流失。

(1) 植物篱间距。植物篱满足耕作所需要的最小间距计算公式为

$$L_T = \frac{1.5}{\cos\theta} \qquad (\text{Ⅱ}.11.1-5)$$

式中　L_T——植物篱间距，cm；

θ——地面坡，(°)。

不同坡度植物篱间距参见表Ⅱ.11.1-3。

表Ⅱ.11.1-3　不同坡度植物篱间距

坡度/(°)	临界坡长/m	植物篱间距/m
5	8～9	9.5
10	6～6.5	7～7.5
15	4～4.5	5～5.5
20	2.5～3	3.5～4
25	1.5～2	2.5～3

植物篱根系胁迫水平宽度计算公式为

$$W_R = \frac{D_R}{2\cos\theta} \qquad (\text{Ⅱ}.11.1-6)$$

式中　W_R——根系胁迫水平宽度，m；

D_R——根系幅度，m；

θ——地面坡度，(°)。

林带遮阴范围计算公式为

$$L \approx H\coth \qquad (\text{Ⅱ}.11.1-7)$$

$$D = L\sin(A+\beta) \qquad (\text{Ⅱ}.11.1-8)$$

式中　L——树木荫影长度，m；

H——平均树高，m；

D——林带荫影边缘距林带的距离，m；

β——林带走向，(°)；

A——太阳方位角，(°)；

h——太阳高度角，(°)。

(2) 植物篱配置。植物篱配置有地埂＋单种乔木、地埂＋单种灌木、地埂＋单种草本、地埂＋乔木混交、地埂＋灌木混交和地埂＋灌草混交等。

乔木宜栽植一行，株距1.5m；灌木行距0.4m，株距0.2～0.6m；草本撒播或植苗，带宽0.6m。在土坎和地埂上撒播草籽。

7. 秸秆还田

秸秆还田适用于燃料、饲料比较充裕的地方，包括秸秆覆盖或粉碎直接还田、秸秆堆沤还田、秸秆养畜（过腹还田）、留茬覆盖等。秸秆还田数量不宜过多，每公顷还田4500～6000kg为宜。

8. 砂田法

砂田法适用于西北干旱、半干旱地区。将河卵石、冰碛石与粗砂混合后覆盖于农田地表，直接种植，多年不犁耕。有条件灌溉的地区实施水砂田，砂石覆盖厚度宜为5～6cm；旱砂田砂石覆盖厚度宜为15～18cm。旱砂田寿命可达20～40年，水砂田寿命也达7～10年。

9. 地膜覆盖

地膜覆盖可适用于半湿润、半干旱地区，结合早春作物播种使用，在保水和提高水分利用率方面效果明显。

11.1.3.3　提高土壤蓄水容量

1. 深松

深松适用于耕作层薄，土壤质地为中壤土、重壤土或黏土的坡耕地。根据土壤质地、地形、栽培作物种类及深耕方法确定深松深度，以打破犁底层为宜，宜取25～30cm。深松时避免打乱土层；深松后应立即进行耙压，蓄水保墒。

深松宜在每年秋季农作物收割完成后或第二年春季播种前进行，也可在最后一次中耕封垄作业完成后进行。

2. 深耕

深耕是把田地深层的土壤翻上来，浅层的土壤覆下去，深耕具有翻土、松土、混土、碎土的作用，合理深耕能显著促进增产，以秋季深耕为宜。

深耕能疏松土壤，加厚活土层，熟化土壤，建立良好土壤构造，改善土壤营养条件，提高土壤的有效肥力；增加土壤渗透性能，改善土壤的水、气、热状况；提高农田蓄水保墒抗旱能力，减少水土流失危害。

3. 增施有机肥

增施有机肥适用于土质黏重或砂性大的土壤以及新修梯田生土熟化，可促进土壤形成团粒结构，提高田间持水能力和土壤抗蚀性能。宜与配方平衡施肥相结合，通过土壤化验确定相应施肥方案。新修梯田生土熟化也可与种植绿肥、施有机肥相结合。

11.1.3.4　少耕或免耕

1. 留茬播种

留茬播种具有保墒保水作用，适用于“一年两熟小麦＋秋作物”种植制度和半湿润的华北及关中地区。利用夏季高温高湿条件，残茬在秋作中耕时进行处理，腐烂后可以培肥地力。

2. 少耕法

少耕法适用于干旱半干旱、受风蚀影响较大的地

区。坡耕地宜与等高种植、秸秆还田等措施相结合。

少耕法是与"常规耕法"相对而言，是指在传统耕作基础上，尽可能减少整地次数和减少土层翻动的耕作方法，防止耕层土壤团粒结构的破坏，利于保土保墒，常见的有深松耕法、耙茬耕法、鼠道耕法、留茬耕法等。

在东北黑土区少耕法适用于坡度大于3°的坡耕地，宜与等高种植结合。

3. 免耕法

免耕法适用于干旱半干旱、受风蚀影响较大的地区。坡耕地宜与等高种植、秸秆还田等措施相结合。

免耕法是指作物播种前不单独进行耕作，直接在前茬地上播种，在作物生育期间不使用农具进行中耕松土的耕作方法。免耕法尽量减少机械耕作次数，依靠生物作用进行耕作，用化学除草剂代替机耕除草，减少了耕作对土壤结构的破坏，能防止土壤侵蚀，减少土壤水分蒸发，减少能源消耗和机械投放，增加土壤有机质和团粒结构，提高土壤肥力。

在东北黑土区免耕法适用于坡度大于3°的坡耕地，宜与等高种植结合；采用免耕播种机作业，耕作时播种或注入肥料，不再搅动土壤，也不进行中耕作业。

11.2 引 洪 漫 地

11.2.1 定义与作用

引洪漫地是指应用导流设施把洪水引入低产耕地或低洼地、河滩地等以浸灌淤泥，改善土壤水分、养分条件的水土保持措施。引洪漫地工程具有以下三大作用：

（1）改良土壤、保证高产。洪水中含有大量的氮、磷、钾等作物营养元素，淤漫一次，灌水一次，可加厚土层，增加土壤肥力，使原来比较贫瘠的土壤得到改良，进而提高产量。

（2）扩大高产稳产田。把河流山洪、沟坡洪水部分全部引用，进行淤漫河滩、低洼涝池，淤出平展可灌、可排的稳产高产田。

（3）削减洪峰。沿河道两岸，分级引洪，在河沟支流处进行分段拦蓄和引洪，起到削减洪峰，减少洪量、泥沙，防止洪水泛滥，保护村庄农田的作用。

11.2.2 分类与适用范围

引洪漫地主要适用于干旱、半干旱地区的多沙输沙区。根据洪水来源，分坡洪、路洪、沟洪、河洪四类，应根据漫地条件选取相应的引洪方式。

11.2.3 工程等级与标准

引洪漫地工程级别划分见表Ⅱ.11.2-1。

表Ⅱ.11.2-1 引洪漫地工程级别划分

工程级别	淤漫面积/hm^2	设计洪水标准/a
1	5～20	10～20
2	<5	5～10

注 引坡洪漫地时可控制引用的集水面积一般在1～2km^2以下；引河洪漫地时一般引用的是中、小河流。

11.2.4 工程设计

引洪漫地工程具有河流洪水期水量大、含沙量高、淤漫面积大、速度快的特点，主要包括引洪渠首工程、引洪渠系工程、洪漫区田间工程等。

11.2.4.1 引洪渠首工程

1. 引洪渠首工程布置

（1）应布置在河床稳定、河道凹段下游、引水条件好且高于洪漫区的位置。

（2）当计划洪漫区的面积较大，一处渠首引洪不能满足漫地要求时，应在沿河增建若干引洪渠首，分区引洪。

（3）河岸较高、河洪不能自流进入渠首的，采取有坝引洪。在河中修建滚水坝，抬高水位，坝一端或两端设引洪闸，将河洪引入渠中。

（4）河岸较低、河洪可自流进入渠首的，采取无坝引洪。需在距河岸3～5m处设导洪堤，将部分河洪导入引洪闸。

2. 引洪渠首工程设计

（1）渠首建筑物基础要求河床基岩坚实、淤泥与卵石层较浅，当基础不满足稳定要求时，应采取基础处理措施。

（2）拦河滚水坝一般高4～5m，坝体应作稳定计算和应力分析。

（3）导洪堤可采用浆砌石，也可采用木笼块石、铅丝笼块石、沙袋等建筑材料。导洪堤与河岸成20°左右夹角，长10～20m，高1～2m，顶宽1～2m，内、外坡坡比宜取1∶1.0。

（4）应根据引洪水位、流量和引洪干渠断面确定引洪闸孔口尺寸，闸底应高出河床0.5m以上。

11.2.4.2 引洪渠系工程

1. 引洪渠系工程布置

（1）渠系由引洪干渠、支渠、斗渠三级组成，要求能控制整个洪漫区面积，输水迅速均匀。

（2）干渠走向大致高于洪漫区，一般长度在1000m左右。

（3）沿干渠每100～200m设支渠，与干渠正交，或取适当夹角，长500～1000m。

（4）沿支渠每50～100m设斗渠，一般与支渠正交，斗渠直接控制一个洪漫小区，向地块进水口输水漫灌。

（5）干渠向支渠分水处设分水闸，支渠向斗渠分水处设斗门。

2. 引洪渠流量计算

引洪量按式（Ⅱ.11.2-1）计算：

$$Q=2.78\frac{Fd}{kt} \qquad (Ⅱ.11.2-1)$$

式中　Q——引洪量，m^3/s；

F——洪漫区面积，hm^2；

d——漫灌深度，m；

t——漫灌历时，h；

k——渠系有效利用系数（支渠采用0.6～0.8，干渠采用0.5～0.7）。

3. 引洪渠横、纵断面设计

（1）引洪渠横断面设计。渠道一般采用梯形断面，按明渠均匀流计算确定渠道断面尺寸。渠道比降需与渠道断面设计配合，满足不冲不淤要求。

干渠、支渠和斗渠宜采取土渠，其边坡坡比按渠道土质选定。黏土、重壤土和中壤土渠道，边坡坡比宜取1∶1.0～1∶1.25；土质为轻壤土的，边坡坡比宜取1∶1.25～1∶1.5；土质为砂壤土的，边坡坡比宜取1∶1.5～1∶2.0。

（2）引洪渠纵断面设计。渠道比降应与渠道断面设计配合，满足不冲不淤要求。干渠比降宜取0.2%～0.3%；支渠比降宜取0.3%～0.5%，最大不超过1.0%；斗渠比降宜取0.5%～1.0%。有条件的，可经试验确定渠道比降。

首先确定渠道的设计水位。渠道的设计水位控制淤灌区的地面高程，设计水位应根据淤灌区高程和下级渠系及洪水通过各建筑物的水头损失确定。

为了引洪自流淤漫，需在淤漫区选淤漫困难的位置点为最高点，最高点的地面高程以 H_0 表示。离最高点最近处的毛渠渠口处水位比最高点地面高出 Δh=0.1～0.2m。

渠道分水口处设计水位按式（Ⅱ.11.2-2）计算：

$$H_{设}=H_0+\Delta h+\sum l_i+\sum H_{损失} \qquad (Ⅱ.11.2-2)$$

式中　$H_{设}$——渠道分水口处设计水位，m；

H_0——最高点的地面高程，m；

Δh——毛渠渠口处水位比 H_0 高出的尺寸，m；

l——渠道长度，m；

$H_{损失}$——水头损失，m。

为保证行水安全，渠道堤顶需高出渠道设计水位0.3～0.4m。

（3）渠上建筑物设计可参照各地小型水利工程手册有关技术规定进行。

11.2.4.3　洪漫区田间工程

洪漫区田间工程也称格坝工程，是在淤漫地或河滩上，按矩形划分淤灌时修建的工程。

1. 洪漫区田间工程布置

（1）根据洪漫区地形和引洪斗渠与地块间的相对位置，漫灌方式可采取串联式、并联式或混合式。

（2）洪漫区地块四周应布置蓄水埂。

（3）格坝布设方向与顺河坝垂直，矩形地块的长边沿等高线，短边与等高线正交。

2. 水文计算

（1）根据不同作物生长情况，分别采用不同的淤漫时间；不同作物适宜不同淤漫厚度。

（2）淤漫定额可按式（Ⅱ.11.2-3）计算：

$$M=\frac{10^7 dy}{c} \qquad (Ⅱ.11.2-3)$$

式中　M——淤漫定额，m^3/hm^2；

d——计划淤漫层厚度，m；

y——淤漫层干容重，t/m^3，一般取1.25～1.35t/m^3；

c——洪水含沙量，kg/m^3。

3. 洪漫区田间工程设计

（1）洪漫缓坡农田，应按缓坡区梯田要求进行平整，形成长边大致平行于等高线的矩形田块，也称格坝。进水一端应较出水一端稍高，一般可取0.5%～1.0%的比降。

（2）荒滩淤漫造田，应结合地面平整，去除地中杂草和大块石砾。

（3）格坝结构就地取材用土石沙料与卵石筑成，坝高一般为1.0～1.5m，顶宽0.6～0.8m，底宽2.0～3.0m，边坡坡比1∶1.5～1∶2.0；当格坝结构为浆砌石块时，坝顶宽0.5～0.8m，底宽1.0～2.0m，边坡坡比1∶0.2～1∶0.5。格坝的间距，随被淤灌土地的面积和流向坡度而定，坡度大，则间距小，一般间距在50～100m。

1）格坝间距。格坝间距计算公式为

$$B=(H-\Delta h-t)/i \qquad (Ⅱ.11.2-4)$$

式中　B——格坝间距，m；

H——格坝高，m；

Δh——格坝起高，即滩地最大蓄水深度，一般按 0.3～0.5m 计；

t——淤积泥沙最小厚度，m；

i——滩地的纵向坡度，%。

2）格坝高度。格坝高度计算公式为

$$H=Bi+h_2+\Delta h \quad (\text{Ⅱ}.11.2-5)$$

式中 H——格坝高度，m；

B——格坝间距，m；

i——滩地的纵向坡度，%；

h_2——新造滩地最小土层深度，m，根据农作物生长要求不应小于 0.5m；

Δh——格坝起高，即滩地最大蓄水深度，一般按 0.3～0.5m 计。

（4）当进水口或出水口高差大于 0.2m 时，应利用块石、卵石等设置简易消能设施。

11.2.4.4 其他要求

（1）后期土地改良措施。引洪漫地后土地肥力有一定增加，但仍存在微地形、酸碱度、表土层、结构团粒等需进一步改良，以适应土地生产的问题，需采取一定的农业耕作措施，包括改变微地形、覆盖和改良土壤三类措施。

改变微地形措施包括翻耕整治、半旱式耕作等；覆盖措施包括草田轮作、间作、套种、带状间作、合理密植、休闲地种绿肥、覆盖种植、少耕免耕等；改良土壤措施包括深松、增施有机肥、留茬播种等。

（2）做好后续管理工作。充分利用水沙资源，合理用水，需专人管理，严格交接手续，落实责任制，避免穿洞、跑水、漏水和漫水不均现象发生。严禁偷水、抢水，制造水事纠纷。

11.2.5 工程案例

11.2.5.1 基本情况

山底-上明淤滩工程位于岚县西北部上明流域内，上明淤地坝以上，控制流域面积为 57.88km²。流域内较大支沟有 7 条，包括黑牛沟、野峪沟、芦子沟、闫家沟、兰家峪、翁子沟和冷泉沟。河滩面积约 3.0km²，占流域总面积的 4.5%，7 条较大支沟流域面积约 52.51km²，沟壑密度为 2km/km²。该河治滩段坡面陡急，支沟密布，上游是土石山区、林区，中游是黄土丘陵区，下游是上明淤地坝的淤积区，库尾是沼泽地。河川地形与丘陵地形明显分界，河川面宽约 230m，海拔在 1358～1200m 之间，比降为 21‰。该流域除黑牛沟外均为时令河，多年平均年输沙模数为 4423t/km²，洪水体积含沙率为 7%～25%。

11.2.5.2 水文计算

1. 基本资料

该淤滩工程采用分片串联法淤灌，除考虑坡面径流产沙淤灌外，大于 400 亩的淤灌区均考虑引洪枢纽工程，为保证饮水，枢纽工程采用滚水坝取水方式。

2. 设计与校核标准

取保证率为 50%，即按 2 年一遇洪水进行设计，校核洪水按工程建设位置分别确定，其中建于主河道的两处引水枢纽工程，根据主河道防洪标准，采用 30 年一遇校核洪水；建于翁子沟口处的引水枢纽工程，按瓮子调沙库 20 年一遇设计洪水标准进行校核。

3. 淤灌区水文计算成果

淤灌区计算成果详见表Ⅱ.11.2-2。

11.2.5.3 工程设计

该工程包括引洪渠系工程、田间工程以及由此涉及的道路工程。

1. 引洪渠系工程

根据实际地形情况，在闫家沟、顾尾头、瓮子沟 3 个淤灌区之前设置引洪枢纽工程，由滚水坝、冲沙闸组成，引水闸后设渠道，渠长应能够满足洪水顺利到达第一退水口。引水闸前均设 0.3m 高导沙坎，冲沙闸长、宽均为 2m，闸高同滚水坝坝高。

拱水坝坝高确定以设计洪水来临时，引水闸能引到设计流量，当上游有坝、库控制时，要同时满足拱水坝不过流，但引水闸能够引到坝、库下泄量。最终确定闫家沟拱水坝坝长 37.8m，坝高 0.7m；顾尾头拱水坝坝长 45.8m，坝高 0.6m；瓮子沟拱水坝坝长 20.8m，坝高 0.6m。瓮子沟引洪渠首设计图如图Ⅱ.11.2-1所示。

2. 田间工程

山底-上明淤滩工程共分七片淤灌层。为降低投资，兰家峪淤灌区仅布置沙坝工程，而未布置田间工程；其余淤灌区均布置串灌，设溢流口。总造地面积为 166.67hm²，其中新增面积 120hm²、改善面积 41.33hm²。

（1）格坝布置。格坝高度和间距按式（Ⅱ.11.2-4）和式（Ⅱ.11.2-5）计算，根据岚县实际，格坝高度为 1.5m，过高则费工费时，而且稳定性差；过低，由于滩面纵坡大，则格坝过密，田块太小，减少土地利用率。河滩纵坡与间距关系参照表见表Ⅱ.11.2-3。

共布置格坝 216 条，间距 20～115m，平均间距 44m，高差 0.8m，坝长 153m，淤地 10 亩。格坝顶宽 2m，边坡坡比 1∶1.5。

表Ⅱ.11.2-2 淤灌区计算成果表

产沙地点	淤灌后名称	集水面积/km²	丘陵面积/km²	$H_{24,P}$/mm		Q_P/(m³/s)		W_P/万m³		T/h		$W_{沙}$/m³
				保证率50%	5% 3.3%	频率50%	5% 3.3%	保证率50%	5% 3.3%	频率50%	5% 3.3%	保证率50%
枢纽上游	闫家向	16.59	3.90	47.3	119.9	41.23	104.51	3.02	28.68	0.88	3.29	28694
	顾尾头	37.11	18.11	47.3	119.9	62.62	176.38	5.20	49.51	1.00	3.37	69763
	翁子沟	15.40	10.90	47.3	109.45	23.89	77.81	1.11	9.34	0.56	1.44	27323
坡面	山底	0.34	0.34	47.3		3.92		0.06		11		1935
	吸百里	0.38	0.38	47.3		4.22		0.07		12		2163
	闫家沟	0.58	0.58	47.3		5.59		0.11		14		3302
	顾尾头	1.10	1.10	47.3		8.57		0.21		18		6262
	瓮子村下	0.26	0.26	47.3		3.28		0.05		11		1480
	瓮子沟	0.65	0.65	47.3		6.03		0.12		14		3700

注 $H_{24,P}$—频率为P的24h暴雨量，mm；Q_P—频率为P的最大洪峰量，m³/s；W_P—频率为P的洪峰总量，万m³；T—洪水总历时，h；$W_{沙}$—多年平均输沙量，m³。

表Ⅱ.11.2-3 河滩纵坡与间距关系参照表

河滩纵坡 i	0.008	0.009	0.10	0.02	0.03	0.04	0.05	0.06	0.07	0.08
格坝间距 L/m	100	89	80	40	27	20	16	13	11	10

（2）溢流口确定。溢流口采用折线形低实用堰。过堰流量由田间淤泥量、引洪含沙率（或坡面径流量）以及计划淤积年限确定。

由公式$Q=\varepsilon mB\sqrt{2g}H_0^{\frac{3}{2}}$复核过堰流量，忽略堰前引进流速，确定拦河坎高$P_u=0.3$m，则过堰水深$H=H_0=1.5-P_u-\Delta h=0.9$(m)，取$m=0.43$，$\varepsilon=1.0$，经过计算，各淤灌区退水渠尺寸见表Ⅱ.11.2-4。

表Ⅱ.11.2-4 各淤灌区退水渠尺寸表

淤灌沟	设计过堰流量/(m³/s)	堰宽B/m	备注
山底	3.0	2.0	坎高$P_u=0.3$m 超高$\Delta h=0.3$m 坝高$H=1.5$m
吸万里	3.0	2.0	
闫家沟	10.0	6.5	
顾尾头	7.0	4.5	
翁子村下	2.5	1.6	
翁子沟	5.0	3.2	

（3）串灌渠道纵断面设计。考虑格坝将来淤满后，沿退水堰口自成一条纵坡合理的渠道，结合堰后消能设置跌水工程。

1）确定跌差。由于格坝间平均高差$H=0.8$m，格坝平均间距$L=44$m，渠道比降i取1/400，则跌水工程需要的跌差$P-S=H-iL=0.8-44/400=0.69$(m)。

2）确定下游水深。下游格坝东端，水深$h_t=H_a$（过堰水深）$-iL=0.9-44/400=0.79$(m)。

3）确定跌水尺寸。经试算，当$P=1$m，$S=0.35$m时，跌差$P-S=0.65$m，取0.69m，此时，消力池长为4.5m。退水口设计如图Ⅱ.11.2-2所示。

各淤灌区基本资料见表Ⅱ.11.2-5。

表Ⅱ.11.2-5 各淤灌区基本资料表

分区	坡面面积/km²	格坝数/条	坝长/m	总面积/亩	新增面积/hm²	改善面积/hm²
山底淤灌区	0.34	42	1070	126	4.67	3.73
吸百里淤灌区	0.38	25	2157	85	5.67	
闫家沟淤灌区	0.58	54	10170	76	25.33	6.40
顾尾头淤灌区	1.10	51	9588	884	50.00	8.93
瓮子村下淤灌区	0.26	12	853	66	4.40	
翁子沟淤灌区	0.65	32	6106	519	28.00	6.60
小计	3.31	216	32944	2156	118.07	25.66
兰家峪淤灌区	0.50			344	7.27	15.67
总计	3.81	216	32944	2500	125.89	41.45

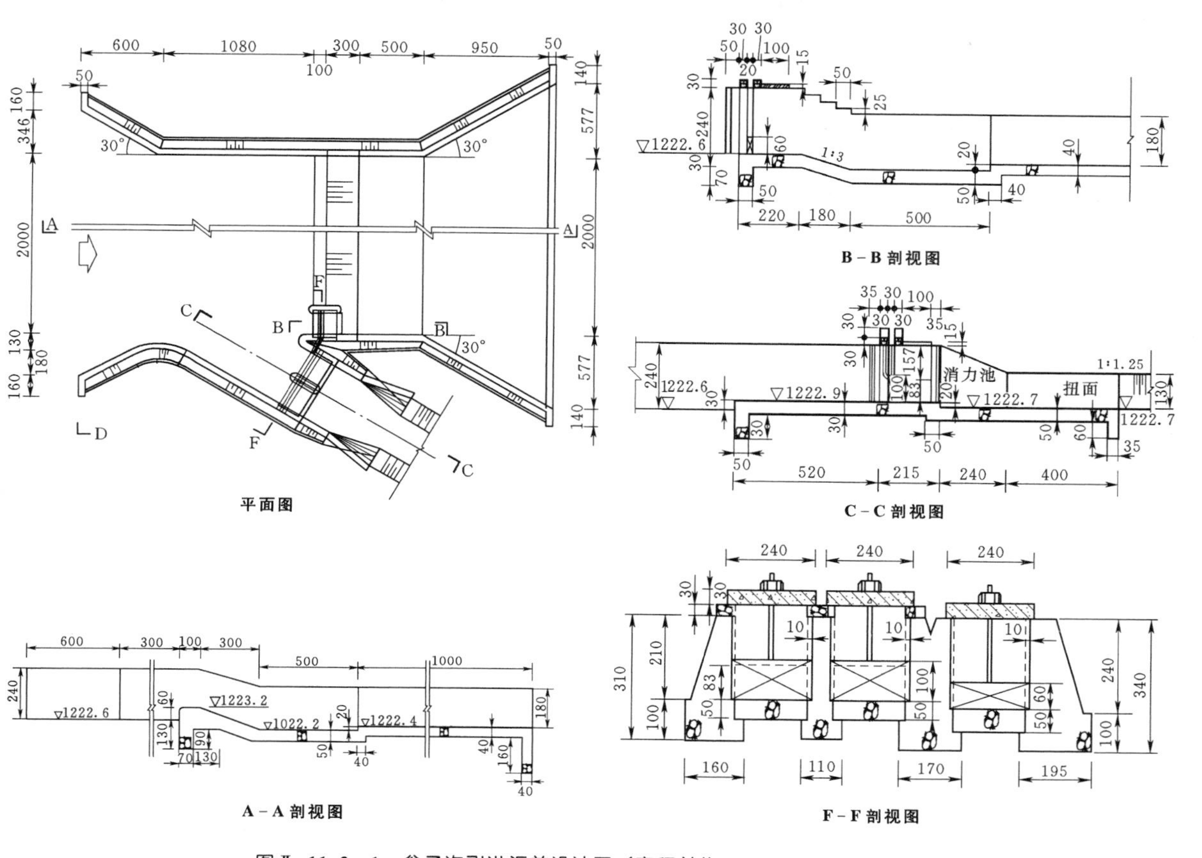

图Ⅱ.11.2－1　翁子沟引洪渠首设计图（高程单位：m；尺寸单位：cm）

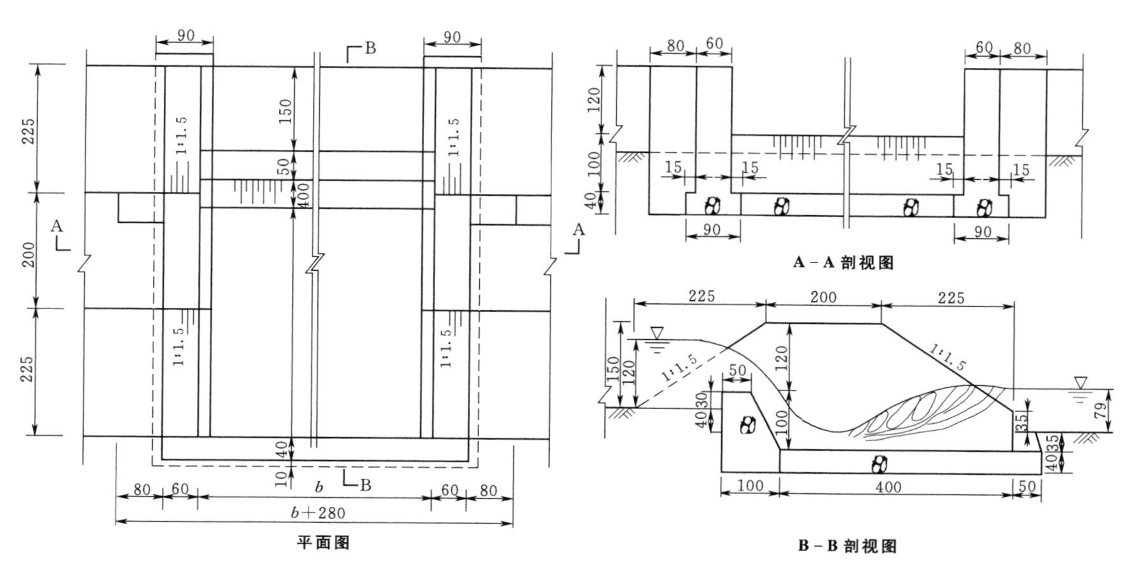

图Ⅱ.11.2－2　退水口设计图（单位：cm）

3. 道路工程

由于兴建沙格坝工程后，破坏了吸百里、瓮子、兰家峪3个村庄通往县城或相邻村庄的道路，需改线新修。其中，吸百里、兰家峪两村可在主河道河坝的适当位置修建漫水桥各一座；解决瓮子村的交通问题比较麻烦，翁子村通往县城、冷泉沟口、顾尾头3个方向，需修建漫水路 2 条、格坝路涵 3 座，沙格坝改乡村路 2588m。

参考文献

[1] 中华人民共和国住房和城乡建设部，中华人民共和国国家质量监督检验检疫总局．水土保持工程设计规范：GB 51018—2014［S］．北京：中国计划出版社，2014．

[2] 中华人民共和国国家质量监督检验检疫总局，中国国家标准化管理委员会．水土保持综合治理　技术规范：GB/T 16453.1～16453.6—2008［S］．北京：中国标准出版社，2008．

第12章 固 沙 工 程

章主编 任青山 刘铁辉

章主审 贺康宁 李俊琴

本章各节编写及审稿人员

节次	编写人	审稿人
12.1	任青山 贾洪文	贺康宁 李俊琴
12.2	任青山 贾洪文 樊忠成 李 瑄 单玉兵	
12.3	刘铁辉 张军政 张经济	

第12章 固 沙 工 程

12.1 概 述

在风沙区或遭受风蚀的地区进行生产经济活动时，因破坏地表形态、破坏地表覆盖、破坏覆盖植被等，必然加剧风蚀和风沙危害，如不进行及时防治，生产生活均会受到影响。因此必须采取固沙工程来控制其危害。

固沙工程布设应因害设防、就地取材、经济合理。固沙工程狭义上包括工程固沙、植物固沙、化学治沙和封育等；广义上还应包括引水拉沙造地。

工程固沙和化学固沙措施是在不具备植物生长条件的区域，通过覆盖地表、改变地表粗糙度、改变近地表风速、控制地表蚀积过程，保护目标物安全，也具有促进和保护植被恢复进程的作用。

工程固沙主要是指机械沙障固沙和阻沙拦沙工程，后者在生产中应用较少，主要用于公路和铁路工程的防护。机械沙障固沙在固沙中的地位和作用是极其重要的，是植物措施无法替代的。在自然条件恶劣地区只能进行机械沙障固沙；在自然条件较好的地区，机械沙障是植物治沙的前提和必要条件。多年来我国治沙生产实践表明，机械沙障和植物固沙是相辅相成、缺一不可的，均发挥着同等重要的作用。对流动沙丘和半流动沙丘，应首先采用机械沙障固沙，阻止沙丘移动，然后再布置相应的植物固沙措施。

植物固沙则是在条件较好地区，直接或先进行机械沙障固沙后进行造林种草。植物固沙相关内容见本卷综合治理篇第13章林草工程。

化学固沙主要用于工程固沙和植物固沙难于奏效的极端困难风沙区，多用于沙漠腹地的生产建设项目防沙治沙工程，参见本手册《生产建设项目卷》第11章防风固沙工程。

12.2 工 程 治 沙

12.2.1 沙障分类

机械沙障是采用柴、草、树枝、黏土、卵石、板条以及水泥混凝土等材料，在沙面上设置各种形式的障蔽物。其目的在于控制风沙运动的方向、速度、结构，改变风蚀状况，达到防风固沙、阻沙，改变风的作用力及微地貌状况等目的。它是工程治沙的主要措施之一。机械沙障按照所用材料、设置方法、配置形式以及沙障的高低、结构、性能等不同，名称有很多，根据沙障防沙原理和设置类型，大致可将沙障概括为平铺式沙障和直立式沙障两类。

1. 平铺式沙障

平铺式沙障是固沙型沙障，通常是用柴、草、秸秆、枝条、黏土（壤土）、卵石等材料铺设在沙面上，以此隔绝风与松散沙层的接触，达到风过而沙不起，起到就地固定流沙的作用。但对过境风流中的沙粒截阻作用不大。

2. 直立式沙障

在风沙流所通过的路线上，碰到任何障碍物的阻挡，风速都会受到影响而降低，挟带沙子的一部分就会沉积在障碍物的周围，以此来减少风沙流的输沙量。直立式沙障利用此原理对过境风沙流进行阻沙、滞沙，从而起到防治风沙危害的作用。直立式沙障大多属于积沙型沙障，沙障所使用的材料与平铺式沙障大同小异。

直立式沙障根据出露地面的高度，分为高立式、低立式与隐蔽式3类。高立式沙障指高出地面50～100cm的直立式沙障；低立式沙障通常指高出地面20～50cm的直立式沙障，又称为半隐蔽式沙障；隐蔽式沙障几乎与沙面相平或稍微露出障顶，隐蔽式沙障在实践中应用较少。

根据沙障孔隙度，直立式沙障又可区分为透风结构、疏透结构和紧密结构等。透风结构的沙障孔隙度大于50%，适用于输导型应用治理，一般设置在迎风面、路肩、弯曲转折地段；疏透结构的沙障孔隙度一般在10%～50%，常用为20%～50%，适用于固沙型应用治理，通常大面积设置在道路两侧、重要基础设施和其他需要保护的地方；紧密结构的沙障孔隙度小于10%，适用于阻沙型应用治理，适宜设置在防沙体系外围风沙流动性强的地方，拦截、阻滞风沙运动。

12.2.2 沙障配置形式

沙障的配置形式主要应考虑当地的具体情况，根据主风、侧风的出现频率和强弱情况以及沙丘地貌类型等不同而定。沙障的一般配置形式有行列式、格状式、人字形、雁翅形、鱼刺形等。主要应用的有行列式（条带状）配置和格状式配置两种。行列式（条带状）配置多用于单向起风沙为主的地区；格状式配置主要用在风向不稳定、除主风外尚有较强侧向风的沙区或地段，根据多向风的变化差异情况，采用正方形格或长方形格配置。

1. 行列式（条带状）配置

行列式（条带状）配置多用于单向起沙风为主的地区，在新月形沙丘迎风坡面上设置时，丘顶要留空一段，并先在沙丘上部按新月形划出一道设置沙障的最上端范围线，然后在迎风坡正面的中部，自最上端范围线起，按所需间距向两翼划出设置沙障的线道，并使该沙障布置线微呈弧形。在新月形沙丘链上设障时，可参照新月形沙丘进行，在两丘衔接链口处，两侧沙丘坡面隆起，形成集风区，造成吹蚀力强、输沙量多，沙障间距应小；在沙丘链身上有起伏弯曲的转折面出现处，由于气流在此转向，风向不稳定，可在此处根据坡面转折情况加设横挡，以防侧向风的掏蚀。

2. 格状式配置

格状式配置通常应用于风向不稳定，除主风外尚有较强侧向风的沙区或地段（多风向地区）。根据多向风的变化差异情况，采用正方形格或长方形格配置。

3. 平铺式与直立式沙障的配置

平铺式沙障配置多采用条带状、格状式或全面铺设。带状平铺式，带的走向垂直于主害风方向；全面带状平铺式适用于小而孤立的沙丘和受流沙埋压或威胁的道路两侧与农田村镇四周；格状式配置主要用在风向不稳定，除主风外尚有较强侧向风的沙区或地段。

直立式沙障的平面配置，在单向起沙为主的地区与主风向垂直，呈带状布设。在新月形沙丘上设置时，丘顶空出一段，在迎风坡自上而下设置多带弧形沙障（与新月形弧度相适应）。另外，直立式沙障如多行配置，还可起到降低障间风速的作用，从而减轻或避免再度起沙，造成障间风蚀等作用。高立式沙障适宜采用行列式（条带状）配置，主要用于单向或反向风地区的阻沙。低立式沙障适宜采用格状式或行列式（条带状）配置，主要用于多风向地区的固沙。隐蔽式沙障可采用行列式（条带状）或格状式配置，主要应用于对地面上的风沙流截阻要求不高，需要稳定原有地形利于造林种草的区域。

12.2.3 工程设计

12.2.3.1 沙障结构设计

沙障结构设计主要包括沙障间距的计算和沙障的布置。

沙障间距为相邻两条沙障之间的距离。沙障间距过大，则容易被风掏蚀损坏，间距过小，则浪费铺设材料，增加投资。所以在设置沙障前必须合理确定沙障的行间距离，根据行间距离计算结果，合理布置沙障，既可以达到防风固沙的效果又可以节约单位面积上所使用的沙障材料及用工。

1. 行列式（条带状）沙障间距设计

行列式（条带状）配置的应用于单向起风沙为主的地区。采用此种配置方式设置与主风向垂直的沙障时，沙障间距除了与地形坡度及沙障高低关系较大外，还要受到风力强弱的影响。当沙障高时，沙障的间距大，沙障低矮则间距就小；当沙面坡度平缓时，沙障的间距大，坡度陡则间距就小；当风力较弱时，沙障间距可变大，风力强处则间距就要缩小。因此，在地势不平坦的沙丘坡面上确定沙障间距时，需要根据沙障高度和沙面坡度进行计算。

通常在坡度小于4°的平缓沙地，高立式沙障间距为沙障高度的10～15倍，低立式沙障间距为2～4m。在沙丘迎风坡配置时，沙丘迎风坡面设置的沙障，下一列沙障的顶端应与上一列沙障的基部等高或使下一列沙障的顶端高出上一列沙障基部5～8cm。在沙丘坡度较大的地方，沙障间距计算可参照式（Ⅱ.12.2-1）计算：

$$d=h\cot\theta \qquad (Ⅱ.12.2-1)$$

式中 d——沙障的障间距离，m；

h——沙障高度，m；

θ——沙面坡度，(°)。

黏土沙障或半隐蔽式沙障的间距，主要是根据固沙造林的需要而确定。上述两种沙障的特点是沙障设置后，经过几场大风就形成沙障两侧积沙而中间低洼的凹形沙面。在沙障设置方向合理的状态下，稳定后的沙障间凹面深度为障间距离的1/12～1/10。所以此类沙障的障间距离设置不宜过大，以避免障间凹下过深，使沙障受到掏蚀。一般情况下，障间凹面深度控制在小于40cm时固沙作用比较明显，根据实践，障间距离通常在4m以下时，沙障的固沙作用比较稳定。

2. 格状式网格间距设计

格状式配置时，网格边长通常为沙障出露高度的6～8倍，根据风沙危害的程度选择1m×1m、1m×2m、2m×2m等不同规格。柴、草、秸秆、枝条等平铺式沙障常用格状式网格尺寸以 1m×1m 为主。

12.2.3.2 平铺式沙障

平铺式沙障通常采用柴、草、秸秆、枝条、黏土（壤土）、卵石等材料铺设，铺设方式多采用条带状、格状式或全面铺设。

1. 平铺柴、草、秸秆或枝条的沙障

此种类型沙障主要是用草或枝条紧密地铺盖在沙面上固定流沙，适用于柴、草、秸秆等较多的沙区。

（1）全面平铺式沙障。将柴、草、秸秆、枝条等材料在沙丘上铺上紧密的一层，厚度为 3～5cm，完全盖住沙面，并在上面压一层薄沙，或用枝条横压，再用小木桩固定，以防止柴草被吹散。全面平铺柴、草、秸秆、枝条等材料的沙障阻止沙丘流动的作用大，但耗材多，覆盖沙面后，易使沙丘变得紧密，不利于固沙植物生长。因此，仅适于局部固沙。

（2）带状平铺式沙障。用柴、草、秸秆、枝条等均匀地铺设成带，带与主风方向垂直，铺设的柴、草、秸秆、枝条等梢端朝向主风方向，柴、草等铺设的带宽根据所铺设材料的长度而定，一般为 50～100cm，带间距离为 4～5m。当风沙流通过柴草带时，就在带上积沙，逐渐将带掩埋，带间出现凹形的吹蚀，待凹面基本稳定时，再进行造林，也可以在铺设时直接进行造林。带状平铺式沙障，省工省料，施工不受限于季节。若在春秋时铺设，可以在所铺设材料中夹带草籽，雨后草籽发芽生长，可增加植被的覆盖度，提高沙障的防护效益。

2. 黏土（壤土）沙障

此类型沙障主要采用土埋沙丘和泥漫沙丘进行固沙。

（1）土埋沙丘。土埋沙丘主要是先向背风坡摊平丘面，使背风坡坡度变缓，然后用黏土或湿润壤土，由沙丘上部向下摊铺，一般厚度为 5～15cm。铺设时迎风坡厚，背风坡薄，沙丘上部厚、下部薄，把整个沙丘埋盖，不需打碎土块，保持松散土面。埋压后，在沙丘周围低地密植树木，将沙丘包围在林带内，使沙丘永久固定。

（2）泥漫沙丘。泥漫沙丘是在土埋沙丘的基础上进一步加固土面，增加抗风强度，主要应用于降水比较稀少的地区。在采用土埋沙丘进行加固后，用泥浆或加入碎草，如同墁墙和上房泥，由沙丘上部开始，从上而下涂上泥，形成一层保护壳，然后在沙丘周围低地密植树木，把沙丘包围在树林内。这种沙障主要适用于村庄、厂矿企业周围危害较大的单个沙丘或零星沙地，用此法把沙丘彻底封固住，消除流沙的危害。

土埋沙丘或泥漫沙丘固沙法，虽然固沙效果明显，但由于沙面被黏土覆盖，降水不易进入沙层中，使沙层内水分条件恶化，透气不良，固定后不利于植物生长，并且在暴雨后容易产生径流冲坏沙障。若与行列式黏土沙障结合使用，即在行列间的沙面铺上稀疏且薄的一层黏土块，则可避免风蚀沙面，克服暴雨径流，使雨水渗到沙层内，为沙丘栽种植物创造良好的条件。

3. 砾石沙障

砾石沙障就是将卵石或其他碎石铺在迎风坡上，细碎的砾石可全面平铺，厚度一般为 3～5cm，大块砾石可带状或格状铺设。砾石沙障既可做到稳定持久地发挥固沙效益，又有较强的保水性能，而且对植物的生长发育并无任何不良影响。但由于它的取材受地区条件限制较大，在沙害地区不能做到普遍推广采用。此外，砾石沙障对沙区水库、铁路、公路、路堤及路堑边坡加固、防止风蚀等效果比较明显。

12.2.3.3 直立式沙障

1. 直立式沙障的布置

直立式沙障防风固沙的效果与沙障孔隙度、高度、方向、配置形式、间距等因素有关，其中沙障的配置形式和间距参见前述内容。

（1）沙障孔隙度。直立式沙障由于所用材料和排列的疏密不同，孔隙的大小各有差异，透风度、积沙现象也有所不同。沙障孔隙面积与沙障面积之比称为沙障孔隙度，孔隙度为衡量沙障透风性能的指标。一般孔隙度在 25%时，障前积沙范围约为障高的 2 倍，障后积沙范围为障高的 7～8 倍；孔隙度达 50%时，障前基本上没有积沙，障后积沙范围为障高的 12～13 倍。孔隙度越小，沙障越紧密，积沙范围越窄，即延伸距离越短。如紧密结构的沙障（孔隙度在 5%左右），障前、障后积沙范围为障高的 2.5 倍左右，积沙的最高点在沙障埋设的位置上，沙障很快就被积沙所埋没，失去继续拦沙的作用。孔隙度大的沙障，积沙范围延伸得远，积沙量多，积沙作用也大，防护的时间也长，如孔隙度大于 50%时，沙障前缘和沙障基部通常会被风蚀而遭损坏，沙障失去防护作用。

为了发挥沙障的最大防护作用，在沙障高度与障间距离一定的情况下，沙障孔隙度的大小，应根据各地的风力及沙源情况来确定。一般情况下多采用孔隙度为 25%～50%的透风沙障。在风力大的地方，孔隙度可采用小值，风力小的地方孔隙度可采用大值；沙源充足的地方孔隙度可采用大值，沙源少时孔隙度可采用小值。

（2）沙障高度。在沙丘部位和沙障孔隙度相同的情况下，积沙量与沙障高度的平方成正比。

根据风沙流的运动规律及特点，沙粒主要是在近地面层内运动，而且绝大部分沙粒都集中在10cm以下。一般情况下，沙障的高度设置为15～20cm即可以达到固沙、阻沙效果，考虑到沙障高度过低易受沙埋，经验值在30cm以上即可取得显著效果。实践应用中，低立式沙障一般高出地面20～50cm，高立式沙障一般高出地面50～100cm。

（3）沙障方向。沙障的设置一般与主风方向垂直，通常在沙丘迎风坡设置。由于沙丘中部的风较两侧的强，为使所布设沙障起到稳定的固沙、阻沙作用，需使沙丘中部的风稍偏向两侧出去。在设置沙障时，顺主风方向在沙丘中部划一道纵向轴线作为基准，沙障布设的方向与基准轴线的夹角要稍大于90°，但不能超过100°。为避免气流趋向中部使得沙障被掏蚀或沙埋，沙障与主风方向的夹角不宜小于90°。

2. 直立式沙障的设置

（1）高立式沙障。高立式沙障可选用材料较多，本书主要以比较常见且容易获取的沙障材料为例进行说明，使用其他材料时可参照设置。

1）高立式柴、草类沙障。通常可根据沙区所在区域材料选取的难易度，选取常见、易获取的芦苇、芨芨草、柳条等秆高质韧的草或枝条，长度要求在70cm以上。根据设计沙障配置形式以及布设间距等，在规划好的线道上，开挖深度为20～30cm的沟，将沙障材料均匀地插入沟中，梢端朝上，基部在沟底，材料茎秆密接，下部要比上部稍密，同时在沙障基部用柴、草等填缝，两侧培沙，扶正踏实，培沙要高出沙面10cm以上，使沙障稳固。插设以秋末冬初、沙层湿润时较好，施工时开沟省力，插后沙障基础也比较稳固，春夏干旱季节不宜施工，沙面干松，障基易被风吹毁。

高立式沙障防沙效果虽然较好，但在流动沙地上设障后，由于结构的不同，在沙障的前后积沙较厚，易造成流沙的堆积，而且越堆越高，使所保护的对象仍有受沙害威胁的现象存在，特别是在沙源丰富的地带，在被保护对象附近不宜采用此类沙障。而且，由于沙障高度较大，设障用材较多，设置后需经常进行维修，耗材多、费工时。通常应用在沙源距保护对象较远，沙丘高大、沙量较多的地带，多以透风结构的高立式沙障进行截留或疏散沙源，为植被固沙措施提供基础固沙条件。

2）高立式防沙栅栏。主要采用玉米秆、高粱秆、芦苇秆或灌木枝条编成笆块，钉在木桩上，制成防沙栅栏埋入沙中。埋入沙层的深度约50cm，外露高度为100cm左右。设置时需考虑沙障拦积沙堆后与保护对象之间要留有适当的距离。实践应用中，该类型沙障可以通过逐渐“提拔”的办法，使沙子越积越高，形成高大的人工沙堤，利用沙丘越高、前移速度越慢的原理，减缓沙丘移动速度。在沙丘密集、沙源丰富的地段，可设置多排防沙栅栏。

高立式防沙栅栏常设于固沙带前沿沙丘的顶部，用于阻拦前移的流沙停留在沙障附近，达到切断沙源、抑制沙丘前移和防止沙埋危害的目的。一般用于流沙危害严重的农田、渠道和交通沿线沙源丰富地区，也可以应用于草方格沙障的外缘，对流沙进行阻截，作为保护草方格沙障的屏障。

3）立埋草把沙障。立埋草把沙障一般用茅草或芦苇等材料制成草把，并将草把按照固定的间距和行距埋设于拟治理沙丘的迎风坡沙障行线上，形成均匀分布的稀疏沙障带，并多条设置，以达到阻沙、固沙的效果。草把长度为70～80cm，直径为10～15cm。埋设时草把露出沙面约40m，埋入沙内30～40cm，草把间距为25～30cm，行距为30m，草把埋设为三角形，埋设2～3行，形成稀疏沙障带。根据拟治理区域的规模，设置多条稀疏沙障带，带间距离为3～4m，同时在带间造林种草。此类沙障投资比行列式沙障低，但沙障维持时间较短，一般2～3年就需修补。

（2）低立式沙障。低立式沙障通常分为黏土沙障和柴草沙障。

1）低立式柴草沙障。低立式柴草沙障可用各种野草、灌木、半灌木、枝条以及麦草等农作物秸秆作材料。因材料不同有开沟插设和压草插设两种。开沟插设适于硬秆材料，如白刺、沙篙、骆驼刺等，插设时先挖深15～20cm的沟，将材料成排放入沟内，梢端向下，根部向上，并使柴草的冠部部分重叠，一束束紧靠着排列成行，透风孔隙度以20%～30%为宜，沙障露出沙面30cm左右，两侧壅沙，踏实障基。为了避免风把沙障基部掏毁，插后也可在沙障基部迎风坡一侧用碎草填缝，然后壅沙压实。压草插设适于麦草、稻草等软秆草，实施时无须开沟，把草沿着划好的线道均匀地铺成一条宽50cm左右的草带，草秆方向与线道垂直，用钝口器具压于草的中部，压草入沙内10～15cm，使草的两端翘起，然后把两侧踩实合拢，夯实沙障基础处沙子，该种施工方法速度快、效率高。

低立式柴草沙障固沙防沙作用较强，可明显增大地表粗糙度，削减沙丘表面风速，并且材料易获得、施工方法简便容易、成本相对较低。

2）低立式黏土沙障。低立式黏土沙障是用黏碱土堆成土埂，土埂高20～25cm，埂底宽60～80cm，埂顶呈弧形，土埂间距为2～4m。该种沙障一般布设在沙丘迎风面自下而上约2/3的位置。在风沙危害严重的地区通常采用1m×1m或1m×2m的黏土方格沙障。低立式黏土沙障用土量主要根据沙障间距和障埂规格进行计算，并根据取土远近核算用工量，计算公式为

$$Q=0.5ahs(1/c_1+1/c_2) \quad (\text{Ⅱ}.12.2-2)$$

式中　a——障埂底宽；

h——障埂高；

c_1——与主风垂直的障埂间距；

c_2——与主风平行的障埂间距；

s——所设沙障的总面积；

Q——需土量。

（3）隐蔽式沙障。鉴于隐蔽式沙障在实际应用中较少，仅以隐蔽式草沙障为例进行说明。隐蔽式草沙障是将芦草、麦草或其他草类截成20～25cm长，同时在沙地上开挖沟槽，沟槽深度与草的长度相等，将草排立在沟内，草带宽约5cm，填沙踏实，障顶与沙面相平。也可以采用开挖15～20cm深的沟槽，将草埋放在沟内，用沙填盖，这种埋设办法虽然简便易行且省工，但固沙作用较前者差，多在草碎时采用。隐蔽式沙障对地面上的风沙流影响不大，设障后，沙粒仍在移动，障间沙面出现凹形吹蚀，但稳定后能保持原来地形，有利于造林种草，通常设成间距2m左右的行列式或2m×3m的格状式。

12.2.4　沙障施工与维护

12.2.4.1　沙障施工

1. 平铺式沙障施工

（1）带状平铺式沙障施工。带的走向垂直于主风方向；带宽0.6～1.0m，带间距4～5m。将覆盖材料平铺在沙丘上，厚3～5cm。覆盖材料有柴草、秸秆、枝条或黏土、卵石等。覆盖物为柴草或枝条时，上面需用枝条横压，用小木桩固定，或在铺设材料中线上铺压湿沙，柴、草类铺设材料的梢端要迎风向布置。

（2）全面平铺式沙障施工。适用于小而孤立的沙丘和受流沙埋压或威胁的道路两侧与农田、村镇四周。将覆盖物在沙丘上紧密平铺。其余要求与带状平铺式相同。

2. 直立式沙障施工

（1）高立式沙障施工。在设计好的沙障条带位置上，人工挖沟深0.2～0.3m，将拟使用的高立式沙障材料均匀直立埋入，扶正踩实，填沙0.1m，沙障材料露出地面0.5～1.0m。

（2）低立式沙障施工。将低立式沙障材料按设计长度顺设计沙障条带线均匀放置线上，埋设材料的方向与带线正交，拟埋设沙障材料进入沙内0.1～0.15m，高0.2～0.3m，基部培沙压实。

12.2.4.2　沙障维护

沙障建成后，要加强巡护，防止人畜破坏。机械沙障损坏时，应及时修复；当破损面积比例达到60%时，需重新设置沙障。重设时应充分利用原有沙障的残留效应，沙障规格可适当加大。柴草沙障应注意防火。

12.3　引水拉沙造地

12.3.1　定义、作用与适宜条件

12.3.1.1　定义

在有水源的风沙区，自流引水或机械提水，利用水力冲拉沙丘，把起伏不平、不断移动的沙丘改变为固定平坦的农田，称为引水拉沙造地。引水拉沙造地既是综合治理风沙的措施之一，又是开发沙区土地资源，扩大沙区耕地面积，建设基本农田的主要办法，还是发展粮食生产和多种经营的有效途径。

12.3.1.2　作用

（1）增加沙地水分，为植物生长发育创造条件，还可以增加地表的抗蚀性。

（2）改变沙地的地形，沙区地势起伏不平，经水冲沙塌，冲高淤低，把各种不同的沙丘地形改造成平坦地，扩大耕地，并能节省劳力，提高功效。

（3）改良土壤，使沙地的理化性质得到改善。可改变机械组成，溶解并增加无机盐类，促进团粒结构的形成。

（4）促进沙地综合利用，由于改变水分、地形、土壤、小气候等自然条件，为农、牧、渔等各项生产事业创造了有利条件。

12.3.1.3　适宜条件

引水拉沙造地在大多数地区都可以进行，但需要具备以下两个条件：

（1）水源充足，可从河沟、沙中湖泊（海子）自流引水或机械抽水，一般拉造1hm^{2}平地需用水3.0万～4.5万m^3。

（2）沙的粒径不宜太大，一般小于0.25mm。施工前，根据水源水量、地形和沙丘分布进行统一规划，划区拉沙，按区确定冲拉的先后顺序。

12.3.2　工程组成

引水拉沙造地工程由引水拉沙修渠工程和田间工程两部分组成。

12.3.2.1　引水拉沙修渠工程

引水拉沙修渠是利用沙区河流、海水、水库等的

水源，以水冲沙，边引水边开渠，逐步疏通和延伸引水渠道。它是水力治沙的具体措施，引水拉沙修渠的目的是在修渠的同时，可以拉沙造地，扩大土地资源。

12.3.2.2　田间工程

引水拉沙造地的田间工程是指从引水水源到田面上的积水排泄处之间所布设的工程，由于引水水源、地形、拉沙造地规模等条件的不同，田间工程的组成也有很大差异。一般包括的主要项目有引水渠、蓄水池、冲沙壕、围埂、排水口等。

12.3.3　工程规划设计

12.3.3.1　引水拉沙修渠工程

1. 引水拉沙修渠工程规划

修渠之前要勘查水源，计算水量，了解水位和地形地势条件，水源水量要能满足拉沙造地、施工和将来灌溉的需要。确定拉沙造地的范围和引水方式，选择渠线，布设渠系。

水量不足时，可建库蓄水；水位较高时可修闸门直接开口，引水修渠；水位不高时可用木桩、柴草临时修坝壅水入渠；水位过低时可用机械抽水入渠。

尽量在水源充足的河流、海子自流引水；在水源不足的地方筑坝蓄水，利用蓄水修渠引水拉沙；在水源很低的地方可以抽水拉沙造地。由于引水拉沙需水量很大，所以要广开水源，大抓蓄水，才能满足拉沙造地的需要。

2. 引水拉沙修渠工程设计

（1）渠道布置。利用地形图到现场确定渠线的位置、方向和距离，由于沙丘起伏不平，渠道可按沙丘变化，大弯就势，小弯取直。干渠通过大的沙渠和沙丘时，应采取拉沙的办法夷平沙丘，使渠岸变成平坦台地，台地在迎风坡一侧宽50m，背风坡一侧宽20～30m。为防止或减少风沙淤积渠道，干渠应基本顺从主风方向，或沿沙丘沙梁的迎风坡布设。此外，布设渠系时，要使田、林、渠、路配套，排灌结合，实行林网化、水利化。拉沙筑坝的渠道一般不分级，能满足施工即可。拉沙造地的渠道则应尽量和将来的灌溉渠系结合，统筹兼顾，一次修成。

（2）引水量。引水量的大小依据造地灌溉面积、用水定额、渠道渗漏情况来确定。通常应适当加大渠道断面，增加引水流量，以备将来灌区的发展，也有利于渠道防淤防渗。

（3）渠道比降。渠道的比降沙渠比土渠要小。清水渠道引水量小于0.5m^3/s时，比降采用1/1500～1/2000，浑水渠道比降可增至1/300～1/500；当引水量增大到1.0～2.0m^3/s时，清水渠道比降采用1/2500～1/3000，浑水渠道比降采用1/1500～1/2000。

（4）渠道断面。沙渠渠道断面以宽浅式梯形断面为主。渠底宽一般为水深的2～3倍，边坡坡比采用1∶1.5～1∶2.0，具体规格按引水流量的大小确定。渠岸顶宽，支渠一般为1～1.5m，干渠为2～3m，渠岸超高为0.3～0.5m。

3. 施工和养护

施工过程是从水源开始，边修渠边引水，以水冲沙，引水开渠，由上而下，循序渐进。做法是在连接水源的地方，开挖冲沙壕，引水入壕，将冲沙壕经过的沙丘拉低，沙湾填高，变成平台，再引水拉沙开渠或人工开挖渠道。渠道经过不同类型的沙丘和不同部位时，可采用不同的方法。机械抽水拉沙修渠，为渠道穿越大沙梁施工创造了条件。可将抽水机胶管一端直接放在沙梁顶部拉沙开渠。

沙区渠道修成之后，必须做好防风、防渗、防冲、防淤等防护措施，才能很好地发挥渠道的效益。

12.3.3.2　拉沙造地工程

1. 拉沙造地工程规划

（1）引水拉沙修渠与田间工程进行统一规划，分期实施。造田地段应规划在沙区河流两岸、水库下游、渠道附近或有其他水源的地方。拉沙造地次序应按渠道的布设，先远后近、先高后低，保证水沙有出路，以便拉平高沙丘，淤填低洼地。周围沙荒地带可以利用余水和退水，引水润沙，造林种草，防止风沙，保护农田，发展多种经营。

（2）根据水源的位置、高程与沙区的地形，确定引水拉沙造地的范围，根据水源的总水量和日供水量，确定引水拉沙造地的规模与进度。

2. 拉沙造地的田块布局原则

（1）除害与兴利结合，能够防御和减免风沙、洪水、盐碱等危害。

（2）与地形地势结合，田块方向与等高线基本平行，田块匀整。

（3）田、渠、路、林结合，实行一平（地平）三端（渠端、路端、树端）。

（4）能灌能排，灌排结合，使造出的农田成为风大能捉苗、天旱有水浇、雨多不成涝的高产稳产田。

3. 拉沙造地田间工程

引水拉沙造地的田间工程包括引水渠、蓄水池、冲沙壕、围埂、排水口等（图Ⅱ.12.3-1）。这些田间工程的布设，既要便于造田施工，节约劳力，又要使造出的农田布局合理。

（1）引水渠。引水渠连接支渠或干渠，或直接从河流、海子开挖，引水渠上接水源，下接蓄水池。造田前引水拉沙，造田后大多成为固定性灌溉渠道。如

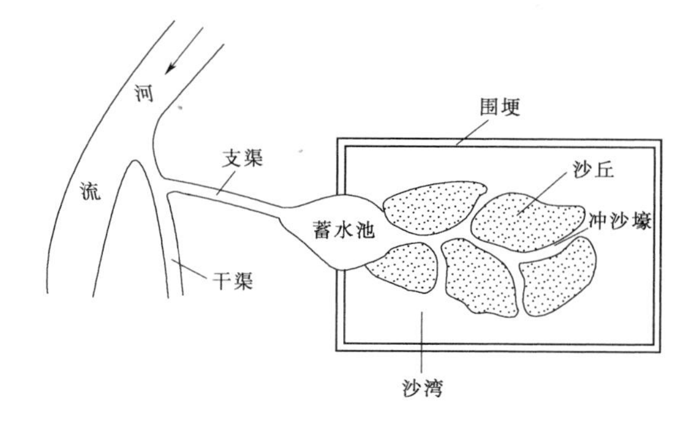

图Ⅱ.12.3-1 引水拉沙造地的田间工程

果利用机械从水源直接抽水造田，可不挖或少挖引水渠。渠道坡降为0.5%～1.0%，取水流量应不小于20L/s。

（2）蓄水池。蓄水池是临时性的储水设施，利用沙湾或人工筑埂蓄水，主要起抬高水位、积蓄水量、小聚大放的作用，蓄水池下连冲沙壕，凭借水的压力和冲力，冲移沙丘，平地造田。在水量充足压力较大时，可直接开渠或用机械抽水拉沙，不必围筑蓄水池。

蓄水池宜修在较高的沙湾或洼地，以提高水位，加大水流冲刷力。

（3）冲沙壕。冲沙壕挖在要拉平的沙丘上，水通过冲沙壕拉平沙丘，填淤洼地造田块，冲沙壕比降要大，在沙丘的下方要陡，这样水流通畅，冲力强，拉沙快，效果好。冲沙壕一般底宽0.3～0.6m，放水后越冲越大，沙丘逐渐冲刷滑流入壕，沙子被流水挟带到低洼的沙湾，削高填低，直至沙丘被拉平。

（4）围埂。围埂是拦截冲沙壕拉下来的泥沙和排出余水，使沙湾地淤填抬高，与被冲拉的地段相平。围埂用沙或土培筑而成，拉沙造地后变成农田地埂，设计时最好有规格地按田块规划修筑成矩形，将来拉成农田的地边埂，应根据农田规划进行布设。

（5）排水口。水口要高于田面，低于围埂，起到控制高差、拦蓄浑水、沉淀泥沙、排除清水的作用。施工中常用田面大量积水的均匀程度来鉴定田块的平整程度，粗平后将田面上的积水通过排水口排出。排水口应按照地面的高低变化设置高差位置，一般设在田块下部的左右角，使水排到低洼沙湾，引水润沙，也可将积水直接退至河流及沟道。

排水口一般还要用柴草、砖头护砌，以防冲刷。水沙进入围埂后先进行粗平，淤沙达到设计高度后便可停止进水，再将多余的水通过排水口排入其他沙湾或洼地。

12.3.3.3 拉沙造地施工

在设置好引水渠、蓄水池等工程后便可开始拉沙造地。由于沙丘形态、水量、高差等因素的不同，拉沙造地的方法也各有差异，一般按拉沙的冲沙壕开挖部位来说，有顶部拉、腰部拉和底部拉3种基本方式，施工中因沙丘形态的变化又有下列多种综合拉沙方式。

1. 抓沙顶拉沙法

该方法在引水渠水位高于或相平于新月形或椭圆形沙丘顶部时采用，当水位略低于沙丘顶部时，只需加深冲沙壕，也可应用。具体做法是挖一道冲沙壕，穿过沙丘顶部，引水拉沙，冲沙壕不断向左右展开，自上而下，由高而低，逐层拉平沙丘，如图Ⅱ.12.3-2所示。

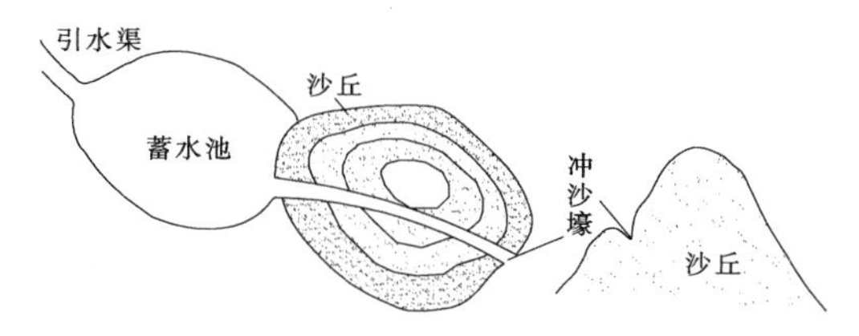

图Ⅱ.12.3-2 抓沙顶拉沙法示意图

采用抽水机械时，只需将水泵吸水管连通水源，出水口可以高出水源，放在沙丘顶部，在不同形态的沙丘上施工，胶管的角度可以自由变换，比自流引水拉沙操作自如，目前被越来越多采用。

2. 旋沙畔拉沙法

当渠水能够引到单个沙丘链的坡脚时多采用此方法，在数条格状和沙垄状沙丘地域也可采用此方法。一般在沙丘高大，渠水的水位低时，水无法引至沙丘顶部或腰部，可在沙丘坡角开一道冲沙壕，由外及里，逐步劈沙入水，将整个沙丘连根拉平，如图Ⅱ.12.3-3所示。

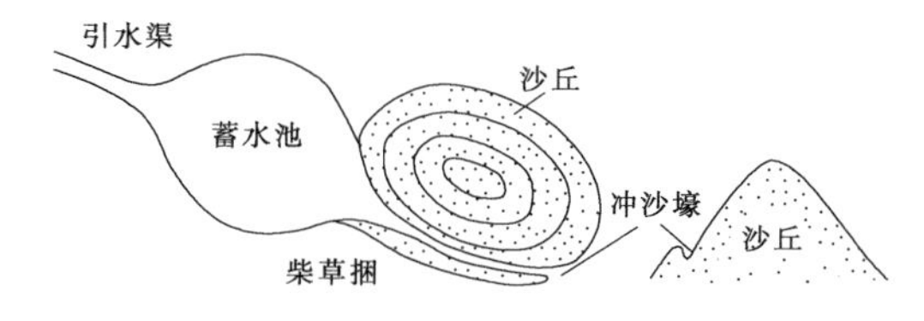

图Ⅱ.12.3-3 旋沙畔拉沙法示意图

3. 野马分鬃拉沙法

此方法一般在渠水位低于或平于大型新月形沙丘、新月形沙丘链时采用。在沙丘靠近蓄水池一端，先偏向沙丘一侧挖一段冲沙壕，放水入壕拉去一段，接着在缺口处筑埂拦水，然后偏向沙丘另一侧，挖一段冲沙壕，再拉去一段，由近及远，如此左右连续前进，即可拉平沙丘。在施工中要保证冲沙壕的水流不中断，由于冲沙壕左右分开，形如马鬃而得名，如图Ⅱ.12.3-4所示。

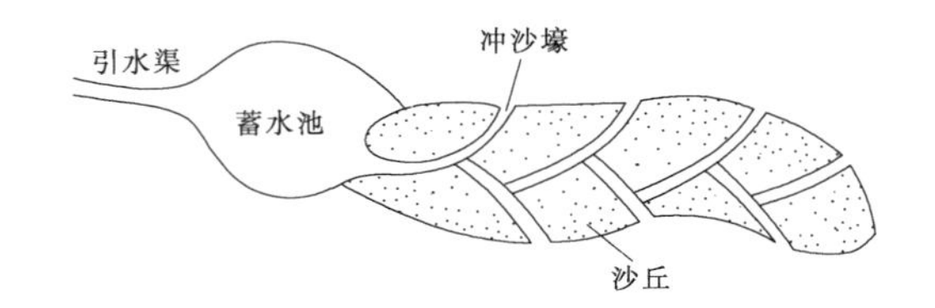

图Ⅱ.12.3-4 野马分鬃拉沙法示意图

4. 旋沙腰拉沙法

此方法在渠水水位只能引到格状或新月形沙丘腰部时采用，在拉沙造地中应用较多。具体做法是：在沙丘中腰开挖冲沙壕，利用水的冲击力量，逐渐向沙丘深腹之处掏漩，形成曲线拉沙，齐腰拉平，如图Ⅱ.12.3-5所示。

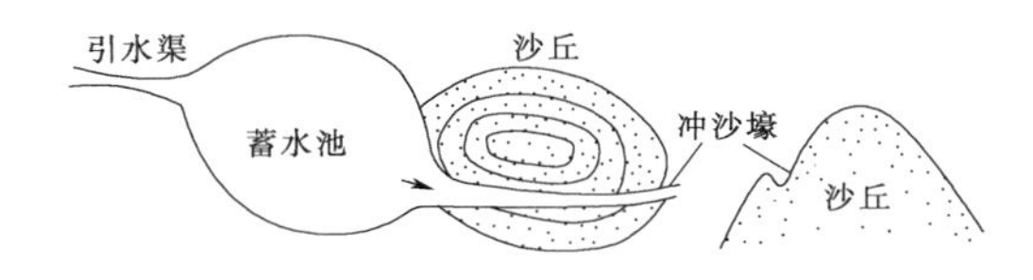

图Ⅱ.12.3-5 旋沙腰拉沙法示意图

5. 梅花瓣拉沙法

在水量充足、范围较大的地段，当几个低于或平于渠水水位的小沙丘环列于蓄水池四周时，采用此方法。该方法是在一个大沙丘上，把水引至沙丘顶部，围埂蓄水，然后在蓄水池四周挖4～5条冲沙壕，同量放水向四周扩展，拉平沙丘，如图Ⅱ.12.3-6所示。

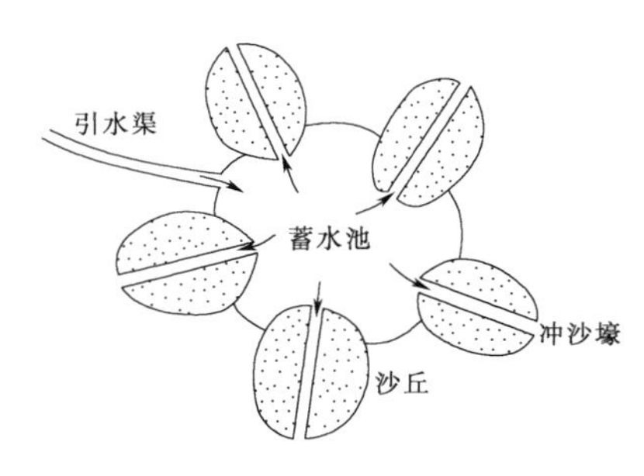

图Ⅱ.12.3-6 梅花瓣拉沙法示意图

6. 羊麻肠拉沙法

在沙丘被初步拉垮削低后，还残存有坡度很小的平台状沙堆，就可由高处向低处开挖之字形冲沙壕，引水入壕，借助水流摆动冲击，将高出地面的平台状沙丘削低扫平，如图Ⅱ.12.3-7所示。

7. “麻雀战”拉沙法

此方法多在拉沙造地收尾施工时采用，主要用来消除高1～2m的残留沙堆。将拉沙人员散开，每个沙堆旁安排一两名人员，然后放水，各点的人员分别

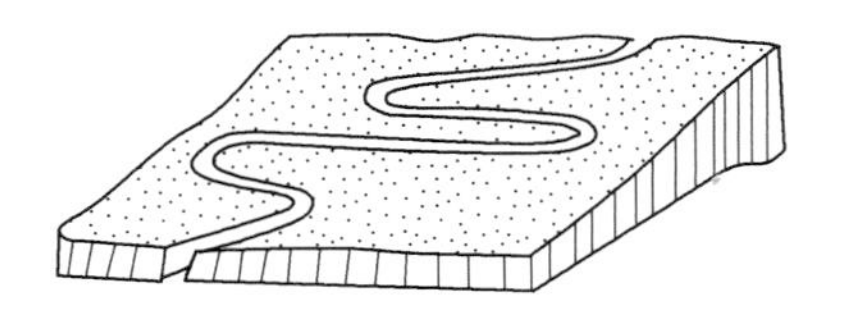

图Ⅱ.12.3-7 羊麻肠拉沙法示意图

引水，冲拉沙堆，摊平沙丘。此方法因与游击战中的“麻雀战”相似而得名，如图Ⅱ.12.3-8所示。

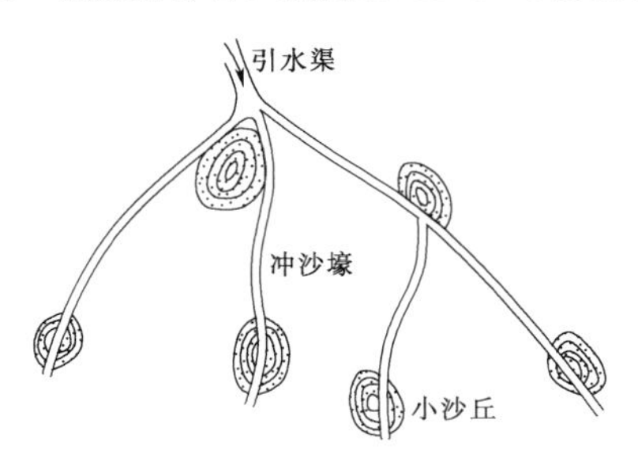

图Ⅱ.12.3-8 “麻雀战”拉沙法示意图

总之，引水拉沙的方法与地形、沙丘形状、拉沙距离、引水工具、水位高程等因素有着密切的关系，对不同的地形要因地制宜，采用不同的方法。引水拉沙后的毛坯地往往残存沙堆、水流凹槽和临时堤埂等，所以必须经过平整后方可种植利用，而平整又以人力结合水拉的工效为佳。

拉沙过程中需有高约1.0m的三脚木架支撑专用木板，由2～3人掌握，不断移动，逼使水流冲沙，加大冲沙强度。

人工用铁锨在冲沙壕一侧，向壕中推沙，加快拉沙造地进度。

造地后还需平整田块与道路、渠系、林带的布设，以及地面的平整，可参考缓坡区梯田规划要求进行。

12.3.4 引水拉沙造地的改造利用

引水拉沙新修的沙地，质地瘠薄，据测定，仅含有机质0.005%～0.02%、全氮0.003%～0.009%、全磷0.03%～0.06%、全钾1.34%～1.70%，而且透水性强，不耐旱。所以，必须在精细平整的基础上，加以土壤改良，才能提高产量。对沙盖黄土，可以采取深耕翻出黄土并耙耱的办法，使沙土匀和，以改善质地成分，具有引洪条件的可以引洪或采用人造洪水淤漫的办法，以泥盖沙，加速新沙地的改良。对不具备盖黄土和引洪条件的，可以种植绿肥压青和种植水稻进行改良。而大面积的新修沙地则要大搞以垫土为中心的农田基本建设，变沙地为稳产高产农田。

第13章 林 草 工 程

章主编 王云琦 董 智 王克勤
章主审 贺康宁 张光灿 王治国

本章各节编写及审稿人员

节次	编写人	审稿人
13.1	王百田 查同刚 张志强 李传荣 张淑勇 李建生 陈知送 李启聪 祁 菁	贺康宁 张光灿 王治国
13.2	王克勤 董 智 李红丽 牛 勇 李传荣	
13.3	任青山 高 永 樊忠成 李 瑄 单玉兵	
13.4	毕华兴 云 雷	
13.5	王云琦 田 赟 袁 晖 谢颂华 袁 芳 徐双民 赵学明 丁国栋 王克勤 宋娅丽 赵廷宁 高 永 王余彦	

第13章　林　草　工　程

13.1　防　护　林

13.1.1　水土保持林

13.1.1.1　定义与作用

水土保持林是指配置在水土流失地区不同地形地貌部位上，以水土流失控制、水源保护为主要目的的防护林。

水土保持林对山丘区，特别是无林少林的水土流失地区的作用主要体现在两个方面：一是具有林业特有的生态屏障功能；二是为当地提供多种林产品，包括木材、燃料、饲料、干鲜果品及其他林特产品，具有多种社会经济功能。

13.1.1.2　配置与设计

1. 体系配置

水土保持林的体系配置是指在不同的地形地貌部位上，根据水土流失的形式、强度与产生方式，在适地适树基础上安排不同结构的林分，使其在流域空间内形成合理的布局，达到水土保持与经济目的。水土保持林体系配置的组成和内涵，主要是做好各个林种在流域内的水平配置和立体配置。

我国典型水土流失地区水土保持林体系配置模式如下：

(1) 黄土高原沟壑区：塬面防护林、塬边防护林、侵蚀沟防护林。

(2) 黄土高原丘陵区：梁峁顶防护林、梁峁坡防护林、梯田地埂防护林、侵蚀沟防护林。

(3) 长江上中游区：山丘顶部防护林、梯田地坎防护林、荒坡水土保持林、泥石流治理区水土保持林、薪炭林、用材林、经济林。

(4) 东北黑土丘陵区：分水岭防护林、水流调节林带、地埂林、沟壑防蚀林、片状防护林、农田防护林。

例如，陕西省安塞县纸坊沟小流域林草措施的水平配置与立体配置。在水平配置上，建立以居民点为中心的近、中、远植被结构的配置模式。近村地区管理方便，主要配置苹果、仁用杏等庭院生态经济林，美化环境，增加收入；中村地区多为农耕地，推广苜蓿、草木樨等牧草等高带间作，配置梯田地埂地坎经济林草，蓄水保土增收；远村地区退耕还林还草，配置沙棘等水土保持“三料”林，形成生态屏障。在立体配置上，山顶隔坡水平种植，配置沙打旺等多年生草带，保持水土提供饲料；梁峁坡上部修梯田栽植苹果等经济林，增加收入；梁峁坡下部修梯田时采用地坎、埂造林保护梯田；坡脚配置乔灌混交林，综合利用；支毛沟修谷坊，栽植乔木林，控制沟道侵蚀。这种立体配置群众形象地称为“山顶戴帽子（草灌），坡上挂果子（经济林），山腰系带子（基本农田），山下穿裙子（乔木林），沟里穿靴子（谷坊和淤地坝）”。

2. 造林设计

(1) 立地条件类型划分。立地条件类型划分是水土保持林营造的基础，也是评价立地质量、选择造林树种实现适地适树的基础，生产上一般采用按主导环境因子分级组合的方法划分立地条件类型，在石质山区一般选择海拔、坡向、坡位、土层厚度作为划分立地条件类型的主要因子，划分的立地类型见表Ⅱ.13.1-1。在黄土区则选择坡向、坡位、地貌特征作为主要因子，划分的立地条件类型见表Ⅱ.13.1-2。

表Ⅱ.13.1-1　黄山天目山立地类型表

立地类型区	立地类型亚区	立地类型组	立地类型	地位指数	
				杉木	马尾松
低山高丘区（海拔300～800m）	泥板岩	坡上部	薄腐土	12	12
			中腐土	12	12
			厚腐土	14	14
		坡中部	薄腐土	12	14
			中腐土	14	14
			厚腐土	14	16
		坡下部	薄腐土	14	14
			中腐土	14	16
			厚腐土	16	16

(2) 造林树种选择与林分组成确定。水土保持林的主要任务是拦截及吸收地表径流，涵养水分，固定土壤免受各种侵蚀。对于水土保持林的树种选择有如

下要求：

表Ⅱ.13.1-2 晋陕黄土丘陵沟壑类型区立地条件类型及适生树种一览表

立地质量等级	立地条件类型名称	适 生 树 种
Ⅰ	沟坝地、川地	小叶杨、15号杨、合作杨、群众杨、旱杨、臭椿、乌柳、桑、红枣
Ⅱ	黄土梁峁阴坡	油松、刺槐、河北杨、白榆、柠条、沙棘
Ⅲ	黄土梁峁阳坡	河北杨、侧柏、刺槐、杜梨、柠条、山桃、沙柳、紫穗槐、桑
	黄土梁峁顶	侧柏、油松、柠条、山桃
Ⅳ	黄土沟坡	侧柏、刺槐、臭椿、沙柳、柠条、紫穗槐、桑
Ⅴ	盐碱土河滩	新疆杨、沙枣、柽柳、乌柳、紫穗槐
	红黏土沟坡	杜梨、山桃、辽东栎、沙棘
	冲风口地	杜梨、山桃、沙棘、火炬树

1）适应性强，能适应不同类型水土保持林的特殊环境，如护坡林的树种要耐干旱瘠薄，沟底防护林及护岸林的树种要能耐水湿、抗冲淘等。

2）生长迅速，枝叶发达，树冠浓密，能形成良好的枯枝落叶层，以拦截雨滴直接冲打地面，保护地表，减少冲刷。

3）根系发达，特别是须根发达，能笼络土壤，在表土疏松、侵蚀作用强烈的地方，选择根蘖性强的树种或蔓生树种。

4）树冠浓密，落叶丰富且易分解，具有土壤改良性能，能提高土壤的保水保肥能力。

5）要注重选用乡土优良树种，也可采用引种后表现良好的树种。在适应立地条件和符合造林目的的前提下，尽量选用经济价值较高，又容易营造的树种。同时，注意选用种苗来源充足、抗病虫害性能强的树种。

6）有条件的地方，可适当设计针阔叶树混交林，以达到改良土壤、提高林地肥力、防止病虫害和山火蔓延，建立稳定、高效的森林生态系统的目的。南方混交效果较好的有：杉木与马尾松、香樟、柳杉、木荷、檫树、火力楠、红锥、桢楠、香椿、南酸枣、观光木、厚朴、相思、桤木、旱冬瓜、桦木、白克木、毛竹等；马尾松与杉木、栎类、栲类、椆木、木荷、台湾相思、红椎（赤黎）、柠檬桉等；桉树与大叶相思、台湾相思、木麻黄、新银合欢等。毛竹与杉木、马尾松、枫香、木荷、红椎、南酸枣等。北方混交效果较好的有：红松与水曲柳、胡桃楸、赤杨、紫椴、黄波罗、色木、柞树等；落叶松与云杉、冷杉、红松、樟子松、桦树、山杨、水曲柳、赤杨、胡枝子等；油松与侧柏、栎类、刺槐、元宝枫、椴树、桦树、胡枝子、黄栌、紫穗槐、沙棘、荆条等；侧柏与元宝枫、黄连木、臭椿、刺槐、黄栌、沙棘、紫穗槐、荆条等；杨树与刺槐、紫穗槐、沙棘、柠条、胡枝子等。

13.1.1.3 案例

1. 黄土高原地区

黄土高原地区土壤水分条件是树木生长的主导限制因子，树种的抗旱性是首要考虑的因素。多年来的造林经验表明，柠条、红柳、山杏、酸枣、侧柏、油松、刺槐、紫穗槐、沙棘等耐旱性较强。黄土立地因子复杂，不同的立地土壤水分、肥力条件的差别很大，应根据立地类型划分选择最合适的树种，详见表Ⅱ.13.1-3～表Ⅱ.13.1-5。

表Ⅱ.13.1-3 暖温带半湿润区森林植被带晋陕黄土丘陵沟壑区适生树种

立地质量等级	立地类型	适 生 树 种
Ⅰ	沟底塌积、冲积土	旱柳、小叶杨、沙棘、灌木柳类
Ⅱ	山梁坡、沟坡中下部黄土阴坡	油松、华山松、河北杨、刺槐、侧柏
Ⅲ	山梁坡、沟坡中下部黄土阳坡	河北杨、刺槐、山桃、杜梨、沙棘、侧柏、酸枣、黄蔷薇
	山梁坡、沟坡上部黄土阴坡	油松、华山松、沙棘、柠条、珍珠梅
	山梁坡、沟坡上部黄土阳坡	油松、沙棘、柠条、刺槐、栎类
Ⅳ	山梁顶黄土	油松、侧柏、沙棘、狼牙刺
	山梁坡、沟坡上部姜石粗骨土阳坡	侧柏、杜梨、山桃、沙棘、酸枣、黄蔷薇
	山梁坡、沟坡中下部、红黏土阴阳坡	河北杨、沙棘、黄荆、栎类
Ⅴ	山梁顶姜石粗骨土	侧柏、杜梨、山桃、黄蔷薇
	山梁顶黄土冲风口	侧柏、杜梨、山桃
	山梁坡、沟坡急陡坡黄土	柠条、沙棘、狼牙刺、红柳、酸枣

表Ⅱ.13.1-4 暖温带半干旱区森林草原地带晋陕黄土丘陵沟壑区适生树种

立地质量等级	立地类型	适生树种
Ⅰ	淤泥质沟底	旱柳、小叶杨、沙棘、灌木柳
Ⅱ	黄土梁峁阴坡	油松、刺槐、河北杨、沙棘、柠条
Ⅲ	黄土梁峁阳坡	河北杨、侧柏、刺槐、杜梨、柠条、山桃、紫穗槐
	黄土梁峁顶	侧柏、柠条、杜梨、山桃、油松
Ⅳ	黄土沟坡	柠条、刺槐、侧柏、沙棘、油松
Ⅴ	红黏土沟坡	沙棘

表Ⅱ.13.1-5 中温带毗邻干旱地区的半干旱草原地带陇中北部河谷黄土丘陵盆地区适生树种

立地质量等级	立地类型	适生树种
Ⅲ	梁峁坡、阴沟坡	侧柏、山杏、柽柳、柠条
Ⅳ	梁峁顶	柠条
	阴沟坡、陡坡	柠条、枸杞、霸王

2. 长江中上游丘陵地区

首先，长江中上游丘陵地区在同一气候区域内，土层厚度是划分立地类型的一项重要因子；其次，海拔相差悬殊，特别是金沙江高山峡谷地区，海拔为325～4000m，气候带垂直带谱从南亚热带至寒带，是又一个重要因素；三是地貌不同，有中山、低山、高丘、低丘等，部位有山顶、阴坡、阳坡、山洼之别；四是除南方的酸性土外，还有很大一部分为钙质土，并有粗骨土、裸岩等特殊立地类型。长江中上游4片重点水土流失区的主要立地类型及适宜树种见表Ⅱ.13.1-6。

3. 太行山区

太行山区立地条件多样、复杂。海拔对一些温度敏感的树木产生明显影响。实践证明，最耐干旱的乔木树种侧柏、栓皮栎不能在高海拔地区种植。低山阴坡、阳坡对温度、土壤水分、肥力、植被造成的明显差异，使适生树种有明显差别。油松在阳坡大部分土层浅薄地带长成“小老树”，甚至成片旱死，而在阴坡一般生长良好；而分布于近北界的栓皮栎，则要求较好的温度、光照条件，不适于在阴坡种植，在阳坡生长良好。刺槐，只适于低山区土层深厚的地带。北京林业大学沈国舫等在太行山低山区以海拔、坡向、土层厚度划定的立地类型及适宜树种见表Ⅱ.13.1-7。

13.1.2 水源涵养林

13.1.2.1 定义与作用

水源涵养林是以涵养水源，改善水文状况，调节区域水循环，防止河流、湖泊、水库淤塞，保护饮用

表Ⅱ.13.1-6 长江中上游4片重点水土流失区的主要立地类型及适宜树种

类型区	立地类型	适生树种
四川盆地丘陵区（海拔200～500m，钙质紫色土）	丘顶薄层紫色土、粗骨土	马桑
	丘坡薄层紫色土	马桑、桤木、黄荆、乌柏
	丘坡中、厚层紫色土	桤木、柏木、马桑、刺槐
	低山阴坡中、厚层黄壤、紫色土	柏木、桤木、麻栎、枫香
	低山阳坡薄层黄壤、紫色土	黄荆、马桑、桤木、乌柏
贵州高原西北部中山、低山区（海拔900～1500m）	山坡薄、中层酸性紫色土，山坡薄层钙质土及半裸岩石灰岩山地	光皮桦、栓皮栎、麻栎、枫香、响叶杨、蒙自桤木、毛桤木、马尾松、茅栗、山苍子、胡枝子、其他灌木类、马桑、月月青、小果蔷薇、悬钩子、化香、朴树、灯台树、黄连木
四川云南金沙江高山峡谷区	干热河谷荒坡，海拔325～1000m，南亚热带半干旱气候	坡柳、余甘子、山毛豆、木豆、小桐子、新银合欢、赤桉、台湾相思、木棉
	低半山山坡，海拔1000～1500m，北亚热带半湿润气候	蒙自桤木、刺槐、马桑、余甘子、乌柏、栓皮栎、麻栎、滇青冈、化香

续表

类型区	立地类型	适生树种
四川云南金沙江高山峡谷区	低中山山坡，海拔1500～2500m，北亚热带湿润气候	蒙自桤木、华山松、云南松、刺槐、马桑、栓皮栎、麻栎
	半中山山坡，海拔2000～2500m，暖温带湿润气候	云南松、华山松、山杨、灯台树、高山栲、苦槠、丝栗栲、野核桃、山苍子、石栎类
	高半山山坡，海拔2500～3200m，温带湿润气候	云南松、华山松、高山栎、红桦、箭竹
湖南衡阳盆地丘陵区	丘陵、低山红壤（一般土层深厚）	马尾松、湿地松、枫香、木荷、栓皮栎、麻栎、苦槠、米槠、白栎、盐肤木、杨梅、山茶、胡枝子、其他灌木类
	低丘钙质紫色土（主要为薄层土）	草木樨、南酸枣、黄荆、六月雪、乌桕、白花刺、小叶紫薇、马桑。个别厚层土处：柏木、刺槐、黄连木、黄檀

表Ⅱ.13.1-7 太行山低山区各立地类型及适生树种

立地类型	适生树种
海拔400m以下阳坡厚土组（土层厚50cm以上）	油松、侧柏、刺槐、栓皮栎、元宝枫、黄栌、杜梨
海拔400m以下阳坡薄土组（土层厚50cm以下）	侧柏、栓皮栎、黄栌、紫穗槐、酸枣、杜梨、黄荆
海拔400m以上阳坡厚土组（土层厚50cm以上）	油松、侧柏、刺槐、栓皮栎、元宝枫、槲树、山杨、杜梨、山杏、黄栌、沙棘、酸枣、黄荆、胡枝子
海拔400m以下阳坡薄土组（土层厚50cm以下）	侧柏、栓皮栎、黄栌、杜梨、紫穗槐、酸枣、黄荆
海拔400m以下阳坡厚土组（土层厚50cm以上）	油松、华山松、槲树、元宝枫、黄栌、山杏、沙棘
海拔400m以下阳坡薄土组（土层厚50cm以下）	侧柏（背风处低山下部）、油松（土层厚30cm以上）、槲树、华山松（土层厚30cm以上）、山杨、杜梨、丁香、沙棘、黄荆

水水源为主要目的的林分。主要作用是保持水土，调节坡面径流，削减河川汛期径流量；滞洪和蓄洪，减少径流泥沙含量，防止水库、湖泊淤积；调节枯水期的水源，调节地下径流，增加河川枯水期径流量；改善和净化水质；调节气候，并通过光合作用吸收二氧化碳，释放氧气，同时吸收有害气体及滞尘，起到清洁空气的作用；为野生动物提供良好栖息地。

13.1.2.2 配置与设计

根据不同区域常见树种组成结构，结合立地条件进行合理配置（表Ⅱ.13.1-8）。采用多树种混交，利用速生与慢生树种、阳性与阴性树种、乔木与灌木树种、深根性与浅根性树种等搭配方式，促进形成混交林结构。

表Ⅱ.13.1-8 造林树种配置表

主要树种	搭配树种
油松	栓皮栎、槲树、辽东栎、侧柏、落叶松、元宝枫、白蜡、椴树、桦树、色木、刺槐、山杏、紫穗槐、黄栌、胡枝子、沙棘等
侧柏	栓皮栎、辽东栎、白皮松、油松、刺槐、元宝枫、黄连木、山皂角、紫穗槐、火炬树等
华北落叶松	白杆、油松、樟子松、辽东栎、桦树、山杨、水曲柳、椴树、春榆、白蜡等
栓皮栎	油松、侧柏、元宝枫、紫穗槐、黄栌等
刺槐	侧柏、油松、杨树、栓皮栎、白榆、臭椿、紫穗槐、黄栌等
杨树	刺槐、侧柏、沙棘、紫穗槐等

注 引自《水源涵养林工程设计规范》（GB/T 50885—2013）附录B。

1. 树种选择

应选择抗逆性强、低耗水、保水保土能力好和具有一定景观价值的乔木、灌木（表Ⅱ.13.1-9），重视乡土树种的选优和开发。

表Ⅱ.13.1-9　　我国不同地区主要树种选择表

区　域	范围涉及省（自治区、直辖市）	主要适宜树种
东北地区	黑龙江、吉林、辽宁和内蒙古东部地区	红松、落叶松、樟子松、云杉、胡桃楸、水曲柳、黄菠萝、蒙古栎、辽东栎、椴树、白桦、甜杨、暴马、丁香、色木等
黄河中下游地区	河北、山东、河南、北京、天津	油松、落叶松、侧柏、栓皮栎、香椿、臭椿、刺槐、毛白杨、柳树、桧柏、紫穗槐等
长江中下游地区	湖南、湖北、江西、安徽、江苏、浙江、上海	油松、白皮松、白杆、青杆、杜松、麻栎、栓皮栎、槲栎、鹅耳枥、香椿、臭椿等
东南沿海地区	广东、广西、海南、福建	马尾松、湿地松、木荷、大叶栎、相思树等
长江上中游地区	四川、云南、贵州、重庆	马尾松、杉木、柳杉、华山松、云杉、木荷、楠木、白皮松、白杆、青杆、杜松、鹅耳枥等
西北地区	陕西、山西、宁夏、甘肃、青海、新疆、内蒙古中西部	油松、落叶松、刺槐、侧柏、白桦、青杨、胡杨、榆树、青海云杉、红桦、柳树、沙棘、荆条、酸枣

注　引自《水源涵养林工程设计规范》（GB/T 50885—2013）附录C。

2. 造林密度

根据立地条件、树种生物学特性及营林水平，确定造林密度。乔木造林密度应为800～5000株/hm²，灌木造林密度应为1650～5000株/hm²，主要树种的适宜造林密度参考表Ⅱ.13.1-10。

表Ⅱ.13.1-10　　主要树种的适宜造林密度表

树　种	东北地区/(株/hm²)	黄河中下游地区/(株/hm²)	长江中下游地区/(株/hm²)	东南沿海地区/(株/hm²)	长江上中游地区/(株/hm²)	西北地区/(株/hm²)
香椿、臭椿	—	900～1500	900～1500	—	—	—
榆树、柳树	1350～3300	1000～3000	800～2000	800～2000	800～2000	1000～2500
刺槐、紫穗槐	—	1650～5000	—	—	—	1200～3000
白杆、青杆、杜松	—	—	1100～2000	—	1100～2000	—
栓皮栎、麻栎	—	—	1500～2500	—	1100～2000	—
槲栎、鹅耳枥、马尾松、湿地松	—	—	—	1667～3300	1200～3000	—
木荷、楠木	—	—	—	1000～2500	1050～1800	—
相思树	—	—	—	1667～3300	—	—
杉木、柳杉	—	—	—	—	1500～3600	—
华山松	—	—	—	—	1200～3000	—
青杨、胡杨	—	—	—	—	—	1600～2000
沙棘、荆条、酸枣	—	—	—	—	—	3000～4000

注　引自《水源涵养林工程设计规范》（GB/T 50885—2013）附录E。

3. 整地方法

应采用穴状整地、鱼鳞坑整地、水平阶整地、水平沟整地等方法。具体造林整地规格及应用条件宜按表Ⅱ.13.1-11执行。

表Ⅱ.13.1-11　造林整地规格及应用条件表

整地类型		整地规格	整地要求	应用条件
穴状整地	小穴	直径0.3～0.4m，松土深度0.3m	原土留于坑内，外沿踏实不作埂	地面坡度小于5°的平缓造林地小苗造林
	大穴	干果类果树直径1.0m，松土深度0.8m；鲜果类果树直径1.5m，松土深度1.0m	挖出心土做宽0.2m、高0.1m的埯，表土回填	坡度小于5°地段栽植各种干鲜果树和大苗造林
鱼鳞坑整地		长径0.8～1.5m，短径0.5～0.8m，坑深0.3～0.5m	坑内取土在下沿做成弧状土埂，高0.2～0.3m。各坑在坡面上沿等高线布置，上、下两行呈品字形相错排列	坡面破碎、土层较薄的造林地营造水源涵养林
水平阶整地		树苗植于距阶边0.3～0.5m处。阶宽1.0～1.5m，反坡坡度3°～5°	上、下两阶的水平距离以设计造林行距为准	山地坡面完整、坡度在15°～25°的坡面营造水源涵养林
水平沟整地		沟口上宽0.6～1.0m，沟底宽0.3～0.5m，沟深0.4～0.6m，沟半挖半填，内侧挖出的生土用在外侧作埂	水平沟沿等高线布设，沟内每隔5～10m设一横挡，高0.2m。树苗植于沟底外侧	山地坡面完整、坡度在15°～25°的坡面营造水源涵养林

注　引自《水源涵养林工程设计规范》(GB/T 50885—2013) 附录D，有部分简化。

13.1.2.3　案例

1. 北方区

北方区域水资源缺乏，应通过历史森林状况调查和实地考察，选择合适的地形地貌、大气湿度环境等，确定水涵养林实施区域和配置模式，提高造林成活率和水源涵养效果。北方区主要树种营造配置模式见表Ⅱ.13.1-12。

表Ⅱ.13.1-12　北方区主要树种营造配置模式表

配置模式	适用立地条件	整地方法及规格/[长(cm)×宽(cm)×深(cm)]	造林密度/(穴或株/hm²)	混交方式
侧柏与栓皮栎、黄栌、火炬树混交	低山阳坡中薄土(土层小于59cm)	穴状整地 规格50×50×40	1650	块状混交，针阔混交比1∶2
油松与栓皮栎混交	低山厚土(土层大于50cm)	穴状整地 规格80×80×60	1110	不规则块状混交，针阔混交比8∶2
侧柏与五角枫混交	低山阳坡中厚土	鱼鳞坑整地 规格60×60×60	1245	带状混交，针阔混交比1∶2
侧柏与黄栌混交	低山阳坡中薄土(土层小于50cm)	穴状整地 规格60×60×40	1650	块状混交，针阔混交比1∶2
侧柏与刺槐混交	低山阴坡薄土(土层小于25cm)	穴状整地 规格70×70×40	1650	块状混交，上部栽侧柏，下部栽刺槐，针阔混交比1∶2
侧柏与山杏混交	低山阳坡厚土(土层大于50cm)	鱼鳞坑整地 规格60×60×40	1650	块状混交，上部栽侧柏，下部栽山杏，针阔混交比1∶2
黄栌纯林	低山阳坡中土(土层25～50cm)	鱼鳞坑整地 规格60×60×40	1650	
油松纯林	低山阳坡中厚土(土层大于25cm)	穴状整地 规格60×60×40	1650	
油松与黄栌混交	低山阳坡厚土(土层大于50cm)	穴状整地 规格80×80×60	1110	不规则块状混交，针阔混交比8∶2
油松、侧柏与栾树混交	低山阳坡厚土(土层大于50cm)	鱼鳞坑整地 规格100×80×80	825	不规则块状混交，针阔混交比2∶1

注　引自《水源涵养林建设规范》(GB/T 26903—2011)。

2. 黄河区

黄河流域横贯我国东西，大部分区域位于我国的西北部，幅员辽阔，地形地貌差别很大。从西到东横跨青藏高原、内蒙古高原、黄土高原和黄淮海平原4个地貌单元。流域地势西高东低，西部河源地区常年积雪，冰川地貌发育；中部地区为黄土地貌，水土流失严重；东部主要由黄河冲积平原组成，河道高悬于地面之上，洪水威胁较大。根据黄河流域的自然特点和生态环境治理的需要，将黄河流域分为黄河源头区、河套灌区、覆沙黄土区、丘陵沟壑区、高原沟壑区、汾渭平原区和高山水源涵养林区，并总结出不同的治理模式。黄河区高山水源涵养林区主要树种营造配置模式参见表Ⅱ.13.1-13。

表Ⅱ.13.1-13　黄河区高山水源涵养林主要树种营造配置模式表

配置模式	适用条件	整地方法	造林密度/(穴或株/hm^2)	混交方式
侧柏或油松、野皂荚混交	石质山地或石灰岩千石山地	穴状整地	乔木1650，隔行同密度播种或栽植野皂荚	行间混交
侧柏或油松、山桃或山杏混交	石质山地或土石山地	侧柏或油松大穴整地，山桃或山杏小穴整地，在石质山地同密度全部小穴整地	大穴植苗825；小穴播种或栽植1650	行间混交
侧柏或五角枫、锦鸡儿或荆条或狼牙刺混交	石质山地	侧柏或五角枫大穴整地	乔木825，行间播种同等或多一倍的灌木	行间混交
青杨或刺槐、沙棘混交	高海拔黄土丘陵（青杨、沙棘林），低海拔黄土丘陵（刺槐、沙棘）	乔木大穴整地，灌木小穴整地	乔木825～1650，灌木隔行同密度栽植	行间混交
樟子松、杜松或油松、柠条或紫穗槐混交	太行山北端沙化地，高海拔种柠条，低海拔种紫穗槐	水平带整地	乔木1650，灌木直播1650	带状混交
侧柏、黄栌或陕西荚蒾混交	石质山地或土石山地	侧柏大穴整地，黄栌和陕西荚蒾小穴整地	侧柏1650，隔行小穴栽植等量黄栌和陕西荚蒾	行间混交
落叶松、沙棘混交	海拔1500～2000m的山石山地	水平带整地	1650	带状混交
油松或侧柏、天然灌木混交	宜林荒山，阴坡种油松，阳坡种侧柏	穴状整地	乔木825，灌木保留3300	不规则块状混交
油松、辽东栎混交	海拔1500～2000m的山石山地	穴状整地，辽东栎可在秋季直播	3300	行间或小块状混交，比例1∶1
油松、五角枫混交	海拔1500～2000m的山石山地阴坡	穴状整地	3300	行间或带状混交，比例1∶1
油松、山杨或白桦混交	海拔1500～2000m的土石山地阴坡	穴状整地	3300	人工块状混交或油松与天然更新的山杨、白桦组成混交林
华北落叶松、五角枫或北京花楸混交	海拔1500m以上的土石山地阴坡	穴状整地	3300	块状或行间混交，针阔比例2∶1
华北落叶松或日本落叶松、白桦与山杨混交	海拔1500m以上的土石山地阴坡	穴状整地	3300	行间混交或白桦、山杨小块状混交于落叶或山杨混交松林中
侧柏、五角枫混交	海拔1500m以下的石质山地和土石山地	石质山地大穴整地，土石山小穴整地	1650～3300	行间、带状（带宽3m）或块状混交

续表

配置模式	适用条件	整地方法	造林密度 /(穴或株/hm²)	混交方式
侧柏、刺槐混交	海拔 1500m 以下的土石山地	穴状整地	3300	带状或块状混交，比例1：1或2：1
油松、刺槐混交	1500m 以下的土石山地	穴状整地	3300	带状或块状混交，比例1：1或2：1
野皂荚、荆条混交	石质山地	穴状整地	直播 4950，栽植3300	带状或块状混交，比例1：1
山桃、山杏、黄刺玫混交	土层薄的土石山地或石质山地	穴状整地	直播 4950，栽植3300	带状或块状混交，比例1：1：1
黄栌、狼牙刺、陕西荚迷混交	海拔 1600m 以下土石山地或石质山地	穴状整地	直播 4950，栽植3300	带状或块状混交，比例1：1：1
酸枣、锦鸡儿混交	海拔 1200m 以下黄土丘陵侵蚀沟、陡坡	穴状整地	直播 3300～4950	不规则块状混交
沙棘、柠条混交	海拔 1500m 以下的沙化土地	穴状整地	3300	块状混交

注 引自《水源涵养林建设规范》(GB/T 26903—2011)。

3. 东北区

位于东北区的东北针叶、落叶阔叶林区包括大小兴安岭、张广才岭、完达山及长白山林区，是松花江、嫩江的水源涵养林区。对于林区的迹地更新和荒山荒地人工造林，以乡土针叶树种为主，其中大兴安岭山地林区主要为大兴落叶松和樟子松；小兴安岭林区以兴安落叶松、红皮云杉和红松为主，兼有樟子松；长白山林区以红松、红皮云杉、落叶松、樟子松为主。其中，迹地更新多采用"栽针保阔（引阔、留阔）"和林冠下造林的方式形成针阔混交林，而荒山荒地大部分为纯林，个别有阔叶树种源的地点，也可形成人工混交林。东北区主要树种营造配置模式见表Ⅱ.13.1-14。

表Ⅱ.13.1-14　　东北区主要树种营造配置模式表

配 置 模 式	适用条件	整地方法	密度 /(穴或株/hm²)	适宜混交比
山杏、刺槐混交	科尔沁沙地南缘	竹节壕整地	3300	带状混交 7：3
山杏、大扁杏混交	半干旱山区	穴状整地	2505	行状混交 1：1
落叶松、红松混交	长白山中低山区	穴状整地	3300	行状混交 1：4
落叶松、樟子松、小黑杨与紫穗槐、胡枝子、沙棘混交	黑龙江东南部低山丘陵区	鱼鳞坑整地	3300	星状混交 18：1

注 引自《水源涵养林建设规范》(GB/T 26903—2011)。

4. 三北区

我国华北、西北和东北地区（三北区）水资源缺乏。三北区主要树种营造配置模式见表Ⅱ.13.1-15。

5. 长江区

长江上游地区面积广大，地貌类型复杂，气候差异大，植被类型丰富多样。植被的水源涵养和水土保持，对维系长江流域水环境功能发挥了重要作用，是重要水源涵养区。长江区主要树种营造配置模式见表Ⅱ.13.1-16。

6. 南方区

南方区主要树种营造配置模式见表Ⅱ.13.1-17。

7. 热带区

热带区主要树种营造配置模式见表Ⅱ.13.1-18。

13.1.3 农田防护林

13.1.3.1 定义与作用

1. 定义

农田防护林是以一定的树种组成、一定的结构呈带状或网状配置在田块四周，以抵御自然灾害（风沙、

表Ⅱ.13.1-15 三北区主要树种营造配置模式表

配置模式	适用条件	整地方法	造林密度/(穴或株/hm²)	适宜方式
落叶松、油松与山杏、柠条混交	阴山山脉中低山区	鱼鳞坑整地	833	植生组混交
落叶松、油松、侧柏与山杏、柠条、沙棘、荆条混交	半干旱丘陵区	鱼鳞坑整地	1650	不规则块状混交
山杏与柠条或棘、荆条混交	华北石质丘陵山地干旱阳坡	鱼鳞坑整地	3300	不规则块状混交
落叶松、山楂（忍冬）、红豆草混交	天山北坡陡坡	鱼鳞坑整地	1650	比例 3：2：5
杏树、黑穗醋栗、苜蓿草混交	天山丘陵区	鱼鳞坑整地	1250	行间混交 3：3：4
刺槐与侧柏或白榆、杨树、紫穗槐混交	干旱、半干旱黄土丘陵沟壑区	鱼鳞坑或穴状整地	刺槐、侧柏、白榆 2400～3000，杨树 1200，紫穗槐 4500	带状或块状

注 引自《水源涵养林建设规范》(GB/T 26903—2011)。

表Ⅱ.13.1-16 长江区主要树种营造配置模式表

配置模式	适用条件	整地方法	造林密度/(穴或株/hm²)	适宜方式
青海云杉或桦树、山杨、圆柏与沙棘混交	长江源头区	鱼鳞坑或穴状整地	乔木植苗 2500，沙棘点播 4500	不规则块状混交
川西云杉、高山松、青冈栎、冷杉混交	高山峡谷区	鱼鳞坑或穴状整地	3300	行间混交 1：1
马尾松或湿地松、杉木与木荷或枫香、栎类、桤木等混交	中低山丘陵区	穴状整地	2500	行间混交 1：1
毛竹	中低山厚土区	穴状整地	母竹栽植 330～900	
滇柏或柏木、侧柏、藏柏与龙须草混交	白云质砂石山地	穴状整地	6000～9000	
华山松或云南松（栽针保阔）混交	中山黄棕壤高原山地	穴状整地	4000～6000	不规则块状混交

注 引自《水源涵养林建设规范》(GB/T 26903—2011)。

表Ⅱ.13.1-17 南方区主要树种营造配置模式表

配置模式	适用条件	整地方法	造林密度/(穴或株/hm²)	适宜方式
杉木或马尾松与木荷或枫香、栎类、桤木、南酸枣等混交	中低山区	穴状整地	2500	带状混交 1：1
湿地松或火炬树与木荷、枫香、栎类、桤木混交	丘陵区	穴状整地	3300	带状混交 1：1
杉木或马尾松与毛竹混交	中低山厚土区	穴状整地	杉木 1875，毛竹 630	带状混交 3：1
喜树、任豆与吊竹或木豆混交	石灰岩山地	穴状整地	1350～1800	带状混交 2：1

注 引自《水源涵养林建设规范》(GB/T 26903—2011)。

表Ⅱ.13.1-18 热带区主要树种营造配置模式表

配 置 模 式	适用条件	整地方法	造林密度/(穴或株/hm²)	适宜方式
马尾松、木荷、麻栎混交	山坡上部、山脊、山顶	穴状整地	3450	随机混交5∶3∶2
马尾松、红荷木、台湾相思混交	山坡上部、山脊、山顶	穴状整地	3450	随机混交4∶3∶3
青冈栎、石栎、酸枣、化香、石斑木混交	山坡中下部、谷地厚土区	穴状整地	3900	比例4∶3∶1∶1∶1
刺栲、台湾相思、鸭脚木、红荷木混交	山坡中下部、谷地厚土区	穴状整地	3900	比例3∶4∶1∶2
马尾松或湿地松与台湾相思混交	丘陵红赤壤区	穴状整地	3705	带状混交3∶2

注 引自《水源涵养林建设规范》(GB/T 26903—2011)。

干旱、干热风、霜冻等),改善农田小气候,给农作物的生长和发育创造有利条件,保证作物高产稳产为主要目的防护林。

广义的农田防护林是以农田生态系统结构与功能协调为核心,以农田林网为骨架,建设以"网、带、片、点"4种基本景观要素为载体,以"路网、水网、林网"三位一体为重点,质量与效益相统一的农田防护林体系。一般由农田林网、片林、围村林等构成。其中,农田林网是指大面积耕地上由许多垂直相交的主副林带构成的方形林网,其防护效果优于单条林带,而窄林带小网格的防护效果又显著优于宽林带大网格。

随着经济的发展和防护要求的提高,近些年农田林网的建设提倡高标准农田林网的营建。所谓高标准农田林网,即以保障农业高产稳产和最大限度地发挥多种效益为主要目的,采取因地制宜,因害设防,充分利用道路、河道、沟渠进行规划设计和营造的多林种、多树种、多功能、高效益的农田林网。具体表现为林网布局科学化,网格面积标准化,造林树种良种化,苗木规格标准化,造林技术规范化,抚育管理常态化等,见表Ⅱ.13.1-19。

表Ⅱ.13.1-19 高标准农田林网与一般林网的区别

项目	一般林网	高标准林网
研究对象	农耕地内	范围较宽
建设目标	经济主导性	生态基础性和经济主导性
系统结构	林网或林带的防护效能和经济服务性	组成成分的地方性、结构的自然有机性
功能	简单防护,为社会提供多种林副产品	整体防护功能,强调抵御重大自然灾害的能力和作用

2. 作用

农田防护林是农田生态系统的屏障,营造农田防护林的基本作用就是借助林网、林带减弱风力,减轻风害,防止农田土壤风蚀等,保障农业增产。

(1)防风效应。防风效应是农田防护林最显著的生态效应之一。农田防护林减弱风力的重要原因有:①林带对风起一种阻挡作用,改变风的流动方向,使林带背风面的风力减弱;林带对风的阻力,会减低风的动量,使其在地面逸散,风因失去动量而减弱。②减弱后的风在下风方向短时间内即可逐渐恢复风速。降低风速的能力与防护林的结构有关。对农田林网而言,不同结构的林带对空气湍流性质和气流结构的影响是不同的,因而它们降低害风风速的作用和防护效果也是不同的。从大量实际观测资料来看,多数人认为降低空旷地区风速的25%为林带的有效防风效能。这样,林带背风面的有效防护距离一般为林带高度(H)的20~30倍,平均为25倍;而迎风面的有效防护距离一般为林带高度的5~10倍。实际上,农田防护林带的防护作用和防护距离与其结构、高度、断面类型有直接的关系。

林带的结构通常有紧密结构、透风结构和疏透结构3种类型。紧密结构的林带,透风系数小于0.35;背风面1m高处的最小弱风区位于林带高度的1倍处,防护有效距离相当于树高的15倍。透风结构的林带是以扩散器的形式起作用的,透风系数为0.5~0.75。背风面1m高处最小弱风区位于林带高度6~10倍处。所以,透风结构的林带下部及其附近很容易产生风蚀现象,尤其当林带下部的通风孔比较大时,风蚀现象更加严重,在设计这种林带时应特别注意。但是,透风结构的林带在防护距离上比紧密结构的林带要大得多,在25倍林带高度处,害风的风速才恢复到80%。疏透结构的林带是3种结构林带中较理想的类型。该类型林带不仅能大大降低害风的风速,而且防护距离也较大。在背风面的30倍林带高度处,害风的风速才恢复到80%。其背风面1m高处的最小弱风区出现在林带高度的4~10倍处。当然,营造这种林带在树种选择与配置上需特别注意，而且当林带郁闭后还应经常抚育，否则很容易形成紧密结构的林带。

（2）调温增湿效应。农田防护林能够减小近地层气温和土壤温度的变化幅度，调节防护林内部的温度、湿度条件，同时对水资源状况如蒸发、湿度、水平降水等产生重要影响，为农作物提供良好的生长环境。

大量的观测资料表明，林带可以提高土壤湿度，但在不同的年份，林带对土壤湿度的影响不同。在比较湿润的年份，林带对土壤水分的影响不大，在干旱的年份却非常明显。

（3）改良土壤效应。林带能够改良土壤盐渍化。通过林带中树木的生物排水、抑制蒸发、提高湿度、改良土壤结构、加强淋溶等作用来实现改良盐渍化土壤，主要体现在林带的生物排水作用防止土壤次生盐渍化，林带减弱土壤蒸发、延缓土壤返盐以及林带促进土壤淋溶过程、加速土壤脱盐等3个方面。此外，林带还能够增加土壤肥力。

（4）农作物的增产效应。农田防护林能够有效改善农业生态环境，优化作物生长条件，增强农业抵御干旱、风沙、干热风、冰雹、霜冻等自然灾害的能力，是保障粮食生产安全，促进粮食稳产高产的有效措施。据观测，夏季在新疆和田地区，与空旷区对比，农田林网内温度可降低0.6℃，土壤蒸发量可降低42.5%。另据新疆林业厅提供的数据，在1986—2000年的15年间，新疆农田防护林每公顷林带累计产生防护效益5422元，折合林带的改善小气候年效益为361元/(hm^2·a)。大量的生产实践及科学研究表明，林带对农作物的增产效果是十分明显的，见表Ⅱ.13.1-20。

表Ⅱ.13.1-20 农田防护林对不同作物的增长效果

作物	增产幅度/%	调查地点
小麦	5.2～7.5	原阳、博爱
玉米	5.7	原阳
棉花	12.1	封丘
水稻	6.4	武陟
油菜	5.4	原阳

13.1.3.2 配置与设计

1. 树种选择

乔木树种宜选择根深、干直、抗风、抗病虫的优良树种；灌木树种宜选择抗风、固土、适应性强的常绿和落叶树种。农田防护林主要适宜树种见表Ⅱ.13.1-21。

表Ⅱ.13.1-21 农田防护林主要适宜树种表

区 域	主要植树造林树种
东北区	兴安落叶松、长白落叶树、油松、樟子松、云杉、水曲柳、胡桃楸、赤峰杨、白城杨、健杨、小青杨、群众杨、小黑杨、银中杨、臭椿、核桃、绒毛白蜡
三北风沙地区	樟子松、油松、杜松、旱柳、白榆、白蜡、刺槐、大叶榆、臭椿、胡杨、新疆杨、赤峰杨、箭杆杨、银白杨、二白杨、白城杨、小黑杨、银中杨
黄河上中游地区	油松、侧柏、云杉、杜梨、槲树、茶条槭、刺槐、泡桐、臭椿、白榆、大果榆、蒙椴、枣树、垂柳、河北杨、钻天杨、合作杨、小黑杨
华北中原地区	华北落叶松、银杏、桦树、槭树、椴树、楸树、枣树、旱柳、刺槐、槐树、臭椿、白榆、核桃、泡桐、栾树、毛白杨、青杨、小美旱杨
长江上中游地区	银杏、榉树、枫杨、樟木、楠木、桤木、白花泡桐、香椿、滇楸、楝树、喜树、梓树、漆树、乌桕、油桐
中南华东（南方）地区	水杉、池杉、黑杨、楸树、枫杨、苦楝、榆树、槐树、刺槐、乌桕、黄连木、栾树、梧桐、泡桐、喜树、垂柳、旱柳、银杏、杜仲、毛竹、刚竹、淡竹、木麻黄、窿缘桉、桑树、香椿、毛红椿
东南沿海及热带地区	落羽杉、池杉、水松、水杉、木麻黄、苦楝、窿缘桉、巨尾桉、尾叶桉、柠檬按、赤桉、刚果桉、台湾相思、大叶相思、银合欢、枫杨、蒲葵、蒲桃、勒仔树、撑竿竹、刺竹、青皮竹、麻竹

注 引自《生态公益林建设 技术规程》(GB/T 18337.3—2001)。

主林带宜选择树体高大、速生、冠窄、抗性强的乔木树种；副林带宜选择生长快、经济价值高、观赏性强的乔木或小乔木树种。

对苗木规格的要求：阔叶树应选择2年生以上的大苗（或用2年根1年干苗）；针叶树选用4生以上的苗木。执行《主要造林树种苗木质量分级》（GB 6000—1999）和《主要造林树种苗木质量分级》（GB 6000—1999）中规定的1、2级苗。

2. 农田防护林的配置

根据我国营造农田防护林的经验教训，农田防护林带以窄林带、小网格类型防护效果好，占用耕地少，林带生物学稳定性强，普遍适用于我国各个类型区。本节主要以农田林网为主体，介绍其配置设计。

（1）林带走向。主林带走向是决定农田林网防护效应的重要因素之一，林带与风向交角的大小与林带防风效应密切相关。为最大限度地发挥林带阻截害风的作用，主林带与主害风方向垂直，或夹角偏离不大于30°。副林带与主害风风向平行而垂直于主林带，起辅助作用。林带走向与主害风风向关系如下：

1）当主害风风向发生频率很大，即主害风风向比较集中，其他方向的害风发生频率均很小时，主林带应与主害风风向垂直配置。由于次害风发生频率极小，危害不大，副林带作用较小，副林带间距可以大些或不设副林带。

2）主害风与次害风风向发生频率均较大，主林带与副林带所起的作用同等重要，林网可设计成正方形。

3）主害风风向发生频率较大而不太集中，主林带方向可以取垂直于两个发生频率较大的主害风风向的平均方向。副林带间距可以较大或不设副林带。

4）主害风与次害风的风向频率均较小，害风方向不集中，主林带与副林带几乎同等重要，而且在两三个或更多方向上害风风向频率相差无几，可以设计成正方形林网，林带走向可以在相当大的范围内进行调整。

5）考虑当地农业技术措施和耕作习惯，道路、沟渠的原有布局走向，在风、沙灾害均不严重的地区，营造农田防护林主要是改善田间小气候，为当地提供木材、条材及林副产品等，林带走向的确定不能单纯局限在与主害风风向垂直这一点上，一般允许有一定的偏角。

林带与主害风风向的夹角为林带的交角。林带与理想设计林带（与主害风风向垂直的林带）的夹角为林带的偏角。随着林带交角的减小（或偏角的增大），林带的防风效能逐渐降低。较宽林带的走向可以有30°偏角而对林带的防护效果影响不大，可以考虑在此偏角范围内变化林带走向。当林带偏角大到45°时，防护效果明显降低，但考虑到实现农田林网化之后，可以降低来自任何方向的害风风速，不应该像设计单条林带那样强调林带必须与主害风风向垂直，故在林网建设中主林带不能与主害风风向垂直的情况下，允许有不大于45°的偏角。

（2）主、副林带的距离。主林带间距应根据不同的灾害因地制宜地确定。主林带间距为树高的15～20倍，副林带间距为主林带间距的1.5～2倍。风沙危害较轻地区，一般地区主林带间距为250～350m，副林带间距为400～600m；风沙危害较重地区，主林带间距为150～250m。

1）主林带间距。风沙暴危害地带，为防止表土风蚀，保证适时播种和全苗，保持土壤肥力，主林带间距应以当地林带成林树高的15～20倍为准。

以干热风危害为主的地带，由于干热风风速不大，在背风面相当于林带高度20倍处，林带仍能降低风速20%左右，对温度的调节和相对湿度的影响仍然明显，加上下一条林带迎风面的作用，主林带间距按当地林带成林时高度的25倍设计是适当的。

盐渍化地区，生物排水和抑制土壤返盐是设计林带要考虑的又一重要因素。林带影响以上因素的明显范围，一般最大不超过125m。在盐渍化土壤上，树高又较低。因此，这类地带一般主林带间距不应超过200m。

同时存在以上两三种灾害的地带，应以其低限指标来设计主林带间距。

2）副林带间距。以按主林带间距的2～4倍设计为宜。如害风来自不同的方向，仍可按主林带间距设计，构成正方形林网。

（3）林带宽度、结构、疏透度。林带宽度是以能够形成适宜的林带结构和适宜的疏透度为标准确定的。以避免干热风危害为主要目的的林带，以适度通风结构为宜。适度通风结构的林带以疏透度为0.3～0.4、透风系数为0.4～0.6的林带的防护效益最好。构成适度通风结构的林带，一般有4～6行乔木，两侧再配两行灌木。风沙危害较轻地区，以通风结构林带为主，疏透度为0.4～0.5；在风沙暴危害地带或暴风较多的地带，林带以疏透结构效益最好。风沙危害较重地区，以疏透结构林带为主，疏透度为0.2～0.3。主林带3～5行，宽度为10～16m；副林带2～3行，宽度为7～10m。

（4）网格面积。按上述设计，风沙危害严重地带的网格面积宜为10hm^{2}左右，风沙危害一般地带宜为13.3hm^{2}左右，严重风蚀沙地和盐碱化地区可以小于7hm^2。以干热风危害为主的地区，网格面积一般为16.7～26.7hm^2。总的原则是，按不同灾害性质、轻重和不同立地类型，因地制宜、因害设防地确定当地林带的适宜结构。窄林带、小网格类型是相对于宽林带、大网格类型而言的，绝不是林带越窄越好和网格越小越好，应当科学地具体确定当地适宜的规格。

（5）配置技术。林网化面积占适宜林网面积的95%以上；林网建设以乔木为主，多树种结合，某一树种所占比例不超过60%；林带配置宜采用乔灌搭配、常绿与落叶结合。经验证明，这种林带有4～10

行乔木，两侧再配以灌木即可。由一种乔木树种构成的林带，边行乔木不进行修枝时，才能形成疏透结构。如用两种乔木，其中边行为枝叶稠密的亚乔木，往往构成疏透结构。按上述配置，带宽宜为8～12m。

3. 减轻林带胁地的措施

林带胁地是普遍存在的现象，其主要表现是林带树木会使靠林缘两侧附近的农作物生长发育不良而减产。林带胁地范围一般在林带两侧1～2倍树高的范围内，其中影响最大的是1倍树高的范围内。林带胁地程度与林带树种、树高、林带结构、林带走向和不同侧面、作物种类、地理条件及农业生产条件等因素有关。一般规律是：侧根发达而根系浅的树种比深根性而侧根少的树种胁地严重；树越高胁地越严重；紧密结构林带通常比疏透结构和透风结构林带胁地要严重；对农作物种类中高秆作物（玉米）和深根系作物（花生和大豆）胁地影响较重，而对矮秆和浅根性作物（小麦、谷子、荞麦等）胁地影响较轻；通常南北走向的林带西侧比东侧胁地严重，东西走向的林带南侧比北侧胁地严重。在有灌溉条件的农田，水分不是主要问题，由于林带遮阴的影响，林带胁地情况则往往与上面相反，北侧重于南侧，东侧重于西侧。

产生林带胁地现象的原因主要有：①林带树木根系向两侧延伸，夺取一部分作物生长所需要的土壤水分和养分；②林带遮阴，影响了林带附近作物的光照时间和受光量，尤其在有灌溉条件、水肥管理好的农田，林带遮阴成为胁地的主要原因。

减轻林带胁地作用的措施有以下几个方面：

（1）树种的选择及林带的合理配置。选择深根性树种（根系垂直分布深，水平分布短），并结合田边、水渠、道路合理配置林带，可减少相对应的胁地距离，在紧靠农田的林带边行乔木树种，可适当考虑选用树冠较窄或枝叶稀疏、发芽展叶较晚、根系较深的树种，如新疆杨、泡桐、枣等。在中等或较轻风沙危害区，林带配置以疏透结构或透风结构为宜，以增加透风透光度，减少林带遮阴，使林带两侧小气候得到改善，以减轻林带胁地的影响。

（2）挖断根沟。以林带侧根扩展与附近作物争水争肥为胁地主要影响因素的地区，在林带两侧距边行1m处挖断根沟。沟深随林带树种根系深度而定，一般为40～50cm，最深不超过70cm，沟宽30～50cm。林、路、排水渠配套的林带，林带两侧的排水沟渠可起到断根沟的作用。

（3）农作物合理配置。在胁地范围内安排种植受胁地影响小的作物种类，如豆类、薯类、牧草、蓖麻、绿肥、中草药等。

（4）保证水肥。在方田边缘近林带处，对受林带胁地影响明显范围内的作物，保证充足的水分供应和增施肥料，也是减少胁地影响的有效措施。

13.1.3.3 案例：兖州市顾村高标准农田林网设计

1. 农田林网规格设计

通过沟、渠、路将农田切割为若干方田，实现方田化。相邻田块间预留出田间道路和沟渠的空间。

林网规格依据防风需要而定，风灾较严重地区，主、副林带间距宜适当减小。一般主林带长200～300m，副林带长200～600m。林网网格大小为250m×250m。其内农田约100亩（俗称百亩方田）。

2. 田间道路设计

（1）田间干道。田间干道宽度为6.0m，两侧各配置两行林带。干道与乡、村公路连接，部分主干路段实现硬质化，路面采用沥青、混凝土或砂石等材料硬化，保证晴雨天畅通，能满足农产品运输和中型以上农业机械的通行。

（2）田间支路。田间支路宽4m，两侧各配置一行林带。支路配套桥、涵和农机下田（地）设施，便于农机进出田间作业和农产品运输。

3. 林带设计

主林带与主害风风向垂直。林带一般与道路和大的沟渠结合建设，栽植在道路两侧。林带长度达到适宜植树造林长度的90%以上。

（1）树种选择。林带以乔木纯林为主，造林树种以树体高大、生长迅速、适应性强、易于繁殖的树种为主。一般首选树种为杨树，品种包括1-107、1-108和鲁林1号杨等，也可选择泡桐、旱柳等树种。近年来以灌草搭配乔木的乔灌草立体配置越来越受青睐，防护效果更佳。

（2）林带宽度设计。主林带2～4行，副林带1～2行。林网中主干路两侧各设置2～4行，田间支路两侧一般各设置1～2行。

（3）造林株行距设计。林带株距为3m×3m，造林点呈品字形配置。行距以道路宽度为准。

4. 田间沟渠设计

（1）灌溉渠。沿主林带方向的农田两侧布设田间灌溉渠，宽0.5m。

（2）断根沟/排水沟。为克服林带的胁地效应，在田块四周的林带与农田灌溉渠之间挖断根沟，宽1m。断根沟亦可用作排水沟，用于雨季排水防涝。

13.1.4 沿海防护林（含红树林）

13.1.4.1 定义与作用

1. 定义

沿海防护林是指规划在沿海防护林建设区域内，以抵御和减轻台风、海啸、风暴潮等自然灾害，改善生态环境，维护国土生态安全为主要功能，由海岸消浪林带、海岸基干林带和纵深防护林带组成的多层次、多林种、多树种的综合防护林系统，相关定义见表Ⅱ.13.1-22。

表Ⅱ.13.1-22　沿海防护林相关定义

名　称	内　容
泥质海岸	又称淤泥海岸，由江河输送的粉沙和土粒淤积而成。按其形成过程、地形和组成物质等差异，又可分为河口三角洲海岸、平原淤泥质海岸和岩质海岸中的淤泥质海岸等类型
沙质海岸	又称沙砾海岸，由沙砾物质构成的海滩和流动沙地，有的在风力作用下发育为流动沙丘，流动沙地的宽度为0.5～5km，岸线比较平直开阔
岩质海岸	又称基岩海岸，由比较坚硬的基岩构成，并同陆地上的山脉、丘陵毗连。由于岩性和海岸潮浪动力条件的不同，有侵蚀性基岩海岸和堆积性砂砾质海岸两种类型。其主要特点是岸线曲折，岛屿众多，水深湾大，岬湾相间
潮间带	又称潮区，是指涨潮海水达到的最高线与退潮最低线的区域
沿海基干林带	又称国家特殊保护林带，包括海岸基干林带和海岸消浪林带
海岸基干林带	位于最高潮位线以上，沿海岸线由人工栽植或天然形成的乔灌木树种构成的具有一定宽度的防护林带
海岸消浪林带	位于海岸线以下的浅海水域、潮间带，由沿海滩涂的红树林、柽柳林等构成的对海浪的破坏性起到削减作用的具有一定宽度的防护林带
红树林	生长在热带和亚热带地区的浅海水域、潮间带或海潮能达到的河口湿地的红树植物群落，它是海岸消浪林带的一种主要类型
纵深防护林	紧靠沿海基干林带的陆地区域，通过人工营造和自然恢复等方式形成的各种防护林复合体，包括水土保持林、水源涵养林、农田防护林、防风固沙林、护路护岸林、村镇防护林等

2. 作用

沿海防护林的主要作用是防御海啸和风暴潮等自然灾害。完善的沿海防护林体系可有效降低海啸、台风等自然灾害造成的影响及经济损失。

13.1.4.2　海岸类型与防护要求

1. 海岸类型

结合海岸具体地形地貌、土壤环境等各方面因素，海岸类型可按地貌单元与岸段分类进行划分，见表Ⅱ.13.1-23。

2. 防护要求

结合海岸类型、地貌单元等的划分，对各海岸类型区的防护要求见表Ⅱ.13.1-24，不同地区沿海防护林体系布局示意图如图Ⅱ.13.1-1所示。

表Ⅱ.13.1-23　海岸地貌单元及岸段划分表

地貌单元	范　围	
	海岸类型	岸　段
辽东半岛海岸	淤泥质海岸段	辽东鸭绿江口（辽宁省鸭绿江口至东沟县大洋河口）、辽东半岛东侧丘陵港湾（辽宁省东沟县大洋河口至金县城山头）
	基岩港湾海岸段	辽东半岛南端丘陵阶地［辽宁省金县城山头至旅顺黄龙尾（含长山岛）］
	沙质海岸段	辽东半岛西岸丘陵港湾（辽宁省旅顺黄龙尾至盖县大清河口）
渤海湾海岸	淤泥质海岸段	辽东湾河口平原（辽宁省盖县大清河口至锦县小凌河口）、渤海湾平原（河北省乐亭县大清河口至山东省沾化县潮河口）、黄河三角洲（山东省沾化县潮河口至广饶县淄脉沟口）、莱州湾平原（山东省广饶县淄脉沟口至掖县虎头崖）
	基岩港湾海岸段	辽西丘陵台地（辽宁省锦县小凌河口至兴城荒地乡）

续表

地貌单元	范围	
	海岸类型	岸段
渤海湾海岸	砂质海岸段	辽西丘陵阶地（辽宁省兴城荒地乡至河北省秦皇岛市戴河口）、冀东滦河三角洲（河北省秦皇岛市戴河口至乐亭县大清河口）
山东半岛海岸	基岩港湾海岸段	山东半岛东北侧丘陵阶地（山东省蓬莱角至荣成县成山角）、山东半岛东南侧丘陵阶地（山东省荣成县成山角至胶南县白马河口）
	砂质海岸段	山东半岛西北侧丘陵阶地（山东省掖县虎头崖至蓬莱角）、胶南丘陵阶地（山东省胶南县白马河口至日照县岚山头）
苏中平原海岸	淤泥质海岸段	海州湾南部平原（江苏省赣榆县兴庄河口至响水县灌河口）、黄河三角洲（江苏省响水县灌河口至射阳县射阳河口）
	粉砂淤泥质海岸段	苏北中部平原（江苏省射阳县射阳河口至海安县北凌河口）
	基岩港湾海岸段	云台低山丘陵台地（江苏省连云港市西墅至烧香河北口）
	砂质海岸段	海州湾北部平原（山东省日照县岚山头至江苏省赣榆县兴庄河口）
长江三角洲海岸	淤泥质海岸段	长江三角洲北部平原（江苏省海安县北凌河口至启东县长江口）、长江口沙岛（上海市长江口的崇明岛、长兴岛、横沙岛等）、长江三角洲南部平原（江苏省太仓县浏河口至上海市与浙江省交界处）
钱塘江三角洲海岸	淤泥质海岸段	杭州湾北岸平原（上海市与浙江省交界处至浙江省杭州市览桥）、杭州湾南岸平原（浙江省萧山区西兴至镇海区甬江口）
浙闽丘陵海岸	淤泥质海岸段	浙东丘陵港湾（浙江省镇海区甬江口至椒江区白沙山）、浙南丘陵港湾河口平原（浙江省椒江区白沙山至福建省福鼎市沙埋港）
	基岩港湾海岸段	闽东北丘陵（福建省福鼎市沙埕沙港至福州市闽江口）
	舟山群岛海岸段（浙江省舟山群岛）	
台湾岛海岸	基岩港湾海岸段	台北低山丘陵台地（台湾省淡水港至三貂角）、台东北三角洲（台湾省头城至苏澳）、台西南山地丘陵（台湾省访寮至鹅变鼻）
	断层基岩海岸段	台东北山地（台湾省三貂角至头城）、台东山地（台湾省苏澳至花莲）、台东南山地（台湾省花莲至鹅变鼻）、澎湖列岛台地（台湾省澎湖列岛）
	砂质海岸段	台西北低丘阶地（台湾省淡水港至台中港）
	沙坝泻湖海岸段	台西浊水溪三角洲（台湾省台中港至坊寮）
闽粤丘陵海岸	淤泥质海岸段	珠江三角洲（广东省深圳市西岸至台山县铜鼓角）、粤中丘陵台地港湾（广东省台山市铜鼓角至电白区博贺港）
	基岩港湾海岸段	闽东南丘陵台地（福州市闽江口至广东省饶平县柘林）、粤东丘陵台地（广东省潮阳区海门镇至深圳市西岸）
	沙坝泻湖海岸段	粤东丘陵台地（广东省汕头市潮阳区海门镇至深圳市西岸）
雷州半岛海岸	溺谷海岸段	雷州台地东段（广东省电白区博贺港至徐闻县海安镇）、雷州台地西段（广东省徐闻县海安镇至安铺港北潭镇）
海南岛海岸	基岩港湾海岸段	凉北台地西段（海南省昌江县珠碧江口至临高角）、琼北台地东段（海南省临高县临高角至文昌县东郊）
	沙质海岸段	琼西南台地（海南省乐东县九所至昌江县珠碧江口）
	沙坝泻湖海岸段	琼东南丘陵台地（海南省文昌县东郊至凌水）、琼南剥蚀台地（海南省凌水至乐东县九所）

续表

地貌单元	范围	
	海岸类型	岸段
广西海岸	溺谷海岸段	粤西桂东台地（广东省安铺港北潭镇至广西壮族自治区铁山港北暮盐场）、桂南西部丘陵（广西壮族自治区钦州市犀牛角至防城市北仑河口）
	沙质海岸段	桂南东部台地（广西壮族自治区铁山港北暮盐场至钦州市犀牛角）
南海诸岛海岸	珊瑚礁海岸段	东沙、西沙、中沙群岛（南海北部东沙、西沙和中沙群岛）、南沙群岛及曾母暗沙等（南海南部的南沙群岛和曾母暗沙等礁岛）

表Ⅱ.13.1-24　　海岸类型区防护要求表

类型区	防护要求
辽东半岛、山东半岛沙质和基岩海岸丘陵区	1. 完善防风固沙林带。沙滩面积较大的，内侧营造固沙林网，网内发展经济林木。 2. 缓坡丘陵耕地营造径流调节林，或于梯田地边埂造林。 3. 小片平原营造农田林网。 4. 丘陵地区为北方水果主要基地，营造果园地埂固埂林，丘顶营造水土保持林。 5. 山地应通过封育、造林结合，营造多树种、多层次的水源涵养林。 6. 在基岩海岸地带主要营造国防林及风景林。 7. 河滩地营造丰产用材林
辽西、冀东沙质海岸低山丘陵区	1. 沿海沙地营造防风固沙林带。 2. 滦河三角洲及其他平原营造农田林网。 3. 荒山丘陵地区营造乔灌混交的水土保持林，坡度平缓处营造经济林。 4. 结合“四旁”绿化，栽植速生用材树种
辽、津、冀、鲁渤海湾泥质海岸平原区	1. 林业与水利工程相结合，建立完善的排水淋盐沟、渠系统，修筑沿海防潮堤和御潮排水闸。 2. 沿海盐碱荒滩林业、水利、农垦统一规划，综合开发，营造农田林网为主，海堤、河堤林带及片林相结合的体系
苏、沪、浙北泥质海岸平原区	1. 对沿海海堤进行层层绿化，营造护堤林带。 2. 结合滩涂开发，营造用材林、经济林。 3. 营造农田林网，进行“四旁”绿化，与海堤、河堤林带及片林相结合
浙东南、闽东基岩海岸山地丘陵区	1. 绿化沿海荒山丘陵和已开垦农田的山地，临海一侧退耕还林，或在梯田埂种植树林。 2. 区内丘陵营造水土保持林、用材林及经济林。 3. 山地营造或封育水源涵养林，并营造多树种、多层次阔叶混交林。 4. 岬湾间、河流入海处的小片平原和沙岸营造防风固沙林带，泥岸营造防风林带，面积较大的区域应在林带内外营造林网
闽、粤、桂沙质和泥质海岸丘陵台地区	1. 沙质海岸段在滨海沙地营造防风固沙林带，在宽阔的沙滩内侧建立果园及果园林网，在小片平原营造农田林网。 2. 丘陵地带结合薪炭林、经济林、用材林等营造水土保持林，山地营造或封育多树种、多层次的阔叶混交林作为水源涵养林。 3. 该区泥质海岸段多为平原农区，沿岸多为御潮堤，堤上营造护堤林或种养草皮，堤外泥滩营造宽度40m以上的红树林防浪护堤林带。 4. 该区基岩海岸多为沿海风景旅游区，应营造风景林、国防林。 5. 西部雷州半岛、桂东合浦台地及内陆地区应结合当地橡胶园、热带作物种植园营造防风林及以桉树为主的用材林和水土保持林
珠江三角洲泥质海岸平原区	1. 沿岸泥滩营造宽度40m以上的红树林防浪护堤林带，海堤、河堤营造护堤林带，河道、大型渠道营造护岸林带，农田营造护田林网。 2. 荒山丘陵营造水源涵养林、水土保持林、用材林、经济林、薪炭林、风景林等
海南岛沙质、基岩海岸丘陵台地区	1. 根据不同的岸段情况，营造防风固沙林带，封育、营造红树林防浪护堤林带、风景林等。 2. 内陆台地，主要营造农田林网、橡胶园、水土保持林、速生用材林及热带经济林。 3. 内陆丘陵山区，主要营造水土保持林、水源涵养林、薪炭林、热带经济林

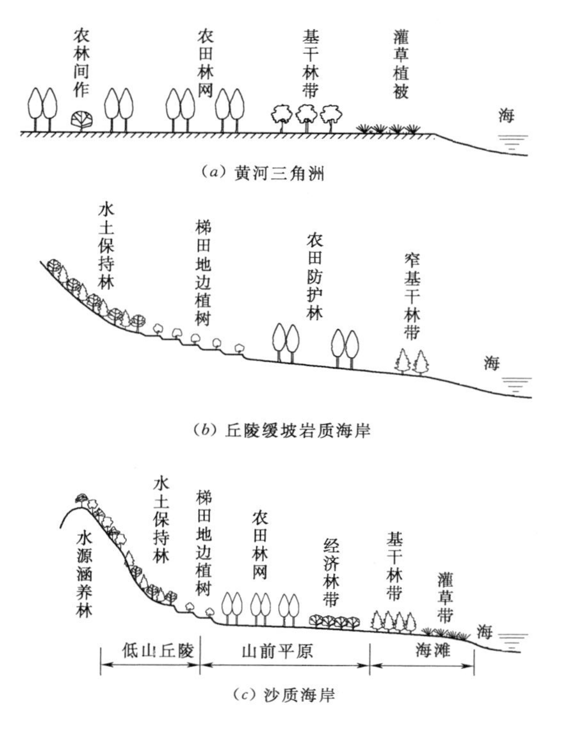

图Ⅱ.13.1-1 不同地区沿海防护林体系布局示意图

13.1.4.3 配置与设计

1. 沿海防护林树种配置

根据岸段及立地条件，沿海防护林树种选择与配置形式见表Ⅱ.13.1-25。

2. 树种选择原则及方法

(1) 防护林树种选择原则。

1) 根据造林目的选择树种。根据沿海防护林体系建设需要选择树种。基干林带外侧的灌草带以抗风沙、生物量大、沃土效果好的灌、草为主；基干林带是防护林的主要骨架，可选择生长快、抗逆性强、防护效益高的乔木树种，以豆科灌木、牧草等沃土植物为伴生树种；基干树林带内侧的片林可由乔灌草结合，适当选择一些经济效益好的树种组成混交林；农田林网可选择冠幅小、生长快的乔木树种；"四旁"植树可选择经济价值高的珍贵乔木树种。

2) 针对立地条件选择树种。沿海地区立地条件多样，不同树种的生态适应范围差异很大，每一树种都有其最适宜的分布区域，因此必须考虑不同的海岸段及其向内陆纵深扩展在立地条件上的差异以及不同地段的主要自然灾害，选择适宜的造林树种，如耐盐碱、耐水湿和抗风性强的树种。

表Ⅱ.13.1-25 沿海防护林树种选择与配置形式

海岸类型	配 置 形 式	适 用 区 域
泥质海岸防护林	杨树+刺槐、杨树+紫穗槐混交	辽宁、河北、天津、黄河三角洲等北方海岸
	绒毛白蜡+紫穗槐、绒毛白蜡+沙枣混交	
	绒毛白蜡+刺槐、小胡杨+刺槐、小胡杨+紫穗槐混交	
	柽柳+枸杞、柽柳+白刺混交	
	107杨+NAPA盐草、107杨+苜蓿、白蜡+盐草	
	中山杉+洋白蜡+红叶椿+女贞+夹竹桃	苏北、浙江等地海岸
	水杉（杨树）+红叶石楠+蚊母+海桐+栀子	
沙质海岸防护林	木麻黄+厚荚相思、大叶相思、马占相思、大叶相思、纹荚相思、毛娟相思、肯氏相思	福建、广东、广西等东南沿海地区
	木麻黄+巨尾桉、柠檬桉、刚果12号桉	
	木麻黄+湿地松、火炬松、卵果松、加勒比松	
	木麻黄+相思、桉树、松树2种以上混交林或林下套种	
	木麻黄+乌墨、池杉、竹类	
	林果复合经营如柑橘、龙眼等	
	木麻黄+红花夹竹桃、潺槁树等乡土灌木	
	黑松+麻栎混交林	山东等地海岸
	黑松+刺槐混交林	

续表

海岸类型	配置形式	适用区域
基岩海岸防护林	红楠＋普陀樟（木荷）	海岛困难立地环境
	红楠＋黄连木（枫香）	
	枫香（普陀樟）＋杨梅	
	枫香＋板栗	
	湿地松＋木荷	
	湿地松＋小叶青冈	
	普陀樟＋杨梅	

3）坚持乔灌草结合，增加生物多样性。

4）注重速生与慢生树种合理搭配。

（2）防护林树种选择方法。

1）海岸基干林带。泥质海岸选择耐盐碱、抗风性强、耐涝、易繁殖的树种；沙质海岸选择抗风沙、耐瘠薄、根系发达、固土能力强的树种；岩质海岸选择耐干旱、耐瘠薄、固土护坡能力强的树种。

2）海岸消浪林带。红树林选择抗污染、根系发达、自我更新能力强、防浪促淤、固岸护堤能力强的乔灌木红树植物种。柽柳林以乡土种为主，适当引进耐水浸、耐盐碱、抵御风暴和固岸护堤能力强的其他树种。

3）纵深防护林。造林树种选择上可参考《生态公益林建设　技术规程》（GB/T 18337.3—2001）和《造林技术规程》（GB/T 15776—2006）中的有关规定，其中农田林网选择抗海风海雾、抗病虫、耐盐碱、树体高大、生长快、冠幅小、不易风倒风折的树种；村镇绿化选择抗污染降噪能力强，具有较高观赏价值的树种或优先选用乡土树种。

3. 沿海防护林造林技术

（1）沙质海岸防护林营造。

1）沙质海岸类型与适宜树种。潮积滨海沙土主要分布在海滩的高潮线以外和潮水沟两侧，范围不宽，一般为100m至数百米。沙质滩涂的土壤质地较疏松，由于含沙量较多，透气透水性能较好，土壤含盐量也较少；泥质滩涂，其土壤淤泥黏性大，透水性差，易板结，不易脱盐，土壤含盐量比沙质滩涂高，碱性强。宜选择适应盐碱沙地生长的抗风、固沙、耐旱、耐贫瘠、耐潮汐盐渍的树种，如木麻黄、相思树、黑松、刺槐、垂柳、旱柳、臭椿、苦楝、毛白杨、白榆、桑树、梨树、杏树、紫穗槐、柽柳、红树等。

风积滨海沙土是潮积滨海沙土形成后的延续产物。沙丘高2～3m，宽7～8m，长十几米至几十米不等，分布在靠近海岸一带；垅岗状沙丘高15～20m，宽10m，长数百米不等，多为半固定沙地；丘间低地即沙丘与沙丘间连接的低矮处，沙层厚度大；平沙地在滨海沙地的内侧，地面平坦，沙层较薄，多为固定沙地；沙堆有草丛沙堆和流动沙堆两种。各类风积滨海沙土质地粗细不一，肥力也不同，宜选择不同的造林树种、草种。如沿岸沙丘沙滩，宜选择抗风蚀，耐沙割、沙埋，耐海水浸渍的木麻黄、湿地松、桉树、大叶合欢、露兜、夹竹桃、黄槿、柽柳等，或采用桉树×木麻黄、大叶合欢×木麻黄等；在山东、河北及辽西的风积滨海沙土区以刺槐、紫穗槐最适宜。福建沿海常用大叶合欢、刺桐、麻风树、黄槿、苦楝、台湾相思等树种。

残积滨海沙土的特点是上层为沙，下层为母岩，此类沙土面积不大。由玄武岩残积的沙土多数已改良开垦为农业用地，质地较细，较肥沃。可选择抗风、固沙的湿地松、桉树、相思树、大叶合欢、麻风树、龙眼、荔枝、苹果、梨等树种。

2）沙质海岸防护林栽植。沙质海岸造林密度，沙荒地、风口地段应合理密植，加大造林密度，据不同树种、不同立地条件科学确定，一般株行距为1.5m×1m、1m×1m、0.5m×1m，栽植密度为6000～20000株/hm^2。

沙荒地整地时间不宜提前，可随造林随整地。流动沙地、沙丘、沙堤等，植穴宜小，避免风蚀；固定沙地，可进行带状或大穴整地；地下水水位过高时，要深翻沙土，开沟排水，堆沙起垄，进行高垄、高台整地。结合整地可客土施肥，改良土壤肥力。

沙荒片林栽植：选择春、夏雨季造林。选用优良品种，Ⅰ、Ⅱ级壮苗或容器苗、大苗作为造林材料。

沙荒风口地段造林：采用设置挡风竹篱为主的综合治理方法、设置挡风石墙为主的综合治理方法、以先种草固沙为主的综合治理方法、以筑石堤为主的综合治理方法等造林。造林苗木应选用容器苗或大土球苗，选择雨季造林，适当密植，施足基肥，深栽踏实，搞好防护，做到1年造林，2～3年补植，4年见成效。

（2）泥质海岸防护营造技术。

1）新围海涂造林技术。对土壤含盐量和物理性状进行分析，选择耐盐碱树种。选择耐盐碱树种造林必须坚持常绿树种与落叶树种结合，乔灌结合，形成多种类、多层次、复合型防护体系。

工程技术措施：在种植前，对造林地先进行规划，做好栽前的准备工作，以防盐治盐为重点，将治盐防盐与改良土壤相结合，是盐碱地造林成功的有效途径，具体的措施有开沟筑垄、深翻深施、破除“咸隔”、整地挖穴、增施绿肥、淡水浇灌等技术手段。

营造防护林前，做好开沟、排水、洗盐等工作。开沟具有排水、排盐、排涝、防渍、调控地下水水位等多种作用，是改良盐碱土和防止土壤盐渍化的有效措施。开沟要做到小沟通大沟，大沟通河流，排水通畅，改变盐分聚集而形成盐渍、盐霜的现象，根治土壤返盐，加速土壤洗盐。筑垄有利于排水，降低地下水水位，提升种植位置，防止土壤返盐，改善苗木的根际环境，提高造林成活率，促进树木生长。

滩涂地底层有一层紧密而含盐量极高的隔离层，称为“咸隔”。清除“咸隔”，要深翻深施。在造林时，林带走向应与风向垂直，同时应做到条状、多行、多层次，林带宽度一般在 20m 以上，栽植点配置采用三角形或品字形，有利于降低风速，减轻风害。

苗木栽植要做到随起随栽。常绿树种应适当修去部分枝叶，以减少蒸腾作用。裸根苗应及时打泥浆，主根过长要适度修剪。栽植苗木时，不宜过深，四周不宜堆土过高，以减轻夏秋季干旱时土壤返盐对苗木的危害。

2）黄河三角洲造林技术。选用大苗、植苗造林可以提高苗木对盐分生境的适应性，提高造林成活率和造林效果。

根际覆盖可以采用两种材料：一是采用地膜覆盖，可保持土壤水分、抑制土壤返盐，尤其是早春增温效果明显；二是采用秸秆覆盖，覆盖厚度一般为 10～20cm，可抑制土壤返盐，增加土壤有机质含量。

种植牧草的技术适合在轻中度盐碱地上应用，方法是选用耐盐牧草（如紫花苜蓿），条带状种植于乔木行间或株间，2～3 年后将收割的牧草翻压于林木根际。重度盐碱地上不适合种植牧草，可将其他地块上收割的牧草压埋于林木根际。造林初期不适合种植牧草，最好在造林成活后开始种植。

3）北方滨海盐碱地造林技术。

a. 整地方式。泥质海岸防护林造林整地应在雨季前完成。一般可采用全面整地、开沟整地、大穴整地、小畦整地，对低洼盐碱地和重度盐碱地宜采用台（条）田整地。低洼盐碱地修筑台（条）田面宽 50～100m，沟深 1.5～2.0m，台（条）田长度与沟宽要便于排涝洗盐，然后再按设计进行穴状或带状整地。重度盐碱地应先设立防潮堤，开挖主干河道，修建排水系统，然后修筑台（条）田。一般条田宽 50m，长 100m 左右；条田沟深 1.5m 以上，支沟深 3m 以上。面积较小地块宜采用挖沟起垄（垄高 30～50cm）或修筑窄幅台田整地（一般排水沟深 1.5m，台田面宽 15～20m）。

b. 造林方法。植苗造林要浅栽平埋，植苗不要过深，根际周围要形成凹状穴，可以蓄积淡水，减轻盐分对幼树的伤害。造林前一年要先挖好坑，以便雨季蓄积淡水、冬季蓄积积雪，加速幼树周围脱盐的过程。在重度盐碱地区应采用造林穴内压沙（在台田表土 10cm 以下埋 5cm 河沙）、压秸秆或杂草（埋于台田表土 5cm 以下）、覆地膜、覆草等措施。

c. 造林密度。根据树种特性、立地条件、防护功能和经营水平的差异确定适宜的造林密度。原则上，水热条件较好的地区可比水热条件较差的地区大些，同一地区立地条件较好的地段可比立地条件较差的地段大些，灌木树种比乔木树种大些，针叶树种比阔叶树种大些，阴性树种比阳性树种大些。

滨海盐碱地造林后应及时中耕、松土，特别是透雨后中耕松土更为重要。

（3）海岛困难地造林技术。

1）基岩海岸（临海-面坡）造林技术。海岛自然条件恶劣，各山坡落叶乔木、灌木较多，造林时可沿防风带进行带状清理，块状或鱼鳞坑整地后造林。采用常绿树种造林，用 2 年或 1 年半生的口径 15cm 左右的容器苗靠壁栽植，在幼苗周围放 15g 颗粒保水剂、100g 复合肥，再覆土压实种植。用裸根苗造林时，在起苗时用保水剂加生根粉浸蘸，种植时再放入颗粒保水剂来提高造林成活率。

2）滨海沙滩造林技术。荒滩先栽植木麻黄、黑松等耐干旱树种，立地条件改善后可营造落叶阔叶树，气候条件合适的情况下，可适当套种常绿阔叶树。沙滩造林要挖大穴、填客土、施基肥，用容器苗种植时应放 10～30g 保水剂，树根覆草压沙以减少水分蒸发、降低地温，并及时进行浇水防旱。荒滩用 30cm×30cm 间距进行矩形嵌草，可减少沙土流失，有利于保水、保土、保肥。

3）滨海泥岸造技术。中、重度盐碱地造林，应用当地盐碱地培育的带土球苗木。采用深沟高畦进行整地，并降低地下水水位。造林后每年抚育2～4次，出梅时和秋季杂草结籽前要进行抚育管理。在重度盐碱土中种植的红楠出现黄化时，可选用0.5%无机铁溶液，每隔7d对叶面喷施1次，重复3～4次。

（4）红树林造林技术。

1）造林密度。造林密度针对不同树种确定。例如，桐花树造林的株行距可为0.6m×0.6m，秋茄造林株行距可为0.4m×0.8m或0.6m×1.0m。白骨壤造林初植密度以0.5m×1m或1m×1m为宜；桐花树造林合理密度为0.5m×1m或1m×1m；木榄造林密度以1m×1m为宜，在不利生境中也可用0.5m×1m的造林密度。速生树种无瓣海桑造林常用的株行距为2m×2m或2m×3m。海莲插植造林密度为1m×1m或0.5m×1m；红海榄插植造林密度为1m×1m或1.5m×1.5m。海桑、无瓣海桑、拉关木等在土壤硬实贫瘠、互花米草分布的潮滩可适当密植。

2）造林方式。红树林恢复造林的方式通常分为胚轴种植、天然苗种植、容器苗种植。

显胎生红树植物，如秋茄、木榄、红海榄等，宜通过胚轴插植法进行种植。插植时，为避免胚轴被海浪冲走，其植入的深度应在胚轴的1/3～2/3。硬实或土壤板结的情况，造林前应挖掘洞穴，海水冲刷让淤泥填满洞穴后方可造林。隐胎生红树植物，如白骨壤、桐花树等，宜通过种子播埋法，将经过催化的果实，埋入淤泥内，埋深在5～10cm。

天然苗种采用直接移植法，天然苗的根系较细，移植时容易伤到根系，影响成活率，对多数红树林种类并不适用。

3）造林季节。造林宜选在雨季进行。雨季海水盐度相对较低，此时不易受到藤壶对红树植物的危害，而影响造林成活率。通常情况下，红树林造林季节选择在春、夏季，最适宜的造林时间为5—7月。

根据不同的造林方式，适宜的造林时间也不同。胚轴或种子播种法进行造林时，秋茄的适宜时间为3月初期至5月底，木榄的最佳时间为6—7月，红海榄的最佳时间为6月下旬至8月，桐花树的最佳时间为8月上旬至9月初，白骨壤的最佳时间为8月，无瓣海桑的最佳时间为9—10月；营养袋造林，则于3—9月均可进行。

4）混交造林。根据不同的红树植物的特性和生境条件，模仿自然群落结构，采用深根系与浅根系植物混交、喜阳与耐荫植物混交、乔灌木组合等方式营造混交林，造林的同时宜满足其潮间带的生态序列。在低潮间带，种植桐花树、白骨壤、海桑、无瓣海桑等先锋树种，可提高防波消浪的效果，同时也起到保护高潮间带物种的目的。

根据我国红树林八大植物群落的特点，人工模拟自然群落结构特点进行树种混交搭配。

群落一：木榄＋海莲（角果木＋红海榄＋尖瓣海莲＋秋茄＋榄李-桐花树）。

群落二：红树＋角果木（海莲＋榄李＋木榄＋秋茄＋红茄苳-桐花树）。

群落三：秋茄＋桐花树。

群落四：桐花树（秋茄-白骨壤＋老鼠簕）。

群落五：白骨壤＋秋茄（桐花树）。

群落六：水椰（榄李＋海漆＋黄瑾）。

4. 沿海防护林的抚育管理

（1）培土扶正。在造林后1～2年内（特别是当年），每次台风大雨后对栽植幼树应及时进行培土扶正等工作，以防幼树歪斜倒伏，促进其正常生长。

（2）封禁管理。造林初期，植被稀少，幼树扎根浅，林地要实行封禁管理。一般在造林前3年，应严禁人畜进入林间，严禁割草、扒叶、挖草根、锄草、玩火、放牧等活动，以促进杂草植被繁茂与幼林共生，保护幼树健康生长。

（3）适时抚育。间伐幼林郁闭后直至成林前，对栽植密度大的幼林一般应进行3～4次的抚育间伐，以防主干徒长纤细、枝下高过长和树冠狭小。通过适时间伐，既可促使幼林高、径的正常增长，又能防止风害倒木现象发生，改善幼林生长条件。

（4）更新采伐。海岸基干林带等沿海防护林出现衰老迹象，失去防护作用时，应先规划，然后采取带状皆伐更新、隔带皆伐更新、逐带皆伐更新等方法及时抚育。

1）带状皆伐更新，即先在基干林带的内侧营造新的林带，至新林带郁闭并长到一定高度和具备防风固沙作用时，再伐去前沿林带。

2）隔带皆伐更新，即按林带排列顺序进行隔带采伐，至砍去的地方新造幼林郁闭并达到一定高度时，再伐去留下的各条林带进行更新。这种方法适合于小网格林带的更新。

3）逐带皆伐更新，即每条林带都先砍去一半进行更新，至新林郁闭并长到一定高度时，再伐去留下的一半进行更新。这种方法适合于宽度较大林带的更新。

5. 沿海防护林可选植物资源

沿海防护林可选植物资源，根据地理位置、海岸类型及立地条件进行归类，详见表Ⅱ.13.1-26和表Ⅱ.13.1-27。

表Ⅱ.13.1－26 沿海防护林可选植物资源

地 区	土壤条件	植 物 种
辽宁泥质海岸	轻度盐化土	辽宁杨、绒毛白蜡、小胡杨、刺槐、白榆、群众杨、小叶杨、新疆杨、银中杨、中林 46、旱柳、苹果、侧柏、丁香、杜梨
	中度盐化土	绒毛白蜡、小胡杨、刺槐、白榆、沙枣、枸杞、沙棘、紫穗槐、枣树
	重度盐化土	中国柽柳
河北、天津泥质海岸	轻度盐化土	洋白蜡、绒毛白蜡、刺槐、白榆、梧桐、辽宁杨、新疆杨
	中度盐化土	绒毛白蜡、刺槐、白榆、金丝小枣、珠美海棠、紫穗槐
	重度盐化土	中国柽柳
黄河三角洲	轻度盐化土	刺槐、绒毛白蜡、廊坊杨、八里庄杨、白榆、槐树、臭椿、苹果、梨、桃、葡萄、文冠果、泡桐、侧柏、合欢、杏、玫瑰、蜀桧
	中度盐化土	刺槐、绒毛白蜡、白榆、紫穗槐、金丝小枣、沙枣、枸杞、沙棘、桑树、杜梨、国槐、皂角、苦楝、杞柳、构树、垂柳、臭椿、凌霄、火炬树、木槿、桃、葡萄、文冠果
	重度盐化土	中国柽柳、白刺、单叶蔓荆
苏北泥质海岸	脱盐土	落羽杉、柳杉、水杉、池杉、榉树、紫薇、喜树、漆树、悬铃木、樟树、泡桐、麻栎、雪松、黑松、杜仲、石楠、马褂木、桂花、珊瑚、枳壳、桃、梅、李、杏、毛樱桃、柿、南酸枣、薄壳山核桃、板栗、猕猴桃、淡竹、刚竹、桂竹
	轻度盐化土	1－69 杨、1－72 杨、枫杨、圆柏、龙柏、千头柏、洒金柏、桧柏、侧柏、白榆、榔榆、垂柳、旱柳、黄连木、重阳木、丝棉木、盐肤木、毛红楝子、香椿、乌桕、臭椿、白蜡、枸杞、杞柳、女贞、君迁子、槐树、朴树、黄檀、桑树、厚壳树、合欢、海桐、大叶黄杨、复叶槭、扶芳藤、无患子、枇杷、杜梨、苹果、葡萄、乐陵小枣、核桃、银杏、无花果、石榴
	中度盐化土	刺槐、苦楝、火炬树、铅笔柏、蜀柏、紫穗槐、沙枣、芦竹
	重度盐化土	中国柽柳
浙江泥质海岸	轻度盐化土	黄樟、大叶樟、香樟、普陀樟、舟山新木姜子、湿地松、罗汉松、水杉、池杉、月季、金焰绣线菊、垂丝海棠、碧桃、樱桃、红楠、红叶石楠、红叶李、梨、常绿白蜡、日本女贞、小叶女贞、白三叶、紫荆、香花槐、金合欢、金叶瓜子黄杨、大叶黄杨、杨树、金丝垂柳、榉树、珊瑚朴、重阳木、算盘子、蓝果树、喜树、北美薄壳山核桃、黄山栾树、青桐、杜仲、全缘冬青、苦槠、蚊母树、栀子、金边六月雪、侯爷石斑木、芙蓉菊、胡颓子、花叶蔓长春花、枇杷、柑橘、丝棉木、枣树、桤木、木芙蓉、紫薇、石榴、柿、醉鱼草、多花黑麦草、麦冬
	中度盐化土	白蜡、绒毛白蜡、洋白蜡、女贞、中山杉、东方杉、墨西哥落羽杉、龙柏、桧柏、侧柏、柏木、田箐、紫花苜蓿、国槐、金合欢、刺槐、无花果、构树、桑树、金丝垂柳、苦楝、石榴、无患子、黄连木、乌桕、臭椿、椤木石榴、棕榈、白哺鸡竹、凤尾兰、海桐、火棘、滨柃、香椿、白榆、银杏、单叶蔓荆、木槿、锦带花、结缕草、高羊茅
	重度盐化土	海滨木槿、夹竹桃、紫穗槐、柽柳、旱柳、石楠、弗吉尼亚栎、蜡杨梅、红千层、滨柃
山东沙质海岸		黑松、火炬松、刚松、刚火松、侧柏、刺槐、绒毛白蜡、火炬树、柽柳、紫穗槐、单叶蔓荆、毛鸭嘴草、筛草、麦冬
福建、广东等东南沿海省份沙质海岸	海岸基干林带	木麻黄
	海岸风口沙地	木麻黄、厚荚相思、纹荚相思、马占相思
	滨海后沿沙地	巨尾桉、刚果 12 号桉、厚荚相思、纹荚相思、马占相思、柠檬桉、毛娟相思、大叶相思、湿地松、肯氏相思、火炬松、卵思松、加勒比松

续表

地 区	土壤条件	植 物 种
浙江基岩海岸	海岛困难立地环境	乔木：黄连木、山合欢、黄檀、冬青、全缘冬青、铁冬青、女贞、楝树、榔榆、乌桕、柏木、化香、赤皮青冈、木荷、青冈、紫弹树、舟山新木姜子
		灌木：柃木、滨柃、蜡子树、野梧桐、栀子、紫穗槐、日本女贞、海桐、紫薇、紫荆、南天竹、夹竹桃、绿叶胡枝子、单叶蔓荆、海滨木槿、木槿、刺柏、厚叶石斑木
		藤本：爬山虎、薜荔、络石、扶芳藤、石岩枫、海风藤
辽东、山东半岛基岩海岸		黑松、刺槐、白榆、麻栎、栓皮栎、油松、侧柏、辽东栎、紫椴、枫杨、赤松、落叶松、旱柳、毛白杨、沙兰杨、北京杨、加杨、楸树、香椿、臭椿、国槐、板栗、核桃、苹果、山楂、紫穗槐、胡枝子、黄栌
浙南、闽北基岩海岸		木麻黄、落羽杉、池杉、水杉、香椿、臭椿、朴树、檫木、喜树、樟树、苦楝、鹅掌楸、刺槐、泡桐、白玉兰、乌桕、黑松、柏木、柳杉、杉木、板栗、银杏、文旦、柑橘、桂花、麻栎、栓皮栎、马尾松、枫香、木荷、黑荆树、米槠、苦槠、青冈、红楠、闽楠、丝栗栲、格氏栲、胡枝子、山苍子、杨梅

表Ⅱ.13.1-27　红树林宜林地可选树种参考一览表

造林区	高 潮 带	中潮带	低潮带
热带区	海莲、木榄、角果木、海漆、木果楝、榄李、水椰、红榄李、拉关木、黄槿、水黄皮、海芒果、杨叶肖槿、银叶树、玉蕊、卤蕨	红海榄、红树、秋茄、瓶花木、海桑、无瓣海桑、海南海桑	白骨壤、桐花树、老鼠簕
泛热带区	木榄、角果木、海漆、榄李、拉关木、杨叶肖槿、黄槿、水黄皮、海芒果、银叶树、卤蕨	红海榄、秋茄、海桑、无瓣海桑	白骨壤、桐花树、老鼠簕
南亚热带区	木榄、海漆、拉关木、黄槿、水黄皮、杨叶肖槿、海芒果、卤蕨	秋茄、老鼠簕、无瓣海桑	白骨壤、桐花树
北扩区	黄槿	秋茄	桐花树

13.1.4.4 案例

1. 设计区域

大角山海滨公园位于广州虎门水道与凫洲水道交汇处，属于围垦滩涂地，区内土壤为滨海盐渍沼泽土。地处南亚热带海洋性季风气候区，属亚热带海洋气候。公园规划总面积约79hm^2，公园内包括湿地景区、文化园景区、海心沙景区和滨海景区。

为了建立一个生态功能完善、生物学稳定、可持续发展、景观协调的红树林生态系统，结合观光、旅游、娱乐、休闲的公园整体设计目的，确定了内湖湿地景区营造红树林小岛，形成由众多的大、小岛屿和蜿蜒的水道组成的变幻多端、极富亚热带风貌的湿地丛林景象；滨海景区则结合护岸工程，红树林种植于护岸外侧的滩涂之上，形成保护公园的第二道堤防，同时营造清波荡漾、有水鸟展翅其间又有鱼虾繁衍栖息的"海上森林"奇特景观。

2. 红树林的布局及设计

大角山海滨公园红树林设计共两处，一处位于内湖湿地景区，一处位于滨海景区。内湖湿地景区设计时考虑到公园外围已有护岸和水闸保护，内湖主要为游人提供划船或游艇等游玩内容，设计为诸多红树林小岛，单纯用于造景，未涉及防护功能。

滨海景区红树林种植于护岸堤防外侧，设计范围原地貌即为滩涂用地，涨潮时被淹没，退潮时露出淤泥，潮差最大约2m，潮间带面积宽广，是一处十分理想的红树林种植区。设计过程中，结合公园整体设计布局需求，对部分地段进行了开挖，扩大了适宜种植面积。滨海区红树林设计总面积为1.3hm^2。项目选用的红树林植物有无瓣海桑、海桑、秋茄、桐花树、榄李、木榄、老鼠簕。树种布局按照每个红树林植物各自的生态习性及所能接受的潮汐规律进行设计，共分成3个片区：上潮带、中潮带和下潮带。上潮带分布老鼠簕、海桑、无瓣海桑和桐花树，中潮带分布海桑、无瓣海桑、秋茄、桐花树和木榄，下潮带分布秋茄、木榄和榄李。

3. 设计理念

红树林防护功能定位：红树林的防护效果要在成林后方可显现，而成林时间至少需要3～5年甚至更长。同时，红树林的生长存在自然更替和受自然环境影响较大的情况，防护效果不是固定不变的。防洪要求是极其严谨的，因此红树林防护只能作为辅助防护，而不能替代护岸工程的某一个部位。

在护岸的六角形预制混凝土框和生态袋上面种植近水草种香根草及护坡树种黄槿。将原来硬质的砌石护坡变成了绿色生态护坡。通过护坡植物过渡到外侧的红树林，自然和谐，护岸与红树林融为一体，真正意义上实现了红树林生态景观型护岸的营造。

对于护岸坡脚抛石占用红树林种植区的问题，采取了降低抛石高程，在抛石完成面上再覆盖海泥40cm厚种植红树林的处理方法。

4. 抚育管理

（1）由于海滩环境条件恶劣，加上沿海地区的捕捞活动频繁，造成大量的红树幼苗受破坏而不能保存下来。因此，要在红树幼苗缺损的地方进行适当补植，以提高红树幼苗的保存率。

（2）适当密植，这样既使部分苗木受到破坏而死亡，也使适量红树幼苗保存下来，达到最终的造林目标。速生树种无瓣海桑的初植规格应为9株/m^2，慢生的秋茄、木榄和红海榄的初植规格应为24株/m^2、36株/m^{2}或更密。

（3）根据在不同造林地点各种红树幼苗的生长情况，选择适宜的树种进行扩大种植，拓宽种植带。还应考虑扩植地点的交通条件，交通便利的地方，可以适当增加种植数量，便于以后对红树幼苗进行维护管理。

13.1.5 护岸护滩林

13.1.5.1 定义与作用

护岸（堤、滩）林是沿江河岸边或河堤配置的防护林，主要作用是调节水流流向，抵御波浪、水流侵袭与淘刷。一般包括护岸林、护堤林和护滩林。

13.1.5.2 适用范围

无堤防的河流：河流两岸应营造护岸林，利用乔灌木的根系巩固河岸。

有堤防的河流：河流两岸的堤防上及其靠近堤防的地带，应营造护堤林，以保护河堤免受水流的冲刷和风浪的打击。

河漫滩发育较大的河流：河漫滩应营造护滩林，缓洪挂淤，以保护河床稳定。

13.1.5.3 设计要点

1. 技术要点

（1）护岸林。当河身稳定，有固定河床时，护岸林可靠近岸边进行造林；当河身不稳定时，河水经常冲击滩地，可在常水位线以上营造乔木林，枯水位线以上营造乔灌混交林；当河流两岸有陡岸不断向外扩展时，可先做护岸工程，然后再在岸边进行造林，或者在岸边留出与岸高等宽的地方进行造林。

护岸林的宽度：主要根据水流的速度，确定宽度一般为10～60m，采用（0.75～1.0）m×（1.0～1.5）m的株行距；林带宜采用复层混交林，在靠近水流的3～5行应选用耐水湿的灌木，其他的可采用乔灌木混交类型。

（2）护堤林。靠近河身的堤防，应将乔木林带栽植于堤防外平台上。在堤顶和内外坡上宜营造灌木，充分利用灌木稠密的枝条和庞大的根系来保护和固持土壤。

护堤林带的宽度：护堤林带应距堤防坡脚5m以外，防止根系穿堤，株行距宜为（0.75～1.0）m×（1.0～1.5）m。当堤防与河身有一定距离时，在堤外的河滩上，距堤脚5m以外，营造10～30m平行于堤防的护堤林带，在靠近河身一侧，可栽植几行灌木，以缓流拦沙，防止破坏林带和堤防，条件允许时，在堤防内侧平台栽植10～20m宽的林带，护堤林带应采用乔灌木混交的复层林。

（3）护滩林。一般应采用耐水湿的乔灌木，垂直于水流方向成行密植，行距1m，株距0.3～0.4m。当滩地造林地段顺水流方向较长时，可营造雁翅形护滩林，如图Ⅱ.13.1-2所示，顺着规整流路所要求的导流线，与水流方向呈45°角，依次每隔10～20m进行带状造林，每带5～10行，株距宜小，约0.5m，行距1.0～1.5m。这种配置方式称为雁翅形护滩林。

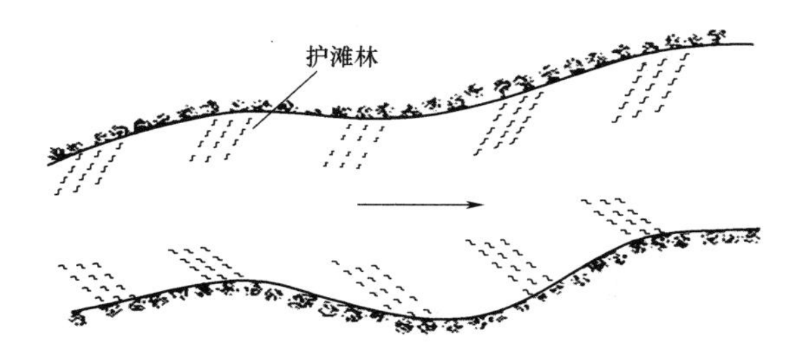

图Ⅱ.13.1-2 雁翅形护滩林配置图

2. 树种选取

护岸（堤、滩）林带的造林树种应具有耐水淹、耐淤埋、生长迅速、根系发达、萌芽力强、易繁殖、耐旱、耐瘠薄等特性。另外，应考虑树种的经济价值及兼用性。树种选择因素有生态特性、生物学特性、经济特性和功能作用等。护岸林主要适宜树种见表Ⅱ.13.1-28。

表Ⅱ.13.1-28　　护岸林主要适宜树种表

区 域	主要造林树种
东北区	落叶松、樟子松、云杉、油松、柳、色木、糖槭、白榆、蒙古栎、白城杨、小黑杨
三北风沙地区	落叶松、云杉、侧柏、白榆、白蜡、桑、大叶榆、复叶槭、糖槭、臭椿、悬铃木、胡杨、灰杨、旱柳、河北杨、小青杨、新疆杨、箭杆杨、银白杨、二白杨、槐树
黄河上中游地区	油松、华山松、华北落叶松、杜松、白皮松、云杉、侧柏、榆树、杜梨、文冠果、槲树、榛、茶条槭、丁香、山杏、刺槐、泡桐、臭椿、麻栎、栓皮栎、槲栎、白榆、大果榆、蒙椴、旱柳、毛白杨、河北杨、青杨、楸树、槭树、红桦
华北中原地区	油松、赤松、华山松、云杉、冷杉、麻栎、栓皮栎、槲栎、蒙古栎、白桦、色木、桦树、山杨、槭树、椴树、柳树、刺槐、槐树、臭椿、泡桐、黄栌、毛白杨、青杨、沙兰杨、旱柳、漆树、盐肤木、白檀、八角枫、天女木兰
长江上中游地区	柳杉、水杉、池杉、欧美杨、响叶杨、滇杨、柳树、樟树、楠木、刺槐、乌桕、桉树、丛生竹、枫杨
中南华东（南方）地区	金钱松、水杉、池杉、落羽杉、欧美杨、毛白杨、楸树、薄壳山核桃、枫杨、苦楝、白榆、国槐、乌桕、黄连木、檫木、栾树、梧桐、泡桐、枣树、喜树、香樟、榉树、垂柳、旱柳、柳树、银杏、杜仲、毛竹、刚竹、淡竹、木麻黄、窿缘桉、杞柳、合欢
东南沿海及热带地区	湿地松、加勒比松、黑松、木麻黄、窿缘桉、巨尾桉、尾叶桉、赤桉、刚果桉、台湾相思、大叶相思、马占相思、粗果相思、银合欢、勒仔树、露兜类、红树类

注　引自《生态公益林建设　技术规程》（GB/T 18337.3—2001）。

13.1.5.4　案例

1. 工程简况

洪湖东分块分蓄洪区新滩口泵站保护堤为2级堤防，全长1.2km，堤顶高程为32.48m，堤顶宽8m，堤顶公路宽6m，采用混凝土路面，堤身内外边坡比为1∶2，采用草皮护坡，外平台高程为26.98m，内平台高程为26.48m，内、外平台宽均为20m。

2. 造林设计

（1）树种选择。堤防平台绿化措施一般应采用乔灌木混交林，以便尽快发挥水土保持效益，但由于该工程的特殊性，相对矮小的灌木在蓄洪的情况下将会死亡。因此，选择根系发达、耐水淹的水杉进行造林。

（2）工程整地。整地方式为穴状整地，规格为60cm×60cm×60cm。

（3）种植密度。外平台护堤林，株行距为1m×1m，三角形配置；内平台护堤林，株行距为1m×1m，正方形配置。

（4）种植方法。造林季节选在春季，栽植深度一般以超过原根系5～10cm为准，栽植时注意“三填、两踩、一提苗”的技术要领。

（5）抚育管理。造林后应根据其生长情况及时松土、除草、修枝、防治病虫害等，抚育管理分3年进行，第一年抚育2次，第二年、第三年各抚育1次。

水杉护堤林造林图式如图Ⅱ.13.1-3所示。

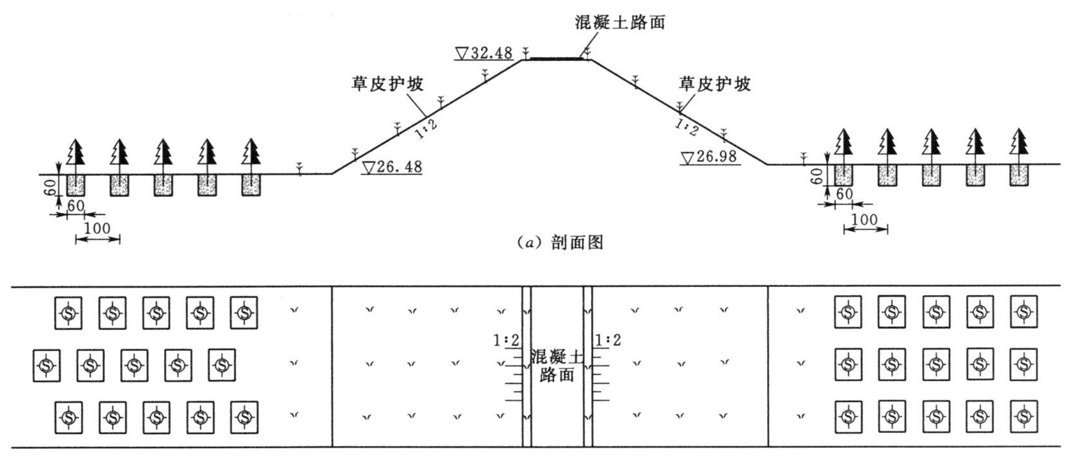

图Ⅱ.13.1-3　水杉护堤林造林示意图（高程单位：m；尺寸单位：cm）

13.2 水土保持经济林

13.2.1 定义与作用

经济林是以生产果品、食用油料、饮料、调料、工业原料和药材等为主要目的的林木。水土保持经济林（又称为水土保持经果林）是指在水土流失地类采用水土保持技术措施营造的可有效控制水土流失并生产果品、食用油料、饮料、调料、工业原料和药材等林特产品的经济林木。

13.2.2 南方地区造林

13.2.2.1 经济林分区及主要树种

根据何方1999年对我国经济林栽培的区划结果，摘选其中南方经济林的区划结果，具体的经济林栽培分区见表Ⅱ.13.2-1。

表Ⅱ.13.2-1　　南方经济林栽培分区

南方经济林栽培分区
Ⅳ　北亚热带
Ⅳ$_{1}$　四川盆地北缘山地工业原料亚区落叶栎类、栓皮栎、漆树、油桐、核桃、板栗、茶叶等
Ⅳ$_{2}$　甘肃南端丘陵山地木本油料亚区油桐、乌柏、栓皮栎、棕榈、杜仲、柿子、茶树、花椒、枣、核桃、漆树。天然竹类有淡竹、慈竹。曾引种油橄榄、毛竹。局部地区还可以栽培柑橘
Ⅳ$_{3}$　陕南秦巴山地木本油料及工业原料亚区核桃、普通油茶、油橄榄、黄连木、水冬瓜、乌柏、油桐、板栗、柿子树、漆树
Ⅳ$_{4}$　湖北木本油料及干鲜果亚区油茶、油桐、乌柏、板栗、柿子、杜仲、厚朴、银杏、柑橘、桃、李、茶叶、蚕桑等。安陆银杏、罗田甜柿、板栗全国著名
1　鄂东北低山丘陵小区
2　鄂东北山地丘陵小区
3　江汉平原小区
Ⅳ$_{5}$　豫南低山丘陵干鲜果品亚区油茶、油桐、板栗、枣、厚朴、杜仲、苹果、梨、桃、李等
Ⅳ$_{6}$　皖中丘陵平原干鲜果品亚区油茶、油桐、乌柏、桑、杜仲、厚朴、板栗、青檀、山苍子、茶等。金寨板栗，六安茶全国有名
Ⅳ$_{7}$　苏中低丘平原干鲜果品亚区主要是生态防护林
Ⅴ　中亚热带
Ⅴ$_{1}$　苏南宜溧低山丘陵鲜干果桑茶亚区枇杷、杨梅、柑橘、板栗、银杏、桑、茶。油桐、毛竹、美国山核桃、乌柏
Ⅴ$_{2}$　皖南山地丘陵干鲜果桑茶亚区青檀、板栗、山核桃、茶叶、桑蚕、油茶、油桐、乌柏、银杏、棕榈、山苍子、杜仲、厚朴、三桠、枇杷、猕猴桃等
Ⅴ$_{3}$　浙江鲜干果桑茶亚区油茶、油桐、乌柏、枇杷、杨梅、厚朴、柑橘、香榧、山茱萸、棕榈、银杏、漆树、山核桃等
1　浙北平原小区
2　浙西中山丘陵小区
3　浙东盆地低山丘陵小区
4　浙中丘陵盆地小区
5　浙南中山小区
6　沿海半岛、岛屿丘陵平原小区
Ⅴ$_{4}$　闽中-闽北干鲜果茶与木本油料亚区油茶、油桐、油橄榄、乌柏、板栗、锥栗、厚朴、漆树等
Ⅴ$_{5}$　鄂东南低山丘陵木本油料及果茶亚区油茶、油桐、板栗、银杏、杜仲、柑橘、桑、茶等
Ⅴ$_{6}$　江西木本油料、茶及果茶亚区油茶、油桐、千年桐、乌柏、板栗、樟树、竹类等
1　赣北低山平原小区
2　赣中丘陵高岗小区
3　赣南低山丘陵小区
Ⅴ$_{7}$　湖南木本油料及干鲜果亚区油茶、油桐、乌柏、湖南山核桃、板栗、枣树、银杏、杜仲、厚朴、毛竹、水竹、茶叶等
1　湘西北山地丘陵小区
2　湘北滨湖平原小区
3　湘中丘陵岗地小区
4　湘西南山地丘陵小区
5　湘南山地丘陵小区
Ⅴ$_{8}$　粤北山地丘陵木本油料、果茶亚区油茶、油桐、千年桐、山苍子、松脂、板栗、南华李、枣树、茶叶、蚕桑等
Ⅴ$_{9}$　桂北低山丘陵木本油料、果茶亚区油茶、油桐、银杏、柑橘、柚、板栗等
Ⅴ$_{10}$　贵州木本油料及工业原料林亚区油桐、油茶、核桃、乌柏、木姜子、山苍子、板栗、柿、漆树、五倍子、栓皮栎、棕榈、杜仲等

续表

1 黔东低山丘陵小区 2 黔中山原小区 3 黔北中山峡谷小区 4 黔南低中山峡谷小区 5 黔西高原中山区 Ⅴ11 云南（中亚热带）木本油料、果、茶及工业原料林亚区核桃、野核桃、油桐、油茶、乌桕、漆树、松脂、竹类、板栗等 Ⅴ12 四川木本油料、果、茶及工业原料林亚区油桐、白蜡、花椒、咖啡、紫胶等 1 川东盆地小区 2 川东盆地边缘山地小区 3 川西南山地小区
Ⅵ 南亚热带 Ⅵ1 闽东南沿海丘陵果、茶亚区香蕉、荔枝、龙眼、柑橘等 Ⅵ2 台北台中低山丘陵果、茶亚区柑橘、香蕉等 Ⅵ3 粤中丘陵台地果、茶、桑亚区柑橘、橙、荔枝、龙眼、香蕉、番石榴、杨桃、木瓜、芒果等 Ⅵ4 桂中低山丘陵木本油料、干鲜果、茶亚区油桐、油茶、山苍子、柑橘、柚、橙、猕猴桃、板栗等 Ⅵ5 桂南丘陵台地鲜果、香料亚区荔枝、龙眼、香蕉、芒果、黄皮果、柑橘、八角、肉桂等 Ⅵ6 滇中南低山丘陵果、茶及工业原料林亚区香蕉、茶叶、八角、紫胶等
Ⅶ 北热带 Ⅶ1 台南丘陵台地果、茶亚区香蕉、龙眼、芒果、木瓜、咖啡、胡椒、山地茶叶等 Ⅶ2 雷州低丘台地果、胶、香料亚区桉树、香蕉、椰子、咖啡、龙眼、芒果、荔枝、大蕉、木菠萝等 Ⅶ3 琼北低丘台地橡胶、果及饮料亚区橡胶、椰子、胡椒、香蕉、龙眼、芒果、咖啡等 Ⅶ4 滇南中地山台地胶、果亚区橡胶、咖啡、槟榔、木菠萝、红毛丹、香蕉、荔枝、龙眼、芒果、版纳柚、茶等
Ⅷ 中热带 Ⅷ1 琼南台陵台地胶、油料、果亚区橡胶、槟榔、腰果、椰子、油棕、胡椒、香蕉、龙眼等 Ⅷ2 东沙、中沙、西沙群岛亚区难以发展经济林

注 节选自《中国经济林栽培区划》，何方编著，2000年中国林业出版社。

13.2.2.2 主要树种的特性及造林技术要求

由于本手册《专业基础卷》中已经详细阐述了经济林的常规造林及管理技术措施，因此，本节只列出南方主要经济林树种的生物生态学特性及具体的苗木种类和造林密度，具体内容见表Ⅱ.13.2-2。

表Ⅱ.13.2-2 南方主要经济林树种的生物生态特性及造林技术要求

树种	拉丁名	生 态 习 性	苗 木 规 格	苗木繁殖及造林方式	造林密度或株行距
银杏	*Ginkgo biloba*	1. 喜水怕涝。 2. 1年生幼苗怕强光，注意遮阴。 3. 土壤以中性偏酸性为宜	苗木培育中，选择树冠高大、颗粒饱满、80年左右的母树的种子育苗；扦插从壮龄母树根蘖苗挖取直径1～4cm的半边带根的萌枝条；嫁接选择盛果期健壮枝条为插穗，采用劈拦法接在实生苗上	苗木繁殖：实生苗、嫁接苗、扦插苗和根蘖苗。 造林：植苗造林	3m×4m或3m×2m
核桃	*Juglans regia Linn.*	1. 深厚土壤，喜钙，要求土壤结构疏松。 2. 耐湿热，不耐干冷。 3. 喜光。 4. 喜温。温度超过38～40℃时，果实易受日灼伤害	播种苗木选择苗龄1年生左右，生长高度为48～70cm，地径为1.14～1.45cm，根系粗壮，无病虫害，不失水的优质苗木	苗木繁殖：实生苗、嫁接苗。 造林：植苗造林	土层深厚6m×8m或8m×9m；土层薄5m×6m或6m×7m；果粮长期间作7m×14m或7m×21m

续表

树种	拉丁名	生态习性	苗木规格	苗木繁殖及造林方式	造林密度或株行距
板栗	*Castanea mollissima*	1. 对土壤要求不严格，但对碱性土壤特别敏感。 2. 较耐旱，耐涝。 3. 喜光，忌荫蔽	播种苗木选择苗龄1年生左右，生长高度为4080cm，地径为0.6～0.9cm，色泽正常，充分木质化的优质苗木	实生植苗造林、嫁接	间伐园栽植密度为840～1650株/hm^2
香椿	*Ailanthus altissima* (*Mill.*) *Swingle*	1. 喜湿怕涝。 2. 根系发达，以深厚肥沃的砂壤土为好，对土壤pH值要求不严	播种苗木选择苗龄1年生左右，生长高度为1.2m，地径为1.2cm左右，色泽正常，充分木质化的优质苗木	苗木繁殖：播种育苗、无性繁殖育苗。 造林：植苗造林	30000株/hm^2；单栽采用大小行种植，小行距1m，大行距2m，株距0.2m。丛栽行距2m，丛距1m，每丛3～5株，每公顷15000～24000株
柿树	*Diospyros kaki*	1. 喜温暖又耐寒。 2. 耐旱，一般降水量在450mm以上，不需浇灌。 3. 喜光，宜选择避风向阳处种植。 4. 对土壤质地要求不严格	苗高0.8～1.4m，直径为0.7～1.0cm，根系发达、无损伤	育苗：嫁接、扦插、播种。 造林：植苗造林	初期密植，2m×3m或2m×2.5m，封行后逐步间伐
山楂（红果）	*Crataegus L.*	1. 适应范围广，能耐低温和高温。 2. 喜光性强。 3. 干旱季节给予适当的灌水	嫁接苗木	苗木繁育：嫁接苗。 造林：植苗造林	适宜的株行距为4m×4m或2.5m×4m；计划密植可再密1倍
苹果	*Malus sieversii* (*Led.*) *Roem.*	1. 平均温度在7.5～14℃的地区都可以栽植。 2. 生长期有540mm以上的降水量。 3. 喜光。 4. 土层深厚，排水良好，含充足有机质，微酸性到中性，通气良好的土壤	苗木高度以1～1.3m为宜，地径以0.8～1.0cm为宜，且根系发达，有较多的侧根和须根，分布均匀，根系不失水或少失水	苗木繁育：嫁接苗。 造林：植苗造林	中冠果园株行距为(3～4)m×(5～6)m，山地可密些，肥沃平地可稀些。小冠密植株行距为(1.5～3)m×(3～5)m
桃	*Amygdalus L.*	1. 南方桃适宜12～17℃；耐寒果蔬。 2. 喜光。 3. 浅根系，对水分敏感，根系生长期呼吸旺盛最怕水淹。 4. 土层深厚、排水良好的沙质土壤。土壤pH值为5.5～6.5，呈微酸性	选用品种正确、根系发达、细根多、苗干粗壮、有5～7个饱满芽、无病虫害的壮苗	苗木繁育：嫁接苗为主。 造林：植苗造林	株行距为2m×(5～6)m

续表

树种	拉丁名	生态习性	苗木规格	苗木繁殖及造林方式	造林密度或株行距
花椒	*Zanthoxylum L.*	1. 喜温不耐寒，年均温在7～17℃。 2. 强喜光树种。 3. 抗旱性强，以降水量600～1000mm，空气湿度以65%～70%为宜。 4. 土壤适应性强，根系喜肥好气，以疏松、透气、肥沃的砂壤土和中性土为宜，pH值6.5～8.0范围生长良好，喜钙	播种苗木选择苗龄1～1.5年生，生长高度为40～55cm，地径为0.5～0.6cm，色泽正常，充分木质化的优质苗木	苗木繁育：种子、嫁接、压条、扦插等方式。 造林：植苗造林	株行距为1.5m×2m，密度为3300株/hm²；株行距为2m×3m，密度为1650株/hm²；株行距为3m×4m，密度为825株/hm²
油桐	*Vernicia fordii* (*Hemsl.*)	1. 阳性树种，喜温、喜光、喜水，但又不耐水湿。 2. 喜钙，在土层深厚、中性或微酸性的褐色土壤上生长最好。 3. 忌风，不宜种植在风口之处	播种造林：霜降前后，果实开始呈黄铜色或褐色时采收种子。 植苗造林：选取顶芽饱满，高度为90～120cm，径粗1.5～2.0cm的苗木	苗木繁育：实生苗，嫁接苗。 造林：直播造林和植苗造林为主	1. 播种造林：穴播，每穴2粒，覆土5～7cm，种子不能直接播在肥料上。 2. 植树造林：穴状整地，40cm×40cm×40cm；株行距为(3～4)m×(3～4)m，不同品种会有差异
石榴	*Punica granatum Linn.*	1. 喜暖畏寒，生长期要求积温在3000℃以上。 2. 喜光，不怕强烈日晒，生长期要求日照时数在1100h以上。 3. 较耐干旱瘠薄，不耐涝，但在生育季节需要充足水分。 4. 对土壤酸碱度适应范围大，耐盐能力强	选择苗高1.3m左右，地径粗超过1cm左右的优质苗木	苗木繁育多采用扦插、分株、压条和嫁接等。 造林：植苗造林	平地株行距为3m×4m，密度为825株/hm²；山地株行距为2m×3m，密度为1650株/hm²
茶树	*Camellia japonica L.*	1. 喜漫射光，合理密植、人工灌溉、遮阴。 2. 中、小叶种比大叶种更耐寒。 3. 年降水量在1500mm左右，若出现干旱，必须灌水或覆草，结合施肥来调节土壤湿度；空气相对湿度在80%以上为宜。 4. 土壤呈酸性反应，pH值为4.0～6.5，无积水、地下水位低、土壤疏松、通气良好的壤土或砂壤土最适宜。 5. 一般种于山地和丘陵地，坡度不超过30°的阳坡为宜	无性系茶苗地上部高度不低于20cm；根系生长正常，侧根数不少于2条，每个侧根长度不短于4cm；主茎至基部15cm处呈棕褐色、木质化；无检疫性、危险性病虫害如茶根结线虫、茶饼病等寄生	苗木繁育：扦插、播种。 造林：植苗造林	单行条列式，行距为1.4～1.6m，丛距为25～33cm，每丛2～3株比较合理，种植密度为45000～90000株/hm²

续表

树种	拉丁名	生态习性	苗木规格	苗木繁殖及造林方式	造林密度或株行距
猕猴桃	*Actinidia Lindl*	1. 喜湿润，不耐干旱，也不耐积水，在阴湿多雾雨、年降水量800mm以上，相对湿度70%以上的地区，生长较好。 2. 土层深厚、疏松、肥沃、排水和保水性好的腐殖质土和冲积土，在森林土、黑土、砂壤土上生长正常。在有效土层50cm以上、偏酸性至中性土壤上生长较好，偏碱性土壤上生长不良。 3. 耐荫、喜光、怕暴晒，宜栽植在有光照、较阴凉的地方	选择生长健壮、无病虫害、根系发达的苗木，雌雄苗木比例合适	苗木繁殖：种子、嫁接繁殖。 造林：植苗造林	株行距一般为3m×(3～4)m，4m×(4～5)m，穴状整地，1m见方，槽宽1m以上，深60cm以上
油茶	*Camellia oleifera Abel.*	1. 根系发达，喜酸、喜光。 2. 幼苗耐荫，pH值4.5～6的酸性红壤上生长良好	实生苗苗龄为1年生左右，苗高为15～25cm，地径为0.25～0.3cm，主根发达，侧根均匀，侧根数量为4～5；嫁接苗苗龄为0.2～1.8年生，苗高为25～40cm，地径为0.3～0.4cm，主根发达，侧根均匀，侧根数量为4～5；扦插苗苗龄为0～1.5年生，苗高为25～40cm，地径为0.3～0.35cm，主根发达，侧根均匀，侧根数量为3～5；容器苗苗龄为0.2～0.8年生，苗高为10～15cm，地径为0.2～0.25cm，主根发达，侧根均匀	苗木繁殖：实生苗、嫁接、扦插等。 造林：植苗造林	900～1800株/hm²，株行距为(2.0～2.5)m×3m
杜仲	*Eucommia ulmoides Oliv.*	1. 对温度的适应幅度较宽。 2. 在降水量450～1500mm的范围内能正常生长，有一定的耐涝性，但苗木耐涝性较差，注意排水。 3. 喜光，要求严格。 4. 对土壤适应性很强	育苗以种子繁殖为主。苗高为80cm，地径为0.6～0.8cm以上	苗木繁育：实生苗。 造林：植苗造林	挖穴规格为70cm×70cm×70cm，株行距为1.5m×2m或2m×(2～3)m
八角	*Illicium verum Hook. F*	1. 不同发育阶段光要求不同，生态幅窄，低山丘陵的谷地、山脚，比较郁闭，阴性。 2. 适温性较强，喜冬夏凉、耐荫，年均气温19～23℃为好。 3. 水分要求高，年降水量1200～2800mm，相对湿度80%以上。 4. 需足够的土壤水分和养分，土层深厚、腐殖质含量高、疏松湿润、通风透气、结构好；嫌钙性。 5. 浅根性，避风栽植。 6. 海拔在500～1000m，10°～30°的阳坡、半阳坡栽植	一年生苗高为30～40cm，地径为0.4～0.5cm；二年生苗高为45～60cm，地径为0.8cm以上	苗木繁殖：实生苗较为普遍，嫁接苗。 造林：植苗造林	果用林：株行距为2.5m×5m(900株/hm²)；株行距为3m×5m(660株/hm²)或4m×5m(495株/hm²)。 叶用林：株行距为1m×1.7m(5876株/hm²)或株行距为1.32m×1.32m(5733株/hm²)

续表

树种	拉丁名	生态习性	苗木规格	苗木繁殖及造林方式	造林密度或株行距
漆树	*Toxicodendron*	1. 对土壤的适应性很强，一般偏酸（pH值6.0～7.0）的沙质土生长最好。 2. 年均温在11～18℃。 3. 年降水量约600mm以上，但以降水量800～1200mm，空气相对湿度70%～84%最适宜。 4. 喜光，不耐庇荫，喜背风向阳、光照充足，温和而又湿润	一年生播种苗苗高为60～90cm，地径为0.6cm以上，侧根数量较多	苗木繁育：播种育苗和根茎育苗和嫁接育苗。 造林：植苗造林	一般大木漆1200株/hm^2，小木漆1800株/hm^2
橡胶树	*Hevea brasiliensis*	1. 20～30℃适宜。 2. 年降水量在1500mm以上为宜。 3. 合理密植获得合适的光照。 4. 喜土层深厚（100cm以上）、pH值中性或含钙质、排水良好而又保水力强的土壤，以季雨林下砖红壤为最好。 5. 对风的适应力较差	带干过冬芽接桩以萌动芽长1～3cm为宜，一般不宜超过5cm。而袋袋芽以长到1～2个篷叶为宜	苗木繁育：播种育苗。 造林：植苗造林	初植420～520株/hm^2；成龄时300～375株/hm^2；株行距为(3～4)m×(8～10)m定穴。穴的规格为80cm×80cm×80cm

13.2.2.3 案例

膏桐（*Jatropha curcas L.*）又名麻疯树、小桐子（四川）、臭桐树（贵州）、黄肿树（广东）、芙蓉树、假花生（广西），为大戟科麻疯树属半肉质落叶小乔木或大灌木。原为药用栽培植物，现为生物质能源栽培植物。原产于美洲，现广泛分布于亚热带及干热河谷地区，我国主要分布在南方的云南、四川、贵州、广东、广西、福建、海南及重庆。一般生长在干热河谷的路边、田舍边、江河边或山坡草地处。膏桐主要栽培技术措施及要点见表Ⅱ.13.2-3。

表Ⅱ.13.2-3　膏桐主要栽培技术措施及要点

栽培技术	措施		栽培技术措施及要求
苗木培育	实生繁殖	种子选择	育苗用的种子应选择处于结实盛期、产量高、含油率高的母树采种，育苗种子应在果实充分成熟时采集，最佳采集时间为果实黄熟且开始变硬、变褐时
		圃地选择及整理	苗圃地应选择地势平坦、交通便利、排灌方便的地方，并根据地势和水源情况整理成高床、平床、低床3种，一般苗床宽度为1.0～1.2m，长度依实际地形而定。播种前每平方米床面施用经混合均匀的复合肥25～80g、多菌灵5～30g、呋喃丹10～20g，并翻拌均匀，深度为10cm左右，然后平整好床面
		种子处理	选择粒大、饱满、净度高的种子，为提高种子的出芽率，可将种子放入40℃温水中浸泡24～48h，在播种前用0.5%的高锰酸钾水溶液或50%的多菌灵500倍液浸泡20～30min进行消毒处理
		播种方式	点播株行距为10cm×15cm，深度为2～3cm，点播后覆土厚度为种子直径的2倍左右。 条播行距为10cm×15cm，粒距5～7cm，深度为种子直径的2～3倍，播后覆盖细土。 撒播是直接在已整平的苗床上均匀撒播种子，播后覆盖细土，覆土厚度为种子直径的2倍左右
		播种时间	根据当地的气候条件确定播种期，麻疯树种子成熟时间不同，在亚热带干热河谷地带其播种时间不受季节限制，可采取随采随播的方式
		播种量	300～450kg/hm^2，为保证苗木质量，以300kg/hm^{2}为宜

续表

栽培技术	措施		栽培技术措施及要求
苗木培育	扦插繁殖	插穗采集	扦插的插穗应在良种采穗圃采集，如无专门的采穗圃，则一定要选择生长健壮、无病虫害、产量高、含油率高的作为采穗母树。在采穗母树上选择当年生的已半木质化枝条或直径为1cm的1～2年生硬枝，要求生长健壮且无病虫害
		插穗处理	将采集的枝条剪成15～20cm长的插穗，在干旱地区或疏松土壤插穗宜长，在湿润地区或较黏重土壤插穗宜短。此外，粗壮枝条可短些，细弱枝条可长些。插穗上端切面要剪成平口，并用熔蜡涂封，下端剪成斜面，制穗用的刀具一定要锋利，要求切口平滑、不劈裂。尽量做到随采条、随制穗、随扦插，如制备好的穗条不能及时扦插，应注意穗条保湿。扦插前可用50%多菌灵800倍液浸泡消毒10min，捞起晾干后再放置于100～200ppm的生根粉或萘乙酸溶液中浸泡2h，待用。麻疯树扦插容易成活，插穗也可不用药剂处理，但必须消毒
		扦插时间	不同时期扦插成活率差异较大，最适宜的扦插时期为每年的湿热季节，一般可在每年的7—8月扦插
		扦插方法	插苗时，可采用直插或斜插方式进行扦插，插入深度为穗条长度的1/2～1/3，穗条地上部分一般保留2～3个芽，株行距为15cm×20cm。扦插时要把土压实，使土壤与插穗入土部分紧密接触，插完后及时浇水淋透苗床土层，并在苗床上搭建拱棚以保温保湿

13.2.3 北方地区造林

13.2.3.1 树种选择与造林密度

水土保持经济林树种的选择是经济林培育技术中的一个关键环节，直接关系到经济林生产的成败及其经济效益的高低。根据北方地区的特点，常用干果类林木为核桃、榛子、松子、阿月浑子、巴旦木、仁用杏、板栗、枣、柿、银杏等，常见鲜果类林木为石榴、桃、苹果、猕猴桃、山楂、杏、梨、甜柿、杨梅、樱桃、木瓜、柚等。具体树种分类及生物生态学特性见本手册《专业基础卷》“农林园艺学基础”部分。

各地发展经果林时，应根据本地区的气候特点、栽培历史及种植传统确定其发展方向，解决发展哪种经果林，之后，依据定向原则、适地适树原则、可行性原则、稳定性原则及速生、丰产、优质的要求，选择适合区域立地的经济林果树种和品种。经果林的速生性是指其生长速度快，能很快进入结果期，即具有早实性；丰产性的内涵是单位面积的产量高；优质性主要指经果林果品的成分和品质优。

水土保持经济林一般配置于山坡中部，要求坡度不太陡且土层较厚，常用树种有核桃、板栗、柿树、枣树、樱桃、杏、李、石榴等；山坡上部由于地势陡、土层干旱瘠薄，可以选择花椒、香椿、金银花等抗旱耐瘠的树种；而在地势相对平坦，土层较厚，土壤较肥沃的山体下部，有一定的水浇条件时应选择苹果、桃、梨、葡萄等树种。

栽植密度宜根据树种、品种及砧木的生物学和生态学特性，立地条件的差异，经营技术水平和气候条件进行选择。密度选择原则是：同一品种，在立地条件好时宜稀，反之宜密；气候条件恶劣地区宜密，反之宜稀；树形高大树冠开阔的树种宜稀，反之宜密；嫁接苗木使用本砧的栽植密度可以适当加大，如果是矮化砧，密度可以加大，如果是乔砧则密度要减小；在旱地或缓坡地种植经济树木，并在林内进行长期间作农作物的，则应稀植。在低温、干旱、大风有碍经济林木生长的地区可以适当密些，更能充分发挥群体抵御自然灾害的能力。总体上生长势强、乔砧、肥水充足、管理水平高，采用大冠形整枝方式的栽植密度宜小些；反之宜大些。乔木经果林栽植上常用的大密度株行距为0.5m×0.5m、0.5m×1m、1m×1m、2m×1m、2m×2m、2m×3m、2m×4m、3m×4m和3m×5m，常用的小密度株行距主要为3m×5m、3m×6m、4m×5m、4m×6m、5m×6m等。

北方地区主要水土保持林经济树种适宜栽植密度见表Ⅱ.13.2-4及本手册《专业基础卷》“农林园艺学基础”部分。

13.2.3.2 造林地选择

（1）宜选择海拔小于500m的山丘区，要求土层深厚（60cm以上）、土质疏松、肥沃、湿润、排水条件良好的土壤。

（2）在坡度25°以下的坡中部、坡下部土层深厚之处为宜；且应选择阳光充足的阳坡和半阳坡，造林地坡向以南向、东向或东南向，开阔，无寒风的坡向最好。

（3）应尽量避免选择高山、长陡坡、阴坡和积水低洼地及重茬地。

表Ⅱ.13.2-4 北方地区主要水土保持林经济树种适宜栽植密度表

树 种	密度/(株/hm^2)	树 种	密度/(株/hm^2)
核桃	300～600	杜仲	1650～3300
板栗	600～1200	银杏（果用）	450～1200
山杏、山桃、巴旦杏	450～660	茶	40000～60000
枣树（片林）	600～1200	油茶	1100～1700
枣树（间作）	225～600	文冠果	1100～1700
香椿	750～1000	枸杞、花椒	1800～3300
山楂	750～1650	苹果、桃、杏、李、梨、杏李	450～1250
柿树	500～1100	葡萄	1650～5000
金银花	3300以上	石榴、樱桃、无花果	600～1200
玫瑰	3300以上	山茱萸	650～1800

13.2.3.3 整地技术

山丘区具有通风透光好、透气性好、昼夜温差大的优点，但也具有土层薄、保肥保水能力差、气候变化复杂、水分缺乏、土壤有机质含量少、土壤瘠薄等缺点。为更好地进行经果林的建设，需要进行整地，在山丘区常用的整地方法为水平梯田整地、鱼鳞坑整地、块状整地、穴状整地等，具体根据经果林地的立地条件、地势、地形、坡度、土壤、经营方式、耕作习惯和水土保持等要求以及资金和劳力等情况，因地制宜选择整地方式。

1. 整地方法

梯田整地和鱼鳞坑整地是北方地区经济林栽培常见的整地方法。

(1) 梯田整地。在坡度不大于25°的坡地上沿等高线修成阶台式或坡式断面的田地，是山区、丘陵区常见的一种基本农田，也是北方经果林栽植的主要土地利用方式。用半挖半填的方法，把坡面一次修成若干水平台阶，上下相连，形成阶梯。梯田由梯田面、田坎、边埂、内沟等构成。每一梯田面为一经济林木种植带，梯面宽度因坡度和栽培经济林木的行距要求不同而异。一般是坡度越大梯面越窄。梯田地块应基本上顺等高线呈长条形、带状布设，当地形复杂时，可按“大弯就势，小弯取直”的原则进行布设，以有利于机耕。

根据不同的地形和坡度条件，田面宽度也有所不同。在坡度小于5°的缓坡地段，田面宽度一般以30m左右为宜，在丘陵陡坡地区，田面宽度不宜小于8m。筑梯面时，可方向内斜，以利蓄水。修筑梯田前，应先进行等高测量，在地面放线，按线开梯，并按照熟土剥离、生土筑埂、生土找平、熟土还原4个步骤进行施工。在进行经果林种植时，在梯田上再进行块状整地，按品字形配置经果林。

(2) 鱼鳞坑整地。鱼鳞坑整地是在垂直山坡水流方向环山挖形似半月形的坑穴，使坑与坑交错排列成鱼鳞状。规格有大小两种：整地时沿等高线自上而下地开挖，大鱼鳞坑长0.8～1.5m，宽0.6～1.0m；小鱼鳞坑长0.7m，宽0.5m。坑面水平或稍向内倾斜。挖坑时一般先将表土堆于坑的上方，然后把心土刨向下方，围成弧形土埂，埂高0.2～0.3m，埂应踏实，再将表土放入坑内。坑与坑多排列成三角形，以利保土蓄水。鱼鳞坑整地方法，有一定的保持水土效能，适用于容易发生水土流失的干旱山地及黄土地区，在较陡的坡面和支离破碎的沟坡上可采用这种整地方法。

2. 整地时间

在冬季干燥少雪或土壤水分缺乏的地区，如果春季造林，整地最好在造林前一年的雨季或雨季前进行。在水分条件较好，天然植被茂密的地段，整地季节以春季或夏季为宜。

13.2.3.4 栽植技术

1. 栽植时间

以全国来说，春季、夏季（主要指雨季）、秋季和冬季（在土壤不结冻的地区）都可以栽植，但在不同地区，不同树种和不同造林方法，都有各自最适宜的造林时机。必须根据造林树种的特性和当地的气候、立地条件等因子，因地制宜地确定造林季节和具体时间。造林季节选择适当与否，直接关系着苗木能否成活。

在冬季低温、干旱和多风的北方和沿海地区，秋栽的树若越冬保护不当或土壤沉实不好，容易抽干影响成活，最好春栽。春栽一般在土壤解冻以后，发芽以前进行，华北约在3月上中旬。在温暖湿润的南方，秋栽比春栽好。秋栽宜于落叶以后，封冻前进行，以10月底至11月上旬为宜。

2. 授粉品种的选择和配置

大多数果树均为异花授粉，即使自花结实在授粉条件下产量和品质均有所提高。一般比例为1∶6～1∶10。虫媒花有效授粉距离不超过50～60m，雌雄异株的果树，授粉树可作为防风林设置。授粉树的配置方式主要有中心式、行列式、等高式3种。

3. 种植点配置方式

种植点的排列，一般有正方形、正三角形、长方形以及狭株宽带形等，对于经果林而言，常用的栽植方式主要有长方形栽植、三角形栽植、带状栽植、等高栽植等。长方形栽植光照好，通风，有利于提高果实品质，同时间作作物时间长，便于操作，抗风能力。三角形栽植常用于梯田、山丘区，等高栽植常用于山丘地果园。

4. 栽植方法

确定主栽品种及株行距后，栽植之前要及时开穴（挖沟），平原较黏的土壤必须开沟。为防止穴（沟）内土壤不沉实，挖穴（沟）及施肥回填必须在入冬前完成，否则若栽前才挖穴（沟）回填，容易因土壤下沉而栽植过深，苗木生长不良。

栽植技术上强调开挖定植穴（沟），施底肥。秋季栽植，应当在8月开挖定植穴（沟），施足底肥，并覆土浇水，沉实土壤，待到秋季栽植时于定植穴（沟）位置上挖坑栽植。春季栽植，应于头年秋季9月、10月开挖，施足基肥，待翌年春季于定植点位挖坑栽植。

定植穴（沟）挖好后，应及时施肥回填。由于各层土壤的作用和性质不同，回填时要区别对待。穴（沟）底层土，多数风化不良通气不好。因此，应把粗大的有机物（如碎树叶、作物秸秆、杂草等）与原深层土混合填入，以改良深层土，增加透气性。中层土是盛果期根系的主要分布层，这层土一定要做到“匀”，可回填混有优质有机肥料的表土，与土壤混合均匀。表层是幼树根系的分布层，要做到“精细”，可回填掺有少量复合化肥和有机肥的原表土，把剩余的底土撒在表面使之风化。回填后要及时浇透水促进土壤沉实及有机肥的分解。

穴的大小和深浅根据苗木根系状况来确定，一般应使植树穴稍大于根幅，使苗木根系全部舒展。栽植的深度因造林地的土壤质地、气候条件、造林季节、树种特性和苗木大小等因子的不同而异。苗木大时，3年生以上苗木，穴的直径及沟宽为1m，深80～100cm；苗木小时，3年生以下苗木，穴的直径可在50cm，深30～50cm。挖穴或开沟时，要将表土与心土分开放置。

栽前苗木处理：首先要保证起苗以前灌一次透水，以提高苗木水分含量，减轻起苗难度，提高苗木质量。起苗时要求多带根系，保证根系长度在30～40cm以上，减轻对苗干和根系的机械损伤。要根据需要合理修剪根系和枝梢，并按要求对苗木分级、打捆、浸蘸泥浆或吸水剂、喷洒蒸腾抑制剂，还要对苗木进行适当包装。苗木调运至造林地以后，要立即浸水并组织栽植，短期内不能栽植的，应有效假植或遮掩。

栽植时，扶正苗木，纵横对齐，嫁接口迎主风方向；把苗木放入穴的中心扶正，并使苗根舒展，填土时先用湿润的土埋苗根，当埋土到2/3左右时，把苗向上略提，一则使苗根向下，二则使苗木达到栽植所要求的深度，然后踩实，再填土到穴满，填平后再踩，踏实土壤，最后在植树穴表面覆一层松土以防止土壤水分蒸发。有条件的地方，应边栽边浇水。旱地或缺水地区，应采用旱栽法。干旱、多风及土壤通透性良好的地区，苗木深栽浅埋，覆土距地面20～25cm即可。寒冷干旱区，采用砧木建园法，即在定植点上直播砧木种子或砧木苗，砧木生长2～3年后，进行高接换头建园。

13.2.3.5 栽植后的管理

1. 经果林林地间作

经果林林地间作是指在林地里利用株行间的空隙地来间作收获期短的农作物、绿肥等。一般来说，可以选用玉米、谷子、麦、花生、豆类、油菜以及药材等作物；也可进行林地间作绿肥，翻埋压青，改良土壤，有利林木生长。

2. 土壤管理

苗木栽植后，为提高土壤温度，保持土壤水分，促进根系恢复和再生，加快新梢生长，可采用树盘覆盖措施。栽植当年，选用塑料薄膜覆盖；栽植成活后，采用秸秆杂草覆盖。间作是幼龄树苗管理的重要措施，间作不仅能提高幼龄林单位面积的经济效益，还可起到抑制杂草和病虫害的作用。

3. 养分管理

栽植后的前4年，隔年于8—10月施一次有机肥，施肥量为25～50kg/株。追肥应土壤追肥与根外追肥相结合。土壤追肥应在7月以前，氮、磷、钾配方施肥，氮肥稍多，以不造成新梢旺长为宜，追肥量及其比例因树、因地制宜确定。根外追肥，一般苗木定植成活后，从第一片叶形成后开始施肥，每隔15d喷1次，连续喷2～3次；秋季从8月上旬开始喷施。

施肥方法在树木周围可采用放射状、环状、穴状和条状施肥。沟、穴的位置一般在树冠投影处，幼树则在离树1～2m处。挖沟时从树冠外缘向内挖，沟宽30～40cm，沟深10～15cm，长度根据树冠大小而定。第二年开沟时，开穴位置要变换。施肥后用松土覆盖，并稍加压实。

4. 水分管理

经果林地灌溉水要求清洁无毒，并符合《农田灌溉水质标准》（GB 5084—2005）的要求。在山区可用开沟引水灌溉；在丘陵区和城郊区可用喷灌或滴灌；在干旱缺水地区，可建天然雨水蓄水窖储水灌溉。

幼龄林遇到干旱天气要及时灌水，每次的灌水量以水渗深度40～50cm为宜。落叶前灌封冻水。2～3年生幼树，土壤相对湿度保持在60%～70%为宜；秋梢生长期应少灌水或不灌水，雨水多时，秋梢易旺长，要注意园地排水。经果林灌水的关键时期主要为萌芽前期、花前期和果实膨大期。坚果类树种相对耐旱，灌水关键时期在萌芽前期（早春）、花芽分化期（入秋）、果实采收后。

5. 病虫害管理

在病虫害管理上，首先是提倡增强树势，提高经济林自身抗病虫害有能力；其次是保护和利用天敌，发挥生物防治功效；再次是提倡使用各种生物农药防治病虫害，保护环境和天敌；最后是尽量选用低毒低残留农药（如吡虫啉、马拉硫磷、代森锰锌等）控制病虫害。

6. 修枝整形

整形是指在经济林木幼龄期间，在休眠时进行的树体定型修剪。根据"因树修剪，随枝作形"的整形原则培育成"有形不死，无形不乱"的适宜树形。关于具体修枝整形方法可参见本手册《专业基础卷》"农林园艺学基础"部分。

13.2.4 案例：泰安市岱岳区里峪小流域水土保持经济林栽植

13.2.4.1 立地条件特征

里峪小流域位于泰安市岱岳区道朗镇西北部，该流域地处低山丘陵地貌，属于黄河大汶河水系，为我国北方土石山区的典型区域，地质岩性为砂石，砂石破碎，风化快。项目区土壤类型主要为棕壤，其颗粒粗细不均匀，结构松散，抵御冲蚀能力差，一旦地表植被遭破坏极易形成裸露，土壤结构极易遭受暴雨破坏，土壤呈微酸性。

13.2.4.2 品种选择

根据当地社会经济条件、自然条件以及项目区农业产业结构调整的需要，该流域坡面上部缓坡地距离水源较近，里峪项目区以发展板栗和核桃等经济林为主，栽植面积为15hm²，丰山项目区以发展茶树经济林为主，栽植面积为35hm²。

13.2.4.3 核桃和板栗经济林造林设计

1. 栽植密度

里峪小流域水土保持经济林苗木栽植密度及苗木规格见表Ⅱ.13.2-5。

表Ⅱ.13.2-5 里峪小流域水土保持经济林苗木栽植密度及苗木规格

树种名称	株行距/(m×m)	密度/(株/hm²)	栽植面积/hm²	苗木规格
板栗	4×4	625	6	1～2年生，地径大于0.8cm，苗高大于50cm，主侧根数大于3，根系长度大于25cm
核桃	4×4	625	9	1～2年生，地径大于0.7cm，苗高大于50cm，主侧根数大于3，根系长度大于25cm

2. 整地设计

水土保持经济林整地时间一般春、夏、秋均可，最好在雨季之前完成整地。

采用块状方形整地（果树台田整地），在田坎内侧挖大型果树坑，深0.8～1.0m，方形各边长0.8～1.0m。取出坑内石砾或生土，将附近表土填入坑内。各坑在坡面基本沿等高线布设，上下两行坑口错开排列。树苗栽植在坑内距下沿0.2～0.3m的位置，表土回填。

3. 栽植方法

该区域由于地形、地质条件的限制，宜在苗木萌动之前栽植，苗木随挖随栽，注意不能伤根，适当深栽（使根群距地表30cm左右），用底层湿土封坑、踩实。苗木栽植前要经过品种质量检查、消毒及根系处理，在工程整地基础上，将树苗栽植在挖好的栽植坑中，使苗木根系舒展，培土踏实，并灌足水。在水资源缺乏的情况下，要掌握好土壤墒情，栽植灌水后覆膜保墒，提高造林成活率。另外，果园建设上要考虑受粉树的配置，受粉树应满足花期一致、受粉亲和力强，以提高座果率，同时应适应当地自然条件并有较高的经济价值。

4. 林木管护

（1）幼林管护。新造幼林要实行封育，禁止放牧及其他不利幼林生长和破坏整地工程的活动。

幼林郁闭前，在不影响幼林生长的前提下，在树盘以外可利用林间空地，种植低秆、簇生的绿肥、蔬菜、药材或其他经济作物。结合耕作管理，兼顾幼林抚育。

松土除草：主要在整地工程内进行，结合对工程进行养护维修，注意防治鼠害。

定株除蘖：结合松土，分次间苗，至第二年秋冬定株。根茎萌蘖力强的树种，要留好主干，及时除蘖。

修枝整形：根据树种的具体要求，修枝整形。

灌水施肥：幼林受旱应及时灌水保苗，根据树种适时灌水、施肥，以保证优质高产。

幼林补植：成活率在70%以上的且分布均匀的不需补植，成活率为30%～70%的进行补植，幼林补植需用同一树种的大苗或同龄苗。

(2) 成林管理。固定专人，防止人畜破坏，防止林地火灾，防治鼠虫害。根据树种的需求，实施集约经营，定期进行灌水、施肥、修枝，并采取防治病虫害等措施，保证优质高产。对各类整地工程，应长期保持完好，每年汛后进行检查，发现损毁及时补修。

13.3 种草与草场建设

13.3.1 定义与作用

种草与草场建设是指在北方过度放牧引起草场退化的牧地、沙化土地、撂荒、轮荒地，南方荒山、荒坡、水库周围及海滩、湖滨等区域，采取播种草籽、移植草苗等措施，提高土地生产力。可满足牲畜养殖、畜牧业发展、编织、造纸、培肥地力、观赏、药用、水土流失治理的需求。

13.3.2 分类与适用范围

13.3.2.1 分类

根据立地条件，草原可划分为草甸草原、典型草原、荒漠草原及高寒草原4个类型。在上述4个区域，根据草场利用方向可分为天然草地改良、饲草基地建设及特种经济草种植。

13.3.2.2 适用范围

天然草地改良：适用于北方牧区、南方荒山、湖滨、西南石漠化等区域，通过播种优良牧草草籽，提高土地生产力，防治水土流失。

饲草基地建设：选择立地条件较好的退耕地、草地，人工播种牧草种子，辅以灌溉、病虫害防治、施肥措施，提高饲草产量，为饲养牲畜提供牧草，是南方、北方畜牧业养殖基地建设的保障措施。

特种经济草种植：种植绿肥、药用、蜜源、编织、观赏的草类，满足人们日常特殊需求。我国南方、北方均有不同品种及种植方式的特种经济草种。

13.3.3 栽培设计

13.3.3.1 种草方法

1. 翻耕

采用拖拉机翻耕，犁深30～40cm，增加降水入渗量，破除土壤板结；拖拉机带动圆盘耙进行土地耙磨平整，风沙区可以采用带状耕作，防止土地翻耕引起的沙化。

2. 化验土壤样品

采集土样，聘请有资质的单位化验土壤氮、磷、钾以及微量元素含量，采用测土配方，制定配方施肥方案。

3. 施肥

结合翻耕增施有机肥7500～10000kg/hm²、复合肥300～750kg/hm²，结合生长情况生长期追施微量元素、叶肥、尿素、硝铵等。

4. 种子选择

选购一级种子，测定发芽率，确定播种量。

5. 种子包衣

根据前一年牧草的生长情况，调查病虫害的发生和危害，选择有针对性的药剂，杜绝病害，防治虫害。因害设防，制定有效的防控措施。

13.3.3.2 中耕除草

结合中耕除去杂草；多年生牧草，每年春季萌生前，应清理田间上年生长的老枝茬。

13.3.3.3 播种量确定

播种量计算公式为

$$N=\frac{ng}{5\times10^{5}P_1P_2P_3P_4} \qquad (\text{II}.13.3-1)$$

式中 N——每667m² 播种量，kg；

n——$667x$，x为1m² 计划有苗数；

g——种子千粒重，g；

P_1——种子纯度；

P_2——种子发芽率；

P_3——种子受鼠害（或鸟兽害）后的保存率；

P_4——苗木当年的保存率。

13.3.3.4 播种季节

(1) 根据降水情况确定春季播种还是秋季播种。

(2) 播种方法：由拖拉机带动播种机（精量）播种。

(3) 播种形式：可采用条播、混播、埋植、栽植。播种行距为30～50cm。

(4) 播种深度：禾本科为2cm，豆科为1～2cm。

13.3.3.5 病虫害防治

结合苗木生长情况的调查，确定田间病虫害的种类和危害程度，喷洒农药。

播种时实施种子包衣，生长期视病虫害发生情况喷洒农药。常用杀虫杀螨剂为阿维菌素、氯氰氰菊酯、甲氰菊酯、丁硫克百威、倍硫磷、乙酰甲胺磷等。常用杀虫剂为来福灵、灭幼脲、虫死净、百灭宁、灭多威等。常用杀菌剂为多菌灵、甲霜灵、三乙膦酸铝、腐霉利、氟菌·霜霉威、春雷霉素等。

13.3.3.6 收割

立地条件较好、草类再生能力较强的草场，每年可收割2～3次；立地条件较差、草类再生能力较弱的，每年只收割1～2次。收割时间上豆科牧草应在开花期收割，禾本科牧草应在抽穗期收割。收割时期最晚应在初霜来临25～30d以前。

13.3.3.7 留茬高度

应根据不同草类、不同条件分别采取不同的留茬高度：高大型草类留茬高10～15cm，稠密低草留茬高3～4cm。一般草类留茬高5～6cm。第二次刈割留茬高度应比第一次高1～2cm。

13.3.3.8 种子采收

一年生草类在当年秋末种子成熟后采收，二年生草类在次年种子成熟后采收，多年生草类可在2～5年内随不同结籽期在种子成熟后采收。

13.3.4 案例：内蒙古自治区2014年高产优质苜蓿建设实施方案

13.3.4.1 项目实施背景

基于内蒙古自治区作为中国最大的畜牧生产基地和主要奶源基地及鲜牛奶生产加工基地，奶牛拥有数量全国第一，且目前区内苜蓿种植的产量和质量均无法满足区内大型乳品企业和养殖企业需求的现实情况，苜蓿等优质牧草的种植经营市场前景广阔，区位优势十分明显。因此，投资发展苜蓿种植项目会很快转化成为经济效益，并将成为企业新的利润增长点和草产业业务的成功延伸。

项目区内配有灌溉井8眼，并与有资质的农机公司合作配有各种类型农机具以配合项目的顺利实施。地形北高南低，北面是大青山山地，最高海拔为2270m，全年四季分明，年平均气温为6.3℃，年均日照时数为2876.6h，年均无霜期为130d，年均降水量为400mm，年均蒸发量为1870.3mm，年均冻土层厚度为108cm，属温带半干旱大陆性季风气候。

13.3.4.2 项目实施任务与建设标准

1. 任务指标

根据项目区现有基础条件，结合企业实际情况，种植高产优质苜蓿3000亩，种植两个品种，即“WL319HQ”和“阿迪娜”，其中“WL319HQ”种植面积为1975亩，“阿迪娜”种植面积为1025亩。

2. 建设标准

（1）土地平整。土地平整标准以不影响指针式喷灌和大型机械的正常运作为准，平整成宜机械化作业的集中连片地块。

（2）田间管理。土地田间管理有标志，有编号，有责任人，有专家指导；品种选择适宜该地区耐旱、耐寒、适口性好、蛋白含量高的苜蓿品种，即“WL19HQ”“WL343HQ”“阿迪娜”和“骑士T”4个品种；按照苜蓿草生长情况适时施肥；根据近几年病虫害发生规律，适时组织防控；采用测土配方、种子包衣、土壤改造等新型技术，进行试播并推广。

（3）按照园区规模，在现有设备的基础上，购置所需农机具或与具有农机具的企业单位或个人合作以确保正常的田间耕作和收割等过程。

（4）收获。在良好的灌水条件下确保年收获3茬。在百株开花率1%以下适时收获，留茬高度在8～10cm，刈割时土壤表层干燥0.6cm，晾晒适时，在水分含量为18%～22%时进行打捆，清理田间杂遗草，并将草捆放置通风干燥草库后进行田间灌溉。

（5）第二年亩产达到700kg，园区内单产比当地平均水平有较大提高，在生产旺盛期稳定在800kg以上。苜蓿干鲜草比例为4：1；保证1500头以上奶牛养殖场优质苜蓿草的供应，并与其签订供销合同；带动周边500户农民种植高产优质苜蓿草，并提高其集约化生产水平，使每户每亩增收220元；使饲喂苜蓿草的养殖户生产的奶品，乳蛋白含量超过3%，脂蛋白含量超过3.5%；苜蓿草产品达到国家标准二级以上，粗蛋白质含量在18%以上，酸性洗涤纤维低于35%，中性洗涤纤维低于45%，相对饲喂价值大于140。

13.3.4.3 建设内容

（1）2014年整理土地并种植高产优质苜蓿3000亩，种植品种为“WL319HQ”和“阿迪娜”，即“WL319HQ”和“阿迪娜”种植面积共3000亩。

（2）病虫鼠害防控，因害设防，制定有效的防控措施，即根据当地多发病如霜霉病、黑茎病、叶斑病、根部萎蔫病等苜蓿病和苜蓿叶蛒、蚜虫、蚱猛、斑翅蚜等害虫及田鼠等病虫害，采取提前刈割、拌种播种、喷洒药物等方法进行病虫害防治。防治方法遵循预防为主，防治结合的方针，采取物理、化学、生物等方法。物理方法主要是水灌治田鼠；化学药物主要用乐果、速灭杀丁、多菌灵、代森锰锌等农药喷洒治理虫害。预防一般在未发病之前和病虫害发生季节前用药喷洒，治疗一般在发病初期彻底根治。

（3）利用内蒙古土肥站测土配方技术合理施肥。

（4）节水灌溉，采用指针式喷灌和卷盘式喷灌相结合的方式，使灌溉达到全面覆盖。

（5）配套灌溉井8眼，安装变压器4台，并与有资质的农机公司合作配套中耕、收获机械。

13.4 农林复合系统

13.4.1 定义与类型

农林复合系统是一种土地利用系统和工程应用技术的复合名称，是有目的地将多年生木本植物与农业或牧业用于同一土地经营单位，并采取时空排列法或短期相间的经营方式，使农业、林业在不同的组合之间存在着生态学与经济学一体化的相互作用。农林复合系统是以生态学、经济学和系统工程为基本理论，并根据生物学特性进行物种的时空合理搭配，形成多物种、多层次、多时序和多产业的人工复合经营系统。

国际上通用的农林复合系统的分类体系见表Ⅱ.13.4-1。

表Ⅱ.13.4-1　　农林复合系统的分类体系

系　统	类　型	组　成　成　分
农林系统	改良的休闲轮作系统	速生、固氮树种，普通农作物
	汤加（Taungya）系统	常规树种、普通农作物
	农林间作系统	速生、固氮且萌芽力强树种，普通农作物
	农田林网	高大、窄冠且速生树种，普通农作物
	家庭田园	果树等多用途树种，蔬菜及药材
	坡地农林混作	果树等多用途树种，普通农作物
	树木田园	果树等多用途树种，经济作物
林牧系统	林牧间作	饲料林木、牧草、家禽
	蛋白质库	饲料林木、牧草
农林牧系统	庭院饲养	果树等多用途树种，蔬菜及药材，家禽
	多用途绿篱	速生、固氮且萌芽力强树种，普通农作物
其他系统	放蜂林	作为蜂蜜的乔灌木及果树、油菜等蜜源作物
	湿地林业	作为鱼饲料的乔灌木及果树、各种农作物

孟平等将我国农林复合系统分为农林（果）复合型、林牧（渔）复合型、林农牧（渔）复合型和特种农林复合型4类，分类结果见表Ⅱ.13.4-2。

13.4.2 配置与结构设计

我国农林复合系统的结构设计分为物种结构设计、空间结构设计、时间结构设计和营养结构设计4类。

13.4.2.1 物种结构设计

1. 物种选择

农林复合系统物种选择应考虑系统的类型及其用途，物种的生态适应性及种间关系，系统的稳定性、可行性和高效性以及物种的多样性及互补性等因素。

2. 复合系统组分间配比关系的确定

根据各系统组分的需求、经济价值及市场需求和食物链关系等因素确定配比。

3. 复合系统组成成分的选择原则

（1）尽量避免物种的生态位重叠，以减缓或避免竞争。

（2）尽量选择具有互利共生作用的物种，提高土地的总生产力。

（3）物种搭配应以提高物质利用率和能量转化率为目标。

（4）所选物种应适合当地的环境条件，做到因地制宜，宜林则林，宜农则农，宜牧则牧，宜渔则渔；并且要尽量以乡土种为主，引进种为辅。

（5）要注意植物分泌物对其他物种的影响。

（6）避免选用具有共同病虫害的物种。

（7）合理配置冠层结构，提高光能利用率。

（8）尽量满足稳定性、多样性和可行性原则。

4. 农林复合生态工程的物种配置要求

（1）林农间作必须因地制宜。山地坡度20°以下的幼林地可间作农作物，必须沿等高线种植，以防止水土流失。幼林郁闭前的三四年内可间作各类农作物。

表Ⅱ.13.4-2 我国农林复合系统分类

组类型	分类型	模式	典型(案例)模式
农林(果)复合型	林农间作型	以农为主农林间作	泡桐-粮间作、杨树-粮间作、水杉-粮间作
		以林为主林农间作	杉木-粮间作、竹-粮间作
	农田林(带)网型	生态防护型	泡桐林(带)网、杨树林(带)网
		生态经济型	杨树-银杏复合林(带)网
	果农间作型	以果为主果农间作	银杏-粮间作、核桃-粮间作、枣-粮间作、梨-粮间作
		以农为主农果间作	苹果-粮间作、柑橘-粮间作、梨-粮间作、杏-粮间作
	林果间作型		杨树-梨-粮间作、杨树-银杏-粮间作
林牧(渔)复合型	林牧(草)复合型	以林为主	杨树-草间作、刺槐-草间作、柠条-牧草间作
		以牧草为主	茶树-草间作、桑-草间作、桉-草间作
	护牧林型		桑-畜型、池杉-畜/禽型、茶-草/畜型
	林渔复合型		桑-渔型
林农牧(渔)复合型	林农牧多层结构型		池杉-粮-畜/禽型
	农牧渔复合型		池杉-草-畜-鱼型、杨-禽-鱼型
	林农渔复合型		桑-粮-渔型、池杉-粮-渔型
特种农林复合型	林果间作型		泡桐-果间作、油茶-果间作
	林药间作型		橡胶树-药间作、云南樟-药间作、杉木-药间作、胡杨-药间作
	林(果)菌间作型		苹果-蘑菇复合经营、杨树-木耳复合经营、杉-平菇复合经营
	其他		林-蛙型、林-蜂型

注 资料引自孟平,2003。

(2)间作农作物的选择。作物的选择和季节安排,要以保证能充分利用太阳能和林地生长空间为前提。宜选择适应性强、短秆直立、有根瘤、早熟、高产的豆科植物。避免间作那些对树木生长不利的作物,如喜光、喜肥、喜水的高秆作物。

(3)间作树种的选择。选择低耗、高产的优良品种和耐荫力强、需光量小、低呼吸低消耗并有经济价值的品种。宜选择树冠窄、干通直、枝叶稀疏;冬季落叶,春季放叶晚;主根明显,根系分布深;生长快、适应性强等树种。如泡桐、臭椿、香椿、赤杨、池杉、金合欢、枣、沙枣等是优良的间作树种。

(4)物种搭配原则。充分利用互利共生、偏利、寄生作用等种间关系原理,优先选择速生与慢生、深根与浅根、喜光与耐荫、有根瘤与无根瘤等物种结合在一起。

(5)要排除生物化学上相克的作物或树种组合在一起。有些物种具有较强的他感作用物质,或者耗水强,或者扩散能力强,可归为毒他树种。如核桃、核桃楸、苦楝、桉树类、马醉木、苦参、梧桐(青桐)、刺槐、银桦、山杨等。这些物种不宜利用。

(6)避免间种与林木有共同病虫害的作物。

(7)合理轮作(倒茬、换茬、更换作物或树种),避免长期连续栽种同一种作物或树种造成地力衰退,或积累某种化学物质和滋生病虫害。如杉木、杨树连栽,造成低产林;花生连作会造成有机酸积累,诱发植株枯萎病等。

确定了物种组成后,就要安排各组分之间的比例关系。依据质量十分之一定律,如果能量不能满足某一营养级的需要,就必须从外部输入能量。如桑基鱼塘系统,一般1hm^{2}桑基所产桑叶、蚕沙及蚕蛹可作为1hm^{2}鱼塘饲料,这种基和塘的比例为5:5;如果增大鱼塘面积就必须另建饲料基地。但大多数农林复合系统的组分均为生产者,它们之间不存在能量依存关系,因而配比关系主要依据生产者自身需求、市场供应状况、生物组分对环境的作用等因素而定。由于要满足生产者自身的需要,农林复合生态工程往往要以某一组分为主,其他组分为辅。例如,在农区要以粮食为主,在林区则一般以林为主。

13.4.2.2 空间结构设计

空间结构是指农林复合系统各物种之间或同一物种不同个体在空间上的分布,可以分为垂直结构和水平结构。它是由物种搭配的层次、株行距和密度决定的。如茶园套种橡胶提高了水肥与光照利用率，既提高了茶叶品质，又降低了低温诱发的橡胶烂根病；温带作物辣根与玉米套种，避免了强光与高温胁迫的危害，使辣根种植区拓展到淮河以南；四川珙县的王乾友发明了国内首创的竹荪套玉米（黄豆）立体栽培技术。

1. 垂直结构设计

垂直结构，也是农林复合系统的立体层次结构，它包括地上空间、地下空间和水域的水体结构。农林复合经营模式的垂直设计，主要指人工种植的植物、微生物、饲养动物的组合设计。农林复合生态工程的诸层次常表现为垂直结构，一般来说，垂直高度越大，空间容量越大，层次越多，资源利用效率越高。但这并不表示高度具有无限性，它要受生物因子、环境因子和社会因子的共同制约。我国平原农区农林复合系统结构通常可分为 3 种类型，分别为单层结构（如防风林带）、双层结构（如农田林网系统、农林间作系统、果农间作系统）和多层结构（如林-果-农复合系统）。

在进行垂直结构设计时，应重点考虑下列内容：

（1）主层次物种的选定。除考虑上述物种组合原则及要求外，最好选择有固氮能力、速生、丰产，有较强的萌生能力，适合矮林作业，且具有稳定性和多用途以及经济价值高的树种。

（2）副层次物种的搭配。应遵循需光性与耐荫性种群相结合，深根性与浅根性种群相结合，高秆与矮秆作物相搭配，乔灌草相结合，共生性病虫害无或少，物种间无他感作用中的毒害或抑制作用。

2. 水平结构设计

水平结构是指农林复合系统中各物种的平面布局，在种植型系统中主要由株行距来决定，在养殖型系统中则由放养动物或微生物的数量来决定。水平结构设计是指农林复合系统各主要组成成分的水平排列方式和比例，它决定农林复合经营模式的产品结构和经营方针。在种植型系统中，水平结构又可以分为周边种植型、巷式间作型、团状间作型、水陆交互型等。其中，周边种植型是农田林网的主要结构模式，巷式间作型是林（果）农间作的常见模式，团状间作型类似于团状混交，水陆交互型主要是指低洼地区的林渔复合系统。

13.4.2.3 时间结构设计

时间结构就是利用资源因子变化的节律性和生物生长发育的周期性关系，并使外部投入的物质和能量密切配合生物的生长发育，充分利用自然资源和社会资源，使得农林复合系统的物质生产持续、稳定、有序和高效地进行。在进行时间结构设计时，要充分考虑气候、地貌、土壤、物种资源（农作物、树木、光、热、水、土、肥等）的日变化、季节变化和年际变化特点以及农林时令节律，根据系统中物种所共处的时间长短可分为农林轮作型、短期间作型、长期间作型、替代间作型和间套复合型等 5 种形式。

短期间作型一般是以林为主的林农复合系统。在林木幼年期或未郁闭前，林下可以间种作物，但林冠郁闭后，则不能继续种植作物，这是短期间作的模式。

长期间作型是以农为主的农林复合系统，在物种配置时，充分考虑各物种的生物学习性，达到林、农、牧长期共存的目的。一般都采用疏林结构模式，达到“共生互补”的目的。

在具体设计时，应考虑下列内容：

（1）把两种以上的物种按其生物机能节律有机地组合在一起。

（2）密度设计中，幼龄林阶段可密些，成熟林阶段宜稀些。

（3）最大限度地利用物种共生、互利作用。使各种生态因子的季节变化与作物生长发育周期之间取得相对协调等。

（4）最大限度地利用农作物与树木之间的生长期、成熟期与收获期的先后次序不同，形成在同一个年度的生长期内，同一块土地上经营多种作物，此播种彼收获，此起彼落。

常见的时间结构有 7 种类型：轮作、连续间作、短期间作、替代式间作、间断式间作、套种型、复合搭配型。

13.4.2.4 营养结构设计

营养结构就是指生物间通过营养关系连接起来的多种链状和网状结构。

建立营养结构的重点是建立食物链和加环（链），形成网络结构。农林复合系统可以通过建立合理的营养结构，减少营养的耗损，提高物质和能量的转化率，从而提高系统的生产力和经济效益。在农林复合上常有以下 3 种应用方式：

（1）食物链加环。目前繁多的人工生态系统中，因物种较少，食物链简单，无法充分发挥增产增值的潜力。解决办法：向系统中引入新的食物链和加工业，即增加食草性动物（如奶牛、鹅、羊等）、食虫性动物（如各种食虫益鸟）、腐食性动物（如蚯蚓等）、微生物（如香菇、木耳、蘑菇等）等。与此同时，发展动植物加工业。使农林复合生态经济系统的主产品由原来的 1 个（木材或粮食）扩大成为多个，使系统的功能更强和效益更大。如林-菇复合系统中，就是利用林间的小气候条件，将碎屑食物链中的低等生物转变为食用菌，同时也提供了土壤养分含量，促进了林木的生长，从而扩大了系统的产出，有利于提高生态、经济效益。此外，林地养鸡、养鹅、养蜂、养紫胶虫等都是典型的食物链加环成功范例。

（2）减耗食物链。利用食物链加环原理，引入害虫的天敌，就可以控制害虫的发展，有效地保护森林生产力，这种过程称为“减耗”。食物链减耗环的设计，一是要查清当地主要有害生物及其发生规律；二是要选择对耗损环生物种群具有拮抗、捕食、寄生等负相互作用的生物类型。

（3）增益食物链。增益就是以人类生产中产生的废弃物（畜禽粪便、生活及工业废水、生活垃圾等不含重金属，以有机物为主的废弃物质）为原料，引入特定生物，发挥其富集、降解和转化作用，形成的产品提供给其他消费者，以增加生产环效益的方法。例如，在畜禽养殖生产过程中加入一个“增益环”，即利用畜禽粪便养殖蝇蛆、蝇蛹、蚯蚓、水蚕和培育浮游生物等，再将这些生物用作食料养鸡养鱼，可提高粪便利用率及利用的安全性，是间接利用畜禽粪便作为饲料的一种方式。食物链增益环的设计，对开发废弃物资源、扩大食物生产、保护生态环境等方面有很重要的意义。

13.4.2.5 我国农林复合生态工程的主要类型与模式

我国地域广大，气候复杂，农林复合生态工程类型众多，且颇具地方特色（表Ⅱ.13.4－3），以下介绍一些常见的类型。

表Ⅱ.13.4－3　我国不同地区主要农林复合生态工程类型

地区	类　型	举　例
水网地区	林-渔-农	江苏里下河：垛上种树（池杉或落羽松）、林下间种作物、水面养鱼
	林-水产作物-农	江苏兴化：垛面垛埂种树（池杉或落羽松）、水田莲藕、茨菇、林下作物
	林-渔	江苏里下河：鱼池周边栽树（池杉、落羽松等、泡桐等）
	林-渔-牧	江苏里下河：垛面种树、林下放牧、水面养鱼（或鱼、鸭、鹅共养）
	林-草或林-草-渔	江苏都县：林下种草（黑麦草、三叶草）或鱼池边造林，草喂鱼
	林-食用菌	江苏都县：林（落羽松、池杉）下种平菇
	池杉-水稻	江苏扬州：池杉与水稻间作
南方丘陵山区	林-农作物	各地均可见，各种树木（以经济树木多见）与农作物间作
	林-药	四川、湖北、湖南、云南等地：林内间作黄连、魔芋、天麻、三七等
	林-食用菌	林下培育平菇、凤尾菇、竹荪（竹林下多见）
	林-茶	海南：橡胶-茶。南方各地：油桐-茶、湿地松-茶等
	林-果	云南潞西市、芒市：思茅松-菠萝。福建南安：油茶-菠萝。海南：桉树-菠萝
平原农区	林-粮	桐-粮、杨-粮、枣-粮最多见
	林-药	安徽淮北：泡桐-白术、白芍。安徽舒城：林-天麻、白术、贝母
	林-食用菌	山东嘉祥：杨树-平菇
	林-牧（草）	林地放养，或林下种草刈割圈养
东北林区	林-药	林-人参、林-细辛
	林-粮	林-豆间作
	林-林蛙	林-林蛙
	林-木耳	
三北农牧区	林（果）粮	枣-粮、苹果-粮、核桃-粮
	林-草	林内种草、封山育林育草等
	林-牧	林下放牧
	林-药	林内种甘草、黄芩、柴胡、黄芪等
	林-食用菌	林内种木耳、平菇等

1. 桐粮间作类型

桐粮间作是我国开始最早的农林复合生态工程类型之一，它广泛分布在我国平原农区，尤其以山东省、河南省面积最大，桐粮间作已成为我国华北、华东平原农区林业的主体之一。

我国桐粮间作的结构，应用最广泛而又比较合理的间作形式主要有以下5种：

(1) 以桐为主型。泡桐栽植密度为300～450株/hm^2，株行距为5m×5m、4m×6m及4m×8m等。间作期主要在泡桐幼材阶段，为3～5年。这种类型在以生产泡桐木材为主的地方较为多见。

(2) 以粮为主型。泡桐栽植密度为45～75株/hm^2，行距为18～80m，株距为3～6m。这种类型在河南、山东、安徽等省的农桐间作基地上最为普遍，面积也大。

(3) 桐粮并重型。泡桐栽植密度为150～225株/hm^2。生产方式介于上述两种类型之间。

(4) 高密度桐粮间作型。这种类型以生态工程用建筑檀条材等为主。造林初期间作农作物，间作期为1～3年。泡桐栽植密度为750～1500株/hm^2，株行距为3m×4m、2m×4m及2.5m×3m等。短期轮伐，5～6年育成檀条材。

(5) 粮桐林网型。常和以粮为主的粮桐间作型结合起来，形成大面积的农桐防护林体系。一般沿着路、沟、渠栽植，密度为15～30株/hm^2。

林下间作的农作物品种很多，常见的有小麦、玉米、大豆、油菜、谷子、棉花、蚕豆、金针菜以及瓜类等。

2. 枣粮间作类型

枣树为我国栽培最早的果树，栽培区主要集中于河北、山东、河南、山西、陕西、北京、天津等省(直辖市)，在华北、西北地区栽培都很广泛。在浙江、安徽、江苏、福建、贵州、辽宁等省也有栽培。枣园内间种农作物是我国枣区常见的一种生产方式。枣粮间作主要有以下3种类型：

(1) 以枣为主型。枣树栽植密度为300～450株/hm^2，行距为6～10m，株距为3～5m。这种类型以丘陵山区、荒滩地以及生态工程条件较差的非农业耕作区较为多见。

(2) 枣粮兼顾型。常见于立地条件较好的平原农区。枣树栽植密度为150～300株/hm^2，行距为10～20m，株距为4～6m。

(3) 以粮为主型。多见于土壤条件好的耕作田或荒地。枣树栽植密度为150株/hm^2以下，采用大行距的栽植方式，行距为20～25m。在造林初期，也可采用先加大密度后疏伐的方法。

枣园内间作的主要作物品种有小麦、谷子、玉米、豆类等。

3. 林牧(草)复合类型

林牧(草)复合是我国广大牧区的一种主要林牧复合生态工程形式之一，尤其在三北地区。三北防护林体系工程建设中，造林种草已成为这些地区整治国土、发展畜牧业的主要内容之一。我国三北地区的林草复合生态工程主要有以下模式：

(1) 以林为主的林草结合。

1) 人工林内间作型。人工林内间作是一种高效利用空间资源的人工林复合生产系统，发展潜力大，效果好，目前在三北农牧区被积极提倡。新疆巴音郭楞蒙古自治州在大面积营造箭杆杨、新疆杨、群众杨速生丰产林的同时，大力推行林草间作。为了达到林草双丰收的生态工程目的，造林时普遍采用4m×4m的大株行距及宽行的栽植方式。

2) 封山育林育草型。在干旱、半干旱的荒山浅滩上尤为适用，如内蒙古阿鲁科尔沁旗为保护山杏资源，以围封山杏为重点，实行封山，既育林又养草，短短几年，就形成了杏林茂盛、牧草兴旺的林间草场，林内牧草成为牲畜安度冬春的备荒基地。在三北以林为主的丘陵山区，为了发展林业和牧草生产，不少农牧区逐步开展以林为主的圈养封育，既发展林业，提供牧草，又保护了丘陵山地免遭水土流失之害。

3) 林区育草型。林区育草是一种合理利用林区自然资源，充分挖掘生产潜力的复合生态工程方式。在三北农牧区的丘陵山地森林内，有着丰富的牧草资源，是养殖牲畜的重要草场之一。合理开发和改良林间牧场，是林区农牧民发展畜牧业的一大资源优势。

(2) 以牧草为主的林草结合。在林草复合生态工程中，被称之为“立体草场”的草灌乔结合配置形式受到了普遍重视。这种类型可根据不同生态工程目的、不同立地条件和植物种的不同生物学特性，采用不同的组合方式，建成草-灌式、草-乔式以及草-灌-乔式等各种类型。一般以种草种树式实行草灌乔结合，以建立多层次的立体草场为主，同时进行封山育草育林。

(3) 以燃料为主的林草结合。三北农牧区气候干旱，植被稀少，广大地区燃料奇缺。为了改变这一状况，三北地区逐步建立了以燃料为主的林草复合生态工程。这种复合生态工程方式是解决三北农牧区农村生活用能源问题的重要途径之一。

4. 林渔农复合类型

林渔农复合类型是近河湖水网地区发展起来的一种复合类型，最有代表性的是江苏里下河地区建立的

"沟-垛生态系统"，即在湖滩地上开沟作垛，垛面栽树，林下间作农作物，沟内养鱼和种植水生作物，形成了特殊的立体开发形式。

里下河地区主要的开发类型有以下3种：

(1) 小水面规格型。池沟比较窄浅，水位不深，池沟宽2～5m，水深1～2m，垛面宽8～15m，沟内主要用于粗放养鱼、养虾或培育鱼种。

(2) 中等水面规格型。池沟宽5～15m，水深1.5～2.5m，垛面宽10～15m，主要用于放养成鱼和培育鱼种。

(3) 大水面规格型。近似正规鱼池，池宽15～20m以上，水深2.5～3m，垛面宽20～40m，作为半精养或精养鱼池。

树种主要有池杉和落羽杉等，耐湿性强、材质好、生长快，在长江中下游水网地区尤其受欢迎。尤其是池杉冠窄叶稀，遮光程度小，可延长林下间作年限，对鱼池内浮游生物及水生作物影响小，有利于提高水中溶氧量和增加饵料，为鱼类生长发育提供了良好条件。间作物常见的有芋头、草莓、油菜、豆类、麦类、瓜类、各种蔬菜、棉花等。尤以蔬菜类和豆科作物对林木生长较为有利。其他作物对林木生长有一定影响，尤其在幼林期，在里下河地区一般不提倡种植。

5. 桑基鱼塘复合类型

桑基鱼塘在我国历史悠久，多见于珠江三角洲和太湖流域等地区，是林渔结合的一种特殊生态工程方式。它是以桑叶养蚕、蚕沙喂鱼，再以塘泥肥桑的一种循环生产形式，既能提高经济收益，又有利于物流和能流的良性循环。除了桑基鱼塘以外，还有果（果树）基鱼塘等类型。基塘比例变化较大，有的基面小，塘面大；有的则相反。各种基塘比例中，以4基6水（即基面占40%，塘面占60%）、5基5水和6基4水居多，也有3基7水和2基8水的规格。据广东省的研究，认为以4.5基和5.5水的基塘比例最好，经济效益也高。

13.4.3 华北平原农桐间作设计案例

农桐间作具有防风、固沙、防止干热风和早晚霜的危害及调节农田小气候的作用。我国自20世纪50年代开始，首先在河南省黄泛平原地区进行农桐间作，继而在鲁西南、安徽淮北、江苏徐淮地区及河北南部等平原农区推广。

1. 农桐间作的配置原则

(1) 最大限度地发挥防护效果，减轻自然灾害。

(2) 要适应和发挥出农业机械的最大效率。

(3) 要与农田基本建设结合。

(4) 最大限度地提高经济效益和生态效益。

2. 农桐间作的配置形式

通过对河南省平原农桐间作类型的调查，主要有以下3种类型：

(1) 以农为主间作型。该类型适宜于风沙危害较轻，土壤为青砂土、蒙金土、两合土，地下水水位在2m以下的地区采用。在保证粮食稳产高产的情况下，栽植少量泡桐，轮伐期较早，一般8～10年就砍伐利用，目前采用株距4～5m，行距30m、40m、50m不等，每公顷栽植30～60株的栽培方式，其经营目的是为农村提供中径材。

(2) 以桐为主间作型。该类型适宜于沿河两岸的沙荒地及人少地多的地区采用，株行距为5m×5m，每公顷栽植400株。泡桐栽植5年后，可以进行一次间伐，每公顷保留200株，可以间种农作物，其经营目的是培养大径材。

该类型由于造林密度大，树冠很快郁闭，故间作年限短。虽然防护效果很好，但由于小麦后期光照不足而减产、秋作物几乎不能种植，只可间种一些耐荫的蔬菜、药材等，但其经济效益仍然很高。

豫东地区在村庄周围空隙地上，利用其优越的水肥条件，营造泡桐丰产林。前两年泡桐与农作物常见的配置形式有泡桐＋小麦＋棉花、泡桐＋小麦＋大豆和泡桐＋小麦＋蔬菜。当泡桐生长到第三年，对秋季作物生长有影响时，应尽量间种一些耐荫的作物或药材，如泡桐＋大蒜、泡桐＋薄荷、泡桐＋蔬菜。

当泡桐生长到四五年，对农作物生长影响较大时，其间作方式有泡桐＋薄荷、泡桐＋大蒜。

(3) 桐农并重间作型。该类型适宜于风沙危害较重的粉沙土、细沙土质，地下水水位在3m以下的耕地上采用。一般株距为5～6m，行距为10～20m，每公顷栽植160～200株。其经营目的是防风固沙，为农村提供中小径材。在条件比较差的地区，大力推广这种类型，不仅可以改善生态环境，更能明显改善农、林、牧的经济结构，获得以林保农、以林增收的经济效果。

3. 泡桐林带的走向

农桐间作的林带走向不一定要严格垂直于主要害风风向，可根据危害程度、地块所处的地位而定。

4. 泡桐的株行距

农桐间作的泡桐株行距，是影响农桐间作效益的最重要因素。行距主要根据泡桐树冠投影范围来确定。泡桐单向投影为树高的2.5倍，上、下午面向投影为树高的5倍，行距只有在树高5倍的条件下，才能保证行间树冠投影一日内不相重叠，因此50m比较适宜。株距应以树冠直径为准，同时还必须考虑立地条件，一般以4～6m为好。

5. 泡桐间作的优化配置模式

农桐间作最佳模式的选择是农桐间作研究的一个重要方面。最佳的间作模式，必须与经营目标结合起来，而且在多数情况下应采用多目标选择，即最佳模式应达到单位面积上最大的经济效益和最大的农作物产量，达到经济效益、生态效益和社会效益的高度统一。国内学者在全面研究了黄淮海平原农区的农林间作后，收集了大量的研究资料，经数据处理、筛选，提出了适宜于黄淮海平原发展农桐间作的优化结构模式，见表Ⅱ.13.4-4。

表Ⅱ.13.4-4　农桐间作的优化结构模式

泡桐种类	成分组合	泡桐株行距
因地制宜地选用： 兰考泡桐 兰考泡桐无性系 豫林1号 豫杂1号 桐选1号 楸叶泡桐	1. 桐-小麦＋玉米（或谷子）。 2. 桐-小麦＋棉花。 3. 桐-小麦＋花生。 4. 桐-小麦＋大豆	1. 高密度间作型：株距为3～4m，行距为5～10m，每公顷栽植250～600株。 2. 宽行式间作型：株距为5～6m，行距为30～40m，每公顷栽植30～60株。 3. 动态式Ⅰ：株距×行距为5m×20m→5m×40m→10m×40m。 4. 动态式Ⅱ：株距×行距为5m×20m→5m×40m→5m×50m

13.5 特殊林草工程

13.5.1 侵蚀沟道林草工程

13.5.1.1 定义与作用

土质侵蚀沟道系统一般指分布于黄土高原各地貌类型的侵蚀沟道系统，也包括以黄土母质为特征的，具有深厚“土层”的沿河冲积阶地，山麓坡面或冲洪积扇等地貌上所冲刷形成的现代侵蚀沟系。

土质侵蚀沟道的水土保持林工程建设的目的和意义在于获得林业收益的同时发挥保障沟道生产持续、高效利用；稳定沟坡，控制沟头前进、沟底下切和沟岸扩张，从而为沟道全面合理利用，提高土地生产力创造条件。

侵蚀沟的形成和发展受侵蚀基准面的控制，有其自身的发展规律。一般可以将其发育分为4个阶段，各阶段土质侵蚀沟道的侵蚀特征及治理措施见表Ⅱ.13.5-1。

表Ⅱ.13.5-1　土质侵蚀沟道发育各阶段的侵蚀特征及治理措施

时期	侵蚀特征	治理措施
第一阶段	①向源侵蚀；②下切速度快；③沟深0.5～1.0m	农业措施，径流比较大时，修筑梯田吸收径流
第二阶段	①沟顶有明显滴水，下切、扩张、前进剧烈，以向深发展为主；②侵蚀沟断面呈现V形沟底，水路合一；③沟底纵坡大，开始形成支沟	①远离居民点时封沟，全面造林、种草；②离居民点较近，对交通、村镇、农田等构成威胁时，要采取工程与生物相结合的治理措施，防止沟头前进，沟底下切
第三阶段	①上游沟顶前进减弱，沟顶分叉较多；②中游沟底与水路分开，沟底呈U形；③下游沟底宽度较大，局部有崩塌发生	生物与工程措施相结合，对沟头、沟底、沟岸进行全面治理
第四阶段	①沟顶接近分水岭；②沟底接近邻近侵蚀曲线；③沟岸扩张已近接近自然倾斜角或成为稳定的立壁	①进行农业、牧业、林业利用；②防止新一轮侵蚀开始

13.5.1.2 配置与设计

1. 土质侵蚀沟道的水土保持林工程

（1）配置特点。以黄土高原为例，可概括为以下几种类型：

1）侵蚀终期：侵蚀发展基本停止，沟道农业利用较好，沟道可采用打坝淤地等措施达到稳定沟道纵坡、抬高侵蚀基点。此类地段宜在现有的耕地范围以外，选择水肥条件较好、沟道宽阔的地段，发展速生丰产用材林。还可以利用坡缓、土厚、向阳的沟坡，建设果园。造林地的位置可选在坡脚以上沟坡全长的2/3处。

2）侵蚀中期：侵蚀沟系的中、下游侵蚀发展基本停止，沟系上游侵蚀发展较活跃，沟道内可进行部分利用。

在有条件的沟道打坝淤地、修筑沟壑川台地、建设基本农田；沟头防护工程与林业措施相结合，如配置编篱柳谷坊、土柳谷坊，修筑谷坊群等；在已停止下切的沟壑，如不宜于农业利用时，最好进行高插柳的栅状造林。

3）侵蚀初期：侵蚀沟系的整体侵蚀发展都很活跃，整个侵蚀沟系均不能进行合理的利用。对这类沟系的治理可从两方面进行：一是距居民点较远又无力治理的地方，采用封禁的办法；二是距居民点较近处，采用在沟底设置谷坊群，固定沟顶、沟床的工程措施并结合生物措施。基本控制侵蚀后，再考虑进一步的利用问题。

（2）侵蚀沟防护林配置。

1）进水凹地、沟头防护林工程。

配置特点：①集水面积小、来水量小时在沟头修筑涝池，全面造林；②集水面积极小时，把沟头集水区修成小块梯田，在梯田上造林；③集水面积比较大、来水量比较多时，要在沟头修筑一道至数道封沟埂，在埂的周围全面造林；④在集水面积大、来水量多时，修筑数道封沟埂，在垂直水流方向营造密集的灌木林带。

编篱柳谷坊：指在沟顶基部一定距离（1～2倍沟顶高度）内配置的一种森林工程。它是在预定修建谷坊的沟底按0.5m株距，1～2m行距，沿水流方向垂直平行打入2行1.5～2m长的柳桩，然后用活的细柳枝分别对2行柳桩进行缩篱到顶，在两篱之间用湿土夯实到顶，编篱坝向沟顶一侧也同样堆湿土夯实形成迎水的缓坡，如图Ⅱ.13.5－1所示。

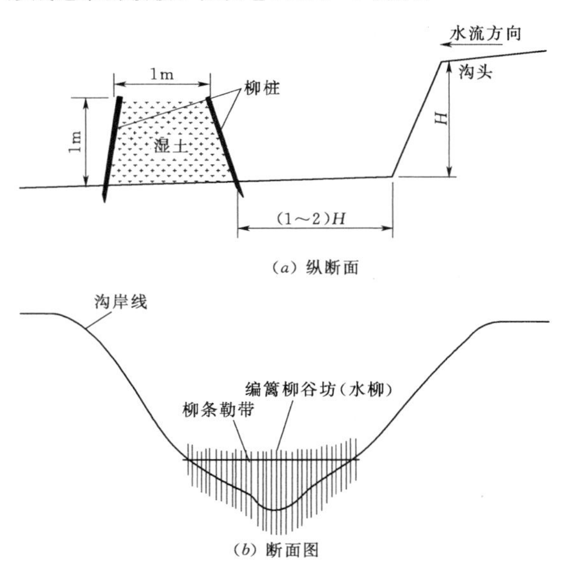

图Ⅱ.13.5－1　沟头编篱柳谷坊示意图

土柳谷坊：在谷坊施工分层夯实时，在其背水一面卧入长90～200cm的2～3年生活柳枝，或是结合谷坊两侧进行高杆插柳。

树种选择：进水凹地、沟头防护林工程在树种的选择上应考虑一些根蘖性强的固土速生树种，如灌木柳、青杨、小叶杨、河北杨、旱柳、刺槐、白榆、臭椿等。一些沟头侵蚀轻微，具有较大面积和立地条件较好的进水凹地，也可考虑苹果、梨、枣等。沟道森林工程一般选择旱柳。

2）沟底谷坊工程。

谷坊工程布置要求：在比降大、水流急、冲刷下切严重的沟底，必须要结合谷坊工程造林，形成森林工程体系，主要形式有柳谷坊（可在局部缓流处设置）、土柳谷坊、编篱柳谷坊和柳硼石谷坊。具体布置参考本篇第9章相关内容。

树种选择：沟底的防冲林应选择耐湿、抗冲、根蘖性强的速生树种，以旱柳为常见，还可选择青杨、加杨、小叶杨、钻天杨、箭杆杨、杞柳、乌柳、柽柳及草本香蒲、芭茅、芦苇等，在不太湿的地区也可栽植刺槐。

3）沟底防蚀林工程。为了拦蓄沟底径流，防止沟道下切，缓流挂淤，在水流缓、来水面积不大的沟底，可全面造林或栅状造林；在水流急、来水面积大的沟底中间留出水路，两旁全面或雁翅造林。

沟底栅状造林：此方法适用于比降小、水流较缓（或无常流水）、冲刷下切不严重的支毛沟，或坡度较缓的中下游沟道，一般每隔50～80m横向栽植3～5行树木，采用紧密结构，如图Ⅱ.13.5－2所示。

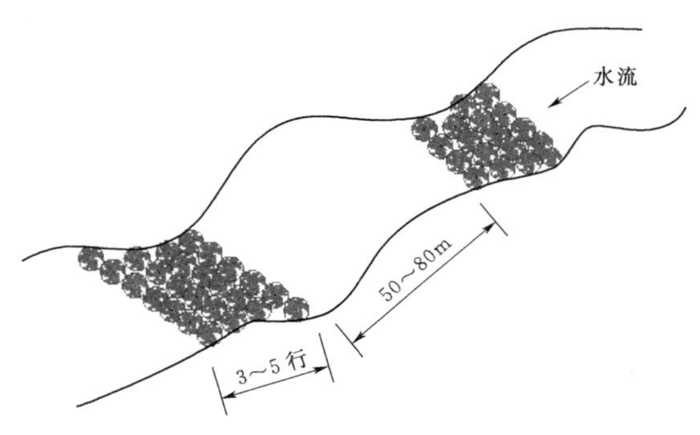

图Ⅱ.13.5－2　栅状造林示意图

沟底全面造林：一般是在支毛沟上游，冲刷下切强烈，河床变动较大，沟底坡度大于5%时，结合土柳谷坊，全面造林，造林时注意留出水路。株行距一般为1m×1m，多采用插柳造林，也可用其他树种。

4）沟坡防蚀林工程。沟坡防护林工程主要是稳定沟坡，防止扩展，充分利用土地，发展林业生产。

配置方式：造林时，先在沟坡中下部较缓处开始，然后再在沟坡上部造林。一般来说，坡脚处是沟坡崩塌堆积物的所在地，土壤疏松，水分条件比较好，可栽植经济林。一般在坡脚1/2～1/3处造片林，如图Ⅱ.13.5－3所示。为提高造林成活率，坡度过陡或正在扩展且比较干旱的沟坡，要在秋季实施造林，先削成35°坡，并进行鱼鳞坑整地或穴状整地，也可进行梯台整地，翌年春季实施造林。

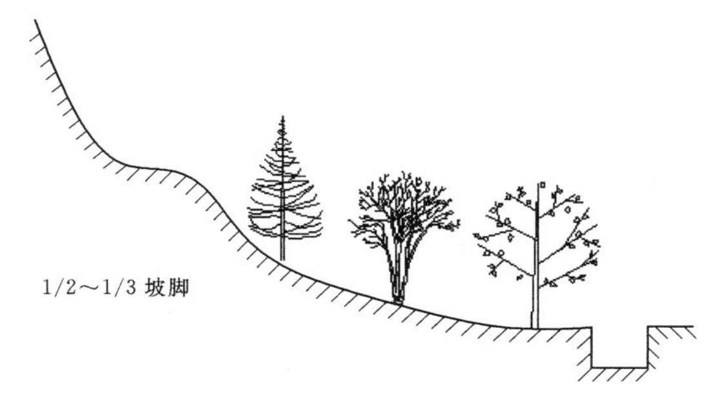

图Ⅱ.13.5-3 沟坡防蚀林工程示意图

树种选择：沟坡防蚀林工程应选择抗蚀性强、固土作用大的深根性树种，乔木树种主要有刺槐、旱柳、青杨、河北杨、小叶杨、榆、臭椿、杜梨等；灌木可以选择柠条、沙棘、柽柳、紫穗槐、狼牙刺等；条件好的地方，可以考虑种植经济树种，如桑、枣、梨、杏、文冠果等。

5）沟沿防蚀林工程。沟沿防护林工程应与沟边线附近的两边防护工程结合起来，在修建有沟边埂的沟边，且埂外有相当宽的地带，可将林带配置在埂外，如果埂外地带较狭小，可结合边埂，在内外侧配置，如果没有边埂则可直接在沟边线附近配置。沟沿防蚀林工程是防止径流冲刷造成崩岸，达到稳定沟岸的目的。

配置方式：在沟沿营造深根性灌木带，靠外侧营造乔灌木混交林带；如果沟坡没有到自然倾斜角（黄土65°～80°、黄黏土65°、壤土45°、砂土33°、沙黄土25°～30°）时，可以预留崩塌线。造林结构可以为靠沟沿栽植3～5行紧密结构的灌木带，紧靠灌木带营造乔灌异龄、复层混交林，如图Ⅱ.13.5-4所示。

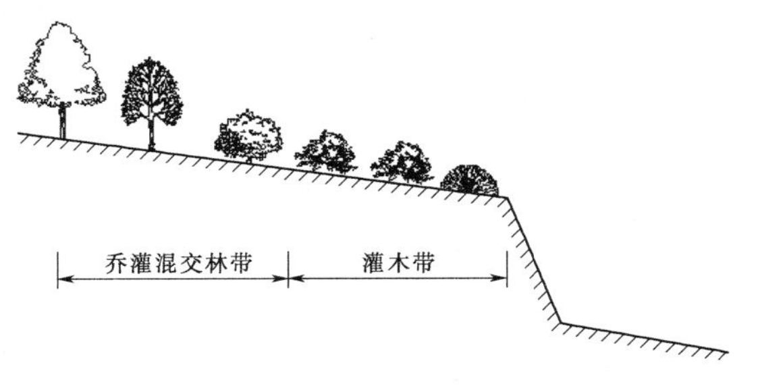

图Ⅱ.13.5-4 沟沿防蚀林工程示意图

2. 石质山地沟道林草工程

（1）石质山地沟道防护目的及特点。

1）防护目的：分散调节地表径流、固持土壤，保持稳定治沟工程和防护沟道土地的持续利用，涵养水源，防止石洪、泥石流等灾害性水土流失，保护坡脚、沟道与河流两岸的基本农田安全，在发挥防护作用的基础上获得一定量的经济收益。

2）特点：①坡度大，径流易集中；②漏斗形集水区；③沟道的底部为基岩；④基岩呈风化状态、沟道有疏松堆积物时，易暴发泥石流；⑤土层薄，水土流失的潜在危害性大；⑥灾害性水土流失是洪水、泥石流。

（2）配置要点：①高中山配置水源涵养林，中低山和丘陵山地配置水土保持林；②集水区全面造林，配置乔灌混交林、异龄复层林；③侵蚀严重的荒坡封山育林；④主伐时分区更新轮伐；⑤配合林草措施，建立沟道谷坊群（集中使用）、骨干控制工程；⑥在地形开阔、土层较厚的坡脚农林牧综合利用。

（3）树种选择。

1）东北地区：樟子松、红松、兴安落叶松。

2）华北地区：落叶松、油松、侧柏、栎类。

3）南方山地：杉木、马尾松、栎类、樟、楠、檫。

4）石灰岩山地：柏木、刺槐、苦楝、柏榆。

5）黄土地区：刺槐、油松、沙棘、柠条。

（4）配置方式。在山地坡面得到治理的情况下，在主沟沟道可适当进行农业经济林利用；在一级支沟或二级支沟的沟底有规划地设计沟道工程；在沟道下游或接近沟道出口处，在沟道水路两侧多修筑成石坎梯田或坝地，并在坎边适当稀植一些经济树种和用材树种。

为防治山地泥石流，坡面营造水土保持林时，在树种选择和林分配置上应使之形成由深根性和浅根性树种混交异龄的复层林，成林的郁闭度应达到0.6以上，并注意采取适合当地条件的山地造林坡面整地工程（如水平阶、水平沟、反坡梯田、鱼鳞坑等）。

3. 沟谷川台地林草工程

（1）沟谷川台地防护目的及地貌特点。

1）防护目的：保护农田，防止冲淘塌岸，防风霜冻害以及改善沟道小气候条件。

2）地貌特点：①水土流失轻微，山前坡麓以沉积为主；②水土流失主要发生在河床或沟道两侧；③表现形式是冲淘塌岸、水毁农田；④光照不足、生长期短、霜冻危害；⑤沟谷风大。

（2）配置要点。

1）沟道内的速生丰产林。黄土高原侵蚀沟发展到后期，沟道中（特别是在森林草原地带）应选择水肥条件较好、沟道宽阔的地段，营造速生丰产用材林。速生丰产林主要配置在开阔沟滩（兼具护滩林的作用），或经沟道治理、淤滩造地形成土层较薄、不宜作为农田或产量较低的地段，必要情况下可选择耕地作为造林地。

树种选择：①北方以杨树为主，引进优良品种，一些地区乡土杨树抗病性强，适宜当地条件，虽生长稍慢，但干形材质好，也可选用；②南方以杉木、桉树（如柳桉、柠檬桉、巨叶桉等）、湿地松、马尾松等为主。

配置方式：要求稀植，密度应小于1650株/hm²（短轮伐期用材林除外），采用大苗、大坑造林。沟道有水源保证的可引水灌溉，生长期要加强抚育管理。

2）河川地、山前阶台地、沟台地经济林栽培。宽敞的河川地或背风向阳的沟台地，各种条件良好，适宜建设经济林栽培园。主选树种有苹果、梨、桃、葡萄等；在水源条件不具备的情况下，可建立干果经济林，如核桃、杏、柿、板栗、枣等。

3）沟川台（阶）地农林复合生态工程。沟川台（阶）地具备建设农林复合生态工程的各项条件，如果园间种绿肥、豆科作物，丰产林地间种牧草，农作物地间种林果等，经济林地间种蔬菜、药材等。

13.5.1.3　案例

锦河农场侵蚀沟专项治理工程项目区位于黑龙江省黑河市中部的锦河农场东部，总面积为425.66km²，耕地面积为75.26km²，侵蚀沟总长度为18.08km，沟壑密度为0.24km/km²（以耕地面积为基数）。

1. *柳跌水*

根据项目区侵蚀沟特点，对于发育后期的侵蚀沟（沟深大于1.5m，沟道比降大于3%）采取沟头柳跌水+石笼干砌石谷坊的配置形式。

柳跌水由进水段、陡坡段、消力池段和海漫段组成，平均长度为30m。

（1）设计标准。10年一遇6h最大暴雨。

（2）典型设计。沟道现状：典型设计选择QS-28号侵蚀沟，位于锦河农场一区一组北2.0km处，沟道类型为耕地中的水线沟，侵蚀沟沟长450m，沟道两侧长有杂草、灌木，植被较好，沟底有部分杂草，沟坡裸露严重。侵蚀沟沟头处（0+000～0+030）上口平均宽6.13m，下口平均宽1.2m，平均深0.76m。

侵蚀沟经削坡整形后，上口平均宽6.18m，下口平均宽1.3m，平均深0.71m。根据农场柳跌水治理措施的经验，QS-28号侵蚀沟布置的柳跌水进口段长5.0m，海漫段长22m，陡坡坡角为15°，陡坡段长3.0m，水平投影长1.7m，消力池段长2.3m，沟头跌水总平面面积为248m²。

（3）结构形式。跌水式沟头防护为植物结构形式，密插柳桩，株行距为0.5m×0.5m，埋杆直径为7～10cm，柳桩间用柳梢（或铁丝）将柳桩横纵交叉编织压实，并覆土10～15cm。柳跌水由进水段、陡坡段、消力池段和海漫段组成，其中进水段长5.0m，陡坡段长1.7m，消力池段长2.3m，海漫段长21m，如图Ⅱ.13.5-5所示。

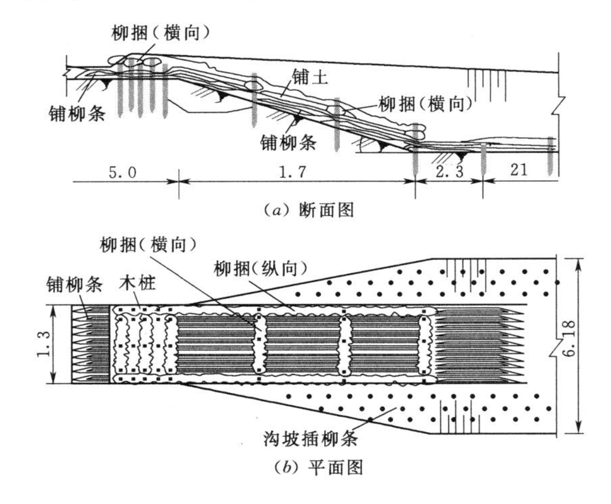

图Ⅱ.13.5-5　侵蚀沟柳跌水（单位：m）

2. *柳桩编篱谷坊*

根据项目区侵蚀沟侵蚀特点，对沟深不大于1.5m、沟底比降不小于3.0%的侵蚀沟布置柳桩编篱谷坊，并结合柳编护沟措施，防止下切侵蚀。

（1）典型侵蚀沟。典型侵蚀沟类型为路边沟（农场农田路），沟道两侧长有杂草、灌木，植被较好，沟底有部分杂草，沟坡裸露严重。侵蚀沟沟长1100m，上口平均宽9.54m，下口平均宽3.02m，平均深1.11m，沟道边坡平均坡角为18.84°，沟底比降为3.0%，沟底落差为33m。

侵蚀沟经整形后，上口平均宽9.7m，下口平均宽3.12m，平均深1.06m，QS-42号侵蚀沟共布设9座柳编谷坊，宽度为1.5m（沿沟道水流方向），柳桩株行距为0.3m×0.3m，谷坊总长度为85.13m。

（2）典型谷坊设计。谷坊沿沟道方向宽1.5m，长9.13m。侵蚀沟经削坡后，在沟底沿垂直于水流方向挖沟密植柳杆，杆长1.5～2.0m，埋深0.5m，柳杆共6排，行距为0.3m，株距为0.3m，埋杆直径为7～10cm，柳桩间用柳梢（或铁丝）将柳桩编织成篱，每两排篱中填入杂土、碎（块）石，用柳条（或铁丝）将前后柳桩绑牢，使之成为整体，加强抗冲能力，如图Ⅱ.13.5-6所示。

3. *柳编护沟*

根据项目区侵蚀沟侵蚀特点，对沟深不大于1.0m、沟底比降不小于3.0%的侵蚀沟布置柳编护沟

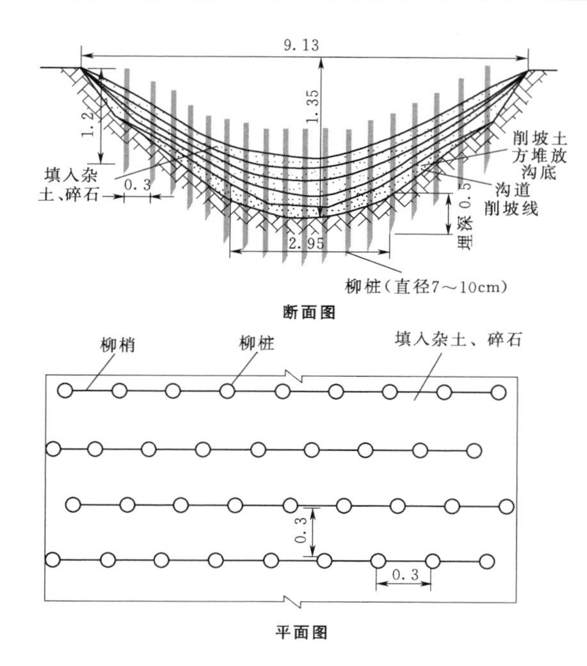

图Ⅱ.13.5-6 侵蚀沟柳谷坊(单位:m)

措施,防止下切侵蚀。

(1)典型设计。典型侵蚀沟类型为路边沟(农场农田路),沟底有杂草,沟坡裸露严重。侵蚀沟沟长400m,上口平均宽5.18m,下口平均宽1.4m,平均深0.93m,沟底比降为5.2%,沟底落差为20.99m,沟道边坡坡角为27.42°。

侵蚀沟经整形后,上口平均宽5.26m,下口平均宽1.4m,平均深0.89m。柳编护沟总面积为752m²。

(2)结构形式。柳编护沟为植物结构形式,密插柳桩,株行距为0.5m×0.5m,埋杆直径为7～10cm,柳桩间用柳梢(或铁丝)将柳桩横纵交叉编织压实,并覆土10～15cm,如图Ⅱ.13.5-7所示。

4. 侵蚀沟造林

(1)沟坡防蚀林。沟道类型为耕地中的水线沟,沟道两侧长有杂草、灌木,植被较好,沟底有部分杂草,沟坡裸露严重。侵蚀沟沟长450m,上口平均宽8.72m,下口平均宽,2.46m,平均深1.92m,沟道边坡平均坡角为31.72°,边坡坡角大于35°的沟道长度占总长度的48.89%,沟底比降为5.5%,沟底落差为24.77m。

沟道削坡采取直线削坡,削坡土方直接平铺沟底,为后期植灌木种、草创造条件,削坡角为35°,经削坡整形后,侵蚀沟上口平均宽9.93m,下口平均宽2.56m,平均深1.87m。

根据沟道立地条件,选择灌木柳扦插造林,在上一年夏、秋季采用穴状整地方式整地,翌年春季造

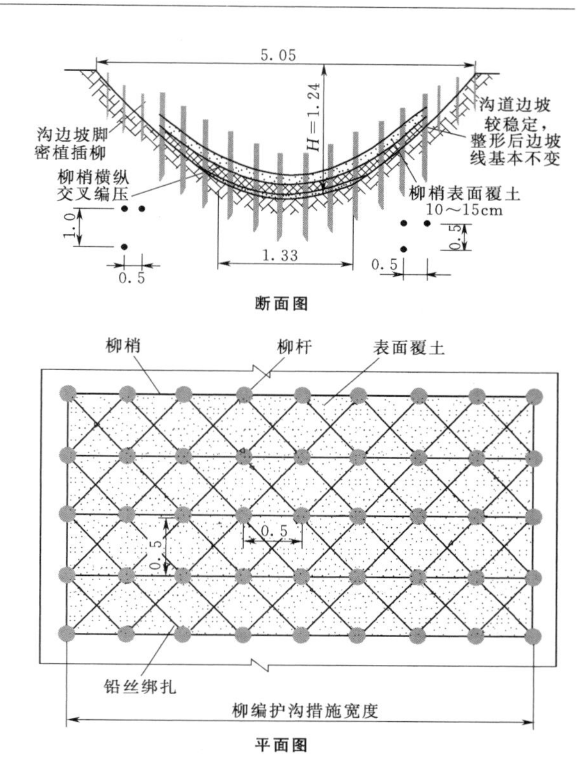

图Ⅱ.13.5-7 侵蚀沟柳编护沟(单位:m)

林,株行距为0.5m×1.0m。苗木用量详见表Ⅱ.13.5-2。补植时间安排在秋季,选用大一年苗龄的同种树苗补植,如图Ⅱ.13.5-8所示。

表Ⅱ.13.5-2 苗木用量表

树种类别	树种名称	树种代号	混交方式	单位面积种植量/(株/hm²)	面积/m²	苗木用量/株
灌木	柳条	Ⓛ	纯林	20000	4080	8120

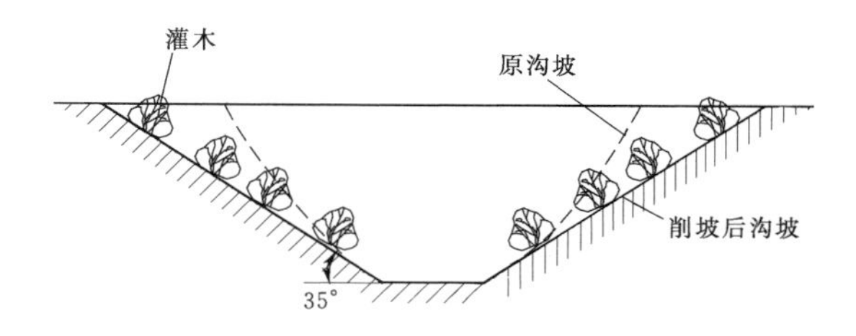

图Ⅱ.13.5-8 沟坡防蚀林造林图式

(2)沟底防冲林。沟底在春季选用灌木柳扦插造林,株行距为0.5m×1.0m。汇水面积不大、水流较缓的地方,采用栅状造林;汇水面积大、水流急的地方,沟底中留出水路。栅状林由沟头开始,沿水流方向到沟口,与流向垂直密插柳条,为避免新造幼林被水淹没或冲走,根据通常水位,地上可留0.3～

0.5m，插入地下 0.3～0.4m。苗木用量详见表Ⅱ.13.5-3。补植时间安排在秋季，选用大一年苗龄的同种树苗补植，如图Ⅱ.13.5-9 所示。

表Ⅱ.13.5-3 苗木用量表

树种类别	树种名称	树种代号	混交方式	单位面积种植量/(株/hm²)	面积/m²	苗木用量/株
灌木	柳	Ⓛ	纯林	20000	580	1160

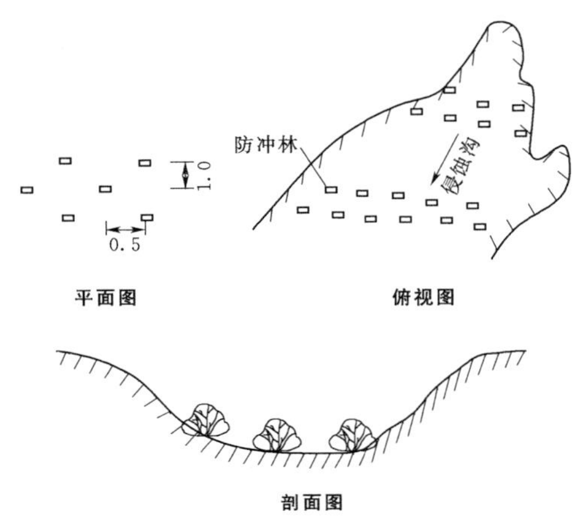

图Ⅱ.13.5-9 沟底防冲林造林图式（单位：m）

13.5.2 侵蚀劣地造林

13.5.2.1 崩岗区造林

1. 定义与作用

崩岗是一个复杂的系统，“崩”是指以崩塌作用为主要侵蚀方式，“岗”则指经常发生这种类型侵蚀的原始地貌类型。主要由集水坡面、崩壁、崩积体、崩岗沟底（包括通道）和冲积扇等子系统组成，各子系统之间存在复杂的物质、能量的输入和输出过程。崩岗侵蚀作为一种严重的水土流失类型，在我国南方地区，特别是风化壳深厚的花岗岩低山丘陵区分布十分普遍。

目前，崩岗治理根据不同用途分为生态型治理和开发型治理。前者以维护崩岗区生态安全为目的，注重生态效益，常以林草措施为主，采取“上截下堵内外绿化”的治理技术进行生态恢复；后者突出水土资源开发，注重经济效益，兼顾生态效益，常采取“削坡整地＋经济果木林或其他经济作物”的治理技术进行综合治理，防治水土流失。

2. 配置与设计

（1）配置模式。

1）集水坡面。主要是针对活动型崩岗。崩顶上布置截水沟和排水沟拦截坡面径流，坡面上种植林草，形成植物林带。

2）崩壁。

a. 活动型崩岗采取工程措施＋植物措施模式。崩壁采取植生袋/生态袋护坡措施。削去崩头和崩壁上的不稳定土体；根据崩塌面岩层和节理走向，开出水平槽带或袋穴；将装有营养土的“植生袋”或“生态袋”置入“袋位”（穴），用锚钉加以固定；采取抹播的方式在袋面上植草（藤本植物）；覆盖无纺布，后期养护，待种子发芽。

崩塌严重、结构不稳定的崩岗崩壁采取挡土墙/格宾网＋藤本植物挂绿措施。削去崩头和崩壁上的不稳定土体；在坡脚砌筑挡土墙（砖或石料）；在崩塌面采用爬山虎、地石榴和常春藤等藤本植物护坡；为使藤本植物初期有生根之处，可在挡土墙上喷浆或加挂三维网。

交通方便，崩岗表面不稳定的急、陡崩壁采用浆砌片石骨架＋植草护坡措施。先平整坡面（清除坡面危石、松土、填补坑凹），再浆砌片石骨架施工，回填客土，植草，盖无纺布，前期养护。

发育处于晚期、坡度较小的崩岗崩壁采取开挖台地/梯田＋经果林措施。

b. 稳定型崩岗采取植物措施。

(a) 栽植攀援性植物。开穴种草和葛藤、爬山虎、地石榴或常春藤等攀援植物，促使崩壁结皮固定。也可以采取工程措施和植物措施相结合。

(b) 崩壁小穴植草。适用于发育晚期、相对稳定、坡度较小的崩壁。按照品字形模式在崩壁上开挖小穴（直径 10cm，深 20cm）；将植物种子、有机肥和沙土等拌在一起，或直接将种子拌在腐殖质土中，再填装进穴内。以耐旱、耐贫瘠的灌木、藤本和草本为主；也可以直接将营养杯放置在穴内，或者将小苗带土移栽簇生状草本。

(c) 大封禁＋小治理。适用于偏远的相对稳定型崩岗。在充分发挥大自然的自我修复能力的基础上，进行局部的水土保持措施调控，如开挖水平竹节沟、补植阔叶树种和套种草灌等，同时加强病虫害防治和防火，促进植被恢复。

(d) 挂网喷播植草。挂三维植被网，覆盖基质材料喷播植草。

(e) 削坡开级＋灌草结合。适用于坡度较大、地形破碎度较大的稳定型崩岗崩壁。对崩壁削坡减载，开挖阶梯反坡平台，内置微型蓄排水沟渠，条件允许下还可以采取回填客土、施加有机肥、增加草本覆盖等措施来改善土壤小环境。之后，在崩壁小台阶上大穴栽植耐干旱瘠薄的灌木和草本，以胡枝子、雀稗草等灌草为主。

3）崩积体及崩岗沟底（包括通道）。

a. 生态治理。沿沟床从上到下修建多级谷坊，并在谷坊后坡快速营造植被。

b. 开发治理。种植经济果木林或其他经济作物。

4）冲积扇。

a. 活动型崩岗。分别采取种植分蘖能力强、耐埋的草本或竹类围封崩口的生态治理方式和种植经济果木林或其他经济作物的开发治理方式。

b. 相对稳定型崩岗。分别采取以植物措施为主，种植竹、灌木等，形成生物坝的生态治理方式和种植经济果木林或其他经济作物的开发治理方式。

（2）植被快速恢复设计。

1）植物品种选择。

a. 集水坡面。一般选择具有深根性、耐瘠、速生的林草种类，主要有马占相思、木荷、枫香、藜蒴、竹类、合欢、百喜草、糖蜜草等。其中，沿崩口上方、截流沟下方坡面可以设置植物防护带，灌木带宽7m，草带宽3m，点播白栎、胡枝子，密植冬茅或香根草，有效遏制溯源侵蚀。

b. 崩壁。在开挖的崩壁小台地上以优良速生固土灌草为主，并施加客土，快速促进其植被覆盖，如胡枝子、黑麦草、雀稗等。

c. 沟谷。选择分蘖性强、抗淤埋、具有蔓延生长特性的乔灌木。若沟底较宽，沟道平缓，则可种植草带，带距一般为1～2m，以分段拦蓄泥沙，减缓谷坊压力，草带沟套种绿竹和麻竹。在沟道较小且砂层较厚的沟段，种植较为耐旱瘠的藤枝竹等。谷坊内侧的淤积地经过土壤改良，可以种植经济林果，如泡桐、桉树、蜜橘、杨梅和藤枝竹等，在注重生态效益的同时，兼顾一定的经济效益。

d. 洪积扇。洪积扇即崩口冲积区，土壤理化性质较好，可以种植一些经济价值较高的林木。

有时，根据植被快速恢复需要，也会采用植生毯＋混合草籽覆盖。

植被配置模式不同，植被恢复效果也不一样。相关文献研究表明，崩岗区使用马尾松＋相思和马尾松＋桉树模式，树木长势良好，配套种植胡枝子、百喜草、木荷、油茶、金芒、刺芒、鹧鸪草、蜈蚣草等，适用于崩岗侵蚀区的植被恢复。

2）植物栽培技术。

a. 油茶。采用水平阶整地，台面外高内低倾斜3°～5°，带宽根据实际情况而定，一般为1～3m，台面内侧修筑坎下沟。整地完毕后，采用大穴回表土的方法进行油茶实生苗种植。穴规格为1m×0.8m×0.5m左右，穴内填满表土并混合100g/株鸡粪有机肥。表土回填时高于周围地表10cm；采用1年生平均苗高30cm的粗壮、根系好的实生苗，植苗造林，品字形配置，株行距为1.5m×2m。造林季节为冬季或春季。

b. 泡桐。采取植苗造林的方式。穴状整地，穴直径为0.6～0.8m，深度为0.5～0.8m。选择一年生的平茬苗，苗高在0.5m左右，地径在2cm左右。栽植时，采用1000g/株鸡粪有机肥拌土的方式混合均匀后填入穴内。栽植深度以苗木根颈处低于地表10cm左右为宜，应进行高培土，以防苗木倒伏。在土质较为疏松的洪积扇区域，进行双行栽植，株行距为1.5m×2m；在崩口下沿的缓坡台地上，根据乡土植被分布情况进行补植或块状栽植，初植株行距为2m×2m，后期及时进行间伐，调整密度，保证泡桐正常生长。造林季节为冬季或春季。

c. 胡枝子。开挖条行沟，株行距为20cm×30cm。沟内施加一次基肥，采用鸡粪有机肥拌土的方式进行整地。采取插条育苗的方式进行造林。苗木规格为2～3年生、粗1cm左右的主干，截成15～20cm插穗，秋季随采随截随插，插后及时灌水。造林季节为冬季或春季。

d. 爬山虎。采取扦插繁殖。在距离崩壁基础50cm处开挖条形沟，沟不浅于30cm，宽度不低于30cm。将有机肥和开挖土壤搅拌在一起，每米沟约施加2kg有机肥作为基肥。在崩壁基部进行双行栽植，每米栽植约6株，每行3株，并剪去过长茎蔓，栽植完毕后，立即浇“蒙头水”，并且要浇足、浇透。待爬山虎发出新芽后再追施复合肥，以后每隔一段时间施肥一次，并不定期浇水。造林季节为冬季或春季。

e. 雀稗。在栽植位置开挖宽30cm、深10～15cm的水平条带状浅沟，沟距为30～50cm。播种之前，将草籽在水中浸泡2～3h。按照0.5kg草籽、2.5kg有机肥和10kg土的比例将三者均匀拌在一起，撒播后覆盖1～1.5cm表土。每亩用种量1～1.5kg。造林季节为冬季或春季。

3. 案例——赣州市崩岗防治规划

（1）措施布局。依据崩岗分布区基本情况、崩岗侵蚀特点以及当地实施意见，将预防保护和综合治理相结合，生态修复与经济开发相结合，植物措施和工程措施并举，加速植被恢复，控制崩岗侵蚀，形成多目标、多功能、高效益的防护体系，促进规划防治区域生态环境步入良性循环。规划依据省级以上水土流失防治分区，处于江西省水土流失重点预防区的崩岗防治以生态恢复为主，处于江西省水土流失重点治理区的崩岗防治以开发性治理为主，根据不同的治理方向，合理配置不同的措施体系，如图Ⅱ.13.5-10所示。

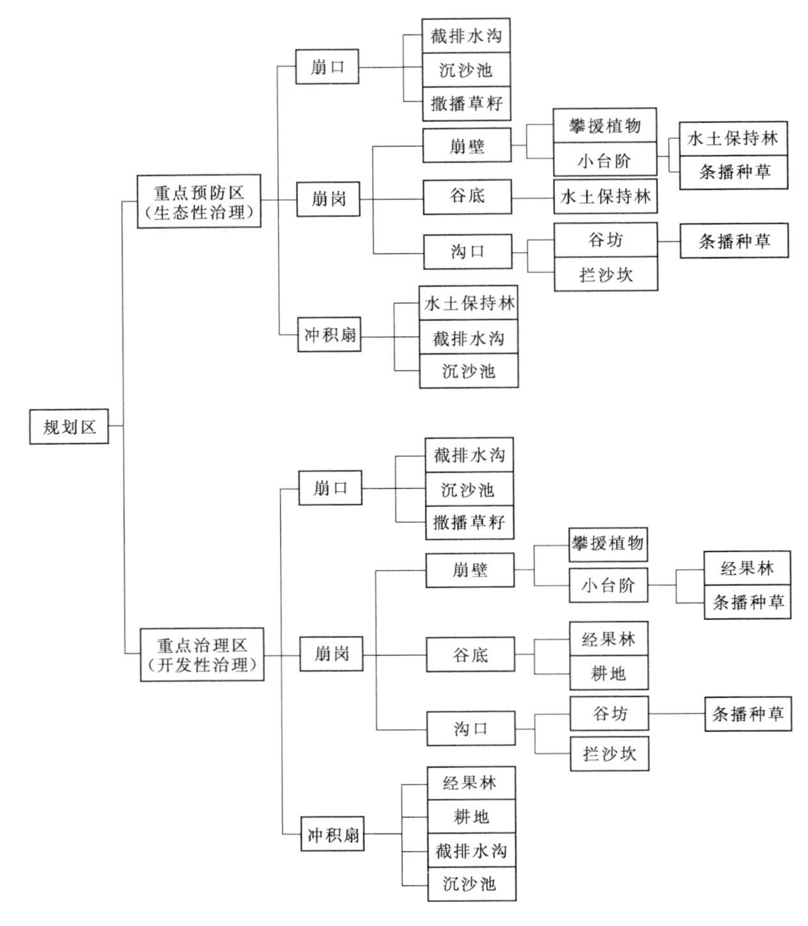

图Ⅱ.13.5-10　崩岗防治措施体系框图

1）崩口。在崩口顶部外沿5m以上开挖截水沟，拦截坡面径流，控制水动力条件，防止对沟头的冲刷。每隔一段距离，布设沉沙池，起到沉沙、消能的作用。集水坡面上进行补植补种，提高坡地地表植被覆盖度。

2）崩岗。对活动强烈、处于发育盛期的崩岗，在崩岗沟壑修筑谷坊、拦沙坎，以抬高侵蚀基准面。对发育初期、崩口规模较小的崩岗，则采取工程措施、林草措施与化学措施相结合的方法，以求尽快固定崩口。崩壁采取削坡、修建小台阶等方式，种植林草，快速覆盖崩壁、崩积锥，促进崩岗稳定。在沟坡、谷底、堤坝内外密植繁殖力强、耐掩埋、速生快长的草木，筑成生物坝过水滤沙，稳定沟床。

3）冲积扇。布置水土保持林、经济林、果木林等措施，提高土地利用率。对于以生态修复为主的区域，种植分蘖能力强、耐埋的草本或竹类围封崩口；对于以开发利用为主要发展方向的区域，结合当地的主导特色产业，种植经济果木林或其他农作物。

（2）典型崩岗与典型设计。

1）典型崩岗选取。赣州市寻乌县、大余县、崇义县、安远县、定南县为国家级水土流失重点预防区；赣州市其他县（市、区）为国家级水土流失重点治理区。以防治方向为基础分类，结合崩岗的类型、分布特点、流失程度、沟口沟道情况及防治需求，选定寻乌县和赣县的条形、爪形、瓢形、弧形和混合型5种典型崩岗开展设计。典型崩岗基本情况见表Ⅱ.13.5-4。

2）典型崩岗设计。根据总体布局，结合不同类型的崩岗特点、治理方向及当地群众治理意愿开展典型设计。

瓢形崩岗（土质小台阶）：位于赣县田村镇大塘村。崩岗面积为4000m^2，治理面积为7300m^2，主要采用“上截、中削、下堵、内外绿化”的治理措施。结合当地产业布局及农民意愿，该地块治理后种植经济林。上截是为防止上游来水对崩壁的冲刷，距崩壁口上方5m处沿崩壁修筑截水沟，截水沟长250m；

表Ⅱ.13.5-4　典型崩岗基本情况表

序号	所属县	崩岗类型	治理面积/m²	集水区面积/m²	崩岗面积/m²	其中：谷底面积/m²	冲积扇面积/m²	主沟宽/m	支沟/条	治理方向
1	赣县	瓢形	7300	3020	4000	2400	280	15	1	经济林
2		弧形	5810	1510	3600	1880	700	75		果木林
3	寻乌	爪形	3270	2040	1230	950		28		水土保持林
4		条形	2050	1470	580	160		8		水土保持林
5		混合型	3420	1160	2260	920		27	4	水土保持林

注　治理面积=集水区面积+崩岗面积+冲积扇面积。

为防止雨水冲刷、泥土淤积，在坡降较大处及截排水沟出口处，设置沉沙池3个，起跌水、消能、沉沙作用；为提高林草覆盖率，对集水区进行撒播草籽防护，撒播草籽3020m²。中削是根据开发治理方向及地块现状，对崩壁自上而下，进行削坡开级造林种草。结合崩壁高度、崩壁长度、坡度等因素，测算崩壁小台阶2000m²，梯壁条播种草2000m²。下堵是为拦截泥沙对下游的影响，在主沟口设浆砌石谷坊1座，在支沟出口处修建土谷坊1座，减弱输沙能力，抬高侵蚀基准面。内外绿化是对谷底、冲积扇进行整地平整，并利用崩壁修建的小台阶、谷底及冲积扇种植经济林，其中小台阶栽植经济林2000m²，谷底及冲积扇栽植经济林2680m²。瓢形崩岗典型示意图如图Ⅱ.13.5-11所示，瓢形崩岗（土坎小台阶）典型设计工程量见表Ⅱ.13.5-5。

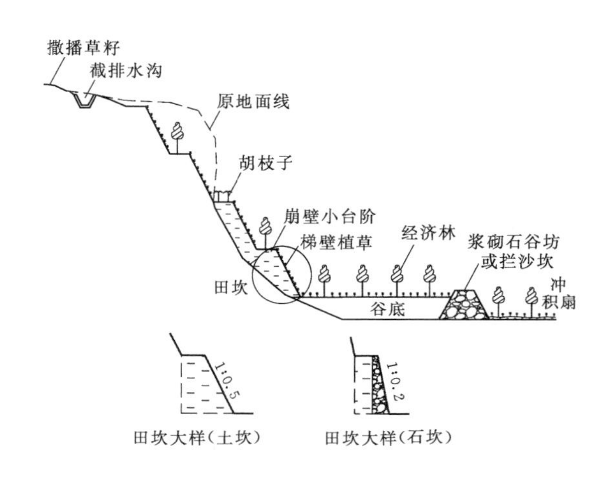

图Ⅱ.13.5-11　瓢形崩岗典型示意图

表Ⅱ.13.5-5　瓢形崩岗（土坎小台阶）典型设计工程量表

截水沟/m	沉沙池/个	土坎小台阶/m²	整地平整/m²	浆砌石谷坊/m	土谷坊/m	经济林/m²	撒播种草/m²	条播种草/m²
250	4	2000	2680	15	14	4680	3020	2000

瓢形崩岗（石坎小台阶）：受土质、集水区面积等条件限制，当土质小台阶不能满足稳定性要求时，为达到最佳的治理效果，根据实际情况采用石坎小台阶。石坎小台阶采用瓢形崩岗作为典型设计，与瓢形崩岗（土坎小台阶）相比，将崩壁设计为石坎小台阶，除改变谷坊形式、种草方式外，其他措施保持不变。瓢形崩岗（石坎小台阶）典型设计工程量见表Ⅱ.13.5-6。

表Ⅱ.13.5-6　瓢形崩岗（石坎小台阶）典型设计工程量表

截水沟/m	沉沙池/个	石坎小台阶/m²	整地平整/m²	浆砌石谷坊/m	土谷坊/m	经济林/m²	撒播种草/m²
400	5	2000	2680	15	14	4680	2680

弧形崩岗：位于赣县田村镇大塘村。崩岗面积为3600m²，治理面积为5810m²，主要采用“上截、中保、下堵、内外绿化”的治理措施。结合当地产业布局及农民意愿，该地块治理后种植果木林。上截是为防止上游来水对崩壁的冲刷，距崩壁东侧上方5m处沿崩壁修筑截水沟；为防止雨水冲刷、泥土淤积，在坡降较大处及截排水沟出口处，设置沉沙池，起跌水、消能、沉沙作用；为提高林草覆盖率，对集水区进行撒播草籽，撒播草籽1510m²。中保是对现有崩壁进行低强度的削坡处理，降低崩壁坡度，同时局部采用土壤固化剂稳定坡面，并配合植被防护，种植攀援植物迅速提高林草覆盖率。在崩壁下沿设置一道挡土墙，稳定坡脚。下堵是为拦截泥沙对下游的影响，在沟口修建浆砌石拦沙坎，减弱输沙能力，抬高侵蚀基准面。内外绿化是对谷底、冲积扇进行整地平整，并种植果木林，配置相应的蓄水、排水设施。弧形崩岗典型示意图如图Ⅱ.13.5-12所示，典型设计工程量见表Ⅱ.13.5-7。

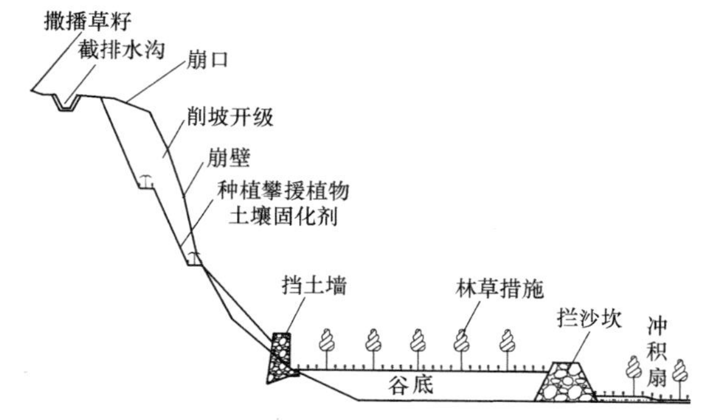

图Ⅱ.13.5-12 弧形崩岗典型示意图

表Ⅱ.13.5-7 弧形崩岗典型设计工程量表

截排水沟/m	沉沙池/个	蓄水池/个	整地平整/m²	浆砌石拦沙坎/m	果木林/m²	撒播种草/m²	攀援植物/m	挡土墙/m
160	3	1	2580	75	2580	1510	350	121

爪形崩岗：位于寻乌县余田村。崩岗面积为1230m²，治理面积为3270m²，主要采用“上截、中保、下堵、内外绿化”的治理措施。结合当地产业布局及农民意愿，该地块治理后种植水土保持林。上截是为防止上游来水对崩壁的冲刷，距崩壁口上方5m处沿崩壁修筑截水沟，截水沟长240m；为防止雨水冲刷、泥土淤积，在坡降较大处及截排水沟出口处，设置沉沙池，起跌水、消能、沉沙作用；为提高植被覆盖率，对集水区进行撒播草籽，撒播草籽2040m²。中保是对现有崩壁进行削坡处理，上半部削坡后种植攀援植物以快速覆盖，下半部修筑小台阶，台面种植水土保持林，梯壁条播种草+抗冲草毯覆盖防护。下堵是为拦截泥沙对下游的影响，在较大沟口处修建干砌石谷坊2座，在较小沟口处修建石笼谷坊2座，在沟道中部修建生态袋谷坊1座，减弱输沙能力，抬高侵蚀基准面。内外绿化是对谷底进行整地平整，并种植水土保持林950m²。爪（条）形崩岗典型示意图如图Ⅱ.13.5-13所示，爪形崩岗典型设计工程量见表Ⅱ.13.5-8。

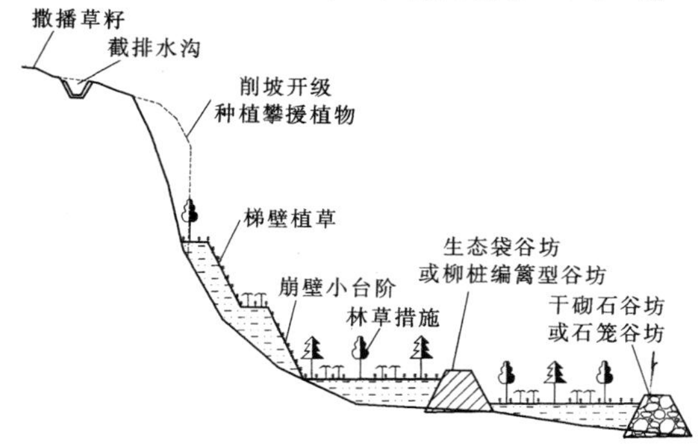

图Ⅱ.13.5-13 爪（条）形崩岗典型示意图

表Ⅱ.13.5-8 爪形崩岗典型设计工程量表

截水沟/m	沉沙池/个	整地平整/m²	干砌石谷坊/m	石笼谷坊/m	生态袋谷坊/m	水土保持林/m²	撒播种草/m²	攀援植物/m	土坎小台阶/m²	抗冲草毯铺设/m²
100	3	950	18	14	5	1100	2040	310	410	800

条形崩岗：位于寻乌县余田村。崩岗面积为580m²，治理面积为2050m²，主要采用“上截、中保、下堵、内外绿化”的治理措施。结合当地产业布局及农民意愿，该地块治理后种植水土保持林。上截是为防止上游来水对崩壁的冲刷，距崩壁口上方5m处沿山崩壁修筑截水沟，截水沟长130m；为防止雨水冲刷、泥土淤积，在坡降较大处及截水沟出口处，设置沉沙池，起跌水、消能、沉沙作用；为提高植被覆盖率，对集水区进行撒播草籽，撒播草籽1470m²。中保是根据开发治理方向以及地块现状，对崩壁进行植物防护，种植攀援植物迅速提高植被覆盖率。下堵是为拦截泥沙对下游的影响，在主沟口及沟道中部设置谷坊群，其中沟道中部采用柳桩编篱型谷坊，主沟口采用石笼谷坊，减弱输沙能力，抬高侵蚀基准面。内外绿化是对谷底进行整地平整，并种植水土保持林160m²。条形崩岗典型设计工程量见表Ⅱ.13.5-9。

表Ⅱ.13.5-9 条形崩岗典型设计工程量表

截水沟/m	沉沙池/个	整地平整/m²	石笼谷坊/m	柳桩编篱型谷坊/m	水土保持林/m²	撒播种草/m²	攀援植物/m
130	4	160	9	6	160	1470	170

混合型崩岗：位于寻乌县余田村。崩岗面积为2260m²，治理面积为3420m²，主要采用“上截、中削、下堵、内外绿化”的治理措施。结合当地产业布局及农民意愿，该地块治理后种植水土保持林。上截是为防止上游来水对崩壁的冲刷，距崩壁口上方5m处沿崩壁修筑截水沟，截水沟长70m；为防止雨水冲刷、泥土淤积，在坡降较大处及截水沟出口处，设置沉沙池，起跌水、消能、沉沙作用；为提高植被覆盖率，对集水区进行撒播草籽，撒播草籽1160m²。中削是根据开发治理方向及地块现状，对崩壁进行半削半台阶处理，将崩壁上侧削坡多余土方，在崩壁下侧进行台阶整地，该处理可增强梯壁稳定性，增加造林面积。结合崩壁高度、崩壁长度，坡度等数据，测算崩壁小台阶800m²，梯壁条播种草800m²，崩壁上方种植攀援植物180m。下堵是为拦截泥沙对下游的影响，在主沟口修建浆砌石拦沙坎，在支沟出口处修建

生态袋谷坊，减弱输沙能力，抬高侵蚀基准面。内外绿化是对谷底进行整地平整，并在谷底及修整后的崩壁小台阶种植水土保持林 1720m²。混合型崩岗典型示意图如图Ⅱ.13.5-14 所示，典型设计工程量见表Ⅱ.13.5-10。

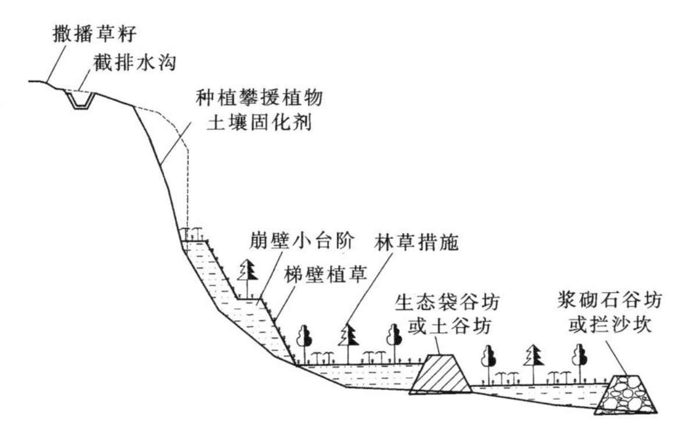

图Ⅱ.13.5-14 混合型崩岗典型示意图

表Ⅱ.13.5-10 混合型崩岗典型设计工程量表

截排水沟/m	沉沙池/个	土坎小台阶/m²	整地平整/m²	浆砌石拦沙坎/m	生态袋谷坊/m	土谷坊/m	水土保持林/m²	撒播种草/m²	条播种草/m²	攀援植物/m
70	2	1158	920	27	10	16	1720	1160	800	180

13.5.2.2 础砂岩区造林

1. 定义与作用

砒砂岩是古生代二叠纪、中生代三叠纪、侏罗纪和白垩纪的厚层砂岩、砂页岩和泥岩组成的互层，包括灰黄、灰白、紫红色等的石英砂岩，灰、灰黄、灰紫色的沙质页岩，紫红色的泥岩、泥沙岩等。该地层为陆相碎屑岩系，上覆岩层厚度小、压力低，成岩度低，抗蚀性差。砒砂岩的治理极为困难，曾被称为“地球环境癌症”。实践证明种植沙棘是治理砒砂岩区水土流失的有效措施。

2. 配置与设计

(1) 砒砂岩区设计种植沙棘区域。根据砒砂岩区地貌的特点，一般可以分为支毛沟道、沟间坡地和河川。从沙棘适应性角度看，这些区域都可种植沙棘。但从治理水土流失角度看，支毛沟道和河川是砒砂岩区泥沙主要来源地和输送通道，应该是沙棘种植的重点区域。

(2) 砒砂岩区沙棘种植区域立地类型划分。砒砂岩区沙棘种植区域划分为以下 5 种立地类型：

1) 沟头沟沿。位于支毛沟沟沿线以上，为梁峁坡的边缘地带。包括侵蚀沟头上部的凹地和侵蚀沟两岸的缓坡地。地面较平缓，土壤一般为栗钙土、沙土、砒砂岩土或黄土。

2) 沟坡。位于支毛沟沟沿线以下、沟谷底平地以上。地形陡峭，坡度多为 30°～40°。地表砒砂岩裸露，砒砂岩风化与泻溜侵蚀严重。

3) 沟底。位于支毛沟底部，地面较平缓。既是沟坡砒砂岩风化物的堆积区，又是洪水通道。土壤相对疏松，抗侵蚀能力弱。土壤水分条件较好，适宜沙棘生长。

4) 河滩地。河床两侧，即常流水水位以上，发生洪水时可被淹没的区域。地面平坦，地势开阔，地表组成物质主要为淤泥、砂、砂砾石等。土壤水分条件较好。

5) 川台地及平地。地面平坦，地表组成物质为土层深厚的土壤或母质，土壤水分条件较好，较适宜沙棘生长。

(3) 砒砂岩区沙棘造林布局。以治理水土流失、减少入黄泥沙为主要目的的砒砂岩区沙棘造林，其布局是选择砒砂岩区支毛沟道、河漫滩地作为沙棘种植主要区域，通过集中连片种植沙棘，形成沟头沟沿、沟坡、沟底、河道等多道防线。沟头沟沿营造沙棘防护篱、沟坡布设沙棘防蚀林、沟底布设沙棘防冲林、河滩地布设沙棘护岸林，在一些自然条件比较好的区域可以发展沙棘经济林。

1) 沟头沟沿沙棘防护篱。沟头前进是土壤侵蚀的重要表现形式，在沟头沟沿布设沙棘林带，利用沙棘茂密的灌丛和根系保护沟头和沟沿，拦蓄上方坡面径流，控制沟头侵蚀，防止沟头前进。

2) 沟坡沙棘防蚀林。沟坡砒砂岩裸露，侵蚀剧烈，侵蚀类型复杂。沟坡种植沙棘，利用沙棘根系和地上部分对沟坡形成防护，覆盖裸露砒砂岩，减少砒砂岩的风化与水力、重力侵蚀。

3) 沟底布设沙棘防冲林。沟底是洪水的通道，沟坡长年不断风化的坡积物在沟底堆积，一遇洪水便被全部冲入下游；洪水造成沟底下切，侵蚀基准点下降，是沟岸崩塌和不断扩张的主要原因。在沟底密集种植沙棘，随着沙棘的生长逐步将沟床全面固定，沙棘和拦截的泥沙逐步形成以植物为骨架的沙棘植物柔性防护坝，不仅固定沟床抑制沟底下切，而且保护沟底坡积物防止冲刷。沟底沙棘防冲林拦截泥沙效果显著，是减少水土流失的关键。

4) 河滩地沙棘护岸林。砒砂岩丘陵沟壑区的主沟道，均属宽浅式河道，没有明显的主河床，河道宽度大多在 1km 左右，非常宽阔。在主沟道上，留出一定宽度的河床水路之后种植沙棘林，不仅能护岸而且也挂淤泥沙。沙棘林固岸效果好，可以起到工程措施难以实现的河道整治作用。

5）沙棘经济林。在河道两岸，选择地势平坦、水分条件较好、土层较厚、集中连片的川台地等，发展沙棘经济林。

（4）砒砂岩区沙棘造林和管护抚育技术要点。

1）整地。砒砂岩区沙棘造林整地要点主要是挖深，一般采用穴状整地，沙棘经济林一般采用块状整地，整地深度要达到各林种设计深度要求。

2）栽植。砒砂岩区沙棘栽植要点是深栽、砸实，使沙棘根系与砒砂岩母质紧密接触。

3）造林季节。一般在春季和秋季造林。春季造林在土壤解冻20cm左右时开始，至沙棘苗木发芽为止，时间一般在3月20日左右至4月底；秋季造林自沙棘苗木开始落叶起，到土壤结冻前为止，时间在10月中下旬至11月中旬左右。

4）管护要求。沙棘林管护主要包括幼林抚育管护、去雄疏伐、病虫害防治等。幼林抚育管护包括造林后3年实施禁牧以及锄草、去除萌蘖苗等。去雄疏伐是指对老沙棘林去除行带间的萌蘖苗和杂草等，对行带内的雄株按雌雄比8：1的比例保留授粉树，其余雄株去除。沙棘病虫害防治要贯彻“预防为主、综合防治”的原则，把检疫、造林技术措施、生物防治结合起来，在沙棘休眠期，结合修剪清除病枝枯枝。在病虫害高发期，喷撒波尔多液、石硫合剂、高锰酸钾液、硫酸亚铁液等，具有良好效果。对沙棘虫害防治，尽可能采用生物防治措施，加强沙棘林经营和复壮等技术措施。

（5）苗木类型、品种和质量要求。

1）类型。苗木类型有沙棘实生苗和扦插苗。沙棘经济林必须采用优质扦插苗，其他林种可采用沙棘实生苗。

2）品种。沙棘实生苗需采用优良种源地采集、经过风选的优质种子培育出的苗木；沙棘扦插苗必须采用经过培育，适应砒砂岩区自然条件的优良沙棘品种，推荐使用杂雌优1、杂雌优10、杂雌优12等沙棘品种。

3）沙棘苗木质量要求。沙棘苗木须严格执行《沙棘苗木》（SL 284—2003）的规定。沙棘实生苗木主要指标为：株高不小于30cm，地径不小于3mm，侧根3条以上，无病虫害及机械损伤。沙棘扦插苗木主要指标为：株高不小于40cm，地径不小于5mm，侧根3条以上，无病虫害及机械损伤。所有苗木必须具有完全活力，无腐烂、干枯等现象出现。

（6）沙棘造林标准设计。

1）沟头沟沿沙棘防护篱设计图如图Ⅱ.13.5－15所示，设计说明见表Ⅱ.13.5－11。

2）沟坡沙棘防蚀林设计图如图Ⅱ.13.5－16所示，设计说明见表Ⅱ.13.5－12。

3）沟底沙棘防冲林设计图如图Ⅱ.13.5－17所示，设计说明见表Ⅱ.13.5－13。

4）河滩地沙棘护岸林设计图如图Ⅱ.13.5－18所示，设计说明见表Ⅱ.13.5－14。

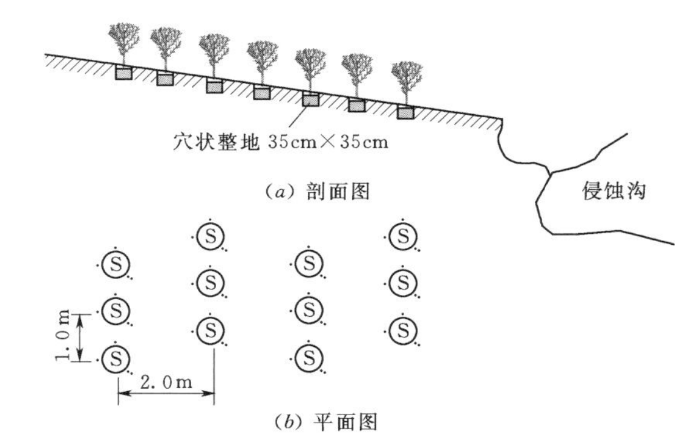

图Ⅱ.13.5－15 沟头沟沿沙棘防护篱设计图

表Ⅱ.13.5－11 沟头沟沿沙棘防护篱设计表

株行距/(m×m)		1.0×2.0
整地	整地时间	随整地随种植
	整地方式	穴状整地
	整地要求	直径×深：35cm×35cm
苗木	苗木年龄	一年生
	苗木种类	实生苗
种植	种植时间	春季、秋季或雨季
	种植方法	植苗种植
	种植要求	苗木直立于穴中，分层覆土踏实，覆土至根颈以上5cm
抚育管护	抚育时间	全年
	抚育方式	禁牧、除草、去除萌蘖
	封育时间	3年
栽植穴数/(穴/hm²)		5000
需苗量/(株/hm²)		5000

表Ⅱ.13.5－12 沟坡沙棘防蚀林设计表

株行距/(m×m)		2.0×3.0
整地	整地时间	随整地随种植
	整地方式	穴状整地
	整地要求	直径×深：35cm×35cm
苗木	苗木年龄	一年生
	苗木种类	实生苗

续表

株行距/(m×m)		2.0×3.0
种植	种植时间	春季、秋季或雨季
	种植方法	植苗种植
	种植要求	苗木直立于穴中，分层覆土踏实，覆土至根颈以上 5cm
抚育管护	抚育时间	全年
	抚育方式	禁牧、除草、去除萌蘖
	封育时间	3 年
栽植穴数/(穴/hm²)		1667
需苗量/(株/hm²)		1667

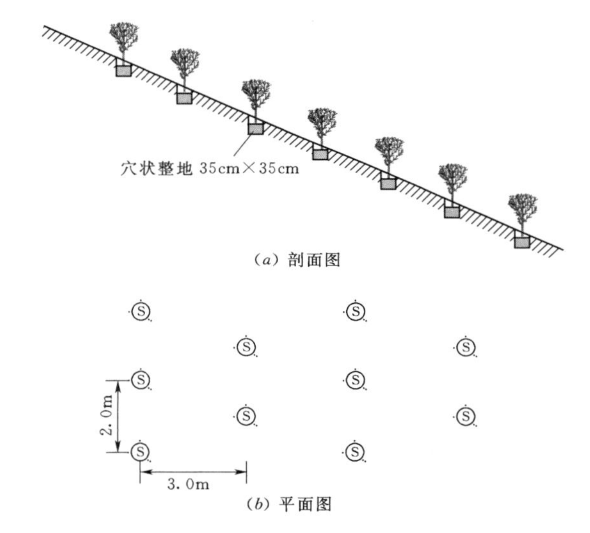

(a) 剖面图

(b) 平面图

图Ⅱ.13.5-16 沟坡沙棘防蚀林设计图

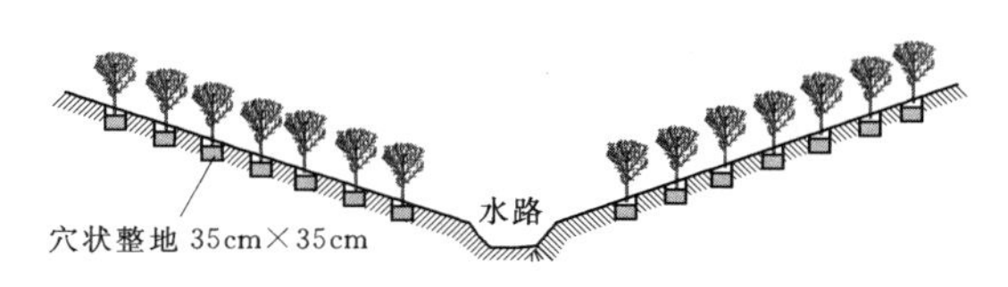

(a) 剖面图

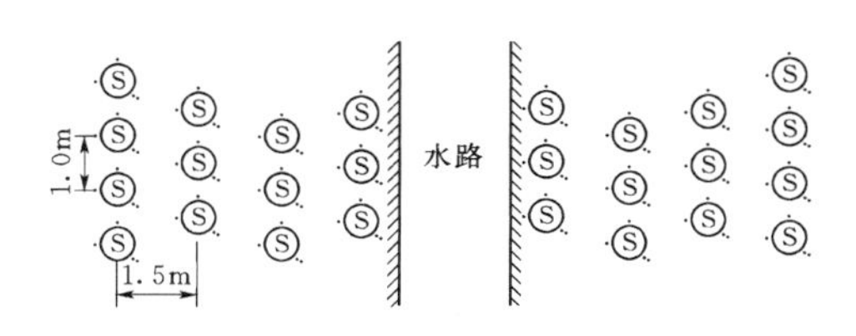

(b) 平面图

图Ⅱ.13.5-17 沟底沙棘防冲林设计图

表Ⅱ.13.5-13 沟底沙棘防冲林设计表

株行距/(m×m)		1.0×1.5
整地	整地时间	随整地随种植
	整地方式	穴状整地
	整地要求	直径×深：35cm×35cm
苗木	苗木年龄	一年生
	苗木种类	实生苗
种植	种植时间	春季、秋季或雨季
	种植方法	植苗种植
	种植要求	苗木直立于穴中，分层覆土踏实，覆土至根颈以上 5cm
抚育管护	抚育时间	全年
	抚育方式	禁牧、除草、去除萌蘖
	封育时间	3 年
栽植穴数/(穴/hm²)		6667
需苗量/(株/hm²)		6667

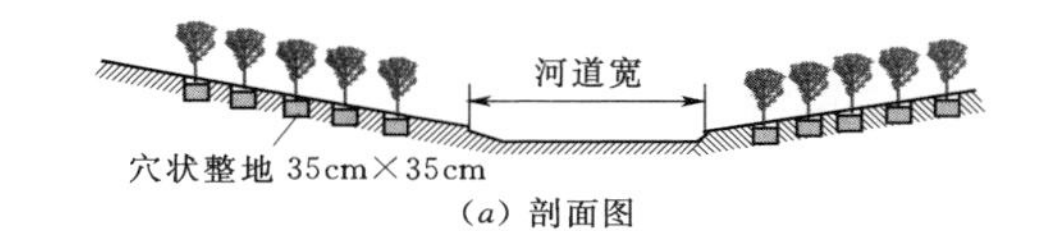

(a) 剖面图

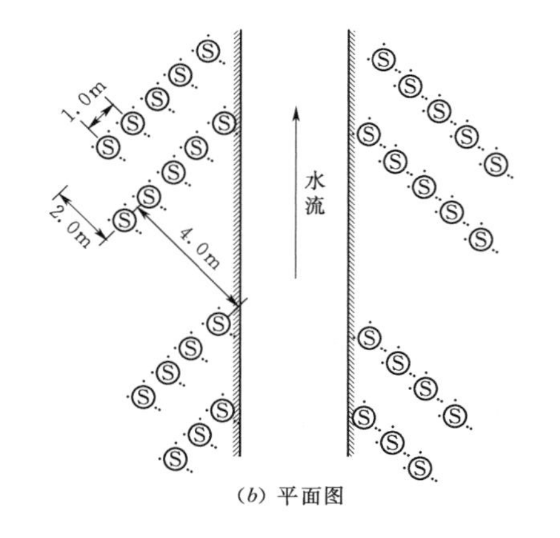

(b) 平面图

图Ⅱ.13.5-18 河滩地沙棘护岸林设计图

表Ⅱ.13.5-14 河滩地沙棘护岸林设计表

带间距/m		4.0
带内行数		2
株行距/(m×m)		1.0×2.0
整地	整地时间	随整地随种植
	整地方式	穴状整地
	整地要求	直径×深：35cm×35cm

续表

带间距/m	4.0	
苗木	苗木年龄	一年生
	苗木种类	实生苗
种植	种植时间	春季、秋季或雨季
	种植方法	植苗种植
	种植要求	苗木直立于穴中，分层覆土踏实，覆土至根颈以上 5cm
抚育管护	抚育时间	全年
	抚育方式	禁牧、除草、去除萌蘖
	封育时间	3 年
栽植穴数/(穴/hm²)	3333	
需苗量/(株/hm²)	3333	

5）沙棘经济林设计图如图Ⅱ.13.5－19 所示，设计说明见表Ⅱ.13.5－15。

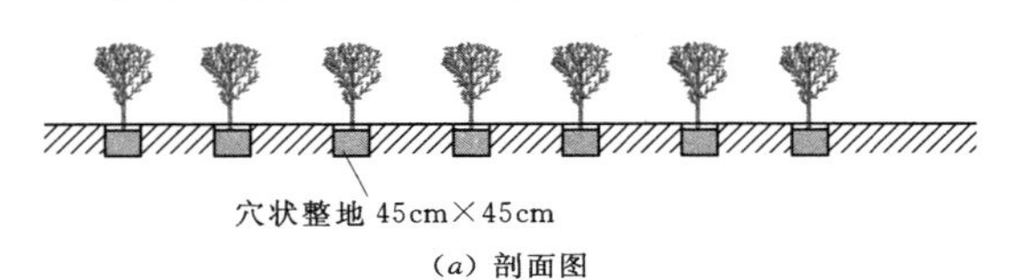

(a) 剖面图

2.0m

2.0m

(b) 平面图

图Ⅱ.13.5－19　沙棘经济林设计图

表Ⅱ.13.5－15　沙棘经济林设计表

株行距/(m×m)	2.0×2.0	
整地	整地时间	随整地随种植
	整地方式	块状整地
	整地要求	长×宽×深：45cm×45cm×45cm
苗木	苗木年龄	一年生或二年生
	苗木种类	扦插苗
种植	种植时间	春季、秋季或雨季
	种植方法	植苗种植
	种植要求	苗木直立于穴中，分层覆土踏实，覆土至根颈以上 5cm

续表

株行距/(m×m)	2.0×2.0	
抚育管护	抚育时间	全年
	抚育方式	禁牧、除草、去除萌蘖，浇水、施肥、修剪
	抚育要求	沙棘经济林种植园按果园管理
栽植穴数/(穴/hm²)	2500	
需苗量/(株/hm²)	2500	

13.5.3　盐碱地造林

13.5.3.1　定义与作用

盐碱地是指土壤里面盐分含量积累到影响作物正常生长的土地类型，其形成除了受地形、地貌、气候条件、水文地质、土壤质地等自然因素影响外，还受地下水化学变化及人为活动等因素的影响，其形成的实质主要是各种易溶性盐类在地面作水平方向与垂直方向的重新分配，使盐分在土壤表层逐渐积聚起来，从而导致土壤的盐渍化。

盐碱地造林是通过生物措施与工程措施相结合的综合措施，实现改善土壤结构、增加土壤肥力，最终恢复生态系统的良性循环，达到改善生态环境的目的。

13.5.3.2　配置与设计

1. 整地

滨海盐碱地造林多采用台田、条田和大坑整地方法；内陆盐碱地造林多采用机耕全面整地、沟垄和高台整地方法；平原花碱土造林采用防盐躲盐、沟垄整地方法。

2. 树种选择

(1) 造林目的。盐碱地造林需能最大限度地保证国民经济的需要，实现“生态、经济兼顾”的效果。

营造农田防护林要求生长迅速、树形高大、枝叶繁茂、抗风力强、防护作用显著；根深、冠窄，不与作物争地，并与农作物无共同病虫害；长寿、稳定、长期具有防护效能。用材林要求速生、材质优良、干形好、单位面积蓄积量高。土壤改良林及特用经济林，要求改良土壤的效能强，经济价值高。

(2) 适地适树。盐碱地造林树种的选择需根据树木的生物及生态学特性与盐碱地条件相适应，即“适地适树”的原则。

树种配置的原则是：在符合林种要求的前提下，对于高燥干旱地应配置耐盐耐旱树种；低洼易涝地应配置耐盐耐涝树种；盐分轻，土质好，土壤肥沃则配置速生、大材、经济价值高的树种；盐分重，土壤瘠薄则配置耐盐性强或改良土壤效能好的树种。不同林型的树种组成应根据造林地条件和树种特性予以恰当配置纯林或混交林。

(3) 特性优势。

1) 耐盐性。弱度耐盐指标为含盐量0.1%～0.3%，中度耐盐指标为含盐量0.4%～0.5%，强度耐盐指标为含盐量0.5%～0.7%，而且耐盐指标仅对于1～3年的幼树而言。按照耐盐性划分，常见的耐盐树种如下：

a. 弱度耐盐树种：新疆杨、箭杆杨、大（小）叶白蜡、毛白杨、钻天杨、辽杨、大（小）黑杨、小叶杨、旱柳、加杨、合作杨、小美旱、山杨、驼绒藜、沙拐枣等。

b. 中度耐盐树种：银白杨、小叶白蜡、白柳、刺槐、白榆、臭椿、侧柏、山杏、紫穗槐、桑、杜梨、枣等。

c. 强度耐盐树种：胡杨、柽柳、梭梭、枸杞、沙枣、紫穗槐（沿海）、绒毛白蜡、胡枝子（东北）。

实际生产实践中，需对目标物种进行专门的耐盐能力测试。

2) 耐涝性。涝害是低洼盐碱地经常存在的问题。因此，盐碱地造林树种除要考虑耐盐性外，还要求具有一定的耐涝能力。树木的耐涝能力需根据树木品种的不同和来源地的条件差异而定。

3) 耐旱性。我国内陆盐碱地区造林，除受盐碱威胁外，干旱也是主要问题之一。我国西北的诸多物种具有较高的渗透压，有利于水分的吸收；部分植物具有特殊的叶片结构，可减少水分的蒸腾；其耐旱性表现为具有强大的根系，具有广泛的找水能力。以上特点均为植物耐旱性的表现。代表植物有胡杨、盐爪爪、白刺等。

3. 造林密度

造林密度既要考虑造林的目的，又要考虑到造林地气候、土壤条件以及栽培措施和经营条件，不宜统一规定一个标准。为便于参考，根据各地造林情况提出我国北方盐碱地区主要树种造林密度，见表Ⅱ.13.5-16。

表Ⅱ.13.5-16 北方盐碱地区主要树种造林密度表

树种	行距×株距/(m×m)	每亩株数
侧柏	1×2～1×1.5	333～444
樟子松	1.5×2～1×1.5	222～444
落叶松	2×2～1.5×1.5	166～296
杨树	3×4～2×3	56～111
柳树	2×3～2×2	111～166
白榆	2×3～2×2	111～166
刺槐	2×3～2×2	111～166
国槐	2×2～1.5×1.5	166～296
臭椿	2×2	166
白蜡	2×2～2×1.5	166～222
枫树	2×3～2×2	111～166
水曲柳	1.5×2～1×2	222～333
苦楝	2×2～1.5×2	166～222
沙枣	2×1～1×1.5	333～444
枣树	5×6～3×5	222～444
沙棘	1×1.5～1×1	444～666
紫穗槐	1×1	666
柽柳	1×1.5～1×1	444～666

4. 苗木处理

在盐碱地植树造林前选择合理的处理技术，可提高造林的成活率，主要处理技术如下：

(1) 过磷酸钙泥浆蘸根。在春季裸根苗造林时，将50kg水加2kg过磷酸钙和12.5kg土搅匀成泥浆。用过磷酸钙泥浆蘸根，能刺激新根迅速增多，并能使新植的树木生长旺盛。

(2) 在树穴底部施有机物隔盐层。将锯末和炉灰搅拌均匀放在树穴底部，一方面能有效控制返盐，另一方面能增强土壤肥力。

(3) 化学改良剂改良。栽树时适量施入化学改良剂既改良土壤、降低土壤酸碱度、提高土壤肥力，又给土壤增加铁、钾、锰、铜等微量元素，提高成活率。

(4) 种植绿肥。在重度盐碱地上，一般不直接造林，应先种植耐盐碱绿肥改良盐碱地。

5. 栽植方法

盐碱地多采用植苗造林，也可采用分植造林和播种造林，概述如下：

(1) 植苗造林。植苗造林是盐碱地区的一种主要造林方法。由于植苗造林需要经过育苗、起苗、运苗和栽植等工序，所以要注意以下几个问题：

1) 苗木的种类及规格。供植苗造林的苗木，有实生苗和无性繁殖苗两种。目前盐碱地造林使用的苗木主要是带根的播种苗；有些树种如杨树、柳树等则多使用无性繁殖苗。

植苗造林要求苗木有一定的规格，主要的苗龄和苗木品质见表Ⅱ.13.5-17。

2) 苗木栽植技术。

a. 滨海盐碱地区：栽树要浅栽平埋，使苗木的原土痕在栽后要比原地面高出1～5cm。1～2年生刺

表Ⅱ.13.5-17 盐碱土地常用造林树种壮苗规格表

树种	一般造林用苗				
	苗龄/a	高/cm	基径/cm	亩产苗量/万株	备注
侧柏	2	30	0.5	1.5	播种苗
刺槐	1	140	1.0	0.8	播种苗
白榆	1	100	0.8	1.0	播种苗
紫穗槐	1	100	0.7	1.5	播种苗
槐树	1	100	0.8	0.8	播种苗
臭椿	1	80	1.0	0.8	播种苗
胡杨	2～3	200	1.5	0.8	播种苗
毛白杨	1	200	1.5	0.4	留根苗
加杨	1	200	1.5	0.8	插条苗
旱柳	1	200	1.5	0.9	插条苗
杜梨	1	100	0.7	2.0	播种苗
沙枣	1	140	1.0	0.8	播种苗

槐、榆树苗木的原土痕要比地面高2～3cm为好；同龄柳树则高出4～6cm为宜。土与地面相平，不高出或低于地面。

b. 内陆盐碱地区：深挖浅埋，移栽的苗木挖坑深，埋土时不把坑填满，使植树封土面低于原地平面20cm左右，而埋土超过苗木原土痕3～5cm为宜。栽植穴底都要与上部同大，避免挖成锅底形。植苗要正植于穴的中间，用客土填入穴内至一半时，将苗木轻轻向上提，使苗木根系舒展踏实并覆上余土。苗木栽植后，还应在树坑周围筑小埂，随即灌水。当地表稍干时，要立即松土或盖一层干土，以保墒防止返盐。苗木成活后要加强幼林抚育管理，在雨季要经常整修地埂，以便灌水或蓄积雨水，压盐洗碱。

(2) 分殖造林。在盐碱地区多采用插木造林，应用最普遍的树种是杨树和柳树。一般多在路沟边坡、灌渠两旁或在有灌水条件盐碱轻的路旁、台条田边坡、沟旁等处采用。杨树等树种多采用年轻母树上1～3年生的枝条作为插穗，并以枝条中段以下为最好，穗径以3～5cm为宜。杨树、柳树采集插穗的时间，以秋末母树停止生长以后为好，但须妥善埋藏；柳枝也可随采随插。插穗长度和粗度依立地条件和插木方法不同而异，一般长50～200cm，穗径3～5cm。

盐碱地插木造林方法主要采用插干法，此法由于插干技术上的差异又分为高插法和低插法两种。高插法：多应用于低湿盐碱地造林和栽植行道树，一般选用长1.5～2m、粗3～5cm的插穗。挖穴埋干时，一般是浅埋50～80cm，地面露出1～1.2m为宜。注意要随埋随压实，防止风吹摇动，以利于生根成活。如果干际周围土壤盐分较重，应及时松土或浇水进行洗盐压碱。低插法：多用于盐碱较轻的地区，一般选用长40～50cm、粗2～3cm的插穗。插干时一般“深埋”35～40cm，露出地面5～10cm，也要随埋随压实。由于插穗外露较少，可在底土砸实后再覆土，以防表土积盐危害侧芽萌发。

插干造林简单易行，适宜在面积较小且有水源的地方进行。

(3) 播种造林。应尽量选用种源丰富、生长迅速、根系发达、抗盐碱较强的树种进行播种造林。盐碱地播种造林应先进行整地，消灭杂草，保持土壤水分，方能进行播种。在盐碱地区采用的树种有刺槐、紫穗槐、胡杨和柽柳等。

刺槐和紫穗槐适于在河道堤坡、渠道沟坡等盐碱较轻的土地上进行直播造林。方法是提前整地，最好趁大雨后，将已催芽处理好的种子进行沟播或穴播。亩播种量：刺槐为3～4kg，紫穗槐在5kg左右。播种后覆土2～8cm，然后轻轻镇压，使种子与土壤密接以利于种子发芽出土。胡杨播种造林具体做法是，在造林地段洗盐后，整地作垄，沟宽80～100cm，深50～70cm，沟间距150cm，长度根据地形而定。采取沟垄水线播种造林，加强管理，培育2～3年后，按株距移除多余的苗木，用于植苗造林；留下的健壮苗木即长成胡杨林带。柽柳7月上旬种子成熟，种子随采随撒在盐碱地上，降水后种子就能生根发芽成林。在土壤含盐量1%以下的中、重度盐碱地可播种营造柽柳林。

播种造林需要采用经过检验合格、遗传性能良好、纯度及发芽率高的优良种子。为防止病虫及鸟兽侵害，还可进行消毒、拌种等处理。

6. 典型造林模式

(1) 减蒸促排造林技术模式。“减蒸促排”模式的核心技术是渗排管系统的应用。利用暗管排盐是盐碱地改良和造林的常用方法之一。该模式主要适用于沿海半湿润盐碱区的造林任务。

造林前，在林地铺设外径200mm的透水管网，布置形式为单管排水系统。采用水平空间换取垂直空间的“浅密式”排水布设形式，东西向铺设，管间距6m，暗管埋深为1m，一端通到排水渠；造林后，在树穴上铺设表面覆盖层，如沙子、土工布、地膜等，覆盖层规格为2m×2m。由此形成一个上层减少土壤水分蒸发，下层促进水分排出的“减蒸促排”造林技术措施组合。造林宜选用具有一定耐盐性的树种，如国槐、刺槐、香花槐、合欢、白蜡、臭椿、侧柏、圆柏等。春季或秋季大苗造林时，采用土球苗为宜，裸根苗造林时，栽植前根部要用生根粉处理；栽植时按照"三埋二踩一提苗"技术要领进行，有条件的情况下，填埋过程中可在根系密集区加施有机肥，填完土后树穴表面低于导流沟底10～15cm，挖出的余土放于苗木一侧的沟槽内形成拦挡。树穴规格为1m×1m，株行距为3m×3m。

（2）集雨阻盐防蒸造林技术模式。在种植穴内设置炉渣隔盐层，结合表面覆盖措施减少土壤水分的散失，减少土壤返盐，形成了"上集雨水，下促排水，防止蒸发"的综合技术配套措施。该模式主要适用于沿海半湿润盐碱区的造林工作。

集雨阻盐防蒸造林技术模式包括以下技术步骤：

1）开沟筑背，修建集雨床。根据造林株行距的设计，沿行的走向以行距为间隔开挖集流沟，沟底深20～25cm，整理背垄与沟底之间的地面，做成浅V形沟槽，整平拍实坡面，形成集雨床。

2）设置集雨面。在整理好的集雨床一定部位铺覆抗老化的大棚膜、地膜等材料，形成集雨面，周边培土并踩实，防止被大风掀开，并在上面每隔3m膜中间压一锹土。

3）挖树穴并设置隔盐层。株行距为3m×3m。隔盐层的布设按照造林设计的株距要求，在集流沟中轴线上挖栽植穴，规格为1.0m×1.0m×1.0m；在栽植穴底部铺设18～20cm的炉渣（沙子或秸秆段块）形成隔离层，其上铺设0.5～1.0mm的抗老化土工布作为过滤层。

4）树种选择及栽植。造林宜选用具有一定耐盐性的树种，如国槐、刺槐、香花槐、合欢、白蜡、臭椿、侧柏、圆柏等。春季或秋季大苗造林时，采用土球苗为宜，裸根苗造林时，栽植前根部要用生根粉处理；栽植时按照"三埋二踩一提苗"技术要领进行，有条件的情况下，填埋过程中可在根系密集区加施有机肥，填完土后树穴表面低于导流沟底10～15cm，挖出的余土放于苗木一侧的沟槽内形成拦挡。

5）设置表面覆盖层。在树穴表面用生态垫、土工布、沙子等材料进行覆盖，厚度为1～5cm，形成表面防蒸减蒸入渗层，灌足底水。

6）田间管理。适时除草；做好林木病虫害的防治工作；完善田间排水系统，当遇有过量降水时及时排水，以免发生涝灾。

（3）平原盐碱地综合治理技术模式。主要适用于黄淮海平原干旱半干旱洼地盐碱区、东北半湿润半干旱低洼盐碱区、黄河中游半干旱盐碱区的造林工作。

1）引淡淋盐。淡水淋盐是改良盐碱地常用的技术措施之一。一次灌淡水或充足的降水，使上层土壤中可溶性盐溶解，并随水分入渗，将盐分带入下层土壤（或潜水）。试验表明，灌水淋洗一次，即可使0～40cm土壤平均含盐量由0.4%下降到0.1%，淋洗深度达1m以下。

2）井灌井排。井灌井排主要指利用浅群井抽盐，强排强灌，使土体快速脱盐。群井包括浅井、集水管、连接管等部件，还有射流泵系统与之配合。其原理是射流泵在井点管内形成真空，有较大的抽气能力，能使地下水快速汇集到井点管内迅速排出。通过淡水强灌淋盐、浅群井强排，促使耕层土体脱盐，地下水逐渐淡化。

3）农田覆盖。农田覆盖可以有效地抑制蒸发和抑制地表返盐。采取的覆盖物多为光解地膜和作物秸秆。其中，作物秸秆成本低、简便，综合效益比较好。

4）农业生物技术。措施包括林网、培肥、良种等，主要作用是巩固水盐调节效果，改良农田生态环境。

（4）集雨造林技术模式。利用天然降水进行灌溉。干旱半干旱山丘区和丘陵区的水窖、各种类型的集雨池等方式；山区或坡地的小管出流等方式均可用于集雨造林。该模式适用于水资源匮乏的西北内陆盐碱区、黄河中游半干旱盐碱区的造林任务。

1）反坡台。反坡台适宜于山丘区、丘陵区坡面相对规整的山坡。

2）鱼鳞坑。鱼鳞坑适宜于石质山地等地形不规整的陡峭坡面。

3）集雨面。集雨面的类型多样，如利用天然的坡面作为集雨面，配合截流沟、反坡梯田、台条田；种植苜蓿、草皮等草本植物作为集雨面；铺设塑料棚膜作为集雨面，应用最广泛的就是地膜覆盖集雨。

应用较为广泛的是利用硬化路面、广场等作为集雨面，通过集流沟引入公路两侧绿篱及公园用于绿化建设，同时配合隔盐层进行灌溉洗盐、排盐，如图Ⅱ.13.5-20所示。

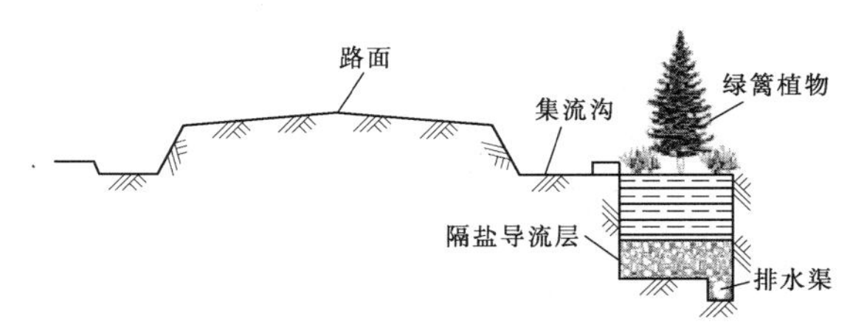

图Ⅱ.13.5-20　盐碱地公路两侧绿篱集雨灌溉示意图

通过改变原有地膜覆盖树穴的方法，在林间覆盖塑料膜作为集雨面，树穴底部设炉渣隔盐、阻盐层，在隔断毛管力的同时，疏导水分，达到降盐、洗盐、隔盐的目的。集雨造林模式示意图如图Ⅱ.13.5-21所示。造林株行距为3m×3m，南北方向铺设塑料膜作为集雨面，集雨面宽2.5m，两个集雨面之间留0.5m做集流渠。集流面中间高，弓形向两侧倾斜，倾斜角为2°～5°。集雨面平整后，在表层铺设耐风化的温室大棚塑料膜，周边覆土并踩实，防止被大风掀开，并在上面每隔一段距离压土。

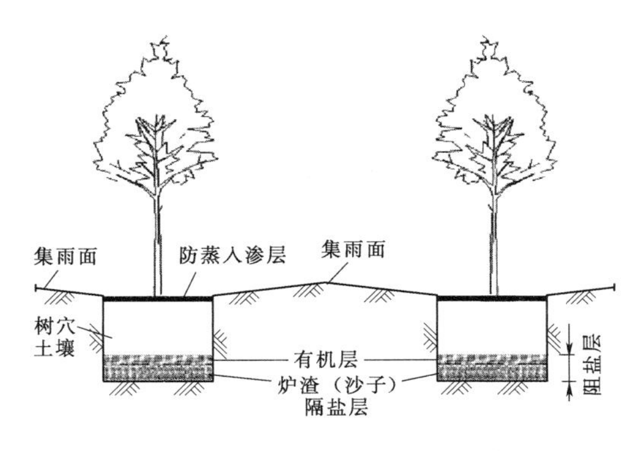

图Ⅱ.13.5-21　集雨造林模式示意图

13.5.3.3　案例：河北省黄骅市滨海盐碱地区造林

1. 植物种选择

（1）绿化树种调查。通过对项目区植被和土壤调查发现，植物种类稀少，主要以菊科、禾本科、豆科和藜科的种类占优势，其中耐盐、耐旱的草本植物居显著地位。植被除人工栽植的刺槐林、榆树林和自然生长的柽柳灌木林外，多为单一的盐生植被类型。主要群落有：翅碱蓬群落、翅碱蓬-獐茅群落、柽柳群落、茵陈蒿群落、碱蓬群落、芦苇群落、罗布麻群落和白茅群落等。种群水平分布呈镶嵌性，群落内种的饱和度小，每平方米内仅有优势种2～3个。植物生长低矮稀疏，一般仅1～2层。在同一群落内，常由于微地形变化而引起盐渍化程度上的差异，植物种群构成小群聚，呈彩纹地毯式分布。如在柽柳群落内，盐分较重处有翅碱蓬小群聚，呈红色，而盐分较轻处为白茅小群聚，呈灰白色，在群落内红白相间，甚为明显。常见植被有翅碱蓬、獐茅、碱蓬、白刺、茵陈蒿、羊角菜、二色补血草、蒙古鸦葱、罗布麻、芦苇、砂引草、白茅、马蓼、独行菜、刺儿菜、狗尾草、虎尾草、稗草、马唐草、三棱草。

通过植被和土壤调查结果可以发现，该区生态植被的多样性贫乏、树种单一、观赏性差，是区域盐碱地造林极大的限制因子。因此，急需引进和选育新的耐盐品种，丰富滨海盐碱地造林和植被建设的种质资源。区内植物群落与土壤类型的关系见表Ⅱ.13.5-18。

（2）引种选择。选择引种植物应该首先根据生态因子、引种目的而定，同时还需要考虑植物的适应性、种质资源供应情况等来综合评判，如图Ⅱ.13.5-22所示。

（3）引种实验。经实验筛选引进树种31个，其中乔木灌木20种、草本11种。加上本地15个树种，共有树种46个，种植面积达25亩，见表Ⅱ.13.5-19和表Ⅱ.13.5-20。

2. 植苗技术

在滨海盐碱地区进行造林绿化施工中，除选择好抗性强的树种、品种之外，还要结合必要的工程技术措施，使林木能够持久良好生长。采取何种工程技术措施，要根据不同的立地条件、绿化要求及资金情况而定。在实验中以截干造林方法使用最为普遍。

（1）合理整地。对于沿海黏土盐碱地，无论春季还是雨季造林，都要求在上一年的冬季完成整地，可以使土壤充分风化。带状整地时开垦带方向要与主风向垂直，可以增强抗风能力。块状整地时要根据造林株行距配置，在栽植点一定范围内削草翻土。

（2）适时栽树。春、夏、秋三季皆可造林，春季3—5月，夏季7—9月雨水充足时造林，秋栽宜早，要在11月前完成。

（3）挖大坑。种植穴规格：乔木为80cm×80cm×80cm（长×宽×高），灌木为60cm×80cm×80cm（长×宽×高）。若在秋季造林，则表土回填坑内，新土放置坑边筑捻，充分利用夏季蓄存的雨水压碱，改善土壤团粒结构，降低盐碱含量。穴底覆隔盐层，在按标准挖好的定植穴底，垫一层麦秸、麦糠或沙子、炉渣，厚度一般为10～15cm，起阻盐改碱作用，回填与表土混合的优质腐熟农家肥至距地面30cm，然后进行定植。

（4）深栽浅埋。春季造林时更应采取此种措施，即将表土填至距地面30cm处，将苗木植入，再将土回填20cm，踏实浇水，上留10cm边缘，利用“盐往高处走”的水盐运动规律，使盐随着水分蒸发向栽植穴边缘聚集，从而降低根系附近的盐碱含量。

（5）截干定植。在盐碱地上栽树，发芽晚、成活慢、自体水分消耗大。因此，将新栽苗木截去1/2～1/3，保留苗木下部充实部分，侧枝留1/2～1/3，以减少水分蒸腾，避免因失水而干枯，从而提高新栽苗木成活率。

（6）浇大水、覆细土。在滨海盐碱地上造林，必须要浇大水，以利洗盐压碱，春季造林时还应及时补浇第二遍水，以补充水分，保证水分的充足供应和防止返盐。浇水后要中耕或覆土。滨海盐碱地稍干就会出现土壤板结、龟裂，影响根系透气性或造成根系风干，导致苗木死亡。一般在浇水后2～3d表土湿润时

表Ⅱ.13.5-18　区内植物群落与土壤类型的关系

植物群落类型	光板地	翅碱蓬、翅碱蓬-獐茅、翅碱蓬-芦苇群落	柽柳群落	碱蓬群落	碱蓬-白刺-羊角菜群落	獐茅-羊角菜群落	茵陈蒿群落	罗布麻群落	芦苇群落	砂引草、马蓼、独行菜群落	白茅群落	刺儿菜、狗尾草、白茅群落	稗草-马齿苋群落
群落特点	稀疏生长碱蓬或白刺或羊角菜	翅碱蓬纯群落，翅碱蓬-獐茅或翅碱蓬-芦苇混合群落	碱蓬、芦苇等	以碱蓬为主的单优群落，碱蓬分布密度可达3500株/m^2	碱蓬与白刺、羊角菜、二色补血草构成复合群落，间杂少量獐茅	以羊角菜和獐茅群落为主，间有紫菀、二色补血草等	伴生二色补血草、蒙古鸦葱等	伴生狗尾草、白茅等	伴生蓬、稗草、狗尾草、茵陈蒿等	混生虎尾草、狗尾草	伴生狗尾草、罗布麻、刺儿菜等	刺儿菜、狗尾草、白茅、马唐等	伴生虎尾草、茵陈蒿等
群落高度/m	0.05～0.2	0.2～0.6	1.5～2.2	0.2～0.6	0.2～0.7	0.8～1.1	0.2～0.7	0.3～0.6	1.0～1.7	0.5～0.9	0.8～1.0	0.3～0.7	0.6～0.8
群落覆盖度/%	<5	30～90	10～60	45～80	40～60	30～50	60～70	45～80	80～90	50～85	80～90	60～85	70～85
全盐含量/%	>2	1.2～2.0	1.1～2.7	0.6～0.9	0.6～1.0	0.6～0.8	0.74	0.25	0.3～0.8	0.2～0.4	0.2～0.3	<0.2	<0.2
土壤类型	滨海盐土	滨海草甸盐土	滨海草甸盐土/滨海盐土	滨海草甸盐土/滨海盐土	滨海草甸盐土/滨海盐土	滨海草甸盐土/滨海盐土	滨海草甸盐土	滨海盐化潮土	滨海盐化潮土	滨海盐化潮土	滨海盐化潮土	滨海盐化潮土	滨海盐化潮土
群落生态型	强度耐盐群落	强度耐盐群落	强度耐盐群落	中度耐盐群落	中度耐盐群落	中度耐盐群落	中度耐盐群落	轻度耐盐群落	中度耐盐群落	轻度耐盐群落	轻度耐盐群落	轻度耐盐群落	轻度耐盐群落

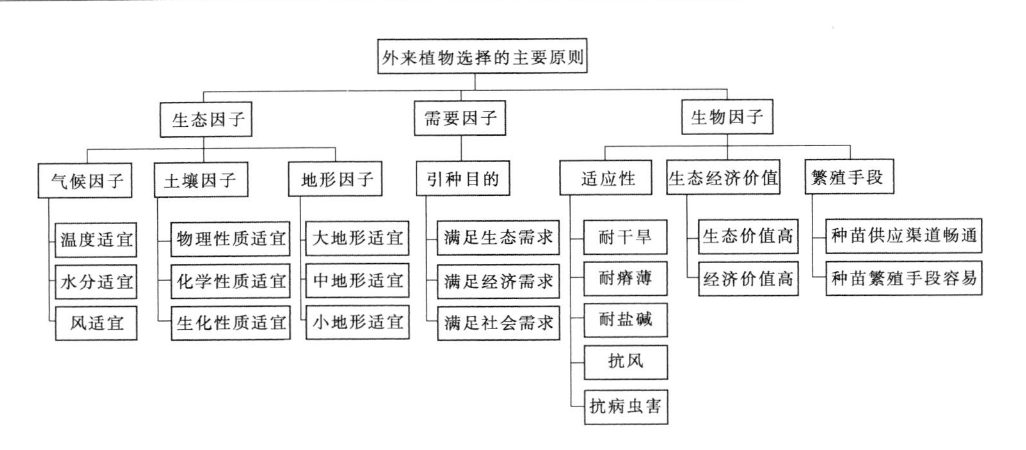

图Ⅱ.13.5-22 影响引种植物选择的主要因子示意图

表Ⅱ.13.5-19 实验地耐盐乔灌树种特性

形态特征	树 种	种植方式	种 源	成活率/%	保存率/%	耐盐程度
乔木	胡杨	裸根苗移植	新疆	85		极强
		扦插		80		
乔木	文冠果	播种	内蒙古赤峰市	85	70	中度
乔木	银杏	裸根苗移植	河北	100	75	中度
乔木	杜仲	裸根苗移植	河北	100	60	中度
乔木	桑树	裸根苗移植	北京大兴区	95		中度
小乔木	碧桃	裸根苗移植	北京大兴区	95	60	弱
乔木	西府海棠	裸根苗移植	北京大兴区	95	60	弱
乔木	刚毛柽柳	扦插	内蒙古巴彦高勒镇	95		强度
灌木或乔木	甘蒙柽柳	扦插	内蒙古巴彦高勒镇	93		强度
灌木或小乔木	多花柽柳	扦插	内蒙古巴彦高勒镇	76		中度
灌木	短穗柽柳	扦插	内蒙古巴彦高勒镇	99		强度
灌木或小乔木	长穗柽柳	扦插	内蒙古巴彦高勒镇	86		中度
灌木或乔木	短毛柽柳	扦插	内蒙古巴彦高勒镇	77		中度
灌木	细穗柽柳	扦插	内蒙古巴彦高勒镇	30		差
灌木或小乔木	多枝柽柳	扦插	内蒙古巴彦高勒镇	93		强度
灌木	红瑞木	裸根苗移植	北京大兴区	30	10	差
灌木或小乔木	紫薇	裸根苗移植	北京大兴区	85	75	中度
小乔木或灌木	北京丁香	裸根苗移植	北京大兴区	95	55	中度
灌木	枸杞	裸根苗移植	河北	100	95	强度
灌木	榆叶梅	裸根苗移植	北京大兴区	100	70	中度

进行中耕或覆土。

(7) 加强栽后管理。缩短缓苗期，促进苗木迅速生长，提高成活率；注意病虫害防治，适时抹芽除荫。

3. 工程改良土壤

(1) 采用集雨洗盐、设置隔离层阻盐及地表面覆盖减蒸保墒相结合的技术改良土壤。在精细整地的基础上，使用抗老化大棚膜、地膜等材料做成集雨面，

表Ⅱ.13.5-20 实验地耐盐草本植物特性

形态特征	树种	种源	成活率/%	保存率/%	耐盐程度
草本	甘草	宁夏	70	60	中度
多年生草本	铃铛刺	甘肃	95	83	强度
草本	木地肤	北京	86	78	强度
草本	沙打旺	宁夏	91.5	85.5	强度
草本	紫花苜蓿	宁夏	82	75	中度
草本	草木樨	内蒙古	93	90	强度
草本	高丹草	北京	77.5	62	中度
多年生草本	柠条	宁夏	70	50	中度
草本	敖汉苜蓿	宁夏	85	75	中度
草本	三叶草	北京	60	40	中度
草本	紫粒苋	北京	80.5	75	中度

通过拦蓄降水，充分淋洗树木根系周围的盐分，同时解决滨海盐碱地造林淡水资源不足的问题，达到保水、减蒸、洗盐的目的；利用煤渣或沙子、秸秆段块和土工布等材料在造林穴底设置复层隔离层，既可以疏导土壤水分的顺畅下渗，达到排盐碱的目的，同时可有效切断毛管水，阻截盐分上升，抑制土壤返盐；在造林穴表面或导流沟内铺设生态垫、土工布、沙子等形成覆盖层，可以加速水分下渗，防止地表水分大量蒸发而导致的盐分表聚。造林时选用耐盐性较强的树种，如国槐、刺槐、香花槐、合欢、白蜡、侧柏、圆柏、臭椿等，如图Ⅱ.13.5-23所示。提出的滨海中度盐碱地造林技术，使土壤水分含量大大增加，而盐分得到有效的淋洗降低，林木的成活率达到85%以上。

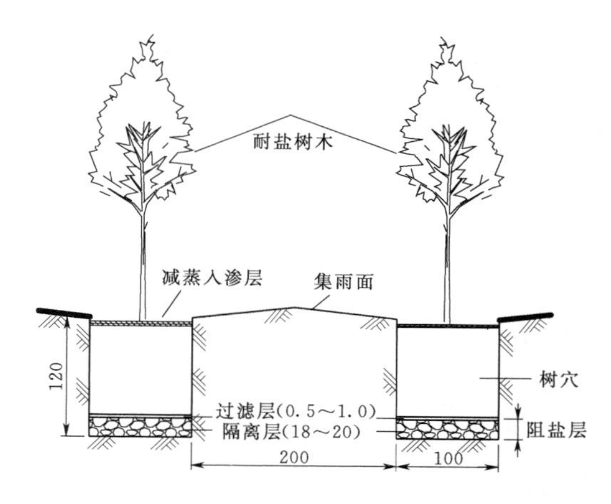

图Ⅱ.13.5-23 滨海盐碱地综合造林技术模式（单位：cm）

（2）针对一些盐碱化程度较高的土壤，目前缺少林木存活的必要条件，可通过客土置换的方式创造这样的生存环境，并结合设置渗管促进排水，设置隔盐层、防蒸层等，消除或减缓地下水中携带的盐分因蒸发或侧渗对林木周围土壤的影响。

13.5.4 干热河谷林草工程

13.5.4.1 干热河谷概况

干热河谷是地处湿润气候区以热带或亚热带为基带的干热灌丛景观河谷。横断山脉干热河谷的总长度为4105km，总面积为11230km²。以干热河谷的面积及其重要性而论，长江上游的几条河流如金沙江、雅砻江、大渡河、岷江和白龙江干热河谷的发育最为重要，尤其是金沙江及其支流雅砻江和大渡河的干热河谷面积占整个干热河谷面积的一半以上，干热河谷的总长度为2929km，总面积为8410km²，分别为横断山脉干热河谷总长度和总面积的71.35%和74.89%。

“既热又干”是干热河谷的基本环境特点。一般来说，每年的6—10月为雨季，11月至次年5月为旱季。干热河谷所处的横断山脉地区，与孟加拉湾的直线距离较短，夏季盛行西南季风，冬季盛行西南气流，使年内各月太阳辐射能量收入相差不大，造成气温的年较差很小。尽管在类型的具体划分上有一定的分歧，但对金沙江干热河谷海拔1400m以下地区的植被大致可统称为“干热河谷植被”，主要的植被类型为稀树灌木草丛和肉质多刺灌丛。主要的旱生植被群系有：云南松林；细叶云南松林；小果蔷薇、火棘灌丛；余甘子灌丛；清香木、黄妃灌丛；刺芒野古草灌草丛；龙须草、扭黄茅灌草丛；扭黄茅、虾子花、木棉稀树草原；仙人掌、霸王鞭肉质刺灌丛。土壤垂直地带性特点显著，主要以干热河谷燥红土、赤红壤、红壤为主：①干热河谷燥红土分布于海拔1500m以下的谷地，为南亚热带半干旱气候区，年均气温为21℃，≥10℃积温为7500℃，年均降水量在800mm左右，集中于6—10月；②赤红壤分布于安宁河谷下游热量丰富的谷地以及金沙江部分支流河谷，海拔在1300m以下；③红壤主要分布于海拔1500～2300m的山地。

13.5.4.2 配置与设计

1. 立地类型划分

干热河谷的地形因子和气候条件是影响植物生长的主要因子，坡位和坡向为干热河谷立地类型划分的主要依据。根据上述立地类型划分的原则和依据，将金沙江干热河谷的立地类型划分分为4种，详见表Ⅱ.13.5-21。

表Ⅱ.13.5-21　　立地类型划分表

Ⅰ-坡上灌丛区	Ⅰ1-阴坡类型	北坡、西北坡、东坡、东南坡、东北坡
	Ⅰ2-阳坡类型	南坡、西坡、西南坡
Ⅱ-坡下草丛区	Ⅱ1-阴坡类型	北坡、西北坡、东坡、东南坡、东北坡
	Ⅱ2-阳坡类型	南坡、西坡、西南坡
Ⅲ-坡足冲击区		
Ⅳ-谷底平坝区		

2. 植被恢复的造林措施

(1) 典型植被恢复措施。

1) 坡改梯经济林恢复措施。在退化较轻的坡地，经坡改梯后种植经济林（龙眼），株行距为4m×5m。林下种植柱花草。完成后，常年进行果树的常规管理，并辅助人工灌溉。主要植被包括龙眼、柱花草、扭黄茅、孔颖草。

2) 冲沟内生态林恢复措施。在退化严重的冲沟内，即坡度大于20°，植被覆盖度小于25%，按4m×5m开坑隙，坑半径为50cm，用农家堆肥20kg/坑隙客土后，沟内种植金合欢、酸角等，林下和林间自然生长杂草，主要草种有扭黄茅等。完成后，靠天然降水维持植被生长。主要植被有金合欢、酸角、假杜鹃、银合欢、扭黄茅、大叶千斤拔、田箐、羽芒菊、叶下珠。

3) 沟头坡面生态林恢复措施。在退化严重的劣坡，即坡度大于10°，植被覆盖度小于25%，按4m×5m开坑隙，坑半径为50cm，同样用农家堆肥20kg/坑隙客土后，沟内种植攀枝花等，种植后坑深约20cm，林下和林间自然生长杂草，主要草种有扭黄茅等。完成后，靠天然降水维持植被生长。主要植被有攀枝花、羊蹄甲、凤凰木、扭黄茅、大叶千斤拔、田箐。

(2) 乔灌草结合的人工生态恢复模式。

1) 最佳生态林恢复模式。以分类经营为指导，合理配置林草结构和植被恢复方式。在水土流失和风沙危害严重，坡度15°以上的斜坡陡坡地段、山脊等生态地位重要地区，要全部营造生态林草。配置乔灌草模式，造林以乔木树种银合欢或赤桉为主，在中间带状撒播或穴状点播车桑子、木豆、黄荆。造林地应加强封育保护，禁止采割践踏，促进林地植被恢复。剑麻栽种在林地周围，2～3年即可形成生物围栏，具有生态效益、机械保护等双重功能。这样，银合欢（赤桉）、车桑子（黄荆、木豆）、山草、剑麻相结合，可营造最佳人工生态恢复模式。

2) 经济林生态恢复模式。在坡度15°以下地势平缓、立地条件适宜且不易造成水土流失的地方发展经济林、用材林和薪炭林。在有灌溉条件的地段可发展台枣、石榴、黄果等经济林果。经济林要适当稀植，在中间套种皇竹草、黑麦草、玫瑰茄等。皇竹草、黑麦草饲养牛羊，厩肥施入林地。走种植、养殖相结合的最佳经济生态恢复模式。

(3) 特殊造林恢复措施。地块相对平整，土层厚度在40cm及以上，且具备水源条件的选择种植经济林，树种以葡萄、龙眼、芒果、台湾青枣、金丝小枣等名、特、优、稀早熟水果为主，种植模式采用复合高效的林农矮科作物套种模式。

地块坡度不大于20°的缓坡地，土层厚度在40cm及以下，且不具备水源条件的选择种植生态林，树种选择赤桉、柠檬桉、酸豆树、攀枝花、银合欢、黄檀、印楝、车桑子等，种植模式一般采用乔+灌（如赤桉+车桑）模式。

地块坡度不小于25°的陡坡地带，土层厚度在20cm及以下，土地质量差，区域性植被相对较好，干旱侵蚀突出，选择造林的林种为生态林，树种选择山合欢、新银合欢、余甘子、云南松、剑麻、车桑子、金合欢等，种植模式采用灌+草（如新银合欢+剑麻）或乔+灌+草（如云南松+新银合欢+剑麻）等模式。

金沙江沿岸一、二层面山和金沙江一级支流的陡坡水土严重流失地区，树种选择余甘子、金合欢、新银山合欢、滇橄仁、车桑子、剑麻等，种植模式采用灌+草（如金合欢+剑麻）或乔+灌+草（如滇橄仁+车桑子+剑麻）等模式。

13.5.4.3　案例

1. 元谋干热河谷区概况

云南省元谋县是干热河谷地区最具有代表性的地段，位于云南省楚雄州北部，介于北纬25°23′～26°06′、东经101°35′～102°06′之间，南北长77.3km，东西宽42km，总面积为2021.46km²，地处金沙江、龙川江河谷附近，属滇中高原的北部边缘。该区属南亚热带季风气候，具有“炎热干燥，降水集中，干湿季分明”的特征。年均气温为21.9℃，年均降水量为615.1mm，主要集中在6—10月的雨季，占全年降水量的90%以上，年均蒸发量高达3911.2mm，约为年均降水量的6.4倍。

2. 特殊造林技术

根据元谋地区的地形地貌特征、气候特点和土地类型条件，微区域集水系统（集水造林）是经济林和用材林首选的特殊造林技术。微区域集水系统利用的水源全部为坡面径流，集水区全部为自然坡面和坡耕地。有条件或可能时也可以选择撂荒地和道路为集水区。元谋干热河谷地区山地土壤类型以燥红壤为主，黏粒含量高，自然产流率在30%以上，大雨情况下达到50%以上，为了在工程建设中不破坏自然地表、不影响农业生产，微区域集水系统的集水区全部采用自然坡面，不进行任何处理。

(1) 截流等高反坡阶是集水区拦截坡面径流、防止土壤侵蚀、收集径流的关键技术，以下几个要素是截流等高反坡阶设计必须考虑的：

1) 宽度。水平宽度为1.2～1.5m，宽度过大，反而不利于径流收集。

2) 反坡角。水平阶宜整理成外高内低的反坡，反坡角以5°为宜。

3) 横坡比降。保持水平，在等高方向不能有坡比。

4) 植物种植。阶面可以种植经济林树种、农作物或牧草，外缘种植以经济灌木为主的植物篱。

(2) 微区域集水系统施工要注意以下几个方面：

1) 施工前必须进行详细的地质勘察和方案论证，科学选定施工地点，为此需搜集水文地质资料，以便施工中采用相应的技术措施，达到蓄水设计要求。

2) 在选定位置和施工方案后，根据现场情况，修建导流槽。

3) 导流槽一般1套微区域集水系统布设1条，垂直于等高反坡阶。

4) 导流槽选用砖砌结构，断面尺寸为30cm×30cm，混凝土铺底10cm，侧壁为单砖砌筑，上缘与地面相平。

(3) 根据元谋干热河谷的土层、气候等特点，从以下几个方面考虑微区域集水系统的形式选择：

1) 蓄水工程包括进水口、蓄水（窖）池、出水口及管理附属设施，主要起储存作用。蓄水工程的形式主要选用水窖，水窖形状为圆柱形，底部形状为锅底形，顶部为平顶混凝土盖板，防渗材料为水泥砂浆，被覆方式为软被覆式。

2) 建筑材料主要为砌砖石和现浇混凝土，底部为现浇混凝土；圆形水窖直径一般为4.0～5.0m，圆柱部分净高2.0～2.2m，底部（锅底）最大净高50cm，底部浇筑混凝土不小于20cm，开挖深度为3.1～3.3m，顶部埋深30cm，顶部混凝土盖板厚度为8～10cm。一般要求圆柱部分深度不得低于2.0m，否则既不经济也不能充分发挥效益。深度大于3.0m则需要增加侧墙厚度且不利于工程稳定。

3) 圆柱形水窖要求采用埋置形式，顶部埋深30cm，以充分利用圆形拱的作用。导流槽方向有建沉沙池的地方，且基础是硬基，并且与周边地形、道路、建筑物相协调。

(4) 涌泉灌系统的灌溉制度包括以下几个方面：

1) 根据实际蓄水量情况，按果树适宜的稳流器出水量80.0～120.0L/h，一般每棵树布设一个稳流器进行设计推算，以此确定每个轮灌区灌溉的果树棵数，然后根据灌区的实际果树棵数即可确定出轮灌组数量。

2) 涌泉灌每条支管所控制的轮灌区面积因地形条件和毛管最大允许铺设长度限制而相差甚大，导致各支管控制面积不等，这是山区涌泉灌的特点之一。

3) 根据灌溉面积按灌水定额除以灌水时间得出各支管设计流量。

4) 按规划原则和运行管理方便，将相对集中的几条支管划成一个轮灌区，并使系统内各轮灌区的面积和水量大致相等，以确保系统灌水均匀和提高水资源利用效率。

13.5.5 固沙造林工程

13.5.5.1 定义与作用

固沙造林工程是在风蚀沙化地区通过植物播种、扦插、植苗造林种草固定流沙的工程措施。流动沙地治理的重点在沙丘迎风坡，该部位风蚀最严重、条件最差、占地多且最难固定，解决了迎风坡的固定，整个沙丘就可基本固定。固沙造林工程在湿润气候带风沙区和内陆半湿润气候带风沙区一般不需工程固沙配合；半干旱风蚀沙区和干旱沙漠、戈壁荒漠化区的固沙造林工程需要结合工程治沙开展综合治理。

13.5.5.2 分类与适用范围

1. 造林固沙

造林固沙主要适于湿润气候带沙地、沙山及沿海风沙区，半湿润黄泛区及古河道沙区和半干旱风蚀沙区；若有灌溉条件，干旱沙漠、戈壁荒漠化区的绿洲也应尽可能采用造林固沙改善生态环境。根据降水等气候条件，湿润气候带风沙区和内陆半湿润气候带风沙区以乔木造林为主，半干旱风蚀沙区以灌木造林为主；干旱沙漠、戈壁荒漠化区的绿洲造林基于灌溉条件确定。

2. 种草固沙

种草固沙在防风固沙中经常被采用，草种应具有较强的抗风、抗旱、抗寒、耐沙埋和沙割等抗逆性能，并有较强的固沙能力，如北方沙区的沙蒿、沙打旺、无芒雀麦，南方的葛藤等。种草一般布置在风蚀较轻或固定沙丘地上。在半干旱风蚀沙区，种草是主要的固沙手段，通常配合机械沙障开展固沙治理。

13.5.5.3 配置与设计

1. 树草种配置与选择

（1）树种选择原则。以选择适合当地生长，有利于发展农、牧业生产的乡土树种为主。乔木树种应具有耐瘠薄、干旱、风蚀、沙割、沙埋，生长快，根系发达，分枝多，冠幅大，繁殖容易，抗病虫害等优点。北方选择的树种应耐严寒，南方选择的树种应耐高温。灌木树种应选择防风固沙效果好、抗旱性能强、不怕沙埋、枝条繁茂、萌蘖力强的树种。

（2）防风固沙林带设计。

1）林带走向。主林带走向垂直于主风方向，或呈小于45°的偏角。副林带和主林带正交，道路两侧林带一般“林随路走”。

2）林带宽度。基干林带一般宽20～50m。农田防护林带的主带宽8～12m，副带宽4～6m。

3）林带间距。基干林带一般间距50～100m。农田防护林网间距按乔木壮龄期平均树高的15～20倍计算。

4）林带混交类型。林带混交类型有乔灌混交、乔木混交、灌木混交、综合性混交。

5）株行距。乔木为（1～2）m×（2～3）m，灌木为（1～2）m×（1～2）m。

（3）防风固沙林带分区树种草种选择。

1）干旱沙漠、戈壁荒漠化区。乔木树种可选择小叶杨、新疆杨、胡杨、白榆、樟子松等；灌木树种可选择沙拐枣、花棒、羊柴、白刺、柽柳、梭梭等；草本植物种可选择沙米、骆驼刺、籽蒿、芨芨草、草木樨、沙竹、草麻黄、白沙蒿、沙打旺、披肩草、无芒雀麦等。

2）半干旱风蚀沙区。乔木树种可选择新疆杨、山杏、文冠果、刺槐、刺榆、樟子松等；灌木树种可选择柠条、沙柳、黄柳、胡枝子、花棒、羊柴、白刺、柽柳、沙地柏等；草本植物种可选择查巴嘎蒿、沙打旺、草木樨、紫花苜蓿、沙竹、冰草、油蒿、披肩草、冰草、羊草、针茅、老芒雀麦等。

3）半湿润黄泛区及古河道沙区。树种可选择油松、侧柏、旱柳、国槐、枣、杏、桑、黑松、臭椿、刺槐、紫穗槐等。

4）湿润气候带沙地、沙山及沿海风沙区。树种可选择木麻黄、相思树、黄瑾、路兜、内侧湿地松、火炬树、加勒比松、新银合欢、大叶相思等。可参考本篇13.1.4节相关内容。

2. 沙地造林密度

流动沙地造林密度以维持沙地水分平衡为准，因地制宜。在广大的干旱荒漠地区的流动沙地，在无灌溉条件、地下水又不能为树木根系利用的条件下，有条件营造旱生、超旱生灌木的地带，以稀植为宜。但株距可以稍小，而行距则宜宽，并横对主风风向成行种植。

在半干旱草原地带的流动沙地，沙地水分条件尚好，灌木固沙株行距可适当小些；若为宽行距，以后在灌木行间营造的乔木树种，由于沙地水分渐少，要适当稀植。立地条件较差的流动或半流动沙地可采用沙障固沙造林，以灌木为主。单行或双行的条带式密植，应适当加大行带间距离，增强挡沙固沙作用。参考造林密度为1000～3000株/hm^2，株距为1.0～1.5m，行带距为3～6m。

半湿润、湿润地带的沙地，由于雨量较多，故适当密植，以迅速郁闭，起到固沙和提供林产品的目的。立地条件较好的固定沙丘与丘间地，乔木与灌木的比例为1∶2或1∶1；杨树、旱柳、白榆等造林密度为300～1200株/hm^2；樟子松、侧柏造林密度为1500～4500株/hm^2。

沿海风沙区造林密度可参考本篇13.1.4节相关内容。

3. 土壤改良与整地

（1）沙地土壤改良。

1）引水拉沙造田。利用水的冲力，把起伏不平、不断移动的沙丘，改造成地势平坦、风蚀较轻的固定农地。

2）引洪淤地。靠近泥沙含量丰富的沙区，在洪水季节可将洪水引至整平的沙地上进行淤灌。待淤泥厚达30cm以上时，即可种树、种草或耕种。

3）封沙育草。在一定时期内，固定一定范围的沙地，禁止放牧及割采。

（2）沙地造林整地。乔木春季栽植前要在前一年雨季或秋季整地，抑制杂草，保蓄水分。春季若随栽随整地，要带状整地或穴状整地。带状整地带宽60～70cm，保护空留草地带等宽或稍宽。若植被少也可铲草皮，铲去4～5cm。丘高7m以上者，丘腹上部可块状整地（50cm×50cm）。穴状整地时应根据苗木的大小确定植坑的规格，坑的直径通常不应小于40cm；坑的深度是苗木定植深度，一般应大于40cm，对于紧实沙地应加大整地规格。

撒播草籽前，在有中度以上风蚀和流沙移动的地方，严禁全面翻耕整地；其余地区在撒播草籽前需带状整地。整地深度为15～20cm，整地时间在春季或秋季，干旱地区可在雨前进行。

4. 造林技术

（1）植苗固沙造林技术。植苗是一种以苗木为材料进行栽植的方法，因苗木种类的不同，可分为一般苗栽植、容器苗栽植和大苗栽植。

（2）扦插固沙造林技术。扦插固沙造林技术是利用植物营养器官（根、茎、枝等）繁殖新个体进行造林的技术。营养繁殖能力强且生长快的植物可适用于扦插造林，在沙区主要是杨树、柳树、黄柳、沙柳、柽柳、花棒、杨柴、紫穗槐等。

（3）直播固沙造林技术。直播固沙造林技术是用种子作材料，直接播于沙地而建立植被的方法。直播的季节限制较小，春、夏、秋、冬皆可进行。最适宜的播种期应是水分条件较好，风蚀、沙埋比较轻，鼠虫危害率比较低的时期。西北地区雨季直播对出芽有利，但不利于越冬和翌年保苗。为延长生长期，多提前至5月下旬至6月下旬。抓住一次透雨直播花棒、杨柴等大中粒种子，也会取得很好效果。条播和穴播，因有覆土，种子稳定。风蚀较严重时，可由条播组成带，即3～5行行距较小的条播形成带，带间距较大，多在2～3m以上，最好设置固沙沙障。撒播由于不覆土，在风的作用下种子可能发生位移，成效更难控制。对易发生位移的种子（如花棒）可采用大粒增重法提高稳定性，待覆沙发芽。

沙蒿、梭梭等小粒种子，覆土1～2cm；花棒、杨柴、沙拐枣、柠条等较大粒种子，覆土3～5cm，在疏松沙地上，最大不超过7cm。播种量设计应考虑播种方式、造林初期防风效果和成本。播种用量上，撒播用种量最多，条播用种量居中，穴播用种量最少。一般播种量较大时，保存的幼苗数量较多，初期防风作用较好；当植株增大时，耗水量增加，水分成为限制因素，植株密度将下降至一定的范围。通常播种量，小粒种子每公顷需0.25～0.35kg，较大种子每公顷需0.5～1.5kg。

（4）飞机播种治沙造林技术。飞机播种造林是利用飞机进行播种的造林方式。飞机播种适合在一些人烟稀少，或急需建立大面积植被而又缺劳动力的地区进行。

1）植物种选择。植物种除了易发芽外，还要生长快、扎根深、能构成抗风蚀群体，同时还要求植物种子、幼苗适应流沙环境，能忍耐沙表高温。草原沙区适宜的飞播植物种有踏郎、花棒、籽蒿、沙打旺，在半荒漠地带有蒙古沙拐枣、花棒、籽蒿。

2）覆沙。飞播的种子要顺利发芽，需要有自然覆沙的过程，东南风较西北风更易使种子自然覆沙。在流动沙丘进行飞播时，为防止某些体积大而轻的种子（如花棒）被风吹而发生位移，可在种子外面包上一层黏土，使重量增加5～6倍，制成种子丸。这种处理不影响种子发芽，但抗风能力大为提高。

3）适宜飞播期。飞播期一般选在雨季后或雨季前。

4）播种量。飞播的单位用种量，除决定于第一年要求的密度外，还要考虑到种子质量以及种子、幼苗可能损失的数量，该数值只能根据实际经验而定。播种量可采用式（Ⅱ.13.3－1）计算。

5）立地条件。流动沙地可基本分为两大类型：一种是沙丘高大密集（沙丘密度为0.75～0.82），丘间低地较窄，地下水较深；另一种是沙丘比较稀疏（沙丘密度为0.54），丘间地较宽阔，地下水较浅。与前者相比，后者水分条件较好，飞播出苗率、保存率高，植株生长量大，易形成大面积幼苗群体，使得飞播的成效更高。

6）病虫害防治。鼠、兔、虫、病害可能会引起严重的灾害，必须加以防范和控制。鼠害可以采用毒饵诱杀或捕鼠笼、捕鼠夹等方法防治，兔害也可以通过毒饵诱杀、人工捕猎及设套捕杀加以控制。部分虫害如金龟子等，可以通过人工捕杀、放鸡捕食或在播种区密植紫穗槐隔离带进行防治。

7）飞播区管理。飞播后数年，飞播区要严加封禁保护，防止人畜破坏。除此之外，还应加强管护工作，包括把过密的幼苗移植到缺苗的地方；建立防护组织，制定护林公约，广泛深入宣传，提高保护意识和严格奖惩措施等。

5. 防风固沙防护林体系

（1）干旱区绿洲防护林体系。干旱区绿洲防护林原则上由三部分组成：一是绿洲外围的封育灌草固沙沉沙带；二是骨干防风阻沙带；三是绿洲内部农田林网及其他有关林种。

1）封育灌草固沙沉沙带。灌草带必须占有一定的空间范围，其宽度在有条件时越宽越好，至少不应小于200m，防护需要与实际条件相结合。

2）骨干防风阻沙带。在不需要灌溉的地方，当沙丘带与农田之间有广阔低洼滩涂地，可大面积造林时，应用乔灌结合，多树种混交，形成紧密结构；若地势不宽林带较窄，则林带应为乔灌混交林或保留乔木基部枝条不修剪。营造多带式林带，带宽不必严格限制，带间应育草固沙。

因水分限制而必需灌溉时，林带都较窄，20m左右即可，只有在外缘沙源丰富、风沙危害严重的地带才营造多带式窄带防护林。其迎风面要选用枝叶茂盛抗性强的树种，后面则高矮搭配。

沙丘迁移时林带难免遭受沙埋，要选用生长快、耐沙埋的树种，不宜采用小叶杨、旱柳、黄柳、柽柳等生长慢的树种。为防止背风坡脚受到沙埋，应留出一定的安全距离。其计算公式为

$$L=\frac{h-k}{s}(v-c) \qquad (Ⅱ.13.5-1)$$

式中 L——安全距离，m；

h——沙丘高度，m；

k——苗高，m；

s——苗木年生长量，m；

v——沙丘年前进距离，m；

c——沙埋苗木高1/2处的水平距离，m，据生长快慢取0.4或0.8。

3）绿洲内部农田林网。其营建技术参见本篇13.1.3节相关内容。

（2）沙地农田防护林体系。主林带间距应按乔木主要树种壮龄时期平均高度的15～20倍计算：半湿润地区主林带间距为300m左右，半干旱地区主林带间距为150～200m；条件困难的地区可以耐寒灌木为主，主林带间距为50m左右。主林带和副林带交叉处只在一侧留出20m宽缺口便于交通。

林带宽度影响林带结构，过宽必紧密。透风系数0.6～0.7的林带结构为最适结构，按透风要求林带不需过宽，小格窄林带防护效果好。有3～6行乔木，5～15m宽即可。

（3）沙区牧场防护林体系。护牧林主林带间距取决于风沙危害程度，不严重者可以树种壮龄时期平均高度的25倍为最大防护距离；严重者主林带间距可为15倍树高，病幼母畜放牧地可为10倍树高。副林带间距根据实际情况而定，一般为400～800m，割草地不设副林带。灌木带主林带间距为50m左右，主林带宽10～20m、副林带宽7～10m，考虑草原地广林少，干旱多风，林带可宽些，林带6～8行，乔木4～6行，每边一行灌木，呈疏透结构，或无灌木的通风结构。生物围栏要呈紧密结构。

（4）沿海沙地防护林体系。沿海沙地防林体系应包括如下部分：

1）海岸前堤。海岸前堤是指建立在海边高潮线以上的人工沙堤，高1m左右，外缓内陡。

2）前沿草灌带。前沿草灌带是继海岸前堤之后建立的草灌防护带，其宽度根据地形、坡度、风力大小、沙害程度等因素而定，多在30～100m乃至几百米以上。

3）海岸骨干林带。该带位于草灌带和农田之间，林带宽度因海岸地形、位置、灾害而异。在地势较缓的海边，防风防浪用途的林带宽170m即可，遭受台风、海啸等灾害的林带，宽度可在150～250m或者更大。

4）农田林网。需建立纵横交错的护田林网，削减海风的风速。

6. 风口造林

设置与主害风向相垂直的带状沙障，宽度为1～2m，间距为20～30m。在沙障内营造紧密型乔灌混交林，株行距为0.5m×1.0m，交错排列，乔灌比例为1∶1，株间或行间混交，或呈块状混交，迎风面栽灌木，背面栽乔木。

7. 片状造林

风蚀较轻的沙地或稳定的低沙丘半流动沙丘，可以直接成片造林全面固沙；对流动沙丘，应先设置沙障减缓风速固定流沙，然后成片造林在背风坡丘间低地栽植乔木林带阻挡流沙前移，在迎风坡脚下种植灌木拉低沙丘。片状造林的株行距根据树种和立地条件确定，植株一般都呈品字形排列。

13.5.5.4 林带更新方法

1. 沙地杨树嫁接更新方法

前一年秋季落叶后，选取良种杨树一年生粗壮枝条，割下后放置于地窖或湿沙中储藏，并防止其失水、冻芽和发霉；第二年将劣质杨树主干截去后，取前一年储藏枝条进行嫁接，并加强林地保护、水肥管理和病虫害防治。

2. 沙地乔木萌蘖苗更新方法

可利用某些乔木（毛白杨、刺槐）萌蘖能力强的特点，伐后产生大量萌蘖苗，选择一株最壮者培养，余者去掉，加强水肥管理，促进萌蘖苗生长，实现优质林分的更新。

3. 沙地乔木根蘖苗更新方法

有些树种根蘖繁殖能力强，伐后挖取主根，留在土壤中的残根，当年会萌出一定量的根蘖苗，通过加强管理，调节密度，1穴留1株，其他幼苗可移出栽于无苗穴中，从而实现林分更新，树种有胡杨、山杨、毛白杨、河北杨、刺槐等。更新苗可能高低不齐，有些穴可能无苗，有些穴苗多，需移密补缺，加强水肥管理。

13.5.5.5 案例

【案例1】 干旱沙漠、戈壁荒漠化区——准噶尔盆地西北部防沙固沙治理模式

1. 立地条件特征

模式区位于新疆维吾尔自治区伊犁地区的霍城县，地处塔克尔莫乎尔沙漠。沙丘形态以梁窝状沙丘和平坦沙地为主，沙丘高度西部为5～8m，东部为20～39m。年均降水量为224.5mm，水分条件较好，植被覆盖度较高，多为固定和半固定沙地，但在沙漠边缘植被遭到破坏的地段，形成流沙，从西或西南向东或东北方向移动，危害绿洲和农牧业生产。

2. 治理技术思路

塔克尔莫乎尔沙漠大部分地区水分条件较好，只要技术措施得当，可进行无灌溉造林固沙。但在遭受流沙侵蚀严重的绿洲外围，为尽快防治风沙危害，应

结合灌溉等措施营造高效防沙林带。

3. 技术要点及配套措施

(1) 无灌溉造林固沙。

1) 树种：选择抗性强的沙拐枣、梭梭、柽柳、银沙槐等。

2) 苗木：1～2年生，根幅在30cm左右的壮苗，沙拐枣可用长50～70cm的1年生插条。

3) 造林：春季土壤解冻后即可进行。植苗造林，行距为3.0～4.0m，株距为1.5～2.0m，每亩植83～148株。在沙丘迎风坡和平坦沙地，可适当深栽，苗木栽植后踏实。沙丘背风坡同常规造林。沙拐枣的插杆造林，用粗细相当的扦钻孔造林，地面以上留1～2个芽，踏实。

4) 抚育管理：秋末进行造林成活率调查，低于85%时应于翌年春季进行补植。未郁闭前的幼林，严禁樵采、放牧，冬、春季注意鼠、兔的破坏。林地郁闭后，严禁樵采，但可分片轮牧，以林地郁闭度不低于0.4～0.5为限。

(2) 营造防沙林带。

1) 树种：选择新疆杨、白榆、沙枣、沙拐枣、柽柳等。

2) 整地：根据地面地形坡降等情况的不同，可采用畦状整地或沟状整地，设置好灌溉渠系。畦状整地，根据地形坡降的不同，每隔20～30m筑拦水埂，畦埂要厚实，畦内要平整。沟状整地，沟底宽0.8～1.2m，沟口宽1.5～2m，沟深0.5～0.7m，沟间距3.0～4.0m。

3) 造林：畦植行距为2.0m，株距为1.5m，带状混交。沟植两行平行，株距为1.0～1.5m，隔带混交，防沙林带外缘配置2～4行沙枣或沙拐枣、柽柳，内部配置新疆杨、白榆。

4) 抚育管理：适时浇灌，下次灌水前要及时修埂、平整、清淤，防止跑水，使整条林带灌水均匀。冬春季节注重防治牲畜啃食和鼠、兔危害。

(3) 配套措施。制定优惠政策，鼓励农户长期管护承包。

4. 模式成效

抚育管理措施得当的防沙林带，造林后第二年、第三年就开始发挥阻沙作用，防止流沙前移侵蚀绿洲、危害农牧业生产。无灌溉固沙林，造林后第四年、第五年就可固定流沙，增加沙地植被，并对周边地段的生态环境产生良好影响。

【案例2】 半干旱风蚀沙区——毛乌素沙地丘间低地植物固沙模式

1. 立地条件特征

模式区位于内蒙古自治区鄂尔多斯乌审旗的乌审召苏木、伊金霍洛旗新街治沙站和鄂托克前旗城川苏木，气候干旱，光照充足，年均降水量在350mm以上。毛乌素沙地丘间低地，地势低洼，土壤以风沙土和栗钙土为主，水分条件较好，土壤较为肥沃。主要灾害为风蚀、沙埋。

2. 治理技术思路

利用毛乌素沙地丘间低地地下水埋藏浅，有利于植物成活生长的优势，栽植灌木和乔木，或乔灌结合、乔灌草结合，可迅速有效地固定流沙。

3. 技术要点及配套措施

(1) 灌木栽植。方法是成带扦插沙柳，每带由2行组成，行距为1.0m，株距为0.5m，插条长50cm。为了防止沙埋，沙柳带不能紧靠落沙坡脚，应空留出一段距离。依据沙丘移动速度，高度在3m以内的沙丘移动较快，春季造林宜空留出6～7m，秋季造林宜空留出10～11m；3～7m高的中型沙丘，春季造林空留出3～4m，秋季造林空留出7～8m。沙柳只要沙埋不过顶，就越埋生长越旺。

(2) 乔木栽植。树种为旱柳、河北杨、新疆杨、樟子松等，株行距为2.0m×3.0m。栽植初期，幼树林冠小，林木覆盖度低，防风固沙作用不显著，本身会受一定风蚀。随着树木的生长，林木覆被度的增加，防风固沙能力明显增强。

(3) 乔灌混交造林。灌木能迅速有效地固定流沙，保护乔木免受风沙危害。乔木与沙柳混交效果较好，一般是一条沙柳带和几行乔木混交，乔木行与沙柳带之间的距离为2.0～4.0m，乔木株距为2.0m；沙柳带之间的距离为16～24m。

(4) 乔灌草结合，逐步推进治沙。第一年秋栽2～3行活沙蒿，一般到翌年春沙蒿的背风面就形成数米宽的平坦地。第二年秋在新形成的平坦地第二次栽沙蒿，按次序"逐年推进"3～4次，一个沙丘即可被拉平、固定。造林时，靠近沙蒿一面先栽沙柳，能提高固沙效果，丘间低地同时栽植旱柳，播种草木樨。

4. 模式成效

采用此模式，不但可以固定流沙，而且营造的沙柳是当地沙柳刨花板的工业原料，是当地牧民致富的有效资源。旱柳采取乔木头状作业经营方式，是当地农用小径材的重要来源。由于立地条件较好，营造的乔木生长快、成材早，效益明显。

【案例3】 半湿润黄泛区及古河道沙区——河南延津黄泛平原沙地综合治理模式

1. 立地条件特征

延津县位于黄淮海平原的豫北沙区，沙地面积为453.3km^2，约占全县总土地面积的48.6%。年平均降水量为600mm，年平均日照时数为2504.5h，年平均气温为14℃，1月平均气温为0.9℃，7月平均气温为27.2℃，年平均无霜期为216d，旱、涝、风、沙灾害俱全。模式区位于延津县东北部胙城以东的沙区，以平沙地、缓起伏沙地为主。

2. 治理技术思路

模式区水热条件较好，适生树草种较多，沙地面积小，分布零散，治理难度相对较小。防沙治沙工作要以林草建设、防止风蚀为基础，恢复和提高土地生产力，建立高效的农业生态系统。

3. 技术要点及配套措施

(1) 风蚀防治。建设网格面积为51亩左右的窄林带小网格，乔灌结合、灌草结合，建立防风固沙体系。同时，农田采用带状覆盖种植措施，沙地采用格状覆盖种植措施，棉花、玉米等高秆留茬，防治风蚀沙化。

(2) 农果复合。在沙地的利用上采用长短结合、以短养长的方式。在发展果树的1～3年内以农养果，以短养长；第4～5年，以果养果；6年以后，以果养农，以果促副。

(3) 节水灌溉。在充分利用天然降水进行灌溉的基础上，引进先进的节水灌溉技术，适度发展机井节水灌溉，增加复种指数，提高农作物产量，结合有机肥的施用改善土壤结构，增强土壤的抗风蚀能力。

4. 模式成效

模式区80%的沙化土地得到了治理，人均新增耕地1.2亩，人均收入增加1.78倍，生态效益、经济效益十分显著。

5. 适宜推广区域

该模式适宜在包括黄河古河床、古河道内的沙丘，黄河决口泛淤扇上的沙丘以及亚湿润地区河流故道或洪积、冲积平原上的沙地治理中应用。

【案例4】 湿润气候带沙地、沙山及沿海风沙区——华北滨海沙质海岸防护林建设模式

1. 立地条件特征

模式区位于秦皇岛市的海滨林场和渤海林场。沙丘、沙地交错，沙丘高3.0m以下，沙丘间为平坦沙地和低湿洼地，地下水水位为0.5～1.5m，矿化度为4～5g/L。大部分沙荒、沙丘植被覆盖度较高，已趋固定。但局部地区和高大沙丘仍呈半固定状态，受海风吹袭移动，使附近农田沙化成灾。

2. 治理技术思路

对于植被覆盖度较低的沙丘和沙地，以固沙造林为主恢复植被，重点发展防护林和经济林。对于植被覆盖度较好，但树木已经达到过熟龄或因受病虫害危害，树木生长衰弱、防护功能较弱的地区，应在不破坏原有植被的基础上，通过嫁接等方式更新衰老林分，防风固沙，改善沿海地区生态环境。

3. 技术要点及配套措施

(1) 树种选择。选择根深，不易风倒、风折，固沙性能好，耐盐碱、耐瘠薄的树种，主要有刺槐、紫穗槐、柽柳、毛白杨、山海关杨、白蜡等，条件好的地方可发展果树，如苹果、梨、葡萄等。

(2) 整地与造林。春、秋季随整地随造林，整地方式为穴状整地，规格为长、宽、深各40cm。以刺槐和紫穗槐为例，株行距为1.0m×2.0m，用基径1～1.5cm、根幅不小于40cm的1年生苗造林。栽植分两步进行，第一步先在迎风坡下部2/3部位造林，第二步在迎风坡上部1/3和整个落沙坡造林。采用截干造林，留干长15cm，每穴1株，栽植时苗端与地面取平，踩实。

(3) 抚育与管理。造林后如发现风蚀沙埋，应及时扒沙、培土和扶苗。为避免风吹沙揭，刺槐应适当深栽，并保护现有植被，抓好封丘育草。

(4) 低产林改造。由于立地条件较差，原有以北京杨、加杨等树种为主的海防林经过20年的生长，目前树木矮小、材质差、病虫害严重、防护功能差，选择生长迅速、材质好、生命力强的优质毛白杨，通过嫁接方式加以改良。具体方法是：春季采伐后，韧皮部可以离骨时，在每个树桩紧靠树皮的韧皮部嫁接3～5个接穗。嫁接后用稀泥涂抹，用沙土埋好，防止接穗失水。在接穗长稳固后，要根据防护林的密度要求，将多余苗木移走，扩大造林面积或适当进行间伐，增加一定的经济效益。

(5) 配套措施。通过拍卖、承包等方式，明确林地、林木权属，调动农民育苗、造林、育林和护林的积极性。

4. 模式成效

该模式在秦皇岛市的海滨林场和渤海林场建设中取得了较好的成效。通过毛白杨嫁接改造，林木生长茂盛，进一步巩固了海防林建设成效，防止了重新造林对环境的干扰，而且生长速度快。由于每棵树桩上嫁接多个接穗，在2～3年后，即可间伐出售苗木，取得一定的经济收益。

参考文献

[1] 环境保护部. 人工湿地污水处理工程技术规范：HJ 2005—2010 [S]. 北京：中国环境科学出版社，2010.

[2] 王百田. 林业生态工程学 [M]. 第3版. 北京：中国林业出版社，2010.

[3] 王治国，张云龙，刘徐师，等. 林业生态工程学——林草植被建设的理论与实践 [M]. 北京：中国林业出版社，2000.

[4] 全国勘察设计注册工程师水利水电工程专业管理委员会，中国水利水电勘测设计协会. 水利水电工程专业案例（水土保持篇）[M]. 郑州：黄河水利出版社，2015.

[5] 沈国舫，翟明普. 森林培育学 [M]. 北京：中国林业出版社，2011.

[6] 中华人民共和国住房和城乡建设部，中华人民共和国国家质量监督检验检疫总局. 水源涵养林工程设计规范：GB/T 50885—2013 [S]. 北京：中国计划出版社，2013.

[7] 余新晓，陈丽华，张志强，等. 水源涵养林——技术、研究、示范 [M]. 北京：科学出版社，2014.

[8] 喻阳华，杨苏茂. 水源涵养林结构配置研究进展 [J]. 世界林业研究，2016，29（4）：19-24.

[9] 山东省质量技术监督局. 高标准农田林网建设技术规程：DB 37/T 2066—2012 [S]. 山东省地方标准，2012.

[10] 朱金兆，贺康宁，魏天兴. 农田防护林学 [M]. 第2版. 北京：中国林业出版社，2010.

[11] 周生贤. 全面加强沿海防护林体系建设 加快构筑我国万里海疆的绿色屏障——在全国沿海防护林体系建设座谈会上的讲话 [J]. 世界林业研究，2005，18（4）：1-5.

[12] 国家林业局. 沿海防护林体系工程建设技术规程：LY/T 1763—2008 [S]. 北京：中国标准出版社，2008.

[13] 黎云昆. 加强沿海防护林体系建设 构筑沿海地区防灾减灾绿色屏障——在全国沿海防护林体系建设学术研讨会上的讲话 [C] //全国沿海防护林体系建设学术研讨会论文集，2006.

[14] 林文棣. 中国海岸防护林造林地立地类型的分类 [J]. 南京林业大学学报，1988（2）：13-21.

[15] 许景伟，王卫东，王月海. 沿海防护林体系工程建设技术综述 [J]. 防护林科技，2008（5）：69-72.

[16] 高智慧. 沿海防护林造林技术 [M]. 杭州：浙江科学技术出版社，2013.

[17] 郑俊鸣，舒志君，方笑，等. 红树林造林修复技术探讨 [J]. 防护林科技，2016（1）：99-103.

[18] 高忠春. 红树林人工恢复造林技术探讨 [J]. 吉林农业，2011（6）：222-223.

[19] 郑坚，王金旺，陈秋夏，等. 几种红树林植物在浙南沿海北移引种试验 [J]. 西南林学院学报，2010，30（5）：11-17.

[20] 杨佐兵. 湛江红树林造林技术探索 [J]. 黑龙江科技信息，2010（20）：216.

[21] 刘亮，范航清. 红树林宜林因子研究 [J]. 湿地科学与管理，2010，6（2）：57-60.

[22] 陈鹭真，王文卿，张宜辉，等. 2008年南方低温对我国红树植物的破坏作用 [J]. 植物生态学报，2010，34（2）：186-194.

[23] 郗荣庭. 果树栽培学总论 [M]. 第3版. 北京：中国农业出版社，2009.

[24] 石卓功. 经济林栽培学 [M]. 昆明：云南科技出版社，2013.

[25] 谭晓风. 经济林栽培学 [M]. 第3版. 北京：中国林业出版社，2013.

[26] 卢桂琴. 坡改梯地水土保持经济林建园技术 [J]. 中国水土保持，2013（12）：17-18.

[27] 毕华兴，云雷，朱清科. 晋西黄土区农林复合系统种间关系研究 [M]. 北京：科学出版社，2011.

[28] 樊巍，李芳东，孟平. 河南平原复合农林业研究 [M]. 河南：黄河水利出版社，2000.

[29] 李文华，赖世登. 中国农林复合经营 [M]. 北京：科学出版社，1994.

[30] 孟平，张劲松，樊巍. 中国复合农林业研究 [M]. 北京：中国林业出版社，2003.

[31] 孟平，张劲松，樊巍，等. 农林复合生态系统研究 [M]. 北京：科学出版社，2004.

[32] 朱清科，朱金兆. 黄土区退耕还林可持续经营技术 [M]. 北京：中国林业出版社，2003.

[33] 王秀茹. 水土保持工程学 [M]. 第2版. 北京：中国林业出版社，2009.

[34] 李凯荣，张光灿. 水土保持林学 [M]. 北京：科学出版社，2012.

[35] 余新晓，毕华兴. 水土保持学 [M]. 第3版. 北京：中国林业出版社，2013.

[36] 中华人民共和国住房和城乡建设部，中华人民共和国国家质量监督检验检疫总局. 水土保持林工程设计规范：GB/T 51097—2015 [S]. 北京：中国计划出版社，2015.

[37] 肖胜生，杨洁，方少文，等. 南方红壤丘陵崩岗不同防治模式探讨 [J]. 长江科学院院报，2014，31（1）：18-22.

[38] 徐双民，田广源. 沙棘治理砒砂岩技术探索 [J]. 国际沙棘研究与开发，2008，6(3)：17-20.

[39] 徐双民. 砒砂岩区沙棘种植布局和技术 [C]//中国水土保持学会规划设计专委会学术研讨会论文集，2009.

[40] 龚洪柱，魏庆莒，金子明，等. 盐碱地造林学 [M]. 北京：中国林业出版社，1986.

[41] 赵名彦，丁国栋，郑洪彬，等. 集雨措施对滨海盐碱林地水盐运动影响研究 [J]. 水土保持学报，2008，22（6）：52-56.

[42] 张宁霞. 东北松嫩平原地区碳酸盐渍土特性研究 [D]. 西安：长安大学，2008.

[43] 张维成. 滨海盐碱地造林模式及土壤水盐运动规律研究——以河北沧州临港经济技术开发区为例 [D]. 北京：北京林业大学，2008.

[44] 田园. 黄淮海平原旱涝碱综合治理的基本思路 [J]. 华北水利水电大学学报（自然科学版），1982（2）：3-14.

[45] 马晨，马履一，刘太祥，等. 盐碱地改良利用技术研

究进展 [J]. 世界林业研究，2010，23 (2)：28-32.

[46] 杨自辉，王继和，纪永福，等. 河西走廊盐碱地治理模式研究 [J]. 土壤通报，2005，36 (4)：479-482.

[47] 张莉，丁国栋，王翔宇，等. 隔沙层对盐碱地土壤水盐运动的影响 [J]. 干旱地区农业研究，2010，28 (2)：197-200.

[48] 王佳丽，黄贤金，钟太洋，等. 盐碱地可持续利用研究综述 [J]. 地理学报，2011，66 (5)：673-684.

[49] 李国华. 河北滨海盐碱地和北京土石山区基盘法造林技术研究 [D]. 北京：北京林业大学，2009.

[50] 马焕成，曾小红. 干旱和干热河谷及其植被恢复 [J]. 西南林学院学报，2005，25 (4)：52-55.

[51] 文勇军. 元谋县干热河谷区护坡林造林规划设计 [J]. 林业调查规划，2008，33 (3)：108-111.

[52] 田广红，王仁师，张尚云. 金沙江干热河谷立地类型的划分及其造林技术措施 [J]. 云南林业科技，2003，3 (104)：29-35.

[53] 何志强. 金沙江干热河谷造林技术探讨 [J]. 绿色科技，2013 (2)：37-38.

[54] 罗辉，王克勤. 元谋干热河谷山地植被修复区土壤种子库研究 [J]. 中国水土保持科学，2006，4 (1)：87-91.

[55] 谢以萍，杨再强. 攀西干旱干热河谷退化生态系统的恢复与重建对策 [J]. 贵州林业科技，2004，32 (1)：8-12.

[56] 赵培仙，孔维喜，何璐. 金沙江干热河谷退耕还林造林模式及造林技术研究 [J]. 陕西林业科技，2014 (5)：29-34.

[57] 刘洁，李贤伟，纪中华，等. 元谋干热河谷三种植被恢复模式土壤贮水及入渗特性 [J]. 生态学报，2011，31 (8)：2331-2340.

[58] 南岭，郭芬芬，王小丹，等. 云南元谋干热河谷区典型植被恢复模式的水土保持效应 [J]. 安徽农业科学，2011，39 (9)：5168-5171，5225.

[59] 朱金国. 大海乡干热河谷造林技术模式 [J]. 绿色科技，2015 (4)：124-125.

[60] 中华人民共和国国家质量监督检验检疫总局，中国国家标准化管理委员会. 生态公益林建设 技术规程：GB/T 18337.3—2001 [S]. 北京：中国标准出版社，2001.

[61] 中华人民共和国国家质量监督检验检疫总局，中国国家标准化管理委员会. 防沙治沙技术规程：GB/T 21141—2007 [S]. 北京：中国标准出版社，2007.

[62] 中华人民共和国水利部. 水利水电工程水土保持技术规范：SL 575—2012 [S]. 北京：中国水利水电出版社，2012.

[63] 中国水土保持学会水土保持规划设计专业委员会. 生产建设项目水土保持设计指南 [M]. 北京：中国水利水电出版社，2011.

[64] 陈有民. 园林树木学 [M]. 北京：中国林业出版社，2002.

[65] 刘少宗. 园林植物造景（下）——习见园林植物 [M]. 天津：天津大学出版社，2003.

[66] 周道瑛. 园林种植设计 [M]. 北京：中国林业出版社，2008.

[67] 李树华. 园林种植设计学 [M]. 北京：中国农业出版社，2010.

[68] 苏雪痕. 植物景观规划设计 [M]. 北京：中国林业出版社，2012.

[69] 邹宽生. 园林植物在现代园林植物造景中的应用 [J]. 林业调查规划，2005，30 (2)：104-106.

[70] 毛嘉颖. 园林景观设计中植物造景的分析 [J]. 南方园艺，2010，21 (2)：50-51.

[71] 阎淑龙. 浅析城市道路景观与植物造景理念 [J]. 现代园林，2011 (1)：7-9.

[72] 高永，邱国玉，丁国栋，等. 沙柳沙障的防风固沙效益研究 [J]. 中国沙漠，2004，24 (3)：365-370.

[73] 赵廷宁，丁国栋，王秀茹，等. 中国防沙治沙主要模式 [J]. 水土保持研究，2002，9 (3)：118-123.

[74] 曹子龙，赵廷宁，郑翠玲，等. 带状高立式沙障防治草地沙化机理的研究 [J]. 水土保持通报，2005，25 (4)：15-19.

[75] 赵廷宁，曹子龙，郑翠玲，等. 平行高立式沙障对严重沙化草地植被及土壤种子库的影响 [J]. 北京林业大学学报，2005，27 (2)：34-37.

[76] 祁有祥，赵廷宁. 我国防沙治沙综述 [J]. 北京林业大学学报（社会科学版），2006 (S1)：51-58.

[77] 丁庆军，许祥俊，陈友治，等. 化学固沙材料研究进展 [J]. 武汉理工大学学报，2003，25 (5)：27-29.

[78] 铁生年，姜雄，汪长安. 沙漠化防治化学固沙材料研究进展 [J]. 科技导报，2013 (Z1)：106-111.

[79] 刘虎俊，王继和，李毅，等. 我国工程治沙技术研究及其应用 [J]. 防护林科技，2011 (1)：55-59.

第14章 封 育 治 理

章主编 苏芳莉 贾洪文
章主审 贺康宁 张光灿

本章各节编写及审稿人员

节次	编写人	审稿人
14.1	苏芳莉 王艳梅 李海福	贺康宁 张光灿
14.2	任青山 张德敏 樊忠成 李 瑄 单玉兵	
14.3	苏芳莉 贾洪文 张小平	
14.4	王艳梅 高晓薇 王鹿振	
14.5	苏芳莉 李海福 郭成久 秦一搏	
14.6	贾洪文 王艳梅	
14.7	苏芳莉 李海福 郭成久 孟 艳	
14.8	任青山 张德敏 孟冬梅 陈善沐	

第14章 封育治理

14.1 定义、特点与作用

14.1.1 定义

封育治理是以封禁为基本手段，封禁、抚育与管理结合，促进森林和草地恢复的林草培育措施。主要包括在有水土流失现象的荒地、残林疏林地采取的封山（沙）育林措施和在草场退化导致水土流失的天然草地采取的封坡（山）育草措施。

14.1.2 特点

（1）封育治理见效快。一般来说，具有封育条件的地方，经过封禁培育，南方地区少则3～5年，多则8～10年，北方和西南高山地区10～15年，林草覆盖度就可以达到50%以上，乔木林的郁闭度可达到0.5。

（2）能形成混交林，发挥多种生态效益。通过封禁培育起来的森林，多为乔灌草结合的混交复层林分，保持水土、涵养水源的作用明显。

（3）封育治理具有投资成本低、成林成草效果突出、生态效益显著的优点。在我国江河上游和水库上游地区，大都分布着天然林、天然残次林、疏林、灌木及天然草地，这些地区往往交通不便，人口相对较少，人工造林种草的投资和劳力都显得不足。因此，封育治理是保护水源地生态修复工程中最为重要的措施。

14.1.3 作用

（1）改善区域土壤的水热条件，改良土壤结构，增加土壤养分含量，提高土壤抗蚀性，减轻水力侵蚀和风力侵蚀的发生，遏制区域内的水土流失。

（2）促进区域内的植被恢复，增加植被覆盖度，促进区域生物种质资源的恢复，提高退化草场、林地或其他退化区域的生物多样性水平。

（3）有效遏制草原的退化、沙化，为各种牧草创造休养生息的条件，促使草原植被较快恢复，实现草原资源的可持续利用和自然生态系统的良性循环，促进农牧民增收、农业及畜牧业增效和农村发展，可加快调整和优化产业结构。

14.2 适用范围、封育条件与类型

14.2.1 适用范围

（1）具有母树、天然下种条件或萌蘖条件的荒地、残林疏林地及退化天然草地。

（2）不适宜人工造林的高山、陡坡及水土流失严重地段。

（3）沙丘、沙地、海岛、沿海泥质滩涂等经过封育有望成林（灌）或增加植被覆盖度的地块。

14.2.2 封育条件

14.2.2.1 封山（沙）育林

1. 宜林地、无立木林地和疏林地封育条件

符合下列条件之一的宜林地、无立木林地和疏林地，均可实施封育：

（1）有天然下种能力且分布较均匀的针叶母树30株/hm^2以上或阔叶母树60株/hm^2以上；如同时有针叶母树和阔叶母树，则按针叶母树数量除以30加上阔叶母树数量除以60之和，若不小于1则符合封育条件。

（2）有分布较均匀的针叶树幼苗900株/hm^2以上或阔叶树幼苗600株/hm^2以上；如同时有针阔幼苗或者母树与幼苗，则按比例计算确定是否达到标准，计算方式同（1）项。幼苗是指种子发芽后生长初期的幼小植物体。一般森林中一年生的树木的总称，慢生树种2～3年生者也列入其内。

（3）有分布较均匀的针叶树幼树600株/hm^2以上或阔叶树幼树450株/hm^2以上；如同时有针阔幼树或者母树与幼树，则按比例计算确定是否达到标准，计算方式同（1）项。幼树是指树龄不大，生长比较低小的树木。一般从2～3年生算起到成年。

（4）有分布较均匀的萌蘖能力强的乔木根株600个/hm^2以上或灌木丛750个/hm^2（沙区150个/hm^2）以上。

（5）有分布较均匀的毛竹100株/hm^2以上；大型丛生竹100丛/hm^2以上或杂竹覆盖度在10%以上。

(6) 除上述区域外，不适于人工造林的高山、陡坡、水土流失严重地段及沙丘、沙地、海岛、沿海泥质滩涂等经封育有望成林（灌）或增加植被覆盖度的地块。

(7) 分布有国家重点保护Ⅰ级、Ⅱ级树种和省级重点保护树种的地块。

2. 有林地和灌木林地封育条件

(1) 郁闭度小于0.50的低质、低效林地，或有望培育成乔木林的有林地和灌木林地均可进行封育。

(2) 有望培育成乔木林的有林地和灌木林地均可进行封育。

14.2.2.2 封坡（山）育草

(1) 由于过度放牧导致草场退化，载畜量下降，水土流失和风蚀加剧；但地面有草类残留根茬与种子，当地的水热条件能满足草类自然恢复的草地。

(2) 由于人为破坏和采樵使植被严重破坏沦为流动沙地，但按气候条件可生长草类和灌木的沙区。

(3) 有天然更新能力的退化草地，具有优势建群种且植被覆盖率介于15%～30%的草地。

(4) 具有植物生长条件，但失去天然更新能力，物种多样性极低，无优势建群种，植被覆盖率低于15%，需辅以一定人工抚育措施（撒播或补植）的草地。

14.2.3 封育类型

通过封育措施，封育区预期形成的植被类型。按照培育目标和目的树（草）种比例分为乔木型、乔灌型、灌木型、灌草型、竹林型、草地型等6个封育类型。

14.2.3.1 封山（沙）育林

1. 宜林地、无立木林地和疏林地封育类型

在小班调查的基础上，根据立地条件以及母树、幼苗、幼树、萌蘖根株等情况，分为以下5种封育类型：

(1) 乔木型。对于因人为干扰而形成的疏林地，以及达到封育条件且乔木树种的母树、幼树、幼苗、根株占优势的无立木林地及宜林地，应封育为乔木型。

(2) 乔灌型。对于其他疏林地，以及符合封育条件但乔木树种的母树、幼树、幼苗、根株不占优势的无立木林地及宜林地，应封育为乔灌型。

(3) 灌木型。对于符合封育条件但不利于乔木生长的无立木林地及宜林地，应封育为灌木型。

(4) 灌草型。对于立地条件恶劣，如高山、陡坡、岩石裸露、沙地或干旱地区的宜林地块，应封育为灌草型。

(5) 竹林型。对于符合毛竹、丛生竹或杂竹封育条件的地块，应封育为竹林型。

2. 有林地和灌木林地封育类型

对于水热条件较好的区域，应将有林地和灌木林地经过封育培育成乔木型。

14.2.3.2 封坡（山）育草

风沙区或水蚀区以草本植物为主要建群种，植被覆盖度小于30%的退化草地和坡地，宜封育为草地型。一般特指北方干旱及半干旱区草原及退化草场的封育。

14.3 封育方式与封育年限

14.3.1 封育方式

根据项目区水土流失情况、原有植被状况及当地群众生产生活实际，主要分为全封、半封和轮封3种封育方式。

(1) 全封。边远山区、江河上游、水库集水区、水土流失严重地区、风沙危害特别严重地区，以及恢复植被较困难的封育区，宜实行全封。封育初期禁止一切不利于林草生长繁育的人为活动，如开垦、放牧、砍柴、割草等。封禁期限可根据成林年限和沙地土壤改良的标准确定，一般为3～5年，有的可达8～10年。

(2) 半封。有一定目的树种和优势草种且生长较好、林木林草覆盖度较大的封育区，可采用半封。半封又分为按季节封育和按植物种封育两类。按季节封育，就是在禁封期内，在不影响林草植被恢复的前提下，可在一定季节（一般为植物停止生长的休眠期内）开封，组织群众有计划地放牧、割草、打柴和开展多种经营。按植物种封育，就是把有发展前途的植物种区域都留下来，并进行严格保护，其他区域常年允许人们割草、打柴。

(3) 轮封。当地群众生产、生活和燃料等有实际困难的非生态脆弱区的封育区，可采用轮封。将整个封育区划片分段，实行轮流封育。在不影响育林育草固沙的前提下，划出一定范围，阶段性允许群众樵采、放牧，其余地区实行封禁。通过轮封，使整个封育区都达到植被恢复的目的。这种办法能较好地照顾和解决生产和生活上的实际需要，尤其适于草场轮牧。

14.3.2 封育年限

根据封育区所在地域的封育条件和封育目的确定封育年限，一般封育年限见表Ⅱ.14.3-1。生态公益

林的封育年限执行《生态公益林建设 导则》(GB/T 18337.1—2001)中的规定。

表Ⅱ.14.3-1 封育年限表

封育类型			封育年限/a	
			南方	北方
封山(沙)育林	无林地和疏林地封育	乔木型	6~8	8~10
		乔灌型	5~7	6~8
		灌木型	4~5	5~6
		灌草型	2~4	4~6
		竹林型	4~5	—
	草地封育	草地型	1~2	3~5
	有林地和灌木林地封育		3~5	4~7
封坡(山)育草	草地封育	草地型	1~2	3~5

14.4 封育合格评定

以封育区小班为单位,按宜林地、无立木林地和疏林地封育、有林地封育、灌木林地封育和草地封育进行成效合格评定。

14.4.1 封山(沙)育林

1. 宜林地、无立木林地和疏林地封育

(1)乔木型。符合下列条件之一的小班为合格:

1)乔木郁闭度不小于0.20。

2)平均有乔木1050株/hm² 以上,且分布均匀。

(2)乔灌型。符合下列条件之一的小班为合格:

1)乔木郁闭度不小于0.20。

2)灌木覆盖度不小于30%。

3)有乔灌木1350株(丛)/hm² 以上或年均降水量在400mm以下地区有乔灌木1050株(丛)/hm² 以上,其中乔木所占比例不小于30%,且分布均匀。

(3)灌木型。符合下列条件之一的小班为合格:

1)灌木覆盖度不小于30%。

2)有灌木1050株(丛)/hm² 以上或年均降水量在400mm以下地区有灌木900株(丛)/hm² 以上,且分布均匀。

注:年均降水量在400mm以下地区应以县为单位划分,按照《国家林业局关于颁发〈“国家特别规定的灌木林地”的规定〉(试行)的通知》[林资发〔2004〕14号)执行,下同]。

(4)灌草型。符合下列条件之一的小班为合格:

1)灌草综合覆盖度不小于50%,其中灌木覆盖度不小于20%;年均降水量在400mm以下地区灌草综合覆盖度不小于50%,其中灌木覆盖度不小于15%。

2)有灌木900株(丛)/hm² 以上或年均降水量在400mm以下地区有灌木750株(丛)/hm² 以上,且分布均匀。

(5)竹林型。有毛竹450株/hm² 以上或杂竹覆盖度不小于40%,且分布均匀。

2. 有林地封育

有林地封育小班要满足下列条件:

(1)小班郁闭度不小于0.60,且林木分布均匀。

(2)林下有分布较均匀的幼苗3000株(丛)/hm² 以上或幼树500株(丛)/hm² 以上。

3. 灌木林地封育

灌木林地封育小班的乔木郁闭度不小于0.20,乔灌木总覆盖度不小于60%,且灌木分布均匀。

14.4.2 封坡(山)育草

草场有明显的优势建群种,植被覆盖度不小于50%以上,且分布均匀。

14.5 典型生态功能区的封育

14.5.1 典型生态功能区

根据国家环境保护部和中国科学院发布的《全国生态功能区划(修编版)》,将我国适于进行封育的区域划分为水源涵养、生物多样性保护、土壤保持、防风固沙和洪水调蓄等5种类型(见表Ⅱ.14.5-1),根据各自的生态功能特点,提出适宜的生态封育方案。

14.5.2 封育区类型

根据封育区的分布情况,我国的封育区分为三大类:以涵养水源和生物多样性保护为目标的封山育林;以沙区土壤保持和防风固沙为目标的封沙育林育草和以防止草场退化导致水土流失为目标的封坡(山)育草三种类型。

14.6 封育治理的组织实施

14.6.1 组织机构

14.6.1.1 组织领导

全国的林草封育及生态恢复与治理由国务院林业主管部门主管;地方的林草封育及生态恢复与治理,由地方各级人民政府林业主管部门主管,即省级、县

表Ⅱ.14.5-1 封育生态功能类型区

序号	生态功能类型	主要分布区域	区域特点	建议封育方案
1	水源涵养	大兴安岭北部、大兴安岭中部、长白山山地、千山山地、辽河源、京津冀北部、太行山区、大别山、大洪山山地、九岭山山地、幕阜山山地、罗霄山山地、天目山-怀玉山区、浙东丘陵、武夷山山地、闽南山地水源涵养功能区、粤东-闽西山地丘陵、九连山、都庞岭-萌渚岭、桂东北丘陵、云开大山、桂东南丘陵、西江上游、珠江源、红河源、黔东南桂西北丘陵、黔东中低山、大娄山区、米仓山-大巴、豫西南山地、川西北、甘南山地、黄河源、长江源、澜沧江源、怒江源、六盘山、青海湖、祁连山、阿尔泰山地、东天山、天山、天山南脉、帕米尔-喀喇昆仑山、雅鲁藏布江上游、雅鲁藏布江中游、中喜马拉雅山北翼	人类活动干扰强度大；水源涵养功能衰退；森林资源过度开发、天然草原过度放牧等导致植被破坏、水土流失与土地沙化严重；湿地萎缩、面积减少；冰川后退，雪线上升	对于水源地上游远山、高山区域进行全封，在植被覆盖度低于30%的区域可适当人工补植后封育；以自然恢复为主，严格限制在水源地大规模人工造林；控制水污染，开展生态清洁小流域的建设；加强保护与管理，严格控制载畜量，发展生态产业，避免不必要的人为干扰
2	生物多样性保护	小兴安岭、三江平原湿地、长白山北部丘陵、松嫩平原、大兴安岭南部、辽河三角洲湿地、黄河三角洲湿地、苏北滨海湿地、浙闽山地、武夷山-戴云山、赣江上游、秦岭山地生物、鄂西南、武陵山区、渝东南-黔东北、雪峰山、大瑶山区、海南中部、滇南、蒙自-元江岩溶高原峡谷、澜沧江中游、滇缅西南丘陵、滇中高原、无量山-哀牢山、滇西山地、滇西北高原、凉山、岷山-邛崃山、大雪山-念他翁山、山南地区、念青唐古拉山南翼、珠穆朗玛峰、南羌塘、阿里、藏西北羌塘高原、昆仑山东段、阿尔金山、阿尔金山南麓、昆仑山中段、昆仑山西段、西鄂尔多斯-贺兰山-阴山、准噶尔盆地东部、准噶尔盆地西部	生物资源退化严重，森林、草原、湿地等自然栖息地遭到破坏，栖息地破碎化严重；生物多样性受到严重威胁，部分野生动植物物种濒临灭绝	构建自然保护区，在珍稀动植物资源丰富的区域和核心区进行全封；在缓冲区进行轮封和半封，在试验区进行严格的人为活动控制；保护野生动植物重要物种栖息地，限制或禁止各种损害栖息地的经济社会活动；加强对滥捕、乱采、乱猎和引种的管理
3	土壤保持	太岳山区、山东半岛丘陵、鲁中山区、浙中丘陵、闽东低山丘陵、闽南低山丘陵、三峡库区、渝东南山区、黔北山原中山、黔中喀斯特、黔桂喀斯特、滇东、乌蒙山山地、川滇干热河谷、川西南山地、吕梁东部黄土丘陵沟壑、吕梁山山地、陕北黄土丘陵沟壑、陕中黄土丘陵、陇东-宁南	土地利用结构不合理，存在严重的陡坡开垦、森林破坏、草原过度放牧等问题，地表植被退化严重、水土流失类型多样，规模巨大，石漠化危害严重	对25°以上的陡坡有林地进行全封；全面实施保护天然林、退耕还林、退牧还草工程，严禁陡坡垦殖和过度放牧；水土流失严重区域配合水土保持工程及植物措施进行植被恢复，实施严格的封育管护；发展农村新能源，保护自然植被
4	防风固沙	呼伦贝尔草原、科尔沁沙地、浑善达克沙地、阴山山地、阴山北部、鄂尔多斯高原东部、鄂尔多斯高原北部、鄂尔多斯高原中部、毛乌素沙地、鄂尔多斯高原西南部、陇中-宁中、腾格里沙漠、阿拉善东部、巴丹吉林沙漠、黑河中下游、阿拉善西北部、北山山地、河西走廊西部、东疆戈壁-流动沙漠、吐鲁番-哈密盆地、准噶尔盆地东部、准噶尔盆地、天山南坡、塔里木盆地北部、塔里木河流域、塔克拉玛干沙漠、塔里木盆地南部、柴达木盆地、柴达木盆地东北部山地、共和盆地	过度放牧、草原开垦、水资源严重短缺与水资源过度开发导致植被退化、土地沙化、沙尘暴等	对于具有种源的，能够自我恢复的区域，进行全封；对于覆盖率低于30%的区域进行人工补植后封育；严格控制放牧和草原生物资源的利用，禁止开垦草原，加强植被恢复和保护；调整传统的畜牧业生产方式，大力发展草业，加快规模化圈养牧业的发展，控制放养对草地生态系统的损害；风蚀严重区域，实施防风固沙工程，恢复草地植被

续表

序号	生态功能类型	主要分布区域	区域特点	建议封育方案
5	洪水调蓄	江汉平原湖泊湿地、洞庭湖、长江洪湖-黄冈段湿地、长江黄冈-九江段湿地、鄱阳湖、皖江湿地、淮河中游湿地、洪泽湖	湖泊泥沙淤积严重、湖泊容积减小、调蓄能力下降；围垦造成沿江沿河的重要湖泊、湿地萎缩；工业废水、生活污水、农业面源污染、淡水养殖等导致湖泊污染加剧	对区域内湿地或湖区按当地经济社会发展需要设置合理的封育方式，对水污染及环境退化严重区域进行全封；加强洪水调蓄，加强区域生态管理，退田还湖，平垸行洪，严禁围垦湖泊湿地，增加调蓄能力；加强流域治理，恢复与保护上游植被，控制水土流失，减少湖泊、湿地萎缩

级人民政府设立林业主管部门，乡级人民政府设立专职或者兼职人员，负责管辖范围内的林草封育及生态恢复与治理管理工作。

14.6.1.2　组织保障

为了封育区的封育工作能顺利开展，各级政府或主管部门应建立多渠道筹资及多层次、多形式的筹资制度，为封育措施的实施提供资金保障。将责、权、利相结合，按照“谁投资、谁治理、谁受益”的原则，形成社会公益事业社会办的投入机制。同时，建立专业的组织与施工队伍，提高封育的质量和效果。另外应扩大水土保持的宣传力度，调动受益区群众的积极性，保障封育的顺利实施。建立健全水土保持监督体系，设置各级水土保持监管机构与监督员，补充监督执法人员所必备的设备、设施等，提高水土保持监督执法效率，建设稳定的行业队伍。

14.6.2　制度建设

各级主管部门应对辖区内林草资源的保护、利用、更新实行管理和监督，建立资源档案制度，掌握资源变化情况。

14.6.2.1　建立林草资源档案制度

（1）建立基本草地保护制度。建立基本草地保护制度，把人工草地、改良草地、重要放牧场、割草地及草地自然保护区等具有特殊生态作用的草地，划定为基本草地，实行严格的保护制度。任何单位和个人不得擅自征用、占用基本草地或改变其用途。

（2）实行草畜平衡制度。根据区域内草原在一定时期提供的饲草饲料量，确定牲畜饲养量，实行草畜平衡。地方各级人民政府要加强宣传，增强农牧民的生态保护意识，鼓励农牧民积极发展饲草饲料生产，改良牲畜品种，控制草原牲畜放养数量，逐步解决草原超载过牧问题，实现草畜动态平衡。

（3）推行划区轮牧、休牧和禁牧制度。为合理有效利用草原，在牧区推行草原划区轮牧；为保护牧草正常生长和繁殖，在春季牧草返青期和秋季牧草结实期实行季节性休牧；为恢复草原植被，在生态脆弱区和草原退化严重的地区实行围封禁牧。各地要积极引导，有计划、分步骤地组织实施划区轮牧、休牧和禁牧工作。地方各级畜牧业行政主管部门要从实际出发，因地制宜，制定切实可行的划区轮牧、休牧和禁牧方案。

14.6.2.2　建立封山育林育草制度

建立封山育林育草制度是关系封山育林育草成效好差的重要内容之一。由于地区情况差异较大及自然、人为原因复杂，尚没有统一的形式和制度。各地区应根据已掌握的资料，确定封育地的范围，搞好宣传发动工作，按设计落实和确定封育地的范围的面积、办法和管理设施，宣传、发动群众，做好群众的思想工作，务使封育的内容和意义家喻户晓，使封育变为群众的自觉行动。

14.6.2.3　建立健全组织，切实加强管理

在封育地区，从县到乡要有专人负责，重点乡、村要成立以乡长、村长为主要负责人的乡村封育委员会，或成立领导小组。村级政府应配备专职或兼职护林护草人员，认真落实林牧业有关政策，实行多种形式的责任制，把封山育林育草的管护效果与护林员（户、组）的经济利益结合起来。

建立资金筹集使用管理制度。一般是把国家重点补助、地方自筹和集体、个人分摊的资金集中管理，按承包合同要求，经检查验收合格后，作为护林护草员工资或做其他开支。严格对护林护草人员的奖惩管理。

14.6.2.4　订立护林公约

地方各级人民政府应当责成有关部门建立护林组

织，负责护林工作，在认真贯彻《中华人民共和国森林法》《中华人民共和国水土保持法》《中华人民共和国草原法》等有关法令的前提下，制订和执行封山育林公约，组织群众护林，划定护林责任区，配备专职或者兼职护林人员。

一般以村或村民小组为单位，讨论通过公约。公约一般包括：①封禁地区不准用火，不准砍柴割草，不准放牧，不准砍伐树木，不准铲草积肥，不准陡坡开荒种地等；②对违反规定的具体处罚办法；③对检举揭发人的奖励办法等。

14.6.2.5 建立联防制度

对封育等生态恢复类的公益性项目，应采取政府为主、社会参与和受益者补偿的投入机制，由各级政府负责组织建设和管理。省级主管部门需成立生态恢复与保护工作领导小组，统筹区域内的生态恢复与保护工作；市县级主管部门成立生态恢复与保护责任小组，负责相应辖区内的生态恢复与保护工作；各级乡镇设立兼职生态恢复与保护监察员，负责监督实施区域内的生态恢复与保护工作；在实施封育治理的村屯委托专人作为管护员，负责相应村屯内封育区域的管护工作。

14.6.3 封山育林管护设施建设

封禁区范围内的管护设施建设是保证搞好封山育林育草不可缺少的基本保障。因此，要按照先重点，后一般，先边界，后内地的原则，分期分批进行。主要内容包括以下几个方面：

(1) 树立标牌和边界标志。在道路、边界的主要路口树立标牌和封育的边界标志，注明封禁区的四至范围、面积、封育类型、封育时间、封山公约的主要内容和管护人姓名等，使过往行人一目了然，自觉遵守。重要的封禁区，如国家级或省级自然保护区或风景区等，应根据条件，使用木桩、铅丝围栏或草绳、树枝围栏；条件不具备的地区，可在边界垒石并涂白灰作为标志，或利用防火线作为标志。

(2) 开设防火线。防火线除具有阻止火灾蔓延的作用外，还是山林权属和经营区划的标志界限，一般沿山脊、河流、道路开设，使之构成纵横交错的防火封闭网，防火线宽度一般不小于10m，县、区界上的防火线宽度应在15m以上。防火线有生土防火线和阔叶树防火林带两种，大部分地区都采用铲净杂草灌木适当松土的生土防火线，防火线的密度应视地形和人为活动的不同程度而定，一般至少应达到15～23km/1000hm^2。建设防火林带，各地方可选用枝叶繁茂、萌蘖力强、耐干旱瘠薄的常绿阔叶树种，如南方有木荷、火力楠、杨梅等，北方有栎类、杨、桦等。这种林带要沿防火线位置，多行密植，一般宽度为10～30m，林带6～15行，株距1～1.5m，呈三角形配置。种植后结合维修防火线加强抚育松土，有条件的增施肥料。一般3～4年后林带郁闭，即可发挥防火效能。

(3) 设立护林护草哨所。根据需要在封禁区的进出路口设立护林护草哨所，配备护林护草员，检查出入山的车辆、行人，监督用火和樵采、放牧等活动，制止破坏山林草坡的现象，以及负责组织发动群众做好护林防火工作。

(4) 建立护林护草瞭望台。为全面观察封育区情况，便于发现火情，及时组织扑救，应在封育区的制高点建设瞭望台。一般1座瞭望台可以控制面积2000～3000hm^2。瞭望台高10～15m，配备电话、地形图、望远镜等工具，火险季节必须有专人执勤瞭望。执勤人员要经过训练，熟悉地形地物，识别各种山火的情况，能及时报告火情。瞭望台也可结合护林护草哨所建设。

(5) 修建道路。为便于开展封禁区的林草培育管护工作，必须搞好道路建设。除主要干线需要修建林牧区简易公路或手推车路外，一般地区要修建1m左右的人行道路。高山按顶、腰、脚修建上、中、下3条道路；中山或高丘修建上、下2条道路，低山、低丘修建1条道路。林道应依山道走向，入山偏低，出山偏高，基本水平，微有倾斜，林道密度以每公顷30～45km为宜。另外，关于公路、拖拉机路和手推车路，可以结合利用现有道路，或在开展森林抚育间伐时逐步修建。

(6) 建立通信网络。为使封育区内的管理单位随时与上级领导单位及外界保持信息通畅，应建设电话通信网络。通信线路要本着距离短、施工易、检修方便等原则进行设计和施工。一般要求每千顷封育面积内，有线通信线路网密度达到7.5km。

14.7 封育治理配套措施

14.7.1 封育政策措施

各级地方政府应明确封育与生态恢复的范围和重点区域，落实实施与之相关的水源涵养林保护、天然林防护、退耕还林、退耕还草、退牧还草、退耕还湿等政策。大力推行禁牧、休牧、舍饲圈养等制度，恢复自然植被。

14.7.2 封育技术措施

14.7.2.1 警示与界桩

封育单位应正式建立封育制度并采取适当措施进行公示。同时，在封育区边界明显处，如主要山口、沟口、主要交通路口等树立坚固的标牌，标明工程名称和封禁区的四至范围、面积、年限、方式、措施、责任人等内容。封育面积 $100hm^2$ 以上的至少设立1块固定标牌，人烟稀少的区域可相对减少。封禁固定标牌设计如下：

（1）设计要求：明确封禁区的公告及标识。

（2）使用材料：砖、块石、水泥砂浆、石灰、红漆等。

（3）主要材料规格：参考当地水土保持工程材料规格及标准。

（4）建筑规格：标牌建筑规格多结合区域周边环境设置，形式可多样。在此仅举一例加以说明，如图Ⅱ.14.7-1所示。

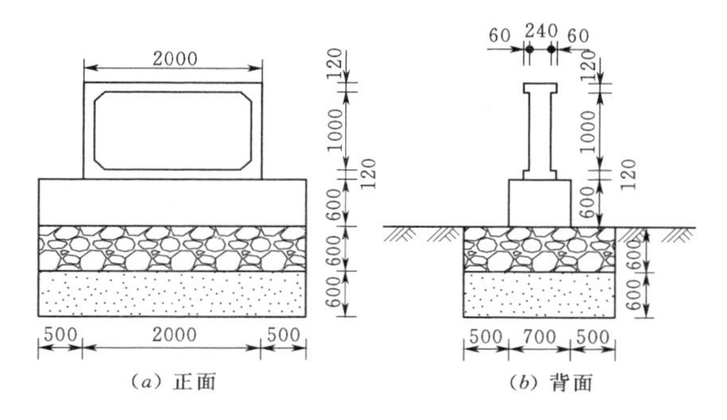

图Ⅱ.14.7-1　封禁固定标牌设计示意图（单位：mm）

封育区无明显边界或无区分标志物时，可设置界桩以示界线。

14.7.2.2　围栏封禁

在牲畜活动频繁地区，可设置机械围栏、围壕（沟），或栽植乔灌木设置生物围栏，进行围封。

（1）围栏的类型。根据围栏建设时所采用的材料，主要分为工程铁丝围栏、生态防护墙、活体植物篱等类型。

1）工程铁丝围栏：以混凝土柱、树桩或其他材料为骨架，以铁丝刺线为防护面，围绕封育区形成的完整封闭铁丝网。工程铁丝围栏是目前封育治理最常用也是最有效的防护围栏。

2）生态防护墙：为保护防护区内的森林、植被、动物及生物多样性，建立的隔离人类和牲畜进入封育区的墙体，一般为封闭式。按筑墙所用材料可分为砌石墙、砌砖墙和石砖混合墙。

3）活体植物篱：利用植物作为隔离材料，在封育区外围进行密植，形成防护区与外围人为活动和牲畜活动区域的生态隔离带。活体植物篱一般选择具有茎刺、枝刺或具有特殊气味的植物，如沙棘、花椒树、酸枣树、石榴、火棘等。通常选择一些具有经济价值的树种，在防护隔离的同时，具有一定的经济价值。

（2）工程铁丝围栏设计。

1）设计原则：能有效地控制人畜进入封育区，投资少，效果好，充分保护水土保持生态自然修复成果。

2）设计标准：坚固，耐性强，确保拦挡效果显著。

3）结构设计：围栏多采用12cm×12cm×195cm（长×宽×高）的混凝土柱，上挂铁丝刺线，每400cm距离钉一根混凝土柱，地下埋65cm，地上留130cm，从地面开始每20cm高度挂一行铁丝刺线，柱与柱之间的对角线斜向拉两根铁丝刺线，横向的刺线相连处用铁线固定。

4）使用材料：混凝土桩、刺线、铁丝、砾石、防腐沥青等。

5）主要材料规格：8号铁丝，混凝土桩直径在10cm以上。

6）建筑规格：混凝土桩间距400cm，地下埋深65cm，地上高130cm，每隔2根混凝土桩用砾石加固根部。水平刺线4道，间距30cm，对角线共2道。

7）使用时注意事项：加强保护与维修。

工程刺线围栏设计示意图如图Ⅱ.14.7-2所示。

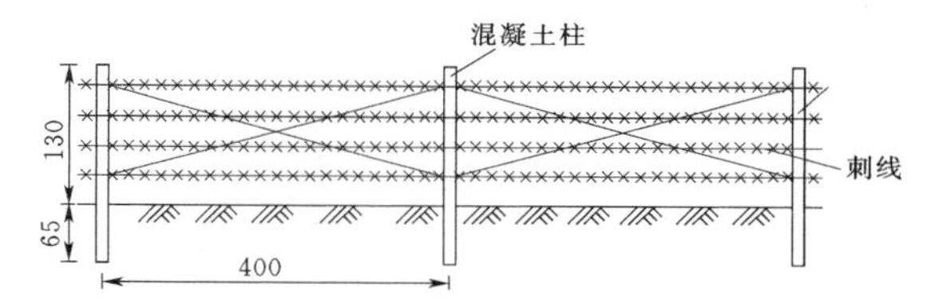

图Ⅱ.14.7-2　工程刺线围栏设计示意图（单位：cm）

14.7.2.3　补植补栽

对植被稀疏的坡地进行人工补植或补栽，以加速林草修复速度。其中，覆盖率在70%以上且均匀分布的疏幼林地，不需补植，直接封育；覆盖率在30%～70%的，需进行补植，根据立地条件确定补植的技术方法及树种，因地制宜，适当引进先进的造林技术，优先选择适生的乡土树种，提高土地利用率和造林成活率；覆盖率不足于30%的，重新恢复植被，以灌木为主，配以抗逆性强、生长快的草本，适当补植乔木。

14.7.2.4　幼林抚育

幼林抚育是为提高造林成活率和保存率，促进幼树生长和加速幼林郁闭而在幼林时期采取的各种技术措施。

（1）幼林抚育的内容主要是除草、松土、施肥、扶正、补植等。

(2) 抚育幼林要做到三不伤、二净、一培土。三不伤是不伤根，不伤皮，不伤梢；二净是杂草除净，石块拣净；一培土是把锄松的土壤培到植株根部。

(3) 抚育时把锄下的杂草覆盖在种植点上，在减少表面水分蒸发的同时，增加土壤有机质含量和抑制杂草生长。

(4) 幼林抚育连续三年五次进行。第一年两次，第一次为全面割草，在5月中旬至6月上旬进行；第二次为除草松土，在6月中旬至7月中旬进行。第二年两次，第一次为除草松土，在5月中旬至6月上旬进行；第二次为全面割草，在6月中旬至7月中旬进行。第三年一次，为全面割草，在6月中旬至7月中旬进行。

14.7.2.5 人工补植种草

封育区植被覆盖率介于15%～30%的区域需辅以人工补植种草措施（草种选择耐贫瘠、生物量大的品种），提高封育区的植被恢复速度。主要适用于有水土流失的荒地，即除耕地、林地、草地、其他用地（村庄、道路、水域等）以外，一切可以利用而尚未利用的土地，包括荒山、荒坡、荒沟、荒滩，没有林草覆盖的河岸、堤岸、坝坡、退耕的陡坡地，以及由于过度放牧引起退化的天然牧场。

根据适地适草的原则，结合封育区的立地条件，选择适宜草种，具体见表Ⅱ.14.7-1。

表Ⅱ.14.7-1　封育区草种选择建议表

划分标准	种　类	适宜地区	草　种	特　点
地面水分	旱生草类	干旱、半干旱地区	沙蒿、冰草	根系发达，抗旱耐干
	中生草类	一般地区	苜蓿、鸭茅	对水分要求中等，草质较好
	湿生草类	水域岸边、沟底	田菁、芦苇	需水量大，不耐干旱
	水生草类	水面、浅滩地	水浮莲、茭	能在静水中生长繁殖
地面温度	喜温凉草类	低温地区	披碱草	耐寒、怕热
	喜温热草类	高温地区	象草	在高温下能生长繁茂，低温下停止生长，甚至死亡
土壤酸碱度	耐酸草类	酸性土壤	百喜草、糖蜜草	pH值在6.5以下
	耐碱草类	碱性土壤	芨芨草、芦苇	pH值在7.5以上
	中性草类	中性土壤	小冠花	pH值在6.5～7.5之间
其他生态环境	耐荫草类	荫蔽地面	三叶草	林地、果园内
	耐沙草类	风沙地	沙蒿、沙打旺	风蚀为主

14.7.2.6 草场改良

草场改良是通过各种人为措施使草地生产条件改善，生产力提高，促进草地畜牧业的可持续发展。

草场改良的方法主要有以下几种：

(1) 在原有植被基础上复壮更新草群或增加新的植被成分。一般是有针对性地采取围栏保护、封滩育草、灌溉、施肥、松耙、补种、清除灌木和毒草等措施。对天然刈割草场的改良，宜在牧草春季返青期实行禁牧，并建立轮刈制度。对曾被耕种的退耕还牧地、耕种后被废弃的撂荒地、放牧过度或植被稀疏的草地等退化草场进行补播改良时，牧草种类选择和播种技术十分重要，有条件的地区可用飞机播种。这种改良方法不破坏原有草层，通称为治标改良。

(2) 将天然草地翻耕播种，建立高产优质的人工草地。这种改良方法彻底破坏原有草层，通称为治本改良。

(3) 在供水不良、交通不便的干旱和高山地区对未开发利用的草原进行改良，需开辟水源，修建人、畜供水系统和开辟牧道，以扩大草原利用面积和改善放牧牲畜的生态条件。

14.7.3 配套辅助措施

14.7.3.1 沼气池

为减少农村地区因封育引起的能源匮乏等问题出现，在农村地区推广沼气池可很好地解决农村地区能源获取与林地封育保护之间的矛盾。

沼气池是以人、畜粪尿、秸秆等农业废弃物为原料，通过生物质能转换技术，产生甲烷用于炊事及照明，并能改善农村居住环境。沼气的利用又减轻了对环境的污染和群众对薪柴的依赖。

沼气池应选在地下水水位低、土质好、过往车辆少、离厨房近（距离不宜超过30m）的地方建造。沼气池的结构设计可参见《户用沼气池设计规范》(GB/T 4750—2016)。

14.7.3.2 节柴灶

目前农村炊事取暖的主要设施是炉灶，燃料以薪柴为主，热能利用率比较低，浪费薪柴，导致过量樵采林木，甚至乱砍滥伐，且影响健康。节能灶炕是广泛应用的农村节能和农业生态良性循环形式。主要是对烟道和炕洞进行改造，增加烟气和炕面接触面积，以改善换热效果，延长烟气在炕内的环行时间，增加换热量。节能灶炕综合热效率可达70%，每铺炕年节能691kg标准煤。节柴灶与旧式柴灶相比，特点是省燃料、省时间、使用方便、安全卫生。

节柴灶的结构设计可参见《民用省柴节煤灶、炉、炕技术条件》(NY/T 1001—2006)。

14.7.3.3 舍饲养畜

为减少畜牧业发展对天然草地及封育区植被的破坏，改善天然牧场的植被状况，鼓励封育区内村民改野外游牧为舍饲圈养，当地政府应扶持村民大力发展舍饲养畜。从而促进更多的坡耕地以及低产田退耕还林还草，减小风沙区草场的畜牧压力，促进封育区植被恢复。

14.7.3.4 饲草料基地建设

为有效控制过度放牧对草地可持续利用的影响，封育实施区应利用天然草场建立饲草料基地。以饲养牧畜为主的饲草料基地建设，有以下两种情况：①割草地，主要选距村较近和立地条件相对较好的退耕地或荒坡；②放牧地，主要选离村较远和立地条件相对较差的荒坡或沟壑地。

14.7.3.5 生态补偿

国家设立森林、草地、湿地等生态效益补偿基金，对发挥生态效益的防护林和特种用途的森林资源，其林木营造、抚育、保护和管理等以该基金支付。封育所引起的农民损失，也可由此基金赔付。森林生态效益补偿基金必须专款专用，不得挪作他用。具体办法由国务院规定。

14.7.3.6 人工巡护

根据封禁范围大小和人、畜危害程度，设置管护机构和专职或兼职护林员，每个护林员管护面积根据当地社会、经济情况和自然条件确定，一般为100～300hm^2。

在管护困难的封育区可在山口、沟口及交通要塞设哨卡，加强封育区管护。

14.8 案 例

14.8.1 福建省宁化县谢家小流域封育治理

福建省宁化县谢家小流域水土保持林示范项目，涉及石壁、淮土、方田3个乡镇的8个行政村，面积为800hm^2，是典型的以老头松为主的紫色土流失地。治理前植被覆盖度为43%，马尾松年高生长量仅为15cm。2012年实施林草植被恢复工程，经3年综合治理，2015年植被覆盖度达到76%，马尾松年高生长量为55cm，干草产量为713kg/亩，胡枝子灌木干产量达到为127kg/亩，减少地表径流量42%，减少地表冲刷量75%，生态环境得到明显改善，芒萁群落显著增加，达到了防治水土流失的效果。

1. 全封育措施

（1）由县政府发布封山育林县长令，划定封山范围，制作标牌、界桩、围栏。对石壁、淮土、方田、济村4个水土流失重点乡镇实行商品材“限采伐”，关停乡镇境内木材加工企业。

（2）制订封山育林育草村规民约，禁止群众上山砍柴伐木，实行重点流失区生活燃料补助，燃料补助标准按农村家庭常住人口数分档安排，设1～2人、3～4人及5人以上3档，分别补助30元/(户·月)、40元/(户·月)、50元/(户·月)。

（3）组建水土保持护林管护队伍，设有水土保持护林专职人员23人，兼职护林员129人，禁烧柴草巡查员388人，订立管护协议，落实管护资金，加大护林巡山力度。

2. 补植措施

项目区需改造马尾松为主的老头林。在原有林地分布区，对土壤裸露、植被稀少的区域进行整地补植，使其马尾松达到2550株/hm^2，并根据立地条件混植木荷450～750株/hm^2。整地采用竹节沟+鱼鳞坑方式，沿坡面每隔3m挖一个水平竹节沟，每隔2～3m留一竹节墩，沟底宽30cm、沟深30cm、面宽30cm，沟埂夯实。坡面挖鱼鳞坑种植木荷等乔木树种，每穴施有机肥2.5kg。选取胡枝子及多花木兰等灌木，种植在竹节沟埂内侧，株距50cm。草本植物选择马塘和宽叶雀稗，采用播种的方式按2（马塘）∶1（宽叶雀稗）比例混匀，播种量为60kg/hm^2，播种时将草种与有机肥、客土按1∶8∶20比例拌匀后穴状播种于竹节沟埂面及沟埂外侧，株行距为30cm×30cm。对沟间土壤裸露地块，每隔0.5m挖一条水平浅沟，沟内穴状播种草种，株行距为30cm×30cm。

3. 追肥

在每年4月的小雨天之前连续追肥3年，在山坡地的上半部以3（尿素）∶1（复合肥）的比例撒施追肥，追肥量为150kg/hm^2。

14.8.2 福建省长汀县河田镇封育治理

1. 项目区概况

长汀县河田镇朱溪河流域露湖强化治理片位于河田镇露湖村，面积为 1890hm^2。由于人为干扰破坏，土壤肥力丧失严重，原有林分退化成低矮稀疏的马尾松次生林及生长不良的芒萁草被，平均植被覆盖度仅为 35%，水源涵养等生态功能低下，属强度、极强度水土流失区。2006 年进行植被恢复工程，根据流失区不同的流失程度与植被状况采取不同模式进行治理，经 3 年综合治理，马尾松树年高生长量从 15cm 增至 35cm，林分蓄积量从 0.05m^3/亩提高到 0.2m^3/亩，目前植被覆盖度已达 88%，水土流失变为轻度或无明显流失，生态系统及水源涵养功能等得到较大改善。

2. 全封育措施

(1) 县、镇、村三级联动制订公约。县长颁布《封山育林令》，对水土流失区和生态公益林分布区域实行全封山，在全封山区域禁止打枝、割草、放牧、采伐、采脂和野外用火，禁止毁林开垦和毁林采石、采土、建坟，禁止猎捕野外动物及未经批准的一切林事活动。

订立《封山育林乡规民约》，由乡镇人民代表大会审议，明确目标任务、范围、措施、责任、机构、队伍及考评办法。

各村召开村民会议，对《封山育林村规民约》进行表决，让村民进一步了解封山育林的范围、护林员职责及违约处理等详细规定。

(2) 对封山育林范围“一刀切”，取消半封山，实行全封山。

(3) 堵疏结合，护林查源头。以乡（镇）为单位，乡（镇）林业站、水土保持站为主体，各村委任专职护林员，组建专业护林队，进一步整合护林队伍力量，形成健全的县、乡、村护林网络。护林员实行四定，即定山场、定责任、定报酬、定奖罚。护林人员除巡山外还进村入户检查灶头，杜绝以柴草为燃料的行为。同时以煤、沼气、电作为替代燃料，农户全部改烧柴草为烧煤，由政府出资补贴，并积极推广沼气池建设，防止对植被进行破坏。

(4) 多形式宣传，以“水保连着你我他，封山育林为大家”为口号，增强群众守土有责的水土保持意识。除电影、幻灯、会议、街头宣传外，各村路口树立封山育林宣传牌，在封山育林边缘树立封山育林区标志牌；每村有 5～10 条固定宣传标语、宣传墙；每年发放封山育林宣传年历；家家户户张贴《封山育林村规民约》。

3. 植物措施

(1) 对山脊等极强度和强度流失区，采用乔灌草相结合的方法实现植被快速覆盖，沿等高线结合品字形种植点的配置方式进行整地，规格为 50cm（上口宽）×40cm（深）×30cm（底宽），在穴下方作埂形成鱼鳞坑，每穴施有机肥 0.5kg，与松土拌匀回填于穴内，种植乔木或灌木；种植点间挖小穴播种草本进行治理，形成乔灌草混交群落。

(2) 在村庄周围种植板栗、杨梅果园的平缓地块四周及空闲地，种植秋大豆和科杂一号绿肥，达到当年“红土见绿”。

4. 追肥

对乔木和灌木采取穴施、草本采用撒施的方法，连续 3 年进行追肥，穴施使用 BB 肥，每穴 0.1kg，采用 3（尿素）：1（复合肥）的比例撒施追肥，追肥量为 150kg/hm^2。

14.8.3 新疆塔里木河下游封育治理

1. 项目区概况

项目区位于新疆塔里木河大西海子至台特玛湖段，属于罗布泊微弱拗陷区，构造稳定，地层平缓，沉积物以黏土质的湖相沉积为主。地表大部为沙质土覆盖，起伏微弱。项目区属大陆性暖温带、极端干旱沙漠性气候区，年均降水量为 17.4～42.0mm，年均蒸发量为 2671.4～2902.2mm，年均气温为 10.6～11.5℃，极端最高气温达 43.6℃，极端最低气温为 −27.5℃。由于流域上游大规模的水土开发，水资源利用过度，河道两岸的绿色走廊也因长期失水而逐渐衰败。

2. 设计思路

合理利用塔里木河下游水资源，进行生态修复措施建设，通过典型区示范工程以点带面，推动下游水土流失治理进程，在保证河道输水的前提下，河道两侧地下水水位上升至满足植被生长的水平，通过封育和生态修复措施使河道两侧胡杨林得以继续生存，灌木林恢复生机。

3. 技术要点及配套措施

(1) 种植结构。人工植苗的株行距，乔木（胡杨）为 1.5m×2.0m，其他灌木为 1.5m×1.0m。常规灌区内乔灌隔行混交。英苏试验区种植乔木 30 亩，种植灌木 53 亩；依干不及麻试验区种植乔木 30 亩，种植灌木 58 亩。苗木由附近县苗圃购进，选择两年生壮苗，春季（或秋季）穴植。胡杨穴植坑尺寸为 60cm×60cm×60cm（长×宽×深），灌木种穴植坑尺寸为 40cm×40cm×40cm（长×宽×深）。

(2) 抚育管理措施。胡杨萌蘖更新的抚育管理要注意以下几个方面：

1）更新林地连续3年封禁，严禁放牧。胡杨的萌蘖苗因自然环境恶劣，植株生长缓慢且生命力脆弱，若萌蘖初期不加以保护，一旦被破坏很难恢复。因此，在胡杨萌蘖更新前3年，即植株生长量趋于稳定之前要对林地进行封育，禁止放牧、伐薪等人为破坏行为发生。

2）胡杨萌蘖更新幼苗适宜的地下水水位在3～4m，土壤含盐量小于2%。在萌蘖更新措施实施以前应对胡杨林进行淹灌，达到浸润土壤、提高地下水水位的目的，当年更新地应隔年灌溉，以免更新幼树被积水浸泡时间过长而致死，一次总灌水量为5.1万m^3。同时隔年灌溉可促进幼树新根充分向土壤深层扩展，以增强其生命力及抗旱能力。

3）森林病虫害防治。新疆塔里木盆地胡杨林常见的虫害有胡杨木虱、春尺蠖和杨臂莹叶甲等，常见的病害有叶锈病、干腐烂病和各种斑叶病等，对应的防治措施如下：

a. 清除病虫源，特别是主干、枝条上的病虫，以及在枯枝落叶下越冬的害虫；加强抚育管理，提高树木的抗病能力。

b. 春尺蠖的防治。

（a）利用飞机防治。每年春季利用微生物制剂（8000～16000国际单位/mg BT可湿性粉剂）或化学药剂（20%氯戊菊酯乳油）、光保护剂（活性炭粉，兑水稀释），通过飞机播撒防治，作业时间为每年4月。

（b）地面防治。用高效低残留的菊酯类化学农药进行地面机械喷雾。

c. 叶纹斑病采用喷药防治。药液选用波尔多液或800～1000倍的50%可湿性退菌特，从发病初期起喷洒3次。每亩用药量：苗高20cm以下用50～80L药液；苗高20～60cm用100～150L药液；苗高1～2m，用150～200L药液。胡杨叶面角质层较厚，药液不易附着，可在配好的药液中加少量的洗衣粉，以增加其附着力。

14.8.4 内蒙古通辽市扎鲁特旗封育治理

1. 项目区概况

项目区位于通辽市扎鲁特旗北部，地形波状起伏，地貌属大兴安岭丘陵漫岗区，地面坡度为10°～30°，海拔为380～260m。项目区气候属中温带大陆季风性气候，气候特征是：四季分明，冬季严寒，春季升温较快，干旱多风；夏季凉爽多雨，秋季降温急骤，历时较短。多年平均年降水量为380mm，最大年降水量为460mm，最小年降水量为210mm，降水年内分布不均，主要集中在7—8月，多年平均年蒸发量为2300mm，年平均气温为1.8℃，≥10℃的年活动积温为2430℃，年平均无霜期为90d，冻土深度为170cm，年平均风速为2.9m/s。

项目区土壤类型属风积堆积平原上的风沙土和栗钙土，低洼地有部分盐化草甸土。项目区植被类型属典型草甸草原植被，以贝加尔针茅、大针茅等植物为群种的草原景观，伴随部分湿地草甸和沙地植被类型。固定沙丘生长的植物有差巴嘎蒿、糙隐子草、狗尾草、锦鸡儿等，植被覆盖度为15%～30%。

根据《内蒙古自治区统计年鉴》（2014年），全旗总人口26.03万人，其中乡村人口9.87万人；国民生产总值为51.93亿元，城镇居民可支配收入为16849元，农民人均纯收入达到5917元。西北部山地丘陵区水土流失类型为水力侵蚀，风力侵蚀集中分布于东南部的洪积平原区。风力侵蚀模数为2500t/(km^2·a)，水力侵蚀模数为500t/(km^2·a)，项目区容许土壤流失量为200t/(km^2·a)。

2. 封育措施设计

项目区现有土地面积600hm^2，土地利用类型为牧业用地和低覆盖度草场。根据土地利用现状，维持原有土地利用性质，进行封育治理。措施布局采取在围封地四周布设1.5～1.8m高的网围栏，在围封地内部井字形布设施工道路，路面宽4m。采用全封的方式，封育期限为3年。

（1）围栏设计。围栏按材料分为机械围栏和生物围栏两大类。常用的围栏有刺丝围栏、网围栏、枝条围栏等。生物围栏由栽植的灌木及乔木组成。

机械围栏由固定桩和铁丝网片（刺丝）组成，并在必要位置设置进出门。固定桩通常采用的材料有混凝土桩和角钢桩。围栏设置标准详见表Ⅱ.14.8-1，围栏设计图如图Ⅱ.14.8-1所示。

表Ⅱ.14.8-1　围栏设置标准

项　目	规格（长×宽×高）/(cm×cm×cm)	埋深/cm	地面以上高度/cm
直线桩（1）	10×10×(150～180)	40～50	110～130
转点桩（2）	15×15×(180～200)	60	120～140
斜撑桩	10×10×200		
网片	(5～7)×90×60		
刺丝	5×120		

1）固定桩。设计围栏固定桩采用预制混凝土桩，分为两种：一种为直线固定桩，尺寸为10cm×10cm×(150～180cm)（长×宽×高），地下埋深40～50cm，桩间距400～1000cm，用于沿线固定网片；另一种为转折点及大门固定桩，尺寸为15cm×15cm×(180～200cm)（长×宽×高）。

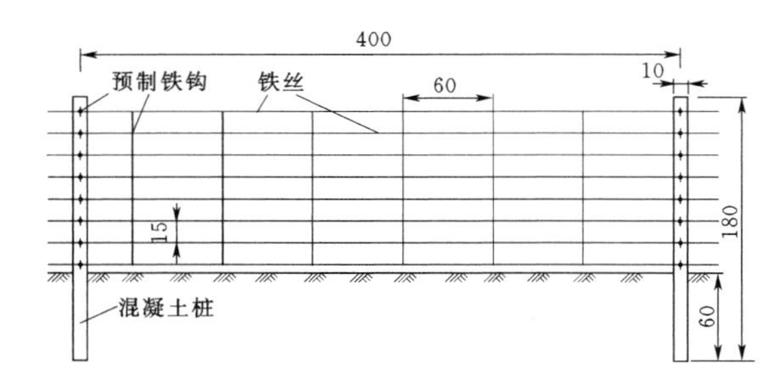

图Ⅱ.14.8-1 围栏设计图（单位：cm）

2）铁丝网片规格常采用（5～7）cm×90cm×60cm，即5～7道铁丝，间距15cm，每60cm加一道纵丝，用线卡和横丝相连，铁丝网片高度为105cm；刺丝规格为12～14号铁丝，设置5道横丝，横丝间距为20cm，再在两桩间沿对角线设交叉丝2道。

3）出入门。出入门根据需要布置，门宽一般为2.5～4m，门高为1.2～1.5m。门扇根据门的使用频率和位置重要程度，可选择钢框铁丝网门，也可以选择木框刺丝门。

（2）道路设计。

1）道路布局。根据项目区平面几何形状，为方便生产，将道路布局为井字形，由两横两纵道路组成将围封区域分割为9个地块。路面宽4m，采用砂石路面，道路长10800m。

2）标志牌。在区域4个角、2个出入口共布设6块混凝土标志牌，标志牌规格为2m×1.8m×0.3m（长×宽×高）；封育区内布设钢制标志牌24块。

参考文献

［1］ 中华人民共和国国家质量监督检验检疫总局，中国国家标准化管理委员会．水土保持综合治理技术规范：GB/T 16453.1～16453.6—2008［S］．北京：中国标准出版社，2008.

［2］ 中华人民共和国国家质量监督检验检疫总局，中国国家标准化管理委员会．封山育林技术规程：GB/T 15163—2004［S］．北京：中国标准出版社，2004.

［3］ 王治国，张云龙，刘徐师，等．林业生态工程学——林草植被建设的理论与实践［M］．北京：中国林业出版社，2000.

［4］ 刘刚，张克斌，李瑞，等．人工封育草场管理研究——以宁夏盐池县为例［J］．水土保持研究，2007，14（2）：252-254.

［5］ 潘占兵，蒋齐，温学飞，等．长城沿线农牧交错区退化草场恢复对策——以宁夏盐池沙地退化草场为例［J］．西北农业学报，2004，13（4）：115-119.

第15章 配 套 工 程

章主编 左长清 谢颂华

章主审 张光灿 苏芳莉 马 永

本章各节编写及审稿人员

节次	编写人	审稿人
15.1	杜运领 牛振华	张光灿 苏芳莉 马 永
15.2	程金花 王克勤 程冬兵 李海福 涂 璟 唐佐芯	
15.3	左长清 殷 哲 王昭艳 谢颂华 程冬兵 袁 芳	
15.4	王利军 王艳梅 刘学燕	
15.5	左长清 殷 哲 王昭艳 谢颂华 袁 芳	
15.6	王艳梅 李世锋 李宏伟 潘珊珊	

第15章 配 套 工 程

15.1 道 路 工 程

道路工程包括机耕道、田间作业道和连接道路等。

15.1.1 机耕道

15.1.1.1 定义与作用

机耕道是指乡以下可通行机动车辆和农业机械的农村道路。根据使用条件和建设要求不同，机耕道分为乡村道路、村组道路和田间道路。

乡村道路指的是与国家公路或县乡（镇）公路连接，通达村或连接全村的道路，以通达村委会所在地或村小学为通达标准。

村组道路指的是与乡村道路和其他公路连接，通达村民小组或群众较为集中的居住地以及连接相邻村民小组的道路。

田间道路指的是通往田间地块主要用于农业机械化生产作业及农产品运输的道路。

乡村道路、村组道路、田间道路相互连接，形成农村道路网。

机耕道是农村重要的基础设施，是国家公路网的延伸和补充，对发展农村经济，改善群众生活，促进农业现代化发展和农村文明建设具有十分重要的意义。

15.1.1.2 机耕道设计

1. 设计原则与标准

（1）以村组道路为骨干，田间道路为基础，尽量与县乡（镇）道路连通接轨，形成四通八达的道路通行网络。

（2）要因地制宜，一路多用，在保证人、车通行安全顺畅的基础上，少占耕地或不占耕地，少拆房屋或不拆房屋，少毁林毁树或不毁林毁树，保护生态环境。

（3）机耕道路的建设，要满足大中型农业机械晴雨天都能通行无阻，并便于农业机械进出田间作业以及日常农业生产资料和农产品的运输。

（4）做到道路宽度合适，坡度低，弯度少，压实度好，平整度好，有路面，有边沟，有绿化，有道路标志。

2. 路线

（1）基本技术指标要求。机耕道一般设计为单车道，计算行车速度最高为20km/h。路基宽度一般不低于4.5m，行车道宽度不低于3.5m，路肩宽度为0.5m。在间隔200～300m范围内，地势较为平坦开阔的地方要设置错车道，错车道处路基宽度不小于6.5m，有效长度不小于20m，两错车道之间一般应通视。

（2）路线设计机耕道应设置平曲线及竖曲线，设计时应做到平面顺适、纵坡均衡、横面合理。平纵面线均应与地形、地物及周围环境相协调。

弯道平曲线半径一般不小于15m，特殊困难地段不小于10m。当平曲线半径小于150m时，应设置超高和加宽。

受地形、地质条件限制采用回头曲线的，回头曲线最小半径为15m，超高横坡为6%，最大纵坡4%，相邻两回头曲线距离不得小于100m。

道路设计最大纵坡在9%以内，合成纵坡在10%以内，海拔2000m以上或积雪冰冻地区最大纵坡不得超过8%。当连续纵坡大于5%时，应设置缓和坡段，缓和坡段坡长不小于60m，纵坡应不大于3%。

3. 路基

路基应根据道路性质、材料供应、自然条件（包括气候、地质、水文等）进行设计，既要有足够的强度和稳定性，又要经济合理。

路基高度设计应考虑地下水、毛细水和冰冻作用对路基强度和稳定性的影响。沿河或受水浸淹的路基的设计洪水频率根据当地的具体情况确定，保证路基处于干燥或中湿状态。

路基应设置完善的排水设施，以排出路基、路面范围内的地表水和地下水，保证路基路面的稳定。排水设施包括边沟、截水沟、排水沟、涵洞等，边沟的深度和宽度不小于0.4m，截水沟和排水沟的深度和宽度不小于0.6m。排水设施设计建设应与农田灌溉、人畜饮水等工程相结合。

4. 路面

机耕道路面分为硬化路面和泥石路面两类。硬化路面是指使用水泥或沥青等材料铺筑的路面。泥石路面通常采用干压碎石、泥结碎石、矿渣铺筑路面，也可利用当地特有材料如炉渣土、砾石土和砂砾土等作为路面铺筑材料。机耕道在路基完工后，一般采用泥石路面作为过渡式路面，通过行车辗压1～2个雨季，使路基沉降稳定后再做硬化路面。

硬化路面和泥石路面必须设置基层和面层。基层应具有足够的强度和稳定性，厚度不得低于15cm，面层应坚实耐磨，厚度不得低于8cm。

路拱横坡根据路面类型和地形特点，泥石路面一般采用2.5%～4%的横坡，硬化路面参照交通部门的规范标准执行。路肩横坡应比路面横坡大1%～2%。

5. 交叉建筑物

机耕道交叉建筑物主要有桥梁、涵洞等。

桥梁是乡村机耕道跨越山谷、沟河等使用的建筑物。乡村机耕道上桥梁的设计建议参照交通部门制定的相应标准和规范执行。

涵洞是乡村机耕道通过洼地或跨越水沟时设置的，或者为排泄在路基上方的水流而设置的横穿路基的排水结构物。机耕道涵洞的单跨跨径应小于5m，多跨跨径总长应小于8m。

6. 沿线附属建筑物

机耕道可根据其使用功能、作用和当地经济条件，设置一定的安全设施和指示牌，以及危险路段警告标志等道路标志。还应结合农村绿化美化，在道路两旁和边坡种植适宜在当地生长的花草、乔木或灌木，以稳固路基，美化道路。

15.1.2 田间作业道

15.1.2.1 定义与作用

田间作业道主要用于联系各田块，是为人工田间作业和收获农产品服务的作业道路。

15.1.2.2 设计（布设）原则

(1) 田间作业道应与田块、灌排沟渠、田间建筑物、农田防护林等布置相结合，路线宜直而短，确保人力、畜力或农机具能方便到达每一田块。

(2) 田间作业道应按地形、水文地质、土地用途及耕作方式进行布置，做到少占田地，尽量不占耕地，并应尽量避开不良地质条件地段。

(3) 各级田间作业道应互相衔接，功能协调，形成网状。宜采取通渠联峁，沿沟走边的方向布设，田间作业道宜布置在沟边、沟底或相对平坦适宜区域等，宜布置在田块长边方向。

15.1.2.3 道路布置及结构设计

田间作业道由路基、面层等构成。

田间作业道路面宽度宜为1～3m，山区田间作业道路面宜采用碎石、混凝土等硬化路面，坡度较大地段可设梯步。平原区作业道路可采用砂砾料路面、泥结石路面、土路面等。路面应高出田面0.5m以上。

田间作业道路基断面宜采用梯形或矩形，底宽宜小于7m，顶宽大于路面宽度。

田间作业道纵坡宜为0.3%～9%。路拱坡度应根据路面类型和自然条件确定，水泥路面的路拱坡度宜为1.5%～2.5%，泥结碎石路面宜为2%～3%，碎块石等路面宜为2.5%～3.5%，土路面宜为3%～4%。

田间作业道与田块相接处，应设置下田坡道。

15.1.3 连接道路

15.1.3.1 定义与作用

连接道路是指沟通相邻治理单元或小流域内各区域之间交通的道路，主要起到衔接沟通的作用。

15.1.3.2 设计原则

(1) 以“规划先导、因地制宜、量力而行”为基本原则，合理利用土地资源，注重环境保护，结合区域综合整治要求，改善交通和生产生活环境。

(2) 连接道路设计应结合沿线的地形、地貌、地质、水文条件，根据工程造价、社会环境等因素进行路线方案选择，进行布设。连接道路的布置，应使得乡村道路、人行梯道和生产路形成交通网，提高道路通达率。

(3) 连接路的路基、路面设计应根据使用功能、技术等级、交通量、地形、地质、材料和施工方法等因素综合考虑，尤其应重视排水与防护设施设计，既要有足够的强度和稳定性，又要经济合理。

15.1.3.3 道路布置及结构设计

连接道路应与小流域治理、周边附属工程等协调；路面宽度应根据通行、生产作业与使用机械的情况取1～5m。

连接道路布设宜结合等高线布设，纵坡不宜大于9%。选线应与自然地形相协调，避免深挖高填。为满足连接道路运输、配套服务要求，道路应有一定的转弯半径和转弯平台。

结合当地条件，连接道路可采用水泥、砂石、泥结碎石、素土等路面，厚度为10～20cm。路基通常采用密实度好的土压实填筑。

15.2 植物带（篱）和梯田地坎（埂）造林

15.2.1 植物带

15.2.1.1 定义与作用

植物带是指在坡耕地上沿等高线横向等距离培修的土埂上种植的灌木或草本植物带，以截短坡长、调蓄径流、防止坡耕地水土流失的治理措施，是我国应用广泛的一种防治坡耕地水土流失的有效措施，也是复合农林业种植的一种形式。

15.2.1.2　配置与设计

1. 配置原则

(1) 与水流调节林带一样，植物带（如为网格状，系指主林带）应沿等高线布设，与径流线垂直。

(2) 在缓坡的地形条件下，根据最小占地，最大效益的原则，植物带间的距离为植物带宽度的8～10倍。

2. 适宜物种

黄土丘陵区内曾大力推广等高植物带种植模式，用沙柳、沙棘、紫穗槐、黄荆、柠条等多年生灌木等高种植形成“等高灌木带”是该区的主要植物带形式。柠条、紫穗槐、黄花菜、杏树、海棠等比较适合作为冀西北黄土丘陵区植物带的植物种。陕北适宜的植物带品种有沙柳、桑、枣、紫穗槐、柠条、苜蓿等。甘肃定西植物带选用的植物种有柠条、山杏、山桃及侧柏等。黄土东部残塬沟壑区则选用花椒、矮化梨枣、金银花以及矮化石榴等具有良好经济效益的乡土树种及草种营造植物带。

3. 配置模式

(1) 灌木带。灌木带适用于水蚀区，即在缓坡耕地上，沿等高线带状配置灌木。树种多选择紫穗槐、杞柳、沙棘、沙柳、花椒等灌木树种。带宽根据坡度大小确定，坡度越小，带越宽，一般为10～30m，东北地区可更宽些。灌木带由1～2行组成，密度为0.5m×1m或更密。灌木带也适用于南方缓坡耕地，选择的树种（或半灌木、草本）有剑麻、蓑草、火棘、马桑、桑、茶等。

(2) 宽草带。在黄土高原缓坡丘陵耕地上，可沿等高线，每隔20～30m布设一条草带，带宽为2～3m。草种选择紫苜蓿、黄花菜等，能起到与灌木带相似的作用。

(3) 乔灌草带。乔灌草带亦称为生物坝。它是在黄土斜坡上根据坡度和坡长，每隔15～30m，营造乔灌草结合的5～10m宽的生物带，一般选择枣、核桃、杏等经济乔木树种稀植成行，乔木之间栽灌木，在乔灌带侧种3～5行黄花菜，生物坝之间种植作物，形成立体种植。

(4) 灌木林网。灌木林网适用于北方干旱、半干旱水蚀风蚀交错区（长梁缓坡区），既能保持水土，又能防风固沙。灌木林网的主林带沿等高线布设，副林带垂直于主林带，形成长方形的绿篱网格。每个网格的控制面积约$0.4hm^2$，带间距视坡度大小而定。5°～10°坡，带间距为25m左右；10°～15°坡，带间距为20m；15°～20°坡，带间距为15m；20°～25°坡，带间距为10m。副林带间距为80～120m。

(5) 天然灌草带。利用天然植被形成灌草带的方式适用于南方低山缓丘地区、高山地区的山间缓丘或缓山坡的坡地开垦。如云南楚雄市农村在缓坡上开垦农田时，在原有草灌植被的条件下，沿等高线隔带造田，形成天然植物篱。植被覆盖度低时可采取人工辅助的方法补植补种。

15.2.1.3　案例

1. 甘肃定西模式

(1) 柠条植物带单行种植模式：株高1.6m，带间距4m，带宽1.0～1.5m。

(2) 山杏植物带单行栽植模式：水平阶整地方式种植山杏，株高2m，带间距4m，带宽1.3m。

(3) 柠条+冰草模式：带宽2.8m，带高2.9m，带间距4.0m。

(4) 山杏+苜蓿模式：带宽3.2m，带高3.8m，带间距8.0m。

2. 宁夏彭阳模式

(1) 山杏+柠条：带宽2.6m，带高3.2m，带间距12m。

(2) 山杏+苜蓿：带宽2.9m，带高3.8m，带间距14m。

(3) 山桃+苜蓿：带宽3.2m，带高4.3m，带间距17m。

3. 绥德植物带模式

单行种植的紫穗槐：株间距27～35cm，株高1.4～1.6m，覆盖度40%～50%，带间距4～4.5m。

4. 安塞植物带模式

紫花苜蓿或红豆草：每条植物带布设植物4行，行距30cm，带宽1m左右，覆盖度80%～90%，带间距4m。

5. 残塬沟壑区山西平陆模式

(1) 花椒：4条带，带间距4m，株距2.5m。

(2) 矮化梨枣+金银花：8条带，带间距4m，株距2.5m。

(3) 香椿+金银花：4条带，带间距4m，株距2.5m。

(4) 矮化石榴+黄花：5条带，带间距4m，株距3.0m。

15.2.2　植物篱

15.2.2.1　定义与作用

植物篱又称生物篱，是农林复合经营的重要措施之一，主要应用于南方及西南地区，即沿坡面等高线密集布设灌木或灌化乔木以及灌草结合的植物篱带，带间种植作物，是一种坡地改良和可持续利用的生物工程措施，是实现山区农业可持续发展的一项适宜模式和种植技术。

植物篱的作用是通过其对径流的阻截滞蓄作用，减缓上坡部位来的径流，起到沉淤落沙、淤高地埂、改变微地形的作用。其不仅具有水土保持功能，而且还具有一定的防风效能。同时，也有助于发展多种经营（如种杞柳编筐、种桑树养蚕等），能增加农村收入。

15.2.2.2 配置与设计

1. 设计原则

（1）依据当地的自然条件和社会经济条件，以及山区经济发展和农民的需求，以乡土树种为主，筛选出适宜当地气候和土壤条件、种苗容易获得、易操作、投入低、功效长的植物篱植物种。

（2）应优先选择区域适应性强、多年生、易繁殖、萌蘖力强、分枝密、根系深、水平侧根少、生长迅速、适应范围广的植物种，能固氮、挡土挡水效果好且具有一定经济效益的灌木和草本。

（3）基于生物学特性、生态学特性以及立地条件特点，坚持因地制宜、适地适树的原则。

（4）当地面坡度较缓、田面宽度较大，营建植物篱时应采用多植物种混交。乔木树种需水、肥量较大，营建植物篱时以单行为主。灌木根系大多较发达，且耐瘠薄，可作为主要的植物篱植物种。当地面坡度很陡时，优先选择草种植物篱模式。

2. 植物篱结构

植物篱内部结构可因地制宜营建成单行植物、双行植物或多行植物构成的植物篱带，单行植物篱间种经济作物、一侧植物篱带一侧种经济作物等几种方式。同时，在植物篱营建过程中应注重以下3个方面：

（1）每株植物篱植物之间的距离不能太疏，要栽植的紧密一些，它们从根部或接近根部处便相互靠近，形成一个连续体系，以发挥篱笆的作用。

（2）植物篱的高度不能太高，否则便不是植物篱笆，而是植物垣。

（3）植物篱的宽度不能太宽，尽量减少占用土地，一般不超过50cm。

不同的地形、地貌条件适宜的植物篱类型不同，具体可参见表Ⅱ.15.2-1。

植物篱空间结构包括水平结构和垂直结构，篱笆带内部结构多种多样，可针对当地具体条件充分考虑侵蚀程度、田面宽度和农民接受的可能性确定较合适的篱笆带结构。

表Ⅱ.15.2-1　种类筛选

地形条件	地貌条件	植物篱类型
坡耕地以平缓（小于15°）和缓坡（15°～25°）耕地为主	低山丘陵地貌	单种乔木植物篱或乔木混交植物篱
坡耕地以平缓（小于15°）和缓坡（15°～25°）耕地为主	典型的丘陵地貌	单种灌木植物篱或灌木混交植物篱
坡耕地以陡坡（大于25°）和缓坡（15°～25°）耕地为主	山地地貌	单种草本植物篱或灌草混交植物篱

目前典型篱笆带结构有5种：①单行篱笆植物构成的篱笆带；②在单行篱笆植物间间种经济作物；③一侧活篱笆带一侧种经济植物；④双行篱笆植物构成的篱笆带；⑤多行篱笆植物构成的篱笆带，中间留空隙填充石块或植物枯叶。具体配置见表Ⅱ.15.2-2。

表Ⅱ.15.2-2　篱笆带结构

单行篱笆植物构成的篱笆带	单行篱笆植物间间种经济作物	一侧活篱笆带一侧种经济植物	双行篱笆植物构成的篱笆带	多行篱笆植物构成的篱笆带
※※※※※	※※※★※	※※※※※ ★★★★★	※※※※ ※※※※	※※※※※ ——————— ※※※※※

注　※为篱笆植物，———为填充物，★为经济植物。

3. 植物篱物种选择

（1）依据当地的自然条件和社会经济条件，以及山区经济发展和农民的需求，以乡土树种为主，筛选适宜当地气候和土壤条件、种苗容易获得、易操作、投入低、功效长的植物篱植物种。

（2）应优先选择区域适应性强、多年生、易繁殖、萌蘖力强、分枝密、根系深、水平侧根少、耐割、生长迅速、适应范围广的植物种，能固氮、挡土挡水效果好且具有一定经济效益的灌木和草本。

（3）基于生物学特性、生态学特性以及立地条件特点，坚持因地制宜、适地适树的原则。当地面坡度较缓、田面宽度较大，营建植物篱时应采用多植物种混交。乔木树种需水、肥量较大，营建植物篱时以单行为主。灌木根系大多较发达，且耐瘠薄，可作为主要的植物篱植物种。当地面坡度很陡时，优先选择草种植物篱模式。南方适生植物篱物种见表Ⅱ.15.2-3。北方植物篱方式应用较少，应用时植物篱物种主要选择灌草，如金银花、花椒、黄花菜等。

4. 植物篱结构确定

植物篱的株距、带间距是坡地布设植物篱的技术

表Ⅱ.15.2-3　南方适生植物篱物种

种类	植物篱物种
乔木类	桑树、柑橘、花椒、梨树、李子、杜仲、银合欢、黑荆
灌木类	黄荆、臭椿、八角枫、紫穗槐、木槿、马桑、黄槐、新银合欢
草本类	金荞麦、黄花菜、百喜草、地石榴、蓑草、皇竹草、香根草、紫花苜蓿、紫背天葵、旱菜、空心莲子草

关键，带间距在很大程度上决定了植物篱-农作系统的土地利用效率、土壤侵蚀以及面源污染控制的效果。

（1）植物篱带间距确定。植物篱带间距的确定是建设植物篱的关键技术，根据在不同径流小区上进行的人工模拟降水得出，植物篱最大带间距的确定以不产生细沟侵蚀的临界坡长为依据。由于植物篱上下两侧需各修建一条边沟和背沟，故植物篱实际带间距比临界坡长的长度约 0.5m，不同地面坡度下植物篱带间距见表Ⅱ.15.2-4。

表Ⅱ.15.2-4　不同地面坡度下植物篱带间距

地面坡度/(°)	5	10	15	20	25
临界坡长/m	9.0	6.0～6.5	4.0～4.5	2.5～3.0	1.5～2.0
实际带间距/m	9.5	7.0～7.5	5.0～5.5	3.5～4.0	2.5～3.0

植物篱带间距确定时，除了考虑地面坡度因素外，还要考虑植物篱的最小带间距，以利于农田耕作机械的作业，以及植物篱与带间作物对水肥的竞争问题，最小带间距还应大于植物篱的植物根系水平胁迫宽度。

（2）植物篱栽植密度确定。株距过大、篱笆近地面部分枝条过于稀疏则不能有效拦截水土，而株距过小又不利于植株正常生长，并可能过分消耗地力。通常以近地面枝条密度作为安排株距的依据，其计算公式为

$$N=P_n/P_m \qquad (\text{Ⅱ}.15.2-1)$$

式中　N——单位长度内所需植株数；

P_n——篱笆所需近地面枝条密度；

P_m——该种植物单株平均近地面枝条密度。

因此，植物篱的栽植密度和配置方式，要遵循以下原则：①依据品种的萌发能力、分枝多少、根茎形成篱墙的速度和承受坡上水土压力的能力来设计，如果根茎萌发力强则形成篱墙时间短，株距就可以大一些，否则就应密植；②所选乔木树种的根茎形成生物梯后如果承压力大，就可以实行单行，如果是灌木和草本则要实行单行和多行；③应考虑到植物篱能最大限度地发挥其水土保持、改善土壤养分和控制面源污染的生态效益。

5. 植物篱配置模式设计。

（1）“地埂＋单种乔木植物篱”配置模式设计见表Ⅱ.15.2-5。

表Ⅱ.15.2-5　“地埂＋单种乔木植物篱”配置模式设计

内容	要　求
地埂材料	土料或石料
植物材料	柑橘、沙梨、桑树、花椒和李子等
立地条件	适宜在坡度小于 10°、土壤厚度大于 30cm 的坡耕地栽植
营造方式	选用 2 年或 2 年以上生苗木栽植 1 行，株距一般为 1.5m，也可依植物冠幅适当调整；在土坎和地埂上撒播草籽，宜选用当地草种
苗木规格	采用 2 年或 2 年以上生Ⅰ级以上壮苗栽植，乔木高度不低于 150cm
整地方式	穴状整地：挖穴的口径为 0.5～0.6m，深度为 0.3m
抚育管理	在起苗、运输、栽植过程中，尽可能采取有效措施，防止苗木失水，条件满足可在起苗3～5d 前灌水，以使苗木体内储存充足的水分，苗木尽量从周边邻近区域购买

（2）“地埂＋单种灌木植物篱”配置模式设计见表Ⅱ.15.2-6。

表Ⅱ.15.2-6　“地埂＋单种灌木植物篱”配置模式设计

内容	要　求
地埂材料	土料或石料
植物材料	黄槐、新银合欢、黑荆树、紫穗槐和黄荆等
立地条件	适宜在坡度为 10°～20°、土壤厚度大于 20cm 的坡耕地栽植
营造方式	选用 1～2 生灌木营建植物篱，一般初植为 2 行，株距一般为 0.2～0.6m，也可依植物冠幅适当调整，行距 0.4m，品字形种植；在土坎和地埂上撒播草籽，宜选用当地草种
苗木规格	采用 1～2 年生Ⅰ级以上壮苗栽植，灌木高度不低于 30cm
整地方式	带状整地：沿等高线进行，带宽可视地形适当调整，一般为 0.4～0.6m，深度为 0.3m
抚育管理	在起苗、运输、栽植过程中，尽可能采取有效措施，防止苗木失水，条件满足可在起苗3～5d 前灌水，以使苗木体内储存充足的水分，苗木尽量从周边邻近区域购买

（3）“地埂＋单种草本植物篱”配置模式设计见表Ⅱ.15.2-7。

表Ⅱ.15.2-7 “地埂＋单种草本植物篱”配置模式设计

内容	要　　求
地埂材料	土料或石料
植物材料	蓑草、香根草、皇竹草、紫背大葵、紫花苜蓿和黄花菜等
立地条件	适宜在坡度大于20°、土壤厚度大于20cm的坡耕地栽植
营造方式	选用1～2生灌木营建植物篱，一般初植为2行，株距一般为0.2～0.6m，也可依植物冠幅适当调整，行距0.4m，品字形种植；由单种草本构成的植物篱，带宽一般为0.6m
苗木规格	采用植苗栽植草本时，选用高度不低于20cm，生长良好的草本，或采用雨季撒播草籽的方法播种
整地方式	带状整地：沿等高线进行，带宽可视地形适当调整，一般为0.4～0.6m，深度为0.3m
抚育管理	在起苗、运输、栽植过程中，尽可能采取有效措施，防止苗木失水，条件满足可在起苗3～5d前灌水，以使苗木体内储存充足的水分，苗木尽量从周边邻近区域购买

（4）“地埂＋乔木混交植物篱”配置模式设计见表Ⅱ.15.2-8。

表Ⅱ.15.2-8 “地埂＋乔木混交植物篱”配置模式设计

内容	要　　求
地埂材料	土料或石料
植物材料	柑橘、沙梨、桑树、花椒和李子等
立地条件	适宜在坡度小于10°、土壤厚度大于30cm的坡耕地栽植
营造方式	选用2年或2年以上生苗木株间混交栽植，混交比为1∶1或1∶2，株距一般为1.5m，也可依植物冠幅适当调整；在土坎和地埂上撒播草籽，宜选用当地草种
苗木规格	采用2年或2年以上生Ⅰ级以上壮苗栽植，乔木高度不低于150cm
整地方式	穴状整地：挖穴的口径为0.5～0.6m，深度为0.3cm
抚育管理	在起苗、运输、栽植过程中，尽可能采取有效措施，防止苗木失水，条件满足可在起苗3～5d前灌水，以使苗木体内储存充足的水分，苗木尽量从周边邻近区域购买

（5）“地埂＋灌木混交植物篱”配置模式设计见表Ⅱ.15.2-9。

表Ⅱ.15.2-9 “地埂＋灌木混交植物篱”配置模式设计

内容	要　　求
地埂材料	土料或石料
植物材料	黄槐、新银合欢、黑荆树、紫穗槐和黄荆等
立地条件	适宜在坡度为10°～20°、土壤厚度大于20cm的坡耕地栽植
营造方式	选用1～2生苗木行间混交栽植，一般初植为2行，株距一般为0.2～0.6m，也可依植物冠幅适当调整，行距0.4m，品字形种植；在土坎和地埂上撒播草籽，宜选用当地草种
苗木规格	采用1～2年生Ⅰ级以上壮苗栽植，灌木高度不低于30cm
整地方式	带状整地：沿等高线进行，带宽可视地形适当调整，一般为0.4～0.6m，深度为0.3m
抚育管理	在起苗、运输、栽植过程中，尽可能采取有效措施，防止苗木失水，条件满足可在起苗3～5d天前灌水，以使苗木体内储存充足的水分，苗木尽量从周边邻近区域购买

（6）“地埂＋灌草混交植物篱”配置模式设计见表Ⅱ.15.2-10。

表Ⅱ.15.2-10 “地埂＋灌草混交植物篱”配置模式设计

内容	要　　求
地埂材料	土料或石料
植物材料	黄槐、新银合欢、黑荆树、紫穗槐或黄荆等灌木，蓑草、香根草、皇竹草、紫背天葵、紫花苜蓿或黄花菜等草本
立地条件	适宜在坡度为10°～20°、土壤厚度大于20cm的坡耕地栽植
营造方式	选用1～2生灌木苗木栽植，株距一般为0.2～0.6m，也可依植物冠幅适当调整，在土坎和地埂上撒播草籽，带间距依地面坡度而定
苗木规格	灌木采用1～2年生Ⅰ级以上壮苗栽植，灌木高度不低于30cm，草本高度不低于20cm
整地方式	带状整地：沿等高线进行，带宽可视地形适当调整，一般为0.4～0.6m，深度为0.3m
抚育管理	在起苗、运输、栽植过程中，尽可能采取有效措施，防止苗木失水，条件满足可在起苗3～5d前灌水，以使苗木体内储存充足的水分，苗木尽量从周边邻近区域购买

15.2.2.3 案例

1. 湖北省秭归县

湖北省秭归县地处川东褶皱及鄂西八面山坳的会合地带，属长江三峡山地地貌，地质岩层以花岗岩为主，平均海拔为800m。全县总土地面积为226845hm²，其中坡度小于15°的耕地面积占13.1%，坡度15°～25°的耕地面积占26.1%，坡度大于25°的耕地面积占60.8%。由于秭归县以陡坡（大于25°）和缓坡（15°～25°）耕地为主，耕地坡度较大且具有丰富的花岗岩，因此修建石质埂坎，优先选择"地埂＋单种草本植物篱"（图Ⅱ.15.2－1）和"地埂＋灌草混交植物篱"（图Ⅱ.15.2－2）模式。

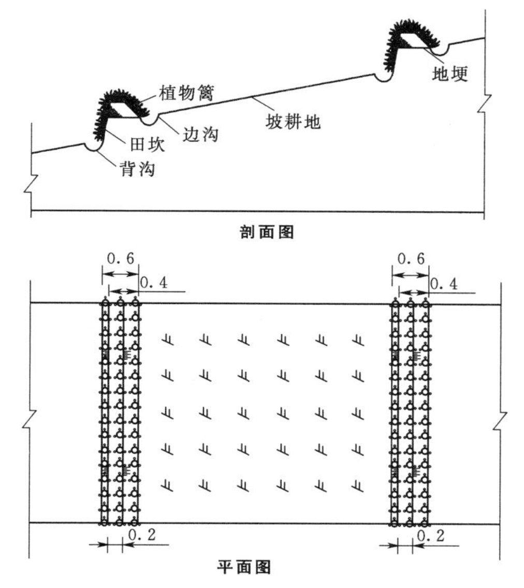

图Ⅱ.15.2－1 "地埂＋单种草本植物篱"模式设计（单位：m）

2. 重庆市忠县

忠县位于重庆市东北部，是三峡库区腹心地带，属典型的丘陵地貌。地质岩层以侏罗纪蓬莱组沙页岩为主，境内呈"三山两槽"地貌，海拔为117～1680m，耕地总面积为80629.09hm²，坡度小于15°的耕地面积占59.2%，坡度15°～25°的耕地面积占39.4%，坡度25°以上的耕地面积占1.4%。由于忠县以平缓（小于15°）和缓坡（15°～25°）耕地为主，尤其是坡度小于15°的耕地面积较大且石料不丰富，因此修建土质埂坎或土石混合埂坎，优先选择"地埂＋单种灌木植物篱"（图Ⅱ.15.2－3）和"地埂＋灌木混交植物篱"（图Ⅱ.15.2－4）模式。

3. 重庆市江津区

重庆市江津区属低山丘陵地貌，地质岩层主要是紫红色粉砂岩，地形南高北低。江津区耕地面积为117126.4hm²，坡度小于15°的耕地面积占76.6%，坡

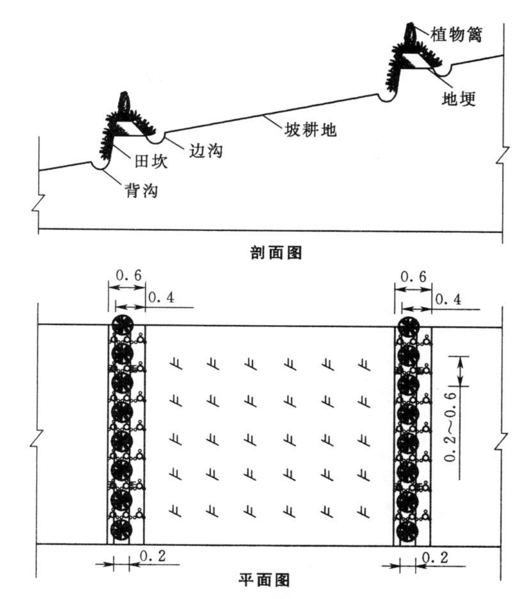

图Ⅱ.15.2－2 "地埂＋灌草混交植物篱"模式设计（单位：m）

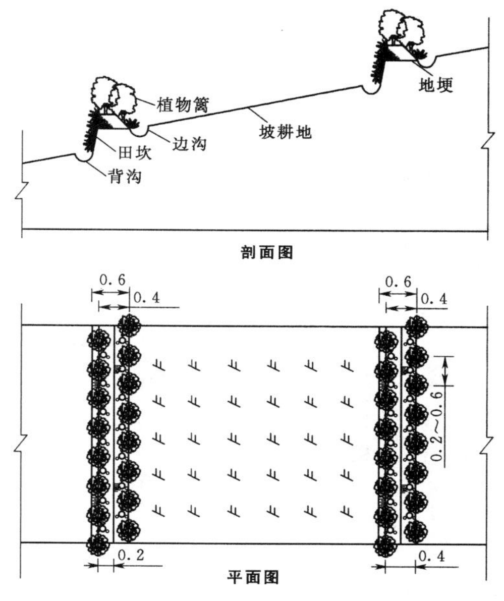

图Ⅱ.15.2－3 "地埂＋单种灌木植物篱"模式设计

度15°～25°的耕地面积占16.1%，坡度25°以上的耕地面积占7.3%。由于江津区以平缓（小于15°）和缓坡（15°～25°）耕地为主，尤其是坡度小于15°的耕地面积较大且缺乏石料，因此建议修建土质埂坎，优先选择"地埂＋单种乔木植物篱"（图Ⅱ.15.2－5）和"地埂＋乔木混交植物篱"（图Ⅱ.15.2－6）模式。

15.2.3 梯田地坎（埂）造林

15.2.3.1 定义与作用

梯田地坎（埂）造林是通过人工植树、播种或人

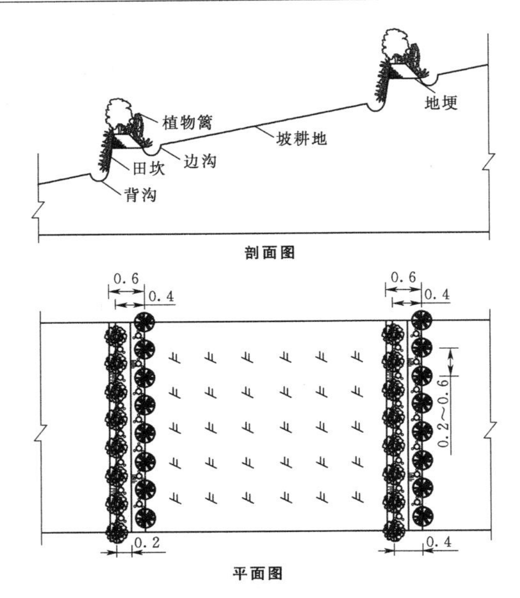

图Ⅱ.15.2-4 “地埂+灌木混交植物篱”模式设计（单位：m）

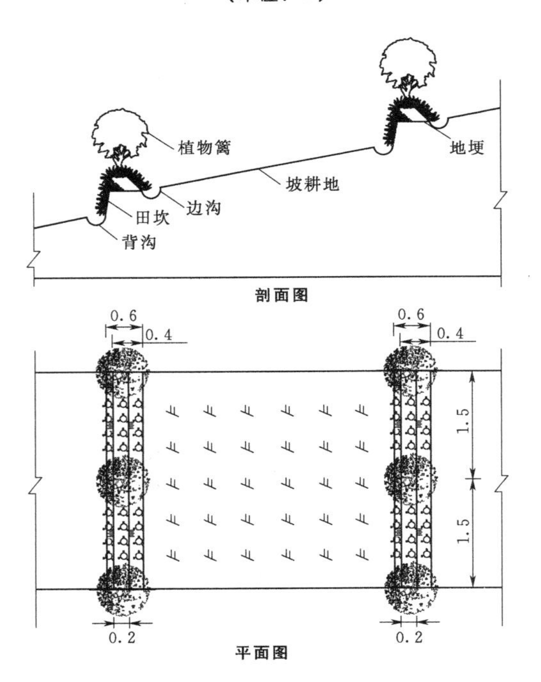

图Ⅱ.15.2-5 “地埂+单种乔木植物篱”模式设计（单位：m）

工促进天然下种方式，使地坎（埂）土地转化为有林地的直接人为活动。它是复合农林业的一种形式，其成本低，简单实用，而且生态、经济、社会效益显著，因此受到广泛重视并被用于实践。

建设梯田地坎（埂）防护林的目的就是充分利用埂坎，提高土地利用率；防止梯田地坎（埂）冲

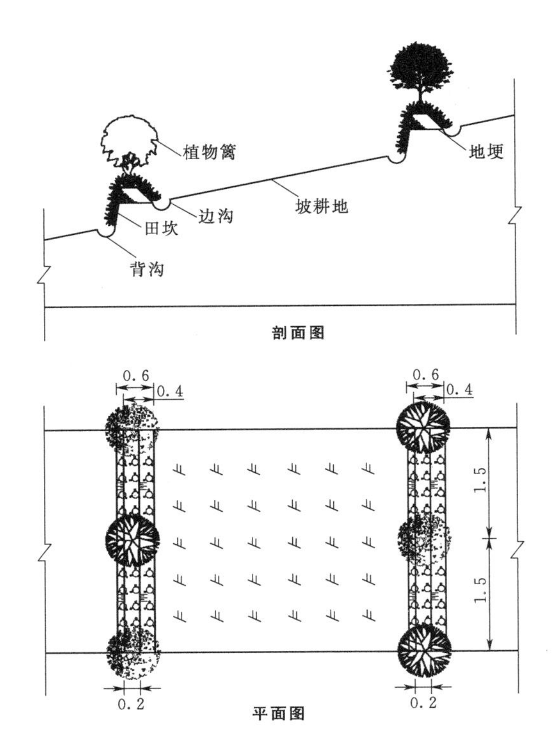

图Ⅱ.15.2-6 “地埂+乔木混交植物篱”模式设计（单位：m）

蚀破坏，改善耕地的小气候条件；同时，通过选择配置有经济价值的树种，可增加农民收入，发展山区经济。梯田地坎（埂）防护林的负效应是串根萌蘖，遮阴作物及与梯田内作物争肥争水等，应采取措施克服。

15.2.3.2 配置与设计

（1）依据当地的自然条件和社会经济条件，以及山区经济发展和农民的需求，在埂坎种植具有经济价值高、适应性强、多年生、易繁殖、萌蘖力强的灌木或草本，以乡土植物为优先。东北黑土区常用灌木有杞柳、刺五加、胡枝子、沙棘等，常用草本植物有紫花苜蓿、莴笋等具有经济价值的牧草或蔬菜。

（2）当地面坡度较缓、田面宽度较大时，应采用草本与灌木多植物种混交。当地面坡度很陡时，优先选择草本植物。

（3）埂坎植物以带状布设为主，通过穴植或条播的方式栽植或种植植物。具体施工时按照不同植物适宜栽植或种植密度，确定带数，一般采用双带或多带式布设方式。

（4）埂坎种植的植物成活以后，灌木应每隔2～3年平茬一次，埂坎损坏时应及时修复。

15.3 植生工程

15.3.1 定义

植生工程是指以植被覆盖为主要手段，辅以工程方法，用以防止地表冲蚀、浅层崩塌、涵养水源的一种技术措施。植生工程的作用是利用植物措施保护工程措施，延长工程的使用寿命，兼具植物与工程双重作用和功能。

15.3.2 适用范围

植生工程主要适用于人工开挖边坡、填筑边坡，小型侵蚀沟、无常年径流的灌溉沟道、路边排水沟道、园区排水沟道、山边沟，车流量较少的农路、机耕道、步行道等。如在梯田边坡植草替代石坎梯田，在公路边坡植树种草部分替代框格网功能等，保护边坡免受冲刷而起到稳定边坡的作用。在无常年径流的灌溉与排水沟道种植耐浸泡、抗冲刷的草本植物代替浆砌块石或混凝土，保护灌溉与排水沟道表面。在车流量较少的园区农路和人行步道上植草，利用路面植草替代沙石或沥青减轻水土流失，保护路面，同样发挥其交通功能。在缓坡地上按一定距离种植萌发分蘖力强、有一定经济效益的矮生灌木或草本植物篱，起到拦截泥沙、分散地表径流的作用。

15.3.3 类型

植生工程按设计类型可概括为4种类型：①植被恢复型，即恢复原来的植被，适用于人类活动少的区域；②林业经营型，主要目的为林业经营，在短期内恢复与自然状态相似的植物群落；③绿地造园型，主要是为了配合人工构造物，营造良好的生活环境；④水土保持型，主要目的为保护水土资源、减低冲蚀和防止水土流失灾害等。如在人为开发建设地区、植物破坏地区或因自然灾害而造成的裸露地区采用水土流失防治工程与种植适宜在当地生长的植物品种相结合进行综合防护，兼具植物与工程双重作用和功能，可达到最佳的防治效果。

植生工程中采用的植物种类一般分为蕨类植物、草本植物、木本植物和藤本植物，而木本植物又可分为灌木植物和乔木植物。一般多使用草本植物和木本植物，由于草本植物生长迅速，成本低廉，也不会改变工程本身的功能与作用，常作为植生工程的主要材料。最常用的品种有分蘖能力强，匍匐茎着生节根的百喜草、狗牙根、假俭草等。而木本植物初期生长缓慢，覆盖面积小，常需数年才能发挥水土保持功能，采用率相对较低。藤本植物和蕨类植物多用于开挖边坡和填筑边坡。

15.3.3.1 沟道植草

1. 草沟

(1) 定义。沟道植草是指在无常年地表径流的沟道和排引水渠种植或铺植草类，用以防止水土流失的一种技术，由此而形成的沟道简称草沟。

(2) 适用范围。根据沟道的构筑方式，草沟可分为简单草沟和复式草沟。简单草沟和复式草沟截面示意图如图Ⅱ.15.3-1所示，简单草沟是指在整个沟道内种植或铺植草类植物，此类草沟适用于土层较为深厚、坡度较为平缓、集雨面积较小的沟道上游地区。复式草沟是指在修筑沟道时，沟道内部分采用种植或铺植草类植物，而另一部分采用在沟底或边坡等地方铺设混凝土/石块材料。此类草沟适用于土层较为浅薄、坡度较陡、集雨面积较大或有较长时间地表径流的沟道下游地区。

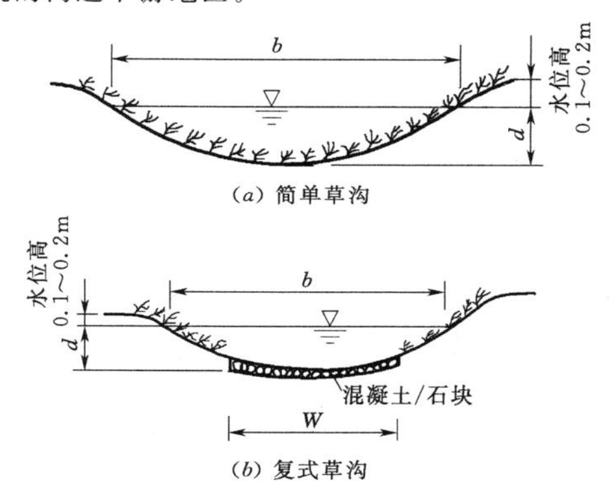

图Ⅱ.15.3-1 简单草沟和复式草沟截面示意图

(3) 布置与设计。

1) 尺寸设计。修筑草沟的目的主要是拦截和排引地表径流，防止土壤冲蚀，维护生态景观。在修筑草沟时，应选择假俭草、类地毯草和狗牙根等匍匐性、抗冲刷和耐浸泡的草类。一般采用倒抛物线形断面修筑，种植或铺植的草沟宜先将地表径流分散，有利于草类生长，待径流稳定后再行排水。

同其他类型排水沟一样，相关参数可以根据汇水量计算确定。一般采用浅宽抛物线形断面。具体计算公式为

$$R=\frac{b^2 d}{1.5b^2+4d^2} \qquad (Ⅱ.15.3-1)$$

式中 R——水力半径，m；

b——沟宽，m；

d——水深，m。

$$v=\frac{1}{n}(R^{2/3}S^{1/2}) \qquad (Ⅱ.15.3-2)$$

式中 v——平均流速，m/s；

n——曼宁系数；

R——水力半径，m；

S——水面坡度（可用沟底坡度代替）。

$$Q=Av=\frac{2}{3}dbv \qquad (Ⅱ.15.3-3)$$

式中 Q——流量，m^3/s；

A——断面面积，m^2；

v——流速，m/s；

b——沟宽，m；

d——水深，m。

2）工程量。不同坡度和尺寸对应的草沟工程量见表Ⅱ.15.3-1。

表Ⅱ.15.3-1 不同坡度和尺寸对应的草沟工程量

草沟比降 i	弧形沟开口宽度/m	弧形沟深/m	设计流量 $Q/(m^3/s)$	土方量/(m^3/m)	草籽量/(kg/m)
0.017	0.5	0.075	0.0246	0.025	0.003
	1.0	0.150	0.0985	0.100	0.006
	1.5	0.225	0.2215	0.230	0.009
	2.0	0.300	0.3900	0.399	0.012
0.035	0.5	0.075	0.0246	0.025	0.003
	1.0	0.150	0.0985	0.100	0.006
	1.5	0.225	0.2215	0.230	0.009
	2.0	0.300	0.3900	0.399	0.012
0.052	0.5	0.075	0.0246	0.025	0.003
	1.0	0.150	0.0985	0.100	0.006
	1.5	0.225	0.2215	0.230	0.009
	2.0	0.300	0.3900	0.399	0.012

3）设计图。草沟设计示意图如图Ⅱ.15.3-2所示。

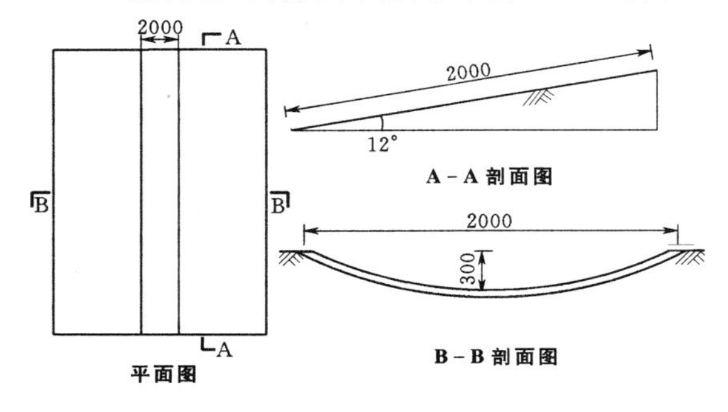

图Ⅱ.15.3-2 草沟设计示意图（单位：mm）

2. 山边沟

（1）定义。山边沟是指在坡面上，每隔适当距离，沿等高线方向所构筑的三角形沟。目的是缩短坡长，分段拦截径流以防治冲蚀，提高水土保持效益，同时提供田间作业道路，建立坡地经营基础。通过在山边沟平面上种草或作物改善坡地植被覆盖度和防治水土流失的同时，提高地区坡地种植效益。

（2）适用范围。山边沟因具有开发投资低，土地扰动少，水土流失防治效果与梯田相比差异甚小，且便于机械化耕作和生产管理而得到一定范围的推广。修建范围主要在坡度20°以下的农用地。在地表覆盖完好的果树园地、牧草地，可适用至坡度28°，但不适用于种植短期勤耕作物或高经济作物地。

（3）布置与设计。通常情况下，缓坡地采用底宽2m、沟内斜深0.1m的宽型山边沟，较陡坡地则采用底宽1.5m、沟内斜深0.15m的窄型山边沟。具体计算公式为

$$V_I=(S+6)/10 \qquad (Ⅱ.15.3-4)$$

$$H_I=100V_I/S \qquad (Ⅱ.15.3-5)$$

式中 V_I——沟距垂直距离，m；

H_I——沟距水平距离，m；

S——原地面坡度，%。

$$Q=Av \qquad (Ⅱ.15.3-6)$$

$$v=(1/n)R_h^{2/3}S^{1/2} \qquad (Ⅱ.15.3-7)$$

式中 Q——排水流量，m^3/s；

A——断面面积，m^2；

v——水流流速，m/s；

n——糙率，取0.028；

R_h——水力半径，m；

S——沟的纵坡，取1/100。

（4）山边沟尺寸及工程量。为方便设计中能快速查出不同坡度对应的山边沟尺寸及工程量，特编制表Ⅱ.15.3-2。

表Ⅱ.15.3-2 不同坡度对应的山边沟尺寸及工程量

地面坡度/(°)	内斜高/m	沟底宽/m	垂距/m	水平距/m	沟距/m	沟上下边坡坡度/(°)	挖(填)方面积/m^2	挖(填)方体积/m^3
5	0.10	2.0	1.47	16.86	16.92	45	0.08	46.65
6	0.10	2.0	1.65	15.71	15.80	45	0.09	57.49
7	0.10	2.0	1.83	14.89	15.00	45	0.10	68.80
8	0.10	2.0	2.01	14.27	14.41	45	0.12	80.60
9	0.10	2.0	2.18	13.79	13.96	45	0.13	92.92
10	0.10	2.0	2.36	13.40	13.61	45	0.14	105.77
11	0.10	2.0	2.54	13.09	13.33	45	0.16	119.20
12	0.10	2.0	2.73	12.82	13.11	45	0.17	133.24
13	0.10	2.0	2.91	12.60	12.93	45	0.19	147.94
14	0.10	2.0	3.09	12.41	12.79	45	0.21	163.36
15	0.10	2.0	3.28	12.24	12.67	45	0.23	179.55

续表

地面坡度/(°)	内斜高/m	沟底宽/m	垂距/m	水平距/m	沟距/m	沟上下边坡坡度/(°)	挖(填)方面积/m²	挖(填)方体积/m³
16	0.10	2.0	3.47	12.09	12.58	45	0.25	196.59
16	0.15	1.5	3.47	12.09	12.58	45	0.17	132.25
17	0.10	2.0	3.66	11.96	12.51	45	0.27	214.56
17	0.15	1.5	3.66	11.96	12.51	45	0.18	143.33
18	0.10	2.0	3.85	11.85	12.46	45	0.29	233.54
18	0.15	1.5	3.85	11.85	12.46	45	0.19	155.02
19	0.10	2.0	4.04	11.74	12.42	45	0.32	253.66
19	0.15	1.5	4.04	11.74	12.42	45	0.21	167.39
20	0.10	2.0	4.24	11.65	12.40	45	0.34	275.02
20	0.15	1.5	4.24	11.65	12.40	45	0.22	180.52
21	0.15	1.5	4.44	11.56	12.39	45	0.24	194.49
22	0.15	1.5	4.64	11.49	12.39	45	0.26	209.42
23	0.15	1.5	4.84	11.41	12.40	45	0.28	225.43
24	0.15	1.5	5.05	11.35	12.42	45	0.30	242.67
25	0.15	1.5	5.26	11.29	12.45	45	0.33	261.32
26	0.15	1.5	5.48	11.23	12.49	45	0.35	281.61
27	0.15	1.5	5.70	11.18	12.54	45	0.38	303.80
28	0.15	1.5	5.92	11.13	12.60	45	0.41	328.22

(5) 设计图。山边沟典型断面设计如图Ⅱ.15.3-3所示。

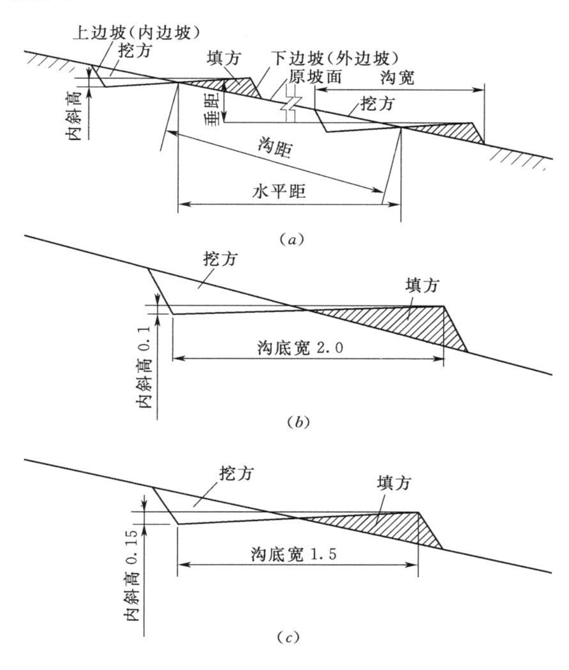

图Ⅱ.15.3-3　山边沟典型断面设计图（单位：m）

15.3.3.2　农路植草

1. 定义

农路植草是指为了保护农业生产区的生态环境，保护土壤原有的基本性能，防止造成水土流失，便于生产管理，在农路的路边边坡、路边排水沟和路面采用植草技术。

2. 适用范围

农路地表裸露，极易产生水土流失，如遇暴雨极易可能被冲毁，土路雨天泥泞不堪，通行困难。农路植草以交通量较低的农路为主，农路路面适宜种植或选留匍匐性、耐碾压的草种，既可以保护路面，防止水土流失，又无需除草，经济实惠，还可以防止水土流失。在道路边坡植草，不仅可使道路边坡稳定，而且可控制冲蚀、崩坏等发生，因而得以减少维护费用、增加绿地面积，起到绿化和美化道路景观的作用。

3. 布置与设计

以机耕道为例，农路植草的布置和设计按照混合草籽每隔20cm进行条播，播种密度为60kg/hm²；种植时用少量泥沙和磷肥拌种，播后盖细土1～2cm，播种季节宜在雨季初期，不适宜生长的野草在播种初期应予以拔除。农路植草平面布置图如图Ⅱ.15.3-4所示。

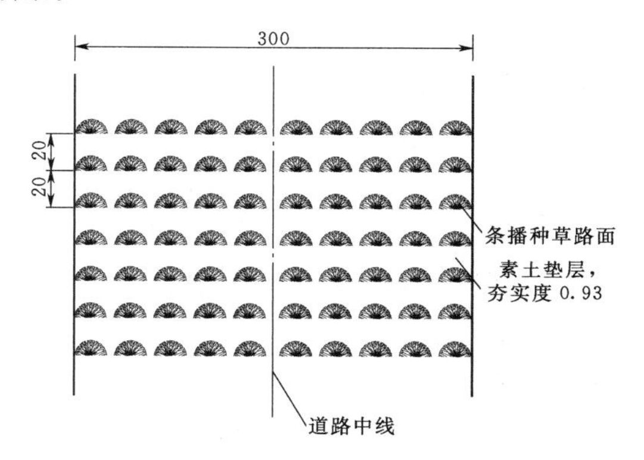

图Ⅱ.15.3-4　农路植草平面布置图（单位：cm）

为方便设计中能快速查出农路断面尺寸及单位工程量，特编制表Ⅱ.15.3-3。

表Ⅱ.15.3-3　农路断面尺寸及单位工程量

断面尺寸			每平方米工程量		
路面结构	路面宽度/m	路面厚度/cm	路基平整/m²	素土夯实/m³	条播植草/kg
植草	3.0	10	3.7	0.36	0.018

15.3.3.3　边坡植草

1. 定义

边坡植草是指在工程的边坡上种植草类，用于防止水土流失，绿化美化环境，保护工程功能的一种植生工程技术措施。通过在边坡上撒播或喷播草籽、栽植草苗和铺植草皮的方法，达到固持土壤、稳定边坡、绿化环境、改善景观、净化空气和维护工程功能等目的。

梯壁植草是边坡植草的一种特例，是指在土坎梯田外壁种植适宜的草类，用来保护梯壁免受侵蚀和崩塌，保护梯田安全的一种技术措施。植草能迅速地覆盖梯壁表面，能快速达到蓄水保土的作用，通过草的根系固持土壤，实现稳定边坡，同时通过植草过滤了径流中流失的农药、化肥等化学物质，净化了水质，改善了农业生态环境。

2. 适用范围

梯壁植草适用于在水平阶或山边沟的梯壁上种植适当的草类植物，起到防止梯壁冲蚀，保护梯壁安全的作用。

3. 布置与设计

当坡面水平阶或山边沟构筑完成后即可采取梯壁植草措施，草类植物以株行距为50cm×30cm呈品字形栽植，采用播种方式植草时用喷植或植生带。梯壁植草平面布置图如图Ⅱ.15.3-5所示。

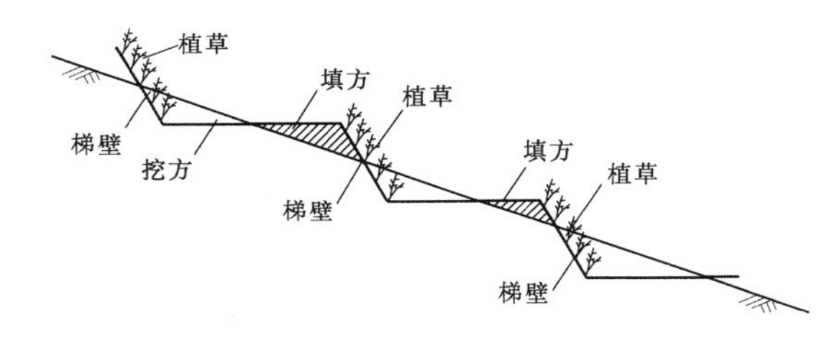

图Ⅱ.15.3-5 梯壁植草平面布置图

15.3.4 作用与功能

植生工程的主要作用与功能有以下几个方面：

（1）保护原有资源的基本功能，维系原有土地和土壤的基本属性。一方面由于植生工程没有因修筑水土保持工程而改变土地使用性质，维系了原有土地的基本属性；另一方面保护了原有土壤本质没有改变，土壤中的有机质和养分、土壤的理化性状、土壤的团聚体结构以及土壤的孔隙度和通透性能没有发生根本性改变，保护了原有土壤本质。

（2）提高工程措施品质，改善生态环境。采用植生工程不但可以避免因采用其他建筑材料而有碍观瞻，提高水土保持工程措施品质，而且还可以增加绿地面积。上面种植的植物既能通过光合作用释放氧气，又能吸附和吸收空气中的尘埃和污染物，还能美化人类休养生息的环境。

（3）保护工程的正常运行，延长工程的使用寿命。由于植生工程上面的植被可有效地减轻雨滴的打击力，减少土粒溅蚀，保护了工程不受破坏。其形成的植物根系网络，还能固结土壤，增加土壤抗蚀性和抗剪能力，减缓地表径流的冲刷力和破坏力，从而保护工程的正常运行，延长工程的使用寿命。

（4）调控水量分配，减轻自然灾害。采用植生工程既可以拦截雨水，增加土壤的水分入渗，增加地下水资源量，涵养水源；也可以有目的地将可能产生破坏性的地表径流排引到安全地带蓄积起来，以备不时之需；还可以通过减少地表径流，减缓流量和流速，减轻河川洪峰流量，延后洪峰时间，起到防洪减灾的作用，达到减轻自然灾害的目的。

（5）促进可持续发展，维系生物多样性。植生工程未采用钢筋、水泥、石头砖块等建筑材料，保持了土壤原有属性，促进了土地利用的可持续发展。同时植生工程还增添了动植物生长繁衍的场所，为维系生物多样性奠定了良好的基础。

15.3.5 案例：新干县坡耕地水土流失综合治理实施方案（沟道植草典型设计）

1. 工程概况

项目区位于江西省中部，鄱阳湖生态经济区范围内。区内地形地貌特征以丘陵、岗地地形为主，属亚热带湿润季风气候区，多年平均年降水量为1571.8mm，地带性土壤以红壤为主，植被为亚热带常绿阔叶林。为有效减轻水土流失，改善农业生产条件，促进土地资源可持续利用，新干县2014—2015年安排实施了坡耕地水土流失综合治理项目，共治理面积5006亩（333.73hm^2），其中：新修水平梯田4249亩，植物篱757亩；修筑蓄水池11座，沉沙池173口，排灌沟渠34.78km、涵管2017处，生产道路16.56km，植物护埂41.52hm^2，宣传碑（标）11处。

2. 设计模数确定

根据《江西省暴雨洪水查算手册》，查出项目区10min暴雨均值和变差系数，项目区水文特性详见表Ⅱ.15.3-4。

表Ⅱ.15.3-4 项目区水文特性表

站点	10min暴雨均值	变差系数C_v	$P=10\%$的最大10min降水量模比系数K_P值（$C_s=3.5C_v$）	10min最大降水强度/(mm/min)
新干	14.1	0.34	1.47	2.07

3. 沟渠断面尺寸设计

修筑梯田后，径流量会大大减少。根据江西省水土保持生态科技园10年的研究成果，柑橘清耕小区径流深267.1mm，土壤侵蚀模数2425.6t/(a·km²)，而对比观测的梯壁裸露水平梯田小区径流深105.0mm，土壤侵蚀模数613.7t/(a·km²)，可知实施坡改梯措施后，径流深可以减少60%以上。因此，设计最大流量按计算后再乘以0.4系数计取。

截排水沟参照当地习惯，取不同的沟渠断面尺寸进行试算，确定植草沟（每隔25cm条播种植）的断面尺寸，见表Ⅱ.15.3-5。

截排水沟渠断面尺寸及单位工程量见表Ⅱ.15.3-6。截排水沟与草沟断面设计如图Ⅱ.15.3-6所示。沟渠开挖的多余土方用于道路平整。

表Ⅱ.15.3-5　　沟渠过流断面水力计算结果表

图斑号	沟渠号	断面形式	参数									
			$Q_{设}$	A_2	χ	C	R	i	I_r	I_p	F	$Q_{验}$
B5	2-2	草沟Ⅰ	0.10	0.08	0.74	25.56	0.11	0.05	2.07	0.41	0.9	0.15
J1-1	13-13	草沟Ⅰ	0.21	0.08	0.74	25.56	0.11	0.11	2.07	0.41	1.93	0.22
J1-2	21-21	草沟Ⅰ	0.12	0.086	0.560	25.56	0.15	0.09	2.07	0.41	1.1	0.51
J1-2	29-29	草沟Ⅱ	0.17	0.16	1.22	26.7	0.13	0.03	2.07	0.41	0.4	0.27

注　I_p值根据《江西省暴雨洪水查算手册》查算获取。

表Ⅱ.15.3-6　　沟渠断面尺寸及单位工程量表

项目	断面形式	断面尺寸			单位工程量			
		开口宽/m	沟深/m	沟底宽/m	土方开挖/(m³/m)	土方回填(压顶)/(m³/m)	无纺布/(m²/m)	条播草籽/(kg/m)
草沟Ⅰ	梯形	0.60	0.30	0.30	0.162	0.037	1.17	0.0058
草沟Ⅱ	浅碟式	1.4	0.30	0.50	0.63	0.20		0.0132

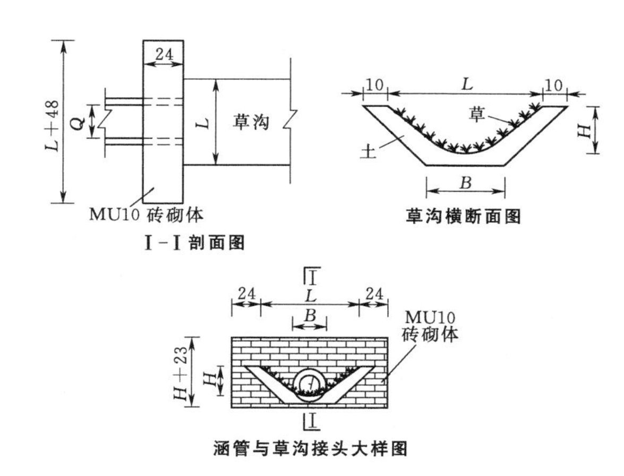

图Ⅱ.15.3-6　截排水沟与草沟断面设计图（单位：cm）

15.4　人 工 湿 地

15.4.1　定义与作用

1. 定义

湿地是指天然或人工形成的沼泽地等带有静止或流动水体的成片浅水区。

湿地可有效控制洪水和防止土壤沙化，还能滞留沉积物、有毒物，从而改善环境污染。人工湿地模拟自然湿地，是由人工建造和控制运行的与自然湿地类似的地面，将污水、污泥有控制地投配到经人工建造的湿地上，污水与污泥在沿一定方向流动的过程中，利用土壤、人工介质、植物、微生物的物理、化学、生物三重协同作用，对污水、污泥进行处理的一种技术。

2. 作用

人工湿地利用其对于氮、磷等营养物的吸收和降解作用，逐步缓解并改善水质环境。人工湿地作用机理如图Ⅱ.15.4-1所示。配合雨水收集系统、中水和污水处理系统以及有针对性的植物配置，可对轻度污染水体进行净化，有利于水资源的循环利用。

15.4.2　分类及特点

1. 人工湿地分类

人工湿地分类广泛，从功能上可分为河道湿地、水库湖泊湿地、水田湿地、污水处理湿地等，从类型上分可分为景观湿地、其他功能湿地等，从形态上可分为沼泽湿地、深水湿地、浅水湿地等，从组分上可分为填料湿地，土壤湿地等。本手册主要介绍与水土保持相关的人工湿地设计，主要是包括雨水、再生水等水资源保护和利用方面的人工湿地，以水质净化为

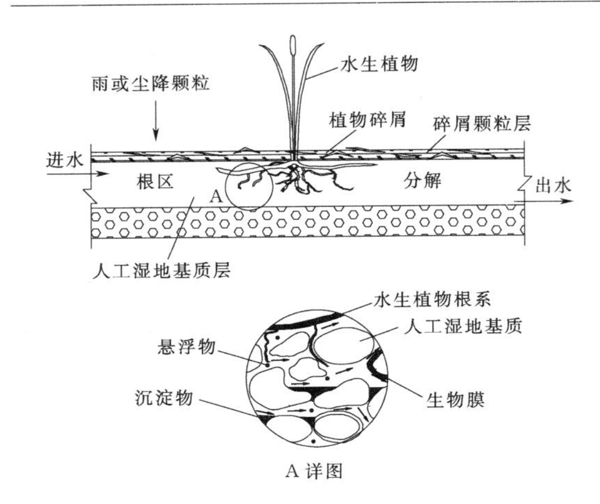

图Ⅱ.15.4-1 人工湿地作用机理图

主要功能。

人工湿地按照湿地内进出水布水方式不同通常分为表流湿地和潜流湿地。表流湿地是指以自然土壤为主构成水流基床的人工湿地，水体主要在基床面以上流动，水体深度一般为10～30cm；潜流湿地则是利用碎石等颗粒状物作为填料构筑湿地基质层形成水流基床，同时配置进出水管道阀门系统的人工湿地，水体主要在基床内部流动，水体深度根据南北气温差异在50～200cm幅度内。潜流湿地又可根据水体在基床内的流动主体方向不同分为垂直潜流湿地和水平潜流湿地，并由此衍化出一系列组合流态湿地，如下行-上行潜流（复合垂直潜流）湿地、水平-垂直潜流湿地等。表流和潜流湿地结构示意图如图Ⅱ.15.4-2～图Ⅱ.15.4-4所示。复合垂直潜流湿地结构示意图如图Ⅱ.15.4-5所示。

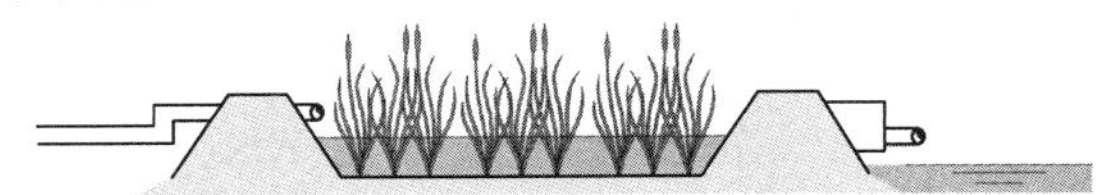

图Ⅱ.15.4-2 表流湿地结构示意图

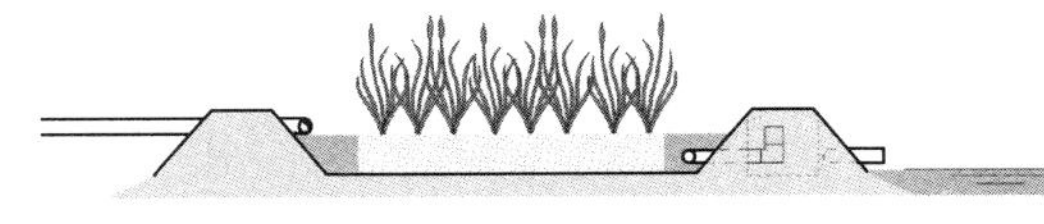

图Ⅱ.15.4-3 水平潜流湿地结构示意图

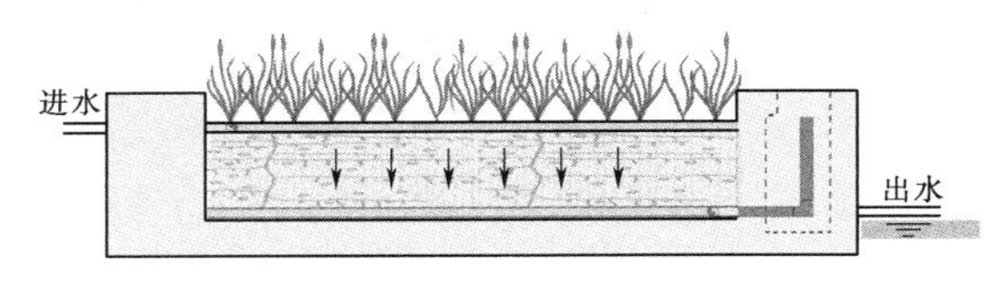

图Ⅱ.15.4-4 垂直潜流湿地结构示意图

2. 人工湿地特点

（1）人工湿地应用特点。人工湿地污水处理系统

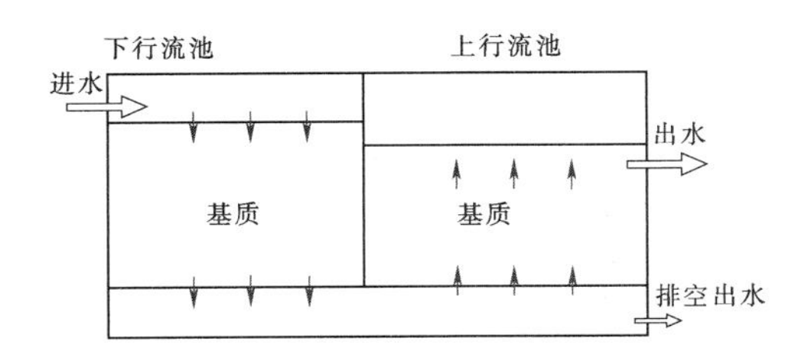

图Ⅱ.15.4-5 复合垂直潜流湿地结构示意图

属于污水自然净化工程，主要利用自然力量净化水体，运行成本低。其主要优点如下：

1）能保持全年较高的水力负荷。

2）若设计合理，运行管理严格、认真，其处理效果稳定、有效、可靠，出水的BOD、SS等指标明显优于传统生物处理出水，可与三级处理媲美。其脱磷能力也很强，而且脱磷寿命很长，同时具有相当的硝化、反硝化脱氮能力。此外，对废水中含有的重金属及难降解有机污染物也有较高的净化能力。

3）冬季也可以运行。

4）南方基建投资低，一般为生物处理的1/2～1/4。

5）运行操作简便，不需要复杂的自控系统进行控制。

6）机械、电气、自控设备少，设备的管理工作量也随之减少，减少了人工费用。

7）一定规模的人工湿地，其上种植生长的水生植物可定期收割，如芦苇等是优良的造纸及手工器具加工原料，芦根及香蒲等还是中药，具有较好的经济价值，可增加收入，抵补运行费用。

8）耐污性强，抗冲击负荷性能好，对于间歇排放的废水或浓度均匀的废水也同样适宜。

9）适应污水类型广，对生活污水、某些工业污水、农业废水、液态污泥等也具有较好的净化能力。

10）既能净化污染物，也能美化环境，具有很强的景观功能，通过增添绿色空间、花海空间，形成良好的生态环境，也为野生动植物提供良好生境，可将废水治理与野生动植物园建设结合起来，提高环境资源与旅游资源价值。

人工湿地尽管优点明显，但也存在以下不足之处：

1）需要大量的土地面积，对于城市发展来说，存在矛盾。

2）对恶劣气候条件抵御能力较弱，净化能力受作物生长成熟程度影响，冬季处理效果下降明显。

3）对于表流湿地，可能产生蚊蝇，需考虑或控制蚊蝇滋生问题。

4）具有理论上的使用寿命问题，包括因降尘、废水中不可降解物积累、吸附饱和等，从而在处理效果及处理规模上存在理论限值，尤其是潜流湿地，在达到使用年限后进行土地恢复或翻新的费用较高，困难较大。

(2) 人工湿地工艺特点。不同类型的人工湿地尽管作用机理一致，但因其组成、形态及水体流态不同，存在差异，在土地使用效率、工程投资、污染物去除、运行管理等方面也各有其优缺点。组合潜流湿地因其或针对水质，或针对地形地貌而可进行灵活布局，相比其他单一类型湿地更具有优势，见表Ⅱ.15.4-1。

表Ⅱ.15.4-1 不同类型人工湿地性能比较表

湿地类型	表流湿地	水平潜流湿地	垂直潜流湿地	组合潜流湿地
土地使用效率	中	低	高	高
适用水处理规模①	小	小～中	小～大	小～大
污水预处理要求	无	一级处理	一级处理	无或按工艺
水力负荷率	小	中	大	中
有机物去除效率	低	高	高	高
总磷去除效率	低	高	高	高
氨氮去除效率	高	高	中	高
总氮去除效率	低	中	高	高
投资造价	低	中	高	中～高
使用年限	高	低	中	中
运行管理难度	低	低	中	中
运行维护费用	低	中	中	中
堵塞发生率	低	高	中	中
景观适应性	高	低	中	高

① 0.3万 m^3/d 以下为小型，0.3万～1.0万 m^3/d 为中型，1.0万 m^3/d 以上为大型。

15.4.3 适用范围

人工湿地在水土保持、水源涵养、面源污染控制、水体净化、沟道生态景观等方面都具有一定的功能作用，并在各个应用方面形成了一定的模式，主要分为表流湿地模式和潜流湿地模式。

表流湿地具有不存在堵塞、水体流动自由的特点，可适用于各种功能应用。在水质处理改善方面适用广泛，包括生活污水净化、工业废水净化、再生水净化、湖泊河道水华防治等。

潜流湿地因其造价相对较高，水力参数较多，湿地内部容量相对有限，对进水具有一定要求，目前主要应用于污水处理。

在人口密度较低、污染排放较少的农村地区，人工湿地生活污水处理设施有很多优点。该处理设施可充分利用农户住房周边的地形特点，因地制宜、实施简单，可造在住宅旁的空地上，也可利用水塘以及公园的景观池改造；规模可大可小，可以二三十户家庭共用一块，也可以一户人家造一块；投资少，维护方便，且占地面积小，配合种植水生植物，还可达到美化景观的效果，是点源污染控制较为合理有效的工程措施。

人工湿地不同类型对各个功能利用方向的使用归纳见表Ⅱ.15.4-2。

表Ⅱ.15.4-2 不同类型人工湿地适用范围

功能类型	表流湿地	水平潜流湿地	垂直潜流湿地	组合潜流湿地
雨水集蓄	√			
沟道生态	√			
面源污染截留净化	√			
再生水净化	√	√	√	√
水华防治	√	√	√	√
污水净化	√	√	√	√

15.4.4 配置模式与植物种选择

15.4.4.1 配置模式

人工湿地在流域治理等工程应用上相对比较灵活，配置模式多种多样，配合护坡、护岸等其他措施，形成丰富的湿地应用工程做法。

1. 表流湿地配置模式

(1) 低洼绿地模式。指利用区域内现有低洼区域或人工开挖形成的低洼区域，通过缓坡修整、植被覆盖等必要措施，辅助道路、景观等可选辅助措施，形成雨水收集下渗，具备地下水回灌、水源涵养、景观休闲等功能的低洼绿地模式表流湿地。

(2) 滨岸生态带模式。指在河流湖泊的滨岸区域，通过在缓坡区域采用生态砌块、柔性生态材料、连柴捆、木桩等护岸形式，结合铅丝石笼、格栅石笼、干砌石、堆卵石等护脚方式，形成水位波动下长期保持湿态或浅水态水湾的区域，种植各种水生、湿生植物形成的滨岸生态带模式表流湿地。滨岸生态带模式表流湿地对雨水净化等面源污染控制、鸟类及水生植物栖息地构建、河道食物链形成、水生生物物种繁衍、水体自净、释放氧气、净化空气等多种河湖生态功能的恢复起到促进作用。

(3) 溪流模式。指在现有或人工建设的小型沟道、引水渠、排水渠上布置跌水、种植水生植物等，利用自然地形，形成蜿蜒、曲折水流通道，并形成具有缓急水流、浅水滩、小型水面等流态区域的自然溪流模式表流湿地。溪流模式表流湿地一般依托小型水流通道设计建设，并具备无洪水冲刷或建设有防洪措施的条件。

(4) 多塘模式。指利用一定范围内现有或人工开挖形成的大小不一的水塘，并通过沟渠、管道、涵道连通，形成串联或网状的多塘模式表流湿地。这一模式通常存在或建设在南方稻田区域，其他具有相对丰富水资源的区域也可建设。多塘模式人工湿地具有面源污染控制、农田灌溉、雨水集蓄、养殖等多种生态功能。

(5) 单元模式。指根据水处理需要，按照水量、污染负荷、地形地势人工构建成具有一定尺寸要求和水力控制构筑物的单元模式表流湿地。此类表流湿地一般以水净化功能为主，考虑水质净化功能需要，以净化水体各项污染物指标为核心配置。

2. 潜流湿地配置原则

潜流湿地主要应用于水体净化，其配置模式相对单一，一般根据服务对象选择集中布置，对于大面积流域点源污染治理也可分散布置。对于单块潜流湿地，其配置地点选择一般考虑以下原则：

(1) 集中供水原则。潜流湿地内一般设置有进出水管路、控制闸阀、水量计量、污水预处理等设施，集中供水对其设计、运行中的排查管理都具有便利性和必要性。

(2) 合理剩余水头原则。潜流湿地一般需要一定的水头压力，实现单元内均匀布水的目的，同时水体在湿地内部管道、填料中的流动，都会消耗一部分水头，没有足够的水头，湿地可能会产生阻滞、漫水或壅水、短路现象，造成处理能力下降，出水水质达不到设计要求等问题。

(3) 合理的雨洪标准原则。潜流湿地一般具有一定的外形尺寸结构，内部净化水体一般水力停留时间需要1～3d，超过设计标准的洪水进入湿地可能冲毁湿地结构，泥沙可能堵塞填料，减少填料孔隙率，从而产生结构破坏、水力停留时间减少、管道淤堵、填料失效等现象。

(4) 废弃土地利用原则。人工湿地的建设需要占用土地，因此，废弃的土地，如废坑、荒地、受污染土地等废弃或其他行业难以利用的土地，通过一定的工程措施可重新利用为人工湿地建设用地，达到废坑利用，节约土地的目的。

15.4.4.2 植物种选择

人工湿地宜选用耐污能力强、根系发达、去污效果好、具有抗冻及抗病虫害能力、有一定经济价值、容易管理的本土植物，一般可选择一种或多种植物作为优势种搭配栽种，增加植物的多样性，并具有景观效果。

人工湿地内以种植水生植物为主，包括挺水植物、沉水植物、浮水植物3类。挺水植物是指其根部在水面以下基质内生长，茎叶钻出水面以上生长，如荷花、芦苇、香蒲等。沉水植物是指整株都在水面以下生长，一般不钻出水面，如金鱼藻、苦草等。浮水植物是指其根茎在水面以下生长，或漂浮在水中，或扎根基质内，而其叶铺展在水面，如王莲、睡莲、浮萍等。

表流湿地内一般以种植各类型水生植物为主，而潜流湿地一般只种植挺水植物和湿生植物。各种水生植物中全氮含量为13～40g/kg（干重），全磷含量为1.4～5.2g/kg（干重），可随植物收割移出系统。污水处理中，为提高氮磷处理率，一般应种植根系发达、生物量大的品种，有机负荷高时，应以种植芦苇为主。人工湿地单元内植物种植多采用组合式，如前段种植芦苇，后段种植茭白和菖蒲，或根据景观需要配置水生花卉植物等。

在人工湿地应用中，经常与自然净化处理工艺中的各类塘搭配组合应用。

在我国人工湿地中，常用植物品种归纳见表Ⅱ.15.4-3。

15.4.5 布置与设计

人工湿地的各类配置模式中，除水处理人工湿地外，其他类别人工湿地一般按需布置，无固定大小尺寸，无水量配置规定，以因地制宜、生态美观、休闲娱乐等原则进行设计，在此不作详细论述。本节主要介绍水处理人工湿地的布置与设计。

15.4.5.1 设计水量与水质

1. 设计水量

人工湿地拟处理区域污水来源主要为生活污水确定设计水量时，生活污水水量宜根据当地实际用水量，经调查后确定，或根据当地用水定额，结合建造内部给排水设施水平和排水系统普及程度等因素综合确定。可按当地用水定额的80%～90%取值，当排水设施采用埋地塑料管或区域地下水水位较高时取高值。居民生活用水量可参考表Ⅱ.15.4-4。市政污水处理厂、工业废水处理厂尾水量，按实际处理量确定。

2. 进水水质要求

人工湿地系统进水水质应满足表Ⅱ.15.4-5的规定。

3. 出水水质要求

(1) 人工湿地出水排入国家和省确定的重点流域及湖泊、水库等封闭和半封闭水域的，湿地出水水质应执行《城镇污水处理厂污染物排放标准》（GB 18918—2002）一级标准的A标准。

表Ⅱ.15.4-3 国内常用人工湿地植物名录

科属	植物种名	类型	学 名	应用工艺
香蒲科	香蒲	挺水	*Typha orientalis*	表流湿地、潜流湿地
禾本科	芦苇	挺水	*Phragmites australis*	表流湿地、潜流湿地
	皇竹草	湿生、挺水	*Pennisetum hybridun*	潜流湿地
	茭草	挺水	*Zizania latifolia*	表流湿地、潜流湿地
	芦竹	湿生、挺水	*Arundo donax*	潜流湿地
	薏苡	湿生、挺水	*Coix lacryma-jobi*	表流湿地、潜流湿地
	水稻	挺水	*Oryza sativa*	表流湿地
	花叶芦竹	湿生、挺水	*Arundo donax var. versicolor*	潜流湿地
	虉草	湿生、挺水	*Phalaris arundinacea*	表流湿地、潜流湿地
	李氏禾	浮水	*Leersia hexandra*	氧化塘
莎草科	荸荠	挺水	*Heleocharis dulcis*	表流湿地
	水葱	挺水	*Scirpus validus*	潜流湿地、表流湿地
	风车草	湿生、挺水	*Cyperus alternifolius*	潜流湿地
	纸莎草	挺水	*Cyperus papyrus*	潜流湿地
	藨草	挺水	*Scirpus triqueter*	潜流湿地、表流湿地
	针蔺	挺水、浮水	*Eleocharis congesta*	表流湿地、氧化塘
	茳芏	挺水	*Cyperus malaccensis*	潜流湿地、表流湿地
莲科	荷花	挺水	*Nelumbo nucifera*	表流湿地
睡莲科	芡实	浮叶	*Euryale ferox*	景观塘
	荇菜	浮叶	*Nymphoides peltatum*	景观塘
	萍蓬草	浮叶	*Nuphar pumilum*	景观塘、氧化塘
	睡莲	浮叶	*Nymphaea tetragena*	氧化塘、景观塘
天南星科	菖蒲	挺水	*Acorus calamus*	潜流湿地、表流湿地
	马蹄莲	湿生、挺水	*Zantedeschia aethiopica*	潜流湿地、表流湿地
	大薸	浮水	*Pistia stratiotes*	氧化塘
	芋	挺水	*Colocasia esculenta*	表流湿地
	海芋	挺水	*Alocasia macrorrhiza*	潜流湿地
泽泻科	泽泻	挺水	*Alisma plantago-aquatica*	表流湿地
	慈姑	挺水	*Sagittaria trifolia*	表流湿地
	泽苔草	挺水、湿生	*Caldesia parnassifolias*	表流湿地、潜流湿地
三白草科	蕺菜	湿生	*Houttuynia cordata*	表流湿地
伞形花科	水芹菜	浮水、挺水	*Oenanthe javanica*	氧化塘、表流湿地
十字花科	豆瓣菜	浮水	*Nasturtium officinale*	氧化塘、表流湿地
旋花科	蕹菜	浮水	*Ipomoea aquatica*	末端强化塘
菱科	菱	浮叶	*Trapa bispinosa*	末端强化塘
雨久花科	凤眼莲	浮水	*Eichhornia crassipes*	末端强化塘
竹芋科	再力花	挺水	*Thalia dealbata*	潜流湿地

续表

科属	植物种名	类型	学 名	应用工艺
蓼科	水蓼	挺水、湿生	*Polygonum hydropiper*	表流湿地
千屈菜科	千屈菜	挺水、湿生	*Lythrum salicaria*	表流湿地
美人蕉科	美人蕉	挺水、湿生	*Canna indica*	潜流湿地、表流湿地
凤仙花科	华凤仙	湿生、挺水	*Impatiens. chinensis*	表流湿地
木贼科	木贼	挺水、湿生	*Equisetum hyemale*	表流湿地
鸢尾科	黄菖蒲	挺水、湿生	*Iris pseudacorus*	潜流湿地、表流湿地
灯心草科	灯心草	挺水、湿生	*Juncus effusus*	潜流湿地
姜科	野姜花	湿生	*Hedychium coronarium*	潜流湿地
石蒜科	蜘蛛兰	湿生	*Hymenocallis spciosa*	潜流湿地
小二仙草科	粉绿狐尾藻	浮水	*Myriophyllum aquaticum*	氧化塘
	狐尾藻	沉水	*Myriophyllum spicatum*	末端强化塘
水鳖科	水鳖	浮水	*Hydrocharis dubia*	氧化塘
	黑藻	沉水	*Hydrilla verticillata*	末端强化塘
眼子菜科	眼子菜	沉水	*Potamogeton franchetii*	末端强化塘
	菹草	沉水	*Potamogeton crispus*	末端强化塘
金鱼藻科	金鱼藻	沉水	*Ceratophylla demersum*	末端强化塘
柳叶菜科	黄花水龙	挺水	*Jussiaea stipulacea*	氧化塘

表Ⅱ.15.4-4 居民生活用水量参考表

单位：L/(人·d)

卫 生 设 施 类 型	农村居民用水量	城镇居民用水量
经济条件好，室内卫生设施齐全	90～150	150～180
经济条件较好，室内卫生设施较齐全	60～120	120～150
经济条件一般，有简单的室内卫生设施	50～100	90～120
无卫生间和沐浴设备，主要利用地表水、井水	30～90	—

表Ⅱ.15.4-5 人工湿地系统进水水质要求

单位：mg/L

人工湿地类型 \ 指标	BOD_5	COD_{Cr}	SS	NH_3-N	TP
表流人工湿地	≤100	≤250	≤100	≤30	≤5
水平潜流人工湿地	≤80	≤200	≤60	≤25	≤5
垂直潜流人工湿地	≤80	≤200	≤80	≤25	≤5

（2）出水排入《地表水环境质量标准》（GB 3838—2002）地表水Ⅲ类功能水域（划定的饮用水水源保护区和游泳区除外）和《海水水质标准》（GB 3097—1997）海水二类功能水域的，湿地出水水质应执行一级标准的B标准。

（3）出水排入地表水Ⅳ类、Ⅴ类功能水域或海水三类、四类功能海域的，湿地出水水质应执行二级标准。

（4）作为再生水回用的出水水质应达城市再生水利用系列标准中对应的再生水回用水质指标。

具体设计时，设计出水水质应满足国家相关标准的要求，有相应地方标准的，应优先执行地方标准的规定。国家相关标准各水质指标见表Ⅱ.15.4-6。

表Ⅱ.15.4-6 人工湿地出水排放相关标准水质要求

单位：mg/L

标准 \ 指标	BOD_5	COD	SS	NH_3-N	TN	TP
一级A标准	10	50	10	8	15	1
一级B标准	20	60	20	15	20	1.5
二级标准	30	100	30	30	—	3.0
城市杂用水	10～20	—	—	10～20	—	—
景观用水	6～10	—	10～20	5	15	0.5～1

15.4.5.2 总体工艺

人工湿地水处理需要按照处理前水的来源及处理后出水最终排入的去向，根据国家和地方相关规范确定进出水标准，按照进出水需要的净化污染物指标及去除率确定水处理总体工艺，一般按流程分为预处理、人工湿地处理、后处理3个部分，如图Ⅱ.15.4-6所示。

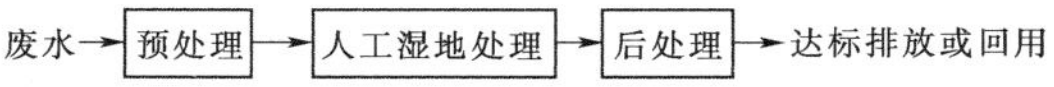

废水→预处理→人工湿地处理→后处理→达标排放或回用

图Ⅱ.15.4-6 人工湿地水处理流程图

预处理指为满足工程总体要求、人工湿地进水水质要求及减轻湿地污染负荷，在人工湿地前设置的处理工艺，如格栅、沉沙、初沉、均质、水解酸化、厌氧、好氧和稳定塘等。后处理指为满足出水达标排放或回用要求，在人工湿地后设置的处理工艺，如活性炭吸附、混凝沉淀、消毒、稳定塘等。

在设计时，可根据人工湿地接纳的废水水质特征，选择预处理工艺，在接纳城镇污水处理厂出水或再生水时，可不设置预处理工艺，在接纳浓度较高的废水时，还可设置SBR、氧化沟、A/O、生物接触氧化等二级处理工艺。当废水BOD_5/COD_{Cr}小于0.3时，宜采用水解酸化预处理工艺，当含油量大于50mg/L时，宜设除油设备，当污水DO小于1.0mg/L时，宜设曝气装置。

当人工湿地的流量在100m³/d以上时，人工湿地池不宜少于2组。处理农村生活污水时，一般需要在预处理前加设调节池。调节池主要在待处理的污水量、污水水质变化较大时设置，停留时间设为4～8h，起到调节水量、均衡水质的作用。

15.4.5.3 面积确定

人工湿地面积与净化的污染物种类、水力负荷、污染物负荷、水力停留时间以及当地气候条件等有关。因此，人工湿地面积尚没有准确的计算方法，一般根据经验及估算公式确定，有条件的可进行实验确定。

1. 经验估算法

按照人工湿地在世界各地及国内应用的经验，人工湿地面积根据其类型，一般应同时满足有机物污染负荷、水力负荷和水力停留时间3项水处理参数在一定的合理范围，可按照表Ⅱ.15.4-7的规定进行选取。

（1）有机物污染负荷。有机物污染负荷指单位面积人工湿地在单位时间内去除的有机物量，一般以BOD_5负荷表示，可按式（Ⅱ.15.4-1）计算：

表Ⅱ.15.4-7 人工湿地主要参数

人工湿地类型	有机物污染负荷 BOD_5 /[kg/(hm² · d)]	水力负荷 /[m³/(m² · d)]	水力停留时间 /d
表面流人工湿地	15～50	<0.1	4～8
水平潜流人工湿地	80～120	<0.5	1～3
垂直潜流人工湿地	80～120	<1.0（建议值：北方为0.2～0.5，南方为0.4～0.8）	1～3

$$q_{os}=\frac{Q(C_0-C_1)\times10^{-3}}{A} \quad (Ⅱ.15.4-1)$$

式中 q_{os}——有机物污染负荷，kg/(hm² · d)；

Q——人工湿地设计水量，m³/d；

C_0——人工湿地进水BOD_5浓度，mg/L；

C_1——人工湿地出水BOD_5浓度，mg/L；

A——人工湿地面积，m²。

（2）水力负荷。水力负荷指单位面积人工湿地在单位时间内所能接纳的污水量，可按式（Ⅱ.15.4-2）计算：

$$q_{hs}=\frac{Q}{A} \quad (Ⅱ.15.4-2)$$

式中 q_{hs}——水力负荷，m³/(m² · d)。

（3）水力停留时间。水力停留时间指污水在人工湿地内的平均驻留时间。潜流人工湿地的水力停留时间按式（Ⅱ.15.4-3）计算：

$$t=\frac{V\varepsilon}{Q} \quad (Ⅱ.15.4-3)$$

式中 t——水力停留时间，d；

V——人工湿地基质在自然状态下的体积，包括基质实体及其开口、闭口孔隙，m³；

ε——孔隙率，%。

2. 经验公式估算法

（1）简易估算公式（Reed公式）：

$$A=KQ \quad (Ⅱ.15.4-4)$$

式中 A——土地面积，hm²；

K——计算系数，取6.57×10^{-3}d/m，或根据实际工程总结获取。

（2）初步估算公式：

$$A=\frac{0.0365Q}{LP} \quad (Ⅱ.15.4-5)$$

式中 L——水力负荷，m/周；

P——运行时间，周；

0.0365——折算系数。

（3）模型估算公式：

$$C_e = C_0 \exp(-K_T t)$$

其中
$$K_T = K_{20} \theta^{(T-20)} \quad (\text{Ⅱ}.15.4-6)$$

式中 C_e——湿地出水水质，mg/L；

C_0——湿地进水水质，mg/L；

K_T、K_{20}——模型动力学参数，分别为温度为T℃、20℃时速率常数，BOD_5在植物碎石床的K_{20}值为0.4117～0.6982，高温、南方用大值，低温、北方选小值；

θ——系数，取值为1.055～1.064。

15.4.5.4 布置及构筑物

1. 总平面布置

人工湿地场址应符合当地总体发展规划和环保规划的要求，以及综合考虑交通、土地权属、土地利用现状、发展扩建、再生水回用等因素；应考虑自然背景条件，包括土地面积、地形条件、气象条件、水文条件以及动植物生态因素等，并进行工程地质、水文地质等方面的勘察。

场区布置应充分利用自然环境的有利条件，按建（构）筑物使用功能和流程要求，结合地形、气候、地质条件，考虑便于施工、维护和管理等因素，合理安排，紧凑布置。

场区的设计高程应充分利用原有地形，符合排水通畅、降低能耗、平衡土方的要求；多单元湿地系统高程设计应尽量结合自然坡度，首选采用重力流形式，若不满足重力流条件，需采用压力流进行提升时，宜一次提升到位。

场区应综合考虑人工湿地系统的轮廓、不同类型人工湿地单元的搭配、水生植物的配置、景观小品设施营建等因素，使工程达到相应的景观效果。

2. 地基处理

人工湿地尤其潜流湿地对于地基的稳定具有较高要求，一般建设后产生的地面沉降总量不应大于20cm，不均匀沉降量不大于5cm，否则将造成湿地结构破坏，管道断裂，严重影响湿地运行。人工湿地建设在软弱地基上时，应进行地基处理，地基处理方式可结合湿地工程特点和软弱地基分布情况采用强夯、沉水、换填、挤密法等。

3. 防渗层

在污水处理人工湿地中，底部和侧面应进行防渗处理，防渗层可采用黏土层、聚乙烯薄膜及其他建筑工程防水材料，渗透系数应不大于10^{-8}m/s。防渗层应进行回填土保护，表流湿地膜上保护层不小于50cm，潜流湿地膜上保护层不小于30cm。潜流湿地防渗层保护土应与填料层分割，可采用无纺布等材料。

4. 单元布置

人工湿地系统可由一个或多个人工湿地单元组成，人工湿地单元包括配水装置、集水装置、基质、防渗层、水生植物及通气装置等。人工湿地系统由多个同类型或不同类型的人工湿地单元构成时，可分为并联式、串联式、混合式等组合方式。

（1）潜流湿地单元几何尺寸设计，应符合下列要求：

1）水平潜流湿地单元的面积宜小于800m^2，垂直潜流湿地单元的面积宜小于1500m^2。

2）潜流湿地单元的长宽比宜控制在3∶1以下。

3）规则的潜流湿地单元的长度宜为20～50m。对于不规则潜流湿地单元，应考虑均匀布水和集水的问题。

4）潜流湿地水深宜为0.4～1.6m。

5）潜流湿地的水力坡度宜为0.2%～1%。

（2）表流湿地单元几何尺寸设计，应符合下列要求：

1）表流湿地单元的长宽比宜控制在3∶1～5∶1，当区域受限，长宽比大于10∶1时，需要计算死水曲线。

2）表流湿地的水深宜为0.1～0.5m。

3）表流湿地的水力坡度宜小于0.5%。

5. 集配水及出水

人工湿地单元宜采用穿孔管、配（集）水管、配（集）水堰等装置来实现集配水的均匀。穿孔管的长度应与人工湿地单元的宽度大致相等。管孔密度应均匀，管孔的尺寸和间距取决于污水流量和进出水的水力条件，管孔间距不宜大于人工湿地单元宽度的10%。穿孔管周围宜选用粒径较大的基质，其粒径应大于管穿孔孔径。

人工湿地出水可采用沟排、管排、井排等方式，并设溢流堰、可调管道及闸门等具有水位调节功能的设施。在寒冷地区，集配水及进出水管的设置应考虑防冻措施。人工湿地出水应设置排空设施。

垂直潜流湿地内可设置通气管，同人工湿地底部的排水管相连接，并且与排水管道管径相同。

6. 基质填料

基质的选择应根据基质的机械强度、比表面积、稳定性、孔隙率及表面粗糙度等因素确定。基质选择应本着就近取材的原则，并且所选基质应达到设计要求的粒径范围。对出水的氮、磷浓度有较高要求时，提倡使用功能性基质，提高氮、磷处理效率。潜流湿地基质层的初始孔隙率宜控制在35%～40%。潜流人工湿地基质层的厚度应大于植物根系所能达到的最深处。

人工湿地常用的填料有石灰石、矿渣、蛭石、沸石、砂石、高炉渣、页岩等，碎砖瓦、混凝土块经过加工、筛选后也可作为填料使用。填料应预先清洗干净，按照设计确定的级配要求充填。为提高人工湿地对磷的去除率，可在人工湿地进口、出口等适当位置布置具有吸磷功能的填料，进行强化除磷。

人工湿地填料层的结构设置中，在水平潜流人工湿地的进水区，应沿着水流方向铺设粒径从大到小的填料，颗粒粒径宜为16～32mm，在出水区，应沿着水流方向铺设粒径从小到大的填料，颗粒粒径宜为8～16mm。垂直潜流人工湿地一般从下到上分为滤料层、过渡层和排水层，滤料层一般由粒径为4～8mm的砾石构成，厚度为200～500mm；过渡层由8～16mm的碎石构成，厚度为100～400mm；排水层一般由粒径为8～16mm的碎石构成，厚度为200～400mm。为避免布水对滤料层的冲蚀，可在布水系统喷流范围内局部铺设厚50mm，粒径范围为8～16mm的砾石覆盖层。

7. 配套及辅助设施

污水处理人工湿地的配套构（建）筑物与设备包括预处理、后处理、污泥处理、恶臭处理等系统。辅助工程包括厂区道路、围墙、绿化、电气系统、给排水、消防、暖通与空调、建筑与结构等工程。

8. 管理设施

管理设施包括办公室、休息室、浴室、食堂、卫生间等生活设施，此外对于大中型湿地应设置流量监测、水质监测、视频监测等必要的管理设施。对于同时具有景观功能的人工湿地，宜结合所在区域景观环境要求设置必要的景观小品设施。

15.4.6 案例

15.4.6.1 北京园博园水源净化工程

1. 项目概况

按照立足本地水资源，大力使用再生水作为环境用水的理念，永定河北京城市段生态修复治理规划中，利用再生水作为河道补充水源。为了解决再生水水质指标（Ⅳ类）劣于永定河功能区划水质标准（Ⅲ类）的问题，采用人工湿地技术对再生水进行净化，达标后入河。因此，在永定河北京城市段建设北京园博园水源净化工程，即园博园湿地工程。

园博园湿地位于北京市丰台区永定河畔，第九届中国（北京）园林博览会园区内，工程建设中同时兼顾园区景观要求，提出了景观园林化的湿地工程技术方案。

2. 项目建设内容及存在的问题

该项目应用人工湿地技术，净化再生水8万m^3/d，使再生水达到地表水Ⅲ类标准，解决永定河北京城市段生态修复水源问题；同时结合园博会，利用厚度达23m的垃圾回填坑建设兼具水质净化、景观休闲、科普教育、雨洪利用、生态涵养等多功能的湿地公园，总建设面积为37.5万m^2。主要建设内容包括地基处理、防渗处理、湿地结构、湿地给排水管线、湿地单元管道、湿地填料、水生植物、建筑工程、园路工程及景观小品等。

为充分发挥湿地水质净化、生态修复及景观功能，在湿地的设计与实施过程中，有5个关键问题需要解决：①需要达到较高氮磷去除率情况下的湿地工艺选择及湿地总体布置问题；②复杂回填土建设场地的地基处理问题；③超大型潜流湿地均匀布水及湿地区无动力运行问题；④经济高效的湿地填料组配问题；⑤配合园博园要求的湿地景观提升问题。

3. 关键问题解决方案

（1）人工湿地工艺。该项目确定以再生水水质及河道地表水Ⅲ类水水质标准（总氮除外）作为水源净化人工湿地进、出水水质指标，具体见表Ⅱ.15.4-8。

表Ⅱ.15.4-8　水源净化人工湿地设计进、出水水质指标

水质指标	pH值	SS /(mg/L)	BOD_5 /(mg/L)	COD /(mg/L)	NH_3-N /(mg/L)	TN /(mg/L)	TP /(mg/L)
再生水/湿地进水	6～9	10	6	30	1.5	10	0.3
湿地出水	6～9	5	4	20	1.0	6	0.2

园博园潜流湿地选择“复合垂直潜流＋水平潜流＋表流”的多流态人工湿地组合工艺，以复合垂直潜流湿地为主工艺，水平潜流湿地为补充工艺，表流湿地为景观提升辅助工艺。

园博园人工湿地来水主要为再生水和两股循环湖水，来水输入湿地总布水调蓄池。人工湿地共设置4个潜流湿地分区和两个表流湿地分区。总布水调蓄池分四路向各潜流湿地分区布水。以总布水调蓄池为界分为南北两个水力流向区。其中一区潜流湿地及北表流湿地为北流向区，二、三、四区潜流湿地和南表流湿地为南流向区。各布水干管和湿地出水收集总管以及排空总管沿分区之间的道路按流向区流向布设。一区潜流湿地单独设置排水出水口，进入北表流湿地；其他各区潜流湿地出水汇流至四区西侧排水出水口，进入南表流湿地，表流湿地出水口接河道供水管道输入各需水河段。园博园人工湿地工艺流程如图Ⅱ.15.4-7所示。

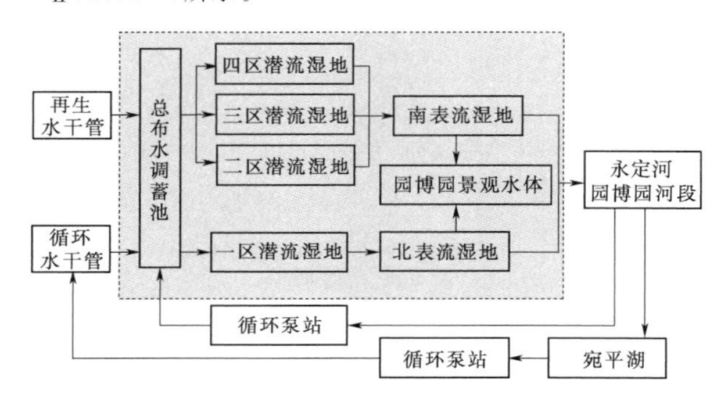

图Ⅱ.15.4-7　园博园人工湿地工艺流程图

湿地位于规划永定河园博园内南端现状永定河老滩地，设计上利用现状地形高差，设置4个由北向南高程逐步降低的处理分区，并利用东西高差布置不同的湿地总体水力流向。园博园人工湿地平面布置示意图如图Ⅱ.15.4-8所示。

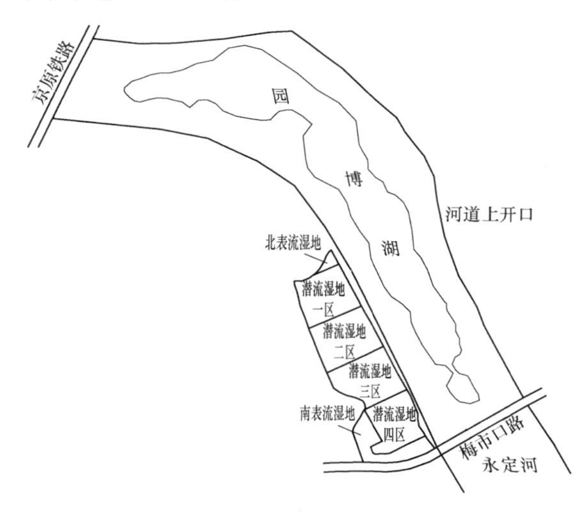

图Ⅱ.15.4-8　园博园人工湿地平面布置示意图

人工湿地各分区并联，按面积分配处理水量。各区由两级串联单元组成，各区之间和各串联单元之间按地势和水力要求依次产生一定高度的落差，潜流湿地与表流湿地也产生一定的落差，主要满足湿地布水水力损失要求以及现状地形地势走向的需求。湿地整体与外部景观较自然地衔接。

(2) 湿地建设场区现状及处理。湿地建设场区范围为历史遗留下来的采砂坑，后期回填土至现状地面高程，回填土厚度为0.8～23.7m，回填土为杂填土，成分复杂，含有大量建筑垃圾、生活垃圾。与常规工程利用地基良好的土地不同，该项目需对现状场地进行地基处理。由于表层大面积分布的填土层的物理力学性质较差，且局部填土层深度较大，因此湿地结构下的地基处理问题变得较为复杂，需采用切实可行的方案，保证地基处理效果。为防止因为地基产生过大沉陷破坏湿地结构而影响湿地功能，充分考虑建设规模、施工质量控制、工期、经济性等多方面因素，通过多种工艺现场试验进行综合比选确定地基处理方案。

处理杂填土地基的常用方法主要有换填垫层法、强夯法、振冲法、土（灰土）挤密桩法、砂石桩法、夯实水泥土桩法、柱锤冲扩桩法、石灰桩法等。试验结果显示，无论采用上述哪种地基处理方案，都不能完全消除地基沉降，地基处理中的重点问题是如何增加湿地结构下地基土的密实度，减小其压缩性和不均匀性，防止其发生大的局部沉降和变形。同时在工程设计中采取适当的设计方案和措施，增加结构适应地基变形的能力，使处理后的地基变形量在设计允许的范围以内，就能够保证工程安全和正常运行。

根据地基处理试验情况及经济技术比较，工程采用投资造价低的强夯、柱锤渣土冲扩桩、局部换填等地基处理技术，根据垃圾回填土厚度不同，采用不同能级和分层处理的方式等，同时采用减震沟等措施对京石高速铁路进行地基保护，实现垃圾回填坑的场地达到工程建设需要，进而实现大型垃圾回填坑的生态修复和土地重新利用。

(3) 人工湿地均匀布水及湿地区无动力运行。项目区人工湿地南北长约12km，宽0.3km，面积达到37.5万m^2，日处理再生水8万m^3，同时处理水量规模较大。作为特大型人工湿地水处理项目，实现湿地进水均布及湿地处理单元无动力运行是保证湿地正常运行的重点之一。该工程通过下述方面的控制来实现大面积均匀布水及湿地处理单元无动力运行。

1) 水源剩余水头压力充分。解决方案：布水点居于人工湿地高点，同时尽量缩短布水距离，兼顾二者设置布水点。

2) 水源剩余水头不稳定，造成布水泄压紊流，使得布水不均且流量测定误差增加。解决方案：设置调压池，保证水头在一定范围内波动，且通过池体泄压，出水流速相对稳定。

3) 布水面积太大，均匀分水困难。解决方案：将湿地分为4个区，设置弧形溢流均匀布水池，保证各区最低布水水头的同时，按4个区面积比例划分弧形溢流堰长度，使得各区当量面积布水量相等，达到分区均匀布水目的。

4）分区布水距离不等，压力损失不同，造成湿地进水压力不同。解决方案：按距离布水点远近设置湿地分区高程，以抵消布水距离产生的沿程损失和局部损失，距离布水点近，高程相对较高，距离布水点远，高程相对较低，通过水力计算确定。

5）分区面积较大，均匀布水困难。解决方案：将每个分区划分为12～16个单元，全部潜流湿地总共划分为58个单元。按单元均匀布水，解决大面积湿地布水困难问题。

6）分区布水池单元划分较多，单元间均匀布水困难。解决方案：首先设置二级串联组合，减少湿地布水管路，同时节约工程造价成本；其次依据水动力学公式，剩余水头与水流流速的平方成正比，将布水管进入湿地分区后改为布水渠，使渠内流速小于0.1m/s，大大减少单元间距离压差不均造成湿地单元布水不均问题，基本实现单元分区进水均匀。另外，单元进水管设置进水控制阀，利于单元独立检修。

7）单元面积较大，单元内均匀布水困难，可能造成短路问题。解决方案：湿地内设置布水总管和开孔支管，支管间距4m，在单元内均布，解决湿地单元内均匀布水问题。同样，为防止出水短路，湿地内设置集水开孔支管和集水总管。

根据以上解决方案，湿地进出水系统可分为水源管道及调蓄池、湿地进水管渠、湿地单元内管和湿地出水管4个部分。水源管道及调蓄池包括再生水总管、循环水总管、调压调量池体及连接管道和计量、控制阀井等，湿地进水管渠包括分区给水管、布水渠等，湿地单元内管包括湿地内部布水、集水、排空管和通气管等，湿地出水管包括排空干管、出水干管等。

该布水系统实现工程全面积均匀布水，同时人工湿地区内全场无动力运行，该系统还具有容易观察到进水管的堵塞，且堵塞发生后，很容易清除的优点。

4. 填料组配

填料选择和组配需要考虑水处理净化要求的同时兼顾经济性。一般选择火山岩、陶粒、石灰石或碎石等作为主要填料，填料品种应进行优化组合，可采取多种材质，不同粒径及不同配比来进行有机组合，以达到效益最大化。

该项目湿地填料分为4层，第一层为布水（集水）层，第二层和第三层为主反应层，第四层为集水（布水）层，各层厚度为0.3～0.5m，平均总厚度为1.35m。湿地填料粒径确定由上至下依次增大，根据填料分层，综合孔隙率要求，确定填料粒径范围为4～64mm，材质包括碎石、陶粒、火山岩等。

5. 人工湿地景观系统配置

该项目人工湿地是园博园生态公园主要建设内容，位于公园东南角。人工湿地主要建设内容为地下水质净化系统，地上部分主要为水生植物，且以功能性芦苇、香蒲为主，搭配少量景观水生植物，整体景观效果较为朴素单一。园博园是第九届中国（北京）园林博览会举办场所，为配合园博园景观要求，需要对人工湿地进行景观提升。

水和植物是湿地的主要景观体现，该项目湿地景观定位为华北地区的自然式功能湿地，景观上同样以植物作为主要研究对象。通过分析园博会总体布置、景观要求和展园要求，充分考虑湿地功能定位、生态定位、景观定位、交通影响等因素，确定了人工湿地布置与公园需求的衔接，确定了人工湿地景观总体布置内容、位置、绿化方案等，提出了园博园湿地展园景观系统建设技术方案。

首先，将人工湿地分为多个概念功能区，包括物种保护区、科普教育区、湿地感官动态分区、雨洪调蓄区及观赏游憩区。通过以上的布置，总体上形成了较为完善的景观体系。其次，根据景观空间布置，结合北京气候特点、乡土特色、园林视觉色彩及人工湿地的水处理基本功能，按照各功能分区进行植物绿化布置，形成多层次，多视觉效果，由低到高、水生-沼生-草灌乔结合，四季变换、丰富多样的自然景观风貌。

人工湿地景观系统设置管理服务、科普教育展区1处，景观木栈道2.1km，观景桥9座，观景塔1座，休憩、科普廊亭21座。种植特色乔灌木及地被30余种、水生植物30余种。放养底栖动物2种，放养鱼类10余种。

通过对人工湿地景观系统的建设，充分发挥了湿地展园生态景观、公园休闲的功能。通过将透水砖路、人行栈道、自行车彩道、休憩廊亭、科普展廊、浮桥、汀步、观景楼、儿童游乐设施等与湿地本身功能设施和构筑物一起，设置成“方池听水”“赤足探水”“花堰分水”“栈桥闻水”“高楼观水”“汀步戏水”“斗池集水”等7个主要特色景点，形成完善的湿地游憩科普教育系统，整个湿地俯瞰如船帆，远观似梯田，近看是花海，清水在水草中流淌，路桥在百花中盘亘，高低起伏、动静结合、曲直相融。

15.4.6.2 辽宁省石佛寺水库湿地工程

1. 项目概况

辽河流域水污染严重，已被列入国家重点治理的“三河、三湖”范围，近年来，实施了一系列点污染源和面污染源相结合的流域水污染防治综合治理措施，并取得了一定成效，但辽河水环境问题仍未得到彻底改善，特别是水域生态系统的修复亟待加强。为实现辽河山青、岸绿、水净、河畅的总体目标，对辽河干流进行生态保护和修复研究十分必要。

石佛寺水库作为辽宁省境内辽河干流上唯一一座以防洪为主，同时兼有供水任务的大型控制性工程，属河道型平原水库，水库设计洪水标准为100年一遇，校核洪水标准为300年一遇，水库设计洪水位为50.13m，相应库容为1.55亿m^3。对辽河水质量改善具有重要意义。

石佛寺人工湿地技术是以净化水质、改善水环境和生态环境、促进人与自然和谐为目的。石佛寺水库湿地技术的实施，形成的水面景观及配置的荷花、蒲草、古树相映成趣，有效改善了区域生态环境，为各种动、植物及迁徙鸟类提供了良好的生存空间，保护了生物多样性，现已成为人们休闲、观光、度假的理想场所，创造了国内首例大规模应用湿地修复大型河道生态的典型案例，湿地修复技术对流域尺度及东北地区河道水生态保护与修复具有较大的借鉴意义。

2. 总体布局

根据石佛寺平原型水库地形特点及立地条件，以改善石佛寺水库库区生态环境及生态景观为前提，以水库蓄水工程（蓄水水位为46.20m）和石佛寺供水工程为基础，研究石佛寺水库水生态保护与修复技术。考虑石佛寺水库泄洪闸、副坝、明沈公路、主河道及取水口等工程布置，水生态保护与修复研究以穿越石佛寺平原型水库的明沈公路为界线划分两大功能区，即水源涵养区和湿地生态景观区，两大功能区内布置7个研究单元，即牧草种植单元、水源涵养林单元、芦苇蒲草单元、荷花栽植单元、人工岛屿绿化单元、原生林木保护单元、保护戗台绿化单元。石佛寺水库湿地总体布局示意图如图Ⅱ.5.4-9所示。

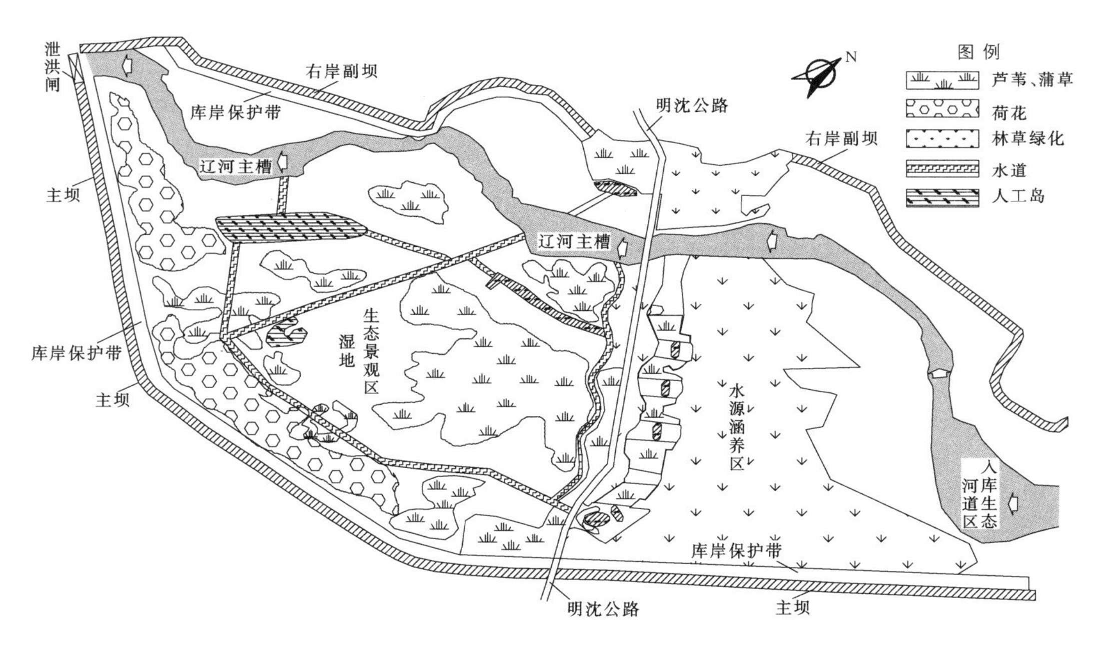

图Ⅱ.15.4-9 石佛寺水库湿地总体布局示意图

3. 技术设计

（1）分区修复措施。

1）水源涵养区：位于明沈公路以上至原西小河河道（征地边界线）间。该区内划分牧草种植单元和水源涵养林单元。其中，牧草种植单元面积约230hm^2，位于主河道岸边以上，地势平坦、土质肥沃，考虑距离河道较近、行洪及保护水质等因素，选取紫花苜蓿草作为牧草种植单元草种，增加主河道岸边植被覆盖，减少河岸水土流失及改善土质沙化；水源涵养林单元位于紫花苜蓿种植区与副坝之间，此区域地势高程均位于49.00m以上，同时高于蓄水位2.5～3.5m，该区域采用乔灌草相结合的配置模式营造水源涵养林，形成保水、保土的阔叶林区，达到进一步涵养水源的目的。

2）湿地生态景观区：位于明沈公路以下至泄洪闸及副坝间。该区内划分5个研究单元，分别为芦苇蒲草单元、荷花栽植单元、人工岛屿绿化单元、原有林木保护单元、保护戗台绿化单元。其中，芦苇蒲草单元位于库区取土料场完工后高程在 45.80～46.00m 的区域，以及明沈公路两侧 150m 范围内的区域，选取能够净化水质和适宜性较强的水生植物，进行栽植芦苇和蒲草，形成天然式的生态湿地景观；荷花栽植单元位于库区取土料场完工后高程在 45.00～45.40m 的区域，在主坝戗台原有树木附近栽植荷花；人工岛屿绿化单元是指库区地形条件高于蓄水位的 4 座人工岛屿，高程均在 47.00m 以上，采用乔灌草相结合的配置模式对人工岛屿进行绿化，植物种植时按照草坪区、疏林草地区、密林区、特色植物区进行布置，通过合理的植物布置形式，使人工岛屿绿化景观效果体现出自然生态景观多样性生物系统；原有林木保护单元是针对蓄水后库区内所有柳树均被淹没，对主坝戗台附近及自然景观良好区域内约 200 株原有树木进行保护；保护戗台绿化单元位于库区主、副坝迎水侧，形成 50m 的带状绿化台地，台地高程为 47.00m，采用乔灌草立体结构相结合的布置方式，同时岸边栽植灌木杞柳，可防止岸边和主、副坝受到冲刷及发生塌岸。

（2）湿地修复技术。

1）水位控制。石佛寺水库枢纽工程主要由主坝、副坝、泄洪闸、穿坝建筑物等组成。闸坝全长 42.60km，其中主坝长 12.4km、副坝长 29.9km，泄洪闸共 16 孔，总宽 248.5m，形成河道型平原水库。湿地水位控制充分运用已建的辽河石佛寺水库枢纽大坝和泄洪闸工程。在此基础之上，运用水库蓄水试验技术研究，在不影响水库原有防洪、泄洪功能，确保水库防洪安全的前提下，综合考虑水库放空的预泄时长以及库区蓄水对周边区域的浸没影响，确定合理的库区生态蓄水位，为水库蓄水和生态景观建设创造条件。石佛寺水库生态蓄水位为 46.20m，库区内平均水深为 1.25m，最大水深为 3.50m，并形成 16.13km^2 的天然湿地。

2）湿地植物种植。

a. 芦苇、香蒲种植。根据芦苇、蒲草生态习性及调研结果，在辽宁省各地区、各流域河道岸滩及盘锦苇场均有大范围乡土水生植物繁殖生长。芦苇、蒲草栽植对水质环境和土壤环境要求不高，芦苇、蒲草适宜生长水深为 0.2～0.4m，在 pH 值为 3.5～7.8 的水质环境中均可生长；库区土壤类型适宜芦苇、蒲草生长。水库正常蓄水位为 46.20m，确定芦苇、蒲草栽植高程为 45.80～46.00m。

根据芦苇、蒲草生态习性，并结合石佛寺地区气象、水质、土壤等条件，选择辽宁省内乡土并适宜生长的品种。芦苇选择白皮芦、丝毛芦等，蒲草选择菖蒲、香蒲等。栽植密度为每亩 3335～4666 个根茎，每棵根茎要求不少于 3 棵芽苗。气温持续在 8℃以上时才可栽植，沈阳地区一般 4 月上旬至 5 月上旬栽植较为适宜。

通过水库运行调度在库区水位可控制条件下，采用退水栽植方式实施水生植物种植。种植区域首先要进行整地、耙地，根茎采取平行插植方式并覆土 3～5cm，同时注意根茎的芽尖要倾斜于上方。

芦苇、蒲草栽植剖面示意图如图Ⅱ.15.4－10 所示。

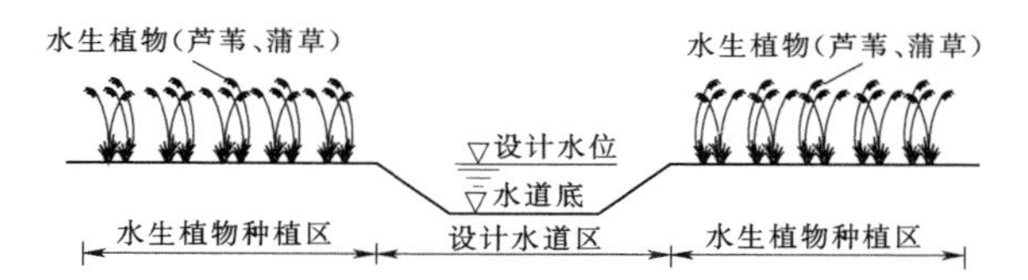

图Ⅱ.15.4－10　芦苇、蒲草栽植剖面示意图

b. 荷花栽植。经研究及实地考察，荷花在我国东北大部分地区均有人工种植。荷花最适宜种植在 pH 值为 6.5～7.2 的水环境中，但荷花在高盐碱性水土中仍可表现出极强的耐盐碱性。根据石佛寺水库水质监测结果，库区各断面水质 pH 值为 7.99～8.56，其略高于荷花最适宜种植水质 pH 值条件范围，但对荷花生长影响不大。

适宜荷花生长的基质为富含有机质的湖土、园土、稻土，根据库区土壤主要分布类型及土壤分析报告，库区内土壤较适宜荷花种植。依据石佛寺水库蓄水水位，荷花布置在高程 45.00～45.40m 的区域，结合湿地生态景观效果要求，并在主坝戗台附近及明沈公路两侧适宜区进行栽植。荷花栽植示意图如图Ⅱ.15.4－11 所示。

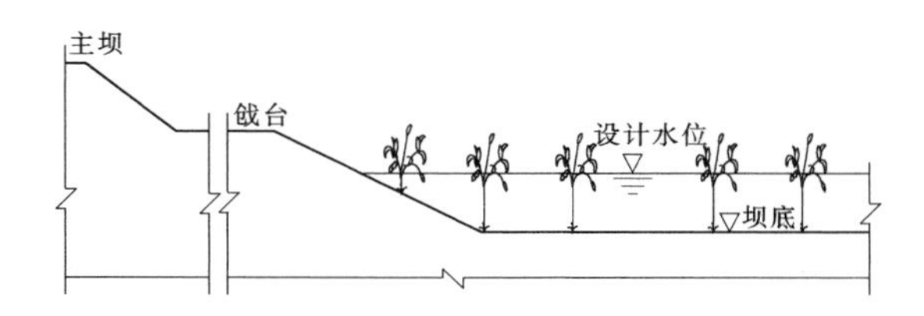

图Ⅱ.15.4－11　荷花栽植示意图

根据荷花生态习性，结合石佛寺水库地区气象、水质、土壤等自然条件，确定栽植品种为花大色艳、开花茂密的品种，如“西湖红莲”“白千叶”“红千叶”“明星”等。

考虑该生态工程为实践研究阶段，第一年栽植密度为每亩 667 个根茎；第二年栽植密度为每亩 222 个根茎。根茎要求每根 3～4 个芽。栽植荷花气温要求气温持续在 13℃以上，沈阳地区 4 月上旬至 5 月上旬栽植较为适宜。

荷花根茎栽植前需进行预处理，即将根茎先植于装有混合土（壤土和生根粉充分混合）的草袋中央，将草袋用草绳绑扎，之后存放于阴凉处，用草帘覆盖喷水保持湿度，待在水中栽植。预处理完成的荷花根茎不宜超过 2d 存放；并在草袋上标记藕芽的方位。土壤配比：壤土 90%，农家肥 10%。壤土装置规格为 0.3m×0.2m×0.2m（长×宽×高）。

用预处理好的荷花根茎在规划栽植区内进行有水栽植，栽植时水深控制在 0.3～0.5m 范围。把预处理好的根茎放入水中，同时注意根茎的芽尖要倾斜于上方，并把草袋放入库底土壤中，使其全部接触及放稳放实，禁止被水流冲动。

15.5 农村节能设施（沼气池、家用太阳能发电、家用风力发电）

15.5.1 沼气池

1. 定义与作用

沼气池是人工制取沼气的主要设备，为制取沼气创造适宜的厌氧环境，同时接纳充足的发酵原料和足够的沼气接种物，创造制取沼气适宜的发酵浓度、温度和酸碱度。

2. 设计原理及技术要求

(1) 选址。宜做到猪舍、厕所、沼气池三者联通建造，达到人、畜粪便能自流入池，池址与灶具的距离在 25m 以内，并尽量避开岩石、树（竹）林、轨道，选择在背风向阴、土质坚实、地下水水位低、出料方便和不易受到冲击性活荷载的地方。池基应该选择在土质坚实、地下水水位较低，土层底部没有地道、地窖、渗井、泉眼、虚土等隐患之处。

(2) 设计原则。一是坚持“四结合”原则。沼气池与畜圈、厕所、日光温室相连，保证正常产气、持续产气，并有利于粪便管理和沼液运送。二是坚持“圆、小、浅”的原则。池形以圆柱形为主，池容4～12m^3，达到省料、密闭性好且较牢固的效果。三是坚持直管进料，进料口加箅子、出料口加盖的原则。直管进料利于进料流畅，便于搅拌；进料口加箅子是防止养殖家畜陷入沼气池进料管中；出料口加盖是为了保持环境卫生，消灭蚊蝇孳生场所和防止人、畜掉进池内。

(3) 荷载计算标准。地基承载力至少不能小于 8t/m^2。活荷载设计值为 2kN/m^2，地基承载力设计值不小于 50kPa。

(4) 拱盖的矢跨比和池墙的质量。削球形池拱盖矢跨比设计值一般在 1∶4～1∶6 之间；反削球形池池底矢跨比设计值一般为 1∶8 左右。注意在砌拱盖前要砌好拱盖的蹬脚，蹬脚要牢固；池墙基础（环形基础）的宽度不得小于 400mm，基础厚度不得小于 250mm。一般基础宽度与厚度之比应为 1∶(1.5～2)。

3. 沼气池容积

容积大小主要取决于沼气池的用途和日最大耗气量。按照多数实际情况，一般家庭建 4～10m^3 的沼气池为宜。沼气池一般采用地埋式，池顶与出料口应保持在一个水平面上，并高出畜舍地面 10cm。进料口高出地面 2cm。沼气池容积（发酵间容积）计算公式为

$$V=(V_1+V_2)K_1 \qquad (\text{Ⅱ}.15.5-1)$$

式中 V——发酵间容积，m^3；

V_1——发酵料液体积，m^3；

V_2——气室容积，m^3；

K_1——容积保护系数，取 0.9～1.05。

4. 沼气池规格及工程量

各种类型沼气池材料参考用量见表Ⅱ.15.5-1～表Ⅱ.15.5-5［来源于《户用沼气池施工操作规程》(GB/T 4752—2016)］。

表Ⅱ.15.5-1 4～10m^3 现浇混凝土曲流布料沼气池材料参考用量表

容积/m^3	混凝土				池体抹灰			水泥素浆	合计材料用量		
	体积/m^3	水泥/kg	中砂/m^3	碎石/m^3	体积/m^3	水泥/kg	中砂/m^3	水泥/kg	水泥/kg	中砂/m^3	碎石/m^3
4	1.828	523	0.725	1.579	0.393	158	0.371	78	759	1.095	1.579
6	2.148	614	0.852	1.856	0.489	1.97	0.461	93	904	1.313	1.856
8	2.508	717	0.995	2.167	0.551	222	0.519	103	1042	1.514	2.167
10	2.956	845	1.172	2.553	0.658	265	0.620	120	1330	1.792	2.553

表Ⅱ.15.5-2　　4～10m³ 预制钢筋混凝土土板装配沼气池材料参考用量表

容积/m³	混凝土				池体抹灰			水泥素浆	合计材料用量			钢材	
	体积/m³	水泥/kg	中砂/m³	碎石/m³	体积/m³	水泥/kg	中砂/m³	水泥/kg	水泥/kg	中砂/m³	碎石/m³	12号钢丝/kg	φ6.5mm钢筋/kg
4	1.540	471	0.863	1.413	0.393	158	0.371	78	707	1.234	1.413	14.00	10.00
6	1.840	561	0.990	1.690	0.489	197	0.461	93	851	1.451	1.680	18.88	13.55
8	2.104	691	1.120	1.900	0.551	222	0.519	103	1016	1.639	1.900	20.98	14.00
10	2.384	789	1.260	2.170	0.658	265	0.620	120	1174	1.880	2.170	23.00	15.00

表Ⅱ.15.5-3　　4～10m³ 现浇混凝土圆筒形沼气池材料参考用量表

容积/m³	混凝土				池体抹灰			水泥素浆	合计材料用量		
	体积/m³	水泥/kg	中砂/m³	碎石/m³	体积/m³	水泥/kg	中砂/m³	水泥/kg	水泥/kg	中砂/m³	碎石/m³
4	1.257	350	0.622	0.989	0.277	113	0.259	6	469	0.881	0.959
6	1.635	455	0.809	1.250	0.347	142	0.324	7	604	1.133	1.250
8	2.017	561	0.997	1.510	0.400	163	0.374	9	733	1.371	1.540
10	2.239	683	1.107	1.710	0.508	208	0.475	11	842	1.582	1.710

表Ⅱ.15.5-4　　现浇混凝土椭球形沼气池材料参考用量表

池型	容积/m³	混凝土/m³	水泥/kg	砂/m³	石子/m³	硅酸钠/kg	石蜡/kg	备注
椭球AⅠ型	4	1.108	381	0.671	0.777	4	4	
	6	1.278	477	0.841	0.976	5	5	
	8	1.517	566	0.998	1.158	6	6	
	10	1.700	638	1.125	1.298	7	7	
椭球AⅡ型	4	0.982	366	0.645	0.750	4	4	
	6	1.238	460	0.811	0.946	5	5	
	8	1.455	545	0.959	1.148	6	6	
	10	1.649	616	1.086	1.259	7	7	
椭球BⅠ型	4	1.010	376	0.684	0.771	4	4	
	6	1.273	473	0.833	0.972	5	5	
	8	1.555	578	1.091	1.187	6	6	
	10	1.786	662	1.167	1.364	7	7	

注　表中各种材料均按产气率为0.2m³/(m³·d)计算，未计损耗；抹灰砂浆采用体积比1∶2.5和1∶3.0两种，本表以平均数计算；碎石粒径为5～20mm；本表系按实际容积计算。

表Ⅱ.15.5-5　　6～10m³ 分离贮气浮罩沼气池材料参考用量表

池容/m³	混凝土工程				密封工程			合计		
	体积/m³	水泥/kg	中砂/m³	卵石/m³	面积/m²	水泥/kg	中砂/m³	水泥/kg	中砂/m³	卵石/m³
6	1.47	396	0.62	1.25	17.60	260	0.20	656	0.82	1.25
8	1.78	479	0.75	1.51	21.21	314	0.24	793	0.99	1.51
10	2.14	578	0.90	1.82	25.14	372	0.28	948	1.18	1.82

注　本表系按实际容积计算，未计损耗，表中未包括贮粪池的材料用量。

5. 设计图

沼气池设计图详见《户用沼气池标准图集》(GB/T 4750—2002)。

15.5.2 节柴灶

1. 定义与作用

节柴灶是指针对农村广泛利用柴草、秸秆进行直接燃烧的状况，利用燃烧学和热力学的原理，进行科学设计而建造或者制造出的适用于农村炊事、取暖等生活领域的节能设备。与旧式柴灶相比，节柴灶优化了灶膛、锅壁与灶膛之间相对距离与吊火高度、烟道和通风等的设计，并增设保温措施和余热利用装置，使热效率提高在20%以上。节柴灶的特点是省燃料、省时间，使用方便，安全卫生。

2. 位置布局与设计

(1) 位置布局。根据厨房大小、方位及周边环境，将灶台设置在光线充足、操作方便的地方，与厨房、水缸、餐桌等厨房设备位置协调。灶门应背风，横置于风源方向。

(2) 设计。节柴灶主要由灶体、进风道、灶门、灶膛、炉箅和烟囱等部分构成。根据烟囱布设的位置可分为前拉风灶和后拉风灶，后者使用更普遍。

1) 水平设计参数。

a. 节柴灶尺寸。根据用户习惯，确定锅的深度 D 和直径 R_1。锅边离墙距离取 8～10cm，两锅间距取 6～8cm。在锅圈外 10cm 设置灶脚线，确定节柴灶布设范围。

b. 炉箅。依据燃烧材料确定型号。以烧草为主，选择间距 1～1.5cm 的炉箅。以烧柴为主，选择间距 0.8～1.0cm 的炉箅。

c. 灶门。一般取 12cm 高，14cm 宽；根据燃烧材料可适当调整，如烧柴可取大点，烧煤可取小点。

d. 二次进风圈。直径 R_2 取锅直径 R_1 的 1/2。

e. 烟囱。高度一般设置 3m 左右，出烟口长 24cm，宽 12cm。

节柴灶平面布置如图Ⅱ.15.5-1所示。

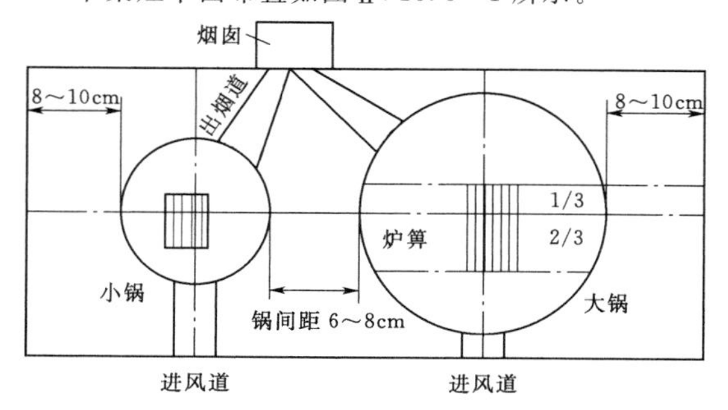

图Ⅱ.15.5-1 节柴灶平面布置图

2) 纵向设计参数。

a. 灶体高。根据炊事人员身高，确定灶体高度，一般为 65～80cm。

b. 二次进风圈高。一般设置在小锅灶，取 10cm。

c. 吊火高度。以烧软柴为主，取 14～16cm。以烧硬柴为主，取 12～14cm。以烧煤为主，取 10～12cm。

d. 进风道高。取锅直径的 1/4。

15.5.3 案例：国家水土保持重点建设工程江西省2008—2012年建设规划——生态修复辅助项目

1. 建设的必要性及建设内容

依靠生态自然修复能力，快速恢复植被，是水土流失地区改善生态环境的一种费省效宏的科学办法，也是水利部治水新思路的一项重大举措。要提高生态的自我修复能力，其最重要的一条是人类应尽量减少对自然环境的干扰。

为进一步做好生态修复工作，提高水土保持重点建设工程治理的效果，必须对生态修复辅助项目作出规划。根据项目区的实际情况，经过分析论证，此次规划的生态辅助项目主要为沼气池和节柴灶。沼气池和节柴灶等项目建设投资小、管理方便、效益高，其建设满足生态修复的要求。主要表现在以下几个方面：

(1) 保护森林资源和农村生态环境。通过兴建沼气池和节柴灶，大大减少了对森林资源的消耗。一口容积为 8m^3 的沼气池年可节省烧柴 3.6t，一口节柴灶年可节省烧柴 2.5t，前者相当于年新增水土保持林面积 0.48hm^2，后者相当于年新增水土保持林面积 0.33hm^2。

(2) 改善农村生活环境和卫生条件。沼气可提供新的清洁能源。一口容积为 8m^3 的沼气池，日可产沼气 4～5m^3（每立方米沼气燃烧热量约 5000 大卡），年产沼气 1460～1825m^3，相当于 0.9～1.2t 煤，减少烧煤、烧柴产生有毒气体对农村空气的污染。沼气可提供大量优质农家肥料，同时可清洁人畜粪便，减少传染病传播途径。一口容积为 8m^3 的沼气池年可处理人、畜粪便 10t，产生沼肥比农村割草堆肥每 100kg 全氮量高 0.368kg、氨态氮量高 0.408kg，一口沼气池完全可满足一户农户生产需要的有机肥，有效避免农民上山割草堆肥，破坏林草植被。节柴灶柴薪燃烧完全，结束农村“烧柴满屋烟，做饭泪长流”的日子，大大净化室内空气，有效保护村民身心健康。

(3) 节约开支，减轻农民负担。经测算，一口容积为 8m^3 的沼气池，全年可节约电费 66 元、省柴费用 576 元；加上沼肥带来农业生产成本的减少，每池年产值可达2000元。改造一个节柴灶费用为100～200元，新建一个节柴灶费用为600元，而节柴灶1年就可节约省柴费用750元，当年就可收回建造节柴灶的成本。

2. 沼气池设计

(1) 设计原则。坚持按照“四结合”原则（即沼气池与畜圈、厕所、日光温室相连），“圆、小、浅”的原则和直管进料，进料口加箅子、出料口加盖的原则开展设计，方位端正，占地少，进出料方便，对环境无污染。

(2) 技术要求。

1) 采用强回流型沼气池，根据池口形状分为两种，即圆形池口沼气池和椭圆形池口沼气池。池体容积根据实际情况分别选用，一般为6～10m³，其设计参数见表Ⅱ.15.5-6。

表Ⅱ.15.5-6　沼气池设计参数表

设计参数＼容积	圆形池口			椭圆形池口		
	6m³	8m³	10m³	6m³	7m³	8m³
长半轴 a/mm	1300	1430	1650	1350	1450	1500
短半轴 b/mm	1300	1430	1650	1100	1100	1200
矢高 H/mm	510	650	620	560	580	600
曲率半径/mm	1800	2100	2260	1907	2103	2175

2) “四结合”结合部的制作做到：盖板密封，粪沟坡度合适，沟底面平整光滑，粪便可自流入池。

3) 厕所蹲位高于沼气池池顶面40～50cm，畜舍地面高出沼气池池顶面30cm以上，厨房距沼气池30m以内；地面往沼气池进料口处倾斜。

4) 进料管与水平夹角一般为60°，出料管下端距池底高度一般为40cm。

沼气池结构示意图详见《户用沼气池标准图集》(GB/T 4750—2002)。

3. 节柴灶设计

节柴灶主要由灶体、进风道、灶门、灶膛、炉箅和烟囱等部分构成。节柴灶设计应当遵循因地制宜、因人制宜、因物制宜原则，根据厨房大小、燃烧来源、人口多少进行设计，做到设计美观、高低合适、操作顺手、使用方便、经济耐用。节柴灶灶体依据使用者身高设定，其核心部位如吊火高、炉芯高和地道风就必须在设计高度时解决。

通风排烟系统包括地道风、炉栅、排烟口和烟囱。设置通风道既能保障燃烧所需氧气，又能接纳贮存灶膛排放的废渣；设置炉栅可加速通风，提供燃烧放置场地，同时也是排放废渣的通道；设置排烟口和烟囱解决炉膛负压，保证烟尘及时排放。排烟口应设计成长方形样式，高至顶顺势出墙，长45cm，宽30cm。燃烧系统设计是整个节柴灶的关键，尤其进料口至灶膛（包括炉栅、燃烧室、拦火圈、回烟道）是完成燃料燃烧、释放热量、余温利用的重要环节。吊火高度和拦火圈是重中之重，吊火高度直接影响燃料的燃烧效果，拦火圈直接影响热量的吸收使用效果。拦火圈通常采用U形即凹槽形或L形即阶梯形。回烟道的主要作用就是“收旧利废”，能够将未燃烧完全的燃料充分燃烧，完全利用完燃烧余温。

15.5.4 家用发电系统

15.5.4.1 家用太阳能发电系统

1. 定义

太阳能是一种辐射能，借助于能量转换器件才能变换为电能。这种把辐射能变换成电能的能量转换器件是利用太阳能电池的光伏特效应，将太阳光能直接转化为电能，光-电转换的基本装置就是太阳能电池，许多个太阳能电池串联或并联起来就可以成为有比较大的输出功率的太阳能电池方阵。

一般由太阳电池组件组成的光伏方阵、太阳能充放电、控制器、蓄电池组、离网型逆变器、直流负载和交流负载等构成。

2. 适用范围

适用范围为西藏、新疆、青海、甘肃、内蒙古等地山区、林区、牧区，东南沿海海岛、高原、边防哨所等电网末端区域。

3. 分类

太阳能电池常用的可分为晶体硅太阳能电池和薄膜太阳能电池。晶体硅太阳能电池可分为单晶体硅太阳能电池和多晶体硅太阳能电池；薄膜太阳能电池是将一层薄膜附在低价的衬底上，接受太阳辐射发电。

目前应用较多的是多晶体硅太阳能电池。

4. 家用太阳能光伏系统组成

光伏发电系统由太阳能电池方阵、蓄电池组、充放电控制器、逆变器、交流配电柜、太阳跟踪控制系统、光伏方阵支架等设备组成。

太阳能发电系统分为离网发电系统与并网发电系统。离网发电系统主要由太阳能电池组件、控制器、蓄电池组成，若要为交流负载供电，还需要配置交流逆变器。并网发电系统是将太阳能组件产生的直流电经过并网逆变器转换成符合电网要求的交流电后直接接入公共电网。而分散式小型并网发电系统，特别是光伏建筑一体化发电系统，由于具有投资小、建设快、占地面积小、政策支持力度大等优点，是并网发电的主流。

(1) 电池组件。在有光照情况下，太阳能电池吸收光能，电池两端出现异号电荷的积累，产生“光生电压”，即光生伏特效应。在光生伏特效应的作用下，太阳能电池的两端产生电动势，将光能转换成电能。

常用电池组件为多晶硅电池组件，功率为230Wp或280Wp，按照国际电工委员会IEC：1215：1993标准要求进行设计，采用36片或72片多晶硅太阳能电池进行串联以形成12V和24V各种类型的组件。

为使电池组件正午垂直于太阳辐射，计算组件的最佳固定倾角为90°，北方地区一般在43°～60°。

电池组件固定安装在支架上，支架采用型钢结构，基础采用现浇钢筋混凝土独立基础，混凝土强度等级不小于C30。所有钢构件均采用整体热镀锌防腐。

（2）蓄电池组。其作用是储存太阳能电池方阵受光照时发出的电能并可随时向负载供电。

目前主要采用铅酸免维护蓄电池、普通铅酸蓄电池、胶体蓄电池和碱性镍镉蓄电池4种。国内广泛使用的是铅酸免维护蓄电池和胶体蓄电池两类。

（3）逆变器。逆变器是将太阳能电池所发直流电转换成负荷所用交流电的设备，逆变器是家用太阳能发电系统的重要组成。

太阳能发电系统的直接输出一般都是12VDC、24VDC、48VDC。为能向220VAC的电器提供电能，需要将太阳能发电系统所发出的直流电能转换成交流电能。

15.5.4.2 家用风力发电机

1. 定义

人类对风能的利用最初主要是利用风力提水灌溉、驱动船只航行，已有几千年的历史。家用风力发电机主要通过风能驱动风机叶片转动，带动电机发电，获取电能。

2. 适用范围

适用范围为西藏、新疆、青海、甘肃、内蒙古等地山区、林区、牧区，东南沿海海岛、高原、边防哨所等电网末端区域。

我国较大规模地开发和应用风力发电机，特别是小型风力发电机，始于20世纪70年代，尤其在内蒙古地区，由于得到了政府的支持，并顺应了当地自然资源和当地群众的需求，小型风力发电机的研究和推广得到了长足的发展。对于解决边远地区居住分散的农牧民群众的生活用电和部分生产用电起了很大作用。

目前应用较多的是水平轴风力发电机。

3. 分类

风力发电机可以分为永磁水平轴风力发电机和永磁垂直轴风力发电机。永磁水平轴风力发电机是旋转轴与叶片垂直，与地面平行，旋转轴处于水平的风力发电机。永磁垂直轴风力发电机则是旋转轴与叶片平行，与地面垂直，旋转轴处于垂直的风力发电机。

4. 组成及参数

小型风力发电机组一般由机头、转体、尾翼、叶片、发电机、调速和调向机构、停车机构、塔架及拉索、控制器、蓄电池等组成。

叶片受风力启动，将风能转换为机械能，再由发电机将传来的机械能转变为电能。转体能使机头灵活地转动以实现尾翼调整方向的功能；机头的转子是永磁体，定子绕组切割磁力线产生电能；尾翼使叶片始终对着来风的方向从而获得最大的风能。

5. 安装

风力发电机固定安装在支架上，支架采用型钢结构，基础采用现浇钢筋混凝土独立基础，混凝土强度等级不小于C30。所有钢构件均采用整体热镀锌防腐。采用蓄电池蓄能的家用风力发电机通常将蓄电池埋设于设备安装地坪下或旁侧。

6. 家用风力发电机的选用

家用发电机组选用时，需要根据实际用电情况计算需要的用电负荷，根据用电负荷选择合适功率的发电机。

15.6 农村生活垃圾及污水处理

15.6.1 农村生活垃圾处理

15.6.1.1 定义

农村生活垃圾是指农村人口在日常生活中或者为日常生活提供服务的活动中产生的固体废物以及法律、行政法规规定视为生活垃圾的固体废物，包括厨余垃圾等有机垃圾，纸类、塑料、金属、玻璃、织物等可回收废品，砖石、灰渣等不可回收垃圾，农药包装废弃物、日用小电子产品、废油漆、废灯管、废日用化学品和过期药品等危险废物。

15.6.1.2 处理技术模式选取

因地制宜地采用分散与集中相结合的处理方式，充分利用现有的环境卫生、可再生能源和环境污染处理设施，合理配置公共资源，建立县（市、区）-镇-村一体化的生活垃圾污染防治体系，总体规划设计，实现农村生活垃圾分类、收运和处理工程项目村村共建共享、城乡共建共享。处理技术模式通常包括城乡一体化处理模式、集中式处理模式和分散式处理模式等。农村生活垃圾收集、处理技术模式如图Ⅱ.15.6-1所示。

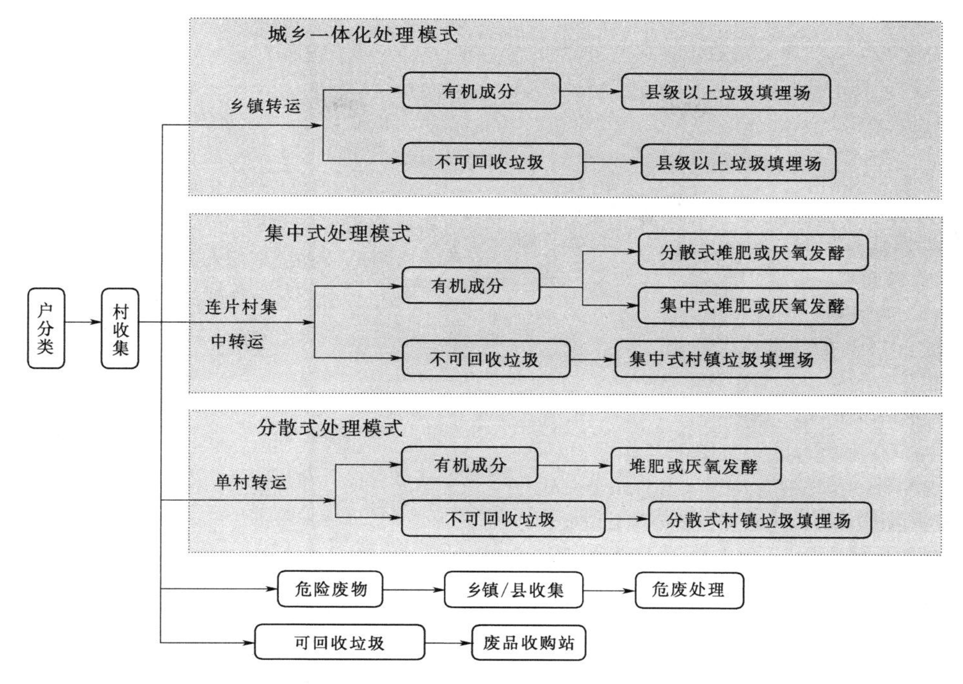

图Ⅱ.15.6-1 农村生活垃圾收集、处理技术模式图

[引自宁夏回族自治区地方标准《农村生活垃圾处理技术规范》(DB64/T 701—2011)]

(1) 城乡一体化处理模式。原则上适用于处于城市周边20～30km范围以内、与城市间的运输道路60%以上具有县级以上道路标准的村庄，生活垃圾通过户分类、村收集、乡镇转运，纳入县级以上垃圾处理系统。

(2) 集中式处理模式。适用于平原型村庄，服务半径不小于20km，人口密度大于66人/km²，且总服务人口达80000人以上，建立可覆盖周边村庄的区域性垃圾转运、压缩设施，该设施与周边村庄间的运输道路60%可达到县级以上公路标准。

(3) 分散式处理模式。适用于布局分散、经济欠发达、交通不便，人口密度不大于66人/km²，与最近的县级及县级以上城市距离大于20km，且与城市间的运输道路40%以上低于县级公路标准，推行垃圾分类的分散型村庄，提倡对分选后的有机垃圾进行就地及时资源化处理。

15.6.1.3 农村生活垃圾分类

农村生活垃圾分类是在农村生活垃圾的产生源头农户内，将垃圾分为有机垃圾、可回收废品、不可回收垃圾和危险废物4类，实现生活垃圾的源头减量化的分类方式。

(1) 农村生活垃圾分类宣传材料。为了使农村重视生活垃圾分类、正确实行垃圾分类，需在村内设立相应的垃圾分类宣传展板，发放相应的垃圾分类宣传材料。

(2) 户用垃圾桶。农村生活垃圾在户分类过程中，每户村民一般配备2个垃圾桶，用于盛放有机垃圾和不可回收垃圾，垃圾桶容量以6～8L为宜。

(3) 可回收废品由村民自行售卖处理，危险废物依据当地的危废处理规范中的处置要求和方法进行处理。

15.6.1.4 收集

农村生活垃圾收集是指农村生活垃圾经户分类并投放到公用垃圾桶/箱/池后，由村内相关环境保洁人员，利用专用垃圾收集车收集到垃圾收集站/池的过程。

(1) 公用垃圾桶/箱/池。对于临近的农户，于村庄公共场所、巷道等处设立公用垃圾桶/箱/池，服务农户数量为10户左右，服务半径为50～100m，容积以300～500L为宜。

(2) 垃圾收集站/池。每个村建立1个及以上的垃圾收集站，垃圾站日收集能力为1t左右。

(3) 专用垃圾收集车。专用垃圾收集车是村内垃圾收集时使用的短距离运输工具，每辆车服务人口为

500～600人，垃圾收集半径小于2km。

（4）垃圾清扫工具。垃圾清扫工具是垃圾收集员进行垃圾收集时使用的清扫工具，每辆专用垃圾收集车配备1套垃圾清扫工具。

15.6.1.5 转运

农村生活垃圾转运是将收集到垃圾收集站（池）的垃圾，通过预处理装箱，运输至城市垃圾处理场（厂）或集中垃圾处理场（厂）的过程，转运设施主要包括垃圾转运集装箱、垃圾转运车，对于转运过程中运输距离大于5km的转运站，原则上需要设立与垃圾收集量相适应的垃圾压缩装置。

（1）垃圾转运集装箱。容积为5～8m³，服务人口不大于4000人，需与垃圾转运车配套使用。

（2）压缩装置。压缩装置与垃圾收集站配套建设（转运运输距离大于5km），具体压缩能力与垃圾量相适应。对于日处理能力小于5t的转运站，原则上需配备单次压缩能力为5t左右的压缩装置1套，对于日处理能力为5～30t的转运站，配备日压缩能力与其相配套的压缩装置。

（3）垃圾转运车。垃圾转运车是用于村垃圾转运时的专用垃圾运输工具，每辆垃圾转运车服务人口为3000～5000人，服务运输距离为20km以内，垃圾转运车的吨位以5t左右为宜。

（4）垃圾转运站。垃圾处理场周边5km以内的村庄垃圾直接收集转运进场，5km以上的村庄需建立垃圾转运站，垃圾转运站的覆盖范围一般为5km以内，面积不小于100m²，且能够满足储存每日产生的全部垃圾。

15.6.1.6 堆肥

农村生活垃圾堆肥处理是生活垃圾经户分类后收集，通过微生物对有机垃圾进行好氧发酵的处理方法，使有机物稳定化和腐熟的过程，其腐熟产物在达到国家和地方农用相关要求后，用于农田或菜地。农村垃圾堆肥方式分为庭院式堆肥和集中式堆肥两种，其中庭院式堆肥是指村民利用简易堆肥装置进行堆肥处理，集中式堆肥系统须有适当的规模，且堆肥场地按照标准堆肥厂的工程要求进行建设，具有进场垃圾预处理、有机成分发酵、渗滤液和尾气净化处理、产品储存及加工等功能。堆肥设施主要包括预处理场地、发酵场地、堆肥设备等。

（1）预处理场地。预处理场地是指垃圾进场后进行预处理的场地，便于后续输送、堆垛和必要的翻堆作业。

（2）发酵场地。发酵场地是指主要用于有机物料堆垛的场地，包括垃圾一次发酵场地、二次发酵场地以及腐熟产品的堆放场地。

（3）制肥厂房。制肥厂房用于将腐熟的堆肥产品进行烘干、粉碎、造粒等后续加工，形成颗粒状或粉末状有机肥，然后经装袋后形成有机肥成品，也可直接运送至田间地头进行施用。

（4）成品库。腐熟堆肥产品经加工后，根据农业有机肥季节性需要以及运输时间的限制，设立成品库，主要用于存放堆肥产品。

（5）堆肥设备。堆肥设备是指好氧堆肥厂中所涉及的分选、翻堆等所有的机械设备和系统。

15.6.1.7 填埋

1. 一般规定

（1）农村生活垃圾填埋，应遵循因地制宜、及时处理、资源化利用、节省投资的原则。

（2）垃圾填埋场的选址应符合《生活垃圾填埋场污染控制标准》（GB 16889）、《生活垃圾卫生填埋技术规范》（CJJ 17）的规定。

（3）新建垃圾填埋场，应开展环境影响评价。

（4）垃圾填埋过程中产生的渗滤液经处理符合《城镇污水处理厂污染物排放标准》（GB 18918）要求后排放，防止二次污染。

2. 设施标准

（1）农村垃圾填埋场的选址要以当地区域发展规划为指导，与水源、生态环境等主要环境敏感目标的距离必须符合国家和地方相关法律和政策的规定。

（2）农村垃圾填埋场的防渗工艺设计，应以不污染地下水为前提，尽可能利用当地自然条件，就近取材、因地制宜，采用经济实用的工艺和材料。

（3）填埋场的建设应根据水文地质条件，结合环境卫生专业规划，合理确定填埋场类型、建设规模，并完善配套设施。

（4）村镇垃圾填埋场的规模一般分为日处理规模为0.5～2t的分散型填埋场、日处理规模为5～10t的集中型填埋场，具体建设规模根据人口、生活垃圾产生量等因素综合确定。

（5）村镇垃圾填埋场主体工程与设备包括进场道路、自然或简易防渗工程、坝体工程、填埋气导排及渗滤液处理工程、水土保持工程、防飞散设施、封场工程、简单的填埋作业工具或设备。

（6）填埋场周围需设置截洪、排水沟等防止雨水入侵的设施，配备必要的环保设施。填埋场防洪要求符合《防洪标准》（GB 50201）的规定。

（7）村镇垃圾填埋场可将垃圾堆高或填坑，垃圾堆高或填坑幅度控制在10m以内。

（8）村镇垃圾填埋场场底基础应符合《生活垃圾

填埋场污染控制标准》(GB 16889)和《生活垃圾卫生填埋技术规范》(CJJ 17)的规定。

3. 场址选择

(1)填埋场的设计应充分利用原有地形，尽可能做到土石方平衡和降低能耗的要求。

(2)填埋场的服务年限为10年以上，填埋场应一次性规划设计，分期建设容量及相应的使用年限应根据填埋量、场址条件综合确定。

(3)填埋场场址的选择需要考虑地理、气候、地表水文、水文地质和工程地质因素，此外还要综合考虑经济、交通、社会及人员构成等因素。

(4)填埋场应位于工程地质条件稳定地区，不应在填埋后产生不均匀沉降，且应避开地质灾害发生的地区。

(5)填埋场一般设在当地夏季主导风向的下风向，场址选择在地下水主要补给区、强径流带之外，其基础应位于地下水(潜水)最高丰水位标高1.0m以上。

(6)填埋场天然防渗层饱和渗透系数参照《生活垃圾填埋场污染控制标准》(GB 16889)和《土工试验方法标准》(GB/T 50123)的规定执行。

4. 平面布置

(1)填埋场应结合工艺要求、气象和地质条件等因素经过技术经济比较确定，总平面应工艺合理，按功能分区布置，便于施工和运行作业，竖向设计应结合原有地形，便于雨污水导排，并使土石方平衡，减少外运或外购土石方。

(2)填埋区的占地面积宜为总面积的80%～90%，不得小于70%。

(3)填埋场应结合水文地质条件、地理位置合理规划基础处理与防渗系统，地表水及地下水导排系统，填埋气体导排及处理系统，场区简易道路，垃圾坝，封场工程及简易监测设施等，并设置垃圾临时存放等应急设施，垃圾坝及填埋体应进行安全稳定性分析。

5. 辅助工程

(1)填埋场应设置必要的消防器材，应符合防火规范《建筑设计防火规范》(GB 50016)的规定。

(2)填埋场进场道路车行道宽度为3.5m，道路工程应符合《厂矿道路设计规范》(GBJ 22)的要求。

(3)填埋场区周围应设安全防护设施及8m宽的防火隔离带，作用区应设防飞散设施。

(4)填埋场借助周边的绿化带设置隔离带，封场覆盖后应进行生态恢复。

(5)填埋场环境污染防治设施须与主体工程同时设计、同时施工、同时投产使用。

15.6.1.8 资源化处理

农村生活垃圾处理尽量使用现有成熟的资源化技术，在生活垃圾处理过程中，除了采用堆肥处理方法外，提倡采用能够实现农村生活垃圾资源化的其他技术方法。如在沼气池推广较好的地区，将已建成的大量沼气池与生活污染物的处理和利用相结合，采用污水、粪便和垃圾厌氧发酵，沼气能源利用及沼液、沼渣农业利用的新型农村生活污染治理技术路线；在农业主产区，可以采用蚯蚓堆肥等资源化技术。

15.6.2 农村污水处理

15.6.2.1 农村污水特点

我国村庄大体上呈分散式分布，一般都比较独立，村庄之间相距较远，村庄人口数量也大小不等。我国村庄内一般除常住人口外，还有养殖业、低端手工业、食品业、餐饮业等小型企业零星分布。农村居民住宅一般单户建设，无污水收集处理设施，生活习惯也不同于城市居民，人均用水量一般少于城市居民。随着新农村建设的逐步推进，部分农村也建设有污水收集管网及污水收集池等。因此，农村污水一般具有水量少、不同村水质具有一定差异、没有预处理设施或预处理设施简单等特点。尽管如此，农村产生的生活污水大体上与城市生活污水类似，除存在有特殊企业的村庄外，其生活污水水质可按城市生活污水水质确定。目前，我国农村地区尚未建立完善的污水处理机制，污水处理设施的运行和管理没有专业队伍及长期资金支持，需要当地水务主管部门专门组织管理，针对不同处理站进行资金筹措。

根据新农村污水收集处理工程的经验总结，对于农村生活污水处理，其生活用水量应以实际用水量确定，在没有数据的情况下，一般农村生活污水量预测取值不超过100L/(d·人)，上楼农村居民用水量则可按城镇生活用水量定额确定，农村污水量计算参数见表Ⅱ.15.6-1。存在养殖业、餐饮业、旅馆等村镇小型企业的用水量应单独计算，用水量以实际或相关规范确定，计算值并入村生活污水量。

表Ⅱ.15.6-1 农村污水量计算参数表

农村类型	用水定额/[L/(d·人)]	收集系数	备 注
山区农村	120	0.5	
平原旧村	140	0.6	
平原新村	160	0.7	自来水/改厕

15.6.2.2 农村污水处理站设计原则

根据农村污水的特点，处理站的设计一般应遵循运行管理简便、自动化程度高、运行费用低等原则。农村地区尤其是南方地区，现有坑塘较多，可用土地相对比城市也较为充裕，自然生态的工艺，如人工湿地、生物塘等工艺应优先选用。农村地区农田灌溉需水量较多，可以结合农业灌溉需要进行处理站的设计。

15.6.2.3 农村污水处理方法及分类

污水处理方法主要包括生物处理、物理处理和化学处理3种，根据污水处理实践效果和工艺复杂程度，一般把大部分物理处理和化学处理作为一级处理工艺，其出水水质一般较差，一般不能直接排放或只能达到诸多用水标准中的农业灌溉用水标准，把大部分生物处理和自然净化工艺作为二级处理工艺，其出水一般能达到《污水综合排放标准》（GB 8978）的水质要求，把活性炭吸附、离子交换、膜处理、生物滤池、人工湿地等对污水中营养物进一步去除以及过滤、消毒等的工艺作为三级处理工艺，三级处理工艺一般作为各类再生水回用处理技术或饮用水水源地污水处理排放。农村污水处理及水体净化主要工艺方法见表Ⅱ.15.6-2。

表Ⅱ.15.6-2 农村污水处理及水体净化主要工艺/方法

生物处理工艺			膜处理工艺	基础/自然处理工艺			
活性污泥法	生物膜法	厌氧生物处理工艺		物理净化法	化学净化法	生物净化法	自然净化法
传统活性污泥法	普通生物滤池	厌氧接触法	微滤	引水稀释	中和（生石灰投加）	投菌法（生物试剂法、固定化酶和固定化细胞法）	稳定塘与水生植物塘
阶段曝气活性污泥法	高负荷生物滤池	两相厌氧消化法	超滤（MBR）	底泥疏浚	化学沉淀（铁盐投加）	生物膜技术（以卵石、砾石、塑料、纤维等为载体）	人工湿地
吸附再生活性污泥法	塔式生物滤池	厌氧滤池	纳滤	过滤	氧化还原（杀藻剂投加）	曝气充氧技术	土地处理技术
完全混合式活性污泥法	生物接触氧化法	升流式厌氧污泥床	反渗透	沉砂	混凝沉淀		人工生态（浮）岛
生物吸附-降解活性污泥法	生物转盘	厌氧膨胀颗粒污泥床	电渗析	沉淀、澄清及浓缩	吸附		鱼类控制技术
序批式活性污泥法	曝气生物滤池	厌氧内循环反应器		隔油、气浮	离子交换		
氧化沟活性污泥法	生物流化床	厌氧膨胀床		萃取			
	生物移动床	厌氧流化床		吹脱和气提			

氮、磷是水体污染中比较难以去除的一类污染物，单项工艺一般去除率较低，因此，在实践中往往通过组合，产生脱氮除鳞组合工艺，如缺氧/好氧（A_NO 法）脱氮工艺、厌氧/好氧（A_PO 法）除磷工艺和厌氧/缺氧/好氧（A^2O 法）脱氮除鳞工艺。还有部分污水浓度高，如养殖废水，一般需要先进行水解酸化预处理，后续再选择使用脱氧除磷组合工艺。

农村污水处理可用工艺与城市或工业污水处理方法一样，但考虑农村污水特点以及农村管理特点，所用工艺种类一般少于城市污水处理工艺，且由于区域差异，地方污水排放标准的不同，选用工艺也不相同。随着我国经济社会发展，环保法律法规进一步完善，污水排放走向规范化、标准化，对于污水中氮磷的去除要求也相应逐渐提高，农村污水处理程度同样具有提高的趋势，因此，污水处理工艺的选择也相应存在变化。

目前，农村污水处理常用工艺见表Ⅱ.15.6-3。

表Ⅱ.15.6-3 农村污水处理常用工艺

污染类型	工艺类型	工艺名称
点源污水治理	一级处理工艺	格栅、化粪池、沉淀池、气浮池、混凝沉淀、生物塘、水解酸化池、厌氧接触法
	二级处理工艺	生物接触氧化、生物滤池、生物流化池、MBR法、人工湿地、生物转盘
	三级处理工艺	MBR法、人工湿地
面源污染治理	物理法	引水稀释、底泥疏浚
	化学法	生石灰投加、铁盐投加、杀藻剂投加
	生物法	加投菌法（生物试剂法、固定化酶和固定化细胞法）、生物膜技术（以卵石、砾石、塑料、纤维等为载体）、曝气充氧技术
	自然净化法	人工生态（浮）岛、鱼类控制技术、稳定塘与水生植物塘、人工湿地

15.6.2.4 典型工艺流程

单项污水处理工艺一般难以实现将所有污染物都净化，根据不同排放标准和不同用途，污水处理采用不同的单项工艺组合，一般由一级处理工艺和二级处理工艺进行组合，在执行较高标准时，还与三级处理工艺进行组合。农村污水处理典型工艺流程如图Ⅱ.15.6-2～图Ⅱ.15.6-4所示。

污水→化粪池→格栅→生物接触氧化→混凝沉淀→达标排放

图Ⅱ.15.6-2 农村污水处理典型工艺流程一

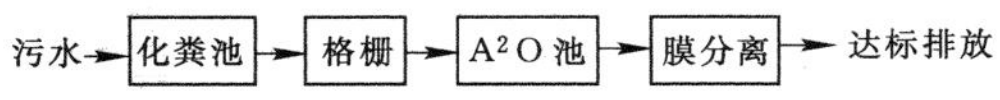

污水→化粪池→格栅→A²O池→膜分离→达标排放

图Ⅱ.15.6-3 农村污水处理典型工艺流程二

污水→化粪池→生物塘→格栅→人工湿地→达标排放

图Ⅱ.15.6-4 农村污水处理典型工艺流程三

15.6.2.5 一体化污水处理设备

农村污水处理站一般水量少，大部分小于100m³/d，而污水处理工艺又比较复杂，按照一般污水处理构筑物进行设计往往造成结构臃肿、投资费用高、施工难度大等问题。在实践中，一些环保企业逐步推出了一体化污水处理设备，可按水量分为0～5m³/d、5～10m³/d、10～20m³/d、20～50m³/d、50～100m³/d等固定型号产品或一定水量定制产品，具有施工快捷、高度集成、自动化运行等优点。一体化设备与传统结构式处理站优缺点比较见表Ⅱ.15.6-4。

一体化污水处理设备仅为结构一体化，具体工艺因不同产品而不同，设计上需要根据自身需求进行选取，同时，设备自动化运行并不能替代一些必要的维护，如污泥处置、药品添加、应急处置等。根据农村污水处理工程经验，一体化设备以小于500m³/d规模的小型污水处理站为主，超过500m³/d规模的污水处理厂应按照《室外排水设计规范》(GB 50014)、《城镇污水处理厂污染物排放标准》(GB 18918)等国家相关规范进行专业设计。

表Ⅱ.15.6-4 一体化设备与传统结构式处理站优缺点比较

类型	传统型	一体化装置型
结构构成	钢混结构池体＋设备安装	钢壳箱体式＋土建辅助
优点	池体分开，单元流程清晰； 施工灵活； 管理灵活（设备材料及维护不依赖于单一厂家）； 需要专业运营单位对处理站进行运行管理； 造价相对稍低	集成化产品，占地小； 单一总体采购； 以外观、水质为主要考核指标； 施工快捷； 运行有厂商技术支持； 可移动搬迁； 地埋式产品地上可绿化
缺点	建设工期长； 技术主体在施工单位； 非专业施工（或专业分包）； 不可搬迁	产品质量缺乏考核手段； 产品具有厂家标签，技术上依赖于厂商； 造价相对稍高

15.6.2.6 设计要素

农村污水处理主要设计要素包括收集、达标处理和排放。

1. 收集

污水已收集的农村，可直接在管网末端进行处理站的建设。根据环境影响分析，处理站选址宜在远离水源、居住区及季风上游等位置，满足环境保护要求，减少对周边环境的影响。

无污水收集管网的农村，应进行污水收集后再处理。污水收集管网的建设一般遵循以下原则：

(1) 根据环境影响分析，确定污水收集末端。

（2）利于污水重力自流收集，不建或尽量少建泵站。

（3）沿交通道路铺设，利于管道施工和维修。

（4）避开地质塌陷区、污泥区等不利于建设管道的区域。

（5）合理确定主干线，确保区域管道在保证最低埋深的前提下埋深最浅。

污水收集管道一般采用塑料管，如PVC-U管、HPDE管等。管道在分支、转弯、跌水以及直线段一定距离处均需要设置检查井。管网具体设计参数及其他要求，可参考《室外排水设计规范》(GB 50014)。

2. 达标处理

农村污水处理站的工艺选择需要根据处理后的出水去向来确定。一般来说，处理后的出水可以用于农业灌溉、环境景观、绿化浇灌或直接排放等。因此，针对不同出水用途，采用相应的出水设计标准。我国现行水质标准可分为国家标准、行业标准和地方标准，农村污水处理一般适用的国家标准包括《污水综合排放标准》（GB 8978)、《城市污水再生利用城市杂用水水质》(GB/T 18920)、《城市污水再生利用景观环境用水水质》（GB/T 18921）和《城镇污水处理厂污染物排放标准》（GB 18918)，当有对应的地方标准和行业标准时，出水设计标准优先选择顺序为地方标准、行业标准、国家标准。确定优先标准后，根据前述工艺进行比选，确定污水处理工艺和形式。

3. 排放

污水处理站出水排放根据去向主要包括压力排放、输送和重力排放。压力排放主要根据用户距离、高程差异，建设输送泵站和管线，对点供水。重力排放则主要利用出水水头，直接排放，主要建设内容包括重力流管道及排水口。

为保证污水处理设施正常运行及排水安全，需要考虑处理站高程，确保不受洪水（一般可取10年一遇以上洪水位）影响。

15.6.2.7 案例1：一体化处理站

1. 项目概况

该项目为北京市昌平区上口小流域污水治理中上口村的污水处理。该村在新农村工程中已铺设污水收集管网，工程内容是修建污水处理站，集中处理收集的农村生活污水。根据该村现状，采用适合该地区条件的技术，做到投资省、运行费用低、技术可靠、运行稳定，工程规模近远期结合。

2. 进出水水质

上口村污水全部为生活污水，原水水质指标在没有实际监测值的情况下可参考同类工程经验值选取，考虑上口村污水处理后用于绿化，结合《城市污水再生利用城市杂用水水质》（GB/T 18920）中绿化标准，确定污水处理出水标准。设计进出水水质指标见表Ⅱ.15.6-5。

表Ⅱ.15.6-5 污水治理设计进出水水质

指标 项目	pH值	BOD_5	COD_{Cr}	SS	$N-NH_3$	TP
进水（生活污水）	6～9	250	450	250	30	5
出水	6.5～8.5	20	60	50	10	0.5

3. 污水治理规模

上口村小型污水处理站处理规模按村近远期污水量计算确定。根据《北京市“十一五”时期水资源保护及利用规划》及《北京市村镇集约化排水规划编制大纲》，2010年全市平均生活日用水量为110L/人，由于此次治理对象为山区农村，2010年日生活用水量取90L/人，污水排放系数近期取0.6，上口村现有700余人，计算出上口村污水量为$40m^3/d$。

4. 污水处理设计

（1）工艺设计。由于工程处于郊区农村，根据《生态清洁小流域技术规范》（DB11/T 548—2008）及农村地区实际情况，为利于工程运行，减少农民负担，使用A/O（缺氧＋好氧）法进行处理，该工程采用集成式一体化污水处理设备，可节省占地，解决山区用地的困难。

工艺流程可分为两个阶段，即生物处理阶段和强化除磷阶段，其中核心的生物处理工艺采用成熟的具有生物除磷脱氮功能的立式表曝型系统，对来水中的有机物、氨氮、总氮具有非常良好的去除效果。

工艺流程包括预处理单元、生化处理单元及污泥收集单元。

上口村生活污水经污水管网收集后进入格栅池，利用格栅截留原水中大部分颗粒状和纤维状的悬浮物后进入调节池。调节池在去除污水中的无机颗粒物的同时，起到调节水量和均化水质的作用。利用调节池内提升泵将原水提升至一体化污水处理设备进行多级生化处理，实现对污水中大部分有机物、氨氮、硝态氮等污染物的去除。一体化污水处理设备包括厌氧和缺氧池、好氧池、沉淀池、污泥储池等。一体化设备的污泥储池内污泥、格栅池的栅渣需定期清掏并外运处理。工艺流程如图Ⅱ.15.6-5所示。

（2）工艺流程说明。

1）调节池。生活污水量随时间而变化，为了保证后续处理构筑物或设备的正常运行，需对废水水量进行调节。

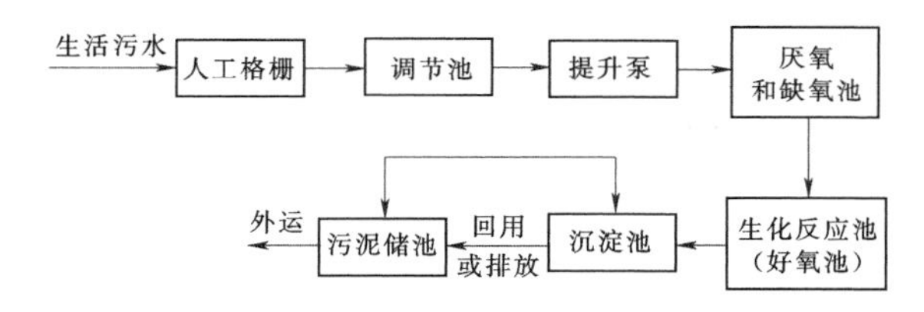

图Ⅱ.15.6－5　上口村污水处理工艺流程图

2）厌氧和缺氧池。厌氧和缺氧池主要利用自养微生物的新陈代谢作用分解有机物，转化为利于后续生化反应的小分子有机物，同时降低有机物浓度。在此过程中，同后续好氧反应构成脱氮除磷生化过程。

3）生化反应池（好氧池）。生化处理主要还是通过好氧处理，在污水中能提供足够溶解氧的情况下，依靠好氧微生物的吸附和降解将绝大部分有机物去除。

4）沉淀池。沉淀池设在生物处理构筑物（生化反应池）的后面，用于沉淀去除腐殖污泥（指生物膜法脱落的生物膜）。

5）储泥池。储泥池为现浇钢筋混凝土方形池，用于存储剩余污泥。

（3）主要构筑物设计。

1）调节池。

a. 基本参数。调节池数量为1座，反应池尺寸为2.9m×2.9m×4.3m（长×宽×高）。

b. 主要设备。主要设备为污水提升泵，具体采用可提升式潜水污水泵及配套提升导轨耦合底座等设备。设备数量为2台（一用一备），流量为$6m^3/h$，扬程为10m，功率为0.37kW。

2）集成式一体化污水处理设备。一体化污水处理设备包括厌氧和缺氧池、好氧池、沉淀池、污泥储池等部分及各池体中的填料、搅拌曝气等专用设备材料，为一个整体安装的专用处理设施。根据计算，各部分具体设计参数如下：

a. 缺氧池容积为$3.5m^3$，生化反应池容积为$10.63m^3$。

b. 水力停留时间为6.81h。

c. 氧化沟渠道断面的水流速度不小于0.3m/s，沉淀池水力表面负荷为$0.95m^3/(m^2 \cdot h)$。

d. 有效水深为2.2m，污泥池每日产生剩余污泥绝干总量约为6kg，污泥含水率为99.2%，相当于$0.75m^3$的湿污泥，剩余污泥经剩余污泥泵抽送至污泥储池，污泥储池的容积为$5.9m^3$，可以储存7d左右的污泥，定期外运。

（4）主要设备一览表（表Ⅱ.15.6－6）。

表Ⅱ.15.6－6　主要设备一览表

序号	名　称	规　格	单位	数量	备注
1	污水提升泵	$Q=2.5m^3/h$，$H=8m$，0.37kW	台	2	一用一备
2	污泥泵	$Q=10m^3/h$，$H=8m$，1.1kW	台	1	
3	集成化小型一体化设备	成套设备	套	1	
4	PVC－U管	de300	m	100	
5	安装配件	钢制	t	1.0	
6	自控系统		套	1	

15.6.2.8　案例2：土地处理/人工湿地处理站

1. 工程概况

该工程位于浙江省永嘉县桥头镇洛溪村，受益人口约1500人，480户，设有两处污水处理站，经处理后水质达到城镇污水处理厂污染物排放一级B标准。一处污水处理站位于河东侧，处理规模为$70m^3/d$，服务人口约900人，处理工艺为生物滤池-人工湿地联合工艺，污水处理站面积为$340m^2$。另一处污水处理站位于河西侧，处理规模为$50m^3/d$，服务人口约600人，处理工艺为高负荷地下渗滤污水处理工艺，污水处理站面积为$164m^2$。该工程于2014年3月开工建设，接户率为85%。该工程直接投资为491万元，由建筑物、构筑物、人工湿地和管网、路面整治工程组合而成，管网总长度为3224m。

2. 工艺描述

（1）生物滤池-人工湿地联合工艺。生活污水经收集系统进入集水池，进行水量和水质均衡，同时其前端设置的格栅，拦截水中粗大的悬浮物和漂浮物，保护提升泵和后续工艺的正常运行。集水池中设置提升泵，将污水提升进入复合生物滤池处理系统，当污水由上而下流经长有丰富生物膜的复合滤料时，其中的污染物被微生物吸附、降解，从而使污水得以净化。复合生物滤池系统处理出水进入中间池，沉淀去除复合生物滤池系统脱落的生物膜后一部分进入人工湿地，另一部分则回流至集水池进行再处理。污水进入水平潜流人工湿地系统，在填料-土壤-植物共同作用下进一步去除有机物、氮和磷，出水达标排放。生物滤池-人工湿地联合工艺流程如图Ⅱ.15.6－6所示。

（2）高负荷地下渗滤污水处理工艺。污水经预处理后，通过埋在地下的散水管网投配到高负荷地下渗

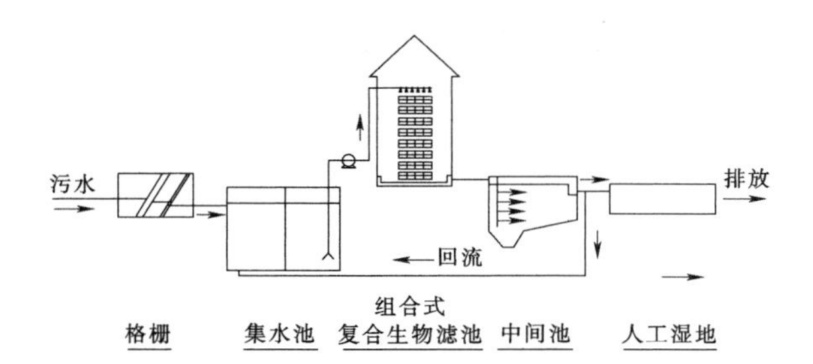

图Ⅱ.15.6-6 生物滤池-人工湿地联合工艺流程图

滤单元，使污水在人工滤料中横向运移和竖向渗滤，其中的污染物被不同功能结构层的滤料拦截、吸附，并最终通过微生物分解转化；高负荷地下渗滤单元出水经过人工湿地滤池进行反硝化脱氮和深度除磷。高负荷地下渗滤污水处理工艺流程如图Ⅱ.15.6-7所示。

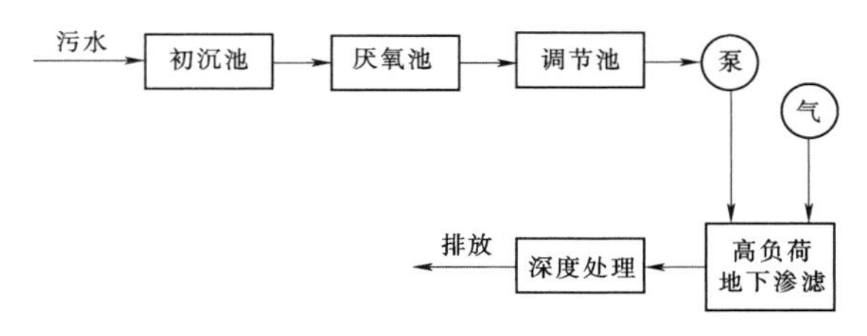

图Ⅱ.15.6-7 高负荷地下渗滤污水处理工艺流程图

参 考 文 献

[1] 环境保护部. 人工湿地污水处理工程技术规范：HJ 2005—2010 [S]. 北京：中国环境科学出版社，2010.

索　引

说　明

1. 本索引按词条首字的汉语拼音字母（同音字按声调）顺序排列，同音同调按第二个字的字母音序排列，依次类推。

2. 词条后的数字表示内容所在页的页码，字母a、b、c分别表示该页左栏的上、中、下部分，字母d、e、f分别表示该页右栏的上、中、下部分。

《水土保持设计手册》编辑出版人员名单

总 责 任 编 辑：胡昌支

副总责任编辑：黄会明　李丽艳

项目总负责人：李丽艳

项目总执行人：王若明

《水土保持设计手册　规划与综合治理卷》

责任编辑：刘向杰

文字编辑：刘向杰

索引制作：刘向杰

封面设计：李　菲

版式设计：吴建军　孙　静　郭会东　丁英玲　聂彦环

插图设计：樊啟玲

责任校对：梁晓静　黄　梅　张伟娜

责任印制：焦　岩　王　凌

排　　版：中国水利水电出版社微机排版中心